Meyers Taschenlexikon Biologie

Band 1

MEYERS TASCHEN-LEXIKON BIOLOGIE

in 3 Bänden

Herausgegeben und bearbeitet
von Meyers Lexikonredaktion
2., überarbeitete und ergänzte Auflage

Band 1:
A – Hd

B.I.-TASCHENBUCHVERLAG
Mannheim/Wien/Zürich

Redaktionelle Leitung:
Karl-Heinz Ahlheim
Redaktionelle Bearbeitung der 1. Auflage:
Franziska Liebisch, Dipl.-Biol., und Dr. Erika Retzlaff
Redaktionelle Bearbeitung der 2. Auflage:
Dr. Erika Retzlaff

CIP-Titelaufnahme der Deutschen Bibliothek
Meyers Taschenlexikon Biologie: in 3 Bd./hrsg. u. bearb.
von Meyers Lexikonred. [Red. Leitung: Karl-Heinz Ahlheim].
Mannheim; Wien; Zürich: BI-Taschenbuch-Verl.
ISBN 3-411-02970-6 kart. in Kassette
ISBN 3-411-01990-5 (gültig für d. 1. Aufl.)
NE: Ahlheim, Karl-Heinz [Hrsg.]
Bd. 1. A - Hd. - 2., überarb. u. erg. Aufl. - 1988
ISBN 3-411-02971-4

Als Warenzeichen geschützte Namen
sind durch das Zeichen Ⓦ kenntlich gemacht
Etwaiges Fehlen dieses Zeichens
bietet keine Gewähr dafür, daß es sich
um einen nicht geschützten Namen handelt,
der von jedermann benutzt werden darf

Das Wort MEYER ist für
Bücher aller Art für den Verlag
Bibliographisches Institut & F.A. Brockhaus AG
als Warenzeichen geschützt

Lizenzausgabe mit Genehmigung
von Meyers Lexikonverlag, Mannheim

Alle Rechte vorbehalten
Nachdruck, auch auszugsweise, verboten
© Bibliographisches Institut &
F.A. Brockhaus AG, Mannheim 1988
Satz: Bibliographisches Institut (DIACOS Siemens) und
Mannheimer Morgen Großdruckerei und Verlag GmbH
Druck: Klambt-Druck GmbH, Speyer
Einband: Großbuchbinderei Lachenmaier, Reutlingen
Printed in Germany
Gesamtwerk: ISBN 3-411-02970-6
Band 1: ISBN 3-411-02971-4

VORWORT

Meyers Taschenlexikon Biologie in drei Bänden enthält in sorgfältig ausgewählten Stichwörtern alle wichtigen Daten und Fakten zur Biologie in komprimierter Form. Aufgrund der permanenten Fortschritte der wissenschaftlichen Forschung wurde eine gründliche Überarbeitung und Aktualisierung des umfangreichen Materials notwendig.

Die zweite Auflage berücksichtigt daher insbesondere neue Erkenntnisse aus den Forschungsbereichen Molekularbiologie bzw. Molekulargenetik, Ökologie bzw. Umweltforschung, Biochemie und Biokybernetik. Wie schon in der ersten Auflage sind die Großbereiche Anthropologie, Zoologie und Botanik neben den klassischen Fächern Systematik, Anatomie, Morphologie, Histologie, Zytologie, Entwicklungsgeschichte und Genetik in angemessener Weise berücksichtigt.

Insgesamt haben wir rund 500 Stichwörter neu aufgenommen, die den aktuellen Wissensstand der biowissenschaftlichen Forschung widerspiegeln. Zu diesen Neuwörtern gehören auch die Biographien der einschlägigen Nobelpreisträger der letzten Jahre.

Mannheim, im Herbst 1988   Verlag und Herausgeber

Abkürzungen

Außer den nachstehend aufgeführten Abkürzungen werden allgemein übliche Abkürzungen verwendet, z. B. auch für Monatsnamen.

Abb.	Abbildung	Hdbg.	Heidelberg	O	Osten
Abk.	Abkürzung	hebr.	hebräisch	O-	Ost...
allg.	allgemein	hg.	herausgegeben	östr.	österreichisch
aram.	aramäisch	Hg.	Herausgeber	Präs.	Präsident
Bad.-Württ.	Baden-Württemberg	i. d. R.	in der Regel	Prof.	Professor
...b[b].,	...buch [...bücher]	i. e. S.	im engeren Sinne	R.	Reihe
Bd.	Band			rd.	rund
Bde.	Bände	Innsb.	Innsbruck		
bearb.	bearbeitet	insbes.	insbesondere	S	Süden
bed.	bedeutend	Inst.	Institut	S.	Seite, Spalte
Bed.	Bedeutung	internat.	international	S-	Süd...
begr.	begründet	i. w. S.	im weiteren Sinne	skand.	skandinavisch
bes.	besonders, besondere			Slg.	Sammlung
Bez.	Bezeichnung, Bezirk	jap.	japanisch	Std.	Stunde
		Jh.	Jahrhundert	Stg.	Stuttgart
Bln.	Berlin	Jt.	Jahrtausend	svw.	soviel wie
BR	Bundesrepublik			SW	Südwesten
		Kr.	Kreis	sw.	südwestlich
C	Celsius	Kw.	Kunstwort	SW-	Südwest...
chin.	chinesisch	Landkr.	Landkreis	Tab.	Tabelle
Darmst.	Darmstadt	landw.	landwirtschaftlich	Tb[b].	Taschenbuch [Taschenbücher]
Düss.	Düsseldorf	Landw.	Landwirtschaft, Landwirtschafts...	TH	technische Hochschule
ebd.	ebenda	lat.	lateinisch		
ehem.	ehemals, ehemalig	Lex.	Lexikon	TU	technische Universität
eigtl.	eigentlich	Lpz.	Leipzig	Tüb.	Tübingen
Einz.	Einzahl	M-	Mittel...		
europ.	europäisch	ma.	mittelalterlich	Übers.	Übersetzung, Übersicht
		MA	Mittelalter		
Fam.	Familie	malai.	malaiisch	Univ.	Universität
Ffm.	Frankfurt am Main	Mchn.	München	urspr.	ursprünglich
Forts.	Fortsetzung	mex.	mexikanisch	Verf.	Verfasser
Frankr.	Frankreich	Mhm.	Mannheim	VO	Verordnung
Freib.	Freiburg im Breisgau	Mill.	Million[en]		
		Mrd.	Milliarde[n]	W	Westen
Frhr.	Freiherr	Mrz.	Mehrzahl	W-	West...
frz.	französisch			wirtsch.	wirtschaftlich
		N	Norden	wiss.	wissenschaftlich
Gatt.	Gattung	N-	Nord...	Wiss.[-]	Wissenschaft[s-]
Geb.	Gebiet	Nachdr[r].	Nachdruck[e]	...wiss.	...wissenschaft, wissenschaftl. (in Zusammensetzungen)
gegr.	gegründet	nat.	national		
Ggs.	Gegensatz	Neudr.	Neudruck		
Gött.	Göttingen	niederl.	niederländisch	wm.	weidmännisch
		nlat.	neulateinisch	Wsb.	Wiesbaden
H.	Heft	NO	Nordosten		
...h[h].	...heft[e]	NO-	Nordost...	Z-	Zentral...
Hamb.	Hamburg	nö.	nordöstlich	zahlr.	zahlreich
Hdb[b].	Handbuch [Handbücher]	NW	Nordwesten	zus.	zusammen
		nw.	nordwestlich	zw.	zwischen
		NW-	Nordwest...		

Zeichen

*	geboren	▼	Dies Zeichen bedeutet: Dieses geographische Objekt liegt im Gebiet des Deutschen Reiches in den Grenzen vom 31. 12. 1937 und gehört weder zur Bundesrepublik Deutschland noch zur Deutschen Demokratischen Republik.
⚭	verheiratet		
†	gestorben		
♂	männlich; Männchen		
♀	weiblich; Weibchen		
↑	siehe		

A

Aalartige Fische (Apodes), Ordnung schlangenförmiger, mit etwa 350 Arten fast ausschließl. im Meer (Ausnahme: Aale) lebender Knochenfische; ohne Bauchflossen; After-, Schwanz- und Rückenflosse zu einem einheitl. Flossensaum verbunden; Haut meist schuppenlos; bekannte Fam. sind: ↑Aale, ↑Muränen, ↑Schnepfenaale, ↑Meeraale.

Aale (Anguillidae), Fam. der Aalartigen Fische mit etwa 16 Arten in fließenden und stehenden Süßgewässern in Europa, N-Afrika, O-Asien, Australien und N- und M-Amerika. Die A. besitzen sehr kleine, ovale Schuppen, tief eingebettet in einer dicken, schleimigen Haut. Alle Arten wandern mit beginnender Geschlechtsreife ins Meer ab. In Europa und N-Afrika kommt als einzige Art der **Flußaal** (Europ. Aal, Anguilla anguilla) vor. Er ist während der mehrere Jahre andauernden Wachstumsphase in den Süßgewässern oberseits dunkelgrau, -braun bis olivgrün (bes. an den Flanken) und auf der Unterseite weißl. bis gelbl. gefärbt, weswegen er auch als **Gelb-, Grün-** oder **Braunaal** bezeichnet wird. Die ♂♂ werden bis 0,5 m lang und finden sich v. a. in den Unterläufen der Ströme, z. T. auch im Brackwasser. Dagegen erreichen die ♀♀ Höchstlängen von 1 m (seltener 1,5 m) und halten sich mit Vorliebe in den Mittel- und Oberläufen der Flüsse sowie in Seen und Teichen auf. Der Flußaal ernährt sich von Würmern, Weichtieren, Insektenlarven und Krebsen, z. T. aber auch (bes. nachts) räuber. von kleineren Wirbeltieren (z. B. Fischen und Fröschen). Nach 4 bis 5, aber auch erst nach 10 bis 12 Jahren (oder sogar noch später) wird der Flußaal geschlechtsreif. Neben der dunkleren Oberseite fällt die silbrig glänzende Unterseite auf (**Blank-** oder **Silberaal**). Zum Herbstanfang beginnt die Abwanderung ins Meer. Erst hier entwickeln sich die Geschlechtsorgane; die Augen, Nasenlöcher, Flossen und Seitenlinienporen vergrößern sich. Dann zieht der Flußaal in das 5000–5000 km entfernte, bis über 5000 m tiefe Sargassosee, wo er in größerer Tiefe (jedoch nicht am Grunde) ablaicht. Die Elterntiere gehen danach zugrunde. Aus den Eiern entwickeln sich die weidenblattförmigen **Leptocephaluslarven**, die innerhalb von 3 Jahren vom Golfstrom an die europ. und nordafrikan. Küsten getragen werden. Kurz vor der Küste wandeln sie sich zu den 7–8 cm langen, streichholzdikken, durchsichtigen **Glasaalen** um, die stromaufwärts in die Flüsse wandern. Die Glasaale erreichen die Nordseeküste im März/April. Beim Aufsteigen in die Flüsse im Laufe des Sommers wird ihr Körper dunkel pigmentiert, sie heißen dann **Steig-** oder **Satzaale.** In diesem Zustand fängt man sie in Europa häufig, um sie in Teichen, Seen und Flüssen auszusetzen, in denen sie ursprüngl. nicht vorkommen. Manchmal wandern A. auch durch nasses Gras zu anderen Gewässern (**Grasaal**). Der Flußaal ist ein geschätzter Speisefisch. Sein Blut enthält ein starkes Nervengift (Ichthyotoxin), das durch Räuchern und Kochen zerstört wird. Nicht zu den A. gehören ↑Flösselaale, ↑Sandaale, ↑Meeraale, ↑Seeaal, ↑Zitteraale und ↑Schnepfenaale.

Aalmuttern, svw. ↑Gebärfische.

Aalquappe (Quappe, Aalrutte, Lota lota), einzige im Süßwasser lebende Dorschfischart in N-Eurasien und Nordamerika; sehr schlanker, bis 80 cm langer, grauer bis graubrauner, dunkel querwellig gefleckter Raubfisch mit einer Bartel am Unterkiefer.

Aalstrich, schmaler, dunkler Haarstreifen in der Mitte des Rückens bei vielen Säugetieren.

AAM, Abk. für: angeborener ↑Auslösemechanismus.

AAR, Abk. für: ↑Antigen-Antikörper-Reaktion.

Aasblumen, Pflanzen, deren Blüten durch Aasgeruch bes. Aasfliegen anlocken; z. B. die ↑Riesenrafflesie.

Aasfliegen, Fliegen, deren ♀♀ ihre Eier mit Vorliebe an Kadavern ablegen und deren Larven von Aas bzw. von in Verwesung übergehendem Fleisch leben; zu den A. gehören v. a. die ↑Schmeißfliegen und ↑Fleischfliegen; als A. bezeichnet wird auch die zu den Echten Fliegen gehörende goldgrün glänzende Pyrellia cadaverina.

Aasfresser, Tiere, die hauptsächl. von tier. Leichen leben, z. B. Aaskäfer, Geier.

Aaskäfer (Silphidae), Käferfam. mit etwa 2000 (in M-Europa 140) v. a. von Aas oder verfaulenden Pflanzenstoffen lebenden Arten, hauptsächl. in den gemäßigten Zonen der Nordhalbkugel; mittelgroße Käfer mit kurzen, am Ende keulenförmig verdickten Fühlern; u. a. ↑Totengräber, ↑Rübenaaskäfer.
◆ Bez. für verschiedene aasfressende Käfer.

Aaskrähe (Corvus corone), Art der

Abalonen

↑ Rabenvögel in Eurasien mit 6 Rassen; davon in Europa die ↑ Rabenkrähe und die ↑ Nebelkrähe.

Abalonen [span.], Meeresschnecken der Gatt. ↑ Seeohren; der fleischige Fuß der A. ist ein geschätztes Nahrungsmittel im Pazifikbereich; aus den Schalen wird Perlmutter gewonnen.

Abart (Varietät), unter der Unterart stehende erbbedingte systemat. Kategorie in der Biologie.

Abbiß (Succisa), Gatt. der Kardengewächse mit 2 Arten in Europa und einer Art in Kamerun; bis 1 m hohe Stauden mit längl. Blättern und zieml. kleinen, meist blauen Blüten in kugeligen bis eiförmig-längl. Blütenköpfen; Wurzelstock kurz, wie „abgebissen"; bekannteste Art ↑ Teufelsabbiß.

Abdomen [lat.], in der Anatomie: Bauch, Unterleib.
◆ der hintere, auf den Thorax folgende und von diesem oft deutl. abgesetzte Körperteil bei Gliederfüßern (auch als *Hinterleib* bezeichnet).

abdominal [lat.], zum Bauch gehörend; im Bauch, Unterleib gelegen.

Abdominalfüße (Bauchfüße), einfach gebaute Gliedmaßen am Hinterleib vieler Gliederfüßer, z. B. bei Raupen.

Abduktion [lat.], das Wegbewegen eines Körperteils von der Körperachse, z. B. das seitwärtige Hochheben des Arms.

Abduktoren [lat.] (Abspreizer), Muskeln, deren Kontraktion eine Abduktion bewirkt.

Abel, Othenio, *Wien 20. Juni 1875, † Pichl am Mondsee 4. Juli 1946, östr. Paläontologe. - 1907-34 Prof. in Wien, 1935-40 in Göttingen. Begründete die Paläobiologie als Wissenschaft.

Abelie (Abelia) [nach dem brit. Botaniker C. Abel, *1780, †1826], Gatt. der Geißblattgewächse mit etwa 25 Arten, v. a. in O-Asien; bis etwa 4 m hohe Sträucher mit meist gegenständigen Blättern und weißen oder rosafarbenen, röhren- bis glockenförmigen Blütenkronen; verschiedene Arten als prächtig blühende Freiland- und Topfpflanzen in Kultur.

Abendfalke, svw. ↑ Rotfußfalke.

Abendlichtnelke (Weiße Nachtnelke, Melandrium album), 0,5–1 m hohe ↑ Nachtnelke, v. a. auf Wiesen und an Ackerrändern in Europa und im Mittelmeergebiet; mit großem, blasenförmig erweitertem Kelch und weißen, stark duftenden, sich abends öffnenden Blüten (Bestäubung durch Nachtfalter).

Abendpfauenauge (Smerinthus ocellata), baumrindenähnl. gezeichneter, nur nachts fliegender ↑ Schwärmer in Europa, N-Afrika und W-Asien bis Transbaikalien; Hinterflügel gelbl. und rot mit großem Augenfleck; Puppe überwintert in der Erde.

Abendsegler, Bez. für zwei Fledermausarten aus der Fam. der Glattnasen; 1. **Großer Abendsegler** (Nyctalus noctula), in Europa, Kleinasien, W-Asien bis Japan mit rötl. braunem Fell und kleinen, abgerundeten Ohren. 2. **Kleiner Abendsegler** (Nyctalus leisleri), an vielen Stellen Europas und NW-Indiens mit dunkelbraunem Fell.

Aberration [lat.], in der systemat. Nomenklatur (abgekürzt Ab. oder ab.) meist nicht erbl. Abweichung (Modifikation) vom normalen Erscheinungsbild einer Pflanzen- oder Tierform, die in deren gesamtem Verbreitungsgebiet sporad. auftritt.

Abessinische Gladiole, svw. ↑ Sterngladiole.

ablaichen, Eier ins Wasser ablegen (v. a. bei Fischen und Lurchen).

Abschlußgewebe, Sammelbez. für verschiedene pflanzl. Gewebearten, die v. a. als Schutz gegen äußere Einwirkungen und schädl. Wasserverlust dienen. Im einfachsten Fall besteht es aus einer Zellschicht (↑ Epidermis). Diese überzieht die ganze Pflanze und wird beim Dickenwachstum zunächst durch ↑ Kork und dann durch ↑ Borke ersetzt.

Absonderungsgewebe (Ausscheidungsgewebe), pflanzl. Gewebe oder Zellverbände, deren Aufgabe bestimmte Stoffe ausscheiden. Beim **Exkretionsgewebe** verbleiben die Ausscheidungsprodukte der Protoplasten (z. B. Schleime, Harze, Gummi, äther. Öle, Gerbstoffe, Alkaloide, Oxalate) innerhalb der Zellen und sammeln sich in sich vergrößernden Vakuolen an, die die Zellen zum Absterben bringen können. Nicht selten sind die Zellwände verkorkt. Beim **Drüsengewebe** werden die Ausscheidungsstoffe (z. B. Verdauungssäfte, Nektar, Schleime, äther. Öle) durch die manchmal mit Poren ausgestattete Zellwand aktiv nach außen abgegeben.

Absorption [lat.], in der *Biologie* das Aufsaugen von Flüssigkeiten, Dämpfen, nichtlösl. organ. Substanzen, Gasen; auch die Aufnahme von Strahlungsenergie in den Organismus. Die A. geschieht im allg. über die Zellen (z. B. Epidermis-, Schleimhautzellen).

Absorptionsgewebe, Bez. für pflanzl.

Abendpfauenauge

Acherontia

Gewebe, die Wasser und gelöste Nährstoffe aufnehmen (absorbieren). Das Gewebe zeichnet sich oft durch eine große Oberfläche, gute Quellbarkeit und starke Kapillarkräfte aus. Charakterist. A. sind die Wurzelhaut der Wurzel und die Luftwurzeln der Epiphyten.

Abspreizer, svw. ↑Abduktoren.

Abstammung, (Deszendenz) Herkunft eines Individuums oder einer zusammengehörigen Gruppe von Individuen (z. B. einer systemat. Einheit) von den Vorfahren.
◆ A. des Menschen ↑Mensch.

Abstammungslehre, svw. ↑Deszendenztheorie.

ABO-System (AB-Null-System), klass. System zur Einteilung der ↑Blutgruppen.

Abszisin (Abscisinsäure) [lat.], Pflanzenhormon, das den Blatt- und Fruchtabfall fördert sowie das Wachstum und die Keimung hemmt. Antagonist zu den Auxinen, Gibberellinen und Zytokininen.

Abteilung, Kategorie der ↑Systematik.

Abundanz [lat.], in der *Ökologie* meist die auf eine Flächen- oder Raumeinheit bezogene Individuenzahl einer Art **(Individuendichte)** oder die **Artdichte** einer Pflanzen- bzw. Tiergesellschaft **(absolute Abundanz).**

Abutilon [arab.], svw. ↑Schönmalve.

Abwasserbiologie, Zweig der angewandten Hydrobiologie, der sich mit den biolog. Verhältnissen der Abwasser hauptsächl. in hygien. Hinsicht befaßt.

Abwehrstoffe ↑Antikörper, ↑Schreckstoffe, ↑Phytoalexine.

Abyssal [griech.] (abyssale Region), Tiefenbereich der Ozeane; bei etwa 1 000 m Tiefe beginnend und bis etwa 6 000–7 000 m Tiefe reichend. Das A. ist eine völlig lichtlose Zone ohne Pflanzen, dort lebende Tiere sind auf absinkende organ. Reste als Nahrung angewiesen.

Acacia ↑Akazie.

Acajoubaum [aka'ʒuː; frz./dt.], svw. ↑Nierenbaum.

Acajounuß [aka'ʒuː; frz./dt.], svw. ↑Cashewnuß.

Acajouöl [aka'ʒuː:; frz./dt.], schmackhaftes Öl, das aus den Samen der ↑Cashewnuß hergestellt wird.

Acalypha [griech.], svw. ↑Kupferblatt.

Acantharia ↑Akantharier.

Acanthin [griech.], Skelettsubstanz bei Strahlentierchen; aus Strontiumsulfat.

Acanthocephala [griech.], svw. ↑Kratzer.

Acantholimon [griech.] ↑Igelpolster.

Acanthophthalmus [griech.], svw. ↑Dornaugen.

Acanthus [griech.], svw. ↑Bärenklau.

Acari (Acarina) [griech.], svw. ↑Milben.

Acarus [griech.], Gatt. der Milben; u. a. die Krätzmilbe i. e. S. (↑Krätzmilben).

Accipitres [lat.], svw. ↑Greifvögel.

Accipitrinae [lat.], svw. ↑Habichte.

Acephala [griech.], svw. ↑Muscheln.

Acer [lat.], svw. ↑Ahorn.

Aceraceae [lat.], svw. ↑Ahorngewächse.

Aceras [griech.], svw. ↑Fratzenorchis.

Acerina [griech.], Gatt. der Barsche; in M-Europa ↑Kaulbarsch, ↑Schrätzer.

Acetabularia [lat.], svw. ↑Schirmalge.

Acetobacter [lat.; griech.] ↑Essigsäurebakterien.

Acetylcholin, Gewebshormon, das die peripheren Gefäße erweitert, den Blutdruck herabsetzt und. die Darmperistaltik anregt. Das Enzym Cholinesterase spaltet A. in Cholin und Essigsäure.

Acetyl-CoA ↑Koenzym A.

Achäne [griech.], einsamige Schließfrucht der meisten Korbblütler; eine Nuß, bei der Fruchtwand und Samenschale miteinander verwachsen sind.

Achatina [griech.], svw. ↑Achatschnecken.

Achatschnecken (Achatina), Gatt. sehr großer, landbewohnender, fast allg. in den Tropen vorkommender Lungenschnecken; u. a. **Achatina achatina** im afrikan. Urwald mit einem Gehäuse von etwa 20 cm Länge und 10 cm größtem Durchmesser.

Acherontia [griech.], Gatt. der Schwärmer; darunter ↑Totenkopfschwärmer.

Ackererbse   Ackergauchheil    Ackerwinde

Acheta

Acheta [griech.], Gatt. der Grillen mit der bekannten Art ↑Heimchen.

Achillea [griech.], svw. ↑Schafgarbe.

Achillessehne, bei Tier und Mensch Sehne des dreiköpfigen Wadenmuskels, die am Fersenbein ansetzt.

Achlya ['axlya; griech.], Gatt. der Wasserschimmelpilze mit etwa 35 Arten, von denen einige Hautpilzerkrankungen bei Fischen verursachen.

Achse, in der *Botanik* ↑Sproßachse.

◆ bei *Tier* und *Mensch* ↑Richtachsen.

Achsel, volkstüml. Bez. für die Schulter des Menschen, auch im Sinne von ↑Achselhöhle.

◆ svw. ↑Blattachsel.

Achselhöhle (Achselgrube), grubenartige Vertiefung unterhalb des Schultergelenks beim Menschen. Nach Eintritt der Pubertät ist die A. behaart (**Achselhaare**) und mit zahlr. Talg-, Schweiß- und Duftdrüsen besetzt.

Achselknospen, Seitenknospen, die in den ↑Blattachseln angelegt werden; bei den Samenpflanzen sind alle Seitenknospen A.; bes. große A. sind z. B. die Köpfchen des Rosenkohls.

Achselsproß, aus einer Achselknospe hervorgegangener Seitensproß.

Achsenskelett, im Körper der Chordatiere längs verlaufendes Stützelement. Es ist bei den Manteltieren, den Schädellosen und den Embryonen der Wirbeltiere als ↑Chorda dorsalis, bei den ausgewachsenen Wirbeltieren als ↑Wirbelsäule ausgebildet.

Achsenzylinder, svw. ↑Axon.

Achtfüßer, svw. ↑Kraken.

Acidanthera [griech.], Gatt. der Schwertliliengewächse mit etwa 25 Arten in Afrika; einfache oder wenig verzweigte Stengel mit wenigen, langen, schmalen Blättern und zieml. großen weißen, gelbl., rosa oder roten Blüten; bekannte Gartenzierpflanze ↑Sterngladiole.

acidophil [lat./griech.], säureliebend; von Organismen gesagt, die bevorzugt auf saurem (kalkarmem) Boden leben (v. a. Heidekraut, Heidel- und Preiselbeere, Sauergräser, Torfmoos); auch von Zellen oder Zellorganellen, die sich bes. gut mit sauren Farbstoffen (z. B. Eosin, Fuchsin) anfärben lassen.

Acipenseridae [lat.], svw. ↑Störe.

Ackerbohne, svw. ↑Pferdebohne.

Ackerdistel (Ackerkratzdistel, Cirsium arvense), bis 1,2 m hoher Korbblütler (Gatt. ↑Kratzdistel) mit lanzettl., ganzrandigen oder buchtig gezähnten Blättern und lilaroten Blüten in mehreren Köpfen; Ackerunkraut.

Ackererbse (Felderbse, Futtererbse, Peluschke, Pisum sativum ssp. sativum convar. speciosum), Kulturform der Saaterbse, die für Grün- und Trockenfutter angebaut wird, z. T. auch verwildert vorkommt; unterscheidet sich von der Saaterbse v. a. durch die etwas kantigen, graugrünen, braunpunktierten Samen und in der Schmetterlingsblüte (Fahne blaß-, Flügel dunkelviolett). - Abb. S. 9.

Ackerfuchsschwanzgras (Ackerfuchsschwanz, Alopecurus myosuroides), bis 45 cm hohe Grasart (↑Fuchsschwanzgras) v. a. auf Äckern und an Wegrändern in W-Asien und den Mittelmeerländern, in Europa und N-Amerika eingebürgert; die bis 8 cm lange, schlanke, an beiden Enden zugespitzte Ährenrispe ist mitunter rötl. bis violett getönt; Ackerunkraut.

Ackergauchheil (Roter Gauchheil, Anagallis arvensis), v. a. in den gemäßigten Zonen als Acker- und Gartenunkraut weitverbreitetes einjähriges, häufig niederliegendes Primelgewächs der Gatt. ↑Gauchheil, mit gegenständigen Blättern und kleinen, radförmigen, meist roten, selten blauen Blüten. - Abb. S. 9.

Ackerglockenblume (Campanula rapunculoides), bis 60 cm hohe, mit Ausnahme der Blüten kurz behaarte Art der Gatt. ↑Glockenblume, v. a. auf Äckern und in Wäldern des gemäßigten Europas, Kaukasiens und Kleinasiens; obere Blätter längl., lang gestielt, Grundblätter herzförmig, spitz gekerbt, Blüten 2–3 cm lang, blau, meist einzeln stehend.

Ackerhellerkraut, svw. ↑Ackerpfennigkraut.

Ackerhohlzahn, svw. ↑Gemeiner Hohlzahn.

Ackerklee, svw. ↑Hasenklee.

Ackerkratzdistel, svw. ↑Ackerdistel.

Ackerkrummhals ↑Wolfsauge.

Ackerpfennigkraut (Ackerhellerkraut, Ackertäschelkraut, Thlaspi arvense), bis 30 cm hoher Kreuzblütler der Gatt. ↑Pfennigkraut, v. a. auf Äckern, Schutt und an Wegrändern in Eurasien und N-Amerika; mit längl., meist buchtig gezähnten oberen Blättern, verkehrt-eiförmigen Grundblättern und kleinen weißen Blüten in traubigem Blütenstand; Schötchen fast kreisrund mit Flügelsaum.

Ackerrettich, svw. ↑Hederich.

Ackerröte (Nolde, Sherardia), Gatt. der Rötegewächse mit der einzigen, in Eurasien und N-Afrika v. a. auf Äckern und Schutt vorkommenden Art Sherardia arvensis; Stengel vierkantig, niederliegend bis aufsteigend, mit ellipt. bis lanzettl. Blättern und meist lilafarbenen Blüten in kleinen Blütenköpfchen.

Ackersalat, svw. ↑Feldsalat.

Ackerschachtelhalm (Equisetum arvense), bis 50 cm hohe, fast weltweit verbreitete Schachtelhalmart, v. a. auf Äckern und an Wegrändern; die blattgrünfreien, die Sporophylle tragenden Halme erscheinen vor den unfruchtbaren, meist ästig verzweigten, grünen oder grünlichweißen Halmen und sterben nach der Sporenreife ab; Kulturfolger und häufiges Ackerunkraut, das früher wegen des Kieselsäuregehaltes zum Putzen von Zinngeschirr (**Zinnkraut, Scheuerkraut**) und zum Polieren von Holz verwendet wurde.

Ackerschmiele, svw. ↑Windhalm.
Ackerschnecken (Deroceras), Gatt. der Nacktschnecken (Fam. ↑Egelschnecken), deren Arten bei Reizung einen milchigweißen Schleim ausscheiden; können durch Fraß an Acker- und Gartenpflanzen schädl. werden; in M-Europa 2 Arten: **Gemeine Ackerschnecke** (Deroceras agreste), bis 6 cm lang, mit dunkleren, braunen Flecken und Strichen auf weißl. bis hellbraunem Grund; **Deroceras reticulatum,** weltweit verbreitet, mit dunkler netzartiger Zeichnung auf gelblichweißem bis rötlichbraunem Grund und mit dunklen Flecken auf dem Gehäuserest.
Ackerschotendotter (Ackerschöterich, Erysimum cheiranthoides), bis 60 cm hoher Kreuzblütler (Gatt. ↑Schöterich), v. a. auf Äckern, an Wegrändern und Flußläufen; mit lanzettl. Blättern und kleinen gelben Blüten in traubigen Blütenständen; Früchte längl., aufrecht stehende Schoten.
Ackerschöterich, svw. ↑Ackerschotendotter.
Ackersenf (Falscher Hederich, Sinapis arvensis), bis 80 cm hoher gelbblühender Kreuzblütler (Gatt. ↑Senf), v. a. auf Äckern, Schuttplätzen und an Wegrändern; als Ackerunkraut fast über ganz Europa verbreitet; im Unterschied zu dem sehr ähnl. ↑Hederich Blütenblätter intensiver gelb, Kelchblätter stets waagerecht abgespreizt, Stengel steifborstig bis zottig behaart mit ungleichbuchtig gezähnten Blättern.
Ackersteinsame (Lithospermum arvense), bis 30 cm hohes einjähriges Rauhblattgewächs (Gatt. ↑Steinsame), v. a. auf Äckern und an Wegrändern; Stengel wenig verzweigt mit verkehrt-eiförmigen bis lanzettl. Blättern und meist kleinen weißen Blüten. Die Wurzelrinde wurde früher zum Rotfärben von Branntwein, Wachs und Schminke benutzt.
Ackerstiefmütterchen, svw. ↑Stiefmütterchen.
Ackertäschelkraut, svw. ↑Ackerpfennigkraut.
Ackerunkräuter (Segetalpflanzen), Pflanzen, die im Ackerbau neben Kulturpflanzen auftreten; entziehen diesen Nährstoffe und Licht und mindern dadurch den Ertrag.
Ackerwachtelweizen (Echter Wachtelweizen, Melampyrum arvense), bis 50 cm hoher Rachenblütler, v. a. auf Äckern und an Wegrändern Europas und W-Asiens, mit gegenständigen, längl. zugespitzten Blättern und teils rötlich, teils gelblich gefärbten Blüten in Ähren mit großen, lebhaft hellroten, tief eingeschnitten-gezähnten Tragblättern. Der einjährige Halbschmarotzer heftet sich mit seinen an den Wurzeln ausgebildeten Saugorganen (Haustorien) an die Wurzeln von Getreidepflanzen und entzieht ihnen v. a. Wasser und Mineralsalze; kann bei massenhaftem Auftreten großen Schaden anrichten.
Ackerwicke, svw. ↑Saatwicke.

Ackerwinde (Drehwurz, Convolvulus arvensis), fast weltweit verbreitetes Windengewächs (Gatt. ↑Winde) mit niederliegenden oder an anderen Pflanzen, auch an Zäunen u. a. sich emporwindenden, bis 1 m langen Stengeln mit spieß- oder pfeilförmigen Blättern und breit-trichterförmigen, weißen oder rosafarbenen, langgestielten Blüten, die auf der Außenseite 5 rote Streifen tragen; schwer ausrottbares Unkraut auf Äckern, Gartenland und Schuttplätzen. - Abb. S. 9.
Acoela [griech.], Ordnung meist bis 3 mm (maximal 12 mm) langer meeresbewohnender ↑Strudelwürmer; v. a. unter Steinen, zwischen Algen und auf schlammigen Böden lebend.
Aconitase [griech.], schwefel- und eisenhaltiges Enzym für die Umsetzung von Zitronensäure in allen biolog. Geweben (↑Zitronensäurezyklus).
Aconitin [griech.], $C_{34}H_{47}NO_{11}$, Alkaloid des ↑Blauen Eisenhuts; ähnl. Alkaloide auch bei anderen Eisenhutarten; eines der stärksten Pflanzengifte (tödl. Dosis 5–10 mg); medizin. Verwendung gegen Neuralgien und als schweißtreibendes Mittel.
Aconitum [griech.], svw. ↑Eisenhut.
Acrania [griech.], svw. ↑Schädellose.
Acrasin [griech.], chemotakt. wirkender Anlockstoff für das Amöbenstadium der Schleimpilze; bewirkt die Vereinigung, die die Fruchtkörperbildung einleitet.
Acrididae [griech.], svw. ↑Feldheuschrecken.
Acrocephalus [griech.], svw. ↑Rohrsänger.
Acromion [griech.], svw. Schulterhöhe (↑Schulter).
Actaea [griech.], svw. ↑Christophskraut.
ACTH, Abk. für engl.: **a**dreno**c**orticotropic **h**ormone, ↑adrenokortikotropes Hormon.
Actinia (Aktinien) [griech.] ↑Seerosen.
Actiniaria [griech.], svw. ↑Seerosen.
Actinomycetales [griech.], svw. ↑Strahlenpilze.
Actinopterygii [griech.], svw. ↑Strahlenflosser.
Actinula [griech.] (Actinulalarve), etwa wenige zehntel bis 1 Millimeter großer freischwimmender, polypenartiger Larventyp einiger Hydrozoen; länglichoval, mit Tentakeln, bewimpert.
Adamantoblasten [griech.] (Ganoblasten), Zellen, die bei der Zahnentwicklung den Zahnschmelz abscheiden.
Adametz, Leopold, * Brünn 11. Nov. 1861, † Wien 27. Jan. 1941, östr. Tierzucht- und Vererbungsforscher. - Prof. in Wien; arbeitete über die Abstammung der Rinder u. a. Haustiere.
Adamsapfel, volkstüml. Bez. für den am Hals des Mannes vorspringenden Schildknorpel des Kehlkopfes.
Adansonbiene [frz. adɑ̃'sõ] (Apis melli-

Adansonia

fica adansonii), Rasse der westl. Honigbiene, in Afrika südl. der Sahara; die Wildschwärme werden in ausgehängten Rindenröhren für die Wachsgewinnung und die Herstellung von Honigwein eingefangen.

Adansonia [nach dem frz. Botaniker M. Adanson, * 1727, † 1806], svw. ↑Affenbrotbaum.

Adaptation (Adaption) [lat.], in der *Biologie* svw. ↑Anpassung; ↑auch Auge.

Adaptiogenese [lat./griech.], stammesgeschichtl. Entwicklungsvorgang zu zunehmend neuen Anpassungserscheinungen und zunehmender Spezialisierung im Hinblick auf neue Umweltverhältnisse.

Adaption, svw. ↑Adaptation.

Adaptorhypothese [lat./griech.] ↑Proteinbiosynthese.

adäquater Reiz (spezif. Reiz), Reiz, für dessen Aufnahme die Organisation eines Sinnesorgans eigens geschaffen ist; löst bei jeweils geringstem Energieaufwand in einem Sinnesorgan die spezif. Erregung aus, z. B. das Licht bestimmter Wellenlängen in der Netzhaut des Auges.

Adduktion [lat.], das Bewegen eines Körperteils nach der Mittellinie des Körpers hin oder auf eine Gliedmaße zu. - Ggs. ↑Abduktion.

Adduktoren [lat.], Muskeln, deren Kontraktion eine ↑Adduktion bewirkt. - Ggs. ↑Abduktoren.

Adeliepinguin [frz. adé'li; nach der Adélieküste] (Pygoscelis adeliae), etwa 70 cm großer, oberseits schwarzer, unterseits weißer Pinguin an den Küsten der Antarktis, mit kurzem Schnabel, weißem Augenring und gelben Füßen.

Adenin [griech.] (Vitamin B₄), 6-Aminopurin; wichtiger Baustein der Nukleinsäuren. A. besitzt Leberschutzwirkung und wirkt blutdrucksenkend.

Adenophora [griech.], svw. ↑Schellenblume.

Adenosin [griech.], glykosidartige Verbindung aus Adenin und Ribose (6-Aminopurin-9-D-ribofuranosid), als Spaltprodukt der Nukleinsäuren biolog. wichtige Verbindung (↑Adenosinphosphate). Strukturformel:

(R Adeninrest)

Adenosinphosphate (Adenosinphosphorsäuren, Adenosinphosphorsäureester), Gruppe von Phosphorsäureestern des Adenosins, die im Kohlenhydratstoffwechsel eine zentrale Rolle spielen. Nach der Anzahl der Phosphorsäurereste unterscheidet man *Adenosin(mono-, di- und tri-)phosphat*.

Das System Adenosintriphosphat (ATP) - Adenosindiphosphat (ADP) wirkt im Sinne einer Phosphorylierung der Kohlenhydrate, deren Abbau als energieliefernder Prozeß beim Stoffwechsel damit erst möglich wird. – ↑auch Cyclo-AMP.

Adenostyles [griech.], svw. ↑Alpendost.

adenotropes Hormon, im Ggs. zum ↑somatotropen Hormon ein Hormon, das auf andere endokrine Drüsen stimulierend wirkt, z. B. die ↑gonadotropen Hormone.

Adenoviren [griech./lat.], weltweit verbreitete Gruppe der Viren; verursachen bei Säugetieren und Mensch Erkrankungen der Atemwege und -organe sowie Augenbindehautentzündungen.

Adephaga [griech.], mit etwa 25 000 Arten weltweit verbreitete Unterordnung meist räuber., teils auf dem Lande, teils im Wasser lebender Käfer; von den 6 Fam. sind am bekanntesten: ↑Sandlaufkäfer, ↑Laufkäfer, ↑Schwimmkäfer, ↑Taumelkäfer.

Ader ↑Adern.

Aderhaut ↑Auge.

Adermin [griech.], svw. Vitamin B₆ (↑Vitamine).

Adern, anatom.-biolog. Sammelbez. für röhrenartige Versorgungsbahnen, die den pflanzl., tier. oder menschl. Organismus oder bestimmte Teile davon durchziehen. Es lassen sich unterscheiden: Blattadern, ↑Blutgefäße, ↑Flügeladern (bei Insekten).

adhärent [lat.], angewachsen, verwachsen (von Geweben oder Pflanzenteilen).

Adiantum [griech.], svw. ↑Frauenhaarfarn.

Adipokinin [lat./griech.], Hypophysenhormon, das die Fettverbrennung im Körper

Admiral

Adlerfarn

steuert; bei Mangel an A. kommt es zu Fettsucht.

Adiuretin [griech.], svw. ↑Vasopressin.

Adler (Echte Adler, Aquila), mit Ausnahme von S-Amerika weltweit verbreitete Gatt. gut segelnder, v.a. kleine Säugetiere und Vögel jagender Greifvögel der Unterfam. ↑Habichtartige; mit kräftigem Hakenschnabel, befiederten Läufen und mächtigen Krallen; Körperlänge bis etwa 1 m, Flügel groß, am Ende weit gefingert. Die A. bauen meist große Nester aus Zweigen, meist an Felswänden; Gelege mit 2–3 Eiern; häufig wird nur ein Junges aufgezogen. Bekannte Arten sind ↑Steinadler, ↑Kaiseradler, ↑Steppenadler, ↑Schelladler, ↑Schreiadler, ↑Kaffernadler, ↑Keilschwanzadler. Als A. werden auch mehrere mit den Echten A. nahe verwandte Greifvögel, z. B. ↑Seeadler, ↑Schlangenadler, ↑Habichtsadler, ↑Schopfadler, ↑Zwergadler, ↑Fischadler, ↑Würgadler bezeichnet.

Mythologie, Sage, Märchen, Volksglaube: Als Symbol oder Attribut göttl. Macht und der Macht des Herrschers begegnet der A. in zahlr. Kulturen. Im Hinduismus reitet der höchste Gott Wischnu auf dem adlerähnl. Vogel Garuda. Auch in den altamerikan. Kulturen spielte der A. eine Rolle, u. a. als toltek. Symbol des Sieges und als Bezwinger der Schlange; als aufsteigender A. war er Symbol des aztek. Sonnengottes Tonatiuh. In der griech. Mythologie ist der A. Waffen-(Blitz)-Träger und Bote des Himmelsgottes Zeus. Bei den Römern ist das A.zepter das Attribut Jupiters, danach Attribut der triumphierenden Kaiser. Im röm. Kaiserkult wurde (zuerst in der Vergöttlichung des Augustus) die Auffahrt des verstorbenen Kaisers durch das Auffliegen eines Adlers symbolisiert. Der altnord. Mythos kennt den A. auf der Weltesche sitzend. Als Orakeltier gilt der A. dem Orient, der klass. Antike und den Germanen. In Sagen und Märchen trägt und entführt der A. Menschen; im Tiermärchen gilt er als König der Vögel und oberster Richter. *Christl. Kunst:* Der A. kann gelegentl. Symbol für Christus sein; v. a. symbolisiert der zur Sonne auffliegende A. die Himmelfahrt Christi. Der A. ist jedoch insbes. Symbol und Attribut des Evangelisten Johannes. - In der kopt. Kunst wird der A. auf Stelen dargestellt, offenbar als Symbol des Triumphes Christi. *Heraldik:* Der A. ist Symbol imperialen Herrschaftsanspruchs; seit Marius Feldzeichen der röm. Legionen; Hoheitszeichen des ma. Kaisertums, offiziell seit 1433 (bis 1806) als Doppel-A. (**Reichsadler**); auch von Reichsstädten und zeitweise den Reichsfürsten im Wappen geführt. In verschiedener Form Hoheitszeichen des Dt. Reichs bzw. der BR Deutschland; u. a. von den Zaren (ab 1472), auch Napoleon I., heute von zahlr. weiteren Staaten (z. B. Polen, USA) als Wappentier geführt.

Adlerfarn (Pteridium), fast weltweit verbreitete Gatt. der ↑Tüpfelfarngewächse mit der einzigen Art *Pteridium aquilinum* (Adlerfarn i. e. S.), die dichte Bestände v. a. in lichten Wäldern, auf Heiden und in Gebirgen bildet; Blattwedel bis zu 2 m hoch. Ein Querschnitt durch den unteren Blattstiel läßt die ↑Leitbündel in Form eines Doppeladlers erscheinen.

Affenbrotbaum

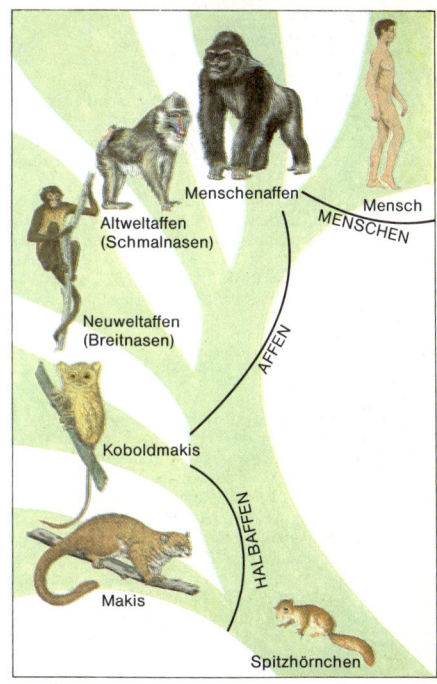

Affen. Vereinfachter Stammbaum der Affen, die sich im Tertiär aus einem Seitenzweig der Halbaffen entwickelt haben

Adlerfische

Adlerfische, svw. ↑ Umberfische.

Adlerrochen (Myliobatidae), Fam. bis 4,5 m langer, lebendgebärender Rochen mit fast 30 Arten, v. a. in den Meeren der Tropen. Kennzeichen: peitschenförmiger Schwanz, kleine Rückenflosse, zieml. mächtiger Giftstachel (fehlt bei 3 Arten). Bekannte Arten sind ↑ Kuhrochen, ↑ Meeradler.

Admiral [frz.] (Vanessa atalanta), bis 7 cm spannender Schmetterling, in Eurasien und N-Afrika; schwarzbrauner Tagfalter mit weißen Flecken und orangeroter Querbinde auf den Vorderflügeln und orangefarbener Endbinde auf den Hinterflügeln; Wanderfalter, fliegt im Frühjahr über die Alpen nach M- und N-Europa und im Herbst (als 2. Generation) wieder zurück. - Abb. S. 12.

Adnex [lat.] (Mrz.: Adnexe), in der Anatomie Bez. für Anhangsgebilde von Organen.

Adoleszenz [lat.], Erwachsenenalter; Alter der Geschlechtsreife und Fortpflanzung; ihr folgt die Seneszenz (↑ auch Alter).

Adonisröschen [nach Adonis, aus dessen Blut die Pflanze dem Mythos nach entstanden ist] (Teufelsauge, Adonis), Gatt. der Hahnenfußgewächse mit 20 Arten in Europa und den gemäßigten Klimazonen Asiens; Kräuter oder Stauden mit wechselständigen, meist feingeschlitzten Blättern und großen, einzeln stehenden, meist gelben oder roten Blüten; in Deutschland kommen 4 Arten vor, darunter ↑ Frühlingsadonisröschen, ↑ Sommeradonisröschen.

ADP, Abk. für: Adenosindiphosphat (↑ Adenosinphosphate).

Adrenalin [lat.] (Epinephrin; Suprarenin [®]), Hormon des Nebennierenmarks und Gegenspieler des ↑ Insulins. A. mobilisiert den Stoffwechsel in Gefahren- und Streßsituationen. Es steigert den Grundumsatz, den Blutzuckerspiegel, die Durchblutung der Bewegungsmuskulatur und der Herzkranzgefäße sowie die Leistung des Herzens (Erhöhung des Blutdrucks, der Herzfrequenz und des Herzminutenvolumens) und löst Bronchialkrämpfe. Medizin. Anwendung u. a. bei der Lokalanästhesie. Strukturformel:

$$HO-\underset{OH}{\bigcirc}-CH(OH)-CH_2-NH-CH_3$$

adrenokortikotropes Hormon [lat./griech.], Abk. ACTH, Hormon des Hypophysenvorderlappens; bewirkt die Ausschüttung von ↑ Glukokortikoiden. A. H. steuert die Sekretion der Nebennierenrinde und beeinflußt dadurch indirekt den Eiweißstoffwechsel.

Adrenosteron [lat./griech.], Hormon der Nebennierenrinde, $C_{19}H_{24}O_3$; Wirkung ähnl. der des männl. Geschlechtshormons.

Adrian, Edgar Douglas [engl. ˈɛɪdrɪən], 1. Baron of Cambridge, * London 30. Nov. 1889, † Cambridge 4. Aug. 1977, brit. Physiologe. - 1929-37 Prof. am Forschungsinst. der Royal Society; lehrte 1937-51 in Cambridge, war 1951-65 Leiter des Trinity College in Cambridge; experimentelle Forschungen auf dem Gebiet der Elektrophysiologie, insbes. über die Reizleitung bei Sinneseindrücken und über den Mechanismus der Muskelkontrolle. 1932 erhielt er zus. mit Sir Charles Sherrington den Nobelpreis für Physiologie oder Medizin für Entdeckungen über die Funktionen von Neuronen. Danach noch wegweisende Arbeiten für die Epilepsieforschung und die Auffindung von Hirnverletzungen.

adult, erwachsen; geschlechtsreif.

Adventivembryonen [lat./griech.], pflanzl. Embryonen, die nicht aus der befruchteten Eizelle entstehen, sondern sich ungeschlechtl. aus den sie umgebenden Zellen entwickeln; z. B. bei Zitruspflanzen.

Adventivknospen [lat./dt.], Knospen, die nicht aus Bildungsgewebe des Vegetationspunktes, sondern an ungewöhnl. Stellen aus wieder teilungsfähig gewordenem Dauergewebe entstanden sind.

Adventivpflanzen [lat.], Pflanzen eines Gebiets, die dort nicht schon immer vorkamen, sondern durch den Menschen absichtl. als Zier- oder Nutzpflanzen (Kulturpflanzen) eingeführt oder unabsichtl. eingeschleppt wurden (*Ansiedler, Kolonisten*). Dies geschah entweder in sehr früher, z. T. vorgeschichtl. Zeit (Altpflanzen, z. B. Weizen, Roggen, Gerste) oder erst später (in Europa etwa seit der Völkerwanderungszeit; sogenannte Neubürger, z. B. Kartoffel, Kanad. Wasserpest, Roßkastanie).

Adventivsprosse [lat./dt.], Sprosse, die sich an Blattspreiten, Wurzeln oder Sproßachsen aus neugebildeten Vegetationspunkten entwickeln.

Adventivwurzeln [lat./dt.], Wurzeln, die sich an Sprossen oder Blättern nach Verletzungen oder Hormonbehandlung bilden.

Adventsstern, svw. ↑ Weihnachtsstern.

Aeby, Christoph Theodor [ˈɛːbi], * Bonnefontaine bei Saarunion (Bas-Rhin) 25. Febr. 1835, † Bilina (ČSSR) 7. Juli 1885, dt. Anatom und Anthropologe schweizer. Abstammung. - 1863 Prof. in Basel, dann in Bern und 1884 in Prag; arbeitete v. a. über die Physiologie der Gelenke. Bes. Bedeutung hatte sein Lehrbuch der Anatomie („Der Bau des menschl. Körpers ...", 1871).

Aechmea [ɛçˈmeːa; griech.], svw. ↑ Lanzenrosette.

Aedesmücken [lat./dt.] (Aedes), weltweit verbreitete Gatt. der ↑ Stechmücken mit etwa 800 Arten (davon 25 Arten in M-Europa); ♀♀ sind Blutsauger und können (bes. die trop. Arten) gefährl. Krankheiten (z. B. Gelbfieber) übertragen. Bekannte Arten sind die ↑ Rheinschnaken.

Aegeriidae [ɛ...; lat.], svw. ↑ Glasflügler.

Aegithalos [ɛ...; griech.], Gatt. der ↑ Meisen mit der in M-Europa einzigen Art Schwanzmeise.

Aegolius [ε...; griech.], Gatt. der Käuze mit der in M-Europa einzigen Art ↑Rauhfußkauz.

Aegopodium [ε...; griech.], svw. ↑Geißfuß.

Aegypius [ε:...; griech.], Gattung der Geier mit der bekannten Art Mönchsgeier (↑Geier).

Aepyceros [ε...; griech.], Gatt. der Gazellen mit der einzigen Art ↑Impala.

Aequidens [ε...; lat.], Gatt. der Buntbarsche in den Flüssen S-Amerikas; mit relativ hohem, seitl. zusammengedrücktem Körper; manche Arten sind beliebte Warmwasseraquarienfische, z. B. ↑Tüpfelbuntbarsch, ↑Streifenbuntbarsch.

Aerenchym [a-e...; griech.], svw. ↑Durchlüftungsgewebe.

Aerides [a-e...; griech.], Gatt. epiphyt. lebender Orchideen mit etwa 60 Arten in S-, SO- und O-Asien; mit ledrigen bis fast fleischigen, riemenförmigen oder breit-lanzettl. Blättern und z. T. prächtigen Blüten in meist dichten, hängenden Blütentrauben. Die Pflanzen treiben häufig lange Luftwurzeln. Verschiedene Arten werden in Gewächshäusern kultiviert.

Aerobier (Aerobionten) [a-e...; griech.], Organismen, die nur mit Sauerstoff leben können, d. h. aerobe Atmung haben; Ggs. ↑Anaerobier.

Aerobios [a-e...], Gesamtheit der Lebewesen des freien Luftraums (Aerials), bes. die fliegenden Tiere, die ihre Nahrung im Flug aufnehmen; Ggs. ↑Benthos.

Aeschna ['εsçna] (Mosaikjungfern), Gatt. der Libellen (Fam. ↑Teufelsnadeln) mit vielen Arten (9 in M-Europa); häufig mit dunklem T-Fleck auf der Stirn.

Aesculus ['εs...; lat.], svw. ↑Roßkastanie.

Aethechinus [εt...; griech.], Gatt. der Igel; bekannt ist der ↑Wanderigel.

Aethionema [a-e...; griech.], svw. ↑Steintäschel.

Aethusa [ε...; griech.], svw. ↑Hundspetersilie.

Affe ↑Affen.

Affen (Anthropoidea, Pithecoidea, Simiae), Unterordnung der ↑Herrentiere mit etwa 150 eichhörnchen- (Mausmaki) bis gorillagroßen Arten in den Tropen und Subtropen (außer in Australien); in Europa nur der ↑Magot bei Gibraltar. Die geistigen Fähigkeiten sind gut entwickelt, dagegen ist der Körperbau meist wenig spezialisiert. Typisch ist die Fortbewegung auf allen Vieren, jedoch können sehr viele Arten über kürzere Strecken aufrecht gehen. Hände und Füße werden fast immer zum Greifen benutzt; der erste Finger und die erste Zehe sind im allg. den übrigen Fingern bzw. Zehen entgegenstellbar (opponierbar). Alle A. (Ausnahme Krallen-A.) haben Finger und Zehen mit abgeplatteten Nägeln. Der Schwanz wird häufig als fünftes Greifinstrument eingesetzt. Der Kopf ist rundl., die Augenhöhlen sind geschlossen. Der Kiefer ist entweder schnauzenartig verlängert (bei Pavianen) oder springt nur wenig vor (Meerkatzen). Das Fell kann lang oder kurz, einfarbig oder kontrastreich bunt sein, selten ist es wollig. Das Gesicht ist mehr oder weniger unbehaart, oft mit Bart; ganz unbehaart sind die Innenflächen der Füße und Hände und meist auch die Ohren. Die nackten Hautstellen im Gesicht, am Gesäß oder an den männl. Geschlechtsteilen können grell oder gefärbt sein. Hand- und Fußflächen zeigen wie beim Menschen individuelle, unveränderl. Rillenmuster. Die Weibchen haben zwei brustständige Milchdrüsen. Das Gebiß hat 32 bis 36 Zähne; die Eckzähne sind bes. beim Männchen verlängert.

A. sind Tagtiere, die sich teils durch Laute, teils durch lebhaftes Mienenspiel untereinander verständigen. Die am besten entwickelten Sinnesorgane sind die Augen, die stets nach vorn gerichtet sind zum räuml. Sehen befähigen. Abgesehen von ausgeprägten Pflanzenfressern (Gorilla, Brüll-A.) ernähren sich die meisten A. von Mischkost; einige, z. B. Paviane und Schimpansen, erbeuten auch kleinere Säugetiere. Die A. sind überwiegend Baumbewohner, die in großen Herden (Paviane), kleineren Familiengruppen (Schimpansen), selten paarweise leben. Im Verband herrscht strenge Rangordnung. Polygamie ist häufiger als Einehe. A. gebären (Ausnahme Krallen-A.), nach einer Tragzeit zw. 130 und 290 Tagen, im allg. ein Junges, das zwar schon mit offenen Augen, jedoch in sehr unbeholfenem Zustand zur Welt kommt, und von der Mutter oft längere Zeit umhergetragen wird.

Die A. werden heute in Neuwelt- (↑Breitnasen) und Altwelt-A. (↑Schmalnasen) unterteilt. Entstehungszentrum der A. ist der europ.-nordamerikan. Raum, von wo die Ausgangsformen der Neuweltaffen nach S-Amerika, die der Altweltaffen nach Afrika und Asien einwanderten. Neuere Entdeckungen aus dem ägypt. Tertiär zeigen, daß sich schon damals Hundsaffen und Menschenartige (zu letzteren zählen die Menschenaffen und Menschen) getrennt hatten.

Im alten Ägypten wurde der Pavian mit dem Mondgott Thot identifiziert. In Indien wird noch heute der Hulman in vielen von den Hindus als heilig verehrt. Die „Drei Affen" als Boten berichten über den Menschen beim schintoistisch-buddhist. Koschin-Fest. Auf Grund ihres Abwehrzaubers „Wir sehen, hören und sprechen nichts Böses" werden sie mit den entsprechenden Gesten dargestellt. Als Haustiere waren A. bei Ägyptern, Assyrern, Griechen und Römern beliebt. Mit dem Spiegel in der Hand verkörperte der

Affenbrotbaum

Affe im MA weltl. Begierde und Eitelkeit. - Abb. S. 13.

⚌ *Handgebrauch u. Verständigung bei A. u. Frühmenschen.* Hg. v. B. Rensch. Bern u. Stg. 1968. - *Sanderson, I. T./Steinbacher, G.: Knaurs A.buch. Alles über Halbaffen*, A. u. a. Herrentiere. Dt. Übers. Mchn. u. Zü. 1957.

Affenbrotbaum (Adansonia), Gatt. der Wollbaumgewächse mit 15 Arten auf Madagaskar, in Afrika (südl. der Sahara) und N-Australien. Die bis 20 m hohen Bäume haben bis 10 m dicke, säulen- bis flaschenförmige, wasserspeichernde Stämme; u. a. **Afrikanischer Affenbrotbaum** (Baobab, Adansonia digitata), Charakterbaum der afrikan. Savanne, mit (zur Regenzeit) großen, gefingerten Blättern und großen, weißen Blüten. Aus diesen entwickeln sich etwa 50 cm lange, gurkenförmige Früchte mit holziger Schale, eßbarem, trockenem Fruchtmark und ölhaltigen Samen. - Abb. S. 13.

Affenfurche (Affenfalte, Vierfingerfurche), Beugefalte am menschl. Handteller, die quer vom Zeige- bis zum Kleinfinger verläuft; kommt vereinzelt bei Pygmäen und Zigeunern sowie bei Mongolismus vor; bei den Menschenaffen characterist. Hauptbeugefalte der Hand.

Affenlücke (Diastema), für die Menschenaffen typ., auch bei anderen Säugetieren auftretende, beim Menschen als ↑Atavismus in Erscheinung tretende Lücke zw. Schneide- und Eckzahn, in die der Eckzahn des gegenüberliegenden Kiefers eingreift.

Affenpinscher, in Deutschland gezüchtete Zwergrasse bis 26 cm schulterhoher, strubbelhaariger, hochbeiniger Haushunde mit kugeligem, lang und abstehend behaartem Kopf; Rute kurz gestutzt; Züchtungen in allen Farben.

afferent [lat.], hin-, zuführend (hauptsächl. von Nervenbahnen gesagt, die vom Sinnesorgan zum Zentralnervensystem führen); Ggs. ↑efferent.

Afferenz [lat.], Erregung (Impuls, Information), die über die afferenten Nervenfasern von der Peripherie zum Zentralnervensystem geführt wird. - ↑auch Reizleitung.

Affodill [griech.] (Asphodill, Asphodelus), Gatt. der Liliengewächse mit 10 Arten im Mittelmeergebiet bis Indien; ein- oder mehrjährige Pflanzen mit grundständigen, schmal-lineal. oder fast dreikantigen bis röhrig-stielrunden Blättern und meist weißen Blüten in aufrechten Trauben oder Rispen. Als Gartenpflanze kultiviert wird der **Weiße Affodill** (Asphodelus albus), dessen weiße, etwa 2 cm lange Blüten in dichten Trauben stehen.

Afghanischer Windhund (Afghane), aus Afghanistan stammende, bis 72 cm schulterhohe, mit Ausnahme von Gesicht und Schnauze lang und üppig behaarte Windhundrasse unterschiedl. Färbung; Kopf lang und schmal, Rute lang, meist in einem Ringel endend.

Aflatoxine [Kw. aus Aspergillus flavus und **Toxine**], Giftstoffe einiger Schimmelpilze (bes. von Aspergillus flavus), die hauptsächl. trop. Produkte wie Erdnüsse, Paranüsse usw., aber auch einheim. Nahrungsmittel wie Speck, Tomatenmark, Haselnüsse, Walnüsse usw., bes. bei längerer Lagerung, verderben können. Der Genuß aflatoxinhaltiger Nahrung führt bei Tieren zu akuten Leberschäden und Tumorbildung, in großen Mengen zum Tod; beim Menschen zu Leberfunktionsstörungen (stört die Proteinbiosynthese).

Afropavo [lat.], Gatt. der Hühnervögel mit der einzigen Art ↑Kongopfau.

After [zu althochdt. aftero „der Hintere"] (Anus), hintere, häufig durch Ringmuskeln (Sphinkter) verschließbare, der Ausscheidung unverdaul., fester oder (bei Ausbildung einer ↑Kloake) auch flüssiger Nahrungsreste dienende Darmausmündung bei der Mehrzahl der Tiere und beim Menschen. Beim Menschen liegt der Übergang des A. in die Dickdarmschleimhaut etwa 2 cm vom A.rand entfernt. Der A. weist eine (z. T. nur sehr dünne) Hornschicht auf, ist an seiner Mündung reichl. pigmentiert und besitzt große Talg- und zahlr. Schweißdrüsen. Im oberen Teil seiner Wandung liegen zahlr. weite Venengeflechte (hier kann es zur Hämorrhoidenbildung kommen), die ein Polster bilden. Dieses wird durch den 2 bis 4 mm starken **inneren Afterschließmuskel** (mit glatten, dem Willen nicht unterworfenen Muskelfasern) zusammengedrückt und hält den Darm bei fehlendem Kotdrang verschlossen. Ein zweiter Muskelring umschließt als **äußerer Afterschließmuskel** (mit quergestreiften Fasern) den inneren Muskelring. Seine Kontraktion kann willkürl. erfolgen.

Afterdrüsen (Analdrüsen), im oder am After mündende Drüsen bei vielen Insekten und manchen Wirbeltieren (z. B. bei Lurchen, Nagetieren, Raubtieren); sondern eins oft unangenehm riechendes Sekret ab, das zur Anlockung und sexuellen Erregung des anderen Geschlechts (z. B. ↑Zibet) oder zur Verteidigung (z. B. beim Stinktier) dient.

Afterklauen (Afterzehen), bei Paarhufern die 2. und 5. Zehe, die den Boden meist nicht mehr berühren.
◆ svw. ↑Afterkrallen.

Afterkrallen (Afterklauen, Afterzehen), beim Haushund die rudimentären, den Boden nicht mehr berührenden ersten Zehen an der Innenseite des Mittelfußes der Vorder- und oft auch der Hinterbeine; die A. der Hinterbeine werden auch als **Wolfskrallen** bezeichnet.

Afterraupen, raupenähnl. Larven der Blattwespen, die im Unterschied zu den Schmetterlingsraupen eine größere Anzahl von Bauchfüßen haben.

Agglutination

Afterrüsselkäfer (Rhynchitinae), Unterfam. oft metall. glänzender Rüsselkäfer mit vielen Arten, bes. im Orient; Brutpflege, z. B. durch Zusammenrollen von Blättern zu einem Wickel, in den die Eier abgelegt werden. Das abgestorbene Pflanzenmaterial dient den Larven zum Fraß. Z. T. gefährl. Pflanzenschädlinge, z. B. der ↑ Rebenstecher.

Afterskorpione (Chelonethi), weltweit verbreitete Ordnung bis 7 mm langer, flachgebauter Spinnentiere mit rund 1 300 Arten; unterscheiden sich von den Skorpionen v. a. durch ihre geringe Größe und das Fehlen des stark verschmälerten Hinterkörpers sowie des Giftstachels; Kieferfühler mit Spinndrüsen, mit deren Hilfe kleine Nester zum Häuten und zur Überwinterung gesponnen werden; in M-Europa z. B. der ↑ Bücherskorpion.

Afterspinnen, svw. ↑ Weberknechte.

Afterwurm, svw. ↑ Madenwurm.

Afterzehen, svw. ↑ Afterklauen.
◆ svw. ↑ Afterkrallen.

Afzelia [nach dem schwed. Botaniker A. Afzelius, * 1750, † 1837], Gatt. der Hülsenfrüchtler mit rund 10 Arten in den trop. Baumsteppen und Savannen der Alten Welt (v. a. Afrika); meist mittelgroße Bäume; bekannt ist die wegen der Form der Früchte auch als *Portemonnaiebaum* bezeichnete Art **Afzelia africana**; verschiedene Arten liefern wertvolle Nutzhölzer.

Agakröte ([Südamerikan.] Riesenkröte, *Bufo marinus*), 15–25 cm große, braune bis hellgraue, schwarzgefleckte Kröte, in M- und S-Amerika; als nützl. Schnecken- und Insektenvertilger in zahlr. Ländern zur biolog. Schädlingsbekämpfung eingebürgert.

Agamen (Agamidae) [indian.], Fam. bis 1 m langer, am Boden oder auf Bäumen lebender Echsen mit etwa 300 Arten in den wärmeren Zonen der Alten Welt (v. a. den Tropen); mit meist kurzem, häufig auch breitem Kopf, walzenförmigem Körper und Schwanz, oft mit Rückenkämmen oder aufblähbarem Kehlsack (bes. ♂♂); u. a. ↑ Schmetterlingsagame, ↑ Segelechse, ↑ Kragenechse, ↑ Flugdrachen, ↑ Wasseragame.

Agamet [griech.], geschlechtl. nicht differenzierte Einzelle niederer Lebewesen, die der ungeschlechtl. Fortpflanzung durch Teilung dient.

Agamogenesis [griech.], ungeschlechtl. Fortpflanzung.

Agamogonie, ungeschlechtl. Vermehrung durch Zellteilung; bei der A. kann sich die Zelle in zwei oder viele gleichgroße Tochterzellen aufteilen, oder sie schnürt durch Zellknospung einen kleineren Teil ab.

Agapanthus [griech.], svw. ↑ Schmucklilie.

Agapornis [griech.], svw. ↑ Unzertrennliche.

Agar-Agar [indones.], aus pektinartigen Zellwandbestandteilen verschiedener Rotalgenarten des Pazif. und des Ind. Ozeans gewonnenes Trockenprodukt, das nach Aufkochen und Abkühlen eine steife Gallerte ergibt. A.-A. wird verwendet zur Herstellung von Nährböden in der Bakteriologie, als Appretur in der Textilind. und als Geliermittel für Zuckerwaren.

Agaricales [griech.], svw. ↑ Lamellenpilze.

Agaricus [griech.], svw. ↑ Champignon.

Agassiz, Alexander [frz. aga'si], * Neuenburg (Schweiz) 17. Dez. 1835, † an Bord der „Adriatic" 27. März 1910, amerikan. Zoologe und Ozeanograph schweizer. Abstammung. - Sohn von Louis A.; erforschte v. a. wirbellose Meerestiere und Fische.

A., Louis [frz. aga'si], * Môtier (Kt. Freiburg) 28. Mai 1807, † Cambridge (Mass.) 14. Dez. 1873, amerikan. Zoologe, Paläontologe und Geologe schweizer. Herkunft. - Eröffnete 1860 das erste amerikan. Museum für vergleichende Zoologie in Cambridge (Mass.). Gegner des ↑ Darwinismus.

Agathis [griech.], Gatt. der Nadelhölzer mit etwa 35 Arten, v. a. der S-Halbkugel; bis 40 m hohe Bäume mit fichtenähnl. Kronen bei ringsum freiem Wuchs; Blätter häufig wie die Blätter der Laubbäume breitflächig und gestielt. Die Bäume liefern ausgezeichnetes Nutzholz und Kopal; u. a. ↑ Kopalfichte, ↑ Dammarafichte.

Agave [griech.-frz.], Gatt. der Agavengewächse mit etwa 300 Arten, im südl. N- bis zum nördl. S-Amerika. Aus der meist am Boden aufliegenden großen Blattrosette entwickeln sich oft erst nach vielen Jahren trichterförmige Blüten in einer bis 8 m hohen Rispe. Nach der Fruchtreife sterben die Pflanzen ab. Blätter oft blaugrün, fleischig, meist lanzettförmig, dornig gezähnt oder ganzrandig; liefern Fasern (Sisalagaven) und sind z. T. Zierpflanzen (z. B. Amerikan. Agave). Werden auch zur Herstellung von Pulque verwendet. Die A. wurde Ende des 15. Jh. durch die Spanier nach Europa gebracht.

Agavengewächse (Agavaceae), Pflanzenfam. der Einkeimblättrigen mit über 550 Arten in 18 Gatt. (u. a. ↑ Agave, ↑ Drachenlilie, ↑ Palmlilie, ↑ Bogenhanf) in den Tropen und Subtropen; Stamm meist gut entwickelt, auch kurz beblättert; Blätter schmal, oft fleischig, rosettenartig oder in der Schopfform; Blüten in großen Ähren, Rispen oder Trauben; Früchte: Kapseln oder Beeren.

Ageratum [griech.], svw. ↑ Leberbalsam.

Agglutination [lat.], Zusammenballung von Bakterien durch spezif. Antikörper (**Agglutinine**), die nach Infektionen oder Impfungen im Blutserum gebildet werden; wird für die Bestimmung unbekannter Krankheitserreger mit bekannten agglutinierenden Seren oder noch nicht erkannter Krankheiten mit bekannten Erregern ausgewertet.
◆ Zusammenballung von roten Blutkörper-

17

Aglutinine

chen durch fremde Blutseren. Beruht auf der Reaktion zw. den ↑Antigenen der Blutkörperchen *(Agglutinogene)* mit den ↑Antikörpern des fremden Serums (Agglutinine). Diese Eigenschaft liegt der Blutgruppenbestimmung zugrunde.

Agglutinine [lat.] ↑Agglutination.

Agglutinogene [lat.], in den Erythrozyten befindl. Antigene (↑Blutgruppen).

Aggressine [lat.], von Bakterien gebildete Stoffe, die die natürl. Schutzstoffe des Körpers unwirksam machen.

Aggression [von lat. aggressio „Angriff"], in der *Verhaltensforschung:* 1. zusammenfassende Bez. für alle Angriffshandlungen (von Tieren), die darauf zielen, einen Rivalen zu schädigen oder in die Flucht zu schlagen. 2. eine bestimmte Stimmungslage, eine innere Bereitschaft zum Angriff, die bis zum inneren Drang, den Rivalen zu suchen, gehen kann.

Aglais [...a-is; griech.], Gatt. der Fleckenfalter mit dem in M-Europa häufig vorkommenden Kleinen ↑Fuchs.

Aglia [griech.], Gatt. der Augenspinner mit dem ↑Nagelfleck als einziger Art in M-Europa.

Aglossa, svw. ↑Zungenlose Frösche.

Aglykon [griech.] ↑Glykoside.

AGM, Abk. für: ↑angeborener gestaltbildender Mechanismus.

Agnatha [griech.], svw. ↑Kieferlose.

Agnostus [griech.], Gatt. ausgestorbener, bis 1 cm langer Dreilappkrebse, die im Kambrium und Ordovizium weltweit verbreitet waren; Kopf- und Schwanzschild in Aussehen und Größe sehr ähnl.; Leitfossil.

Agonidae [griech.] ↑Panzergroppen.

Agonist [griech.], svw. ↑Synergist.

Agonostomus [griech.], Gatt. recht schlanker, seitl. stark zusammengedrückter Knochenfische mit einigen Arten in Süß- und Brackgewässern; Kopf klein, Maul mit kräftigen Lippen; z. T. Warmwasseraquarienfische.

Agrimonia [lat.], svw. ↑Odermennig.

Agriotes [griech.] ↑Saatschnellkäfer.

Agrobacterium [griech.], Gatt. bodenbewohnender, begeißelter, gramnegativer, aerober, z. T. pflanzenpathogener Bakterien, z. B. A.tumefaciens, das Pflanzentumoren erzeugt (↑Ti-Plasmid) und bed. in der Genmanipulation ist.

Agropyron (Agropyrum) [griech.], svw. ↑Quecke.

Agrostemma [griech.], svw. ↑Rade.

Agrostis [griech.], svw. ↑Straußgras.

Agrotis [griech.], Gatt. der Eulenfalter mit mehreren an Nutzpflanzen schädl. werdenden Arten, z. B. ↑Hausmutter, ↑Saateule.

Agrumen [italien.], svw. ↑Zitrusfrüchte.

Aguja [a'gʊxa; span.] (Geranoaetus melanoleucus), bis 70 cm großer, bläulichschwarzer Bussard mit weißl. Bauch und gelben Beinen in weiten Teilen S-Amerikas (v. a. in den Anden).

Agutis [indian.] (Dasyproctidae), Fam. bis 70 cm langer, vorwiegend Früchte fressender Nagetiere mit etwa 17 Arten in den Wäldern M- und S-Amerikas; u. a. ↑Paka, ↑Guti, ↑Schwanzagutis.

Ahorn (Acer), Gatt. der A.gewächse mit rund 150 Arten auf der Nordhalbkugel; sommergrüne Holzgewächse mit kreuzgegenständigen, meist gelappten Blättern und kleinen Blüten in Trauben oder Doldentrauben. Die charakterist. Spaltfrüchte setzen sich aus zwei einseitig geflügelten Teilfrüchten zusammen. In Europa heim. sind u. a. Bergahorn, Feldahorn und Spitzahorn. Weitere bekannte, aus Amerika und Asien stammende Arten sind Eschenahorn, Silberahorn, Zuckerahorn und Nikkoahorn. A.arten sind beliebte Park- und Straßenbäume mit z. T. wertvollem Nutzholz.

Ahorngewächse (Aceraceae), Fam. zweikeimblättriger Samenpflanzen mit 152 Arten auf der nördl. Halbkugel; meist sommergrüne Bäume oder Sträucher mit gegenständigen, meist gelappten Blättern und kleinen, häufig eingeschlechtigen, in Ähren, Trauben, Dolden oder Rispen stehenden Blüten. Wichtigste Gatt. ist ↑Ahorn.

Ahornlaus (Drepanosiphon), Gatt. der Zierläuse; in M-Europa u. a. mit der schädl. Art **Langröhrige Ahornlaus** (Drepanosiphon platanoides) mit dunklen Querbändern auf den Flügeln.

Ährchen, Teilblütenstand der zusammengesetzten Ähre der Gräser.

Ähre ↑Blütenstand.

Ährenfische (Atherinidae), Fam. der Knochenfische mit etwa 150 Arten, v. a. in küstennahen Meeresteilen (einige auch in Süßgewässern) der trop. und gemäßigten Zone; meist Schwarmfische mit einer vorderen stacheligen und einer hinteren weichen Rückenflosse; u. a. ↑Grunion, ↑Priesterfisch, als Warmwasseraquarienfische bes. der ↑Regenbogenfisch und Arten der Gattung ↑Agonostomus.

Ährengräser, Gruppe von Süßgräsern, deren Blüten in zusammengesetzten Ähren stehen; z. B. Weizen, Lolcharten.

Ährenlilie, svw. ↑Beinbrech.

Ai [indian.] (Dreifingerfaultier, Bradypus), Gatt. bis 60 cm körperlanger Faultiere mit 3 Arten und verschiedenen Unterarten in M- und S-Amerika; Vordergliedmaßen mit drei Krallen; das graubraune, häufig hell gescheckte Fell mit schwärzl. Rückenstreif (bes. deutl. beim ♂) hat bis auf den mähnenartigen Nacken kurze Haare; Kopf klein, rund, Gesicht weißl. bis gelbl.; Vorkommen hauptsächl. an Waldrändern und Flußufern, wo der Ymbahuba-Baum (Cecropia lyratiloba) wächst, von dessen Blättern, Blüten und Früchten sich die Tiere fast ausschließl. ernähren.

Ailanthus [indones.], svw. ↑Götterbaum.

Ailanthusspinner ↑Seidenspinner.

Aira [griech.], svw. ↑Schmielenhafer.

Airedaleterrier [engl. 'ɛədɛɪl; nach dem Airedale, einem Talabschnitt des Aire (England)], temperamentvolle Haushundrasse aus England; etwa 60 cm schulterhoch, rauhhaarig, meist gelblichbraun mit schwarzen Platten; Kopf längl., eckig wirkend, mit kleinen Hängeohren; Rute kupiert.

Aizoaceae [griech.], svw. ↑Eiskrautgewächse.

Ajuga [lat.], svw. ↑Günsel.

Akantharier (Acantharia) [griech.], im Meer lebende Ordnung der Strahlentierchen, deren Skelett aus Strontiumsulfat besteht; am bekanntesten ist *Acanthometra elastica*.

Akanthus [griech.] (Acanthus), svw. ↑Bärenklau.

Akanthusgewächse (Acanthaceae), Pflanzenfam. der Zweikeimblättrigen mit etwa 2 600 Arten in den Tropen und Subtropen; meist Kräuter oder Sträucher mit häufig gegenständigen, behaarten Blättern und Blüten in traubigen oder rispigen, auch kugeligen Blütenständen; bekannte Gatt. sind ↑Aphelandra, ↑Bärenklau.

Akazie [griech.] (Acacia), Gatt. der Mimosengewächse mit etwa 800 Arten in den Tropen und Subtropen (hauptsächl. Australien und S-Afrika). Bäume oder Sträucher mit gefiederten Blättern, Nebenblätter oft als Dornen ausgebildet, die, wenn hohl, oft von Ameisen angebohrt und bewohnt werden. Blüten meist gelb, häufig in Köpfchen, die ähren- oder rispenartig zusammenstehen. Verschiedene Arten sind Zierpflanzen [die Blütenstengel werden in Blumengeschäften meist fälschl. Mimosen genannt]. Nutzpflanzen sind u. a. die Verek-A. (liefert Gummiarabikum). - Akazienholz diente im alten Ägypten zur Herstellung von Götterstatuen. In hellenist. Zeit wurde die A. als hl. Baum verehrt. Das aus den Blüten der Kassia-A. gewonnene äther. Öl wird zur Parfümherstellung verwendet.

◆ (Falsche Akazie) ↑Robinie.

Akelei (Aquilegia) [mittellat.], Gatt. der Hahnenfußgewächse mit etwa 70 Arten in den gemäßigten Zonen der N-Halbkugel; meist 0,5 bis 1 m hohe Stauden mit großen, meist blau, orange oder gelb gefärbten Blüten. Die bekanntesten mitteleurop. Arten sind ↑Alpenakelei und die blauviolett auf Wiesen und in Laubwäldern blühende, geschützte **Gemeine Akelei** (Aquilegia vulgaris), die auch als Zierpflanze kultiviert wird.

Akinese (Katalepsie), durch Reflex bedingte Bewegungslosigkeit; Erstarrung als Folge der Dauerkontraktion der Bewegungsmuskulatur; bekannt z. B. das Sichtotstellen vieler Insekten bei Gefahr (**Totstellreflex**).

Akklimatisation [lat./griech.], Anpassung der Lebewesen an veränderte klimat. Bedingungen; i. e. S. die Anpassung des einzelnen Individuums an ein anderes Klima *(individuelle A.)*. Sie erfolgt meist in einem Zeitraum von mehreren Tagen (z. B. Anpassung des Menschen an verdünnte Luft durch eine erhöhte Zahl roter Blutkörperchen beim Aufenthalt im Gebirge) bis zu einigen Monaten. Der Organismus gewöhnt sich leichter an ein kälteres als an ein warmes, bes. feuchtheißes Klima. Die A.fähigkeit ist individuell verschieden und auch abhängig vom Lebensalter (in der Jugend wird ein Klimawechsel leichter ertragen als im Alter).
I. w. S. kann sich die A. auch auf eine ganze Organismengruppe wie die Vertreter einer Art innerhalb eines (klimat. veränderten) Biotops beziehen. Eine solche A. beruht meist auf Selektion, die über längere Zeiträume hinweg zu erbl. fixierten neuen Rassen oder Arten führen kann.

Akkommodation [lat.], in der *Physiologie* svw. ↑Anpassung.
◆ die *Einstellung des Auges* auf die jeweilige Entfernung des scharf abzubildenden Gegenstände. Geschieht bei Fischen und Amphibien durch Änderung des Linsenabstandes von der Netzhaut, bei Reptilien, Vögeln und Säugetieren (einschl. Mensch) durch einen Ringmuskel, der die Linsenwölbung und damit den Brechungsindex der Linse ändert. Die Linse des Auges der Säugetiere und des Menschen hängt an Fasern (Zonulafasern) im Zentrum des Ringmuskels (↑Ziliarmuskel) und ist in der Ruhelage unter dem Zug dieser Aufhängefasern abgeflacht und dadurch auf die Ferne eingestellt. Bei Verengung des Muskelrings durch Kontraktion läßt die Spannung der Fasern nach, die Linse wird auf Grund ihrer Elastizität zunehmend kugelig, das Auge stellt sich damit auf Nähe ein. - Mit fortschreitendem Alter nimmt die A.fähigkeit durch ein Nachlassen der Elastizität der Linse immer mehr ab.

Aknidarier (Acnidaria) [griech.], Stamm frei schwimmender, im Meer lebender Hohltiere mit am Scheitel liegendem Sinnespol, 8 Reihen von Wimperplättchen und meist 2 Tentakeln, die mit Klebzellen behaftet sind; einzige Klasse ↑Rippenquallen.

Akotyledonen, keimblattlose Pflanzen (alle Sporenpflanzen).

Akranier [griech.], svw. ↑Schädellose.

akropetal [griech.], scheitelwärts fortschreitend; gesagt von der Verzweigung eines Sprosses, die von der unbegrenzt wachsenden Sproßspitze immer wieder neu ihren Ausgang nimmt. - Ggs. ↑basipetal.

Akrotonie [griech.], Verzweigungsart eines Pflanzensprosses, bei dem die Seitentriebe an der Sproßspitze stärker entwickeln als die im Wachstum gehemmten Basissprosse; führt zur Kronenbildung der meisten Laub- und einiger Nadelbäume, z. B. bei Araukarien, Pinien.

Aktäonkäfer [nach Aktäon (wegen der

Alaskabär

hirschgeweihähnl. Auswüchse am Kopf] (Megasoma actaeon), etwa 6–11 cm großer, mattschwarzer, v. a. in faulendem Holz lebender Riesenkäfer (Fam. Skarabäiden) im trop. S-Amerika; das ♂ besitzt zwei kräftige, nach vorn gerichtete Dornen am Halsschild und ein langes, nach oben gebogenes und an der Spitze gespaltenes Horn am Kopf.

Aktin [griech.], Eiweißkomponente des ↑Zytoskeletts sowie des Muskels, die als ↑Aktomyosin bei der Muskelkontraktion eine wesentl. Rolle spielt.

Aktinien [griech.], svw. ↑Seerosen.

aktinomorph [griech.], strahlenförmig, radiärsymmetrisch (z. B. von Blüten gesagt).

Aktinomyzeten [griech.], svw. ↑Strahlenpilze.

Aktinopterygier [griech.], svw. ↑Strahlenflosser.

Aktionspotential, durch Zellreizung verursachte Spannungsänderung an den Membranen lebender Zellen (v. a. von Nerven, Muskeln und Drüsen), die zu einem Aktionsstrom führt. Ein A. tritt als Folge einer plötzl., kurzfristigen Änderung der Durchlässigkeit der semipermeablen („halbdurchlässigen") Membran für Natrium- und Kaliumionen auf. Die mit Mikroelektroden gemessenen Spannungen an Membranen der verschiedensten Zellen betragen etwa 70–90 mV (Zellinneres negativ, Membranoberfläche positiv geladen). Durch eine Zellreizung erfolgt eine Membranänderung im Sinne einer Durchlässigkeitserhöhung, so daß die an der Membranaußenwand angesammelten Na^+-Ionen in sehr kurzer Zeit (0,001 s bei menschl. Nerven) ins Zellinnere einströmen (**Aktionsstrom**). Die Ionenwanderung führt meist zu einem rasch abklingenden Spitzenpotential, worauf länger dauernde Nachpotentiale folgen. Die schon 1850 von H. v. Helmholtz gemessene Leitungsgeschwindigkeit der Nerven-A. beim Menschen liegt zw. 1 und 100 m/s. Auf dem Vorhandensein von A. beruht die Elektrokardiographie.

Aktomyosin [griech.], Eiweißkörper aus Myosin und Aktin, chem. Substanz der Muskelfibrille; tritt auf in Form von beieinanderliegenden Myosin- und Aktinfilamenten, die sich bei der Muskelkontraktion teleskopartig gegeneinander verschieben.

Akustikus [griech.], Kurzbez. für: Nervus acusticus (VIII. Hirnnerv).

Akzeleration [zu lat. acceleratio „Beschleunigung"], in der *Biologie* die Beschleunigung in der Aufeinanderfolge der Individualentwicklungsvorgänge. Speziell in der *Anthropologie* die Beschleunigung des Wachstums und der körperl. Reifungsprozesse des Menschen. Die auffälligsten Symptome sind eine deutl. Zunahme der durchschnittl. Körperhöhe und die Vorverlegung der sexuellen Reifung. Die akzelerationsauslösenden Faktoren wirken sowohl im nach- als auch bereits im vorgeburtl. Lebensabschnitt. Für letzteres spricht, daß die mittleren Geburtslängen und -gewichte in der ersten Hälfte des 20. Jh. deutl. zugenommen haben (in Deutschland z. B. die Geburtslänge von 50 cm auf 53 cm, das Geburtsgewicht von 3 150 g auf 3 300 g). Auch die Kleinkind-, Kind- und Jugendphasen sind durch schnellere Längen- und Gewichtszunahme im Vergleich zu früheren Jahrzehnten charakterisiert. Im Zusammenhang hiermit steht auch der frühere Durchbruch des Milchgebisses und des Dauergebisses. Von großer Bedeutung, v. a. auch unter sozialem Aspekt, ist die ebenfalls deutl. zu beobachtende Vorverlagerung der sexuellen Reifungsprozesse. Schließl. treten auch verschiedene Krankheiten heute in einem früheren Lebensalter auf, was sehr wahrscheinl. in ursächl. Zusammenhang mit dem beschleunigten Wachstums- und Reifungsgeschehen steht, z. B. Rheumatismus, Magen- und Darmgeschwüre. Offenbar ist das A. geschehen der vergangenen Jahrzehnte in erster Linie durch eine Veränderung der Umweltfaktoren bedingt, wobei Veränderungen in der Ernährung als wesentl. Ursachen in Betracht kommen. Dadurch wurde bewirkt, daß das genet. Potential für die körperl. Entwicklung heute besser zur Geltung kommt als früher. In der Gegenwart scheint sich eine gewisse Abflachung der A. abzuzeichnen (die Körperhöhen nehmen in allen Altersstufen nur noch gering zu). Dies könnte darauf hinweisen, daß die Grenzen des genet. Entwicklungspotentials fast erreicht sind. - Der häufigen Annahme, daß mit der A. eine Verlangsamung der seel. Entwicklung einhergeht, fehlen wissenschaftl. Anhaltspunkte.

📖 *Knussmann, R.: Entwicklung, Konstitution, Geschlecht. In: Humangenetik. Hg. v. P. E.*

Becker. Bd. 1, 1. Stg. 1968. - Lenz, W./Kellner, H.: Die körperl. A. Mchn. 1965.
Akzessorius [lat.], Kurzbez. für: Nervus accessorius (XI. Hirnnerv).
Ala [lat. „Flügel"] (Mrz. Alae), svw. ↑ Flügel.
Aland (Nerfling, Orfe, Elte, Leuciscus idus), bis 75 cm langer, etwas hochrückiger Karpfenfisch in klaren, kühlen Fließgewässern und Seen Eurasiens; grauschwarzer Rükken, hellere Seiten und silbrig glänzender Bauch; Flossen (mit Ausnahme der graublauen Rücken- und Schwanzflosse) rötl.; eine Farbvarietät ist die ↑ Goldorfe. Als Speisefisch nicht geschätzt.
Alandblecke, ein Karpfenfisch, ↑ Schneider.
Alang-Alang-Gras [indones./dt.] (Imperata cylindrica var. koenigii), ein mit dem Zuckerrohr nahe verwandtes Gras, bes. in den Tropen der Alten Welt; dient den Eingeborenen zum Abdecken ihrer Behausungen.
Alanin [Kw.] (α-Aminopropionsäure, Aminopropansäure), eine der wichtigsten α-Aminosäuren, Bestandteil fast aller Eiweißkörper. Chem. Strukturformel:

$$H_3C-CH(NH_2)-COOH$$

Alant (Inula), Gatt. der Korbblütler mit etwa 120 Arten in Eurasien und Afrika; in Deutschland kommt u. a. der aus Vorderasien und dem Mittelmeergebiet stammende **Echte Alant** (Helenenkraut, Inula helenium) vor, eine 0,6–2 m hohe, gelbblühende Staude, bes. auf feuchten Wiesen und an Gräben. Blätter sehr groß, ungleich gezähnt, unterseits graufilzig. Der Wurzelstock enthält Inulin und Pektine.
Alaskabär (Kodiakbär, Ursus arctos middendorffi), größte der heute noch lebenden Unterarten des ↑ Braunbären in Alaska; ♂♂ haben etwa 1,3 m Schulterhöhe und ein Gewicht bis 700 kg.
Alaskafuchs, Handelsbez. für einen auf Schwarz gefärbten Rotfuchspelz.
Alaskakaninchen, mittelgroße, durchschnittl. 3,5 kg schwere Zuchtrasse des Hauskaninchens; Körper kurz und breit, Fell glänzend tiefschwarz, Ohren auffallend kurz.
Alaskanerz, aus Alaska stammende wertvolle Zuchtrasse des Nerzes für die Pelzgewinnung.
Albatrosse [arab.-portugies.] (Diomedeidae), Fam. bis 1,3 m großer, ausgezeichnet segelnder ↑ Sturmvögel mit 13 Arten, v. a. über den Meeren der Südhalbkugel; Flügel schmal und lang. Die A. brüten meist kolonieweise auf kleinen Inseln. Bekannt sind u. a. ↑ Mollymauk, ↑ Wanderalbatros.
Albinismus [span.; zu lat. albus „weiß"], das mehr oder weniger ausgeprägte, erbl. bedingte Fehlen von Pigment bei Lebewesen (**Albinos**). Beruht auf einer Stoffwechselstörung bei der Bildung der ↑ Melanine. Man unterscheidet die beim Menschen seltenere, bei Tieren z. B. von der Weißen Maus bekannte völlige (oder annähernd völlige) Pigmentlosigkeit *(totaler A.)* mit im allg. rezessivem Erbgang vom partiellen Pigmentmangel *(partieller A.)*, bei dem nur bestimmte Körperstellen ohne Pigment sind, wodurch es oft zu einer Weißscheckung der Haut kommt (beim Menschen werden hauptsächl. Scheitel/Stirn, Bauch und Innenseiten der 4 Gliedmaßen betroffen). Der Erbgang ist bei der Scheckung im allg. dominant. Ist nur die Iris des menschl. Auges betroffen, so liegt vermutl. ein rezessiv-geschlechtsgebundener Erbgang vor; die rötl. Farbe der sehr lichtempfindl. Augen bei totalem A. kommt von den durchscheinenden Blutgefäßen.
Albrechtapfel ↑ Äpfel (Übersicht).
Albumen [zu lat. albus „weiß"] (Eiklar), das (helle) Eiweiß des Hühner- bzw. Vogeleies im Ggs. zum Eigelb.
Albumine [lat.], wichtigste Gruppe der Sphäroproteine († Proteine) neben den Globulinen und den Prolaminen. A. treten v. a. im tier. und menschl. Körper auf; sie sind wasserlösl., gerinnen bei Erhitzung und enthalten viel Schwefel; A. sind bes. im Eiklar des Hühnereies, in Blut, Milch, in geringeren Mengen in verschiedenen Pflanzensamen u. a. enthalten.
Alchemilla [arab.], svw. ↑ Frauenmantel.
Älchen (Aaltierchen), Sammelbez. für meist als Kulturpflanzen parasitierende, 0,5 bis wenige mm lange, fast durchsichtige Fadenwürmer. Nach dem Angriffsort unterscheidet man Wurzel-Ä., Stengel-Ä., Blatt-Ä. und Samenälchen.
Alcyonaria [griech.], Ordnung der Blu-

Aleuron. Aleuronkörner (A) in der Nährgewebszelle des Rizinussamens, die Eiweißkristalloide (K) und Globoide (G) umschließen; F Fetttröpfchen

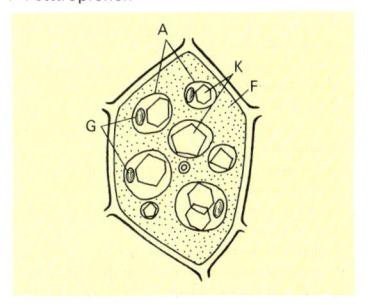

Aldosteron

mentiere mit etwa 800 Arten, v. a. in den Meeren wärmerer Regionen; bilden meist gedrungene, lederartig-fleischige, festsitzende Kolonien; die bekanntesten der 4 Fam. sind die ↑Lederkorallen und die ↑Orgelkorallen.

Aldosteron [Kw.], ein ↑Nebennierenrindenhormon; A. ist eines der wichtigsten Mineralkortikosteroide; es regelt den Transport der Natrium- und Chlorionen der Körperflüssigkeit durch die Zellmembran, reguliert auf diese Weise unmittelbar die Wasserabscheidung durch die Nieren und wirkt als Gegenspieler des ↑Vasopressins. Daneben scheint A. auch Einfluß auf den Stickstoff- und Kohlenhydratstoffwechsel zu haben. A. ist bereits in kleinsten Mengen wirksam, die tägl. Ausschüttung im menschl. Körper liegt bei etwa 0,3 mg. Da A. im Organismus nur in geringen Mengen vorhanden ist, wird es heute für medizin. Zwecke synthetisch aus Kortikosteron hergestellt.

Aldrovanda [nach dem italien. Naturwissenschaftler U. Aldrovandi, *1522, †1605], svw. ↑Wasserfalle.

Aleppokiefer (Seekiefer, Pinus halepensis), anspruchslose Kiefer im Mittelmeerraum (einschließl. Schwarzes Meer); bis 15 m hoher Baum mit schirmförmiger Krone, aschgrauer Rinde und bis 10 cm langen, hell- bzw. graugrünen Nadeln; Zapfen rotbraun oder hellgelb, bis 10 cm lang; Holz hart, dauerhaft, sehr harzreich.

Alepponuß, svw. ↑Pistazie.

Aleurites [griech.], eine Gatt. der Wolfsmilchgewächse; ↑Lackbaum.

Aleuron [griech. „Weizenmehl"], Reserveeiweiß der Pflanzen, v. a. in Samen in Form von festen Körnern, die in kleinen eiweißreichen Zellvakuolen durch Wasserentzug entstehen. Sie dienen dem Keimling als Energiereserve. Die Zellen mit *A.körnern* (die noch andere Stoffe als Eiweiß enthalten können) werden oft unter der Frucht- oder Samenschale in einer bes. Schicht, der *A.schicht*, angelegt, wie es bei Getreidekörnern der Fall ist. Bei Hülsenfrüchtlern jedoch liegen Stärke- und Eiweißkörner in den Keimlingszellen des Samens gemischt. - Abb. S. 21.

Alexandrinerklee (Ägyptischer Klee, Trifolium alexandrinum), einjährige Kleeart mit mittelgroßen, gelblichweißen Blütenköpfen; wird in Ägypten, z. T. auch in M- und S-Italien als Gründüngungs- und Futterpflanze angebaut.

Alexine [griech.], im frischen menschl. und tier. Blutserum enthaltene (nicht durch vorherige Immunisierung erworbene) Abwehrstoffe, die zus. mit einem ↑Ambozeptor Bakterien auflösen.

Alfagras [arab./dt.] (Stipa tenacissima), Art der Süßgrasgatt. Federgras die bes. in Spanien und NW-Afrika weite Flächen bedeckt. Die bis 1 m hohe Staude hat scharfkantige, am Grunde sich verzweigende Halme, fast fadenförmige Blätter und eine bis 30 cm lange, gedrungene Blütenrispe. Die später abfallende Granne jeder Blüte ist etwa 5 cm lang, der untere Teil ist federig behaart. A. wird zur Papierfabrikation verwendet (**Alfapapier**) und dient u. a. zur Herstellung von groben Flechtwerken, Körben, Decken.

Algarrobo [arab.-span.], svw. ↑Courbarilbaum.

Algen [lat.] (Phycophyta), eine der Abteilungen des Pflanzenreichs mit rund 29 000 (bis 33 000) freischwimmenden oder festgewachsenen Arten. Das Vorkommen der A. ist auf das Meer, Süßwasser oder feuchte Orte (nasse Wände, Baumstümpfe, Erdboden) begrenzt. Mit ihrem in allg. nicht in Organe gegliederten Bau zählen sie zu den Lagerpflanzen. Ihre Mannigfaltigkeit reicht von wenige μm großen Einzellern bis zu hochorganisierten Groß-A. (Tangen) von mehreren Metern Größe. Immer jedoch bleibt die Grundform der ↑Thallus, d. h. komplizierte Gewebsdifferenzierungen fehlen. In allen vier Klassen finden sich verschiedene ungeschlechtl. Fortpflanzungsweisen. Geschlechtl. Fortpflanzung ist bei allen A. bekannt. Bei vielen A. ist der Entwicklungsablauf aufgeteilt in Abschnitte geschlechtl. und ungeschlechtl. Fortpflanzung (Generationswechsel), in deren Verlauf meist diploide und haploide Phasen abwechseln (Kernphasenwechsel). - Die rund 7000 Arten der ↑Grünalgen, die v. a. im Benthos oder Plankton des Süßwassers vorkommen, zeigen eine Mannigfaltigkeit, die vom Einzeller bis zum Gewebethallus reicht. Ihre Zellen haben grundsätzl. den gleichen Aufbau wie die der höheren Pflanzen. Einzellige und koloniale Formen sind an der Bildung des pflanzl. Planktons beteiligt. Auf dem Gewässergrund und in den Uferregionen finden sich festgewachsene Arten. - Unter den 1 500 - 2000 marinen Arten der ↑Braunalgen findet man die anatom. am höchsten entwickelten und größten Formen. Braun-A. sind, mit Ausnahme der in riesigen Mengen in der Sargassosee treibenden Sargassumarten, festsitzend. Die über 4000 Arten der ↑Rotalgen sind überwiegend marin; nur etwa 180 Arten leben im Süßwasser. Charakterist. ist ihr Gehalt an dem wasserlösl. roten Pigment Phykoerythrin. Seine Hauptabsorption liegt im kurzwelligen Bereich des Spektrums, so daß die Rot-A. in größeren Meerestiefen, in die kurzwelliges Licht noch hinabreicht, leben können. Einige Arten scheiden Kalk aus (Kalk-A.). - Die ↑Goldbraunen Algen kommen mit rund 9500 meist einzelligen Arten hauptsächl. im Süßwasser vor. Die Zellen der hierher gehörenden Kiesel-A. haben einen schachtelartig zusammenpassenden, zweiteiligen Panzer aus Kieselsäure.

A. sind relativ einfache pflanzl. Systeme. Sie lassen sich in vielen Fällen leicht in Reinkultur züchten. Daher sind in den letzten Jahren

Alkaloide

einige Zentren zu ihrer Erforschung entstanden. A. werden zur Aufklärung des Feinbaus und der chem. Zusammensetzung der Pflanzenzelle untersucht. Vertreter der Grünalgengatt. Acetabularia sind ideale Modelle zur Erforschung der Gestaltbildung (Morphogenese). Die Erforschung der Entwicklungszyklen von A. hat auch das prakt. Ziel, die Züchtung von eßbaren Arten zu verbilligen und einen Raubbau in den natürl. Beständen zu verhüten. Beim Studium der Lebensansprüche der Süßwasser-A. hat sich gezeigt, daß die Arten sehr unterschiedl. Forderungen an Reinheit, Nährstoffgehalt und Temperatur des Wassers stellen. Sie dienen daher als Indikatoren zur Beurteilung der Wassergüte. Die wirtschaftl. Bedeutung der A. ist sehr groß. Von größter Wichtigkeit ist ihre Fähigkeit, auf dem Weg über die Photosynthese Sonnenenergie in chem. Energie umzuwandeln. Dieser Vorgang (Primärproduktion) ist die Grundlage allen tier. Lebens im Wasser. Die Zonen höchster Produktivität liegen in der Nähe der Kontinentalsockel im Bereich aufsteigenden, nährstoffreichen Tiefenwassers. Sie sind als die klass. Fischfanggebiete bekannt. Bei der Verwendung von A. als Nahrung von Menschen oder von Tieren (v. a. Fischen), die von A. leben, muß bes. das Speichervermögen für Gifte aus Schädlingsbekämpfungsmitteln und für radioaktive Elemente beachtet werden. Radioaktiven Phosphor findet man z. B. in A.zellen in 10 000mal höherer Konzentration als im Wasser. In jedem folgenden Glied der Nahrungskette steigt die Konzentration etwa um den Faktor 10. A. liefern Nahrungs-, Futter-, Düngemittel und Rohstoffe für die Industrie. In vielen Küstenländern werden sie seit alter Zeit gegessen. Sie sind bes. deshalb wertvoll, weil sie im Durchschnitt 30 % Eiweiß enthalten. Hinzu kommt ein hoher Gehalt an Vitaminen und Spurenelementen. Die direkte Nutzung tritt allerdings immer mehr in den Hintergrund. *Algenmehl* spielt eine große Rolle als Futterzusatz bei der Tierernährung. Die Bed. von Meeres-A. als Rohstoffe für Nahrungsmittel und Hilfsstoffe für die Lebensmittelind. steigt ständig. Eine beachtl. Rolle in der Wirtschaft aller Industrieländer spielen die aus Rot- und Braun-A. gewonnenen Gelier- und Schleimstoffe. Am bekanntesten ist ↑ Agar-Agar. Eine gleiche Schlüsselposition nimmt die aus Braun-A. gewonnene Alginsäure mit ihren Verbindungen ein. Große Bed. haben die Boden-A. (v. a. Grün-A.), die sich unter den Erstbesiedlern auf Rohböden finden. Sie tragen als Festiger und Humuslieferanten zur Vorbereitung der Erde für höhere Pflanzen bei. In Europa und den USA baut man Lager von fossilen Kiesel-A. ab (*Kieselgur*). Dieser Rohstoff wird zur Herstellung von wärmefesten Isolierungen und Filtermassen benutzt. In der Antike verstand man unter lat. alga (bei Plinius d. Ä.) bzw. unter griech. phȳkos bestimmte krautige oder baum- und strauchartige Seegewächse (wahrscheinl. Rot- und Braunalgen). C. von Linné teilte die etwa 100 ihm bekannten Arten in vier Gatt. auf (Fuens, Ulva, Conferva, Bussus). Die Bez. „Algae" verwendete A. W. Roth 1797 im heutigen Sinne. Die Botaniker des 19. Jh. teilten die A. schon damals nach den auffallenden Färbungsunterschieden ein, von denen man allmähl. feststellte, daß sie Gruppen mit verschiedenartigen Entwicklungsgang entsprechen. N. Pringsheim gelang 1856 die Beobachtung einer Befruchtung bei Fucus (bed. für die Klärung des Generationswechsels). - Abb. S. 24. ⊞ *Round, F. E.: Biologie der A. Dt. Übers. Stg.* ^{2}*1975. - Meeres-A. Industrielle Bed. u. Verwendung. Mit Beitr. v. H. A. Hoppe u. a. Hamb. 1962.*

Algenfarn (Wasserfarn, Azolla), einzige Gatt. der Algenfarngewächse mit 6 Arten, v. a. in den trop. Zonen, davon in M-Europa zwei aus Amerika stammende Arten. Die auf der Oberfläche ruhiger Gewässer schwimmenden moosähnl. Pflanzen besitzen in 2 Reihen dachziegelartig angeordnete zweilappige Schuppenblätter, deren oberer, ganz aus dem Wasser ragender Blatteil der Photosynthese dient, während der untere, dem Wasser aufliegende Blattlappen v. a. im Dienst der Wasseraufnahme steht. Die Wurzeln hängen von der Unterseite der Stengel aus frei ins Wasser.

Algengifte, in einigen Algen und Blaualgen nachgewiesene stark wirksame und z. T. die Zellmembranen schädigende Gifte (Polypeptide, Glykolypide u. a.), die i. a. indirekt über vergiftete Muscheln oder Fische in den menschl. bzw. Säugerorganismus gelangen. Z. B. blockiert Saxotoxin die ↑ Endplatte.

Algenpilze (Phycomycetes), systemat. unkorrekte Sammelbez. für Pilze mit querwandlosem Thallus und zellulosehaltigen Zellwänden; z. B. Oomycetes (mit den Falschen ↑ Mehltaupilzen und ↑ Wasserschimmelpilzen), ↑ Jochpilze und Chytridiomycetes (mit dem Erreger des Kartoffelkrebses).

Algin [lat.], Inhaltsstoff der Zellwände von Braunalgen (↑ Algen); besteht v. a. aus Alginsäure und deren Salzen.

Alisma [griech.], svw. ↑ Froschlöffel.

Alismataceae [griech.], svw. ↑ Froschlöffelgewächse.

Alkaloide [arab./griech.], bas. Stickstoffverbindungen (etwa 7 000 aus 100 Pflanzenfam.), die aus einem oder mehreren heterocycl. Ringen bestehen. Es sind Stoffwechselendprodukte, die als Alkaloidgemische in allen Pflanzenteilen vorkommen können. Der Alkaloidanteil ist in Blättern, Rinde und Früchten bes. groß; in anderen Organen können A. völlig fehlen. Der Ort der Alkaloidsynthese ist nicht unbedingt ident. mit dem Ort ihrer Anhäufung, da A. innerhalb der Pflanze weitertransportiert werden können.

Alkanna

Die Biosynthese der A. in der Pflanze erfolgt aus ↑Aminosäuren und Aminen. Die Bed. der A. für die Pflanze ist unklar, da fast alle alkaloidhaltigen Pflanzen auch alkaloidfrei gezüchtet werden können. Bei einigen Pflanzen ist die Bed. der A. als Schutz gegen Gefressenwerden begründet. Die A. haben meist eine sehr spezif. Wirkung auf bestimmte Zentren des Nervensystems und sind häufig schon in geringen Mengen tödl. Gifte (z. B. 20 mg Strychnin beim Menschen). Andererseits finden viele A., bei richtiger Konzentration angewendet, pharmazeut. Anwendung (z. B. Chinin, Morphin). Doch ist auch der medikamentöse Gebrauch nicht immer frei von Nebenwirkungen und kann bei häufigem Gebrauch zur Sucht führen. - Im *Tierreich* kommen A. nur vereinzelt vor, z. B. das Krötengift *Bufotenin*, ferner das *Tetrodotoxin* in Kugelfischen.

Die Wirkung alkaloidhaltiger Drogen - etwa des Opiums - war seit dem Altertum bekannt. Im 19. Jh. wurden A. erstmals isoliert; heute wird eine große Zahl künstl. hergestellt.

📖 *Chemistry of the alkaloids. Hg. v. S. W. Pelletier. New York 1970. - Biosynthese der A. Hg. v. K. Mothes u. H. R. Schütte. Bln. 1969.*

Alkanna [arab.-span.], Gatt. der Rauhblattgewächse mit etwa 40 Arten v. a. im Mittelmeerraum; bekannte Art ↑Schminkwurz.

Alken [altnord.] (Alcidae), Fam. bis 45 cm großer, vorwiegend Fische fressender, hauptsächl. arkt. Meeresvögel mit 20 Arten, die entfernt an Pinguine erinnern; A. schwimmen und tauchen vorzügl., fliegen aber schlecht; sie brüten in Kolonien v. a. an der Küste und auf Inseln, meist an Felsen; z. B. ↑Riesenalk, ↑Krabbentaucher, ↑Papageientaucher.

alkoholische Gärung, v. a. durch Hefepilzenzyme bzw. Zymase katalysierte Umsetzung von Glucose und anderen Hexosen zu Alkohol (Äthanol) und Kohlendioxid.

Allantois [...o-is; griech.] (Harnsack), embryonaler Harnsack der Reptilien, Vögel und Säugetiere (einschließl. des Menschen); entsteht als Ausstülpung des embryonalen Enddarms in die Chorionhöhle hinein unter Bildung einer gestielten Blase, die zuerst der Aufnahme des Harns dient, später aber v. a. ein wichtiges Atmungs- bzw. Ernährungsorgan für den Embryo darstellt.

Allele [griech.], die einander entsprechenden, jedoch im Erscheinungsbild eines Lebewesens sich unterschiedl. auswirkenden Gene homologer Chromosomen. Im allg. ist das Gen des Ursprungs- bzw. Wildtyps dominant über seine (durch Mutationen entstandenen) Allele.

Allelopathie [griech.], gegenseitige Beeinflussung von Pflanzen durch Ausscheidung wachstumshemmender oder -fördernder sowie reifebeschleunigender Substanzen. Zu den wachstumshemmenden Ausscheidungsprodukten niederer Pilze gehören einige Antibiotika (z. B. Penicillin); wachstumsfördernd wirken die zu den Phytohormonen zählenden Gibberelline. Ausscheidungsprodukt höherer Pflanzen ist z. B. Äthylen, das v. a. von Früchten ausgeschieden wird und deren Reifung beschleunigt.

Allelzentrum, svw. ↑Genzentrum.

Allensche Regel [engl. 'ælin; nach dem amerikan. Zoologen J. A. Allen, *1838, †1921], 1877 aufgestellte Theorie, nach der die relative Länge der Körperanhänge (z. B. der Beine, Ohren usw.) von Warmblütern (hauptsächl. von Säugetieren) in kälteren Gebieten geringer sein soll (Anpassungserscheinung zur Verhinderung größerer Wärmeverluste) als bei den entsprechenden Formen wärmerer Gebiete.

Allermannsharnisch (Siegwurz, Allium victorialis), bis etwa 60 cm hohe Lauchart, v. a. in den Gebirgen der Nordhalbkugel;

Algen. Schematische Darstellung der Algenart Euglena spec., einzellig mit Geißel

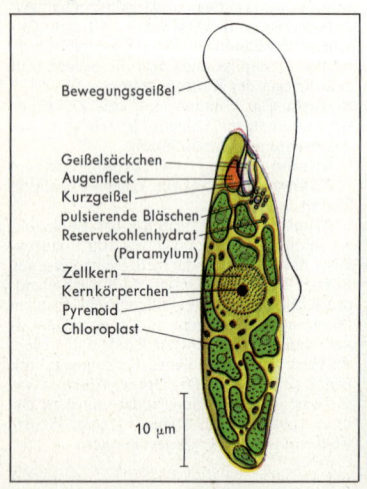

- Bewegungsgeißel
- Geißelsäckchen
- Augenfleck
- Kurzgeißel
- pulsierende Bläschen
- Reservekohlenhydrat (Paramylum)
- Zellkern
- Kernkörperchen
- Pyrenoid
- Chloroplast

10 μm

Alligatorschildkröte

allochthon

Aloe. Aloe secundiflora (links) und Aloe marlothii

Blätter lanzettförmig, Blüten grünlichweiß bis gelbl., in kugeliger Scheindolde; das netzartige Häutchen der Zwiebeln wurde früher als Panzerhemd gedeutet, die Zwiebel daher als Schutz gegen Schuß- und Stichverletzungen getragen.

Allesfresser (Omnivoren), Lebewesen, die sowohl von pflanzl. wie von tier. Nahrung leben, z. B. Schweine, Rabenvögel. Biolog. gesehen ist auch der Mensch zu den Omnivoren zu rechnen.

Alles-oder-nichts-Gesetz, Abk. ANG, physiolog. Gesetz, das besagt, daß auf einen Reiz, der die Reizschwelle erreicht hat, die volle Reaktion der Zelle erfolgt, und zwar unabhängig davon, ob der Reiz andauert, stärker oder schwächer wird. Andererseits erfolgt auf einen unterschwelligen Reiz keine Reaktion.

Alliaria [lat.], svw. ↑Knoblauchsrauke.

Alligatoren [zu span. el lagarto (von lat. lacertus) „Eidechse"] (Alligatoridae), Fam. bis 6 m langer Reptilien (Ordnung Krokodile) mit 7 Arten in und an Flüssen des trop. und subtrop. Amerika und SO-Asien; ernähren sich außer von Fischen auch von größeren Säugetieren und Vögeln, die sie unter Wasser ziehen und ertränken. Rücken- und Bauchschilde mit Hautverknöcherungen (am Bauch zuweilen nur schwach ausgebildet); z. B. ↑Mississippialligator, ↑Kaimane. Zur Gewinnung von hochwertigem Leder werden in N-Amerika A. in Farmen gehalten.

Alligatorsalamander (Plethodon), Gatt. vorwiegend Regenwürmer und Insekten fressender Molche mit fast 20 Arten v. a. in den Wäldern N-Amerikas; tagsüber unter Laub, im Moos oder in feuchten Höhlen; werden erst bei Dunkelheit oder bei Regen aktiv. Eiablage auf dem Land (z. B. unter Steinen oder im Moos) in kleinen Häufchen; A. sind beim Schlüpfen voll entwickelt; häufigste Art ist der ↑Erdsalamander.

Alligatorschildkröte (Geierschildkröte, Macroclemys temmincki), eine der größten Wasserschildkröten der Erde; dunkel- bis graubraun, mit mächtigen, hakenförmigen Kiefern („Geierschnabel") und auffallend starken Kielen auf dem (bis 75 cm langen) Rückenpanzer; in Flüssen N.-Amerikas.

Allium [lat.], svw. ↑Lauch.

Allochorie [griech.] (Fremdverbreitung), die Verbreitung von Früchten oder Samen über deren Entstehungsort hinaus (Fernverbreitung) durch die Einwirkung von außen kommender Kräfte wie Wind (**Anemochorie**), Wasser (**Hydrochorie**), Tiere (**Zoochorie**), den Menschen (**Anthropochorie**); sind mehrere Außenkräfte beteiligt, so wird von **Polychorie** gesprochen. - Ggs.: ↑Autochorie.

allochthon [griech.], nicht am Fundplatz heim. bzw. entstanden (von Lebewesen).

Alpenkrähe

Alpensalamander

Allogamie

Allogamie [griech.], svw. ↑Fremdbestäubung.

Allometrie [griech.] (allometr. Wachstum), das Vorauseilen *(positive A.)* bzw. Zurückbleiben *(negative A.)* des Wachstums von Gliedmaßen, Organen oder Geweben gegenüber dem Wachstum des übrigen Organismus. - Ggs. ↑Isometrie.

Allomimese, die Erscheinung der Angleichung mancher Tiere oder Pflanzen an Form und Farbe lebloser Materie.

Allomixis [griech.] ↑Befruchtung.

Allopatrie [griech.], das Vorkommen nächstverwandter Lebewesen *(allopatrischer Arten)* in verschiedenen geograph. Gebieten; bei entsprechend langer Isolation der Populationen können echte Arten entstehen.

allopatrische Artbildung ↑Artbildung.

Alloploidie [...o-i-...; griech.], Auftreten strukturell unterschiedl. Chromosomensätze in den Körperzellen nach der Kreuzung unterschiedl. Arten [und folgender Vervielfachung der Chromosomensätze]; je nach Zahl der Chromosomensätze spricht man von *Allodiploidie* (bei zwei Chromosomensätzen) oder von *Allopolyploidie* (bei mehr als zwei Chromosomensätzen).

Allorrhizie, eine Form der Bewurzelung, ↑Radikation.

Allosomen [griech.], Chromosomen, die in Form und Größe oder im Verhalten von den übrigen („normalen") Chromosomen (Autosomen) abweichen, hauptsächl. die Geschlechtschromosomen (Heterosomen).

allotrope Blüte, Blüte mit offenliegendem Nektar (z. B. die Trollblume).

allotroph [griech.], in der Ernährung sich anders verhaltend als die auf das Sonnenlicht oder auf organ. Stoffe angewiesenen Organismen; a. Organismen (z. B. Eisen-, Nitro-, Schwefelbakterien) gewinnen durch Aufnahme und Oxidation einfacher anorgan. Verbindungen die Energie zum Aufbau körpereigener Substanzen.

Almond (Terminalia), Gatt. der Langfadengewächse mit etwa 200 trop. Arten (v. a. in Savannen); meist laubabwerfende Bäume mit häufig büschelig an den Zweigenden stehenden Blättern; Blüten klein und unscheinbar, in Ähren oder Köpfchen; bekannt der ↑Katappenbaum. Manche Arten liefern die gerbstoffreichen Myrobalanen oder wertvolle Hölzer.

Almrausch (Almenrausch), volkstüml. Bez. für die Behaarte Alpenrose und die Rostrote Alpenrose.

Alnus [lat.], svw. ↑Erle.

Aloe [...o-e; griech.], Gatt. der Liliengewächse mit etwa 250 Arten in den Trockengebieten Afrikas; kleine bis 15 m hohe bäumebildende Pflanzen mit wasserspeichernden und daher dicken, oft am Rand dornig gezähnten Blättern meist in dichten, bodenständigen Rosetten oder schopfig zusammengedrängt am Stamm- oder Astende. Blüten röhrenförmig in aufrechtstehenden Blütenständen, die Kapselfrüchte mit zahlr. schwarzen, oft stark zusammengedrückten Samen; z. B. ↑Köcherbaum; viele Arten Zierpflanzen. A.arten wurden im 3. und 2. Jt. v. Chr. in Babylonien und Indien für Heil- und Räuchermittel, in Ägypten zus. mit Myrrhe als Konservierungsmittel beim Einbalsamieren gebraucht. Über die Araber wurden A.arten in M-Europa eingeführt. Sie wurden im MA in Arzneikräutergärten kultiviert und sowohl in angelsächs. (seit dem 10. Jh.) als auch in althochdt. und mittelhochdt. Handschriften als Heilpflanze (bes. bei Wunden und Geschwüren, so bei Hildegard von Bingen) aufgeführt. Der bittere Saft wurde mitunter als Hopfenersatz in der Bierbrauerei verwendet. - Abb. S. 25.

Alopecurus [griech.], svw. ↑Fuchsschwanzgras.

Alpaka [Quechua] (Lama pacos), langhaarige, oft einfarbig schwarze oder schwarzbraune Haustierrasse der ↑Guanakos in den Hochanden S-Amerikas; wird häufig in großen Herden gehalten, v. a. zur Gewinnung von Wolle.

Alpenakelei (Aquilegia alpina), bis 80 cm hohe, sehr seltene Akelei in den Hochalpen in 1 600–2 600 m Höhe (v. a. in Vorarlberg und Tirol); mit dreiteiligen Blättern und sehr großen (Durchmesser 5–8 cm), leuchtend blauen Blüten. Geschützt.

Alpenbalsam (Alpenleberbalsam, Erinus alpinus), Rachenblütler, v. a. an grasigen und steinigen Hängen und in Felsspalten in den Pyrenäen und Alpen in Höhen von etwa 1 500–2 350 m; niedrige, rasenbildende Staude mit hellvioletten, flach ausgebreiteten, fünfteiligen Blüten in Blütenständen; Steingartenpflanze in verschiedenen Kultursorten.

Alpenbock (Rosalia alpina), fast 4 cm großer, geschützter ↑Bockkäfer, v. a. in Gebirgen M-Europas und im Kaukasus; oberseits bläulichgrau mit je 3 schwarzen Flecken auf den Flügeldecken; Larven meist im Holz von Buchen.

Alpenbraunelle (Prunella collaris), etwa 18 cm große Braunelle in den Gebirgen N-Afrikas, Europas, Klein-, S- und O-Asiens bis Japan; aschgrauer Singvogel mit graubraunen Rückenlängsstreifen, weißer, fein schwarz gefleckter Kehle, rostbraun gestriften Flanken und schwarzen Flügeln, deren Federn braun und weiß gesäumt sind; kommt im Winter in die Täler.

Alpendohle (Pyrrhocorax graculus), etwa 40 cm großer, gut segelnder schwarzer ↑Rabenvogel in den Hochgebirgen N-Afrikas, Europas, Klein- und S-Asiens; mit roten Beinen und gelbem Schnabel.

Alpendost (Adenostyles), Gatt. der Korbblütler mit 4 Arten in den Gebirgen Europas und Kleinasiens; Blätter langgestielt,

Alpenpflanzen

groß, oft nierenförmig, Stengel bis 1,5 m hoch, mit 3–30 roten, violetten oder weißen Röhrenblüten in Köpfchen.
Alpenflora, Pflanzenwelt der Alpen († Alpenpflanzen).
Alpengänsekresse (Arabis alpina), Kreuzblütler in den Alpen (bis in 3300 m Höhe); Blütenstengel aufrecht, 6–40 cm hoch, die weißen Blüten stehen in dichter Traube; Stengelblätter grobgezähnt, mit Sternhaaren besetzt; die grundständigen Blätter bilden eine Rosette.
Alpengärten, Felsgärten zum Studium der Hochgebirgsflora am natürl. Standort. Der 1901 gegr. „Schachengarten" bei Garmisch-Partenkirchen besteht bis heute. - †auch Alpinum.
Alpenglöckchen, svw. †Troddelblume.
♦ (Echtes A., Alpentroddelblume, Soldanella alpina) Primelgewächs (Gatt. Troddelblume), zierl., geschützte Pflanze in den Alpen und anderen Gebirgen Europas, mit meist mehrblütigem, 5–15 cm langem Stengel, trichterförmiger Blumenkrone und blauen, zerschlitzten Blütenblättern. - Abb. S. 28.
Alpenheckenrose (Rosa pendulina), Rosenart in den Gebirgen S- und M-Europas; bis 1 m hoher, stachelloser Strauch, Blätter unpaarig gefiedert, Blüten dunkelrosarot; Hagebutte orangefarben, kugelig bis flaschenförmig.
Alpenheide (Felsenröschen, Loiseleuria), Gatt. der Heidekrautgewächse mit der einzigen Art Loiseleuria procumbens (A. i. e. S.) in der Arktis und in den Alpen; immergrüner Zwergstrauch mit ledrigen, etwa 6 mm langen Blättern und rosafarbenen oder weißen Blüten in Büscheln.
Alpenklee (Trifolium alpinum), Kleeart, v. a. in den Pyrenäen und Alpen; die zieml. lang gestielten Blätter sind dreizählig gefiedert; Blüten etwa 2 cm lang, purpurrot, in mehrblütigen Köpfchen.
Alpenkrähe (Pyrrhocorax pyrrhocorax), etwa 40 cm großer, gut segelnder schwarzer †Rabenvogel, v. a. in Hoch- und Mittelgebirgen sowie an Steilküsten in NW-Afrika, W- und S-Europa (in den Alpen hauptsächl. noch im Unterengadin), in Kleinasien und dem Himalaja; mit roten Beinen und (im Unterschied zur sonst recht ähnl. †Alpendohle) rotem, längl. Schnabel. - Abb. S. 25.
Alpenkratzdistel (Cirsium spinosissimum), bis 50 cm hoher Korbblütler; Blätter gelbgrün, mit vielen derben Stacheln, Blüten gelblichweiß, in Köpfchen, die von zahlr. schmalen, langen, blaßgelben Hochblättern umstellt sind; auf feuchten Matten, Gesteinsschutt und an Bachrändern der Alpen bis in etwa 2500 m Höhe.
Alpenkuhschelle (Alpenwindröschen, Pulsatilla alpina), geschütztes Hahnenfußgewächs der Gatt. †Kuhschelle; Grundblätter langgestielt, mit gesägten bis gezähnten Zipfeln, Blätter des bis 40 cm hohen Stengels ähnl. gestaltet, in einem Quirl zu dreien angeordnet; Blüten einzeln, groß, weiß oder gelb; reife Nußfrüchte bilden große, zottige, kugelige Fruchtstände (Bergmännlein, Teufelsbart).
Alpenlattich (Homogyne), Gatt. der Korbblütler mit drei Arten in den Gebirgen Europas; als Charakterpflanze der subalpinen Zwergstrauchgesellschaften M- und S-Europas kommt der **Gemeine Alpenlattich** (Homogyne alpina) vor: Rosettenstaude mit wollig behaartem, 10–40 cm hohem Stengel und weißlichvioletten Blüten.
Alpenlein (Linum alpinum), bis 30 cm hohe Art der Gatt. Lein, bes. in den Pyrenäen, Alpen und den Gebirgen SO-Europas; mit meist dicht stehenden, schmalen Blättern und zieml. lang gestielten, hellblauen Blüten, in ein- bis siebenblütigen Wickeln.
Alpenleinkraut (Linaria alpina), Leinkrautart im Felsschutt der Alpen und im Alpenvorland; 5–10 cm hohe Staude mit hellvioletten Blüten mit orangefarbenem Rachen. - Abb. S. 29.
Alpenmannstreu (Eryngium alpinum), bis 80 cm hohe, kalkliebende, geschützte Mannstreuart auf felsigen Weiden und Hochstaudenfluren bis in 2500 m Höhe; Grundblätter herzförmig, mit Stachelborsten, obere Stengelblätter drei- bis fünflappig; Blüten unscheinbar, in etwa 4 cm langer, verdickter Achse einen amethystblau überlaufenen Kolben bildend, der von gleichfarbenen Hochblättern umstanden ist (diese regen sich abends und bei kühler Witterung schützend über den Blütenstand); Gartenzierpflanze.
Alpenmurmeltier (Marmota marmota), bis 60 cm große, oberseits graue, unterseits braune Murmeltierart, meist an sonnigen Hängen in den Alpen, Pyrenäen und Karpaten in Höhen von 1000–1700 m, z. T. neu angesiedelt, z. B. im Schwarzwald (Feldberggebiet).
Alpennelke (Dianthus alpinus), 2 bis 20 cm hohe, stellenweise lockere Rasen bildende Nelkenart, v. a. in den Nördl. Kalkalpen in etwa 1000–2250 m Höhe; mit grundständiger Blattrosette, lanzettförmigen Stengelblättern und meist nur einer großen purpurroten, im Schlund weiß gesprenkelten Blüte.
Alpenpflanzen, zusammenfassende Bez. für die Pflanzen der alpinen und nivalen Stufe der Alpen (einige bis in das Alpenvorland hinabsteigend). Verbreitung und Wuchsform bedingende Faktoren sind: kurze Vegetationszeit und lange Schneebedeckung, reichl. Niederschläge, starke Windeinwirkung, rasche und große Temperaturwechsel, intensive Lichteinstrahlung mit hohem Ultraviolettanteil. - Characterist. Pflanzentypen sind: Zwergsträucher mit flach am oder im Boden kriechenden Zweigen zum Schutz vor Schnee-

Alpenpflanzen I

1 Alpenveilchen (Primelgewächs); 2 Echtes Alpenglöckchen (Primelgewächs); 3 Mehlprimel (Primelgewächs); 4 Aurikel (Primelgewächs); 5 Rostrote Alpenrose (Heidekrautgewächs); 6 Trollblume (Hahnenfußgewächs); 7 Stengelloses Leimkraut (Nelkengewächs); 8 Silberwurz (Rosengewächs); 9 Traubensteinbrech (Steinbrechgewächs)

Alpenpflanzen II

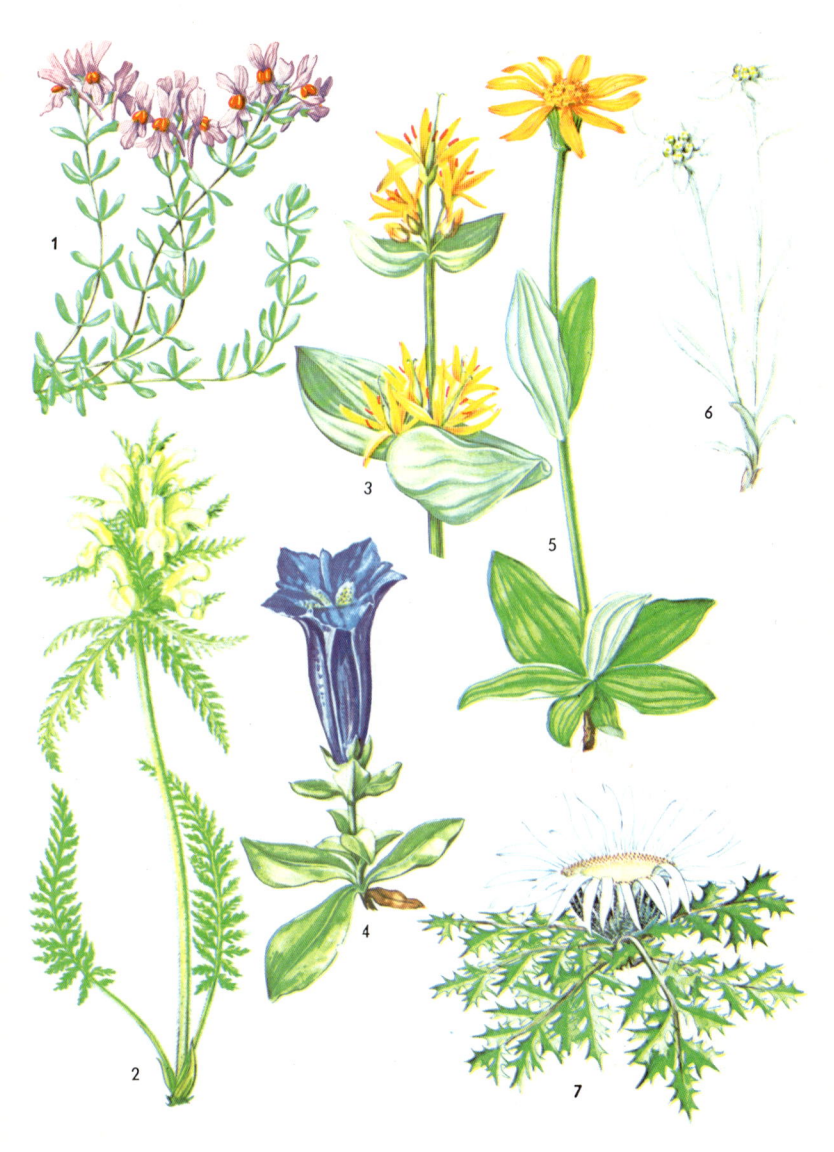

1 Alpenleinkraut (Rachenblütler); 2 Beblättertes Läusekraut (Rachenblütler); 3 Gelber Enzian (Enziangewächs); 4 Kochs Enzian (Enziangewächs); 5 Arnika (Korbblütler); 6 Edelweiß (Korbblütler); 7 Silberdistel (Korbblütler)

Alpenrose

last und scharfem Wind (z. B. Alpenheide, Krautweide); Schuttfestiger mit zahlr. langen, kriechenden Sprossen (Silberwurz, Alpenleinkraut); Humus- und Krumensammler mit Polsterwuchs (Mannsschildarten, Stengelloses Leimkraut) und Rosettenwuchs (Primel- und Steinbrecharten); zum Schutz gegen Ein- und Abstrahlung von Licht bzw. Wärme, gegen Wasserverlust und Kälteeinwirkungen dicht behaarte Formen (Edelweiß, Pelzanemone), hartlaubige (Xerophyllie; z. B. Alpenheide, Alpenrose) oder dickblättrige Formen (Sukkulenz; z. B. Fetthennen-, Hauswurz-, Steinbrecharten); Hochstauden in nährstoff- und wasserreichen Mulden (Germer, Eisenhut, Alpendost); Stauden und Kräuter mit Zwergwuchs und rascher Blütenbildung (Enzianarten, Troddelblumen). Typ. Pflanzengesellschaften sind die Alpenmatten, auf Kalkböden mit Blaugras- oder Polsterseggenrasen, auf Urgesteinsböden mit Krummseggenrasen; Pionierpflanzen auf Gestein sind die Krustenflechten. Die einzige europ.-alpine Blütenpflanze, die noch in 4275 m Höhe gefunden wurde, ist der Gletscherhahnenfuß. Bei vielen Blüten ist die intensive Färbung nur durch die Reflexion des starken Lichts bedingt. Einige A., z. B. die Achtblättrige Silberwurz (Dryas octopetala), sind Relikte aus der Eiszeit. - Abb. S. 28 f.

📖 *Hegi, G., u. a.: Alpenflora. Die wichtigsten A. Bayerns, Österreichs u. der Schweiz.* Hg. v. *H. Reisigl.* Bln. u. Hamb. [25]1977.

Alpenrose (Rhododendron), Gatt. der Heidekrautgewächse mit etwa 1300 Arten, v. a. in den Gebirgen Z- und O-Asiens und im gemäßigten N-Amerika, auch in die Arktis, nach Europa (6 Arten) und Australien vordringend. Immergrüne oder laubabwerfende Sträucher oder Bäume mit wechselständigen, ganzrandigen, oft ledrigen Blättern und meist roten, violetten, gelben oder weißen Blüten, die häufig in Doldentrauben stehen. Eine bekannte Alpenpflanze ist die **Rostrote Alpenrose** (Rostblättrige A., Rhododendron ferrugineum), ein 0,3–1 m hoher Strauch mit trichterförmig-glockigen, dunkelroten Blüten. Viele ausländ. Arten werden als Zierpflanzen kultiviert. - Abb. S. 28.

Alpensalamander (Salamandra atra), bis 16 cm langer, glänzend schwarzer Schwanzlurch (Fam. Salamander) in den Alpen und den Gebirgen Jugoslawiens und Albaniens in 700 bis 3000 m Höhe; bringt (außerhalb des Wassers) alle 2–3 Jahre zwei vollständig entwickelte, lungenatmende Junge zur Welt; unter Naturschutz. - Abb. S. 25.

Alpenscharte (Centaurea rhaponica), Flockenblumenart in den Alpen in 1400–2500 m Höhe; grundständige Blätter bis über 60 cm lang, scharf gezähnt, unterseits graufilzig; Stengel bis 1 m hoch, spinnwebartig behaart, mit purpurnem Blütenkopf, darunter kugelartig angeordnete Hüllblätter.

♦ (Saussurea) Gatt. der Korbblütler mit etwa 250 meist violett bis blau, seltener weiß blühenden Arten auf der Nordhalbkugel, v. a. in den Gebirgen; in den Alpen 3 Arten, am bekanntesten die **Echte Alpenscharte** (Saussurea alpina): etwa 20–40 cm hohe Staude, Blätter lanzettförmig, unterseits locker-spinnwebig behaart; Stengel beblättert, kantig, etwas filzig behaart und meist etwas rötl. gefärbt; die violettroten, kurzgestielten Blütenköpfchen zu 5–10 in Doldentrauben.

Alpenschneehuhn (Lagopus mutus), Art der ↑Schneehühner in den Hochgebirgen (oberhalb der Baumgrenze) und Tundren Eurasiens und N-Amerikas; Federkleid im Sommer (mit Ausnahme der weißen Flügel, des weißen Bauchs und schwarzen Schwanzes) grau- (δ) bzw. gelbbraun ($\male female$) mit stark gefleckter oder gewellter Zeichnung, im Winter weiß (ausgenommen schwarze Schwanzfedern); über den Augen kleine, leuchtend rote Lappen (Rosen), die zur Balzzeit stark anschwellen.

Alpensockenblume (Epimedium alpinum), bis 30 cm hohes Sauerdorngewächs (Gatt. Sockenblume) in den Wäldern der S-Alpen bis in etwa 1000 m Höhe; Blätter langgestielt, doppelt-dreizählig gefiedert; Blüten rot, in aufrechten oder überhängenden Rispen; auch Gartenzierpflanze.

Alpenspitzmaus (Sorex alpinus), etwa 7 cm körperlange, oberseits dunkel schieferfarbene, unterseits graubraune Spitzmaus, v. a. in den Nadelwäldern der Mittel- und Hochgebirge Europas.

Alpensteinbock (Capra ibex ibex), bis 1 m schulterhohe, bis über 2 Zentner (δ) schwere Unterart des ↑Steinbocks in den Alpen, von der Baumgrenze bis in etwa 3500 m Höhe, Hörner beim δ 80 cm bis 1 m, beim ♀ bis 20 cm lang.

Alpensüßklee (Hedysarum hedysaroides), kalkliebende Süßkleeart (in 1700 bis 2500 m Höhe), in Sibirien Steppenpflanze; bis 60 cm hohe Staude mit unpaarig gefiederten Blättern und purpurroten Blüten in endständiger, nach einer Seite gerichteter Traube; eiweißreiche Futterpflanze.

Alpentiere, Sammelbez. für in den Alpen vorkommende Tierarten, die zu einem geringen Teil nur dort, meist aber auch in benachbarten Hochgebirgen, oft auch im hohen N vorkommen. Oft ist eine auffallende Anpassung an die extremen klimat. Bedingungen des Lebensraums festzustellen. Sie zeigt sich in einer Verdichtung des Haarkleids zur Verminderung der Wärmeabstrahlung, einer verstärkten Pigmentierung bei wechselwarmen Tieren zur besseren Ausnutzung der Sonneneinstrahlung. Zur Überwindung der extremen Temperaturverhältnisse haben sich Besonderheiten der Verhaltensweise herausgebildet, z. B. eine jahresrhythm. Wanderung in verschiedene Höhenzonen, Übergang vom

Alter

Nacht- zum Tagleben, bes. bei Insekten, verlängerter Winterschlaf bei Säugetieren. Sonst meist eierlegende Amphibien und Reptilien bringen lebende Junge zur Welt und suchen für die Keimentwicklung günstige Orte auf. Manche Insekten haben zur Vermeidung der Verdriftung durch die häufigen und heftigen Winde keine Flügel mehr ausgebildet. Bekannte A. sind z. B. Alpensteinbock, Gemse, Alpenmurmeltier, Schneemaus, Alpenspitzmaus; Steinadler, Gänsegeier, Bartgeier, Steinhuhn, Alpenschneehuhn, Alpendohle, Alpenkrähe, Dreizehenspecht, Ringamsel, Mauerläufer, Bergpieper, Schneefink, Alpenbraunelle; Bergeidechse, Alpensalamander, Aspisviper; Apollo, Alpenapollo, Alpenmohrenfalter, Alpenperlmutterfalter, Gletscherfalter, Alpenweißling, Alpenbock, Gletscherfloh. - Für zahlr. Arten stellen die Alpen nicht den eigtl. Verbreitungsraum dar, sondern ein Rückzugsgebiet.

⌑ *Rokitansky, G.: Tiere der Alpenwelt. Ffm.; Innsbruck* ^{6}*1968.*

Alpenveilchen (Cyclamen), Gatt. der Primelgewächse mit etwa 20 Arten v. a. in den Alpen und im Mittelmeerraum; niedrige, ausdauernde Kräuter mit knollenförmigem, giftigem Wurzelstock, gestielten, herz- oder nierenförmigen Blättern und einzeln an langem, kräftigem Stiel sitzender weißer oder rosa- bis purpurfarbener, nickender Blüte; einzige Art in Deutschland (bayr. Alpen) ist das **Europäische Alpenveilchen** (Cyclamen purpurascens) in steinigen Laubwäldern und in Gebüsch, kalkliebend, mit weißfleckigen, unterseits karminroten Blättern und stark duftender, karminroter, etwa 1,5 cm langer Blüte; steht unter Naturschutz; viele Arten sind beliebte Zierpflanzen, v. a. **Cyclamen persicum** aus dem östl. Mittelmeergebiet, als Topfpflanze in verschiedenen Kultursorten sehr bekannt. - Abb. S. 28.

Alpenwaldrebe (Clematis alpina), Hahnenfußgewächs der Gatt. Waldrebe in den Hochgebirgen und kälteren Regionen Eurasiens und N-Amerikas; Schlingpflanze mit gegenständigen, langgestielten, dreiteiligen Blättern und großen violetten bis hellblauen (selten weißen) Blüten.

Alpenwindröschen, svw. ↑Alpenkuhschelle.

alpine Rasse (ostische Rasse), rundgesichtige, dunkel- bis schwarzhaarige, untersetzte europide ↑Menschenrasse; insbes. in westeurop. Gebirgen.

alpine Stufe ↑Vegetationsstufen.

Alpinum [lat.], Felsanlage an beliebigem Standort zur Pflege von Gebirgspflanzen, bes. für wiss. Zwecke unter Verzicht auf einen Schmuckwert bzw. eine künstler. Gestaltung.

Alraunwurzel (Mandragora officinarum), Nachtschattengewächs in S-Europa, hauptsächl. im Mittelmeergebiet; Blätter etwas zugespitzt, Blüten grünlichgelb, Früchte runde, gelbe, kurzgestielte Beeren innerhalb der Blattrosette. Die stark giftige Wurzel enthält Alkaloide und ist oft in zwei Teilwurzeln gespalten.

Alse [lat.] (Maifisch, Alosa alosa), bis 60 cm langer, silbrigweißer Heringsfisch mit goldglänzendem Kopf und blaugrünem Rükken im westl. Mittelmeer und in den atlant. Küstengewässern W-Europas; wandert zum Laichen im Frühjahr in die Unterläufe der Flüsse.

Alsine [griech.] ↑Miere.

Alter, für die Begriffe A. und Altern gibt es keine allg. gültige Definition. Das A. ist eine Lebensphase, in der sich der Mensch auf Grund der Entwicklung und Wandlung der Organe und körperl. Funktionen befindet. Altern stellt einen dynam. Vorgang dar, der als Wandel der lebenden Materie und der körperl. und seel. Funktionen des Organismus zu verstehen ist. - Im *biolog. Sinne* ist Altern ein über das ganze Leben sich erstreckender Wandlungsprozeß. Das Lebens-A. läßt sich in gewissem Grade aus dem Wachstumszustand des Organismus sowie aus Veränderungen der Gewebe und Organe erkennen und bestimmen. Beim Menschen werden allg. Säuglings-, Kleinkind-, Kindes-, Jugend-, Reife-, Erwachsenen- und Greisenalter unterschieden. Auch die Endstufe des Lebens wird als A. bezeichnet. - Das *Durchschnittsalter* bzw. die *Lebenserwartung* des Menschen ist im Laufe der Zeit ganz erhebl. angestiegen. In der griech.-röm. Zeitperiode durfte man mit einer mittleren Lebenserwartung von 20–25 Jahren rechnen. Im MA und danach bis zum Ende des 17. Jh. fand ein mäßiger Anstieg auf etwa 35 Jahre, im 18. und 19. Jh. auf 45 bis höchstens 50 Jahre statt. In den letzten Jahrzehnten hat die mittlere Lebenserwartung in den zivilisierten Ländern eine Zuwachsrate von 20 Jahren und mehr erfahren. Indessen liegt diese Erlebensspanne in den weniger entwickelten Ländern nach wie vor bei 30–35 Jahren. Die Verlängerung der durchschnittl. Lebensdauer ist vorwiegend auf die Abnahme der Säuglingssterblichkeit und die erfolgreiche Behandlung gewisser Krankheiten des Kindes- und Jugendalters zurückzuführen. Um die Jahrhundertwende betrug die mittlere Lebensdauer in Deutschland 46 Jahre, heute 68–70 Jahre. Für Männer ist dieser Durchschnittswert 2 Jahre niedriger, für Frauen dagegen 2 Jahre höher anzusetzen. 1910 waren 2,7 % aller Menschen über 70 Jahre alt, 1961 6,7 % der Bevölkerung. Die Zahl der über 60 Jahre alten Menschen beträgt heute in der BR Deutschland 20%. Der Anteil der alten Menschen hat sich in den letzten 35 Jahren fast verdoppelt. Der Mensch aber, der heute 65 Jahre alt ist, kann nicht hoffen, wesentl. länger zu leben als seine Altersgenossen vor 100 Jahren. Damals betrug die Lebenserwartung dieser Gruppe 10,8 Jah-

Alternanthera

re, bis zum heutigen Tag ist sie höchstens auf 12 Jahre angestiegen. Die äußerste Lebensspanne dürfte für den Menschen bei 120 Jahren liegen.
Vorsorge für das A. (Gerohygiene): Geistiges Training hilft der Gehirnsklerose vorzubeugen. Jede Art von Tätigkeit und Beschäftigung, z. B. der Alterssport (ohne Hochleistungsambitionen) und die Pflege eines Steckenpferdes erhalten die Elastizität und Leistungsfähigkeit und fördern eine optimist. Grundeinstellung. Eine gesunde Psychohygiene wird davon ausgehen, daß das Altern ein Urphänomen des Lebens ist.
📖 *Lehr, U.: Psychologie des Alterns. Hdbg.* ⁵*1984. - Rosenmayr, L.: Soziologie des A. In: Hdb. der empir. Sozialforschung. Hg. v. R. König. Bd. 2,1. Stg.* ³*1973. - Emmrich, R.: Realität u. Theorien des Alterns. Bln. 1966.*

Alternanthera [lat./griech.], svw. ↑Papageienblatt.

Alternsforschung (Gerontologie), die Erforschung des biol. Alterungsvorgangs (Seneszenz) und seiner Ursachen. Die Aufgabe der A. ist es, die Grundvorgänge des Alterns hinsichtl. seiner biolog., medizin., psycholog. und sozialen Aspekte zu erkennen (↑Alter).

Altersbestimmung, Feststellung des Alters von *Bäumen,* v. a. durch Abzählen der Jahresringe des Stammquerschnitts an seiner Basis.
◆ bei *Tieren* die Feststellung des Lebensalters, bes. bei den Haustieren; sie richtet sich v. a. nach dem Gebiß, nach Merkmalen an den Hörnern und Klauen und nach dem Grad der Verknöcherung bestimmter Skeletteile. Bei Fischen geben die Zuwachsstreifen der Schuppen entsprechend Auskunft.

Altflosser (Palaeopterygii), Unterklasse der Knochenfische; im Paläozoikum und Mesozoikum sehr verbreitet, heute nur noch in den beiden Ordnungen ↑Störe und ↑Flösselhechte vertreten.

Althaea [...'tɛːa; griech.], svw. ↑Stockmalve.

Altmenschen (Paläanthropinen), die [Echt]menschen der (ausgestorbenen) Neandertalergruppe (↑Neandertaler) im Ggs. zu den ursprünglicheren ↑Frühmenschen und den ↑Jetztmenschen. - ↑auch Mensch.

Altum, Johann Bernhard, *Münster (Westf.) 31. Dez. 1824, †Eberswalde 1. Febr. 1900, dt. Forstzoologe. - Begründer der modernen Forstentomologie.

Altweltaffen, svw. ↑Schmalnasen.

Altweltmäuse, svw. ↑Echtmäuse.

Alveole [zu lat. alveolus „kleine Mulde"], Hohlraum in Geweben und Organen, hauptsächl. die Zahnhöhle (Zahnfach) im Kieferknochen zur Verankerung des Zahns, in der Lunge das einzelne Lungenbläschen.

Alveolinen [lat.], seit der Kreidezeit bekannte Fam. bis 10 cm großer ↑Foraminiferen mit porzellanartigem, spindelförmigem Gehäuse; heute nur noch wenige Arten, v. a. in trop. Flachwasserbereichen.

AM, Abk. für: ↑Auslösemechanismus.

Amadinen, Bez. für Prachtfinkenarten, u. a. ↑Bandfink, ↑Gürtelgrasfink.

Amandava, Gatt. der Prachtfinken mit 3 Arten, darunter ↑Tigerfink und ↑Goldbrüstchen.

Amandibulaten [griech./lat.] (Kieferlose, Amandibulata), Abteilung kieferloser Gliederfüßer; 2 Unterstämme: *Trilobitomorpha* (mit der einzigen Klasse ↑Trilobiten) und *Chelicerata* (↑Fühlerlose).

Amanita [griech.], svw. ↑Wulstling.

Amanitin [griech.], Giftstoff des Grünen Knollenblätterpilzes, der die Leberfunktion zerstört und dadurch tödl. wirkt; wird durch Trocknen, Kochen, Braten oder Backen des Pilzes nicht zerstört.

Amarant [griech.], svw. ↑Fuchsschwanz.
◆ (Echtrot D) dunkelroter, ungiftiger Farbstoff zur Färbung von Lebensmitteln (z. B. Käserinde).

Amarantgewächse, svw. ↑Fuchsschwanzgewächse.

Amaranthaceae [griech.], svw. ↑Fuchsschwanzgewächse.

Amaranthus [griech.], svw. ↑Fuchsschwanz.

Amarelle [lat.-roman.], svw. Glaskirsche (↑Sauerkirsche).

Amaryllidaceae [griech.], svw. ↑Amaryllisgewächse.

Amaryllis [nach einer von Vergil besungenen Hirtin], Gatt. der A.gewächse mit der einzigen Art **Belladonnalilie** (A. belladonna) in S-Afrika, beliebte Zierpflanze; mit breitriemenförmigen, glatten Blättern und 6–12 großen, trichterförmigen, meist roten Blüten in endständiger Dolde an kräftigem, kahlem, bis 75 cm hohem Schaft.

Amaryllis. Blüte

Ameisen

Amaryllisgewächse (Amaryllidaceae), Pflanzenfam. der Einkeimblättrigen mit etwa 860 Arten, v. a. in den Tropen und Subtropen (bes. Afrikas). Zwiebelpflanzen mit ungestielten, meist schmalen, langen Blättern und lilienähnl. Blüten; viele Arten sind beliebte Zierpflanzen, z. B. aus den Gatt. ↑Amaryllis, ↑Klivie, ↑Narzisse, ↑Knotenblume, ↑Schneeglöckchen.

Amazonenameisen (Polyergus), Gatt. der Ameisen mit je einer Art in Europa (*Polyergus rufescens*: bräunlichrot; bis 7 mm, Weibchen 10 mm lang) und N-Amerika (*Polyergus lucidus*), die infolge ihrer langen, säbelförmigen Kiefer nicht mehr zur selbständigen Nahrungsaufnahme, Brutpflege und zum Nestbau befähigt sind. Durch Raub von Puppen und Larven anderer Ameisenarten (in M-Europa v. a. der Schwarzbraunen Waldameise) kommen sie zu sog. *Sklavenameisen*, die die entsprechenden Dienste leisten.

Amazonenpapageien (Amazona), Gatt. meist 30–40 cm großer Papageien mit 26 Arten in den Urwäldern S- und M-Amerikas; häufig grün, mit leuchtend gelber, roter und/oder blauer Zeichnung; Schwanz relativ kurz, gerade abgestutzt.

Amberbaum (Liquidambar), seit dem Tertiär bekannte Gatt. der Zaubernußgewächse mit 5 Arten in Kleinasien, China, in N- und M-Amerika; bis 45 m hohe, laubabwerfende Bäume mit ahornblattähnl. Blättern; Blüten unscheinbar, getrenntgeschlechtig, in Köpfchen, die männl. in Kätzchen; am bekanntesten ist der **Orientalische Amberbaum** (Storaxbaum, Liquidambar orientalis) in Kleinasien, aus dessen Harz (Storaxharz) Storaxbalsam gewonnen wird.

Ambivalenz [lat.], in der *Verhaltensphysiologie* ein [Konflikt]verhalten, das sich aus zwei unterschiedl., nebeneinander oder im kurzen Wechsel nacheinander auftretenden (meist unvollständigen) Reaktionen zusammensetzt und sich zeigt, wenn verschiedene, diesen Reaktionen zugrundeliegende Schlüsselreize gleichzeitig auftreten.
♦ in der *Genetik* die Eigenschaft mancher Gene, sich für den Träger (das Individuum) sowohl positiv als auch negativ auszuwirken.

Amboß (Incus), das mittlere der drei Gehörknöchelchen (↑Gehörorgan), im Menschen amboßartig geformt ist.

Ambozeptor [lat.], im Blutserum bei Infektionen und Sensibilisierung durch Antigene entstehender spezif. Schutzstoff (Antikörper), der eingedrungene Bakterien oder Blutzellen auflösen kann.

Ambrosia [griech.], von einigen Insekten (Termiten, Ameisen, gewisse Borkenkäfer) gezüchtete, als Nahrung dienende Pilzkulturen.

Ambulakralsystem [lat./griech.], Wassergefäßsystem der ↑Stachelhäuter, das im wesentl. der Fortbewegung dient.

Ameisen [zu althochdt. ā-„fort" und meizan „schneiden" (nach dem scharfen Einschnitt zw. Vorder- und Hinterkörper)] (Formicoidea), seit der Kreidezeit (etwa 100 Mill. Jahre) bekannte staatenbildende Insekten; zu den Stechimmen zählende Überfam. der Hautflügler. Die etwa 6000 (in M-Europa etwa 180, in Deutschland etwa 80) bekannten, hauptsächl. in den Tropen und Subtropen verbreiteten Arten verteilen sich auf acht Fam.: u. a. ↑Stachelameisen, ↑Wanderameisen, ↑Knotenameisen, ↑Drüsenameisen und ↑Schuppenameisen.

A. sind kleine (etwa 1 mm bis 4 cm), vorw. schwarz oder rotbraun gefärbte Insekten, die in als *Staaten* bezeichneten Nestern leben. Diese Staaten können im (z. B. der Roten Waldameise) oder auf dem Boden angelegt werden, oder werden (bei einigen trop. A.arten) aus Pflanzenmaterial in Baumkronen errichtet.

Man unterscheidet drei verschiedene Individuengruppen (*Kasten*): Die *Männchen* leben nur kurze Zeit; sie sterben nach der Befruchtung eines Weibchens. Die geschlechtl. aktiven Jungweibchen sind, wie die Männchen, zunächst geflügelt. Wenn diese *Weibchen* im Frühjahr ausfliegen, folgen ihnen die Männchen, um sie in der Luft zu begatten. Danach werfen beide Geschlechtstiere die Flügel ab. Jedes befruchtete Weibchen sucht sich nun eine geeignete Stelle, um einen neuen Staat zu gründen. Von diesem Zeitpunkt ab wird es als *Königin* bezeichnet. Ihre einzige Aufgabe ist es, Eier zu legen. Jedes Weibchen wird nur einmal befruchtet und speichert die Samen in einer kleinen Samentasche im Hinterleib. Aus unbefruchteten Eiern entstehen i. d. R. Männchen, aus befruchteten Weibchen (bzw. Arbeiterinnen). Aus den Eiern entwickeln sich zunächst fußlose, madenförmige Larven, die sich nach einigen Häutungen verpuppen.

Die dritte Kaste besteht aus den *Arbeiterinnen*, die geschlechtl. unterentwickelte Weibchen sind und die Hauptmasse eines A.staates ausmachen. Sie müssen die Nahrung besorgen, Brut und Königin pflegen und den Staat verteidigen (Soldaten).

Viele A. haben einen Giftstachel. Wenn dieser fehlt, kann eine ätzende Säure (A.säure) aus bes. Giftdrüsen abgegeben oder ein abschreckendes Sekret aus den Analdrüsen gespritzt werden.

A. ernähren sich hauptsächl. von Insektenlarven. Da unter diesen viele Schädlinge sind, werden die A. zur biolog. Schädlingsbekämpfung eingesetzt.

Ein ausgeprägter Orientierungssinn ermöglicht den A. das Auffinden der Nahrung und das Zurückfinden zum Nest. Dazu dienen die in den Fühlern gelegenen Sinnesorgane (Chemorezeptoren), die die Duftkonzentration der Duftspur registrieren. Orientierung

Ameisenbären

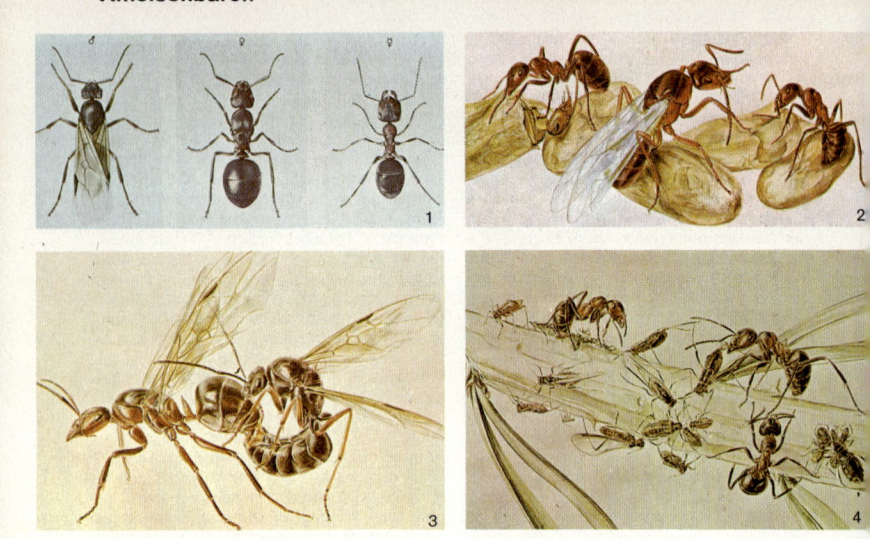

Ameisen. 1 Männchen, Weibchen und Arbeiterin der Roten Waldameise; 2 Arbeiterinnen der Waldameise betreuen schlüpfende Weibchenpuppen; in der Mitte frischgeschlüpftes Weibchen; 3 Waldameisen während der Kopulation; 4 Waldameisen bei Blattläusen

ist auch mit dem Tastsinn möglich. Durch Fühlerkontakte wird einer Führerin gefolgt. Der Gesichtssinn orientiert sich am Tage nach der Sonne. Weiterhin ist ein ausgeprägtes Ortsgedächtnis zur Orientierung im Gelände vorhanden. - Seit der Antike lieferten A. Heilmittel. Die ganzen Tiere, ihre Puppen, ihr Giftdrüsensekret oder der mit ihnen bereitete A.spiritus wurden gegen Hautkrankheiten, Geschwüre, Gicht, Rheumatismus, Fieber, Epilepsie und als Abortivum angewandt.

 Larson, P./Larson, W.: Insektenstaaten. Hamb. u. Bln. 1971. - Friedli, F.: Wunderwelt der A. Bern u. Stg. 1964. - Goetsch, W.: Die Staaten der A. Bln. u. a. ^{2}1953.

Ameisenbären (Myrmecophagidae), Fam. bis 1,2 m körperlanger (mit Schwanz 2,1 m messender), zahnloser Säugetiere mit 4 Arten in M- und S-Amerika; Boden- oder Baumbewohner mit röhrenförmig ausgezogener Schnauze und bis 0,5 m vorstreckbarer, klebriger, wurmförmiger Zunge; fressen fast ausschließl. Termiten und Ameisen.

Ameisenfischchen (Atelura formicaria), bis 6 mm langes, augenloses, gelbl. Fischchen mit metall. glänzenden Schuppen; Ameisengast.

Ameisengäste (Myrmekophilen), Bez. für Insekten, die sich in oder vor den Nestern von Ameisen aufhalten und mit diesen in einer mehr oder weniger engen Lebensgemeinschaft stehen. Man unterscheidet im einzelnen: 1. von den Ameisen feindl. verfolgte Einmieter *(Synechthren)*, meist Raubinsekten von ansehnl. Größe, die von den Ameisen oder deren Brut leben. 2. geduldete Einmieter *(Synöken)*. Hierher gehören die weitaus meisten A. Sie erhalten von ihren Wirten Wohnung, aber keine Pflege. Nahrung beschaffen sie sich selbst von Nestsubstanz und Nahrungsabfällen, sie stellen auch der Ameisenbrut nach oder erschleichen Futtersaft von Ameisen, die sich gegenseitig füttern. 3. Echte Gäste *(Symphilen)* werden von ihren Wirten gepflegt. Sie werden insbes. eifrig beleckt, oft mit Kropfinhalt wie Ameisengefährtinnen gefüttert, auch werden ihre Larven nicht selten von Ameisen wie die eigene Brut aufgezogen. Anpassungseinrichtungen an dieses Verhältnis sind Exsudatorgane wie Gruben, dünne Hautmembranen und Haare oder Borsten, an denen die von den Ameisen begehrten Stoffe aus darunterliegenden Drüsen abgeschieden werden.

Ameisenigel (Schnabeligel, Tachyglossidae), Fam. bis 80 cm langer, v. a. Termiten, Ameisen u. a. Insekten fressender Säugetiere mit 5 Arten, v. a. in den Wäldern und Steppen O-Australiens, Neuguineas und Tasmaniens. Haben einen oberseits bestachelten, ansonsten behaarten Körper und einen langen, zylindr., von Horn überzogenen zahnlosen Schnabel mit einer weit vorstreckbaren, wurmförmigen, klebrigen Zunge, an der die Insekten haften bleiben. Das etwa 15 mm lan-

Aminosäuren

AMINOSÄUREABBAU

Reaktionstyp	Enzym (und Kosubstrat)	Endprodukt	Beispiel
Decarboxylierung	Decarboxylasen (Pyridoxalphosphat)	[biogene] Amine	Tyrosin → Adrenalin Histidin → Histamin
Transaminierung	Transaminasen (Pyridoxalphosphat)	Ketosäuren	Alanin → Brenztraubensäure
oxidative Desaminierung	Dehydrogenasen (NAD) Oxidasen (Sauerstoff)	Ketosäuren	L-Glutaminsäure → α-Ketoglutarsäure

ge Ei wird vom Muttertier in eine Bauchfalte gesteckt, wo nach 7–10 Tagen das Junge schlüpft, das dann noch 6–8 Wochen in dieser Tasche verbleibt und sich durch Auflecken der aus Milchdrüsenfeldern austretenden Milch ernährt.

Ameisenjungfern (Myrmeleonidae), Fam. libellenähnl. Insekten der Ordnung ↑Netzflügler mit etwa 1 200 Arten, v. a. in den warmen Zonen (in M-Europa 5 Arten); Körper bis 8 cm lang, schlank, mit meist durchsichtigen, fast gleich großen Vorder- und Hinterflügeln, fliegen nur abends und nachts.

Ameisenkäfer (Scydmaenidae), weltweit verbreitete Käferfam. mit etwa 1 600, 1–2 mm großen Arten, davon 47 in Deutschland; haben oft Ähnlichkeit mit Ameisen.

Ameisenpflanzen (Myrmekophyten), meist trop., mit Ameisen in Symbiose lebende Pflanzen; im allg. werden die A. vor blattfressenden Insekten durch die Ameisen geschützt, die Ameisen finden Obdach oder Nahrung in hohlen Pflanzenteilen (z. B. Dornen der Akazien).

Ameisenspinnen (Dipoena), Gatt. 2 bis 4 mm langer Kugelspinnen mit 8 Arten, die räuber. von Ameisen leben.

Ameisenvögel (Formicariidae), Fam. bis 34 cm großer ↑Schreivögel mit rund 220 Arten in den Tropenwäldern S- und M-Amerikas; fressen v. a. die durch Wanderameisenzüge aufgescheuchten Insekten.

Ameisenwespen, svw. ↑Bienenameisen.

Ameiven (Ameiva) [indian.], Gatt. der Schienenechsen mit etwa 20 Arten in Mexiko, auf den Westind. Inseln, in S-Amerika bis Uruguay; flinke, auf dunklem Grund hell gestreifte und gefleckte Bodenbewohner mit langem, peitschenförmigem Schwanz, wohlentwickelten Gliedmaßen und kleinen Körnerschuppen auf dem Rücken.

Amelanchier [kelt.-frz.], svw. ↑Felsenbirne.

Amerikanerreben, amerikan. Wildreben sowie Bastarde aus diesen und europ. Kultursorten; dienen wegen ihrer Widerstandsfähigkeit gegen Reblausbefall v. a. als Pfropfunterlagen.

Amerikanische Agave (Hundertjährige Aloe, Agave americana), im Mittelmeergebiet seit der 2. Hälfte des 16. Jh. eingebürgerte Agavenart (vermutl. aus Mexiko; Wildform unbekannt); Lebensdauer 10–15 Jahre, Blütenrispe 5–8 m hoch, Blätter fleischig, bis annähernd 2 m lang, bis 20 cm breit, mit leicht geschweiftem Rand.

Amerikanischer Ährenfisch, svw. ↑Grunion.

Amerikanischer Nerz, svw. ↑Mink.

ametabol [griech.], unveränderl., die Form bzw. Gestalt nicht verändernd.

Aminoessigsäure, svw. ↑Glycin.

Aminoglucose, svw. ↑Glucosamin.

Aminoglutarsäure, svw. ↑Glutaminsäure.

Aminopropionsäure, svw. ↑Alanin.

Aminosäuren, Carbonsäuren, die eine oder mehrere Aminogruppen ($-NH_2$) in ihrem Molekül enthalten. Die Stellung der funktionellen Gruppe wird durch vorangestellte Ziffern oder durch griech. Buchstaben gekennzeichnet:

$$\overset{\omega}{CH_3}-\cdots-CH_2-\overset{\gamma}{CH_2}-\overset{\beta}{CH_2}-\overset{\alpha}{CHNH_2}-COOH$$

Die 2-Aminosäuren (α-Aminosäuren), mit Ausnahme der Aminoäthansäure opt. aktiv sind, bilden die Bausteine der ↑Proteine und haben meist Trivialnamen. Neben den Monoaminomonocarbonsäuren Glycin, Alanin, Valin, Leucin und Isoleucin gibt es Monoami-

Amöbe (schematische Darstellung).
V Vakuole, K Zellkern,
N Nahrungseinschluß. Rechts
umfließen die Scheinfüßchen
eine Alge

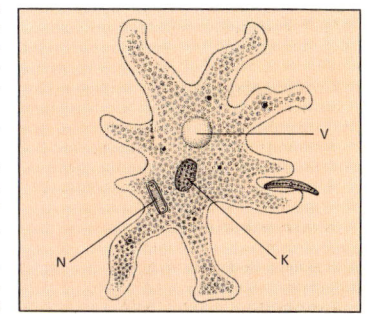

Amitose

nodicarbonsäuren mit zwei Carboxylgruppen und einer Aminogruppe (Asparaginsäure, Glutaminsäure) und Diaminomonocarbonsäure mit zwei Aminogruppen und einer Carboxylgruppe (Lysin).
Die A. zeigen auf Grund der gleichzeitigen Anwesenheit der bas. NH_2- und der sauren Carboxylgruppe amphoteren Charakter; sie bilden mit Säuren und Basen Salze. Bei einem bestimmten, für jede A. charakterist. pH-Wert (isoelektr. Punkt) liegen sie als innere Salze in Zwitterionenform vor ($H_3N^{\oplus}$ – CHR – $COO^{\ominus}$). A. sind in der Natur weit verbreitet. Von den bis heute aufgefundenen natürl. A. sind etwa 20 als Bausteine der Eiweiße in peptidartiger Verknüpfung in den hochmolekularen Eiweißstoffen enthalten. Nur Pflanzen und Mikroorganismen können alle A. aufbauen. Der tier. und menschl. Organismus kann durch Aminierung und Transaminierung von α-Ketocarbonsäuren zwölf A. synthetisieren, die restlichen müssen dem Organismus mit der Nahrung zugeführt werden. Diese letzteren A. nennt man „unentbehrliche" oder *essentielle* A. Für den Menschen sind es Valin, Leucin, Isoleucin, Lysin, Methionin, Threonin, Phenylalanin und Tryptophan. Ein zu geringes Angebot an essentiellen A. oder ihr Fehlen im Organismus führt zu einer Störung der Eiweißsynthese in den Zellen, was schwere Stoffwechselschäden (z. B. Wachstumsverzögerung) zur Folge hat. - Die 20 natürl. A. werden durch internat. festgelegte Abkürzungen wiedergegeben; ihre Reihenfolge in den Proteinen wird als **Aminosäuresequenz** bezeichnet.

Amitose (direkte Zellteilung), im Ggs. zur ↑Mitose die [hantelförmige] Durchschnürung des Zellkerns, ohne daß vorher Chromosomen oder eine Kernspindel sichtbar geworden sind; kommt v. a. bei Urtierchen und in hochdifferenzierten Geweben (z. B. Leber, Niere) vor.

Amme (Tier-A.), Weibchen, das fremde Junge säugt bzw. nährt.

Ammenhaie (Orectolobidae), Fam. kleiner Haifische mit etwa 25 Arten, v. a. in trop. Meeren; von den ähnl. Katzenhaien unterschieden durch zwei vom Maul zur Nase ziehende Gruben mit je einer kurzen, dicken Bartel.

Ammenzeugung, svw. ↑Metagenese.

Ammern (Emberizinae), mit Ausnahme von Australien und Ozeanien weltweit verbreitete Unterfam. der Finkenvögel mit 260 Arten; Schnabel kurz, kegelförmig, Schwanz zieml. lang; in M-Europa u. a. ↑Goldammer, ↑Grauammer, ↑Rohrammer, ↑Schneeammer.

Ammonifikation [griech./lat.], die biogene Mineralisation des Stickstoffs (der Eiweiße) durch Bodenbakterien und -pilze unter Ammoniakentstehung.

Ammoniten griech.; nach dem ägypt. Gott Ammon (Amun), der mit Widderhörnern dargestellt wurde] (Ammonshörner), zu Beginn der Jurazeit auftretende und am Ende der Kreidezeit ausgestorbene Gruppe fossiler Kopffüßer mit einem meist in einer Ebene in 4 bis 12 Windungen aufgerollten Kalkgehäuse; sie hatten einen Durchmesser zw. 1 cm und 2 m und waren durch zahlr. Scheidewände (Septen) in zu Lebzeiten mit Gas gefüllte Kammern unterteilt. Der für die verschiedenen A. charakterist. Verlauf der Scheidewände ist an den Versteinerungen noch in Form der ↑Lobenlinie erkennbar. Die versteinerten A. sind wichtige Leitfossilien.

Ammonshörner, svw. ↑Ammoniten.

Amnion [griech.] (Schaf[s]haut, Fruchtwassersack), ↑Embryonalhülle der höheren Wirbeltiere (Amnioten), die das Fruchtwasser umschließt.

Amnionwasser, svw. ↑Fruchtwasser.

Amnioten (Amniota) [griech.], zusammenfassende Bez. für Reptilien, Vögel und Säugetiere (einschließl. Mensch); im Ggs. zu den ↑Anamniern bilden sie bei der Keimesentwicklung die Embryonalorgane ↑Amnion, ↑Serosa und ↑Allantois aus.

Amöben [griech.] (Amoebina, Amoebozoa), weltweit verbreitete Klasse bis zu mehreren mm großer Urtierchen, v. a. in Süß- und Meeresgewässern, z. T. auch als Parasiten (z. B. Ruhramöbe) oder als harmlose Darmbewohner in anderen Organismen. Sie besitzen keine feste Körperform und bilden zur Fortbewegung bzw. Nahrungsaufnahme (v. a. Algen, Bakterien) lappen- bis fingerförmige Scheinfüßchen aus. Die Fortpflanzung erfolgt meist durch Zweiteilung; 2 Ordnungen: ↑Nacktamöben, ↑Schalamöben. - Abb. S. 35.

amöboide Fortbewegung [griech./dt.], kriechend-fließende, unter Gestaltänderung erfolgende Bewegung, wie sie die Amöben zeigen; z. B. bei den weißen Blutkörperchen.

Amöbozyten [griech.], Wander- und Freßzellen des Körpers niederer Tiere, z. B. der Schwämme; i. w. S. alle Zellen mit amöboider Fortbewegung.

amorph [griech.], in der *Biologie:* ohne feste Gestalt, unregelmäßig geformt, nicht symmetrisch; die Körperformen der Amöben betreffend.

Amorphophallus [griech.] (Dickkolben), Gatt. der Aronstabgewächse mit etwa 80 Arten in den Tropen der Alten Welt, Knollenpflanzen; meist nur ein großes Blatt (nach der Blüte); Blüten klein, unscheinbar, an dikkem, aufrechtem Kolben, der von einer großen glockigen bis trichterförmigen, am Grunde zusammengerollten Blütenscheide umhüllt wird; Knollen stärkereich, werden oft gekocht und gesalzen gegessen; u. a. ↑Titanwurz.

AMP, Abk. für: Adenosinmonophosphat (↑Adenosinphosphate).

Ampelopsis [griech.], svw. ↑Doldenrebe.

Anakardiengewächse

Ampfer (Rumex), Gatt. der Knöterichgewächse mit etwa 200 Arten, v. a. in den gemäßigten Regionen; meist Kräuter, mit oft großen, meist pfeilförmigen Blättern und kleinen, häufig unscheinbar grünen oder rötl. Blüten in einem aufrechten Blütenstand; in M-Europa etwa 20 Arten, z. B. Großer und Kleiner ↑Sauerampfer, ↑Gartenampfer.

Amphibien [griech.], svw. ↑Lurche.

amphibisch [griech.], im Wasser wie auf dem Land lebend bzw. sich bewegend.

Amphigonie [griech.] (Digenie), zweigeschlechtige Fortpflanzung (durch Ei- und Samenzellen).

Amphimixis [griech.], Vermischung der Erbanlagen bei der Befruchtung; auch svw. Kernverschmelzung bei der Befruchtung.

Amphineura [griech.], svw. Urmollusken (↑Weichtiere).

Amphipoda [griech.], svw. ↑Flohkrebse.

amphizerk [griech.] (homozerk), gesagt von einer Schwanzflosse, die äußerl. symmetr., anatom. jedoch unsymmetr. ausgebildet ist; a. sind die Schwanzflossen der meisten Knochenfische.

Amplifikation, die außerchromosomale Vervielfachung eines Gens oder einer Gengruppe für eine regulative, zeitlich begrenzte Verstärkung der entsprechenden Genaktivität.

Ampulle [lat.], blasenförmige Erweiterung eines röhrenförmigen Hohlorgans, z. B. der Bogengänge im Gehörorgan der Wirbeltiere (einschl. Mensch).

Amsel (Schwarzdrossel, Turdus merula), sehr häufige, bis 25 cm große, v. a. Würmer, Schnecken und Früchte fressende Drosselart in NW-Afrika, Europa und Vorderasien; ♂ schwarz mit leuchtend gelbem Schnabel und feinem gelbl. Augenring, ♀ und Jungvögel unscheinbar braun; Teilzieher.

Amylasen [griech.] (Diastasen), Enzyme aus der Gruppe der Hydrolasen, die Stärke und Glykogen in Maltosemoleküle spalten. Man unterscheidet die α-Amylasen, die im Speichel (u. a. *Ptyalin* beim Menschen, einigen Säugetieren und einigen Vögeln) und in der Bauchspeicheldrüse von Mensch und Tier, in Malz und Hefen vorkommen, von den β-Amylasen, die fast nur in Pflanzen zu finden sind.

Amylopektin (Stärkegranulose), Bestandteil der ↑Stärke.

Amyloplasten [griech.], Stärkebildner; ↑Leukoplasten der Pflanzenzelle, die befähigt sind, Zucker in Stärke umzuwandeln.

Anabiose [griech.], Eigenschaft niederer Tiere und Pflanzensamen, länger andauernde ungünstige Lebensbedingungen (z. B. Kälte, Trockenheit) in scheinbar leblosem Zustand zu überstehen.

Anabolismus [griech.], im Ggs. zum Katabolismus der aufbauende Stoffwechsel.

Anacyclus [griech.], svw. ↑Bertram.

anaerob [...a-e...], ohne Sauerstoff lebend.

Anaerobier (Anaerobionten) [...a-e...], [niedere] Organismen, die ohne Sauerstoff leben können, z. B. Darmbakterien, Bandwürmer; Ggs. ↑Aerobier.

Anagallis [griech.], svw. ↑Gauchheil.

Anakardiengewächse [griech./dt.] (Sumachgewächse, Anacardiaceae), seit dem älteren Tertiär in Europa auftretende Fam. der Blütenpflanzen mit etwa 600 Arten, v. a. in den Tropen und Subtropen; meist Bäume oder Sträucher mit häufig wechselständigen Blättern und fünfblättrigen Blüten in meist

Versteinerte Ammoniten.
Links: Innenseite
eines Gehäuses mit vier
teilweise erhaltenen
Kammerscheidewänden (Septen)

IN PROTEINEN VORKOMMENDE AMINOSÄUREN

Aminosäure	Abk.	Formel	Vorkommen	Entdecker, Jahr
Glycin	Gly	CH_2-COOH $\mid$ NH_2	Gelatine	H. Braconnot 1820
Alanin	Ala	$CH_3-CH-COOH$ $\mid$ NH_2	Seidenfibroin	P. Schützenberger, A. Bourgeois 1876
Valin	Val	$(CH_3)_2CH-CH-COOH$ $\mid$ NH_2	Kasein	E. Fischer 1901
Leucin	Leu	$(CH_3)_2CH-CH_2-CH-COOH$ $\mid$ NH_2	Hämoglobin	H. Braconnot 1820
Isoleucin	Ile	$CH_3-CH_2-CH-CH-COOH$ $\mid \quad \mid$ $CH_3 \; NH_2$	Hämoglobin	F. Ehrlich 1904
Serin	Ser	$CH_2-CH-COOH$ $\mid \quad \mid$ $OH \; NH_2$	Seidenfibroin	E. Cramer 1865
Threonin	Thr	$CH_3-CH-CH-COOH$ $\mid \quad \mid$ $OH \; NH_2$	Kasein	W. C. Rose, R. H. McCoy, C. E. Meyer 1935
Asparagin-säure	Asp	$HOOC-CH_2-CH-COOH$ $\mid$ NH_2	Edestin	H. Ritthausen 1868
Glutamin-säure	Glu	$HOOC-CH_2-CH_2-CH-COOH$ $\mid$ NH_2	Gliadin	H. Ritthausen 1866
Lysin	Lys	$CH_2-CH_2-CH_2-CH_2-CH-COOH$ $\mid \qquad\qquad\qquad \mid$ $NH_2 \qquad\qquad\qquad NH_2$	Serumalbumin	E. Drechsel 1889
Hydroxy-lysin	Hylys	$CH_2-CH-CH_2-CH_2-CH-COOH$ $\mid \quad \mid \qquad\qquad\qquad \mid$ $NH_2 \; OH \qquad\qquad\quad NH_2$	Gelatine	S. B. Shrijver, H. W. Buston, D. H. Mukherjee 1925
Arginin	Arg	$H_2N-C-NH-(CH_2)_3-CH-COOH$ $\quad\;\; \parallel \qquad\qquad\qquad\;\; \mid$ $\quad\;\; NH \qquad\qquad\qquad\;\; NH_2$	Salmin	S. G. Hedin 1895
Cystein	Cys	$HS-CH_2-CH-COOH$ $\mid$ NH_2	Keratin	R. A. H. Mörner 1899
Methionin	Met	$H_3C-S-CH_2-CH_2-CH-COOH$ $\mid$ NH_2	Eialbumin	J. H. Müller 1922
Phenyl-alanin	Phe	⟨⎯⟩$-CH_2-CH-COOH$ $\mid$ NH_2	Zein	E. Schulze, J. Barbieri 1881
Tyrosin	Tyr	$HO-$⟨⎯⟩$-CH_2-CH-COOH$ $\mid$ NH_2	Seidenfibroin	F. Bopp 1849
Tryptophan	Trp	[Indol]$-CH_2-CH-COOH$ $\mid$ NH_2	Fibrin	Sir F. G. Hopkins S. W. Cole 1903
Histidin	His	[Imidazol]$-CH_2-CH-COOH$ $\mid$ NH_2	Hämoglobin	A. Kossel 1896
Prolin	Pro	[Pyrrolidin]$-COOH$	Gelatine	E. Fischer 1901
Hydroxy-prolin	Hypro	$HO-$[Pyrrolidin]$-COOH$	Gelatine	E. Fischer 1902

ansehnl. Rispen; einige Arten liefern Obst (u. a. Mangobaum) und Gewürze (↑Pistazie) sowie techn. Rohstoffe (↑Firnisbaum).

Anakonda (Große A.; Eunectes murinus), 8 bis 9 m lange (größte heute lebende) Boaschlange in den feuchten, trop. Wäldern des nördl. Südamerika (v. a. des Orinoko- und Amazonasbeckens); Rücken schmutzig gelbbraun mit großen, runden, schwarzen Flecken; Kopf klein, Schwanz relativ kurz; ♀ bringt bis zu 34 voll entwickelte, bis 80 cm lange Junge zur Welt.

anal [lat.], zum After gehörend, den After betreffend.

Analbeutel, bei Hunden und Katzen zwei am After gelegene sackartige Gebilde, die je eine erbsen- bis bohnengroße Drüse (*Analbeuteldrüse*) umhüllen; sondern ein individualspezif. Sekret ab, das dem austretenden Kot in geringen Mengen zur Reviermarkierung beigemischt wird; bei Haustieren häufig ist die meist infolge einer Infektion auftretende **Analbeutelentzündung** (veranlaßt die Tiere, mit dem Hinterteil auf dem Boden zu rutschen).

Analdrüsen, svw. ↑Afterdrüsen.

Analogie [gr.], gleiche Funktion von Organen, die entwicklungsgeschichtl. verschiedener Herkunft sind; Beispiele: Phyllokladien/Blätter, Kiemen/Lungen, Insektenflügel/Fledermausflügel. - Ggs. ↑Homologie.

Anamnioten (Anamniota), Wirbeltiere, die sich ohne die ↑Embryonalhüllen Amnion, Allantois und Serosa entwickeln (Ggs.: ↑Amnioten); dazu gehören: Schädellose, Rundmäuler, Fische und Lurche.

Ananas [indian.], Gatt. der Ananasgewächse mit 5 Arten in M- und S-Amerika. ◆ (Pineapple, Ananas comosus) vermutl. in Z-Amerika und auf den Westind. Inseln heim. Art der Gatt. Ananas; wird heute in den Tropen (z. T. auch Subtropen) oft in großen Plantagen kultiviert; Hauptanbaugebiet: Hawaii (80 % der Weltproduktion), Brasilien, Florida. Die in Europa erhältl. Frischfrüchte kommen hauptsächl. aus Treibhäusern auf den Azoren. - Aus einer Rosette steifer, bis über 1 m langer und bis 6 cm breiter, oft dornig gezähnter Blätter entwickelt sich (etwa 12-20 Monate nach dem Auspflanzen) ein ährig-kolbiger Blütenstand mit etwa 30 cm langem Stiel und oft über 100 unscheinbaren, grünlichweißen oder schwach violetten Blüten. Der sich bildende zapfenförmige, gelbe bis orangefarbene Beerenfruchtstand ist je nach Sorte unterschiedl. groß (meist etwa 20 cm; kann bis über 3,5 kg schwer werden) und besitzt weißl. oder gelbes, angenehm süßsäuerl. schmeckendes Fruchtfleisch, das reich an Mineralstoffen (bes. Eisen und Kalzium) und an Vitaminen (v. a. Vitamin A und B) ist. Die Blattfasern (**Ananashanf**) dienen für feine Gewebe oder für Seile, Netze, Hängematten. Portugiesen brachten 1502 die Pflanze nach Sankt Helena. 1514 tauchte sie in Spanien, 1550 in Indien auf. Bis gegen Ende des 16. Jh. war sie in den meisten trop. Gebieten der Welt eingeführt.

Ananasgewächse (Bromeliengewächse, Bromeliaceae), Fam. der Blütenpflanzen mit über 1 700 Arten, v. a. in trop. Regenwäldern und in Trockengebieten der südl. USA und S-Amerikas bis Patagonien; bodenbewohnende oder epiphyt. lebende Rosettenpflanzen, deren meist schmale, z. T. dornig gezähnte Blätter lederig oder (bei Epiphyten) fleischig sein können; die z. T. röhrigen, oft lebhaft gefärbten Blüten stehen in meist ährigen oder traubigen Blütenständen; Früchte sind Kapseln oder Beeren; wirtschaftl. am wichtigsten die ↑Ananas; sehr eindrucksvoll die bis 9 m hohe ↑Riesenbromelie; viele Zimmerpflanzen bes. aus den Gatt. ↑Vriesea, ↑Billbergie, ↑Tillandsie, ↑Nidularie, ↑Lanzenrosette, ↑Bromelie.

Ananashanf ↑Ananas.

Ananaskirsche ↑Erdkirschen.

Anaphalis [griech.], svw. ↑Perlkörbchen.

Anaphase [griech.], Kernteilungsstadium, in dem die Chromatiden (bei der Mitose) bzw. die homologen Chromosomen (bei der Meiose) nach den Polen hin auseinanderrücken.

Anaplasma [griech.], Gatt. bis 0,6 μm großer, unbewegl. Bakterien (Rickettsien), die in den roten Blutkörperchen von Tieren parasitieren; verursachen Anaplasmosen.

Anatidae [lat.], svw. ↑Entenvögel.

Anatomie [zu griech. anatomḗ „das Zerschneiden"], die Lehre vom Bau der Organismen. Man unterscheidet eine *Pflanzen-A. (Phytotomie)* und eine *Tier-A. (Zootomie)*. Ein Teil der Zootomie ist die *A. des Menschen (Anthropotomie)* als die Lehre vom menschl. Körper. Sie ist die Grundwissenschaft der Medizin. - Durch Zergliedern und Untersuchen des pflanzl., tier. oder menschl. Körpers versucht man sich ein Wissen von der Form, Lage und Beschaffenheit der Organe (*Organologie*) und Organsysteme zu verschaffen Die **theoretische** oder **deskriptive Anatomie** befaßt sich mit der Beschreibung,

Anakonda

anatomisch

wobei sich nach vergleichend-anatom., funktionellen und entwicklungsgeschichtl. Gesichtspunkten die Organe des Körpers zu höheren Einheiten, den Systemen, zusammenfassen lassen. Beim Menschen z. B. werden folgende Systeme unterschieden: 1. Skelettsystem (Knochen, Bänder und Gelenke), auch als „passiver Bewegungsapparat" bezeichnet; 2. Muskelsystem (aktiver Bewegungsapparat); 3. Darmsystem; 4. Atmungssystem; 5. System der Harn- und Geschlechtsorgane (Urogenitalsystem); 6. Gefäßsystem; 7. Nervensystem; 8. System der Haut und der Sinnesorgane. - Die Beschreibung und Analyse des Körpers nach solchen Systemen heißt **systematische Anatomie**. Sie bildet die Voraussetzung für die *topograph. A.*, die das räuml. Nebeneinander der Organe in den einzelnen Regionen des Körpers behandelt. Als **praktische Anatomie** oder **angewandte Anatomie** bezeichnet man die Anwendung der topograph.-anatom. Kenntnisse. Wird die topograph. A. auf die Erfordernisse der Chirurgie bezogen, so wird sie **chirurg. A.** genannt. Die **vergleichende Anatomie** versucht, die Mannigfaltigkeit der verschiedenen Daseinsformen der Lebewesen sinnvoll nach dem formenmäßig Gleichwertigen zu ordnen, ferner die Verschiedenheiten, Abwandlungen, Übergänge und Funktionsänderungen der Organe und Organsysteme festzustellen und abzugrenzen. Eine wichtige Hilfswissenschaft der A. ist die (individuelle) Entwicklungsgeschichte, die Ontogenie. Der **makroskopischen Anatomie**, die sich keiner opt. Hilfsmittel bedient, steht die **mikroskopische Anatomie** gegenüber, die mittels Lupe und Mikroskop die Beschaffenheit der Organe und Gewebe (*Histologie*) bis in die feinsten Zellbestandteile untersucht. Ein neues, bed. Forschungsgebiet ist dabei die Histochemie. In der anatom. Methodik unterscheidet man beim (toten) Menschen die *Obduktion* (Feststellung einer unnatürl. Todesursache), die *Sektion*, d. h. das kunstgerechte Öffnen der drei Körperhöhlen (Kopf, Brust, Bauch) und deren Organe, sowie die *Präparation*, d. h. die sorgfältige Bloßlegung und Trennung der einzelnen Organe und Gewebe voneinander. Die Sektion wird vorwiegend bei der **pathologischen Anatomie** (Lehre von der Beschaffenheit des kranken Körpers) zur (nachträgl.) Feststellung einer zunächst unbekannten Krankheit oder Todesursache angewandt. Die präparative Methode bleibt im allg. der deskriptiven und darstellenden A. (Anfertigung von Lehrpräparaten) vorbehalten.
Geschichte: Die griech. Medizin der Frühzeit stellte das Heilen über die Erforschung des menschl. Körpers. Erste erwähnenswerte Anatomen sind Herophilos aus Alexandria (um 300 v. Chr.) und Erasistratos (um 300 – um 240); der bedeutendste Vertreter der Folgezeit ist Galen (2. Jh.). Spätantike und MA lehnten aus religiösen Rücksichten die Sektion des menschl. Körpers ab, so daß die Ergebnisse der tier. A. auf die des Menschen übertragen wurden. Bed. war A. Vesal (16. Jh.), der die erste vollständige und in den Grundzügen richtige Schrift über die A. verfaßte. Neue Entdeckungen in der Folgezeit (z. B. des Blutkreislaufs) erweiterten die anatom. Kenntnisse beträchtlich. Hinzu kamen später (18. Jh.) die systemat. Erforschung der Strukturveränderungen an kranken Organen, die patholog. A. durch G. B. Morgagni. Teildisziplinen der A. entwickelten sich im 19. Jh. zu selbständigen Wissenschaften (Physiologie, Histologie). **Bildende Kunst:** Anatom. Illustrierung medizin. Werke gibt es bereits in byzantin. Werken. Bes. bekannt die ma. Holzschnitte des Berengario da Carpi (* um 1470, † 1550). Seit der Renaissance entstehen Blätter mit anatom. Studien – auch nach Leichen – (Leonardo da Vinci, Michelangelo) als Grundlage für Malerei und Plastik überhaupt. Bed. sind die Lehrbuchillustrationen von J. S. van Kalkar (zu A. Vesal, 1543) und G. de Lairesse (zu Bidloo, 1685). Die medizin. A. wird auch Bildthema (u. a. Rembrandts Gruppenbild „A. des Dr. Tulp", 1632).
📖 *Schütz, E./Rothschuh, K. E.: Bau u. Funktionen des menschl. Körpers. Mchn.* ^{16}*1979.*

anatomisch, die Anatomie oder den Bau des [menschl.] Körpers betreffend.

Anạttostrauch [indian./dt.], svw. ↑Orleanbaum.

Anchithẹrium [griech.], im Miozän in N-Amerika und Eurasien verbreitetes, etwa 70–80 cm schulterhohes Urpferd mit drei (den Boden noch berührenden) Zehen an Vorder- und Hinterfüßen; im unteren Pliozän ausgestorben.

Anchoveta [span. anʃoˈveːta] (Südamerikan. Sardelle, Engraulis ringens), bis 14 cm lange, in großen Schwärmen auftretende Sardellenart im kalten Humboldtstrom vor den Küsten Chiles und Perus; bilden die Hauptnahrung der Guano liefernden Vögel und sind bes. in den letzten Jahren durch großangelegte Fänge für Chile und Peru von großer wirtsch. Bed. (größter Fischmehl- und Fischölind. der Welt).

Ancylọstoma [griech.], Gatt. der Hakenwürmer mit der bekannten Art ↑Grubenwurm.

Ancylus [griech.] (Ancylusschnecken), Gatt. der Lungenschnecken mit früher vielen, inzwischen größtenteils ausgestorbenen Arten in Süßgewässern; fossile Massenablagerungen (Ancylussee); heute in Europa in fließenden und stehenden Gewässern, v. a. des Berg- und Hügellandes, nur noch die **Flußnapfschnecke** (Ancylus fluviatilis), bis 7 mm lang und 3 mm hoch, mit mützenförmiger Schale, deren Spitze nach hinten gebogen ist.

Andalusier, in Spanien gezüchtete Rasse von Warmblutpferden (Schulterhöhe bis etwa

1,65 m); Kopf etwas langgestreckt; Behaarung von Mähne und Schweif lang, seidig und dicht; häufig Schimmel; aus dem A. wurden (unter Einkreuzung anderer Rassen) mehrere wertvolle Pferderassen gezüchtet, z. B. Lipizzaner, Oldenburger.
◆ span. Rasse bis 3 kg (♂♂) schwerer, meist blaugrauer Haushühner mit guter Legeleistung; Läufe und Zehen schieferblau, Kamm rot, beim ♂ groß, aufrecht, beim ♀ umliegend.

Andel, swv. ↑Salzgras.

Andenhirsche (Gabelhirsche, Hippocamelus), Gatt. der Trughirsche mit 2 Arten in den Anden S-Amerikas; rehgroße, etwas kurzbeinige, in kleinen Rudeln in 3000–4000 m Höhe lebende Hochgebirgstiere mit dichtem Haarkleid, großen Ohren und meist einfach gegabeltem Geweih.

Andentanne, svw. ↑Chilefichte.

Andorn (Marrubium), Gatt. der Lippenblütler mit 30 Arten im Mittelmeergebiet und gemäßigten Eurasien; in M-Europa 2 Arten, bes. der **Gemeine Andorn** (Mauer-A., Marrubium vulgare), ein bis 60 cm hohes, weißwolliges Kraut, v. a. auf Weiden an Wegrändern, mit ellipt., krausen Blättern und kleinen, weißen, in Quirlen stehenden Blüten; enthält neben äther. Ölen v. a. den Bitterstoff Marrubiin, der in der Volksmedizin gegen Katarrhe angewandt wird.

Andrias scheuchzeri [nlat.], etwa 1 m großer fossiler Salamander, erstmals am Schiener Berg bei Öhningen, Bad.-Württ., entdeckt. Von J. J. Scheuchzer 1726 irrtüml. als „Beingerüst eines in der Sintflut ertrunkenen Menschen" *(Homo diluvii testis)* beschrieben.

Androgene, zu den Steroiden gehörende ↑Geschlechtshormone der Hoden (insbes. die sich von ihrer chem. Grundsubstanz, dem Steroidkohlenwasserstoff Androstan ableitenden Hormone Testosteron und Androsteron) und der Nebennierenrinde (z. B. Androstendion, v. a. die Entwicklung der sekundären männl. Geschlechtsmerkmale auslösen.

androgyn [griech.], in der *Botanik:* männl. und weibl. Merkmale vereinigend; 1. von Pflanzen gesagt, die gleichzeitig männl. und weibl. Blüten ausbilden (einhäusige Pflanzen); 2. von Blütenständen, die nacheinander zuerst männl., dann rein weibl. Blüten ausbilden (z. B. bei der Kokospalme).
◆ bei Tier und Mensch svw. ↑Androgynie zeigend.

Androgynie [griech.], Scheinzwittrigkeit beim genotyp. Männchen, bei dem typ. weibliche Geschlechtsmerkmale auftreten.

Andromeda [griech.], svw. ↑Rosmarinheide.

Andromonözie, in der Botanik das Vorkommen von Zwitterblüten und rein männl. Blüten an demselben Individuum; z. B. bei der Drachenwurz. - ↑auch Gynomonözie.

andromorph [griech.], den Männchen sehr ähnlich sehend (von Weibchen derselben Art, z. B. Hyänen gesagt).

Andropause, das Erlöschen der männl. Sexualfunktionen.

Andropogon ↑Bartgras.

Androsace [griech.], svw. ↑Mannsschild.

Androstan [griech.], ↑Androgene.

Androsteron [griech.], männl. Keimdrüsenhormon aus der Gruppe der Steroide; entsteht durch Veresterung eines in der Leber gebildeten Abbauproduktes, des ↑Testosterons, und wird mit dem Harn ausgeschieden; A. bewirkt v. a. die Ausbildung der sekundären männl. Geschlechtsmerkmale.

Andrözeum (Androeceum) [griech.], Gesamtheit der Staubblätter einer Blüte.

Anemochorie [griech.] ↑Allochorie.

Anemone [griech.] (Windröschen), mit etwa 120 Arten weltweit verbreitete, v. a. jedoch in der nördl. gemäßigten Zone vorkommende Gatt. der Hahnenfußgewächse; niedrige bis mittelhohe Stauden mit meist handförmig gelappten oder geteilten Blättern und oft einzeln stehenden, unterschiedl. gefärbten Blüten; Früchte meist einsamige Nüßchen; in Deutschland einheim. sind 6 Arten, z. B. ↑Buschwindröschen, ↑Narzissenblütige Anemone; in Gärten oft großblumige, farbenprächtige ausländ. Arten, z. B. ↑Gartenanemone.

Anemonia [griech.], svw. ↑Seeanemonen.

Anethum [griech.], svw. ↑Dill.

Aneuploidie [...plo-i...; griech.], das Auftreten anomaler (nicht ganzzahliger vielfacher) Chromosomenzahlen infolge fehlerhaft ablaufender Meiosen; z. B. bei Trisomie.

Aneurin [griech.], svw. Vitamin B₁ (↑Vitamine).

angeborener gestaltbildender Mechanismus, Abk. AGM, Begriff der Verhaltensphysiologie: ein im Zentralnervensystem angenommenes System, das aus den durch die Sinnesorgane übermittelten Einzelreizen eine diesen übergeordnete Gestalt bildet, die als Schlüsselreiz eine bestimmte Reaktion auslöst (↑Auslösemechanismus). Die Arbeitsweise des AGM und seine Zuordnung zu einer Verhaltensweise sind mit der Erbsubstanz gegeben (angeboren), während sein Inhalt (die Gestalt) erst durch individuelle Lernvorgänge festgelegt wird, wobei dieses Lernen für die Erhaltung der Art lebensnotwendig ist (obligator. Lernen).

angeborenes Schema, svw. angeborener ↑Auslösemechanismus.

Angelica [griech.-lat.], svw. ↑Engelwurz.

Angiospermen [griech.], svw. ↑Bedecktsamer.

Angiotensin [griech./lat.], muskelkontrahierendes, dadurch blutdrucksteigerndes Peptid, das im Blut durch ↑Renin aus der inaktiven Vorstufe Angiotensinogen zu Angiotensin I umgesetzt wird. Durch ein sog. Umwandlungsenzym wird das eigentl. wirk-

41

Angler

same Angiotensin II gebildet. Synthet. A.präparate werden therapeut. zur Blutdrucksteigerung verwendet.

Angler ↑Anglerfische.

Anglerfischartige, svw. ↑Armflosser.

Anglerfische, (Seeteufel, Lophiidae) Fam. bis 1,5 m langer Armflosser mit etwa 12 Arten, v. a. an den Küsten der trop. und gemäßigten Zonen; Bodenfische mit sehr großem Kopf, großem, mit vielen spitzen Zähnen bewehrtem Maul und zwei Rückenflossen, von denen die vordere in 6 Stacheln aufgelöst ist; der vorderste, auf dem Oberkiefer sitzende, an der Spitze mit einem fleischigen Hautlappen versehene Stachel kann aktiv bewegt werden und dient dem Anlocken von Beute; geschätzte Speisefische; im Mittelmeer und an der Atlantikküste Europas der **Angler** (Seeteufel i. e. S., Lophius piscatorius), bis 1,5 m lang, auf dem Markt als „Forellenstör".
◆ ↑Tiefseeanglerfische.

Angler Rind, in Angeln gezüchtete hell- oder dunkelrotbraune Rinderrasse; Hörner weiß und mit schwarzen Spitzen.

Angloaraber, im 19. Jh. aus Kreuzungen zwischen Arab. und Engl. Vollblut entstandene Rasse edler und eleganter Reit- und Sportpferde mit sehr gutem Springvermögen, langem, flachem Trab und leichtem, raumgreifendem Galopp; häufig Schimmel; Zuchtgebiete bes. S-Frankreich, Polen.

Anglonormanne, seit Ende des 18. Jh. in Frankreich (bes. Normandie) durch Einkreuzungen von Engl. Vollblut in den normann. Landschlag gezüchtete Rasse kräftiger, robuster, bis 1,65 m schulterhoher Warmblutpferde mit gutem Spring- und Galoppiervermögen (meist braun oder fuchsfarben).

Angorakaninchen, seit 1723 bekannte Zuchtrasse langhaariger, bis 4,5 kg schwerer Kaninchen; Angorakaninchen liefern 700 bis 800 g Angorahaare pro Jahr, die zu Angorawolle versponnen werden.

Angorakatzen, umgangssprachl. Bez. für alle Langhaarkatzen; unter Züchtern wird für die ursprüngl. v. a. in England gezüchtete langhaarige, rundköpfige Katzenrasse offiziell die Bez. ↑Perserkatze verwendet.

Angoraziege, langhaarige, in Vorderasien gezüchtete Rasse kleiner (bis 65 cm schulterhoher) Hausziegen; beide Geschlechter tragen Hörner; die weiß, schwarz, gelb oder grau gezüchtete A. liefert bis 6 kg Angorahaare pro Jahr, die zu Mohair verarbeitet werden.

Angosturabaum [nach Angostura, dem früheren Namen von Ciudad Bolívar] (Cuspabaum, Cusparia trifoliata), Rautengewächs im nördl. S-Amerika (bes. Kolumbien, Venezuela) und auf den Westind. Inseln; Baum mit dreizähligen Blättern, in Rispen stehenden, weißen, duftenden Blüten und bitterer, u. a. mehrere Alkaloide, Chinolinderivate und äther. Öl enthaltender Rinde (*Angosturarinde*), die zur Herstellung appetit- und verdauungsanregender Mittel verwendet wird (früher auch als Chininersatz).

Anguillidae [lat.], svw. ↑Aale.

Anguillula [lat.], Gatt. der Fadenwürmer; am bekanntesten das ↑Essigälchen.

Anguis [lat.], Gatt. der Schleichen; einzige einheim. Art ↑Blindschleiche.

Anis [zu griech. ánēthon, ánēson „Dill"] (Pimpinella anisum), bis 50 cm hohe Bibernellenart; ursprüngl. in Vorderasien, Ägypten und Griechenland heim. Doldengewächs, das durch Anbau in Gärten und auf Feldern heute weit verbreitet ist; einjährige Pflanze mit ungeteilten, rundl.-herzförmigen Grundblättern, ein- bis dreifach fiederteiligen Stengelblättern und kleinen weißen Doldenblüten. Bes. die weichbehaarten, ovalen Früchte enthalten farbloses oder blaßgelbes äther. Öl (**Anisöl**)

Angorakatze

Anolis bimaculatus ferreus

Anpassung

von würzigem Geruch und süßl. Geschmack, das zum Würzen von Speisen und Backwaren, zur Herstellung von Likören (Anisette) und (medizin.) gegen Verdauungsstörungen (auch als Hustenmittel) verwendet wird.

Anisogamie ↑Heterogamie.

Anisomyaria, Unterordnung der Muscheln mit rudimentärem bis völlig reduziertem vorderem Schließmuskel und fehlendem oder nur sehr schwach entwickeltem Schloß; u. a. ↑Miesmuschel, ↑Kammuscheln, ↑Austern.

Anisophyllie, das Vorkommen unterschiedl. Laubblattformen bzw. -größen in derselben Sproßzone bei einer Pflanze; z. B. bei Moosfarnarten. - ↑auch Heterophyllie.

Anisopteren (Anisoptera) [griech.], svw. ↑Großlibellen.

Anisotropie [an-i...; griech.], in der *Biologie* das Phänomen, daß ein und dasselbe biolog. Objekt richtungsbezogen ist und diesbezügl. nicht vorauszusetzende unterschiedl. Eigenschaften zeigt; z. B. zeigen polardifferenzierte Eizellen ihren animalen und einen vegetativen Pol; ferner können z. B. Ausläufersprosse, unabhängig von Außenfaktoren, ihre Wachstumsrichtung unvermittelt ändern.

Ankylostomen [griech.], svw. ↑Hakenwürmer.

Anlage, Disposition, durch die der Endzustand einer noch in der Entwicklung befindl. Struktur vorherbestimmt wird. Ursprüngl. ein Begriff der Genetik, sind A. im weiteren Sinn auch die nicht erbl. determinierten, vielmehr intrauterin erworbenen Dispositionen.
♦ svw. ↑Erbanlage.

Annattostrauch [indian./dt.], svw. ↑Orleanbaum.

Annidation [lat.], Vorgang im Verlauf der Evolution, der selektionsbenachteiligten neu entstandenen Formen (Mutanten) durch das Besiedeln einer konkurrenzfreien, geschützten ökolog. Nische ein Überleben gestattet.

Annonaceae [indian.], svw. ↑Annonengewächse.

Annone (Annona) [indian.], Gatt. der Annonengewächse mit etwa 120 Arten in den Tropen Amerikas und Afrikas; Bäume oder Sträucher mit meist ledrigen Blättern und großen, dicken, fleischigen Blüten; die aus beerenartigen Einzelfrüchtchen zusammengesetzten Sammelfrüchte werden gegessen; u. a. ↑Chirimoya, ↑Zimtapfel, ↑Netzannone, ↑Stachelannone.
♦ häufig svw. ↑Zimtapfel.

Annonengewächse (Flaschenbaumgewächse, Annonaceae), Pflanzenfam. der Zweikeimblättrigen mit über 2000 Arten, v. a. in trop. Regenwäldern; Bäume, Sträucher oder Lianen mit meist ungeteilten, wechselständigen Blättern, häufig ansehnl., angenehm duftenden Zwitterblüten und Balg- oder Beerenfrüchten, die oft zu Sammelfrüchten verwachsen; zahlr. Arten als Obst, Gewürze oder Öl liefernde Pflanzen wirtschaftl. wichtig, z. B. ↑Annone, ↑Ylang-Ylang-Baum, ↑Guineapfeffer.

annuell [lat.-frz.], einjährig (von Kräutern, deren Vegetationszeit ein Jahr beträgt und die dann absterben; ↑Sommerannuelle, ↑Winterannuelle).

Anoa [indones.] (Gemsbüffel, Bubalus depressicornis), mit 60–100 cm Schulterhöhe und 1,6 m Körperlänge kleinstes lebendes Wildrind (Büffel) in den sumpfigen Wäldern und Dickichten von Celebes; Körper schwärzlichbraun mit mittellangen, fast antilopenhaft schlanken Beinen und zieml. kurzen, gerade nach hinten gerichteten Hörnern; bedroht.

Anodonta [griech.], Gatt. der Muscheln mit der ↑Teichmuschel (in M-Europa).

Anolis [indian.], Gatt. bis 15 cm körperlanger (mit Schwanz bis 45 cm messender) Leguane in Amerika; leben auf Bäumen und Sträuchern; gute Kletterer mit hakenbewehrten Haftpolstern an Fingern und Zehen.

Anomalie [griech.], in der *Genetik* Mißbildung geringen Umfangs in bezug auf äußere und innere Merkmale.

Anopheles [griech.], svw. ↑Malariamücken.

Anoplura [griech.], svw. Echte Läuse (↑Läuse).

Anostraca [griech.], svw. ↑Kiemenfußkrebse.

Anpassung (Adapt[at]ion; in der Physiologie: Akkommodation), die Einstellung des Organismus auf die jeweiligen Umweltbedingungen. Die A. kann vom Einzelindividuum vollzogen werden (individuelle oder physiolog. A.) oder sich aus Arten und Gatt. im Laufe der Erdgeschichte entwickelt haben (phylet. A.). *Individuelle A.:* Einfache, relativ schnell verlaufende A., die einen Regulationsmechanismus voraussetzt, der nach dem Prinzip des Regelkreises arbeitet. Beispiele hierfür sind die Einstellungsmechanismen der Blüte (Öffnen und Schließen je nach Lichtintensität

Antillenfrösche. Mexikanischer Klippenfrosch

Anser

und Temperatur), die Einstellung des Auges auf verschiedene Entfernungen und auf verschiedene Lichtintensitäten. Hierzu gehören auch die Fähigkeit der gleichwarmen Organismen, mit Hilfe eines Regelkreises die Bluttemperatur konstant zu halten, ferner die Vermehrung der roten Blutkörperchen mit abnehmendem Sauerstoffpartialdruck in großen Höhen sowie die Farb- und Helligkeitsanpassungen der Fische an den Untergrund. *Phyletische A.:* Diese Art der A. ist in den Erbanlagen verankert. Bekannte Beispiele bieten die als ↑Mimese bekannten Schutzanpassungen vieler Insekten sowie die Umgestaltung von Organen für bestimmte Leistungen (z. B. Flügelbildung bei Vögeln und Fledermäusen aus Vordergliedmaßen der Wirbeltiere).
⌇ *Burnett, A. L./Eisner, T.: A. im Tierreich. Dt. Übers. Mchn. 1966.*

Anser [lat.], Gatt. der Gänse mit ↑Graugans, ↑Saatgans und ↑Bläßgans als wichtige Arten.

Anserinae [lat.], svw. ↑Gänse.

Antagonist [griech.], 1. einer von zwei gegeneinander wirkenden Muskeln (Ggs. ↑Synergist); 2. Enzym, Hormon o. ä., das die Wirkung eines bestimmten anderen aufhebt.

Antennaria [lat.], svw. ↑Katzenpfötchen.

Antennen (italien., von lat. antenna „Segelstange"), die paarigen, verschiedenartig ausgebildeten Fühler am Kopf der Insekten, Krebstiere, Tausendfüßer und Stummelfüßer, insbesondere Geruchs- und Tastsinnesorgane tragend.

Antennenfische (Fühlerfische, Antennariidae), Fam. der Knochenfische mit etwa 75 Arten in den Meeren bes. der trop. und subtrop. (aber auch der gemäßigten) Zonen; meist Bodenfische von bizarrer, plumper Gestalt.

Anthemis [griech.], svw. ↑Hundskamille.

Antheraea [...'rɛːa; griech.], Gatt. der Augenspinner mit zahlr. großen, z. T. für die Seidengewinnung gezüchteten Arten, z. B. ↑Eichenseidenspinner.

Anthere [griech.], der Staubbeutel des Staubblattes der Blütenpflanzen.

Anthericum [griech.] ↑Graslilie.

Antheridium [griech.], Geschlechtsorgan der Algen, Moose und Farne, das ♂ Keimzellen ausbildet. - ↑auch Archegonium.

Anthomedusen [griech.], svw. ↑Blumenquallen.

Anthonomus [griech.], svw. ↑Blütenstecher.

Anthophora [griech.], svw. ↑Pelzbienen.

Anthophyten [griech.], svw. Blütenpflanzen (↑Samenpflanzen).

Anthoxanthum [griech.] ↑Ruchgras.

Anthozoa [griech.], svw. ↑Blumentiere.

Anthozyane [griech.], im Zellsaft lösl., chem. einander sehr ähnl., weit verbreitete blaue, violette oder rote wasserlösl. Pflanzenfarbstoffe, deren Farbe durch den pH-Wert des Mediums und das Vorhandensein von Metallionen beeinflußbar ist.

Anthrakotherien (Anthracotheriidae) [griech.], ausgestorbene, schwerfällige, großen Schweinen ähnl. sehende Paarhufer, die vom Eozän bis ins Pleistozän nachweisbar sind und in S-Asien, Afrika, Europa und N-Amerika verbreitet waren.

Anthrenus [griech.], Gatt. der Speckkäfer; z. B. ↑Museumskäfer, ↑Kabinettkäfer.

Anthriscus [griech.], svw. ↑Kerbel.

Anthropobiologie, Lehre und Wissenschaft von den Erscheinungsformen des menschl. Lebens und von der biolog. Beschaffenheit des Menschen. - ↑auch Anthropologie.

Anthropochoren [griech.], durch den Menschen bewußt (z. B. Kulturpflanzen, Haustiere) oder unbewußt (z. B. Unkräuter, Ungeziefer) verbreitete Pflanzen bzw. Tiere.

Anthropochorie ↑Allochorie.

anthropogen, durch den Menschen beeinflußt, vom Menschen verursacht.

Anthropogenese (Anthropogenie) [griech.], Entstehung und Abstammung des Menschen.

Anthropogenie, svw. ↑Anthropogenese.

Anthropoiden (Anthropoidea) [griech.], svw. ↑Affen.

Anthropologie [griech.] (Menschenkunde), Teilgebiet der *Biologie,* das sich mit dem Menschen beschäftigt. Schwerpunkte sind einerseits die Erforschung der menschl. Evolution (Abstammung des ↑Menschen) und das Studium der geograph. Variabilität des Menschen (↑Menschenrassen), andererseits das Studium von Wachstum und ↑Konstitution, einmal im individuellen Bereich, zum anderen unter Berücksichtigung von biolog. (z. B. Geschlecht) und soziolog. Gruppenbildungen (z. B. Sozialgruppen, Land-Stadt-Gruppen). Die A. arbeitet dabei eng mit einer Reihe von anderen wiss. Disziplinen zus., insbes. mit ↑Humangenetik. Anthropolog. und humangenet. Erkenntnisse lassen sich in der anthropolog.-erbbiolog. Vaterschaftsbegutachtung prakt. anwenden, durch die Einbeziehung von Blutgruppen, Formmerkmalen von Kopf und Gesicht, Haar- und Augenfarbe, Hautleistensystem u. a. Methoden. Einen breiten Raum in der anthropolog. Methodik nimmt die genaue Erfassung der Form- und Maßverhältnisse des menschl. Körpers ein (**Anthropometrie**), wofür genormte und geeichte Meßinstrumente zur Verfügung stehen (u. a. als Meßstab das **Anthropometer** für die Bestimmung der Körperhöhe, *Gleit- und Tastzirkel* für Kopf- und Gesichtsmaße). Bes. Farbtafeln wurden für die Bestimmung von Augen-, Haar- und Hautfarbe entwickelt. Neuerdings werden hierfür auch bes. opt. Geräte (wie das Spektralphotometer) verwendet. Die Erfassung von Formenmerkmalen (z. B. Kopf- und Gesichtsumrißformen, Nasenformen, Haarformen) erfolgt anhand spezieller Be-

stimmungstafeln. Verschiedene Maße werden oft in Beziehung zueinander gesetzt und ergeben die sog. *Indizes* (z. B. *Längen-Breiten-Index* des Kopfes; größte Kopfbreite × 100/ größte Kopflänge; Nasenindex: größte Nasenbreite × 100/ Nasenhöhe). Am Skelett lassen sich neben verschiedenen Messungen vielfach auch noch *Alters-* und *Geschlechtsdiagnosen* durchführen, was der prähistor. A. wertvolle Aufschlüsse über Alters- und Geschlechtszusammensetzung frühzeitl. Bev. ermöglicht. Zu den morpholog. Methoden rechnen auch diejenigen der *Daktyloskopie*, also die qualitative und quantitative Bestimmung von Hautleistenmustern, des Handlinienverlaufs usw. Mit zahlr. serolog. und biochem. Methoden werden die verschiedenen Bluteiweiß-, Serumeiweiß- und Enzymgruppen sowie die Varianten des Hämoglobins bestimmt, die für die A. von großer Bed. sind. Die mit den verschiedenen Methoden gewonnenen Beobachtungsdaten sind einer mathemat.-statist. Bearbeitung zu unterziehen, bevor sie ausgewertet werden können. Von bes. Wichtigkeit sind dabei Tests, mit deren Hilfe beobachtete Unterschiede zw. zwei oder mehreren Gruppen auf ihre Signifikanz (statist. Zuverlässigkeit) hin geprüft werden können. Für die Prüfung vermuteter Korrelationen (Beziehungen) zwischen anthropol. Merkmalen stehen ebenfalls bes. statist. Methoden zur Verfügung, desgleichen für die Analyse genet. Daten (z. B. die Prüfung von Erbgangshypothesen oder die Schätzung der Genfrequenz, d. h. der Häufigkeit, mit der bestimmte Erbmerkmale in einer bestimmten Population auftreten).
Geschichte: Der Begriff „Anthropologie" geht auf Aristoteles zurück, der darunter offenbar die Naturgeschichte des Menschen verstanden hat. Bei einigen griech. Philosophen und Ärzten sind Ansätze anthropolog. Forschung festzustellen. So haben sich z. B. Platon, Aristoteles und Hippokrates bereits mit Fragen der Vererbung beim Menschen auseinandergesetzt, Aristoteles auch mit Fragen der Tier-Mensch-Verwandtschaft. Im MA war das Interesse an der A. und an der Ethnologie gering. Erst mit den Entdeckungsreisen im 16. Jh. wurde der Mensch wieder zum Objekt naturwissenschaftl. Forschung. Von der Mitte des 19. Jh. an entwickelte sich innerhalb der A. ein neuer Zweig, die *Paläoanthropologie*. In der Gegenwart ist eine immer ausgeprägtere biolog.-naturwiss. Konzeption festzustellen, insbes. auch eine starke Hinwendung zur Genetik. Die erste dt. anthropol. Gesellschaft wurde 1859 gegründet. Um diese Zeit wurde auch der erste Lehrstuhl für A. in München eingerichtet.
📖 *A. Hg. v. G. Heberer. Ffm.* [7]*1975.* - *Walter, H.: Grundr. der A. Mchn. u. a. 1970.* - *Mühlmann, W.: Gesch. der A. Ffm.* [2]*1968.*
Anthropometrie ↑ Anthropologie.

Anthropomorphen (Anthropomorphae) [griech.], svw. ↑ Menschenaffen.
Anthropozoikum [griech.], Zeitalter der Entwicklung des Menschen bis zur Gegenwart.
Anthurium [griech.], svw. ↑ Flamingoblume.
Anthus [griech.] ↑ Pieper.
Anthyllis [griech.], svw. ↑ Wundklee.
Anticodon, in der Molekularbiologie die einem entsprechenden ↑ Codon der Messenger-RNS komplementäre, diesem Codon sich anheftende Nukleotiddreiergruppe (Triplett) der Transfer-RNS; wichtig beim Aufbau der artspezif. Proteine (↑ Proteinbiosynthese).
Antienzyme [anti-ε...] (Antifermente), spezif. Eiweißstoffe (Antikörper), die sich bei durch Injektion zugeführten artfremden Enzymen im menschl. und tier. Organismus nach und nach bilden und durch Zusammenlagerung mit dem fremden Enzymmolekül dessen Wirksamkeit stark herabsetzen oder aufheben.

Antifermente, svw. ↑ Antienzyme.
Antigen-Antikörper-Reaktion (Abk.: AAR), wichtigste ↑ Immunreaktion; wird ausgelöst, wenn im Blutserum ein freies ↑ Antigen mit seinem spezif. ↑ Antikörper zusammentrifft. Da an der Oberfläche der Antikörper mindestens zwei Haftstellen existieren, die gegen das Antigen, das im Ggs. dazu polyvalent ist, gerichtet sind, bildet sich ein Antigen-Antikörper-Geflecht. Die AAR mit gelösten Antigenen führt zu einer ↑ Präzipitation. Bei zellgebundenen Antigenen besteht sie sich in ↑ Agglutination. AAR können z. B. im lebenden Organismus durch Neutralisation von Toxinen (organ. Giftstoffen) Krankheiten heilen oder verhindern; sie können jedoch auch Krankheiten auslösen (z. B. Allergien).
Antigene, Substanzen, die im Körper von Menschen und Tieren eine Immunreaktion hervorrufen (Immunantwort). Dies geschieht durch die Bildung von ↑ Antikörpern gegen das Antigen oder durch das Verhalten bestimmter Zellen (Immunozyten; zelluläre Immunantwort). A. bestehen meist aus Aminosäuren und Kohlenhydraten. Man unterscheidet zw. Hetero-, Iso- und Autoantigenen. *Hetero-A.* lösen nur in artfremden Individuen eine Immunantwort aus (z. B. Krankheitserreger und ihre Produkte). *Iso-A.*, z. B. die an die Blutkörperchen gebundenen Blutgruppen-A., können eine Immunantwort bei Individuen der gleichen Art auslösen, wenn diese das entsprechende Antigen nicht haben. *Auto-A.* sind körpereigene Stoffe, gegen die eine Immunantwort entsteht, wenn der Körper diese Stoffe nicht mehr als körpereigen (sondern als Antigene) erkennt (Durchbrechung der Immuntoleranz; ↑ Antigen-Antikörper-Reaktion).

Antikörper, bestimmte Serumeiweiße, sog. *Immun[o]globuline* (Ig), die mit Antigenen reagieren (↑Antigen-Antikörper-Reaktion). A. werden von bestimmten Zellen (*Immunozyten:* Plasmazellen und Lymphozyten) gebildet. Heute gilt die Annahme, daß es für alle Antigene vorgebildete Zellen mit der Fähigkeit zur Bildung der entsprechenden A. gibt. - A. sind Y-förmig gebaut und bestehen aus vier Polypeptidketten, die durch Disulfidbrücken verbunden sind. Die Polypeptidketten bestimmen die Antigeneigenschaften. Man unterscheidet danach die Immunglobulinklassen IgG, IgM, IgA, IgD, IgE. Auf den Immunglobulinen sind (ähnl. wie auf den Blutkörperchen die Blutgruppen) bestimmte vererbbare Eigenschaften in Form von Serumgruppen lokalisiert. Mit bio- und gentechn. Verfahren gelang es **monoklonale A.** (genet. ident. A.) herzustellen. Entartete Lymphozyten (sog. Myelomazellen) werden mit antikörperbildenden Lymphozyten verschmolzen. Diese Hybridome sind fast unbegrenzt lebensfähig und bilden große Mengen des Antikörpers, auf den die Lymphozyten „programmiert" waren. - Wichtige A. sind Agglutinine, Lysine und Alexine.

Antillenfrösche (Eleutherodactylus), artenreiche Gatt. der Pfeiffrösche, auf den Westind. Inseln und im übrigen trop. Amerika; meist nur 15–25 mm große Tiere ohne Schwimmhäute. Aus den Gelegen schlüpfen fertig entwickelte Jungfrösche. - Abb. S. 43.

Antilocapra [mittelgriech./lat.], Gatt. der Gabelhorntiere mit der einzigen rezenten Art ↑Gabelbock.

Antilopen [zu mittelgriech. anthólops, eigtl. „Blumenauge" (Name eines Fabeltiers)], zusammenfassende Bez. für alle Unterfam. der Horntiere mit Ausnahme der Rinder und Ziegenartigen. Zu den A. zählen die Ducker, Böckchen, Waldböcke, Kuh-A., Pferdeböcke, Riedböcke, die Gazellenartigen und Saigaartigen. Die etwa 75 Arten weisen Körperlängen von etwa 50 cm bis 3,5 m und Schulterhöhen von etwa 25 cm (Zwergspringer) bis 1,8 m (Elenantilope) auf. Sie sind in Afrika sowie M- und S-Asien verbreitet. Eine Art (Saiga) dringt bis SO-Europa vor. Die A. leben in kleinen Familienverbänden oder in oft sehr umfangreichen, auch mit anderen Tierarten vergesellschafteten Herden. Als Haustiere wurden A. schon in frühgeschichtl. Zeit gehalten. Im 3. bis 1. Jt. v. Chr. wurden sie gefangen und gezüchtet. Ägypter und Römer hielten A. in Tiergärten.

Antimetaboliten, exogene Stoffe, die die Funktion wichtiger Substanzen des Stoffwechsels beeinträchtigen oder unterbinden, z. B. ↑Antivitamine.

Antimutagene, Mutagenen entgegenwirkende, die Mutationsrate herabsetzende Stoffe; z. B. Alkohole (Äthylalkohol, Glycerin), das Enzym Katalase.

Antipoden [zu griech. antipodes „die Gegenfüßler"], svw. ↑Gegenfüßlerzellen.

Antirrhinum [griech.], svw. ↑Löwenmaul.

Antithrombin, Stoff, der die Thrombinaktivierung hemmt und bereits gebildetes Thrombin inaktiviert; natürl. Hemmstoff bei der Blutgerinnung.

Antivitamine, Stoffe, die Vitamine inaktivieren. Sie verdrängen die als Koenzyme wirkenden Vitaminkomponenten bestimmter Enzyme aus ihrer Bindung an das Apoenzym und blockieren den Stoffwechsel, indem sie den Platz der Vitamine einnehmen, ohne deren Funktion zu erfüllen. A. finden als Arzneimittel (z. B. die antagonist. zum Bakterienwuchsstoff p-Aminobenzoesäure wirkenden Sulfonamide) gegen Bakterien Verwendung.

Antrum [griech.], in der Anatomie Bez. für: Höhle; z. B. *A. mastoideum,* vor der Paukenhöhle des Mittelohrs gelegene Knochenhöhle.

Anubispavian (Grüner Pavian, Papio anubis), Pavianart in den Grasländern und Savannen v. a. Z- und O-Afrikas; Fell olivgrün, bräunl. gesprenkelt, mit Nacken- und Schultermähne; Bodentier, das sich i. a. auf allen Vieren fortbewegt.

Anura [griech.], svw. ↑Froschlurche.

Anus [lat.], svw. ↑After.

Aonium (Aeonium) [griech.], Gatt. der Dickblattgewächse mit etwa 40 Arten, v. a. im Mittelmeerraum, in Arabien, Äthiopien, auf Madeira und den Kanar. Inseln. Die bis 1 m großen, rosettigen Halbsträucher oder Stauden haben meist gelbe, weißl. oder rote Blüten in Blütenständen.

Aorta [griech.] (Hauptschlagader), stärkste (beim Menschen bis 3 cm weite), sehr elast. Schlagader der Wirbeltiere, von der die meisten oder alle übrigen Arterien abzweigen. Die Geschwindigkeit des Blutstroms in der A. des Menschen beträgt 20–60 cm/s, die der Druckwelle (Pulswelle) 4–6 m/s. Der Blutdruck in der A. liegt zw. etwa 110 (diastol.; 14 665 Pa) und 160 mm Hg (systol.; 21 328 Pa). Bei den Vögeln und Säugetieren (einschließl. Mensch) ist nur ein Aortenbogen vorhanden, der (mit arteriellem Blut) von der linken Herzkammer ausgeht, sich bei den Vögeln nach rechts (der linke Aortenbogen ist verschwunden), bei den Säugern nach links (der rechte Kiemenbogen ist verschwunden) wendet und in die A. dorsalis bzw. A. descendens übergeht. Der in die Brusthöhle aufsteigende, zum (eigtl.) Aortenbogen überleitende Teil der A. wird *A. ascendens* (aufsteigende A.; beim Menschen 5–6 cm lang), der nach rückwärts verlaufende Hauptteil *A. descendens* (absteigende A.) genannt. Letzterer läßt sich bei den Säugetieren (mit Mensch) in eine *Brustaorta* (Brustschlagader, A. thoracica; bis zum Zwerchfell) und eine *Bauchaorta* (Bauchschlagader, A. abdominalis) unterteilen. - Die *Aortenenge* (Isthmus aortae) ist eine schwache Einschnürung zw. Aortenbogen und abstei-

Apertura

Apfelsorten

Boskop	Cox' Orange	Glockenapfel
Golden Delicious	Goldparmäne	Granny Smith
Gravensteiner	Jonathan	Krügers Dickstiel
Landsberger Renette	Morgenduft	Ontarioapfel

gender A., der *Bulbus aortae* eine Auftreibung der A. im Anschluß an die Herzkammer (hauptsächl. beim Menschen).

Aortenklappen (Valva aortae), die drei Taschenklappen (Semilunarklappen) an der Ausmündung der Herzkammer in die Aorta; sie verhindern in ihrer Funktion als Ventile das Rückströmen des Blutes bei der Herzerschlaffung (Diastole).

Apertura [lat. „Öffnung"], in der Anatomie und Morphologie svw. Öffnung; z. B. die der Nasenhöhlen am Schädel; auch Bez. für die Öffnung bzw. Mündung der Schneckengehäuse.

APFELSORTEN (Auswahl)

Name	Frucht (Form, Farbe)	Fruchtfleisch	Geschmack	Verwendung
Albrechtapfel (Prinz Albrecht)	groß, breitrund, auf grüngelbem Grund rot überzogen	fast weiß, zur Schale hin rötlich, saftig	süßsäuerlich	Tafel- und Kochapfel
Alkmene	mittelgroß bis klein, stumpfkegelig, stielbauchig, grünlich bis goldgelb, sonnenseits orange bis ziegelrot	gelblich bis cremefarben	süßfruchtig, aromatisch	Tafelapfel
Berlepsch (Goldrenette Freiherr von Berlepsch)	mittelgroß, flachkugelig, mit fünf regelmäßig verteilten kräftigen Rippen, gelb bis goldgelb, rot marmoriert, zahlr. Punkte	gelblich, sehr saftig	angenehm weinsäuerlich	Tafelapfel
Bohnapfel (Rheinischer Bohnapfel)	klein bis mittelgroß, etwas walzenförmig, gelbgrün, trübrot gestreift	grünlichweiß, saftig	etwas säuerlich	Tafel-, Koch- und Mostapfel
Boskop (Schöner aus Boskoop)	groß bis sehr groß, Schale ziemlich rauh, matt grünlich bis goldgelb, bräunlich berostet, teilweise karmin- bis ziegelrot verwaschen	gelblich bis grüngelb, saftig	säuerlich	Tafel-, Koch- und Backapfel
Champagnerrenette	klein bis mittelgroß, strohgelb, z. T. leicht rot angehaucht, plattrund, leicht rippig	fast weiß, saftig	süßsäuerlich	Tafel-, Koch- und Mostapfel
Cox' Orange (Cox' Orangenrenette)	mittelgroß, fast kugelig, goldgelb bis orangefarben, meist rot marmoriert	goldgelb, sehr saftig	süß, würzig	Tafelapfel
Danziger Kantapfel (Schwäb. Rosenapfel, Roter Kantapfel)	mittelgroß, unregelmäßig wulstig gerippt, karminrot	grünlichweiß, saftig	weinsüßsäuerlich	Tafel- und Mostapfel
Finkenwerder Prinzenapfel	groß, konisch geformt, gelb, sonnenseits rot gestreift	gelblichweiß	süßsäuerlich, würzig	Tafel- und Kochapfel
Geheimrat Oldenburg	kegelförmig, zum Kelch hin abgeflacht, hell- bis goldgelb, rot verwaschen oder rot gestreift	leicht gelblich, saftig	süßsäuerlich, schwach würzig	Tafel- und Kochapfel
Gelber Bellefleur (Metzgers Kalvill)	spitzkegelförmig, nach dem Kelch zu gerippt, zitronengelb, bräunlich punktiert, sonnenwärts rötlich angehaucht	hellgelb, mürbe	süßsauer, aromatisch	Tafel- und Kochapfel
Glockenapfel	groß bis mittelgroß, glockenähnlich, grünlichgelb bis gelb, sonnenseits rötlich bis ziegelrot	weiß, fest, wenig saftig	säuerlich, erfrischend	Tafelapfel
Golden Delicious (Delicious, Gelber Köstlicher)	mittelgroß, länglich-kegelförmig, grün- bis goldgelb, sonnenseits leicht gerötet, bräunlich punktiert	gelblich, saftig	süß, mit feiner Säure	Tafelapfel
Goldparmäne (Wintergoldparmäne)	mittelgroß, stumpfkegelförmig, rötlichgelb, rot gestreift	gelblichweiß, saftig	süß, mit leicht säuerlichem Nachgeschmack	Tafelapfel
Goldrenette (Blenheimer Goldrenette)	groß, plattrund, ledrige, rötlichgelbe Schale mit trübroten Streifen	gelblichweiß, mittelsaftig	süßsauer, mit edlem, charakterist. Aroma	Tafelapfel
Granny Smith	groß, gleichmäßig rund, grasgrün bis gelblichgrün, sonnenseits braunrot bis trübrot, wachsige Schale	cremefarben bis grünlichweiß, fest, saftig	feinsäuerlich	Tafelapfel

APFELSORTEN (Forts.)

Name	Frucht (Form, Farbe)	Fruchtfleisch	Geschmack	Verwendung
Gravensteiner	mittelgroß, wulstig, zum Kelch hin gerippt, glatte, stark duftende, hellgrüne bis gelbe, sonnenseits leuchtend geflammte Schale	gelblich, vollsaftig	süßsäuerlich, mit erfrischendem, charakterist. Aroma	Tafelapfel
Idared	mittelgroß bis groß, rund bzw. kugelig, sehr fein gerippt, gelblichgrün bis weißlichgelb, mit verwaschener dunkel- bis hellroter Streifung	weißlich bis cremefarben, fest, saftig	ähnlich wie Jonathan	Tafelapfel
Ingrid Marie	mittelgroß bis groß, mattglänzend, mit überwiegend rotgeflammter, goldgelber Schale	grünlichweiß	süßsäuerlich	Tafelapfel
Jakob Lebel	groß, bauchig, mit glatter, lederartiger, schwach grünlichgelber, sonnenseits etwas geröteter Schale	grünlichweiß, saftig	leicht säuerlich	Tafel-, Most-, Koch- und Backapfel
James Grieve	mittelgroß, gleichmäßig hellgelb grundiert, sonnenwärts stärker hellrot geflammt	gelblichweiß, saftig	erfrischend saftig	Tafelapfel
Jonagold (Kreuzung aus Golden Delicious und Jonathan)	groß, rund, stielbauchig, grünlichgelb bis gelb, sonnenseits orangefarben	gelblich bis cremefarben, saftig	süßfruchtig, aromatisch	Tafelapfel
Jonathan	mittelgroß, stumpfkegelig, mattglänzend, fast völlig purpurrot mit charakterist. dunklen Flecken	gelblichweiß, saftig	angenehm säuerlich	Tafelapfel
Klarapfel (Weißer Klarapfel, Transparentapfel)	mittelgroß, kugelig, mit fettiger, hellgrüner bis hellgelber Schale	grünlichweiß, locker, saftig	mäßig süß	Tafelapfel, nicht lagerfähig
Krügers Dickstiel (Sulzbacher Liebling)	mittelgroß, grün bis gelb, mit vielfacher Marmorierung, sonnenseits verwaschen zinnoberrot, Stiel dick, sehr kurz	weiß	erfrischend säuerlich	Tafel-, Koch- und Backapfel
Landsberger Renette	mittelgroß, stielbauchig, hellgelb, braun punktiert	gelblichweiß, locker, saftig	mild süßsäuerlich	Tafelapfel
Martiniapfel	mittelgroß, grüngelb, etwas rot gestreift	fest	angenehm süßsäuerlich	Tafel-, Koch- und Backapfel
Melrose	groß bis mittelgroß, unregelmäßig flachkantig, gelblichgrün bis gelb, dreiviertel der Frucht ist dunkelrot mit bräunl. Stich	cremefarben bis grünlichweiß, fest, saftig	süßfruchtig, aromatisch	Tafelapfel
Morgenduft (Imperatore, Gillets' Seeling)	groß, gleichmäßig kugelig, gelblichgrün, sonnenseits gestreift bis flächig rot	festgrob, saftig	wäßrigsüßlich	Tafel- und Wirtschaftsapfel
Mutsu	sehr groß bis groß, stielbauchig, gelblichgrün bis grünlichgelb, sonnenseits rötlichbraun bis orangerot gefärbt	grünlichweiß, saftig, fest	süßfruchtig, erfrischend	Tafelapfel
Ontarioapfel (Ontario)	groß bis sehr groß, mit leicht gerippter Oberfläche, grünlichgelb, mit kleinen, gelbgrünlichen Punkten	gelblichweiß, saftig	süßsäuerlich	Tafel- und Küchenapfel

APFELSORTEN (Forts.)

Name	Frucht (Form, Farbe)	Fruchtfleisch	Geschmack	Verwendung
Prinzenapfel	mittelgroß, etwas länglich, duftend, weißlichgelb, rötl. gestreift	gelblichweiß, locker, saftig	feinsäuerlich, würziges Aroma	Tafel- und Dörrapfel
Rheinischer Krummstiel	mittelgroß, an Stiel und Kelch leicht gerippt, karminrot gestreift	grünlichgelb, knackig, saftig	leicht würzig	Tafel- und Wirtschaftsapfel
Rosenapfel (Berner Rosen, Berner Rosenapfel, Neuer Berner Rosenapfel)	mittelgroß, kugelig bis stumpfkegelig, duftend, meist rot bis bläulichrot und weiß gepunktet	gelblichweiß, stellenweise rötlich, saftig	säuerlich, würzig	Tafelapfel
Roter Trierer (Roter Trierer Winterapfel)	relativ klein, meist mehr länglich als breit, verwaschen rot gestreift	grünlich bis gelblichweiß, körnig, saftig	viel Süße und Säure	Mostapfel
Rheinischer Wintderrambour	groß bis sehr groß, plattrund, meist stärker gerippt, gelbgrün, rot verwaschen und gestreift, mit hellen Punkten	gelblichweiß, fest	süß	Tafel- und Wirtschaftsapfel
Zuccalmaglio Renette	klein, walzenförmig, hoch, grünlichgelb, zur Reifezeit zitronengelb, orangefarben angehaucht mit hellbraunen Punkten	gelblich, saftig, abknackend	süßsäuerlich, mit feinem Aroma	Tafelapfel

Apex [lat. „Spitze"], in der *Anatomie* und *Morphologie* svw. Spitze, Scheitel; z. B. A. nasi (Nasenspitze); auch Bez. für die Spitze von Schneckengehäusen.

APF [engl. ˈɛipiːˈɛf], Abk. für: **A**nimal **p**rotein **f**actor, svw. Vitamin B_{12} (↑Vitamine).

Apfel, die aus Balgfrüchtchen mit pergamentartig werdenden Fruchtblättern zusammensetzende, unterschiedl. große [Sammel]frucht der Arten des ↑Apfelbaums. Die Balgfrüchtchen bilden das Kerngehäuse, das im oft sehr aromat. schmeckenden Fruchtfleisch eingebettet liegt. Letzteres entsteht aus dem krugförmig auswachsenden Blütenstiel. Die Kultursorten enthalten pro 100 g eßbarem Anteil rd. 86 g Wasser, 0,3 g Eiweiß, 12 g Kohlenhydrate, 0,4 g Mineralstoffe, 0,25 g Fruchtsäuren und 12 mg Vitamin C. Die Lagerfähigkeit ist besser als bei Birnen, auch ist das Fruchtfleisch im allg. fester. Je nach dem Zeitpunkt der Genußreife spricht man von *Sommeräpfeln* (z. B. Klarapfel, James Grieve), *Herbstäpfeln* (z. B. Gravensteiner, Goldparmäne) und von *Winteräpfeln* (z. B. Boskop, Golden Delicious, Cox' Orange). - In der Medizin wird der A. gegen Verdauungsstörungen angewandt (z. B. roh gerieben gegen Durchfall). *Geschichte:* A.reste in Pfahlbauten zeugen von einer frühen A.kultur in M-Europa. Die Methoden der Kultivierung des A.baumes führten die Römer ebenso wie einzelne A.sorten in das Gebiet nördl. der Alpen ein, wo man nach Tacitus nur einen „ländl." A. kannte. In der karoling. Landgüterordnung werden bereits 9 A.sorten erwähnt. Über die mittelalterl. Klöster gelangte die A.kultur in die Bauerngärten. In der griech. und nord. *Mythologie* spielt der A. als Symbol von Liebe und Fruchtbarkeit eine große Rolle. Im MA galt er (auf Grund der bibl. Erzählung vom Sündenfall) als Sinnbild des Sinnenreizes und der Erbsünde. Profan ist der A. als Reichs-A. Sinnbild der Weltherrschaft (im Christentum meist von einem Kreuz bekrönt). - ↑Übersicht S. 48 ff., Abb. S. 47.

📖 *Silbereisen, R.:* A.sorten. Stg. 1975.

Apfelbaum (Malus), Gatt. der Apfelgewächse mit etwa 25 Arten in der nördl. gemäßigten Zone; Bäume oder Sträucher mit ungeteilten oder scharf gesägten bis teilweise gelappten Blättern. Die fünfteiligen, zwittrigen Blüten sind weiß oder rosafarben und stehen in Blütenständen; Früchte ↑Apfel. Die bekanntesten Arten sind *Malus sylvestris* mit dem einheim. und bis Vorderasien verbreiteten ↑Holzapfelbaum, und *Malus pumila* (Süßapfelbaum). Die bekannteren Varietäten des letzteren sind ↑Paradiesapfelbaum und *Hausapfelbaum* (Malus domestica). Bes. aus diesen Varietäten sind durch Auslese und Kreuzungen mit anderen A.arten bzw. -varietäten die meisten europ. Kulturapfelsorten hervorgegangen. In Europa gibt es etwa 1 600 Sorten, auf der Erde annähernd 20 000. Die Kulturapfelbäume besitzen flach verlaufende Wurzeln, eine breit ausladende Krone und rotbraune bis schwärzl., glatte, in dünnen Schuppen abblätternde Borke. Die Knospen

Aphaniptera

sind meist stark behaart und nicht so spitz wie beim Birnbaum, die Blätter oval, am Rand gesägt, oft beidseitig leicht behaart. Die schwachrosa- bis karminroten, selten ganz weißen Blüten stehen an Kurztrieben in Büscheln (Dolden) zusammen. Verschiedene A.arten, Varietäten und Bastarde (etwa 300 sind bekannt) werden wegen ihrer auffallenden Blüten und Früchte als Zierpflanzen angebaut (z. B. der Beerenapfelbaum).

Apfelbaumgespinstmotte (Yponomeuta mallinellus), v. a. abends in Obstgärten fliegender Schmetterling; Flügelspannweite bis 2 cm, Vorderflügel weiß, schwarz gepunktet, Hinterflügel grau, lang gefranst. Die gelbl., schwarzgepunkteten Raupen leben in großen Gespinsten, bes. an Apfelbäumen, und sind schädl. durch Blattfraß.

Apfelblattfloh, svw. ↑Apfelblattsauger.

Apfelblattsauger (Apfelblattfloh, Psylla mali), etwa 3 mm großer, gelbl. bis rotbrauner, geflügelter Blattfloh, der bes. Apfelbäume befällt. Durch Saugen und Honigtauausscheidung werden die Blätter fleckig und oft gekräuselt. Die Blütenknospen kommen häufig nicht zur vollen Entfaltung und können am Baum vertrocknen.

Apfelblütenstecher (Anthonomus pomorum), etwa 4 mm großer, graubrauner Rüsselkäfer mit heller, breiter Querbinde auf den Flügeldecken; Larven schädl. durch Blütenfraß.

Apfelgewächse (Pomoideae, Maloideae), Unterfam. der Rosengewächse mit etwa 1 200 Arten, vorwiegend in der nördl. gemäßigten Zone; Sträucher oder Bäume; Blätter ungeteilt, gelappt oder gefiedert, mit Nebenblättern; Blüten fünfteilig; Früchte Balgapfel, Nußapfel; bekannte Gatt.: ↑Apfelbaum, ↑Birnbaum, ↑Quitte, ↑Mispel, ↑Eberesche, ↑Weißdorn.

Apfelrose (Rosa pomifera), in Europa und im Orient verbreitete, bis 2 m hohe Rosenart, bes. in gebirgigen Gegenden; Blätter mit 5 bis 7 beidseitig behaarten Blättchen; Blüten hellrosa, bis 7 cm im Durchmesser; Früchte etwa 3 cm dick, mit Stachelborsten; z. T. als Zierstrauch in Kultur.

Apfelsägewespe (Hoplocampa testudinea), etwa 6 mm große, fliegenähnl. oberseits schwärzl., unterseits gelbe Blattwespe mit glasigen, dunkelgeäderten Flügeln. Die sehr schädl., gelbl., wanzenartig riechenden Larven legen an jungen Äpfeln zuerst einen oberfläch. Miniergang an (der vernarbt und ein schmales, oft spiraliges, verkorktes Band auf der Schale hinterläßt), später Fraßgänge und eine Fraßhöhle im Fruchtfleisch.

Apfelschalenwickler, svw. ↑Fruchtschalenwickler.

Apfelschimmel, Farbvariation des Hauspferdes, bei der die graue bis weiße Grundfärbung des Schimmels mit dunkleren Flecken (Apfelung) durchsetzt ist.

Apfelsine [niederl., eigtl. „Apfel aus China" (woher sie zuerst eingeführt wurde)], svw. ↑Orange.

Apfelsinenpflanze, svw. ↑Orangenpflanze.

Apfeltriebmotte (Blastodacna putripennella), bis 1 cm spannender, bräunl. Kleinschmetterling mit gelbl. Fleck und weißen Punkten auf den Vorderflügeln. Die jungen Larven dringen im Herbst in Apfelbaumknospen ein und bringen diese durch Fraß im Frühjahr zum Welken und Absterben.

Apfelwanze, Bez. für Wanzenarten, die an Blättern, Trieben und Früchten des Apfelbaums saugen; z. B. **Braune Apfelwanze** (Campylomma verbasci) und **Grüne Apfelwanze** (Nord. A., Plesiocoris rugicollis); verursachen an Früchten unregelmäßige Vorwölbungen und braune bis rötl. Flecken an den Stichstellen.

Apfelwickler (Laspeyresia pomonella), etwa 1 cm langer, ca. 2 cm spannender, weltweit verbreiteter Kleinschmetterling mit braungrauen, dunkelgebänderten Vorderflügeln, die nahe der Spitze einen rötlichdunkelbraunen, hellglänzend umrahmten Fleck tragen. Die frisch geschlüpften Larven **(Apfel-, Obstmade)** dringen hauptsächl. vom Stielansatz oder Kelch aus in die Früchte ein und fressen sich bis zum Kerngehäuse durch.

Aphaniptera [griech.], svw. ↑Flöhe.

Apfelblattsauger

Apfelblütenstecher

Aphelandra

Aphelandra [griech.] (Glanzkölbchen), Gatt. der Akanthusgewächse mit etwa 100 Arten in wärmeren Amerika; Sträucher oder große Kräuter mit meist großen, buntgeäderten Blättern und endständiger Blütenähre mit dicht und dachziegelartig angelegten, oft farbigen Hochblättern und großen, gelben oder roten, zweilippigen Röhrenblüten in deren Achseln; z. T. beliebte Zierpflanzen.

Aphididae [griech.], svw. ↑Röhrenläuse.

Aphidina [griech.], svw. ↑Blattläuse.

Aphis [griech.], Gatt. der Blattläuse; bekannt Art: Schwarze ↑Bohnenblattlaus.

Aphrodite [griech.], Gatt. der Ringelwürmer u. a. mit der ↑Seemaus als Art.

Apidae [lat.], Fam. der ↑Bienen.

apikal [lat.], an der Spitze gelegen, nach oben gerichtet (z. B. bezogen auf das [Spitzen]wachstum einer Pflanze).

Apis [lat.], svw. ↑Honigbienen.

Aplazentalier (Aplacentalia) [griech.-lat.], Säugetiere, deren Embryonalentwicklung ohne Ausbildung einer Plazenta erfolgt; veraltete Bez. für Kloaken- und Beuteltiere.

Aplysia [griech.], svw. ↑Seehasen.

Apocrita [griech.], svw. ↑Taillenwespen.

Apocynaceae [griech.], svw. ↑Hundsgiftgewächse.

Apoda [griech.], svw. ↑Blindwühlen.

apodemisch [griech.], von dem ursprüngl. Verbreitungsgebiet entfernt; gesagt von Tieren oder Pflanzen, die (z. B. durch den Menschen verbreitet) heute auch außerhalb ihres ursprüngl. Verbreitungsgebietes vorkommen; Ggs. ↑endemisch.

Apodemus [griech.], Gatt. der Mäuse, in Europa v. a. mit den Arten ↑Brandmaus, ↑Gelbhalsmaus, ↑Feldwaldmaus.

Apodidae [griech.], svw. ↑Segler.

Apoferment, svw. Apoenzym (↑Enzyme).

Apoidea [lat.], svw. ↑Bienen.

apokrine Drüsen [griech./dt.] ↑Drüsen.

Apollofalter (Parnassius), Gatt. der Ritterfalter mit tagaktiven Schmetterlingen in den Gebirgen der Nordhalbkugel (v. a. Asiens); Flügel meist weißl. mit schwarzen Flecken; auf den Hinterflügeln häufig ein großer, runder, roter, schwarz umrandeter Fleck; in M-Europa 3 (geschützte) Arten: **Apollo** (Parnassius apollo) im Mittelgebirge und in den Alpen (bis 2 600 m Höhe), Flügelspannweite 7–8 cm, Hinterflügel mit rotem Augenfleck. - **Alpenapollo** (Parnassius phoebus), in den Hochalpen; gegenüber der vorigen Art etwas kleiner, äußerste schwarze Vorderflügelflecken mit rotem Kern. - **Schwarzer Apollo** (Parnassius mnemosyne), v. a. in Skandinavien und den Gebirgen M-Europas (bis 1 500 m Höhe), häufig schwärzl., ohne rote Augenflecken.

Apomixis [griech.], Ersatz der im normalen ↑Generationswechsel der Pflanzen auftretenden geschlechtl. Fortpflanzung durch einen nicht mit Zell- und Kernverschmelzung verbundenen Fortpflanzungsvorgang. - Die apomikt. Vorgänge werden nach dem Ort der Keimbildung unterschieden. Bei der **Jungfernzeugung** entsteht der Keim aus einer unbefruchteten Eizelle. Bei der **Apogamie** entsteht der Keim aus vegetativen Zellen der geschlechtl. Generation (Gametophyt). - Auf Grund der A. können sich Pflanzen auch bei Ausfall oder Störung der geschlechtl. Fortpflanzung noch vermehren.

Apophysen [griech.], Knochenfortsätze, die v. a. als Ansatzstellen für Muskeln dienen, z. T. aber auch (bes. bei Wirbeltieren und beim Menschen) empfindl., lebenswichtige Organteile (z. B. das Rückenmark im Wirbelkanal) gegen mechan. Einwirkungen schützen.

Apothecium [griech.], schüsselförmiger Fruchtkörper bei Schlauchpilzen, Flechten.

Appel, Otto, * Coburg 19. Mai 1867, † Berlin 10. Nov. 1952, dt. Botaniker. - 1920–33 Direktor der Biolog. Reichsanstalt für Land- und Forstwirtschaft in Berlin-Dahlem; bed. Arbeiten auf dem Gebiet der Phytopathologie. A. ist der Begründer des Pflanzenschutzwesens in Deutschland.

Appendikularien (Appendicularia) [lat.], mit etwa 60–70 Arten weltweit verbreitete Klasse glasklar durchsichtiger, im Meer lebender ↑Manteltiere. Die meist 1–2 mm körperlangen Tiere sitzen in einem Gehäuse (Mantel) und weisen einen zum Körper hin scharf abgeknickten Schwanz mit der Chorda dorsalis auf. Schlängelnde Schwanzbewegungen bewirken, daß Wasser in das Gehäuse, das Fangapparate für das Nahrungsplankton besitzt, einströmt und nach hinten ausströmt (dient als Rückstoßantrieb der Fortbewegung).

Appendix [lat.], anatom. Bez. für Anhangsgebilde an Organen; auch Kurzbez. für A. vermiformis, den Wurmfortsatz des Blinddarms.

Appetenzverhalten [lat./dt.], in der *Verhaltensphysiologie* Bez. für eine Verhaltensweise, die eine Situation erzeugt, die zu einer triebbefriedigenden Endhandlung führt; z. B. das Umherschweifen hungriger Tiere, bevor sie Beute jagen.

Apposition [lat.], Auf- bzw. Anlagerung von Substanzen, z. B. bei bestimmten biolog. Wachstumsvorgängen (*A.swachstum*) wie der Verdickung der pflanzl. Zellwand durch Anlagerung zellulosehaltiger Lamellen vom Plasma her oder dem Schalenwachstum bei Mollusken.

Appositionsauge ↑Facettenauge.

Aprikose [niederl.; zu arab. al-barquq „Pflaume" (von vulgärlat. [persica] praecocia „frühreifer [Pfirsich]"), (Marille) die Steinfrucht des ↑Aprikosenbaums.
◆ svw. ↑Aprikosenbaum.

Aprikosenbaum (Marillenbaum, Prunus armeniaca, Aprikose), Steinobstart (Rosengewächs) aus Z- und O-Asien; etwa 5–10 m

Aradidae

hoher Baum mit rötl. Rinde; Blätter kahl, glänzend, breit-eiförmig und (unvermittelt) zugespitzt, gekerbt und gesägt. Die vor dem Laub erscheinenden, relativ großen Blüten stehen einzeln oder zu zweien, sind weiß oder hellrosa, fast stiellos und duften schwach. Die 4–8 cm dicken, rundl., samtig behaarten Früchte *(Aprikosen, Marillen)* besitzen eine Längsfurche, sind gelb bis orange und oft rotwangig. Ihr orangegelbl. oder weißl. Fruchtfleisch ist wohlschmeckend, bei Vollreife etwas mehlig. Es enthält 70–80% Wasser, etwa 19% Kohlenhydrate (bes. Zucker), 0,5–1% Eiweiß, 1% Fruchtsäuren sowie Mineralsalze und Vitamin A, C und P. A. sind selbstfruchtbar und verlangen mildes Klima.

Apterygoten (Apterygota) [griech.], svw. ↑Urinsekten.

Aquakultur [lat.], Intensivhaltung von Süßwasser- und Meeresfischen, Krebsen, Austern, Miesmuscheln, Algen und tier. Plankton in bes. hergerichteten Gewässerbereichen (z. B. Teichen, Becken, Netzkäfigen, Schwimmrahmen u. ä.).

Aquarienkunde (Aquaristik), das sachgerechte Halten und Züchten von Wassertieren und Wasserpflanzen in Aquarien.

Aquarium [lat.], Glas- oder Kunststoffbehälter zur Haltung von Wassertieren und -pflanzen. Aquarien finden als *Süßwasser*- und *Meerwasseraquarien* Verwendung. Unter den Süßwasseraquarien findet man *Kaltwasseraquarien* für Tiere aus nördl. Breiten und *Warmwasseraquarien* für trop. und subtrop. Süßwassertiere.

Für die meisten Fischarten eignet sich gewöhnl. (möglichst kalkarmes) Leitungswasser. Nur einige Arten (Diskusfische, Zahnkarpfen u. a.) verlangen weiches Wasser (filtriertes Regenwasser). - Zur Belüftung reichen bei geringem Fischbestand grüne Pflanzen (Wasserpest, Laichkraut, Tausendblatt u. a.) aus; bei stärkerem Besatz muß mit einer Pumpe durchlüftet werden. Mit Hilfe eines Luftstroms oder einer elektr. betriebenen Wasserpumpe (Kreiselpumpe) werden die Filter betrieben, die zur Reinigung des Wassers dienen. V. a. fremdländ. Fische (über 500 Arten) werden neben einigen einheim. Arten in Aquarien gehalten. Beliebte Warmwasserfische sind bes. die Vertreter der Salmler (Schmucksalmler, Roter Neon), Barben (Sumatrabarbe, Prachtbarbe), Bärblinge (Zebrabärbling, Malabarbärbling), Labyrinthfische (Kampffische), Buntbarsche (Segelflosser, Diskusfische) und der Lebendgebärenden Zahnkarpfen (Guppy, Platy, Schwertträger). Außer Fischen können auch Wasserschnecken, Lurche (Molche, Frösche), Wasserreptilien (bes. Wasserschildkröten), Krebse und Muscheln im A. leben. In Meerwasseraquarien verwendet man Leitungswasser, dem bestimmte chem. Substanzen zugesetzt werden, um einen dem Meerwasser ähnl. Lebensraum zu schaffen. Meerwasserpflanzen lassen sich nur schwer im A. halten, so daß man hier Sand, Steine und Korallenstöcke verwenden muß. Wegen fehlender Pflanzen muß ein Seewasser-A. bes. gut durchlüftet werden; die Temperatur sollte 18 °C nicht überschreiten. Bes. beliebt in Meerwasseraquarien sind Seerosen, Krebse und v. a. farbenprächtige Meeresfische (z. B. Orange-Anemonenfisch, Kaiserfisch). Aquarientiere erhalten lebendes oder künstl. Futter. Lebendfutter sind Wasserflöhe, Hüpferlinge, Mückenlarven, Bachröhrenwürmer (Tubifex). Trockenfutter, eine Kombination aus getrockneten Pflanzen sowie Vitaminen, ist für die meisten Fische ausreichend.

Geschichte: Erste Hinweise auf die Haltung von Fischen in künstl. Wasserbehältern finden sich im alten Ägypten. 1869 erfolgte die Gründung eines A. in Berlin durch A. Brehm. Unter den wissenschaftl. Instituten errangen die Meeresaquarienhäuser in Neapel (gegr. 1874) und auf Helgoland (1902) bes. Ansehen.

📖 *Graaf, F. de: Das trop. Meerwasseraquarium. Dt. Übers. Melsungen u. a.* ⁵1978. - *Gilbert, J./Legge, R.: Das große Aquarienb. Dt. Übers. Stg.* ³1977.

Äquationsteilung [lat./dt.], svw. ↑Mitose.

Aquila [lat.], Greifvogelgattung (↑Adler).

Aquilegia [lat.], svw. ↑Akelei.

Arabis [griech.], svw. ↑Gänsekresse.

Arabisches Vollblut (Araber), edle, als Reit-, Kutsch- und Rennpferde geeignete Pferderasse von der Arab. Halbinsel, von der (unmittelbar oder mittelbar) alle warmblütigen Pferde abstammen.

Araceae [griech.-lat.], svw. ↑Aronstabgewächse.

Arachidonsäure, vierfach ungesättigte Fettsäure, $C_{19}H_{31}COOH$, in einigen tier. Fetten (z. B. Fischtran) und Phosphatiden; Ausgangssubstanz bei der Biosynthese mehrerer Wirkstoffe und Vorstufe von Prostaglandinen, Thromboxan und Leukotrienen.

Arachis [griech.], Gatt. der Schmetterlingsblütler mit etwa 10 Arten in den Tropen, v. a. Südamerikas; Kräuter mit paarig gefiederten Blättern, meist weißen oder gelben Blüten, einzeln oder zu wenigen in den Blattachseln, und 2- bis 3samigen, netzadrigen Hülsenfrüchten, die an langen Stielen in die Erde wachsen und dort reifen; wichtigste Art ↑Erdnuß.

Arachnida (Arachnoidea) [griech.], svw. ↑Spinnentiere.

Arachnoidea [griech.] (Spinnwebhaut, Spinngewebshaut), die mittlere der 3 ↑Gehirnhäute, die das Zentralnervensystem der Säugetiere (einschl. Mensch) umgeben; spinnwebenartig zart, durchscheinend, gefäßlos.

Arachnologie [griech.], Lehre und Wissenschaft von den Spinnentieren.

Aradidae [griech.], svw. ↑Rindenwanzen.

Araliaceae

Araliaceae [nlat.], svw. ↑Araliengewächse.

Aralie, (Aralia) Gatt. der Araliengewächse mit etwa 25 in Asien, Australien und N-Amerika weit verbreiteten Arten; Sträucher oder Kräuter, seltener Bäume; Blätter mehrfach gefiedert. Die kleinen, weißl. oder grünl. Blüten stehen in meist aus Dolden zusammengesetzten Blütenständen. Die Früchte sind meist schwarze Beeren. Einige strauchige Arten, z. B. die bis 5 m hohe **Chinesische Aralie** (Aralia chinensis) und die etwa 2 m hohe **Stachelige Aralie** (Aralia spinosa) aus N-Amerika, sind beliebte Zierpflanzen. Von der aus Japan und China stammenden 1–2 m hohen, oft als Zierstrauch kultivierten **Aralia cordata** werden die jungen Schößlinge als Gemüse und Salat gegessen.

◆ Bez. für die ↑Zimmeraralie.

Araliengewächse (Efeugewächse, Araliaceae), Fam. zweikeimblättriger Pflanzen; 70 Gatt. mit etwa 700 Arten (in Deutschland nur der Gemeine ↑Efeu); meist trop. Bäume oder Sträucher, selten Kräuter oder Schlingpflanzen mit meist kleinen weißl., gelbl. oder grünl. Blüten in achsel- oder endständigen, aus Dolden, Köpfchen, seltener Trauben oder Ähren bestehenden Blütenständen; bekannte Gatt.: ↑Aralie, ↑Efeu, ↑Zimmeraralie.

Araneae [lat.], svw. ↑Spinnen.

Araneidae [lat.], svw. ↑Radnetzspinnen.

Aranzi, Giulio Cesare (latin. Julius Caesar Arantius), * Bologna 1530, † ebd. 1589, italien. Anatom. - Schüler von Andreas Vesal, Prof. in Bologna; verfaßte bed. Beiträge zur Kenntnis der Embryologie des Menschen („De humano foetu liber", 1564).

Arapaima [indian.] (Arapaima gigas), vorwiegend räuber. lebender ↑Knochenzüngler, v. a. in den Pflanzendickichten des Amazonas und seiner Nebenflüsse. Einer der größten lebenden Süßwasserfische (soll etwa 4 m lang werden) mit großen, meist grünl. Schuppen und karmesinroter Schwanzwurzel. Das getrocknete Fleisch kommt in gerollten Bündeln auf den Markt.

Ararauna [indian.] (Gelbbrustara, Ara ararauna), etwa 80 cm großer Ara in den Wäldern Z- und S-Amerikas; mit grüner Stirn, weißen, schwarz gestreiften Kopfseiten, blauer Ober- und gelber Unterseite; häufig in zoolog. Gärten.

Aras [indian.], Gruppe der größten lebenden Papageien (bis 1 m lang) mit etwa 17 Arten; v. a. in den Wäldern N-Amerikas, auch S-Brasiliens; Schnabel groß und kräftig, Schwanz lang, Augengegend und größere Flächen an den Kopfseiten nackt; brüten in Baumhöhlen; am bekanntesten ↑Ararauna, ↑Hellroter Ara.

Araschnia [a'rasçnia], Schmetterlingsgatt. mit der bekannten Art ↑Landkärtchen.

Araucaria ↑Araukarie.

Araucariaceae [nlat.], svw. ↑Araukariengewächse.

Araukarie (Araucaria) [nach der chilen. Prov. Arauco], Gatt. der Araukariengewächse mit etwa 15 Arten auf der Südhalbkugel; hohe Bäume mit quirlig stehenden Ästen und oft dachziegelartig übereinanderliegenden, spiralig angeordneten, schuppen- bis nadelförmigen Blättern; weibl. Blüten in eiförmigen oder kugeligen Kätzchen, die beim Reifen zu Zapfen auswachsen. Bekannte Zierbäume sind ↑Chilefichte und ↑Zimmertanne.

Araukariengewächse (Araucariaceae), Fam. der Nadelhölzer mit rd. 35 Arten in zwei Gatt.; heute nur noch auf der Südhalbkugel; Bäume mit quirlig stehenden Ästen. Die spiralig angeordneten Blätter sind nadel- bis pfriemförmig oder breit und flach, zugespitzt bis eiförmig und dt. gestielt. Die weibl. Blüten stehen oft in sehr groß werdenden Zapfen. Die Samen einiger Arten sind eßbar, viele Arten liefern wertvolles Nutzholz.

Arbeitskern, Zustandsform des Zellkerns, dessen entspiralisierte Chromosomen bes. hohe Stoffwechselleistungen aufweisen.

Ararauna

Gestreifter Argusfisch

Argentinische Ameise

Einen A. stellt v. a. der Kern von differenzierten, nicht mehr teilungsfähigen Zellen dar, aber auch ein Zellkern während der ↑ Interphase im Ggs. zu dem in Teilung begriffenen Kern während einer Mitose oder Meiose.

Arber, Werner, * Gränichen (Aargau) 3. Juni 1929, schweizer. Mikrobiologe. - Prof. in Genf und Basel. Grundlegende Arbeiten zur Mikrobiologie und zur Molekularbiologie. Für die Entdeckung der Restriktionsenzyme und das Aufzeigen ihrer Wirkung erhielt er 1978 den Nobelpreis für Physiologie oder Medizin (zus. mit D. Nathans und H. O. Smith).

Arboretum [zu lat. arbor „Baum"], Baumgarten; Sammelpflanzung verschiedener Hölzer zu Studienzwecken.

Arborviren (Arboviren), Kurzbez. für engl.: arthropod borne viruses („von Arthropoden getragene Viren"), Gruppe 20–60 µm großer, runder Viren mit über 200 Arten bei Gliederfüßern; sie rufen bei warmblütigen Wirbeltieren (einschließl. Mensch) schwere Krankheiten (z. B. Gelbfieber, Gehirnentzündung) hervor, die Übertragung erfolgt meist durch Stechmücken oder Zecken.

Arbuse [pers.-russ.] ↑ Wassermelone.

Arbutus [lat.], svw. ↑ Erdbeerbaum.

Archäophyten [griech.], frühgeschichtl. ↑ Adventivpflanzen; z. B. Klette, Kornblume, Kornrade.

Archäopteryx [griech.] (Urvogel), Gatt. ausgestorbener tauben- bis hühnergroßer Vögel, von denen Abdrücke in den obersten Juraschichten der Plattenkalke bei Solnhofen und Eichstätt gefunden wurden. Durch Vereinigung von Vogelmerkmalen (z. B. Federn, Flügel) mit typ. Reptiliencharakteristika (z. B. Zähne, eine lange, aus 21 Wirbeln zusammengesetzte Schwanzwirbelsäule) stellt die Gatt. A. ein Bindeglied zw. Reptilien und Vögeln dar, das jedoch den Vögeln näher steht. Waren wohl nur zum Gleitflug befähigt.

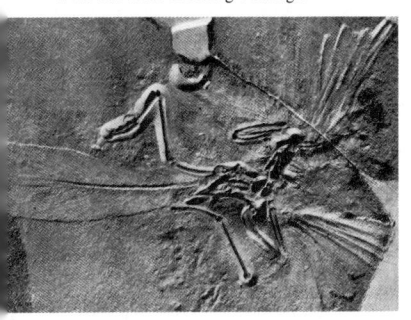

Archäopteryx. Abdruck aus dem Jura von Solnhofen

Archebakterien (Archaebacteria), extreme Standorte (Salzseen, heiße Schwefelquellen) besiedelnde, früher den Bakterien zugeordnete Prokaryonten; z. B. Methanbakterien.

Archegoniaten [griech.], zusammenfassende Bez. für Moose und Farnpflanzen.

Archegonium [griech.], winziges, flaschenförmiges weibl. Organ bei Moosen und Farnen, in dem eine Eizelle gebildet wird.

Archencephalon [griech.] (Urhirn), vorderstes Hirnbläschen an der zunächst rohrförmigen Gehirnanlage bei Wirbeltierembryonen, aus dem sich später Vorder-, Zwischen- und Mittelhirn entwickeln.

Archiannelida (Archianneliden) [griech./lat.], svw. ↑ Urringelwürmer.

Archimycetes [griech.], svw. ↑ Urpilze.

Architeuthis [griech.] ↑ Riesenkraken.

Arctia [griech.], Gatt. mittelgroßer bis großer, bunter Bärenspinner, hauptsächl. in den nördl. Breiten; bekannt: ↑ Brauner Bär.

Arctiidae [griech.], svw. ↑ Bärenspinner.

Arctium [griech.], svw. ↑ Klette.

Arctocephalini [griech.] ↑ Pelzrobben.

Arctostaphylos [griech.], svw. ↑ Bärentraube.

Ardea [lat.], Gatt. der Reiher mit den beiden in M-Europa vorkommenden Arten Fischreiher (↑ Reiher) und Purpurreiher.

Ardeidae [lat.], svw. ↑ Reiher.

Areal [lat.], Verbreitungsgebiet, das von einer Art oder auch einer Gatt., Fam. der Pflanzen oder der Tiere eingenommen wird.

Arealkunde (Chorologie), Wissenschaft von der räuml. Verbreitung der Pflanzen und Tiere.

Areca [malai.], svw. ↑ Arekapalme.

Arecaceae [malai.], svw. ↑ Palmen.

Arekanuß [malai./dt.], svw. ↑ Betelnuß.

Arekapalme [malai./dt.] (Areca), Gatt. der Palmen mit 88 Arten auf dem Malaiischen Archipel, in Neuguinea und Australien; schlanker, ringförmig genarbter Stamm und gefiederter Wedel; am bekanntesten die ↑ Betelnußpalme.

Arenaria [lat.], svw. ↑ Sandkraut.

Arends, Georg Adalbert, * Essen 21. Sept. 1863, † Wuppertal 5. März 1952, dt. Pflanzenzüchter. - Züchtete zahlr. neue Blumensorten; Mitorganisator des modernen Gartenbaus.

Arenicola [lat.], Gatt. der Borstenwürmer mit dem im Wattenmeer der Nordsee häufigen ↑ Köderwurm.

Areole [lat.], Bez. für einen durch einen dichten Haarfilz und/oder zahlr. Dornen sich absetzenden Bereich bei Kakteen, der einen im Wachstum steckengebliebenen Seitensproß darstellt.

Argali [mongol.] (Altai-Wildschaf, Ovis ammon ammon), bis 1,25 m schulterhohes Wildschaf mit sehr großen, geschwungenen Hörnern und schwach entwickelter Halsmähne; in den Hochgebirgen Innerasiens.

Argasidae [griech.], svw. ↑ Lederzecken.

Argentinische Ameise (Iridomyrmex humilis), urspr. in Argentinien heim., heute

Argiope

in vielen Gebieten der Erde verbreitete ↑Drüsenameise; seit einigen Jahrzehnten (neben der Pharaoameise) die wichtigste Kulturfolgerin (↑Kulturfolger) unter den Ameisen.

Argiope [griech.], Gatt. der ↑Radnetzspinnen mit der in M-Europa einzigen Art Wespenspinne.

Argiopidae [griech.], früherer wiss. Name der ↑Radnetzspinnen.

Argonauta [griech.], Gatt. der ↑Kraken mit der bekannten Art Papiernautilus.

Argulidae [griech.], svw. ↑Karpfenläuse.

Argusfasan [nach Argus Panoptes] (Arguspfau, Argusianus argus), bis 2 m lange bräunl. gefärbte Fasanenart, v. a. in den Wäldern Malakkas, Sumatras und Borneos. Mit Ausnahme des schwarzen Scheitels und Hinterhalses sind Kopf und Hals unbefiedert und leuchtend blau. Die beiden mittleren Schwanzfedern sind stark verlängert.

Argusfische (Scatophagidae), Fam. der Barschartigen Fische mit nur wenigen Arten, v. a. an Meeresküsten und in Brackgewässern des Ind. und Pazif. Ozeans; bis 40 cm lange Fische mit seitl. stark zusammengedrücktem Körper mit zwei Rückenflossen, von denen die vordere stachelig und (bei Gefahr) aufrichtbar ist. Bekannt ist der **Gestreifte Argusfisch** (Scatophagus argus), bis 30 cm lang, meist grünl.-gelb (auch bräunl.) mit vielen runden, schwarzen Flecken; Warmwasseraquarienfisch. - Abb. S. 54.

Arguspfau, svw. ↑Argusfasan.

Argynnis [griech.], Gatt. der Fleckenfalter mit der einzigen Art ↑Kaisermantel.

Argyresthia [griech.], Gatt. der Silbermotten mit der schädl. Art ↑Kirschblütenmotte.

Argyroneta [griech.], Gatt. der Trichterspinnen, darunter die Wasserspinne.

Arillus [mittellat.], svw. ↑Samenmantel.

Arion [griech.], Gatt. der ↑Wegschnecken.

Arionidae [griech.], svw. ↑Wegschnecken.

Aristida [lat.], svw. ↑Borstengras.

Aristolochia [griech.], svw. ↑Osterluzei.

Aristolochiaceae [griech.], svw. ↑Osterluzeigewächse.

Arktogäa (Megagäa) [griech.], zusammenfassende Bez. für die paläarkt., nearkt., äthiop. und oriental. ↑tiergeographische Region.

Arm, in der Anatomie Bez. für die paarig ausgebildete Vordergliedmaße des Menschen und der Menschenaffen, die sich funktionell von der Hintergliedmaße (Bein) v. a. dadurch unterscheidet, daß sie (als Folge der aufrechten Gangart) nicht mehr der Fortbewegung auf dem Boden dient, sondern ein vom Auge kontrolliertes Halte- und Greiforgan geworden ist. Bei den noch nicht ausschließl. aufrecht gehenden Menschenaffen wird der A. zusätzl. als Körperstütze benutzt. Nach der Gliederung des Skeletts unterteilt man den Arm in Oberarm, Unterarm und ↑Hand: Der **Oberarm** (Brachium) besteht aus einem einzigen festen Röhrenknochen, dem Oberarmbein (Humerus) mit Kopf und Gelenkfläche zur Bewegung in der Gelenkgrube am Schulterblatt und einer Wölbung zur Einlenkung der beiden Knochen des Unterarms (Antebrachium) am Ellbogen. Der **Unterarm** setzt sich aus der *Elle* (Ulna, Cubitus), die mit dem Ellbogenfortsatz (Olecranon) über das untere Ende des Oberarms hinausragt und nur gebeugt und gestreckt werden kann, und der *Speiche* (Radius) zus., die sich außerdem um die Elle, am unteren Ende fast um 180°, drehen kann, wobei sie die Hand mitführt. Die kräftigen Muskeln, die den Oberarm im Schultergelenk bewegen, entspringen an Brust, Rücken, Schulterbein und Schulterblatt. An der vorderen Fläche liegen die den A. im *Ellbogengelenk* beugenden, an seiner hinteren Fläche die ihn streckenden Muskeln. Die *Oberarmschlagader* (Arteria brachialis) verläuft an der Innenfläche des Oberarms bis zur Ellenbeuge, wo sie sich entsprechend dem Unterarmknochen in zwei Endäste teilt. An der am unteren Speichenende auf dem Knochen aufliegenden Arterie kann der Puls (Radialpuls) gefühlt werden. Der an der Innenseite des Ellbogengelenks hinter dem Knochenvorsprung gelegene Ellennerv ist so wenig geschützt, daß bei Stoßeinwirkung Reizung eintritt und heftiger Schmerz ausgelöst wird (Musikantenknochen, Mäuschen).

Armeria [nlat.], svw. ↑Grasnelke.

Armflosser (Anglerfischartige, Lophiiformes), Ordnung der Knochenfische mit über 200 Arten in trop., subtrop. und gemäßigten Meeren; langsam schwimmende Fische, die sich mit Hilfe verlängerter Brustflossen auch kriechend auf dem Meeresboden fortbewegen können. Der erste Rückenflossenstrahl ist häufig aktiv bewegl. und dient mit dem wurmähnl. Gebilde an der Spitze zum Anlocken kleinerer Beutefische. - Bekannte Fam. sind ↑Anglerfische, ↑Antennenfische.

Armfüßer (Brachiopoda, Brachiopoden), Klasse der Tentakelträger mit ca. 260 lebenden, 0,1-8 cm großen Arten im Meer, wo sie meist an Felsen oder am Boden festsitzen. Diese Arten sind die letzten Vertreter seit dem Präkambrium bekannten, über 7 000 Arten umfassenden Tiergruppe mit Höhepunkt der Artenentfaltung im Devon (bes. bekannt ↑Spirifer und ↑Produktiden). Die A. sind im Unterschied zu den äußerl. ähnl. Muscheln gekennzeichnet durch je eine chitinige, von Kalksalzen durchsetzte Rücken- und Bauchschale und lange, spiralig eingerollte Mundarme, die zum Herbeistrudeln von Nahrung (meist Mikroorganismen) dicht bewimpert sind.

Armillariella [lat.], Gatt. der Hutpilze mit der bekannten Art ↑Hallimasch.

Armleuchteralgen (Charales), Klasse der Grünalgen mit 6 rezenten Gatt. und etwa 300 Arten (weltweit verbreitet die Gatt. Chara). Die A. haben ein schachtelhalmähnl. Aussehen, ihr Thallus ist in Internodien und Knoten gegliedert. An der Knotenbasis sitzen quirlförmig angeordnete Kurztriebe. Die Pflanzen sind durch Rhizoiden im Boden (in Schlamm oder Sand) verankert. Die Fortpflanzung erfolgt vegetativ durch „Ausläufer" und geschlechtl. durch ↑ Oogamie. Fossile Arten sind an der Bildung von Kalktuffen beteiligt.

Armmolche (Sirenidae), Fam. 20–90 cm langer Schwanzlurche, die in Gestalt und Fortbewegung den Aalen ähneln; hinteres Beinpaar völlig rückgebildet; 3 Arten, v. a. in den Wasserpflanzendickichten stehender Gewässer der östl. und südöstl. USA; A. sind nachtaktive Tiere, die sich v. a. von Würmern, kleinen Schnecken und Krebsen ernähren. Durch Einwühlen in den Schlamm können sie das Austrocknen von Gewässern überdauern.

Arni [Hindi], svw. ↑ Wasserbüffel.

Arnika [Herkunft unsicher] (Wohlverleih, Arnica), Korbblütlergatt. mit 32 Arten in den nördl. gemäßigten Breiten; ausdauernde Kräuter mit rosettig angeordneten Grundblättern und großen gelben Blütenköpfen. In M-Europa heim. ist der Bergwohlverleih (A. i. e. S., Bergarnika, Arnica montana): 30 bis 60 cm hoch, aromat. duftend, v. a. auf kalkarmen Bergwiesen wachsend; Stengel mit Drüsenhaaren und 1 oder 3 orangegelben Blütenköpfchen. - Wahrscheinl. erstmals durch Hildegard von Bingen als „wolfesgelegena" erwähnt. Der Bergwohlverleih wurde von C. Gesner 1561 beschrieben. Der Schweinfurter Arzt J. M. Fehr empfahl sie in der 2. Hälfte des 17. Jh. als vielseitig anwendbares Arzneimittel. Bis heute wird die aus den Blüten der A. bereitete Tinktur als Wundheilmittel verwendet. In der Volkskunde spielt die A. auf Grund ihrer Blütezeit („Johanniskraut") und wegen der sonnenähnl. Gestalt der Blüte eine Rolle im Zauber um die Sommersonnenwende.

Arnold, Philipp Friedrich, * Edenkoben 8. Jan. 1803, † Heidelberg 4. Juli 1890, dt. Anatom und Physiologe. - Prof. u. a. in Zürich, Tübingen und Heidelberg; gab zus. mit seinem Bruder Johann Wilhelm A. (* 1801, † 1873) ein physiolog. Lehrbuch, „Die Erscheinungen und Gesetze des lebenden menschl. Körpers im gesunden und kranken Zustande" (2 Bde., 1836–42) heraus; bed. auch sein anatom. Tafelwerk „Tabulae anatomicae" (4 Bde., 1838–42).

Arnoseris [griech.], Gatt. der Korbblütler mit der einzigen Art ↑ Lämmersalat.

Aromia [griech.], Gatt. der Bockkäfer; in M-Europa nur die Art ↑ Moschusbock.

Aronstab [griech./dt.] (Arum), Gatt. der Aronstabgewächse mit 12 Arten in Europa und im Mittelmeergebiet; Stauden mit pfeil- oder spießförmigen Blättern und knolligem Wurzelstock. Die blumenblattlosen Blüten stehen an einem von einem tütenförmigen Hüllblatt (Spatha) umgebenen Kolben, die männl. über den weiblichen. Einzige Art in Deutschland ist der Gefleckte Aronstab. Einige Arten werden als Zierpflanzen kultiviert.

Aronstabgewächse (Araceae), Fam. einkeimblättriger Pflanzen mit rund 1 800 Arten in etwa 110 Gatt., v. a. in trop. und subtrop. Wäldern; meist Lianen mit Luftwurzeln oder großblättrige Pflanzen mit Erdsprossen oder Knollen. Die unscheinbaren Blüten stehen in von einem Hochblatt (Spatha) umgebenen Kolben oder Ähren. Die Früchte sind Beeren. Einige Arten, hauptsächl. der trop. Gatt. Flamingoblume, Dieffenbachia, Philodendron, Scindapsus und Zimmerkalla, sind wertvolle Zierpflanzen; andere Arten (z. B. Taro) werden als Nahrungsmittel verwendet. In Deutschland kommen nur drei Arten vor: Gefleckter Aronstab, Drachenwurz, Kalmus.

Arrauschildkröte [indian./dt.] (Podocnemis expansa), bis 75 cm lange Wasserschildkröte, v. a. im Amazonas und Orinoko; Rückenpanzer eiförmig (hinten breiter als vorn), braun mit dunkleren Flekken, Bauchpanzer gelbl., braungefleckt.

Arrhenatherum [griech.], Gatt. der Ährenrispengräser mit etwa 50 Arten in Eurasien, Afrika und Nordamerika; in Mitteleuropa v. a. der ↑ Glatthafer.

Arrhenotokie [griech.], Entwicklung von männl. Tieren (z. B. Drohnen) aus unbefruchteten Eiern.

Arrowroot ['ɛroru:t; engl.], svw. ↑ Pfeilwurz.
◆ Bez. für aus den Knollen, Rhizomen und Wurzeln verschiedener Pfeilwurz-, Batate-, Blumenrohr-, Jamswurzel-, Taro-, Gelbwurzel- und Taccaarten hergestellten Stärken.

Arsenikpilz (Scopulariopsis brevicaulis), den Pinselschimmelpilzen ähnl. Schlauchpilz, in Böden weit verbreitet; bildet auf arsenikhaltigen Substraten das knoblauchartig riechende, stark giftige Trimethylarsin. Der A. wurde früher in der Kriminalistik zum Nachweis von Arsenspuren verwendet.

Art (Spezies), die einzige objektiv bestimmbare Einheit im System der Pflanzen und Tiere. Als Grundeinheit umfaßt sie die Gesamtheit der Individuen, die in allen wesentl. erscheinenden Merkmalen miteinander übereinstimmen. Zu einer A. gehören alle Individuen, die unter natürl. Bedingungen eine tatsächl. oder potentielle Fortpflanzungsgemeinschaft bilden. Außerdem zeigen die Individuen einer A. im wesentl. das gleiche äußere Erscheinungsbild, was als Ausdruck der jeweiligen gemeinsamen Genbestandes anzusehen ist. Nur wenige A. sind weltweit verbreitet. Alle anderen bewohnen ein größeres oder kleine-

Artbastard

res Verbreitungsgebiet (Areal). Innerhalb des Verbreitungsgebietes zeigt die A. eine Untergliederung in einzelne ↑Populationen. - Entstehung der Arten: ↑Artbildung; wiss. Benennung der Arten: ↑Nomenklatur; ↑Taxonomie.

Arve.

Artbastard, Ergebnis einer Kreuzung zw. verschiedenen Arten; bei Tieren oft nicht fortpflanzungsfähig. **Bastardierungssperren** unterbinden das Zustandekommen von Artkreuzungen in freier Natur nahezu völlig. A. sind das Ergebnis einer durch den Menschen absichtl. herbeigeführten Artkreuzung. Bekanntestes Beispiel: Pferdehengst × Eselstute ergibt Maulesel; Eselhengst × Pferdestute ergibt Maultier; beide sind nicht fortpflanzungsfähig. - Bei Pflanzen sind Bastardierungssperren vielfach weniger ausgeprägt, so daß eine Fremdbestäubung zu fortpflanzungsfähigen A. (**Hybriden**) führen kann.

Artbildung (Speziation), die Entstehung von zwei oder mehr Arten aus einer Stammart. Urspr. wurde angenommen, neue Arten würden spontan durch Mutation[en] entstehen. Die A. würde demnach spontan ablaufen und von Einzelindividuen ausgehen. Neuere Einsichten ergaben jedoch, daß die weitaus häufigste Form der A. (zumindest im Tierreich) auf dem allmähl. Wandel ganzer Populationen (nicht Einzelindividuen) beruht. Dabei ist zw. einer sympatr. und einer allopatr. A. zu unterscheiden. Bei der **allopatr. Artbildung** wird eine Stammart durch äußere Einflüsse in zwei oder mehr geograph. isolierte Gruppen (Populationen) aufgeteilt. Eine solche Trennung erfolgt meist durch klimat. Einflüsse, indem sich in das Verbreitungsgebiet einer Stammart durch Umweltveränderungen Zonen einschieben, die für die betreffende Art nicht bewohnbar sind. Dies war (v. a. auf der nördl. Halbkugel) während der Eiszeiten der Fall; in trop. Gebieten v. a. durch Entstehung von Trockengürteln zw. Regenwaldgebieten. Die räuml. getrennten Populationen entwickeln sich also unabhängig voneinander gemäß ihren durch Mutationen erworbenen Veränderungen. Bei der **sympatr. Artbildung** ist eine räuml. Isolation von Populationen nicht erforderlich. Für die Möglichkeit einer sympatrischen A. spricht das Vorkommen zahlr., naher verwandter Arten (z. B. Fische) in einem großen See. Die Mechanismen der Entstehung von Bastardierungssperren innerhalb einer Population ohne räuml. Trennung sind noch nicht geklärt.

Artdichte ↑Abundanz.

Artemia [griech.], Gatt. der Kiemenfußkrebse; bekannte Art: ↑Salinenkrebschen.

Artemisia [griech.], svw. ↑Beifuß.

Artenschutz, der durch verschiedene, v. a. behördl. Maßnahmen angestrebte Schutz vieler vom Aussterben bedrohter Tier- und Pflanzenarten in der freien Natur: 1. zur Erhaltung funktionsfähiger Ökosysteme, 2. zur Erhaltung der Artenvielfalt durch Sicherung eines möglichst breit gestreuten Genpotentials. Dazu kommen Schutzgründe verschiedenster Art, wie sie der Naturschutz allg. vertritt. Internat. sind gefährdete Tier- und Pflanzenarten in dem *„Red Data Book"* der International Union for Conservation of Nature and Natural Ressources aufgeführt, für die BR Deutschland in der *„Roten Liste der gefährdeten Tiere und Pflanzen in der Bundesrepublik Deutschland"*. Möglichkeiten zum Schutz gefährdeter Arten in aller Welt bietet das *Washingtoner Artenschutzabkommen* vom 3. März 1973, für die BR Deutschland in Kraft seit 20. Juni 1976, durch die der gewerbsmäßige Handel und der Andenkenerwerb mit Exemplaren gefährdeter Arten freilebender Tiere und Pflanzen verboten und kontrolliert wird. In der *Bundesartenschutz-VO* vom 25. Aug. 1980 ergingen detailliertere Bestimmungen.

Arterien [griech.] (Schlagadern, Pulsadern), Blutgefäße des Menschen und der

Blühende Artischocke

Äschen

Wirbeltiere, die das Blut vom Herzen wegführen und nach allen Körperteilen hinleiten. Die Wandung der A. ist aus drei Schichten aufgebaut. Die Schichten sind durch elast. Membranen voneinander getrennt. Die äußerste Schicht ist aus Bindegewebe aufgebaut, in dem kleinste Blutgefäße (Durchmesser bis zu etwa 1 mm) verlaufen und der Ernährung der A. von außen dienen. Die innere Wandschicht wird direkt von dem Blut mit Nährstoffen versorgt. Je nach Vorherrschen der glatten Muskulatur oder des elast. Bindegewebes in der mittleren Schicht lassen sich elast. und muskulöse A.typen unterscheiden. Die elast. sind die herznahen A., wie die ↑ Aorta und ihre großen Abzweigungen. Durch den elast. Aufbau dieser A. wird der durch die Herzkontraktion hervorgerufene Druckstoß ausgeglichen und dadurch eine relativ kontinuierl. Fortleitung des rhythm. vom Herzen ausgeworfenen Blutes, auch während der Erschlaffungsphase des Herzens, erreicht. Die A. des muskulösen Typs weisen einen starken Anteil glatter Muskulatur auf. Diese ermöglicht durch aktive Verengung dieser A. eine Regulierung der Blutverteilung. Der muskulöse A.typ findet sich herzfern, d. h. an der Körperperipherie und in den einzelnen Organen. Die kleinsten A. (**Arteriolen**) spalten sich in die sog. Haargefäße auf. Diese weisen ebenfalls einen relativ hohen Anteil an glatter Muskulatur auf und führen die größten Änderungen ihres Querschnitts aus. Die Arteriolen sind damit die eigtl. Widerstandsgefäße des Blutstroms, die letztl. entscheiden, welche Menge Blut einem Organ zufließt.

Arteriole [griech.], kleinste, in Haargefäße (Kapillaren) übergehende Schlagader. - ↑ auch Arterien.

Arthropoden (Arthropoda) [griech.], svw. ↑ Gliederfüßer.

Articulata [lat.], svw. ↑ Gliedertiere.
Articulatae [lat.], svw. ↑ Schachtelhalme.
Artikulaten [lat.], svw. ↑ Gliedertiere.
Artikulation (Articulatio), gelenkige Verbindung zw. Knochen.

Artischocke [italien.], (Cynara scolymus) bis 2 m hoher, nur in Kultur bekannter Korbblütler; Blätter fiederteilig, unterseits mehr oder weniger weißfilzig, fast stachellos. Die bis 15 cm großen Blütenköpfe haben hellviolette, zwittrige Röhrenblüten und große, starre Hüllblätter, deren im Knospenzustand fleischig verdickter unterer Teil ebenso wie der fleischige Blütenstandsboden roh oder als Feingemüse gekocht gegessen wird (Ernte vor dem Aufblühen der Köpfchen). Als Gemüse werden auch die jungen, gebleichten Sprosse verwendet. Die verschiedenen (etwa 3–4 Jahre ertragsfähigen) Sorten werden v. a. im Mittelmeergebiet, auch im S der USA, angebaut, in Deutschland als Zierpflanzen.
◆ (Spanische A., Gemüse-A.) svw. ↑ Kardone.

Artocarpus [griech.], Gatt. der Maulbeergewächse mit den bekannten Arten ↑ Brotfruchtbaum und ↑ Jackbaum.

Arum [griech.], svw. ↑ Aronstab.
Aruncus [lat.], svw. ↑ Geißbart.
Arve (Zirbelkiefer, Pinus cembra), bis über 20 m hoch und über 1 000 Jahre alt werdende Kiefernart v. a. in den Karpaten, im Ural und in den Alpen (bis zur oberen Waldgrenze in etwa 2 500 m Höhe); in der Jugend von kegelförmigem Wuchs, mit silbergrauer, glatter Rinde, im Alter unregelmäßig, oft mehrwipfelig, mit graubrauner Schuppenborke. Die in Fünfzahl an Kurztrieben stehenden Nadeln sind 5–12 cm lang, steif, am Rand fein gesägt und enden stumpf. Die dickschuppigen Fruchtzapfen sind kurz gestielt, werden 6–8 cm lang und etwa 5 cm breit; fallen mit den flügellosen, bis 1,2 cm langen, eßbaren Samen (**Zirbelnüsse**) im Frühjahr des dritten Jahres nach der Befruchtung ab. Das weiche Holz wird bes. für Möbel und Schnitzereien verwendet.

Arvicola [lat.], Gatt. der Wühlmäuse mit den bekannten Arten Ost- und Westschermaus (↑ Schermaus).

Arzneipflanzen, svw. ↑ Heilpflanzen.
Asant [pers.], svw. ↑ Stinkasant.
Asarum [griech.], svw. ↑ Haselwurz.
Ascarididae [griech.], svw. ↑ Spulwürmer.
Ascaris [griech.], Gatt. der ↑ Spulwürmer.
Äsche ↑ Äschen.
Aschelminthes [askhɛlˈmɪntɔs; griech.], svw. ↑ Schlauchwürmer.
Äschen (Thymallinae), Unterfam. der Lachsfische mit 5 Arten in schnellfließenden,

Europäische Äsche

Äskulapnatter

Aschenpflanze

klaren, kühlen Gewässern mit Sand- oder Kiesgrund in Eurasien und N-Amerika; lange und hohe Rückenflosse und relativ große Schuppen. - In Europa (ausgenommen S-Frankr., Spanien, Italien und Irland) die etwas nach Thymian duftende **Europ.** ↑Äsche (Thymallus thymallus): Standfisch mit unregelmäßig verteilten schwarzen Flecken auf dem meist grau-grünen Rücken und den silbrigweißen bis messinggelben Körperseiten; wird bis über 50 cm lang und bis über 2 kg schwer; Speise- und Sportangelfisch (v. a. für den Fang mit Kunstfliegen). - ↑auch Äschenregion.

Aschenpflanze, svw. ↑Zinerarie.

Äschenregion, zw. ↑Forellenregion und ↑Barbenregion gelegener Flußabschnitt, in dem die Europ. Äsche als Charakterfisch lebt; gekennzeichnet durch Sauerstoffreichtum und mäßige Strömungsgeschwindigkeit.

Ascidiacea [griech.], svw. ↑Seescheiden.

Asclepiadaceae [griech.], svw. ↑Schwalbenwurzgewächse.

Asclepias [griech.], svw. ↑Seidenpflanze.
◆ ↑Wachsblume.

Ascomycetes [griech.], svw. ↑Schlauchpilze.

Ascorbinsäure [zu griech. a- „nicht, ohne" und Skorbut], svw. Vitamin C (↑Vitamine).

Asellus [lat.], Gatt. der Wasserasseln mit der einheim. Art ↑Wasserassel.

asexuell (asexual), ungeschlechtig, geschlechtslos; von Fortpflanzungsweisen ohne Keimzellenvereinigung bzw. ohne Reduktionsteilung; z. B. die Vielfachteilung bei vorwiegend parasit. lebenden Protozoen.

Asiatischer Steppenfuchs, svw. ↑Korsak.

Asio [lat.], Gatt. der Eulenvögel mit den beiden Arten ↑Waldohreule und ↑Sumpfohreule.

Askariden [griech.], svw. ↑Spulwürmer.

Askhelminthen [griech.], svw. Aschelminthes (↑Schlauchwürmer).

Asklepias [griech.], ↑Wachsblume.

Askogon [griech.], weibl. Geschlechtsorgan der Schlauchpilze.

Askomyzeten (Ascomycetes) [griech.], svw. ↑Schlauchpilze.

Askonschwamm [griech./dt.], einfachster Schwammtyp, bei dem das Wasser durch Poren direkt in das schlauchförmige Schwammlumen einströmt. - ↑auch Leukonschwamm, ↑Sykonschwamm.

Askorbinsäure ↑Ascorbinsäure.

Askosporen [griech.] ↑Askus.

Äskulapnatter [nach Äskulap (Gott d. Heilkunde)] (Elaphe longissima), bis 2 m lange, kleinköpfige, oberseits glänzendbraune, unterseits gelblichweiße, nichtgiftige Natter vorwiegend auf sonnigen, steinigen Wiesen der lichten Laubwälder M- und S-Europas sowie Kleinasiens; in Deutschland nur stellenweise; am Hinterkopf beidseitig ein gelbl. (im Unterschied zur Ringelnatter) nicht scharf abgegrenzter Fleck. - Abb. S. 59.

Askus [griech.], schlauch- oder keulenförmiger Sporenbehälter der Schlauchpilze; enthält meist 8 **Askosporen.**

Asparagus [griech.], svw. ↑Spargel.
◆ volkstüml. Bez. für einige Spargelarten, die in der Gärtnerei als Schnittgrün verwendet werden.

Aspergillus [lat.], svw. ↑Gießkannenschimmel.

Asphodeline [griech.], svw. ↑Junkerlilie.

Asphodelus [griech.], svw. ↑Affodill.

Aspidiotus [griech.], Gatt. der Schildläuse, darunter die Art ↑San-José-Schildlaus als Obstschädling.

Aspidistra [griech.], svw. ↑Schusterpalme.

Aspisviper [griech./lat.] (Vipera aspis), bis 75 cm lange, lebendgebärende (4-18 Junge), gedrungene, kurzschwänzige Schlange in Frankr., den Pyrenäen (bis 2400 m Höhe), der Schweiz und in Italien (in Deutschland vereinzelt im südl. Schwarzwald); Kopf breit und dreieckig; schwarze Querbänder oder rechteckige Flecken auf grauem, hell- oder rotbraunem Grund; unterseits schwärzl., grau oder schmutziggelb mit schwefelgelber bis orangefarbener Schwanzspitze; Biß für den Menschen gefährlicher als der einer Kreuzotter.

Aspius [nlat.], Gatt. der Karpfenfische mit dem ↑Rapfen als einziger in M-Europa vorkommender Art.

Asplenium (Asplenum) [griech.], svw. ↑Streifenfarn.

Aspro [nlat.], Gatt. der Barsche mit den in M-Europa vorkommenden Arten ↑Streber und ↑Zingel.

Asseln [vermutl. zu lat. asellus „Eselchen" (wegen der grauen Farbe)] (Isopoda), weltweit verbreitete Ordnung der Höheren Krebse mit etwa 4000 Arten in Meeres- und Süßgewässern und auf dem Land. Die durchschnittl. 1-3 cm langen Tiere besiedeln im Meer Lebensräume von der Küste bis 10 000 m Tiefe (mit z. T. sehr großen Arten, z. B. die bis 27 cm messende **Riesentiefseeassel,** Bathynomus giganteus). Die Körper der meisten A. sind schildförmig von oben nach unten abgeplattet. Ihr Brustabschnitt ist am mächtigsten entwickelt und trägt stabförmige Laufbeine an den meist sieben Thorakalsegmenten. Der Hinterleib ist weniger stark ausgebildet und hat zweiästige Abdominalfüße, die der Fortbewegung und der Atmung dienen. Die A. sind meist getrenntgeschlechtl., die Entwicklung der befruchteten Eier erfolgt in einem Brutbeutel (*Marsupium*) des Weibchens. Bekannt sind u. a. ↑Wasserassel, ↑Kellerassel, ↑Mauerassel und Arten der ↑Kugelasseln.

Asselspinnen (Pantopoda), weltweit verbreitete Klasse bis 2 cm körperlanger Glie-

Astilbe

derfüßer mit etwa 500 Arten in allen Meeren; Körper häufig stabförmig, mit einem Saugrüssel am Vorderende und 3 kurzen Gliedmaßenpaaren (von denen das vorderste zum Ergreifen der Beute, v. a. Hohl- und Weichtiere, häufig Scheren trägt) und 4–6 Paaren spinnenbeinartig verlängerter Laufbeine.

Assimilat [lat.], allg. in Lebewesen durch Umwandlung körperfremder in körpereigene Stoffe entstehendes Produkt; z. B. Glykogen bei Tieren, Zucker und Stärke bei Pflanzen.

Assimilation [zu lat. assimilatio „Ähnlichmachung"], in der *Stoffwechselphysiologie* der Aufbau von körpereigenen Substanzen (Assimilaten) bei Organismen aus körperfremden Nahrungsstoffen unter Energieverbrauch (Ggs.: ↑Dissimilation). Man unterscheidet: 1. **Assimilation des Kohlenstoffs:** Aus Kohlendioxid (CO_2) werden unter Reduktion durch einen Wasserstoffspender (z. B. Wasser) Kohlenhydrate (Zucker, Stärke) gebildet. Die dazu notwendige Energie liefert entweder das Licht (Photosynthese der grünen Pflanzen und Purpurbakterien) oder sie wird aus Oxidationsreaktionen verschiedener anorgan. Verbindungen gewonnen (Chemosynthese einiger farbloser Bakterien). 2. **Assimilation des Stickstoffs:** Höhere Pflanzen decken ihren Stickstoffbedarf aus Nitraten bzw. Ammoniumverbindungen des Bodens, die in wasserlösl. Form über die Wurzeln aufgenommen werden und (Nitrate nach Reduktion) zur Synthese der Aminosäuren dienen. Verschiedene Bakterien (↑Knöllchenbakterien), Blaualgen u. Pilze können den molekularen Stickstoff der Luft aufnehmen. 3. **Assimilation des Schwefels und Phosphors:** Beide Elemente werden als gelöste Salze (Sulfate, Phosphate) in oxidierter Form aus dem Boden über die Wurzeln aufgenommen und (Sulfate nach Reduktion) in hochmolekulare Verbindungen wie Aminosäuren, energieübertragende Systeme (ATP, ADP) und Erbsubstanzen (DNS, RNS) eingebaut. Stickstoff-, Schwefel- und Phosphorarmut im Boden führen zu Mangelerscheinungen, die durch Düngung behoben werden können.

◆ in der *Sinnespsychologie* die Angleichung neuer Wahrnehmungs- und Bewußtseinsinhalte an bereits vorhandene auf Grund der Spuren, die diese im Gedächtnis hinterlassen haben.

Assimilationsgewebe ↑Laubblatt.

Assoziation [frz.; zu lat. associare „beigesellen"], Bez. für eine pflanzensoziolog. Einheit, eine Gruppe von Pflanzen, die sich aus verschiedenen, aber charakterist. Arten zusammensetzt.

Assoziationsfelder, Gebiete der Großhirnrinde, in denen sich weder Endstätten sensor. Leitungsbahnen noch Ursprungsorte motor. Bahnen befinden. Die A. stehen durch viele Bahnen mit anderen Rindenfeldern in Verbindung. Man vermutet, daß sie die stoffl. Grundlage der höheren seel. und geistigen Funktionen bilden.

Astacidae [griech.], svw. ↑Flußkrebse.

Astacus [griech.], Gatt. der Flußkrebse mit den Arten ↑Edelkrebs, ↑Steinkrebs, ↑Sumpfkrebs.

Aster [griech., eigtl. „Stern"], weltweit verbreitete Gatt. der Korbblütler mit etwa 500 Arten; überwiegend ausdauernde Halbsträucher, seltener ein- oder zweijährige Kräuter. Die Blütenköpfchen bestehen meist aus blauen, violetten oder weißen, seltener roten Zungenblüten und aus röhrigen, häufig gelben Scheibenblüten. Die Blüten stehen oft in Rispen oder Doldenrispen. Die Blätter sind wechselständig, oft ungestielt, ganzrandig oder gesägt. In Deutschland kommen 5 Arten vor; v. a. in den Alpen auf trockenen Wiesen und Felsen bis 2 500 m Höhe die **Alpenaster** (A. alpinus) mit violettblauen Zungenblüten und gelben Scheibenblüten in 3–4 cm breiten Blütenköpfchen. Die Stengelblätter sind breit-linealförmig und ganzrandig, die grundständigen Blätter verkehrt-eiförmig. - In lichten Wäldern, auf feuchten, steinigen Abhängen der Alpen und süddeutschen Gebirge wächst das **Alpenmaßliebchen** (A. bellidiastrum) mit rötl. oder weißen Zungenblüten in etwa 3 cm breiten Blütenköpfchen auf 10–40 cm hohen, blattlosen, flaumig weißhaarten Stengeln, die einer grundständigen Blattrosette entspringen. - Bei der in M-Europa und Kleinasien heim. **Bergaster** (A. amellus) sind die Zungenblüten meist blau-lila. Einige Unterarten sind Zierpflanzen. - Auf Steppenhängen und Heidewiesen bis 1 000 m Höhe wächst die kalkliebende, 20–50 cm hohe **Goldaster** (Lein-A, A. linosyris); Zungenblüten fehlen; Röhrenblüten goldgelb. - An den europ. Meeresküsten und auf salzhaltigen Böden des Binnenlandes wächst die 30–70 cm hohe **Salzaster** (Strand-A., A. tripolium) mit zartlila bis hellblauen, selten weißen Zungenblüten. Gartenzierpflanzen sind die im Spätsommer und Herbst blühenden **Herbstastern** (Staudenastern) mit rötl., blauen oder weißen Zungenblüten. Sie stammen v. a. aus N-Amerika und werden 50 bis 150 cm hoch. Bekannt sind die **Neubelg. Aster** (Glattblattaster, A. novi-belgii) und **Neuengl. Aster** (Rauhblattaster, A. novaeangliae). - Abb. S. 62.

◆ (Sommer-A.) volkstüml. Bez. für die zahlr., im Sommer blühenden Sorten (z. B. hohe Schnittastern, niedrige Zwergastern) von in China und Japan heim. Korbblütlerart Callistephus chinensis.

◆ (Winteraster) Bez. für ↑Chrysanthemen.

Asteraceae [griech.], svw. ↑Korbblütler.

Asterias [griech.] ↑Seesterne.

Asteroidea [griech.], svw. ↑Seesterne.

Astilbe [griech.] (Scheingeißbart, Prachtspiere), Gatt. der Steinbrechgewächse mit etwa 35 Arten in Asien und im östl. N-Amerika;

Astmoose

Alpenaster · Salzaster · Herbstaster

die weißen oder rötl. Blüten stehen in großen Rispen; viele Arten sind beliebte Zierstauden.

Astmoose (Schlafmoose, Hypnaceae), Fam. fiederartig verzweigter, auf dem Boden wachsender Laubmoose mit über 900 Arten in etwa 30 Gatt.; Blätter oft sichelartig gekrümmt. Zu der bekannten, mit etwa 60 Arten weitverbreiteten Gatt. Hypnum zählt das in Europa sehr häufige, in verschiedenen Unterarten vorkommende **Zypressenschlafmoos** (Hypnum cupressiforme), dessen Stengel kriechende bis aufsteigende Ausläufer treiben.

Astragalus [griech.], svw. ↑ Tragant.

Astrantia [griech.], svw. ↑ Sterndolde.

Astrilde [afrikaans], svw. ↑ Prachtfinken.

Astrobiologie (Kosmobiologie), Wissenschaft vom Leben auf anderen Himmelskörpern und im Weltraum; speziell die Erforschung der bes. Lebensbedingungen für Menschen, Tiere und Pflanzen in Raumfahrzeugen und auf fremden Planeten.

Astrozyt [griech.], Sternzelle; zur Neuroglia (↑ Nervensystem) gehörende großkernige Zelle mit zahlr. strahlenförmigen Ausläufern. A. scheinen für den Stofftransport und Stoffwechsel von Bed. zu sein.

Asukibohne [jap./dt.] (Phaseolus angularis), wahrscheinl. in O-Asien heim., nur als Kulturpflanzen bekannte Bohnenart; Nahrungspflanze asiat. Tropenländer und Chinas.

Atlasspinner

Aszidien [griech.], svw. ↑ Seescheiden.

Atavismus [zu lat. atavus „Urahn"], von H. de Vries 1901 geprägter Begriff für das Auftreten von „individuellen Rückschlägen auf alte Ahnenzustände" bei Lebewesen. Möglichkeiten der Entstehung von Atavismen: **1. Kombinationsatavismus:** Durch die Kombination verschiedener Gene als Folge von Kreuzungen kommt es zu Genkonstitutionen, die einer Ahnenform entsprechen können (wird phänotyp. als Rückschlag erkennbar); **2. paratyp. Atavismus:** Durch exogene Störungen während der Embryonalentwicklung bleiben stammesgeschichtl. ältere Eigenschaften erhalten, die sonst nur während der Individualentwicklung vorübergehend auftreten; **3. mutativer Atavismus:** Durch Mutationen kommt es zu strukturellen Ähnlichkeiten mit Ahnenformen. Einige sichere Atavismen beim Menschen sind: Halsfisteln (die dadurch zustande kommen, daß eine der während der Embryonalentwicklung angelegten Kiementaschen erhalten bleibt und durchbricht), Vermehrung der Zahl der Rückenwirbel, das Auftreten der ↑ Darwin-Ohrhöcker, überzählige Schneide- und bes. überzählige Backenzähne. Die Lebensfähigkeit eines Menschen wird durch das Auftreten atavist. Merkmalsbildungen in der Regel nicht beeinträchtigt.

Atelie [griech.], in der Biologie ein Merkmal oder eine Eigenschaft (z. B. Querbinden auf Schmetterlingsflügeln), die keinen erkennbaren biolog. Zweck hat.

Atem, der Luftstrom, der beim Ausatmen aus den Lungen entweicht (↑ Atmung).

Atemfrequenz ↑ Atmung.

Atemhöhle (Mantelhöhle), der Atmung dienender, von Mantel und Körper gebildeter Raum bei Weichtieren, in dem die Kiemen liegen.

Atemkapazität, svw. Vitalkapazität (↑ Atmung).

Atemvolumen, svw. Atemzugvolumen (↑ Atmung).

Atemwege, svw. ↑ Luftwege.

Atemwurzeln, bei trop. Sumpfpflanzen senkrecht nach oben wachsende Seitenwurzeln, die über den Boden oder das Wasser in die Luft ragen und der Atmung dienen; insbes. bei den Mangrovepflanzen der trop., sauerstoffarmen Küstensümpfe.

Atemzentrum (Atmungszentrum), bei Wirbeltieren (einschließl. Mensch) nervöses Zentrum im Bereich des verlängerten Marks, das die Atembewegungen auslöst und deren geordneten Ablauf regelt. Das A. ist streng genommen kein einheitl. Zentrum, sondern liegt weit verteilt im verlängertem Mark, im Hirnstamm und im Rückenmark. Bei der gewöhnl. Atmung sind nur die Einatmungsmuskeln tätig, die Ausatmung erfolgt rein passiv mit Hilfe elast. Rückstellkräfte. Erst bei forcierter Atmung setzt sich die Tätigkeit des Ausatmungszentrums über die Innervation der Ausatmungsmuskeln durch. Das A. erhält seine Erregungen z. T. direkt über das Blut; v. a. verstärkt eine Anhäufung von Kohlendioxid, aber auch eine Erhöhung der H-Ionen-Konzentration den Atemantrieb. Sinnvollerweise wird das A. aber außerdem auch durch eine Verminderung der Sauerstoffspannung im Blut angeregt. Stärkste Atemantriebe erfolgen bei Muskelarbeit durch Mitinnervation von den motor. Zentren her auf rein nervösem Weg. Dadurch wird gewährleistet, daß die in Tätigkeit gesetzten Muskeln bei vermehrter Durchblutung außer mit Nährstoffen sofort auch ausreichend mit Sauerstoff versorgt werden. Ausfall des A. infolge Vergiftung oder Sauerstoffmangels führt zur Erstickung mit (weiterer) Sauerstoffverarmung und Kohlendioxidanhäufung in Blut und Geweben. Durch künstl. Beatmung kann die Funk-

Athalia [griech.], Gatt. der Blattwespen mit der schädl. ↑ Rübsenblattwespe.

ätherische Öle, flüchtige, pflanzl. Öle mit charakterist., oft angenehmem Geruch, die auf Papier keine fetten Flecken hinterlassen. Es sind komplizierte Gemische von Aldehyden, Alkoholen, Estern, Ketonen, Lactonen, Terpenen und anderen Verbindungen. Am bekanntesten sind Lavendel-, Rosen-, Orangen-, Anis- und Zimtöl, die meist durch [Wasserdampf]destillation gewonnen werden. Verwendet u. a. für die Parfüm-, Spirituosen- und Arzneimittelherstellung.

Äthiopide [nlat.], Mischrasse aus Negriden und Europiden, v. a. in NO-Afrika; sehr hohe, geschmeidige und schlanke Gestalt, langes Gesicht, langer Kopf, hohe Nase, ausgeprägtes Kinn, dicke Lippen, dunkle Hautfarbe.

Äthylen [griech.] (Ethylen), einfachster ungesättigter Kohlenwasserstoff ($H_2C=CH_2$); gasförmiges pflanzl. Stoffwechselprodukt und ↑ Pflanzenhormon; steuert Alters- und Abtrennungsprozesse bei Blättern und Früchten; bewirkt zudem die Fruchtreife.

Atlantosaurus [griech.], ausgestorbene Gatt. bis 35 m langer Dinosaurier; Pflanzenfresser, die in der unteren Kreide des westl. N-Amerika lebten.

Atlas [griech.], der erste Halswirbel bei höheren Wirbeltieren, der den Kopf trägt.

Atmungskette. Die schrittweise Oxidation des von Glykolyse und Zitronensäurezyklus kommenden Wasserstoffs in der Atmungskette

Atlasblume

Atlasblume, svw. ↑Godetie.

Atlasspinner (Attacus atlas), größte Art der Augenspinner mit schwarz, weiß und gelb gefärbten Zeichnungen auf den bis 25 cm spannenden, rötl. Flügeln; auf den sichelförmig gebogenen Vorderflügeln je ein großer, dreieckiger, glasartig durchscheinender Augenfleck; Vorkommen: Indien, südl. Ostasien, Malaiischer Archipel. - Abb. S. 62.
♦ svw. ↑Pappelspinner.

Atmung, Gasaustausch der Lebewesen mit ihrer Umwelt *(äußere A.)* und Energie liefernder Stoffwechselprozeß in den Zellen *(innere A.).* Allg. versteht man unter A. die äußere A. *(Respiration),* bei der Sauerstoff vom Organismus aufgenommen und Kohlendioxid abgegeben wird. Dieser Gasaustausch erfolgt durch bes. ↑Atmungsorgane oder ausschließl. (bei niederen Tieren) bzw. zu einem geringen Teil (beim Menschen zu 1 %) durch die Haut (↑Hautatmung).

Die Sauerstoffaufnahme beim Menschen erfolgt durch die Nase oder den Mund über die Luftröhre und das Bronchialsystem in die Lunge, die durch Pumpbewegungen ein Druckgefälle erzeugt, wodurch es zur *Einatmung (Inspiration)* bzw. zur *Ausatmung (Exspiration)* kommt. Man unterscheidet die **Rippenatmung** (Kostal-A.), bei der sich die zw. den Rippen befindl. Interkostalmuskeln zusammenziehen und die Rippen heben und so den Brustkorb vergrößern, und die **Zwerchfellatmung** (Abdominal-A.), bei der bei der Einatmung das Zwerchfell tiefertritt und so den Brustraum auf Kosten des Bauchraums nach unten erweitert. Bei normaler, ruhiger A. besorgen beide zus. zu gleichen Teilen gemeinsam die Atmung. Der Gasaustausch von Sauerstoff (der im Blut gelöst bzw. an ↑Hämoglobin gebunden wird) gegen Kohlendioxid (das ausgeatmet wird) vollzieht sich in den etwa 300–450 Mill. Lungenbläschen und Lungenkapillaren. Die gesamte für den Austausch zur Verfügung stehende atmende Oberfläche beträgt etwa 80–120 m². Der Sauerstoff diffundiert aus den mit Luft angefüllten Bläschen durch die feuchte Membran der Lungenbläschen in das Blut, das in Haargefäßen an der Bläschenwand vorbeifließt. Der Sauerstoff wird im Blut an das Hämoglobin (Hb) gebunden, was dem Blut eine hellrote Farbe verleiht (arterielles Blut). Das mit Sauerstoff beladene Blut (Hb · O_2) verläßt die Lunge über die Lungenvene und erreicht über das Herz und das Ateriensystem die Körperzellen. In ihnen läuft die innere A. unter Energiegewinn und Entstehung des Stoffwechselendprodukts Kohlendioxid ab. Umgekehrt transportiert das Hämoglobin z.T. auch das Kohlendioxid zurück zur Lunge, in der es abgeatmet wird. Das vornehml. im ↑Zitronensäurezyklus entstehende Kohlendioxid ist hierbei am Eiweißanteil des Hämoglobins gebunden. Die Hauptmenge des Kohlendioxids wird jedoch als Hydrogencarbonat im Blutplasma transportiert. Das „verbrauchte" (venöse) Blut enthält aber immer noch etwa 14 % Sauerstoff, der im Notfall genutzt werden kann.

Pro Atemzug werden von einem gesunden Erwachsenen etwa 0,5 l Luft bewegt (**Atemvolumen**). Dieses Volumen kann bei intensiver A. auf 2,5 l (Atemvolumen + Einatmungsreservevolumen) erhöht werden. Bei ruhiger Ausatmung verbleiben noch etwa 2 l Luft in der Lunge, wovon bei maximaler Ausatmung noch etwa 1,3 l ausgeatmet werden können (Ausatmungsreservevolumen). Die als maximales Atmungsvolumen (**Vitalkapazität**) bezeichnete Luftmenge, die zw. völliger Einatmung und völliger Ausatmung bewegt wird, beträgt etwa 4,5 l. Als **Restluft** (**Restvolumen,** etwa 1,2 l) wird die ständig in den Lungenbläschen verbleibende Luftmenge bezeichnet, die nur beim Lungenkollaps entweicht. Die Zahl der Atemzüge pro Minute (**Atemfrequenz**) hängt vom Alter, von der Größe und der Konstitution ab. Sie beträgt beim Erwachsenen etwa 10–15. Daraus läßt sich das Minutenvolumen (Atemvolumen × Atemfrequenz) errechnen, das 5–7 l beträgt. Das Verhältnis des abgegebenen CO_2 (in Volumen-%) und des aufgenommenen O_2 wird **respiratorischer Quotient** (RQ, Atmungsquotient) genannt. Seine Größe läßt Rückschlüsse auf die Zusammensetzung der aufgenommenen Nahrung zu. Werden vom Organismus nur Kohlenhydrate verarbeitet, beträgt er 1,0; bei Fett- und Eiweißabbau liegen die Werte bei 0,8 bzw. 0,7. Die äußere A. wird durch das im verlängerten Mark befindl. Atemzentrum sowie indirekt über den Hypothalamus gesteuert. Bei erhöhter Leistung besteht ein größerer Sauerstoffbedarf, der eine Aktivierung der Atemtätigkeit erforderl. macht. Hierzu wird entweder die Atemtiefe oder die Atemfrequenz variiert.

Die *innere A.* ist der Teil des Atmungsgeschehens, der sich auf die biochem. Nutzung des aufgenommenen Sauerstoffs durch die Körperzellen (daher auch **Zellatmung**) bezieht. Es ist der katabol. Stoffwechsel, der hauptsächl. aus der ↑Atmungskette, dem ↑Zitronensäurezyklus sowie ↑Glykolyse besteht.

In den einzelnen Tiergruppen gibt es verschiedene Möglichkeiten der äußeren Atmung. Tieren mit flachem, langem Körper (z. B. Fadenwürmer, Strudelwürmer) genügt der Gasaustausch durch die Haut. Bei Gliederfüßern, Spinnentieren, Stummelfüßern, Tausendfüßern und Insekten sind schon bes. Atmungsorgane, die ↑Tracheen, ausgebildet. Viele Wassertiere atmen durch ↑Kiemen. Säugetiere haben als Atmungsorgane Lungen ausgebildet. Für die äußere A. haben die autotrophen, höheren Pflanzen in meist allen Organen Hohlraumsysteme (↑Durchlüftungsgewebe), die mit Ein- und Austrittsöffnungen (z. B.

Atropin

↑Spaltöffnungen) verbunden sind. Auch Atem- und Luftwurzeln dienen der Sauerstoffaufnahme und Kohlendioxidabgabe. Die innere A. zur Energiegewinnung kann unter Sauerstoffaufnahme *(aerobe Zell-A.)*, oder ohne Luftsauerstoff, z. B. bei manchen Bakterien *(anaerobe Zell-A.* oder Gärung) stattfinden.

Geschichte: Schon in frühester Zeit hatte man erkannt, daß die tier. und menschl. A. untrennbar mit dem Leben verbunden ist. Die eigentl. Aufklärung des A.vorgangs gelang aber erst nach Einführung der experimentellen Methodik in der Chemie. Nachdem 1774 O_2 und 1775 CO_2 entdeckt worden waren und 1777 die Verbrennung als Sauerstoffaufnahme gedeutet worden war, konnte die A. als Oxidation erklärt werden. Den physiolog. Gasaustausch (O_2- und CO_2-Bindung an das Blut; Bohr-Effekt) erforschte der Däne C. Bohr. Der Schwede F. L. Thunberg trug zu Beginn des 20.Jh. zur Aufklärung des Mechanismus der A. und der O_2-Aufnahme bei. Die pflanzl. A. wurde im 18.Jh. entdeckt. J. Ingenhousz beobachtete 1779, daß grüne Pflanzenteile im Licht O_2 ausströmen, im Dunkeln aber CO_2. Zw. pflanzl. A. und CO_2-Assimilation unterschied erstmals J. Sachs. - Abb. S. 63.

Atmungsfermente, die Enzyme der ↑Atmungskette.

Atmungskette (mitochondrialer Elektronentransport, respirator. E.), Kette enzymat. Redoxreaktionen, aus denen lebende Zellen unter aeroben Bedingungen den größten Teil der von ihnen benötigten Energie gewinnen. In der in den Mitochondrien lokalisierten A. wird der Wasserstoff, der z. B. als NAD · H_2 in das Stoffwechselschema einmündet, zu Wasser oxidiert. Die A. wird deshalb auch **biolog. Oxidation** genannt. Diese Reaktion ist zugleich an die Veratmung organ. Stoffe im Zitronensäurezyklus zu Kohlendioxid, das dann abgeatmet wird, gekoppelt. Die A. stellt eine komplexe „Enzymstraße" dar. Die Enzyme (Flavoproteide und Zytochrome) sind auf Grund der Redoxpotentiale ihrer prosthetischen Gruppe in einer Reihe angeordnet. Das niedrigste Redoxpotential hat das NAD/NAD · H_2-System. NAD · H_2 gibt seinen Wasserstoff an ein Flavoproteid (FMN) ab, das somit reduziert wird. Da dieses ein höheres Potential als NAD · H_2 besitzt, wird bei dieser Reaktion Energie freigesetzt. Vermutl. schließt sich nun ein Chinon-Hydrochinon-System an, das den Wasserstoff übernimmt (Ubichinone). Das durch die Wasserstoffaufnahme entstehende Hydrochinon vermag leicht Elektronen abzugeben, die nun weiter über Zytochrom b und c bis Zytochrom a laufen. Zytochrom a (Zytochromoxidase) ist das Endglied der A., das mit dem Atmungssauerstoff reagiert. Dieser wird mit den ankommenden Elektronen beladen und kann nun mit dem am Hydrochinon frei gewordenen $2H^+$ zu Wasser reagieren.

Die Bed. der A. liegt darin, daß die auf den einzelnen Stufen durch Oxidation frei werdende Energie in Form von Adenosintriphosphat (ATP) gespeichert werden kann. Dieser Prozeß wird als **oxidative Phosphorylierung** (**Atmungskettenphosphorylierung**) bezeichnet. Dabei werden pro Mol H_2O 52 kcal (= 218 kJ) frei, die zur Bildung von 3 Mol Adenosintriphosphat (ATP) aus Adenosindiphosphat (ADP) und anorgan. Phosphat verwendet werden.

Atmungskettenentkoppler ↑Entkoppler.

Atmungskettenphosphorylierung ↑Atmungskette.

Atmungsorgane (Respirationsorgane), der Sauerstoffversorgung des Körpers dienende Organe bei Tier und Mensch, z. B. Lungen, Kiemen, Tracheen. Bei vielen Organismen (Mikroorganismen, Hohltiere, Ringelwürmer) erfolgt die Atmung durch die Haut.

Atmungspigmente (Blutfarbstoffe), hochmolekulare Proteine, die Eisen- oder Kupferionen als für die O_2-Bindung wesentl. Bestandteil enthalten. Man kennt 4 Typen von sauerstofftragenden Pigmenten: Hämoglobin, Chlorokruorin, Hämerythrin und Hämozyanin. Am verbreitetsten ist das Hämoglobin. Während dieses in vielen Fällen an eine Zellstruktur gebunden ist (z. B. an die roten Blutkörperchen), kommt Hämozyanin nur in der Körperflüssigkeit gelöst vor. Die A. haben folgende Funktion: Da sie den Sauerstoff in molekularer Form und reversibel (sie binden O_2 in Körperbereichen mit hohem O_2-Partialdruck, in Bereichen mit niedrigem O_2-Partialdruck geben sie ihn ab) zu binden vermögen, ermöglichen sie den Transport von Sauerstoff im Blut bzw. in den Körperflüssigkeiten zu den den O_2 benötigenden Zellen bzw. Geweben.

Atmungsquotient, svw. respiratorischer Quotient (↑Atmung).

ATP, Abk. für: Adenosintriphosphat (↑Adenosinphosphate).

Atrioventrikularklappen [lat./dt.], svw. Segelklappen (↑Herz).

Atrioventrikularknoten (Aschoff-Tawara-Knoten) ↑Herzautomatismus.

Atriplex [lat.], svw. ↑Melde.

Atrium [lat.], Herzvorhof, Vorkammer des ↑Herzens.

Atropa, svw. ↑Tollkirsche.

Atropin [nach Atropa], giftiges Alkaloid, das v. a. in Nachtschattengewächsen (Tollkirsche, Bilsenkraut, Stechapfel) auftritt. Chem. ist A. der Tropasäureester des Tropanils. A. wird in den Pflanzenwurzeln gebildet und gelangt mit dem Säftestrom in die Blätter und Früchte der Pflanzen. A. ist Antagonist des Acetylcholins an den Rezeptoren von parasympath. innervierten Organen.

Atta [lat.], Gatt. der ↑Blattschneiderameisen.

Attacus [griech.], Gatt. der Augenspinner, zu der der ↑Atlasspinner gehört.

Attagenus [griech.], Gatt. der Speckkäfer mit der Art ↑Pelzkäfer.

Attalea [nlat., nach Attalos I.], svw. ↑Pindowapalme.

Attich (Zwergholunder, Sambucus ebulus), Art der Geißblattgewächse in Europa, Iran und N-Afrika; 0,5–2 m hohe Staude mit gefiederten Blättern und weißen oder rötl. Blüten.

Attrappenversuch, Methode der Verhaltensforschung, wobei Tieren anstelle von bestimmten Objekten (Geschlechtspartner, Feinde) künstl., oft stark vereinfachte Attrappen geboten werden. Mit einem A. soll festgestellt werden, welcher Reiz ein bestimmtes Verhalten auslöst.

Aubergine [oberˈʒiːnə; arab.-frz.] (Eierfrucht, Melanzana), dunkelviolette bis weißl., ei- bis gurkenförmige, etwa 10–30 cm lange, bis 1 kg schwere Frucht des in Indien heim., in den Subtropen und Tropen oft angebauten, bis 1 m hohen, einjährigen Nachtschattengewächses *Solanum melongena;* wird gedünstet, gebraten oder gekocht als Gemüse gegessen.

Aubrietie [...tsiə; nach dem frz. Maler C. Aubriet, * 1651 (?), † 1742] (Blaukissen, Aubrietia), Gatt. der Kreuzblütler mit 12 Arten in den Gebirgen des Mittelmeergebietes und Irans; meist 10–20 cm hohe, Rasen oder Polster bildende Pflanzen mit violetten, blauen, roten, weißen Blüten in Trauben; die gegenständigen Blätter sind klein, oft behaart; z. T. (im Frühling blühend) Zierpflanzen.

Aucuba [aʊˈkuːba, ˈaʊkuba], svw. ↑Aukube.

Auerhuhn (Tetrao urogallus), bis etwa 90 cm (einschließl. Schwanz) langes Rauhfußhuhn v. a. in den Wäldern Eurasiens; in M-Europa fast ausgerottet. Das ♂ (**Auerhahn**) zeigt eine schwarze und braune Färbung mit metall. schillernden Blau- und Grüntönen. Das kleinere ♀ ist braungescheckt.

Auerochse (Ur, Bos primigenius), 1627 ausgerottete Wildrindart mit langen, nach vorn geschwungenen Hörnern; ♂♂ über 3 m Körperlänge und 1,8 m Schulterhöhe, schwarzbraun mit rotbraunem Halsstrich; ♀♀ kleiner und wie die Kälber rotbraun; verkörpert die Stammform unserer Hausrinder und des Zebus.

Aufwuchs, Wasserorganismen, die auf anderen Organismen oder auf toten Materialien (Steine, Holz, u. a.) leben.

Aufgußtierchen, svw. ↑Infusorien.

Auge (Oculus), Lichtsinnesorgan bei Tieren und Menschen. Über die die ↑Sehfarbstoffe enthaltenden ↑Sehzellen werden Lichtreize wahrgenommen und somit Informationen über die Umwelt vermittelt (↑Lichtsinn).
Die einfachsten Sehorganellen sind Karotinoide enthaltende Plasmabezirke, die Augenflecke (Stigmen) vieler Einzeller. Diese Plasmabezirke können zur Konzentration der einfallenden Lichtstrahlen auf den Sehfarbstoff blasenartige, als Linse wirkende Ausstülpungen des Plasmas haben. Die einfachsten Sehorgane der Mehrzeller sind einzelne Sehzellen, die in oder unter der durchsichtigen Haut liegen und eine lichtempfindl. Substanz in einer Vakuole enthalten. Beide Augenformen ermöglichen jedoch nur ein *Helligkeitssehen,* d. h. die Unterscheidung verschiedener Lichtintensitäten. Durch ihre Lage am Körper kann nur ein ungefähres Richtungssehen, d. h. die Wahrnehmung der Lichteinfallsrichtung erfolgen. Einen Entwicklungsfortschritt für das *Richtungssehen* stellen die zwei Typen der **Pigmentbecherozellen** dar. Der erste Typ besteht aus einer Sehzelle, die von einer lichtundurchlässigen Pigmentzelle becherförmig umhüllt wird. Die Sehzelle kann nur von Lichtstrahlen getroffen werden, die von der Seite der Becheröffnung einfallen. Beim zweiten Typ werden zahlr. Sehzellen von einem aus lichtabschirmenden Pigmentzellen bestehenden Becher umhüllt. Lichtstrahlen, die aus verschiedenen Richtungen durch die Becheröffnungen fallen, erregen verschiedene Sehzellen.
Eine bessere Lokalisation und damit ein besseres Richtungssehen ermöglicht das **Grubenauge** *(Napf-A.)* vieler Schnecken. In einer

Auerhahn

Auerhuhn

Auge

grubenförmigen Einsenkung der Haut liegt eine geschlossene Zellschicht (Netzhaut) mit Sehzellen. Die Grube ist nach hinten durch lichtundurchlässiges Pigment abgeschirmt. Oft bildet sich in der Grube durch eine Sekretabsonderung der Epidermis eine wie eine Sammellinse wirkende, gewölbte Auflagerung. Ein Bildsehen ist nicht mögl., weil die von verschiedenen Punkten ausgehenden Lichtstrahlen dieselben Sehzellen erregen. Zum Bildsehen müssen die von verschiedenen Punkten eines Gegenstandes ausgehenden Lichtstrahlen auch verschiedene Rezeptoren erregen. Dazu entwickelte sich aus dem Gruben-A. das **Lochauge** *(Lochkamera-A.)*. Die Grubenöffnung verengt sich zu einem kleinen Loch; die die Sehzellen enthaltende Grubenwand wird zu einer blasenförmigen Netzhaut. Das Loch-A. arbeitet nach dem Prinzip der Lochkamera. Auf der Netzhaut entsteht ein umgekehrtes Bild; dabei wird die Bildschärfe um so besser, je mehr getrennt erregbare Sehzellen in der Netzhaut liegen. Mit dem Loch-A. ist auch bereits ein *Entfernungssehen* mögl., denn bei größerem Abstand des Gegenstandes vom A. wird das Bild kleiner und ungenauer. Das **Blasenauge**, das sich aus einer Einstülpung und Abschnürung der Epidermis bildet, ist meist zusätzl. mit einer Linse ausgestattet, die aus Drüsensekret besteht und in das Augeninnere abgesondert wird. Loch- und Blasen-A. sind sehr lichtschwach. Bei der Weiterentwicklung der Augentypen wurde dieser Nachteil durch Erweiterung der Lochblende und Einführung einer Linse überwunden. Die leistungsfähigsten **Linsenaugen** haben die Wirbeltiere (einschließl. Mensch) und die Kopffüßer. Bei den Wirbeltieren entsteht die Netzhaut (Retina) als blasige Einstülpung des Zwischenhirns, bei den Tintenfischen dagegen als blasige Einstülpung der Epidermis. Die Sehzellen sind daher beim Wirbeltier-A. vom Licht abgewandt (inverse Retina), beim Tintenfisch-A. dem Licht zugewandt (everse Retina). Das Wirbeltier-A. hat außerdem in seiner Netzhaut Nervenzellen liegen, die opt. Informationen verarbeiten können, d. h., das A. übernimmt in bestimmtem Umfang Gehirnfunktionen.

Eine bes. Entwicklung zum Bildsehen hin stellt das zusammengesetzte A. (↑ Facettenauge) der Gliederfüßer dar. Hat ein A. mehrere Sehzellen, die sich in ihrer Lichtempfindlichkeit unterscheiden, können verschiedene Farben wahrgenommen werden. Farbensehen können viele Wirbeltiere, Krebse und Insekten. Wenn sich die Sehfelder paarig angelegter A. überschneiden *(binokulares Sehen)*, werden verschieden weit entfernte Gegenstände auf verschiedenen Stellen der Netzhaut beider Augen abgebildet. Aus der Lage der erregten Netzhautstellen kann die Entfernung des Gegenstandes durch das Gehirn erfaßt werden *(Entfernungssehen)*. - Bewirkt die Bewegung eines Objektes eine raumzeitl. Verschiebung des opt. Musters auf der Netzhaut, so kann diese Verschiebung nach Richtung und Geschwindigkeit ausgewertet werden *(Bewegungssehen)*. Dabei können Verschiebungen des Bildes auf der Netzhaut, die durch Eigen-

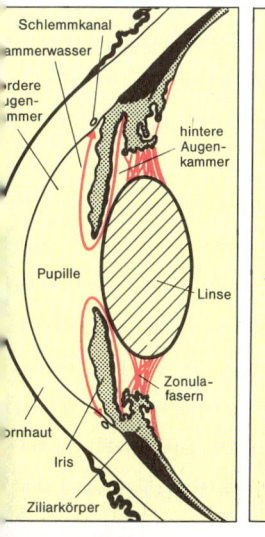

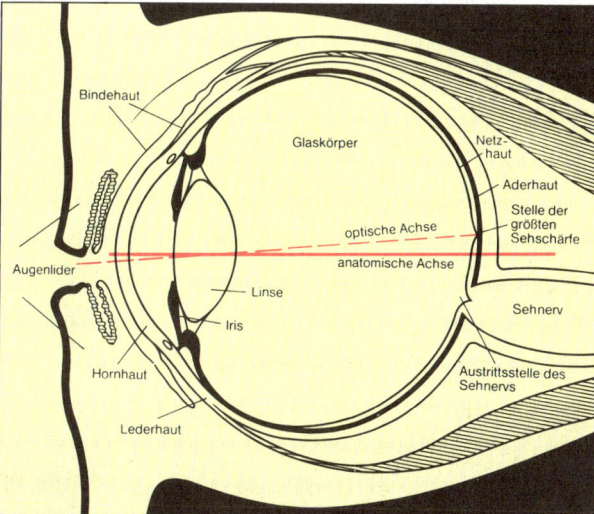

Auge. Querschnitt durch den
Augapfel beim Menschen (rechts)
und Querschnitt durch das
vordere Segment des menschlichen
Auges (links)

Auge

bewegungen zustandekommen, von Bewegungen in der Umwelt unterschieden werden. Das **menschl. Auge** hat einen Durchmesser von etwa 24 mm. Der kugelige **Augapfel** (*Bulbus oculi*) ist in die *Augenhöhle (Orbita)* eingebettet, die von Stirnbein, Jochbein und Oberkieferknochen gebildet wird. Er umschließt die mit Kammerwasser gefüllte vordere und hintere *Augenkammer* sowie den *Glaskörper (Corpus vitreum)*. Der Augapfel wird von der Lederhaut, Aderhaut und Netzhaut ausgekleidet. Die aus derbem Bindegewebe bestehende **Lederhaut** (*Sclera*) bildet die äußerste Schicht. Sie geht im vorderen Teil des A. in die durchsichtige **Hornhaut** (*Cornea*) über. Die Hornhaut richtet die Lichtfülle, die die Augenoberfläche trifft, als Sammellinse nach innen und hilft sie zu ordnen, so daß auf der Netzhaut ein scharfes Bild entstehen kann. Auf die Lederhaut folgt nach innen zu die gut durchblutete **Aderhaut** (*Chorioidea*). Pigmente in bzw. vor der Aderhaut absorbieren das Licht, das die Netzhaut durchdringt. An die Aderhaut schließt sich nach innen zu die **Netzhaut** (*Retina*) an, von der die einfallenden Lichtreize aufgenommen und die entsprechenden Erregungen über den Sehnerv zum Gehirn weitergeleitet werden. Die vordere Augenkammer wird hinten durch die ringförmige **Regenbogenhaut** (*Iris*) begrenzt, die sowohl aus Teilen der Aderhaut als auch der Netzhaut gebildet wird. Sie gibt dem A. durch eingelagerte Pigmente die charakterist. Färbung und absorbiert außerhalb der Sehöffnung einfallendes Licht. Die Regenbogenhaut liegt der Augenlinse auf und umgrenzt die **Pupille**, die die Sehöffnung darstellt. Hinter Pupille und Regenbogenhaut, in eine Ausbuchtung des Glaskörpers eingebettet, liegt die **Linse**. Sie ist aus Schichten unterschiedl. Brechkraft aufgebaut und wird von einer durchsichtigen, elast. Membran umschlossen. Die Aufhängevorrichtung, durch die die Linse in ihrer Lage festgehalten wird, besteht aus *Zonulafasern*, die vom Ziliarkörper des A. entspringen. Der Ziliarkörper hat einen ringförmigen Muskelstreifen (*Ziliarmuskel*), bei dessen Kontraktion die Zonulafasern erschlaffen, so daß die Linsenwölbung zunimmt. Erschlafft der Muskel, so wird die Linse durch die Zugwirkung der Zonulafasern flachgezogen. Durch diese Veränderung ihrer Brechkraft ermöglicht die Linse das Nah- und Fernsehen (*Akkommodation*). Ist die Linse stärker gewölbt, findet eine stärkere Brechung der Lichtstrahlen statt, wodurch eine Scharfeinstellung für das Nahsehen erreicht wird. Der umgekehrte Vorgang findet beim Sehen in die Ferne statt. Da mit zunehmendem Alter die Elastizität der Membran nachläßt, verschlechtert sich auch die Fähigkeit zur Nahakkommodation (Alterssichtigkeit, Presbyopie). Hornhaut, Linse, vordere Augenkammer und Glaskörper bilden den **bildentwerfenden (dioptrischen) Apparat** des Auges. Dabei ist die Flüssigkeit in der Augenkammer, das Kammerwasser, opt. so der Hornhaut angepaßt, daß beide das Licht annähernd gleich stark brechen. An der gesamten Brechkraft des dioptrischen Apparates ist die Linse mit 13 und die Hornhaut mit 21 Dioptrien beteiligt. Das vom dioptrischen Apparat entworfene Bild wird von der Netzhaut aufgenommen und in Nervenimpulse umgewandelt, die in verschlüsselter Form dem Gehirn die empfangenen Informationen zuleiten. In der Netzhaut liegen die farbempfindl. *Zapfen* und die helldunkelempfindl. *Stäbchen*. Die Stäbchen sind etwa 10 000mal lichtempfindl. als die Zapfen und überwiegen am äußeren Rand der Netzhaut. Im Zentrum der Netzhaut überwiegen die Zapfen, deren drei Typen für die Farbeindrücke Rot, Grün oder Blau ihre höchste Empfindlichkeit haben. Am dichtesten liegen die Zapfen in der *Sehgrube (Fovea centralis)*, die inmitten des sog. **gelben Flecks** (*Macula lutea*) liegt. Der gelbe Fleck ist daher als Ort der besten Auflösung (und Farbunterscheidung) die Zone der größten Sehschärfe. Die Sehschärfe des A. hängt von der Dichte der Sehzellen in der Netzhaut ab. Je größer diese Dichte ist, desto besser ist das Auflösungsvermögen. In der menschl. Netzhaut liegen etwa 125 Mill. Sehzellen, dabei etwa 20mal mehr Stäbchen als Zapfen. An der Stelle des besten Auflösungsvermögens liegen 166 000 (beim Bussard über 1 000 000) Sehzellen pro mm^2, so daß der Mensch zwei um eine Winkelminute (1/60°) auseinanderliegende Punkte noch getrennt wahrnehmen kann. - Die linsenseitig gelegenen Fortsätze der Netzhautganglienzellen vereinigen sich zum **Sehnerv** (*Nervus opticus*), der nahe dem Netzhautzentrum die Netzhaut durchdringt und nach hinten aus dem A. austritt. An dieser Stelle, dem sog. **blinden Fleck**, enthält die Netzhaut keine Sehzellen, so daß eine Lichtempfindung fehlt. Die von den beiden Augen wegführenden Nerven laufen zum Gehirn und an der Basis des Zwischenhirns die x-förmige **Sehnervenkreuzung** (*Chiasma opticum*), in der sich die Nervenfasern teilweise überkreuzen. Dadurch können im Gehirn die verschiedenen Bilder, die von beiden Augen stammen, im Gehirn übereinanderprojiziert werden, so daß es zu einer Vorstellung der räuml. Tiefe und der dreidimensionalen Gestalt eines Gegenstandes kommt (*stereoskopisches Sehen*).

Hilfsorgane des Auges: Dem Schutz und der Pflege des A. dienen die *Augenlider*. Bei Schlangen und Geckos entsteht durch die Verwachsung der Lider die sog. „Brille". Die Innenseite der Lider ist ebenso wie die äußere Fläche der Lederhaut durch Bindehaut (Konjunktiva) bedeckt. Die Augenlider schützen die Hornhaut und das Augeninnere gegen zu starken Lichteinfall. An ihren Rändern

Augentrost

tragen sie die nach außen gebogenen Wimpern. An der Innenkante liegen die Meibom-Drüsen, die die Lider einfetten und damit zum vollkommenen Lidschluß beitragen. Gleichzeitig hindert ihr Sekret die Tränenflüssigkeit, den Lidrand zu überspülen. Die Tränenflüssigkeit wird von der Tränendrüse abgesondert und durch den Lidschlag auf den gesamten Augapfel verteilt. Die nicht zur Feuchthaltung des Augapfels gebrauchte Tränenflüssigkeit wird vom Tränen-Nasen-Gang in die Nasenhöhle abgeleitet.

📖 *Davson, H.: The physiology of the eye.* New York ³1972. - *Schober, H.: Das Sehen.* Lpz. ³⁻⁴1964-70. 2 Bde.

♦ noch fest geschlossene pflanzl. Seitenknospe (*ruhendes A.*, schlafendes A., ruhende Knospe), die nur unter bestimmten Umständen (z. B. bei Verletzung der Pflanze) austreibt; prakt. Verwendung bei der künstl. vegetativen Vermehrung (Okulation).

Augenbohne (Kuherbse, Vigna sinensis ssp. sinensis), in Z-Afrika heim. Schmetterlingsblütler, der auch in China, Indien, im Mittelmeergebiet und in den USA angebaut wird. Blüten weißl. oder blaßrot; die als Gemüse verwendeten Samen (Bohnen) sind weiß, mit schwarzem Nabelfleck.

Augenbrauen (Supercilia), auf dem Hautwulst zw. Oberlid und Stirn wachsende kurze, straffe, meist in einem bogenförmigen Streifen angeordnete Haare; funktionelle Bed.: Schutz der Augen vor Blendung, Staub und Schweiß.

Augendruck (Augeninnendruck, intraokularer Druck), der im Innern des Augapfels herrschende Druck von 16 bis 29 mbar (12 bis 22 mm Hg). Der normale A. resultiert aus dem ausgeglichenen Verhältnis zw. der Menge der zu- und abfließenden intraokularen Flüssigkeit, des sog. ↑Kammerwassers. Der A. wird vom Zwischenhirn aus reguliert. Erhöhung des A. durch Abflußbehinderung des Kammerwassers im Kammerwinkel führt zum Glaukom (grüner Star). Gemessen wird der A. mit dem Tonometer.

Augenfalter (Satyridae), mit etwa 2000 Arten weltweit verbreitete Fam. mittelgroßer bis kleiner Tagfalter. Die meist braunen Flügel zeigen ober- und unterseits einzelne oder mehrere Augenflecke, die in einer Reihe nahe den Flügelrändern angeordnet sind. Die Fleckenreihe kann auch zu einer hellen Binde zusammenfließen (z. B. beim Weißen Waldportier). - In M- und S-Europa kommen u. a. ↑Damenbrett, ↑Samtfalter, ↑Mohrenfalter, ↑Ochsenauge, ↑Braunauge vor.

Augenfleck, häufig runder, unterschiedl. gezeichneter Fleck, v. a. auf Schmetterlingsflügeln; z. B. bei Augenfaltern, Augenspinnern.

♦ (Stigma) etwa 1 μm großes, rundl., aus 10 bis 50 facettenartigen (durch Karotinoide) rot gefärbten Kammern bestehendes Zellorganell am Vorderende mancher Einzeller (z. B. Euglena); dient der phototaktischen Orientierung.

Augenfliegen (Pipunculidae), Fam. der Zweiflügler; kleine, weißl. bestäubte Fliegen mit großem Kopf, der fast ganz von den Augen eingenommen wird.

Augenhintergrund (Fundus oculi), bei Augenspiegelung sichtbarer hinterer Teil der inneren Augapfelwand. Erkennbar sind ein Teil der Netzhaut, ein Teil der Aderhaut, der gelbe Fleck und die Aus- bzw. Eintrittsstelle der Sehnervenfasern (blinder Fleck). Der A. erscheint durch den Blutreichtum der Aderhaut rot. Die Augenspiegelung kann bei anderen Erkrankungen (z. B. Arteriosklerose, Diabetes) geben charakterist. Veränderungen des A. diagnost. wichtige Hinweise.

Augenhöhle (Orbita), paarig angelegte, von der Bindehaut eingeschlossene, Muskeln, Fett- und Bindegewebe enthaltende Einsenkung im Gesichtsschädel, in der das Auge liegt.

Augenleuchten, das Aufleuchten der Pupille bei vielen Tieren (z. B. Katzen, Nachtaffen) infolge Lichtreflexion an einer stark reflektierenden Zellschicht (Tapetum lucidum) hinter der Netzhaut.

Augenlid, svw. ↑Lid.

Augenspinner (Pfauenspinner, Nachtpfauenaugen, Saturnidae), Fam. bis 25 cm spannender, v. a. nachts fliegender Schmetterlinge mit etwa 900 Arten bes. in den trop. und subtrop. Gebieten; Flügel häufig bunt gefärbt. Die meisten Arten zeigen in der Flügelmitte einen schuppenlosen Augenfleck. Die Vorderflügel sind oft sichelförmig gestaltet, die Hinterflügel einiger Arten sind langgeschwänzt (z. B. beim Mondspinner, Kometenfalter). Wichtige Arten sind der Atlasspinner, Herkulesspinner, Iofalter, Zekropiafalter. In Europa nur wenige Arten, z. B. der Nagelfleck, das Große, Mittlere und Kleine Nachtpfauenauge.

Augentrost (Euphrasia), v. a. auf der Nordhalbkugel verbreitete Gatt. der Rachenblütler mit etwa 200 Arten meist kleiner Halbschmarotzer. Die vorwiegend weißen, violett oder gelb gezeichneten Blüten, deren Oberlippe helmartig und deren Unterlippe in drei kleine Lappen geteilt ist, stehen in Ähren. - In Deutschland auf Wiesen und an Waldrändern verbreitet ist der **Aufrechte Augentrost** (Steifer A., Euphrasia stricta) mit 20-40 cm hohen Blütenstengeln. Die weißen Blüten sind an der Oberlippe violett, an der Unterlippe gelb gezeichnet. Die spitz-eiförmigen, gesägten Blätter sitzen wechselständig am Stengel. Die Pflanze wird als volkstüml. Heilmittel bei Augenleiden verwendet. - In den Alpen bis in 3 200 m Höhe, kommt der meist 2-10 cm hohe **Zwergaugentrost** (Euphrasia minima) vor. Die Blütenkrone ist meist gelb mit einer lila Oberlippe.

Augenzahn

Augenzahn, volkstüml. Bez. für den Eckzahn.

Aukube [jap.] (Metzgerpalme, Aucuba), Gatt. der Hartriegelgewächse mit drei Arten in O-Asien; immergrüne zweihäusige Sträucher mit gegenständigen, gestielten, ei- bis lanzettförmigen, z. T. gezähnten, bis 20 cm langen Blättern, kleinen rötl. Blüten in Rispen und beerenartigen einsamigen Steinfrüchten. Die bekannteste Art ist die **Goldorange** (Goldbaum, Aucuba japonica), die als Gartenzierstrauch oder als Topfpflanze in verschiedenen Sorten vorkommt (meist mit gelbgepunkteten, gelbgefleckten oder gelbgesäumten Blättern und mit roten oder gelben Früchten).

Aurikel

Auricula [lat.], svw. ↑Ohrmuschel.
Auricularia [lat.], Gatt. der Ohrlappenpilze mit 15 Arten; ihre gallertigen Fruchtkörper erinnern an Menschenohren; in Deutschland das ↑Judasohr.
Auriculariales, svw. ↑Ohrlappenpilze.
Aurignacmensch [frz. ɔri'ɲak], Bez. für ein in jungpaläolith. Schichten des Abri von Combe-Capelle ausgegrabenes Skelett. Verschiedene Merkmale verbinden den A. stärker mit ostmitteleurop. Menschenformen als mit denen des Cromagnontypus im engeren Sinne.
Aurikel (Primula auricula) [lat.], alpine Primelart (bis in etwa 2900 m Höhe, v. a. auf Kalkboden) mit fleischigen, verkehrteiförmigen, leicht gezähnten Blättern; Blüten gelb, wohlriechend, zu mehreren in einer Dolde an einem bis 25 cm hohen Schaft. Von der A. leiten sich viele Gartenformen ab.
aurikular [lat.], zu den Ohren gehörend; ohrförmig gebogen.
Aurorafalter [nach der röm. Göttin Aurora] (Anthocharis), Gatt. kleiner bis mittelgroßer Weißlinge mit mehreren Arten in Eurasien und N-Amerika. Die mehr oder weniger weißl. Flügel der ♂♂ haben je einen großen, leuchtend orangeroten oder gelben Fleck auf den Spitzen der Vorderflügel, der sich bis zur Flügelmitte erstrecken kann. In M-Europa 2 Arten, am häufigsten **Anthocharis cardamines:** etwa 4 cm Flügelspannweite, mit orangeroten Vorderflügelhälften.

Ausatmung ↑Atmung.
ausdauernd (perennierend), in der Botanik: alljährl. und zeitl. unbegrenzt (Ggs.: ein- oder mehrjährig) austreibend und meist auch fruchtend; von Stauden, Halbsträuchern und Holzgewächsen gesagt.
Ausdrucksverhalten, in der Verhaltensforschung für einen Partner derselben oder einer anderen Art bestimmte Ausdrucksbewegung bei Tier und Mensch; z. B. Zähnefletschen und Demutsgebärden des Hundes, Hutabnehmen beim Menschen.
Ausdünstung, Abgabe von Wasserdampf, Kohlendioxid und anderen flüchtigen Stoffen durch Lunge, Haut, Schweiß- und Talgdrüsen. Beim Menschen werden (v. a. zur Wärmeregelung) tägl. im Durchschnitt etwa 0,8 l Wasser durch die Haut und 0,5 l durch die Lungen abgegeben. Der charakterist. Geruch von A. des Körpers entsteht hauptsächl. durch flüchtige Stoffe, die im Sekret der Schweiß-, Talg- und Duftdrüsen enthalten sind oder im Krankheitsfall aus einem gestörten Stoffwechsel stammen.
Ausläufer (Stolo), ober- oder unterird. Seitensproß bei Pflanzen; dient (nach Bewurzelung) der vegetativen Fortpflanzung.

Aurorafalter. Anthocharis cardamines

Auslese (Selektion), in der *Biologie* Ausmerzung schwächerer, weniger gut an ihre Umwelt angepaßter Individuen und Überleben der am besten angepaßten (**natürl. Auslese**); von C. Darwin 1859 erstmals deutl. als einer der wichtigsten Faktoren für die Entstehung der Arten hervorgehoben (↑Selektionstheorie). **Künstl. A.** wird in der Tierzucht durch Kreuzung von Mutanten mit den gewünschten Merkmalen erzielt.
Auslösemechanismus, Abk. AM, Begriff der Verhaltensphysiologie: spezif. Mechanismus, der auf bestimmte Reize der Umwelt *(Schlüsselreize)* anspricht und die diesen Reizen zugehörende Reaktion (eine entsprechende Verhaltensweise) in Gang

Austernfischer

setzt. Der A. ist am Erfolg erkennbar, seine Lokalisation im Nervensystem ist bisher ungeklärt. Ist das Ansprechen des AM auf die entsprechenden Schlüsselreize angeboren, d. h. von früheren Erfahrungen unabhängig, so spricht man von einem **angeborenen Auslösemechanismus** (Abk. AAM).

Auslöser (Signale), in der Verhaltensphysiologie Bez. für spezielle Schlüsselreize, die beim Empfänger eine bestimmte Reaktion auslösen. Die A. spielen im Rahmen der Wechselbeziehungen zw. den Organismen eine große Rolle. Für eine optimale Informationsübertragung ist Auffälligkeit und Eindeutigkeit wichtig. Bewegungen werden rhythm. wiederholt oder übertrieben und sind stereotyp. (z. B. bei balzenden Vögeln), Signalstrukturen sind leuchtend gefärbt oder von auffallender Form (z. B. bei Blumen). A. beim Menschen sind u. a.: Uniformen, Rangabzeichen und aus dem Bereich des Verhaltens das Lächeln, das Weinen sowie die Wörter der Sprache. - Der Prozeß, durch den A. im Laufe der Stammes- oder Kulturgeschichte entstanden sind, wird als **Ritualisierung** bezeichnet.

Ausscheidungsgewebe, svw. ↑Absonderungsgewebe.

Aussterben, im Laufe der Erdgeschichte sind viele Tier- und Pflanzenarten ausgestorben; unter den Wirbeltieren z. B. die Meerechsen, die zahlr. Dinosaurier, die Flugsaurier, unter den Säugetieren ganze Huftiergruppen, unter den Wirbellosen die Ammoniten u. a. Von manchen einst artenreichen Gruppen haben sich einzelne Arten oder Gatt. als „lebende Fossilien" bis heute erhalten (z. B. der Quastenflosser, die Brückenechse, bei Pflanzen z. B. der Ginkgobaum). - Das A. und die Neubildung von Stammeslinien erfolgten im Verlauf der Erdgeschichte ungleichmäßig. So gibt es Perioden stärkeren A. (z. B. für Meerestiere in Perm und Trias; für Land- und Meerestiere in der Kreidezeit; für viele große Landtiere gegen Ende der diluvialen Eiszeiten oder kurz nach diesen).

Umstritten sind die Ursachen des A. - Für das A. vieler Großtiere in der Eis- und Nacheiszeit (u. a. Mammut, Riesenfaultiere, Riesenstraußvögel von Madagaskar, Moas von Neuseeland) ist z. T. der Mensch verantwortlich. Zu den Tieren, die mit Sicherheit durch den Menschen ausgerottet wurden, gehören z. B. die Stellersche Seekuh, der Auerochse, das Quagga, das Burchellzebra, der Blaubock, der Schomburgkhirsch und höchstwahrschein. der Beutelwolf, ferner der Riesenalk, die Dronte und der Dodo. Der Wisent, das Weiße Nashorn und andere Tiere konnten nur durch bes. Pflege vor der Ausrottung bewahrt werden.

Ausstrich, Material, das zur histolog. Untersuchung unter dem Mikroskop in dünner Schicht auf einen Objektträger aufgebracht wird, z. B. Blut (Blut-A.), Punktionsmaterial oder Bakterienkulturen.

Austern [niederl.; zu griech. ostéon „Knochen" (wegen der harten Schale)] (Ostreidae), Fam. der Muscheln in gemäßigten und warmen Meeren; Schalen dick, rundl. bis langgestreckt, ungleichklappig; Oberfläche meist blättrig, die linke Schale am Untergrund festgekittet. Die A. leben meist im Flachwasser (wenige Meter Tiefe), nicht selten in Massenansiedlungen (**Austernbänke**) auf hartschlickigem oder festsandigem Grund mit starker Gezeitenströmung (die eine ausreichende Nahrungszufuhr sichert und die Verschüttung durch angesammelten Schlick verhindert). Sie werden oft künstl. in **Austernparks** auf planiertem Flachgrund gezüchtet, der durch Drahtnetze zum Schutz vor muschelfressenden Fischen, Seesternen und Krabben vom offenen Meer abgetrennt wird. Die nach 3 bis 4 Jahren geernteten Tiere sind eine geschätzte Delikatesse. - An europ. Küsten kommt die **Europ. Auster** (Ostrea edulis) und die **Portugies. Auster** (Gryphaea angulata) vor.

Austernbänke ↑Austern.

Austernfischer (Haematopodidae), Fam. bis 50 cm lange Watvögel an fast allen Meeresküsten; von den 5 Arten kommt nur

Austernfischer

Europäische Auster

Austernseitling

Haematopus ostralegus (Abb.) euras. vor: mit schwarzer Oberseite, weißer Unterseite, roten Beinen und rotem, spießartig verlängertem, seitl. zusammengedrücktem Schnabel, mit dem er Muschelschalen öffnet.

Austernseitling (Austernpilz, Muschelpilz, Pleurotus ostreatus), meist in Büscheln an Stämmen und Stümpfen von Buchen und Pappeln wachsender Ständerpilz mit 3–15 cm breitem, muschelförmigem Hut (oberseits in der Jugend meist graublau, später bräunl. bis schwärzl., unterseits weißl. mit herablaufenden Lamellen). Er ist jung ein guter, schmackhafter Speisepilz.

Australheide [lat./dt.] (Epacris), Gatt. der Australheidegewächse mit etwa 40 Arten; heidekrautähnl. Sträucher mit zahlreichen, lebhaft gefärbten Blüten in Trauben.

Australheidegewächse (Epacridaceae), Pflanzenfam. mit etwa 400 Arten in 30 Gatt., v. a. in Australien, Tasmanien und Neuseeland; Sträucher, selten kleine Bäume mit steifen Blättern; Blüten meist in Trauben; bekannte Gatt. ↑ Australheide.

Australide, überwiegend in Australien vorkommende Rassengruppe. Charakterist. Merkmale sind eine hagere, schlanke Gestalt (durchschnittl. Körpergröße der Männer 167–170 cm, der Frauen 152–160 cm), gut entwickelte Muskulatur, ein verhältnismäßig kurzer Körper mit langen Beinen und schmalen Füßen, sowie schmalen Händen, wenig Fettablagerung. Die Haut ist schokoladenbraun; das meist lockige Haar ist dunkelbraun bis schwarz, die Männer weisen starke Behaarung auf. Der Schädel ist lang und schmal, mit geringem Volumen, die Stirn flach. Die A. haben tiefliegende, dunkle Augen, eine eingesattelte, breite Nase, volle Lippen und einen breiten Mund; starkes Vorstehen des Oberkiefers.

australische Region (Notogäa), tiergeograph. Verbreitungsraum, der Australien, Tasmanien, Neuguinea ,mit umliegenden Inseln, Neuseeland und die pazif. Inseln östl. Australiens und Neuguineas umfaßt. Die a. R. ist infolge langer erdgeschichtl. Isolation wie keine andere tiergeograph. Region durch nur hier auftretende Gruppen ausgezeichnet. Bes. typ. sind Kloakentiere, Beuteltiere, Kasuare, Emus, Kiwis, Großfußhühner, Leiervögel, Paradiesvögel, Laubenvögel.

australisches Florenreich (Australis), pflanzengeograph. Gebiet, das Australien und Tasmanien umschließt. Bes. verbreitet sind Trockenpflanzengesellschaften, ausgenommen in trop. und subtrop. Regenwäldern der N- und O-Küste Australiens. Im Inneren und an der W-Küste sind Wüstengesellschaften vorherrschend, die im S in Hartlaubgebüsche und Hartlaubwälder und im N und O v. a. in Grasland und Savannen übergehen. - Von den etwa 10 000 Pflanzenarten kommen über 8 000 Arten nur hier vor. Charakterist. sind Eukalyptus, Keulenbaum (Casuarina), Grasbaum, Akazie sowie Silberbaumgewächse.

Australopithecinae [lat./griech.] ↑ Mensch (Abstammung).

Australopithecusgruppe [lat./griech./dt.], als Vormenschen vor den Echtmenschen stehende und als Urmenschen (Australopithecinae) vor etwa 6 Mill. Jahren den Übergang zu diesen bildende Gruppe des Tier-Mensch-Übergangsfeldes.

Autoantikörper (Autoantigene), Antikörper, die gegen körpereigene Substanzen wirken, wenn diese (z. B. durch Erfrierung, Verbrennungsschäden u. a.) körperfremd geworden sind.

Autochorie [griech.], die Selbstverbreitung von Früchten oder Samen ohne Mitwirkung zusätzl. Außenfaktoren; im Unterschied zur ↑ Allochorie eine Nahverbreitung; erfolgt durch Schleudermechanismen (z. B. bei der Spritzgurke) oder durch einfaches Ausstreuen oder Abfallen.

autochthon [griech.], in der *Biologie:* an Ort und Stelle heim., einheim. (von Pflanzen- und Tierarten).
♦ in der *Paläontologie:* am Fundort entstanden (von Organismenresten).

Autoduplikation, svw. ↑ Autoreduplikation.

Autogamie [griech.], svw. ↑ Selbstbestäubung.

Autökologie [griech.], Teilgebiet der ↑Ökologie; Lehre von den Umwelteinflüssen auf die Individuen einer Art.

Autolyse [griech.], enzymat. Selbstauflösung oder -verdauung von Gewebe.

Automatiezentrum [griech.] ↑ Automatismen.

Automatismen [griech.], in der *Biologie* Bez. für spontan ablaufende, oft rhythm. Vorgänge und Bewegungsabläufe (bei Organismen), die auf Grund von Stoffwechselprozessen (z. B. Veränderung von Ionenkonzentrationen an einer biolog. Membran) zustande kommen und nicht vom Bewußtsein oder Willen beeinflußt werden. Die A. sind entweder angeboren (z. B. Herzschlag, Atmung, Instinkthandlungen), oder sie stellen erlernte Handlungsweisen dar (z. B. Gehen, Laufen). Die meisten A. werden zusätzl. reflektor. beeinflußt (z. B. Erhöhung des Herzschlags). Oft laufen die A. rhythm. ab, wobei der Rhythmus seinen Ursprung in einem **Automatiezentrum** hat. Solche als **Autorhythmien** bezeichnete A. sind störanfällig und können durch veränderte physiolog. Bedingungen stark beeinflußt werden. Auch äußere Bedingungen wie Temperatur und Druck beeinflussen die A. wesentl. - Mit Hilfe des Elektroenzephalogramms lassen sich rhythm. A. in Form von Potentialschwankungen des Gehirns nachweisen. Im Herzen, wie auch in anderen größeren Organen, finden sich mehrere Automatiezentren, die aber jeweils einander untergeordnet sind. Das Zentrum mit dem höchsten Automatiegrad bestimmt den Rhythmus und wird deshalb als Schrittmacher bezeichnet. Die restl. Zentren übernehmen die Funktion des ursprüngl. Schrittmachers, wenn dieser ausfällt (↑ Herzautomatismus).

Automixis [griech.] ↑ Befruchtung.

Automutagene, Mutationen auslösende Stoffwechselprodukte.

autonomes Nervensystem, svw. ↑ vegetatives Nervensystem.

Autoreduplikation (Autoduplikation, Autoreproduktion, ident. Reduplikation, Replikation, Selbstverdopplung), Vorgang, bei dem sich Bestandteile lebender Systeme ident. vermehren; z. B. ↑ DNS-Replikation.

Autoreproduktion, svw. ↑ Autoreduplikation.

Autorhythmie [griech.] ↑ Automatismen.

Autosomen [griech.] ↑ Chromosomen.

Autotomie [griech.], svw. ↑ Selbstverstümmelung.

autotroph [griech.], sich selbständig ernährend, d. h. nicht auf organ. Stoffe angewiesen, sondern fähig, anorgan. Substanzen in körpereigene org. Substanzen umzusetzen; gesagt v. a. von grünen Pflanzen (**photoautotroph**; ↑ auch Photosynthese) und Prokaryonten (**chemoautotroph**; ↑ Chemosynthese); Ggs. ↑ heterotroph.

Autrum, Hansjochem, * Bromberg 6. Febr. 1907, dt. Zoologe. - Studien zur vergleichenden Sinnes- und Nervenphysiologie; erforschte u. a. den Lichtsinn der Insekten.

Auxine [griech.] (Wuchsstoffe), organ. Verbindungen, die das Pflanzenwachstum fördern. Weit verbreitet im Pflanzenreich ist die ↑ Indolylessigsäure, die in den Sproßvegetationspunkten und den Wurzelspitzen entsteht und von hier zu den übrigen Pflanzenteilen gelangt und das Streckungswachstum einleitet. - Die Wirkungen der A. lassen eine Abhängigkeit der Reaktionen vom Gewebezustand und nicht von den Wuchsstoffen allein erkennen. Die A. sind hauptsächl. als auslösende Substanzen anzusehen, die auf ein reaktionsbereites Stoffwechselmilieu einwirken. Einige künstl. hergestellte A. werden bei der Unkrautbekämpfung (z. B. 2,4-Dichlorphenoxyessigsäure), Indolylbuttersäure (IBS) wird als Wachstumsregulator verwendet.

auxotroph [griech.], auf bestimmte Wirkstoffe oder Vitamine in der Nahrung angewiesen; gesagt von heterotrophen Organismen; Ggs. ↑ prototroph.

Avena [lat.], svw. ↑ Hafer.

Aves [lat.], svw. ↑ Vögel.

Avicennia (Avicennia) [nach Avicenna], Gatt. der Eisenkrautgewächse mit etwa 10 Arten; Hochsträucher oder Bäume mit fast radiären Blüten und gegenständigen längl.-eiförmigen Blättern. Sie wachsen an allen trop. Küsten; Bestandteil der Mangrove.

Avidin [lat.], antibakterielles Glykoproteid aus dem Eiklar der Hühnereier; bindet Vitamin H des Eigelbs; ist hitzelabil.

Avocato [indian.-span.] (Avocado, Persea americana), Lorbeergewächs in M- und im nördl. S-Amerika, allg. in den Tropen, auch in S-Spanien und Israel angebaut; bis 20 m hoher, immergrüner Baum mit etwa 20 cm langen, derben, länglich-eiförmigen Blättern; Beerenfrüchte (**A.birne**) etwa faustgroß, birnenförmig, dunkelgrün bis braunrot, mit großem, bitterem Kern; Fruchtfleisch butterweich, weiß bis rahmgelb, zucker- und sehr ölhaltig, sahnig schmeckend. - Abb. S. 74.

Axelrod, Julius [engl. 'æksəlrɔd], * New York 30. Mai 1912, amerikan. Neurochemiker. - Arbeitete über die Bildung, Lagerung, Freisetzung und Wirkung von Adrenalin und Noradrenalin. Für seine Forschungen erhielt A. zus. mit dem schwed. Physiologen U. v. Euler-Chelpin und dem brit. Biophysiker B. Katz den Nobelpreis für Physiologie oder Medizin 1970.

Axerophthol [griech./arab.], veraltete Bez. für Vitamin A$_1$ (↑ Vitamine).

Axilla [lat.] (Achsel), Bez. für die Körperregion, die den Oberarm mit dem Hals bzw. Rumpf verbindet; auch svw. ↑ Achselhöhle.

Axis [lat.], in der Anatomie Bez. für die Mittelachse oder -linie von Körperteilen (v. a. von Organen).

♦ svw. ↑ Epistropheus.

Axishirsch (Axis axis), bis etwa 1 m hohe Hirschart mit braunem (zeitweise weiß geflecktem) Fell mit schwarzem Rückenstreif; Geweih nie über sechs Enden; Heimat Vorderindien; in M-Europa in Gehegen.

Axolemm [griech.] ↑ Axon.

Axolotl [...tɔl; aztek.] (Amblystoma mexicanum), bis knapp 30 cm langer, olivgrüner bis gelbbrauner Querzahnmolch in Seen nahe der mex. Hauptstadt; in Gefangenschaft oft weiß. Farbschläge; beliebtes Aquarientier, oft auch zu Forschungszwecken gezüchtet.

Axon [griech.] (Achsenzylinder), dünner, aus dem Zellplasma der Nervenzelle hervorgehender Protoplasmastrang einer Nervenfaser, in dem feine Längsfasern (Neurofibrillen) verlaufen; umgeben vom Axolemm (Zellmembran).

Axopodien [griech.] (Achsenfüßchen), durch einen festen Achsenstab (Axonema) gestützte Scheinfüßchen (Pseudopodien) bei den Sonnentierchen und manchen Strahlentierchen.

Aye-Aye [Malagassi], svw. ↑ Fingertier.

Aylesburyente [engl. 'ɛɪlzbərɪ; nach der engl. Stadt Aylesbury], Rasse bis 5 kg schwerer, weißer Hausenten mit rosafarbenem Schnabel und roten Füßen; Fleischente.

Azaleen [griech.], Bez. v. a. für die als Topf- und Gartenpflanzen kultivierten, aus Ostasien stammenden Alpenrosen. Stammform der Topf-A. ist die in Japan und China

Azarafuchs

heim., oft als Ind. Azalee bezeichnete Art Rhododendron simsii. Chin. und jap. Gartenformen kamen um 1800 nach Europa.

Azarafuchs [nach dem span. Naturforscher F. de Azara, *1746, †1811] (Urocyon cinereoargenteus ssp. azarae), 60–70 cm körperlange Unterart des Graufuchses in S-Amerika; Schwanz buschig, bis 40 cm lang. Das graue, auf dem Rücken und an der Schwanzwurzel stark mit Schwarz untermischte Fell ist pelzwirtschaftl. von Bedeutung.

Azaroldorn [arab.-span./dt.] (Azerolobaum, Crataegus azarolus), in Vorderasien heim., im Mittelmeergebiet (v. a. Spanien) der eßbaren Früchte wegen angebaute Weißdornart; Baum oder Strauch mit 3–5teiligen, bes. unterseits rauh behaarten Blättern; Blütenstände mit weißer Behaarung; die apfelartig schmeckenden Früchte (**Azarolen**) sind etwa 2 cm groß, gelblich- bis orangerot.

Azerolakirschen [arab.-span./dt.] (Azerolen), Vitamin-C-reiche, kirschenähnl. Steinfrüchte vom Malpighiengewächs Malpighia mexicana; v. a. in Costa Rica.

azinöse Drüsen, svw. alveoläre †Drüsen.

Azolla [griech.], svw. †Algenfarn.

Azorella [nlat.], Gatt. der Doldenblütler mit etwa 100 immergrünen Arten; charakterist., polsterbildende Halbsträucher in den Hochanden, auf den antarkt. Inseln und auf Neuseeland.

Azotobakter [griech.-frz./griech.], Bakteriengatt. mit 3 im Boden und Wasser weit verbreiteten, stickstoffbindenden, aeroben Arten; Stäbchen oder Kokken, meist in Paaren oder Ketten zusammengelagert.

B

Babassupalme [portugies./dt.] (Orbignya), trop. Palmengatt. S-Amerikas mit etwa 20 Arten; etwa 20 m hohe oder stammlose Palmen mit breiten Fiederblättern. Die Samen der brasilian. Arten Orbignya speciosa und Orbignya oleifera liefern *Babassunüsse*, aus denen das *Babassuöl* (für Seifen- und Margarineherstellung) gewonnen wird.

Babesien (Babesia) [nach V. Babeş], Gatt. 2–7 μm großer Protozoen, die in Säugetieren parasitieren. Die meist rundl. Einzeller dringen in die roten Blutkörperchen ein und verursachen dadurch verschiedene, u. a. durch Blutharnen gekennzeichnete Tierkrankheiten, die sog. *Babesiosen*, z. B. Texasfieber, Gallenfieber. Die B. werden durch Zecken übertragen.

Babuine [frz.] (Steppenpaviane), Gruppe der Paviane in den Steppen und Savannen Afrikas; 4 Arten: †Anubispavian, †Sphinxpavian, †Tschakma und der bis 80 cm körperlange **Gelbe Babuin** (Papio cynocephalus), der durch ein gelbl.-olivbraunes Fell, schwärzl. Gesicht und weißl. Augenlider gekennzeichnet ist.

Bache, weibl. Wildschwein.

Bachehrenpreis (Bachbunge, Veronica beccabunga), Ehrenpreisart; 30–60 cm hohe, in Europa verbreitete Sumpf- und Wasserpflanze mit gekreuzt-gegenständigen Blättern und traubenförmigem, blauem Blütenstand; beliebte Aquarienpflanze.

Bachflohkrebs (Gammarus pulex), bis 2,4 cm langer Flohkrebs in fließenden Süßgewässern, v. a. NW-, M- und SO-Europas; wertvolle Fischnahrung.

Avocatobirne   Bachstelze   Gemeiner Baldrian

Bachstelze

Bachforelle (Salmo trutta fario), Unterart der Europ. Forelle in kühlen, sauerstoffreichen Fließgewässern und Seen Europas, Kleinasiens und des Atlasgebirges; 25–40 cm lang, Rücken meist grünl. bis bräunl., seltener schwarz *(Schwarzforelle)* oder gelblichweiß *(Weißforelle)*, Unterseite silbrigweiß oder gelbl., Körperseiten mit schwarzen und roten Punkten; geschätzter Speisefisch.

Bachlinge (Rivulus), Gatt. in M- und S-Amerika vorkommender, bis 10 cm langer Zahnkärpflinge; bekannte Arten: ↑Riesenbachling, ↑Streifenbachling.

Bachnelkenwurz (Geum rivale), bis 70 cm hohe Nelkenwurzart; Blüten nickend, rötlichgelb mit braunrotem Kelch; Grundblätter fiederspaltig, Stengelblätter dreiteilig; verbreitet von den Niederungen bis ins Hochgebirge.

Bachneunauge (Bachpricke, Lampetra planeri), 12–20 cm lange Neunaugenart v. a. in den Oberläufen der Fließgewässer Europas, N-Asiens und des westl. N-Amerikas; Körper wurmförmig mit schiefergrauer bis blaugrüner Oberseite und silbrigweißer Unterseite; ohne Brust- und Bauchflossen; Rücken-, Schwanz- und Afterflosse miteinander verbunden.

Bachröhrenwurm, svw. ↑Tubifex.

Bachsaibling (Salvelinus fontinalis), 20–40 cm langer Lachsfisch v. a. in kühlen, stark strömenden und sauerstoffreichen Süßgewässern N-Amerikas (in Deutschland 1884 eingeführt); mit dunkelolivgrünem, hell marmoriertem Rücken, helleren, gelbl. oder rot gepunkteten Körperseiten und gelbl. bis rötl. Bauch; Vorderrand der Brust-, Bauch- und Afterflosse weiß und schwarz gesäumt; guter Speisefisch.

Bachstelze (Motacilla alba), etwa 18 cm

Bakterien. 1 Micrococcus (2 µm), 2 Diplococcus (1 µm),
3 Staphylococcus (2 µm), 4 Streptococcus (1 µm), 5 Sarcina (2 µm),
6 Lampropedia (1 µm; Zellen in Gallerttafel) 7 Proteus (0,8 × 3 µm;
peritrich begeißelt), 8 Pseudomonas (1 × 2 µm; polar begeißelt),
9 Chromatium (2 × 6 µm; mit Schwefelkörnchen und polarem Geißelschopf),
10 Vibrio (0,5 × 2,5 µm; nierenförmig, polar begeißelt),
11 Nitrosolobus (Einzelzelle), 12 Bacillus (verschiedene Formen,
mit Endosporen), 13 Bacillus megaterium (1,5 × 3 µm; mit Schleimkapsel),
14 Caryophanon (Zellfaden, über 2 µm dick, peritrich begeißelt),
15 Sphaerotilus (1 × 4 µm; fadenförmig, mit Schleimscheide),
16 Gallionella (0,5 × 1,5 µm; Zellen auf bandförmigen, spiralig gedrehten
Schleimstielen), 17 Cystobacter (0,8 × 7 µm; mit 0,5 × 2,5 µm großen
Myxosporen), 18 Rhodomicrobium (1 × 2,5 µm; bildet Stolonen)

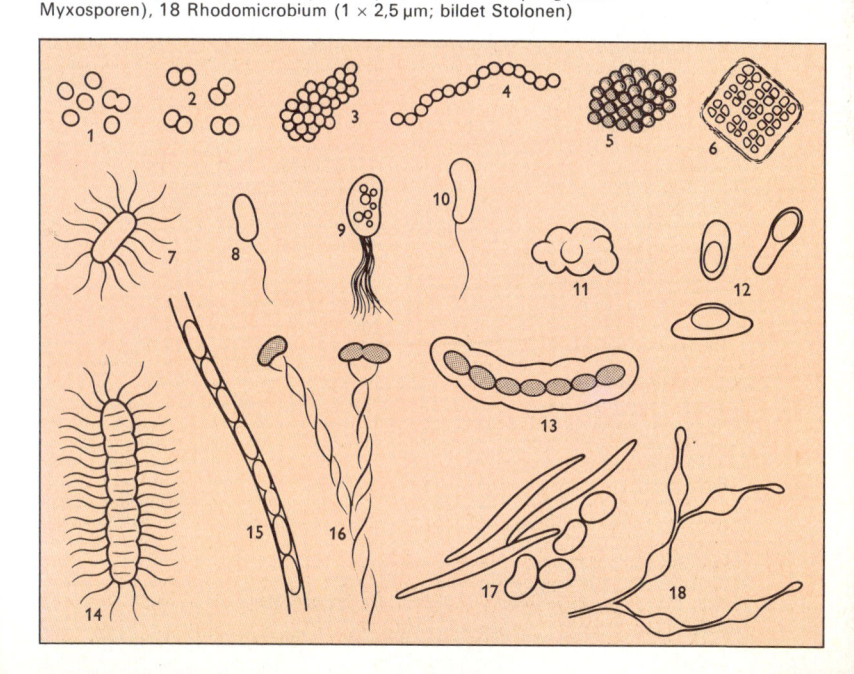

Bacillus

lange Singvogelart (Fam. Stelzen), v. a. im offenen Gelände (bes. in Gewässernähe) Eurasiens; Brutkleid mit schwarzer Kehle und Kopfplatte, hellgrauem Rücken und weißer Stirn, ebensolchen Kopfseiten und weißem Bauch.

Bacillariophyceae, svw. ↑ Kieselalgen.
Bacillus ↑ Bazillen.
Backe, svw. ↑ Wange.
Backenknochen, svw. ↑ Wangenbein.
Backentaschen, seitl. Aussackungen der Mundhöhle bei manchen Säugetieren (z. B. Hamster, Murmeltiere); dienen zum Sammeln und Transport von Nahrung.
Backenzähne ↑ Zähne.
Baconschwein [engl. 'beɪkən], in Dänemark gezüchtetes Hausschwein, das v. a. wegen seines Specks („bacon") in England großen Absatz findet.

Badeschwamm (Spongia officinalis), meist schwarzer Hornschwamm von 15–20 cm Durchmesser auf den Meeresböden warmer Küstengewässer, meist in 4–50 m Tiefe. Im Unterschied zu dem ↑ Pferdeschwamm ist die hornartige Gerüstsubstanz (Spongin) nur von wenigen Sandkörnchen durchsetzt und daher zum Baden und Waschen gut geeignet.

Baer, Karl Ernst Ritter von [beːr], * Gut Piep bei Järvamaa (Estland) 28. Febr. 1792, † Dorpat 28. März 1876, balt. Naturforscher. - Seit 1819 Prof. der Anatomie, ab 1821 Prof. der Zoologie in Königsberg; gilt als Begründer der modernen Entwicklungsgeschichte, für die seine Entdeckung, daß Säugetiere Eizellen entwickeln (1826), bedeutsam war.

Bahnung, in der *Neurophysiologie* die Erscheinung, daß Erregungsabläufe bzw. -prozesse im Zentralnervensystem eine zeitl. begrenzte Förderung erfahren, und zwar dadurch, daß mehrere unterschwellige Reize (Impulse) aus der gleichen Nervenbahn kurz hintereinander oder aus verschiedenen Nervenbahnen gleichzeitig auf eine Nervenzelle treffen. Dadurch summieren sich die Impulse in dieser Nervenzelle, so daß eine Erregungsleitung erfolgen kann. Das B.phänomen ist von großer Bedeutung für die Funktionen des Zentralnervensystems, v. a. für die Ausbildung der ↑ bedingten Reflexe und damit auch der Lernvorgänge.

Bajonettpflanze (Schwertsanseviere, Sansevieria trifasciata), Art der Gatt. Bogenhanf aus dem trop. Afrika; mit etwa 1,5 m langen, bis 7 cm breiten, steif hochstehenden Blättern und weißlichgrünen Blüten in einer Rispe. Bei einigen Kulturformen sind die Blätter weißlichgelb gesäumt und quer gebändert.

Bakterien [zu griech. baktḗrion „Stäbchen, Stöckchen"] (Schizomyzeten, Schizomycetes), einzellige Mikroorganismen (nachweisbar seit 2 $^1/_2$ bis 3 Milliarden Jahren), die zus. mit den Blaualgen als ↑ Prokaryonten den Pflanzen und Tieren als selbständige systemat. Einheit gegenüberstehen. Sie haben

gewöhnl. eine mittlere Größe von 0,5 bis 5 µm. Das Zellinnere der B. weist nur eine geringe Differenzierung auf: Das Kernmaterial bildet einen feinfibrillären Körper (keinen Zellkern) von unregelmäßiger Gestalt. Die DNS ist in der Zelle ringförmig aufgewickelt und an einer Stelle mit der Zellmembran verbunden. Im Zytoplasma sind Ribosomen, Reservestoffeinschlüsse, und bei B., die zur Photosynthese befähigt sind, Membranstapel zu finden, die Chlorophylle und Karotinoide tragen. Viele B. sind begeißelt; manche tragen feine haarartige Bildungen (Fimbrien, Pili). Die **Vermehrung** der B. erfolgt stets durch Querteilung, die Teilungsgeschwindigkeit (Generationszeit) beträgt meist 15 (minimal 9) bis 40 Minuten (maximal viele Stunden). Ein Austausch genet. Information ist mögl., und zwar entweder durch direkte Genübertragung (Konjugation), durch Aufnahme freigesetzter DNS (Transformation) oder durch Übertragung von Bakteriengenen mit Hilfe von ↑ Bakteriophagen (Transduktion). - Von prakt. Bed. ist auch die Übertragung von Resistenzfaktoren gegenüber Antibiotika. Einige B. bilden widerstandsfähige Dauerzellen. Die **Systematik** kennt bisher rd. 2 500 Arten. Die wichtigsten Gruppen sind: ↑ Milchsäurebakterien, ↑ Enterobakterien, ↑ Pseudomonaden, ↑ Spirillen und sporenbildende Bazillen (↑ Vibrionen), ↑ phototrophe Bakterien, ↑ Spirochäten, ferner die als intrazelluläre Parasiten mit z. T. stark reduziertem Stoffwechsel fungierenden Gruppen der ↑ Mykoplasmen und ↑ Rickettsien.

In der **Physiologie** zeigen die B. eine außerordentl. Vielfalt. Die Energiegewinnung erfolgt *organotroph* (durch Oxidation organ. Moleküle), *chemolithotroph* (durch Oxidation anorgan. Moleküle) oder *phototroph* (aus Licht). Chemolithotrophe und phototrophe B. vermögen Kohlendioxid zu organ. Molekülen zu reduzieren (Autotrophie). - Manche B. benötigen Sauerstoff zum Leben (*aerobe B.*), andere leben ganz oder teilweise ohne Sauerstoff (obligate bzw. fakultative *anaerobe B.*). Die letzteren gewinnen ihre Energie ausschließl. oder z. T. durch Gärung.

Die B. bewohnen in unermeßl. großer Zahl den Boden, die Gewässer und den Luftraum. - Oft sind sie lebensnotwendige Symbionten bei Mensch, Tier und Pflanze (z. B. Darmbakterien beim Mensch und Wiederkäuer, Knöllchen-B. bei Hülsenfrüchtlern), seltener als extra- oder intrazelluläre ↑ Parasiten. - In der Natur spielen die B. eine wichtige Rolle als Primärproduzenten (Synthese von organ. Stoffen aus CO_2 und Luftstickstoff, ferner im Kohlenstoff-Stickstoff-Schwefel-Kreislauf und Energieumsatz (z. B. bei der Humusbildung). - Die B. können als Erreger von Infektionskrankheiten für den Menschen (Pest, Cholera, Typhus, Lepra, Tuberkulose, Syphilis, Tripper, Meningitis, Lungenentzündung

Balgdrüsen

u. a., ferner Verursacher von Lebensmittelvergiftungen wie Salmonellose und Botulismus) für Tiere und Pflanzen gefährl. werden. - *Wirtsch. Bedeutung* haben sie für die Lebens- und Futtermittelkonservierung (Sauerkrautherstellung, Silage), in der Milchwirtschaft (Herstellung von Käse, Sauermilch und Joghurt), in der Ind. (Herstellung von Antibiotika, Vitamin B_{12}, Aminosäuren, Insektiziden, Essig, Alkoholen, Aceton, bei der Fermentation), ferner bei der Abwasseraufbereitung (Belebtschlamm). B. werden erfolgreich durch Desinfektion, Pasteurisierung, Sterilisation, in der Medizin durch Anwendung von Antiseren und Chemotherapeutika, vorbeugend durch Immunisierung (Impfung) bekämpft. **Geschichte:** B. wurden erstmals 1676 von A. van Leeuwenhoek unter seinem selbstgebauten Mikroskop beobachtet. 1874 wies G. H. A. Hansen mit dem Lepraerreger zum erstenmal ein Bakterium nach, das eine spezifische Krankheit verursacht. R. Koch entdeckte 1882 die Tuberkel-B. und 1883 die Cholera-B. 1905 wurde die Syphilisspirochäte entdeckt. E. von Behring fand 1890 Antitoxine im Blut von Tieren, die mit Bakterientoxinen vorbehandelt waren. Seine Entdeckung wurde zur Grundlage der sog. Serumtherapie. - Abb. S. 75.
📖 *CRC Handbook of microbiology*. Hg. v. A. J. Laskin u. H. Lechevalier. Bd. 1: *Bacteria*. West Palm Beach (Fla.) ²1977. - *Bergey's manual of determinative bacteriology*. Hg. v. R. E. Buchanan u. N. E. Gibbons. Baltimore (Md.) ⁸1974.

Bakterienkultur, auf einem Nährboden gezüchteter reiner Bakterienstamm.

Bakteriochlorophyll ↑ Chlorophyll.

Bakteriologie [griech.], Bakterienkunde; Teilgebiet der ↑ Mikrobiologie; Lehre von den Bakterien, ihrer systemat. Einteilung, ihren Lebensbedingungen, ihrer Züchtung, ihrer Nützlichkeit oder Schädlichkeit und ihrer Bekämpfung.
📖 *Fey, H.: Kompendium der allg. medizin. B.* Bln. 1978. - *Gillies, R. R./Dodds, T. C.: Illustrierte B.* Dt. Übers. Bern u. a. 1977.

Bakteriophagen [griech.] (Phagen), 20-70 nm große ↑ Viren. Die Erbsubstanz der meisten B. ist DNS. Die Vermehrung der B. erfolgt in Bakterien, wo ihre Erbsubstanz eine völlige Umsteuerung des Bakterienstoffwechsels bewirkt. B. sind nicht aktiv bewegl., sie werden vielmehr auf Grund ihrer geringen Größe durch die Brownsche Molekularbewegung hin- und hergestoßen. B. sind kugelförmig bis stiftförmig. Die besterforschten B. sind die sog. T-Phagen. Sie sind in einen sechseckigen Kopf, einen Schwanz, an dessen Ende sich eine Endplatte befindet, und 6 lange, von der Endplatte ausgehende, geknickte Fäden gegliedert. Der Kopf besteht aus einer Eiweißhülle, die einen DNS-Strang umhüllt. Bei Berührung der Fäden mit einem Bakterium wird die Endplatte des B. durch elektr. Anziehungskräfte an die Bakterienwand gezogen. Mittels einer chem. Substanz löst der Phage ein kleines Stück der Bakterienmembran auf. Durch Schrumpfung der Eiweißhülle des Schwanzes kann dessen entblößter Zentralstab durch diese Öffnung in das Bakterium eindringen. Auf diesem Weg gelangt der DNS-Faden aus dem Phagenkopf in das Bakterium, und die Bildung neuer Phagen im Bakterieninnern beginnt. Die alte Eiweißhülle bleibt als sog. *Ghost* zurück. Innerhalb einiger Minuten können im Bakterieninnern neue B. entstehen, bis schließl. die Bakterienmembran platzt und die Phagen ins umgebende Medium gelangen, wo sich durch Infektion weiterer Bakterien in einer Stunde über eine Million neuer B. bilden. - Werden Bakterien von 2 Bakteriophagenarten infiziert, so können durch Mischung der Erbsubstanzen B. mit neuen Eigenschaften entstehen. Auch durch Mutationen können die B. im Innern der Bakterien ihre Eigenschaften ändern. Es ist gelungen, aus B. isolierte DNS in Bakterien einzuführen und so künstl. B. zu erzeugen. Man unterscheidet virulente bzw. i.e. Phagen von gemäßigten bzw. temperierten Phagen. Erstere lösen nach ihrer Vermehrung die befallenen Bakterien auf und infizieren neue, letztere verbleiben nach der Infektion als sog. inaktive Prophagen im Bakterieninnern und werden bei der Teilung der Bakterienzelle auf die Tochterzellen verteilt.
B. sind wie Bakterien in der Natur überall verbreitet. In der Medizin ist es bis heute noch nicht gelungen, B. in einem größeren Ausmaß gegen krankheitserregende Bakterien einzusetzen. - Die Virusnatur der B. wurde erst 1940 elektronenopt. nachgewiesen.
📖 *Denhardt, D. T., u. a.: The single-stranded DNA phages*. Cold Spring (N. Y.) 1978.

Balbiani-Ringe ↑ Puffs.

Baldrian [mittellat.] (Valeriana), Gatt. der Baldriangewächse mit über 200 Arten auf der Nordhalbkugel und in S-Amerika; Kräuter, Sträucher und Lianen mit meist fiederteiligen Blättern und weißen oder rosa Blüten in oft rispigen Blütenständen. - Am wichtigsten ist der **Gemeine Baldrian** (Valeriana officinalis); wächst in Eurasien auf feuchten Standorten (oft auch angebaut), wird über 1 m hoch und dient in der Pharmazie u. a. für Baldriantropfen verwendete **Baldrianwurzel.** - Abb. S. 74.

Baldriangewächse (Valerianaceae), Pflanzenfam. mit 13 Gatt. und etwa 360 Arten auf der Nordhalbkugel und in S-Amerika (v. a. in den Anden). Die bekanntesten Gatt. sind ↑ Baldrian, ↑ Feldsalat, ↑ Spornblume.

Balg, das abgezogene Fell von Hasen, Kaninchen, Haarraubwild (ausgenommen Bär und Dachs), Kleinsäugetieren und das abgezogene Federkleid der Vögel.

Balgdrüsen, svw. Haarbalgdrüsen (↑ Talgdrüsen).

Balgfrucht

◆ (Zungenbalgdrüsen) dicht unter dem Epithel gelagerte, von einer bindegewebigen Hülle umgebene Lymphfollikel in der Zungenschleimhaut der Säugetiere; beim Menschen als höckerartige Erhebungen am hintersten Teil der Zunge.

Balgfrucht, Frucht, die nur aus einem Fruchtblatt besteht und sich an der Verwachsungsnaht (Bauchnaht) des Fruchtblattes öffnet; z. B. die Frucht des Rittersporns.

Balken (Corpus callosum), anatom. Bez. für den Teil des Kommissurensystems, der die beiden Großhirnhälften verbindet und sich über das Dach des 3. Ventrikels schiebt.

Balkenschröter (Zwerghirschkäfer, Dorcus parallelopipedus), 2–3 cm lange, mattschwarze Art der Fam. Hirschkäfer in Europa; hat weniger stark entwickelte (geweihartige) Oberkiefer wie der eigtl. Hirschkäfer.

Ballaststoffe, vom Menschen infolge fehlender Enzyme nicht oder nur teilweise verwertbare Nahrungsbestandteile. Zu den B. zählen v. a. Polysaccharide wie Dextrane, Zellulose, Pentosane sowie Pektine und Lignin. B. sind notwendig zur Anregung der Darmperistaltik und zur Förderung der Absonderung von Verdauungssäften. Bes. reich an B. sind Schwarzbrot, Gemüse und Obst.

Ballen, kissenartige Bildungen auf der Lauffläche der Pfoten und Tatzen von Säugetieren (z. B. Katzen).

Ballota [griech.], svw. ↑Stinkandorn.

Balsabaum (Balsa, Ochroma), Gatt. der Wollbaumgewächse mit nur wenigen Arten im trop. S- und M-Amerika (einschließl. der Westind. Inseln); raschwüchsige Bäume mit dickem Stamm, glatter, heller Rinde, ungeteilten, bis 50 cm langen Blättern, malvenähnl. Blüten und längl. Kapselfrüchten. Bekannt sind **Ochroma lagopus** (15–25 m hoher Baum) und **Ochroma pyramidale** (bis 15 m hoher Baum); beide liefern Balsaholz.

Balsamapfel (Springkürbis, Momordica balsamina), von Afrika bis NW-Indien wild vorkommendes, in allen trop. und subtrop. Ländern angebautes einjähriges Kürbisgewächs mit 0,5–1,5 m hohem Stengel, 3–5lappigen Blättern, gelbl. Blüten und orangegelben, eiförmigen, rotfleischigen Früchten.

Balsambaumgewächse (Weihrauchbaumgewächse, Burseraceae), Fam. zweikeimblättriger trop. Bäume und Sträucher mit 20 Gatt. und etwa 600 Arten; Rinde immer harzführend, Pflanzen oft mit Sproßdornen, Blätter meist gefiedert oder dreiteilig; Blüten klein, in Rispen; Steinfrüchte.

Balsambirne (Momordica charantia), in den Tropen und Subtropen verbreitetes, bis zu 2 m hoch kletterndes Kürbisgewächs mit Früchten mit scharlachrotem Fruchtfleisch.

Balsamine [hebr.], svw. ↑Springkraut.

Balsaminengewächse (Springkrautgewächse, Balsaminaceae), Fam. zweikeimblättriger, krautiger Pflanzen mit 2 Gatt.: **Hydrocera** mit einer Art in Indien, **Impatiens** mit etwa 450 Arten, v. a. in den Tropen der Alten Welt, wenige (u. a. ↑Springkraut) in N-Amerika und Europa.

Balsampflanzen, allg. Bez. für Pflanzen, die Balsame liefern (z. B. Myrrhenstrauch, Benzoebaum, Kanaribaum, Kopaivabaum).

◆ (Terebinthales) Pflanzenordnung, die vorwiegend Holzgewächse der Tropen und Subtropen umfaßt. Zahlr. Fam. zeichnen sich durch das Vorhandensein von Öldrüsen, Ölzellen oder Harzgängen aus und liefern Balsame, Öle, auch Drogen und Gewürze.

Bananenstaude. Blütenstand. Während an der Basis schon Früchte heranreifen, sitzen an der Spitze zwischen den bräunlichroten Hüllblättern noch die männlichen Blüten

Bambusgewächse. Stammartige Halme von Dendrocalamus giganteus aus Indien

Banane

Balsampflaume (Spondias), Gatt. der Anakardiengewächse mit 6 Arten in den Tropen; Bäume mit unpaarig gefiederten Blättern, kleinen gelben Blüten in Rispen und saftigen, angenehm schmeckenden, pflaumenförmigen Früchten. Einige Arten werden als Obstbäume kultiviert.

Balsamtanne (Abies balsamea), bis 25 m hohe nordamerikan. Tannenart mit glatter, schwarzer Rinde, 1–3 cm langen, dünnen, beim Zerreiben stark würzig duftenden Nadeln und stark verharzten Knospen; in Gärten oft Zuchtformen von strauchförmigem oder halbkugeligem Wuchs.

Baltimore, David [engl. ˈbɔːltɪmɔː], * New York 7. März 1938, amerikan. Mikrobiologe. - Seit 1972 Prof. am Massachusetts Institute of Technology in Cambridge (Mass.). B. wies das Vorhandensein eines spezif. Enzyms in den im wesentlichen aus Ribonukleinsäure (RNS) und einer Schutzhülle aus Proteinen bestehenden Viruspartikeln nach, das die Virus-RNS in die Desoxyribonukleinsäure (DNS) des genet. Materials einer Zelle „transkribiert" und dadurch den Einbau der umgewandelten Virus-RNS in das Zellgenom und die Entwicklung der Zelle zu einer sich von nun ab unaufhörlich teilenden Krebszelle ermöglicht. Erhielt (zus. mit H. M. Temin und R. Dulbecco) 1975 den Nobelpreis für Physiologie und Medizin.

Balz, Liebesspiele der Vögel und Fische während der Paarungszeit; bei ♂♂ gekennzeichnet durch Verhaltensweisen, die dem (oder den) auserwählten ♀♀ imponieren sollen (Gesang, Flugspiele, Imponiergehabe, gesteigerter Kampftrieb u. a.). Die B. ist hormonell bedingt. Der B. entspricht die ↑Brunst der Säugetiere.

Bambus [malai.-niederl.], allg. Bez. für die zu den ↑Bambusgewächsen zählenden Grasarten.

Bambusbär (Großer Panda, Riesenpanda, Ailuropoda melanoleuca), seltene Art scheuer, 1,5 m großer Kleinbären in den nebeligen Bambuswäldern Z-Chinas; Fell weiß bis gelblichweiß mit schwarzen Ohren und ebensolcher Augenpartie, schwarzem (sich vom Rücken auf die Brust erstreckenden) Gürtel und schwarzen Gliedmaßen. Die Zucht des B. gelang erstmals 1963 im Pekinger Zoo.

Bambusgewächse (Bambusaceae), Pflanzenfam. meist trop. und subtrop. Gräser, etwa 200 (ausdauernde) Arten, die z. T. waldartige Bestände bilden. Der stammartige Halm verholzt, ist knotig und hohl, von unten bis oben gleich dick und verzweigt sich erst nach der Spitze zu. Bei einigen Arten wird er bis 40 m hoch. Die Blätter sind in eine geschlossene Scheide und eine kurz gestielte, lanzettförmig flache, später abfallende Spreite gegliedert. Die Blüten mit einer von 2 Spelzen gebildeten Hülle stehen in Rispen oder Trau-

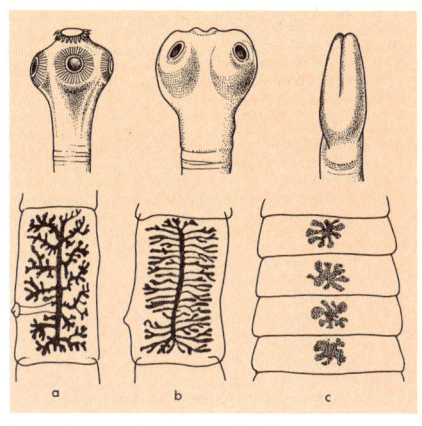

Bandwürmer. Köpfe und reife Glieder von Bandwürmern
(a Schweinebandwurm,
b Rinderbandwurm,
c Fischbandwurm)

ben. Die Früchte sind Karyopsen, selten steinfrucht- bis beerenartig. - Die apfelgroßen, orangeroten Früchte der ind. Art *Melocanna bambusoides* und ihre Samen werden wie die vieler anderer B. gegessen. Junge *Bambussprosse* liefern ein geschätztes Gemüse.

bambutide Rasse, Rasse in Z-Afrika; helle Hautfarbe, kleine zierl. Hände, lange Arme, kurze Beine, hohe und steile Stirn, Knopfnase ohne Rücken, schnauzenartig vorgetriebene Mundpartie, mittellanger Kopf, Lanugohaar (↑Haarwechsel), große Augen. Zur b. R. gehören die Pygmäen.

Banane [afrikan.-portugies.], die bis etwa 20 cm lange, bis etwa 4 cm dicke, leicht gebogene, gelbschalige Frucht der ↑Bananenstaude, bes. der Kultursorten (andere Arten haben auch ledrige Früchte). Wegen ihrer leichten Verderblichkeit werden die Bündel in mehr oder weniger unreifem Zustand geerntet. Die Ernte erfolgt das ganze Jahr hindurch, bes. intensiv während der Monate Oktober bis Dezember und Februar bis März. - Das Fruchtfleisch (Mesokarp) der **Obstbanane** (bekannteste Sortengruppe *Gros Michel*: bis etwa 7 m hoher Scheinstamm, bis 6 m lange Blätter u. große, dickschalige, weniger empfindl. Früchte) ist von aromat. Geschmack, leicht verdaul., von hohem Kaloriengehalt, reich an Mineralien, vitaminhaltig. Mit der Mehl-B. zus. wird sie in den Anbaugebieten als Grundnahrungsmittel verwendet. Sie kommt auch getrocknet als B.mehl (*Banania;* meist aus grünen Früchten), B.sirup, ferner zu Marmelade verarbeitet oder zu Alkohol vergoren in den Handel. - Bei der bis 50 cm langen, bis armdicken, v. a. Vitamin-D-halti-

Bananenfresser

gen **Mehl-** oder **Kochbanane** ist die Stärke (bes. bei den unreif geernteten Früchten) noch kaum in Zucker umgesetzt. Sie wird (in den Anbauländern) nur gekocht, gebraten oder getrocknet verwendet.

Bananenfresser, svw. ↑Turakos.

Bananengewächse (Musaceae), trop. und subtrop. Fam. einkeimblättriger Pflanzen mit 6 Gatt. und etwa 220 Arten; große Stauden mit einfachen, sehr großen Blättern, deren Basen Scheinstämme bilden können. Die Blüten stehen in langgestielten Blütenständen und werden meist von Vögeln bestäubt. Viele wichtige Nutz- und Zierpflanzen: ↑Bananenstaude, ↑Heliconia, ↑Ravenala, ↑Strelitzie.

Bananenstaude (Banane, Pisang), Bez. für verschiedene trop. Pflanzen aus der Fam. Bananengewächse; gewaltige Stauden; Blätter einfach, gestielt, bis etwa 3,5 m lang und 0,5 m breit, meist vom Wind zerschlitzt. Die scheidenartigen Blattbasen bilden bis 5 m hohe Scheinstämme, die den Pflanzen ein beinahe palmenartiges Aussehen geben. Die Blüten stehen meist zu mehreren in Doppelreihen mit großen, meist rostroten Deckblättern in Blütenständen. Die Früchte mehrerer Arten sind als ↑Bananen genießbar. - B. werden heute überall in den Tropen, z. T. auch in subtrop. Gebieten, angebaut. Die oberird. Bananen-„pflanze" stirbt nach der Fruchtreife ab, der sich aus dem Wurzelstock neu entwickelnde Sproß kann schon nach 9 Monaten wieder fruchten. Die Pflanzen verlangen ein gleichmäßig feuchtwarmes Klima. Die Samen (der Wildformen) sind 5-20 mm groß. Die Früchte der Kulturformen entwickeln sich ohne Befruchtung und sind daher samenlos.

Die wichtigste Art ist **Musa paradisiaca**, urspr. aus S-Asien, heute in zwei Varietäten überall in den Tropen angebaut: **Mehl-** oder **Kochbanane** (Plantain, Musa paradisiaca var. normalis) und **Obstbanane** (Musa paradisiaca var. sapientum). - Die nur 2-3 m hohe **Zwergbanane** (Musa nana) aus S-China ist unempfindlicher, sie wird für den Export als Obstbanane z. B. auf den Kanarischen Inseln angebaut. Aus den Blattscheiden der **Faserbanane** (Hanfbanane, Musa textilis) von den Philippinen wird die Manilafaser gewonnen.

Bereits in vorgeschichtl. Zeit war die B. als Kulturpflanze über die gesamten Tropen verbreitet. Am Indus fanden die Soldaten Alexanders d. Gr. Bananenpflanzungen vor. Bei der Entdeckung Amerikas wurden B.kulturen im Westen von M-Amerika und in Peru vorgefunden. - Abb. S. 78.

Band (Ligament, Ligamentum), *Anatomie*: aus Bindegewebe bestehende, strang- oder plattenförmige Verbindung zw. Skelettelementen des Körpers, z. B. an den Enden der Gelenke.

Bandblume (Ligularia), Gatt. der Korbblütler mit etwa 100 Arten in Asien sowie einigen Arten in Europa; Stauden mit gelben oder orangeroten Blütenköpfchen in Blütenständen; Blätter nierenförmig bis längl.-herzförmig, ungeteilt oder fiederschnittig.

Bandfink (Amadina fasciata), etwa 12 cm großer Prachtfink in afrikan. Trockensavannen; hellbraun gesprenkelt, ♂ mit leuchtend rotem Kehlband und braunem Bauchfleck, ♀ ohne Kehlband, Bauchfleck blasser.

Bandfische (Lumpenus), Gatt. extrem langgestreckter, bandförmiger, bis über 40 cm großer ↑Schleimfische mit sehr stark vergerter Rücken- und Afterflosse, überwiegend in arkt. Gewässern. Bis in die Nord- und Ostsee kommt der **Spitzschwänzige Bandfisch** (Lumpenus lampetraeformis) vor: blaßbraun mit blauem Schimmer und graubraunen Flekken; wichtige Nahrung des Kabeljaus.

Bandscheibe (Zwischenwirbelscheibe), elastische, knorpelige Scheibe zw. je 2 Wirbeln der Wirbelsäule; mit den Wirbelkörpern fest verbunden, dient als Polster dem Druckausgleich.

Bandwürmer (Cestoda), Klasse der Plattwürmer mit über 2 000, etwa 5 mm bis über 15 m langen Arten; flachgedrückt, mehr oder weniger farblos, meist in ein Vorderende (*Scolex*) mit Haftorganen und (je nach Art) in 3 bis über 4 000, durch Querfurchen geteilte Abschnitte (*Proglottiden*) gegliedert, die von einer Sprossungszone hinter dem Vorderende gebildet werden, stark heranwachsen und sich am Hinterende nach und nach ablösen; meist in jeder Proglottide ein vollständiges, zwittriges Geschlechtssystem; ohne Mundöffnung und Darm, Nahrungsstoffe werden osmot. durch die Körperwand aufgenommen; mit ausgeprägtem Wirtswechsel; erwachsen ausschließl. Darmparasiten, meist in Wirbeltieren (Endwirt), Larven in den verschiedensten Organen auch von Wirbellosen (Zwischenwirt). - Für den Menschen gefährl. sind v. a. der Schweinebandwurm, Rinderbandwurm, Fischbandwurm und der Blasenwurm. Die Infektion erfolgt v. a. durch Genuß von rohem oder ungenügend gebratenem finnigem Fleisch (↑Finne). Der Entzug von Nahrung ist für den Wirtsorganismus weniger schädl. als die giftigen Exkretstoffe, die der Parasit ausscheidet und die zu einem Abbau des roten Blutfarbstoff, zu einer Anämie führen können. - Abb. S. 79.

Banyanbaum [Hindi/dt.], Bez. für einige südasiat. Feigenbaumarten mit mächtigem Wuchs, hauptsächl. für den [**Bengal.**] **Banyanbaum** (Ficus bengalensis): immergrüner Urwaldbaum, angepflanzt in ganz Indien. Höhe 20-30 m, Stammdurchmesser bis etwa 1,5 m, Krone weit ausladend (bis 90 m Durchmesser), Äste durch zahlr. starke Luftwurzeln abgestützt; oft als Epiphyt auskeimend, kann später den Wirtsbaum zum Absterben bringen (Würgfeige).

Bär ↑Bären.

Barbadoskirschen, Bez. für die eß-

Bärenschote

baren Früchte verschiedener westind. Malpighiaarten.

Barbarakraut (Barbenkraut, Barbarea), Gatt. der Kreuzblütler mit 12 Arten in Europa (bes. Mittelmeergebiet), Asien und N-Amerika; meist zweijährige Kräuter mit gefiederten oder fiederschnittigen Blättern, gelben Blüten in Trauben, Schotenfrüchten. Das **Echte Barbarakraut** (Winterkresse, Barbarea vulgaris) ist in Deutschland ein verbreitetes Unkraut.

Barbe [zu lat. barba „Bart" (mit Bezug auf die Barteln)] (Flußbarbe, Barbus barbus), bis 90 cm langer und 8,5 kg schwerer Karpfenfisch in M- und O-Europa, im östl. Deutschland und auf der Pyrenäenhalbinsel: langgestreckt, schlank, mit 4 Barteln an der Oberlippe; Charakterfisch der ↑Barbenregion; Speisefisch.

Barben [↑Barbe], Bez. für eine sehr artenreiche Gruppe der Karpfenfische; Körper langgestreckt schlank bis hochrückig, mit starker seitl. Abflachung; Schuppen relativ groß, oft stark silberglänzend, auch (bes. zur Laichzeit) bunt; überwiegend Schwarmfische. Zur Gatt. Barbus zählt die einheim. Barbe, zur Gatt. Puntius Aquarienfische wie Prachtbarbe, Sumatrabarbe, Purpurkopfbarbe.

Barbenkraut, svw. ↑Barbarakraut.

Barbenregion, zw. ↑Äschenregion und ↑Brachsenregion gelegener Flußabschnitt; in M-Europa finden sich neben der Barbe als Leitfisch v. a. der Flußbarsch und Karpfenfische wie Rotauge, Rotfeder und Rapfen.

Bärblinge (Danioninae), Unterfam. 1,5–200 cm langer, meist bunter Karpfenfische in den Süßgewässern Afrikas und S-Asiens. Viele Arten sind beliebte Warmwasseraquarienfische.

Barbus [lat.(↑Barbe)], Gatt. der Karpfenfische mit rund 10, etwa 30–120 cm langen, schlanken, teilweise wirtsch. bed. Arten in den Bächen, Flüssen und Seen Europas; bekannteste Art ↑Barbe.

Bären [von althochdt. bero, eigtl. „der Braune"] (Ursidae), Raubtierfam. mit etwa 8 Arten in Europa, Asien und Amerika; Körperlänge etwa 1 m bis nahezu 3 m, ♀ kleiner als ♂; Körper massig, Beine relativ kurz und sehr kräftig, Schwanz sehr kurz und kaum sichtbar; Augen und Ohren klein, Fell meist lang und zottig; Sohlengänger; Allesfresser; in kalten Gebieten oder unterbrochene Winterruhe; Tragzeit etwa 6–9 Monate, Neugeborene sehr klein (etwa 230–450 Gramm schwer). - Zu den B. gehören Braunbär, Höhlenbär, Schwarzbär, Eisbär, Brillenbär, Malaienbär, Kragenbär und Lippenbär. - Die ↑Kleinbären bilden eine eigene Familie.
Die eiszeitl. Höhlen- und Braun-B. bevorzugten Höhlen als Schlaf- und Sterbeplätze. Sie wurden schon im Mittelpaläolithikum von Menschen gejagt. - Bereits im 3. Jt. v. Chr. wurden in Mesopotamien B. gehalten. Aus Syrien wurden um 2 500 v. Chr. B. nach Ägypten gebracht. In röm. Theatern wurden B. bei Tierspielen und Gladiatorenkämpfen vorgeführt und getötet. - Im alten China, bei den Griechen und Römern (die diese Sitte in ihren Provinzen nördl. der Alpen einführten) wurden B. von Gauklern mitgeführt. Im gesamten zirkumpolaren Raum ist ein **Bärenkult** seit alters belegt, bei dem B. als Götter oder als in anderer Weise religiös ausgezeichnete Wesen verehrt wurden.

Bärenklau, (Acanthus) Gatt. der Akanthusgewächse mit etwa 30 Arten, v. a. Steppen- und Wüstenpflanzen Afrikas, Asiens und des Mittelmeergebietes; Kräuter oder Sträucher mit gegenständigen, buchtig-gezähnten oder fiederspaltigen Blättern und mit Dornen in den Blattachseln. Die weißen, blaßvioletten oder bläul. Blüten sind in endständigen Ähren vereinigt. Einige Arten sind Zierpflanzen. - ↑auch Stachelbärenklau.

◆ (Herkuleskraut, Heracleum) Gatt. der Doldengewächse mit etwa 60 Arten in Eurasien und N-Amerika; kräftige Stauden. In Deutschland am häufigsten ist die **Wiesenbärenklau** (Heracleum sphondylium), eine bis 1,5 m hohe Staude mit großen, einfach gefiederten Blättern, weißen Blüten und borstigrauher Behaarung, auf Wiesen, an Rainen und Waldrändern. Das über 3 m hoch werdende **Heracleum mantegazzianum** mit seinen großen Blüten wird oft in Gärten gepflanzt.

Bärenkrebse (Scyllaridae), Fam. der Panzerkrebse; Rückenpanzer abgeplattet, mit scharfer Seitenkante, das zweite Antennenpaar stark verkürzt und zu einem breiten Schild verbreitert. - Im Mittelmeer 2 Arten: **Großer Bärenkrebs** (Scyllarides latus), 30–40 cm lang, bis 5 kg schwer; Rücken rostbraun; **Kleiner Bärenkrebs** (Scyllarus arctus), etwa 10 cm lang, Oberseite rötlichbraun bis schwärzl.-olivgrün; beide Arten eßbar.

Bärenlauch (Allium ursinum), stark nach Knoblauch riechende Lauchart in Eurasien. Die kleine Zwiebel des B. entwickelt im Frühjahr 2 längl.-eiförmige Blätter und eine Dolde mit bis zu 20 weißen, sternförmigen Blüten. Der B. bildet in feuchten Laubwäldern oft Massenbestände.

Bärenmarder, svw. ↑Binturong.

Bärenrobbe (Seebär, Callorhinus ursinus), etwa 1,5 m (♀)–2,1 m (♂) lange Pelzrobbe im nördl. Pazifik; alte ♂♂ oberseits grau bis braun, Flossen und Unterseite rötlichbraun; ♀♀ mit graubrauner Oberseite und rotbrauner oder grauer Bauchseite; wegen ihres Pelzes (Seal) zu Beginn des 20. Jh. nahezu ausgerottet; Bestand heute durch strenge Abschußüberwachung gesichert.

Bärenschote (Astragalus glycyphyllos), häufigste einheim. Tragantart. Staude mit bis über 1 m langen Stengeln, unpaarig gefiederten Blättern und grünlichgelben Blüten in seitl. Trauben; wächst auf Steppenrasen, Kahlschlägen und in lichten Wäldern.

Bärenspinner

Bärenspinner (Arctiidae), weltweit, jedoch bes. in S-Amerika und Afrika verbreitete, fast 8 000 Arten umfassende Schmetterlingsfam.; meist leuchtend bunt; Flügelspannweite unter 1 cm bis über 10 cm. In M-Europa etwa 50 Arten, z. B. Brauner Bär und Purpurbär.

Bärentatze (Hahnenkamm, Ramaria botrytis), korallenartig verzweigter Speisepilz aus der Gruppe der Ziegenbärte; gerötete Zweigspitzen; bes. unter Buchen wachsend.

Bärentierchen, svw. ↑ Bärtierchen.

Bärentraube (Arctostaphylos), Gatt. der Heidekrautgewächse mit etwa 40 Arten (in Deutschland 2 Arten) auf der N-Hemisphäre, v. a. in N- und M-Amerika; mit eiförmigen, meist ledrigen Blättern, glockigen oder krugförmigen Blüten und beerenartigen Steinfrüchten; bekannte Art: Immergrüne Bärentraube.

Bärlapp (Lycopodium), Gatt. der Bärlappgewächse mit etwa 400 weltweit verbreiteten Arten (etwa 8 Arten in Europa); krautige, immergrüne Pflanzen ohne sekundäres Dickenwachstum; bekannte Art ↑ Keulenbärlapp.

Bärlappe (Lycopsida), Klasse der Farnpflanzen mit den Ordnungen Bärlapppflanzen, Moosfarne, Brachsenkräuter und den ausschließl. fossilen Urbärlappen, ferner den Schuppenbäumen. Die B. sind gekennzeichnet durch gabelig verzweigte Sprosse und nadelförmige Blätter. Heute krautige Pflanzen, die fossilen Arten waren dagegen z. T. baumförmig (Schuppen-, Siegelbäume) und bildeten im Karbon Wälder, aus denen sich durch Inkohlung zum großen Teil die heutigen Steinkohlenvorkommen bildeten.

Bärlappgewächse (Lycopodiaceae), einzige Familie der Bärlapppflanzen mit den beiden Gatt. Zungenblatt und Bärlapp.

Bärlapppflanzen (Lycopodiales), Ordnung der Bärlappe mit der einzigen Fam. Bärlappgewächse.

Barrakudas [span.], svw. ↑ Pfeilhechte.

Barramundi [austral.], (Barramunda, Scleropages leichhardtii) bis etwa 1 m lange Knochenzünglerart, trop. Süßwasserfisch in O-Australien und S-Neuguinea; seitl. stark abgeflacht, Bauch gekielt; mit großen, harten Knochenschuppen; Barteln sehr kurz; räuber. lebend.
◆ svw. ↑ Plakapong.

Barr-Körper [nach dem kanad. Anatomen M. L. Barr, * 1908], svw. ↑ Geschlechtschromatin.

Barschartige (Barschartige Fische, Perciformes), Ordnung der Stachelflosser mit über 6 000, etwa 3–300 cm langen, außerordentl. vielgestaltigen Arten im Süßwasser, Brackwasser und im Meer; Rückenflosse meist zweiteilig, vorderer Abschnitt mit Stachelstrahlen; Körper häufig seitl. abgeflacht, meist von Kammschuppen bedeckt; meist werden etwa 20 Unterordnungen unterschieden, darunter ↑ Barschfische, ↑ Meeräschen, ↑ Lippfische, ↑ Schleimfischartige, ↑ Grundelartige, ↑ Makrelenartige, ↑ Labyrinthfische.

Barsche (Echte B., Percidae), Fam. der Barschartigen im Süßwasser der gemäßigten Breiten N-Amerikas und Eurasiens. Körper meist gestreckt, seitl. abgeflacht, mit bestachelten Kiemendeckeln und brustständigen Bauchflossen; Kopf meist groß, mit tief gespaltener Mundöffnung.

Barschfische (Percoidei), Unterordnung der Barschartigen mit über 90 Fam.; im Meer, Brack- und Süßwasser weltweit verbreitet, jedoch überwiegend in trop. und subtrop. Breiten. Zahlr. B. sind wichtige Speisefische, andere werden im Aquarium gehalten. Bekannte Fam. sind u. a. ↑ Glasbarsche, ↑ Zackenbarsche, ↑ Sonnenbarsche, ↑ Echte Barsche, ↑ Meerbarben, ↑ Brassen, ↑ Borstenzähner, ↑ Buntbarsche, ↑ Lippfische, ↑ Papageifische.

Barsoi [russ.] (Russischer Windhund), Rasse sehr schlanker, etwa 75 cm schulterhoher Haushunde mit sehr schmalem Kopf und langer Schnauze; Fell lang, seidig und gewellt, weiß, oft mit gelben und braunen Platten.

Bart, gegenüber der übrigen Körperbehaarung bes. auffallende Haarbildung im Bereich des Kinns (**Kinnbart**), der Kehle (**Kehlbart**), der Oberlippe (**Lippenbart, Schnurrbart**) und der Wangen (**Backenbart**); bei Menschen und manchen Säugetieren (bes. bei Affen, auch Huftieren) sekundäres Geschlechtsmerkmal der ♂♂, das sich bei beginnender Geschlechtsreife entwickelt. - Beim Menschen gibt es ausgesprochen haararme Rassen mit nur spärl. B.wuchs beim Manne (z. B. Indianer, Mongolide). - Bei Störungen des Hormonhaushaltes (z. B. Ausfall der Geschlechtshormone nach dem Klimakterium) kann es auch bei der Frau zu einer B.bildung kommen (**Frauenbart, Damenbart**). Jungpaläolith. Höhlenmalereien deuten an, daß bereits in früher Zeit B.pflege und Rasieren übl. waren. In bronzezeitl. Kulturen wurden Rasiermesser gefunden. Assyrer, Babylonier, Meder und Perser kräuselten den B. Bei den Juden war das Stutzen oder Rasieren des B. verboten. Die Ägypter, die Kopfhaar und Kinnhaar zu scheren pflegten (Schnurrbart war häufig), trugen künstl. B., wobei sich Götter, Könige und Beamte durch die B.form unterschieden. Bei den Griechen herrschte der kurzgeschorene B. vor, z. Z. Alexanders d. Gr. wurde der B. vollständig geschoren. Die röm. Bildnisse bis Hadrian durchweg bartlos. Bei den Germanen galt Abscheren des B. als Zeichen der Unfreiheit und des Ehrverlustes. Z. Z. Karls d. Gr. trugen die Vornehmen höchstens einen Schnurr-B.; Voll-B., den das Volk trug, kam vom 10. bis 12. Jh. wieder in Mode. Danach setzte sich bis um 1500 die B.losigkeit durch. Zu Beginn des 16. Jh. wurde der B. unter dem Kinn in gerader Linie gestutzt; in der 2. Hälfte des 16. Jh. wurden nach span. Mode Spitz-B. und kleiner Schnurr-B. getragen. Mit dem Aufkommen der Perücke blieb ein schmales Bärtchen auf der Oberlippe, auch eine kleine „Fliege" auf dem Kinn, später größer als „Knebel". Um 1800 kamen in England Koteletten auf, die länger wurden (Backen-B.), und schließl. die B.krause, die das Gesicht umrandete. Mitte des 19. Jh. wurde der Voll-B. wieder häufiger, anfangs als Zeichen demokrat. Gesinnung. Um 1900 trug man den hochgezwirbelten Schnurr-B., der dann zur „Bürste" gestutzt wurde. Seit dem Ende des 1. Weltkrieges ist B.losigkeit modern. In neuester Zeit werden B. oder Koteletten bes. von jüngeren Männern gern getragen.

Bartaffe (Macaca silenus), etwa 60 cm körperlange Makakenart in Gebirgswäldern SW-Indiens; Fell seidig, schwarz bis dunkelbraun; Gesicht von graubraunem, seitl. abstehendem Bart umgeben.

Bartagame (Amphibolurus barbatus), bis 50 cm lange Agamenart in Australien; graubraun mit dunklerer Zeichnung, oft mit schwarzen, gelbbraunen, gelben und weißen Flecken, Streifen oder Ringen; rauhschuppig; Terrarientier.

Barteln, zipfelige, lappige oder fadenförmige Anhänge in Nähe des Mundes bei vielen Fischen (z. B. Welsen, Schmerlen).

Barten, von der Oberhaut des Gaumens gebildete, meist langgestreckt-dreieckige Hornplatten, die vom Gaumen der ↑Bartenwale in die Mundhöhle herabhängen; in je einer Längsreihe zu etwa 130–400 an beiden Oberkieferhälften; dienen als Seihvorrichtung bei der Nahrungsaufnahme; liefern das früher begehrte Fischbein.

Bartenwale (Mystacoceti), Unterordnung der Wale mit 12, etwa 5 bis über 30 m langen Arten, verbreitet in allen Meeren; Gestalt fischähnl., mit oder ohne Rückenfinne; am Gaumen zwei Längsreihen quergestellter ↑Barten. Die B. verständigen sich unter Wasser durch helle, singende Laute, die mindestens einige 100 km weit registrierbar sind.

Bartflechten (Usneaceae), Fam. der Flechten mit rd. 780 Arten in 10 Gatt.; mit strauchig aufrechtem oder bartförmig von Bäumen herabhängendem Thallus. Die B. i. e. S. gehören zur Gatt. **Usnea,** die mit etwa 450, überwiegend graugrünen Arten bes. in den Nebellagen der Gebirge verbreitet ist und bis in die Arktis und Antarktis vordringt.

Bartgeier (Lämmergeier, Gypaetus barbatus), bis 115 cm großer Altweltgeier mit einer Flügelspannweite bis nahezu 3 m, in S-Europa, großen Teilen Asiens, N-Afrika, vereinzelt im östl. und südl. Afrika.

Bartgras, Sammelbez. für mehrere nahe verwandte Gatt. der Süßgräser mit einblütigen Ährchen. 1. Bothriochloa, trop. und subtrop. Gatt. mit 20 Arten; einheim., v. a. auf sandigen Böden ist das 0,6–1 m hohe **Gemeine Bartgras** (Bothriochloa ischaemum); 2. Andropogon, formenreiche Gatt. mit über 150 Arten v. a. in den Tropen und Subtropen; mit Ölzellen in den Blättern und Spelzen; einige Arten liefern Parfümerieöle (Lemongrasöl, Zitronellöl).

Bartgrundel ↑Schmerlen.

Bartholin-Drüsen [nach dem dän. Anatomen C. Bartholin, * 1655, † 1738], zwei etwa erbsgroße, beiderseits des Scheideneingangs gelegene, auf der Innenseite der kleinen Schamlippen mündende Drüsen, die bei geschlechtl. Erregung Schleim absondern.

Bärtierchen (Tardigrada), zu den Gliedertieren zählender Unterstamm mit rd. 200, etwa 0,1–1 mm langen Arten, v. a. im Sandlükkensystem des Süß- und Salzwassers, an Land bes. in regelmäßig austrocknenden Moospolstern; Körper walzenförmig, bauchseits abgeplattet, mit 4 Paar kurzen, am Ende meist krallentragenden Extremitäten.

Bartmeise (Panurus biarmicus), etwa 6 cm körperlange Art der ↑Timalien in ausgedehnten Schilfbeständen großer Teile Eurasiens; Oberseite und der 10 cm lange Schwanz zimtbraun, Unterseite rötlichgrau bis weißl., ♂ mit aschgrauem Kopf und breitem, schwarzem Bartstreifen; Teilzieher.

Bartnelke (Dianthus barbatus), etwa 20–50 cm hohe Nelkenart in den Gebirgen S-Europas, einschließl. S-Alpen; Blätter breitlanzettförmig, Blüten kurzgestielt, in Büscheln stehend; beliebte Gartenpflanze in verschiedenen Sorten (Blüten meist weiß, rosa bis dunkelrot, auch gestreift oder gescheckt).

Bartonellen (Bartonellaceae) [nach dem peruan. Arzt A. L. Barton, der sie 1909 beschrieb], Bakterienfam. der ↑Rickettsien mit 4 Gatt. und zahlr. Arten, die v. a. in roten Blutkörperchen von Wirbeltieren (einschließl. Mensch) parasitieren.

Bartvögel (Capitonidae), Fam. der Spechtartigen mit rund 75, etwa 10 bis über 20 cm großen Arten in den Tropen S- und M-Amerikas, Afrikas und Asiens; häufig sehr bunt, mit kurzem Schwanz und kräftigem, dickem Schnabel, an dessen Grund haarförmige Federborsten stehen. Bekanntere Arten: Blauwangenbartvogel, Rotkopfbartvogel, Tukanbartvogel.

Bärwinde (Calystegia), Gatt. der Windengewächse mit etwa 25 Arten in Europa, Asien und Äthiopien; 4 m hoch windende Stauden mit meist großen, trichterförmigen Blüten. Als Zierpflanzen für Zäune und Wände werden v. a. Calystegia dahurica mit hellrosaroten, dunkel gestreiften Blüten und Calystegia japonica in einer Zuchtform mit gefüllten, leuchtendrosa gefärbten Blüten kultiviert; einheim. Arten sind Meeresstrandwinde und Zaunwinde.

Bärwurz (Meum), Gatt. der Doldengewächse mit der einzigen, auf Wiesen und Weiden der west- und mitteleurop. Gebirge wachsenden Art **Meum athamanticum**; bis über 30 cm hohe Stauden mit fiederschnittigen Blättern und gelblichweißen bis rötl. Blüten in mittelgroßen Dolden.

Bary, Anton Heinrich de [frz. dəba'ri], * Frankfurt am Main 26. Jan. 1831, † Straßburg 19. Jan. 1888, dt. Botaniker. - Prof. in Straßburg; entdeckte u. a. die Sexualität der Pilze und die Flechtensymbiose.

Basalganglien, svw. ↑Streifenhügel.

Basalkorn (Basalkörper, Kinetosom), zylindr. Körper an der Basis von Geißeln und Zilien; gebildet aus Fortsätzen von deren ↑Mikrotubuli, die diese im Zellkörper verankern.

Basalmembran, svw. ↑Grenzmembran.

Basenji [engl. bə'sɛndʒɪ; Bantu], kurzhaarige, terrierähnl. Hunderasse; Rute aufsteigend und zur Seite umgerollt, Ohren hochstehend, Pfoten, Brust und Schwanzspitze weiß, übriger Körper kastanienbraun oder schwarz; Heimat Z-Afrika.

Basenpaarung ↑DNS-Replikation.

Basensequenz (Basenfolge) ↑DNS.

Basidie [griech.], Sporenbehälter der Ständerpilze; enthält meist vier Basidiosporen.

Basidiomyzeten [griech.], svw. ↑Ständerpilze.

Basidiosporen [griech.], aus einer Basidie sich entwickelnde Exosporen.

Basilienkraut [griech./dt.] (Ocimum), Gatt. der Lippenblütler mit etwa 60 Arten, v. a. in den Tropen; Kräuter und Halbsträucher, darunter die als Gewürz-, Heil- und Zierpflanze schon seit langer Zeit in M-Europa angebaute, auch verwilderte **Basilie** (Basilienkraut, Basilikum, Ocimum basilicum): 20-40 cm hohes, einjähriges, buschig verzweigtes, würzig duftendes Kraut mit gegenständigen, gestielten, spitz-ovalen Blättern und weißen (lila) Blüten in einer Traube.

Basilikum [griech.] ↑Basilienkraut.

Basilisken (Basiliscus) [griech.], Gatt. der Leguane im trop. Amerika; bis etwa 80 cm lange Echsen mit Hautkämmen über Schwanz und Rücken und mit Hautlappen am Kopf; ein beliebtes Terrarientier ist der ↑Helmbasilisk.

basipetal [griech./lat.], abwärts gerichtet; in der Botanik für eine Verzweigungsbzw. Entwicklungsfolge, bei der die tieferstehenden Auszweigungen bzw. Organe die jüngeren sind. - Ggs. ↑akropetal.

basophil [griech.], mit bas. Farbstoffen leicht färbbar; Eigenschaft bestimmter Gewebe, Zellen oder Zellteile.

Bassets [frz. ba'sɛ], aus ↑Bracken gezüchtete frz. Jagdhunde; Körper kräftig und langgestreckt, Kopf sehr ausgeprägt, Hängeohren, Rute lang; werden zur Niederjagd eingesetzt.

Baßtölpel [nach der Felseninsel Bass Rock im Firth of Forth (Schottland)] (Morus bassanus), etwa gänsegroßer, weißer Tölpel v. a. an den Küstenregionen Großbrit., Islands, S-Norwegens und Neufundlands; Flügel lang und schmal, an den Spitzen schwarz (Spannweite etwa 1,8 m), Schwanz spitz auslaufend. Während der Brutzeit (März bis Juni) sind Kopf und Halsoberseite gelb getönt; brütet in Kolonien. - Abb. S. 86.

Bast, svw. sekundäre ↑Rinde.

Bastard [frz.] (Hybride), das aus einer ↑Bastardierung (z. B. zw. verschiedenen Arten, ↑Artbastard) hervorgegangene Tochterindividuum; beim Menschen der Nachkomme aus einer Rassenkreuzung.

♦ ↑Pfropfbastard.

Bastardierung [frz.], Kreuzung zw. erbmäßig unterschiedl. Partnern, v. a. zw. verschiedenen Unterarten bzw. Rassen oder zw. Arten.

Bastpalme, svw. ↑Raphiapalme.

Bastteil, svw. ↑Phloem.

Batate [indian.-span.] (Süßkartoffel, Ipomoea batatas), Windengewächsart; Stengel meist niederliegend; mit 3-4 trichterförmigen, weißen oder roten Blüten in einem Blütenstand; an der Blattansatzstelle der verschiedengestaltigen, tiefeingeschnittenen Blätter mehrere sproßbürtige Wurzeln, die sich zu spindelförmigen, rettichartigen, gelbl. bis rötl., 1-2 kg schweren, süßschmeckenden Wurzelknollen entwickeln; Anbau in allen Tropenländern (dort Kartoffelersatz).

Bates, Henry Walter [engl. bɛɪts], * Leicester 18. Febr. 1825, † London 16. Febr. 1892, brit. Naturforscher. - Bereiste 1848-59 das brasilian. Amazonasgebiet und sammelte dort 14 712 Insektenarten, von denen 8 000 der Wissenschaft unbekannt waren.

Bathyal [griech.], Bodenregion der Meere, erstreckt sich von etwa 200-3 000 m Tiefe über den Kontinentalabhang; lichtlos, ohne autotrophen Pflanzenwuchs.

Batrachospermum [griech.], svw. ↑Froschlaichalge.

Bauch (Abdomen, Unterleib), weicher, nicht von den Rippen geschützter, ventraler Abschnitt der hinteren bzw. unteren Rumpfregion bei Wirbeltieren und beim Menschen. Der B. wird beim Menschen oben durch das Zwerchfell, unten durch den Beckenboden, vorn und seitl. durch die B.decken abgeschlossen und enthält in seinem Innern, der B.höhle, die Verdauungs-, Harn- und inneren Geschlechtsorgane, ferner Leber, Milz und B.speicheldrüse. Die B.organe und die innere B.wand sind von einer dünnen, serösen Haut, dem ↑Bauchfell, bedeckt. - Die B.muskeln, wesentl. Bestandteil der B.decken, beugen den Rumpf und dienen bei verstärkter Atemtätigkeit (auch beim Niesen und Husten) der aktiven bzw. plötzl. Ausatmung. Äußerl. teilt man die B.gegend des Menschen in drei Abschnitte ein: **Oberbauch, Mittelbauch** und **Unterbauch.**

Bauchatmung, ungenaue Bez. für die Zwerchfellatmung (↑Atmung).

Bauchfell (Peritonaeum, Peritonäum, Peritoneum), seröse Membran, die mit einem äußeren Blatt die Innenwand der Bauchhöhle und, in direkter Fortsetzung, mit einem inneren Blatt die verschiedenen Baucheingeweide einkleidet. Zw. den beiden B.blättern befindet sich die spaltförmige, mit einer geringen Menge seröser Flüssigkeit gefüllte **Bauchfellhöhle** *(Peritonäalhöhle)*. Die im Bauchraum befindl. Anteile des Verdauungskanals sind zum größten Teil vollständig mit B. ausgekleidet. Jene Falten des B., die von der hinteren Bauchwand in doppelter Lage zu den vom B. bedeckten Eingeweiden ziehen, nennt man **Gekröse** *(Mesenterium)*. Andere (straffere) B.falten haben die Eigenschaften von Aufhängebändern oder Ligamenten, z. B. zw. Milz und Magen oder Leber und Zwölffingerdarm. Das Gekröse hat nicht nur Haltefunktionen; es dient außerdem den Nerven, Blut- und Lymphgefäßen, die zw. beiden B.blättern zu den betreffenden Organen ziehen, als Durchtrittspforte oder Leitschiene.

Bauchflossen ↑ Flossen.
Bauchganglien ↑ Bauchmark.
Bauchmark (Bauchganglienkette, Strickleiternervensystem), Zentralnervensystem der Ringelwürmer und Gliederfüßer, das im Grundschema aus segmental angeordneten, paarigen Nervenknoten (Ganglien) besteht, die durch Brücken miteinander verbunden sind und dadurch das Bild einer Strickleiter ergeben. Die Ganglien des B. liegen frei in der Leibeshöhle.

Bauchnabel ↑ Nabelschnur.
Bauchpilze (Gastromycetidae), vielgestaltige Unterklasse der ↑ Ständerpilze; umfaßt zahlr. Arten mit knollenförmigem Fruchtkörper (wie Kartoffelbofist, Eierbofist) oder solche mit sternförmig aufreißender Hülle (z. B. beim Erdstern, Wetterstern). Manche Arten zeigen sehr auffällige Formen („Pilzblumen"), bei denen aus der eiförmigen Fruchtkörperanlage („Hexenei") absonderl., z. T. intensiv gefärbte Pilzformen hervorgehen, z. B. Gitterpilz, Laternenpilz, Tintenfischpilz, Stinkmorchel und Schleierdame. Im reifen Zustand zerfällt die innere Hüllschicht des Fruchtkörpers zu einer pulverigen Masse (z. B. bei der Stinkmorchel).

Bauchspeicheldrüse (Pankreas), Hauptverdauungsdrüse bei fast allen Wirbeltieren und beim Menschen, als Hormondrüse Ursprungsort von Insulin und Glucagon. - Die B. ist beim erwachsenen Menschen ein im Durchschnitt 15 cm langes und 70–110 g schweres Organ aus locker zusammengefügten Läppchen. Sie liegt hinter dem Magen quer vor der Wirbelsäule und mündet mit ihrem Ausführungsgang in den Zwölffingerdarm. Die B. produziert zahlr. Verdauungsenzyme und gibt diese mit dem Pankreassekret (beim Menschen normalerweise tägl. etwa 1 l, bei Hunger nur $^1/_5$ l) in den Darmtrakt ab, wo durch den hohen Bicarbonatgehalt des Pankreassaftes die Magensäure neutralisiert wird. Die im Bauchspeichel enthaltenen Enzyme spalten Stärke (Amylasen) in Dextrin und Malzzucker und die vom Gallensaft zu Tröpfchen zerteilten Fette in Glyzerin und Fettsäuren (Lipasen). Außerdem sondert die B. inaktive Vorstufen eiweißspaltender Enzyme ab (Trypsinogene und Chymotrypsinogene). In das Drüsengewebe der B. sind sehr gut durchblutete Zellgruppen, die Langerhans-Inseln, eingelagert. In ihnen werden Insulin und Glucagon produziert. Diese dann in das Blut abgegebenen Hormone beeinflussen den Kohlenhydratstoffwechsel.

Bauernkarpfen, svw. ↑ Karausche.
Bauernrose, svw. Echte ↑ Pfingstrose.
Bauhin, Gaspard [ˈbaohiːn, frz. boˈɛ̃], * Basel 17. Jan. 1560, † ebd. 5. Dez. 1624, schweizer. Anatom und Botaniker. - Prof. in Basel. Als Anatom beschrieb er die nach ihm ben. B.-Klappe und vereinheitlichte die Benennung der Muskeln (nach Ursprung und Ansatz). Bes. verdient machte er sich um die Botanik, indem er eine natürl. Ordnung des gesamten Pflanzenreichs fast ausschließl. auf Grund botan. Merkmale erstellte und die binäre Nomenklatur einführte. Seine Zusammenstellung von Pflanzensynonymen ermöglichte die erste umfassendere Identifizierung der damals bekannten Pflanzen.

Bauhinia [nach G. Bauhin und seinem Bruder Jean, schweizer. Arzt und Botaniker, * 1541, † 1613], Gatt. der Caesalpiniengewächse mit 250 trop. Arten; häufig Lianen mit zerklüfteten, geflügelten oder abgeflachten, bandartigen Stämmen; Blätter oft zweilappig; Blüten weiß oder rot, in Trauben; von einigen Arten werden die Rindenfasern zur Herstellung von Geweben und Seilen verwendet, das Holz ist wertvoll, die Samen von B. esculenta sind eßbar.

Bauhin-Klappe [nach G. Bauhin] (Ileozäkalklappe), Schleimhautfalte am Übergang vom Dünndarm in den Dickdarm; verhindert ein Zurückgleiten des Darminhaltes.

Baum, Holzgewächs mit ausgeprägtem Stamm und bevorzugtem Längenwachstum an den Spitzen des Sproßsystems (↑ Akrotonie). Nach der Wuchsform unterscheidet man *Kronen-* oder *Wipfelbäume* mit mehr oder weniger hohem, unterwärts meist astlos werdendem Stamm, der oberwärts die aus mehrfach verzweigten Ästen gebildete, belaubte Krone trägt. Stamm und Äste zeigen während der gesamten Lebensdauer sekundäres / Dickenwachstum aus einem Kambiumring zw. Holz und Rinde. *Schopf-* oder *Rosettenbäume* haben einen meist unverzweigten Stamm, der an der Spitze einen dichtgedrängten Schopf von Blättern trägt. Sekundäres Dickenwachstum fehlt meist. Die endgültige Stammdicke wird bereits durch Vergrößerung des Umfanges des Vegetationskegels an der Sproßspitze

Baumchirurg

erzielt. Nach der Dauer der Beblätterung unterscheidet man *laubwerfende Bäume* (Arten, die sämtl. Blätter bzw. Nadeln zu Beginn der Vegetationsperiode neu bilden und sie an deren Ende abwerfen) und *immergrüne Bäume* (Arten, deren jährl. neu gebildete Blätter - häufig Lederblätter oder Nadeln - mehrere Vegetationsperioden überdauern, so daß es bei Abfall nie zu völliger Kahlstellung des B. kommt). Der B. erweist sich als die überlegenste pflanzl. Lebensform und bildet daher in vielen Gebieten der Erde unter natürl. Bedingungen die beherrschende Vegetationsform. Im Verlauf der Erdgeschichte traten Bäume erstmals in den „Steinkohlenwäldern" des Karbons auf. Als höchstes Lebensalter aus der gegenwärtigen Pflanzenwelt sind für Grannenkiefern (Pinus aristata) in der Sierra Nevada Kaliforniens etwa 4 600 Jahre nachgewiesen. - Hinsichtl. der wirtsch. Bed. der Bäume überwiegt die Holzerzeugung. Daneben erfolgt die Nutzung von Früchten und Samen sowie die Gewinnung von Harzen, Kautschuk, Gerb-, Farb- und Bitterstoffen. In der gärtner. Praxis werden als Kulturformen von Obstbäumen Hoch- und Halbstamm, Buschbaum und Spalierformen gezogen.

Religion, Brauchtum: B.kult, die Verehrung göttl. Mächte in Gestalt von Bäumen (B.gottheiten) wurde bei allen indogerman. Völkern geübt. Die ägypt. Göttinnen Hathor und Neith wurden in einem B. stehend dargestellt. Die griech. Dryaden waren weibl. B.gottheiten. Bäume wurden mit dem Fruchtbarkeitskult in Verbindung gebracht (Maibaum). Sie wurden auch als Orakel benutzt: Aus dem Rauschen der Zeuseiche in Dodona ertönte den griech. Priestern die göttl. Stimme. Unter dem Bodhibaum kam die Erleuchtung (bodhi) über Buddha. Der *Lebensbaum* spielt in mehreren Religionen eine Rolle. In der christl. Symbolik steht der B. des Paradieses in Beziehung zum „B. des Kreuzes" als dem Sinnbild der Erlösung. Als Symbol kosm. Geschehens galt der Weltenbaum (Yggdrasil, Aschwattha-B.).

📖 *Amann, G.: Bäume u. Sträucher des Waldes. Melsungen u. a.* [12]*1976. - Johnson, H.: Das große Buch der Bäume. Dt. Übers. Bern u. Stg. 1974.*

Baumchirurg, Spezialist für die Erhaltung von Bäumen; beseitigt u.a. durch Eingriffe am Baum Schadstellen und sichert die Standfestigkeit der Bäume durch Verankerung, überprüft den allg. Gesundheitszustand der Bäume.

Baumfarne, zusammenfassende Bez. für trop. und subtrop. baumförmige Farne; bis 20 m hoch, mit riesigen, gefiederten Blättern am Ende des holzigen, meist unverzweigten Stamms.

Baumfreund, svw. ↑Philodendron.

Baumgrenze, klimabedingte äußerste Grenzzone, bis zu der normaler Baumwuchs noch mögl. ist.

Baumheide (Erica arborea), v. a. im Mittelmeergebiet vorkommendes, 1–6 m hohes Heidekrautgewächs (Gatt. Glockenheide) mit weißen, wohlriechenden, in Trauben stehenden Blüten; liefert das Bruyèreholz.

Baumhörnchen (Sciurini), Gattungsgruppe von auf Bäumen lebenden Hörnchen; u. a. ↑Eichhörnchen, Grauhörnchen.

Baumkänguruhs (Dendrolagus), Gatt. der Känguruhs mit etwa 9 waldbewohnenden Arten auf Neuguinea und im äußersten NO Australiens; Körperlänge rd. 50–80 cm, Schwanz etwa 40–95 cm lang, nicht als Stützorgan dienend, dicht behaart; Vorder- und Hinterbeine etwa gleich lang, mit starken Krallen; überwiegend Blattfresser.

Baumläufer (Certhiidae), Fam. der Singvögel mit der einzigen Gatt. **Certhia,** mit fünf, etwa 12–14 cm langen Arten in Europa, Asien, im westl. N-Afrika, N- und M-Amerika; Oberseite bräunl. mit hellerer Zeichnung, Unterseite weiß bis bräunlichweiß, ♂ und ♀ gleich gefärbt; Schwanzfedern verstärkt, beim Klettern als Stütze dienend; einheim. Arten sind ↑Gartenbaumläufer und ↑Waldbaumläufer.

Baßtölpel

Baumwollpflanze. Blühender Zweig (a), unreife (b) und reife, geöffnete Kapsel (c)

Baumwachteln

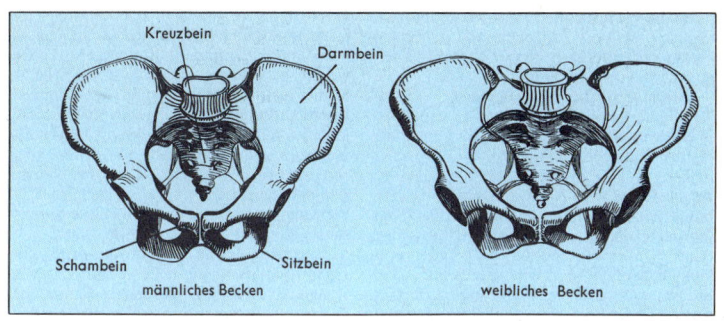

Becken. Männliches (links) und weibliches knöchernes Becken des Menschen

Baumpieper (Anthus trivialis), etwa 15 cm lange Stelze v. a. an Waldrändern, in Lichtungen und parkartigen Landschaften Europas, Kleinasiens und eines Großteils von Asien; Oberseite braun, schwärzl. gestreift, mit gelbl. Augenstreif; Unterseite rahmfarben mit kräftiger Längsstreifung.

Baumschläfer (Dryomys nitedula), etwa 8–12 cm körperlange Art der Bilche im östl. Europa und in Asien; Oberseite bräunlichgrau, Unterseite weiß, Augen mit schwarzen Streifen; Schwanz knapp körperlang; nachtaktiv; hält Winterschlaf.

Befruchtung beim Menschen (schematisch). Eindringen des Spermiums durch die Eihülle in das Ei, Aufwölbung des Empfängnishügels, Verschmelzung des männlichen und weiblichen Vorkerns zum Furchungskern

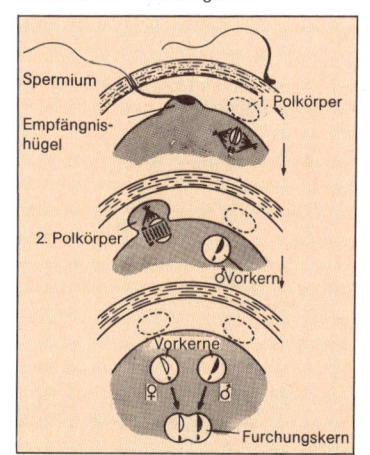

Baumschliefer, svw. ↑ Waldschliefer.
Baumstachler (Baumstachelschweine, Erethizontidae), heute meist zu den ↑ Meerschweinchenartigen gestellte Fam. der Nagetiere mit etwa 10 rd. 30–80 cm körperlangen Arten in N-, M- und S-Amerika; Kopf plump, Schnauze meist abgestumpft, Augen zieml. klein; Extremitäten zieml. kurz und kräftig. Die Haare sind teilweise zu kurzen, spitzen Stacheln umgebildet. Die B. sind hauptsächl. nachtaktive Baumbewohner.

Baumstendel (Dendrobium), Orchideengatt. mit etwa 1 500 Arten im trop. Asien, in Polynesien und Australien; vielgestaltige epiphyt. Orchideen; Blüten meist in Trauben. Einige Arten werden wegen ihrer schönen Blüten kultiviert.

Baumsteppe, von einzelnen Baumgruppen belebte, hohe Grasflur; Grundtyp der Savanne, der Vegetationsform der wechselfeuchten Tropen.

Baumwachteln (Colinus), Gatt. kleiner ↑ Zahnwachteln mit 4 Arten im nördl. S-Amerika, in M-Amerika und im SO der USA; bekanntester Vertreter ist die ↑ Virginiawachtel.

Befruchtung beim Menschen. Weg der Eizelle vom Eierstock über den Eileiter (Befruchtung und Furchung) bis zur Gebärmutter und Einbettung des Keims in die Gebärmutterschleimhaut

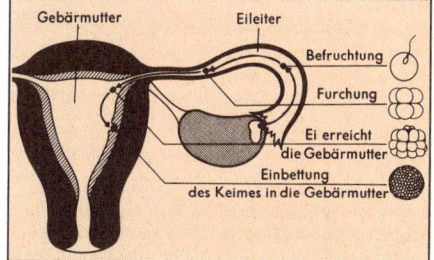

87

Baumweichsel

Baumweichsel, svw. Glaskirsche (↑ Sauerkirsche).
Baumwollbaum, svw. ↑ Kapokbaum.
◆ svw. ↑ Seidenwollbaum.
Baumwollbaumgewächse, svw. ↑ Wollbaumgewächse.
Baumwolle, die Samenhaare von [kultivierten] Arten der ↑ Baumwollpflanze; bedeutendster Textilrohstoff (50–60 % Anteil). Bei der Reife (etwa 25–30 Tage nach der Bestäubung) platzen die nahezu walnußgroßen Kapselfrüchte auf, die weiße oder gelbl. bis bräunl. Samenwolle quillt heraus und bildet etwa faustgroße Bäusche. Neben den bis 5 cm langen, verspinnbaren Fasern (Langfasern, Lint) tragen die fünf bis zehn dunkelbraunen, kaffeebohnengroßen Samen oft noch eine wenige mm lange, kurzfaserige, dicht anliegende Grundwolle (Filz, Virgofasern, Linters), die zu Zellstoff, Watte und Papier verarbeitet wird. Geerntet wird meist noch durch Handpflücken der Kapseln oder der B. direkt, doch werden auch Baumwollpflückmaschinen eingesetzt. Die Samen (Weiterverarbeitung zu Öl) werden durch Entkörnungsmaschinen von der Wolle getrennt, diese wird mit dem Lintergin (sehr eng stehende Sägeblätter) in den Lint (kommt zu Ballen gepreßt in den Handel) und die Lintersfasern aufgeteilt. Die Rohwolle kann gebleicht und gefärbt werden; der meist matte Ton kann durch Merzerisieren dauerhaften seidigen Glanz erhalten. Zusammensetzung: 84–91 % Zellulose, Rest Wasser, Hemizellulosen, Pektine, Eiweiß, Wachs.

Baumwollerzeugung 1985: 50,333 Mill.t; Haupterzeugungsländer (Erntemenge 1985 in Mill.t): China (12,45), Sowjetunion (8,75), USA (7,82), Indien (4,25), Pakistan (3,45), Brasilien (2,84), Türkei (1,35), Ägypten (1,20), Australien (0,66), Griechenland (0,57).
Geschichte: Die älteste Baumwollkultur wurde in Indien für das 3. Jt. v. Chr. nachgewiesen. Von Indien aus gelangte die B. nach China (seit dem 11.–13. Jh. nachgewiesen). Gleichzeitig wurde B. auch von den Inkas in M-Amerika angebaut. Im 8.–10. Jh. führten die Araber die Kultur der B. von Persien aus in N-Afrika, Sizilien und S-Spanien ein. Die dt. Bez. B. wird in das 12. Jh. datiert, als die B. den Kreuzfahrern bekannt wurde. Vom 14.–17. Jh. war Venedig führend im Handel mit levantin. B.; danach versorgten die Niederlande Europa mit ostind. B. - Im 18. Jh. entstanden große Kattunfabriken in Großbrit. und in der Schweiz. Mit der Erfindung der Spinnmaschine und des mechan. Webstuhls nahm die Baumwollproduktion großen Aufschwung. Im 19. Jh. drängte die B. Flachs und Schafwolle zurück. In neuester Zeit wurde sie z. T. durch Chemiefasern ersetzt.

Baumwollpflanze (Gossypium), Gatt. der Malvengewächse mit mehreren Arten in den Tropen und Subtropen; bis 6 m hohe, meist strauchige, mitunter auch krautige oder fast baumförmige Pflanzen mit langgestielten, handförmig gelappten Blättern, meist großen, weißen, gelben oder rosa- bis purpurfarbenen Blüten und rundl. bis längl., zugespitzten Fruchtkapseln. Die angebauten Sorten unterscheiden sich durch Ausbildung langer Samenhaare von den Wildarten. Die Samenhaare entstehen durch frühzeitiges und starkes Längenwachstum von Oberhautzellen der Samenanlage und sitzen daher auch der Samenschale an (Baumwollsaat). - Abb. S. 86.

Baumwollsaat (Baumwollsamen), die früher nur als Saatgut, heute zur Ölgewinnung auch wirtsch. genutzten Samen der Baumwollpflanze; etwa erbsengroß, enthalten 20–30 % fettes Öl, etwa 30 % Eiweiß. B. ist nach der Sojabohne und neben der Erdnuß heute einer der wichtigsten Lieferanten natürl. Öle.

Baumwürger, Bez. für verschiedene Pflanzen aus der Gatt. Feige. Die B. keimen auf Bäumen, entwickeln sich zunächst zu einem stattl. Epiphyten und senden dann viele Wurzeln zum Erdboden, die sich an Stämmen verdicken. Der Epiphyt wird zu einem auf vielen Stämmen ruhenden Baum, der die Unterlage erstickt (Mörder- oder Würgfeige).

Baur, Erwin, * Ichenheim (heute zu Neuwied, Ortenaukreis) 16. April 1875, † Müncheberg 2. Dez. 1933, dt. Botaniker. - Prof. in Berlin; seit 1927 Direktor des Kaiser Wilhelm-Institutes für Züchtungsforschung in Müncheberg. Durch seine Bastardforschungen förderte B. die Pflanzengenetik.

Bazillen [zu spätlat. bacillus „Stäbchen"], umgangssprachl. Bez. für ↑ Bakterien.
◆ (Bacillus) Bakteriengatt.; Endosporen bildende, grampositive, aerobe, meist bewegl. Stäbchen, hauptsächl. Bodenbewohner; Vertreter sind u. a. ↑ Milzbrandbazillus und ↑ Heubazillus. Einige Arten liefern Antibiotika.

Beadle, George Wells [engl. bi:dl], * Wahoo (Nebr.) 22. Okt. 1903, amerikan. Biologe. - Ab 1937 Prof. in Palo Alto (Calif.), 1949–61 in Pasadena. In Zusammenarbeit mit E. L. Tatum entdeckte B., daß die Gene bestimmte chem. Prozesse beim Aufbau der Zelle steuern. Dafür erhielten beide Forscher (mit J. Lederberg) 1958 den Nobelpreis für Physiologie oder Medizin.

Beagle [engl. bi:gl], in Großbrit. gezüchtete Rasse bis 40 cm schulterhoher Niederlaufhunde; relativ kurzbeiniger, meist weiß, schwarz und braun geschreckter Jagdhund mit Schlappohren und mittellanger Rute.

Becherfarn (Cyathea), Gatt. der Baumfarne mit etwa 300 Arten, typ. für die feuchten Bergwälder der Tropen und Subtropen, v. a. auf der südl. Erdhalbkugel; Stamm schlank, unverzweigt, bis 12 m hoch, Blattwedel groß, meist dreifach gefiedert. Der **Silberbaumfarn** *(Cyathea dealbata)* wird häufig in Gewächshäusern kultiviert.

Becherflechten (Cladonia), fast über die ganze Erde verbreitete Flechtengatt. mit etwa 300 Arten. Aus einem krustigen bis laubartigen Thallus wachsen hohle, oft becherförmige Fruchtstiele, auf denen die Fruchtkörper sitzen; bekannteste und wichtigste Art in den Tundren ist die ↑Rentierflechte.

Becherglocke, sww. ↑Schellenblume.

Becherkeim, swv. ↑Gastrula.

Becherpilze (Becherlinge, Pezizaceae), Fam. der Schlauchpilze mit becherförmigen, z. T. handtellergroßen Fruchtkörpern von bräunl. oder violetter Farbe (z. B. der giftige Kronenbecherpilz). Zu den B. i. w. S. können auch die Morcheln und Lorcheln gerechnet werden.

Becken, (B.gürtel, Pelvis) in der Anatomie Bez. für den der Aufhängung der hinteren Extremitäten dienenden, ausschließl. aus ↑Ersatzknochen hervorgegangenen Teil des Skeletts des Menschen und der Wirbeltiere (mit Ausnahme der Kieferlosen). Der B.gürtel des Menschen besteht aus drei paarigen, deutl. unterscheidbaren Teilen, dem ventralen **Schambein** (Os pubis) und **Sitzbein** (Ischium) sowie dem dorsalen **Darmbein** (Ilium), und bildet den unteren Abschluß des Rumpfes. Das **knöcherne Becken** besteht aus dem **Kreuzbein** (Os sacrum) und den beiden Hüftbeinen (Ossa coxae), die zus. den **Beckenring** bilden. Im **Hüftbein** sind Darmbein, Sitzbein und Schambein, die seitl. in der Gegend der Gelenkpfanne des Hüftgelenks zusammenstoßen, miteinander verschmolzen. Die beiden Hüftbeine werden vorn durch die **Scham[bein]fuge (Symphyse)** miteinander und hinten mit dem Kreuzbein durch die Kreuz-Hüftbein-Gelenke verbunden. Die Beweglichkeit dieser Gelenke ist durch feste Bänder stark eingeschränkt; nur während der Schwangerschaft findet unter hormonalem Einfluß eine gewisse Lockerung statt, die den Geburtsakt, v. a. den Durchtritt des kindl. Kopfes, erleichtert. Das knöcherne B. wird durch eine Grenzlinie (Linea terminalis) in das oberhalb dieser Linie gelegene große B. und in das unterhalb gelegene kleine B. geteilt. Das **große Becken** hilft die Baucheingeweide tragen. Im **kleinen Becken** liegen die B.eingeweide, u. a.: Mastdarm und Harnblase, beim Mann die Prostata, bei der Frau die Eierstöcke, Eileiter, Gebärmutter und Scheide. Die geschlechtsspezif. Unterschiede des B. bilden sich während der Pubertät unter dem Einfluß der Keimdrüsen aus. Das männl. B. ist höher und schmaler, das weibl. B. niedriger, breiter und innen insgesamt geräumiger. Der B.boden verschließt den B.ausgang (Öffnungen für Darm, Harn- und Geschlechtswege). - Abb. S. 87.

Bedecktsamer (Magnoliophytina, Angiospermae), mit etwa 235 000 Arten weltweit verbreitete Unterabteilung der Samenpflanzen; Holzpflanzen oder krautige Gewächse;

Befruchtung

Samenanlagen (im Ggs. zu den Nacktsamern) im Fruchtknoten eingeschlossen, der ein aus einem oder mehreren Fruchtblättern gebildetes Gehäuse darstellt und sich zur Frucht umwandelt, während die Samen reifen; Blüten meist zwittrig und mit einer Blütenhülle. Man unterscheidet zwei Klassen: ↑Einkeimblättrige und ↑Zweikeimblättrige. Die B. bilden seit der mittleren Kreide den Hauptteil der Landpflanzen.

bedingter Reflex (konditionierter Reflex, bedingte Reaktion), zeitweilig auslösbare reflexähnl. Reaktion, die nicht (wie der unbedingte Reflex) angeboren, sondern während des Lebens erworben worden ist (u. a. durch Dressur, Gewöhnung) und daher wieder erlöschen kann.

Bedlingtonterrier [engl. 'bɛdlɪŋtən; nach der engl. Stadt Bedlington], urspr. in Großbrit. gezüchtete, mittelgroße, schlanke Hunderasse mit gelocktem Fell und Hängeohren; Schulterhöhe etwa 40 cm.

Beere, Fruchtform (bei edelsamigen Pflanzen) mit fleischiger, saftiger, seltener austrocknender (Trockenbeere) Fruchtwand und einem oder mehreren Samen; z. B. Dattel, Johannisbeere, Tomate, Paprika, Kürbis, Zitrone, Banane.

Beerentang (Sargassum), Gatt. der Braunalgen mit etwa 250, oft meterlangen Arten, bes. in den wärmeren Meeren.

Beerenwanze (Dolycoris baccarum), Schildwanzenart, die von Pflanzensäften lebt; überträgt ihr Stinkdrüsensekret auf Beeren.

Beerenzapfen, bes. Ausbildungsform der weibl. Blütenstände einiger nacktsamiger Pflanzen zur Zeit der Fruchtreife; beerenartiger Zapfen, dessen paarig oder zu dreien quirlig angeordnete Deckschuppen fleischig geworden sind und die Samen umhüllen; z. B. bei Wacholderarten.

Befruchtung, Verschmelzung zweier sexuell unterschiedl. Geschlechtszellen (**Gametogamie**) oder Zellkerne (**Karyogamie**). Das Produkt dieser Verschmelzung ist eine diploide Zelle, die **Zygote** genannt wird. Die Bedeutung der B. liegt in einer Neuverteilung des elterl. Erbgutes in den Nachkommen. Dadurch wird eine große Variabilität erreicht, die die Anpassung der Art an die Umwelt erleichtert. Die Verschmelzung eines männl. Kerns mit einem weibl. würde in jeder Generation zur Verdoppelung der Chromosomenzahl führen. Deshalb muß vor jeder B. bei der Bildung der Gameten bzw. Geschlechtskerne der doppelte (diploide) Chromosomensatz auf einen einfachen (haploiden) reduziert werden. Dies geschieht während der Reduktionsteilung (↑Meiose). Am häufigsten erfolgt die B. durch Vereinigung spezieller Bewegl. Geschlechtszellen (Gameten). Unterscheiden sich männl. und weibl. Geschlechtszellen in ihrer äußeren Form nicht, so spricht man von **Isogamie**. Ist ein Gamet wesentl.

Befruchtungsstoffe

kleiner als der andere, spricht man von **Anisogamie**. Einen Sonderfall stellt die **Oogamie** dar, die bei allen höheren Pflanzen und Tieren vorkommt. Hier sind nicht mehr beide Gameten frei beweglich, sondern die weibl. Keimzelle (Eizelle) ist bewegungsunfähig geworden, und die männl. Keimzelle (Samenzelle, Spermium) muß aktiv zu ihr vordringen. Normalerweise finden B.vorgänge nur zw. verschiedenen Individuen statt (**Fremd-B., Allomixis**). Bei einigen zwittrigen Pflanzen und Tieren (nicht bei allen) kommt es jedoch regelmäßig zur Selbstbefruchtung (**Automixis**), indem entweder Gameten desselben Individuums kopulieren oder nur die Kerne paarweise verschmelzen.

Bei den Säugetieren (einschließl. Mensch) verläuft die B. nach dem Muster der oben beschriebenen Oogamie. Sie wird durch das Eindringen des Spermiums in die Eizelle eingeleitet. Sobald das erste Spermium eingedrungen ist, beginnt die sog. Eiaktivierung. Während dieser Aktivierung wird dafür gesorgt, daß kein weiteres Spermium in die Eizelle gelangt. Außerdem hebt und verhärtet sich die Eimembran. Die Eioberfläche wölbt sich dem eingedrungenen Spermium entgegen (**Empfängnishügel**) und nimmt es auf. Der Schwanzfaden des Spermiums löst sich dabei ab. Der Spermienkopf schwillt an und wird zum männl. Vorkern, der dann auf den aktiven weibl. Vorkern stößt, sich dort kappenartig anlegt und mit ihm zu einem diploiden Furchungskern verschmilzt. - Abb. S. 87.

📖 Blüm, V.: *Vergleichende Reproduktionsbiologie der Wirbeltiere. Bln. 1985.* - Danzer, A.: *Fortpflanzung, Entwicklung ... Wsb. ⁵1982.*

Befruchtungsstoffe, svw. ↑Gamone.

Begattung, beim Menschen ↑Geschlechtsverkehr; bei Tieren ↑Kopulation.

Begattungsorgane (Kopulationsorgane, Zeugungsorgane), der Teil der Geschlechtsorgane, der zur Übertragung der männl. Keimzellen in den weibl. Organismus dient und meist eine Verlängerung des Samenleiters darstellt (↑Penis).

Beggiatoa [bɛdʒa...; nach dem italien. Botaniker F. S. Beggiato, *1806, †1883], Gatt. der Blaualgen; farblose, fädige Organismen, die kreisende Bewegungen ausführen. Die sechs bekannten Arten leben chemoautotroph in schwefelhaltigen, auch (organ.) verunreinigten Gewässern und gewinnen die Energie zur Reduktion des Kohlendioxids durch Oxidation des Schwefelwasserstoffs zu Schwefel oder weiter zu Sulfaten.

Begleiter (Begleitpflanzen), Bez. für Pflanzen, die nicht zu den charakterist. Arten einer Pflanzengesellschaft gehören.

Begonie [nach M. Bégon, dem Generalgouverneur von San Domingo, 17. Jh.], svw. ↑Schiefblatt.

Begoniengewächse, svw. ↑Schiefblattgewächse.

Behaarte Alpenrose (Rauhblättriger Almrausch, Rhododendron hirsutum), Alpenrosenart in den Alpen und im Alpenvorland; bis 1 m hoher Strauch mit eiförmigen, ledrigen, immergrünen, langhaarig bewimperten Blättern sowie hellroten, trichterförmigen Blüten; steht unter Naturschutz.

Behaarter Ginster (Genista pilosa), sehr früh blühende einheim. Ginsterart in lichten Kiefernwäldern und Heiden; Zwergstrauch, Blätter 5–12 mm lang, Blüten gelb.

Beifische, svw. ↑Nebenfische.

Beifuß (Artemisia), Korbblütlergatt. mit etwa 250 Arten, v. a. auf der nördl. Halbkugel; Kräuter, Halbsträucher oder Sträucher mit ganzrandigen, eingeschnittenen oder gefiederten Blättern, oft aromat. duftend; Köpfchen klein, mit wenigen gelben, grünlichweißen oder rötl. Röhrenblüten in Blütenständen zusammenstehend; mehrere Gewürz- und Heilpflanzen (z. B. ↑Eberraute, ↑Estragon, ↑Echter Wermut); in M-Europa etwa 10 Wildarten (z. B. ↑Gemeiner Beifuß, ↑Echte Edelraute).

Bein, Bez. für die paarige, v. a. der Fortbewegung auf dem Boden dienende Gliedmaße der Gliederfüßer, Wirbeltiere (mit Ausnahme der Fische) und des Menschen. Stützender Teil des menschl. **Oberschenkels** ist der **Oberschenkelknochen** (Femur), der längste und stärkste Röhrenknochen des Körpers. Sein (beim stehenden Menschen) mehr oder weniger senkrecht gestellter Schaft biegt oben stumpfwinklig ab, bevor er in den Oberschenkelhals übergeht. Dieser bildet am oberen Ende einen großen halbkugeligen Gelenkkopf, mit dem der Knochen die Gelenkverbindung mit dem Becken bildet (Hüftgelenk). Das untere Ende des Oberschenkelknochens verbreitert sich etwas und endet in zwei Gelenkrollen, die zus. mit den sehr schwachen Gelenkpfannen des Schienbeins das Kniegelenk bilden.

Im Unterschied zum Oberschenkel wird der **Unterschenkel** von zwei Knochen (Schien-B., Waden-B.) gestützt. Von ihnen ist das **Schienbein** (Tibia) der stärkste und wichtigste Knochen. Sein mehr oder weniger dreikantiger Schaft läuft am unteren Ende auf der Fußinnenseite in einen starken Fortsatz aus (Schienbeinknöchel). Das dem Schien-B. spangenförmig lateral anliegende **Wadenbein** (Fibula) hat (mit Ausnahme des unteren verbreiterten Endes) keine wesentl. Bed. Letzteres bildet durch einen Fortsatz auf der Fußaußenseite den sog. Wadenbeinknöchel, der zusammen mit dem Schienbeinknöchel dem ↑Sprungbein im oberen Sprunggelenk seitl. Halt gibt.

Die Verbindung zw. Unterschenkel und Fuß erfolgt durch das obere Sprunggelenk. Seine funktionelle Bed. liegt in der Hebung und Senkung des Fußes. - Die das B. versorgenden Blutgefäße entstammen der großen Schenkelschlagader (Arteria femoralis), die durch den

Leistenkanal aus der Bauchhöhle hervortritt und sich in der Kniekehle in die vordere und hintere Schienbeinarterie teilt. - Die das B. durchziehenden Nerven kommen von der Lenden- und Sakralregion.

Beinbrech (Ährenlilie, Narthecium), Gatt. der Liliengewächse mit 8 Arten in den nördl. gemäßigten Breiten. Einheim. auf Heide- und Hochmooren in N- und W-Deutschland ist **Narthecium ossifragum:** 30 cm hoch, mit schmalen, schwertförmigen, zweizeilig angeordneten Blättern und außen grünl., innen gelben Blüten in einer Traube.

Beinwell (Symphytum), Gatt. der Rauhblattgewächse mit etwa 20 Arten in Europa, Sibirien und W-Asien; zwei Arten in Deutschland einheim.; Kräuter oder Stauden mit Wurzelstock und meist fleischigen, verdickten Wurzeln, steifhaarigen, oft am Sproß herablaufenden Blättern und zylindr., glockigen Blüten in Wickeln; bekannte Arten: ↑Gemeiner Beinwell, ↑Comfrey.

Beischlaf, svw. ↑Geschlechtsverkehr.

Beitzger, svw. ↑Schlammpeitzger.

Bekassine [frz.; zu bec „Schnabel"] (Sumpfschnepfe, Gallinago gallinago), mit Schwanz etwa 28 cm langer Schnepfenvogel, v. a. auf Sümpfen und feuchten Wiesen (weidmänn. Riedschnepfe) in großen Teilen Eurasiens sowie N- und S-Amerikas; mit sehr langem, geradem Schnabel, schwarzem bis rötlichbraunem, gelbl. längsgestreiftem Rücken.

Belemniten [zu griech. bélemnos „Geschoß" (weil man früher die versteinerten Skeletteile für „Geschosse" hielt)], Ordnung fossiler, 1–2 m langer Kopffüßer; Blütezeit Jura und Kreide; ähnelten den heutigen Tintenfischen; hinter dem gekammerten Gehäuse lag das massive Rostrum (Donnerkeil).

Belgier (Brabanter), massiges, kräftiges Kaltblut-Arbeitspferd; bäuerl. Zuchtrasse aus Belgien, bes. Brabant; in NRW als **Rheinisch-Deutsches Kaltblut** in Zucht.

Belgischer Riese, in Belgien gezüchtete Rasse bis 70 cm langer und bis 8 kg schwerer, meist wildfarbig grauer Hauskaninchen, aus denen verschiedene andere „Riesenrassen" (z. B. der Deutsche Riese) gezüchtet wurden.

Belladonna [italien.] ↑Tollkirsche.

Belladonnalilie ↑Amaryllis.

Bellis [lat.], svw. ↑Gänseblümchen.

Beltsche Körperchen [nach dem brit. Naturforscher T. Belt, * 1832, † 1878], birnenförmige Gebilde an den Enden der Blattfiedern von Akazien und Mimosen; Ameisennahrung.

Beluga [russ.], ältere Bez. für den Weißwal.

◆ russ. Name für den Europ. Hausen (↑Hausen).

Bembix (Bembex) [griech.], v. a. in den Tropen und Subtropen verbreitete Gatt. der Grabwespen mit 6 etwa 15–20 mm großen Arten in M-Europa, davon 2 in Deutschland; plump, mit wespenähnl., gelber Bindenzeichnung; Nester in Sandböden; bekannte Art: Europ. Kreiselwespe (↑Kreiselwespen).

Benacerraf, Baruj [engl. bɛnəˈsɛrəf], * Caracas 29. Okt. 1920, amerikan. Mediziner venezolan. Herkunft. - 1958–68 Prof. in New York, seit 1970 an der Harvard University in Cambridge (Mass.); erhielt 1980 zus. mit G. Snell und J. Dausset den Nobelpreis für Physiologie oder Medizin für grundlegende Arbeiten auf dem Gebiet der Immungenetik.

Benediktenkraut [lat./dt.] (Bitterdistel, Cnicus benedictus), distelartiger Korbblütler im Mittelmeergebiet und Orient, bei uns z. T. verwildert; bis 50 cm hohe, krautige Pflanze mit buchtigen bis fiederspaltigen, gezähnten, stachelig berandeten Blättern und einzelnen dicken, zunächst gelben, später orangeroten Blütenköpfchen. Das B. enthält Bitter- und Gerbstoffe.

Bengalische Bracke, svw. ↑Dalmatiner.

Bengalischer Tiger, svw. ↑Königstiger.

Bennettitales (Bennettiteen) [nach dem brit. Botaniker J. J. Bennett, * 1801, † 1876], ausgestorbene Ordnung der Nacktsamer in der oberen Trias und der Kreidezeit; älteste bekannte Pflanzen mit Zwitterblüten.

Benthal [griech.], Bodenregion der Seen und Meere.

Bergahorn. Frucht, Blütenstand und Blatt

Behaarte Alpenrose

Benthos

Benthos [griech. „Tiefe"], Gesamtheit der auf, in oder dicht über dem Bodengrund von Salz- oder Süßgewässern lebenden Organismen.

Benzoebaum [...tso-e; arab./dt.] (Styrax benzoin), wirtschaftl. wichtige Art der Gatt. Styraxbaum, in Hinterindien und im Malaiischen Archipel; Baum mit ellipt., immergrünen, ledrigen Blättern; liefert ein braunes festes Benzoeharz.

Berber, in N-Afrika gezüchtete Pferderasse; anspruchslose ausdauernde Reitpferde (häufig Schimmel); Widerristhöhe nicht über 150 cm, Rücken kurz; kleine, sehr harte Hufe.

Berberis [mittellat.], svw. ↑Sauerdorn.

Berberitze [mittellat.], (Heckenberberitze, Gemeiner Sauerdorn, Berberis vulgaris) bis 3 m hoher Strauch der Gatt. Sauerdorn in Europa und M-Asien; Blätter der Langtriebe zu Dornen umgewandelt, Blätter der Kurztriebe eiförmig, dornig; Blüten gelb, in Trauben an Kurztrieben; scharlachrote, säuerl., eßbare Beerenfrüchte; einer der Zwischenwirte für den Getreiderost, daher in Getreideanbaugebieten weitgehend ausgerottet und nur selten als Zierstrauch gepflanzt.
◆ svw. ↑Sauerdorn.

Berg, Bengt [schwed. bærj], * Kalmar 9. Jan. 1885, † Bokenäs am Kalmarsund 31. Juli 1967, schwed. Ornithologe und Schriftsteller. - Bekannt durch seine Tierbücher, die er anschaul. interessant, unter Einbeziehung der Landschaft gestaltete.
Werke: Mein Freund der Regenpfeifer (1917), Die letzten Adler (1923), Die Liebesgeschichte einer Wildgans (1930), Tiger und Mensch (1934).

B., Paul [engl. bəːg], * New York 30. Juni 1926, amerik. Biochemiker. - Prof. an der Stanford University; entwickelte die Technologie der Genchirurgie, die es ermöglicht, ein Stück DNS in ein anderes DNS-Molekül einzusetzen und in Zellen zu vermehren; erhielt 1980 (zus. mit W. Gilbert und F. Sanger) den Nobelpreis für Chemie.

Bergahorn (Acer pseudoplatanus), Ahorngewächs der Mittelgebirge und Alpen M-Europas; bis etwa 25 m hoher Baum mit fünflappigen, ungleich grob gezähnten Blättern, gelbgrünen Blüten in hängenden Rispen und geflügelten Früchten; oft als Allee- und Parkbaum angepflanzt. - Abb. S. 91.

Bergamotte [zu türk. bege armudy „Herrenbirne"], Birnensorte; hauptsächl. in Liebhabergärten.
◆ Rautengewächs mit süßl. riechenden Blüten und meist runden, glatten, blaßgelben birnenähnl. Zitrusfrüchten, deren Schalen das Bergamottöl liefern.

Bergarnika, svw. Bergwohlverleih (↑Arnika).

Bergbaldrian (Valeriana montana), in den Kalkalpen, Karpaten, Pyrenäen und Gebirgen der Balkanhalbinsel vorkommende, 20–60 cm hohe Art der Gatt. Baldrian; Staude; Blütenstengel mit 6–16 gegenständigen, eiförmigen bis lanzettförmigen, leicht gezähnten, an der Basis behaarten Blättern; Grundblätter langgestielt; Blüten hellila bis weiß, in Trugdolden.

Berger, Hans, * Neuses a. d. Eichen (heute zu Großheirath, Landkr. Coburg) 21. Mai 1873, † Jena 1. Juni 1941, dt. Neurologe und Psychiater. - Seit 1919 Prof. in Jena; entdeckte das Hirnstrombild (Elektroenzephalogramm).

Bergflockenblume (Centaurea montana), Korbblütler der Gatt. Flockenblume; in den dt. und frz. Mittelgebirgen, Alpen, Karpaten und Pyrenäen; 30–50 cm hohe Staude mit längl. eiförmigen Blättern und einzelnen großen Blütenköpfchen; randständige Blüten kornblumenblau, Scheibenblüten rotviolett.

Bergföhre, svw. ↑Bergkiefer.

Berghähnlein, svw. ↑Narzissenblütige Anemone.

Berghänfling (Acanthis flavirostris), 13 cm langer Finkenvogel, v. a. in den Gebirgen Großbritanniens, W-Skandinaviens, Klein- und Z-Asiens; oberseits dunkelbraun mit schwarzer Längsstreifung und (beim ♂) rötl. Bürzel, unterseits weiß. mit gelblichbrauner Kehle; Zugvogel, Wintergast an der dt. Nord- und Ostseeküste.

Bergkiefer (Bergföhre, Pinus mugo), meist strauchig wachsende Kiefernart (Gebirgskiefer), von den Pyrenäen bis zum Balkan sowie in den dt. Mittelgebirgen vorkommend; mit schwärzl. Rinde, dicht stehenden Nadelpaaren und meist regelmäßige Quirle bildenden Zweigen; Zapfen festsitzend, im reifen Zustand glänzend.

Berglaubsänger (Phylloscopus bonelli), etwa 10 cm langer Singvogel (Gatt. Laubsänger) in lichten Wäldern NW-Afrikas, S- und M-Europas; mit hellgraubrauner Oberseite und weiß. Unterseite, weiß. Augenstreif und einem gelben Fleck auf dem Bürzel.

Berglöwe, svw. ↑Puma.

Bergmann, Carl, * Göttingen 18. Mai 1814, † Genf 30. April 1865, dt. Anatom und Physiologe. - Ab 1843 Prof. in Göttingen, seit 1852 in Rostock; arbeitete hauptsächl. auf dem Gebiet der vergleichenden Anatomie und Physiologie.

Bergmannsche Regel, von C. Bergmann 1847 aufgestellte biolog. Regel, nach der bei Vögeln und Säugetieren nahe verwandte Arten sowie die Populationen derselben Art von den warmen Zonen zu den Polen hin an Größe zunehmen. Große Tiere erleiden danach geringeren Wärmeverlust, da sie ein im Verhältnis zum Volumen des Körpers kleinere Oberfläche besitzen.

Bergmolch (Alpenmolch, Triturus alpestris), etwa 10 cm langer Molch in und an stehenden und fließenden Gewässern, v. a. des Hügellandes und der Gebirge M- und S-Euro-

Besamung

pas; ♂ oberseits grau bis bläul., mit dunkler Marmorierung; ♀ oberseits dunkel marmoriert auf bräunl. Grund, Unterseite wie beim ♂; geht zur Fortpflanzungszeit ins Wasser, dort erfolgt auch die Larvenentwicklung.

Bergström, Sune K., * Stockholm 10. Jan. 1916, schwed. Biochemiker. - Seit 1977 Vors. des Beratenden Komitees für medizin. Forschung bei der Weltgesundheitsorganisation (WHO) in Genf. Erhielt für die Erforschung der Wirkungsweise der ↑ Prostaglandine zus. mit B. J. Samuelsson und J. R. Vane 1982 den Nobelpreis für Physiologie oder Medizin.

Bergwohlverleih ↑ Arnika.

Bergzweiblatt, svw. Kleines ↑ Zweiblatt.

Berlepsch ↑ Apfelsorten (Übersicht S. 48).

Bernard [frz. bɛr'naːr], Claude, * Saint-Julien (Rhône) 12. Juli 1813, † Paris 10. Febr. 1878, frz. Physiologe. - Prof. am Collège de France (1855); Mgl. der Académie française. B. erkannte u. a. die Funktion der Bauchspeicheldrüse und der Leber bei Verdauungsvorgängen.

Berner Sennenhund, in der Schweiz gezüchtete Rasse mittelgroßer, bis 70 cm schulterhoher, kräftiger, langhaariger Haushunde mit glänzend schwarzem Fell und braunroten bzw. weißen Abzeichen und Hängeohren. Urspr. Hütehund, heute v. a. Schutz- und Begleithund (Blindenhund).

Bernhardiner, bereits 1665 auf dem Großen Sankt Bernhard gezüchtete Rasse kräftiger, bis 80 cm schulterhoher Haushund mit großem Kopf, kurzer Schnauze, überhängenden Lefzen, Hängeohren, kräftigen Gliedmaßen und breiten Pfoten; charakterist. Weißfärbung mit roten, gelben oder braunen Platten; Schutz-, Wach-, Lawinenschhund.

Bernsteinschnecken (Succinea), Gatt. der Landlungenschnecken mit 6 einheim. Arten, meist an feuchten Stellen, oft an Sumpf- und Wasserpflanzen; Gehäuse etwa 7–25 mm lang, eiförmig, dünnschalig, meist gelb.

Beroe [...ro-e; griech.], Gatt. der Rippenquallen mit wenigen, bis etwa 20 cm großen Arten in allen Meeren; Körper nahezu fingerhutförmig, seitl. zusammengedrückt, ohne Fangarme; besitzen Leuchtvermögen. In der Nordsee und westl. Ostsee kommt v. a. die Art **Beroe cucumis** vor.

Bertalanffy, Ludwig von, * Atzgersdorf (heute zu Wien) 19. Sept. 1901, † Buffalo (N. Y.) 12. Juni 1972, östr. Biologe. - Ab 1949 Prof. in Ottawa, später in Los Angeles; Arbeiten zur Biophysik offener Systeme und zur theoret. Biologie. Hg. des „Handbuchs der Biologie".

Berteroa, svw. ↑ Graukresse.

Bertholletia [...'leːtsia; nach C. L. Graf von Berthollet], svw. ↑ Paranußbaum.

Bertillon, Alphonse [frz. bɛrti'jõ], * Paris 22. April 1853, † ebd. 13. Febr. 1914, frz. Anthropologe und Kriminalist. - Schuf ein anthropometr. System zur Identifizierung von Personen, das vor Einführung der ↑ Daktyloskopie weltweit verbreitet war.

Bertram (Anacyclus), Korbblütlergatt. im Mittelmeergebiet mit 15 Arten. Bekanntere Arten: **Anacyclus radiatus,** bis 30 cm hohe, einjährige Sommer- und Schnittblume mit oberseits gelben, unterseits roten bis bräunl. Zungenblüten, in Gärten und Anlagen kultiviert. - **Deutscher Bertram** (Bertramswurz, Anacyclus officinarum), aus dem westl. Mittelmeergebiet, mit 1 cm breiten Köpfchen und weißen, unterseits oft roten Zungenblüten.

Berufkraut (Berufskraut, Feinstrahl, Erigeron), nahezu weltweit verbreitete Gatt. der Korbblütler mit über 200 (in Deutschland 7 einheim.) Arten, hauptsächl. in gemäßigten oder gebirgigen Gegenden. - Vorwiegend Gebirgspflanzen, z. B. das **Alpenberufkraut** (Erigeron alpinus), eine 5–20 cm hohe Staude mit zu zehn 2–3 cm breiten Blütenköpfchen mit violetten bis purpurroten Zungenblüten.

Besamung, das Eindringen einer männl. Samenzelle in eine Eizelle bei Mensch und Tier; führt normalerweise durch Kernverschmelzung zur ↑ Befruchtung, ist mit dieser jedoch nicht gleichzusetzen. Grundsätzl. lassen sich zwei verschiedene Typen der B. unterscheiden, die äußere und die innere B. Die **äußere Besamung** ist nur im Wasser mögl. Dabei werden von den Elterntieren Eier und Spermien (meist hormonal gesteuert) gleichzeitig nach außen abgegeben (z. B. bei Hohltieren, Stachelhäutern, Muscheln, bei den meisten Fischen, Fröschen und Kröten). - Bei der **inneren Besamung** verbleiben die Eier im Muttertier und werden dort befruchtet, bei manchen Würmern, bei Schnecken, Insekten, lebendgebärenden Fischen (z. B. Guppy, Schwertträger, Platy), bei den meisten Schwanzlurchen und bei allen Reptilien, Vögeln und Säugetieren. In den meisten Fällen gelangen die Spermien durch den weibl. Geschlechtstrakt zu den Eiern. Die innere B. erfordert spezielle Einrichtungen und Verhaltensweisen, damit die männl. Keimzellen in das Innere des weibl. Körpers eingebracht werden können (↑ auch Kopulation). Nur aktive Spermien können die mechan. Barrieren zw. Gebärmutterhals und Uterus am Eingang zum Eileiter überwinden. Dadurch findet auf dem Transportweg eine fortlaufende Dezimierung der Spermien und eine qualitative Auslese statt.

Die **künstl. Besamung** (Insemination, künstl. Samenübertragung), fälschl. oft auch künstl. Befruchtung genannt, ist bei der Haustier- und Fischzucht weitverbreitete Methode. Sie ist nach dem Tierzuchtgesetz vom 20. 4. 1976 von einer behördl. Erlaubnis abhängig. Sie ermöglicht u. a. eine bes. ertragreiche Ausnutzung wertvoller männl. Zuchtexemplare. Bei Rindern wird der Samen in B.stationen mit Hilfe einer künstl. Scheide gewonnen und tiefgefroren. Er ist so längere Zeit haltbar. Bei

Beschwichtigungsgebärde

Bienen. Links: Arbeiterin (a), Königin (b) und Drohne (c) der Honigbiene

der künstl. B. wird einer Kuh zum Ovulationszeitpunkt mit einer Spritze etwas von diesem Samen in die Gebärmutter eingebracht. Auch beim Menschen ist künstl. B. durch Einspritzen von Spermien in die Gebärmutter zur Zeit des Konzeptionsoptimums möglich.

Beschwichtigungsgebärde, Verhalten von Tieren, das den Aggressionstrieb von Artgenossen neutralisiert und eine Umstimmung bewirkt. - ↑ auch Demutsgebärde.

Besenginster (Sarothamnus scoparius), Schmetterlingsblütler in M-Europa; bis 2 m hoher Strauch mit großen, gelben, einzeln oder zu zweien stehenden Blüten; in trockenen Wäldern, auf Heiden und Sandboden, kalkmeidend.

Besenheide, svw. ↑ Heidekraut.

Besenrauke (Sophienkraut, Descurainia sophia), in Eurasien und N-Afrika verbreiteter Kreuzblütler; einjähriges, bis 70 cm hohes Kraut mit kleinen, gelben Blüten und aufrechten, 10–20 mm langen, sichelförmigen Schotenfrüchten; Ruderalpflanze.

Best, Charles Herbert, * West Pembroke (Maine) 27. Febr. 1899, † Toronto 31. März 1978, kanad. Physiologe amerikan. Herkunft. - Entdeckte 1921 zus. mit Sir F. G. Banting das Insulin. Außerdem Forschungen auf dem Gebiet der Muskelphysiologie.

Bestand, in der *Pflanzen-* und *Tiergeographie:* das in einem bestimmten Bereich mehr oder weniger zahlr. Auftreten einer Art.

Bestäubung, svw. ↑ Blütenbestäubung.

Bestimmungsschlüssel (Bestimmungstabelle), zur Ermittlung des Namens oder der systemat. Stellung eines der Wiss. bereits bekannten und beschriebenen Tieres oder einer Pflanze dienenden Tabelle, die Angaben über kennzeichnende, von verwandten Formen abweichende, meist verhältnismäßig leicht feststellbare Merkmale enthält.

Bestockung, in der Botanik Bildung von Seitensprossen und Wurzeln an oberird. Knoten des Hauptsprosses, bes. bei Gräsern.

Betaoxidation, stoffwechselphysiolog. Abbau (↑ Stoffwechsel) von Fettsäuren unter Oxidation des β-Kohlenstoffatoms und Freisetzung von Wasserstoff, der in der Atmungskette unter ATP-Bildung oxidiert wird.

Betelnuß [Malajalam/dt.] (Arekasamen, Arekanuß), Samen der Betelnußpalme; neben Fetten, Zucker und rotem Farbstoff v. a. Alkaloide und Gerbstoffe enthaltend.

Betelnußpalme (Areca catechu), von den Sundainseln stammende Palmenart; in S-Asien, O-Afrika, S-China und auf Taiwan angepflanzt; bis 15 m hoher Baum mit einem Schopf gefiederter Blätter, verzweigten Fruchtständen und bis eiergroßen Früchten, deren dicke, faserige Fruchtwand einen rotbraunen Samen (**Betelnuß**) mit zerklüftetem Nährgewebe umschließt.

Betonie (Betonica) [lat.], Gatt. der Lippenblütler mit etwa 10 Arten in Eurasien und Afrika; Stauden mit in dichten Scheinähren angeordneten Blüten. - In M-Europa (in den Alpen) wächst die **Gelbe Betonie** (Fuchsschwanzziest, Betonica alopecuros, Stachys alopecuros) mit gelblichweißen Blüten sowie die **Heilbetonie** (Heilziest, Echter Ziest, Betonica officinalis, Stachys officinalis) mit roten Blüten, in lichten Wäldern, auf Wiesen und Flachmooren.

Bettwanzen ↑ Plattwanzen.

Betulaceae [lat.], svw. ↑ Birkengewächse.

Beugemuskeln (Flexoren), Muskeln, die an zwei über ein Gelenk bewegl. miteinander verbundenen Skelettteilen derart ansetzen, daß sich bei Kontraktion des Muskels die entfernten Skelettenden einander annähern, wodurch es zu einer Beugebewegung des Gelenks kommt. Die B. wirken antagonist. zu den ↑ Streckmuskeln.

Beutelbär, svw. ↑ Koala.

Beuteldachse (Bandikuts, Peramelidae), Fam. der Beuteltiere mit etwa 20 ratten- bis dachsgroßen Arten (z. B. ↑ Schweinsfuß, ↑ Ohrenbeuteldachse) v. a. in Australien, auf Tasmanien, Neuguinea und einigen umliegenden Inseln; Fell braun bis rötl. oder grau gefärbt, oft mit hellerer und dunklerer Zeichnung; Körperlänge (ohne Schwanz) 17–50 cm, Schwanzlänge 7–26 cm; Schnauze lang und spitz, Beutelöffnung hinten unten; Vorderextremitäten kurz, mittlere Finger verlängert, mit kräftigen Nägeln (Grabwerkzeu-

Beuteltiere

ge); Hinterextremitäten verlängert; begehrtes Fell.

Beutelfrösche (Gastrotheca, Nototrema), Gatt. brutpflegender, bis 10 cm großer Laubfrösche im nordwestl. S-Amerika. Die ♀♀ haben auf dem Rücken eine Tasche aus 2 Hautfalten, in die bei Begattung die Eier des ♀ gelangen. Nach einigen Wochen werden voll entwickelte Jungfrösche oder Kaulquappen abgesetzt.

Beutelmarder (Dasyurinae), Unterfam. der Raubbeutler mit etwa 7 (17 bis 75 cm körperlangen, äußerl. meist wiesel- oder marderähnl.) Arten in Australien, auf Tasmanien und Neuguinea; Färbung hellbraun bis schwarz, oft mit weißer Fleckung, Schwanz meist lang; bekannte Arten ↑Tüpfelbeutelmarder, ↑Beutelteufel.

Beutelmaulwürfe, svw. ↑Beutelmulle.

Beutelmäuse (Phascogalinae), Unterfam. maus- bis rattengroßer Raubbeutler mit rund 40 Arten in Australien, auf Tasmanien und Neuguinea; Körperlänge 5–30 cm, Schwanz meist etwa körperlang; Schnauze spitz zulaufend, kegelförmig; Beutel gut entwickelt oder fehlend. Zu den B. gehören u. a. Beutelspringmäuse, ↑Pinselschwanzbeutler.

Beutelmeisen (Remizidae), Fam. 8–11 cm großer Singvögel mit etwa 10 Arten im südl. N-Amerika und in großen Teilen Eurasiens und Afrikas. Die B. haben kurze Flügel und einen kurzen Schwanz. Die vereinzelt auch in Deutschland vorkommende, doch bes. in S- und O-Europa und in den gemäßigten Regionen Asiens verbreitete **Beutelmeise** (Remiz pendulinus) bevorzugt Sumpfgebiete und Uferdickichte als Lebensraum.

Beutelmulle (Beutelmaulwürfe, Notoryctidae), Fam. maulwurfsähnl. Beuteltiere in Australien; Fell dicht und seidig glänzend, gelblichweiß bis goldrot; Körper walzenförmig, Schwanz stummelartig und unbehaart; Gliedmaßen sehr kurz; Nasenrücken mit schildförmiger Hornplatte, Augen rückgebildet, unter der Haut verborgen, Ohröffnungen klein, verschließbar, ohne Ohrmuscheln. Bekannt sind zwei Arten: **Großer Beutelmull** (Notoryctes typhlops), 15–18 cm körperlang, im südl. M-Australien, und **Kleiner Beutelmull** (Notoryctes caurinus), etwa 9 cm körperlang, in NW-Australien.

Beutelratten (Didelphidae), Fam. maus- bis hauskatzengroßer Beuteltiere mit etwa 65 Arten, hauptsächl. in S- und M-Amerika; Schwanz meist körperlang oder länger; Beutel gut entwickelt oder fehlend; bes. bekannt ↑Opossums, ↑Zwergbeutelratten, ↑Schwimmbeutler.

Beutelspitzmäuse (Spitzmausbeutelratten, Monodelphis), Gatt. der Beutelratten mit etwa 11 (7–16 cm körperlangen) Arten in S- und M-Amerika; Färbung unterschiedl.; Schwanz etwa halb so lang wie der Körper, kaum behaart; Schnauze lang und spitz, Augen sehr klein, Beutel fehlend.

Beutelteufel (Buschteufel, Sarcophilus harrisi), nur noch auf Tasmanien vorkommender Raubbeutler; Körperlänge etwa 50–70 cm, Schwanzlänge 15 bis 25 cm; kräftig und gedrungen, mit zieml. kurzen Beinen und auffallend großen Kiefern; Fell schwarzbraun bis schwarz, mit je einem gelbl.-weißen Fleck an der Kehle, den Schultern und der Schwanzwurzel; Schnauze rosafarben; steht unter Naturschutz.

Beuteltiere (Marsupialia, Metatheria), Unterklasse der Säugetiere mit rd. 250 mausgroßen, bis etwa 160 cm körperlangen Arten, v. a. in Australien, auf Tasmanien, Neuguinea und den umliegenden Inseln. Charakterist. für die B. ist, daß die (mit ganz wenigen Ausnahmen) ohne echte Plazenta in der Gebärmutter sich entwickelnden Keimlinge noch als solche und erst etwa 0,5–3 cm groß geboren werden und dann aktiv die Zitzen in einem bes. Brutbeutel der Mutter aufsuchen. Bis zum Ende der Säugezeit bleiben die Jungen fest mit der mütterl. Zitze verbunden. Heranwachsende Jungtiere suchen bei Gefahr häufig noch den Beutel der Mutter auf oder werden von dieser auf dem Rücken mitgetragen. - 8 Fam.: ↑Beutelratten, ↑Raubbeutler, ↑Beutelmulle, ↑Beuteldachse, ↑Opossummäuse, ↑Kletterbeutler, ↑Wombats, ↑Känguruhs.

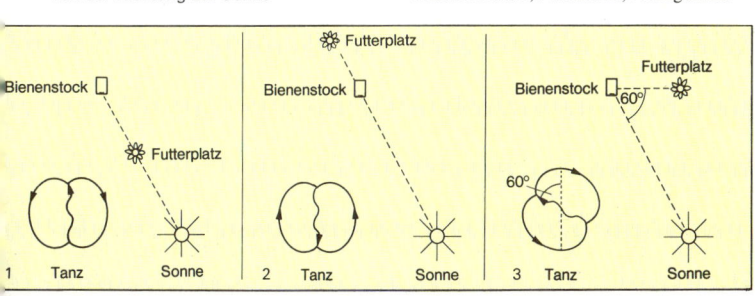

Bienen. Bedeutungen des Schwänzeltanzes der Honigbiene an der vertikalen Wabenwand (unten): 1 Futterplatz liegt in Richtung der Sonne, 2 Futterplatz liegt entgegengesetzt zur Richtung der Sonne, 3 Futterplatz liegt 60° links von der Richtung zur Sonne

Beutelwolf

Beutelwolf (Thylacinus cynocephalus), mit 100–110 cm Körperlänge größter fleischfressender Raubbeutler; Schwanz etwa 50 cm lang, steif nach unten abstehend; Fell kurz, braungrau bis gelblichbraun, mit schwarzbraunen Querbinden; unter Naturschutz.

Bewegung, die passive oder aktive Ortsbzw. Lageveränderung eines Organismus oder von Teilen eines Organismus. Unter **passiver Bewegung** versteht man alle Ortsveränderungen von Organismen, die ohne Eigenleistung unter Ausnutzung von Umweltenergie erfolgen, z. B. Samenverbreitung durch Wind, Wasser oder Tiere, Schwebe- und Segelflug von Vögeln. Die **aktive Bewegung** bezieht sich auf die Lage- oder Ortsveränderung eines Organismus oder seiner Teile, wobei der Organismus die benötigte Energie selbst aufbringen muß. Man unterscheidet im einzelnen zw. intrazellulären B., B. einzelner Zellen und Organ-B. Bei der **intrazellulären B.** werden Zellbestandteile verlagert oder die Zellen verformt. Die Verlagerungen bzw. Verformungen beruhen auf Systemen kontraktiler Proteine, z. B. dem Tubulin-Dynein-System der Kernspindel oder Aktomyosin-System. Kontraktile Proteine sind an der durch Mikrotubuli vermittelten B. von Geißeln und Zilien beteiligt sowie auch an der **amöboiden B.** vieler Einzeller(Amöben), Schleimpilze, bei undifferenzierten, embryonalen Zellen und den sog. Wanderzellen (Amöbozyten) der Wirbeltiere, zu denen auch die weißen Blutkörperchen zählen. **Organbewegungen** kommen bei Pflanzen und Tieren vor. Die meisten Pflanzen sind nicht zur freien Orts-B. fähig. Um so wichtiger sind die gerichteten (Orientierungs-B.) und ungerichteten B. pflanzl. Organe. Dazu gehören u. a. die Wachstums-B. (z. B. der Keimblätter, Sproßachsen und Wurzeln). Wird die Richtung der Orientierungs-B. eindeutig durch einen steuernden Außenfaktor wie Licht, Schwerkraft, chem. Einwirkung bestimmt, spricht man von ↑Tropismus. Ist die B. hingegen von der Einwirkungsrichtung der Außenfaktors unabhängig und wird sie ledigl. durch die Struktur des reagierenden Organs (z. B. Gelenkbildungen) bedingt, spricht man von ↑Nastie. - Organ-B. bei Tieren beruhen auf Muskel-B. Man unterscheidet dabei die raschen, kontraktilen, fast immer nervös gesteuerten B. der quergestreiften Muskeln von denen der oft spontan tätigen glatten Muskeln. Die Steuerung der Skelettmuskel-B. bei höheren Tieren erfordert eine nervale Koordination. Daran sind Muskelreflexe, Haut- und Sehnenreflexe, zentrale Automatismen und die Tätigkeit höchster, übergeordneter Zentren beteiligt. Sinnesorgane überwachen den Kurs, zentralnervöse Mechanismen sorgen für die Verarbeitung der eingehenden Informationen, auf Grund derer die entsprechenden Befehle an die Muskulaturen gegeben werden. - ↑auch Fortbewegung.

Bewegungslosigkeit, svw. ↑Akinese.
Bewurzelung, svw. ↑Radikation.
Bezoarstein [pers./dt.] (Magenstein), aus verschluckten und verfilzten Haaren oder Pflanzenfasern bestehende steinartige Konkretion, die sich im Magen verschiedener Säugetiere, hpts. von Pflanzenfressern, bildet.

Bezoarziege [pers./dt.] (Capra aegagrus), etwa 120–160 cm körperlange und 70–100 cm schulterhohe Wildziegenart (Stammform der Hausziege) mit mehreren Unterarten; früher in den Gebirgen Vorderasiens und auf den griech. Inseln weit verbreitet, heute im Bestand bedroht; Hörner beim ♂ 80–130 cm lang, meist mit 6–12 scharfkantigen Höckern; Hörner des ♀ 20–30 cm lang, dünn, wenig gekrümmt; ♀ ohne, ♂ mit dichtem, langem Kinnbart; Fell rötlich- bis braungrau, Schulterstreifen, Aalstrich, unterer Flankenrand, Vorderseiten der Beine schwärzlich.

Biber (Castor fiber), einzige Art der Nagetierfamilie Castoridae; früher in ganz Europa und in den gemäßigten Breiten Asiens sowie im größten Teil N-Amerikas verbreitet, heute überall auf kleine Rückzugsgebiete beschränkt; Körperlänge bis 1 m; Schwanz bis über 30 cm lang, stark abgeflacht, etwa 12–15 cm breit, unbehaart; Hinterfüße mit Schwimmhäuten, Vorderfüße klein, als Greiforgane entwickelt; Fell mittelbraun bis schwärzlich-mahagonirot, mit dichter, gekräuselter Unterwolle und kräftigen Grannenhaaren, liefert begehrten Pelz; Augen und Ohren sehr klein, Orientierung an Land überwiegend durch den Geruchssinn (Wegmarkierung durch ↑Bibergeil).

Der B. ist ein reiner Pflanzenfresser. Er fällt mit seinen starken Nagezähnen Weichhölzer, v. a. Pappeln und Weiden, indem er die Stämme keilförmig an gegenüberliegenden Seiten annagt. Die gefällten Bäume zerlegt er und verwendet sie zum Bau seiner Wohnburgen, für Dammbauten, teilweise auch als Nahrung. Im Sommer frißt er überwiegend grüne Sprosse, im Winter Rinde. Die aus Holz, Schlamm, Steinen und Schilf errichteten umfangreichen Dammsysteme halten den Wasserspiegel in der Umgebung der auf ähnl. Weise gebauten Wohnburgen konstant, damit die Zugänge der Wohnburgen immer unter Wasser münden. Der B. steht unter Naturschutz. Neueinbürgerungen in der BR Deutschland und DDR.

Bibergeil (Castoreum), Duftdrüsensekret aus den zw. After und Geschlechtsteilen gelegenen Drüsensäcken des ♂ und ♀ Bibers. B. ist dunkelbraun, wachsartig fest und besteht aus äther. Ölen und Harzen und hat einen widerl. Geruch.

Bibernelle [mittellat.], (Pimpernell, Pimpinella) Gatt. der Doldenblütler mit etwa 150 Arten in Eurasien, Afrika und S-Amerika; Kräuter oder Stauden mit meist einfach gefiederten Blättern und Dolden aus Zwitterblüten; in M-Europa nur 2 ausdauernde, weiß

bis dunkelrosa blühende Arten: die bis 60 cm hohe **Kleine Bibernelle** (Pimpinella saxifraga) mit rundem, feingerilltem, nach oben hin mit sehr kleinen Blättchen besetztem Stengel; auf Trockenrasen, Hügeln, in trockenen Wäldern, an Wegen; ferner die bis 1 m hohe **Große Bibernelle** (Pimpinella major) mit kantig gefurchtem, meist hohlem Stengel und großen oberen Blättern, auf Wiesen, in Gebüsch. Beide Arten sind gute Futterpflanzen; junge Blätter liefern Gemüse oder Salat. Als Gewürzpflanze angebaute Art ↑ Anis.
◆ ↑ Wiesenknopf.

Bibernellrose, svw. ↑ Dünenrose.

Biberratte (Sumpfbiber, Nutria, Myocastor coypus), etwa 45–60 cm körperlanges, braunes Nagetier in den Flüssen und Seen des südl. S-Amerika; Fell mit dichter Unterwolle und langen Grannenhaaren; Schwanz 30 bis 45 cm lang, drehrund, kaum behaart; Hinterfüße mit Schwimmhäuten. - Die B. baut meist kurze, unverzweigte Erdbaue in Uferböschungen; wird als Pelztier in Farmen gezüchtet. In Europa z. T. verwildert.

Bichon [bi'ʃõ:; frz.], Rasse kleiner, lang- und (meist) weißhaariger, bis 32 cm schulterhoher Haushunde mit kurzer, stumpfer Schnauze, Hängeohren und Ringelrute; nach der Behaarung unterscheidet man 4 Unterrassen: ↑ Bologneser, ↑ Havaneser, ↑ Malteser, ↑ Teneriffe.

Bickbeere [niederdt.], svw. ↑ Heidelbeere.

Bienen (Apoidea), mit rund 20 000, etwa 2–40 mm großen Arten weltweit verbreitete, zu den Stechimmen zählende Überfam. der Hautflügler. Zu den B. gehören u. a. Sand-B., Mauer-B., Hummeln, Honig-B., Pelz-B. Alle B. sind Blütenbesucher und haben Sammelapparate aus Haar- und Borstenkämmen (Ausnahme Schmarotzer-B.) zum Eintragen von Pollen und Nektar. Die Königinnen und alle Arbeiterinnen tragen am Körperhinterende einen aus einem Eilegestachel hervorgegangenen Giftstachel. Die Geschlechter sowie die Arbeiterinnen unterscheiden sich in Größe und anderen äußeren Merkmalen. Die ♂♂ sind häufig an ihren deutl. verlängerten Antennen zu erkennen.
Die weitaus meisten B.arten sind einzellebend; man bezeichnet sie als **solitäre Bienen** oder **Einsiedlerbienen.** Bei diesen Arten ist jedes Nest das Werk eines einzigen ♀, Arbeiterinnen werden nicht ausgebildet. Brutpflege fehlt, lediglich die für das gesamte Wachstum der Larve notwendige Futtermenge wird in jede Brutzelle eingetragen. Die höchstentwickelten **staatenbildenden (sozialen) Bienen** sind die Hummeln und die Honig-B. Sie treiben meist eine intensive Brutpflege, indem sie ihre Larven fortlaufend füttern. Rund ein Viertel aller B. sind Brutschmarotzer (Sozialparasiten), sie werden auch als **Kuckucksbienen** bezeichnet. Ihre Pollensammelapparate sind

rückgebildet, sie bauen weder Nester noch sammeln sie Nahrung für ihre Brut. Sie legen ihre Eier vielmehr in fertig mit Nahrung versorgte Zellen von Wirtsbienennestern.
Die Nester der B. sind unterschiedl. gestaltet. Bei solitären B. sind sie im allg. einfacher als bei den staatenbildenden Arten. Für Honigbienen sind reine Wachswaben charakterist., die meist in Höhlungen (z. B. hohlen Bäumen) angelegt werden. Die Waben der Honig-B. können auch frei angelegt werden. Die in Europa vorkommende Honigbiene und die Ind. Honigbiene legen Nester aus mehreren Waben in natürl. oder künstl. Hohlräumen an (beide Arten werden in der Imkerei wirtsch. genutzt). Ein Teil der Zellen enthält die Brut, ein anderer die Nahrungsvorräte.
Orientierung und Verständigung (Bienensprache): Die höchstentwickelten B.arten können anhand der Polarisation des Himmelslichts den Sonnenstand für ihre Orientierung feststellen, wozu bereits ein kleines sichtbares Stück Himmel ausreicht. Selbst bei vollkommen bedecktem Himmel ist dies mögl., da dann immer noch polarisierte Strahlung durch die Wolken dringen kann. Den beim sog. Schwänzeltanz angezeigten Winkel (Zielort - Sonne) verändert die Biene synchron mit der „Sonnenbewegung", ohne daß in der Zwischenzeit eine neuerl. Feststellung des Sonnenstandes notwendig wird. Dies zeigt z. B. beim Schwärmen die als Quartiersucherbiene bezeichnete Arbeiterin im dunklen Stock: sie tanzt längere Zeit und paßt dabei den getanzten Winkel ständig dem sich verändernden Sonnenstand an. Erklärt wird dieses Verhalten durch das Vorhandensein einer sog. inneren Uhr. Die Benachrichtigung über Futterquellen geschieht im Stock auf unterschiedl. Weise. Entweder durch einen deutl. wahrnehmbaren, stoßweise hervorgebrachten hohen Summton oder durch lebhaftes Umherlaufen. Weit komplizierter und exakter ist die Nachrichtenübermittlung bei den ↑ Honigbienen. - Abb. S. 94 und 95.
📖 Frisch, K. v.: *Aus dem Leben der B.* Bln. u. a. ⁹1977. - Lindauer, M.: *Verständigung im B.staat.* Stg. 1975.

Bienenameisen (Ameisenwespen, Spinnenameisen, Mutilidae), weltweit (bes. in den Tropen) verbreitete Fam. der Hautflügler mit über 2 000, bis 2 cm großen Arten (davon 8 einheim.); Chitinpanzer außergewöhnl. dick und hart, mit pelziger Behaarung, meist bunt gezeichnet; ♂♂ meist geflügelt, ♀♀ fast stets ohne Flügel, mit sehr langem Giftstachel. Die B. leben als Brutparasiten meist in den Nestern anderer Hautflügler.

Bienenfresser (Spinte, Meropidae), Vogelfam. mit 24 außergewöhnl. bunten, etwa 17–35 cm langen Arten v. a. in Afrika; Flügel lang und spitz, Beine kurz, Schnabel ziemlich lang, leicht abwärts gekrümmt, spitz. - In Europa nur der **Merops apiaster** (Spint, B. i. e. S.):

Bienengift

etwa 28 cm lang, Oberseite rostbraun und gelbl., Kehle leuchtend gelb, Brust und Bauch blaugrün, Flügelenden und Schwanz grünl.

Bienengift, sauer reagierendes Sekret aus der Giftblase der Honigbiene; Giftwirkung beruht v. a. auf den im Sekret enthaltenen Eiweißen (Melittin, Apamin, MCD-Peptid), die Histamin im Gewebe freisetzen.

Bienenläuse (Braulidae), Fam. der Fliegen mit nur drei bekannten, winzigen, vollkommen flügellosen Arten; davon einheim. die 1–1,5 mm lange **Braune Bienenlaus** (Braula coeca): mit breitem, abgeflachtem Hinterleib und kurzem, breitem Kopf, lebt zu mehreren im Pelz von Honigbienen.

Bienensprache ↑Bienen, ↑Honigbienen.

Bienenwachs ↑Honigbiene.

Bienenwolf, (Philanthus triangulum) einheim., 12–16 mm große Grabwespenart mit wespenähnl. schwarzgelber Zeichnung. ♦ svw. ↑Immenkäfer.

bienn [lat.], zweijährig; von Pflanzen mit zweijähriger Lebensdauer, die erst im zweiten Jahr blühen und fruchten. – Ggs. ↑annuell.

Bignoniaceae, svw. Bignoniengewächse (↑Bignonie).

Bignonie (Bignonia) [nach dem frz. Bibliothekar J. P. Bignon, *1662, †1743], Gatt. der **Bignoniengewächse** mit der einzigen Art Bignonia capreolata (**Kreuzrebe**) im südöstl. N-Amerika; Kletterpflanze mit zwei- bis dreizählig gefiederten, in einer Ranke mit drei krallenartigen Haken endenden Blättern und glockenförmigen, tieforangeroten Blüten in Trugdolden; in S-Europa Gartenpflanze.

bilateralsymmetrisch, zweiseitigsymmetr.; von (dorsiventralen) Lebewesen mit nur einer Symmetrieebene gesagt; der Körper ist äußerl. in zwei spiegelbildl. Hälften geteilt.

Bilche (Schlafmäuse, Gliridae), Fam. der Nagetiere, mit rund 30 Arten in Eurasien und Afrika verbreitet; Körperlänge etwa 6–20 cm, Schwanzlänge rd. 7–15 cm; Fell weich und dicht, vorwiegend braun bis grau, oft mit schwarzer Augenmaske; Ohren wenig behaart. In gemäßigten Gebieten halten die B. einen bis über 7 Monate dauernden Winterschlaf. In Deutschland kommen 4 Arten vor: ↑Baumschläfer, ↑Gartenschläfer, ↑Siebenschläfer und ↑Haselmaus.

Bildungsgewebe (Embryonalgewebe, Teilungsgewebe), Gewebe, aus denen durch fortgesetzte Zellteilung neue Gewebe entstehen. Man unterscheidet tier. B. (↑Blastem) von pflanzl. B. (↑Meristem).

Bilharzia [nlat., nach dem dt. Anatomen und Pathologen Th. Bilharz, *1825, †1862], frühere Bez. der Saugwurmgattung Schistosoma (↑Pärchengel).

Bilimbi, svw. ↑Blimbing.

Bilirubin [zu lat. bilis „Galle" und ruber „rot"], rötlichbrauner ↑Gallenfarbstoff, der beim Abbau des Hämoglobins entsteht.

Bilis [lat.], svw. ↑Galle.

Biliverdin [lat.] ↑Gallenfarbstoffe.

Billbergie (Billbergia) [nach dem schwed. Botaniker G. J. Billberg, *1772, †1844], Gattung der Ananasgewächse mit rund 50 Arten im trop. Amerika; meist Epiphyten, selten Erdbewohner; Blätter in Rosetten, Blüten in Ähren oder Trauben, mit roten Hochblättern.

Bilsenkraut (Schwarzes B., Hyoscyamus niger), giftiges Nachtschattengewächs in Europa, N-Afrika und Indien; wächst auf Schutt und stickstoffreichen Standorten; bis 80 cm hohes, 1–2jähriges, drüsig behaartes und unangenehm riechendes Kraut mit buchtig gezähnten Blättern, glockenförmigen, gelben, violettgeaderten Blüten und Kapselfrüchten; Blätter und Samen enthalten Scopolamin bzw. Atropin.

Bindegewebe, aus dem ↑Mesenchym entstandenes Stütz- und Füllgewebe, das die Gewebe, Organe und Organsysteme untereinander und mit dem Körper verbindet. Das B. besteht aus Zellen, die ein schwammartiges Gewebe bilden, dessen Lücken eine salz- und eiweißreiche Flüssigkeit enthalten. Die Bindegewebszellen (z. B. Fibrozyten) können sich noch teilen und bilden sog. Wanderzellen, die geformte Fremdstoffe aufnehmen und speichern bzw. vernichten können. – Das B. baut u. a. Milz, Knochenmark und Lymphknoten auf, bildet die Umhüllung von Muskeln und speichert Fett (Unterhautfettgewebe) in seinen Zellen oder Wasser in der Interzellularsubstanz. Es verschließt ferner Wunden und bildet Antikörper. Durch Einlagerung von Knorpelsubstanz und anorgan. Salzen entstehen ↑Knorpel und ↑Knochen sowie das Dentin der Zähne. Durch Einlagerung von elast. Kollagenfasern werden die zugfesten Sehnen und Bänder aufgebaut.

Bindegewebsknochen, svw. ↑Deckknochen.

Bindehaut (Konjunktiva), bei Wirbeltieren (einschließl. Mensch) Augenschleimhaut, die die Lidinnenfläche und den vorderen Teil der Lederhaut überzieht und sich innen an die Hornhaut anschließt (↑Auge).

Bingelkraut (Mercurialis), Gatt. der Wolfsmilchgewächse mit 8 Arten im Mittelmeerraum und in Eurasien; Kräuter oder Stauden ohne Milchsaft, mit gegenständigen Blättern und eingeschlechtigen Blüten, in M-Europa 3 Arten, häufig das **Einjährige Bingelkraut** (Mercurialis annua) mit bis 60 cm hohem, vierkantigem, reich verzweigtem Stengel und unscheinbaren, grünen Blüten; Blüten meist zweihäusig (♂ in lockeren Scheinähren, ♀ in den Blattachseln).

Binnenseeschwalbe, svw. ↑Trauerseeschwalbe.

binokulares Sehen, beidäugiges Sehvermögen mit der Fähigkeit, den Seheindruck zum räuml. Tiefensehen zu verschmelzen. Die Entfernung beider Augen voneinander (der sog. Augenabstand) bedingt, daß aus großer

Biologie

Entfernung parallel einfallende Strahlen auf einander völlig entsprechende Netzhautstellen treffen, während die aus der Nähe einfallenden konvergenten Strahlen auf seitl. etwas verschobene (querdisparate) Netzhautstellen fallen. Diese Querdisparation (d. h. der Bildunterschied) wird im Gehirn in Tiefenwahrnehmung umgesetzt.

Binse, (Juncus) Gatt. der Binsengewächse mit etwa 220 Arten, bes. in gemäßigten und kalten Breiten sowie in trop. Gebirgen, in M-Europa mehr als 30 Arten, v. a. am Meer, an Binnenseen u. a. feuchten Standorten; Kräuter oder Stauden, Blätter grasartig oder röhrig, Blüten in köpfchenförmigen Blütenständen, unscheinbar, braun oder grünl.; bekannte Art ↑Flatterbinse.
◆ svw. ↑Simse.

Binsengewächse (Juncaceae), Fam. der Einkeimblättrigen mit 8 Gatt. und etwa 300 Arten v. a. in gemäßigten und kalten Gebieten; einheim. Gattungen: ↑Binse, ↑Hainsimse.

Binturong [indones.] (Bärenmarder, Marderbär, Arctictis binturong), etwa 60–95 cm körperlange Schleichkatze in SO-Asien mit 55–90 cm langem, buschigem Greifschwanz; Fell sehr lang und borstig; schwarz.

Bioakkumulation, Anreicherung oft schädl. Substanzen in Organismen bzw. Ökosystemen nach Aufnahme aus Luft, Wasser oder Boden.

Biochemie, Wissenschaftszweig, der sich mit der Chemie der lebenden Organismen befaßt. Ein Teilgebiet, die *statische B.,* beschäftigt sich mit der Feststellung der Zusammensetzung der Substanzen, die in den lebenden Organismen vorkommen, einschließl. der Aufklärung ihrer Struktur und Wirkungsweise. Die *dynamische B.* beschäftigt sich dagegen mit Änderungen der Zusammensetzung und mit den Reaktionsabläufen in der Zelle; sie versucht biolog. Sachverhalte auf Eigenschaften der Moleküle und deren Umsetzungen zurückzuführen (u. a. Stoffwechsel).

biochemischer Sauerstoffbedarf, Abk. BSB, die von Mikroorganismen benötigte Sauerstoffmenge, um im Wasser enthaltene organ. Substanzen bei 20 °C oxidativ abzubauen, z. B. innerhalb von 5 Tagen *(BSB$_5$).*

biogen, durch Tätigkeit von Lebewesen entstanden, durch [abgestorbene] Lebewesen gebildet (z. B. Erdöl und Kohle).

biogene Amine, Bez. für eine Stoffklasse von Aminen, die in der Zelle aus Aminosäuren entstehen. Viele von ihnen haben biolog. bzw. pharmakolog. Wirkung (Adrenalin, Dopamin, Serotonin, Histamin), andere sind wichtige Bausteine für Hormone und Koenzyme.

Biogenese, Entstehung der Lebewesen; umfaßt Ontogenese und Phylogenese.

biogenetisches Grundgesetz, von dem dt. Zoologen E. Haeckel (1866) zum Gesetz erhobene, jedoch eingeschränkt gültige Theorie, die besagt, daß die Individualentwicklung eines Lebewesens eine verkürzte Rekapitulation der Stammesgeschichte darstellt.

Biogeographie, Teilgebiet der Geographie; umfaßt Tier- und Pflanzengeographie.

Bioindikatoren, Organismen, deren Vorkommen oder Verhalten sich mit bestimmten Umweltverhältnissen korrelieren läßt, so daß man sie als Indikator verwenden kann; z. B. ↑Saprobionten zur Beurteilung der Gewässergüte.

Biokatalysatoren, Wirkstoffe, die die Stoffwechselvorgänge der lebenden Zelle steuern (z. B. Enzyme, Hormone, Vitamine).

Bioklimatologie (Bioklimatik), Teilgebiet der Meteorologie; untersucht die Einflüsse klimat. Verhältnisse oder spezieller meteorolog. Gegebenheiten **(Biometeorologie, Meteorobiologie)** auf den lebenden Organismus.

Biokybernetik, Teilgebiet der Kybernetik, das durch Analyse der Steuerungs- und Regelungsprozesse in biolog. Systemen und durch Aufstellen von Modellen und Systemtheorien eine Klärung des Ablaufs biolog. Vorgänge zu erreichen versucht.

Biolithe [griech.], Sedimente, die vorwiegend aus tier. oder pflanzl. Resten entstanden sind. Brennbare B. **(Kaustobiolithe)** sind v. a. Kohlengesteine; nichtbrennbare B. **(Akaustobiolithe)** v. a. Kieselschiefer, Kalkgesteine.

Biologie, Wissenschaft, die die Erscheinungsformen lebender Systeme (Mensch: Anthropologie; Tier: Zoologie; Pflanze: Botanik), ihre Beziehungen zueinander und zu ihrer Umwelt sowie die Vorgänge, die sich in ihnen abspielen, beschreibt und untersucht. Unter dem Begriff *allgemeine B.* faßt man die folgenden Teildisziplinen zusammen: Biophysik, Biochemie, Molekularbiologie, Physiologie, Genetik (Vererbungslehre), Anatomie, Histologie (Gewebelehre), Zytologie (Zellenlehre), Morphologie (Formenlehre), Taxonomie (Systematik), Paläontologie, Phylogenie (Stammesentwicklung), Ontogenie (Individualentwicklung), Ökologie und Verhaltensforschung. Wichtiger Forschungsgegenstand der allg. B. ist das Leben der Zellen; denn die wichtigsten Lebensvorgänge (wie z. B. Stoffwechsel und Fortpflanzung) stellen hierarch. geordnete molekulare Prozesse dar, deren geordneter Ablauf an die Strukturen der Zelle gebunden ist. - Im Ggs. zur allg. B. befaßt sich die *spezielle B.* mit bestimmten systemat. Gruppen von Organismen, z. B. mit den Insekten (Entomologie), den Fischen (Ichthyologie), den Vögeln (Ornithologie), den Säugetieren (Mammologie), den Pilzen (Mykologie). - Die *angewandte B.* beschäftigt sich mit Problemen der Land- und Forstwirtschaft, des Natur- und Umweltschutzes, des Gesundheitswesens, der Lebensmittelüberwachung u. Abwasserreinigung.

Geschichte: Die wiss. Erforschung von Lebewesen begann in der griech. Antike, wobei die Naturbeobachtung meist in ein kosmolog.

biologisch

System einbezogen wurde. Aristoteles beschrieb Körperbau, Entwicklung und Lebensweise einzelner Tiere und versuchte eine systemat. Gliederung des Tierreichs. Theophrast gilt als Begründer der Botanik. Die Erfindung des Mikroskops lenkte im 17. Jh. das Augenmerk der Biologen auf die Mikrobiologie und die Pflanzenanatomie. Das Experiment wurde in die Biologie eingeführt, physikal. Meßinstrumente fanden in biolog. Experimenten Anwendung. Im 18.Jh. wurden die mikroskop. Forschungen bes. in der Entwicklungsphysiologie fortgesetzt. Um die Mitte des 19.Jh. vollzog sich die Wende zur modernen Biologie. Anatomie und Morphologie wurden stärker gegen die Physiologie abgegrenzt, die experimentelle Physiologie wurde durch physikal. und chem. Erkenntnisse und Methoden gefördert. Etwa seit 1915 gelangen die Kultur und Züchtung lebender Gewebe außerhalb des Organismus. Ein Wandel in den Grundlagen der B. bahnte sich durch die Einbeziehung der Virusforschung und der Biochemie in der Genetik seit den 1930er Jahren an.
📖 *B. Ein Lehrb.* Hg. v. *G. Czihak* u.a. Bln. u.a. ^{3}*1981.* - *B.* Hg. v. *S. Strugger* u. *B. Rensch*. Ffm. $^{8-9}$*1976–77. 2 Bde.* - *Allg. B.* Hg. v. *P.-P. Grassé.* Dt. Übers. Stg. *1971–76. 5 Bde.* - *Frisch, K. v.:* Du u. das Leben. Eine moderne B. f. jedermann. Bln. ^{18}*1966.* - *Hdb. der B.* Begr. v. *L. v. Bertalanffy.* Hg. v. *F. Gessner* u.a. Ffm. *1950–77. 10 Bde.*

biologisch, naturbedingt; auf die Biologie bezogen.

Biologische Anstalt Helgoland ↑ biologische Stationen.

biologische Stationen, Institute zur biolog. Erforschung von Pflanzen und Tieren in ihrer natürl. Umwelt, in neuerer Zeit auch zur chemisch-physikal., geolog. und meteorolog. Untersuchung ihrer Lebensräume. Die **Biolog. Anstalt Helgoland** ist ein Institut der Bundesforschungsanstalt für Fischerei (mit der Aufgabe, Grundlagenforschung auf dem Gebiet der Meeresbiologie zu betreiben). Ferner besteht die **Forschungsanstalt für Meeresgeologie und Meeresbiologie „Senckenberg"** in Wilhelmshaven, wo außerdem ein Landesinst. für Meeresbiologie geplant ist. Süßwasserstationen bestehen u. a. in Plön, in Krefeld-Hülserberg, in Falkau (Schwarzwald) und in Langenargen am Bodensee.

biologische Uhr, svw. ↑ physiologische Uhr.

Biolumineszenz [griech./lat.], durch Oxidation bestimmter Leuchtstoffe (Luciferine) unter katalyt. Wirkung des Enzyms Luciferase bewirkte Aussendung von sichtbarem oder ultraviolettem Licht; tritt u. a. bei Tiefseefischen, Glühwürmchen und Einzellern (Ursache des Meeresleuchtens) sowie bei faulendem Holz auf. - ↑ auch Leuchtbakterien.

Biomasse, die Gesamtheit aller lebenden, toten und zersetzten Organismen und der von ihnen stammenden Substanz. Weltweit entstehen auf dem Festland jährl. etwa $2–10^{11}$ t B. (zu 90% pflanzl. Ursprungs).

Biomembranen, nach dem Prinzip der Elementarmembran aufgebaute biolog. Membranen, u. a. ↑ Zellmembran, Zellkernmembran.

Biometeorologie ↑ Bioklimatologie.

Biophylaxe [griech.], Schutz und Erhaltung der natürl. Lebensbedingungen für Mensch, Tier und Pflanze.

Biophysik, selbständige wiss. Disziplin, in der Prinzipien und Methoden der Physik auf biolog. Erscheinungen angewandt werden. Eine wichtige physikal. Methode ist die Röntgenstrukturanalyse. Bei den für das Verständnis biolog. Vorgänge sehr wichtigen Proteinen konnten in einigen Fällen die Struktur ihrer Moleküle bestimmt werden.

Biorhythmus (Biorhythmik), die Erscheinung, daß bei Organismen manche Lebensvorgänge in einem bestimmten tages- oder jahreszeitl. Rhythmus ablaufen; man unterscheidet den *exogenen B.*, der von äußeren (u. a. klimat.) Faktoren bestimmt wird (z. B. Winterschlaf bei Tieren), und den *endogenen B.*, der von inneren (z. B. hormonalen) Mechanismen gesteuert wird (z. B. Eisprung).

Biosphäre, Gesamtheit des von Lebewesen besiedelten Teils der Erde; umfaßt eine dünne Oberflächenschicht, die Binnengewässer und das Meer.

Biosynthese, Aufbau chem. Verbindungen in den Zellen des lebenden Organismus im Rahmen der physiolog. Prozesse.

Biotin [griech.], svw. Vitamin H (↑ Vitamine).

biotisch [griech.], auf lebende Organismen bzw. Lebensvorgänge bezogen; *b. Faktoren* sind gewisse Phänomene des Aufeinandereinwirkens der Organismen, z. B. Symbiose, Parasitismus, auch die Einflußnahme des Menschen auf seine Umwelt.

Biotop [griech.], svw. ↑ Lebensraum.

Biotransformation (Biokonversion), die chem. Umwandlung von Stoffen mittels lebender Zellen (meist Mikroorganismen).

Bioturbation, die Durchmischung und damit Auflockerung des Bodenmaterials durch wühlende Bodentiere.

Biotypus, Gruppe von in der Erbanlage gleichen Exemplaren einer Population, die durch Selbstbefruchtung oder Parthenogenese entstanden sind.

Biowissenschaften, Gesamtheit aller zur ↑ Biologie gehörenden Fachgebiete.

Biozönose ↑ Lebensgemeinschaft.

Bipeden [lat.], svw. ↑ Zweifüßer.

Bipedie (Bipedität) [lat.], svw. Zweifüßigkeit (↑ Zweifüßer).

Birke (Betula), Gatt. der Birkengewächse mit etwa 40 Arten auf der nördl. Halbkugel; Bäume oder Sträucher mit wechselständigen, rundl. bis rautenförmigen, gezähnten Blättern; Blüten einhäusig; Blütenstände

Bischofsmütze

kätzchenförmig; Früchte (Nußfrüchtchen) ein- bis zweisamig, geflügelt, werden bei der Reife durch Zerfall der Kätzchen frei. - Viele Arten sind in Mooren und Tundren vorherrschend; in M-Europa heim. Arten sind v. a. ↑Hängebirke, ↑Moorbirke, ↑Strauchbirke, ↑Zwergbirke. Ausländ. Nutz- und Ziergehölze sind u. a. ↑Papierbirke und ↑Zuckerbirke.

Birkengewächse (Betulaceae), Fam. der zweikeimblättrigen Pflanzen mit den beiden Gatt. Birke und Erle.

Birkenmaus (Waldbirkenmaus, Sicista betulina), 5–7 cm körperlange Hüpfmaus, v. a. in feuchten, unterholzreichen Gebieten Asiens und O-Europas; rötl.-graubraun, mit scharf abgesetztem, schwarzem, auf dem Kopf beginnendem Aalstrich; Schwanz bis über 10 cm lang; hält einen bis 8 Monate dauernden Winterschlaf.

Birkenpilz, svw. ↑Birkenröhrling.

Birkenreizker, svw. ↑Giftreizker.

Birkenröhrling (Graukappe, Birkenpilz, Leccinum scabrum), etwa 15 cm hoher Röhrenpilz mit grau- bis schwarzbraunem Hut, weißl. Porenfeld und weißl., grau bis hellbraun beschupptem Stiel; jung ein wohlschmeckender Speisepilz.

Birkenspanner (Biston betularia), Spannerart; Flügel (Spannweite etwa 4,5 cm) weiß mit schwärzl. Flecken, Tupfen und Linien.

Birkenspinner (Scheckflügel, Endromididae), Schmetterlingsfam. mit der einzigen einheim. Art Endromis versicolora, etwa 5,5–7 cm spannend; rostbraun (♂; ♀ überwiegend blaßbraun) mit dunkelbrauner, gelbl. und weißer Zeichnung; Raupe v. a. an Birken.

Birkhuhn (Lyrurus tetrix), etwa 40 (♀) bis 53 (♂) cm großes Rauhfußhuhn in Europa sowie in gemäßigten Gebieten Asiens; ♂ glänzend-blauschwarz, mit leierförmigem Schwanz; ♀ hell- und dunkelbraun gesprenkelt bis gebändert; beide Geschlechter mit weißer Flügelbinde und leuchtend roten „Rosen" über den Augen.

Birmakatze, wahrscheinl. in Frankr. zw. 1920/30 gezüchtete Hauskatzenrasse, vermutl. aus einer Kreuzung zw. Siam- und Perserkatze hervorgegangen; Fell elfenbeinfarbig mit halblangen, seidig glänzenden Haaren, meist zieml. große, dunkle Ohren und helle Pfoten.

Birnbaum, (Pyrus, Pirus) Gatt. der Rosengewächse mit etwa 25 Arten in Eurasien und N-Afrika; meist sommergrüne Bäume mit schwarz- bis hellgrauer, in würfelförmige Stücke zerfallender Borke; Blätter wechselständig, gesägt oder ganzrandig; Blüten weiß, zu mehreren an Kurztrieben sitzend, vor den Blättern oder gleichzeitig mit ihnen erscheinend; Frucht (↑Birne): Sammelfrucht. In M-Europa kommen neben dem als Obstbaum in vielen Sorten kultivierten ↑Gemeinen Birnbaum drei Wildarten vor, darunter der ↑Wilde Birnbaum. In O-Asien sind weitere Arten als Obstbäume in Kultur, u. a. der in M- und W-China beheimatete Sand-B. (Pyrus pyrifolia). Einige Arten werden auch als Ziergehölze gepflanzt, u. a. die ↑Schneebirne.
♦ svw. ↑Gemeiner Birnbaum.

Birne [zu lat. pirum „Birne"], längl., gegen den Stiel zu sich verschmälernde, grüne, gelbe oder braune Sammelfrucht der Birnbaumarten; das Fruchtfleisch geht aus dem krugförmig sich entwickelnden Blütenboden hervor; jedes der 4–5 Fruchtblätter wird zu einem pergamenthäutigen Balg als Teil des Kerngehäuses mit 2 braunen Samen (Kernen). - Übers. S. 106 f., Abb. S. 102.

Birnengallmücke (Contarinia pyrivora), etwa 3 mm große, dunkelbraune Gallmücke; legt ihre Eier in Birnenblütenknospen ab. Die sich entwickelnden Larven bewirken ein rascheres Wachstum der jungen Früchte und deren vorzeitiges Abfallen.

Birnengitterrost (Birnenrost, Gitterrost, Gymnosporangium sabinae), mikroskop. kleiner, schädl. Rostpilz; lebt in Blättern des Birnbaumes und erzeugt verdickte rötl. Flecken auf der Blattoberseite.

Birnmoos (Bryum), mit etwa 800 Arten artenreichste, weltweit verbreitete Gatt. der Laubmoose mit birnenförmigen, nickenden Sporenkapseln; am bekanntesten das Rasen bildende **Silberbirnmoos** (Bryum argenteum) mit silberglänzenden Blättchen.

Bisamdistel, svw. ↑Silberscharte.

Bisamkörner (Ambrette-, Moschuskörner), die stark nach Moschus duftenden Samen des **Bisameibisch,** eines bis 2 m hohen, einjährigen Malvengewächses in Indien. Das äther. Öl der Samen wird in der Parfümerie verwendet.

Bisamkraut, svw. ↑Moschuskraut.

Bisamkrautgewächse, svw. ↑Moschuskrautgewächse.

Bisamratte (Ondatra zibethica), etwa 30–40 cm körperlange Wühlmausart in N-Amerika, heute auch in Europa und Asien weit verbreitet; Schwanz etwa 20–27 cm lang, seitl. abgeplattet; Zehen seitl. mit Schwimmborsten besetzt; Fell dicht und weich, oberseits kastanien- bis dunkelbraun, unterseits hell braungrau; errichtet im flachen Wasser große, kegelförmige Wohnhügel aus Pflanzenteilen und gräbt Erdhöhlen in Uferwände.

Bisamrüßler (Bisamspitzmäuse, Desmaninae), Unterfam. der Maulwürfe mit 2 Arten auf der nördl. Pyrenäenhalbinsel und in der sw. UdSSR; Körperlänge rd. 11–22 cm, Schwanz etwa körperlang, seitl. abgeflacht, wenig behaart; Füße mit seitl. Borstensäumen und vorn kleinen, hinten gutentwickelten Schwimmhäuten; Schnauze rüsselförmig verlängert; große Moschusdrüse nahe der Schwanzwurzel; leben an und in Gewässern.

Bischofsmütze, gärtner. Bez. für 2 nah verwandte Kakteenarten; beliebte, leicht zu ziehende Zierpflanzen: **Astrophytum capricor-**

Bisexualität

Birnensorten

Bosc's Flaschenbirne	Clapps Liebling	Frühe aus Trévoux
Gellerts Butterbirne	Grüne Jagdbirne	Gute Luise
Madame Verté	Vereins-Dechantsbirne	Williams Christbirne

ne aus dem nördl. Mexiko, bis 25 cm hoch, zylindr., mit mehreren schmalen, vorspringenden Längsrippen, unregelmäßig gebogenen Dornen und trichterförmigen, zitronengelben Blüten mit tiefrotem Schlund; **Astrophytum myriostigma** aus M-Amerika, 5–8 Rippen, mit weißen Wollflöckchen bedeckt.

Bisexualität (Doppelgeschlechtlichkeit, Zweigeschlechtlichkeit), in der Anthropologie das Nebeneinander homo- und heterosexueller Triebe und Neigungen eines Menschen.

Biskayawal ↑ Glattwale.

Bison [german.-lat.], Gatt. massiger, bis 3,5 m körperlanger und bis 2 m schulterhoher Wildrinder mit 2 Arten: europ. ↑ Wisent und der nordamerikan. **Bison** (Bison bison), bis etwa 3 m körperlang und bis 1,9 m schulterhoch, ♀♀ deutl. kleiner; dichtes Fell, gelbl.-rotbraun bis dunkelbraun, am Vorderkörper schwarzbraun, Haare dort stark verlängert, zw. den Hörnern dicke Kappe bildend, die weit über die Stirn herabhängen kann.

Bitterdistel, svw. ↑ Benediktenkraut.

bittere Mandel (Bittermandel), Samen der Bittermandel, einer Varietät des Mandelbaums; enthält 30–50 % fettes Öl, 25–35 % Eiweißstoffe und bis 4 % Amygdalin. B. M. sind durch die bei fermentativem Abbau des Amygdalins entstehende Blausäure giftig.

Bitterkresse (Bitteres Schaumkraut, Cardamine amara), ausdauernder Kreuzblütler in Europa und Asien, in Bächen und an sumpfigen Orten; mit fiederteiligen Blättern und weißen Blüten.

Blasenstrauch

Bitterling, (Bitterfisch, Blecke, Rhodeus sericeus) Karpfenfisch mit 2 Unterarten: im Amurbecken und in N-China der **Chines. Bitterling** (Rhodeus sericeus sericeus); in langsam fließenden oder stehenden Gewässern M-, O- und SO-Europas sowie in Teilen Kleinasiens der **Europ. Bitterling** (Rhodeus sericeus amarus), bis knapp 10 cm lang, hochrückig, Rücken graugrün bis schwärzl., Seiten heller, Bauch weiß; bis zur Schwanzwurzel blaugrüner Längsstrich; Aquarienfisch.

◆ (Blackstonia, Chlora) Gatt. der Enziangewächse mit nur wenigen Arten im Mittelmeergebiet und in M-Europa. Zwei Arten kommen bis ins Rheingebiet an moorigen, lehmigen oder kiesigen Stellen vor: **Sommerbitterling** (Blackstonia perfoliata) und **Später Bitterling** (Blackstonia serotina), 15–40 cm hoch, mit goldgelben Blüten.

Bisons

Bittermandel, svw. ↑bittere Mandel.
Bitterorange, svw. ↑Pomeranze.
Bitterpilz, svw. ↑Gallenröhrling.
Bittersüß (Bittersüßer Nachtschatten, Solanum dulcamara), Nachtschattengewächs in den gemäßigten Zonen Eurasiens sowie in N-Afrika, in M-Europa in feuchten Gebüschen und Auwäldern; Halbstrauch, Blüten in Doldentrauben und roten, giftigen Beeren von anfangs bitterem, später süßl. Geschmack.
Bittersüßer Nachtschatten, svw. ↑Bittersüß.
Bivalvia [lat.], svw. ↑Muscheln.
Bizeps [lat.], Kurzbez. für: *Musculus biceps brachii*, zweiköpfiger Oberarmmuskel, der vom Schulterblatt zum Unterarm zieht und den Arm im Ellbogengelenk beugt.
Blase, (Vesica) in der *Anatomie* sackförmiges, mit Schleimhaut ausgekleidetes Hohlorgan zur Aufnahme von Körperflüssigkeiten (z. B. Gallen-B., Harn-B.) oder von Gasen (z. B. die Schwimm-B. bei Fischen).
Blasenauge ↑Auge.
Blasenbinse, svw. ↑Blumenbinse.
Blasenfarn (Cystopteris), fast weltweit verbreitete Gatt. der Tüpfelfarngewächse mit 5 Arten, v. a. in Bergwäldern; zierl., niedrige Farne mit feingefiederten Blättern, Sporangienhäufchen an der Blattunterseite von einem blasenförmigen Häutchen umgeben. In M-Europa wächst auf feuchten Stellen, Felsen und Mauern der **Zerbrechliche Blasenfarn** (Cystopteris fragilis) mit kurz gestielten Fiederblättern.
Blasenfüße (Fransenflügler, Thysanoptera), weltweit verbreitete Ordnung 1–2 mm langer, unscheinbarer brauner oder schwarzer (auch gelber) Insekten mit etwa 2000 Arten, davon ca. 300 einheim.; Körper fast immer langgestreckt, Flügel meist vorhanden; Beine kurz und kräftig, mit endständiger Haftblase zw. den beiden Krallen des letzten Fußgliedes. Viele Arten werden an Kulturpflanzen schädl.
Blasenkäfer, svw. ↑Ölkäfer.
Blasenläuse (Pemphigidae), weltweit verbreitete Fam. der Blattläuse, die meist Generations- und Wirtswechsel zeigen und häufig an Laubbäumen und Kräutern blasenförmige Gallen erzeugen, in denen die nächste Generation heranwächst. Schädlinge an Kulturpflanzen (z. B. ↑Blutlaus).
Blasenstrauch (Colutea), Gatt. der Schmetterlingsblütler mit etwa 20 Arten, von S-Europa bis zum Himalaja; sommergrüne Sträucher mit unpaarig gefiederten Blättern

Bitterkresse   Bitterling    Bitterling

Blasentang

und gelben bis rotbraunen Blüten in wenigblütigen Trauben; Frucht eine mehrere cm lange, häutige, bauchig aufgeblasene Hülse; auch Zierpflanze.

Blasentang (Fucus vesiculosus), bis 1 m lange Braunalge an den Küsten des Atlant. Ozeans (einschließl. Nord- und Ostsee) und des westl. Mittelmeers; Thallus bandförmig, stark verzweigt, beiderseits der Mittelrippen paarig angeordnete (den Tang im Wasser aufrecht haltende) Schwimmblasen. - Bereits im Altertum zu Heilzwecken verwendet.

Blasenwurm (Kleiner Hundebandwurm, Echinococcus granulosus), 4-6 mm langer Bandwurm im Dünndarm von Raubtieren, Haushunden und Hauskatzen; besteht nur aus dem Kopf und 3-4 Gliedern, deren letztes die von Eischalen umhüllten Larven enthält. Zwischenwirte sind außer dem Menschen viele pflanzenfressende Säugetiere (des. Huftiere). Die im Darm des Zwischenwirtes schlüpfenden Larven durchbohren dessen Darmwand und gelangen mit dem Blutstrom meist in die Leber. Im Zwischenwirt, in dem die faust- bis kindskopfgroßen Finnenblasen (Echinokokkenblasen) gebildet werden, kommt es nie zur vollen Entwicklung des B. Der B. ist einer der gefährlichsten Bandwürmer des Menschen, weil sich an den Echinokokkenblasen bis zu mehreren Mill. Tochterblasen bilden können, die sich abschnüren, um später an einer anderen Körperstelle zur großen Finnenblase heranzuwachsen.

Bläßgans (Bleßgans, Anser albifrons), etwa 65-76 cm große Feldgansart im hohen N Asiens und N-Amerikas sowie im SW Grönlands; dunkel graubraun mit meist hellerer Unterseite, am Bauch unregelmäßig schwarze Querflecken; Stirn und Schnabelgrund weiß, Schnabel blaßrötl. oder gelborange, Beine orangefarben; im Winter auch an der Nordseeküste.

Bläßhuhn (Bleßhuhn, Bläßralle, Bleßralle, Belchen, Fulica atra), kräftige, knapp 40 cm große Rallenart in Europa und Asien, N-Afrika und Australien; matt grauschwarz, Kopf schwarzglänzend mit weißer Stirnplatte (Blesse) und weißem Schnabel; Beine grünl., Zehen mit breiten Schwimmlappen; lebt v. a. auf größeren, offenen Gewässern.

Blastem [griech.], tier. Bildungsgewebe (noch undifferenzierter Zellen), aus dem im Verlauf der Embryonalentwicklung die Körpergrundgestalt und die Organe hervorgehen.

Blastoderm [griech.], einschichtiges Epithel der Blastulawand. Aus dem B. gehen die Keimblätter hervor.

Blastokoline [griech.], veraltete Bez. für diejenigen Pflanzenstoffe, die die Keimung der Samen höherer Pflanzen hemmen. Chemisch handelt es sich hauptsächl. um ↑Abszisin und seine Abkömmlinge sowie um Xanthoxin (ein Karotinoidabkömmling).

Blastogenese, svw. ↑Furchungsteilung.

Blastomyzeten [griech.], ältere, in der Medizin noch gebräuchl. Bez. für sprossende Hefepilze (v. a. der Gatt. Blastomyces, Cryptococcus), die als Erreger von Blastomykosen auftreten und bei denen eine sexuelle Vermehrung nicht bekannt ist *(imperfekte* oder *aspore Hefen).*

Blastoporus [griech.], svw. ↑Urmund.

Blastozöl [griech.], das Innere der Blastula; die primäre Leibeshöhle.

Blastozyste [griech.] ↑Keimbläschen.

Blastula [zu griech. blastós „Keim, Trieb"], frühes Entwicklungsstadium des Embryos; im Verlauf der Furchungsteilungen aus der Eizelle entstehender, meist hohler Zellkörper. Aus der B. geht die ↑Gastrula hervor.

Blatt, zweiseitig-symmetr. seitl. Anhangsorgan der Sproßachse bei Sproßpflanzen. *B.bau:* Die Blätter einiger primitiver Farnpflanzen sind schuppenförmig, ein- bis wenigschichtig, nervenlos oder mit zarten Leitgewebesträngen versehen. Am Aufbau der Blätter der höher entwickelten Farnpflanzen und der Samenpflanzen sind parenchymat., leitende und meist auch mechan. Gewebe beteiligt. Die Leitgewebe sind als Stränge (↑Leitbündel), die als **Blattnerven** (Blattadern) bezeichnet werden, in das parenchymat. Grundgewebe eingebettet und bilden die B.nervatur. Fast stets ist die Mittelnerv vorhanden, der meist das kräftigste Leitbündel darstellt, meist tritt zusätzl. noch mindestens ein Paar randl. Leitbündel aus der Sproßachse in das B. ein. Die das B. versorgenden Leitbündel zweigen vom Leitbündelsystem des Sprosses ab. An der B.basis geht das B.gewebe kontinuierl. in das Sproßgewebe über. Zuweilen ist die B.basis als von oben nach unten verlaufende, kissenförmige (**Blattpolster**) oder wulst- bis rippenförmige Anschwellung an der Sproßachse ausgebildet, so daß Teile des B. gleichzeitig Teile der Sproßrinde darstellen. Sind die Ränder dieser B.partie spreitenartig ausgewachsen, dann kommt es zu einer Flügelung der Sproßachse. Bei den Samenpflanzen lassen sich von der Sproßbasis bis zur -spitze insgesamt folgende Blattarten nach Bau und Funktion unterscheiden: ↑Keimblatt, ↑Niederblätter, ↑Laubblatt, ↑Hochblätter, ↑Kelchblatt, ↑Blumenblätter, ↑Staubblatt, ↑Fruchtblatt.

Blattachsel, bei Pflanzen der Winkel zw. Sproßachse und Blatt (bzw. Blattstiel).

Blattdornen ↑Laubblatt.

Blattella [lat.], Gatt. der ↑Schaben, in M-Europa nur die ↑Hausschabe.

Blätterkohl ↑Gemüsekohl.

Blättermagen (Psaltermagen, Psalterium), zw. Netzmagen und Labmagen liegender Abschnitt des Wiederkäuermagens mit ausgeprägten, blattartig nebeneinanderliegenden Schleimhautlängsfalten. Im B. wird der bereits wiedergekäute Nahrungsbrei zer-

rieben und der größte Teil seiner Flüssigkeit ausgepreßt, bevor er in den Labmagen gelangt.
Blätterpilze, svw. ↑ Lamellenpilze.
Blattfingergeckos (Blattfinger, Phyllodactylus), Gatt. kleiner Geckos mit abgeflachten, verbreiterten Finger- und Zehenenden; v. a. in den Tropen und Subtropen der Alten und Neuen Welt; einzige Art in Europa ist der bis 7 cm lange **Europäische Blattfingergekko** (Phyllodactylus europaeus).
Blattflöhe (Springläuse, Blattsauger, Psyllina), Unterordnung der Gleichflügler mit der einzigen, weit verbreiteten Fam. **Psyllidae:** rd. 1 000, etwa 2–4 mm große, unscheinbar bräunl. oder grünl. gefärbte Arten; zikadenähnl., jedoch mit langen Fühlern; ♀♀ stets mit Legebohrer; Flügel meist durchsichtig; zahlr. Arten schädl. an Kulturpflanzen; einheim. u. a. ↑ Apfelblattsauger.
Blattfußkrebse (Blattfüßer, Phyllopoda, Branchiopoda), Unterklasse fast ausschließl. im Süßwasser lebender Krebstiere mit rd. 1 000, etwa 0,2 mm bis 10 cm langen Arten; Körper meist von einem napfförmigen Rückenschild (z. B. bei Wasserflöhen) bedeckt; Vorderrumpfabschnitt mit Extremitäten (meist quergestellte, biegsame Blattbeine). - Zu den B. gehören u. a. die ↑ Kiemenfußkrebse und ↑ Wasserflöhe.
Blattgrün, svw. ↑ Chlorophyll.
Blatthornkäfer (Lamellicornia), Familiengruppe der Käfer mit über 22 000, etwa 1 mm bis 15 cm großen Arten, davon rd. 700 in Europa, 150 in Deutschland; Fühler abgewinkelt, an der Spitze fast stets mit nach einer Seite gerichteten, blattartigen, lamellenförmigen Anhängen. 3 Fam.: ↑ Zuckerkäfer, ↑ Skarabäiden, ↑ Hirschkäfer.
Blatthühnchen (Jacanidae), Vogelfam. mit 7, knapp 15 bis über 50 cm langen Arten, v. a. in den Tropen; sehr hochbeinig mit stark verlängerten Zehen und Krallen; amerikan. Art ↑ Jassana.
Blattkäfer (Chrysomelidae), weltweit verbreitete Käferfam. mit über 34 500, meist kleinen Arten, davon etwa 1 300 in Europa, etwa 480 in Deutschland; überwiegend rundl. bis eiförmig, meist bunt oder metall. glänzend; einige Arten sind schädl. an Kulturpflanzen, z. B. ↑ Kartoffelkäfer, ↑ Flohkäfer.
Blattkaktus (Epiphyllum, Phyllocactus), Kakteengatt. mit etwa 20 Arten in M- und S-Amerika; epiphyt. Sträucher mit langen, blattartigen, zweikantig geflügelten Sprossen und großen, oft wohlriechenden, trichterförmigen Blüten mit sehr langer Röhre; kultiviert wird z. B. der **Kerbenblattkaktus** (Epiphyllum crenatum, Phyllocactus crenatus) mit bis 22 cm langen, innen weißen oder cremefarbenen, außen grünl. Blüten.
Blattkiemer (Eulamellibranchiata), Ordnung im Meer oder auch im Süßwasser lebender Muscheln; Schalenlänge etwa 1 mm bis 1,5 mm, Kiemen mit zahlr. blättchenförmigen Lamellen *(Blattkiemen);* Mantel oft zu Ein- und Ausströmröhren (Siphonen) ausgezogen; Schloßzähne sind meist nur in geringer Zahl vorhanden. Z. B. ↑ Flußmuscheln.
Blattkohl ↑ Gemüsekohl.
Blattläuse (Aphidina), weltweit verbreitete Unterordnung der Pflanzenläuse mit etwa 3 000, selten über 3 mm großen Arten, davon etwa 830 in M-Europa; Körper weichhäutig, mit meist dünnen, langen Schreitbeinen; ♀♀ häufig ungeflügelt, ♂♂ fast stets mit großen, häutigen Flügeln. B. haben einen komplizierten Generationswechsel, häufig verbunden mit Wirtswechsel. Aus dem hartschaligen, befruchteten Winterei entsteht die „Stammutter", die parthenogenet. ♀♀ hervorbringt. Letztere erzeugen wiederum parthenogenet. ♀♀. Oft folgen mehrere derartige Generationen aufeinander, deren letzte ♂♂ und befruchtungsbedürftige ♀♀ hervorbringt, die ihrerseits befruchtete Wintereier ablegen. - Die B. sind Pflanzensauger. Viele B. sind schädl. an Nutzpflanzen. Fam.: ↑ Röhrenläuse, ↑ Blasenläuse, ↑ Tannenläuse, ↑ Zwergläuse, ↑ Maskenläuse, ↑ Zierläuse, ↑ Borstenläuse.
Blattnasen (Phyllostomidae), Fam. der Kleinfledermäuse mit etwa 140 Arten vom südl. N-Amerika bis N-Argentinien und auf den Westind. Inseln; Körperlänge etwa 4 bis 14 cm, Flügelspannweite 20–70 cm. Die B. haben meist häutige, oft skurril gestaltete Nasenaufsätze.
Blattpflanzen, allg. Bez. für Zierpflanzen (z. B. Gummibaum, Palmen, Philodendron) mit großen, dekorativen Blättern.
Blattranken ↑ Laubblatt.
Blattrippe ↑ Laubblatt.
Blattschneiderameisen, Bez. für mehrere Gatt. etwa 2–15 mm großer Ameisen mit etwa 100 Arten in den Tropen und Subtropen Amerikas. Die B. leben in Erdnestern, in die sie zerschnittene Blätter eintragen.
Blattschneiderbienen (Tapezierbienen, Megachile), weltweit verbreitete Gatt. 10–38 mm großer Bienen, von denen 22 Arten in M-Europa vorkommen; bilden für die Brut fingerhutförmige Zellen, die aus ovalen, passungsgerechten Blattstückchen zusammengefügt werden.
Blattschwanzgeckos (Phyllurus), Gatt. bis etwa 25 cm langer Geckos in S-Asien und Australien; Baumbewohner mit langen, dünnen Kletterzehen; Schwanz blattartig verbreitert.
Blattsteigerfrösche (Phyllobates), Gatt. der Färberfrösche in M- und S-Amerika; etwa 20 Arten; wenige cm lang, oft leuchtend bunt, Finger und Zehen mit Haftscheiben. Die Haut der B. enthält organ. Gifte, die von den Indianern zur Herstellung von Pfeilgift benutzt werden.
Blattstellung ↑ Laubblatt.
Blattstiel ↑ Laubblatt.

BIRNENSORTEN

Name	Frucht (Form, Farbe)	Fruchtfleisch	Geschmack	Verwendung
Alexander Lucas	groß, stumpfkegelförmig, zum Kelch hin dickbauchig	weiß, saftig	süß und leicht gewürzt	Tafelbirne
Bosc's Flaschenbirne	mittelgroß bis groß, flaschen- bis keulenförmig, kelchbauchig, rauhe, trockene Schale, hellgrün bis goldgelb, umbrafarbene Berostung	gelblich, saftig, schmelzend	süß, fein gewürzt	Tafelbirne
Champagnerbratbirne (Deutsche Bratbirne)	klein, mittel- bis kelchbauchig, gelblichgrün, fein bräunlich punktiert	weiß, grobkörnig, saftig		Mostbirne
Clapps Liebling	mittelgroß bis groß, dickbauchig, nach dem Stiel zu länglich ausgezogen, hellgrün bis goldgelb, fein rot punktiert, sonnenseits zinnoberrot verwaschen	gelblichweiß, saftig	angenehm aromatisch	Tafelbirne
Diels Butterbirne	groß bis sehr groß, breitbauchig, hellgrün bis ockergelb, rostrot punktiert bis rotfleckig	gelblichweiß, saftig, halbschmelzend	süß und würzig	Tafelbirne
Frühe aus Trévoux	mittelgroß, länglich bis länglichrund, grünlichgelb, später gelb, sonnenseits rotstreifig und getupft	weiß, schmelzend, saftig	wohlschmeckend, fein säuerlich gewürzt	Tafel- und Einmachbirne
Gellerts Butterbirne (Hardys Butterbirne)	mittelgroß bis groß, länglich-bauchig, grünlich bis ockergelbe Schale, bisweilen zimtfarbig berostet	gelblichweiß, sehr saftig	süßsäuerlich, stark aromatisch	Tafelbirne
Gräfin von Paris	groß, lang, gelblichgrün bis strohgelb, mit starker Berostung	schmutzigweiß, schmelzend	süß, schwach aromatisch	Tafelbirne
Grüne Jagdbirne	kaum mittelgroß, rundlich, graugrün, braun gepunktet mit rötlichem Schimmer	rötlichweiß, saftig	sehr herb	Mostbirne
Gute Luise (Gute Luise von Avranches)	mittelgroß, lang, hellgrün bis hellockerfarben, sonnenwärts rote, bräunlich punktierte Schale	gelblichweiß, saftig	fein würzig, süß	Tafelbirne
Köstliche von Charneu (Bürgermeisterbirne)	mittelgroß, unregelmäßig geformt, grüngelb bis zitronengelb, sonnenseits bräunlichrot verwaschen, wachsartig bereift	gelblichweiß, saftig	süß, feinwürzig	Tafelbirne
Madame Verté	mittelgroß, breit kegelförmig, Schale hart, hellgelb bis orangefarben, berostet	gelblichweiß, schmelzend	süß, mit feinsäuerlichem Aroma	Tafel- und Wirtschaftsbirne
Pastorenbirne (Grüne Langbirne)	groß, lang, kelchbauchig, grüngelb, sonnenseits hellbräunlichrot, gepunktet	schmutzigweiß, halbschmelzend	süßsäuerlich, schwachwürzig	Tafel- und Wirtschaftsbirne
Präsident Drouard	meist groß, kelchbauchig, grünlichgelb	gelblichweiß, sehr saftig, schmelzend	süß, leicht gewürzt	Tafelbirne

BIRNENSORTEN (Forts.)

Name	Frucht (Form, Farbe)	Fruchtfleisch	Geschmack	Verwendung
Schinkenbirne (Hardenponts Winterbutterbirne, Amalia von Brabant)	mittelgroß bis groß, stark bauchig und beulig, derbe, hellgelbe Schale	weiß bis gelblich, sehr saftig	erfrischend	Tafelbirne
Vereins-Dechantsbirne	mittelgroß bis groß, kelchbauchig, zum Kelch hin gerippt, grün bis gelb, sonnenseits blaßrotbraun, punktiert	weißgelb, schmelzend, sehr saftig	angenehm würzig	Tafelbirne
Williams Christbirne	mittelgroß bis groß, mit deutlichen Erhebungen, kelchwärts schmal gerippt, gelbgrün bis hellgelb, mit zahlreichen zimtfarbenen Punkten	gelblichweiß, schmelzend, sehr saftig	feines, eigenartiges Aroma	Tafel- und Einmachbirne
Winter-Dechantsbirne	mittelgroß bis groß, rundlich, auch leicht beulig, dicke, schmutziggrüne bis gelbliche, sonnenwärts rötliche Schale, stark berostet	gelblichweiß, schmelzend, saftig	würzig	Tafel- und Wirtschaftsbirne

Blattütenmotten (Miniermotten, Lithocolletidae), Fam. kleiner Schmetterlinge mit sehr schmalen, lange Fransen tragenden Flügeln; einheim. über 50 Arten aus der Gatt. *Lithocolletis*, mit metall. glänzenden Flecken auf den meist silberweißen Vorderflügeln.

Blattvögel, (Irenidae) Fam. der Sperlingsvögel mit etwa 14, rd. 15–50 cm langen Arten in S- und SO-Asien; ♂♂ bunter gefärbt; wegen ihrer Farbenpracht und ihrer Stimme z. T. beliebte Käfigvögel, z. B. ↑Elfenblauvogel, ↑Goldstirnblattvogel.
◆ (Chloropsis) Gatt. der Fam. Irenidae mit etwa 8, 17–20 cm langen Arten in den Regenwäldern des südl. und sö. Asiens; schlank, mit ziemlich langem, leicht nach unten gebogenem Schnabel; Gefieder überwiegend leuchtend grasgrün, Kopf der ♂♂ oft leuchtend bunt.

Blattwanzen (Lygus), Gatt. der Blindwanzen mit 8 einheim., rd. 5–6 mm langen, länglichovalen Arten; schädl. an landw. Kulturen.

Blattwespen (Tenthredinidae), fast weltweit verbreitete Fam. der Pflanzenwespen mit rd. 4 000 etwa 3–15 mm großen, oft auffallend bunten Arten, davon etwa 850 in Europa. Schädlinge sind z. B. ↑Sägewespen.

Blaualgen (Spaltalgen, Cyanophyta), einzellige, fadenförmige Organismen, die zus. mit den Bakterien als Prokaryonten gegenüber Pflanzen und Tieren als selbständige systemat. Einheit aufgefaßt werden. B. kommen als Einzeller, Zellkolonien, unverzweigte oder verzweigte Fäden in allen Lebensräumen (Ausnahme: Luftraum) vor. Sie sind v. a. im Süßwasser verbreitet; sie besiedeln extreme Standorte und sind Erstbesiedler auf Rohböden und nacktem Gestein. - Die Fortpflanzung erfolgt nur durch Zellteilung. Der Zellkern fehlt, Sitz der genet. Information ist das Zentroplasma mit DNS-haltigen Strukturen (Kernäquivalent). Das für die Photosynthese wichtige Chlorophyll kommt zus. mit blauem (Phykozyan) oder rotem Farbstoff (Phykoerythrin) im Zytoplasma vor. Einige B. bilden mit Pilzen Symbiosen (Flechten; z. B. Gallertflechte mit Schlauchpilzen).

Blaubeere, svw. ↑Heidelbeere.

Links: Blaukehlchen; unten: Blindschleiche

Blaue Lupine

Blaue Lupine, svw. ↑Schmalblättrige Lupine.

Blauer Eisenhut (Echter Sturmhut, Aconitum napellus), Hahnenfußgewächs; Sammelart mit etwa 10 Kleinarten in den Gebirgen M-Europas (v. a. der Alpen); bis 1,5 m hohe Staude mit fünf- bis siebenteiligen, handförmigen Blättern und blauvioletten, helmförmigen, bis 2 cm großen Blüten in dichten, vielblütigen Trauben; auf Lägerfluren und in Wäldern (bis zu einer Höhe von 3 000 m) vorkommend; Wurzelknollen und Blätter durch Aconitin sehr giftig.

Blaufelchen (Große Schwebrenke, Coregonus wartmanni), schlanke, seitl. etwas zusammengedrückte, bis 10 kg schwere, bis 70 cm lange Renkenart in sauerstoffreichen Seen der Alpen, der Voralpen, von N-Deutschland und N-Europa; Rücken blau- bis dunkelgrün, Seiten und Bauch weißlich-silbern; Kopf kegelförmig, spitz; schmackhafter Speisefisch.

Blaufichte ↑Stechfichte.

Blaufuchs, Farbvariante des ↑Polarfuchses; Sommerfell braungrau, das im Pelzhandel begehrte langhaarige Winterfell blaugrau.

Blauhai (Prionace glauca), meist 2,5–4 m lange, sehr schlanke, spitzschnäuzige Art der ↑Menschenhaie, v. a. in den Meeren trop. und subtrop. Breiten (im Sommer und Herbst im Mittelmeer häufig, seltener in der Nordsee, gelegentl. in der westl. Ostsee); Oberseite und Flossen dunkelblau bis blaugrau, Seiten heller, Bauch weiß; Schwanz lang und abgeflacht, Brustflossen sehr lang, sichelförmig; Zähne groß, einspitzig, mit stark gesägten Rändern.

Blauheide (Moosheide, Phyllodoce), Gatt. der Heidekrautgewächse mit etwa 7 Arten in den arkt. und alpinen Gebieten der nördl. Halbkugel; niedrige, immergrüne Zwergsträucher mit glockenförmigen weißen, gelbl., rosa oder purpurroten Blüten in Blütenständen.

Blaukehlchen (Luscinia svecica), etwa 14 cm große Drosselart, v. a. in Uferdickichten und sumpfigen Wiesen, in Europa sowie im gemäßigten und nördl. Asien; Oberseite dunkel graubraun, Bauch weißl., ♂ zur Brutzeit mit leuchtend blauer Kehle, die unten von einem schwarzen und rostroten Band eingefaßt ist. - Abb. S. 107.

Blaukissen, svw. ↑Aubrietie.

Blaukraut (Blaukohl, Rotkohl, Rotkraut, Brassica oleracea var. capitata f. rubra), Kulturform des Gemüsekohls mit Kopfbildung; Blätter durch das Anthocyan Rubrobrassicin blaurot gefärbt.

Bläulinge (Lycaenidae), weltweit verbreitete Fam. kleiner bis mittelgroßer Tagfalter mit über 4 000 Arten, v. a. in den Tropen (76 Arten in Europa); Flügel der ♂♂ oft mit lebhaft blauem oder rotem Metallglanz; Flügel der ♀♀ überwiegend braun bis grau, seltener auch blau gefärbt; Flügelunterseite meist mit dunklen, hell gerandeten Punkten oder kleinen Augenflecken, häufig mit bunter Randzeichnung. In M-Europa kommen u. a. ↑Silberfleckbläuling, ↑Dukatenfalter und mehrere Arten der ↑Zipfelfalter vor.

Blaumeise (Parus caeruleus), kleine, gedrungene, etwa 11 cm große Meisenart in Europa, W-Asien und NW-Afrika; Rücken olivgrün, Unterseite gelb; Scheitelplatte, Flügel und Schwanz glänzend kobaltblau, Wangen weiß mit schwarzer Begrenzung und schwarzem Augenstreif; ♂ etwas matter gefärbt als ♀.

Blaunase, svw. ↑Schnäpel.

♦ svw. ↑Zährte.

Blauracke (Coracias garrulus), etwa 30 cm große Rackenart in Europa, in W-Asien und NW-Afrika; hell türkisblau mit leuchtend zimtbraunem Rücken, Flügelenden und Schwanz metall. dunkelblau.

Blauschimmel (Peronospora tabacina), ein ↑Falscher Mehltaupilz, der v. a. an Tabakpflanzen erhebl. Schaden anrichten kann.

Blauschwingel ↑Schafschwingel.

Blaustern, svw. ↑Szilla.

Blautanne, svw. Blaufichte (↑Stechfichte).

Blauwal (Balaenoptera musculus), in allen Weltmeeren vorkommender, meist bis 30 m langer, bis über 130 t schwerer Furchenwal; Körperoberseite stahlblau bis blaugrau mit kleinen hellen Flecken, Unterseite etwas heller; Rückenfinne sehr klein, Brustflossen lang und spitz; etwa 360 tiefschwarze Barten. - Der B. ernährt sich fast ausschließl. vom ↑Krill, von dem sein Magen etwa 2 000 l aufnehmen kann. Die Lebensdauer des B. beträgt vermutl. 20–30 Jahre. Der B. ist durch starke Bejagung selten geworden.

Blauwangenbartvogel (Megalaima asiatica), etwa 22 cm großer Bartvogel in den Wäldern S-Asiens; leuchtendgrün mit je einem kleinen seitl. roten Kehlfleck, Kopf himmelblau, Scheitelplatte rot mit schwarzem Querband; in Volieren leicht zu halten.

Blechnum [griech.], svw. ↑Rippenfarn.

Blecke, svw. ↑Bitterling.

Bleiregion, svw. ↑Brachsenregion.

Bleiwurzgewächse (Grasnelkengewächse, Strandnelkengewächse, Plumbaginaceae), weltweit verbreitete Fam. der Zweikeimblättrigen mit 15 Gatt. und über 500 Arten; hauptsächl. Salz- oder Trockenpflanzen mit Nadelblättern; Sträucher oder Halbsträucher, seltener Kräuter; Blätter ungeteilt, wechselständig, oft wie die Stengel mit Wasser, Salze oder Schleime ausscheidenden Drüsen; Blüten in Blütenständen; Nuß- oder Kapselfrüchte; Zierpflanzen in den Gatt. Bleiwurz, ↑Grasnelke, ↑Widerstoß.

Blesse, weißes Abzeichen an der Vorderseite des Kopfes verschiedener Tiere; beim Pferd: weißer Streifen auf dem Nasenrücken.

Bleßralle, svw. ↑Bläßhuhn.

Blicke (Güster, Blicca bjoerkna), etwa

20–30 cm langer Karpfenfisch in Europa, seitl. stark zusammengedrückt, Rücken graugrün bis schwärzl. oliv, Seiten heller, silberglänzend, Bauch weiß bis rötlichweiß.

Blickfeld, der Teil des Raumes, der bei unbewegtem Kopf, aber bewegten Augen noch scharf wahrgenommen werden kann.

Blimbing (Bilimbi) [malai.], hellgelbe, bis 8 cm lange, gurkenähnl. Beerenfrucht des ↑Gurkenbaums; für Säfte, Marmelade, Kompott und kandierte Früchte verwendet.

Blinddarm (Zäkum, Zökum, Typhlon), blind endende, meist unpaare Aussackung des Enddarms am Dickdarmanfang vieler Wirbeltiere. Der B. ist u. a. Vermehrungsort der für die Verdauung unentbehrl. Darmbakterien und somit auch wichtiger Vitaminlieferant. Bei Fleischfressern ist er im allg. kurz, bei (zelluloseverdauenden) Pflanzenfressern meist relativ lang ausgebildet (beim Hausrind z. B. bis 70 cm lang). Eine bes. Rolle spielt der B. bei den Hasenartigen und den Nagetieren mit einem Volumenanteil von etwa 30 % bis über 40 % am gesamten Magen-Darm-Trakt. Sein Inhalt wird bei diesen Tieren in einer Schleimhülle gesondert vom übrigen Darmkot ausgeschieden und unmittelbar vom After mit dem Mund wieder aufgenommen, um im Magen dem Speisebrei beigemengt zu werden. - Der 6–8 cm lange B. des Menschen, meist ganz vom Bauchfell überzogen, liegt rechts im Unterbauch direkt unterhalb der Einmündungsstelle des Dünndarms in den Dickdarm. An ihm hängt blindsackartig der bleistiftdicke, etwa 8 cm lange **Wurmfortsatz** (Processus vermiformis, Appendix vermiformis, Kurzbez. Appendix), in der Umgangssprache auch B. gen., ein rudimentäres, an lymphat. Gewebe reiches, relativ häufig zu Entzündungen neigendes Organ.

Blinde Fliege ↑Regenbremsen.

blinder Fleck ↑Auge.

Blindfische (Trugkärpflinge, Amblyopsoidei), Unterordnung der Barschlachse mit der einzigen Fam. Amblyopsidae im sö. N-Amerika; wenige, etwa 5–15 cm lange Arten; Körper langgestreckt, spindelförmig, Bauchflossen sehr klein oder [meist] völlig fehlend; in Höhlen lebende Arten haben rückgebildete Augen; z. T. Aquarienfische.

Blindmäuse (Spalacidae), Nagetierfam. mit der einzigen, nur 3 Arten umfassenden Gatt. **Spalax** in SO-Europa, S-Rußland, Kleinasien und im östl. N-Afrika; Körper auffallend plump walzenförmig, etwa 18–30 cm lang, Kopf und Hals kaum vom Körper abgesetzt; auffallend kräftige, vorstehende Schneidezähne; Augen funktionslos, unter der Haut liegend; Ohrmuscheln fehlen; Fell kurz, samtartig, dunkelgrau bis graubraun; meist unterird. in meist weit verzweigten Gangsystemen lebend.

Blindmulle (Mullmäuse, Myospalacini), Gattungsgruppe etwa 15–27 cm körperlanger Wühler (Überfam. Mäuseartige) mit der einzigen, aus 5 Arten bestehenden Gatt. **Myospalax** in den gemäßigten Zonen Asiens; Gestalt maulwurfähnl.; Kopf keilförmig; Fell zieml. langhaarig, meist hellgrau bis gelbbraun.

Blindschlangen (Typhlopidae), Schlangenfam. mit etwa 200, 10 bis etwa 75 cm langen Arten im trop. Amerika, in Afrika und in SO-Asien; Körper durchgehend von gleicher Dicke, Kopf abgestumpft, Schwanz sehr kurz mit nach unten gekrümmtem Schuppendorn; Augen rückgebildet; meist unterird. lebend; Färbung meist bräunl. bis gelblich.

Blindschleiche (Anguis fragilis), etwa 40–50 cm lange Schleichenart in Europa, im westl. N-Afrika und in Vorderasien; Kopf eidechsenartig; Schwanz von etwa doppelter Körperlänge, wird leicht abgestoßen und regeneriert danach als kurzer, kegelförmiger Stumpf; Körperoberseite bleigrau, graubraun oder kupfer- bis bronzefarben glänzend, meist mit feiner schwarzer Mittellinie; ♀ meist heller als ♂, Unterseite schwarz bis blaugrau. - Ernährt sich v. a. von Nacktschnecken und Würmern. - Abb. S. 107.

Blindwanzen (Weichwanzen, Schmalwanzen, Miridae), mit etwa 6000 Arten formenreichste, weltweit verbreitete Fam. der Landwanzen; einheim. über 300, etwa 2–12 mm große Arten; meist blaß gefärbt; überwiegend Pflanzensauger. - Bekannt ist die Gatt. ↑Blattwanzen.

Blindwühlen (Schleichenlurche, Apoda, Gymnophiona), Ordnung der Lurche mit 165 Arten in den Tropen und Subtropen Amerikas, Afrikas, Asiens; etwa 6,5 bis 150 cm lang, wurmförmig, mit Querringelung; Schwanz sehr kurz oder fehlend, Augen meist rückgebildet, unter der Haut oder den Schädelknochen liegend; Trommelfell und Mittelohr fehlen; zw. Nasenloch und Auge je eine Furche mit vorstreckbarem Tentakel; überwiegend grabende Landbewohner.

Blinke, svw. ↑Ukelei (ein Fisch).

Blödauge (Wurmschlange, Typhlops vermicularis), einzige Art der Blindschlangen in SO-Europa und Vorderasien; etwa 30 cm lang, knapp 1 cm dick, wurmförmig, Kopf nicht vom Rumpf abgesetzt; Mundöffnung sehr klein, Augen winzig; Körperoberfläche glänzend gelblichbraun; Unterseite heller, Schuppen der Oberseite mit kleinem, braunem Punkt.

Blum, Ferdinand, * Frankfurt am Main 3. Okt. 1865, † Zürich 15. Nov. 1959, dt. Physiologe und Chemiker. - 1911–39 Dir. des Biolog. Instituts in Frankfurt am Main (später F.-B.-Inst. für experimentelle Biologie); arbeitete über die histolog. Anwendung des Formaldehyds, über Physiologie und Endokrinologie, bes. der Nebennieren, der Bauchspeicheldrüse und der Schilddrüse; entdeckte die blutzuckersteigernde Wirkung des Adrenalins.

Blume

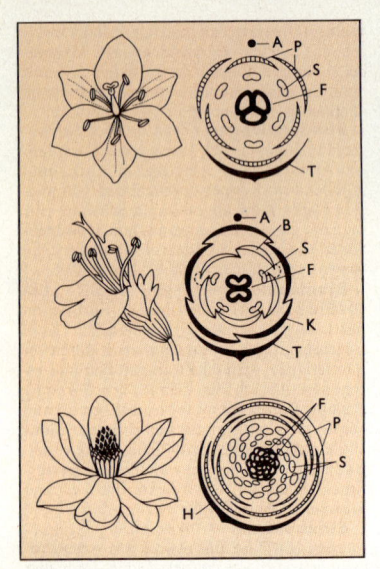

Blüte der Lilie (oben; radiär, mit fünf Wirteln, Blütenhülle als Perigon ausgebildet), des Thymian (Mitte; mit einer Symmetrieebene und vier Wirteln, Blütenhülle in Kelch und Blumenkrone gegliedert) und der Magnolie (asymmetrisch, Blütenorgane spiralig angeordnet, Blütenhülle als Perigon ausgebildet); A Abstammungsachse, B Blumenkronblatt, F Fruchtknoten, H Hochblatt, K Kelchblatt, P Perigonblatt, S Staubblatt, T Tragblatt

Blume, volkstüml. Bez. für blühende Pflanzen, bes. für die einzelnen Blütenstengel mit Blüte oder Blütenstand (Schnittblumen).
◆ weißes Abzeichen auf der Stirn des Pferdes.

Blumenbach, Johann Friedrich, * Gotha 11. Mai 1752, † Göttingen 22. Jan. 1840, dt. Naturforscher und Mediziner. - Prof. der Medizin in Göttingen. In der Tiersystematik grenzte B. die grundlegenden Kategorien (Spezies, Rassen, Spielarten, Bastarde, Blendlinge usw.) gegeneinander ab. Er gilt als einer der Begründer der Anthropologie.

Blumenbinse (Blasenbinse, Scheuchzeria), Gatt. der Blumenbinsengewächse mit der einzigen Art **Scheuchzeria palustris** (Sumpfblasenbinse) in Hochmooren der nördl. gemäßigten Zone; ausläuferbildende Pflanze mit binsenartigen Blättern, bis etwa 20 cm hohem Stengel und unscheinbaren grünen Blüten.

Blumenblätter (Blumenkronblätter, Petalen), die Blätter der Blumenkrone, oft auffallend gefärbt, meist zart und von kurzer Lebensdauer.

Blumenfliegen (Anthomyidae), weltweit verbreitete Fam. der Fliegen; rund 1 000 meist wenige mm lange, unscheinbare, vorwiegend grau oder braun gefärbte Arten; leben oft auf Blüten; Larven zahlr. Arten minieren in Pflanzenteilen und sind teilweise als Kulturpflanzenschädlinge gefürchtet, z. B. Brachfliege, Kohlfliege, Zwiebelfliege.

Blumenkohl (Brassica oleracea var. botrytis), Kulturform des Gemüsekohls, dessen junger Blütenstand samt Knospen und kräftiger Hauptachse gekocht gegessen wird.

Blumenkrone (Blütenkrone, Korolle), Gesamtheit der inneren, meist auffällig gefärbten Hüllblätter einer Blüte mit doppelter Blütenhülle. Die Blattorgane der B. (Blumenblätter) sind entweder frei oder mehr oder weniger zu einer Röhre verwachsen.

Blumenquallen (Anthomedusae), weltweit verbreitete Unterordnung der Nesseltiere mit vielen Arten, fast ausschließl. im Meer. Die meist festsitzende Polypengeneration bildet durch Knospung freischwimmende, meist hochglockige Medusen (Quallen).

Blumenrohr (Kanna, Canna), einzige Gatt. der Blumenrohrgewächse mit etwa 50 Arten an sumpfigen, sonnigen Standorten im trop. Amerika; bis etwa 2 m hohe Stauden mit meist knollig verdicktem Wurzelstock, langen fiedernervigen Blättern und in Blütenständen angeordneten Blüten. Die Wurzelstöcke einiger Arten (z. B. Canna edulis) werden wie Kartoffeln gegessen. - Einige Arten sind beliebte, nicht winterharte Zierpflanzen: v. a. die unter dem Namen **Canna generalis** zusammengefaßten Hybriden mehrerer Arten, von denen viele Sorten mit grünen, braunroten oder rötl. Blättern und Blüten in vielen Gelb- und Rottönen gezüchtet wurden.

Blumentiere (Blumenpolypen, Korallentiere, Anthozoa, Actinozoa), Klasse in allen Meeren (bes. den wärmeren) verbreiteter Nesseltiere mit rd. 6 500, fast ausschließl. festsitzenden Arten, davon etwa 20 in Nord- und Ostsee; Durchmesser der Tentakelkrone eines Tieres wenige Millimeter bis etwa 1,5 m; oft bunt gefärbt. B. sind z. T. wichtige Riffbildner, fossile Formen waren wesentl. an Gebirgsbildungen beteiligt.

Blumenzwiebeln, Bez. für die Zwiebeln von Zierpflanzen. Die B. werden im Herbst (z. B. Tulpen, Hyazinthen, Schneeglöckchen, Narzissen) oder im Frühling (z. B. Gladiolen, Lilien) in die Erde gesetzt und wachsen dann im Frühjahr oder Sommer aus.

Blut, in Hohlraumsystemen bzw. im Herz-Kreislauf-System († Blutkreislauf) zirkulierende Körperflüssigkeit, die aus dem B.plasma und den B.zellen (als den geformten Elementen) besteht. Hauptaufgaben des B. sind: die Atemfunktion, d. h. der Sauerstofftransport von den Lungen zu den Geweben; die Entschlackungsfunktion, d. h. der Transport von

Blut

Kohlensäure aus den Geweben zur Lunge und von Stoffwechselabbauprodukten zu den Nieren; die Ernährungsfunktion, d. h. der Transport von Nährstoffen aus Darm und Leber zu den Geweben hin; der Transport von Vitaminen und Hormonen; die B.gerinnung im Dienste der B.stillung; Abwehrfunktionen gegen Krankheitserreger und körperfremde Stoffe und schließl. die Ableitung überschüssiger Wärme aus dem Körperinneren an die Körperoberfläche. Das B. sorgt für ein gleichbleibendes chem. Milieu mit möglichst konstantem Ionengleichgewicht und pH-Wert (zw. 7,35–7,4). Die wichtigsten Puffersubstanzen sind dabei die Plasmaeiweiße, die Plasmabicarbonate und das Hämoglobin. Eine wichtige Aufgabe erfüllt das B. als inneres Skelett bei wirbellosen Tieren. Durch seinen Flüssigkeitsdruck dient es dem Körper als Stütze und Antagonist zur Muskulatur. Die B.menge des Menschen beträgt etwa 7–8 % des Körpergewichtes (**Blutvolumen**). Ein Erwachsener von 70 kg hat 5–5,5 l Blut. Davon entfallen auf die B.zellen etwa 45 %, auf das B.plasma etwa 55 %. Das **Blutplasma** ist eine leicht gelbl. Flüssigkeit, die anorgan. Salze, Kohlenhydrate (v. a. Traubenzucker, den sog. Blutzucker), Fettstoffe, Vitamine, Schlakkenstoffe und die Plasmaeiweiße enthält. Die Salze des B.plasmas sind in Ionen zerfallen. Von den Kationen überwiegt v. a. das Natrium; Kalium, Calcium und Magnesium sind in wesentl. geringeren Konzentrationen vorhanden. Von den Anionen überwiegt Chlorid;

Blütenstand. 1 geschlossene Traube, 2 offene Traube, 3 Doldentraube, 4 Dolde, 5 Ähre, 6 Kolben, 7 Köpfchen, 8 Körbchen, 9 Blütenkrug, 10 Rispe, 11 Doppeltraube, 12 Doldenrispe, 13 Doppeldolde, 14 Doppelähre, 15 Doppelköpfchen

dann folgt Hydrogencarbonat und schließl. Phosphat und Sulfat. Zus. mit Traubenzucker und Harnstoff halten die dissoziierten Salze den osmot. Druck des B.plasmas von etwa 5 300 Torr ($\approx$ 7 bar) aufrecht. Er entspricht dem einer 0,9 %igen (isoton.) Kochsalzlösung. Während Natrium und Chlorid im wesentl. für den osmot. Druck verantwortl. sind, spielt Calcium bei der Aufrechterhaltung der normalen Nerven- und Muskelerregbarkeit eine entscheidende Rolle. Kalium ist in den Zellen der verschiedensten Gewebe zwar höher konzentriert als außerhalb und im B.plasma, da jedoch die Erregbarkeit der Zellmembranen u. a. durch die Höhe dieses Konzentrationsunterschiedes bestimmt wird, ist auch der Plasma-Kalium-Wert für die Aufrechterhaltung der Nerven- und Muskelfunktionen von Bed. Außer niedermolekularen Stoffen enthält das B.plasma auch noch etwa 7 % Proteine: u. a. Albumine, Globuline, und das für die B.gerinnung wichtige Fibrinogen. Der durch die Plasmaeiweiße erzeugte osmot. Druck liegt mit etwa 25 Torr weit unter dem osmot. Druck der niedermolekularen Stoffe. Die **Blutzellen** (B.körperchen, **Hämozyten**) bestehen zu 99 % aus den roten B.körperchen. Den Rest bilden die weißen B.körperchen und die B.plättchen. Die **roten Blutkörperchen** (**Erythrozyten**) der Säuger (einschließl. Mensch) haben keinen Zellkern (im Ggs. zu den übrigen Wirbeltieren). Sie bestehen aus einem Gerüst (Stroma) und dem eingelagerten roten B.farbstoff (↑ Hämoglobine). Ihre durchschnittl. Lebensdauer beträgt beim Menschen gewöhnl. 4 Monate; sie ist von der jeweiligen Stoffwechselintensität des Organismus abhängig. Die normale Erythrozytenzahl liegt bei 5 bis 5,5 Mill./mm³. Die Erythrozyten gleichen einer flachen, auf beiden Seiten eingedellten Scheibe. Sie haben einen Durchmesser von rd. 8 μm und eine Dicke von maximal

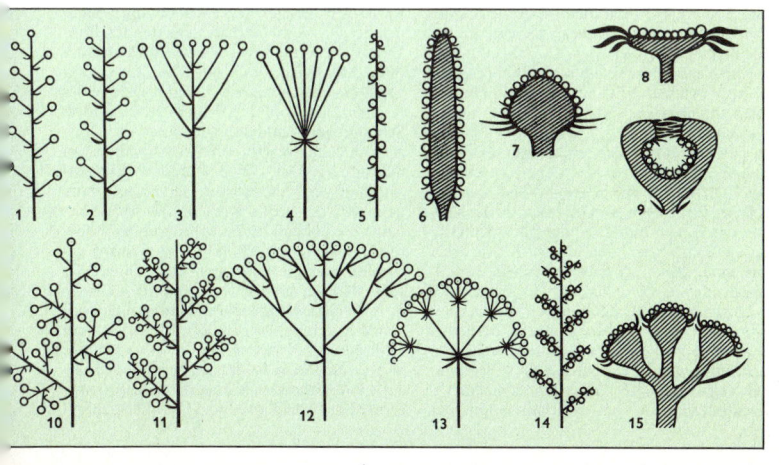

Blutadern

2 µm. Diese Form gewährleistet kurze Diffusionswege und erleichtert so den Gasaustausch der Erythrozyten. - Die **weißen Blutkörperchen (Leukozyten)** stellen im Ggs. zu den Erythrozyten eine uneinheitl. Gruppe von kernhaltigen Zellen verschiedener Größe und Form dar. Die Normalzahl der weißen B.körperchen liegt zw. 5 000 und 10 000 je mm^3. Die größte Gruppe der Leukozyten mit etwa 70 % der Gesamtzahl stellen die **Granulozyten** mit gekörntem Zellplasma und vielgestaltigem Kern. Die **Lymphozyten** (etwa 25 %) sind kleiner und haben einen großen, runden Kern. Am größten sind die **Monozyten** (etwa 5 %) mit gelapptem Kern. Monozyten und einige Granulozyten können aus der Gefäßbahn auswandern und Bakterien durch Aufnahme in den Zelleib unschädl. zu machen (Phagozytose). Sie werden durch chem. Stoffe in das entzündete Gewebe gelockt und bilden dort, indem sie größtenteils absterben, den Eiter. Die Lymphozyten treten v. a. bei chron. Infekten vermehrt im B. auf. Sie sind z. T. durch die Bildung von γ-Globulinen an der Infektabwehr und auch sonst an Immunvorgängen beteiligt (Abstoßreaktion nach Transplantationen). Die Granulozyten werden im Knochenmark, die längerlebigen Lymphozyten in den Lymphknoten und in der Milz gebildet. Die **Blutplättchen (Thrombozyten)** sind beim Menschen nur 1,2–4 µm groß. Sie haben eine Lebensdauer von etwa 2–10 Tagen (Abbau in der Milz). Ihre Normalzahl liegt zw. 250000 und 400 000 je mm^3. Sie entstehen durch Abschnürung aus den Riesenzellen des Knochenmarks und spielen sowohl bei der B.gerinnung als auch bei der B.stillung eine wichtige Rolle.

Geschichte: Das B. wurde schon früh als eine für das physiolog. Geschehen bedeutsame Körperflüssigkeit angesehen. Die babylon. Ärzte unterschieden bereits helles (arterielles) „Tagblut" und dunkles (venöses) „Nachtblut". In Ägypten nahmen die Ärzte an, daß das Herz, der Sitz der Seele, wie eine Pumpe das B. im Körper verteile. - 1673/74 entdeckte A. van Leeuwenhoek die roten B.körperchen beim Menschen. 1771 entdeckte W. Hewson die Lymphozyten; 1842 beschrieb A. Donné die B.plättchen.

In den *Religionen* der Völker gilt das B. in bes. Weise als Träger des Lebens, der Seele, der Lebenskraft, die mit dem Tod aus dem Körper fließt. So vermeint man, durch Trinken des B. von Feinden oder auch Opfertieren, sich ihre bzw. höhere Kraft. Kräfte anzueignen. Dem B. schreibt man auch übelwendende (apotropäische), sühnende wie auch gemeinschaftsstiftende Wirkung zu, und zwar nicht nur unter Menschen, sondern auch gegenüber Gott. Im Christentum weiß man sich durch das B. Christi mit Gott versöhnt. Die sog. *Blutwunder* gingen in manche Ursprungslegenden von Wallfahrtsorten ein. Mit eigenem B. weihte man sich Gott oder Maria, verschrieb sich dem Teufel, mit B. führte man verschiedene abergläub. Praktiken aus.

📖 Begemann, H./Rastetter, J.: *Atlas der klin. Hämatologie.* Bln. u. a. ^{4}1987. - Frick, P.: *B.- u. Knochenmarksmorphologie. B.gerinnung. Ein Leitfaden.* Stg. ^{17}1984. - *Physiologie des Menschen.* Hg. v. O. H. Gauer u.a. Bd. 5: B. Mchn.^{2}1977.

Blutadern, svw. ↑Venen.

Blutalgen, Bez. für einige Arten der einzelligen Grünalgen aus den Gatt. Haematococcus und Chlamydomonas, deren Chlorophyll durch sekundär entstehende orangefarbene oder rote Farbstoffe verdeckt wird und die daher rot erscheinen.

Blutauffrischung, in der Tierzucht das meist einmalige Einkreuzen eines nicht verwandten ♂ Tiers derselben Rasse zur Verhinderung von Degenerationserscheinungen.

Blutauge (Comarum), Gatt. der Rosengewächse mit 2 Arten in der nördl. gemäßigten Zone; in M-Europa auf Mooren und feuchten Ufern wächst das **Sumpfblut** (Sumpfauge, Comarum palustre), eine bis 90 cm hohe Staude mit gefiederten, oft rötl. überlaufenden Blättern und dunkelbraunroten Blüten in Blütenständen.

Blutblume (Haemanthus), Gatt. der Amaryllisgewächse mit etwa 80 Arten im trop. und südl. Afrika; Zwiebelpflanzen, oft mit nur 2 ledrigen Blättern, reichblütiger, dichter Blütendolde auf einem meist flach zusammengedrückten Schaft, weißen, roten oder orangefarbenen Blüten.

Blutbuche (Fagus sylvatica f. atropurpurea), Kulturform der Rotbuche mit schwarzroten, später tief dunkelbraunen Blättern.

Blutdepot, svw. ↑Blutspeicher.

Blutdorn, svw. ↑Rotdorn.

Blutdruck, durch die Pumpleistung des Herzens erzeugter, von den großen Arterien bis zu den herznahen Venen ständig abnehmender Druck im Gefäßsystem, der den Blutkreislauf in Gang bringt und aufrechterhält. - Beim Menschen (ähnl. auch bei Tieren mit geschlossenem Kreislauf) hängt die Höhe des B. einerseits von der Förderleistung (d. h. Schlagfrequenz und Schlagvolumen) des Herzens und andererseits von der peripheren Gefäßweite ab. Der kleine Kreislauf (Lungenkreislauf) wird vom rechten Herzen bei relativ geringem, der große Kreislauf (Körperkreislauf) vom linken Herzen bei rund 5mal höherem Druck durchströmt. Unter B. wird gemeinhin der störanfälligere und daher wesentl. häufiger krankhaft veränderte *arterielle B.* im großen Kreislauf verstanden. Die konstante Regelung des arteriellen B. erfolgt mit Hilfe von Blutdruckzentren im Zwischenhirn und verlängerten Rückenmark. Diese erhalten ihre Informationen über die ↑Pressorezeptoren, die sich in der Wand der großen Schlag-

Blütenstand

adern, Aorta und Karotis befinden. Je nach der Höhe des von ihnen „gemessenen" B. werden die zentralen Impulse zu den Gefäßnerven und zum Herzen abgestimmt. Die Gefäßnerven steuern die Weite und damit den Strömungswiderstand der Blutgefäße, die Herznerven die Schlagfrequenz und Kontraktionskraft des Herzens. Die **Blutdruckmessung** gilt als wichtigste Maßnahme zur Beurteilung der Kreislauffunktion. Zur Messung des arteriellen B. wird eine zunächst leere Gummimanschette, die mit einem Manometer verbunden ist, um den Oberarm gelegt. Die Manschette wird so lange aufgepumpt, bis der Blutstrom in der Armschlagader völlig abgedrosselt und der Pulsschlag nicht mehr zu tasten ist. Wird der Manschettendruck wieder vermindert, kann man durch ein in der Bereich der Ellenbeuge aufgesetztes Stethoskop das Geräusch des wieder in die Armarterie einfließenden Blutes hören. Der dabei abgelesene Manometerwert zeigt den Spitzendruck (**systolischer Blutdruck**; z. B. 120 mm Quecksilber) an. Verschwindet bei weiterer Reduzierung der Manschettendrucks das pulssynchrone Geräusch, so kann der Taldruck (**diastolischer** Blutdruck; z. B. 80 mm Quecksilber) abgelesen werden. Die Differenz zw. systol. und diatol. B. wird als **Blutdruckamplitude** bezeichnet. Der Mittelwert zw. dem systol. und diastol. B. gibt angenähert den mittleren arteriellen Durchströmungsdruck wieder.

Auf Grund des „Gesetz über Einheiten im Meßwesen" vom 2. Juli 1969 werden die bisher in mm Quecksilber (Hg) angegebenen B.werte in der Einheit Pascal (Einheitenzeichen Pa) angegeben; Umrechnung: 1 mm Hg bzw. Torr ≙ 133,322 Pa.

Blüte, Sproß begrenzten Wachstums, der mit Blättern (Blütenblättern) besetzt ist, die für die geschlechtl. Fortpflanzung zu Sporenblättern umgewandelt sind. B. sind ein charakterist. Erkennungsmerkmal der Samenpflanzen, kommen aber auch bei Bärlapp- und Schachtelhalmgewächsen vor. Die **Blütenachse** ist gestaucht; an ihr stehen schraubig oder wirtelig (quirlig) die Blütenglieder. In der Regel liegen fünf Wirtel vor, die sich aus zwei Kreisen von Blütenhüllblättern, zwei Kreisen von Staubblättern und einem Kreis von Fruchtblättern zusammensetzen. Bei den Zweikeimblättrigen findet man im allg. vier oder fünf Glieder, bei den Einkeimblättrigen drei Glieder in jedem Wirtel. Sind alle Blütenblätter der ↑ Blütenhülle gleichgestaltet und gefärbt, liegt ein **Perigon** vor (z. B. bei der Tulpe). Bei unterschiedl. Ausbildung unterscheidet man den äußeren grünen **Kelch** und die oft lebhaft gefärbte **Krone**. Es gibt eingeschlechtige und zwittrige Blüten. - Hinsichtl. ihrer Symmetrie unterscheidet man: 1. *radiäre* Blüten mit mehreren Symmetrieebenen (z. B. Tulpe); 2. *bilaterale* Blüten mit zwei Symmetrieebenen (z. B. Tränendes Herz); 3. *dorsiventrale* Blüten mit einer Symmetrieebene (z. B. Lippenblütler); 4. *asymmetr.* Blüten ohne Symmetrieebene (z. B. Canna). - ↑ auch Blütenstand, ↑ Diagramm. - Abb. S. 110.

Blutegel (Egel, Hirudinea), Ordnung der Ringelwürmer mit rd. 300, etwa 0,5–30 cm langen, überwiegend im Wasser lebenden Arten, davon 28 einheim.; Körper wurmförmig oder längl.-eiförmig; immer 33 Körpersegmente, je ein Saugnapf am Vorder- und Hinterende; Epidermis von einer sekundär geringelten Kutikula bedeckt, die jedes Segment in 3–14 Hautringe gliedert. - Die B. sind Zwitter. Die blutsaugenden Arten haben zahlr. seitl. Magenblindsäcke, in denen große Mengen Blut gespeichert werden können. Die bekannteste Art ist der **Medizinische Blutegel** (Dt. B., Hirudo medicinalis), ein bis 15 cm langer, meist dunkelbrauner bis olivgrüner B., v. a. in flachen, stehenden Gewässern Eurasiens. Um geschlechtsreif zu werden, muß er an Lurchen, Fischen und Säugetieren (einschließl. Mensch) saugen. Er kann bis zu 15 cm³ Blut aufnehmen; die Wunde blutet (durch das ↑ Hirudin) noch 6–10 Std. nach. Der Medizin. B. wurde und wird beim Menschen für den Aderlaß angesetzt.

Blütenbestäubung (Bestäubung, Pollination), die Übertragung von Blütenstaub; erfolgt durch Selbstbestäubung oder Fremdbestäubung.

Blütenhülle (Perianth), Gesamtheit der Hüllblätter (Blütenblätter, Blütenhüllblätter) der Blüte von Samenpflanzen. Die *einfache* B. wird von einem einzigen Kreis meist gleich gestalteter Hüllblätter gebildet. Die *doppelte* B. besteht aus zwei oder mehr Kreisen von Hüllblättern, die entweder gleichgestaltet oder in einen meist grünen Kelch und meist andersfarbige Blumenkrone differenziert sein können. Zuweilen besitzt der Kelch noch einen Außenkelch aus den Nebenblättern der Kelchblätter (z. B. manche Rosengewächse) oder aus einem oder mehreren Kreisen von Hochblättern (z. B. Malvengewächse).

blütenlose Pflanzen, svw. ↑ Kryptogamen.

Blütenpflanzen, svw. ↑ Samenpflanzen.

Blütenstand (Infloreszenz), mehrere bis viele Blüten tragender und meist deutl. abgesetzter Teil des Sproßsystems vieler Samenpflanzen. Die einzelnen Blüten stehen meist in den Achseln von Tragblättern. Die Seitenachsen eines B. können unverzweigt sein und je eine einzige Blüte tragen (einfacher B.) oder verzweigt sein und mehrblütige Teilblütenstände besitzen (zusammengesetzter B.). Ein B. heißt geschlossen, wenn seine Haupt- und Nebenachsen mit einer Blüte enden, offen hingegen, wenn der Sproßscheitel an diesen Stellen erhalten bleibt.

Einfacher Blütenstand: Die Grundform ist die **Traube** mit mehr oder weniger gleich langen Seitenachsen. Bei der **Doldentraube** nimmt

Blütenstaub

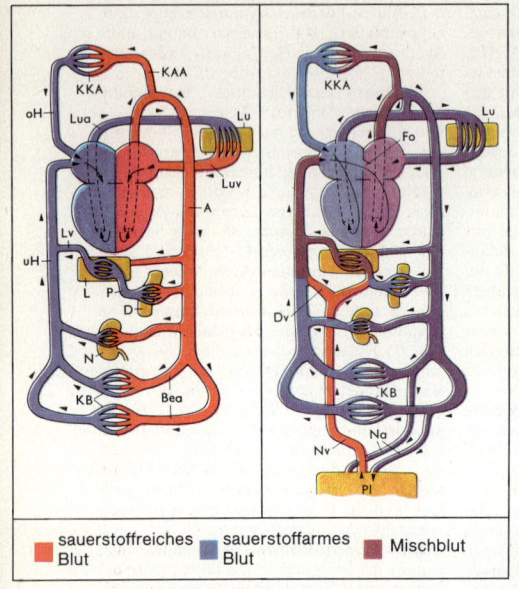

Blutkreisläufe eines erwachsenen Menschen (links) und eines menschlichen Embryos (rechts).
A Aorta, Bea Beinarterien, D Darm, Dv Ductus venosus (Arantii), Fo Foramen ovale, KAA Kopf-Arm-Arterien, KB Kreislauf Beine, KKA Kapillarensystem Kopf-Arme, L Leber, Lu Lunge, Lua Lungenarterie, Luv Lungenvene, Lv Lebervene, Na Nabelarterien, Np Nierenpfortadersystem, Nv Nabelvene, O Ostien, oH obere Hohlvene, P Pfortader, Pl Plazenta, uH untere Hohlvene

■ sauerstoffreiches Blut   ■ sauerstoffarmes Blut   ■ Mischblut

die Länge der Seitenachsen von unten nach oben ab, so daß die Blüten annähernd in einer Ebene liegen. Die **Dolde** ist eine Traube mit gestauchter Hauptachse, bei der die Seitenachsen scheinbar von einem Punkt ausgehen. Bei der **Ähre** sitzen die Einzelblüten ungestielt an der Hauptachse. Ist diese Hauptachse fleischig verdickt, spricht man von einem **Kolben**; ein verholzter Kolben heißt **Zapfen**. **Kätzchen** sind hängende Ähren aus unscheinbaren Blüten, die als Ganzes abfallen. Beim **Köpfchen** ist die Hauptachse verdickt und gestaucht, beim **Körbchen** scheibenförmig abgeflacht.
Zusammengesetzte Blütenstände: Die Teilblütenstände können wie Trauben oder solche Formen, die von der Traube abgeleitet sind, ausgebildet sein. Die **Doppeltraube** hat traubig angeordnete Teilblütenstände; entsprechend sind die **Doppelähre**, die **Doppeldolde** und das **Doldenköpfchen** zusammengesetzt. Die **Rispe** zeigt eine von unten nach oben abnehmende Anzahl der Verzweigungen in den Teilblütenständen. Die **Doldenrispe (Schirmrispe, Ebenstrauß)** entspricht der Doldentraube. Bei der **Spirre** liegen die äußeren (unteren) Blüten höher als die inneren (oberen), so daß durch Übergipfelung der B. Trichterform erhält. Ein komplizierter B. tritt bei monochasialer Verzweigung auf. Zu diesem Typus zählen **Wickel** (abwechselnd nach rechts und links abgehende Verzweigung), **Schraubel** (Verzweigung nach immer der gleichen Seite), **Fächel** (abwechselnd nach vorn und hinten gerichtete Verzweigung) und **Sichel** (Verzweigungen alle zur gleichen Seite gerichtet). Eine Sonderform stellt die **Trugdolde (Scheindolde)** dar, bei der alle Seitenachsen mit Ausnahme des eigentl. Blütenteils gestaucht bleiben und so einer Dolde ähneln. - Abb. S. 111.
📖 *Troll, W.: Die Infloreszenzen. Typologie u. Stellung im Aufbau des Vegetationskörpers. Stg. 1964 ff. Auf 4 Bde. berechnet.*

Blütenstaub, svw. ↑Pollen.
Blütenstecher (Anthonomus), Gatt. kleiner Rüsselkäfer mit 17 einheim., etwa 2–5 mm großen Arten; längl.-oval, mit langem, leicht gebogenem Rüssel; Eiablage und Entwicklung der Larven v. a. in Blütenknospen.

Blutfaktoren, Bez. für die erbl. ↑Agglutinogene (Antigene) der Blutkörperchen.
Blutfarbstoffe, Bez. für die im Blut vorkommenden ↑Atmungspigmente (z. B. Hämoglobin).
Blutgefäße, im menschl. und tier. Organismus die röhrenförmigen Gefäße (Adern), in denen das Blut vom Herzen zu den Geweben und zurück zum Herzen strömt, zus. das **Blutgefäßsystem** (Kreislaufsystem): Arterien, Venen und Kapillaren.
Blutgerinnung, Erstarrung des Blutes, die kurze Zeit nach Austritt von Blut aus einem Blutgefäß *(extravasale B.)*, in seltenen Fällen u. U. auch schon in der Gefäßbahn erfolgt *(intravasale B.)*. Die B., neben der Transportfunktion die wichtigste Eigenschaft des Blutes, dient v. a. der Blutstillung nach

Blutgruppen

der Eröffnung von Gefäßen. Aus dem ausgetretenen flüssigen Blut wird dabei zunächst der dunkelrote, gallertartige **Blutkuchen**, der aus einem anfängl. weitmaschigen Netz aus Fibrin besteht. Nach einiger Zeit zieht er sich durch Retraktion des Fibrinnetzes zusammen und preßt eine helle Flüssigkeit (**Blutserum**) ab. Die fibrinogenhaltige, zellfreie Flüssigkeit im Stadium vor der B. wird als **Blutplasma** bezeichnet. Der Anstoß für die extravasale B. erfolgt durch den Gewebssaft, der bei Gewebsverletzungen frei wird. Dieser reagiert mit bestimmten Plasmafaktoren und führt unter Beteiligung von Calciumionen zur Bildung von Gewebsthromboplastin. Die Gerinnungsfähigkeit des Blutes kann prakt. auf jeder Stufe künstl. gehemmt werden. So wird frisch entnommenes Blut durch Ausfällung des Blutcalciums ungerinnbar. Dieser Umstand wird durch die Zugabe von Oxal- oder Zitronensäure, z. B. zur Bestimmung der Blutkörperchensenkungsgeschwindigkeit, nutzbar gemacht.

Blutgerinnungszeit, Zeit, die nach einer Blutentnahme bis zur Gerinnung des Blutes verstreicht; Normalwert 5–8 Minuten.

Blutgifte, Sammelbez. für blutschädigende Stoffe, deren Wirkung auf unterschiedl. Mechanismen beruht. **Blutfarbstoffgifte** (z. B. Kohlenmonoxid und Oxidationsmittel) hemmen durch Hämoglobinveränderung den für den Organismus lebensnotwendigen Sauerstofftransport; **Hämolysegifte** (z. B. Schlangengifte, Chinin, Saponine) lösen die Membran der roten Blutkörperchen auf und setzen dadurch Hämoglobin frei; **Blutgerinnungsgifte** (z. B. Calciumkomplexbildner wie Oxal- und Zitronensäure, Heparine und die Kumarine) hemmen die Blutgerinnung in verschiedenen Stufen der Gerinnungskette; **Blutbildungsgifte** (z. B. Benzol, Senfgas, Stickstoff-Lost und radioaktive Stoffe) hemmen die Bildung der roten Blutkörperchen.

Blutgruppen, erbbedingte, auf spezif. Antigene zurückzuführende Merkmale menschl. Gewebe, die beim Blut zu sog. B.systemen zusammengefaßt werden können und die, in zahlr. Kombinationen vorkommend, die unveränderl. Blutindividualität und außerdem die immunspezif. Struktur des Organismus bedingen. Die Bed. der B. liegt v. a. darin, daß die antigenhaltigen Erythrozyten beim Kontakt mit antikörperhaltigem Fremdserum aufgelöst und verklumpt werden und so zu Transfusionszwischenfällen führen können. Weiterhin kann die Untersuchung der Blutindividualität zur Feststellung der wahrscheinl. Abstammung herangezogen werden (Vaterschaftsnachweis).

Man unterscheidet heute über 10 verschiedene **Blutgruppensysteme** mit mehr als 100 antigenen B.merkmalen. Am längsten bekannt ist das 1901 von K. Landsteiner entdeckte klass. (auch bei Menschenaffen vorkommende) **AB0-System.** Es umfaßt die 4 Hauptgruppen: 0 und A (in Mitteleuropa jeweils 40 % der Bev.), B und AB (13 % bzw. 7 % der Bevölkerung). Die Gruppe 0 ist in der Urbevölkerung Amerikas bes. stark vertreten, die Gruppe B in Zentralasien, die Gruppe A u. a. bei den Australiern. Innerhalb des AB0-Systems unterscheidet man die beiden antigenen B.merkmale A und B, die in der Blutgruppe AB gemeinsam vorkommen bzw. beide fehlen können (Blutgruppe 0). Die Erythrozyten der Blutgruppe A enthalten das Antigen A, die Erythrozyten der Blutgruppe B das Antigen B, die Erythrozyten der Blutgruppe AB die Antigene A und B, die Erythrozyten der Blutgruppe 0 keines von beiden. In den Blutkörperchen der Blutgruppe 0 lassen sich bestimmte andere, gruppen- und artspezif. Antigene nachweisen. Die klass. Antigene A und B werden auch *Agglutinogene* genannt, da sie den Erythrozyten die Fähigkeit verleihen, durch spezif. Antikörper, die Agglutinine, verklumpt zu werden. Die Verteilung der Antigene und Antikörper auf die vier B. entspricht der *Landsteiner-Regel:* Enthalten die Erythrozyten ein Agglutinogen, so fehlt im Plasma das korrespondierende Agglutinin; fehlt ein bestimmtes Agglutinogen, so ist das korrespondierende Agglutinin vorhanden. So enthält das Plasma von Angehörigen der Blutgruppe 0 z. B. beide Agglutinine. Bringt man die verschiedenen Blutkörperchen (mit ihren antigenen Merkmalen) mit ihren korrespondierenden Antikörpern zusammen, so kommt es zur Agglutination. Die *B.bestimmung* ist eine unerläßliche Voraussetzung für die Bluttransfusion (zuvor Kreuzprobe). Es darf nur gruppengleiches Blut transfundiert werden. Die Antikörper des B.systems AB0 sind sog. präformierte Antikörper, die gewöhnl. auch ohne Sensibilisierung mit gruppengleichem Blut vorhanden sind. Sie treten erst 10 Tage nach der Geburt

Blutgruppen. Schema der Blutgruppenbestimmung

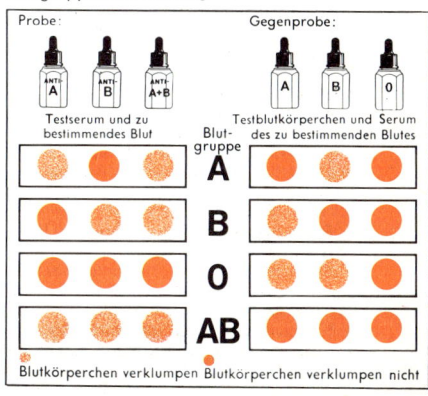

Blut-Hirn-Schranke

auf, ihre Zahl nimmt bis zum 10. Lebensjahr zu. In bestimmten Bakterienstämmen werden Antigene gebildet, die den menschl. Agglutinogenen ähnl. sind. Gelangen diese in den Organismus, so werden Antikörper gebildet, die später nicht nur mit den betreffenden Bakterien, sondern auch mit den Erythrozytenagglutinogenen reagieren können. Gegen Agglutinogene, die in den körpereigenen Blutkörperchen vorkommen, entstehen keine Antikörper.
Neben dem AB0-System ist v. a. das 1940 von Landsteiner und Wiener entdeckte **Rhesussystem (Rh-System)** von großer prakt. Bed. Im Ggs. zu den präformierten Antikörpern des AB0-Systems kommen die Antikörper gegen Rh-Antigene nur im Anschluß an eine Sensibilisierung durch gruppenungleiche Erythrozyten im Blutplasma vor. Diese Sensibilisierung erfolgt entweder durch die Transfusion oder Einspritzung von Rh-ungleichem Blut oder (häufiger) durch eine Schwangerschaft mit einer Rh-ungleichen Leibesfrucht. Bei erneutem Kontakt mit dem Rh-Antigen kann es dann auch hier zu Transfusionsschäden oder zur Erythroblastose kommen. 85% der Bev. haben das antigene Erythrozytenmerkmal Rh (**Rhesusfaktor**); sie sind Rh-positiv (Rh +). Bei 15 % fehlt das Rh-Antigen; sie sind Rh-negativ (Rh −). Rh-negative Menschen bilden leicht Antikörper gegen das Rh-Antigen; sie werden beim Kontakt mit Rh-positivem Blut sensibilisiert. Zur Bestimmung des Rh-Faktors müssen die Antikörper erst durch Übertragung menschl. Erythrozyten auf Versuchstiere gewonnen werden.
📖 *Prokop, O./Göhler, W.: Die menschl. Blut- u. Serumgruppen. Stg. ^{5}1986. - Jost, J. O./Knoche, H.: Leitfaden der Hämatologie u. B.serologie. Stg. 1977.*

Blut-Hirn-Schranke, Bez. für das System zweier Mechanismen, die im Dienst des Stoffaustauschs zw. Blut und Hirngewebe (eigtl. B.-H.-Sch.) bzw. zw. Blut und Zerebrospinalflüssigkeit (**Blut-Liquor-Schranke**) die Schutzfunktion einer Barriere ausüben, die verhindert, daß bestimmte chem. Stoffe, v. a. Gifte (Toxine) und Medikamente, auch bestimmte Mineralstoffe und Hormone, in die Nervenzellen von Gehirn und Rückenmark übertreten können.

Bluthund (Bloodhound), eine der ältesten europ. (engl.) Hunderassen; Schulterhöhe 65–70 cm; lange Rute, schmaler Kopf mit langen Hängeohren, Gesichtsfalten, Hängelefzen und Kehlwamme; Behaarung kurz, meist schwarz und lohbraun.

Blutkörperchen, svw. Blutzellen (↑Blut).

Blutkreislauf, der Umlauf des Blutes im tier. bzw. menschl. Körper, und zwar entweder in einem offenen System oder (bei allen höheren Tieren) in einem geschlossenen Blutgefäßsystem. Der B. als Transportsystem des Körpers hat die Aufgabe, die Sauerstoffversorgung, Ernährung und Entschlackung der Körperzellen zu gewährleisten.
Niedere Tiere oder Tiere mit stark reduziertem Körperaufbau (Einzeller, Hohltiere, niedere Würmer u. a.) benötigen keinen Blutkreislauf. Mit zunehmender Größe und Spezialisierung der Organe wird jedoch ein Röhrensystem mit eigenen Wandungen aufgebaut, in dem das Blut zirkuliert. Bei kleineren Tieren genügen noch die Körperbewegungen zum Umwälzen des Bluts. Die meisten Tiere haben jedoch spezielle Pumpmechanismen, z. B. bilden sich aus einzelnen Gefäßabschnitten hochdifferenzierte Herzen. In einem **geschlossenen Blutkreislauf** fließt das Blut überall in Gefäßen. Die vom Herz wegführenden Arterien verzweigen sich in immer kleinere Gefäße, bis sie sich in den Organen in Kapillaren verästeln. Diese sind netzartig miteinander verbunden. Nur hier findet der Sauerstoffaustausch mit dem umgebenden Gewebe statt. Aus den Kapillaren gehen wieder größere Gefäße hervor, die sich zu abführenden Venen zusammenschließen. Bei der Ausbildung eines **offenen Blutkreislaufs** sind nur in der Herznähe Gefäße vorhanden. Ein auf der Rückseite gelegenes Herz pumpt das Blut in eine kurze Arterie, von dort ergießt es sich frei in die Körperhöhle und umspült die Organe. Für eine einsinnige Strömungsrichtung sorgen Bindegewebsmembranen.
Alle Wirbeltiere haben einen geschlossenen B.; Gefäße, die zum Herzen hinführen, nennt man Venen, diejenigen, die vom Herzen wegführen, Arterien. Im Verlauf der Stammesentwicklung erfährt das B.system erhebl. Umbildungen, die hauptsächl. mit dem Übergang vom Wasser- zum Landleben zusammenhängen. Die Atmung über Kiemen wird auf Lungenatmung umgestellt; entsprechend muß der B. umgestellt werden. Hauptmerkmale sind die Entwicklung eines vom **Körperblutkreislauf** getrennten **Lungenblutkreislaufs** und die Ausbildung eines zweikammerigen Herzens, wodurch es zur weiteren Trennung von sauerstoffreichem und -armem Blut kommt. Im Lungen-B. fließt venöses Blut vom Herzen zur Lunge und kehrt von dort mit Sauerstoff beladen zurück. Im Körper-B. wird das sauerstoffreiche Blut vom Herzen in den Körper gepumpt und gelangt sauerstoffarm wieder zum Herzen.
Die bei den Fischen ausgebildeten vier Kiemenbogenarterien, die die Kiemen durchfließen, werden bei der Weiterentwicklung teils zurückgebildet, teils umgewandelt. Bei den Amphibien versorgt die vorderste den Kopf, die beiden folgenden bilden paarige Aortenwurzeln, und die hinterste wird zur Lungenarterie. Bei den Reptilien, Vögeln und Säugetieren fällt die dritte Kiemenbogenarterie weg, die Kopfarterie verschmilzt an ihrer Basis mit der übriggebliebenen zweiten Kiemenbogenarterie zu einem gemeinsamen

Aortenbogen, der bei den Reptilien noch paarig ist. Bei den Vögeln bildet sich später auch noch der linke Aortenbogen zurück, bei den Säugetieren der rechte. Auch im Venensystem treten Veränderungen auf. Die wichtigste ist wohl, daß die Nieren direkt von der Aorta versorgt werden. Jetzt gelangt auch das Blut der hinteren Rumpfbereiche durch die untere Hohlvene direkt zum Herzen.

Das Blutkreislaufsystem des Menschen: Der B. des Menschen entspricht weitgehend dem der Säugetiere. Kreislaufmotor ist das ↑Herz. Die Herzklappen, die als Ventile funktionieren, sorgen für eine gerichtete Strömung des Blutes. Vom Herzen gelangt das Blut in große, relativ dickwandige Arterien. Die beiden nicht miteinander in Verbindung stehenden Herzhälften verknüpfen zwei hintereinander liegende Kreisbahnen, den großen und den kleinen Kreislauf. Der *große B.* (*Körperkreislauf*) versorgt die Organe mit sauerstoffreichem (arteriellem) Blut und führt die Stoffwechselschlacken (v. a. Kohlendioxid) aus der Körperperipherie im verbrauchten (venösen) Blut zum Herzen zurück. Er geht von der linken Herzkammer aus, führt über die Hauptschlagader (Aorta), ihre Äste (die verschiedenen Körperarterien), über Kapillaren, kleinere Blutadern (Venen) und die großen Hohlvenen, schließl. über den rechten Vorhof zum rechten Herzkammer zurück. - Der *kleine B.* (*Lungenkreislauf*) geht von der rechten Herzkammer aus und schließt über die linke Herzkammer wieder an den großen Kreislauf an. Der Lungenkreislauf dient v. a. dazu, das venöse Körperblut in der Lunge von Kohlendioxid zu befreien und wieder mit Sauerstoff zu beladen. - Abb. S. 114.

Die Funktion des menschl. Blutkreislaufs: Zur Aufrechterhaltung des B. ist ein bestimmtes Druckgefälle zw. dem Anfang und dem Ende der beiden Blutkreisbahnen erforderl., das im großen Kreislauf höher ist als im kleinen Kreislauf. Die wesentl. mehr Druckarbeit leistende linke Herzkammer ist daher muskelstärker als die rechte Herzkammer, ebenso haben die Aorta und ihre Verzweigungen dickere Wandungen als die Lungenarterien. Das Herz wirft bei körperl. Ruhe in jeder Minute etwa 4–5 l Blut aus. An der Einstellung eines möglichst gleichmäßigen Blutstroms (auch während der Herzpause), an der Regulierung des Blutdrucks und an der Blutverteilung zw. den Organen sind neben dem Herzen die großen und kleineren Arterien beteiligt. Bes. die Aorta und ihre Hauptäste sind auf Grund ihres elast. Aufbaus dazu befähigt, den systol. Druckstoß in der linken Herzkammer aufzufangen und den Blutstrom kontinuierl. weiterzuleiten. In den mittleren und v. a. in den kleineren Arterien (Arteriolen) erfolgt diese Regulierung des Blutstroms mit Hilfe der in diesen Gefäßen bes. stark ausgeprägten glatten Muskulatur der mittleren Gefäßwand. Die Gefäßweite kann entsprechend der momentanen Belastung eines Organs (z. B. bei Muskelarbeit) örtl. durch Stoffwechselendprodukte vergrößert und die Durchblutung ruhender Organe kann nervös zur Aufrechterhaltung des erforderl. Durchströmungsblutdrucks gedrosselt werden. Die Summe aller örtl. Teilwiderstände ergibt für das Ganze des Körperkreislaufs den sog. gesamten arteriellen oder peripheren Gefäßwiderstand. Er ist zus. mit dem Fördervolumen des Herzens für die Höhe des arteriellen Blutdrucks verantwortlich.

Auch in den Blutkapillaren wird das Blut durch den vom Herzen erzeugten Druck befördert. Der Stoffaustausch, d. h. die Abgabe von Nährstoffen und die Aufnahme von Stoffwechselendprodukten, wird durch die geringe Geschwindigkeit des Kapillarstroms und die durch große Verästelung erzielte Oberflächenvergrößerung der Gefäßbahn gefördert. Die Gesamtlänge der Kapillaren beträgt bei einem mittelgroßen Menschen etwa 100 000 km, ihre Oberfläche 6 000–7 000 m². Die Kapillaren münden in kleine Venen oder Venolen, diese in immer größere Venen und schließlich in den rechten Vorhof. Die Wandungen der kleinen und mittelgroßen Venen sind bes. elast. und außerdem (unter dem Einfluß sympath. Nerven) in bestimmtem Umfang kontraktil; sie können ihren Innendurchmesser schon bei geringen Druckschwankungen verändern, d. h. entweder viel Blut abgeben oder als Blutspeicher dienen. Wichtigster Speicher des menschl. Kreislaufs ist das Lungenstrombett mit dem „zentralen Blutvolumen", das u. a. beim Sichaufrichten aus der Horizontallage zur Füllung der sich dehnenden Bein- und Beckenvenen mobilisiert werden kann. Durch Venenklappen wird aber ein Absacken des Blutes beim Stehen verhindert. Muskelkontraktionen helfen beim Rücktransport des Blutes zum Herzen, der gesteigerte Muskeltonus wirkt - durch Einengung der Venenkapazität - im gleichen Sinn: Jeder Schritt, jeder Händedruck preßt Venenblut dem Herzen zu. In ähnl. Weise wirkt die Pulsation der Arterien, die zu einer Kompression der benachbarten Venen führt, wobei das Blut der Venenklappenstellung gemäß nur nach dem Herzen zu ausweichen kann. In den großen Venen wird der Blutrückfluß zum Herzen durch den Sog unterstützt, der bei der Einatmung und bei der Herzkontraktion entsteht.

Die **Blutströmungsgeschwindigkeit** ist in der Aorta mit etwa 0,5 m/s am größten, im Bereich der Kapillaren liegt sie bei etwa 0,5 mm/s, im Bereich kleiner Venen bei etwa 0,5–1,0 cm/s, im Inneren der großen Hohlvenen bei 0,2–0,3 m/s. Die gesamte Blutmenge des Körpers benötigt für einen vollständigen Umlauf im Durchschnitt etwa 60 Sekunden.

📖 *Kreislaufphysiologie.* Hg. v. R. Busse. Stg.

Blutkuchen

1982. - Physiologie des Menschen. Hg. v. O. H. Gauer u. a. Bd. 3. Mchn. u. a. 1972.

Blutkuchen ↑Blutgerinnung.

Blutlaus (Eriosoma lanigerum), knapp 2,5 mm große, in der Alten Welt weit verbreitete, rötlichbraune Blasenlaus; scheidet durch die Rückenröhren feine, wachsartige Fäden aus, die das Tier wie weiße Watteflocken umgeben; die B. saugt v. a. an Apfelbäumen.

Blutlinie, in der Tierzucht die über mehrere Generationen reichende Nachzucht eines wertvollen, meist ♂ Stammtiers.

Blut-Liquor-Schranke ↑Blut-Hirn-Schranke.

Blutorange (Citrus sinensis var. sanguinea), Kulturform der Orangenpflanze; Frucht mit rotem Fruchtfleisch und rötl. Schale.

Blutparasiten (Blutschmarotzer), im Blut von Menschen und Tieren lebende Parasiten, bes. Einzeller, Fadenwürmer und einige Saugwurmarten. Die B. leben frei in der Blutflüssigkeit oder in Blutzellen. Sie werden meist durch den Stich von Gliedertieren übertragen. Zahlr. B. sind Krankheitserreger (Malaria, Schlafkrankheit, Bilharziose, Elefantiasis).

Blutplasma ↑Blut.

Blutplättchen ↑Blut.

Blutsauger, Insekten (z. B. Stechmücken, Läuse), die sich von Warmblüterblut ernähren.
◆ ↑Vampire.

Blutschmarotzer, svw. ↑Blutparasiten.

Blutschwamm, svw. ↑Leberpilz.
◆ svw. ↑Zunderschwamm.
◆ volkstüml. Bez. für den ↑Hasenbofist.

Blutserum ,↑ Blutgerinnung.

Blutspeicher (Blutdepot), Bez. für Organe mit Gefäßsystemen, in denen Blut gespeichert und bei Bedarf wieder freigegeben werden kann. In der Leber können bis zu 20%, in der Haut bis zu 15% des gesamten Blutes enthalten sein. Bes. viel Blut (bis zu 30% der Gesamtblutmenge) kann in den gut dehnbaren Gefäßen der Lunge enthalten sein. Dieses Depotblut kann, da es dicht vor dem linken Herzen liegt, bei Bedarf rasch in den großen Kreislauf überführt werden. Bei vielen Tieren hat die Milz eine zusätzl. B.funktion.

Blutspiegel, Bez. für die Konzentrationshöhe natürl. vorkommender oder künstl. zugeführter Stoffe im Blutserum, z. B. der Blutzuckerspiegel.

Blutströpfchen, volkstüml. Bez. für verschiedene Pflanzenarten mit kleinen, roten Blüten (z. B. Ackergauchheil, rotblühende Adonisröschenarten, Blutauge).
◆ svw. ↑Widderchen.

Blutweide, svw. ↑Roter Hartriegel.

Blutwurz (Aufrechtes Fingerkraut, Potentilla erecta), Rosengewächs der Gatt. Fingerkraut in Eurasien; auf Wiesen, Heiden, in Wäldern und Mooren wachsende Staude mit etwa 10–40 cm hohem, abstehend behaartem Stengel, Blätter mit keilförmigen, grobgesägten Fiedern und einzelnen, gelben Blüten.

Blutzucker, der Traubenzuckergehalt des Blutserums; die Höhe der Traubenzuckerkonzentration im Blut (**Blutzuckerspiegel**) beträgt normal 75–120 mg % (mg in 100 cm^3). Erhöhung der B.-menge (Hyperglykämie) nach Kohlenhydratmahlzeiten und bei Diabetes mellitus; Senkung der B.-menge (Hypoglykämie) bei Hunger und nach Insulininjektion. Steigt der B. über 180 mg % an, tritt Zucker in den Harn über (Harnzukker, Glukosurie).

Boaschlangen (Boas, Boinae), Unterfam. etwa 0,5–8 m langer, ungiftiger Riesenschlangen mit etwa 40 Arten im trop. Amerika; den Pythonschlangen ähnl., unterscheiden sie sich von diesen durch den stets unbezahnten Zwischenkiefer, meist einreihig angeordnete Schwanzschilder und durch das Gebären lebender oder unmittelbar nach der Eiablage aus den dünnen Eihüllen schlüpfender Jungen. Bekannte Gatt. sind Sandboas und *Boa* mit der bekanntesten Art Königsschlange.

Bobak [poln.], svw. ↑Steppenmurmeltier.

Bobtail [engl. 'bɔbtɛɪl] (Altengl. Schäferhund), langzottiger, mittelgroßer Schäferhund von gedrungenem Körperbau; Fell grau oder grau- bis blaumeliert.

Bock, Hieronymus, latinis. H. Tragus,* vermutl. Heidesbach bei Zweibrücken 1498, † Hornbach 21. Febr. 1554, dt. Botaniker. - Erforschte die Flora S-Deutschlands. In seinem Kräuterbuch (1539 ohne Abb., 1546 mit Abb.) beschrieb er einheim. Pflanzen und machte Angaben über Fundort und Heilwirkung.

Bock, das ausgewachsene ♂ Tier bei Reh, Schaf, Ziege, Kaninchen u. a.

Böckchen (Zwergantilopen, Neotraginae), zu den Antilopen zählende Unterfam. der Paarhufer mit etwa 13 hasen- bis kleingroßen Arten in Buschsteppen und Halbwüsten Afrikas; ♂♂ mit kleinen, geraden oder leicht nach vorn gekrümmten Hörnern, ♀♀ meist ungehörnt; Ohren relativ groß; u. a. ↑Klippspringer, ↑Moschusböckchen, ↑Zwergspringer.

Böcke (Caprini), Gattungsgruppe der Unterfam. Ziegenartige mit etwa 9 Arten in Europa, N-Afrika, Asien und N-Amerika; Hörner sehr kräftig entwickelt, vielfach stark gekrümmt oder gewunden, bei ♀♀ schwächer oder fehlend; Haarkleid oft auffallend verlängert (an Bart, Mähne, Kamm, Manschette). - Zu den B. gehören die Gatt. ↑Ziegen, ↑Mähnenspringer, ↑Tahre und ↑Schafe.

Bockkäfer (Cerambycidae), weltweit verbreitete Käferfam. mit über 25000, etwa 4 mm bis 16 cm großen Arten (annähernd 600 in Europa, 182 einheim.); Körper meist schlank mit langen Beinen und langen Fühlern. Die B. sind z. T. gefährl. Holz- und Pflanzenschädlinge. Bekannte Vertreter: ↑Alpenbock, ↑Hausbock, ↑Holzbock, ↑Rothalsbock.

Bocksbart (Tragopogon), Gatt. der Korbblütler mit etwa 45, Milchsaft führenden Arten in Eurasien und N-Afrika; mit schmalen, meist ganzrandigen Blättern; Blütenstand ausschließl. mit Zungenblüten. Von den 3 einheim. Arten wächst der etwa 30–70 cm hohe gelbblühende **Wiesenbocksbart** (Tragopogon pratensis) mit grasartigen Blättern auf Wiesen und an Rainen bis in 2 000 m Höhe.

Bocksdorn (Teufelszwirn, Lycium), Gatt. der Nachtschattengewächse mit etwa 110 Arten in den gemäßigten und subtrop. Gebieten der Alten und Neuen Welt. In SO-Europa heim. ist der **Gemeine Bocksdorn** (Lycium halimifolium), mit überhängenden, dornigen Zweigen, graugrünen Blättern und schmutzigvioletten, etwa 1,5 cm langen Blüten.

Bocksorchis, svw. ↑ Riemenzunge.

Bodenanzeiger (bodenanzeigende Pflanzen, Indikatorpflanzen), Pflanzenarten, aus deren Auftreten man auf eine bestimmte Bodenart schließen kann, da sie nur oder vorzugsweise auf bestimmten Böden vorkommen *(Bodenstetigkeit)*. Bekannte B. sind ↑ Kalkpflanzen, ↑ Nitratpflanzen und ↑ Salzpflanzen. - ↑ auch Leitpflanzen.

Bodenbiologie (Pedobiologie), Wiss. von der Lebensweise und Tätigkeit der im Erdboden lebenden pflanzl. und tier. Organismen incl. den bodenbildenden Humifizierungs-, Verwesungs- und Fäulnisvorgängen.

Boehmeria [bø...; nach dem dt. Botaniker G. R. Boehmer, *1723, † 1803], Gatt. der Nesselgewächse mit etwa 60 Arten, v. a. in den Tropen; Kräuter, Sträucher oder Bäume mit meist großen Blättern und unscheinbaren Blüten in eingeschlechtigen Blütenständen; als *Ramie[pflanzen]* bekannte Kulturpflanzen: **Boehmeria nivea** (Weiße Nessel, Chin. Nessel), 2–2,5 m hoch, mit breit herzförmigen, etwa 15 cm langen, unterseits weißfilzigen Blättern; **Boehmeria utilis**, bis 4 m hoch, mit stärker verholzenden Stengeln und unterseits grünen Blättern. Beide Arten sind in O- und SO-Asien heim. und werden in vielen Ländern kultiviert. Die Bastfaser der Rinde liefert den Textilrohstoff Chinabast **(Chinagras)**, der zur verspinnbaren Ramie weiterverarbeitet wird.

Bofist, Bez. für einige Bauchpilze aus den Gatt. Bovista, Stäubling (u. a. Riesen-, Birnen-, Flaschen-, Hasenbofist) und *Scleroderma* (Kartoffelbofist). Je nachdem, ob der Fruchtkörper in jungem Zustand hart und fest oder weich, schwammig und eßbar ist, werden *Hart-B.* von *Weich-B.* unterschieden. Zu letzteren zählt die Gatt. Bovista mit etwa 15 Arten auf Weiden und sandigen Stellen in Europa, einige in N-Amerika und Australien; u. a. ↑ Eierbofist.

Bogengänge, Gleichgewichtsorgan im Innenohr der Wirbeltiere († Labyrinth).

Bogenhanf (Sansevieria), Gatt. der Agavengewächse mit etwa 50 Arten in den Tropen; Blätter fleischig, flach oder stielrund, grundständig, einem dicken, kurzen Wurzelstock entspringend; Blüten in rispigem Blütenstand; Frucht beerenartig. - Beliebte Zimmerpflanzen: **Sansevieria zylindrica**, aus Angola, mit 75–150 cm langen Blättern je Trieb, und die ↑ Bajonettpflanze, deren Blattfasern, wie die einiger anderer Arten, den **Sansevieriahanf** liefern, der Rohstoff für Seile ist.

Boguslawski, Eduard von, * Köthen (Anhalt) 30. Dez. 1905, dt. Botaniker. - Prof. für Pflanzenbau und Pflanzenzüchtung in Gießen; züchtete zahlr. neue Sorten von Öl- und Futterpflanzen.

Bohne (Phaseolus), Gatt. der Schmetterlingsblütler mit etwa 200 Arten, v. a. in den Tropen und Subtropen (bes. Amerikas); meist windende Kräuter mit mehrsamigen, seitl. zusammengedrückten Hülsenfrüchten. - Einige B.narten sind wichtige Kulturpflanzen, z. B. ↑ Gartenbohne, ↑ Feuerbohne, ↑ Asukibohne, ↑ Mondbohne.

Bohne, Bez. für einen Samen (auch für die ganze Frucht) von Pflanzen der Gattung B., allg. auch für andere Samen ähnl. Form, z. B. Kaffee-, Kakaobohne.

Bohnenblattlaus (Schwarze B., Aphis fabae), etwa 2 mm große, graugrüne bis schwarze, geflügelt oder ungeflügelt auftretende Blattlaus (Fam. Röhrenläuse) in Europa, SW-Asien, Afrika und Amerika.

Bohnenkäfer, (Speisebohnenkäfer, Acanthoscelides obtectus) 2–5 mm großer, eiförmiger Samenkäfer; oberseits gelbgrün mit gelbrot behaartem Hinterleibsende; Larve entwickelt sich in Speisebohnen und in Freilandbohnen.

◆ (Saubohnenkäfer, Bruchus atomarius) 2–3,5 mm großer, rundl. Samenkäfer; grau mit weißlichgelbem Längsfleck; Larven schädl. durch Fraß in Hülsenfrüchten.

◆ (Pferdebohnenkäfer, Bruchus rufimanus) 3,5 bis 5 mm großer, grauer, meist gelbl. und weiß gefleckter Samenkäfer; schädl. hauptsächl. an Samen der Pferdebohne.

Bohnenkraut, (Sommer-B., Echtes B., Satureja hortensis) einjähriger, weiß bis lila blühender Lippenblütler; aus S-Europa und dem Orient stammende Gartenpflanze; Küchengewürz, v. a. für Bohnengemüse.

◆ (Winter-B., Satureja montana) stark verzweigter Halbstrauch mit rosafarbenen oder violetten Blüten; selten angebaute, bis 40 cm hohe, zwischen Aug. und Sept. blühende Gewürzpflanze aus dem Mittelmeergebiet; wie Sommer-B. verwendet.

Bohr-Effekt [nach dem dän. Physiologen C. Bohr, * 1855, † 1911], in der *Physiologie* Bez. für die Beeinflussung des Sauerstoffbindungsvermögens des Hämoglobins im Blut, wenn sich der pH-Wert des Blutes oder des umgebenden Gewebes ändert.

Bohrfliegen, svw. ↑ Fruchtfliegen.

Bohrkäfer, (Bostrychidae) weltweit ver-

Bohrmuscheln

breitete Käferfam. mit rund 490, etwa 2 bis über 30 mm großen Arten, davon 29 in Europa, 4 einheim.; walzenförmiger Körper, kurzer Kopf, größtenteils mit Halsschild, meist schwarz oder braun; Larven leben v. a. in Balken, Fußböden, Möbel.

◆ (Buchenwerftkäfer, Hylecoetus dermestoides) 6–18 mm großer einheim. Werftkäfer; ♀♀ rötl. gelbbraun, ♂♂ schwärzl., kleiner als ♀♀; leben v. a. in gefälltem und gelagertem Laubholz; bohren ungegabelte Gänge, an deren Mündung sich Bohrmehl in charakterist. kraterähnl. Häufchen ansammelt.

Bohrmuscheln, zusammenfassende Bez. für (meeresbewohnende) Muscheln, die sich mechan. oder durch die Wirkung abgeschiedener Säure in das Substrat ihres Standortes (Ton, Kreide, Kalk-, Sandstein, Ziegel, Torf, Holz u. a., auch in die Ummantelung von Überseekabeln) einbohren; verursachen z. T. große Schäden, bes. an hölzernen Hafenbauten und an Schiffen.

◆ (Echte B., Pholadidae) Fam. mariner Muscheln mit gleichklappigen, am Vorder- und Hinterende klaffenden Schalen; Schalenoberfläche mit gezähnten Rippen; Bohrtätigkeit durch drehende Bewegungen, wobei die Schalenoberfläche als Raspel wirkt; bekannt ist die an der amerikan. und europ. Nordatlantikküste (einschl. Nordsee und westl. Ostsee) vorkommende, bis 8 cm lange, gelblichgraue **Rauhe Bohrmuschel** (Zirfaea crispata), die bes. in Kreidefelsen und Holz bohrt.

Bohrschwämme (Cliona), weltweit verbreitete Gatt. meeresbewohnender, auffallend (meist gelb) gefärbter Schwämme. Die B. „bohren" u. a. in Kalkstein, Korallen und in den Schalen von Weichtieren kleine Kammern. Einheim. Arten sind: *Cliona celata* (Bohrschwamm i. e. S.) in der Nordsee und *Cliona vastifica* in der Kieler Bucht.

Bohrwurm, svw. ↑Schiffsbohrwurm.

Boletus ↑Röhrlinge.

Bologneser [boloɲˈjeːzər; nach der Stadt Bologna], knapp 30 cm schulterhohe Zuchtvarietät des ↑Bichons; zierl., weißer Hund.

Bombardierkäfer [griech.-frz./dt.] (Brachyninae), weltweit verbreitete Unterfam. der Laufkäfer mit 3, etwa 4–13 mm großen einheim. Arten, in trockenem Gras- und Kulturland. Die B. besitzen im Hinterleibsende 2 Drüsenkammern, aus denen in einer kleinen heißen Gaswolke das aus Hydrochinon und Wasserstoffperoxid (unter Beteiligung von Enzymen wird eine chem. Reaktion hervorgerufen) entstehende Chinon ausgestoßen wird, um Angreifer abzuwehren. - Die bekannteste in M- und S-Deutschland heim. Art ist **Brachynus crepitans,** 7–10 mm groß; Kopf, Halsschild und Beine ziegelrot, Flügeldecken blaugrün.

Bombax [mittellat.], svw. ↑Seidenwollbaum.

Bombykol [griech.-arab.], Sexuallockstoff des weibl. Seidenspinners; wird vom ♂ noch in äußerst geringer Konzentration wahrgenommen. Die Strukturaufklärung und Synthese von B. gelang A. Butenandt.

Bonellia [nach dem italien. Naturforscher F. A. Bonelli, * 1784, † 1830], Gatt. der Igelwürmer; ♀♀ mit eiförmigem, bis etwa 15 cm langem Körper und rüsselartigem, sehr langem (ausgestreckt bis 150 cm), vorn gegabeltem, Kopflappen; ♂♂ langgestrecktoval, 1–3 mm lang. Bekannteste Art ist **Bonellia viridis** im Mittelmeer, in der Nordsee, an den europ. Atlantikküsten sowie an den Küsten des Pazif. und Ind. Oceans: lebhaft blaugrün; lebt versteckt in Spalten und Löchern am Meeresboden.

Bonifatiuspfennige, svw. ↑Trochiten.

Bonito [span.], (Echter B., Katsuwonus pelamis) etwa 70 bis 100 cm lange Makrelenart in allen warmen und gemäßigten Meeren; Rücken metall. blau, über der Brustflosse großer längsovaler, grünl. Fleck, Seiten und Bauch weißl. mit 4–7 dunklen Längsstreifen; wirtsch. wichtiger Speisefisch; kommt als Thunfisch in den Handel.

◆ (Unechter B., Auxis thazard) bis etwa 60 cm lange Makrelenart in warmen und gemäßigten Meeren; Oberseite metall. blau bis blaugrün, Seiten und Bauch heller; Fleisch dunkel gefärbt; Speisefisch.

Bonnet [frz. bɔˈnɛ], Charles, * Genf 13. März 1720, † Landgut Genthod bei Genf 20. Mai 1793, schweizer. Naturforscher und Philosoph. - Arbeitete über die parthenogenet. Fortpflanzung der Insekten, entdeckte den Generationswechsel bei Blattläusen; botan. Studien bes. zum Nährstoffbedarf der Pflanzen.

Bonobo [afrikan.] (Zwergschimpanse, Pan paniscus), Menschenaffenart in den zentralafrik. Regenwaldgebieten südl. des Kongo; wesentl. kleiner, schlanker und zierlicher als der Schimpanse; braunschwarzes Haarkleid, bes. bei ♂♂ auffallend stark entwickelter Backenbart; Gesicht und Ohren stets dunkel, Lippen lebhaft fleischfarben.

Bonsai [jap.], Bez. für jap. Zwergbäume (Höhe rd. 15–80 cm); werden aus Samen, Stecklingen oder Pfropfreisern durch bes. Behandlung (Beschneiden der Zweige und Wurzeln) gezogen. - Abb. S. 122.

Boomslang [Afrikaans] (Dispholidus typus), bis über 1,5 m lange, grüne oder graubraune, unterseits gelbe, giftige Trugnatter in den Savannen M- und S-Afrikas.

Bordet, Jules [frz. bɔrˈdɛ], * Soignies 13. Juni 1870, † Brüssel 6. April 1961, belg. Mediziner und Mikrobiologe. - Entdeckte die für die Serologie grundlegende Komplementbindungsreaktion und mit O. Gengou 1906 den Keuchhustenerreger; erhielt 1919 den Nobelpreis für Physiologie oder Medizin.

Bordetella [nach dem belg. Mediziner und Mikrobiologen J. Bordet], gramnegative

Botanik

Bakteriengatt.; bekannt ist der Erreger des Keuchhustens **Bordetella pertussis.**

borealer Nadelwald, an die Arktis nach S anschließender Nadelwaldgürtel des eurosibir. und nordamerikan. Kontinents.

Boretsch ↑ Borretsch.

◆ svw. ↑ Karausche (ein Fisch).

Boretschgewächse, svw. ↑ Rauhblattgewächse.

Borke [niederdt.], (Rhytidom) abgestorbener, verkorkter Teil der Rinde bei Holzgewächsen, der oft in Platten, Schuppen (Schuppen-B.) oder Streifen (Streifen-, Ringel-B.) abgeworfen wird. Die braune Färbung beruht auf der Einlagerung von fäulnishemmenden Phlobaphenen. - Die B. der Korkeiche wird wirtsch. genutzt.

Borkenkäfer (Scolytidae), weltweit verbreitete Käferfam. mit etwa 4 600, meist wenige mm langen Arten, davon etwa 225 in Europa, 95 einheim.; Körper meist gedrungenwalzenförmig; Färbung meist braun bis schwarz; überwiegend in und unter der Rinde von Holzgewächsen bohrend. - Zahlr. B. sind Forstschädlinge. Zu den B. gehören u. a. ↑ Buchdrucker, ↑ Waldgärtner, ↑ Riesenbastkäfer, ↑ Kupferstecher, ↑ Ulmensplintkäfer.

Borkenkäferwolf (Thanasimus formicarius), nützl., etwa 7–10 mm langer, einheim. Buntkäfer; Kopf schwarz, Brustschild braunrot, Flügeldecken an der Basis braunrot, im hinteren Teil schwarz mit 2 weißl. Querbinden; hauptsächl. an gefällten Fichten und Kiefern, wo sie sich von Borkenkäfern sowie deren Larven und Puppen ernähren.

Borrelia (Borrelien) [nach dem frz. Bakteriologen A. Borrel, * 1867, † 1936], Spirochätengatt. mit etwa 5 Arten, darunter **Borrelia recurrentis,** Erreger des Rückfallfiebers.

Borretsch [mittellat.] (Gurkenkraut, Borago officinalis), einjähriges Rauhblattgewächs aus dem Mittelmeergebiet, in M-Europa verwildert; Blüten himmelblau, radförmig, oft als Gewürzpflanze angebaut.

Borretschgewächse, svw. ↑ Rauhblattgewächse.

Borsten, die steifen, relativ dicken Haare vom Haus- und Wildschwein; diese Natur-B. werden neben pflanzl. Erzeugnissen (z. B. Kokosfasern) für Besen, Bürsten und Pinsel verwendet; sie werden aber durch die aus Polyamiden, Polyurethanen oder Polyvinylchlorid hergestellten Kunst-B. verdrängt.

Borstenegel (Acanthobdellae), Unterordnung der Blutegel mit der einzigen, an Süßwasserfischen schmarotzenden, 2–4 cm langen Art Acanthobdella peledina in den Flüssen N-Eurasiens.

Borstengras, (Aristida) Grasgattung mit über 300 Arten; Ährchen meist in Rispen; Granne der Deckspelzen dreifach fingerförmig geteilt; typ. Vertreter der Graslandschaften Afrikas und N-Amerikas.

◆ (Borstgras, Nardus) Süßgrasgatt. mit der einzigen Art **Steifes Borstgras** (Nardus stricta) auf moorigen Wiesen in Eurasien; in den Hochalpen oft bestandbildend; steife borstenähnl. Blätter und blaue bis violette Ährchen.

Borstenhirse (Fennich, Setaria), Gatt. der Süßgräser mit etwa 120 Arten, in M-Europa 4 Arten auf Brachland, Schuttplätzen und in Gärten; Ährchen in Rispen; angebaut wird die ↑ Kolbenhirse.

Borstenigel, (Madagaskarigel, Tanreks, Tenreks, Tenrecidae) Fam. ausschließl. auf Madagaskar heim. Insektenfresser mit rund 30, etwa 4 bis knapp 40 cm körperlangen Arten; Schwanz 3–16 cm lang, auch fehlend; Fell borstig bis stachelig oder haarig; Schnauze oft rüsselartig verlängert.

◆ (Tenrecinae) Unterfam. der Tenrecidae mit 6, etwa 10 bis knapp 40 cm körperlangen Arten; Fell auf dem Rücken teilweise oder ganz aus Borsten und Stacheln bestehend; u. a. Großer Tanrek, Igeltanrek, Streifentanrek.

Borstenläuse (Chaitophoridae), Fam. der Blattläuse mit etwa 28 einheim. Arten v. a. auf Ahorn-, Weiden- und Pappelarten; Körper stark beborstet.

Borstenschwänze (Thysanura), Ordnung der Urinsekten mit rund 400, (davon 15 einheim.) meist 9–15 mm großen Arten; Körper langgestreckt, am Hinterende mit 3 langen, beborsteten Anhängen; u. a. ↑ Silberfischchen, ↑ Ofenfischchen, ↑ Felsenspringer.

Borstentiere, svw. ↑ Schweine.

Borstenwürmer (Chaetopoda), veraltete systemat. Einheit der Ringelwürmer; umfaßt die ↑ Vielborster und die ↑ Wenigborster.

Borstenzähner (Chaetodontidae), Fam. der Knochenfische mit über 200, meist etwa 10–20 cm langen Arten an den Meeresküsten, v. a. der trop. Gebiete; Färbung bunt und kontrastreich; beide Kiefer mit zahlr. borstenartigen Zähnen; z. T. beliebte Aquarienfische.

Bos [lat.] ↑ Rinder.

Boskop ↑ Apfelsorten (Übersicht S. 48).

Boswellia [nlat.], svw. ↑ Weihrauchbaum.

Botalli-Gang [nach dem italien. Chirurgen L. Botallo, * 1530, † um 1571] (Ductus arteriosus [Botalli]), Gefäßverbindung zw. der Lungenarterie und der Aortenwurzel beim menschl. Fetus, wodurch die noch funktionslose Lunge umgangen wird; schließt sich normalerweise in den ersten 3 Monaten nach der Geburt. Der offenbleibende B.-G. ist ein oft auftretender angeborener Herzfehler.

Botanik [zu griech. botanikós von „Kräuter betreffend"] (Pflanzenkunde, Phytologie), Teilgebiet der Biologie; urspr. hauptsächl. als Heilpflanzenkunde im Rahmen der Medizin betrieben, setzte erst später setzte die Erforschung der Organisation und der Lebensfunktionen der Pflanzen ein. Die **allgemeine Botanik** bearbeitet die allen pflanzl. Organismen gemeinsamen Bau- und Funktionsprinzipien. Zu ihr zählen die pflanzl. Morphologie, die den äuße-

botanischer Garten

ren (makroskop.) Bau der Pflanzen und ihrer Teile beschreibt; die *Pflanzenanatomie (Phytotomie)*, die auf mikroskop. Weg die Strukturen der Zellen (Zytologie), Gewebe (Histologie) und Organe der Pflanzen (Organographie) untersucht; die *Pflanzenphysiologie* (mit den Arbeitsgebieten Stoffwechsel-, Reiz- und Entwicklungsphysiologie), die sich mit der Untersuchung der Lebensvorgänge der Pflanzen, ihren physikal.-chem. Grundlagen und Zusammenhängen befaßt.

Die **spezielle Botanik** erforscht die unterschiedl. pflanzl. Formen und ihre räuml. und zeitl. Verteilung. Teilgebiete sind: *Pflanzensystematik (Taxonomie)*, *Pflanzengeographie (Geobotanik)*, *Pflanzenökologie* und *Pflanzensoziologie*. Mit der Untersuchung der Pflanzenwelt früherer erdgeschichtl. Epochen beschäftigt sich die *Paläobotanik*.

Die **angewandte Botanik** umfaßt die Lehre von den Heilpflanzen (*Pharmakognosie*), die Pflanzenzüchtung und die Erforschung der Pflanzenkrankheiten (*Phytopathologie*). Diese Gebiete stehen in engem Zusammenhang mit der Medizin, Forst-, Land- und Gartenbauwissenschaft.

Nultsch, W.: Allg. B. Stg. ⁸1986. – Lehrb. der B. f. Hochschulen. Begr. v. E. Strasburger u. a. Bearb. v. D. v. Denffer u. a. Stg. ³²1983.

botanischer Garten, meist öff. zugängl. gärtner. Anlage (z. T. mit Gewächshäusern), in der einheim. und ausländ. Pflanzen gezogen werden. Das Hauptaufgabengebiet der b. G. liegt heute in der Belieferung der Univ. mit Anschauungs- und Untersuchungsmaterial: Der erste dt. b. G. wurde 1580 in Leipzig gegründet. – ↑ auch Übersicht zoologische und botanische Gärten (Bd. 3, S. 308 f.).

Boten-RNS, svw. ↑ Messenger-RNS.

Botrytis [griech.], Gatt. der Schlauchpilze mit etwa 50 Arten, hauptsächl. an verletzten, faulenden Pflanzenteilen. Am bekanntesten ist **Botrytis cinerea**, verursacht Grauschimmel an verschiedenen Pflanzen sowie die Edelfäule der Trauben.

Bougainvillea [buɡɛ̃ˈvɪlea; nach L.-A. Comte de Bougainville], Gatt. der Wunderblumengewächse mit nur wenigen Arten im trop. und subtrop. S-Amerika; Sträucher oder kleine Bäume; Blüten rosa, gelbl. oder weiß. – Bekannte Arten: **Bougainvillea spectabilis**, ein kletternder Strauch mit hakigen Dornen und stark behaarten Blättern, häufig im Mittelmeergebiet als Mauerbekleidung und an Zäunen angepflanzt; **Bougainvillea glabra** mit glänzend-grünen, kaum behaarten Blättern, als Topfpflanze und in Gewächshäusern kultiviert.

Bowman-Kapsel [engl. ˈboʊmən], Teil der Nierenkörperchen der ↑ Niere.

Boxer [engl.], zu den Doggen gehörende Rasse kräftiger, bis 63 cm schulterhoher Haushunde mit sehr kurzer, kräftig entwickelter Schnauze, stark herabhängenden Lefzen, hoch angesetzten, spitz kupierten Ohren sowie kurz- und glatthaarigem, gelbl.-, bis braunrotem, häufig auch gestromtem Fell; Schwanz kurz kupiert.

Brabanter, svw. ↑ Belgier.

Brachfliege (Getreideblumenfliege, Hylemyia coarctata), etwa 6–7 mm große, gelbgraue, schwarz behaarte Blumenfliege; Larven minieren in den Halmen von Weizen, Roggen, Gerste oder Futtergräsern; Getreideschädling.

Brachiatoren [lat.], Bez. für Primaten, deren Arme gegenüber den Beinen stark verlängert sind. Sie bewegen sich überwiegend hangelnd oder schwingkletternd fort; heute noch lebende Vertreter sind die Orang-Utans.

Brachiopoden, svw. ↑ Armfüßer.

Brachiosaurus [lat./griech.], Gatt. bis nahezu 23 m langer und 12 m hoher Dinosaurier aus dem oberen Malm in N-Amerika,

Bonsai

Brandkraut. Phlomis fructicosa

Brachsenkraut

O-Afrika und Portugal; Vorderbeine wesentl. länger als Hinterbeine, Hals sehr lang (13 bis zu 1 m lange Halswirbel); Pflanzenfresser.

Brachium [lat.], svw. Oberarm (↑Arm).

Brachkäfer (Amphimallon), Gatt. der Laubkäfer mit 5 einheim., etwa 1,5–2 cm großen, bräunlichgelben, braunen oder rostroten Arten; überwintern im Erdboden als Larven, die sich bis zum Frühjahr von Wurzeln ernähren; häufigste Art ist der ↑Junikäfer.

Brachpieper (Anthus campestris), rd. 17 cm große Stelzenart in Europa und im mittleren Asien; Oberseite sandbraun, Unterseite heller; mit auffallendem rahmfarbenem Augenstreif und langen, gelbl. Beinen; lebt v. a. in sandigem Ödland und in Dünengebieten.

Braunkehlchen

Brotfruchtbaum. Zweigende mit langgestreckten männlichen und kugeligen weiblichen Blütenständen und unreifer Frucht (links) sowie reife, angeschnittene Frucht

Gemeine Braunelle (links) und Großblütige Braunelle

Brachschwalbe (Glareola pratincola), etwa 23 cm lange Art der Brachschwalben (Unterfam. der Regenpfeiferartigen) in weiten Teilen S-Europas, Asiens und Afrikas; Oberseite olivbraun, Bauch weiß, Brust gelblichbraun mit blaßgelbem, schwarz umrahmtem Kehlfleck; Flügel dunkelbraun, Unterseite teilweise rostrot; der tief gegabelte Schwanz schwarz mit weißer Wurzel.

Brachsen (Blei, Brassen, Abramis brama), bis etwa 75 cm langer Karpfenfisch in Europa; sehr hochrückig, seitl. stark zusammengedrückt; Oberseite bleigrau bis schwärzl., meist mit grünl. Schimmer; Körperseiten heller, Bauch weißl., Flossen grau; lebt in Seen und langsam fließenden Flüssen; Speisefisch.

Brachsenkraut (Isoetes), Gatt. der Brachsenkrautgewächse (Bärlappähnliche)

Brennhaare: die Spitze des Brennhaares (1) bricht leicht ab (1 a). Aus der scharfen Bruchstelle tritt Nesselsaft aus (1 b);
Gifthaar einer Raupe (2): A Alveole, E Epidermis, H zu einer Giftdrüse umgebildete Haarmutterzelle, K Kutikula, M Membranzelle

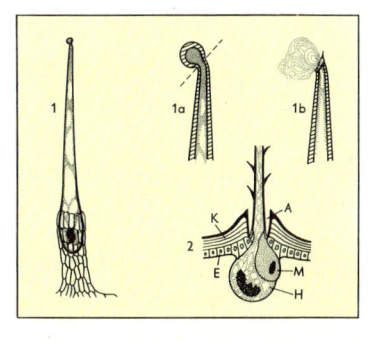

mit etwa 60 (in M-Europa 2) Arten, vorwiegend in den gemäßigten und kalten Zonen der Nordhemisphäre; meist am Boden nährstoffarmer kalter Seen lebende, ausdauernde Pflanzen mit gestauchter Sproßachse, rosettig gestellten, pfriemförmigen, bis 1 m langen, teilweise auch schuppenförmigen Blättern.

Brachsenregion (Brassenregion, Bleiregion), unterer Abschnitt von Fließgewässern, der sich stromabwärts an die ↑Barbenregion anschließt. Charakterist. Fischarten sind neben dem Brachsen v. a. Aal, Blicke, Hecht, Zander, Schleie, Karpfen, Karausche, Rotauge, Rotfeder, Nerfling. Wanderfische aus dem Meer suchen die B. zur Laichzeit auf und machen dort einen Teil ihrer Jugendentwicklung durch, z. B. Stör, Stint, Schnäpel, Maifisch, Finte. Stromabwärts folgt auf die B. die ↑Brackwasserregion.

Brachvögel (Numenius), Gatt. der Schnepfenvögel mit 8, etwa 35 bis 60 cm großen Arten in Europa, Asien sowie in N-Amerika; einheim. ist der ↑Große Brachvogel.

Brachycera [griech.], svw. ↑Fliegen.

Brachyura, svw. ↑Krabben.

Bracken, Rassengruppe urspr. für die Hetzjagd auf Hochwild gezüchteter Jagdhunde. Aus den urspr. hochbeinigen, etwa 40–60 cm schulterhohen B. (z. B. ↑Deutsche Bracke, ↑Dalmatiner) wurden für die Niederjagd (bes. auf Füchse, Dachse, Hasen) kurzläufige, etwa 20–40 cm schulterhohe Rassen gezüchtet (z. B. ↑Dackel, ↑Dachsbracke, ↑Bassets).

Brackwasserregion, unterster, auf die Brachsenregion folgender Abschnitt der Fließgewässer an deren Mündung ins Meer. Charakterist. für die B. ist der häufig schwankende Salzgehalt des stets sehr trüben Wassers. Kennzeichnende Fischarten der B. sind Flunder, Kaulbarsch, Stichling und Zwergstichling, daneben Wanderfische wie Stör, Schnäpel, Stint, Maifisch und Finte.

Brackwespen (Braconidae), Fam. der Hautflügler mit über 5000 Arten; einheim. u. a. der Weißlingstöter.

Bradykinin ↑Kinine.

bradytrophes Gewebe, Körpergewebe mit geringer oder fehlender Kapillarversorgung und verlangsamtem, herabgesetztem Stoffwechsel; z. B. Knorpel, Hornhaut, Linse, Trommelfell. - Ggs. ↑tachytroph.

Braktee [lat.] (Tragblatt, Deckblatt, Stützblatt, Bractea), Blatt, aus dessen Achsel ein Seitensproß (auch Blüte) entspringt.

Branchien [griech.], svw. ↑Kiemen.

Branchiostoma ↑Lanzettfischchen.

Branchiura [griech.], svw. ↑Kiemenschwänze.

Brandente (Brandgans, Tadorna tadorna), etwa 60 cm lange Art der Halbgänse in Europa und Asien; weiß mit rostroter Binde um den Vorderkörper; Schultern und Handschwingen schwarz, Armschwingen körpernah rostrot, Flügelspiegel grün, Kopf und Hals grünlichschwarz, Schnabel rot (beim ♂ mit Höcker vor der Stirn), Beine fleischfarben, relativ lang. Die B. findet sich jedes Jahr zur Mauser in großen Mengen im Wattenmeer zw. Weser und Eider.

Brandknabenkraut (Brandorchis, Orchis ustulata), v. a. in S-Deutschland auf grasigen, trockenen Kalkhängen vorkommende, bis 40 cm hohe Knabenkrautart; Blütenknospen fast schwarz, Lippe der geöffneten Blüte weiß, spärl. rot punktiert; Blütenstand walzenförmig.

Brandkraut (Phlomis), Lippenblütlergatt. mit etwa 70 Arten, vom Mittelmeerraum bis China verbreitet; Kräuter, Halbsträucher oder Sträucher mit gelben, purpurfarbenen oder weißen Blüten. - Abb. S. 122.

Brandmaus (Apodemus agrarius), 9–12 cm langes Nagetier, v. a. in gebüschreichen Landschaften N-Deutschlands, großer Teile O-Europas und O-Asiens; Oberseite gelbl.-graubraun bis rötl.-zimtbraun, mit schwarzem Aalstrich; Unterseite weißlich.

Brandorchis, svw. ↑Brandknabenkraut.

Brandpilze (Ustilaginales), Ordnung interzellulär in Pflanzen parasitierender Ständerpilze mit etwa 1 000 Arten. Als Erreger der *Brandkrankheiten* sind die B. bes. schädl. an Getreide (z. B. Maisbeulenbrand, Flug- oder Staubbrand von Hafer, Gerste, Weizen; Stein- oder Stinkbrand des Weizens); Bekämpfung mit Fungiziden.

Brasilide [nlat.], in der anthropolog. Rassenkunde Bez. für eine die südamerikan. Tropen bewohnende Menschenrasse; kleine, kräftige Gestalt (u. a. Kariben, Aruak, Tupi).

Brasilkiefer (Brasilian. Araukarie, Araucaria angustifolia), Araukariengewächs S-Brasiliens und N-Argentiniens; bestandbildender Nadelbaum mit etwa 25–45 m hohen und 1 m dicken, weitgehend astfreien Stämmen und hoch angesetzter Krone.

Brassen, (Abramis) Gatt. der Karpfenfische mit 3 Arten; ↑Zobel, ↑Zope und B. (↑Brachsen).

◆ (Meerbrassen, Sparidae) Fam. bis 1,3 m langer Barschfische mit etwa 200 Arten, v. a. in den Küstengewässern trop. und gemäßigter Meere; u. a. ↑Zahnbrasse, ↑Goldbrasse, ↑Rotbrasse und ↑Graubarsch.

Brassenregion, svw. ↑Brachsenregion.

Brassica [lat.], svw. ↑Kohl.

Brätling (Bratling, Birnenmilchling, Brotpilz, Milchbrätling, Lactarius volemus), in Mischwäldern wachsende Art der Milchlinge; orangebrauner, weißen Milchsaft führender, bis 12 cm hoher, geschätzter Speisepilz; Hutdurchmesser 7–15 cm.

Braun, Alexander [Heinrich], * Regensburg 10. Mai 1805, † Berlin 29. März 1877, dt. Botaniker. - Prof. in Freiburg im Breisgau, Gießen und Berlin. B. schuf ein natürl. System zur Bestimmung von Pflanzen, das mit Ergänzungen von A. W. Eichler, A. Engler und

R. Wettstein die Grundlage des modernen Systems bildet.

Braunalgen (Phaeophyceae), hochentwickelte Klasse der Algen mit rd. 2000, überwiegend marinen Arten. B. sind, mit Ausnahme der in riesigen Mengen in der Sargassosee treibenden Sargassumarten, festsitzend. Die einfachsten B. besitzen fädige, verzweigte Thalli. In den echten Geweben der großen B. (Tange) finden sich bereits Assimilations-, Speicher- und Leitgewebe. Die B.zelle führt mehrere, meist linsenförmige Chromatophoren, in denen (neben Chlorophyll) u. a. das für die braune bis olivgrüne Farbe der meisten B. verantwortl. Karotinoid Fucoxanthin vorkommt. Von ständig wachsender industrieller Bedeutung sind die aus B. gewonnene Alginsäure und deren Produkte.

Braunauge (Dira maera), etwa 5 cm spannender, dunkelbrauner Augenfalter, v. a. in lichten Wäldern der Gebirge und Hügellandschaften Europas; mit je einem mittelgroßen, schwarzen, hell gekernten Augenfleck auf den Vorderflügeln und 2–5 kleinen, schwarzen Augenflecken auf den Hinterflügeln.

Braunbär (Ursus arctos), ursprüngl. über fast ganz N-Amerika, Europa und Asien verbreitete Bärenart mit zahlr. Unterarten; heute in weiten Teilen des ehem. Verbreitungsgebietes ausgerottet und im wesentl. auf große Waldgebiete dünn besiedelter Gegenden (bes. der Gebirge) beschränkt; Vorkommen in Europa: O- und SO-Europa, Skandinavien, Pyrenäen, NW-Spanien; u. a. ↑Eurasischer Braunbär, ↑Alaskabär, ↑Grizzlybär.

Braune Bienenlaus ↑Bienenläuse.

Braunelle, (Prunella) Gatt. der Lippenblütler mit 5 Arten, in Europa bis N-Afrika. In M-Europa 3 Arten, darunter die **Gemeine Braunelle** (Prunella vulgaris), bis 30 cm hoch, mit bis 15 mm großen bläul., selten weißen Blüten, auf Wiesen und Waldrändern häufig; ferner die **Großblütige Braunelle** (Prunella grandiflora) mit bis 25 mm langen, bläul., selten weißen Blüten; in Trockenrasen und lichten Wäldern. - Abb. S. 123.
◆ svw. ↑Kohlröschen.

Braunellen (Prunellidae), Fam. der Singvögel mit 12 Arten (in der einzigen Gatt. **Prunella**) in Europa und Asien sowie in N-Afrika; etwa 12–18 cm lang, überwiegend braun und grau gefärbt, mit schmalem Schnabel. - Einheim. Arten sind ↑Heckenbraunelle und ↑Alpenbraunelle.

Brauner Bär (Arctia caja), etwa 65 mm spannender Schmetterling bes. auf Wiesen und Waldlichtungen Europas, Asiens und N-Amerikas; Vorderflügel braun mit weißen Binden, Hinterflügel rot mit schwarzblauen Flecken.

Brauner Enzian ↑Enzian.

Braunfelchen, Bez. für die aus der Uferregion des Bodensees als ↑Silberfelchen bekannten Fischarten, wenn diese im freien See leben und eine ins Braune gehende Körperfärbung bekommen.

Braunkehlchen (Saxicola rubetra), etwa 12 cm lange Schmätzerart (Fam. Drosseln) in Europa und M-Asien; Oberseite des ♂ braun mit hellerer Streifung, Unterseite rahmfarben mit rostbrauner Brust und Kehle; weiße Flecken an den Seiten der Schwanzwurzel und auf den Flügeln, weißer Augenstreif; ♀ etwas heller, in der Zeichnung verwaschener.- Abb. S. 123.

Braunkohl, svw. ↑Grünkohl.

Braunwurz (Scrophularia), Gatt. der Rachenblütler mit etwa 150 Arten auf der Nordhalbkugel; in M-Europa 6 Arten, am bekanntesten die in feuchten Wäldern und an Gräben wachsende **Knotige Braunwurz** (Scrophularia nodosa), eine bis 1 m hohe Staude mit vierkantigem Stengel, knolligem Wurzelstock, kugeligen, trübbraunen Blüten in Rispen und eiförmigen Kapselfrüchten.

Brautente (Aix sponsa), etwa 40 cm lange Ente, v. a. an bewaldeten Steh- und Fließgewässern S-Kanadas und der USA; ♂ im Prachtkleid mit violettfarbenen Kopfseiten, grün schillernden, den Nacken weit überragenden Scheitelfedern und rötl. Schnabel; Körperoberseite dunkel, Flanken gelblichbraun, Unterseite weiß; ♀ unscheinbar bräunlichgrau mit weißer Zone um die roten Augen; in Europa in Parkanlagen.

Brechbohnen, Bez. für rundhülsige, fleischige, leicht durchzubrechende Gartenbohnen.

Brechnußbaum (Strychnos nux-vomica), bis 15 m hoher Baum der Gatt. Strychnos in S-Asien; Blätter eiförmig, kreuzgegenständig; Blüten grünlich-gelb, in Trugdolden. Früchte beerenartig, 2,5–6 cm groß, orangerot, mit bitter schmeckenden Samen (**Brechnuß**), die etwa 1 % Strychnin u. a. Alkaloide enthalten und als Brech- und Abführmittel verwendet werden.

Brechwurz, svw. ↑Haselwurz.

Brechwurzel (Ipekakuanha, Cephaelis ipecacuanha), bis 40 cm hohes, halbstrauchiges Rötegewächs in Brasilien; Wurzeln braun mit tiefen, ringförmigen Wülsten, getrocknet als B. (Rio-Ipekakuanha) im Handel, medizin. zur Schleimlösung und gegen Amöbenruhr verwendet.

Brechzentrum, im verlängerten Mark, nahe dem Atemzentrum gelegenes vegetatives Nervenzentrum, das den Brechakt auslöst. Das B. kann unmittelbar (z. B. durch das zentral wirksame Apomorphin) oder auf reflektor. Wege (z. B. über die Magenschleimhaut) erregt werden.

Brehm, Alfred [Edmund], * Renthendorf (Thüringen) 2. Febr. 1829, † ebd. 11. Nov. 1884, dt. Zoologe und Forschungsreisender. - Zoodirektor in Hamburg und Gründer des Berliner Aquariums. Sein Hauptwerk „Tierle-

Breitlauch

ben" (6 Bde., 1864-69; Jubiläumsausg., hg. v. C.W. Neumann, 8 Bde., 1928/29) wurde vielfach übersetzt und gilt noch heute als Standardwerk für biolog. Interessierte.
B., Christian Ludwig, *Schönau bei Gotha 24. Jan. 1787, † Renthendorf (Thüringen) 23. Juni 1864, dt. luth. Pfarrer und Ornithologe. - Vater von Alfred B.; einer der Begründer der dt. Ornithologie; legte eine Sammlung von etwa 15 000 Vogelbälgen an, von denen 371 als Typus beschrieben worden sind.

Breitlauch, svw. ↑Porree.

Breitnasen (Neuweltaffen, Platyrrhina), Überfam. der Affen in M- und S-Amerika; 3 Fam.: ↑ Kapuzineraffenartige, ↑ Springtamarins und ↑ Krallenaffen.

Breitrandschildkröte (Testudo marginata), etwa 25-35 cm lange Landschildkröte in M- und S-Griechenland.

Breitrüßler (Maulkäfer, Anthribidae), weltweit, v. a. in subtrop. und trop. Gebieten verbreitete Käferfam. mit über 2 700 etwa 2–50 mm großen Arten, davon 36 in Europa, 17 einheim.; einfarbig dunkel oder kontrastreich gezeichnet, meist mit kurzem, breitem, abgeflachtem Rüssel. Die Larven zahlr. trop. Arten bohren in Samen (Vorratsschädlinge), z. B. ↑ Kaffeekäfer.

Bremsen [niederdt.; zu althochdt. breman „brummen"] (Viehfliegen, Tabanidae), weltweit verbreitete Fam. der Fliegen mit rund 3 000 bis etwa 3 cm langen Arten; meist grauschwarz bis braungelb gefärbt; Kopf kurz und sehr breit, meist seitl. den Brustabschnitt überragend; Augen sehr groß, bei den ♂♂ in der Mitte aneinanderstoßend, bei den ♀♀ durch die schmale Stirn getrennt, meist metall. glänzend. Die ♀♀ haben einen kräftigen, dolchartigen Stechrüssel, mit dem sie an Säugetieren Blut saugen. Die ♂♂ der B. sind ausschließl. Blütenbesucher. - Die B. fliegen mit Vorliebe an warmen, schwülen Tagen. Manche Arten übertragen Krankheitserreger. - Bekannte Gatt. sind ↑ Regenbremsen, ↑ Rinderbremsen.

Brenndolde (Brennsaat, Cnidium), Gatt. der Doldenblütler mit etwa 20 Arten in Eurasien; in Deutschland nur selten die bes. auf Moor- und feuchten Waldwiesen sowie an Gräben wachsende **Sumpfbrenndolde** (Cnidium dubium), 30-60 cm hohes, zweijähriges Kraut mit 2-bis 3fach fein gefiederten Blättern, weißen Blüten und 2 mm langen, eiförmigen, schwach rippigen Früchtchen.

Brennende Liebe (Lychnis chalcedonica), Lichtnelkenart im östl. Rußland; bis 1 m hohe Staude mit breitlanzettförmigen bis eiförmigen, spitzen, rauhhaarigen Blättern; Blüten scharlachrot, an den Enden der Stengel trugdoldig gehäuft; auch beliebte Zierpflanze.
◆ (Verbena peruviana) Eisenkrautart in Argentinien und Brasilien; etwa 15 cm hohe Staude mit liegenden, an den Enden aufgerichteten Stengeln und zinnoberroten Blüten in Köpfchen; als Zierpflanze kultiviert.

Brennessel (Urtica), Gatt. der Nesselgewächse mit etwa 35 Arten in den gemäßigten Gebieten; an Blättern und Stengeln ↑ Brennhaare. - 2 einheim. Arten: **Große Brennessel** (Urtica dioica), bis 1,5 m hohe, mehrjährige, zweihäusige Ruderalpflanze mit gegenständigen, längl.-eiförmigen, am Rand grob gesägten Blättern; **Kleine Brennessel** (Urtica urens), bis 50 cm hohes, einjähriges, einhäusiges Gartenunkraut mit rundl.-eiförmigen Blättern.

Brennhaare, (Nesselhaare) v. a. bei Brennesselgewächsen vorkommende, borstenförmige, ein- oder wenigzellige Pflanzenhaare, die im Zellsaft gelöste, hautreizende Giftstoffe enthalten; Wand des Haars im oberen Teil verkieselt, Haarspitze bauchig erweitert und bei Berührung schief abbrechend, so daß der Haarstumpf wie eine Injektionsspritze wirkt. - Abb. S. 123.
◆ (Gifthaare, Toxophoren) brüchige oder leicht ausfallende hohle Haare bei verschiedenen Schmetterlingsraupen; enthalten ein Sekret, das in der Haut des Menschen außerordentl. starken Juckreiz und heftiges Brennen verursachen kann.

Brenztraubensäure (2-Ketopropansäure, 2-Oxopropansäure), CH_3-CO-COOH; einfachste, aber wichtigste 2-Oxocarbonsäure. Die B. spielt in einer Reihe von Stoffwechselvorgängen (v. a. in Form ihrer Ester, den **Pyruvaten**) eine bed. Rolle als Zwischenprodukt, so v. a. beim Abbau der Kohlenhydrate (Glykolyse) im Organismus.

Brettwurzeln, seitl. zusammengedrückte, brettförmige Wurzeln, v. a. von trop. Maulbeerbaum- und Sturkuliengewächsen; z. T. über dem Boden verlaufend und (bis zu einer Höhe von mehreren Metern) den Stamm hinaufziehend. Die B. haben im wesentl. Stützfunktion, dienen aber auch der Atmung.

Brieftauben (Reisetauben), aus verschiedenen Rassen der Haustaube gezüchtete Tauben von kräftigem, gedrungenem Körperbau mit schlankem Hals und Kopf; B. sind des. flugtüchtige und ausdauernde Tauben mit ausgeprägtem Heimfindevermögen. Sie legen unter günstigen Bedingungen an einem Tag 800–1 000 km zurück. Ihre durchschnittl. Reisegeschwindigkeit beträgt bei gutem Wetter etwa 60 km pro Stunde (Höchstgeschwindigkeit über 90 km pro Stunde).

Bries (Kalbsmilch), Thymusdrüse des Kalbes; wegen ihrer leichten Verdaulichkeit oft als Krankenkost verwendet.

Brillenbär (Andenbär, Tremarctos ornatus), etwa 1,5-1,8 m körperlange pflanzenfressende Bärenart im westl. S-Amerika (einzige Bärenart auf der südl. Halbkugel); Schulterhöhe etwa 75 cm, Schwanz rund 7 cm lang; Fell zottig, schwarz bis schwarzbraun, meist mit auffallender gelbl. bis weißl. Zeichnung im Gesicht (dort häufig eine brillenähnl.

Markierung bildend), am Hals und auf der Brust. Bestand bedroht.

Brillensalamander (Salamandrina), Salamandergatt. mit der einzigen gleichnamigen Art *(Salamandrina terdigitata)* im westl. Italien; etwa 7–10 cm lang; Oberseite mattschwarz mit je einem gelbroten Fleck über den Augen.

Brillenschlangen, svw. ↑ Kobras.

Brillenschote (Brillenschötchen, Biscutella), Gatt. der Kreuzblütler mit 7 Arten im Mittelmeerraum und in M-Europa; in Deutschland nur die **Glatte Brillenschote** (Biscutella laevigata) auf trockenen Weiden und Felsen, 15–30 cm hohe Staude mit verholztem Wurzelstock, grundständiger Rosette aus keilförmigen Laubblättern, und gelben Blüten in rispigem Blütenstand. Die Früchte (Schötchen) ähneln mit ihren beiden fast kreisrunden, scheibenförmig abgeflachten Hälften einer Brille.

Broca, Paul, * Sainte-Foy-la-Grande (Gironde) 28. Juni 1824, † Paris 9. Juli 1880, frz. Chirurg und Anthropologe. - Einer der bedeutendsten Chirurgen seiner Zeit; Entdekker des nach ihm benannten Sprachzentrums in der dritten linken Stirnwindung des Großhirns.

Broccoli [italien.] (Brokkoli), svw. ↑ Spargelkohl.

Brombeere [zu althochdt. brama „Dornstrauch"] (Rubus fruticosus), formenreiche Sammelart der Rosengewächsgatt. Rubus mit zahlr., z. T. schwer unterscheidbaren Kleinarten und vielen Bastarden, in Wäldern und Gebüsch; Sprosse zweijährig, mit der Spitze bogig dem Erdboden zuwachsend, dort wurzelnd und erneut austreibend; mit kräftigen Stacheln, 3–7zählig gefiederten Blättern und schwarzroten bis schwarzen, glänzenden, Sammelsteinfrüchten; zahlr., v. a. in N-Amerika gezüchtete Kultursorten (z. B. ↑ Loganbeere), manche auch stachellos.

Brombeerzipfelfalter (Grünling, Callophrys rubi), in M-Europa weit verbreitete, etwa 25 mm spannende Zipfelfalterart, oberseits dunkelbraun (♂ mit hellerem, ovalem Fleck), unterseits fast einfarbig grün; Raupe lebt v. a. an Brombeerpflanzen.

Bromeliaceae (Bromeliazeen) [zu ↑ Bromelie], svw. ↑ Ananasgewächse.

Bromelie (Bromelia) [nach dem schwed. Botaniker O. Bromel, * 1639, † 1705], Gatt. der Ananasgewächse mit etwa 35 Arten im trop. Amerika; meist große, ananasähnl., erdbewohnende Rosettenpflanzen; Blätter lang und starr, am Rand mit Dornen besetzt; Blüten in Blütenständen. Die Beerenfrüchte einiger Arten sind eßbar. Auch allg. Bez. für als Zierpflanzen kultivierte Ananasgewächse.

Bromus [griech.-lat.], svw. ↑ Trespe.

bronchial [griech.], zu den Ästen der Luftröhre (oder Bronchien) gehörend, diese betreffend.

Bronchien (Bronchen, Bronchi, Einz.: Bronchus) [griech.], die stärkeren Äste der sich gabelnden Luftröhre der Landwirbeltiere (einschließl. Mensch). Die B. verästeln sich in feine und feinste **Bronchiolen** mit jeweils mehreren blind endenden Alveolen; diese sind mit der respirator. Membran, an der der Gasaustausch mit dem Blut stattfindet, ausgekleidet. Die Wände der Luftröhre und der B. sind durch Knorpelspangen (bei Säugern) oder Knorpelringe (bei Vögeln) versteift, so daß das Lumen der Luftröhre und der B. stets offen ist. Die Bronchiolen sind knorpelfrei. Die B. sind von einer Schleimhaut mit Flimmer- und Becherzellen ausgekleidet. Die Zilien des Flimmerepithels befördern den von Drüsen ausgeschiedenen Schleim und Fremdkörper nach außen.

Bronn, Heinrich Georg, * Ziegelhausen (= Heidelberg) 3. März 1800, † Heidelberg 5. Juli 1862, dt. Zoologe und Paläontologe. - Prof. in Heidelberg; einer der Wegbereiter der Abstammungslehre in der Paläontologie; stellte Versteinerungen chronolog. zusammen.

Brontosaurus [griech.] (Apatosaurus), Gatt. ausgestorbener, bis etwa 30 m langer Dinosaurier im oberen Malm N-Amerikas und Portugals; vordere Extremitäten wesentl. kürzer als die hinteren, Hals außergewöhnl. kräftig, Schädel klein, gestreckt.

Brotfruchtbaum (Artocarpus communis), auf Neuguinea und den Molukken heim. Maulbeergewächs; bis 20 m hoher Baum, weit ausladende Krone. Aus den ♀ Blütenständen entwickeln sich eßbare, stärkereiche, kopfgroße, fast kugelige, bis 2 kg schwere Scheinfrüchte (**Brotfrüchte**) mit ölreichen Samen; in den Tropen häufig kultiviert. - Abb. S. 123.

Brotkäfer (Stegobium paniceum), etwa 2–3 mm großer, längl.-ovaler, rostroter bis brauner, dicht und fein behaarter Klopfkäfer; Haus- und Vorratsschädling, lebt bes. in Backwaren und anderen Mehlprodukten.

Brotnußbaum (Brosimum alicastrum), Maulbeergewächs im trop. Amerika; Baum mit längl., kleinen Blättern und kugeligen Blütenständen; der Kautschuk enthaltende Milchsaft von jungen Pflanzen ist genießbar; Samen haselnußähnl., werden geröstet oder zu Brot verarbeitet gegessen; Holz hart, feinporig, weißl., wird als Bauholz genutzt.

Brotwurzel ↑ Jamswurzel.

Brown [engl. 'braʊn], Michael Stuart, * New York 13. April 1941, amerikan. Genetiker. - Prof. an der Univ. von Texas in Dallas und Direktor des Zentrums für Erbkrankheiten; 1985 für Forschungen über den Cholesterinstoffwechsel Nobelpreis für Physiologie oder Medizin (zus. mit J. L. Goldstein).

B., Robert, * Montrose (Schottland) 21. Dez. 1773, † London 10. Juni 1858, brit. Botaniker. - Entdecker der Nacktsamigkeit bei Nadelhölzern und Zykadeen; erkannte 1831 den Kern als wesentl. Bestandteil der Zelle

Bruchfrucht

("nucleus cellulae") und entdeckte 1827 die Brownsche Molekularbewegung.

Bruchfrucht, svw. ↑ Gliederfrucht.

Bruchkraut (Tausendkorn, Herniaria), Gatt. der Nelkengewächse mit etwa 25 Arten in Europa und im westl. Asien; niedrige Kräuter oder Halbsträucher mit winzigen unscheinbaren Blüten; in M-Europa 4 Arten, darunter das **Kahle Bruchkraut** (Herniaria glabra) mit kahlen Blättern und das **Behaarte Bruchkraut** (Herniaria hirsuta) mit steifhaarigen Blättern; u. a. auf Triften, an Wegrändern.

Brücke, Ernst Wilhelm Ritter von, * Berlin 6. Juni 1819, † Wien 7. Jan. 1892, östr. Physiologe dt. Herkunft. - Seit 1849 Prof. in Wien; von bes. Bedeutung waren seine Untersuchungen über Nerven- und Muskelsystem, Blutkreislauf, Verdauung, physikal. und physiolog. Optik, die Physiologie der Körperzelle und die Chemie der Eiweißsubstanzen.

Brücke (Pons), bei Säugetieren (einschl. Mensch) vorhandener Teil des Hirnstamms, unterhalb des Kleinhirns zw. Mittelhirn und verlängertem Mark. Beim Menschen hat sie die Form eines Wulstes und besteht zum großen Teil aus querverlaufenden Neuhirnfasern, zw. denen Zellansammlungen (**Brückenkerne**) verstreut sind, welche Schaltstationen für Bahnen darstellen, die Großhirn- und Kleinhirnrinde verbinden.

Brückenechsen (Rhynchocephalia), Ordnung bis etwa 2,5 m langer, langschwänziger, überwiegend landbewohnender Reptilien mit kurzem Hals; Schädel hat im Schläfenbereich zwei Durchbrechungen, zw. denen ein Knochenstück eine „Brücke" zum Schuppenbein bildet; einzige lebende Art ↑ Tuatera.

Brüllaffen (Alouattinae), Unterfam. der Kapuzinerartigen mit der einzigen Gatt. Alouatta (6 Arten) in M- und S-Amerika; Körperlänge bis etwa 70 cm, Schwanz etwa körperlang, als Greiforgan ausgebildet; Gliedmaßen relativ kurz und kräftig, Füße und Hände groß; Kopf flach mit vorspringender Schnauze, Gesicht nackt; Fell dicht und weich, an der Kehle oft bartartig verlängert, die Färbung von Schwarz über Dunkelbraun und Braunrot bis Gelbbraun; Schildknorpel des Kehlkopfs stark vergrößert, dient der Lautverstärkung der bes. bei den ♂♂ außerordentl. kräftigen, brüllenden Stimme. Bekannte Arten sind der **Rote Brüllaffe** (Alouatta semiculus), braunrot bis rostbraun gefärbt, Körperlänge bis 65 cm und der **Schwarze Brüllaffe** (Alouatta caraya) mit schwarzem Fell, ♀ gelbl.-olivbraun.

Brunnenfaden (Crenothrix polyspora), fadenförmig wachsendes Bakterium. In eisen- und manganhaltigem Wasser lagern sich die entsprechenden Hydroxide in der das Bakterium umgebenden Scheide ab. Massenentwicklung in Wasserleitungen (**Brunnenpest**).

Brunnenkrebse (Höhlenkrebse, Niphargus), Gatt. der Flohkrebse mit rd. 50, bis etwa 3 cm langen, farblosen, augenlosen Arten, davon etwa 10 einheimische. Die B. leben gewöhnl. unterird. in Höhlengewässern, Brunnen, Quellen und im Grundwasser.

Brunnenkresse (Nasturtium), weltweit verbreitete Gatt. der Kreuzblütler mit etwa 40 Arten; Stauden mit gefiederten Stengelblättern; Blüten in Trauben mit weißen, sich lila verfärbenden Kronblättern. Einheim. 2 Arten in Quellen und Bächen: **Echte Brunnenkresse** (Nasturtium officinale), deren in rundl. Lappen gefiederte Blätter (auch im Winter) einen schmackhaften Salat liefern; **Kleinblättrige Brunnenkresse** (Nasturtium microphyllum) mit im Winter rotbraunem Laub.

Brunnenmolche (Typhlomolge), Gatt. der Lungenlosen Salamander mit 2 Arten, darunter der bis etwa 13,5 cm lange **Texanische Brunnenmolch** (Typhlomolge rathbuni) in Brunnenschächten und Höhlengewässern SW-Texas; Augen unter der Haut liegend; Gliedmaßen außergewöhn. lang und dünn, Schwanz mit Flossensaum.

Brunnenmoose (Bachmoose, Fontinalaceae), Fam. der Laubmoose mit etwa 70 Arten (davon 14 in M-Europa), v. a. in den Süßgewässern der gemäßigten und wärmeren Zonen der Nordhalbkugel; Blätter 3–6 mm lang, ganzrandig, in 3 Reihen angeordnet. Der bekannteste Vertreter in M-Europa ist das reich verzweigte, bis 30 cm hohe, vorwiegend in fließenden Gewässern vorkommende **Gemeine Brunnenmoos** (Fontinalis antipyretica) mit kielförmig gefalteten Blättern.

Brunnenpest ↑ Brunnenfaden.

Brunst [von althochdt. brunst „Brand, Glut"] (Brunft, Östrus), bei Säugetieren ein durch Sexualhormone gesteuerter, period. auftretender Zustand geschlechtl. Erregbarkeit und Paarungsbereitschaft. Die B. tritt entweder nur einmal jährl. oder mehrmals jährl. in bestimmten Abständen auf. Die B. ist u. a. von der Reifung der Geschlechtszellen abhängig und äußert sich in bes. Ausprägungen der sekundären Geschlechtsmerkmale sowie in bes. Verhaltensweisen, Paarungsrufen oder in der Produktion stark duftender Locksubstanzen. In der Jägersprache wird die B. des Raubwildes **Ranzzeit,** des Schwarzwildes **Rauschzeit,** der Hasen und Kaninchen **Rammelzeit** genannt. - ↑ auch Balz.

Brust, (Pectus) bei Wirbeltieren (mit Mensch) der sich an Kopf oder Hals anschließende, von den Rippen umschlossene Teil des Rumpfes, der die Vorderextremitäten trägt und die Brusteingeweide (Herz, Lunge) einschließt (↑ Brustkorb). Bei den höheren Wirbeltieren und beim Menschen wird auch nur die Vorderseite des Oberrumpfes als B. bezeichnet, bei den Gliederfüßern die Unterseite des zw. Kopf und Hinterleib gelegenen Körperabschnittes.

♦ (Mamma) paarig angelegtes, aus dem Milchdrüsenkörper, Binde- und Fettgewebe bestehendes weibl. Organ an der Vorderseite des menschl. Brustkorbs.

Brustatmung (Rippenatmung) ↑Atmung.

Brustbein (Sternum), in der vorderen Mitte des Brustkorbs der meisten Wirbeltiere gelegene knorpelige oder verknöcherte, schildförmige Bildung; beim Menschen ist das B. ein längl., platter Knochen. Das B. ist eine wichtige Blutbildungsstätte.

Brustbeinkamm (Carina, Crista sterni), bei vielen Vögeln am Brustbein ausgebildete Ansatzfläche für die Flugmuskulatur.

Brustdrüsen, Bez. für die Milchdrüsen des Menschen und mancher Säugetiere.

Brustfell (Pleura), doppelwandige, häutige Auskleidung der Brusthöhle der höheren Wirbeltiere (einschließl. Mensch). Die Außenwand *(Pleura parietalis)* stellt die Innenauskleidung der Brusthöhle dar, die vollkommen von der Lunge ausgefüllt ist; die derbe Innenwand *(Lungenfell, Pleura pulmonalis, Pleura visceralis)* liegt fest der Oberfläche der Lunge an. Das B. scheidet eine eiweißhaltige Flüssigkeit aus, durch die sich die Lunge bei der Atembewegung reibungsfrei bewegen kann.

Brustflossen ↑Flossen.

Brusthöhle (Cavum thoracis), nach außen und oben vom knöchernen Gerüst des Brustkorbs allseitig abgeschlossener, nach unten vom Zwerchfell begrenzter, vom Brustfell ausgekleideter Raum. Die seitl. Partien der B. werden von den beiden Lungenflügeln, der zw. diesen liegende *Mittelfellraum (Mediastinum)* von Herz, Lymphgefäßen, Nerven, Speiseröhre und vom ↑Thymus ausgefüllt. Das Zwerchfell wölbt sich v. a. in der Ausatmungsstellung weit in den Brustkorb vor.

Brustkorb (Thorax), Skelettkorb der Wirbeltiere (einschließl. Mensch), der von den Brustwirbeln, Rippen und dem Brustbein gebildet wird und der die in die Brusthöhle eingebetteten Lungen, das Herz, die Hauptschlagadern, die Luft- und die Speiseröhre umschließt. Beim Menschen setzt sich der B. aus 12 mit den Brustwirbeln zweimal gelenkig verbundenen, paarigen Rippen zusammen, wobei die oberen 7 Rippen direkt am Brustbein ansetzen, während die nachfolgenden 3 auf jeder Seite mit der 7. Rippe in Verbindung stehen. Die 11. und 12. Rippen enden frei. - Die durch Bänder geschützten Gelenke zw. den Rippen und Wirbelkörpern und die knorpeligen Rippenansätze am Brustbein ermöglichen die Atembewegungen. Der B. vergrößert und verkleinert sich bei der Atmung.

Brustwarze, bruststänige ↑Zitze, beim Menschen zwei haarlose, von einem Hof **(Warzenhof)** umgebene, warzenförmige Erhebungen auf der Brust, in die bei der Frau die Ausführgänge der Brustdrüsen und freier Talgdrüsen münden. Im Warzenhof finden sich Schweiß- und Talgdrüsen, außerdem apokrine Drüsen, die der Befeuchtung der Warze und der Lippen des Säuglings beim Stillen dienen. Durch Einlagerung von Melanin erhält die B. ihre dunkelbraune Farbe. Sie ist durch ein elast.-muskulöses System zur Erektion fähig und gehört zu den erogenen Zonen des Körpers.

Brustwurz, svw. ↑Engelwurz.

Brut, die aus den abgelegten Eiern schlüpfende Nachkommenschaft v. a. bei Vögeln, Fischen und staatenbildenden Insekten (hier nur die Larven).

Brutbeutel (Marsupium), bei den Beuteltieren in der unteren Bauchregion des Muttertiers gelegene Hautfalte zur Aufnahme der Neugeborenen, in die die für die Versorgung des Jungen wichtigen Zitzen münden.

Brutblatt (Bryophyllum), Gatt. der Dick-

Buchfink

Burunduk

Brüten

blattgewächse mit über 20 Arten auf Madagaskar und 1 Art in den Tropen; Stauden, Halbsträucher oder Sträucher; Blätter am Rande meist Brutknospen bildend; Blüten glockig, meist groß und auffällig gefärbt, hängend, in Blütenständen; Zierpflanzen.

Brüten, bei Vögeln die Übertragung der Körperwärme von einem Elterntier (meist vom ♀) auf das Eigelege, damit sich die Keime zu schlüpfreifen Jungtieren entwickeln können. Zum B. wird oft ein ↑Brutfleck ausgebildet.

Brutfleck, bei Vögeln während der Brutzeit durch Ausfallen von Federn am Bauch entstehende nackte Hautstelle, die durch Erweiterung der Gefäße bes. gut durchblutet wird und die Eier direkt der Körpertemperatur aussetzt.

Brutfürsorge, Vorsorgemaßnahmen der Elterntiere für ihre Nachkommenschaft, die mit dem Zeitpunkt der Eiablage oder dem Absetzen der Jungen beendet sind. Alle weiteren pfleger. Maßnahmen werden als ↑Brutpflege bezeichnet. Die wichtigste Form der B. ist die Eiablage an geeigneten Orten, wobei die Elterntiere folgendes beachten: 1. Schutz und Tarnung der Eier, z.B. Ablage in von Natur aus geschützten Stellen oder in Erdlöchern, Bohrgängen, Blattüten usw.: Umspinnen mit Gespinstkokons u. ä., 2. ausreichende Sauerstoffversorgung; 3. Vermeidung jeder Behinderung beim Schlüpfen; 4. Vorhandensein günstiger Nahrungsbedingungen für die ausgeschlüpften Tiere.

Brutknospen (Bulbillen), mit Reservestoffen angereicherte zwiebel- (Brutzwiebeln) oder knollenartige (Brutknöllchen), zur Ausbildung von Seitenwurzeln befähigte Knospen, die sich ablösen und der vegetativen Vermehrung dienen; z.B. beim Knoblauch.

Brutkörper, Fortpflanzungseinheiten in Form von Thallus- bzw. Sproßteilen oder Seitensprossen bei Algen, Leber- und Laubmoosen, Farn- und Samenpflanzen.

Brutparasitismus, in der Zoologie Bez. für: 1. die Erscheinung, daß manche ♀ Vögel (z.B. der Kuckuck) unter Ausnutzung des Brutpflegeinstinktes einer anderen Vogelart das Ausbrüten der Eier und die Aufzucht der Jungtiere überlassen; 2. das Schmarotzen von Insekten oder deren Larven in den Eiern oder Larven anderer Insekten.

Brutpflege (Neomelie), in der Zoologie Bez. für alle angeborenen Verhaltensweisen der ♀ und ♂ Elterntiere, die der Aufzucht, Pflege und Beschützung der Nachkommen dienen. Die B. beginnt nach der Eiablage bzw. nach dem Absetzen der Larve oder der Jungen (↑dagegen Brutfürsorge). Die B. bezieht sich zunächst auf die Bewachung und Versorgung der Eier bzw. der Brut. Zu den B.handlungen zählen auch das Wärmen der Jungtiere (bei Vögeln und Säugern), das Herbeischaffen von Nahrung, das Füttern der Larven durch Arbeiterinnen bei staatenbildenden Insekten, das Sauberhalten und der Unterricht in typ. Verhaltensweisen des Nahrungserwerbs.

Brutschrank, elektr. beheizbarer Laborschrank mit konstant gehaltener Innentemperatur; v.a. zur Zucht von Mikroorganismen.

Brutzwiebeln ↑Brutknospen.

Bryologie [griech.] (Mooskunde), Wissenschaft und Lehre von den Moosen.

Bryophyllum [griech.], svw. ↑Brutblatt.

Bryophyten [griech.], svw. ↑Moose.

Bryozoa [griech.], svw. ↑Moostierchen.

BSB, Abk. für ↑biochemischer Sauerstoffbedarf.

Bubo [lat.], svw. ↑Uhus.

Buchdrucker (Ips typographus), etwa 4–6 mm großer, rötl. bis schwarzbrauner, leicht gelb behaarter Borkenkäfer. Durch Fraß der Larven im Bast entsteht das für den B. kennzeichnende, sehr regelmäßige Fraßbild zw. Splintholz und Borke.

Buche (Fagus), Gatt. der Buchengewächse mit etwa 10 Arten in der gemäßigten Zone der nördl. Halbkugel; sommergrüne Bäume mit ungeteilten, ganzrandigen oder fein gezähnten Blättern, kugelig gebüschelten Blüten und dreikantigen Früchten (Bucheckern); wichtige Holzpflanzen: ↑Rotbuche sowie **Amerikan. Buche** (Fagus grandifolia) in N-Amerika; Holz mit weißem Splint und rotem Kern, schwer, sehr fest, zäh, sehr dauerhaft und, da geruchlos, v.a. für Gegenstände, die mit Nahrungsmitteln in Berührung kommen, verwendet; **Orientbuche** (Kaukasus-B., Fagus orientalis) in sö. Europa und in Vorderasien, z.T. in Kultur, Blätter vorn verbreitert.

Bucheckern (Buchen, Buchelkerne), Früchte der Rotbuche; 12–22 mm lange, einsamige, scharf dreikantige, glänzend braune Nußfrüchte, die zu zweien in einem bei der Reife holzigen, sich mit 4 bestachelten Klappen öffnenden Fruchtbecher sitzen; Samen reich an Öl (bis 43 %), Stärke und Aleuron, durch Cholin leicht giftig.

Buchelmast, Bez. für das Fruchten der Rotbuche; tritt erstmals ein, wenn die Bäume zw. 40 und 80 Jahre alt sind und wiederholt sich dann (als **Vollmast**) alle 5–8 Jahre.

Buchengallmücke (Buchenblattgallmücke, Mikiola fagi), etwa 4–5 mm große, schwarzbraune Gallmücke mit rötl. Hinterleib. Das ♀ legt seine Eier an Blatt- und Triebknospen der Rotbuche ab. Die Larve erzeugt auf der Oberseite der Buchenblätter etwa 4–12 mm hohe spindelförmige, anfangs grüne, später bis bräunl., harte Gallen.

Buchengewächse (Fagaceae), Fam. zweikeimblättriger Holzgewächse mit 7 Gatt. und etwa 600 Arten in den gemäßigten Breiten und in den Tropen; Früchte einzeln oder gruppenweise von einem Fruchtbecher umgeben; meist sommergrüne oder immergrüne Bäume mit einfachen Blättern und unscheinbaren, meist eingeschlechtigen, einhäusigen, einzeln in Büscheln oder Kätzchen stehenden Blüten; wichtige Nutzpflanzen: ↑ Buche, ↑ Eiche, ↑ Edelkastanie.

Buchenrotschwanz (Rotschwanz, Dasychira pudibunda), etwa 4 (♂) bis 5 (♀) cm spannender einheim. Schmetterling; Vorderflügel weißgrau mit mehreren dunklen Querbinden und Flecken, Hinterflügel weißl. mit weniger deutl. dunkler Fleckung, ♂ insgesamt dunkler als ♀; Larven verursachen im Herbst zuweilen Kahlfraß in Buchenwäldern.

Bücherbohrer (Bücherwurm, Ptilinus pectinicornis), etwa 4–5 mm langer, schwarzer oder brauner Klopfkäfer; Flügeldecken gelbbraun, Fühler und Beine rötl. gelbbraun, Fühler säge- (♀) oder kammartig (♂). Der B. (auch die Larven) befällt häufig Möbel und durchbohrt hölzerne Geräte und Bücher mit Holzeinbänden.

Bücherläuse (Troctidae), weltweit verbreitete Fam. sehr kleiner, abgeflachter, meist flügelloser Staubläuse; leben bes. unter morscher Rinde, an gefälltem Holz und in Vogel- und Insektennestern, auch in feuchten Wohn- und Lagerräumen; befallen feucht gelagerte Nahrungsmittelvorräte, alte Bücher, Papier und Tapeten, auch Insektensammlungen und Herbarien; rund 14 einheim., etwa 0,7–1,5 mm große Arten.

Bücherskorpion (Chelifer cancroides), etwa 2,5–4,5 mm großer, bräunl., weltweit verbreiteter Afterskorpion; lebt v. a. in Bücherregalen, Herbarien, Wäscheschränken und Betten, ernährt sich hauptsächl. von Staubläusen.

Bücherwurm, svw. ↑ Bücherbohrer.

Buchfink (Fringilla coelebs), etwa 15 cm große Finkenart in Europa, N-Afrika und Teilen W-Asiens; auffallende, doppelt weiße Flügelbinde und weiße äußere Steuerfedern; ♂ mit schieferblauem Scheitel und Nacken, kastanienbraunem Rücken, grünl. Bürzel und zimtfarbener Unterseite; ♀ unscheinbar olivbraun, unterseits heller. - Abb. S. 129.

Buchsbaum [lat./dt.] (Buxus), Gatt. der Buchsgewächse mit etwa 40 Arten, vom atlant. Europa und dem Mittelmeergebiet bis nach Japan verbreitet; immergrüne, einhäusige Sträucher oder kleine Bäume; Blätter lederartig, Kapselfrüchte mit 3 Hörnern. - Bekannte Arten: **Immergrüner Buchsbaum** (Buxus sempervirens), heim. im Mittelmeergebiet und in W-Europa; 0,5 bis (selten) 8 m hoher, dichter Strauch mit bis 3 cm langen, eiförmigen Blättern, Blüten eingeschlechtig, in Knäueln; gut beschneidbarer Zierstrauch; **Japan. Buchsbaum** (Buxus microphylla), heim. in Japan, 1–2 m hoch, mit kleineren, an der Spitze meist ausgerandeten, am Grund keilförmigen, 8–25 mm langen Blättern; Zierstrauch.

Buchsgewächse [lat./dt.] (Buxaceae), Fam. zweikeimblättriger, meist immergrüner Holzgewächse; 6 Gatt. mit etwa 60 Arten, v. a. in gemäßigten und subtrop. Gebieten der Alten Welt; Blätter meist ledrig und ganzrandig, die unscheinbaren eingeschlechtigen Blüten stehen einzeln, in Ähren oder Knäueln; als Zierpflanzen werden manche Arten von ↑ Buchsbaum, ↑ Pachysandra und ↑ Sarcococca kultiviert.

Buchweizen (Heide[n]korn, Fagopyrum), Gatt. der Knöterichgewächse mit zwei einjährigen Arten, am bekanntesten der **Echte Buchweizen** (Fagopyrum esculentum); Heimat vermutl. M- und W-China, kultiviert in Asien und M-Europa; bis 60 cm hoch, Blätter dreieckig-herzförmig, zugespitzt, Blüten mit 5 weißen oder rötl. Blütenhüllblättern, in Doldenrispen; Nußfrüchte etwa 5 mm lang, scharf dreikantig, zugespitzt; die enthülsten Samen werden v. a. als Rohkost, Suppeneinlage und als B.grütze verwendet.

Buckelfliegen (Rennfliegen, Phoridae), Fam. der Fliegen mit über 1 500 etwa 0,5–6 mm großen, grauschwarzen, braunen oder gelbl. Arten. Die B. fliegen wenig, sie laufen mit ruckartigen, schnellen Bewegungen.

Buckelrind, svw. ↑ Zebu.

Buckelwal (Megaptera novaeangliae), etwa 11,5–15 m langer, etwa 29 t schwerer Furchenwal; am Kopf und an den Flossen knotige Hautverdickungen, auf denen 1–2 Borsten stehen; Oberseite schwarz, Unterseite heller, Kehle und Brust weiß; auf jeder Seite des Oberkiefers etwa 400 bis etwa 60 cm lange Barten; vorwiegend in küstennahen Gewässern.

Buckelzikaden (Buckelzirpen, Membracidae), weltweit verbreitete Zikadenfam. mit rund 3 000 meist bizarr gestalteten, teilweise bunt gezeichneten, kleinen bis mittelgroßen Arten, meist mit großem Springvermögen. Vom Halsschild ausgehende Fortsätze von ungewöhnl. vielfältiger Gestalt können ein Mehrfaches der Körperhöhe erreichen und sich bis zum Flügelende erstrecken. Nur 2 Arten sind einheim., eine davon ist die ↑ Dornzikade.

Buddleja [nach dem brit. Botaniker A. Buddle, * 1660, † 1715], svw. ↑ Schmetterlingsstrauch.

Buffalogras [engl. 'bʌfəloʊ] (Büffelgras, Buchloe dactyloides), in der Kurzgrasprärien der mittleren USA vorherrschendes und bestandbildendes Süßgras; dürrefestes Weidegras mit oberird. Ausläufern.

Büffel [griech.], zusammenfassende Bez. für 2 Gatt. der Rinder in Asien und Afrika; Körper relativ plump, massig, Körperlänge etwa 1,8–3 m, nach hinten gerichtete oder seitl. stark ausladend; Gatt. *Asiat. B.* (Bubalus) mit den Arten ↑ Anoa, ↑ Wasserbüffel; Gatt. *Afrikan. B.* (Syncerus) mit der einzigen Art ↑ Kaffernbüffel.

Büffelbeere (Shepherdia), Gatt. der Ölweidengewächse mit 3 Arten in N-Amerika; zweihäusige Sträucher oder bis 6 m hohe Bäume mit längl. Blättern, Beerenfrüchte gelblichrot bis braunrot, die der *Silber-B.* (Shepherdia argentea) säuerl., eßbar.

Buffon, Georges Louis Leclerc, Graf von [frz. byˈfõ], * Montbard (Côte-d'Or) 7. Sept. 1707, † Paris 16. April 1788, frz. Naturforscher. - Direktor des Jardin des Plantes in Paris; Verfasser einer berühmten 44bändigen „Histoire naturelle générale et particulière". B. lehnte im Ggs. zu Linné ein künstl. System in der Natur ab und nahm vielfach Gedanken der modernen Entwicklungstheorie voraus.

Bufo [lat.], Gatt. der Kröten mit rd. 250, etwa 2 cm bis über 20 cm körperlangen, fast weltweit verbreiteten Arten; Körper rundl., flach, mit zieml. kurzen Gliedmaßen, mit Schwimmhäuten; Haut meist warzig; 3 einheim. Arten: ↑Erdkröte, ↑Kreuzkröte, ↑Wechselkröte.

Bufotoxine, svw. ↑Krötengifte.

Bulben [griech.], Bez. für knollige, zwiebelähnl. Pflanzenorgane, v. a. bei Orchideen.

Bulbillen [griech.], svw. ↑Brutknospen.

Bülbüls [arab.-pers.] (Haarvögel, Pycnonotidae), Fam. der Singvögel mit rd. 110 sperlings- bis amselgroßen Arten in den Tropen und Subtropen Afrikas und Asiens; kurzhalsig, mit zieml. langem Schwanz und kurzen Flügeln; Färbung unauffällig; ♂♂ und ♀♀ gleich gefärbt. Als Stubenvogel wird der *Rotohrbülbül* (Pycnonotus jocosus) mit weiß und rot gefärbten Ohrdecken gehalten.

Bulbus [griech.], in der *Anatomie* Bez. für zwiebelförmig verdickte Organe oder Körperteile; z. B. *B. oculi* („Augapfel"); *B. aortae* (natürl. Verdickung der Aorta oberhalb ihres Ursprungs im Herzen).

◆ in der *Botanik* ↑Zwiebel.

Bulldogge [engl.] (Englische Bulldogge), kurzhaarige, gedrungene, schwerfällig wirkende, jedoch sehr bewegl. und temperamentvolle engl. Hunderasse (Schulterhöhe 40–45 cm, Zwergform 35–40 cm); mit großem, viereckigem Schädel, mit gestauchtem Nasenrücken und verkürztem Schnauzenteil; die Oberlippe bildet herabhängende seitl. Lappen.

Bulle, männl., geschlechtsreifes Tier bei Rindern, Giraffen, Antilopen, Elefanten, Nashörnern, Flußpferden u. a.; bei Hausrindern wird der B. auch häufig als *Stier* bezeichnet.

Bullterrier [engl.], aus Bulldoggen und Terriern gezüchteter, mittelgroßer, kurzhaariger, kräftiger engl. Rassehund mit spitzen Stehohren und Hängerute; Kopf lang, mit breiter Stirn; rein weiß oder weiß mit wenigen schwarzen, rotbraunen oder gelben Flecken, auch gelb oder dunkelgestromt mit großen weißen Abzeichen.

Buntbarsche (Zichliden, Cichlidae), Fam. der Barschfische mit rund 600, etwa 3–60 cm langen Arten in S-, M- und im südl. N-Amerika, in Afrika sowie im südl. Indien; leben überwiegend im Süßwasser; häufig sehr bunt, mit ausgeprägtem Farbwechsel, v. a. bei den ♂♂, die auch oft bed. größer als die ♀♀ sind; oft hochrückig, manchmal seitl. stark abgeflacht bis scheibenförmig, aber auch langgestreckt bis nahezu spindelförmig; nur eine Rückenflosse. Zahlr. Arten sind ↑Maulbrüter. Beliebte Aquarienfische sind

Callipteris. Stück eines Fiederblättchens von Callipteris conferta aus dem unteren Rotliegenden von Lebach

Cashewnuß. Zweig mit Früchten

Cattleya. Blüte

Buschhornblattwespen

u. a. Tüpfelbuntbarsch, Streifenbuntbarsch, Zwergbuntbarsch, Segelflosser, Diskusfische, Prachtmaulbrüter.

Buntblättrigkeit, durch Ausfall von Blattfarbstoffen oder bevorzugte Ausbildung bestimmter Blattfarbstoffkomponenten (auf Grund von Mutationen, Mangelerscheinungen oder Virusinfektionen) bedingte Verfärbung von Blättern oder Blatteilen (z. B. bei Zierpflanzen).

Buntkäfer (Cleridae), weltweit verbreitete Käferfam. mit über 3 600, etwa 2–25 mm langen Arten, davon 64 in Europa, 18 in Deutschland; fast stets langgestreckt, meist bunt gefärbt, oft metall. blau bis grün mit roten, orangefarbenen oder gelben Querbändern auf den Flügeldecken, nicht selten mit auffallend starker, struppiger Behaarung. Die Imagines und Larven leben räuber. von anderen Insekten. – Einheim. Arten sind u. a. Immenkäfer, Borkenkäferwolf, Hausbuntkäfer.

Buntspecht, (Großer B., Dendrocopos major) etwa 25 cm langer Specht in Europa, N-Afrika sowie in Asien; Oberseite schwarz mit je einem großen, weißen Schulterfleck, ♂ mit rotem Nackenfleck; Unterseite bis auf die rote Unterschwanzregion weiß. Der B. ist ein Baumbewohner, er frißt Insekten, Kiefer- und Fichtensamen. Während der bereits im Winter beginnenden Balzzeit trommeln beide Geschlechter mit dem Schnabel an abgestorbenen Stämmen oder Ästen.
◆ (Mittlerer B.) svw. ↑Mittelspecht.
◆ (Kleiner B.) svw. ↑Kleinspecht.

Burgunderreben (Pinotreben), vom *Blauen Spätburgunder* (Pinot noir; tiefdunkle Beeren) abstammende Rebsorten. Die wichtigsten sind: *Ruländer* (frz. Pinot gris, dt. auch Grauburgunder), *Weißburgunder, Pinot meunier* (dt. Müller-Rebe oder Schwarzriesling) und *Samtrot* (Klonenzüchtung aus Pinot meunier); als wertvollste Sorte gilt der *Blaue Spätburgunder.* In Deutschland v. a. in Baden (Kaiserstuhl, Ortenau), aber auch in der Rheinpfalz und an der Ahr angebaut.

Burunduk [russ.] (Eutamias sibiricus), etwa 15 cm körperlanges Erdhörnchen, v. a. in Rußland, N-Japan und in großen Teilen Chinas; Fell kurz, dicht und rauh; Rücken grau mit 5 breiten, schwarzen Längsstreifen; Körperseiten gelblichgrau, der etwa 10 cm lange Schwanz buschig behaart. – Abb. S. 129.

Bürzel [zu althochdt. bor „Höhe"] (Sterz), Schwanzwurzel der Vögel, aus dem die oft auffällig gefärbten Schwanzfedern wachsen.

Bürzeldrüse, auf der Rückenseite des Bürzels der Vögel gelegene Hautdrüse, die ein ölartiges Sekret (**Bürzelöl**) ausscheidet, das mit dem Schnabel über die Gefieder verteilt wird und die Federn vor Austrocknung und Durchnässung schützt.

Busch, svw. ↑Strauch.
◆ Dickicht aus Sträuchern in trop. Ländern; sperrige und dornige Sträucher bilden einen *Dorn-B.* (z. B. in Dornsavannen).

Buschbohne ↑Gartenbohne.

Büschelhornmücken (Büffelmücken, Chaoboridae), Fam. der Mücken mit kurzen, nichtstechenden Mundwerkzeugen.

Büschelkiemer (Syngnathoidei), Unterordnung fast ausschließl. mariner Knochenfische, bes. in trop. und subtrop. Gebieten; zwei Fam. ↑Seenadeln und ↑Röhrenmäuler.

Buschhornblattwespen (Diprionidae), auf der nördl. Erdhalbkugel verbreitete Fam. der Pflanzenwespen mit rd. 60, bis etwa 10 mm langen Arten, davon etwa 20 einheim.; meist dunkel gefärbt, Körper kurz und plump,

Gewöhnliches Chamäleon

Waldchampignon

Wiesenchampignon

Buschkatze

♂♂ mit lang gefiederten Fühlern; Forstschädlinge, z. B. Kiefernbuschhornblattwespe.

Buschkatze, svw. ↑ Serval.

Buschmeister (Lachesis muta), bis etwa 3,75 m lange (und damit größte) Grubenotter, v. a. in den gebirgigen, trop. Regenwäldern des südl. M-Amerika; Oberseite gelbbraun bis rötlichgelb oder grau, mit hellgerandeten schwarzen, meist rautenförmigen oder dreieckigen Flecken längs der Rückenmitte; unterseits gelblichweiß. Gefährl. Giftschlange.

Buschwindröschen (Anemone nemorosa), bis 30 cm hohes Hahnenfußgewächs, v. a. in Laubwäldern und auf Wiesen Europas; ausdauernde Pflanze mit fiederschnittigen Blättern und einer bis 3 cm großen weißen (häufig rötl. bis violett überlaufenen) Blüte.

Busen, die weibl. Brüste; auch svw. Brust.

Bussarde [lat.-frz.] (Buteoninae), mit über 40 Arten weltweit verbreitete Unterfam. bis 70 cm langer Greifvögel; mit meist langen, breiten, zum Segeln (bzw. Kreisen) geeigneten Flügeln, mittellangem bis kurzem abgerundetem Schwanz und relativ kurzen, doch scharfkralligen Zehen. Zu den B. gehören z. B. ↑ Aguja, in M-Europa ↑ Mäusebussard und ↑ Rauhfußbussard.

Butenandt, Adolf [Friedrich Johann], * Lehe (= Bremerhaven) 24. März 1903, dt. Biochemiker. - Seit 1933 Prof. in Danzig, seit 1936 Leiter des Kaiser-Wilhelm-Instituts für Biochemie in Berlin (seit 1956 Max-Planck-Institut für Biochemie in München), 1960–71 Präs. der Max-Planck-Gesellschaft. B. arbeitete v. a. über Steroidhormone (↑ Steroide; entdeckte Östron, Androsteron, Progesteron) sowie über Häutungshormone (Ekdysone) und Sexuallockstoffe (Bombykol) bei Insekten (Isolierung und Konstitutionsermittlung); erhielt 1939 (zus. mit L. Ružička) den Nobelpreis für Chemie.

Butte [zu niederdt. butt „stumpf, plump"] (Bothidae), Fam. der Plattfische mit zahlr. Arten, v. a. in den Flachwasserzonen des Atlantiks, Mittelmeers und Ind. Ozeans; Körper relativ langgestreckt, Augen fast ausschließl. auf der linken Körperseite; Speisefische, z. B. ↑ Lammzunge.

Butterbaum (Pentadesma butyraceum), Guttibaumgewächs an der Küste des Golfes von Guinea; bis 40 m hoher Baum, dessen dunkelbraune, melonenförmige Früchte sehr fetthaltige, kastaniengroße Samen (**Lamynüsse**) enthalten, aus denen Speisefett (**Kanyabutter**) gewonnen wird.

Butterbirne, Sammelbez. für Birnensorten, die durch ihr schmelzend-weiches Fruchtfleisch gekennzeichnet sind; z. B. die Sorten Alexander Lucas, Gellerts Butterbirne, Williams Christ.

Butterblume, volkstüml. Bez. für Löwenzahn, Sumpfdotterblume und andere gelbblühende Pflanzen.

Butterfische (Pholidae), Fam. der Schleimfischartigen im nördl. Atlantik und Pazifik; Körper langgestreckt, schlank und seitl. abgeflacht, Rückenflosse sehr lang; Haut glatt mit tiefliegenden Schuppen. - An den europ. und amerikan. N-Atlantikküsten kommt der bis etwa 25 cm lange **Butterfisch** (Pholis gunnelus) vor. Färbung meist gelbl. bis rötl.-braun mit helleren Querbändern und 9–13 schwarzen, hellgelb umrandeten Flecken an der Rückenflossenbasis.

Butterpilz (Butterröhrling, Suillus luteus), bis 10 cm hoher Röhrling mit gelbbis schokoladebraunem, bei Feuchtigkeit schleimig glänzendem Hut mit zitronengelber Unterseite und Stielring; kommt v. a. in sandigen Kiefernwäldern vor; Speisepilz.

Butterröhrling, svw. ↑ Butterpilz.

Buttersäurebakterien, anaerobe, grampositive, sporenbildende Bakterien, die Kohlenhydrate zu Buttersäure vergären.

Buxus [lat.], svw. ↑ Buchsbaum.

Byssus [griech.], Sekretfäden, die bestimmte Muscheln aus einer Fußdrüse *(B. drüse)* ausscheiden; erhärten im Wasser und halten das Tier an Felsen u. a. fest.

C

Caesalpinie (Caesalpinia) [tsɛ...; nach A. Cesalpino], Gatt. der Caesalpiniengewächse mit etwa 120 Arten in den Tropen und Subtropen; Bäume und Sträucher mit doppelt gefiederten Blättern und in Rispen stehenden, gelben oder roten Blüten und zusammengedrückt erscheinenden, ledrigen Hülsenfrüchten; einige Arten liefern Farbhölzer.

Caesalpiniengewächse [tsɛ...] (Caesalpiniaceae), Fam. trop. und subtrop. Holzpflanzen mit zweiseitig symmetr. Blüten und gefiederten Blättern. Zu den C. gehören u. a.

die Gatt. ↑Afzelia, ↑Caesalpinie, ↑Johannisbrotbaum, ↑Judasbaum.
Calamagrostis [griech.], svw. ↑Reitgras.
Calamus [griech.], svw. ↑Rotangpalmen.
Calanthe [griech.], svw. ↑Schönorchis.
Calathea [griech.], svw. ↑Korbmarante.
Calcarea [lat.], svw. ↑Kalkschwämme.
Calceola [lat.], svw. ↑Pantoffelkoralle.
Calceolaria [lat.], svw. ↑Pantoffelblume.
Calciferole [Kw.], internat. Bez. für die ↑Vitamine der D-Gruppe; man unterscheidet das **Ergocalciferol** (Vitamin D_2) und das **Cholecalciferol** (Vitamin D_3).
Calcitonin [lat.] (Kalzitonin, Thyreocalcitonin), in der Schilddrüse gebildetes Polypeptid mit Hormonwirkung, das als Gegenspieler des ↑Parathormons wirkt, d. h., es senkt den Calcium- und Phosphatspiegel des Blutes und vermindert den durch das Parathormon gesteuerten Knochenabbau.
Calendula [lat.], svw. ↑Ringelblume.
Calidris [griech.], svw. ↑Strandläufer.
Calla [griech.], svw. ↑Drachenwurz.
Callipteris [griech.], fossile Gatt. der Samenfarne vom Karbon bis zum Perm. Die Art *Callipteris conferta* ist das wichtigste pflanzl. Leitfossil des Rotliegenden; charakterisiert durch doppelt gefiederte, bis etwa 80 cm lange Blattwedel. - Abb. S. 132.
Callitriche [griech.], svw. ↑Wasserstern.
Calluna [griech.], svw. ↑Heidekraut.
Calotte [frz.], svw. ↑Kalotte.
Calvaria [lat.] (Calva, Calvarium, Hirnschale, Schädelkalotte) ↑Schädeldach.
Calvarium [lat.], in der Anthropologie Bez. für den Schädel ohne Unterkiefer.
Calvin-Zyklus ↑Photosynthese.
Camarguepferd [frz. ka'marg], in S-Frankr. (bes. in der Camargue) gezüchtete Rasse bis 1,45 m schulterhoher, halbwilder Ponys; meist Schimmel; ausdauernde Reitpferde.
Camellia [nach dem dt.-mähr. Botaniker G. J. Camel, *1661, †1706], Gatt. der Teegewächse mit der bekannten Art ↑Kamelie.
Camelus [semit.-griech.], Gatt. der Kamele mit den Arten ↑Kamel und ↑Dromedar.
Campanula [lat.], svw. ↑Glockenblume.
CAM-Pflanzen [tseːˈaːɛm; CAM Abk. für engl.: crassulacean acid metabolism = Crassulazeen-Säurestoffwechsel], Gruppe meist sukkulenter Pflanzen mit spezieller Anpassung ihrer Photosynthese an extrem trockene oder salzreiche Standorte. Neben der normalen Kohlenstoffassimilation am Tage können sie nachts zusätzl. zur Assimilation von atmosphär. Kohlendioxid auch respirator. entstandenes Kohlendioxid assimilieren.
Candida [lat.], Gatt. der Blastomyzeten, deren Vertreter auf Haut und Schleimhäuten vorkommen, z. T. Krankheitserreger (Soor).
Candolle, Augustin Pyrame de [frz. kãˈdɔl], *Genf 4. Febr. 1778, †ebd. 9. Sept. 1841, schweizer. Botaniker. - Prof. in Montpellier (ab 1808) und Genf (ab 1816); entwarf eine Pflanzensystematik, die im Ggs. zu der von Linné auf der natürl. Verwandtschaft der Pflanzen aufbaute.
Canis [lat. „Hund"], Gatt. der ↑Hunde.
Canna [lat.], svw. ↑Blumenrohr.
Cannabis [griech.], svw. ↑Hanf.
Caprina [lat.], Gatt. fossiler Muscheln aus der Kreidezeit; linke Schale groß, spiralig eingerollt; mit der rechten Schalenklappe festsitzend.
Capsicum [lat.], svw. ↑Paprika.
Caput [lat.], svw. ↑Kopf.
Carabus [griech.], Gatt. der ↑Laufkäfer mit den bekannten Arten Goldschmied, Gartenlaufkäfer, Lederlaufkäfer.
Cardy [...di; lat.], svw. ↑Kardone.
Carex [lat.], svw. ↑Segge.
Carica [griech.-lat.], svw. ↑Melonenbaum.
Carina [lat.], svw. ↑Brustbeinkamm.
Carnivora, svw. ↑Karnivoren.
Carotin ↑Karotin.
Carotinoide ↑Karotinoide.
Carotis ↑Halsschlagader.
Carrel, Alexis, *Sainte-Foy-lès-Lyon (Rhône) 28. Juni 1873, †Paris 5. Nov. 1944, frz. Chirurg und Physiologe. - Schuf ein Verfahren, mit dem lebendes Material, z. B. Blutgefäße und Gewebskulturen, in der Nährflüssigkeit längere Zeit lebensfähig erhalten werden kann; 1912 Nobelpreis für Physiologie oder Medizin.
Carriers [engl. ˈkærɪəz; lat.-engl.], stoffübertragende Substanzen. In der Biochemie [koenzymartige] Verbindungen, die Elektronen oder Ionen (bes. Protonen, H^+, aber auch ganze funktionelle Gruppen) von einem Molekül auf ein anderes übertragen.
Cashewnuß [engl. ˈkaʃuː; indian.-portugies./dt.] (Acajounuß, Kaschunuß), nierenförmige, einsamige Frucht des Nierenbaums; mit giftiger Schale, aus der Cashewnußschalenöl (Verarbeitung zu techn. Harzen und medizin. Präparaten) gewonnen wird sowie mit verdicktem, eßbarem Fruchtstiel und eßbarem, etwa 21 % Eiweiß und über 45 % Öl (Acajouöl) enthaltendem Samen. - Abb. S. 132.
Caspary-Streifen [...ri; nach dem dt. Botaniker R. Caspary, *1818, †1887] ↑Wurzel.
Cassave [indian.], svw. ↑Maniok.
Cassia, svw. ↑Kassie.
Castle-Ferment [engl. kɑːsl; nach dem amerikan. Internisten W. B. Castle, *1897], svw. ↑Intrinsic factor.
Castoreum [griech.], svw. ↑Bibergeil.
Cattleya [nach dem brit. Botaniker W Cattley, †1832], Gatt. der Orchideen mit etwa 65 Arten im trop. Amerika mit meist 1–2 dicklederigen Blättern und großen, prächtig gefärbten Blüten in meist wenigblütigen Blütenständen. C.arten und -züchtungen sind beliebte Gewächshausorchideen. - Abb. S. 132.
Cauda [lat. „Schwanz"], in der *Anatomie*

Cayenneratte

Bez. für das schwanzförmig auslaufende Ende (C. equina) des Rückenmarks mit den hier austretenden Rückenmarksnervenwurzeln.

Cayenneratte [frz. kaˈjɛn] (Proechimys cayennensis), Stachelrattenart im trop. S-Amerika; rötlichbraun mit weißer Bauchseite.

Caytoniales [kaɪ..., ke...; nach dem ersten Fundort Cayton Bay (Yorkshire)], fossile Ordnung hochentwickelter Samenfarne; v. a. in der Trias und im mittleren Jura.

Cephalium [griech.], blütentragender, rippenloser, wollhaariger Endabschnitt mancher Kakteen.

Cephalon [griech.], Bez. für den aus Protocephalon und den nachfolgenden, die Mundgliedmaßen tragenden Körpersegmenten bestehenden Kopf der Gliedertiere.

Cephalopoda [griech.], svw. ↑ Kopffüßer.

Cephalothorax [griech.] (Kopfbrust), Verwachsung der Brustsegmente mit dem Kopf bei Krebsen und Spinnentieren.

Ceratites [zu griech. kéras „Horn"], Gatt. der Kopffüßer, die hauptsächl. im oberen Muschelkalk (Ceratitenkalk) der german. Trias M-Europas verbreitet waren; Durchmesser der Tiere zw. 4 und 26 cm. Kennzeichnend für die C. ist die **ceratit. Lobenlinie**, bei der die Sättel ganzrandig, die Loben dagegen fein zerteilt sind.

Ceratium [griech.], Algengatt. der Dinoflagellaten mit etwa 80 v. a. im Meer vorkommenden Arten; der Zellkörper ist von einem Zellulosepanzer umhüllt und hat meist 1–4 horn- bis stachelförmige Schwebefortsätze und viele Poren.

Cercaria, svw. ↑ Zerkarie.

Cerebellum [lat.], svw. Kleinhirn (↑ Gehirn).

Cerebrum [lat.], svw. ↑ Gehirn.

Cervix (Zervix) [lat.], in der Anatomie Bez. für: 1. Hals, Nacken; 2. halsförmiger Abschnitt eines Organs, z. B.: **Cervix uteri**, Gebärmutterhals, der unterste Abschnitt der Gebärmutter.

Cervus [lat.], Gatt. der Hirsche mit etwa 10 Arten in Eurasien; u. a. ↑ Rothirsch, ↑ Sikahirsch, ↑ Sambarhirsch, ↑ Zackenhirsch, ↑ Leierhirsch.

Cesalpino, Andrea [italien. tʃezalˈpiːno], latinisiert Andreas Caesalpinus, * Arezzo um 1519, † Rom 23. Febr. 1603, italien. Philosoph, Botaniker und Mediziner. - Leibarzt Papst Klemens' VIII.; beschäftigte sich u. a. mit der Bewegung des Blutes, die er bereits als Zirkulation beschrieb. Verfaßte ein auf Früchten und Blüten basierendes Pflanzensystem.

Cestodes [griech.], svw. ↑ Bandwürmer.

Ceylonbarbe (Puntius cumingi), bis etwa 5 cm lange Zierbarbenart in Bergwaldbächen Ceylons; silberglänzend, Rückenflosse und Bauchflossen orangefarben; Aquarienfisch.

Ceylonmoos (Gracilaria lichenoides), im Ind. Ozean weitverbreitete, stark gabelig verzweigte Rotalge; liefert Agar-Agar.

Chalaza [ˈçaː..., ˈkaː...; griech.], svw. ↑ Hagelschnur (bei Vogeleiern),
◆ svw. ↑ Nabelfleck (bei Samenanlagen von Blütenpflanzen).

Chalone, zellspezif. endogene Mitosehemmstoffe bei Säugetieren; Glykoproteide.

Chamäleonfliege [ka...] (Stratiomyia chamaeleon), etwa 15 mm große einheim. Waffenfliege mit wespenähnl. schwarzgelber Zeichnung; häufig auf Doldenblütlern.

Chamäleons [ka...; griech.] (Wurmzüngler, Chamaeleonidae), seit der Kreidezeit bekannte Fam. 4–75 cm körperlanger Echsen mit etwa 90 Arten in Afrika, S-Spanien, Kleinasien und Indien; Körper seitl. abgeplattet mit Greifschwanz und (durch Verwachsung von 2 oder 3 Zehen) Greifklauen, die der Fortbewegung auf Bäumen und Sträuchern dienen; Kopf häufig mit Nackenfortsatz und (bei einigen Arten) hornartigen Auswüchsen zw. Stirn und Nase; die klebrige Zunge wird zum Beutefang hervorgeschleudert. Die Fähigkeit zum Farbwechsel dient nicht zur Tarnung, sondern ist stimmungsabhängig und kann durch verschiedene Faktoren (wie Angst, Hunger, Wärme, Änderung der Lichtverhältnisse) beeinflußt werden. In Europa (S-Spanien) kommt nur das **Gewöhnliche Chamäleon** (Chamaeleo chamaeleon) vor, 25–30

Links: Chinakohl. Mitte: Chinarindenbaum; Blütenstand und Kapselfrüchte. Rechts: Chlorella

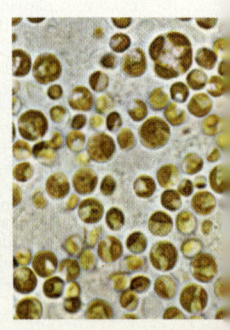

Charakterart

Chinesischer Sonnenvogel

cm lang, Färbung in wechselnder Anordnung gelb, grün, braun, grau und schwarz. - Abb. S. 133.

Chamäphyten [griech.], ausdauernde Pflanzen, die (im Ggs. zu den ↑Geophyten) ungünstige Jahreszeiten mit Hilfe oberird., geschützt in Erdbodennähe (1–50 cm über dem Erdboden) liegender, nicht absterbender Sprosse überstehen; v. a. Zwerg- und Halbsträucher sowie Polsterpflanzen.

Champagnerbratbirne [ʃamˈpanjər] ↑Birnensorten (Übersicht S. 106).

Champagnerrenette [ʃamˈpanjər] ↑Apfelsorten (Übersicht S. 48).

Champignon [ˈʃampɪnjõ, ʃãˈpɪnjõ; frz.; zu lat. campania „flaches Feld"] (Egerling, Agaricus), Gatt. der Lamellenpilze mit etwa 30 Arten hauptsächl. in den gemäßigten Breiten, davon rd. 20 Arten in Deutschland; Hut des weißl. bis bräunl. Fruchtkörpers meist von Hautfetzen (Reste des Velums) bedeckt, in der Jugend stärker gewölbt, im Alter flacher werdend; unterseits durch die reifenden Sporen zunächst rosarot, zuletzt schokoladenbraun (im Unterschied zu den ähnl., giftigen Knollenblätterpilzen). Bekannte einheim. eßbare Arten sind u. a. der auf Wiesen und in Gärten vorkommende **Gartenchampignon** (Agaricus bisporus) mit graubraunem Hut und kurzem, dickem, weißem, innen hohlem Stiel; nußartiger Geschmack. Seine bes. auf Pferdemist in Kellern, stillgelegten Bergwerken u. a. bei gleichbleibend milder Temperatur gezüchteten Formen sowie die des Wiesen-C. werden als **Zuchtchampignons** bezeichnet. Auf Humus in Laub- und Nadelwäldern vom Juni bis zum Herbst wächst der **Schafchampignon** (Agaricus arvensis) mit bis 15 cm breitem, glockigem, später flach ausge-

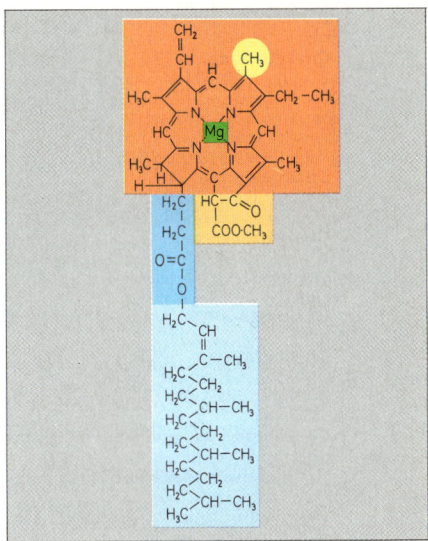

Chlorophyll. Porphinringsystem (braunes Feld), Cyclopentanonring (hellbraun); das dunkelblaue Rechteck umgrenzt den Propionsäurerest, dessen Carboxylgruppe mit dem im hellblauen Rechteck abgebildeten Alkohol Phytol verestert ist

breitetem, schneeweißem bis cremefarbenem Hut. Bes. auf Kalkböden der Wälder von Juli bis Okt. kommt der bis 9 cm hohe **Waldchampignon** (Agaricus silvaticus) mit zimtbraunem, bis 8 cm breitem Hut vor; Fleisch weiß, beim Anschneiden karminrot anlaufend. Oft in Ringen auf gedüngten Wiesen, Weiden und in Gärten wächst vom Sommer bis zum Herbst der **Wiesenchampignon** (Agaricus campestris) mit weißseidigem, bis 12 cm breitem Hut. Leicht zu verwechseln mit dem Schafchampignon ist der schwach giftige **Tintenchampignon** (Karbol-C., Agaricus xanthoderma), der vom Hochsommer bis zum Spätherbst auf Kalk- und Lehmböden, auf Wiesen und an Waldrändern vorkommt; Stiel und Hut färben sich bei Verletzung sofort intensiv chromgelb. - Abb. S. 133.

Chanchito [tʃanˈtʃiːto; span.] (Cichlasoma facetum), bis etwa 30 cm langer Buntbarsch aus dem trop. S-Amerika; rote Augen, bläul. bis schwarze, senkrechte Streifen auf graugelbl. Grund, fächerförmige Schwanzflosse; Aquarienfisch.

Chara [ˈçaː...; lat.], wichtigste, weltweit verbreitete, zu den ↑Armleuchteralgen gehörende Grünalgengattung.

Charakterart [ka...] (Leitart), Pflanzen-

oder Tierart, die fast ausschließl. in einem bestimmten Lebensraum vorkommt.

Charsamarder ['tʃar...; 'çar...; Mandschu-tungus./dt.] (Martes flavigula), bis über 70 cm körperlanger Marder in S- und SO-Asien; Kopf mit Ausnahme der weißen Kehle braunschwarz bis schwarz, ebenso Extremitäten und Schwanz, übriger Körper hellgelb.

Chasmogamie [ças...; griech.] (Offenblütigkeit), Blütenbestäubung, bei der im Ggs. zur ↑ Kleistogamie die Blüte geöffnet ist.

Cheilanthes [çaı...; griech.] (Keuladerfarn, Lippenfarn), Gatt. kleiner Tüpfelfarngewächse mit etwa 130 Arten in wärmeren Trokkengebieten aller Erdteile.

Cheiranthus [çaı...; griech.], svw. ↑ Goldlack.

Chelicerata [çe...; griech.], svw. ↑ Fühlerlose (Überklasse der Gliederfüßer).

Chelidonium [çe...; griech.], svw. ↑ Schöllkraut.

Chelizeren [çe...; griech.], svw. ↑ Kieferfühler.

chemiosmotische Hypothese ↑ Mitchell, P. D.

chemischer Sauerstoffbedarf, Abk. CSB, Kenngröße für den Verschmutzungsgrad von Gewässern und Abwässern mit organ. Stoffen; gibt die bei der Oxidation der organ. Stoffe verbrauchte Sauerstoffmenge an.

chemische Sinne ['çe:...], zusammenfassend für ↑ Geruchssinn und ↑ Geschmackssinn.

Chemonastie [çe...; arab./griech.] ↑ Nastie.

Chemorezeptoren [çe...; arab./lat.], der Wahrnehmung chem. Reize dienende Sinneszellen bzw. -organe (↑ Geruchssinn, ↑ Geschmackssinn).

Chemosynthese [çe...; arab./griech.], Form der Kohlenstoffassimilation (↑ Assimilation) bei autotrophen, farblosen Bakterien. Die zum Aufbau von Kohlenhydraten aus Kohlendioxid und Wasser benötigte Energie wird aus der (exergon.) Oxidation anorgan. Verbindungen gewonnen, nicht wie bei der Photosynthese durch Lichtabsorption.

Chemotaxis [çe...; arab./griech.] ↑ Taxie.

Chemotropismus [çe...; arab./griech.] ↑ Tropismus.

Chiasma [çi...; griech.], die Überkreuzung je einer väterl. und einer mütterl. Chromatide; erfolgt beim ↑ Faktorenaustausch.

Chiasma opticum [çi...; griech.], svw. Sehnervenkreuzung (↑ Auge).

Chicorée ['ʃikore; ʃiko'reː; griech.-frz.], svw. ↑ Salatzichorie.

Chilefichte ['çi:...; 'tʃi:...] (Chilen. Araukarie, Araucaria araucana), bis 45 m hohe, pyramidenförmige Araukarie in Chile und SW-Argentinien, wo sie lichte Wälder bildet.

Chilopoda [çi...; griech.], svw. ↑ Hundertfüßer.

Chimäre [çi...; griech.], in der *Botanik* ein Organismus oder einzelner Trieb, der aus genet. verschiedenen Zellen aufgebaut ist. Die C. entsteht entweder bei Pfropfungen (Pfropf-C.), wenn sich an der Verwachsungsstelle des eingesetzten Zweiges mit der Unterlage aus Zellen beider Partner ausnahmsweise ein Vegetationspunkt bildet, oder aber durch natürl. oder künstl. Mutation einer Meristemzelle eines Sproßvegetationspunktes **(Zyto-C.)**. Bei der **Periklinal-C.** liegen die Zellen des einen Typs im Inneren des Vegetationspunktes und die des anderen als einheitl., ein- oder mehrschichtige Decke darüber. Bei der Sektorial-C. sind die beiden Zelltypen gruppenweise über den ganzen Vegetationspunkt verteilt.

Chimären [çi...; griech.], svw. ↑ Seedrachen.

Chinakohl ['çi:...] (Brassica chinensis; Pekingkohl), Kohlart aus Ostasien; alte chin. Kulturpflanze mit zahlr. Varietäten, in den gemäßigten Zonen Europas und N-Amerikas zunehmend kultiviert; zweijähriges oder ausdauerndes Kraut mit lockerem, strunklosem Kopf aus aufrechten, schmalen oder spateligen Blättern, wird als Salat oder Gemüse gegessen werden; die Samen liefern ein Speise- und Brennöl. - Abb. S. 136.
♦ svw. ↑ Schantungkohl.

Chinamensch ['çi:...], svw. Pekingmensch (↑ Mensch).

Chinarinde ['çi:...] (Fieberrinde, Perurinde, Cortex chinae, Cortex cinchonae), Rinde von Bäumen der Gatt. Chinarindenbaum. Die Rinden enthalten zw. 2 und etwa 14 % Chinarindenalkaloide, außerdem Bitterstoffe und das Glykosid Chinovin. C. wurde als Fieber- und Malariamittel verwendet.

Geschichte: C. wurde von Jesuiten verwendet und in Europa verbreitet, wo sie lange als „Jesuitenrinde" bekannt war. Die erste botan. Beschreibung gab 1738 der frz. Forschungsreisende C. M. de La Condamine, der sie Quinquina (nach dem Inkawort „quina" für Rinde) nannte.

Chinarindenalkaloide ['çi:...], Sammelbez. für eine Gruppe von etwa 30, teilweise in stereoisomeren Formen auftretenden Pflanzenalkaloiden aus den Baumrinden trop. Bäume der Gatt. Remija und Chinarindenbaum. Wichtigstes Alkaloid ist das Chinin. Als Mittel gegen Malaria sind sie heute weitgehend durch synthet. Medikamente ersetzt.

Chinarindenbaum ['çi:...] (Fieberindenbaum, Cinchona), Gatt. der Rötegewächse mit etwa 16 Arten im trop. Amerika; meist hohe Bäume mit großen eilipt. oder fast eiförmigen Blättern und rosafarbenen oder gelblichweißen Blüten in großen Blütenrispen. Einige Wildarten und Kreuzungen liefern Chinarinde. - Abb. S. 136.

Chinchilla [tʃin'tʃıl(j)a; span.], svw. Wollmäuse (↑ Chinchillas).
♦ (Chinchillakaninchen) Hauskaninchenrasse, die vermutl. aus Kreuzungen von Blauen Wienern mit Russenkaninchen hervorgegan-

Chlorophyll

gen ist; Fell oberseits bläul. aschgrau, mit welliger, schwärzl. Schattierung, unterseits weiß, bes. dicht- und weichhaarig, liefert gute Pelze (Chinchillakanin).

Chinchillaratten [tʃɪnˈtʃɪl(j)a] (Abrocomidae), Fam. der Meerschweinchenartigen mit der einzigen Gatt. *Abrocoma*; zwei Arten (*Abrocoma cinerea* und *Abrocoma bennetti*) von S-Peru über Bolivien und Chile bis NW-Argentinien; etwa 15–25 cm körperlang, Gestalt rattenähnl., Gliedmaßen kurz, Schwanz weniger als körperlang, sehr kurz behaart; Fell im übrigen dicht, lang und weich, ähnl. den Chinchillas, aber nicht so wollig; leben gesellig in Erdhöhlen.

Chinchillas [tʃɪnˈtʃɪl(j)as; span.], (Chinchillidae) Fam. der Nagetiere mit drei Gatt. im westl. und südl. S-Amerika: Große C. (↑ Viscachas), Chinchillas i. e. S. (siehe unten) und ↑ Hasenmäuse; Körper etwa 22–65 cm lang, von dichtem, meist weichem und langhaarigem Fell bedeckt.
♦ (Wollmäuse, Chinchilla) Gatt. der Chinchillidae mit den beiden Arten **Kurzschwanzchinchilla** (Chinchilla chinchilla) und **Langschwanzchinchilla** (Chinchilla laniger, von dem die meisten heutigen Farmtiere abstammen) in den Anden Perus, Boliviens und N-Chiles; in freier Wildbahn weitgehend ausgerottet; etwa 22–35 cm körperlang, Fell außerordentl. weich und dicht (jeder Haarwurzel entspringen mehrere Haare), begehrte Pelztiere; überwiegend bläul. bis bräunlichgrau, Schwanz häufig dunkler; Tasthaare sehr lang, Augen groß, schwarz; lassen sich in Gefangenschaft leicht halten und züchten.

Chinesernelke [çi...] (Chin. Nelke, Dianthus chinensis), in zahlr. Zuchtformen kultivierte Nelkenart aus China mit großen, duftlosen Blüten.

Chinesische Aralie [çi...] ↑ Aralie.

Chinesische Nachtigall [çi...], svw. ↑ Chinesischer Sonnenvogel.

Chinesische Rose [çi...] (Bengalrose, Rosa chinensis), Rosengewächs aus China; niedriger, meist kaum bestachelter Strauch mit langgestielten, rosafarbenen, dunkelroten oder gelbl. Blüten; v. a. Sorten der Zuchtform *Zwergrose* als Freiland- und Topfpflanzen in Kultur.

Chinesischer Sonnenvogel [çi...] (Chin. Nachtigall, Leiothrix lutea), vom Himalaja bis SO-China verbreitete, etwa 15 cm große Timalienart; Oberseite grauolivgrün, Kehle gelb, gegen die gelblichgraue Unterseite zu orangefarben; Flügel mit gelber, gelbroter und blauer Zeichnung, Schwanz schwarzblau, leicht gegabelt; melod. flötender Käfigvogel. - Abb. S. 137.

Chipmunks [engl. ˈtʃɪpmʌŋks; indian.], Gruppe nordamerikan. Erdhörnchen mit rd. 20 Arten; Körperlänge etwa 8–16 cm, Schwanz meist knapp körperlang mit starker Behaarung; Färbung häufig sehr kontrastreich mit verschieden stark ausgeprägten hellen und dunklen Längsstreifen an Gesicht und Rücken; verbringen sehr kalte Witterungsperioden in Erdröhren.

Chirimoya [tʃi...; indian.] (Rahmapfel), grüne, kugelige bis eiförmige, bis 20 cm große Sammelfrucht des amerikan. Annonengewächses Annona cherimola, das in den Tropen und Subtropen angebaut wird. Das weiße, zarte Fruchtfleisch schmeckt leicht säuerl. und ähnl. wie Erdbeeren oder Ananas.

Chironja [tʃiˈrɔŋxa; span.], Zitrusfrucht aus Puerto Rico mit gelber, leicht zu lösender Schale; sehr saftig und von zartem Aroma; vermutl. aus einer natürl. Kreuzung zw. Grapefruit und Orange entstanden.

Chiroptera [çi...; griech.], svw. ↑ Flattertiere.

Chirotherium, svw. ↑ Handtier.

Chitin [çi...; griech.], stickstoffhaltiges Polysaccharid, bildet den Gerüststoff im Außenskelett der Gliederfüßer (auch in Zellmembranen von Pilzen); sehr widerstandsfähig gegen Verdauungsenzyme.

Chiton [çi...; griech.], Gatt. der Käferschnecken mit dicken, stark gerippten Schalenplatten; in warmen und gemäßigten Meeren.

Chlamydien [çla...; griech.] (Chlamydobakterien, Chlamydiales, Bedsoniales), Ordnung der Bakterien mit etwa 10 Arten; 0,2 bis 0,7 µm große, innerhalb der Zellen lebende Parasiten bei Vögeln und Säugetieren, erregt beim Menschen Papageienkrankheit und Trachom.

Chlamydobakterien ↑ Scheidenbakterien.

Chlamydomonas [çla...; griech.], Gatt. einzelliger Grünalgen v. a. in Süßwasser und feuchter Erde; Zellen meist ellipsoidisch, 15 bis 18 µm groß. Die frei bewegl. Arten tragen zwei gleichlange Geißeln. Einige im Schnee der Arktis und der Gebirge lebende Arten verursachen durch ihre von Hämatochrom rot gefärbten Zellen den Blutschnee.

Chlamydosporen [çla...; griech.], Dauersporen der Bakterien und höheren Pilze.

Chlorella [klo...; griech.], weltweit verbreitete Gatt. der Grünalgen mit etwa 10 Arten in Gewässern, feuchten Böden und als Symbionten in Flechten und niederen Tieren. - Abb. S. 136.

Chlorobakterien [klo...; griech.] (Grüne Schwefelbakterien, Chlorobiaceae), Fam. der Bakterien mit etwa 10 Arten, v. a. in sauerstofffreien, durch Faulprozesse schwefelwasserstoffhaltigen Süß- und Meeresgewässern.

Chlorophyll [klo...; griech. chlórós „gelblichgrün" und phýllon „Blatt"] (Blattgrün), Bez. für eine Gruppe biolog. äußerst bedeutsamer Pigmente, die den typ. Pflanzenzellen ihre grüne Farbe verleihen und sie zur ↑ Photosynthese befähigen; sie sind in den Chloroplasten in regelmäßig geschichteten Membranstapeln (Thylakoide) gerichtet eingelagert. Der Grundbaustein eines C. mole-

Chloroplasten

Christrosen

Christusdorn

küls ist das Pyrrol. Im C. vereinigen sich vier Pyrrolringe über Methinbrücken ($-CH=$) zu einem ringförmigen Porphingerüst. Das Zentrum des Porphinrings ist von einem komplexgebundenen Magnesiumatom besetzt. Am dritten Pyrrolring setzt ein fünfgliedriger, isocyclischer Ring an, dessen Carboxylgruppe ($-COOH$) mit Methylalkohol (CH_3OH) verestert ist. Als Seitenketten sind vier Methyl- ($-CH_3$), eine Äthyl- ($-C_2H_5$) und eine Vinylgruppe ($CH_2=CH-$) sowie ein Propionsäurerest ($-C_2H_4COO-$) vorhanden. Der Propionsäurerest ist mit einem langkettigen Alkohol verestert. Typisch für alle assimilierenden Pflanzenzellen (mit Ausnahme der Zellen photosynth. tätiger Bakterien) ist das blaugrüne *Chlorophyll a*. In allen Blütenpflanzen und in zahlr. Klassen der Kryptogamen (Grünalgen, Moose, Farne u. a.) wird es vom gelbgrünen *Chlorophyll b* begleitet, bei dem die Methylgruppe des zweiten Pyrrolrings durch eine Aldehydgruppe ($-CHO$) ersetzt ist. Bei verschiedenen Algenklassen treten an die Stelle des C. b die *Chlorophylle c, d* und *e*; bei den photosynth. aktiven Purpurbakterien *Bakterio-C. a* bzw. den Chlorobakterien *Bakterio-C. c* und *d*. Die Fähigkeit der C.moleküle zur Absorption sichtbaren Lichtes beruht wesentl. auf dem Vorhandensein der zahlr. konjugierten Doppelbindungen. Hauptsächl. wird rotes und blaues Licht absorbiert; durch die Bakterio-C. auch infrarote Strahlung.

Biosynthese: Das Porphingerüst als Grundbaustein nicht nur der C., sondern auch der Hämverbindungen und der Zytochrome, wird in pflanzl. und tier. Zellen nach dem gleichen Reaktionsmechanismus (aus dem Protoporphyrin) aufgebaut. Die Bausteine stammen aus dem ↑Zitronensäurezyklus und aus einem Vorrat freier Aminosäuren. In den Chloroplasten finden sich neben den C. immer Begleitfarbstoffe wie ↑Karotinoide und bei Blau- und Rotalgen ↑Phykobiline. Zus. mit verschiedenen Karotinoiden bilden die C. die Pigmentsysteme I und II (↑Photosynthese). Die Destillation eines Auszugs meist aus Brennesseln oder Gräsern mit heißem Weingeist oder Aceton (und etwas Kupfersulfatlösung) ergibt das *Roh-C.* und dessen Benzolauszug nach Destillation das *Rein-C.*, das mit Schweineschmalz oder Palmfett vermischt zu [medizin.] Salben verwendet wird. Durch Kochen des Alkoholauszugs mit Na_2CO_3 erhält man das wasser-, alkohol- und glycerinlösl. **Chlorophyllin** in Form eines blauschwarzen, glänzenden Pulvers. Als solches findet C. Anwendung als Medikament in Form von Dragees, Salbe oder Pulver gegen Geschwüre, Ekzeme, Abszesse, Furunkel sowie zur Wundheilung; außerdem wird es auch gegen allg. Schwächezustände, Blutuntdruck u. zur Stoffwechselsteigerung angewendet. Eine weitere Bed. hat C. als Färbemittel für Spirituosen, Fette, Seifen, Wachse und kosmet. Präparate. - Abb. S. 137.

Chlorophyllin ↑Chlorophyll.
Chloroplasten [klo...] ↑Plastiden.
Chlorose [griech.], fehlende oder gehemmte Ausbildung des Blattgrüns; kann u. a. durch Eisenmangel, Staunässe und Lichtmangel bedingt sein.
Choanen [ço...; griech.], paarige innere Nasenöffnungen im Gaumen der vierfüßigen Wirbeltiere (einschließl. Mensch) und fossiler Quastenflosser; verbinden die Nasenhöhlen mit der Mund- bzw. Rachenhöhle.
Choleinsäuren [ço...; griech./dt.] ↑Gallensäuren.
Cholesterin [ço...; zu griech. cholé „Galle" und stereós „fest, hart"], wichtigstes, in allen tier. Geweben vorkommendes Sterin. C. kann in allen Geweben gebildet werden, jedoch entstehen im menschl. Körper etwa 92 % in Leber und Darmtrakt. Die Bildung

Chordatiere

von C. in der Leber ist durch von außen zugeführtes C. hemmbar, in den übrigen Organen nicht. Im Blut liegt C. zu etwa 65 % mit Fettsäuren verestert vor; die Gesamtmenge ist hier abhängig von Alter und Geschlecht sowie Ernährung; sie steigt von etwa 200 mg pro 100 ml im Alter von 20 Jahren auf 250–290 mg mit 60 Jahren an. Ein zu hoher C.*spiegel* im Blut fördert die Entstehung von Arterienverkalkung, bei der C.ester auf den Gefäßwänden abgelagert werden, die später verkalken. C.reiche Nahrungsmittel sind Lebertran, Butter und fettes Fleisch. Eine Verringerung des C.spiegels wird durch eine Ernährung mit hochungesättigten pflanzl. Fetten erreicht. Abbau und Ausscheidung des C. finden in der Leber statt. Das mengenmäßig wichtigste Abbauprodukt sind die Gallensäuren. Ein weiteres Abbauprodukt wird in die Haut transportiert und geht dort bei Sonnenbestrahlung in das Vitamin D_3 über. Etwa $1/4$ des tägl. gebildeten C. wird v. a. in der Nebennierenrinde und den Keimdrüsen zu Steroidhormonen umgebaut.

Chromosomen. Männlicher (links) und weiblicher (rechts) Chromosomensatz des Menschen

Cholsäure ['ço:l...] ↑Gallensäuren.
Chondriosomen [çɔn...; griech.], svw. ↑Mitochondrien.
Chondriten (Chondrites) [çɔn...; griech.], vom Kambrium bis zum Tertiär vorkommende Abdrücke in Gesteinen; man vermutet, daß es sich um Freß- und Wohnbauten mariner Würmer handelt.
Chondros ['çɔn...; griech.], svw. ↑Knorpel.
Chorda dorsalis ['kɔrda; griech./lat.] (Rückensaite, Achsenstab, Notochord), elast., unsegmentierter Stab, der den Körper der ↑Chordatiere als Stützorgan vom Kopf bis zum Schwanzende (außer bei Manteltieren) durchzieht; besteht aus blasigen, durch hohen Innendruck stark aneinandergepreßt liegenden Zellen (**Chordazellen**). Embryonal stets angelegt, wird die C. d. bei den erwachsenen, höher entwickelten Chordatieren mehr und mehr reduziert und durch die ↑Wirbelsäule ersetzt.
Chordatiere ['kɔrda] (Chordaten, Chordata), Stamm bilateral-symmetr. ↑Deuterostomier, die zeitlebens oder nur in frühen Entwicklungsstadien eine ↑Chorda dorsalis als Stützorgan besitzen (stets mit darüberliegendem Rückenmark als Nervenzentrum).

Chromosomen. Zytologische Chromosomenkarte anhand eines Endabschnitts des X-Chromosoms (Riesenchromosom) aus einer Speicheldrüsenzelle der Taufliege mit der topographischen Einteilung (oben) und mit Angabe der Bereiche (oben), innerhalb deren die Rekombinationswerte aus der diesem Chromosom entsprechenden genetischen Chromosomenkarte liegen müssen. Die dunklen Bänder sind die Chromomeren

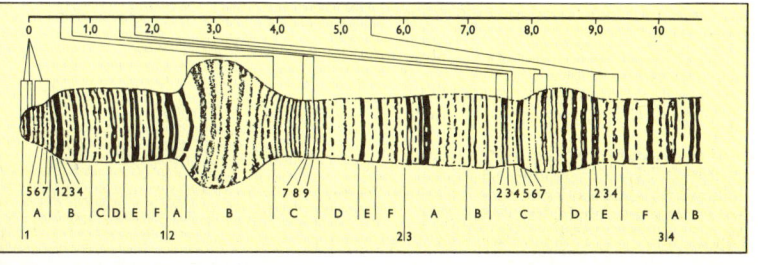

Chordotonalorgane

Die C. umfassen drei Unterstämme: ↑Schädellose, ↑Manteltiere und ↑Wirbeltiere.

Chordotonalorgane [kɔr...; griech.], trommelfellose Sinnesorgane der Insekten, die saitenartig zw. zwei gegeneinander bewegl. Teilen des Chitinskeletts ausgespannt sind. Die C. registrieren Lageveränderungen der Körperteile (und damit auch Erschütterungen) und kommen daher v. a. in den Fühlern (sog. *Johnston-Organ*), Beinen, Flügeln, Mundgliedmaßen und zw. den Rumpfsegmenten vor. - Ggs. ↑Tympanalorgane.

Chorioidea [ko...; griech.], svw. Aderhaut (↑Auge).

Chorion ['koː...; griech.], äußere Embryonalhülle der Amnioten (↑Serosa).

Choripetalae [ço...; griech.], zweikeimblättrige Pflanzen mit freiblättriger Blumenkrone (Blütenblätter untereinander nicht verwachsen, z. B. Gänsefußgewächse, Rosengewächse).

Chow-Chow ['tʃaʊ'tʃaʊ; chin.-engl.], seit etwa 2000 Jahren in China gezüchtete Rasse bis 55 cm schulterhoher, kräftiger Haushunde mit dichtem, meist braunem Fell und blauschwarzer Zunge.

Christdorn ['krɪst...] (Paliurus spinachristi), Art der Gatt. Stechdorn; 2–3 m hoher Dornstrauch mit 2–4 cm langen, asymmetr. eiförmigen Blättern und zu einem Dornpaar umgewandelten Nebenblättern; Blüten etwa 2 mm groß, gelb, in kleinen Blütenständen; wächst in S-Europa bis Persien.

Christophskraut ['krɪs...; nach Christophorus], (Actaea), Gatt. der Hahnenfußgewächse mit etwa 7 Arten auf der nördl. Halbkugel; Stauden mit kleinen weißen Blüten in aufrechten Trauben und mehrsamigen Beerenfrüchten. - In M-Europa kommt nur das **Ährige Christophskraut** (Actaea spicata) mit 30–60 cm hohen Stengeln, 2–3fach gefiederten Blättern und schwarzen Beeren vor.

Christrose ['krɪst...] (Schneerose, Schwarze Nieswurz, Helleborus niger), geschütztes Hahnenfußgewächs in den Kalkalpen, Karpaten und im Apennin, mit weißen, später purpurfarben getönten Blüten; als Gartenpflanze blüht die C. oft schon im Dezember. - Abb. S. 140.

Christusdorn ['krɪstʊs...] (Euphorbia splendens), Wolfsmilchgewächs auf Madagaskar, in den Tropen und Subtropen als Heckenpflanze weit verbreitet; bis 2 m hoher Strauch mit kurzgestielten Blättern, schwarzbraunen Dornen und kleinen, gelben, in Trugdolden stehenden Scheinblüten, die jeweils von einem Paar zinnoberroter oder hellgelber Hochblätter umgeben sind. - Abb. S. 140.

Chromatophoren [kro...; griech.], (Farbstoffträger) bei *Tieren* pigmentführende Zellen der Körperdecke (bei Krebsen, Tintenfischen, Fischen, Amphibien, Reptilien), die den ↑Farbwechsel dieser Tiere bewirken.
♦ bei *Pflanzen* ↑Plastiden.

Chromomeren [kro...; griech.], anfärbbare Verdichtungen der Chromosomenlängsachsen.

Chromoplasten [kro...] ↑Plastiden.

Chromoproteide [kro...], zusammengesetzte Eiweißstoffe, die neben der Proteinkomponente eine nichtproteinartige Gruppe enthalten, die Farbstoffcharakter besitzt; z. B. Hämoglobine und andere Blutfarbstoffe, Flavoproteide, Katalasen, Peroxidasen, der Sehfarbstoff Rhodopsin und die Chlorophyll-Protein-Komplexe.

Chromosomen [kro...; griech. eigtl. „Farbkörper" (so ben., weil C. durch Färbung sichtbar gemacht werden können)] (Kernschleifen), fadenförmige Gebilde im Zellkern jeder Zelle (mit Ausnahme der Prokaryonten - Bakterien und Blaualgen -), die die aus DNS bestehenden Gene tragen und für die Übertragung der verschiedenen, im Erbmaterial festgelegten Eigenschaften von der sich teilenden Zelle auf die beiden Tochterzellen verantwortl. sind. Chem. gesehen bestehen sie hauptsächl. aus kettenartig hintereinandergeschalteten, die DNS-Stränge bildenden Nukleotiden, bas. Proteinen (↑Histone) und nicht bas. Proteinen mit Enzymcharakter. Vor jeder Zellteilung werden die C. in Form ident. Längseinheiten (**Chromatiden**) verdoppelt (ident. redupliziert). Während der Kernteilungsphase verdichten sie sich durch mehrfache Spiralisation zu scharf begrenzten, durch bas. Farbstoffe anfärbbaren, unter dem Mikroskop deutl. sichtbaren Gebilden. Die Längseinheiten werden dann bei der Kernteilung voneinander getrennt und evakt auf die beiden Tochterzellen verteilt. - Die Gesamtheit der C. eines Kerns bzw. einer Zelle heißt **Chromosomensatz**. Man unterscheidet normale C. (*Autosomen*) und Geschlechts-C. (*Heterosomen*). Meist sind von jedem C. zwei ident. Exemplare im Zellkern jeder Zelle vorhanden. Diese beiden C. eines Paares werden *homologe C.* genannt.

Chromosomenzahlen (2 n) verschiedener Lebewesen	
Pflanzen	Tiere
Natternzunge 1 260	Ruhramöbe 12
Streifenfarn 144	Pferdespulwurm 4
Birke 28	Fruchtfliege 8
Apfelbaum 34	Karpfen 104
Himbeere 14	Taube 16
Kartoffel 48	Huhn 78
Mais 20	Kaninchen 44
Hafer 42	Schwein 40
	Rind 60
	Schaf 54
	Pferd 66
	Hund 78

Die diploiden Körperzellen des Menschen enthalten 46 C., die sich nach Form und Genbe-

Cichla

stand in 22 Autosomenpaare (Chromosom 1–22, aufgeteilt in die Gruppen A–G) und ein Paar Geschlechts-C. (XX bei der Frau, XY beim Mann) unterteilen lassen. Die durch Reduktionsteilung entstehenden (haploiden) Keimzellen (Eizellen, Spermien) enthalten 22 Autosomen und 1 Geschlechts-C. (X- oder Y-Chromosom). - Über die Anordnung der DNS-Moleküle im C. existieren bislang nur Hypothesen (Vielstranghypothese, Einstranghypothese). - Die graph. Darstellung der Genorte mit der Angabe der Reihenfolge der Gene auf einem C. und ihre relativen Abstände zueinander heißt **Chromosomenkarte**. Die Werte erhält man u. a. aus der Häufigkeit des Faktorenaustauschs zw. gekoppelten Genen.

Die Prokaryonten besitzen als C.äquivalent ein Nukleoid, auf dem die Gene in linearer Aufeinanderfolge angeordnet sind. Bei Viren liegt die Erbinformation in Form von einfachen oder (meist) doppelten DNS- oder RNS-Fäden vor. - Abb. S. 141.

 Nagl, W.: C. Hamb. u. Bln. ²1980. - C.praktikum, Hg. v. F. Göltenboth. Stg. 1978. - Murken, J. D., u.a.: Die C. des Menschen. Mchn. 1973.

Chromosomenaberration [kro...] (Chromosomenmutation), Veränderung in der Chromsomenstruktur durch Verlust, Austausch oder Verdopplung eines Chromosomenstückes infolge eines ↑ Faktorenaustauschs an nicht homologen Stellen (illegitimes Crossing-over) innerhalb eines Chromosoms oder zw. homologen oder nichthomologen Chromosomen. Durch eine C. werden v. a. die Reihenfolge, die Anzahl oder die Art (bei Austausch zw. nichthomologen Genen) der Gene auf einem Chromosom verändert.

Chromosomenanomalien [kro...], durch Genom- oder Chromosomenaberration entstandene Veränderungen in der Zahl (numerische C.) oder Struktur (strukturelle C.) der ↑ Chromosomen, die sich als Komplex von Defekten äußern können und beim Menschen die Ursache für viele klin. Syndrome bilden. Da mindestens 0,5 % aller Neugeborenen C. aufweisen, kommt ihnen große Bed. in der modernen Medizin zu († Chromosomendiagnostik). - Numerische C. entstehen durch Fehlverteilung eines Chromosoms bei einer Zellteilung. Daraus resultiert eine Monosomie (Fehlen eines von zwei homologen Chromosomen) oder Trisomie (ein Chromosom liegt statt als Paar in dreifacher Form vor). Individuen mit Monosomie sind i. d. R. nicht lebensfähig.

Chromosomendiagnostik [kro...], Feststellung von Chromosomenanomalien auf Grund zytolog. Befunde; wichtig für die Fam.beratung, um zu verhindern, daß mißgebildete Kinder geboren werden.

Chromosomenkarte ↑ Chromosomen.

Chromosomenmutation [kro...], svw. ↑ Chromosomenaberration.

Chronaxie [kro...; griech.], Zeitmaß für die elektr. Erregbarkeit von Muskel- oder Nervenfasern; Zeitspanne, in der ein elektr. Strom von der doppelten Intensität der Langzeitschwelle († Rheobase) auf eine Muskel- oder Nervenfaser einwirken muß, um gerade noch eine Erregung hervorzurufen.

Chrysalis [ˈçry:...; griech.], svw. ↑ Puppe (bei Insekten).

Chrysanthemen [çry..., kry...; griech.] (Winterastern), allg. Bez. für die als Zierpflanzen kultivierten Arten, Unterarten, Sorten und Hybriden aus der Gatt. Chrysanthemum.

Chrysanthemum [çry...; griech.], svw. ↑ Wucherblume.

Chrysomonadina [çry...; griech.], Ordnung einzeln lebender oder koloniebildender ↑ Flagellaten, v. a. in Süßgewässern; Massenvermehrungen führen zur sog. Wasserblüte oder zu goldglänzenden Oberflächenschichten.

Chrysophyllum [çry...; griech.], Gatt. der Seifenbaumgewächse mit etwa 90 trop. und subtrop. Arten, darunter das † Goldblatt.

Chrysophyta [çry...; griech.], svw. ↑ Goldbraune Algen.

Chuckwalla [engl. ˈtʃʌkwɑːlə; indian.] (Sauromalus ater), etwa 30–45 cm lange Leguanart in trocknen, felsigen Wüstengebieten des sw. Nordamerika; Pflanzenfresser.

Chun, Carl [kuːn], * Höchst (= Frankfurt am Main) 1. Okt. 1852, † Leipzig 11. April 1914, dt. Zoologe. - Prof. in Königsberg, Breslau und Leipzig; arbeitete über Meerestiere; 1898/99 Leiter der wiss. bed. dt. Tiefsee-Expedition „Valdivia" im Atlant. u. Ind. Ozean.

Chylus [ˈçy:lʊs; griech.] (Milchsaft, Darmlymphe), Flüssigkeit (Lymphe) der Darmlymphgefäße; wird nach Nahrungsaufnahme durch Fetttröpfchen milchig trüb aus; nimmt die Nahrungsstoffe aus dem Darmtrakt auf und leitet sie weiter.

Chymosin [çy...; griech.], svw. ↑ Labferment.

Chymotrypsin [çy...; griech.], eiweißspaltendes Enzym, das im Darm durch Trypsin aus einer Vorstufe (Chymotrypsinogen) aktiviert wird; spaltet bes. der zykl. Aminosäuren die Peptidbindungen.

Chymus [ˈçy:mʊs; griech.], Bez. für den im Magen aus der aufgenommenen Nahrung angedauten und von dort in den Darm gelangenden Speisebrei.

Chytridiales [çy...; griech.], Ordnung der Flagellatenpilze (Chytridiomycetes): einzellige, ein- bis vielkernige Parasiten auf Ein- oder Vielzellern im Erdboden oder Wasser.

Cicer [lat.], Gatt. der Schmetterlingsblütler mit der kultivierten Art ↑ Kichererbse.

Cichla [ˈtsiçla; griech.], Gatt. der Buntbarsche mit dem bis etwa 60 cm langen **Augenfleckbarsch** (C. ocellaris) im trop. Südamerika: graugrün bis silbrigweiß, mit dunklen Querbinden und einem tiefschwarzen, golden gerahmten Fleck an der Schwanzflossenwurzel; Warmwasseraquarienfisch.

Cichlidae ['tsıçlidɛ; griech.], svw. ↑Buntbarsche.

Cichorium [tsı'ço:...; griech.-lat.], svw. ↑Wegwarte.

Ciconia [lat.], Gatt. der Störche in Eurasien und Afrika mit vier Arten; am bekanntesten der Weiße Storch und der Waldstorch.

Cicuta [lat.], Gatt. der Doldenblütler mit der bekannten Art Wasserschierling.

Cidaridae [griech.], svw. ↑Lanzenseeigel.

Ciliata [lat.], svw. ↑Wimpertierchen.

Cinnamomum [griech.-lat.], svw. ↑Zimtbaum.

Circus [griech.], Gatt. der Weihen; von den 9 Arten kommen in M-Europa Rohrweihe, Kornweihe und Wiesenweihe vor.

Cirripedia [lat.], svw. ↑Rankenfüßer.

Cissus ['si...; griech.], svw. ↑Klimme.

Cistron [engl.], Bez. für die Untereinheit eines Gens (in der Bakterien- und Bakteriophagengenetik oft mit Gen gleichgesetzt); in der Molekularbiologie Bez. für einen Ribonukleinsäure- oder Desoxyribonukleinsäureabschnitt, der die Information für die Synthese einer Polypeptidkette enthält.

Cistus [griech.], svw. ↑Zistrose.

Citrullus [lat.], svw. ↑Wassermelone.

Citrus [lat.], svw. ↑Zitruspflanzen.

Cladocera [griech.], svw. ↑Wasserflöhe.

Cladophora [griech.], svw. ↑Zweigfadenalge.

Claude [frz. klo:d], Albert, * Longlier (Luxemburg) 23. Aug. 1899, † Brüssel 22. Mai 1983, belg. Mediziner. - Seit 1949 Direktor des Jules-Bordet-Instituts in Brüssel. Mit Hilfe der von ihm entwickelten Methode des fraktionierten Zentrifugierens konnten die ersten aufschlußreichen elektronenmikroskop. Bilder von Körperzellen und Zellstrukturen gemacht werden, die auch Einblicke in die funktionelle Organisation der Zellen gestatteten; Entdecker des ↑endoplasmatischen Retikulums; 1974 Nobelpreis für Physiologie oder Medizin (mit C. de Duve u. G. B. E. Palade).

Claus, Carl [Friedrich], * Kassel 2. Jan. 1835, † Wien 18. Jan. 1899, dt. Zoologe. - Prof. in Marburg, Göttingen und Wien; arbeitete über Polypen, Medusen und Krebstiere; schrieb das zoolog. Standardwerk „Grundzüge der Zoologie" (1868).

Clavaria [lat.], svw. ↑Keulenpilz.

Clavelina [lat.], Gatt. kleiner Seescheiden mit der in allen europ. Meeren (mit Ausnahme der Ostsee) verbreiteten, in der Küstenzone, v. a. auf Felsen, lebenden Art **Clavelina lepadiformis:** etwa 2–3 cm lang, keulenförmig, glashell durchsichtig; koloniebildend.

Claviceps [lat.], Gatt. der Schlauchpilze, zu der der ↑Mutterkornpilz gehört.

Clavicula [lat.], svw. ↑Schlüsselbein.

Claytonie (Claytonia) [kle...; nach dem brit. Botaniker J. Clayton, * 1685, † 1773], Gatt. der Portulakgewächse mit etwa 20 Arten in N-Amerika und in der Arktis; kahle, fleischige Stauden mit langgestielten, grundständigen Blättern; Blüten meist klein, weiß oder rosarot, in Blütenständen. Als Zierpflanze wird v. a. **Claytonia virginica** mit dunkelrot geaderten Blüten kultiviert.

Cleistocactus [griech.], Gatt. strauchig wachsender Kakteen mit etwa 25 Arten in S-Amerika; zuweilen 2–3 m hoch. Am bekanntesten ist die **Silberkerze** (Cleistocactus straussii) mit dicht von schneeweißen, borstenartigen Dornen und weißfilzigen Areolen eingehüllten Trieben und bis 9 cm langen, dunkelkarminroten Blüten.

Clematis ['kle:matıs, kle'ma:tıs; griech.], svw. ↑Waldrebe.

Clementine ↑Klementine.

Clerodendrum [griech.], svw. ↑Losbaum.

Clethra [griech.], svw. ↑Scheineller.

Clitellum [lat.] ↑Gürtelwürmer.

Clitoris [griech.], svw. ↑Kitzler.

Clivia [griech.], svw. ↑Klivie.

Clostridium [griech.], Gatt. stäbchenförmiger, anaerober, grampositiver Bakterien; knapp 100, meist im Boden lebende und von dort gelegentl. in den menschl. und tier. Körper sowie in Nahrungsmittel übertragbare Arten. Manche Arten bilden außerordentl. giftige, für Mensch und Tier lebensgefährl. Exotoxine, v. a. *C. botulinum* (Botulis-

Dachs

Damhirsch

Langhaardackel

Dalmatiner

mus), *C. tetani* (Wundstarrkrampf), *C. perfringens* und andere Arten (Pararauschbrand, Gasbrand).

Club of Rome, The [engl. ðə 'klʌb əv 'roʊm], lockere Verbindung von Wissenschaftlern und Industriellen. Ziele: Untersuchung, Darstellung und Deutung der „Lage der Menschheit" (sog. „Weltproblematik") sowie Aufnahme und Pflege von Verbindungen zu nat. und internat. Entscheidungszentren zum Zweck der Friedenssicherung. 1972 veröffentlichte der C. of R. „Die Grenzen des Wachstums"; Friedenspreis des Dt. Buchhandels 1973.

Clymenia [griech.] (Klymenien), ausgestorbene Gatt. flacher, scheibenförmiger Ammoniten mit einfacher Lobenlinie; wichtiges Leitfossil aus dem jüngeren Oberdevon.

Clypeaster [lat./griech.], Gatt. der zu den Irregulären Seeigeln zählenden ↑Sanddollars mit zahlr. Arten in trop. und subtrop. Gewässern; meist stark abgeflacht und nahezu kreisrund; bis etwa 15 cm lang; leben eingegraben im Sand der Gezeitenzone.

Cnicus [griech.-lat.], Gatt. der Korbblütler mit der einzigen Art ↑Benediktenkraut.

Cnidaria [griech.], svw. ↑Nesseltiere.

Cnidosporidia [griech.] (Knidosporidien), Klasse parasit. lebender Sporentierchen; bilden Sporen mit Polkapseln, aus denen Polfäden herausschnellen und der Festheftung am Wirt dienen. C. befallen v.a. Fische, Ringelwürmer und Gliederfüßer.

Cobaea [nach dem span. Naturforscher B. Cobo, *1582, †1657], svw. ↑Glockenrebe.

Cobalamine [Kw.], organ. Verbindungen mit der Grundstruktur des Vitamins B_{12} (↑Vitamine).

Coccidia ↑Kokzidien.

Cochlea ['kɔxlea; griech.-lat.], svw. Schnecke (des Innenohrs; ↑Gehörorgan).
◆ Gehäuse der Schnecken.

Cockerspaniel [engl.; zu to cock „Waldschnepfen (woodcocks) jagen"], in England ursprüngl. für die Jagd gezüchtete Rasse etwa 40 cm schulterhoher, lebhafter, lang- und seidenhaariger Haushunde mit zieml. langer Schnauze, Schlappohren und kupierter Rute.

Cocos [span.], Gatt. der Palmen mit der ↑Kokospalme als einziger Art.

Codon [lat.-frz.] (Triplett), in der Molekularbiologie Bez. für die drei aufeinanderfolgenden Basen (Nukleotide) einer Nukleinsäure (DNS, RNS), die den Schlüssel (Kodierungseinheit) für eine Aminosäure im Protein darstellen.

Coelenterata [tsø...; griech.], svw. ↑Hohltiere.

Coenobium [tsø...; griech.-lat.], svw. ↑Zellkolonie.

Coenzym [ko-ɛ...] (Koenzym) ↑Enzyme.

Coffea [engl.], svw. ↑Kaffeepflanze.

Cohen, Stanley [engl. 'koʊn], * New York 17. Nov. 1922, amerikan. Biochemiker. - Seit 1976 Prof. an der Vanderbilt-Univ. in Nashville (Tenn.). Für seine Entdeckung des „Epidermal Growth Factor" (EGF), eine das Zellenwachstum der Haut steuernde hormonähnliche Substanz, erhielt C. 1986 (zus. mit R. Levi-Montalcini) den Nobelpreis für Physiologie oder Medizin.

Cohn, Ferdinand [Julius], * Breslau 24. Jan. 1828, † ebd. 25. Juni 1898, dt. Botaniker und Bakteriologe. - Arbeiten v.a. über die Biologie und Systematik der Bakterien; gilt als einer der Begründer der modernen Bakteriologie.

Coitus [lat.], svw. ↑Geschlechtsverkehr.

Cola [afrikan.], svw. ↑Kolabaum.

Colchicum [griech.-lat.], svw. ↑Zeitlose.

Coleoptera [griech.], svw. ↑Käfer.

Collembola [griech.], svw. ↑Springschwänze.

Collie [...li; engl.], svw. ↑Schottischer Schäferhund.

Collum [lat.], in der Anatomie Bez. für: 1. Hals; 2. halsförmig verengter Abschnitt eines Organs, z.B. **Collum femoris** (Oberschenkelhals).

Colon [griech.], svw. Grimmdarm (↑Darm).

Columella [lat. „Säulchen"], (C. auris)

Columna vertebralis

säulenförmiges Gehörknöchelchen im Mittelohr der Lurche, Kriechtiere und Vögel; dient als schalleitendes Element zw. Trommelfell und häutigem Labyrinth und wird bei den Säugetieren (einschließl. Mensch) zum Steigbügel.

◆ zentrale Gewebesäule der Sporenbehälter bzw. Sporenkapseln von Algenpilzen und Laubmoosen; bei letzteren dient die C. als Nährstoffleiter und Wasserspeicher für die sich entwickelnden Sporen.

Columna vertebralis ↑ Wirbelsäule.
Columnea [nach dem italien. Gelehrten F. Colonna (latinisiert: Columna), *1567, †1650], Gatt. der Gesneriengewächse mit etwa 160 Arten im trop. Amerika; Sträucher, Halbsträucher oder immergrüne Kräuter, oft kletternd oder kriechend, mit gegenständigen Blättern und einzeln oder zu mehreren stehenden Blüten.
Comfrey [engl. 'kamfrɪ] (Rauher Beinwell, Symphytum asperum), bis 1,7 m hohe Beinwellart in Kleinasien; mit anfangs karminroten, später himmelblauen Blüten; bei uns als Grünfutter angebaut.
Concha ↑ Koncha.
Coniferae [lat.], svw. ↑ Nadelhölzer.
Coniin ↑ Koniin.
Convolvulus [lat.], svw. ↑ Winde.
Copepoda [griech.], svw. ↑ Ruderfußkrebse.
Cor [lat.], svw. ↑ Herz.
Cordaites, svw. ↑ Kordaiten.
Coregonus [griech.], svw. ↑ Felchen.
Cori, Carl Ferdinand, * Prag 5. Dez. 1896, † Cambridge (Mass.) 20. Okt. 1984, dt.-amerikan. Mediziner und Biochemiker. - Prof. in Saint Louis; erhielt mit seiner Frau **Gerty Theresa Cori,** geb. Radnitz (* 1896, † 1957) und B. A. Houssay für die Aufklärung der katalyt. Vorgänge beim Glykogenstoffwechsel 1947 den Nobelpreis für Physiologie und Medizin.
Corium [lat.], svw. Lederhaut (↑ Haut).
Cornea [lat.], svw. Hornhaut (↑ Auge).
Corpora allata [lat.] ↑ Juvenilhormon.
Corpora cavernosa [lat.], svw. ↑ Schwellkörper.
Corpus luteum [lat.], svw. ↑ Gelbkörper.
Corpus vitreum [lat.], svw. Glaskörper (↑ Auge).
Correns, Carl Erich, * München 19. Sept. 1864, † Berlin 14. Febr. 1933, dt. Botaniker. - Prof. in Leipzig und Münster, ab 1914 Direktor am Kaiser-Wilhelm-Institut für Biologie in Berlin-Dahlem; wies (um 1900) erneut die Mendelschen Vererbungsregeln nach. Außerdem untersuchte er bes. das Problem der Geschlechtsbestimmung.
Cortex [lat.], in der *Botanik* svw. ↑ Rinde.
◆ in der *Anatomie* ↑ Kortex; *C. cerebri,* svw. Großhirnrinde (↑ Gehirn).
Corticoide ↑ Kortikosteroide.
Corticosteroide ↑ Kortikosteroide.
Corticosteron ↑ Kortikosteron.

Corti-Organ [nach dem italien. Anatomen A. Corti, *1822, †1876] ↑ Gehörorgan.
Cortisol [Kw.], svw. ↑ Hydrokortison.
Cortison ↑ Kortison.
Corvus [lat.], mit Ausnahme von S-Amerika weltweit verbreitete Gatt. meist schwarzer Rabenvögel. Von den etwa 30 Arten kommen in Europa vor: ↑ Kolkrabe, ↑ Aaskrähe, ↑ Saatkrähe und ↑ Dohle.
Cotoneaster [lat.], svw. ↑ Steinmispel.
Cowper-Drüsen [engl. 'kaʊpə, 'kuːpə; nach dem brit. Anatomen und Chirurgen W. Cowper, *1666, †1709] (Glandulae bulbourethrales), ein- bis vierpaarig angelegte Anhangsdrüsen des männl. Geschlechtsapparates bei manchen Säugetieren (einschließl. Mensch); beim Mann einpaarige, erbsengroße Drüsen, die beiderseits der Harnröhre liegen und im vorderen Teil der Harnröhre münden. Ihr fadenziehendes, schwach basisches Sekret wird vor der Ejakulation entleert und erzeugt ein neutrales Milieu in der Harnröhre.
Coxa [lat.], svw. ↑ Hüfte.
◆ svw. ↑ Hüftbein.
Cox' Orange ['kɔks o'rãːʒə; nach dem brit. Züchter R. Cox] ↑ Apfelsorten S. 48.
Coxsackie-Viren [engl. kɔk'sɔkɪ; nach dem Ort Coxsackie (N. Y.)], Gruppe der Enteroviren mit etwa 30 bekannten Typen; Verbreitung weltweit, können epidem. auftreten.
Coyote [aztek.], svw. Kojote (↑ Präriewolf).
C_3-Pflanzen, Bez. für Pflanzen, die in der Photosynthese Kohlendioxid an Ribulosediphosphat fixieren; erstes stabiles Produkt ist dann die drei Kohlenstoffatome enthaltende Phosphoglycerinsäure, die darauf im Calvin-Zyklus weiterverarbeitet wird. Zu den C_3-P. gehören die meisten Pflanzen.
C_4-Pflanzen, Bez. für Pflanzen mit strukturellen und funktionellen Anpassungen der Photosynthese an die ökolog. Bedingungen trockenheißer oder salzreicher Standorte. - Durch Vorschalten eines zusätzl., sehr wirksamen, rasch ablaufenden Kohlendioxid-Fixierungsprozesses, der die Salze von C_4-Carbonsäuren (Malat, Aspartat) als erste stabile Produkte liefert, wird Kohlendioxid im Blatt angehäuft und dem Calvin-Zyklus zugeführt. Hohe Lichtstärken können so voll zur Photosynthese ausgenutzt werden. Zu den C_4-P. gehören u. a. Mais, Zuckerrohr, Hirse.
Crangon [griech.], Gatt. der Zehnfußkrebse, zu der die Nordseegarnele gehört.
Cranium (Kranium) [griech.], der knöcherne ↑ Schädel in seiner Gesamtheit.
Creodonta [griech.], svw. ↑ Urraubtiere.
Crick, Francis Harry Compton, * Northampton 8. Juni 1916, brit. Biochemiker. - Arbeitete v. a. auf dem Gebiet der Molekularbiologie und Genetik; entwickelte mit J. D. Watson ein Modell für die räuml. Struktur der DNS-Moleküle (Watson-C.-Modell). Be-

kam 1962 zus. mit J. D. Watson und M. H. F. Wilkins den Nobelpreis für Physiologie oder Medizin.

Crinoidea [griech.], svw. ↑Haarsterne.

Crista [lat.], Bez. für einen kamm- oder kielförmigen Fortsatz an den Knochen der Wirbeltiere; meist Muskelansatzstelle, z. B. bei Vögeln die C. sterni (↑Brustbeinkamm).

Cromagnontypus [frz. krɔma'pɔ̃] (Cromagnon-Menschenrasse), nach dem „Alten Mann" von Cro-Magnon benannte europ. jungpaläolith. Homo-sapiens-[sapiens-]Rassengruppe; Körperhöhe etwa 170 cm, grobwüchsiger Körperbau, langförmiger massiger Schädel mit kräftigen Überaugenbögen, niedrigen, breiten Augenhöhlen und breiter Nasenöffnung. Ein weiterer wichtiger Fundort ist Oberkassel (= Bonn).

Crossing-over [engl. 'krɔsɪŋ'oʊvə „Überkreuzung"] (Cross-over), svw.↑Faktorenaustausch.

Croton [griech.], Gatt. der Wolfsmilchgewächse mit etwa 600 Arten, v. a. in den Tropen; Kräuter, Sträucher oder Bäume mit unterschiedl. gestalteten Blättern und Kapselfrüchten; bekanntere Art: **Croton eluteria,** Strauch auf Kuba und den Bahamainseln, kultiviert auf Java und in China, liefert die **Kaskarillrinde** (mit den Bitterstoffen Cascarillin und Cascarin), die als Aromatikum und als Kräftigungsmittel verwendet wird.

Cruciferae [lat.], svw. ↑Kreuzblütler.

Crustacea [lat.], svw. ↑Krebstiere.

Cryptocoryne [griech.], Gatt. der Aronstabgewächse mit etwa 40 Arten in S- und SO-Asien; kleine, Ausläufer treibende Sumpf- und Wasserpflanzen. Verschiedene Arten sind (unter der Bez. „Wasserkelch") beliebte Aquarienpflanzen.

CSB, Abk. für: ↑chemischer Sauerstoffbedarf.

Cucumis [lat.], Gatt. der Kürbisgewächse mit etwa 40 Arten v. a. in der Alten Welt; einhäusige, mit Ranken kletternde Kräuter; etwa 10 Arten werden als Gemüse-, Obst- und Heilpflanzen genutzt, darunter ↑Gurke und ↑Melone.

Cucurbita [lat.], svw. ↑Kürbis.

Culex [lat.] ↑Stechmücken.

Cupressus [griech.-lat.], svw. ↑Zypresse.

Cupula [lat.], svw. ↑Fruchtbecher.

Custardapfel [engl. 'kʌstəd], Bez. für die apfelgroßen Früchte der ↑Netzannone.

Cuticula ↑Kutikula.

Cutis (Kutis) [lat.], svw. ↑Haut.

Cuvier, Georges Baron de [frz. ky'vje], * Montbéliard 23. Aug. 1769, * Paris 13. Mai 1832, frz. Naturforscher. - Prof. in Paris; begr. die vergleichende Anatomie und teilte das Tierreich in die vier Gruppen Wirbel-, Weich-, Glieder- u. Strahltiere ein („Le règne animal", 4 Bde., 1817). Auf der Grundlage vergleichender Osteologie (Knochenkunde) versuchte er, urzeitl. Wirbeltiere zu rekonstruieren, wodurch er zu einem der Begr. der Paläontologie wurde. Er vertrat eine Katastrophentheorie, nach der die Lebewesen period. durch universale Katastrophen vernichtet und danach neu erschaffen worden sein sollen.

Cyanellen [griech.], von Blaualgen sich ableitende Endosymbionten (↑Symbiose) mit stark reduziertem Genom und unvollständiger Zellwand. C. verhalten sich funktionell wie Chloroplasten (liefern Sauerstoff und Assimilate an die Wirtszelle; sind Übergangsformen zu echten Zellorganellen). - ↑Endosymbiontenhypothese.

Cyanophyta [griech.], svw. ↑Blaualgen.

Cyatheagewächse [tsya'teːa, tsy'aːtea; griech./dt.] (Cyatheaceae), Fam. der Farnpflanzen mit etwa 700 Arten in 5 Gatt. in den Tropen und Subtropen Amerikas, Afrikas und Australiens; Baumfarne mit sehr großen, bis vierfach gefiederten Blättern; bekannte Gatt. sind ↑Becherfarn, ↑Hainfarn.

Cyclamen [griech.], svw. ↑Alpenveilchen.

Cyclo-AMP (cAMP, cycl. AMP, Adenosin-3′,5′-monophosphat) [griech.], zu den Adenosinphosphaten zählende Substanz, die v. a. als Vermittler für die Wirkung vieler Hormone (Adrenalin, Glucagon, Vasopressin u. a.) auftritt. Entsteht aus dem als universeller Überträger chem. Energie fungierenden ATP unter Abspaltung von Pyrophosphat durch das (an den Membranen gebundene) Enzym Adenylatcyclase.

Cyclops [griech.], Gatt. 0,6–5,5 mm langer Ruderfußkrebse mit vielen Arten in den Süßgewässern; wichtige Fischnahrung.

Cyclostomata [griech.], svw. ↑Rundmäuler.

Cynara [griech.], Gatt. der Korbblütler mit etwa 10 Arten, darunter die ↑Artischocke.

Cynodon [griech.], svw. ↑Hundszahngras.

Cyperaceae [griech.], svw. ↑Riedgräser.

Cypripedium [griech.], svw. ↑Frauenschuh.

Cystein [griech.] (2-Amino-3-mercaptopropionsäure), Abk. Cys, lebenswichtige schwefelhaltige Aminosäure; kann leicht zum Disulfid ↑Cystin oxidiert werden, was für die Struktur von Eiweißkörpern von großer Bed. ist, da durch diesen Mechanismus verschiedene Peptidketten über Disulfidbrücken verbunden werden können (z. B. beim Insulin).

Cystin [griech.], Disulfid des Cysteins; für den Aufbau vieler Proteine wichtige schwefelhaltige Aminosäure, die bes. in den Keratinen von Haaren, Federn, Nägeln, Hufen vorkommt.

Cytochrome ↑Zytochrome.

Cytosin ↑Zytosin.

D

Dachs (Meles), Gatt. der Marder mit der einzigen Art **Meles meles** in großen Teilen Eurasiens; etwa 70 cm körperlang, plump, relativ kurzbeinig, mit 15–20 cm langem Schwanz; Haarkleid dünn, mit langen, harten Grannenhaaren und wenig Unterwolle; Rücken grau, Bauchseite bräunl.-schwarz, Kopf schwarzweiß gezeichnet, sehr langschnäuzig; gräbt einen Erdbau mit zahlr. Ausgängen an lichten Waldrändern oder Feldgehölzen; Allesfresser. - Abb. S. 144.

Dachsbracke, aus hochläufigen ↑ Brakken gezüchtete Rasse bis etwa 40 cm schulterhoher Jagdhunde.

Dachshund, svw. ↑ Dackel.

Dackel [urspr. oberdt. für Dachshund] (Dachshund, Teckel), urspr. bes. zum Aufstöbern von Fuchs und Dachs im Bau gezüchtete Rasse bis 27 cm schulterhoher, sehr kurzbeiniger ↑ Bracken; mit zieml. langgestrecktem Kopf, Schlappohren, langem Rücken und langem Schwanz; nach der Haarbeschaffenheit unterscheidet man: **Kurzhaardackel** (Haare kurz, anliegend), **Langhaardackel** (Haare lang, weich, glänzend), **Rauhhaardackel** (Haare rauh, etwas abstehend, v. a. an Schnauze und Augenbrauen verlängert). - Abb. S. 145.

Dactylus [griech.], svw. ↑ Finger.

Dahlie [nach dem schwed. Botaniker A. Dahl, * 1751, † 1780] (Georgine, Dahlia), Gatt. der Korbblütler mit etwa 15 Arten in den Gebirgen Mexikos und Guatemalas; Stauden mit spindelförmigen, knollig verdickten, gebüschelten Wurzeln, gegenständigen, fiederteiligen Blättern und großen, flachen, verschiedenfarbenen Blütenköpfchen. Die nicht winterharten **Gartendahlien** (Dahlia variabilis) sind beliebte Garten-, Schnitt- und Topfblumen. Kultiviert werden Sorten mit ungefüllten, halbgefüllten und gefüllten Blütenköpfchen.

Daktyloskopie [griech.], die Wiss. vom Hautrelief der Finger (allg. der inneren Handflächen und der Fußsohlen). Jeder Mensch hat eine für ihn charakterist., während des ganzen Lebens unveränderl. Struktur der Hautleisten an den Innenhandflächen und den Fußsohlen. Dies ließ die D. zu einer wichtigen kriminalist. Methode zur Erkennung und Überführung von Straftätern werden.

Dalbergie (Dalbergia) [nach dem schwed. Arzt N. Dalberg, * 1736, † 1820], Gatt. der Schmetterlingsblütler mit etwa 200 Arten in den Tropen; Bäume oder Sträucher mit unpaarig gefiederten Blättern; einige Arten liefern wertvolle Hölzer (Palisander, Cocobolo, Rosenholz).

Dale, Sir (seit 1932) Henry Hallett [engl. dɛɪl], * London 5. Juni 1875, † Cambridge 22. Juli 1968, brit. Physiologe und Pharmakologe. - Leiter des Nationalen Instituts für medizin. Forschung in London; erforschte die Wirkungsweise der in der Gynäkologie verwendeten Mutterkornalkaloide; erhielt für die Entdeckung der chem. Übertragung von Nervenimpulsen 1936 zus. mit O. Loewi den Nobelpreis für Physiologie oder Medizin.

Dalmatiner (Bengal. Bracke), Rasse bis 60 cm schulterhoher ↑ Bracken, gekennzeichnet durch weiße Grundfärbung mit kleinen schwarzen oder braunen Flecken. - Abb. S. 145.

Dam, [Carl Peter] Henrik, * Kopenhagen 21. Febr. 1895, † Kopenhagen 17. April 1976, dän. Biochemiker. - Prof. in Kopenhagen und am Rockefeller-Institut in New York; arbeitete über Vitamine, Sterine (insbes. Cholesterin), Fette und Lipide sowie über Probleme des Stoffwechsels und der Ernährung. 1934 entdeckte er mit A. E. Doisy das Vitamin K, wofür beide 1943 den Nobelpreis für Physiologie oder Medizin erhielten.

Damenbrett (Schachbrett, Agapetes galathea), etwa 4,5 cm spannender, auf den Flügeloberseiten schwarz und weiß (bis gelbl.) gefleckter Augenfalter in M-Europa.

Damhirsch [zu lat. dam(m)a, urspr. Bez. für rehartige Tiere] (Dama dama), etwa 1,5 m körperlanger und 1 m schulterhoher Hirsch in Kleinasien und S-Europa; im Sommer meist rotbraun mit weißl. Fleckenlängsreihen, im Winter graubraun mit undeutlicherer Fleckung; Unterseite weißl., Schwanz relativ lang; ♂ mit Schaufelgeweih; in M- und W-Europa eingeführt, meist in Gehegen gehalten. - Abb. S. 144.

Damm (Mittelfleisch, Perineum), durch Muskulatur und Bindegewebe unterlagerter Hautabschnitt zw. Afteröffnung und Scheide bzw. Hodensack bei plazentalen Säugetieren (einschließl. Mensch) und Beuteltieren.

Dammarafichte [malai.; dt.] (Agathis alba), immergrünes Araukariengewächs in SO-Asien; hoher Baum, dessen Harz als Manilakopal in den Handel kommt.

Dämmerungsehen (skotopisches Se-

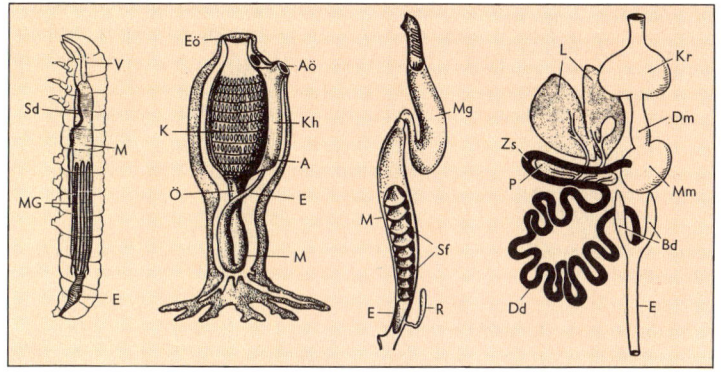

Darmtrakt (von links) der Raupe (einfaches, gerades Rohr), eines Manteltieres (Vorderdarm durch Ausbildung des Schlunds als Kiemendarm am mächtigsten entwickelt), eines Hais und eines Vogels (stark gegliederter Darmtrakt):
A After, Aö Ausströmungsöffnung, Bd Blinddarm, Dd Dünndarm, Dm Drüsenmagen, E Enddarm, Eö Einströmöffnung, K Kiemendarm, Kh Kloakalhöhle, Kr Kropf, L Leber, M Mitteldarm, MG Malpighi-Gefäße, Mg Magen, Mm Muskelmagen, Ö Speiseröhre (Ösophagus), P Bauchspeicheldrüse (Pankreas), R Rektaldrüse, Sd Speicheldrüse, Sf Spiralfalte, V Vorderdarm, Zs Zwölffingerdarmschleife

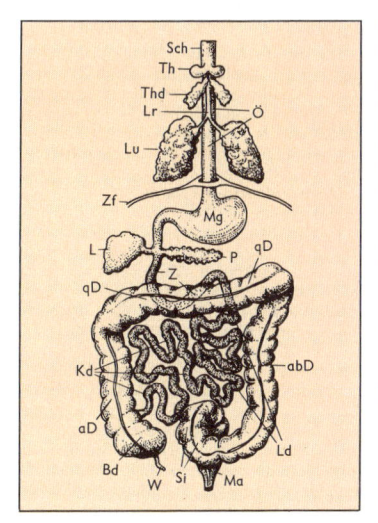

Darmtrakt des Menschen.
abD absteigender Dickdarm (Colon descendens), aD aufsteigender Dickdarm (Colon ascendens), Bd Blinddarm, Kd Krummdarm (Ileum), L Leber, Ld Leerdarm (Jejunum), Lr Luftröhre, Lu Lunge, Ma Mastdarm (Rektum), Mg Magen, Ö Speiseröhre (Ösophagus), P Bauchspeicheldrüse (Pankreas), qD querverlaufender Dickdarm (Colon transversum), Sch Schlund, Si Sigmoid (Colon sigmoideum), Th Schilddrüse (Thyreoidea), Thd Thymusdrüse, W Wurmfortsatz, Z Zwölffingerdarm, Zf Zwerchfell

hen), Anpassung der Netzhaut des Auges an herabgesetzte Lichtintensitäten; da Stäbchen die Sehfunktion übernehmen, werden keine Farben gesehen, jedoch geringste Lichtintensitäten wahrgenommen; die Sehschärfe ist auf ungefähr $1/10$ der Tagessehschärfe vermindert.

Dämmerungstiere, hauptsächl. während der abendl. und morgendl. Dämmerungszeit aktive Tiere mit bes. leistungsfähigen Augen. Orientierungshilfen bieten meist auch noch gut entwickelte Tastsinnes- und Gehörorgane. Typ. einheim. D. sind Mäuse, Ratten und Wildkaninchen.

Danaiden (Danaidae) [griech.], v. a. in den Tropen und Subtropen verbreitete Fam. der Tagschmetterlinge. Ein bekannter Wanderfalter ist der etwa 9 cm lange **Monarch** (Danaus plexippus), der zur Überwinterung in großen Schwärmen von S-Kanada und den nördl. USA nach Mexiko fliegt.

Daphne [griech.], svw. ↑Seidelbast.

Daphnia [griech.], Gatt. der Wasserflöhe mit 4 einheim. Arten, von denen der **Große Wasserfloh** (D. magna; bis 6 mm groß) und der **Gemeine Wasserfloh** (D. pulex; bis 4 mm groß) vorwiegend in Tümpeln vorkommen; Verwendung als Fischfutter.

Darlington, Cyril Dean [engl. ˈdɑːlɪŋtən], *Chorley (Lancashire) 19. Dez. 1903,

Darm

† am 26. März 1981, brit. Botaniker. - Prof. in Oxford; widmete sich der Erforschung der Chromosomen („The chromosome atlas of flowering plants", mit A. P. Wylie, 1956) und ihrem Verhalten bei der Meiose.

Darm (Intestinum, Enteron), Abschnitt des Darmtrakts zw. Magenausgang (Pylorus) und After bei den Wirbeltieren (einschließl. Mensch). Die D.länge beträgt beim lebenden erwachsenen Menschen (im natürl. Spannungszustand) etwa 3 m. Zur Vergrößerung der inneren (resorbierenden) Oberfläche weist der D. Zotten (**Darmzotten**), Falten und Schlingen auf. - Mit der hinteren Bauchhöhlenwand ist der D. über ein dorsales und ein ventrales Aufhängeband (Mesenterium) verbunden, in denen die Gefäße und Nerven des D. verlaufen.

Die **Darmwand** besteht aus mehreren Schichten, aus der Darmschleimhaut, der Unterschleimhaut sowie aus der aus (glatten) Ring- und Längsmuskeln bestehenden glatten Muskelschicht. Über den D.kanal verlaufen von vorn nach hinten wellenförmige, autonome (vom vegetativen parasymph. und symph. Nervensystem über ein Nervengeflecht zw. Ring- und Längsmuskelschicht gesteuerte) Muskelkontraktionen (**Darmperistaltik**), die den D.inhalt in Richtung After befördern und seine Durchmischung bewirken. Im D. erfolgt zum überwiegenden Teil die Aufschließung der Nahrung u. produziert zus. mit der Bauchspeicheldrüse die Hauptmenge an Verdauungsenzymen; ↑auch Verdauung) sowie nahezu die gesamte Resorption.

Der D. ist anatom. und funktionell in einen vorderen (Dünn-D.) und einen hinteren Abschnitt (Dick-D.) gegliedert. Im **Dünndarm** (Intestinum tenue), der sich an den Magenausgang anschließt, wird die Nahrung verdaut und resorbiert. Bei Säugetieren (einschließl. Mensch) verläuft der Dünn-D. in zahlr. Schlingen und gliedert sich in die folgenden Abschnitte: **Zwölffingerdarm** (Duodenum, Intestinum duodenum; beim Menschen etwa 30 cm lang, hufeisenförmig, mit ringförmigen Querfalten [Kerckring-Falten] und mit Zotten); **Leerdarm** (Jejunum, Intestinum jejunum; mit Kerckring-Falten, Zotten und Darmschleimhautdrüsen [Lieberkühn-Drüsen]); **Krummdarm** (Ileum, Intestinum ileum; ohne Kerckring-Falten). Leer- und Krumm-D. sind beim Menschen zus. etwa 1,5 m lang, ihr Mesenterium ist wie eine Kreppmanschette gekräuselt (Gekröse). - In den Anfangsteil des Dünn-D. mündet neben dem Ausführungsgang der Bauchspeicheldrüse auch der Gallengang, der eine Verbindung zur Leber herstellt. Der **Dickdarm** (Intestinum crassum), der vom Dünn-D. durch eine Schleimhautfalte (Bauhin-Klappe) abgegrenzt ist und **Lieberkühn-Drüsen** aufweist, dient v.a. der Resorption von Wasser, der Koteindickung und -ausscheidung. Er ist beim Menschen etwa 1,2–1,4 m lang. Bei manchen Tieren (z. B. bei Wiederkäuern) kann er dünner als der Dünn-D. sein. - Der Endabschnitt des Dick-D., der **Mastdarm** (Rektum, Intestinum rectum; beim Menschen 10–20 cm lang, mit ampullenartiger Auftreibung als Kotbehälter) wird manchmal auch als dritter Abschnitt des D. gewertet, der davor liegende Dickdarmteil auch als **Grimmdarm** (Kolon, Intestinum colon) bezeichnet. Letzterer hat beim Menschen einen rechtsseitig aufsteigenden (**aufsteigender Dickdarm**, Colon ascendens), einen querlaufenden (**Querdickdarm**, Colon transversum), einen linksseitig nach unten führenden (**absteigender Dickdarm**, Colon descendens) und (vor dem Übergang in den Mast-D.) einen S-förmig gekrümmten Abschnitt (**Sigmoid**, Colon sigmoideum). Die an Magen und Querdick-D. ansetzenden (ursprüngl. dorsalen) Anteile des Mesenteriums sind beim Menschen stark verlängert, miteinander verklebt und durchlöchert. Sie hängen als **großes Netz** (Omentum majus) schürzenartig über die ganze Darmvorderseite (vor den Dünndarmschlingen) herab. - Am Übergang vom Dünn- zum Dick-D. findet sich häufig ein Blinddarm (oder mehrere).

📖 Ritter, U.: Der Magen-D.-Kanal. Bad Bevensen 1981.

Darmalge (Darmtang, Enteromorpha intestinalis), bis 2 m lange, sack- oder röhrenförmige Grünalge mit weltweiter Verbreitung im oberen Litoral (Uferbereich) der Meeresküsten und im Brackwasser; auch in Binnengewässern, die durch Kochsalz verunreinigt sind (z. B. Rhein und Werra).

Darmbakterien ↑Darmflora.
Darmbein ↑Becken.
Darmflora, Gesamtheit der im Darm von Tieren und dem Menschen lebenden Pilze und (v. a.) Bakterien (**Darmbakterien**). Die wichtigsten Vertreter der menschl. D. sind Enterokokken und Arten der Gatt. Bacteroides, Lactobacillus, Proteus, Escherichia, Clostridium. Etwa $1/3$ des Gewichts der Fäkalien besteht aus toten und lebenden Bakterien (normale Bakterienzahl im Darm bei Mitteleuropäern etwa: 3 bis $4 \cdot 10^{11}$ pro Gramm Kot). Die Unterdrückung der natürl. D. bei Krankheitszuständen oder nach Antibiotikatherapie kann zu einer zusätzl. Infektion mit Fremdkeimen führen, was erhebl. Funktionsstörungen des Darms (oft mit Darmentzündung) verursachen kann. Die wichtigsten Funktionen der D. sind die Lieferung der Vitamine B_{12} und K, die Unterdrückung von Krankheitserregern (z. B. Cholera, Ruhr) durch Konkurrenz und die Hilfe beim Aufspalten einiger Nahrungsbestandteile (z. B. Zellulose).

Darmparasiten, bes. im Mittel- und Enddarm von Tier und Mensch schmarotzende Parasiten, die große Nahrungsmengen verbrauchen und unvollständig abgebaute, giftige Stoffwechselprodukte ausscheiden (z. B. Band- und Fadenwürmer).

Darmperistaltik ↑Darm.

Darmsaft, v. a. von der Dünndarmschleimhaut abgesonderte und dann dünnflüssige, wasserklare bis hellgelbe, stark enzymhaltige, alkal. (bis etwa pH 8,3) Flüssigkeit, die die Verdauung vollendet; beim Menschen tägl. etwa 3 Liter.

Darmschleimhaut, aus dem drüsen- und schleimzellenreichen Darmepithel, einer Bindegewebsschicht und einer dünnen Schicht glatter Muskulatur (bewirkt die Zottenkontraktion) bestehende innere Wandschicht des Darms, deren Oberfläche meist durch Falten und Darmzotten stark vergrößert ist.

Darmtrakt (Darmkanal), den Körper teilweise oder ganz durchziehendes, der Nahrungsaufnahme und Verdauung dienendes Organ bei vielzelligen Tieren und beim Menschen. Der D. beginnt mit der Mundöffnung und endet mit dem After. Einen afterlosen D. haben die Strudel- und Saugwürmer. Sie scheiden Unverdauliches durch den Mund wieder aus.

Meist weist der D. eine deutl. Dreigliederung auf: Der **Vorderdarm** (häufig mit Mundhöhle, Schlund, Speiseröhre) hat die Aufgabe, die Nahrung aufzunehmen, evtl. zu zerkleinern, aufzuweichen, auch vorzuverdauen und weiterzubefördern. Im **Mitteldarm,** der bei den Wirbeltieren hauptsächl. aus dem Dünndarm besteht und im übrigen häufig einen bes. erweiterten Abschnitt als Magen aufweist sowie verschiedene Anhangsorgane (Bauchspeicheldrüse, Leber) besitzt, wird die Nahrung enzymat. in einfache Verbindungen gespalten, die resorbiert werden. Im **Enddarm** werden die Nahrungsreste eingedickt (durch Resorption, v. a. von Wasser) und über den After ausgeschieden. Zum Enddarm wird auch die bei vielen Tieren ausgebildete ↑Kloake gezählt.

Ontogenet. betrachtet geht der D. aus dem ↑Urdarm hervor, ist also mit Ausnahme des (erst später sich ausbildenden) ektodermalen Vorder- und Enddarms entodermalen Ursprungs.

Die Länge des D. ist von der Ernährungsweise abhängig. Bei Fleischfressern ist der D. im Verhältnis zur Körperlänge am kürzesten (etwa 1 : 1 bis 4 : 1), bei Allesfressern ist er länger und erreicht bei Pflanzenfressern mit ihrer schwer aufschließbaren zellulosereichen Nahrung die relativ größten Längenwerte (bis etwa 25 : 1). Die Durchgangszeit der Nahrung durch den D. ist sehr unterschiedl. und u. a. von der Art der Nahrung abhängig. Die Zeitspanne zw. dem ersten Erscheinen der unverwertbaren Anteile einer Mahlzeit und deren endgültiger Ausscheidung beträgt beim Menschen 2–3 Tage. – Abb. S. 149.

Darmzotten (Villi intestinales) ↑Darm.

Darwinismus

Charles Robert Darwin (1874)

Darwin ['darviːn, engl. 'daːwɪn], Charles Robert, * Shrewsbury (Shropshire) 12. Febr. 1809, † Down bei Beckenham (heute zu London) 19. April 1882, brit. Naturforscher. – Sammelte für seine Naturforschung wegweisende Erfahrungen bei der Teilnahme an der Weltumseglung der „Beagle" vom 27. Dez. 1831 bis zum 2. Okt. 1836, die ihn nach S-Amerika, auf die Galapagosinseln, nach Tahiti, Neuseeland, Australien, Mauritius und Südafrika führte. Berühmt wurde D. durch seine ↑Selektionstheorie („On the origin of species by means of natural selection, or preservation of favoured races in the struggle for life", 1859). Tiergeograph. Beobachtungen an der südamerikan. Küste, bes. die Entdeckung von Varietäten einer Tiergruppe wie des Darwin-Finken auf den einzelnen Galapagosinseln, ließen ihn an der bis dahin unangefochtenen Vorstellung der Konstanz der Arten zweifeln. Er entwickelte die Hypothese der gemeinsamen Abstammung und der allmähl. Veränderung der Arten.

📖 Hemleben, J.: C. D. Rbk. 1968. – Wichler, G.: C. D., der Forscher u. der Mensch. Mchn. u. Basel 1963.

Darwin-Finken [nach C. R. Darwin] (Galapagosfinken, Geospizini), 1835 von C. R. Darwin entdeckte Gattungsgruppe der Finkenvögel (Unterfam. Ammern) mit 14 Arten in 5 Gatt., die wahrscheinl. alle auf eine Ausgangsform auf dem südamerikan. Festland zurückgehen und nur auf den Galápagos- und Kokosinseln vorkommen. Durch unterschiedl. Ernährungsweisen entwickelten sich typ. Körner-, Weichfutter- und Insektenfresser, was sich in den unterschiedl. Schnabelformen äußert.

Darwinismus, von C. R. Darwin zur wiss. Fundierung der ↑Deszendenztheorie entwickelte Theorie des Überlebens der an die Umwelt am besten angepaßten Individuen (↑Selektionstheorie). Wirkungsgeschichtl. gewann diese Theorie Einfluß auf Kulturwiss. und [popular]-philosoph. Denken des 19. Jh., die sich an naturwiss. Methoden und Denk-

Darwin-Ohrhöcker

modellen orientierten. Bes. Kennzeichen dieser am biolog. Modell erfolgten Umorientierung ist die Sinnentleerung der Geschehensabläufe. Darüber hinaus wirkten darwinist. Anschauungen beispielsweise als Element in der Ideologie des Nationalsozialismus nach.

Darwin-Ohrhöcker [nach C. R. Darwin] (Darwin-Ohr, Apex auriculae [Darwini], Tuberculum auriculae [Darwini]), oft fehlende oder nur an einem Ohr auftretende kleine, knotenartige Verdickung am hinteren Innenrand der Ohrmuschel des Menschen; sie gilt als stammesgeschichtl. aus der Spitze des Säugetierohrs entstanden, d. h. als Atavismus.

Dasselbeulen ↑ Dasselfliegen.

Dasselfliegen (Dasseln, Biesfliegen), zusammenfassende Bez. für Fliegen der Fam. Magendasseln und Oestridae, letztere mit den Unterfam. Rachendasseln, Nasendasseln und Hautdasseln. Etwa 10–18 mm große, oft hummelähnl. behaarte, überwiegend in Eurasien verbreitete Fliegen mit mehr oder weniger stark verkümmerten Mundwerkzeugen (nehmen als Vollinsekt keine Nahrung auf). Die Larven aller Arten leben entoparasit. in Körperhöhlen oder in der Unterhaut (wo sie Dasselbeulen verursachen) von Säugetieren, v. a. Huftieren, selten auch des Menschen.

Dattel [griech.], [Beeren]frucht der ↑ Dattelpalme.

Dattelpalme, (Phoenix) Gatt. der Palmen mit etwa 13 Arten im trop. und subtrop. Afrika und Asien; mit endständigem Büschel zurückgekrümmter, zweizeilig gefiederter Blätter und zweihäusigen Blüten in Blütenständen. Bekannteste Arten sind die Echte D. und deren vermutl. Stammpflanze, die **Walddattelpalme** (Phoenix sylvestris), heim. in Indien; als Zierbaum wird in Europa häufig die nur auf den Kanar. Inseln vorkommende **Kanarische Dattelpalme** (Phoenix canariensis) angepflanzt (Stamm dick, hell; Früchte klein, goldgelb).
◆ (**Echte Dattelpalme**, Phoenix dactylifera) von den Kanar. Inseln über Afrika und Indien bis Australien und Amerika (v. a. Kalifornien) verbreitete Kulturpflanze (Hauptanbaugebiete: Irak, Iran, Saudi-Arabien, Algerien, Ägypten, Marokko, Tunesien; in Europa werden die Früchte nur in S-Spanien und auf einigen griech. Inseln reif), wichtigster Oasenbaum Afrikas und SW-Asiens; zahlr. Sorten; wird 10–30 m hoch und über 100 Jahre alt, mit unverzweigtem, von Blattnarben rauhem Stamm; entwickelt pro Jahr 10–12 blaugrüne, 3–8 m lange, kurzgestielte, gefiederte Blätter sowie (aus fester, holziger Blattscheide) 6–12 reich verzweigte, langgestielte ♂ (mit über 1 000 Blüten) und ♀ Blütenrispen („Kolben"; mit etwa 100–200 Blüten). Die kugel- bis walzenförmigen, 3–8 cm langen, gelbgrünen oder rötl. bis dunkelbraunen Beerenfrüchte (**Datteln**) reifen nach 5–6 Monaten heran; sie enthalten ein länglich., sehr harten Samen (**Dattelkernen**) mit tiefer Längsfurche, sind reich an Kohlenhydraten (bis 70 % des Trockengewichts Invertzucker), Eiweiß, Mineralsalzen, Vitamin A und B und werden frisch oder getrocknet, gekocht oder gebacken (**Dattelbrot**) verzehrt, ihr Saft wird zu **Dattelsirup** und **Dattelhonig** eingedickt oder zu **Dattelschnaps** (Arrak) vergoren. Die Kerne enthalten bis 10 % Öl (**Dattelkernöl**; goldgelb) und 6 % Eiweiß und werden aufgequollen und zerkleinert als Futtermittel verwertet.

Geschichte: Mindestens seit dem 4. Jt. v. Chr. war die Echte D. sowohl in Babylonien wie in Ägypten bekannt, ebenso ihre Kultivierung durch künstl. Bestäubung. Im alten Ägypten wurde sie als heiliger Baum verehrt, war auch Symbol des Friedens, diente als Vorbild für die Palmensäule und seit der 4. Dyn. als Wappenpflanze Oberägyptens. Griechen und Römern galten die Zweige als Siegessymbol; diese Bed. wurde durch das Christentum übernommen.

Datteltrauben, volkstüml. Bez. für mehrere Weintraubensorten mit großen, fleischigen Beeren.

Dauereier (Latenzeier, Wintereier), dotterreiche, relativ große Eier mit fester Hülle zum Überdauern ungünstiger Lebensbedingungen (Kälte, Trockenheit). D. bilden v. a. Strudelwürmer, Rädertierchen, Blattfußkrebse, Blattläuse und Insekten.

Dauerformen, (Dauertypen) oft fälschlicherweise auch als „lebende Fossilien" bezeichnete Organismen, die sich über erdgeschichtl. lange Zeiträume mehr oder minder unverändert bis heute erhalten haben, z. B. Ginkgobaum, Pfeilschwanzkrebse.
◆ svw. ↑ Dauerstadien.

Dauergewebe, Verbände pflanzl. Zellen, die ihre Fähigkeit zur Zellteilung verloren

Deutscher Schäferhund

haben und je nach ihrer Funktion unterschiedl. ausgebildet sind. Von den kleinen, plasmareichen Meristemzellen unterscheiden sich die D.zellen durch Größe, Form, Wandstruktur, einen nur noch wandständigen Plasmabelag und eine oder mehrere Vakuolen. Manche D. sterben im Verlauf der funktionalen Ausdifferenzierung ab (z. B. Holz, Kork). D. sind: Grund-, Abschluß-, Absorptions-, Leit-, Festigungs- und Absonderungsgewebe.

Dauermodifikationen, durch Umwelteinflüsse bedingte Veränderungen (Modifikationen) an Pflanzen und Tieren, die in den Nachkommen der nächsten Generationen noch auftreten können.

Dauerstadien (Dauerformen), gegen ungünstige Umweltbedingungen (Kälte, Hitze, Trockenheit, Sauerstoffmangel, Nahrungsmangel) bes. widerstandsfähige Stadien von Organismen. Die Bildung von D. beginnt meist mit einer starken Entwässerung der Zellen, oft wird eine feste Schale ausgebildet. Sie haben nur einen äußerst geringen, meist kaum meßbaren Stoffwechsel. Zu den D. zählen u. a. die Dauersporen der niederen Pflanzen und die meisten Pflanzensamen, bei den Tieren die Dauereier.

Dauerzellen, Bez. für fertig ausgebildete, differenzierte Körperzellen im Ggs. zu den noch teilungsfähigen embryonalen Zellen.

Daumen [zu althochdt. thumo, eigtl. „der Dicke, Starke"] (Pollex), erster (innerster), meist zweigliedriger Finger der vorderen Extremität vierfüßiger Wirbeltiere. Bei fast allen Herrentieren (einschließl. des Menschen) ist der D. den übrigen Fingern durch ein Sattelgelenk gegenüberstellbar (opponierbar), wodurch eine Greifhand entsteht.

Daunen, svw. ↑ Dunen.

Dausset, Jean [frz. doˈsɛ], * Toulouse 19. Okt. 1916, frz. Hämatologe. - Prof. in Paris; bed. Arbeiten zur Hämatologie; entdeckte Blutgruppenmerkmale bei den weißen Blutkörperchen und den Blutplättchen; erhielt 1980 den Nobelpreis für Physiologie oder Medizin (zus. mit G. Snell und B. Benacerraf) für grundlegende immungenet. Arbeiten.

Davenport, Charles Benedict [engl. dævnpɔːt], * Stamford (Conn.) 1. Juni 1866, † Huntington (N. Y.) 18. Febr. 1944, amerikan. Genetiker. - Prof. in Chicago; mit grundlegenden genet. Forschungen wies er die Gültigkeit der Mendelschen Regeln nach.

Decarboxylierung, enzymat. Abspaltung von Kohlendioxid aus der Carboxylgruppe von Amino- und Ketosäuren, z. B. im Zitronensäurezyklus: die oxidative D. der Brenztraubensäure liefert Acetyl-CoA.

Decidua [lat.] (Siebhaut), obere Schleimhautschicht der Gebärmutter bei vielen (als Deciduata bezeichneten) Säugetieren (einschließl. des Menschen). Bei Bildung einer Plazenta kommt sie in innigen Kontakt mit der äußeren Embryonalhülle (Chorion) und wird bei der Geburt (bzw. Menstruation) unter größeren Blutungen abgestoßen.

Deckblatt, svw. ↑ Braktee.

Deckelkapsel ↑ Kapselfrucht.

Deckelschildläuse (Austernschildläuse, Diaspididae), sehr artenreiche, weit verbreitete Fam. der Schildläuse; der Rückenschild wird bei der Häutung nicht abgeworfen, so daß erwachsene D. von mehreren übereinanderliegenden Schilden bedeckt sind; viele Arten sind Schädlinge an Obstbäumen, z. B. ↑ Maulbeerschildlaus, ↑ San-José-Schildlaus.

Deckelschlüpfer (Cyclorrhapha), Unterordnung der Fliegen mit etwa 30 000 Arten; Larven verpuppen sich in ihrer letzten, erhärtenden Larvenhaut zur Tönnchenpuppe, die sich beim Schlüpfen des Imago längs einer bogenförmigen Bruchlinie deckelartig öffnet; u. a. Schwebfliegen, Echte Fliegen, Schmeißfliegen, Dassel-, Halm-, Taufliegen.

Deckennetzspinnen (Baldachinspinnen, Linyphiidae), bes. in den gemäßigten Regionen verbreitete Fam. bis 1 cm großer Spinnen mit etwa 850 Arten, davon knapp 100 einheimisch. Die meisten der in der Strauchregion lebenden Arten spinnen komplizierte Fangnetze.

Deckepithel ↑ Epithel.

Deckfedern (Tectrices), verhältnismäßig kurze Konturfedern des Vogelgefieders, die eine feste, mehr oder minder glatte Decke um den Vogelkörper bilden und zus. mit den Schwung- und Schwanzfedern den äußeren Umriß des Federkleides bestimmen.

Deckflügel, pergamentartig bis hart sklerotisiertes Vorderflügelpaar bei vielen Insekten, schützt das zarte Hinterflügel.

Deckgewebe, svw. ↑ Epithel.

Deckhaar (Oberhaar), aus Leithaaren und Grannenhaaren bestehender, das Unterhaar überragender Anteil des Haarkleides der Säugetiere; besteht aus relativ steifen, borsten- bis stachelartigen Haaren.

Deckknochen (Hautknochen, Belegknochen, Bindegewebsknochen, Allostosen, se-

Dickfußröhrlinge

Deckungsgrad

kundäre Knochen), Knochen, die (im Unterschied zu den ↑ Ersatzknochen) ohne knorpeliges Vorstadium direkt aus dem Hautbindegewebe hervorgehen ([en]desmale Knochenbildung); meist flächige, plattenförmige Knochen, die im allg. nahe der Körperoberfläche liegen. Zu den D. gehören bei den rezenten Wirbeltieren u. a. Stirn-, Scheitel-, Nasenbein.

Deckungsgrad (Dominanz), in der Pflanzensoziologie der von Pflanzen einer bestimmten Art bedeckte prozentuale Anteil an der Standortfläche einer Pflanzengesellschaft.

Degeneration [lat.] (Entartung), in der *Biologie* und *Medizin* die Abweichung von der Norm im Sinne einer Verschlechterung in der Leistungsfähigkeit und im Erscheinungsbild bei Individuen, Organen, Zellverbänden oder Zellen. Die D. kann beruhen auf einer Änderung der Erbanlagen auf Grund von Mutationen, Inzuchtschäden, Domestikation, Abbauerscheinungen.

Dehydrierung, enzymat. durch Dehydrogenasen (z. B. ↑ NAD, ↑ Flavoproteide) katalysierter Entzug von Wasserstoff, d. h. von zwei Protonen und zwei Elektronen (meist als H^+ und H^-) aus einer chem. Verbindung, die gleichzeitig mit der Wasserstoffübertragung auf ein anderes Substrat gekoppelt ist. Bed. im ↑ Zitronensäurezyklus und in der ↑ Atmungskette.

Dekussation [lat.] (dekussierte Blattstellung, gekreuzt-gegenständige Blattstellung), Bez. für eine wirtelige Blattstellung, bei der jeder der aus zwei gegenüberstehenden Blättern bestehende Wirtel gegenüber dem an der Sproßachse darunter- oder darüberstehenden um 90° gedreht steht.

Delbrück, Max, *Berlin 4. Sept. 1906, †Pasadena 9. März 1981, amerikan. Biophysiker und Biologe dt. Herkunft. - Sohn von Hans D.; seit 1937 in den USA, seit 1947 Prof. für Biologie in Pasadena; begr. und förderte mit seinen Untersuchungen (seit 1940 mit S. Luria) die moderne Bakteriophagenforschung und die Molekularbiologie; D. und Luria legten die Grundlage für die Bakteriengenetik. 1946 entdeckte D. (mit W. T. Bailey jr.) die genet. Rekombination bei Bakteriophagen. Dafür erhielt er 1969 zus. mit Luria und A. D. Hershey den Nobelpreis für Physiologie oder Medizin.

Delphine, (Delphinidae) Fam. 1-9 m langer Zahnwale mit etwa 30 Arten in allen Meeren; Schnauze meist mehr oder weniger schnabelartig verlängert; Rückenfinne meist kräftig entwickelt. Die geselligen, oft in großen Gruppen lebenden D. sind sehr lebhaft und flink und außerordentl. intelligent; sie verständigen sich durch akust. Signale. - Der bis 75 m lange, in allen warmen und gemäßigten Meeren vorkommende **Delphin** (Delphinus delphis) hat einen dunkelbraunen bis schwarzen Rücken, hellere, wellige Flankenbänder, einen weißen Bauch und eine schnabelartige, deutl. von der Stirn abgesetzte Schnauze. Vertreter der Gatt. **Tümmler** (Tursiops) leben v. a. in warmen Meeren. Am bekanntesten ist der **Große Tümmler** (Tursiops truncatus), bis 3,6 m lang, Oberseite bräunl.-grau bis schwarzviolett, Unterseite hellgrau bis weißl. Die Unterfam. **Glattdelphine** (Lissodelphinae) hat je eine Art im N-Pazifik und in den südl. Meeren; 1,8-2,5 m lang, Oberseite blauschwarz bis schwarz, Unterseite weiß, Schnauze nach unten abgekrümmt, Rückenfinne fehlt. Die drei 3,6-8,5 m langen Arten der Gatt. **Grindwale** (Globicephala) kommen in allen Meeren vor; Körper schwarz, oft mit weißer Kehle, kugelförmig vorgewölbter Stirn und langen, schmalen Brustflossen. Der etwa 4,3-8,5 m lange **Gewöhnl. Grindwal** (Globicephala melaena) ist weltweit (Ausnahme Polarmeere) verbreitet. Der **Große Schwertwal** (Mörderwal, Orcinus orca) ist 4,5-9 m lang, hat eine hohe, schwertförmige, häufig über die Wasseroberfläche ragende Rückenfinne; Oberseite schwarz, Unterseite und ein längl. Überaugenfleck weiß. - Der Delphin galt als heiliges Tier Apollons, der den Beinamen Delphinos führte, sowie des Dionysos und der Aphrodite, die nach ihrer Geburt von einem Delphin ans Land gebracht wird. - D. wurden in der kret.-myken. Kultur und bei den Griechen auf Fresken, Vasen und Münzen dargestellt; in der frühchristl. Kunst ist der Delphin ein Symbol Christi.

◆ ↑ Flußdelphine.

Demutsgebärde (Unterwerfungsgebärde), Körperhaltung, die ein Tier annimmt, wenn es sich - z. B. im Rivalenkampf - geschlagen gibt. D. verhindern die ernsthafte Schädigung oder gar Tötung von Artgenossen. Sie sind angeboren und können je nach Haltungen, den Körperumfang kleiner erscheinen lassen oder bes. verwundbare Körperstellen ungeschützt darbieten. - Auch in menschl. Verhaltensweisen zeigt sich die D., ritualisiert z. B. in bestimmten Begrüßungsformen: Verbeugung, Niederknien, Sichniederwerfen.

Dendriten [zu griech. déndron „Baum"], kurze, stark verzweigte Fortsätze einer ↑ Nervenzelle.

Dendrochronologie [griech.] (Jahresringchronologie) ↑ Jahresringe.

Dendrologie [griech.] (Gehölzkunde), Wissenschaftszweig der angewandten Botanik, der sich v. a. mit Fragen der Züchtung und des Anbaus von Nutz- und Ziergehölzen befaßt.

Denitrifikation [lat./ägypt.-griech.] (Nitratatmung), in Böden und Gewässern von bestimmten Bakterienarten durchgeführte Atmung, bei der statt Sauerstoff Nitrate, Nitrite oder Stickstoffoxide verwendet werden; führt in schlecht durchlüfteten Böden zu erhebl. Stickstoffverlusten.

Dens (Mrz. Dentes) [lat.], svw. Zahn.

Dentale [lat.], bei Reptilien und Säugetieren (einschließl. Mensch) einziger zahntragender Unterkieferknochen.

Dentin [lat.], svw. ↑Zahnbein.

Depolarisation, *Physiologie:* jede Verminderung des Membranpotentials (Ruhepotentials) einer Nerven- oder Muskelzelle.

Depotfett [de'po:], v. a. im Unterhautgewebe und in der Bauchhöhle von Mensch und Wirbeltieren in Fettdepots bei Überangebot von Fett und Kohlenhydraten gespeichertes Reservefett.

Derivat [lat.], Bez. für Organbildungen, die aus einfacheren Bildungen eines früheren Entwicklungszustandes entstanden sind.

Derma [griech.], svw. ↑Haut.

Dermatom [griech.], Hautbezirk, der von den sensiblen Nervenfasern einer Rückenmarkswurzel versorgt wird.

Dermoplastik [griech.], die in den Körperformen und der Körperhaltung möglichst naturgetreue Darstellung eines Tieres (hauptsächl. größerer Säugetiere), v. a. durch plast. Nachbilden der den jeweiligen Tierkörper charakterisierenden Muskelpartien anhand eines Tonmodells. Auf die danach hergestellte Kunststofform wird die gegerbte Tierhaut aufgeklebt.

Derris [griech.], Gatt. der Schmetterlingsblütler mit etwa 100 Arten, v. a. im trop. und subtrop. Afrika und Asien; die Wurzeln (**Derriswurzeln, Tubawurzeln**) einiger Arten enthalten u. a. den Giftstoff Rotenon.

Desaminierung, Abspaltung einer Aminogruppe ($-NH_2$) aus chem. Verbindungen. Biolog. bed. sind die **Transaminierung** (Übertragung von $-NH_2$ einer α-Aminosäure auf eine andere) und die **oxidative D.** durch Aminosäureoxidasen, wobei jeweils eine α-Ketosäure entsteht (letztere Reaktion setzt Ammoniak frei).

Desoxykortikosteron (Kortexon), Nebennierenrindenhormon mit Wirkung v. a. auf den Salzhaushalt.

Desoxyribonukleinsäure ↑DNS.

Destruenten ↑Nahrungskette.

Desulfurikation, unter Sauerstoffausschluß verlaufende biochem. Mineralisierung schwefelhaltiger organ. Substanzen unter Bildung von Schwefelwasserstoff; i. e. S. eine anaerobe Atmung, bei der Sulfationen als Wasserstoffakzeptoren dienen und Schwefelwasserstoff entsteht (**dissimilator. Sulfatreduktion, Sulfatatmung**); tritt u. a. bei den im Faulschlamm lebenden, obligat anaeroben Bakterien der Gatt. Desulfovibrio auf.

Deszendenztheorie (Abstammungslehre, Evolutionstheorie), Theorie über die Herkunft der zahlr. unterschiedl. Pflanzen- und Tierarten einschließl. des Menschen, nach der die heute existierenden Formen im Verlauf der erdgeschichtl. Entwicklung aus einfacher organisierten Vorfahren entstanden sind. Über die Entstehung des Lebens selbst vermag die D. nichts auszusagen, steht aber im Ggs. zur Vorstellung von der Unveränderlichkeit bzw. Konstanz der Arten, die von einem göttl. Schöpfungsakt (oder mehreren) ausgeht. Nach der D. vollzog sich in langen Zeiträumen ein Artenwandel, wobei Mutation, Rekombination, die natürl. Auslese und die Isolation als wichtigste Evolutionsfaktoren wirksam waren.

Die Vorstellung einer kontinuierl. Entwicklung der Organismen auf der Erde ist schon sehr alt. Bereits griech. Naturphilosophen des Altertums (u. a. Empedokles, Anaximander von Milet, Demokrit) hatten Ansätze des Abstammungsdenkens in ihren Lehren. Als eigentl. Begründer der D. gilt J.-B. de Lamarck (↑ auch Lamarckismus). Wissenschaftl. untermauert wurde die D. dann von C. Darwin mit der von ihm aufgestellten ↑Selektionstheorie. In Deutschland gehörten E. Haeckel (der den Menschen konsequent in das Evolutionsgeschehen einbaute, was C. Darwin vor ihm nur zögernd getan hatte) und A. Weismann zu den führenden Vertretern der D.

Determination [lat.], die Entscheidung darüber, welche genet. Potenzen einer zunächst embryonalen Zelle bei der anschließenden Differenzierung realisiert werden.

Detritus [lat.], frei im Wasser schwebende, allmähl. absinkende, unbelebte Stoffe aus abgestorbenen, sich zersetzenden Pflanzen- und Tierresten.

Deuteromyzeten [griech.] (Deuteromycetes, Fungi imperfecti), systemat. Kategorie, in der diejenigen Pilze (rd. 30 000) ohne Rücksicht auf ihre Verwandtschaft zusammengefaßt werden, die fast nur noch ungeschlechtl. Nebenfruchtformen ausbilden. Viele D. haben prakt. Bed. u. a. in der techn. Mikrobiologie als Antibiotikalieferanten, als Parasiten von Mensch, Tier und Pflanze und als Schädlinge an Lebensmitteln u. a. organ. Rohstoffen.

Deuterostomier [griech.] (Zweitmünder, Neumünder, Deuterostomia), Stammgruppe der bilateralsymmetr. gebauten Tiere, bei denen der Urmund im Verlauf der Keimesentwicklung zum After wird, während die Mundöffnung als Neubildung an dem anderen Ende des Urdarms nach außen durchbricht. Alle D. besitzen eine sekundäre Leibeshöhle (die manchmal wieder rückgebildet sein kann, z. B. bei den Manteltieren). Zu den D. zählen u. a. die Tierstämme ↑Stachelhäuter, ↑Chordatiere. - Ggs. ↑Protostomier.

Deutsche Bracke, kurzhaarige, 40–50 cm schulterhohe, hochbeinige Bracke mit langgestrecktem Kopf mit Schlappohren; Fell rot- bis gelbbraun mit dunklerem Rücken; Brust, Schnauze, Läufe und Rutenspitze weiß.

Deutsche Dogge, Rasse bis 90 cm schulterhoher Doggen; Körper dicht und kurz behaart, kräftig, mit langgestrecktem, eckig wirkendem Kopf, deutl. Stirnabsatz, langen, spitz kupierten Stehohren und eckiger

Deutscher Naturschutzring

Schnauze mit Lefzen; Schwanz zieml. lang, rutenförmig; zahlr. Farbvarietäten; Wach-, Schutz- und Begleithund.

Deutscher Naturschutzring e.V. - Bundesverband für Umweltschutz, Abk. DNR, 1950 gegr. Dachverband (Sitz München), der sich mit Naturschutz, Landschaftsschutz, Landschaftspflege und der Erhaltung der natürl. Umwelt befassende Organisationen in der BR Deutschland zusammenfaßt, ihre Arbeit und Zielsetzung koordiniert und mit ihnen gemeinsame Aktionen durchgeführt. Dem DNR sind 102 Verbände mit rd. 2,2 Mill. Mgl. angeschlossen.

Deutscher Schäferhund, Rasse bis 65 cm schulterhoher, wolfsähnl. Schäferhunde mit kräftigem, langgestrecktem Körper, langer, keilförmiger Schnauze, dreieckig zugespitzten Stehohren und buschig behaartem Schwanz; Fell mit mittellangen, derben Deckhaaren und dichter Unterwolle; Färbung unterschiedl.; Schutz-, Polizei-, Blindenhund. - Abb. S. 152.

Deutscher Tierschutzbund e.V., Abk. DTSchB, 1948 gegr. Spitzenorganisation aller Tierschutzvereine in der BR Deutschland und Berlin (West); Sitz Frankfurt am Main.

Deutsch Kurzhaar, Rasse bis 70 cm schulterhoher, kurzhaariger, temperamentvoller Jagdhunde (Gruppe Vorstehhunde); Kopf mit deutl. Stirnabsatz, kräftiger Schnauze und Schlappohren; Schwanz kurz kupiert, waagrecht abstehend; Fell meist grauweiß mit braunen Platten und Abzeichen oder hell- bis dunkelbraun, z. T. mit Platten und Flecken.

Deutsch Langhaar, Rasse bis 70 cm schulterhoher, kräftiger und langhaariger Jagdhunde (Gruppe Vorstehhunde) mit langgestrecktem Kopf, Schlappohren und lang behaartem Schwanz; Fell meist einfarbig braun (z. T. mit hellem Brustfleck) oder weiß mit braunen Platten oder Flecken; v. a. zum Aufstöbern von Tieren in Bruch und Moor.

Deutzie (Deutzia) [nach dem Amsterdamer Ratsherrn J. van der Deutz, * 1743, † 1788 (?)], Gatt. der Steinbrechgewächse mit etwa 60 Arten in O-Asien und einer in der südl. N-Amerika; Sträucher mit ei- oder lanzettförmigen, gekerbten oder gesägten, anliegend behaarten Blättern; Blüten weiß oder rötl. in Blütenständen oder einzeln; z. T. beliebte Gartensträucher in vielen Zuchtformen.

Deviation [lat.], (erbl. festgelegte) Abweichung von typ. Entwicklungsprozeß der entsprechenden systemat. Gruppe während der Individualentwicklung einer Art.

Diagnose [griech.], kurze Beschreibung der charakterist. Merkmale einer systemat. Einheit.

Diagramm [griech.], botan. Bez. für einen schemat. Blütengrundriß und eine schemat. Abbildung der Blattstellung in einer Ebene.

Diamantbarsche (Enneacanthus), Gatt. bis etwa 10 cm langer Sonnenbarsche in klaren Gewässern des östl. und sö. N-Amerikas; Körper kurz, hochrückig, seitl. stark zusammengedrückt; als Kaltwasseraquarienfisch beliebt ist der **Diamantbarsch** (Enneacanthus

Dingel. Blütentraube und Blüte

Diptam. Blütenstand (links) und Blüten

Diskusfische. Echter Diskus

obesus) mit großem, schwarzem, beim ♂ goldenem umrahmtem Fleck auf den Kiemendeckeln.

Diamantfink (Steganopleura guttata), etwa 12 cm großer Prachtfink, v. a. in SO-Australien; Rücken graubraun, Kopf hellgrau mit schwarzem Augenstreif; Schnabel und Bürzel rot; Unterseite weiß mit schwarzem Brustband, das sich an den Flanken mit weißen Flecken fortsetzt; beliebter Stubenvogel.

Dianthus [griech.] ↑Nelke.

Diapause, meist erbl. festgelegter, jedoch durch äußere Einflüsse (u. a. Temperaturerniedrigung, Abnahme der Tageslänge) ausgelöster Ruhezustand (stark herabgesetzter Stoffwechsel, Einstellung sämtl. äußerer Lebenserscheinungen) während der Entwicklung vieler Tiere, der in verschiedenen Entwicklungsstadien (z. B. im Larven- oder Puppenstadium) vorkommen kann. Bes. wichtig ist die D. für Tierarten, die häufig ungünstige Umweltbedingungen überdauern müssen.

Diaphorese, svw. ↑Schweißsekretion.

Diaphragma [griech.], anatom. Bez. für: 1. Scheidewand in Körperhöhlen; 2. ↑Zwerchfell.

Diaphyse [griech.], langgestreckter Mittelteil der Röhrenknochen bei Wirbeltieren.

Diarthrose (Diarthrosis), svw. ↑Gelenk.

Diastasen [griech.], svw. ↑Amylasen.

Diastema [griech.], svw. ↑Affenlücke.

Diastole [- - - -, - - -´ -; griech.], die mit der ↑Systole rhythmisch wechselnde Erschlaffung der Herzmuskulatur (↑Herz).

Diatomeen, svw. ↑Kieselalgen.

Diatryma [griech.], Gatt. ausgestorbener, bis 2 m hoher, flugunfähiger, räuber. Riesenvögel aus dem Eozän N-Amerikas und M-Europas; gewaltiger Schädel mit einem bis 40 cm langen Schnabel.

Dibranchiata [griech.] ↑Kopffüßer.

dichotom [griech.], gabelig (z. B. d. Verzweigung).

Dichotomie [griech.] (Gabelung, dichotome Verzweigung), die gabelige Verzweigung der Sproßachse, bei der sich der Vegetationspunkt in zwei neue, gleichwertige Vegetationspunkte aufteilt. - Ggs.: ↑seitliche Verzweigung.

Dickblatt (Crassula), Gatt. der Dickblattgewächse mit etwa 300 Arten, v. a. in S-Afrika (in M-Europa 3 Arten); Kräuter, Stauden oder bis 3 m hohe Sträucher, mit meist dickfleischigen, gegenständigen Blättern und kleinen Blüten in Blütenständen; beliebte Zierpflanzen.

Dickblattgewächse (Crassulaceae), Fam. der zweikeimblättrigen Pflanzen mit über 400 Arten, v. a. in trockenen Gebieten, bes. S-Afrikas, Mexikos und der Mittelmeerländer; in M-Europa etwa 20 Arten in den Gatt. ↑Dickblatt, ↑Fetthenne, ↑Hauswurz; viele beliebte Zierpflanzen, z. B. ↑Brutblatt, ↑Echeverie, ↑Kalanchoe, ↑Äonium.

Dickdarm ↑Darm.

Dickenwachstum, Bez. für die Vergrößerung des Durchmessers von Sproß und Wurzeln der Pflanzen. Das *primäre D.* (kommt v. a. bei zweikeimblättrigen Pflanzen und Nacktsamern vor) beruht auf zeitl. begrenzten Zellteilungen, die vom Vegetationspunkt ausgehen und die Sproßachse verbreitern. - *Sekundäres D.* schließt sich stets an das primäre D. an und endet erst mit dem Absterben der Pflanze. Es beruht auf der Tätigkeit eines (im Querschnitt) ringförmig angeordneten Bildungsgewebes, das durch Zellteilungen nach innen und nach außen neue Zellen abgibt. Die nach innen abgegebenen Zellen verholzen und bilden das Festigungsgewebe, während die nach außen abgeschnürten Zellen den Bast bilden.

Dickfußröhrling (Roßpilz, Boletus calopus), Röhrenpilz; Fruchtkörper (im Sommer und Herbst) bitter, ungenießbar (schwach giftig), mit hell- bis olivgrauem Hut; Röhren bei Druck blau anlaufend; Stiel nach oben zu gelb, unten dunkelkarminrot mit gelblichweißem bis rötl. Adernetz. - Abb. S. 153.

Dickhäuter (Pachydermata), veraltete Sammelbez. für Elefanten, Nashörner, Tapire und Flußpferde.

Dickkopf, svw. ↑Döbel.

Dickkopffalter (Dickköpfe, Hesperiidae), mit etwa 3 000 Arten weltweit verbreiteter Fam. meist 2–3 cm spannender Schmetterlinge; Flügel meist grau, braun, bräunlichgelb bis rötl., mit weißen Flecken oder dunkler Zeichnung.

Dickkopffliegen (Blasenkopffliegen, Conopidae), mit etwa 500 Arten weltweit verbreitete Fam. häufig wespenartig gezeichneter Fliegen; Hinterleib am Ende häufig etwas eingerollt, oft mit Wespentaille.

Dickrübe, volkstüml. Bez. für verschiedene Kulturformen u. a. der Runkelrübe.

Dicotyledoneae [griech.], svw. ↑Zweikeimblättrige.

Didelphier (Didelphia) [griech.], ältere Bez. für eine Unterklasse der Säugetiere; einzige Ordnung ↑Beuteltiere.

Didymus [griech.], svw. ↑Hoden.

Distelfalter

Diebskäfer

Diebskäfer (Ptinidae), mit etwa 600 Arten weltweit verbreitete Fam. 1–5 mm großer, meist rotbrauner bis brauner, nachtaktiver Käfer mit gedrungenem, häufig ovalem bis kugeligem Körper und auffallend langen Fühlern und Beinen; Schädlinge v. a. an Getreide, Lebensmitteln und Textilien; von den 23 mitteleurop. Arten ist am bekanntesten der ↑ Messingkäfer.

Diels, Ludwig, * Hamburg 24. Sept. 1874, † Berlin 30. Nov. 1945, dt. Botaniker. - Direktor des Botan. Gartens und Museum und Prof. in Berlin; arbeitete über Systematik und Pflanzengeographie.

Diels Butterbirne [nach dem dt. Arzt A. Diel, * 1756, † 1839] ↑ Birnensorten S. 106.

Diencephalon (Dienzephalon) [di-ɛn...], svw. Zwischenhirn (↑ Gehirn).

Diervilla [diɛr...; nach dem frz. Arzt M. Dierville (18. Jh.)], Gatt. der Geißblattgewächse mit 3 Arten im östl. N-Amerika; sommergrüne Sträucher mit gegenständigen Blättern und grünl. bis schwefelgelben Blüten in Trugdolden. Anspruchslose, winterharte Garten- und Parksträucher.

Differenzierung [lat.]. Bez. für den Vorgang während des Wachstums eines Lebewesens, durch den sich gleichartige embryonale Zellen, Gewebe oder Organe in morpholog. und physiolog. Hinsicht in verschiedene Richtungen entwickeln. Die D. wird durch die unterschiedl. Aktivität der Gene gesteuert und von Umweltfaktoren beeinflußt.

Diffusionsatmung, Gasaustausch bei Lebewesen durch Diffusionsvorgänge. Pflanzen, Einzeller sowie kleine oder sehr primitive Tiere (z. B. Hohltiere) haben ausschließl. D., die über keine bes. Atmungsorgane, sondern über die Körperoberfläche erfolgt.

Digenea (Digena) [griech.], etwa 4 800 Arten umfassende Ordnung bis 40 mm langer, abgeflachter oder walzenförmiger Saugwürmer mit Generations- und Wirtswechsel; hierher gehören z. B. die Leberegel.

Digenie [griech.], svw. ↑ Amphigonie.

Digestion [lat.], svw. ↑ Verdauung.

Digitalis [lat.], svw. ↑ Fingerhut (Pflanzengattung).

Digitalisglykoside, Kurzbez. Digitalis, starke, herzwirksame Drogen aus den Blättern verschiedener Arten des Fingerhuts, die zus. mit den ↑ Digitaloiden als **Herzglykoside** bezeichnet werden. Für die Wirkung der D. ist die Steigerung der Kontraktionskraft des Herzmuskels charakteristisch.

Digitaloide [lat./griech.], in ihrer chem. Struktur und Wirkung den Digitalisglykosiden ähnl. pflanzl. Substanzen, die u. a. in Strophantusarten, im Maiglöckchen, in der Meerzwiebel und im Adonisröschen vorkommen.

digitigrad [lat.], auf den Zehen gehend; von Tieren *(Zehengängern; Digitigrada)* gesagt, die den Boden nur mit den Zehen berühren; z. B. Hunde, Katzen.

Digitoxin [lat./griech.], $C_{41}H_{64}O_{13}$, wichtiges therapeut. genutztes Digitalisglykosid mit langanhaltender Wirkung.

Digitus [lat.], in der Anatomie Bez. für Finger bzw. Zehe.

dihybrid, sich in zwei erbl. Merkmalen unterscheidend.

Diklinie [griech.], Getrenntgeschlechtigkeit bei Blüten, die nur Staubblätter oder nur Fruchtblätter tragen, d. h. eingeschlechtig sind. - ↑ auch Monoklinie.

dikotyl [griech.], zwei Keimblätter aufweisend, zweikeimblättrig; von Pflanzen gesagt; **Dikotyledonen (Dikotylen),** svw. ↑ Zweikeimblättrige.

Dilatator [lat.], in der *Anatomie* Kurzbez. für: Musculus dilatator, Erweiterungsmuskel für Organe des menschl. und tier. Körpers.

Dill (Anethum), Gatt. der Doldengewächse mit 2 vom Mittelmeer bis Indien verbreiteten Arten, darunter der als Gewürz- und Heilpflanze bekannte, häufig angebaute **Echte Dill** (Anethum graveolens) aus SW-Asien, stark duftendes Kraut mit 3–4fach fein gefiederten Blättern (jung als Gewürz für Salate, Suppen, Soßen), gelbl. Blüten mit großen, bis 50strahligen Dolden und [Spalt]früchten.

Dillenia [nlat.] (Dillenie), svw. ↑ Rosenapfelbaum.

Dimorphismus [griech.], das Auftreten derselben Tier- oder Pflanzenart in zwei verschiedenen Formen (Morphen); z. B. ↑ Geschlechtsdimorphismus, ↑ Saisondimorphismus.

dinarische Rasse, in den Gebirgen M- und S-Europas, in den östl. Alpen, im Karpatenbogen und in der W-Ukraine verbreitete Menschenrasse. Charakterist. Merkmale sind schlanker, hagerer, hoher Körperwuchs, braune Augen und Haare, Hoch- und Kurzköpfigkeit, abgeflachtes Hinterhaupt, Adler- oder Hakennase, mittelhelle Haut.

Dingel (Dingelorchis, Limodorum), Gatt. der Orchideen in M- und S-Europa mit der einzigen kalkliebenden Art **Limodorum abortivum:** Erdorchidee ohne grüne Blätter, mit dunkelviolettem Stengel und bis 4 cm breiten, langgespornten, hellvioletten Blüten in mehrblütiger Traube; in lichten, trockenen Kiefernwäldern. - Abb. S. 156.

Dingo [austral.] (Warragal, Canis familiaris dingo), austral. Wildhund von der Größe eines kleinen Dt. Schäferhundes mit zieml. kurzem, meist rötlich- bis gelbbraunem Fell und relativ buschigem Schwanz. Der D. ist vermutl. eine verwilderte primitive Haushundeform; heute in freier Wildbahn fast ausgerottet.

Dinkel (Spelt[weizen], Spelz, Schwabenkorn, Fesen [griech. spelta]), anspruchslose, winterharte Weizenart mit meist unbegrannter (**Kolbendinkel**), aber auch begrannter Ähre (**Gran-**

Diskusfische

nendinkel) und brüchiger Spindel (wird daher oft grün geerntet: Grünkern); Körnerfrucht fest von Spelz umschlossen, liefert Mehl von hohem Backwert. - In der späten Jungsteinzeit in ganz Europa verbreitet, heute nur noch vereinzelt angebaut.

Dinoflagellaten [griech./lat.] (Pyrrhophyceae), Klasse der Algen; meist einzellig, mit zwei ungleich langen Geißeln ausgestattet; v. a. im Plankton des Meeres, aber auch im Süßwasser; primitive Arten haben keine Zellwand, die höher entwickelten einen komplizierten, dreiteiligen Zellulosepanzer. Charakterist. ist der ungewöhnl. große Kern (Dinokaryon); Fortpflanzung meist durch schräge Längsteilung. Einige Arten rufen das Meeresleuchten hervor.

Dinosaurier [zu griech. deinós „gewaltig" und saũros „Eidechse"] (Riesensaurier, Drachenechsen, Dinosauria), zusammenfassende Bez. für die beiden ausgestorbenen Kriechtierordnungen Saurischier und Ornithischier. Die D. sind seit der Trias bekannt; ihre größte Verbreitung hatten sie zur Jura- und Kreidezeit; gegen Ende der Kreidezeit starben sie aus. Ihre Gesamtlänge betrug 30 cm bis 35 m. Der Körper hatte meist einen kleinen Kopf sowie langen Hals und Schwanz. - Die D. waren urspr. räuber. Fleischfresser, die sich auf den Hinterbeinen fortbewegten, wobei die Vorderbeine oft sehr kurz waren und Greifhände hatten. Erst im späteren Verlauf der Entwicklung wurden viele Arten zu Pflanzenfressern, die sich wieder auf 4 Beinen fortbewegten und gegen Angriffe räuber. D. häufig gepanzert oder mit hornförmigen Auswüchsen versehen waren.

📖 *Steel, R.: Die D. Dt. Übers. Wittenberg* ²*1979.*

Dinotherium [zu griech. deinós „gewaltig" und thērion „Tier"], Gatt. mittel- bis elefantengroßer Rüsseltiere in Eurasien, seit dem Miozän bekannt, im Pleistozän ausgestorben; mit vermutl. gut entwickeltem Rüssel und sehr verlängerten, nach unten oder leicht nach hinten gerichteten unteren Schneidezähnen (Stoßzähnen).

Diözie [griech.] (Zweihäusigkeit), Form der Getrenntgeschlechtigkeit (Diklinie) bei [Blüten]pflanzen: die Ausbildung der ♂ und ♀ Blüten ist auf zwei verschiedene Individuen einer Art verteilt (die Pflanzen sind *diözisch* oder *zweihäusig*); z. B. bei Eibe und Weiden. - ↑ auch Monözie.

diphyletisch, zweistämmig; von Organismen oder Organismengruppen (systemat. Kategorie) gesagt, die sich stammesgeschichtl. von zwei nicht miteinander verwandten Ausgangsformen herleiten lassen.

Diplodocus [griech.], Gatt. bis 25 m langer und bis 5 m hoher Dinosaurier im obersten nordamerikan. Jura; Körper mit sehr langem Schwanz, langem Hals und kleinem, langgestrecktem Schädel.

Diplohaplonten [griech.] (Haplodiplonten), Organismen, bei denen eine diploide Generation mit einer haploiden abwechselt (↑ Generationswechsel). So wird z. B. bei höheren Algen, Pilzen und Farnen ein diploider Sporophyt ausgebildet, der aus zahlr. diploiden Sporenmutterzellen nach Reduktionsteilung viele haploide Zellen bildet, die dann zu einem haploiden Gametophyten heranwachsen.

diploid [griech.], mit doppeltem Chromosomensatz versehen, einen Chromosomensatz aus Paaren homologer Chromosomen besitzend (nämlich denen der mütterl. und väterl. Keimzelle). Ggs. ↑ haploid; ↑ auch polyploid.

Diplokokken (Diplococcus) [griech.], Gatt. der (grampositiven) Milchsäurebakterien; paarweise auftretende Kugelbakterien; wichtigste, eine gefährliche Lungenentzündung verursachende Vertreter sind die ↑ Pneumokokken.

Diplonten (Diplobionten) [griech.], Bez. für Tiere und Pflanzen, deren Zellen mit Ausnahme der haploiden Gameten zeitlebens einen diploiden Chromosomensatz aufweisen; D. sind fast alle tier. Mehrzeller und Blütenpflanzen. Ggs. ↑ Haplonten.

Diplophase [griech.], Entwicklungsphase bei Organismen, die vom befruchteten Ei bis zur Reduktionsteilung der Meiose reicht. Während dieser Phase haben alle Körperzellen den doppelten (diploiden) Chromosomensatz.

Diplopoda [griech.], svw. ↑ Doppelfüßer.

Diptam [mittellat.] (Brennender Busch, Dictamnus albus), von M- und S-Europa bis N-China verbreitetes, in Deutschland nur selten auf Trockenhängen und in lichten Wäldern vorkommendes, kalkliebendes Rautengewächs; bis 1 m hohe, zitronenartig duftende Staude mit gefiederten Blättern und etwa 5 cm großen, weißen bis rötl., rotgeaderten Blüten in Trauben. Die an heißen Tagen bes. stark verdunstenden äther. Öle lassen sich entzünden. - Abb. S. 156.

Diptera (Dipteren) [griech.], svw. ↑ Zweiflügler.

Disjunktion [lat.], Trennung eines tier- oder pflanzengeograph. Verbreitungsgebietes in mehrere, nicht zusammenhängende Teilgebiete.

Diskordanz [lat.], in der *Genetik* das Nichtübereinstimmen von Merkmalen und Verhaltensweisen bei Zwillingen, auf Grund dessen eine Eineiigkeit ausgeschlossen werden kann.

Diskus (Discus) [griech.], anatom. Bez. für: 1. **Discus articularis**, die blutgefäß- und nervenfreie Gelenkscheibe, die in manchen Gelenkhöhlen zum Ausgleich von Unebenheiten der Gelenkflächen dient, wie z. B. im Brustbein-Schlüsselbein-Gelenk; 2. **Discus intervertebralis**, svw. Bandscheibe.

Diskusfische (Diskusbuntbarsche, Pompadourfische, Symphysodon), Gatt. bunt

Dissimilation

gefärbter Buntbarsche von nahezu scheibenförmiger Körpergestalt in fließenden Gewässern S-Amerikas; anspruchsvolle Warmwasseraquarienfische. Man unterscheidet 2 Arten: **Diskus (Echter Diskus,** Symphysodon discus), im Amazonas und Nebenflüssen, bis 20 cm lang, und **Symphysodon aequifasciata** (9 gleichmäßig entwickelte schwärzl. Querbänder); 3 Unterarten: **Grüner Diskus** (Symphysodon aequifasciata aequifasciata), **Brauner Diskus** (Symphysodon aequifasciata axelrodi) und **Blauer Diskus** (Symphysodon aequifasciata haraldi). - Abb. S. 156.

Dissimilation [lat.], in der *Biologie* energieliefernder Abbau körpereigener Substanz in lebenden Zellen der Organismen. Biochem. handelt es sich um die stufenweise Zerlegung hochmolekularer organ. Stoffe (z. B. Fette, Kohlenhydrate) zu niedermolekularen Endprodukten (auf oxidativem Weg z. B. zu CO_2, Wasser). Die dabei freiwerdende Energie wird zu verschiedenen Lebensprozessen benötigt (z. B. Synthesen, Bewegungen, Wärmeerzeugung). Laufen die D.prozesse in Gegenwart von Sauerstoff ab, so bezeichnet man sie als Atmung, bei Sauerstoffabwesenheit dagegen als Gärung.

distal [lat.], in der Biologie und Medizin: 1. weiter von der Körpermitte bzw. charakterist. Bezugspunkten entfernt liegend als andere Körper- oder Organteile; 2. bei Blutgefäßen: weiter vom Herzen entfernt liegend. - Ggs.: proximal.

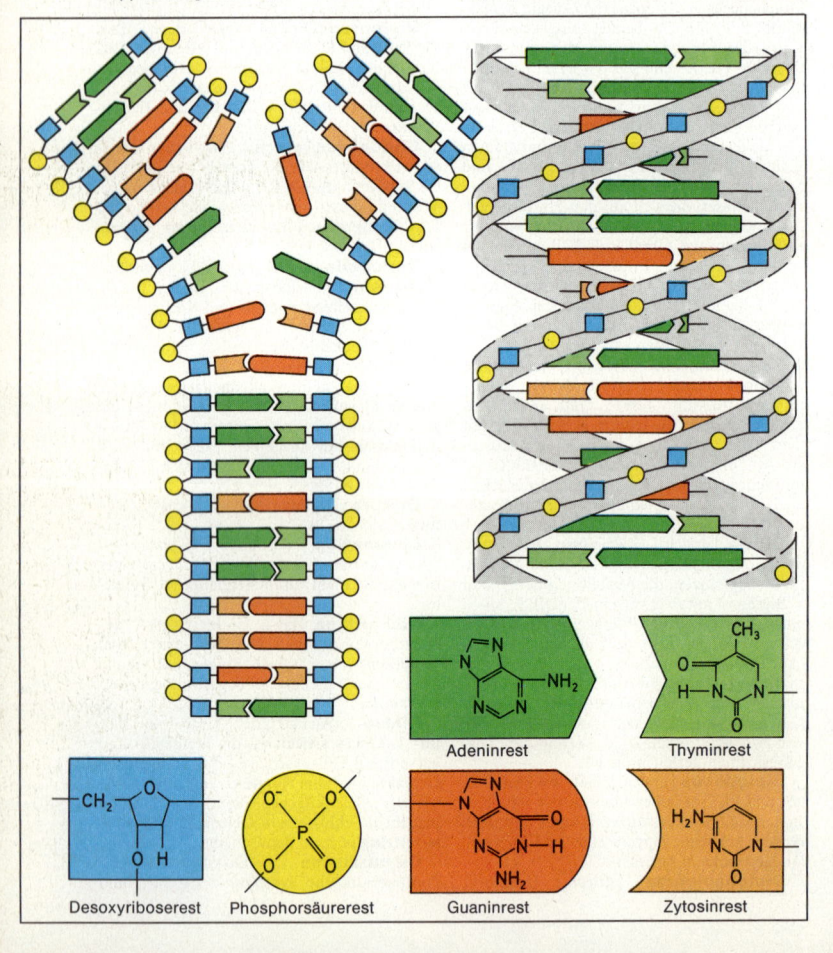

DNS. Doppelspirale (Doppelhelix) des DNS-Moleküls (rechts) und Schema der DNS-Replikation durch Spaltung des Doppelstranges (links)

Adeninrest Thyminrest
Desoxyriboserest Phosphorsäurerest Guaninrest Zytosinrest

DNS-Replikation

Distanztiere, in der Verhaltensforschung Tiere, die einen bestimmten Abstand *(Individualabstand)* voneinander halten (**Distanzierungsverhalten**), der jedoch triebabhängig ist und in bes. Situationen (z. B. bei der Balz, einer Gefahr) aufgegeben werden kann. - Ggs. ↑Kontakttiere.

Distel, (Carduus) Gatt. der Korbblütler mit etwa 100 Arten in Eurasien (6 Arten in Deutschland) und Afrika; 0,3–2 m hohe Kräuter oder Stauden mit stacheligen Blättern und purpurfarbenen oder weißen Röhrenblüten in meist großen Blütenköpfen; Früchte mit Haarkelch; häufigste Art in M-Europa ist die **Nickende Distel** (Carduus nutans) mit purpurfarbenen Blüten.
◆ Bez. für mehrere stachelige Korbblütler.

Distelfalter (Vanessa cardui), mit Ausnahme von S-Amerika weltweit verbreiteter, etwa 5 cm spannender Fleckenfalter mit brauner, schwarzer und weißer Fleckung auf den gelbbraunen Flügeln. Die Raupen leben v. a. an Disteln. - Abb. S. 157.

Distelfink, svw. ↑Stieglitz.

Divergenz [lat.], (evolutive D.) im *Tier- und Pflanzenreich* die allmähl., durch Selektion verursachte Abweichung systemat. Einheiten von ihrer ursprüngl., gemeinsamen Stammform.
◆ (ökolog. D.) das langsame Auseinanderweichen der Umweltansprüche nahe verwandter Populationen; wird begünstigt durch gegenseitige Konkurrenz im Überschneidungsgebiet und stellt eine gute Kreuzungsbarriere dar.

Dividivi [indian.-span.] (Libidibi), Bez. für die kastanienbraunen, längl., Gerbstoffe liefernden Hülsenfrüchte des im trop. Amerika heim. Caesalpiniengewächses Caesalpinia coriaria; seit dem 19. Jh. in Indien kultiviert.

Djelleh [austral.] (Austral. Lungenfisch, Neoceratodus forsteri), bis 2 m langer, oberseits olivfarbener bis brauner, unterseits silbrigweißer bis blaßgelbl., urtüml. Lungenfisch in den Süßgewässern O-Australiens; kann in kleinsten Wasseransammlungen mit Hilfe seiner einen Lunge überleben.

DNA, Abk. für engl.: Desoxyribonucleic acid (↑DNS).

DNasen [de-εn'a...], Abk. für: **Desoxyribonukleasen,** in allen Zellen vorkommende Enzyme, die ↑DNS durch hydrolyt. Spaltung der Phosphordiesterbindungen abzubauen vermögen; die D. werden daher zur Klärung von Strukturfragen verwandt.

DNS (DNA), Abk. für: **Desoxyribonukleinsäure** (engl. desoxyribonucleic acid); in allen Lebewesen vorhandener Träger der ↑genetischen Information mit der Fähigkeit zur ident. Verdopplung (↑DNS-Replikation); Molekülmasse 6–10 Mill.; besteht aus zwei spiralig angeordneten Ketten von Nukleotiden, die durch 4 verschiedene, sich in unterschiedl. Reihenfolge wiederholende Basen über Wasserstoffbrücken (in der Kopplung Adenin-Thymin und Guanin-Zytosin) miteinander verbunden sind. Die Basenfolge bestimmt dabei den genet. Code (↑Proteinbiosynthese). Durch Aufspaltung der Doppelspirale und Anlagerung von Komplementärnukleotiden werden neue DNS-Fäden gebildet. - DNS wurde 1869 von dem Schweizer Biochemiker F. Miescher entdeckt; das Raummodell der DNS wurde 1953 von J. D. Watson, F. H. C. Crick und M. Wilkins aufgestellt.

📖 *Knippers, R.: Molekulare Genetik.* Stg. ⁴1985. - *Watson, J. D.: Molekulare Biologie des Gens.* Amsterdam ²1975.

DNS-Ligase, Enzym, das bei DNS-Fragmenten die Ausbildung von Esterbindungen zw. Phosphorsäure und Desoxyribose katalysiert. Es spielt v. a. bei der Reparatur von DNS-Schäden eine Rolle, daneben auch bei der DNS-Replikation.

DNS-Polymerase, Enzym, das bei der DNS-Replikation den Aufbau der DNS-Kette aus den Triphosphaten der Desoxyribonukleoside katalysiert. 1956 gelang es A. Kornberg und Mitarbeitern, aus Kolibakterien ein erstes DNS-synthetisierendes Enzym (Polymerase I) zu isolieren, in dem man das die DNS-Verdopplung bewirkende Enzym vermutete; dieses Enzym besitzt jedoch gleichzeitig eine DNS-abbauende Wirkung. Man nimmt heute an, daß die 1971 entdeckte Polymerase III das DNS-replizierende Enzym ist.

DNS-Replikation (DNS-Reduplikation), Verdopplung (ident. Vermehrung) der genet. Substanz in lebenden Zellen. Der Verdopplungsmechanismus ist durch die Struktur des DNS-Moleküls in Form der Doppelhelix vorgegeben. Die beiden Stränge der DNS trennen sich voneinander, indem die Wasserstoffbrücken zw. den Basenpaaren

Dohle

Döbel

aufgelöst werden. Jeder Einzelstrang dient als Matrize für die Synthese des komplementären Strangs. Nach Beendigung der DNS-R. besteht jeder Doppelstrang zur Hälfte aus altem und zur Hälfte aus neuem Material *(semikonservative Replikation)*. Die DNS-R. erfolgt an Initiationspunkten innerhalb des DNS-Moleküls. Nach Untersuchungen von R. Okazaki werden die DNS-Stränge in kleineren Fragmenten (**Okazaki-Fragmente**) synthetisiert, die durch DNS-Ligasen zum DNS-Strang verbunden werden. - Abb. S. 160.

Döbel (Aitel, Dickkopf, Rohrkarpfen, Leuciscus cephalus), bis 60 cm langer und bis 3 kg schwerer Karpfenfisch, v. a. in den Fließgewässern Europas und Vorderasiens; Körper langgestreckt, großschuppig.

Dobermann [nach dem Hundezüchter K. F. L. Dobermann, *1834, †1894] (Dobermannpinscher), aus Pinschern gezüchtete Rasse bis 70 cm schulterhoher Haushunde; Haar kurz, hart, glatt, fest anliegend; Züchtungen meist in Schwarz oder Braun mit scharf abgesetzten, rostroten Abzeichen.

Dodo [portugies.] ↑ Dronten.

Doggen [zu engl. dog „Hund"], Rassengruppe großer, kräftiger, meist einfarbig gelber oder gestromter, kurz- und glatthaariger Haushunde mit gedrungenem Körper, verkürztem, breitgesichtigem Kopf und fahnenloser Rute; zu den D. gehören u. a.: Deutsche Dogge, Bordeauxdogge, Boxer, Bulldogge, Leonberger, Mastiff, Mops, Tibetdogge.

Doggenhai ↑ Stierkopfhaie.

Dögling ↑ Entenwale.

Dohle (Turmdohle, Corvus monedula), etwa 30 cm großer Rabenvogel, v. a. in parkartigen Landschaften und in lichten Wäldern Europas, W-Asiens und NW-Afrikas; Oberseite meist schwarz mit grauem Nacken, Unterseite dunkelgrau; Teilzieher. - Abb. S. 161.

Dohrn, Anton [Felix], *Stettin 29. Dez. 1840, †München 26. Sept. 1909, dt. Zoologe. - Begründer (1870) und Leiter der zoolog. Station in Neapel; arbeitete über Krebs- und Gliedertiere, u. a. über ihre Phylogenese.

Doisy, Edward Albert [engl. 'dɔɪzɪ], *Hume (Ill.) 13. Nov. 1893, †Saint Louis (Mo.) 23. Okt. 1986, amerikan. Biochemiker. - Prof. in Saint Louis (Mo.); entwickelte 1923 ein für die Forschung grundlegendes Verfahren zur Bestimmung östrogener Stoffe durch deren biolog. Wirkung auf kastrierte Mäuse und Ratten. 1929 gelang seiner Arbeitsgruppe die Isolierung des Östrons. Später arbeitete D. an der Konstitutionsaufklärung von Vitamin K; für diese Arbeit erhielt er 1943 zus. mit C. P. H. Dam den Nobelpreis für Physiologie oder Medizin.

Doktorfische (Seebader, Chirurgenfische, Acanthuridae), Fam. der Knochenfische (Ordnung Barschartige) mit rd. 100 Arten in allen trop. Meeren, v. a. an Korallenriffen; auf der Schwanzwurzel meist beiderseits ein starrer oder bewegl., knöcherner, ungewöhnl. scharfer Dorn („Doktormesser", eine aus einer Schuppe entstandene Bildung), mit dessen Hilfe sich die D. äußerst wirksam verteidigen; z. T. beliebte Seewasseraquarienfische. Bekannt ist u. a. die Gatt. **Halfterfische** (Maskenfische, Zanchus) mit zwei bis 20 cm langen Arten; mit schwarzer, weißer und gelber Querbänderung, Schnauze röhrenförmig ausgezogen, weiße Rückenflosse stark verlängert und bandförmig. Als **Segelbader** (Segelfische) werden die beiden Gatt. Acanthurus und Zebrasoma bezeichnet. Bis über 60 cm lang wird der **Weißschwanzdoktorfisch** (Acanthurus matoides); der **Weißkehlseebader** (Acanthurus leucosternon) ist überwiegend hellblau mit schmalen, gelben Längsstreifen und hat einen schwarzen Kopf mit blau gesäumter Maskenzeichnung und eine weiße Schnauze. Die Gatt. **Nashornfische** (Einhornfische, Naso) hat 12 Arten mit nach vorn gerichtetem Nasenhorn; am bekanntesten ist der aschgraue **Nashornfisch** (Naso unicornis) mit bläul. geranderter Rücken- und Afterflosse.

Dolchwespen (Scoliidae), Fam. bis 6 cm langer, wespenähnl. Hautflügler mit über 1 000 Arten, v. a. in den Tropen (2 Arten in M-Europa); in den Mittelmeerländern, Südtirol, Ungarn und großen Teilen Frankr. kommt die Art **Gelbstirnige Dolchwespe** (Scolia flavifrons) vor, mit fast 5 cm Länge (♀) die größte europ. Hautflüglerart.

Dolde ↑ Blütenstand.

Doldenblütler, (Umbelliflorae) Ordnung der Blütenpflanzen mit zykl., meist vier- bis fünfzähligen, kleinen Blüten, meist in Dolden oder Köpfchen; 7 Fam. u. a. Doldengewächse, Araliengewächse, Hartriegelgewächse, Tupelobaumgewächse.
◆ svw. ↑ Doldengewächse.

Doldengewächse (Doldenblütler, Apiaceae, Umbelliferae), Fam. der zweikeimblättrigen Pflanzen mit etwa 300 Gatt. und über 3 000, weltweit in außertrop. Gebieten verbreiteten Arten; meist Kräuter oder Stauden mit hohlen, meist gerillten und knotig verdickten Stengeln und wechselständigen Blättern; Blüten meist klein, weiß, in einfachen oder zusammengesetzten Dolden. Zahlr. Arten werden als Gemüse-, Gewürz-, Heil- oder Zierpflanzen kultiviert (z. B. Sellerie, Fenchel, Möhre, Anis, Kümmel, Liebstöckel).

Doldenköpfchen ↑ Blütenstand.

Doldenrebe (Scheinrebe, Ampelopsis), Gatt. der Weinrebengewächse mit etwa 20 Arten im subtrop. Asien und östl. N-Amerika; sommergrüne, mit Ranken kletternde Sträucher.

Doldenrispe ↑ Blütenstand.

Doldentraube ↑ Blütenstand.

Domatien [...tsiən; griech.] (Einz. Domatium), Bez. für kleine Hohlräume, die durch artspezif. Bildungen an Pflanzenteilen entstehen; im Unterschied zu den ↑ Gallen werden

D. nicht durch Parasiten hervorgerufen. D. dienen symbiont. Organismen (z. B. Milben) als Unterschlupf.

Domestikation [frz.; zu lat. domesticus „zum Hause gehörig"], allmähl. Umwandlung von Wildtieren in Haustiere durch den Menschen. Der Mensch hält zu seinem Nutzen über Generationen hinweg Tiere, die veränderten Lebensbedingungen, z. B. durch die Ernährung oder die Beeinflussung der Partnerwahl, unterworfen sind. Durch letzteres ersetzt er die natürl. Selektion durch eine künstl., nach bestimmten Richtlinien vorgenommene Auslese. Als Folge davon ergeben sich physiolog. und morpholog. Veränderungen, die sich im Laufe der Generationen genet. fixieren. Ferner kann durch den Wegfall der natürl. (die Variationsbreite einengenden) Selektion die volle Variationsbreite der Tiere zur Geltung kommen, so daß die Formenmannigfaltigkeit zunimmt. Damit sind alle Voraussetzungen für zielbewußte, nach bestimmten Merkmalen ausgerichtete Züchtungen gegeben.

Auf Grund der bei der D. auftretenden morpholog. Merkmalsänderungen kann man feststellen, seit wann Tiere domestiziert werden. Als ältestes Haustier dürfte der Hund gelten (ältester Fund: 12. Jt. v. Chr.; Nordostirak). Es folgen (mit jeweils den ältesten Funden): Hausschaf und Hausziege (9. Jt. v. Chr.; Nordostirak bzw. Westiran); Hausrind und Hausschwein (7. Jt. v. Chr.; Anatolien bzw. Nordostirak); Hauspferd (4. Jt. v. Chr.; Ukraine).

📖 *Nachtsheim, H./Stengel, H.: Vom Wildtier zum Haustier. Bln.* [3]*1977.*

domestizieren [lat.-frz.], Haustiere aus Wildformen züchten (↑ Domestikation); übertragen für: zähmen, heimisch machen.

dominant [lat.] ↑ Dominanz.

Dominante [zu lat. dominans „herrschend"], *Ökologie:* in einer Tier- oder Pflanzengesellschaft vorherrschende Art.

Dominanz [lat.], Übergewicht eines (als **dominant** bezeichneten) Allels gegenüber der Wirkung des anderen (rezessiven) Allels; das dominante Allel wird somit weitgehend merkmalbestimmend. Beim Menschen werden u. a. die Allele für Nachtblindheit und Kurzfingrigkeit dominant vererbt.

Dominikanerkardinal (Paroaria dominicana), etwa 18 cm langer Singvogel (Unterfam. Kardinäle), v. a. in buschigen Gegenden O-Brasiliens; Kopf und Kehle blutrot, Oberschnabel schiefergrau, Körperoberseite aschgrau, Unterseite weiß; beliebter Stubenvogel.

Dominikanerwitwe (Vidua macroura), in Afrika verbreitete Art der ↑ Witwen; etwa 33 cm langer, rotschnäbeliger Webervogel; ♂♂ im Hochzeitskleid mit vier etwa 25 cm langen, bandförmigen mittleren Schwanzfedern und schwarzweißem Gefieder, ♀ unauffällig braun.

Dommeln (Botaurinae), mit zwölf Arten weltweit verbreitete Unterfam. kurzbeiniger, gedrungener Reiher; wichtigste Gatt.: **Rohr-D.** (Botaurus), mit den Arten Große Rohrdommel und Zwergrohrdommel.

Dompfaff (Blutfink, Gimpel, Pyrrhula pyrrhula), in vielen Rassen vorkommender Finkenvogel in weiten Teilen Eurasiens; etwa 15 cm groß mit schwarzer Kopfkappe, weißem Bürzel, oberseits blaugrauem (♂) bzw. graubraunem (♀), unterseits leuchtend rosenrotem (♂) bzw. trüb rötlichbraunem (♀) Gefieder. - Abb. S. 164.

Dopa, [Kw. aus: 3,4-Dihydroxyphenylalanin], eine Aminosäure, die aus Tyrosin durch Einführung einer weiteren Hydroxylgruppe entsteht. D. ist Ausgangssubstanz für die Bildung biolog. wichtiger Substanzen. So entstehen aus D. Melanine. Durch Decarboxylierung entsteht aus dem D. das Hydroxytyramin (**Dopamin**), die Muttersubstanz der Hormone Adrenalin und Noradrenalin.

Doppelbefruchtung, svw. ↑doppelte Befruchtung.

Doppelfüßer (Diplopoda), Unterklasse der Tausendfüßer mit über 7 000, bis etwa 28 cm langen, pflanzenfressenden Arten.

Doppelgeschlechtlichkeit, svw. ↑ Bisexualität.

Doppelhelix (Watson-Crick-Spirale), Bez. für die Struktur des DNS-Moleküls (↑DNS).

Doppelkokosnuß, svw. ↑Seychellennuß.

Doppelsame (Diplotaxis), Gatt. der Kreuzblütler mit etwa 35 Arten in M-Europa und vom Mittelmeer bis Indien; Kräuter mit weißen oder gelben Blüten; Samen in den Schoten in 2 Längsreihen angeordnet.

Doppelschleichen (Wurmschleichen, Amphisbaenidae), Fam. der Echsen mit rd. 100, etwa 8–80 cm langen, meist rötl. oder bräunl. Arten in trop. und subtrop. Amerika, in Afrika, S-Spanien und den äußersten W Asiens; Körper sehr langgestreckt, zylindr., meist ohne Beschuppung; Haut meist tief quergeringelt; Extremitäten fast immer fehlend, Becken- und Schultergürtel stark, z. T. völlig rückgebildet; Schädel sehr kompakt, mit weitgehenden Knochenverschmelzungen und doppeltem Hinterhauptsgelenkhöcker; Augen weitgehend rückgebildet, unter der Haut liegend, Ohr ohne äußere Öffnung. Man unterscheidet 3 Unterfam.: ↑ Handwühlen, ↑Spitzschwanz-Doppelschleichen und die D. i. e. S. (Amphisbaeninae). Letztere sind durch die 20 cm lange, bräunl. **Maur. Netzwühle** (Blanus cinereus) in Europa vertreten.

Doppelschnepfe (Gallinago media), etwa 30 cm großer, in N-Europa und NW-Asien beheimateter Schnepfenvogel; unterscheidet sich von der nah verwandten Bekassine v. a. durch langsameren, schwerfälligen Flug und stärkere Weißzeichnung an den Schwanzkanten; Zugvogel.

Doppelschwänze

Doppelschwänze (Diplura), Ordnung der Urinsekten mit etwa 500 Arten (in Deutschland etwa 10); kleine, farblose, zarthäutige, versteckt lebende, etwa 5–50 mm große Bodentiere ohne Augen; die beiden Schwanzanhänge (Cerci) fadenförmig lang oder taster- bzw. zangenförmig.

doppelte Befruchtung (Doppelbefruchtung), im Pflanzenreich nur bei den Bedecktsamern vorkommende spezielle Form der Befruchtung: Im haploiden Pollenkorn entstehen durch Teilung eine vegetative und eine kleinere generative Zelle, letztere teilt sich in zwei Spermazellen. Ein Spermakern verschmilzt mit dem Kern der Eizelle zum diploiden **Zygotenkern**, der andere mit dem diploiden sekundären Embryosackkern zum triploiden **Endospermkern**. Aus der befruchteten Eizelle entsteht der Embryo, aus dem später die Keimpflanze hervorgeht, aus dem Endospermkern und dem restl. Plasma des Embryosacks geht das Nährgewebe des Samens hervor.

Doppeltier (Diplozoon paradoxum), bis etwa 1 cm langer, parasit. Saugwurm auf den Kiemen von Süßwasserfischen, bei denen er Blutarmut verursacht; die Jungtiere leben einzeln, nach der Begattung jedoch verwachsen jeweils zwei der (zwittrigen) Tiere kreuzweise zeitlebens miteinander.

Dormanz, bei Pflanzen und Tieren eine Phase verminderter Wachstums- und Stoffwechselaktivität und Beweglichkeit, ausgelöst durch ungünstige Umweltbedingungen, Photoperiode (Langtag/Kurztag) u. a. Beispiele: Samen-, Knospenruhe, Winterschlaf und -ruhe.

Dornapfel, svw. ↑Stechapfel.

Dornaugen (Acanthophthalmus), Gatt. etwa 4–15 cm langer, fast wurmförmiger Schmerlen in den Süßgewässern S-Asiens; mit gelbl. oder orangefarbener bis roter und dunkelbrauner bis tiefschwarzer Ringelung und Querbänderung; mit je einem aufrichtbaren Dorn unter den von einer durchsichtigen Haut überzogenen Augen.

Dornbaumwälder, an lange Trockenperioden angepaßte Wälder der gemäßigt trockenen Tropen und Subtropen mit krummstämmigen, immergrünen Dornbäumen. Das meist lichte Unterholz setzt sich aus Sukkulenten und Dornsträuchern zusammen; Kräuter nur in der Regenzeit vorhanden.

Dornbock (Weidenbock, Rhamnusium bicolor), etwa 2 cm großer gelbroter Bockkäfer mit bläul. Flügeldecken; Halsschild mit kegelförmigen Seitenhöckern; bes. in morschen Weiden- und Pappelstämmen.

Dornbusch, sehr dichte, 3–5 m hohe Gehölzformation der semiariden Tropen und Subtropen mit Akazien, Sukkulenten u. a.

Dörnchenkorallen (Antipatharia), Ordnung der Blumentiere mit über 100 Arten, v. a. in trop. Meeren; bilden meist reich verzweigte, etwa 2,5 bis 100 cm hohe Kolonien mit nicht verkalktem, hornartigem, dunklem bis schwarzem, stark bedorntem Skelett.

Dorndreher, svw. ↑Neuntöter.

Dornen, zu spitzen, an Festigungsgewebe reichen (häufig verholzten) Gebilden umgewandelte Pflanzenorgane (oder Teile von ihnen). Im Unterschied zu den Stacheln sind an der Bildung von D. nicht nur epidermale, sondern auch tiefere Schichten beteiligt; man unterscheidet: **Sproßdornen** (Kurztriebe sind verdornt; z. B. bei Weißdorn, Schlehe), **Blattdornen** (Dornblätter; das ganze Blatt oder ein Teil davon verdornt; z. B. bei Berberitze), **Nebenblattdornen** (Stipulardornen; Nebenblätter sind zu D. umgebildet, z. B. bei Kakteen und einigen Akazien).

Dornfarn (Dorniger Wurmfarn, Dryopteris carthusiana), Wurmfarnart mit bis 50 cm langen, doppelt gefiederten, dünn gestielten Blättern an kurzen, stark beschuppten Rhizo-

Dompfaff

Gemeiner Dost. Blütenstand

men; verbreitet in feuchten Wäldern der gemäßigten und kühlen Teile der nördl. Erdhalbkugel.

Dornfliegen (Oxycera), Gatt. etwa 7 mm langer ↑Waffenfliegen; Schildchen (Scutellum) mit 2 Dornen, Hinterleib auffallend gelb.

Dornfortsatz (oberer D., Processus spinosus), meist nach hinten gerichteter, unpaarer, dorsaler Fortsatz des oberen Wirbelbogens (Neuralbogens) der Wirbel von Wirbeltieren (einschließl. Mensch). Die Dornfortsätze sind am Rücken längs der Wirbelsäule als Höckerreihe (Rückgrat) tastbar.

Dorngrasmücke (Sylvia communis), etwa 14 cm großer Singvogel (Fam. Grasmücken), v. a. in offenen, buschreichen Landschaften Eurasiens; ♂ mit hellgrauer Kopfkappe, weißer Kehle, rostfarbener Ober-, hellrötl. Unterseite und langem Schwanz mit weißer Außenkante; ♀ farbl. matter mit bräunl. Kopf.

Dornhaie, (Squalidae) Fam. langgestreckter, schlanker, weltweit verbreiteter Haie mit rund 50, etwa 25–120 cm großen Arten mit kräftigem Stachel vor jeder der beiden Rückenflossen; Afterflosse fehlt. Die bekannteste Art (im N-Atlantik häufigster Hai) ist der **Gemeine Dornhai** (Squalus acanthias) an den Küsten Europas (einschließl. westl. Ostsee und Mittelmeer), NW-Afrikas, Islands, Grönlands; Oberseite grau mit kleinen, hellen Flecken, Bauchseite weiß; beide Rückenflossenstacheln mit Giftdrüse; bildet große Schwärme. Eine weitere bekannte Art ist der bis etwa 45 cm lange **Schwarze Dornhai** (Etmopterus spinax), im Atlantik und Mittelmeer; samtartig schwarz, Bauchseite infolge kleiner Leuchtorgane grünlich schimmernd.
◆ svw. ↑Stachelhaie.
◆ (Unechte D., Dalatiidae) weltweit verbreitete Fam. der Haie mit etwa 8, rund 45–800 cm langen Arten mit nur einem (oft auch fehlenden), vor der ersten Rückenflosse gelegenem Stachel, ohne Afterflosse; manche Arten besitzen ein außergewöhnl. starkes Leuchtvermögen. Eine bekannte Art ist der 3–4 m lange **Grönlandhai** (Eishai, Somniosus microcephalus) in arkt. Meeren; Körper braungrau, Flossen relativ klein, Schwanzflosse nur schwach asymmetrisch.

Dorniger Wurmfarn, svw. ↑Dornfarn.

Dornschrecken (Tetrigidae), Fam. der Heuschrecken mit etwa 700 Arten, v. a. in den Tropen (in M-Europa etwa 6 Arten); 7–15 mm große Insekten, bei denen der rückenseitige Teil des 1. Brustsegments in einen langen, dornartig spitzen Fortsatz ausgezogen ist.

Dornschwanzagamen (Dornschwänze, Uromastyx), Gatt. etwa 30–80 cm langer, kräftiger, etwas abgeplatteter, meist pflanzenfressender Agamen mit kleinem, rundl. Kopf und relativ kurzem, sehr muskulösem Schwanz mit in Ringen angeordneten kräftigen Dornen; 12 Arten im nördl. Afrika und in SW-Asien. Als Terrarientiere bekannt sind u. a.: **Afrikan. Dornschwanz** (Uromastyx acanthinurus), etwa 40 cm lang. Färbung meist schwärzl. mit gelber und rötl. Zeichnung; **Ind. Dornschwanz** (Uromastyx hardwickii), bis etwa 40 cm lang, überwiegend gelblichbraun mit kleinen dunklen Schuppen; **Ägypt. Dornschwanz** (Uromastyx aegyptius), bis etwa 80 cm lang, überwiegend braun bis olivgrün.

Dornschwanzhörnchen (Anomaluridae), Fam. der Nagetiere mit etwa 13 Arten in den Regenwäldern und bewaldeten Savannen des trop. Afrika südl. der Sahara; mit etwa 7–45 cm Körperlänge und etwa ebenso langem Schwanz; an der Unterseite der Schwanzwurzel scharfkantige, nach hinten gerichtete Hornschuppen als Kletterhilfe; längs den Körperseiten verläuft vom Hals bis zur Schwanzwurzel eine Flughaut, die Gleitflüge mögl. macht.

Dornschwanzleguane (Urocentron), Gatt. kleiner, plumper Leguane mit etwas abgeflachtem, stark bestacheltem Schwanz; 4 Arten im trop. Südamerika, v. a. im Amazonasbecken.

Dornstrauchsavanne, niedrige Vegetationsformation der Tropen, bestehend aus einer nicht geschlossenen Grasdecke und weit auseinander stehenden, etwa 1–3 m hohen

Dorsche. Kabeljau

Sumpfdotterblume

Dornteufel

Dornsträuchern und -bäumen, daneben auch Sukkulenten.

Dornteufel (Wüstenteufel, Moloch, Moloch horridus), etwa 20 cm lange, relativ plumpe Agamenart (einzige Art der Gatt.) in Wüsten und Steppen M- und S-Australiens; mit variabler, kontrastreicher Zeichnung (weißl., gelbe, rostrote und braune Farbtöne); Körper, Schwanz und Beine mit großen, harten Stacheln besetzt, im Nacken ein mit zwei bes. großen Stacheln versehener Buckel, der bei Schreckstellung aufgerichtet wird und einen Kopf vortäuscht.

Dornzikade (Dornzirpe, Centrotus cornutus), eine der wenigen in Europa vertretenen Arten der Buckelzikaden; 8–9 mm lang, schwarz bis rauchgrau, mit dicht weiß behaarten Brustseiten und glasig durchsichtigen, braun geäderten Flügeln; Vorderrücken bukkelig gewölbt, mit bis zum Körperende reichendem, scharf gekieltem Fortsatz und beiderseits mit kräftigem Dorn.

dorsal [zu lat. dorsum „Rücken"], in der *Anatomie*: zum Rücken, zur Rückseite gehörend, am Rücken, an der Rückseite gelegen; zur Rückseite, zum Rücken hin; Ggs.: ↑ventral.

Dorsch [altisländ] ↑Dorsche.

Dorschartige, svw. ↑Dorschfische.

Dorsche (Schellfische, Gadidae), überwiegend in kalten und gemäßigt warmen Meeren vorkommende Fam. der ↑Dorschfische mit über 50, bis 1,8 m langen Arten. Wirtsch. am bedeutendsten sind u. a.: **Kabeljau** (Gadus morrhua), bis 1,5 m lang, im N-Atlantik bis in die arkt. Gewässer Europas; olivbräunl. bis grünl., mit messingfarbener Marmorierung und einer mittelständigen Bartel am Unterkiefer; wird bis 40 kg schwer. Sein noch nicht geschlechtsreifes Jugendstadium sowie dessen kleinwüchsigere (bis etwa 60 cm lange und 3,5 kg schwere) Ostseeform *(Ostseedorsch)* werden als **Dorsch** bezeichnet. Der **Schellfisch** (Melanogrammus aeglefinus) wird bis 1 m lang und kommt v. a. in den Schelfregionen des europ. und nordamerikan. N-Atlantiks vor; oberseits graubraun, seitl. und unterseits weiß; wird bis 12 kg schwer. Im N-Atlantik lebt der bis 1,2 m lange **Köhler** (Gründorsch, Pollachius virens); mit dunkelgrünem bis schwärzl. Rücken und grauen bis weißen Körperseiten. Er kommt als **Seelachs** in den Handel; frisch oder geräuchert, gefärbt wird er als Lachsersatz verwendet. Der bis knapp 2 m lange **Leng** (Langfisch, Molva molva) kommt im nö. Atlantik und in der westl. Ostsee vor; Oberseite braun bis grau, Bauch weißl.; wird häufig zu Klippfisch verarbeitet. Der **Pollack** (Steinköhler, Pollachius pollachius) wird bis 1 m lang und kommt an den Küsten W-Europas bis N-Afrikas vor; Rücken dunkel graubraun, Seiten messingfarben, Bauch weißl., weit vorspringender Unterkiefer ohne Barteln. Im N-Atlantik und auch in der westl. Ostsee lebt der etwa 40–50 cm lange **Wittling** (Merlan, Merlangius merlangus); grünl. silberglänzend, mit bräunl. Rücken und schwarzem Fleck an der Wurzel der Brustflossen. Einzige im Süßwasser lebende Art ist die ↑Aalquappe. - Abb. S. 165.

Dorschfische (Dorschartige, Gadiformes, Anacanthini), Ordnung der Knochenfische mit über 200, fast ausschließl. im Meer lebenden Arten; Flossen weichstrahlig, ohne Stachen, Bauchflossen stets kehl- oder brustständig; After-, Schwanz- und Rückenflosse urspr. ein einheitl. durchlaufender, langer Flossensaum; Schwimmblase geschlossen, ohne Luftgang. Bekannteste Fam. sind ↑Dorsche, ↑Seehechte, ↑Gebärfische und ↑Grenadierfische.

dorsiventral (dorsoventral) [lat.], spiegelbild.-symmetr. bei unterschiedl. Rücken- und Bauchseite; bezogen auf Lebewesen.

dorsoventrad [lat.], in Richtung vom Rücken zum Bauch hin verlaufend bzw. liegend; bezogen auf Organe oder Körperteile eines Lebewesens.

Dorsum [lat.], Rücken, Rückseite.

Dosenschildkröten, (Amerikan. D., Terrapene) Gatt. landbewohnender Sumpfschildkröten in N-Amerika; Panzerlänge bis etwa 17 cm; Bauchpanzer mit Quergelenk, beide Hälften nach oben klappbar, um so hintere und vordere Panzeröffnung zu verschließen; u. a. die **Karolina-Dosenschildkröte** (Terrapene carolina): Panzer oberseits meist braunschwarz mit gelben Flecken oder Streifen.

◆ (Asiat. D.) svw. ↑Scharnierschildkröten.

Dost [zu mittelhochdt. doste „Büschel"] (Origanum), Gatt. der Lippenblütler mit etwa 10 Arten, v. a. im Mittelmeergebiet; Stauden oder Halbsträucher. Einzige einheim. Art ist der auf Trockenrasen und an Waldrändern wachsende **Gemeine Dost** (Echter D., Wilder Majoran, Origanum vulgare): bis 40 cm hohe Staude mit zahlr. Öldrüsen, kleinen Blättern und fleischfarbenen bis karmin- oder braunroten Blüten in rispigen Blütenständen; gelegentlich als Gewürz verwendet. - Abb. S. 164.

Dotter (Eidotter, Vitellus, Lecithus), in Zellen des Eierstocks oder eines gesonderten Dotterstocks gebildete und im Ei eingelagerte körnige, schollenförmige oder tröpfchenartige Reservestoffe, die sich v. a. aus Eiweiß, Fetten, Kohlenhydraten, Lipoiden und Lipochromen zusammensetzen. Der D. ist die Nährsubstanz für die Entwicklung des Embryos, die bei dem er in einem Dottersack gespeichert werden kann.

Dotterblume (Caltha), Gatt. der Hahnenfußgewächse mit etwa 20 außertrop. Arten. Einzige in M-Europa auf feuchten Böden wachsende Art ist die **Sumpfdotterblume** (Butterblume, Caltha palustris); mit niederliegenden, aufsteigenden oder aufrechten, bis 50 cm hohen, hohlen Stengeln und glänzend grünen, herzförmigen bis kreisrunden oder nierenförmigen, am Rand gekerbten oder gezähnten Blättern; Blüten mit fünf dottergelben, glänzenden Kelchblättern. - Abb. S. 165.

Dottergang (Ductus omphaloentericus), in einer stielartigen Verbindung verlaufender enger Kanal im. Darm und Dottersack bei Embryonen der Wirbeltiere.

Dotterhaut (Dottermembran, Eihaut, Oolemma, Membrana vitellina), von der tier. und menschl. Eizelle selbst gebildete, das Eiplasma umgebende, meist sehr dünne primäre Eihülle. Die D. wird oft erst unmittelbar nach der Befruchtung des Eies gebildet.

Dotterkreislauf (omphaloider Kreislauf), der Ernährung des Wirbeltierembryos dienender Teil des Blutkreislaufs, dessen Gefäße sich in der Wandung des Dottersacks kapillar verzweigen; von hier wird das Blut in Dottervenen, die Nährmaterial aus dem Dottersack aufgenommen haben, zum Embryo zurückgeführt.

Dotterkugel, svw. ↑ Eigelb.

Dottersack (Saccus vitellinus, Lecithoma), den Dotter umhüllendes, kugeliges in langgestrecktes Anhangsorgan bei Embryonen der Fische, Amphibien, Reptilien, Vögel, Kloaken- und Beuteltiere. Der D. steht durch den Dottergang mit dem Darm des Embryos in Verbindung. Bei den sich aus dotterfreien Eiern entwickelnden ↑ Plazentatieren einschließl. des Menschen ist der D. nur noch ein stammesgeschichtl., doch für die embryonale Blutbildung noch äußerst wichtiges Relikt.

Dotterweide, Kulturform der Weißweide (↑ Weide).

Dotterzellen, Bez. für die großen, dotterreichen Furchungszellen am vegetativen Pol sich inäqual furchender Eier.

Douglasfichte ['du:...], svw. ↑ Douglasie.

Douglasie [du'gla:ziə; nach dem brit. Botaniker D. Douglas, *1798, †1834] (Douglastanne, Douglasfichte, Pseudotsuga taxofolia), bis 100 m hoch werdendes, raschwüchsiges Kieferngewächs im westl. N-Amerika; Krone kegelförmig mit quirligen, waagerechten Ästen, Borke braun, in der Jugend glatt, im Alter tief rissig und sehr dick; Nadeln fast zweizeilig gestellt, weich, grün und unterseits mit zwei weißl. Streifen; Fruchtzapfen hängend, hellbraun, längl., 5–10 cm lang; wertvoller Forst- und Parkbaum; das (helle) Holz wird als Bau- und Möbelholz (**Oregon pine**) genutzt.

Douglas-Raum [engl. 'dʌgləs; nach dem schott. Arzt J. Douglas, *1675, †1742] (Excavatio rectouterina), grubenartige Vertiefung zw. Blase und Mastdarm bzw. Gebärmutter und Mastdarm im kleinen Becken der Frau.

Douglastanne ['du:...], svw. ↑ Douglasie.

Drachenapfelbaum (Dracontomelum), Gatt. der Anakardiengewächse mit etwa 10 Arten in SO-Asien; hohe Bäume mit großen Fiederblättern und großen, grünl., glockigen Blüten in Rispen. Die rundl., säuerl. schmeckenden Steinfrüchte (**Drachenäpfel**) werden zum Würzen von Fischspeisen verwendet.

Drachenbaum (Dracaena draco), Agavengewächs auf den Kanar. Inseln; Strauch oder bis etwa 20 m hoher, stark verzweigter, mehrere hundert Jahre alt werdender Baum mit schopfartig angeordneten Blättern, kleinen, grünlichweißen Blüten und kirschengroßen, rotgelben, saftigen Beerenfrüchten. Das Harz (**Drachenblut**) wurde früher als roter Farbstoff und als Arzneimittel verwendet. - Abb. S. 168.

Drachenechsen, svw. ↑ Dinosaurier.

Drachenfische, (Trachinidae) Fam. bis etwa 45 cm langer Barschfische mit 4 Arten im Pazifik und Atlantik (einschließl. Mittelmeer, Schwarzes Meer, Nordsee, Ostsee); an europ. Küsten kommen v. a. die Petermännchen vor.

◆ zusammenfassende Bez. für 3 Fam. der Lachsfische; *Schuppenlose D.* (Melanostomiatidae) mit etwa 115 Arten; *Schuppen-D.* (Stomiatidae) mit etwa 10 Arten (z. T. auch im Mittelmeer); *Schwarze D.* (Idiacanthidae) mit 5 Arten.

Drachenflosser (Großer D., Pseudocorynopoma doriae), bis 8 cm langer Salmler in den Süßgewässern S-Brasiliens und NO-Argentiniens; beliebter Warmwasseraquarienfisch.

Drachenkopf (Dracocephalum), Gatt. der Lippenblütler mit etwa 40 Arten im Mittelmeergebiet und in Asien sowie 4 Arten in N-Amerika; Stauden mit blauen, purpurfarbenen oder weißen Blüten in Blütenständen. In Deutschland kommt wild nur der **Nordische Drachenkopf** (Dracocephalum ruyschiana) mit ganzrandigen Blättern vor.

Drachenköpfe (Skorpionfische, Seeskorpione, Scorpaenidae), mit zahlr. Arten in allen Meeren verbreitete Fam. der Knochenfische; u.a. Meersau, Rotbarsch, Rotfeuerfische, Segelfisch, Gespensterfisch.

Drachenlilie (Dracaena), Gatt. der Agavengewächse mit etwa 80 Arten in den Tropen und Subtropen Asiens, Australiens und Afrikas; bekannteste Art: ↑ Drachenbaum.

Drachenwurz (Schlangenkraut, Sumpfwurz, Kalla, Calla), Gatt. der Aronstabgewächse mit der einzigen Art Calla palustris, v. a. in Waldsümpfen und an Teichrändern Eurasiens und N-Amerikas; niedrige, giftige Stauden mit rundl. herzförmigen Blättern und kolbenförmigen, grünl. Blütenständen, die je von einer innen weißen und außen grünen Blütenscheide umhüllt werden; aus den Blüten entwickeln sich rote Beerenfrüchte. - Abb. S. 168.

Drahthaar, Bez. für das rauhe, harte Haarkleid bestimmter Hunderassen (z. B. Deutsch Drahthaar), das durch Ausbildung borstenähnl., starrer Deckhaare (Grannen-

Drahtschmiele

Drachenbaum

Drachenwurz

haare), die die dichte Unterwolle überragen, entsteht.

Drahtschmiele ↑ Schmiele.

Drahtwürmer, langzylindr., gelbbräunl. Larven der Schnellkäfer mit glattem hartem Chitinpanzer.

◆ (weiße D.) Larven bestimmter Fliegenarten oder -gruppen, z. B. der Stilettfliegen.

Drehempfindung, in der Physiologie die bei Drehung des Körpers um seine Längsachse auf Grund der Reaktionen des Vestibularapparates im Innenohr ins Bewußtsein tretenden Reflexe bzw. deren Auswirkungen. Bei plötzl. Beenden einer raschen Drehbewegung des ganzen Körpers entsteht das Gefühl einer entgegengesetzten Drehbewegung und es kommt zu **Drehschwindel.**

Drehfrucht (Streptocarpus), Gatt. der Gesneriengewächse mit etwa 90 Arten in Afrika und SO-Asien; meist zottig oder wollig behaarte, bis 40 cm hohe Kräuter mit einem einzigen großen Blatt oder wenigen grundständigen Blättern; Blüten purpurfarben, blau oder weißl.; zahlr. Arten als Topfpflanzen im Handel.

Drehherzmücke (Kohlgallmücke, Contarinia nasturtii), etwa 2 mm lange, gelblichbraune Gallmücke, deren ♀♀ durch Ablage ihrer Eier bes. an Kohlsorten schädl. werden. Die Larven saugen an den Blattstielen der Herzblätter, was zu Wachstumsstörungen der Pflanzen führt: Krümmungen, Verdrehungen und Kräuselungen der Blätter (**Drehherzigkeit**), Ausbleiben von Kopfbildungen.

Drehhornantilopen (Drehhornrinder, Tragelaphini), Gattungsgruppe der Horntiere (Unterfam. Waldböcke) mit 8 Arten in Afrika; u. a.: **Nyala** (Tragelaphus angasi) in SO-Afrika; 1,3–1,6 m lang, bis 1,1 m schulterhoch; Körper rauchgrau (♂) oder kastanienbraun (♀) mit weißen Querstreifen. Als **Kudus** bezeichnet werden zwei graue, grau- oder rötlichbraune Arten der Gatt. Tragelaphus: **Großer Kudu** (Tragelaphus strepsiceros; in Z-, O- und S-Afrika) und **Kleiner Kudu** (Tragelaphus imberbis; in O-Afrika). Die **Elenantilope** (Taurotragus oryx) ist 2,3–3,5 m lang und 1,4–1,8 m schulterhoch; meist hellbraun mit weißl. Querbinden und oft schwarzen Abzeichen; Hörner beim ♂ bis 1,2 m lang. In Äquatorialafrika lebt der **Bongo** (Taurotragus eurycerus); 1,7–2,5 m lang, 1,1 (♀) bis 1,4 (♂) m

Drehhornantilopen. Nyala (links) und Großer Kudu

schulterhoch; Fell leuchtend rotbraun, Körperseiten mit weißen Querbinden, an Beinen, Hals und Kopf weiße Bänder und Flecken.

Drehkäfer, svw. ↑Taumelkäfer.

Drehmoos (Funaria), mit etwa 120 Arten weltweit verbreitete Gatt. (weniger cm hoher) rasenbildender Laubmoose. In M-Europa auf Mauern und Ödland wächst das **Wettermoos** (Funaria hygrometrica); mit orangebraunen Mooskapseln auf bei trockenem Wetter spiralig gedrehten, bei feuchtem Wetter geraden Stielen.

Drehschwindel ↑Drehempfindung.

Drehwuchs (Spiralwuchs), Wachstumsweise vieler Holzpflanzen, bei denen die Holzfasern nicht parallel, sondern schraubig zur Stammachse verlaufen; meist genet. bedingt.

Drehwurm (Quese, Coenurus cerebralis), Bez. für die bis hühnereigroße Blasenfinne des ↑Quesenbandwurms; im Gehirn bes. von Hausschafen, gelegentl. auch beim Menschen.

Drehwurz, svw. ↑Wendelähre.

◆ svw. ↑Ackerwinde.

Dreiblatt, Bez. für verschiedene Pflanzen wie Fieberklee, Giersch, Klee und Wachslilie.

Dreiecksbein, ein Handwurzelknochen (↑Handwurzel).

Dreilappkrebse ↑Trilobiten.

Dreizack (Triglochin), Gatt. der Dreizackgewächse mit etwa 15 Arten in den gemäßigten und kälteren Gebieten der Erde, v.a. in Australien; Sumpfpflanzen mit grasartigen Blättern; in M-Europa heim. sind **Stranddreizack** (Triglochin maritima; mit grünl. oder rötl. Blüten) und **Sumpfdreizack** (Triglochin palustris; mit gelblichgrünen Blüten in lockerer Traube).

Dreizackgewächse (Juncaginaceae), mit etwa 18 Arten weltweit verbreitete Fam. der einkeimblättrigen Blütenpflanzen, v.a. an feuchten Orten; bekannteste Gatt. Dreizack.

Dreizahngras (Sieglingia), Gatt. der Süßgräser mit nur 2 Arten in Europa, im nördl. Kleinasien und in N-Afrika; in M-Europa nur *Sieglingia decumbens*, ein horstbildendes, etwa 15–40 cm hohes Gras, v.a. in Kiefernwäldern und auf Heidemooren.

Drepanozyten, svw. ↑Sichelzellen.

Drescherhaie (Alopiidae), Fam. der Haie in den Meeren der trop. und gemäßigten Zonen. Bekannteste der 5 Arten ist der **Fuchshai** (Drescher, Seefuchs, Alopias vulpinus); bis 6 m lang, oberseits braun bis schiefergrau, unterseits weißl., obere Schwanzflossenhälfte extrem verlängert.

Dressur [frz.], Abrichtung zu bestimmtem Verhalten bei Haus- und Wildtieren. Bei höheren Tieren spielen neben dem bedingten Reflex Nachahmung und möglicherweise auch einsichtiges Lernen (bei Affen) eine Rolle. Die D.methode wird in der Verhaltensforschung zur Untersuchung der Unterscheidungsfähigkeit, der Lernfähigkeit und der Gedächtnisleistungen von Tieren angewendet. Darüber hinaus dient die D. wirtsch. Zwecken (so werden z. B. Hunde und Pferde für den Polizeidienst und für die Jagd abgerichtet [dressiert]).

Driesch, Hans, * Bad Kreuznach 28. Okt. 1867, † Leipzig 16. April 1941, dt. Biologe und Philosoph. - 1911 Prof. in Heidelberg, 1920 in Köln, 1921–33 in Leipzig. Ausgehend von seinen experimentellen Untersuchungen nahm D. einen „Faktor E" („Entelechie") an, der sowohl die Entwicklung des noch unentwickelten Organismus zu seiner Endgestalt als auch die Restitution der Form bei einem verstümmelten Organismus leite; diese Entelechie bildet den zentralen Begriff seines antimaterialist. [Neo]vitalismus. Auch das Problem menschl. Handelns sieht D. als organ.

Drohverhalten eines Fuchses

Drückerfische. Picassofisch

Drill

Regulationsproblem, also rein biolog. Propagierte nachhaltig die Parapsychologie.
Werke: Der Vitalismus als Geschichte und als Lehre (1905), Philosophie des Organischen (engl. 1908; dt. 1909, ⁴1928), Ordnungslehre (1912), Parapsychologie (1932), Der Mensch und die Welt (1941).

Drill (Mandrillus leucophaeus), Hundsaffe (Fam. Meerkatzenartige) in den Regenwäldern W-Afrikas; Körper bis 85 cm lang, oberseits braungrau, unterseits grau bis weißl., mit sehr großem Kopf, stark verlängerter Schnauze, Backenwülsten und nacktem, glänzend schwarzem Gesicht, das von weißl. Haaren umgeben ist. Schwanz stummelförmig kurz, aufrecht stehend; ♂ mit Nackenmähne, rosaroter Kinnpartie und (im erwachsenen Zustand) leuchtend blauen, violetten und scharlachroten Gesäßschwielen.

Drillinge, drei gleichzeitig ausgetragene, kurz nacheinander geborene Kinder. D. können ein-, zwei- oder dreieiig sein. 0,013 % aller Schwangerschaften sind Drillingsschwangerschaften (in Deutschland etwa 220 Drillingsgeburten pro Jahr).

Drillingsnerv ↑Gehirn.
Drogenpflanzen, svw. ↑Heilpflanzen.
Drohgebärde ↑Drohverhalten.
Drohne [niederdt.] ↑Honigbienen.
Drohnenschlacht ↑Honigbienen.
Drohverhalten, abweisendes Verhalten mit aggressiver Motivation, das Tiere gegen Artgenossen oder artfremde Tiere zeigen. Das D. ist angeboren und charakterist. für die Art. Es enthält stets Komponenten des Angriffs-, oft auch des Fluchtverhaltens. Beim D. wird eine charakterist. Körperhaltung (**Drohstellung, Drohgebärde**) eingenommen, die den Körper gewöhnl. in voller Größe präsentiert, was durch Aufplustern von Federn bei Vögeln, Abspreizen der Flossen bei Fischen und der Haare bei Säugetieren unterstützt werden kann. Auch drohende Lautäußerungen und das Präsentieren der Geschlechtsorgane bei zahlr. Primaten stellen eine bes. Form des D. dar. - Abb. S. 169.

Dromedar [zu griech. dromás „laufend"] (Einhöckeriges Kamel, Camelus dromedarius), heute ausschließl. als Haustier bekannte Art der Kamele, v. a. in den heißen Wüstengebieten der Alten Welt; lebte wild vermutlich in Arabien und den Randgebieten der Sahara, wurde wahrscheinl. um 1800 v. Chr. in Arabien domestiziert; im Unterschied zum Zweihöckerigen Kamel hat es nur einen Rückenhöcker und einen schlankeren, deutlich hochbeinigeren Körper; Färbung braunschwarz bis fast weiß; es kann mehr als eine Woche lang ohne Wasseraufnahme leben. Gegen Sandstürme schützt sich das D. durch Verschluß der Nasenlöcher und starke Sekretion der Tränendrüsen. Das D. dient v. a. als Last- und Reittier.

Dronten [indones.] (Raphidae, Dididae), im 17. und 18. Jh. ausgerottete Fam. flugunfähiger Kranichvögel mit 3 Arten auf Inseln östl. von Madagaskar, u. a. der **Dodo** (Raphus borbonicus) auf Réunion; kurzbeinige Vögel mit plumpem Körper (Gewicht etwas über 22 kg), zurückgebildeten Flügeln, zu Schmuckfedern umgewandelten Schwanzfedern, mächtigem Hakenschnabel und nacktem Gesicht.

Drosera [griech.], svw. ↑Sonnentau.
Drosophila [griech.] ↑Taufliegen.
Drossel ↑Drosseln.
Drosseladern, svw. ↑Drosselvenen.
Drosselbeeren, volkstüml. Bez. für die Früchte des Vogelbeerbaums und des Schneeballs.

Drosselgrube (Jugulum, Fossa jugularis), natürl. Einsenkung an der Vorderseite des Halses zw. den Halsmuskeln, der Schultermuskulatur und den Schlüsselbeinen.

Drosseln (Turdidae), mit etwa 300 Arten weltweit verbreitete Fam. 12–33 cm großer Singvögel mit spitzem, schlankem Schnabel und langen Beinen; meist Zugvögel. Zu den D. zählen z. B. Amsel, Nachtigall, Sprosser, Singdrossel. Weitere bekannte Arten sind: Misteldrossel, Wacholderdrossel, Ringdrossel, Rotdrossel, Erdsänger, Heckensänger, Schmätzer, Dajadrossel, Schamadrossel.

Drosselrohrsänger ↑Rohrsänger.
Drosselvenen (Drosseladern, Jugularvenen, Venae jugulares), paarige Venen an den Halsseiten der Wirbeltiere (einschließl. Mensch); sie führen das venöse Blut aus der Kopf- und Halsregion zur vorderen Hohlvene und haben sich bei den vierfüßigen Wirbeltieren in **innere Drosselvenen** (Venae jugulares internae) und **äußere Drosselvenen** (Venae jugulares externae) geteilt.

◆ kleine Sammelvenen (u. a. in der Haut) mit Sperrwirkung gegenüber dem Kapillarsystem, die durch die Kontraktion v. a. von glatten Muskelfasern den Abfluß des venösen Blutes aus den Kapillaren drosseln.

Drückerfische (Balistidae), Fam. bis 60 cm langer Knochenfische mit etwa 10 Arten in warmen Meeren; Körper seitlich abgeplattet, hochrückig, mit großem Kopf, Mundöffnung klein; die Rückenflosse besteht aus einem sehr großen und zwei kleinen Stachelstrahlen, die durch eine Spannhaut verbunden sind. Zu den D. gehören der etwa 30 cm lange **Picassofisch** (Rhineacanthus aculeatus), mit bunter, kontrastreicher Zeichnung und der etwa 50 cm lange **Leopardendrückerfisch** (Balistoides conspicillum), blauschwarz mit gelber Netzzeichnung am Rücken und großen, runden, weißen Flecken auf der unteren Körperhälfte; Mundspalte orangerot gesäumt. Beide sind Seewasseraquarienfische. - Abb. S. 169.

Drucksinn, Fähigkeit bei Tier und Mensch, mit Hilfe in der Haut gelegener Rezeptoren (**Druckpunkte**) Druckreize wahrzunehmen. Sie führen zur **Druckempfindung**. Die Druckpunkte treten gehäuft auf den Lippen und an Zungen-, Finger- und Zehenspitzen auf. Der Mensch hat etwa 500 000 Druckpunkte. - ↑auch Tastsinn.

Drude, [Carl Georg] Oscar, *Braunschweig 5. Juni 1852, † Dresden 1. Febr. 1933, dt. Botaniker. - Prof. in Dresden; gilt als einer der Begründer der Pflanzenökologie; schrieb u. a. „Die Florenreiche der Erde" (1883), „Die Ökologie der Pflanzen" (1913).

Drumstick [engl. 'drʌmstɪk „Trommelstock"] ↑Geschlechtschromatin.

Drüsen, (Glandulae) bei *Tieren* und beim *Menschen* als einzelne Zellen (**Drüsenzellen**), Zellgruppen oder Organe vorkommende Strukturen, die verschiedenartige Sekrete produzieren und absondern. **Exokrine Drüsen** sondern ihr Sekret nach außen bzw. in Körperhohlräume ab, während **endokrine Drüsen** (Hormon-D.) ihr Sekret ins Blut oder in die Lymphe abgeben. Nach der Art des Sekrets unterscheidet man **seröse Drüsen** (eiweißhaltig), **muköse Drüsen** (schleimhaltig) oder **gemischte Drüsen**, nach der Form der Drüsenendteile **tubulöse** (schlauchförmige) und **alveoläre** (azinöse; beerenförmige) **Drüsen**. Die beiden letzten D.arten können als **Einzeldrüsen,** als einfach **verästelte Drüsen** oder als mehrfach verzweigte, häufig verschiedenartiges Sekret liefernde D. (**zusammengesetzte Drüsen**) vorkommen. Im Hinblick auf die Sekretabgabe der D.zellen spricht man von **holokrinen Drüsen,** wenn ganze Zellen in Sekret umgewandelt und abgestoßen werden, z. B. Talgdrüsen. In den **ekkrinen Drüsen** (z. B. Speicheldrüsen) wird das Sekret durch die Zellmembran hindurch abgegeben. **Apokrine Drüsen** (z. B. Duftdrüsen, Milchdrüsen) schnüren den Teil des Protoplasmas, der die Sekretgranula enthält, ab. Die beiden letzteren werden als **merokrine Drüsen** bezeichnet, d. h. der Zellkern bleibt erhalten, und sie können wiederholt Sekrete absondern.

◆ bei *Pflanzen* einzellige (einzelne D.zellen) oder vielzellige Ausscheidungssysteme (Drüsengewebe, ↑Absonderungsgewebe), die im Ggs. zu den Exretzellen bzw. Exretionsgeweben das Absonderungsprodukt aus ihren Protoplasten durch die Zellwände hindurch aktiv nach außen abgeben. Die D. der Epidermis (manchmal als Drüsenhaare ausgebildet) werden nach ihren Ausscheidungsprodukten als Schleim-, Harz-, Salz- oder Öl-D., die Verdauungsenzyme, Nektar oder Duftstoffe produzierenden D. als Verdauungs-D., Nektarien oder Duft-D. (Osmophoren) bezeichnet. Die im Parenchym eingeschlossenen D. grenzen stets an Interzellularräume, in die die Sekrete (Öle, Harze, Gummi, Schleim) ausgeschieden werden. Eine bes. D.form stellen die **Hydathoden** dar, die den Pflanzen ermöglichen, bei sehr hoher Luftfeuchtigkeit Wasser aktiv auszuscheiden.

Drüsenameisen (Dolichoderidae), mit etwa 300 Arten weltweit verbreitete Fam. der Ameisen; mit reduziertem Stachelapparat; verwenden für Angriff und Verteidigung Analdrüsensekrete, die einen eigenartig aromat. Geruch haben.

Drüsenepithel, die innere Auskleidung vielzelliger tier. und menschl. Drüsenorgane bzw. bei Pflanzen bestimmte Absonderungsgewebe.

Drüsengewebe ↑Absonderungsgewebe.

Drüsenhaare, *pflanzl. Haarbildungen,* die als Drüsen fungieren; bestehen aus einem Sekret (z. B. Öle, Harze, Enzyme) absondernden Köpfchen, einem Stielteil und einem in die Epidermis einbezogenen Fußstück.

◆ bei *Tieren* (bes. Insekten) mit Hautdrüsen in Verbindung stehende Haarbildungen. Die Sekrete werden durch das hohle und mit Poren versehene Haar oder am Grunde des Haars ausgeleitet und verteilen sich über dessen Oberfläche (z. B. Hafthaare, Brennhaare).

Drusenköpfe (Conolophus), Gatt. kräftiger, gedrungener, bis etwa 1,25 m langer Leguane mit nur 2 Arten auf den Galapagosinseln; Körper gelbl. bis braun, oft unregelmäßig gefleckt, mit starken Hautfalten am Hals und Nackenkamm, der in einen niedrigeren Rückenkamm übergeht.

Drüsenmagen (Vormagen, Proventriculus), vorderer, drüsenreicher Abschnitt des Vogelmagens, durch ein Zwischenstück mit dem ↑Muskelmagen verbunden; in ihm finden die ersten Verdauungsschritte (bes. des Eiweißes) der aufgenommenen Nahrung statt.

Drüsenzellen ↑Drüsen.

Dryopithecus [griech.], Gatt. ausgestorbener Menschenaffen im Miozän und Pliozän Eurasiens, möglicherweise auch Afrikas; etwa schimpansengroß; Schneidezähne klein, Eckzähne stark entwickelt, Kaufläche der unteren Backenzähne mit kennzeichnender Struktur (**Dryopithecusmuster:** 5 Höcker, dazwischen Y-förmige Furchen). Dieses Muster zeigen auch heute lebende Menschenaffen und viele Hominiden, beim heutigen Menschen meist der 1. untere Backenzahn.

Dryopteris [griech.], svw. ↑Wurmfarn.

Dubois [frz. dy'bwa], Eugène, *Eisden 28. Jan. 1858, † Halen 16. Dez. 1940, niederl. Arzt und Anthropologe. - Fand 1890/91 auf Java (Trinil) die ersten Pithecantropusreste (Schädeldach und Oberschenkel). - *Hauptwerk:* Pithecanthropus erectus, eine menschenähnl. Übergangsform aus Java (1894).

Du Bois-Reymond, Emil [frz. dybwarɛ'mõ], *Berlin 7. Nov. 1818, † ebd. 26. Dez. 1896, dt. Physiologe. - Prof. für Physiologie in Berlin; grundlegende Untersuchungen über die bioelektr. Erscheinungen im Muskel- und Nervensystem. Zus. mit H. von Helmholtz vertrat er nachdrücklich die physikal. Richtung in der Physiologie des 19. Jh.

171

Duchesnea

Duchesnea [dyˈʃɛnea; nach dem frz. Botaniker A. N. Duchesne, * 1747, † 1827], Gatt. der Rosengewächse mit nur 2 Arten in S- und O-Asien. Als Gartenzierpflanze kultiviert wird die **Indische Erdbeere** (Duchesnea indica), eine der Erdbeere ähnl. Pflanze mit langen Ausläufern, dreizählig gefingerten Blättern, langgestielten, gelben Blüten und roten Sammelfrüchten.

Ducker (Schopfantilopen, Cephalophinae), Unterfam. der Horntiere mit 15 etwa hasen- bis damhirschgroßen Arten in Afrika; Körperform gedrungen; auf der Stirn kräftiger Haarschopf; u. a. **Gelbrückenducker** (Riesen-D., Cephalophus silvicultor), 1,15–1,45 m lang, Schulterhöhe 85 cm, Färbung schwarzbraun, längs der Rückenmitte ein gelber, nach hinten breiter werdender Keilfleck; Kopfseiten hellgrau, Haarschopf zw. den Hörnern meist rötlich-braun. **Kronenducker** (Busch-D., Sylvicapra grimmia), 0,9–1,2 m lang, bis 70 cm schulterhoch, gelbbraun bis graugelb, mit schwärzl. Nasenrücken und (im ♂ Geschlecht) relativ langen Hörnern. **Zebraducker** (Cephalophus zebra), 60–70 cm lang, etwa 40 cm schulterhoch, rostrot mit schwarzen Querstreifen.

Ductus [lat.], in der *Anatomie* Bez. für: Gang, Kanal, Verbindung; z. B. D. choledochus, svw. Gallengang.

Duftblüte (Osmanthus), Gatt. der Ölbaumgewächse mit etwa 15 Arten in S- und O-Asien und N-Amerika; immergrüne, stechpalmenähnl. Sträucher oder kleine, bis 8 m hohe Bäume mit kleinen, weißen bis hellgelben, stark duftenden Blüten in Büscheln und blauen bis schwärzl. Steinfrüchten; beliebte Ziersträucher.

Duftdrüsen, bei *Tier* und *Mensch* Duftstoffe absondernde ein- oder mehrzellige Drüsen. Bei den Säugetieren sind die D. meist umgewandelte Talg- oder Schweißdrüsen. Die D. haben verschiedene Funktionen, sie dienen u. a. der Verteidigung und Abschreckung von Feinden (z. B. Stinkdrüsen bei vielen Wanzenarten oder beim Stinktier), der Revierabgrenzung, der Orientierung im Raum (z. B. durch Absetzen von Duftmarken, bes. bei Insekten, so daß **Duftstraßen** entstehen), der innerartl. Verständigung (z. B. Stockgeruch bei Bienen) oder der Anlockung des anderen Geschlechts. Bei *Pflanzen* entströmen Duftstoffe aus Blütenteilen, teils aus Osmophoren, teils an bes. Stellen der Epidermis (**Duftmale;** zum Anlocken von Insekten).

Edelkastanie. Blätter und Früchte

Edelweiß

Gemeiner Efeu. Blüten (links) und Blätter jüngerer Zweige

Duftmarken, von Tieren gesetzte, nur vom Geruchssinn wahrnehmbare Markierungen, die über die Anwesenheit von Artgenossen Auskunft geben und zu innerartl. Verständigung beitragen. D. können u. a. zur Geschlechterfindung dienen (Anlockung des Sexualpartners) oder zur Abgrenzung eines Reviers (Abschreckung von Konkurrenten). Die zur Markierung benutzten Substanzen werden vielfach von Duftdrüsen produziert oder

Ei. Schematischer Längsschnitt durch ein Hühnerei: äE äußeres dünnflüssiges Eiklar, B Bildungsdotter (weißer Dotter; Dotterbildungszentrum mit Dotterbett für die Keimscheibe), D Dotterhaut (Grenze der eigentlichen Eizelle), H Hagelschnur (Chalaza), iE inneres dünnflüssiges Eiklar, K Kalkschale, Ke Keimscheibe (enthält den Zellkern und ist der animale Pol der Eizelle), L Luftkammer, mE mittleres dickflüssiges Eiklar, N Nährdotter (gelber Dotter), S Schalenhäutchen, wD weißer Dotter

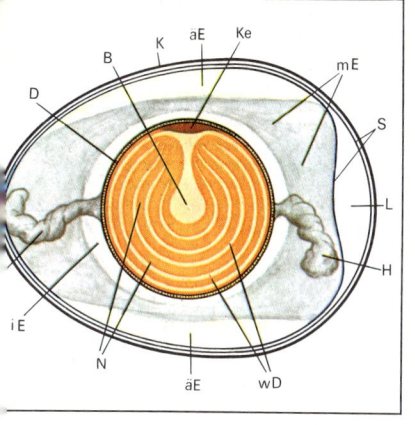

stellen Exkremente oder Exkrete dar. So markieren viele Huftiere mittels Kotverteilung, Hunde setzen an „Stammbäumen" Harn ab.

Duftstoffe (Riechstoffe), Substanzen, die von Organismen in geringen Mengen (häufig durch Duftdrüsen) an die Umgebung abgegeben und von Tieren und vom Menschen durch den Geruchssinn wahrgenommen werden.

Duftstraßen ↑Duftdrüsen.

Dugongs [malai.], svw. ↑Gabelschwanzseekühe.

Dukatenfalter (Feuerfalter, Heodes virgaureae), Tagschmetterling der Fam. Bläulinge in Eurasien; Spannweite 3,5 cm; Flügel beim ♂ oberseits feurig rotgold glänzend, schwarz gesäumt, beim ♀ mit schwarzbraunen Flecken.

Dulbecco, Renato [engl. dʌlˈbɛkoʊ, italien. dulˈbekko], * Catanzaro 22. Febr. 1914, amerikan. Biologe italien. Herkunft. - Prof. in Pasadena und London. Arbeiten über die Wirkung von DNS-Viren auf lebende Zellen; wies u. a. nach, daß eine Vermehrung dieser Viren zu einer genet. ↑Transformation der Zellen führt, wobei das genet. Material der Viren in das genet. Material der transformierten Zellen induziert wird; erhielt 1975 (zus. mit D. Baltimore und H. M. Temin) den Nobelpreis für Physiologie oder Medizin.

Dülmener, bis 1,35 m schulterhohe, halbwilde Pferderasse aus dem einzigen noch bestehenden dt. Wildgestüt im Merfelder Bruch bei Dülmen; meist braun (häufig mit weißem Maul) bis mausgrau mit Aalstrich, die Beine oft mit Zebrastreifung und schwarzen Schäften.

Dumpalme [arab./dt.] (Hyphaene), Gatt. 12–15 m hoher Fächerpalmen der Steppengebiete mit 32 Arten von Afrika bis Indien; Fruchtfleisch der kugeligen Steinfrüchte eßbar; Samen mit hornartigem Nährgewebe (zur Herstellung von Knöpfen verwendet).

Dunen [niederdt.] (Daunen, Flaumfedern, Plumae), zarte Federn, die bei den meisten Jungvögeln das ganze Federkleid bilden, bes. als Kälteschutz dienen und bei erwachsenen Tieren oft als Isolationsschicht über weite Körperpartien den Konturfedern unterlagert sind.

Dünenpflanzen, meist Ausläufer treibende und tiefwurzelnde Pflanzen, die auf Dünen den angewehten oder angeschwemmten Küstensand festigen und bei Verwehung durchzuwachsen vermögen; Erstbesiedler sind z. B. Strandquecke, Strandhafer, Strandroggen.

Dünenrose (Bibernellrose, Stachelige Rose, Rosa pimpinellifolia), meist weiß blühende, bis etwa 1 m hohe, sehr stachelige Rose auf Dünen und Felsen in Europa und W-Asien; Blätter mit kleinen, fast kreisrunden Fiedern und sehr kleinen, kugeligen, braunschwarzen Hagebutten; viele Sorten in Kultur.

Dungfliegen (Sphaeroceridae), mit etwa 250 Arten weit verbreitete Fam. meist kleiner, schwarzer Fliegen mit kurzem, schnellem Flug; ihre Larven leben in faulenden Stoffen sowie in tier. und menschl. Exkrementen.

Dungkäfer (Aphodiinae), Unterfam. 2–15 mm großer Blatthornkäfer mit über 1 000 Arten in den nördl. gemäßigten Gebieten; leben hauptsächl. in Dung.

Dungmücken (Scatopsidae), mit etwa 150 Arten weltweit verbreitete Fam. 1,5–3 mm großer Mücken; meist schwarz, kahl, mit kurzen Fühlern; Larvenentwicklung in tier. und pflanzl. Abfallstoffen.

Dunkeladaptation, Anpassung des Auges vom Tag- zum Nachtsehen; beruht auf der Änderung der Lichtempfindlichkeit der Sehzellen, die beim menschl. Auge auf das 1 500–8 000fache gesteigert werden kann. Die Gesamtzeit für die vollständige D. beträgt knapp eine Stunde.

Dunkelkäfer ↑Schwarzkäfer.

Dunkelkeimer, Pflanzen, deren Keimung durch bestimmte Spektralbereiche des

Dunkelreaktion

Lichtes (z. B. Dunkelrot, 720–750 nm) gehemmt wird. D. sind Kürbis, Taubnessel, Tomate.

Dunkelreaktion ↑ Photosynthese.

Dunkeltiere, Tiere, die (im Ggs. zu den ↑ Dämmerungstieren) in völliger Dunkelheit leben, z. B. in den lichtlosen Wassertiefen unter 1 000 m, im Erdboden, in Höhlen oder im Inneren anderer Organismen. Für D. charakterist. ist die Rückbildung der Lichtsinnesorgane bis zur völligen Blindheit und eine Steigerung des Tastvermögens.

Dünndarm ↑ Darm.

Duodenum [lat.], Zwölffingerdarm (↑ Darm).

Duplikation [lat.], in der Genetik Bez. für das zweimalige Vorkommen eines Chromosomenabschnitts (einschließl. der Gene) im haploiden Chromosomensatz als Folge einer ↑ Chromosomenaberration.

Dura, svw. ↑ Dura mater.

dural [lat.], zur ↑ Dura mater gehörend.

Dura mater (Dura) [lat.] (harte Hirnhaut), Gehirn und Rückenmark umgebende derbe, bindegewebige Haut (↑ Gehirnhäute).

Durchlaßzellen, dünnwandige Zellen in der Wurzelrinde von Pflanzen, die den Durchtritt von Wasser und gelösten Nährsalzen ermöglichen.

Durchlüftungsgewebe (Aerenchym), pflanzl. Gewebe, das von einem System großer, miteinander verbundener, lufterfüllter Hohlräume (Interzellularräume) durchzogen ist und durch bes. Poren (z. B. Spaltöffnungen) im Abschlußgewebe mit der Außenluft in Verbindung steht. Bes. aerenchymreich sind z. B. die ↑ Atemwurzeln und die Blätter und Sprosse vieler Wasserpflanzen.

Durchschlagskraft, in der *Pflanzen-* und *Tierzucht* die Stärke, mit der sich ein bestimmtes vererbbares Merkmal bei Kreuzungen im Erscheinungsbild der Nachkommen manifestiert.

Durianfrucht [malai./lat.], svw. ↑ Stinkfrucht.

Durilignosa [lat.] (Hartlaubgehölze), Pflanzengesellschaften, in denen Holzpflanzen mit ledrigen, immergrünen Blättern oder mit assimilierender, grüner Rinde dominieren; in Gebieten mit Mittelmeerklima.

Durrha [arab.] ↑ Mohrenhirse.

Durst, eine Empfindung, die mit dem Verlangen verbunden ist, Flüssigkeit in den Körper aufzunehmen. D. tritt normalerweise dann auf, wenn durch Wasserverluste (z. B. Schwitzen, Durchfall) oder durch Erhöhung des osmot. Drucks des Blutes (z. B. reichl. Kochsalzaufnahme) die Sekretion der Speichel- und Mundschleimhautdrüsen nachläßt und der Mund- und Rachenraum trocken wird. Das übergeordnete, den Wasserbedarf des Körpers kontrollierende Zentrum ist das **Durstzentrum** im Hypothalamus, dessen ↑ Osmorezeptoren auf Änderungen des osmot. Drucks des Blutes ansprechen. Der tägl. Wasserbedarf des Menschen beträgt etwa 2 l, den er in Form von Flüssigkeit oder mit der aufgenommenen Nahrung decken kann. **Schwerer Durst** (mit Wasserverlusten zw. 5–12 % des Körpergewichtes) erzeugt bei gestörtem Allgemeinbefinden und quälendem Trinkbedürfnis u. a. Schleimhautrötungen und Hitzegefühl im Bereich von Augen, Nase, Mund und Rachen, Durstfieber und schließl. Versagen der Schweiß- und Harnsekretion. Der Tod durch **Verdursten**, beim Menschen nach einem Wasserverlust von 15–20 % des urspr. Körpergewichtes, tritt im Fieberzustand bei tiefer Bewußtlosigkeit ein.

Düsterbienen (Stelis), Gatt. der Bienen mit etwa 80 Arten, v. a. in den gemäßigten Regionen (in M-Europa 9 Arten); meist dunkel gefärbt mit gelbl. Flecken.

Düsterkäfer (Serropalpidae, Melandryidae), Fam. der Käfer mit rd. 500 Arten; leben meist an und in Baumpilzen; schlank, bräunl. bis schwarz, 3–18 mm groß.

Duve, Christian de [frz. dyːv], * Thames-Ditton (Gft. Surrey) 2. Okt. 1917, belg. Biochemiker. - Prof. in Löwen und am New Yorker Rockefeller-Institut; entdeckte die Lysosomen und die Peroxysomen. 1974 erhielt er hierfür (gemeinsam mit A. Claude und G. E. Palade) den Nobelpreis für Physiologie oder Medizin.

Dybowskihirsch [nach dem poln. Zoologen B. T. Dybowski, * 1833, † 1930], Unterart des ↑ Sikahirschs.

Dysteleologie, im Ggs. zur Teleologie die von E. Haeckel aufgestellte Lehre von der Unzweckmäßigkeit bzw. Ziellosigkeit stammesgeschichtl. Entwicklungsvorgänge, die nur dem Einfluß der Selektion unterworfen sind; stützt sich auf das Vorkommen rückgebildeter, funktionsloser Organe.

dystroph [griech.], durch Humusstoffe und Torfschlamm braungefärbt; in der Limnologie Bez. für Braunwasserseen (**dystrophe Seen**) mit relativ niedrigem pH-Wert, Sauerstoffarmut in der Tiefe, wenig pflanzl., oft reichl. tier. Plankton (in kühlen, niederschlagsreichen Gebieten).

E

Ebenholzgewächse (Ebenaceae), Fam. der zweikeimblättrigen Pflanzen mit 4 Gatt. und etwa 450 Arten in den Tropen und Subtropen; Bäume oder Sträucher mit ganzrandigen Blättern und Beerenfrüchten; sehr hartes und schweres Kernholz.
Eber, erwachsenes männl. Schwein, beim Schwarzwild auch **Basse** genannt.
Eberesche [zu gall. eburos „Eibe"] (Vogelbeerbaum, Sorbus aucuparia), im nördl. Europa und in W-Asien verbreitetes Rosengewächs; strauchartiger oder bis 16 m hoher Baum mit glattem, hell bis dunkelgrau berindetem Stamm; Fiederblätter etwa 30 cm lang, Blättchen scharf gesägt; Blüten klein, weiß, in Doldenrispen; Früchte (Vogelbeeren) glänzend scharlachrot, kugelig, ungenießbar.
Eberfische (Caproidae), Fam. der Knochenfische, Körper fast scheibenförmig, Schnauze rüsselartig vorstülpbar. Am bekanntesten die Gatt. *Capros* (E. i. e. S.) mit dem im Mittelmeer und Atlantik lebenden **Eberfisch (Ziegenfisch,** Capros aper): etwa 15 cm lang, braunrot mit heller Unterseite; Seewasseraquarienfisch.
Eberraute [volksetymolog. umgebildet aus lat. abrotanum] (Zitronenkraut, Artemisia abrotanum), Beifußart aus dem Mittelmeergebiet; bis 1 m hohe, nach Zitronen duftende Staude mit kleinen, gelbl. Blütenköpfchen in schmaler Rispe; alte, nur noch selten angebaute Gewürz- und Heilpflanze.
Eberwurz (Carlina), Gattung der Korbblütler mit etwa 20 Arten in Europa, Vorderasien und im Mittelmeergebiet; distelartige Pflanzen mit Milchsaft; Blätter dornig gezähnt; innere Hüllblätter verlängert, trockenhäutig, weiß bis gelb. In M-Europa kommen vor: **Gemeine Eberwurz** (Carlina vulgaris), bis 80 cm hoch, mit goldgelben inneren Hüllblättern; **Silberdistel** (Wetterdistel, Stengellose E., Carlina acaulis) mit silberweißen pergamentartigen Hüllblättern, die sich nachts und bei Regen schließen.
Eccles, Sir John Carew [engl. ɛklz], * Melbourne 27. Jan. 1903, austral. Physiologe. - Prof. in Canberra, Chicago und Buffalo; entdeckte die Bed. der Ionenströme für die Impulsübertragung an den Synapsen des Zentralnervensystems; 1963 Nobelpreis für Physiologie oder Medizin zus. mit A. L. Hodgkin und A. F. Huxley.
Ecdysone [griech.], Steroidhormone, die bei Insekten und Krebsen die ↑ Häutung auslösen. - ↑ auch Juvenilhormon.
Echeverie (Echeveria) [ɛtʃe...; nach dem mex. Pflanzenzeichner A. Echeverría, 19. Jh.], Gatt. der Dickblattgewächse mit über 150 Arten im trop. Amerika; sukkulente, stammlose Stauden oder kurzstämmige Sträucher mit spiralig angeordneten Blättern in Rosetten; Blüten in Blütenständen.
Echinodermata [griech.], svw. ↑ Stachelhäuter.
Echinokaktus [griech.], svw. ↑ Igelkaktus.
Echinokokkus [griech.], allg. Bez. für den ↑ Blasenwurm.
Echiurida [griech.], svw. ↑ Igelwürmer.
ECHO-Viren [Kurzbez. für engl. enteric cytopathogenic human orphan (viruses) „keiner bestimmten Krankheit zuzuordnende zytopathogene Darmviren"], Sammelbez. für eine Gruppe von Viren, die zahlr. fieberhafte Erkrankungen hervorrufen.
Echsen [durch falsche Worttrennung rückgebildet aus „Eidechse"], (Sauria) weltweit, bes. in den wärmeren Zonen verbreitete Unterordnung der Schuppenkriechtiere mit rund 3 000 etwa 3 cm (kleine Geckoarten) bis 3 m (Komodowaran) langen Arten; meist mit 4 Gliedmaßen, die teilweise oder ganz rückgebildet sein können, wobei jedoch (im Ggs. zu fast allen Schlangen) fast stets Reste des Schulter- und Beckengürtels erhalten bleiben; Augenlider sind meist frei bewegl., das Trommelfell ist fast stets äußerl. sichtbar; Unterkieferhälften (im Ggs. zu den Schlangen) sind fest verwachsen.
◆ volkstüml. Bez. für alle gliedmaßentragenden Reptilien, bes. auch für die Saurier.
Echte Barsche, Gattungsgruppe der Barsche mit den bekannten einheim. Arten Flußbarsch, Kaulbarsch, Streber und Schrätzer.
Echte Brunnenkresse ↑ Brunnenkresse.
Echte Dattelpalme ↑ Dattelpalme.
Echte Edelraute (Artemisia mutellina), geschützte Beifußart in den Alpen; 10–25 cm hohe Staude mit geteilten Blättern und gelben Blütenköpfchen in kurzer Ähre.
Echter Dill ↑ Dill.
Echter Diskus ↑ Diskusfische.
Echter Wermut (Artemisia absinthium), Beifußart an trockenen Standorten der gemäßigten Breiten in Europa und Asien; bis 1 m

Echtmäuse

Eichelhäher

hoher aromat. duftender, filzig behaarter Halbstrauch mit gefiederten Blättern und gelben Blütenköpfchen in Rispen. E. W. enthält äther. Öle, u. a. das giftige Thujon, und wurde u. a. zur (heute in der BR Deutschland verbotenen) Herstellung von Absinth verwendet.

Echtmäuse (Altweltmäuse, Murinae), Unterfam. der Langschwanzmäuse mit rund 75 Gatt. und über 300, kleinen bis mittelgroßen Arten in Europa, Afrika, Asien und Australien. Einheim. Arten sind Zwergmaus, Brandmaus, Hausmaus, Hausratte, Wanderratte, Maulwurfsratte.

Eckflügler (Eckenfalter), Gruppe der Edelfalter mit 5 bunten Arten, deren Flügel charakterist. Ecken aufweisen; in Deutschland Trauermantel, Tagpfauenauge, Kleiner und Großer Fuchs.

Eckzähne ↑Zähne.

Edaphon [griech.], Bez. für die Gesamtheit der im Boden lebenden Organismen.

Edelfalter (Fleckenfalter, Nymphalidae), Fam. der Tagfalter mit mehreren Tausend weltweit verbreiteten Arten; mit meist bunt gefärbten Flügeln. In Europa bes. bekannt sind ↑Admiral, ↑Kaisermantel, ↑Perlmutterfalter, ↑Scheckenfalter, ↑Schillerfalter sowie die ↑Eckflügler.

Edelfasan ↑Fasanen.

Edelhirsch, svw. ↑Rothirsch.

Edelkastanie (Echte Kastanie, Castanea sativa), Buchengewächs in W-Asien, kultiviert und eingebürgert in S-Europa und N-Afrika, seit der Römerzeit auch in wärmeren Gebieten Deutschlands; sommergrüner, bis über 1 000 Jahre alt und über 20 m hoch werdender Baum mit großen, derben, längl.-lanzettförmigen, stachelig gezähnten Blättern und weißen Blüten, die gebüschelt in aufrechten, langen Ähren stehen; die Nußfrüchte (**Eßkastanien, Maronen, Maroni**) mit stacheliger Fruchthülle; erste Fruchterträge nach 20 Jahren. - Abb. S. 172.

Edelkoralle (Rote Edelkoralle, Corallium rubrum), Art der Rindenkorallen an den Küsten des Mittelmeers, v. a. in Tiefen zw. 30 und 200 m; bildet meist 20–40 cm hohe, wenig verzweigte Kolonien. Die weißen, 2–4 cm großen Polypen sind durch eine meist mattrote weiche Gewebesubstanz (Zönosark) verbunden, das die meist leuchtend rote, seltener weiße, braune, gefleckte oder auch schwarze Skelettachse umgibt.

Edelkrebs (Flußkrebs, Astacus astacus), etwa 12 (♀)–16 (♂) cm langer Flußkrebs in M-Europa, S-Skandinavien und im mittleren Donaugebiet; bräunl.- bis olivgrün, mit kräftig entwickelten Scheren.

Edelman, Gerald Maurice [engl. ˈɛɪdlmæn], * New York 1. Juli 1929, amerikan. Biochemiker. - E. arbeitete v. a. an der Aufklärung der biochem. Grundlagen der ↑Antigen-Antikörper-Reaktion; erhielt 1972 (zus. mit

Eibe. Früchte an den Zweigen der Gemeinen Eibe

Eiche. Blätter und Früchte der Stieleiche

Efeu

R. R. Porter) den Nobelpreis für Physiologie oder Medizin.

Edelmarder (Baummarder, Martes martes), Marderart in Europa und N-Asien; Körperlänge etwa 48–53 cm, Schwanz 22–28 cm lang, buschig; wurde früher seines wertvollen Pelzes wegen stark bejagt; selten.

Edelpapagei (Lorius roratus), bis 40 cm (einschließl. Schwanz) großer Papagei, v. a. in den Regenwäldern N-Australiens und Neuguineas; ♂ fast grasgrün (mit gelbem, an der Basis rotem Schnabel), ♀ feuerrot; Käfigvogel.

Edelreizker ↑Milchlinge.

Edelsittiche (Psittacula), Gatt. der Papageien mit 12 Arten von W-Afrika bis Borneo; 30–54 cm lange Vögel mit grünem Gefieder und langem, stufigem Schwanz.

Edeltanne, svw. Weißtanne (↑Tanne).

Edelweiß (Leontopodium), Gatt. der Korbblütler mit etwa 50 Arten in Gebirgen Asiens und Europas; niedrige, dicht behaarte, weißl. bis grüne Stauden mit kleinen Blütenköpfchen in Trugdolden, die von strahlig abstehenden Hochblättern umstellt sind. - In M-Europa kommt nur die geschützte Art **Leontopodium alpinum** in den Alpen auf Felsspalten und auf steinigen Wiesen ab 1 700 m Höhe vor. - Abb. S. 172.

Edentata [lat.], svw. ↑Zahnarme (Säugetierordnung).

Efeu (Hedera), Gatt. der Araliengewächse mit etwa 7 Arten in Europa, N-Afrika und Asien; immergrüne Sträucher mit lederartigen, gezähnten oder gelappten Blättern und grünlichgelben Blüten in Doldentrauben. - Der **Gemeine Efeu** (Hedera helix) ist in Europa bis zum Kaukasus verbreitet. Er wächst an Mauern und Bäumen, bis zu 30 m hoch kletternd, oder auf dem Erdboden. - Der **Kaukasus-Efeu** (Hedera colchica) aus Kleinasien und dem Kaukasus besitzt meist ganzrandige Blätter und ist in allen Teilen größer als der Gemeine Efeu, als Zierpflanze kultiviert. - Abb. S. 172.

Smaragdeidechse

Bergeidechse

Eurasiatisches Eichhörnchen

Einsiedlerkrebse. Eupagurus arrosor mit zwei Seerosen auf dem Gehäuse

Efeuaralie

Efeuaralie, durch Kreuzung von Zimmeraralie und Efeu entstandenes Araliengewächs.

Efeugewächse, svw. ↑Araliengewächse.

Effektoren [lat.], in der *Physiologie* Bez. für Nerven, die einen Reiz vom Zentralnervensystem zu den Organen (Muskeln, Drüsen) weiterleiten bzw. für die den Reiz beantwortenden Organe selbst.

efferent [lat.], herausführend (hauptsächl. von Nervenbahnen oder Erregungen, gesagt, die vom Zentralnervensystem zum Erfolgsorgan führen); Ggs. ↑afferent.

Egelschnecken (Schnegel, Limacidae), Fam. z. T. großer Nacktschnecken mit meist vom Mantel vollkommen eingeschlossenem Schalenrest; Schädlinge sind z. B. die ↑Ackerschnecken und die an Kartoffeln, Wurzelgemüse, Blumenzwiebeln fressende **Große Egelschnecke** (Limax maximus): bis 15 cm lang, hellgrau bis weißlich.

Egerling, svw. ↑Champignon.

Egestion [lat.], Entleerung von Stoffen und Flüssigkeiten aus dem Körper durch E.öffnungen (z. B. die Ausströmungsöffnungen der Schwämme); Ggs. ↑Ingestion.

Ehrenpreis (Veronica), Gatt. der Rachenblütler mit etwa 300 Arten, v. a. auf der Nordhalbkugel; meist Kräuter mit gegenständigen Blättern und häufig blauen (seltener weißen, gelben oder rosafarbenen) Blüten in Trauben; in M-Europa fast 40 Arten, u. a. ↑Bachehrenpreis.

Ehrlich, Paul, *Strehlen (Schlesien) 14. März 1854, †Bad Homburg v. d. H. 20. Aug. 1915, dt. Mediziner. - Prof. in Berlin, Göttingen und Frankfurt am Main; Mitarbeiter von R. Koch. E. entdeckte als Schöpfer der Chemotherapie zus. mit S. Hata das Salvarsan zur Behandlung der Syphilis; bahnbrechende Arbeiten über Hämatologie, Serologie, Immunologie und die Aufstellung der berühmten E.-Seitenkettentheorie (↑Seitenkettentheorie). E. erhielt 1908 zusammen mit I. Metschnikow den Nobelpreis für Physiologie oder Medizin.

Ei, (Eizelle, Ovum) unbewegl. weibl. Geschlechtszelle von Mensch, Tier und Pflanze; meist wesentl. größer als die männl. Geschlechtszelle (↑Samenzelle), z. B. beim Menschen 0,12–0,2 mm, beim Haushuhn etwa 3 cm, beim Strauß über 10 cm, bei Saugwürmern etwa 0,012–0,017 mm im Durchmesser. - Die Bildung der E. erfolgt meist in bes. differenzierten Geschlechtsorganen, bei mehrzelligen Pflanzen u. a. in Samenanlagen, bei mehrzelligen Tieren (einschließl. des Menschen) in Eierstöcken.

Der Aufbau der Eier ist sehr einheitl. Unter der von der Eizelle selbst gebildeten Eihaut (↑Dotterhaut) befindet sich das **Eiplasma** (Ooplasma) mit dem relativ großen Eikern ("Keimbläschen"). Die im Eiplasma gespeicherten Reservestoffe (u. a. Eiweiße, Lipoproteide, Fette, Glykogen) werden in ihrer Gesamtheit als ↑Dotter bezeichnet. Nach der *Menge des Dotters* im Eiplasma unterscheidet man sehr dotterarme (**oligolezithale Eier** bei vielen Wirbeltieren und Säugern) und weniger dotterarme (**mesolezithale Eier**; bei Lurchen, Lungenfischen) Eier. E. mit großer Dottermenge werden als **polylezithale Eier** bezeichnet. Bei gleichmäßiger *Verteilung des Dotters* spricht man von **isolezithalen Eiern** (z. B. die sehr dotterarmen, deshalb **alezithalen Eier** der Säugetiere einschließl. Mensch). Nach der *Menge und Verteilung des Dotters* unterscheidet man Eier mit relativ großer Dottermenge (**meroblastische Eier**), bei denen diese am vegetativen Pol (**telolezithale Eier**; bei Kopffüßern, Knochenfischen), oder zentral (**zentrolezithale Eier**; bei Krebstieren, Spinnentieren, Insekten) gelegen ist und Eier mit relativ wenig, gleichmäßig oder ungleichmäßig verteiltem Dotter (**holoblastische Eier**). Zu letzteren zählen die oligo- und mesolezithalen Eier.

Die nach der Befruchtung durch eine männl. Geschlechtszelle oder durch Wirksamwerden anderer Entwicklungsreize (z. B. bei der Jungfernzeugung) beginnende Eifurchung wird anfangs äußerst stark durch Menge und Verteilung des im E. befindl. Dotters beeinflußt. Im E. ist die gesamte, für die Ausbildung des Organismus notwendige Information gespeichert. Einzelne Eibezirke sind für die Bildung bestimmter Körperabschnitte des späteren Organismus mehr oder weniger ausgeprägt determiniert (↑Mosaikeier, ↑Regulationseier). Das E. wird oft von mehreren **Eihüllen** umgeben, die Hafteinrichtungen (bei Insekten) besitzen oder hornartig (bei Haien und Rochen), gallertig (Wasserschnecken, Lurche) oder äußerst fest (↑Dauereier) sind. Auch das Eiklar (Eiweiß) der Vogeleier mit den Hagelschnüren und die Kalkschale sind Eihüllen. Bei Plattwürmern sind die Eizellen dotterlos; dafür sind sie innerhalb der Schale von zahlr. Dotterzellen umgeben (**zusammengesetzte Eier, ektolezithale Eier).**

◆ gemeinsprachl. Bez. für die Eizelle einschließl. aller Eihüllen. Die E. vieler Vögel, bes. der Haushühner (↑Hühnerei), Enten, Gänse, Möwen, Kiebitze, sind teils wichtige Nahrungsmittel, teils kulinar. Leckerbissen. Auch die Eier von Stören, Karpfen, Hechten, Lachsen, Dorschen und Makrelen werden als Nahrungsmittel genutzt (Rogen, Kaviar). - Abb. S. 173.

Eibe (Taxus), Gatt. immergrüner, zweihäusiger Nadelhölzer der E.gewächse mit etwa 8 Arten auf der Nordhalbkugel. - In Europa wächst die geschützte, giftige Art **Gemeine Eibe** (Taxus baccata), ein bis über 1000 Jahre alt werdender, bis 15 m hoher Baum mit bis 3 cm langen und 2 mm breiten, beiderseits dunkelgrünen Nadeln, die in 2 Zeilen geordnet sind und erbsengroßen, roten oder gelben Samen. - Abb. S. 176.

Eibengewächse (Taxaceae), Fam. der

Eichhörnchen

Nacktsamer mit 5 Gatt. (einzige Gatt. in M-Europa ↑Eibe).

Eibisch [zu lat. (h)ibiscum mit gleicher Bed.] (Hibiscus), Gatt. der Malvengewächse mit über 200, meist trop. Arten.

Eibl-Eibesfeldt, Irenäus, * Wien 15. Juni 1928, östr. Verhaltensforscher. - Prof. für Zoologie in München; zahlr. Forschungsreisen nach Afrika, Japan, Neuguinea, Polynesien, Indonesien, S-Amerika und auf die Galápagosinseln. E.-E. untersuchte die verschiedenen Formen inner- und zwischenartl. Kommunikation bei Mensch und Tier. - *Werke:* Menschenforschung auf neuen Wegen (1976), Grundriß der vergleichenden Verhaltensforschung ([6]1980).

Eichäpfel, svw. ↑Galläpfel.

Eiche (Quercus), Gatt. der Buchengewächse mit etwa 500 Arten auf der Nordhalbkugel; sommer- oder immergrüne, einhäusige, bis 700 Jahre alt werdende Bäume mit gesägten bis gelappten Blättern. Die männl. Blüten stehen in gelbgrünen, hängenden Kätzchen, die weibl. Blüten einzeln oder zu mehreren in Ähren. Die im ersten oder zweiten Jahr reifende Nußfrucht wird Eichel genannt. In Europa heim. ist die **Traubeneiche** (Stein-E., Winter-E., Quercus petraea); bis 40 m hoch, Blätter breit-eiförmig, regelmäßig gebuchtet, Eicheln zu zwei bis sechs. Die **Stieleiche** (Sommer-E., Quercus robur) kommt im gemäßigten Europa und in S-Europa bis zum Kaukasus vor; 30–35 m hoch, mit bis über 2 m dikkem, oft knorrigem Stamm; Blätter in Büscheln am Ende der Triebe, unregelmäßig gebuchtet; Eicheln walzenförmig, in napfartigen Fruchtbechern steckend, meist zu mehreren an langen Stielen sitzend; Blüten und Früchte erscheinen erst zw. dem 50. und 80. Lebensjahr. Die Früchte wurden früher zur Schweinemast verwendet (heute zur Wildfütterung). Kurz gezähnte Blätter hat die im Mittelmeergebiet wachsende **Korkeiche** (Quercus suber). Die innere Borke, der sog. Kork, wird alle 8–10 Jahre in Platten vom Stamm geschält und z. B. für Flaschenkorken, Linoleum und Isolierungen verwendet. *Religions-* und *kulturgeschichtlich* ist die E. von hervorragender Bed. Sie galt v. a. bei indogerman. Völkern, aber auch bei den Japanern als heilig. Am bekanntesten ist die E. als hl. Baum des german. Gottes Donar. Außerhalb der religiösen Sphäre gilt die E. als Sinnbild der Stärke, heldenhafter Standhaftigkeit sowie als Sinnbild des Sieges. - Abb. S. 176.

Eichel, Bez. für die runde bis eiförmige, grüne, dunkel- oder rotbraune, stärke- und gerbsäurereiche Frucht der Eichen, die an ihrer Basis von einem napf- oder becherförmigen, beschuppten oder filzig behaarten Fruchtbecher umschlossen wird, aus der sie nach der Reife herausfällt.

◆ (Glans) vorderes, etwas verdicktes Ende (**Glans penis**) des Penis der Säugetiere (einschließl. Mensch); eine homologe, wesentl. kleinere Bildung weist der Kitzler auf (**Glans clitoridis**).

Eichelhäher (Garrulus glandarius), etwa 35 cm großer, rötlich-brauner Rabenvogel in Europa, NW-Afrika und Vorderasien; mit weißem Bürzel, schwarzem Schwanz, weißem Flügelfleck, blauschwarz gebänderten Flügeldecken; Standvogel. - Abb. S. 176.

Eichelwürmer (Enteropneusta), Klasse der Kragentiere mit rd. 70 meist 10–50 cm langen, im Flachwasser der Gezeitenzone lebenden Arten von wurmförmig langgestreckter Gestalt mit einem als **Eichel** bezeichneten Bohrorgan, welches das Vorderende des in 3 Abschnitte gegliederten Körpers bildet.

Eichenbock, svw. ↑Heldbock.

Eichenfarn (Gymnocarpium), Gatt. der Tüpfelfarne; bekannt ist der **Echte Eichenfarn** (Gymnocarpium dryopteris), ein 15–30 cm hoher, in Laub- und Mischwäldern der nördl. gemäßigten Zonen wachsender Farn mit dreieckigen, dreifach gefiederten Blättern an goldgelben Blattstielen.

Eichengallen, svw. ↑Galläpfel.

Eichengallwespen ↑Gallwespen.

Eichenseidenspinner (Chin. Seidenspinner, Antheraea pernyi), bis 15 cm spannender Augenspinner in N-China und in der Mandschurei; Körper behaart, Flügel gelblichbraun, oberseits auf jedem Flügel eine weißbraune Querbinde und ein großer Fensterfleck. Aus dem Kokon der Raupen wird Tussahseide gewonnen.

Eichenspinner (Lasiocampa quercus), etwa 7 cm spannender, gelber (♀) oder dunkelbrauner (♂) Schmetterling der Fam. Glucken, v. a. in Eichenwäldern, an Mischwaldrändern und Mooren Eurasiens; Vorder- und Hinterflügel mit je einer gelben Querbinde; Raupen fressen u. a. an Eichenblättern, aber auch an Weiden, Heidekraut u. a.

Eichenwickler (Tortrix viridana), Kleinschmetterling (Fam. Wickler) mit hellgrünen Vorder- und grauen Hinterflügeln; Spannweite 18–23 mm. Die Raupen fressen zuerst an den Knospen von Eichen, dann befallen sie die Laubblätter.

Eichenwidderbock (Plagionotus arcuatus), gelb und schwarz gezeichneter, 6–20 mm großer Bockkäfer; lebt auf abgestorbenen Ästen und Stämmen von Eiche, Buche und Hainbuche.

Eichhase (Polyporus umbellatus), graubrauner, bis 30 cm hoher Pilz (Fam. Porlinge) an Eichen- und Buchenbaumstümpfen. Die zahlr. Seitenäste tragen an ihrem Ende kleine (1–5 cm im Durchmesser), dünnfleischige, in der Mitte oft vertiefte Hütchen. Jung ist der E. ein angenehm duftender, nach Nüssen schmeckender Speisepilz.

Eichhörnchen (Sciurus), Gatt. der Baumhörnchen mit zahlr. Arten in den Wäl-

Eichkater

dern Europas, Asiens sowie N- und S-Amerikas; Körper etwa 20–32 cm lang, mit meist ebenso langem Schwanz; Färbung unterschiedlich, Fell dicht, Schwanz mehr oder weniger stark buschig behaart. Bekannteste Art ist **Sciurus vulgaris,** unser einheim. Eichhörnchen, das in ganz Europa und weiten Teilen Asiens vorkommt; Körperlänge etwa 20–25 cm, Schwanz etwas kürzer, sehr buschig und zweizeilig behaart; Ohren (bes. im Winter) mit deutl. Haarpinsel (fehlt bei den Jungtieren); die Färbung variiert je nach geograph. Vorkommen; in M-Europa Fell mit Ausnahme der scharf abgesetzten weißen Bauchs meist hell rotbraun, im Winter dunkel rostbraun mit mehr oder weniger deutl. grauem Anflug; nach Osten nimmt die Graufärbung des Winterfells zu; so sind die ostsibir. Tiere oberseits rein grau und liefern das als Feh bekannte Pelzwerk. Lebt in selbstgebauten, meist hochgelegenen Nestern (**Kobel**) aus Zweigen, Gras, Moos. - Abb. S. 177.

Eichkater, volkstüml. Bez. für das Eichhörnchen.

Eidechsen (Lacertidae), Fam. der Skinkartigen (Echsen) in Eurasien und Afrika; Körper langgestreckt, ohne Rückenkämme, Kehlsäcke oder ähnl. Hautbildungen, mit langem, schlankem, fast immer über körperlangem Schwanz und stets wohlentwickelten Extremitäten; Hautverknöcherungen kommen nur auf der Kopfoberseite vor; die Augenlider sind beweglich (Ausnahme z. B. Gatt. Schlangenaugen-E.); der Schwanz kann an vorgebildeten Bruchstellen abgeworfen und mehr oder minder vollständig regeneriert werden (das abgeworfene Schwanzende lenkt durch lebhafte Bewegungen den Verfolger von seinem Beutetier ab). E. sind meist eierlegend, seltener lebendgebärend (z. B. die Bergeidechse). Die Gatt. **Fransenfingereidechsen** (Acanthodactylus) mit 12 Arten kommt in SW-Europa, N-Afrika und W-Asien vor; Zehen seitl. mit fransenartigen Schuppenkämmen, die das Laufen auf lockerem Sand erleichtern. Die einzige auch in Europa vorkommende Art ist **Acanthodactylus erythrurus**, bis knapp 25 cm lang, dunkelbraun mit hellbrauner, weißer und gelber Flecken- und Streifenzeichnung. In Europa, W-Asien und Afrika leben die über 50 Arten der Gatt. **Halsbandeidechsen** (Lacerta), die eine Reihe Hornschildchen (Halsband) an der Kehle haben. Hierzu gehören alle einheim. E.arten, u. a.: **Bergeidechse** (Wald-E., Lacerta vivipara), bis 16 cm lang, Oberseite braun mit dunklerem Mittelstreif, Unterseite beim ♂ orangegelb mit schwarzen Tupfen, beim ♀ blaßgelb bis grau; **Mauereidechse** (Lacerta muralis), bis 19 cm lang, oberseits meist graubraun, dunkel gefleckt oder gestreift, unterseits weißl. bis rötl.; **Smaragdeidechse** (Lacerta viridis), bis 45 cm lang, oberseits leuchtend grün, ♀ mit 2–4 weißl. Längsstreifen, ♂ zur Paarungszeit mit blauem Kehlfleck; **Zauneidechse** (Lacerta agilis), bis 20 cm lang, Färbung sehr unterschiedl., bes. an sonnigen, trockenen Stellen zu finden. In S-Europa und in Afrika leben die 12–23 cm langen Arten der Gatt. **Kielechsen** (Kiel-E., Algyroides); bekannt ist die **Blaukehlige Kielechse** (Algyroides nigropunctatus), oberseits braun bis olivgrün oder schwärzl. mit schwarzen Punkten. In den Mittelmeerländern leben die Arten der Gatt. **Sandläufer** (Sandläufer-E., Psammodromus). Der **Span. Sandläufer** (Psammodromus hispanicus) ist bis knapp 15 cm lang und sandfarben, der **Alger. Sandläufer** (Psammodromus algirus) ist bis 30 cm lang und hellbraun mit roter Kehle und roten Kopfseiten. - Abb. S. 177.

Eidechsennatter (Malpolon monspessulanus), bis über 2 m lange Trugnatter im Mittelmeergebiet, SO-Europa und Kleinasien; Körperoberseite gelb- oder graubraun bis olivfarben und schwarz, Unterseite blaßgelb; die Kopfoberseite ist (v. a. bei alten Tieren) eingesenkt und bildet seitl. eine auffallen-

Eisbär

Elch

de, die gesamte Augenregion überdachende Leiste aus.

Eiderente (Somateria mollissima), Meerente an den Küsten der nördl. Meere bis zur Arktis (in Deutschland geschützt); ♂ (etwa 60 cm lang) im Prachtkleid mit schwarzem Bauch und Scheitel, weißem Rücken und moosgrünem Nacken, ♀ (etwa 55 cm lang) braun und dicht schwarz gebändert.

Eidotter, svw. ↑ Dotter.

Eierbofist (Kugelbofist, Schwärzender Bofist, Bovista nigrescens), walnuß- bis hühnereigroßer Pilz der Gatt. Bofist auf Wiesen; mit weißer, glatter Außenhaut; jung eßbar.

Eierfrucht, svw. ↑ Aubergine.

Eierschlangen (Dasypeltinae), Unterfam. bis knapp über 1 m langer Nattern in Afrika und im südl. Asien; Körper schlank mit kleinem, kurzem, kaum abgesetztem Kopf, Zähne weitgehend rückgebildet; Bänder des Unterkiefers außergewöhnlich dehnbar. – Die E. ernähren sich von Vogeleiern, wobei die Schale beim Schlingen durch harte, scharfkantige Fortsätze der Halswirbel (die nach unten in die Speiseröhre ragen) angeritzt und zerbrochen wird. Bekannt ist die **Afrikan. Eierschlange** (Dasypeltis scabra), etwa 60–90 cm lang, graubräunl. mit schwarzbraunen, mehr oder minder rechteckigen Flecken.

Eierschwamm, svw. ↑ Pfifferling.

Eierstock (Ovar[ium]), Teil der weibl. Geschlechtsorgane bei den mehrzelligen Tieren (mit Ausnahme der Schwämme) und beim Menschen, in welchem die weibl. Keimzellen (Eizellen) entstehen. Daneben kann der E. (bes. bei Wirbeltieren) eine bed. Rolle bei der Bildung von Geschlechtshormonen spielen (Östrogen im Follikel, Progesteron im Gelbkörper). Meist gelangen die im E. gebildeten Eier über einen eigenen Kanal (↑ Eileiter) nach außen oder in die Gebärmutter. Die paarig angelegten Eierstöcke der erwachsenen Frau sind bis zu 3 cm groß und mandel- bis linsenförmig. Jeder E. enthält über 200 000 Follikel in verschiedenen Entwicklungsstadien, von denen jedoch nur etwa 400 Follikel aus beiden Eierstöcken zur Reife kommen.

Eierstockhormone (Ovarialhormone), die vom Eierstock gebildeten und an das Blut abgegebenen Hormone (↑ Östrogene, ↑ Gestagene).

Eifollikel (Follikel), aus Follikelzellen bestehende Hülle der heranreifenden Eizelle im Eierstock, die v. a. der Ernährung des Eies während der Eireifung dient, daneben aber auch für die Bildung der Östrogene von Bed. ist. Bei Wirbeltieren sind die E. zunächst einschichtig (**Primärfollikel**), dann mehrschichtig (**Sekundärfollikel**). In vielen Fällen bilden sie später eine flüssigkeitserfüllte Höhlung aus (beim Menschen bis zu 2 cm Durchmesser), in die ein das reife Ei enthaltender Follikelpfropf (Eihügel) hineinragt (**Tertiärfollikel, Graaf-Follikel**).

Eifurchung, svw. ↑ Furchungsteilung.

Eigelb (Dotterkugel), volkstüml. Bez. für die den gelben ↑ Dotter einschließende Eizelle des Vogel- und Reptilieneies im Ggs. zum außenliegenden Eiweiß (↑ Albumen) des Eies.

Eigen, Manfred, * Bochum 9. Mai 1927, dt. Physikochemiker. – Direktor am Max-Planck-Institut für biophysikal. Chemie in Göttingen; wichtige Arbeiten über den Ablauf extrem schneller chem. und biochem. (v. a. enzymat.) Reaktionen; 1967 Nobelpreis für Chemie (zus. mit R. G. W. Norrish und G. Porter). Arbeitet an einem rein physikal.-chem. Modell der Entstehung des Lebens.

Eigenbestäubung ↑ Selbstbestäubung.

Eigenreflexe, Bez. für Reflexe, bei denen, im Ggs. zu den Fremdreflexen, die den Reiz aufnehmenden und den Reflexerfolg ausführenden Strukturen (Rezeptoren, Effektoren)

Elefanten. Afrikanischer Elefant (links) und Asiatischer Elefant

Eihaut

im selben Organ liegen; z. B. Patellarsehnenreflex.
Eihaut, svw. ↑ Dotterhaut.
◆ beim *Vogelei* Bez. für: 1. ↑ Dotterhaut; 2. ↑ Schalenhaut.
◆ Bez. für die ↑ Embryonalhüllen.
Eihautfressen (Plazentophagie), das Auffressen der Nachgeburt; v. a. von Haustieren und wilden Huftieren bekannt.
Eijkman, Christiaan [niederl. 'εikmαn], * Nijkerk (Geldern) 11. Aug. 1858, † Utrecht 5. Nov. 1930, niederl. Hygieniker. - Schüler von R. Koch; Prof. in Utrecht; arbeitete über die moderne Ernährungslehre; 1929 (mit F. G. Hopkins) Nobelpreis für Physiologie oder Medizin.
Eileiter (Ovidukt), bei den meisten mehrzelligen Tieren und dem Menschen ausgebildeter röhrenartiger, meist paariger Ausführungsgang, durch den die Eier aus dem Eierstock nach außen bzw. in die Gebärmutter gelangen. Bei fast allen Wirbeltieren (einschließl. des Menschen) geht der E. aus dem vorderen Abschnitt des ↑ Müller-Gangs hervor, beginnt mit einer trichterförmigen, mit Fransen (Fimbrien) versehenen Öffnung und mündet als Tuba uterina in die Gebärmutter (bei allen Säugetieren einschließl. des Menschen). Beim Menschen ist der E. etwa 8–10 cm lang, paarig ausgebildet und nahezu bleistiftstark.
Einbeere (Paris), Gatt. der Liliengewächse mit etwa 20 Arten in Europa und im gemäßigten Asien. In Laubwäldern M-Europas weitverbreitet ist die Art *Paris quadrifolia,* eine bis etwa 40 cm hohe Pflanze mit vier in einem Quirl zusammenstehenden Blättern, endständiger, bleichgrüner Blüte und schwarzer, giftiger Beere.
Einbettung, svw. ↑ Nidation.
Ein-Gen-ein-Enzym-Hypothese, von G. W. Beadle und E. L. Tatum 1940/41 aufgestellte, heute weitgehend bestätigte Annahme, daß jedes Enzym (d. h. Polypeptid) von einem Gen codiert wird *(Ein-Gen-ein-Polypeptid-Hypothese).*
Eingeweide [zu althochdt. weida „Futter, Speise" (die E. des Wildes wurden den Hunden vorgeworfen)] (Splanchna, Viscera), zusammenfassende Bez. für die inneren Organe des Rumpfes, v. a. der Wirbeltiere (einschließl. des Menschen). Man unterscheidet: **Brusteingeweide** (v. a. Herz mit Aorta, Lungen, Thymus, Luft- und Speiseröhre) und **Baucheingeweide** (E. i. e. S.; v. a. Magen und Darm, Leber und Gallenblase, Bauchspeicheldrüse, Milz, Nieren, Nebennieren, Harnleiter sowie die meisten Geschlechtsorgane). I. w. S. kann auch das Gehirn zu den E. gerechnet werden.
Eingeweidefische, svw. ↑ Nadelfische.
Eingeweidegeflecht (Sonnengeflecht, Bauchhöhlengeflecht, Solarplexus, Plexus coeliacus), der Bauchaorta in Zwerchfellnähe aufliegendes, großes Geflecht sympath. Nervenfasern mit zahlr. vegetativen Ganglien, von denen aus die oberen Baucheingeweide mit Nervenfasern versorgt werden.
Eingeweidenervensystem, svw. vegetatives Nervensystem (↑ Nervensystem).
Eingeweidesack, Teil des Körpers der Schnecken, der meist von der Schale umhüllt ist und den größten Teil des Darmtrakts und des Blutgefäßsystems sowie die Geschlechts- und Exkretionsorgane enthält.
Eingeweideschnecken (Entoconchidae), Fam. endoparasit. in Seewalzen (v. a. im Darmtrakt und in den Blutgefäßen) lebender, bis etwa 10 cm langer, schlauchförmiger Schnecken ohne Schale, bei denen innere Organe weitgehend rückgebildet sind.
Eingeweidewürmer (Helminthen), Sammelbez. für im Eingeweide parasitierende Platt-, Schlauch-, Fadenwürmer.
Einhäusigkeit, svw. ↑ Monözie.
Einhöckeriges Kamel, svw. ↑ Dromedar.
Einhornwal, svw. Narwal (↑ Gründelwale).
Einhufer, die ↑ Unpaarhufer, bei denen alle Zehen mit Ausnahme der mittleren, auf dem sie laufen, zurückgebildet sind; der vergrößerte Mittelzeh trägt einen (einheitl.) Huf. Zu den E. zählen Pferde, Zebras, Esel und Halbesel.
einjährig ↑ annuell.
Einkeimblättrige (Einkeimblättrige Pflanzen, Monokotyledonen, Monocotyledoneae), Klasse der Blütenpflanzen, deren Keimling nur ein Keimblatt ausbildet, das als Laubblatt oder (im Samen) als Saugorgan auftreten kann; Laubblätter meist mit unverzweigten, parallel verlaufenden Hauptnerven; Blüten vorwiegend aus dreizähligen Blütenankreisen aufgebaut. Die Primärwurzel ist meist kurzlebig und wird durch sproßbürtige Wurzeln ersetzt. Die Leitbündel sind geschlossen und meist zerstreut über den Sproßquerschnitt angeordnet. Sekundäres Dickenwachstum kommt nur selten vor. E. sind Kräuter oder ausdauernde Pflanzen, die oft Zwiebeln, Rhizome oder Knollen ausbilden. Fossil sind sie seit der unteren Kreide (etwa gleichzeitig mit den ersten Zweikeimblättrigen) nachweisbar.
Einkorn (Triticum monococcum), heute kaum mehr angebaute Weizenart mit kurzen, dichten, flachgedrückten Ähren; Ährchen lang begrannt, meist zweiblütig, oft wird jedoch nur eine Frucht ausgebildet; seit der jüngeren Steinzeit bekannt.
Einmieter (Inquilinen), Bez. für Tiere, die in Behausungen oder Körperhohlräumen anderer Lebewesen leben, ohne ihre Wirte zu schädigen oder von diesen verfolgt zu werden (z. B. Insekten in Vogelnestern).
Einschlußkörperchen, außerhalb oder innerhalb des Zellkerns von Zellen des

menschl. Körpers (z. B. der Lunge) gelegene Gebilde; entstehen bei Viruserkrankungen aus der Anhäufung von Viren und Zellreaktionsprodukten.

Einsiedlerkrebse (Meeres-E., Paguridae), Fam. der ↑ Mittelkrebse mit rd. 600, fast ausschließl. im Meer verbreiteten Arten mit weichhäutigem Hinterleib, den sie durch Eindringen in ein leeres Schneckenhaus schützen; leben oft mit am Gehäuse sitzenden Seerosen in Symbiose. - Abb. S. 177.

Einstülpung, svw. ↑ Invagination.

Eintagsfliegen (Ephemeroptera), mit etwa 1 400 Arten weltweit verbreitete Ordnung 0,3–6 cm körperlanger Insekten mit meist 2 häutigen, reich geäderten Flügelpaaren und 3 (seltener 2) langen, borstenförmigen Schwanzfäden; Mundwerkzeuge verkümmert oder fehlend, daher keine Nahrungsaufnahme des entwickelten Insekts, das nur wenige Stunden bis einige Tage lebt; Larven leben in stehenden und fließenden Gewässern; in Deutschland leben etwa 70 Arten von 3–38 mm Körperlänge, z. B. Uferaas, Rheinmücke, Theißblüte.

Einzelfrüchte ↑ Fruchtformen.

Einzeller (Protisten), Bez. für Lebewesen, deren Körper nur aus einer Zelle besteht. Die Aufgaben der Organe der Vielzeller übernehmen bei ihnen ↑ Organellen; pflanzl. E. ↑ Protophyten, tier. E. ↑ Protozoen.

Eiplasma ↑ Ei.

Eireifung, svw. ↑ Oogenese.

Eisbär (Ursus maritimus), rings um die Arktis verbreitete Bärenart; Körperbau kräftig, Kopf relativ klein und schmal, Ohren auffallend kurz und abgerundet; Körperlänge etwa 1,8 (♀)–2,5 m (♂), Schulterhöhe bis etwa 1,6 m; Gewicht durchschnittl. 320–410 kg; Fell dicht, weiß bis (v. a. im Sommer) gelblichweiß; vorwiegend Fleischfresser. - Abb. S. 180.

Eischwiele (Caruncula), dem Durchstoßen der Eischale dienende, nach dem Schlüpfen abfallende, schwielenartige, verhornte Epithelverdickung am Oberkiefer schlüpfreifer Embryonen der Brückenechsen, Krokodile und Schildkröten; bei Vögeln im allg. am Oberschnabel; bei Ameisenigel und Schnabeltier auf einem bes., kleinen *E.knochen* sitzend, der zusammen mit der E. abfällt.

Eisenbakterien, i. e. S. Bakterien, die in sauren, eisenhaltigen Wässern (z. B. Minenwässern) leben und CO_2 in organ. Verbindungen überführen, indem sie die dazu notwendige Energie aus der Oxidation von Fe^{++} in Fe^{+++} gewinnen.

◆ (Eisenorganismen) allg. Bez. für Bakterien (z. B. Brunnenfaden), in deren Kapseln oder Scheiden sich Eisenhydroxidniederschläge bilden können, die aus einer spontanen Oxidation von Eisen (in neutralen und alkal. Wässern) herrühren.

Eisenhut (Sturmhut, Aconitum), Gatt. der Hahnenfußgewächse mit etwa 300 Arten, v. a. auf der Nordhalbkugel; alle Arten sind reich an Alkaloiden (u. a. Aconitin) und z. T. sehr giftig; bekannt sind Blauer Eisenhut und Gelber Eisenhut.

Eisenkraut (Verbena), Gatt. der Eisenkrautgewächse mit etwa 230 Arten; in Deutschland kommt nur das **Echte Eisenkraut** (Verbena officinalis) vor: eine bis 1 m hohe Staude mit kleinen blaßlilafarbenen Blüten in Ähren.

Eisenkrautgewächse (Verbenaceae), Pflanzenfam. mit etwa 100 Gatt. und über 2 600 Arten, hauptsächl. in den Tropen und Subtropen sowie in den südl. gemäßigten Gebieten; Bäume, Sträucher, Lianen, Kräuter mit trichterförmigen, oft zweilippigen Blüten; bekannte Gatt. sind u. a. Eisenkraut, Teakbaum.

Eisfuchs, svw. Polarfuchs (↑ Füchse).

Eishai, svw. Grönlandhai (↑ Dornhaie).

Eiskrautgewächse (Mittagsblumengewächse, Aizoaceae), Pflanzenfam. mit etwa 2 500 Arten in über 130 Gatt., hauptsächl. in Afrika und Australien; Kräuter, Halbsträucher oder Sträucher mit fleischigen, paarweise miteinander verwachsenen Blättern; bekannte Gatt. sind u. a. Mittagsblume, Fenestraria, Lebende Steine.

Eisprung, svw. ↑ Ovulation.

Eistaucher, Bez. für zwei etwa gänsegroße Seetaucher: 1. **Gavia immer,** v. a. auf tiefen, fischreichen Binnenseen der nördl. und mittleren N-Amerikas, S-Grönlands und Islands; 2. **Gelbschnäbliger Eistaucher** (Gavia adamsii), auf Seen der nördlichsten Tundren Eurasiens und N-Amerikas.

Eisvögel, (Alcedinidae) Fam. der Rackenvögel mit über 80 Arten, v. a. in den Tropen und Subtropen der Alten und Neuen Welt; meist sehr farbenprächtige Vögel mit kräftigem Körper, großem Kopf, langem, kräftigem Schnabel und kurzen Beinen. Bekannt ist der v. a. an Gewässern Eurasiens und N-Afrikas lebende, in Erdhöhlen nistende, von Fischen lebende **Eisvogel** (Alcedo atthis), etwa 17 cm lang, oberseits leuchtend blaugrün, unterseits rotbraun, mit langem, dolchförmigem Schnabel (in M-Europa fast ausgestorben).

◆ Bez. für zwei Edelfalterarten im gemäßigtem Eurasien: 1. **Großer Eisvogel** (Limenitis populi), etwa 7 cm spannend, Flügel oberseits dunkelbraun mit weißen Flecken; 2. **Kleiner Eisvogel** (Limenitis camilla), etwa 5 cm spannend, Flügel oberseits schwärzl. mit weißer, mittlerer Fleckenbinde.

Eiteilung, svw. ↑ Furchungsteilung.

Eiweiße, ↑ Proteine.

Eiweißminimum, Mindesteiweißmenge, die dem Körper zugeführt werden muß, um die durch Eiweißabbau und Eiweißausscheidungen entstehenden Verluste auszugleichen (↑ Ernährung).

Eiweißspaltung ↑ Proteine.

Eiweißstoffe

Eiweißstoffe, svw. ↑Proteine.
Eiweißstoffwechsel ↑Stoffwechsel.
Eizahn, im Ggs. zur ↑Eischwiele echter, am Zwischenkiefer sitzender Zahn bei schlüpfreifen Embryonen von Eidechsen und Schlangen.
Eizelle ↑Ei.
Ejakulat [lat.], bei der Ejakulation ausgespritzte Samenflüssigkeit.
Ejakulation [lat.] (Samenerguß, Erguß, Ejaculatio, Effluvium seminis), Ausspritzung von Samenflüssigkeit (↑Sperma) aus dem erigierten Penis durch rhythm. Kontraktion der Muskulatur des Samenleiters, der Samenblase, der Schwellkörper und des Beckenbodens. - Kommt es bereits vor oder unmittelbar nach Einführung des Penis in die Vagina zum Samenerguß, spricht man von **Ejaculatio praecox** (meist psych. bedingt).
Ektobiologie, svw. ↑Exobiologie.
Ektoderm [griech.], das äußere der drei ↑Keimblätter.
Ektodesmen [griech.] ↑Plasmodesmen.
Ektohormone (Pheromone), von Tieren in kleinsten Mengen produzierte hochwirksame Substanzen, die, nach außen abgegeben, Stoffwechsel und Verhalten anderer Individuen der gleichen Art beeinflussen (z. B. ↑Bombykol).
ektolezithale Eier [griech./dt.] ↑Ei.
Ektoparasit (Außenparasit, Außenschmarotzer), Schmarotzer, der sich auf der Körperoberfläche seines Wirtes aufhält. - Ggs. ↑Endoparasit.
Ektoplasma (Außenplasma, Ektosark), äußere Zytoplasmaschicht vieler Einzeller; von höherer Viskosität als das Endoplasma.
Ektoskelett (Exoskelett, Außenskelett), im Ggs. zum ↑Endoskelett den Körper umhüllendes Skelett bei Wirbellosen (z. B. Gliederfüßer, viele Weichtiere, Stachelhäuter) und Wirbeltieren (z. B. manche Fische und Reptilien); aus Chitin und/oder Kalk bzw. Knochensubstanz (Hautknochen).
Ektosporen, svw. ↑Exosporen.
Ektotoxine, svw. ↑Exotoxine.
Ektozoen [griech.], svw. ↑Epizoen.
Elaiosom [griech.] (Ölkörper), fett- und eiweißreiches Gewebeanhängsel an pflanzl. Samen (z. B. beim Schöllkraut, Lerchensporn) oder an Nußfrüchten (z. B. beim Buschwindröschen, Leberblümchen).
Elasmobranchii [...çi-i; griech.] (Quermäuler), Unterklasse überwiegend meeresbewohnender Knorpelfische mit 2 Ordnungen: ↑Haifische, ↑Rochen.
Elasmotherium [griech.], ausgestorbene Gatt. nashorngroßer und nashornähnl. Tiere in den diluvialen Steppen Europas.
Elastin [griech.], Gerüsteiweiß (Skleroprotein) der elast. Fasern in Bindegeweben, Gefäßwandungen und manchen Sehnen.
elastische Fasern, überwiegend aus ↑Elastin bestehende, stark dehnbare Fasern in elast. Bindegeweben (z. B. in der Lunge, in der Lederhaut) bei Tier und Mensch.
Elateren [griech.], langgestreckte Schleuderzellen in den Sporenkapseln von Lebermoosen; bewirken das Ausstreuen der Sporen.
Elch (Elen, Alces alces), 2,4–3,1 m körperlanger und 1,8–2,4 m schulterhoher ↑Trughirsch mit mehreren, verschieden großen Unterarten im nördl. N-Amerika, N- und O-Europa sowie in N-Asien; größte und schwerste Hirschart, mit massigem Körper, kurzem Hals, buckelartig erhöhtem Widerrist, sehr kurzem Schwanz und auffallend hohen Beinen; Nasenspiegel (Muffel) lang, mit stark überhängender Oberlippe; ♂♂ mit oft mächtig entwickeltem (bis 20 kg schwerem), meist schaufelförmigem Geweih; Fell relativ lang, rötl. graubraun bis fast schwarz; Zehen groß, weit spreizbar, ermöglichen Gehen auf sumpfigem Untergrund. - Abb. S. 180.
Elchhund, zwei skand. Jagdhundrassen: 1. **Großer Elchhund** (Jämthund), kräftiger, bis 63 cm hoher, spitzartiger Hund aus Jämtland mit anliegendem, dunkel- bis hellgrauem Deckhaar und cremefarbener Unterwolle. 2. **Kleiner Elchhund** (Norweg. E., Grahund), mittelgroßer (bis 52 cm), kompakter, graufarbiger, dichthaariger Nordlandhund; mit breitem Schädel, dunklem Gesicht, spitzen Stehohren u. kurz über den Rücken eingerollter Rute.
Elefanten [zu griech. eléphas mit gleicher Bed.] (Elephantidae), einzige rezente, seit dem Eozän bekannte Fam. der ↑Rüsseltiere; mit 5,5–7,5 m Körperlänge, 4 m Schulterhöhe und 6 t Gewicht größte und schwerste lebende Landsäugetiere. Nase zu langem, muskulösem Rüssel verlängert (gutes Greiforgan), Augen klein, Ohren groß; Schwanz etwa 1–1,5 m lang, nackt, mit Endquaste aus steifen, sehr dicken Haaren; übriger Körper mit Ausnahme der Augenwimpern bei erwachsenen Tieren nahezu unbehaart; Haut etwa 2–4 cm dick, jedoch sehr tastempfindlich; obere Schneidezähne können bis zu etwa 3 m langen und 100 kg schweren schmelzlosen, ständig nachwachsenden Stoßzähnen ausgebildet sein, die das ↑Elfenbein liefern; Pflanzenfresser. Die mit 8–12 Jahren geschlechtsreifen E. sind mit etwa 25 Jahren ausgewachsen und werden rund 60–70 Jahre alt. ♀♀ mit zwei brustständigen Zitzen; Tragzeit 20–22 Monate, meist eines Junges.
Zwei Gatt. mit jeweils 1 Art: **Afrikan. Elefant** (Loxodonta africana) in Afrika südl. der Sahara; Stoßzähne sowie bei ♂♂ und ♀♀ gut ausgebildet; Rüsselspitze mit 2 gegenständigen Greiffingern. Dem *Großohrigen Steppen-E.* (Loxodonta africana oxyotis) steht als zweite Unterart der deutl. kleinere *Rundohrige Wald-E.* (Loxodonta africana cyclotis) gegenüber. Als dritte Unterart wird der *Südafrikan. Kap-E.* (Loxodonta africana africana) angesehen. - **Asiat. Elefant** (Elephas maximus) in S-Asien; Körperhöhe 2,5–3 m, Körperlänge

Eleutherozoa

Elster

etwa 5,5–6,4 m, Gewicht bis etwa 5 t; Stoßzähne bei ♀♀, manchmal auch bei ♂♂, fehlend oder wenig entwickelt; Stirn mit deutl. paarigen Wülsten über den Augen; Ohren viel kleiner als beim Afrikan. E., Rüsselspitze mit nur einem Greiffinger. Vier lebende Unterarten: *Ceylon-E.* (Elephas maximus maximus), *Sumatra-E.* (Elephas maximus sumatranus), *Malaya-E.* (Elephas maximus hirsutus) und *Ind. E.* (Elephas maximus bengalensis). Der Asiat. E. wird vielfach gezähmt und als Arbeitstier abgerichtet. - Abb. S. 181.

Elefantenfarn (Todea barbara), Königsfarngewächs in Neuseeland, Tasmanien, Australien und S-Afrika; Stamm bis 1 m lang und dick, Blätter doppelt gefiedert, ledrig, bis 1,5 m lang.

Elefantenfuß (Schildkrötenpflanze, Dioscorea elephantopus), Jamswurzelgewächs in S-Afrika; knolliger Stamm; bis 6 m lange, dünne, kletternde, krautige und jährl. absterbende Zweige; Knollen eßbar (**Hottentottenbrot**), stärkereich, bis 100 kg schwer.

Elefantengras (Pennisetum purpureum), bis 7 m hohes, bestandbildendes Federborstengras; wird in den afrikan. Savannen als Futterpflanze sowie für Umzäunungen und Hüttenwände verwendet.

Elefantenrobben, svw. ↑See-Elefanten.

Elefantenschildkröten, svw. ↑Riesenschildkröten.

Elefantenspitzmäuse (Elephantulus), Gatt. der ↑Rüsselspringer mit 7 Arten in Afrika.

elektrische Fische, Bez. für verschiedenartige Knorpel- und Knochenfische mit ↑elektrischen Organen und ↑Elektrorezeptoren. Bei manchen e. F. (z. B. Nilhechte, Messerfische, Himmelsgucker) dienen die Impulse in erster Linie der Orientierung, bei anderen (z. B. Zitterrochen, Zitterwels, Zitteraal) werden durch die Stromstöße auch Feinde abgewehrt und Beutetiere betäubt oder getötet. Die elektr. Schläge sind auch für Menschen sehr unangenehm.

elektrische Organe, aus umgewandelter Muskulatur bestehende Organe, die zur Erzeugung schwacher bis sehr starker elektr. Felder bei ↑elektrischen Fischen dienen. Die e. O. bestehen aus zahlr. nebeneinanderliegenden Säulen flacher, scheibenartig übereinander geschichteter, funktionsunfähiger Muskelzellen. Die einzelnen Säulen sind durch gallertige Bindegewebe gegeneinander isoliert. Ihre Innervation erfolgt stets nur von einer Seite, so daß es zu einer Serienschaltung elektr. Elemente kommt. Die einzelne Muskelfaser liefert bei Aktivierung eine Potentialdifferenz von 0,06 bis 0,15 V. Durch gleichzeitige Erregung aller Platten können Spannungen von 600 bis 800 V bei bis etwa 0,7 A (z. B. beim Zitteraal) erzeugt werden.

Elektronentransportkette (Abk.: ET), für die biolog. Energiegewinnung bed. Elektronenübertragung *(Shuttle-Transfer)* über eine Stufenfolge mehrerer Redoxsysteme mittels bestimmter chem. Verbindungen (Koenzyme, prosthet. Gruppen), die als Elektronendonatoren bzw. -akzeptoren fungieren; z. B. in der Atmungskette.

Elektrophysiologie, Teilgebiet der Physiologie, das sich mit den bioelektr. Erregungsvorgängen an den Zellmembranen von Organismen (Pflanze, Tier, Mensch) befaßt.

Elektrorezeptoren, Sinnesorgane, die zur Wahrnehmung von Veränderungen eines (den betreffenden Organismus umgebenden) elektr. Feldes dienen. E. finden sich v. a. bei ↑elektrischen Fischen, die sich mit ihrer Hilfe in dem von ihnen erzeugten elektr. Feld (↑elektrische Organe) orientieren.

Elementarmembran ↑Zellmembran.

Elen [litauisch], svw. ↑Elch.

Elenantilope ↑Drehhornantilopen.

Elephantidae [griech.], wiss. Name der ↑Elefanten.

Eleutherozoa [griech.] (Echinozoa), seit dem Kambrium bekannter Unterstamm der

Embryo. Menschlicher Embryo in der mit Fruchtwasser gefüllten Amnionhöhle. Er erhält aus dem Dottersack und von der zweiten bis dritten Woche an durch die mit dem Blutkreislauf der Mutter in Verbindung stehenden Chorionzotten die notwendigen Nährstoffe

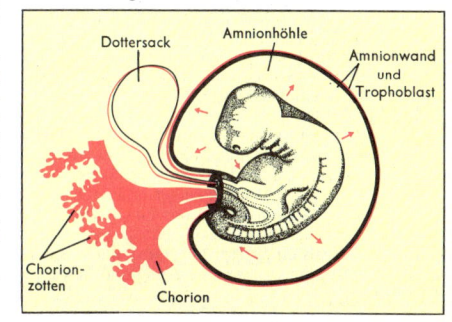

Elfenbein

↑Stachelhäuter mit weit über 5 000 ungestielten, freibewegl. Arten.

Elfenbein [althochdt. helfantbein „Elefantenknochen"], i. e. S. das Zahnbein der Stoßzähne des Afrikan. und Ind. Elefanten sowie der ausgestorbenen Mammute, i. w. S. auch das Zahnbein der großen Eck- bzw. Schneidezähne von Walroß, Narwal und Flußpferd. E. ist wegen seiner geringen Härte sehr gut zu bearbeiten; es wird für Schmuckgegenstände (Elfenbeinschnitzerei), Klaviertastenbelag und Billardkugeln verwendet.

Elfenbeinnuß ↑Elfenbeinpalme.

Elfenbeinpalme (Steinnußpalme, Phytelephas), Gatt. der Palmen mit etwa 15 Arten im trop. Amerika; der bis zu 4 cm (im Durchmesser) große, runde Samen (**Elfenbeinnuß**, Steinnuß) ist steinhart und wird als „vegetabil. Elfenbein" zur Herstellung von Knöpfen und Schnitzerei verwendet.

Elfenblauvögel (Irenen, Ireninae), Unterfam. amselgroßer Blattvögel mit 2 Arten in den Wäldern S- und SO-Asiens; am bekanntesten der **Ind. Elfenblauvogel** (Irene, Irena puella) in S-Asien: schwarz mit leuchtend blauer Oberseite und roter Iris, ♂ grünlichblau mit dunkelbraunen Federsäumen an den Flügeln; beliebter Käfigvogel.

Elimination (Eliminierung) [lat.], in der *Genetik* das allmähl. Verschwinden bestimmter Erbmerkmale im Laufe der stammesgeschichtl. Entwicklung durch zufallsbedingten Verlust von Genen.

Ellbogen (Ellenbogen), Bez. für den gesamten Bereich des Ellbogengelenks, i. e. S. auch nur für das über die Gelenkgrube für den Oberarmknochen hinausreichende Olecranon (↑Arm).

Elle (Ulna), Röhrenknochen auf der Kleinfingerseite des Unterarms vierfüßiger Wirbeltiere (einschließl. Mensch).

Ellenbogen, svw. ↑Ellbogen.

Eller, svw. ↑Erle.

Elritze (Phoxinus phoxinus), bis knapp 15 cm langer, schlanker, nahezu drehrunder Karpfenfisch in klaren Gewässern Europas u. Asiens; Köder- u. Kaltwasseraquarienfisch.

Elsbeere (Sorbus torminalis), kalkliebendes Rosengewächs aus der Gatt. ↑Sorbus, in M- und S-Europa in Gebüsch und lichten, warmen Wäldern; Strauch oder bis 15 m hoher Baum mit eiförmigen, drei- bis vierlappigen Blättern, weißen Blüten in Trugdolden und längl., erst roten, zuletzt lederbraunen, hell punktierten Apfelfrüchten.

Elster (Pica pica), etwa 20 cm langer, mit dem sehr langen, gestuften Schwanz etwa 45 cm messender Rabenvogel in Eurasien, NW-Afrika und im westl. N-Amerika; Gefieder meist an Schultern, Flanken und Bauch weiß, sonst metallisch schwarzblau mit grünl. Schimmer; Standvogel. - Abb. S. 185.

Embien [griech.] (Tarsenspinner, Spinnfüßer, Fersenspinner, Embioptera), Insektenordnung mit etwa 150 Arten; schlank, 1,5–20 mm lang, hell bis dunkelbraun gefärbt; hauptsächl. tropisch, nur wenige Arten im Mittelmeergebiet und S-Rußland; Spinndrüsen liegen in einem verdickten Glied der Vorderfüße. ♀♀ stets flügellos, ♂♂ meist geflügelt.

Embryo [griech., zu en „darin" und brýein „sprossen"] (Keim, Keimling), in der *Zoologie* und *Anthropologie* der in der Keimesentwicklung befindl., noch von den Embryonalhüllen oder dem mütterl. Körper eingeschlossene Organismus (beim Menschen bis zum Ende des 4. Schwangerschaftsmonats). - Abb. S. 185.
◆ in der *Botanik* die aus der befruchteten Eizelle hervorgegangene, aus teilungsfähigen, zartwandigen Zellen bestehende junge Anlage des Sporophyten der Moose, Farn- und Samenpflanzen.

Embryogenese, svw. ↑Embryonalentwicklung.

embryonal [griech.], (embryonisch) in der *Biologie* und *Medizin*: zum Keimling (Embryo) gehörend, im Keimlingszustand befindl., unentwickelt; auch svw. ungeboren.
◆ in der *Botanik*: undifferenziert und teilungsfähig; von Zellen des Bildungsgewebes (Embryonalgewebe) gesagt, bevor dieses in Dauergewebe übergeht.

Embryonalentwicklung (Keimesentwicklung, Embryogenese, Embryogenie), erstes Stadium im Verlauf der Individualentwicklung (Ontogenie) eines Lebewesens; umfaßt beim Menschen die Zeit nach Befruchtung der Eizelle bis zur Entwicklung der Organanlagen, nach anderer Auffassung auch die Fetalzeit bis zur Geburt (↑Fetus).

Embryonalgewebe, svw. ↑Bildungsgewebe.

Embryonalhüllen (Eihüllen, Keimeshüllen, Fruchthüllen), dem Schutz des Keims und dem Stoffaustausch dienende, vom Keim selbst gebildete Körperhüllen v. a. bei Skorpionen, Insekten, Reptilien, Vögeln und Säugetieren (einschließl. Mensch).

Embryonalorgane, nur beim Embryo auftretende Organe, die meist vor oder während des Schlüpfens bzw. der Geburt, seltener erst kurze Zeit danach rückgebildet oder abgeworfen werden, z. B. Embryonalhüllen, Allantois, Dottersack, Nabelschnur, Eizahn, Eischwiele.

Embryosack ↑Samenanlage.

Embryotransfer (Embryonentransfer), Bez. für die Implantation eines durch künstl. Befruchtung erhaltenen Embryos in die Gebärmutter; u. a. in der (landwirtsch.) Tierzucht.

Emergenzen [zu lat. emergere „auftauchen"], Bez. für pflanzl. Oberflächenauswüchse (z. B. Stacheln, Rippen).

emers [lat.], über der Wasseroberfläche lebend; z. B. von Organen der Wasserpflanzen (Blätter und Blüten der Seerose) gesagt, die über den Wasserspiegel hinausragen.

Endothel

Emmer (Flachweizen, Gerstenspelz, Zweikorn, Stärkeweizen, Triticum dicoccum), Kulturweizenart mit abgeflachter Ähre, lang begrannten, 2–3blütigen Ährchen; heute nur noch auf dem Balkan angebaut.

Empfängnishügel ↑Befruchtung.

Empfindung, die als Folge einer Reizeinwirkung durch neurale Erregungsleitung vermittelte und vermutl. im Großhirn eintretende einfache Sinneseindruck. Entsprechend den verschiedenen Sinnesfunktionen unterscheidet man: Gesichts-, Gehörs-, Geruchs-, Geschmacks-, Tast-, Temperatur-, Schmerz-, Bewegungs-, Gleichgewichts- und Organempfindungen. E. werden sowohl durch Reize außerhalb wie auch durch Reize innerhalb des Körpers ausgelöst.

Empfindungsnerven ↑Sinnesnerven.

Emu [engl., zu portugies. ema di gei „Kranich der Erde" (wegen der Flugunfähigkeit)] (Dromaius novaehollandiae), bis 1,5 m hoher, flugunfähiger, straußenähnl. Laufvogel der austral. Buschsteppe; Gefieder dicht herabhängend, bräunl., auf dem Kopf dunkler; Schwanzfedern fehlen.

Encephalon [griech.], svw. ↑Gehirn.

Enchyträen (Enchytraeidae) [griech.], Fam. 1–4 cm großer, langgestreckter, überwiegend im Erdboden lebender, meist weißl. oder gelbl. Borstenwürmer.

Enddarm ↑Darmtrakt.

endemisch, in einem bestimmten Gebiet verbreitet; z. B. Beuteltiere in Australien.

Endemiten [griech.], Bez. für endem. Organismen (Ggs. weltweit verbreitete **Kosmopoliten**).

Enders, John Franklin [engl. 'ɛndəz], * West Hartford (Conn.) 10. Febr. 1897, † Waterford (Conn.) 8. Sept. 1985, amerikan. Virusforscher. - Prof. an der Harvard University; bed. Virusforschungen, bes. über das Poliomyelitis- und das Mumpsvirus; erhielt 1954 zus. mit F. C. Robbins und T. Weller den Nobelpreis für Physiologie oder Medizin.

Endhirn ↑Gehirn.

Endivie [ägypt.-griech.-roman., eigtl. „im Januar wachsende Pflanze"] (Binde-E., Winter-E., Cichorium endivia), einjährige Kulturpflanze aus der Gatt. Wegwarte; entwickelt in der Jugend eine Rosette aus breiten (**Eskariol**) oder schmalen, krausen, zerschlitzten Blättern (**Krause E.**); als Salat verwendet.

Endobiose [griech.], Sonderform der ↑Symbiose; der **Endobiont** lebt im Inneren eines anderen Lebewesens (z. B. Bakterien im Darm der Tiere); wird oft zum ↑Parasitismus.

Endodermis [griech.], innerste, meist einzellige Schicht der Rinde der Wurzeln; bildet die Grenze zw. Rinde und Zentralzylinder (↑Wurzel). In älteren Wurzeln sind die E.zellen verkorkt, wodurch eine physiolog. Steuerung des Durchtritts von Wasser und gelösten Stoffen erreicht wird, da diese nur noch durch ↑Durchlaßzellen hindurchkönnen.

endogen [griech.], in der *Biologie* und *Medizin:* Vorgänge und Krankheiten betreffend, die ihren Ursprung im Körperinnern haben bzw. durch die Erbanlagen bedingt sind.

Endokard (Endocardium) [griech.], die Herzinnenhaut (↑Herz).

Endokarp [griech.] ↑Fruchtwand.

endokrin [griech.], mit innerer Sekretion; **endokrine Drüsen** ↑Drüsen.

Endolymphe, Flüssigkeit im Innenohr (↑Labyrinth) der Wirbeltiere.

Endometrium [griech.], svw. Gebärmutterschleimhaut (↑Gebärmutter).

Endomitose, während der Differenzierung von Gewebszellen innerhalb des Zellkerns (bei intakter Kernmembran und ohne Ausbildung einer Kernteilungsspindel) ablaufende Chromosomenvermehrung durch mehrmalige Verdopplung der Chromatiden; führt zur ↑Polyploidie.

Endomysium [griech.], Bindegewebe zw. den einzelnen Muskelfasern.

Endoneurium [griech.] ↑Nervenfaser.

Endoparasit (Innenschmarotzer, Entoparasit), im Innern (in Geweben oder Körperhöhlen) eines Wirtsorganismus lebender Schmarotzer; z. B. Eingeweidewürmer, Blutparasiten. - Ggs. ↑Ektoparasit.

Endophyten (Entophyten) [griech.], meist niedere (Bakterien, Pilze, Algen), sehr selten höhere Pflanzen (Rafflesiengewächse), die im Innern anderer Organismen als ↑Endoparasiten leben.

Endoplasma (Entoplasma, Innenplasma), bei vielen Einzellern deutl. differenzierter innerer Anteil des Zellplasmas.

endoplasmatisches Retikulum, in fast allen tier. und pflanzl. Zellen ausgebildetes System feinster Kanälchen (Zisternen) aus etwa 5 nm dünnen [Elementar]membranen; Funktionen: Proteinsynthese, Stofftransport, Reizleitung.

Endopodit [griech.] ↑Spaltfuß.

Endoskelett, knorpeliges oder knöchernes Innenskelett der Wirbeltiere.

Endosperm [griech.], den pflanzl. Embryo umgebendes Nährgewebe der Samenanlage und Samen.

Endospermkern ↑doppelte Befruchtung.

Endosporen, Sporen, die sich im Innern einer Zelle oder eines Organs (z. B. im Sporangium) bilden.

Endosymbiontenhypothese, biochem. und anatom. belegte Hypothese, nach der sich die Plastiden und Mitochondrien der assimilationsfähigen grünen Pflanzenzelle aufgrund ihrer Autoreduplikation, DNS und Proteinbiosynthese sowie ihrer Doppelmembran von ursprüngl. freilebenden bakterienbzw. blaualgenähnl. protozyt. Organismen ableiten.

Endothel [griech.], Bez. für die vom Plattenepithel gebildete innere Auskleidung der Blutgefäße.

Endotoxine

Endotoxine (Entotoxine), Bakteriengifte, die (im Ggs. zu den Exotoxinen) fest an Membranstrukturen haften und daher erst nach dem Untergang der Erreger frei werden.

Endozoen [griech.] (Entozoen), in anderen Tieren lebende Tiere, z. B. manche Parasiten und Symbionten.

Endozytose [griech.], die Aufnahme fester (↑Phagozytose) bzw. flüssiger (↑Pinozytose) Stoffe in den Zelleib.

Endplatte (Nerven-E., motor. E., neuromuskuläre E.), flächenhafte Struktur der quergestreiften Muskeln, auf deren Oberfläche die motor. Nervenfasern enden; an den E. erfolgt die Übertragung der Nervenimpulse auf die Muskulatur; Überträgerstoff (sog. Transmitter) ist u. a. Acetylcholin.

Endprodukthemmung, Hemmung eines oder mehrerer ↑Enzyme einer Enzymkette durch das entstehende Stoffwechselendprodukt.

Endwirt ↑Wirtswechsel.

Energide [griech.], die Funktionseinheit eines einzelnen Zellkerns mit dem ihn umgebenden und von ihm beeinflußten Zellplasma.

Engelhaie (Engelfische, Meerengel, Squatinoidei), Unterordnung 1–2,5 m langer Haie mit 12 Arten vorwiegend im flachen küstennahen Meereswasser der gemäßigten Breiten; Vorderkörper auffallend abgeplattet, Brustflossen flügelartig verbreitert; in den küstennahen Gebieten des NO-Atlantiks und des Mittelmeers lebt der 2,5 m lange meist grüngraue, dunkelgefleckte **Meerengel** (Engelfisch i. e. S., Squatina squatina).

Engelstrompete (Datura suaveolens), Stechapfelart in Brasilien; bis 5 m hoher, baumartiger Strauch mit eiförmigen, bis 30 cm langen Blättern und wohlriechenden, wei-

Enten. Links: Reiherente, Schnatterenten; Mitte; Tafelente, Krickente; rechts: Spießenten, Pfeifente

Stengelloser Enzian
Frühlingsenzian (unten)

Enten

Reize in jede organ. Substanz als bleibende Veränderung „eingeschrieben" (vermutl. durch bioelektrische Vorgänge) wird.

Enkephaline [griech.], im menschl. und tier. Gehirn gebildete Eiweißstoffe mit stark schmerzhemmender Wirkung.

Entamoeba [...ˈmøːba; griech.], Gatt. der Amöben, parasit. oder kommensal. († Kommensalismus) in Wirbeltieren lebend; beim Menschen u. a. die **Ruhramöbe** (E. histolytica). Erreger der Amöbenruhr; tritt in 2 Modifikationen auf, der nicht pathogenen, bakterienfressenden, bis etwa 20 μm großen Minutaform im Hohlraum des Darms, und der pathogenen, von Erythrozyten lebenden, bis 30 μm großen Magnaform, die in das Gewebe eindringt und dieses auflöst.

Entartung, svw. † Degeneration.

Enten (Anatinae), mit etwa 110 Arten weltweit verbreitete Unterfam. der Entenvögel; Hals kürzer als bei den Gänsen; Beine setzen oft weit hinter der Körpermitte an; ♂♂ (Erpel) meist wesentl. bunter gefärbt als die oft unscheinbaren ♀♀. Zu den E. gehören: **Schwimmenten** (Gründel-E., Anatini), die im allg. nicht tauchen, sondern die Nahrung durch Gründeln aufnehmen. Bekannte, auch auf Süß- und Brachgewässern, in Sümpfen und an Küsten Eurasiens lebende Arten sind: **Stockente** (Anas platyrhynchos), etwa 60 cm groß, ♂ mit dunkelgrünem Kopf, weißem Halsring, rotbrauner Brust, graubraunem Rücken u. hellgrauer Unterseite; Stammform der † Hausente. **Knäkente** (Anas querquedula), etwa 38 cm groß, ♂ mit rotbraunem Kopf und breitem, hellem Überaugenstreif, Hals und Rücken heller braun, Flanken weißlichgrau. **Krickente** (Anas crecca), etwa 36 cm groß, ♂ grau mit rotbraunem Kopf und gelbl., braun getupftem Hals. **Löffelente** (Anas clypeata), etwa 50 cm groß, mit löffelartigem Schnabel. **Eurasiat. Pfeifente** (Anas penelope), etwa 60 cm groß, pfeift häufig während des Fluges. **Schnatterente** (Anas strepera), etwa 50 cm groß, ♂ grau mit dunkelbraunen Flügeldecken, schwarz geflecktem Hals und Kopf, weißem Spiegel und schwarzem Schwanz. **Spießente** (Anas acuta), etwa so groß wie die Stockente, mit spießartig verlängerten mittleren Schwanzfedern. - Die **Tauchenten** (Aythyini) tauchen bei der Nahrungssuche sowie bei der Flucht. Zu ihnen gehören folgende, auch in Eurasien vorkommende Arten: **Reiherente** (Aythya fuligula), etwa 45 cm groß, mit einem Federschopf am Hinterkopf. **Moorente** (Aythya nyroca), etwa 40 cm groß, Unterseite weiß, Oberseite rotbraun (♂) bzw. braun (♀). **Tafelente** (Aythya ferina), etwa 45 cm groß, ♂ graueiß mit schwarzer Brust und rotbraunem Kopf und Hals, ♀ unscheinbar graubraun. Von den **Ruderenten** (Oxyurini) kommt in Eurasien nur die **Weißkopfruderente** (Oxyura leucocephala) vor; fast 50 cm groß, ♂ braun, mit

ßen, trichterförmigen, 20–30 cm langen, hängenden Blüten.

Engelwurz (Brustwurz, Angelica), Gatt. der Doldenblütler mit etwa 50 Arten auf der Nordhalbkugel und Neuseeland; zwei- bis mehrjährige, meist stattl. Kräuter mit doppelt fiederteiligen Blättern und großen Doppeldolden. - In M-Europa in Wäldern und auf feuchten Wiesen häufig die bis 1,5 m hohe **Waldengelwurz** (Angelica silvestris) mit weißen oder rötl. Blüten; ferner an Ufern und auf feuchten Wiesen die bis 2,5 m hohe aromat. duftende **Echte Engelwurz** (Garten-E., Angelica archangelica) mit grünl. Blüten (Gewürz und Heilpflanze).

Engerling [zu althochdt. engiring „Made"], Bez. für die Larve der Blatthornkäfer. E. sind weichhäutig, bauchwärts gekrümmt, meist weiß und haben gut entwickelte Thorakalbeine, ihr Hinterleibsende ist stark verdickt. Die E. einiger pflanzenfressender Arten (z. B. des Maikäfers) sind schädl. durch Fraß an Wurzelfasern.

Engler, Adolf, *Sagan 25. März 1844, †Berlin 10. Okt. 1930, dt. Botaniker. - Prof. in Kiel und Breslau, dann Direktor des Botan. Gartens in Berlin; bed. Pflanzensystematiker; sein Standardwerk, „Natürl. Pflanzenfamilien" (19 Bde., 1887–1909), basiert auf der Deszendenztheorie.

Englischer Setter † Setter.
Englischer Spinat, svw. † Gartenampfer.
Englischer Vorstehhund, svw. † Pointer.

Englisches Vollblut, edle Pferderasse; Widerristhöhe 155–170 cm; Kopf klein, leicht, mit großen Augen und weiten Nüstern.

Engramm [griech.], nach R. Semon (*1859, †1918) Gedächtnisspur, die durch

Entenmuscheln

blauem Schnabel und weißem Kopf. - Zu den E. gehören außerdem noch die ↑Halbgänse.

Entenmuscheln (Lepadidae), Fam. meeresbewohnender Krebse; bekannteste, auch in der Nordsee vorkommende Gatt. ist **Lepas** mit der meist bis 30 cm langen (davon Stiel 25 cm) **Gemeinen Entenmuschel** (Lepas anatifera); festsitzend an treibenden Gegenständen, mit fünfteiliger muschelähnlicher Schale.

Entenvögel (Anatidae), weltweit verbreitete Vogelfam. mit etwa 150 z.T. eng ans Wasser gebundenen Arten; Schnabel innen mit Hornlamellen oder -zähnen, dient vielen Arten als Seihapparat; zw. den Vorderzehen Schwimmhäute; Hals und Kopf werden im Flug nach vorn gestreckt; man unterteilt die E. in ↑Gänse, ↑Enten, ↑Spaltfußgans.

Entenwale (Hyperoodon), Gatt. etwa 7,5 (♀) bis 9 m (♂) langer, oberseits meist dunkelgrauer, unterseits weißl. Schnabelwale mit nur zwei Arten, v.a. im N-Atlantik (**Dögling**; **Nördl. E.**, Hyperoodon ampullaris, bis über 9 m lang) und in Meeresteilen, die Australien und die Südspitze S-Amerikas umgeben (**Südlicher Entenwal**; Südmeerdögling, Hyperoodon planifrons).

enteral [griech.], auf den Darm bezogen.

Enterich, svw. ↑Erpel.

Enterobakterien, Fam. der Bakterien; gramnegative, fakultativ anaerobe Stäbchen, die Zucker zu Säuren und Alkoholen vergären. Die meisten Arten leben im Boden und in Gewässern, einige gehören zur Darmflora, mehrere sind gefährl. Krankheitserreger (Typhus, Paratyphus, Darmentzündung, Bakterienruhr, Lungenentzündung, Pest). Wichtige Gatt. sind ↑Escherichia u. die ↑Salmonellen.

Enterobius [griech.], Gatt. der Fadenwürmer mit dem im menschl. Dickdarm parasitierenden ↑Madenwurm.

enterogen, im Darm entstanden, vom Darm ausgehend.

Enterokinase [griech.], svw. ↑Enteropeptidase.

Enterokokken, Bez. für grampositive, kugelige bis ovale (Durchmesser 0,8–1,2 μm), meist zu Ketten angeordnete Milchsäurebakterien mit nur 2 Arten (**Streptococcus faecalis** und **Streptococcus durans**) im Darmtrakt des Menschen und von warmblütigen Tieren, wo sie normalerweise nicht pathogen sind. Sie können pathogen werden, wenn sie durch Verletzungen in Gewebe oder Blutbahnen eindringen (z.B. Endokarditis, Gehirnhautentzündung, Infektion der Harnwege).

Enteron [griech.], svw. ↑Darm.

Enteropeptidase (Enterokinase), in der Dünndarmwand gebildete Proteinase, die die Umwandlung des Trypsinogens in das aktive Verdauungsenzym ↑Trypsin katalysiert.

Enteropneusta [griech.], svw. ↑Eichelwürmer.

Enteroviren (enterale Viren, Darmviren), Gruppe kleiner (knapp 30 nm messender), RNS-haltiger Viren mit mindestens 60 verschiedenen Typen (u.a. Polio-, Coxsackie-, ECHO-, Reo- und Hepatitisviren). Viele E. verursachen beim Menschen Erkrankungen, wobei das gleiche Virus u. U. verschiedenartige Erkrankungen, verschiedene Viren die gleichen Symptome hervorrufen können. Die Einteilung der E. erfolgt daher auf Grund ihrer antigenen Eigenschaften durch einfache Numerierung je nach dem serolog. Typus. Erkrankungen des Menschen durch E. sind u.a. Kinderlähmung, nicht durch Bakterien hervorgerufene Gehirnhautentzündung u. Schnupfen.

Entkoppler (Atmungskettenentkoppler), Substanzen, die in der Atmungskette die Bildung des ATP von den Vorgängen in der Atmung trennen, so daß keine Energie in Form von ATP gespeichert wird, sondern als Wärme freigesetzt wird. Als E. wirken z. B. Dinitrophenol und das Antibiotikum Gramicidin.

Entoderm (Entoblast) [griech.], das innere der drei ↑Keimblätter.

Entomologie [griech.] (Insektenkunde), Wissenschaft und Lehre von den Insekten.

Entoparasit, svw. ↑Endoparasit.

Entophyten, svw. ↑Endophyten.

Entoplasma, svw. ↑Endoplasma.

Entozoen, svw. ↑Endozoen.

Entwicklung, die gerichtete, zeitl. geordnete und in sich zusammenhängende Abfolge von Veränderungen im Verhalten von Menschen; sie können in funktioneller (z.B. in Form des Auftretens neuer oder des Verschwindens bereits ausgebildeter Verhaltensfunktionen), in organisator. (z.B. in Form der Koordination oder der Verselbständigung einzelner Verhaltensfunktionen) oder in struktureller Hinsicht (z.B. durch den Aufbzw. Abbau übergeordneter verhaltensregulierender Systeme) erfolgen. In ihrer Gesamtheit stellen sie zu einem bestimmten Zeitpunkt den **Entwicklungsstand** dar und können - gemessen am E.stand zu einem früheren Zeitpunkt - einen E.fortschritt oder E.rückschritt bedeuten. Aussagen über die steuernden und regulierenden Faktoren des E.prozesses versucht die **Entwicklungstheorie** zu machen.

Unter einer **Entwicklungsstufe** versteht man einen zeitl. begrenzten Abschnitt des Lebensablaufs, der durch einen charakterist., von anderen E.stufen abweichenden E.stand gekennzeichnet ist. Am weitesten verbreitet ist die Einteilung des Lebensablaufs in die E.stufen Kindheit, Jugend, Erwachsenen- und Greisenalter.

♦ in der *Biologie* der Werdegang der Lebewesen von der Eizelle bis zum Tod. Mit der E. des einzelnen Individuums beschäftigt sich die **Individualentwicklung** (Ontogenie, Ontogenese). Beim Menschen und bei mehrzelligen Tieren gliedert sie sich in 4 Abschnitte: 1. **Embryonalentwicklung;** umfaßt beim Menschen die Zeit nach der Befruchtung der Eizelle bis zur E. der Organanlagen (nach anderer Auffassung auch die Fetal-E. bis zur Geburt). 2. **Jugendentwicklung** (postembryonale E., Juvenilstadium); dauert von der Geburt bzw. vom Schlüpfen aus dem Ei bzw. den Embryonalhüllen bis zum Erreichen der Geschlechtsreife. 3. **Reifeperiode** (adulte Periode); gekennzeichnet durch das geschlechtsreife Lebewesen, wobei zu Beginn dieser Phase die Körper-E. noch nicht endgültig abgeschlossen zu sein braucht. 4. **Periode des Alterns**; in ihr vollziehen sich im Körper Abbauprozesse, bis der natürl. Tod den Abschluß bringt. - Dieser Individual-E. steht die **Stammesentwicklung** (Phylogenie) gegenüber, d. h. die E. der Lebewesen von wenigen einfachen Formen bis zur heute bestehenden Mannigfaltigkeit mit dem Menschen als höchstentwickeltem Lebewesen. - Mit der kausalanalyt. Untersuchung der E. eines Individuums aus dem Ei, d. h. die Entfaltung der genet. fixierten Anlagen, unter dem Einfluß von inneren und äußeren Umweltfaktoren beschäftigt sich die **Entwicklungsphysiologie** (Kausalmorphologie).

Entwicklungsstand ↑ Entwicklung.
Entwicklungsstufe ↑ Entwicklung.
Entwicklungszentrum, in der Tier- und Pflanzengeographie Bez. für ein Gebiet, das (im Unterschied zum übrigen Areal) durch das Vorkommen zahlr., nahe miteinander verwandter Arten gekennzeichnet ist und als Ursprungsgebiet der betreffenden systemat. Kategorie angesehen werden kann.

Enzephalon [griech.], svw. ↑ Gehirn.
Enzian [zu lat. gentiana (mit gleicher Bed.)] (Gentiana), Gatt. der Enziangewächse mit über 200 Arten, v. a. in den Gebirgen der Nordhalbkugel und in den Anden; einjährige oder ausdauernde Kräuter mit ganzrandigen, kahlen Blättern und trichter- oder glockenförmigen Blüten. In M-Europa kommen etwa 17, unter Naturschutz stehende Arten vor. Zu den blaublühenden Arten gehören u. a.: **Stengelloser Enzian** (Großblütiger E., Gentiana clusii), Stengel kurz, mit einer 5-6 cm langen Blüte; **Frühlingsenzian** (Gentiana verna), lockere Rasen bildend, mit grundständiger Blattrosette u. kurzgestielten, tief azurblauen Einzelblüten; **Lungenenzian** (Gentiana pneumonanthe), mit schmalen Blättern und mehreren großen, blauen, innen grün längsgestreiften Blüten; **Schnee-Enzian** (Gentiana nivalis), mit kleinen sternförmigen, azurblauen, einzelnen Blüten; **Schwalbenwurzenzian** (Gentiana asclepiadea), bis 80 cm hoch, mit mehreren Stengeln und dunkelazurblauen Blüten in den oberen Blattachseln. Eine dunkelpurpurfarben blühende Art ist der **Braune Enzian** (Ungar. E.), Gentiana pannonica) mit trübpurpurfarbenen, schwarzrot punktierten Blüten in den oberen Blattachseln. Gelbblühende Arten sind: **Punktierter Enzian** (Gentiana punctata) mit blaßgelben, dunkelviolett punktierten Blüten; **Gelber Enzian** (Gentiana lutea), mit großen, breiteiförmigen Blättern und gelben Blüten in Scheinquirlen. - Abb. S. 188.

Enziangewächse (Gentianaceae), Fam. zweikeimblättriger Samenpflanzen mit etwa 70 Gatt.; über die ganze Erde verbreitet; bekannteste Gatt.: ↑ Enzian, ↑ Tausendgüldenkraut.

Enzyme [zu griech. en „darin" und zýmē „Sauerteig"] (Fermente), hochmolekulare Eiweißverbindungen (Proteine oder Proteide), die biochem. Vorgänge (als Biokatalysatoren) beschleunigen oder erst ermöglichen und im allg. nur von lebenden Zellen gebildet werden. Sämtl. in Lebewesen ablaufenden Stoffwechselvorgänge sind allein durch das Wirken von E. mögl. Jedes E. beeinflußt nur einen ganz bestimmten Vorgang *(Wirkungsspezifität)* und die Reaktion nur eines speziellen Stoffes *(Substratspezifität)*. So benötigt der Abbau von Glucose zum Zwischenprodukt Brenztraubensäure (↑ Glykolyse) 10 verschiedene E. E. sind in der Zelle in bestimmten Reaktionsräumen (Kompartimenten) und an Membranen fixiert, wo sie häufig zu Enzymkomplexen (Multienzymsystemen) zusammengefaßt sind, die nur als Ganzes wirken und eine Kette von Reaktionen steuern (z. B. ↑ Atmungskette in den Mitochondrien). E. sind entweder reine Proteine, oder sie bestehen aus einem Proteinanteil und einer spezif. Wirkgruppe (**prosthetische Gruppe**). Diese nicht eiweißartige Gruppe (z. B. ein Nukleotid oder ein Hämin) wird auch **Koenzym** (Coenzym) gen. Das Protein allein wird als **Apoenzym**, seine Verbindung mit dem Koenzym als **Holoenzym** bezeichnet. Koenzyme haben selbst keine biokatalyt. Wirkung, denn sie setzen sich mit den Substraten stöchiometr. um und werden bei der Reaktion verändert. Die wichtigsten Koenzyme sind die gruppenübertragenden, v. a. die wasserstoffübertragenden Koenzyme der Oxidoreduktasen. Sehr wichtig ist das **Koenzym A**, das im Zellstoffwechsel als Transportmetabolit für Acylreste fungiert. Seine wichtigste Verbindung mit einem Acylrest ist das **Acetyl-Koenzym A** (Acetyl-CoA), die sog. *aktivierte Essigsäure*, die u. a. beim oxidativen Abbau von Kohlenhydraten und bei der β-Oxidation der Fettsäuren anfällt sowie Acetylreste in den Zitronensäurezyklus einschleust; sie wird auch zu Synthesen (u. a. Aminosäuren, Steroide) gebraucht. Die energiereiche Bindung eines Acylrestes an CoA erfolgt stets an die freie SH-Gruppe des Cysteamins. Für die Wirkungsweise der E. ist ihre charakterist. räuml. Struktur (Konformation; bedingt durch die Tertiärstruktur des Proteins) entscheidend. Das Substrat lagert sich an einer bestimmten Stelle *(Schlüssel-Schloß-Prinzip)* des Enzyms, dem aktiven Zentrum, an unter Bildung eines *Enzym-Substrat-Komplexes*. Dadurch wird die Aktivierungsenergie der Reaktion (Katalyse) herabgesetzt. Das Substrat reagiert mit der prosthe-

Enzymgifte

tischen Gruppe (bzw. dem Koenzym), die in einer weiteren gekoppelten Reaktion wieder regeneriert wird. Die Enzymwirkung wird auch von Außenfaktoren beeinflußt. Meist ist sie beschränkt auf einen bestimmten pH-Bereich (Pepsin 1,5–2,5; Trypsin 8–11). Das Temperaturoptimum liegt beim Menschen bei 37 °C. Bei höheren Temperaturen (über 40 °C) werden die E. wie alle Eiweißstoffe durch Zerstörung ihrer räuml. Struktur denaturiert. Die *Regulation* der Enzymwirkung und damit die Reaktionsgeschwindigkeit einer enzymgesteuerten Reaktion wird durch verschiedene Hemmstoffe reguliert. Wird der aktive Bereich eines E.moleküls durch ein Molekül mit substratähnl. Konformation im zeitl. Mittel teilweise oder ganz blockiert, spricht man von **kompetitiver Hemmung**. Gelegentl. zeigen auch gewisse Moleküle eine positive oder negative Beeinflussung der E.aktivität, obwohl sie keine dem Substrat ähnl. Konformation aufweisen (**allosterischer Effekt**). Sie reagieren offenbar mit einer anderen Stelle des E.moleküls, beeinflussen seine Konformität und kontrollieren so die E.aktivität. Man bezeichnet derartige Stoffe als **Effektoren** und je nach ihrer Wirkung als **Aktivatoren** bzw. **Inhibitoren**.

E. werden ben., indem man an den Substratnamen den Typ der katalysierten Reaktion reiht und die Endung *-ase* anhängt. Entsprechend ihrer Wirkung unterscheidet man 6 Enzymgruppen: 1 **Oxidoreduktasen** übertragen Elektronen oder Wasserstoff, z. B. Glucoseoxidase, Alkoholdehydrogenase. 2. **Transferasen** übertragen Molekülgruppen, z. B. Alanin-Transaminase. 3. **Hydrolasen** katalysieren Bindungsspaltungen unter Anlagerung von Wasser (Ester-, Peptid-, Glykosidbindungen). 4. **Lyasen** katalysieren Gruppenübertragung unter Ausbildung von C=C-Doppelbindungen oder Addition an Doppelbindungen, z. B. Brenztraubensäure-Decarboxylase. 5. **Isomerasen** katalysieren intramolekulare Umlagerungen. 6. **Ligasen** katalysieren die Verknüpfung von zwei Substratmolekülen unter gleichzeitiger Spaltung von ATP.

Geschichte: Einige Enzymwirkungen (Gärung, Verdauung, Atmung) waren schon vor dem 19. Jh. bekannt, ohne daß ihre Ursachen geklärt waren. Der Begriff „Enzym" gleichbedeutend mit „Ferment", wurde 1878 von W. Kühne eingeführt. Als erstes E. wurde 1833 von A. Payen und J.-F. Persoz die stärkespaltende Diastase aus Malzextrakt gewonnen, 1836 wurde von T. Schwann aus Magenflüssigkeit das Pepsin gewonnen. 1926 isolierte J. B. Sumner eine Urease als erstes reines und kristallines E. 1969 gelang R. G. Denkewalter und H. Hirschmann sowie B. Gutte und R. B. Merrifield die erste Synthese eines E., einer Ribonuklease.

📖 *Zech, R./Domagk, G. F.: E. Weinheim 1986. - Wynn, C. H.: Struktur u. Funktion v. E. Dt. Übers. Stg. 1978.*

Enzymgifte (Enzymblocker, Enzyminhibitoren), chem. Substanzen, auch Zwischenprodukte des Stoffwechsels, die Enzymreaktionen teilweise oder vollständig blockieren.

enzystieren [griech.], um sich herum eine ↑Zyste bilden; bei vielen Einzellern und Wirbellosen, die bes. zum Überstehen von ungünstigen Lebensbedingungen eine feste Kapsel abscheiden.

Eohippus [zu griech. éos „Morgenröte" (= Anfang der Entwicklungsgeschichte) und híppos „Pferd"] (Hyracotherium), älteste fossile Gatt. der Pferde im unteren Eozän N-Amerikas und Europas; primitive, nur hasen- bis fuchsgroße Urpferde, aus denen sich die heutigen Pferde entwickelt haben; mit vierzehigen Vorderbeinen und dreizehigen Hinterbeinen; Waldtiere, die sich von Laubblättern ernährten.

Ependym [griech.], feinhäutige Auskleidung der Hirnhöhlen und des Rückenmarkkanals.

Ephedragewächse [griech./dt.] (Ephedraceae), Pflanzenfam. der Nacktsamer mit etwa 40 Arten, v. a. im Mittelmeerraum und in den Trockengebieten Asiens und Amerikas; einzige Gattung **Ephedra**: bis 2 m hohe Rutensträucher mit kleinen Blüten in Zapfen; z. T. Heilpflanzen wie das ↑Meerträubel mit dem Alkaloid Ephedrin.

ephemer (ephemerisch) [griech.], eintägig, vorübergehend, kurzfristig, von kurzlebigen Organismen (z. B. Eintagsfliegen).

Ephemerida [griech.] (Ephemeriden), svw. ↑Eintagsfliegen.

Epithel. Von oben: einschichtiges Plattenepithel, Pflasterepithel, einschichtiges Zylinderepithel mit Bürstensaum, mehrreihiges Zylinderepithel mit Zilien

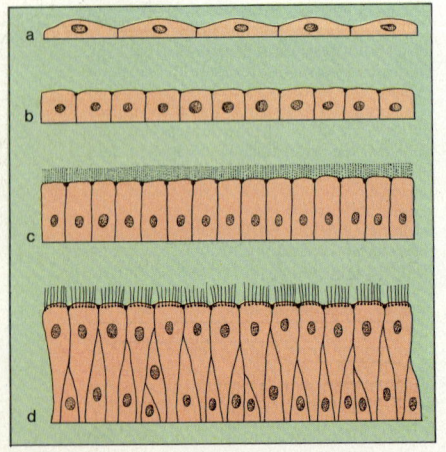

Epidendrum [griech.], Gatt. der Orchideen mit etwa 800 Arten in den Tropen und Subtropen Amerikas; Epiphyten; Zierpflanzen.

epidermal, zur ↑Epidermis gehörend, von der Epidermis ausgehend, abstammend.

Epidermis [griech.] (Oberhaut), bei *Tier und Mensch:* vom äußeren der drei ↑Keimblätter gebildete Zellschicht der Haut; bei *Wirbellosen* meist einschichtig, bei allen *Wirbeltieren* mehrschichtig (Säugetiere haben meist 4 Schichten).

◆ in der *Botanik:* primäres, meist einschichtiges Abschlußgewebe der höheren Pflanzen; umhüllt Sproßachse, Blätter und Wurzeln.

Epididymis [griech.], svw. ↑Nebenhoden.

Epiduralraum (Extraduralraum, Cavum epidurale), von Fett und lockerem Bindegewebe, Venen und Lymphgefäßen ausgefüllter Raum zw. der äußeren Rückenmarkshaut und der Knochenhaut des Wirbelkanals, in dem das Rückenmark verläuft.

epigäisch [griech.], oberirdisch (↑Keimung).

Epigenese (Epigenesis, Postformationstheorie), von C. F. Wolff 1759 der ↑Präformationstheorie entgegengestellte, heute allg. anerkannte Lehre, nach der der Organismus sich von der befruchteten Eizelle zum Lebewesen über eine Kette vielgestaltiger Zelldifferenzierungsvorgänge entwickeln muß.

Epiglottis, svw. Kehldeckel (↑Kehlkopf).

Epikard (Epicardium) [griech.], dem Herzmuskel (Myokard) außen aufliegendes Blatt des Herzbeutels.

Epikotyl [griech.], erster Sproßabschnitt oberhalb der Keimblätter der Samenpflanzen.

Epinephrin [griech.], svw. ↑Adrenalin.

Epipactis [griech.] ↑Sumpfwurz.

Epiphyllum [griech.], svw. ↑Blattkaktus.

Epiphyse [griech.], die zunächst vollknorpeligen Gelenkenden eines Röhrenknochens; zw. E. und Mittelstück des Röhrenknochens (Diaphyse) liegt (als Wachstumszone des Knochens) der knorpelige **Epiphysenfuge;** nach Verknöcherung des Innern der E. als auch der E.fugen ist die Wachstumsphase abgeschlossen.

◆ svw. ↑Zirbeldrüse.

Epiphyten [griech.] (Aerophyten, Aufsitzer, Scheinschmarotzer), Pflanzen, die auf anderen Pflanzen (meist Bäumen) wachsen und keine Verbindung mit dem Erdboden haben. Die Unterpflanzen werden aber nicht parasitisch ausgenutzt, sondern dienen nur der besseren Ausnutzung des Lichts. E. sind z. B. Flechten, Moose und Orchideen.

Episiten [griech.], Bez. für räuber. lebende Tiere, z. B. Greifvögel, Raubtiere.

Episomen [griech.], veraltete Bez. für (autonomes bzw. integriertes) ↑Plasmid.

Epistase [griech.], in der Phylogenie das Zurückbleiben in der Entwicklung bestimmter Merkmale bei einer Art oder einer Stammeslinie gegenüber nahe verwandten Formen.

Epistropheus [e'pɪstrofɔʏs, epi'stro:-fe-ʊs; griech. „Umdreher"] (Axis), zweiter Halswirbel der Reptilien, Vögel und Säugetiere (einschließl. Mensch), um dessen Fortsatz der ringförmige erste Halswirbel (Atlas) drehbar ist.

Epithel [griech.] (Epithelgewebe, Deckgewebe), ein- oder (v. a. bei Wirbeltieren) mehrschichtiges, flächenhaftes Gewebe, das alle Körperober- und -innenflächen der meisten tier. Vielzeller bedeckt. Nach ihrer Form unterscheidet man: 1. **Plattenepithel** aus flachen, plattenförmigen Zellen; kleidet u. a. Blut- und Lymphgefäße aus; 2. **Pflasterepithel** aus würfelförmigen Zellen; kleidet die Nierenkanälchen aus; 3. **Zylinderepithel** aus langen, quaderförmigen Zellen; kleidet u. a. das Innere des Magen-Darm-Kanals aus. Nach der jeweiligen hauptsächl. Funktion unterscheidet man: **Deckepithel** (Schutz-E.) mit Schutzfunktion; **Drüsenepithel** mit starker Sekretausscheidung; **Sinnesepithel** (Neuro-E.), aus einzelnen Sinneszellen bestehend (z. B. Riech-E.); **Flimmerepithel** mit Geißel- bzw. Zilienzellen zur eigenen bzw. zur Fortbewegung von Flüssigkeiten oder Partikeln.

Epithelkörperchen, svw. ↑Nebenschilddrüse.

Epitokie [griech.] (Epigamie), bei vielen Arten der Vielborster vorkommende, zur Paarungszeit einsetzende Umbildung des Körpers vom noch nicht geschlechtsreifen Stadium (**atoke Form**) zum geschlechtsaktiven Stadium (**epitoke Form**).

Epitrichium [griech.], Hülle aus abgestorbenen verhornten Epidermiszellen, die den Embryo einiger Säugetiere umgibt.

Epizoen [griech.], auf der Oberfläche anderer Tiere lebende Tiere (z. B. Läuse).

Epstein, Michael Anthony [engl. 'ɛpstaɪn], * London 18. Mai 1921, brit. Mediziner und Virologe. - Bed. Arbeiten über Struktur und Funktion von Tumorzellen, Viren und Virusinfektionen.

Equisetaceae [lat.], svw. ↑Schachtelhalmgewächse.

Equisetum [lat.], svw. ↑Schachtelhalm.

Erbänderung, svw. ↑Mutation.

Erbanlage, (Anlage) die auf dem Genbestand bzw. den in ihm gespeicherten Informationen beruhende, der Vererbung zugrunde liegende „Potenz" eines Organismus, im Zusammenwirken mit den Umweltfaktoren die charakterist. Merkmale bedingen zu lassen.

◆ svw. ↑Gen.

Erbbild, svw. ↑Idiotyp.

Erbbiologie, svw. ↑Genetik.

Erbfaktor, theoret. Begriff für ein deutl. in Erscheinung tretendes erbl. Merkmal.

Erbgut, svw. ↑Idiotyp.

Erblehre, svw. ↑Genetik.

Erblichkeit (Heredität), die Übertragbar-

Erbmasse

keit bestimmter, nicht umweltbedingter elterl. Merkmale auf die Nachkommen.
Erbmasse, svw. ↑Idiotyp.
Erbschäden, durch Mutationen verursachte Anomalien bei Lebewesen.
Erbse (Pisum), Gatt. der Schmetterlingsblütler mit etwa 7 Arten, vom Mittelmeergebiet bis Vorderasien; einjährige, kletternde Pflanzen mit paarig gefiederten Blättern, die in Ranken auslaufen. Frucht eine zweiklappige Hülse mit eiweiß- oder stärkereichen Samen *(Erbsen).* - ↑auch Saaterbse.
Erbsenbein ↑Handwurzel.
Erbsenmuscheln (Pisidium), in Süßgewässern mit über 100 Arten weltweit verbreitete Gatt. 2–10 mm langer Muscheln; in M-Europa etwa 20 Arten, darunter die 2 mm lange **Banderbsenmuschel** (Pisidium torquatum), kleinste heute lebende Muschelart.
Erdbeerbaum (Arbutus), Gatt. der Heidekrautgewächse mit etwa 20 Arten im Mittelmeergebiet, auf den Kanar. Inseln und in N- und M-Amerika; immergrüne Sträucher oder Bäume mit kugeligen oder urnenförmigen Blüten in Rispen; rote Beerenfrüchte; nicht winterharte Zierpflanzen.
Erdbeere (Fragaria), Gatt. der Rosengewächse mit etwa 30 Arten in den gemäßigten und subtrop. Gebieten der Nordhalbkugel und in den Anden; Ausläufer treibende Stauden mit grundständiger, aus dreizählig gefiederten Blättern bestehender Blattrosette und weißen, meist zwittrigen Blüten. Die meist eßbaren Früchte (**Erdbeeren**) sind Sammelnußfrüchte (↑Fruchtformen), die aus der stark vergrößerten, fleischigen, meist roten Blütenachse und den ihr aufsitzenden, kleinen, braunen Nüßchen bestehen. - Die formenreiche **Walderdbeere** (Fragaria vesca) wächst im gemäßigten Eurasien häufig in Kahlschlägen, Gebüschen und an Waldrändern. Eine Kulturform, die **Monatserdbeere,** blüht und fruchtet mehrmals während einer Vegetationszeit. Die **Muskatellererdbeere** (Zimt-E., Fragaria moschata) wächst im wärmeren Europa; die eßbaren Früchte sind birnenförmig verdickt. Aus Kreuzungen verschiedener Erdbeerarten entstand die **Gartenerdbeere** (Ananas-E., Fragaria ananassa) mit großen, leuchtend roten Früchten, die in vielen Sorten angebaut wird.
Erdbeerfröschchen (Dendrobates typographicus), etwa 2 cm große, leuchtend rote baumbewohnende Art der ↑Färberfrösche in den trop. Regenwäldern M-Amerikas; stark giftige Hautausscheidungen; Terrarientier.
Erdbeerspinat, Bez. für zwei Arten der Gatt. Gänsefuß mit fleischigen, rötl., an Erdbeeren erinnernden Fruchtständen; der von S-Europa bis M-Asien verbreitete **Echte Erdbeerspinat** (Chenopodium foliosum) und der aus S-Europa stammende **Ährige Erdbeerspinat** (Chenopodium capitatum); beide Arten werden als Blattgemüse angebaut.
Erdbeerstengelstecher (Rhynchites germanicus), etwa 3 mm langer, dunkelblauer bis dunkelgrüner Rüsselkäfer, der an Erdbeeren schädlich wird.
Erdbienen, svw. ↑Grabbienen.
Erdferkel (Orycteropus afer), einzige rezente Art der ↑Röhrenzähner, in Afrika südl. der Sahara; Körperlänge bis 1,4 m, mit etwa 60–70 cm langem, sehr dickem, nacktem Schwanz; Kopf unbehaart, langgestreckt, mit schweineartiger Schnauze; Rumpf und Beine mit schütterem, borstigem, dunkel bis gelbl. graubraunem Haarkleid; lebt in einem selbstgegrabenen Erdbau.
Erdflöhe, svw. ↑Flohkäfer.
Erdfrüchte, geokarpe Früchte (↑Geokarpie).
Erdglöckchen (Moosglöckchen, Linnaea), Gatt. der Geißblattgewächse mit der einzigen Art Linnaea borealis; in Nadelwäldern, Tundren und Hochgebirgen der Nordhalbkugel; Halbstrauch mit fadenförmigem, kriechendem Stengel, kleinen, ledrigen Blättchen und glockigen, weißen, innen rotgestreiften, wohlriechenden Blüten.
Erdhörnchen (Marmotini), weit verbreitete Gattungsgruppe am Boden und in unterird. Höhlen lebender Hörnchen; z. B. Murmeltiere, Präriehunde, Ziesel, Chipmunks.
Erdhummel ↑Hummeln.
Erdhündchen, svw. ↑Erdmännchen.
Erdkastanie, volkstüml. Bez. für die Erdknolle und den Knolligen Kälberkropf.
Erdkirschen, Bez. für die eßbaren Beerenfrüchte einiger in den Subtropen und Tropen angebauter Arten der ↑Lampionblume, z. B. die Ananaskirsche (Physalis peruviana).
Erdknolle (Erdkastanie, Bunium), Gatt. der Doldengewächse mit etwa 30 Arten in Europa bis W-Asien; Stauden mit eßbaren Knollen.
Erdkröte (Bufo bufo), bis 20 cm große (in M-Europa deutl. kleinere) Krötenart, v. a. auf Feldern und in Gärten Eurasiens und NW-Afrikas; ♂ kleiner und schlanker als ♀.
Erdläufer (Geophilomorpha), mit über 1 000 Arten nahezu weltweit verbreitete Ordnung der Hundertfüßer; etwa 1 cm bis über 20 cm lang, wurmförmig bis fadenartig dünn, meist hellbraun bis gelbl., mehr als 30 (maximal 173) Beinpaare, Augen fehlen.
Erdmandel (Chufa), Bez. für die eßbaren, braunen, stärke-, öl- und zuckerreichen, nach Mandeln schmeckenden Ausläuferknollen des etwa 20–90 cm hohen Riedgrases **Erdmandelgras** (Cyperus esculentus), das an nassen Standorten im Mittelmeergebiet und im trop. Afrika, in Asien und Amerika kultiviert und als Kakao- und Kaffee-Ersatz verwendet wird.
Erdmännchen (Erdhündchen, Scharrtier, Surikate, Suricata suricatta), bis 35 cm körperlange Schleichkatzenart in den Trockengebieten S-Afrikas; mit graubrauner bis gelbl. weißgrauer Oberseite, 8–10 dunkelbraunen Querstreifen auf dem Hinterrücken

und etwa 25 cm langem, dünn behaartem Schwanz; v. a. die Vorderfüße mit auffallend langen, starken Krallen.

Erdmaus (Microtus agrestis), bis 14 cm lange Wühlmaus, v. a. auf Wiesen, Mooren und in Wäldern kühler Gegenden des gemäßigten und nördl. Eurasien; der Feldmaus sehr ähnl., jedoch meist kräftiger, Fell etwas länger und wolliger, Färbung oberseits braun bis graubraun, unterseits meist silbergrau.

Erdmolche ↑ Salamander.

Erdnuß (Arachis hypogaea), einjähriger südamerikan. Schmetterlingsblütler; alte, in den Tropen und Subtropen in verschiedenen Sorten angebaute, etwa 15–70 cm hohe Kulturpflanze mit gefiederten Blättern; Blüten gelb, in wenigen Stunden abblühend. Nach der Befruchtung entwickelt sich ein bis 15 cm langer Fruchtstiel, der sich zur Erde krümmt und den Fruchtknoten 4–8 cm tief ins Erdreich drückt, wo die 2–6 cm lange, strohgelbe Frucht **(Erdnuß, Peanut)** heranwächst. Diese hat eine zähfaserige, sich nicht öffnende Fruchtwand und meist zwei längl.-ovale, etwa 1–2,7 cm lange Samen, bestehend aus der papierartigen, rotbraunen Samenschale und dem wohlschmeckenden Keimling (enthält etwa 50 % Öl, 24–35 % Eiweiß, 3–8 % Kohlenhydrate, hoher Vitamin B- und Vitamin-E-Gehalt). - Die Erdnüsse werden geröstet, gesalzen oder gezuckert gegessen. Durch Pressen gewinnt man das fast geruch- und geschmacklose **Erdnußöl**, das als Speiseöl und bei der Margarineherstellung verwendet wird. Der Preßrückstand (E.preßkuchen) ist ein hochwertiges Viehfutter. Außerdem werden Erdnüsse zu Mehl (E.mehl) oder zu Erdnußmark („Erdnußbutter") verarbeitet.

Erdrauch (Fumaria), Gatt. der Erdrauchgewächse mit etwa 50 Arten in M-Europa und vom Mittelmeergebiet bis Z-Asien; einjährige Kräuter mit gefiederten Blättern und kleinen Blüten in Trauben. - In M-Europa als Ackerunkraut v. a. der **Gemeine Erdrauch** (Fumaria officinalis) mit purpurroten, an der Spitze schwarzgefärbten, kleinen Blüten; Kulturfolger.

Erdrauchgewächse (Fumariaceae), Pflanzenfam. mit 5 Gatt. und etwa 400 Arten; Blüten abgeflacht, mit einem oder zwei gespornten oder ausgesackten Blumenkronblättern.

Erdsalamander (Plethodon cinereus), bis etwa 12 cm lange Alligatorsalamanderart v. a. in Wäldern und Gärten des östl. N-Amerika; Körper sehr schlank, walzenförmig, mit kleinen Gliedmaßen.

Erdstern (Geastrum), Gatt. der Bauchpilze, in M-Europa mit etwa 15 Arten, v. a. in Nadelwäldern; Fruchtkörperaußenhülle bei der Reife sternförmig aufspringend.

Erdwanzen (Grabwanzen, Cydnidae), mit vielen Arten nahezu weltweit verbreitete Fam. 3–15 mm großer Wanzen (in M-Europa etwa 15 Arten); saugen an Wurzeln; teilweise schädl. an Kulturpflanzen.

Erdwolf (Zibethyäne, Proteles cristatus), bis 80 cm körperlange Hyäne in den Steppen und Savannen O- und S-Afrikas; frißt vorwiegend Termiten; ähnelt äußerl. der Streifenhyäne; bewohnt verlassene Erdferkelbaue.

Erektion [zu lat. erectio „Aufrichtung"], reflektor., durch Blutstauung bedingte Anschwellung, Versteifung und Aufrichtung von Organen, die mit Schwellkörpern versehen sind. Der Begriff bezieht sich in erster Linie auf die Versteifung des männl. Gliedes (Penis), aber auch auf die des Kitzlers der Frau.

Ergone (Ergine) [griech.], Bez. für in kleinsten Mengen hochwirksame biolog. Wirkstoffe wie Vitamine, Hormone und Enzyme.

Ergosterin [frz./griech.], weitverbreitetes, v. a. in Mutterkorn und im Hühnerei vorkommendes Mykosterin; Provitamin des Vitamins D_2, in das es bei Bestrahlung mit UV-Licht übergeht.

Ergotamin [Kw.] ↑ Mutterkornalkaloide.

ergotrop [griech.], alle Energien des Organismus mobilisierend; speziell auf die Erregung des Sympathikus bezogen.

Erica [ˈeːrika, eˈriːka; griech.-lat.] ↑ Glockenheide.

Ericaceae [griech.-lat.], svw. ↑ Heidekrautgewächse.

Erigeron [griech.], svw. ↑ Berufkraut.

Erikagewächse, svw. ↑ Heidekrautgewächse.

Erlanger, Joseph [engl. ˈɔːlæŋə], *San Francisco 5. Jan. 1874, †Saint Louis 5. Dez. 1965, amerikan. Neurophysiologe. - Prof. in Wisconsin und Washington; entdeckte mit H. S. Gasser differenzierte Funktionen einzelner Nervenfasern und erhielt 1944 zus. mit ihm den Nobelpreis für Physiologie oder Medizin.

Erle (Eller, Alnus), Gatt. der Birkengewächse mit etwa 30 Arten in der nördl. gemäßigten Zone und in den Anden; Bäume oder Sträucher mit am Rande leicht gelappten oder gesägten Blättern; weibl. Blüten in Kätzchen, die zu mehreren unterhalb der männlichen Kätzchen stehen; rundl., verholzende Fruchtzapfen mit kleinen, rundl. bis fünfeckigen, schmal geflügelten Nußfrüchten; Wurzeln mit ↑ Wurzelknöllchen. - Wichtige Arten sind: **Schwarzerle** (Rot-E., Alnus glutinosa), ein bis 25 m hoher, oft mehrstämmiger Baum mit schwarzbrauner, rissiger Borke, rundl., bis 10 cm langen Blättern und kleinen, schwarzen Fruchtzapfen der; **Grauerle** (Weiß-E., Alnus incana), ein bis 20 m hoher Baum mit heller, grauer Rinde und dunkelgrünen, unterseits graugrünen Blättern; **Grünerle** (Berg-E., Alnus viridis), ein 1–3 m hoher Strauch mit glatter, dunkelaschgrauer Rinde mit bräunl. Korkwülsten; Blätter beiderseits grün.

ZUSAMMENSETZUNG UND NÄHRWERT VERSCHIEDENER NAHRUNGSMITTEL

In 100 g eßbarem Anteil sind enthalten:

Nahrungsmittel	Kohlen-hydrate (g)	Fett (g)	Eiweiß (g) enthalten	Eiweiß (g) verwertbar	verwertbare Energie (kJ)	kcal
Butter	0,7	81	0,7	0,68	3 171	755
Buttermilch	4	0,5	3,5	3,4	151	35,9
Camembertkäse 45% Fett i.T.	1,85	22,8	18,7	18,1	1 264	301
Edamerkäse 45% Fett i.T.	3,91	28,3	24,8	24,1	1 621	386
Margarine	0,4	78,4	0,51	0,49	3 079	733
Speiseöl	Spuren	99,8	–	–	3 898	928
Speisequark mager	1,82	0,58	17,2	16,7	371	88,3
Vollmilch	4,8	3,7	3,1	3	284	67,7
Hühnerei	0,7	11,2	12,9	12,5	701	167
Hammelfleisch mager	–	12,5	18,2	17,7	836	199
Hirschfleisch	–	3,34	20,6	20	517	123
Kalbfleisch mager	–	5,4	20,5	19,9	596	142
Kalbfleisch fett	–	13,1	18,9	18,3	869	207
Rindfleisch mager	–	13,7	18,8	18,2	895	213
Rindfleisch fett	–	28,7	16,3	15,8	1 449	345
Schweinefleisch mager	–	35	14,1	13,7	1 659	395
Schweinefleisch fett	–	55	9,8	9,5	2 377	566
Brathuhn	–	5,6	20,6	20	605	144
Gans	–	31	15,7	15,2	1 529	364
Fleischwurst	–	27,1	13,2	12,8	1 323	315
Zervelatwurst	–	43,2	16,9	16,4	2 033	484
Aal	–	25,6	12,7	12,3	1 256	299
Brathering	3,8	15,2	16,8	16,3	983	234
Forelle	–	2,1	19,1	18,5	437	104
Hering	–	18,8	17,3	16,8	1 071	255
Kabeljau	–	0,3	17	16,5	326	77,7
Makrele geräuchert	–	15,5	20,7	20,1	1 000	238
Miesmuschel	3,92	1,34	9,84	9,55	302	72
Brötchen	57,5	0,5	6,8	6,1	1 168	278
Knäckebrot	77,2	1,4	10,1	6,77	1 609	383
Roggenvollkornbrot	46,4	1,2	7,3	5	1 004	239
Weißbrot	50,1	1,2	8,2	7,3	1 088	259
Nudeln, Makkaroni, Spaghetti	72,4	2,9	13	11,2	1 424	339
Reis poliert	78,7	0,62	7	5,9	1 546	368
Weizenmehl Type 405	74	0,98	10,6	9,43	1 546	368
Zwieback	75,6	4,3	9,9	8,8	1 693	
Blumenkohl	3,93	0,28	2,46	1,6	119	28,3
Bohnen grün	5	0,26	2,24	1,75	140	33,4
Karotten	7,27	0,2	1	0,74	146	34,8
Kartoffeln	18,9	0,15	2	1,5	357	85
Kohlrabi	4,45	0,1	1,94	1,26	109	26
Kopfsalat	1,66	0,25	1,56	1,01	63	15
Tomaten	3,28	0,21	0,95	0,81	79	18,8
Champignons in Dosen	3	0,5	2,25	2,25	105	25
Steinpilze frisch	4,84	0,4	2,77	2,77	142	33,9
Steinpilze getrocknet	43,6	3,2	19,7	19,7	1 189	283
Äpfel	12,1	0,3	0,3	0,26	220	52,4
Apfelsinen	9,14	0,26	0,96	0,82	228	54,4
Bananen	21	0,2	1,1	0,95	379	90,3
Erdbeeren	8	0,4	0,9	0,77	165	39,3
Pflaumen	12,3	0,1	0,7	0,6	222	52,9
Bohnen getrocknet	57,6	1,6	21,3	16,6	1 478	352
Erbsen getrocknet	60,7	1,4	22,9	17,9	1 554	370

Ernährung

ZUSAMMENSETZUNG UND NÄHRWERT VERSCHIEDENER NAHRUNGSMITTEL (Forts.)

In 100 g eßbarem Anteil sind enthalten:

Nahrungsmittel	Kohlen-hydrate (g)	Fett (g)	Eiweiß (g) ent-halten	Eiweiß (g) ver-wertbar	verwertbare Energie (kJ)	kcal
Linsen	60,1	1,4	24,7	18,3	1 487	354
Erdnüsse	19	48,7	26,5	21,1	2 650	631
Haselnüsse	12,6	61,8	13,9	10,8	2 898	690
Mandeln	16	54,1	18,3	14,3	2 734	651
Honig	80,8	–	0,38	0,32	1 281	305
Vollmilchschokolade	54,7	32,8	9,1	7,12	2 365	563
Zucker	99,8	–	–	–	1 655	394

VERWERTBARE ENERGIE VERSCHIEDENER GETRÄNKE

	kJ	kcal
Apfelwein 0,25 l	483	115
Bier hell 0,5 l	916	218
Kaffee	–	–
Orangensaft 0,1 l	210	50
Rotwein (dt.) 0,25 l	638	152
Tee schwarz	–	–
Weißwein (dt.) 0,25 l	638	152
Weinbrand 2 cl	185	44
Whisky 4 cl	483	115

Erlenblattkäfer, (Melasoma aenea) 7–8 mm großer, längl.-ovaler, metallisch grüner, blauer oder golden-kupferroter Blattkäfer; schädl. an Erlen.
◆ (Agelastica alni) 5–7 mm großer, schwarzblauer Blattkäfer; wird durch Blattfraß schädl. an Erlen und Obstbäumen.
Erlenzeisig ↑ Zeisige.
Ermüdung, nach längerer Tätigkeit auftretende Abnahme der körperl. und geistigen Leistungsfähigkeit und -bereitschaft; psycholog. Anzeichen sind Reizbarkeit, Unlustgefühle, Verminderung der Konzentrations- und Denkfähigkeit sowie ein allg. „Müdigkeitsgefühl". Die E. kann rein körperl. Ursachen haben (Beeinträchtigung der physiolog. Funktionen durch zu starke Beanspruchung) oder auch vorwiegend psych. bedingt sein.
Ernährung, die Aufnahme der Nahrungsstoffe für den Aufbau, die Erhaltung und Fortpflanzung eines Lebewesens. - Die **grünen Pflanzen** können die körpereigenen organ. Substanzen aus anorgan. Stoffen (CO_2, Wasser, Mineralsalze) aufbauen, sie sind ↑autotroph. Ihre Energiequelle ist dabei die Sonne. Durch ihre ständige Synthesetätigkeit liefern die grünen Pflanzen allen heterotrophen, auf organ. Nährstoffe angewiesenen Organismen (Bakterien, Pilze, nichtgrüne höhere Pflanzen, Tiere, Mensch) die Existenzgrundlage. Wichtigster Ernährungsvorgang bei diesen Pflanzen ist die ↑Photosynthese. - Die **nichtgrünen Pflanzen** (Saprophyten, Parasiten) decken ihren Energie- und Kohlenstoffbedarf aus lebender oder toter organ. Substanz. Im Ggs. zur E. der meisten Pflanzen ist die E. bei **Tieren** und beim **Menschen** durch die Notwendigkeit gekennzeichnet, organ. Verbindungen aufzunehmen. Die E. des Menschen entspricht derjenigen von tier. Allesfressern. Art, Menge, Zusammensetzung und Zubereitung der pflanzl. (Gemüse, Früchte, Getreide) und tier. Nahrungsmittel (Milch, Eier, Fleisch) hängen von biolog. und sozialen Gegebenheiten ab. Sie unterliegen außerdem in starkem Maße nat. und kulturellen Gepflogenheiten.
Die Nahrung soll sich aus den Grundnährstoffen Eiweiß, Kohlenhydrate und Fett im geeigneten Verhältnis zusammensetzen, genügend Mineralsalze, Vitamine, Spurenelemente sowie Ballaststoffe enthalten und durch sachgemäße Zubereitung für den Organismus gut aufschließbar und damit gut verwertbar sein. Die aufgenommenen **Nährstoffe** werden im Verdauungstrakt in eine lösl. und damit resorbierbare Form gebracht, mit dem Blut in die verschiedenen Gewebe transportiert und dort in den einzelnen Zellen mit Hilfe von Enzymen oxidiert. Dieser Vorgang ist einer Verbrennung vergleichbar, die einerseits Bewegungsenergie und andererseits Wärme liefert. Die Abfallprodukte dieser Verbrennung werden aus dem Körper v. a. durch die Atmung, den Harn und den Stuhl ausgeschieden.
Kohlenhydrate und Fette dienen hauptsächl. als Energiespender, während Eiweiße vorwie-

Ernährungswissenschaft

Mannaesche. Blätter und Blüten

Futteresparsette

gend zum Aufbau und Ersatz von Zellen und zur Bildung von Enzymen und Hormonen benötigt werden. Bei einer richtig zusammengestellten Kost sollen etwa 55–60 % des Joulebedarfs (Kalorienbedarf) aus Kohlenhydraten, 25–30 % aus Fetten und 10–15 % aus Eiweißen gedeckt werden. Die Eiweißzufuhr sollte tägl. 1 g pro kg Körpergewicht betragen. Bei Jugendlichen und Schwangeren sowie während der Stillperiode erhöht sich der Eiweißbedarf auf 1,5 g pro kg Körpergewicht und Tag. Beim Erwachsenen sollten (nach einer Empfehlung der Dt. Gesellschaft für Ernährung) 0,4 g Eiweiß pro kg Körpergewicht, mindestens aber 20 g pro Tag tier. Herkunft sein. Die unterschiedl. biolog. Wertigkeit der Nahrungseiweiße hängt mit ihren unterschiedl. Anteilen an essentiellen Aminosäuren zusammen. - Das wichtigste Kohlenhydrat ist die Stärke, die u. a. in Getreideprodukten und Kartoffeln enthalten ist. Sie wird im Verdauungstrakt zu Traubenzucker abgebaut, der in der Leber wieder zu Glykogen aufgebaut und gespeichert wird. Glykogen kann je nach Bedarf wieder zu Traubenzucker abgebaut und als solcher verbrannt werden. Bei einem Überangebot an Nahrungsstoffen wird die nicht verbrauchte Menge in Form von Fett angelagert. Umgekehrt kann Fett im Bedarfsfall jederzeit abgebaut und verbrannt werden. Fett ist wegen seines hohen Joulegehaltes die wichtigste Energiereserve des Körpers. 1 g Kohlenhydrate und 1 g Eiweiß liefern jeweils 17,2 kJ (4,1 kcal); 1 g Fett dagegen 39 kJ (9,3 kcal). Einige lebenswichtige Fettsäuren wie Linolsäure und Linolensäure kann der Organismus nicht selbst aufbauen. Die Zufuhr dieser essentiellen Fettsäuren soll-

te tägl. etwa 4–6 g betragen (enthalten in 2 Teelöffeln Sonnenblumenöl oder in 45 g Margarine bzw. 150 g Butter). Fette sind außerdem wichtig für die Resorption der fettlösl. Vitamine A, D und K, die nur zus. mit Fetten die Darmwand passieren können.
Der tägl. Energiebedarf eines gesunden Menschen ist v. a. von der körperl., weniger (und im wesentl. nur indirekt) von seiner geistigen Beanspruchung abhängig. Der Mehrbedarf durch körperl. Tätigkeit erhöht den Ruheumsatz von rd. 7 650 kJ (1 800 kcal) bei mäßiger Arbeit und sitzender Lebensweise auf etwa 9 660 bis 10 500 kJ (2 300–2 500 kcal), bei stärkerer körperl. Arbeit auf etwa 12 600 kJ (3 000 kcal), bei sehr schwerer Arbeit auf 16 800 kJ (4 000 kcal) und mehr in 24 Std. Für die einzelnen Mahlzeiten wird empfohlen: 1. Frühstück 2 814–3 276 kJ (670–780 kcal), 2. Frühstück 546–1 092 kJ (130–260 kcal), Mittagessen 3 276–3 288 kJ (780–910 kcal), Vesper 546–1 092 kJ (130–260 kcal), Abendessen 2 184–2 730 kJ (520–650 kcal). - Bei falscher Zusammensetzung der Nahrung kommt es auch bei mengenmäßig ausreichender E. zu Vitaminmangelkrankheiten. - Übers. S. 196 f.

📖 *Kleine Nährwerttab. der dt. Gesellschaft f. E.* Hg. v. W. Wirths. Ffm. ³⁰1982. - Bäßler, K. u. a.: *Grundbegriffe der E.lehre.* Bln. u. a. ³1979. - Lang, K.: *Biochemie der E.* Darmst. ⁴1979.

Ernährungswissenschaft (Ökotrophologie), Wiss., die sich mit den Fragen des quantitativen und qualitativen Nahrungsbedarfs unter verschiedenen Lebensbedingungen und in verschiedenen Lebensphasen sowie mit den Fragen des quantitativen Gehaltes und der qualitativen Zusammensetzung von Lebensmitteln im Hinblick auf den Bedarf des Organismus befaßt.

Erneuerungsknospen, ↑ Knospe.

Ernteameisen, Bez. für subtrop. Knotenameisen, die Früchte und Pflanzensamen (als Vorräte) in ihre Nester eintragen.

Erntemilbe (Trombicula autumnalis), bis etwa 2 mm große Milbe, deren 0,25 mm lange Larven Menschen und andere Warmblüter befallen, bei denen sie an dünnen Hautstellen Blut saugen; verursacht die sog. Erntekrätze.

Esel

erogene Zonen [griech.], Körperstellen, deren Berührung oder Reizung geschlechtl. Erregung auslöst; z. B. Geschlechtsteile und ihre Umgebung, Brustwarzen, Mund, Hals.

Erpel (Enterich), Bez. für das ♂ der Enten (mit Ausnahme der Halbgänse und Säger).

Erregbarkeit (Reizbarkeit, Exzitabilität, Irritabilität), in der *Physiologie* die bes. Fähigkeit lebender Strukturen, auf Reize zu reagieren (↑ Erregung).

Erregung, durch äußere Reize oder autonome Reizbildung hervorgerufene Zustandsänderung des ganzen Organismus oder einzelner seiner Teile (Nerven, Muskeln), die durch Verminderung des Membranpotentials gekennzeichnet ist.

Ersatzknochen (primäre Knochen), Bez. für Knochen, die im Ggs. zu ↑ Deckknochen durch Verknöcherung knorpelig vorgebildeter Skeletteile entstehen; z. B. fast alle Skelettknochen der Wirbeltiere (ausgenommen z. B. die Schädelkapsel).

Erscheinungsbild, svw. ↑ Phänotyp.

Erythrismus [griech.] (Rufinismus, Rubilismus), das Auftreten einer rötl. Haar-, Haut- bzw. Federfärbung bei sonst dunkler gefärbten Tieren, auch bei (dunkelhäutigen) Menschen.

Erythroblasten [griech.], kernhaltige Bildungszellen der im fertigen Zustand kernlosen roten Blutkörperchen (Erythrozyten, ↑ Blut) der Säugetiere (einschließl. Mensch) sowie einiger Amphibien.

Erythropoese [griech.] (Erythrozytogenese, Erythrozytopoese, Erythrozytenreifung), Bildung der roten Blutkörperchen (Erythrozyten, ↑ Blut) über verschiedene kernhaltige Vorstufen im („roten") Knochenmark.

Erythropoetin [...po-e; griech.], die Neubildung roter Blutkörperchen im Knochenmark anregender hormonartiger Stoff, der bei chron. Sauerstoffmangel (z. B. Höhenaufenthalt) v. a. in der Niere gebildet wird.

Erythrozyten [griech.], rote Blutkörperchen (↑ Blut).

Erzschleiche ↑ Walzenskinke.

Erzwespen (Zehrwespen, Chalcidoidea), mit etwa 30 000 Arten weltweit verbreitete Überfam. 0,2–16 mm langer Hautflügler, davon etwa 5 000 Arten in Europa; mit häufig metall. schillernder Färbung, kurzen, geknickten Fühlern und meist ziemt. langem Legebohrer.

Esche (Fraxinus), Gatt. der Ölbaumgewächse mit etwa 65 Arten, v. a. in der nördl. gemäßigten Zone; Bäume mit gegenständigen, meist unpaarig gefiederten Blättern und unscheinbaren, vor dem Laub erscheinenden Blüten in Blütenständen; Früchte mit zungenförmigem Flügelfortsatz (Flügelnuß). – Bekannte Arten: **Gemeine Esche** (Fraxinus excelsior), bis 30 m hoch und 250 Jahre alt werdender Baum der Niederungen und Flußtäler; Rinde grünlichgrau, glatt, Borke später schwarzbraun, dichtrissig; Blüten dunkelpurpurfarben; ferner die 6–8 m hohe **Mannaesche** (Blumen-E., Fraxinus ornus) in S-Europa und Kleinasien und die bis 25 m hohe **Weißesche** (Fraxinus americana) im östl. N-Amerika.

Eschenahorn (Acer negundo), nordamerikan. Ahornart; bis 20 m hoch werdender, raschwüchsiger Baum mit eschenähnl. gefiederten Blättern; beliebter Park- und Gartenbaum.

Escherichia [nach dem dt. Mediziner T. Escherich, * 1857, † 1911], Gatt. der Bakterien mit 4 Arten; weltweit verbreitet, v. a. im Boden, im Wasser (Indiz für Wasserverunreinigung), in Fäkalien und im Darm der Wirbeltiere (einschl. Mensch). - Bekannteste Art ist **Escherichia coli** in der Darmflora des Dickdarms; wichtiges Forschungsobjekt, v. a. der Biochemie, Genetik und Molekularbiologie.

Esel [zu lat. asinus (asellus) „Esel"], (Afrikan. Wildesel, Equus asinus) bis 1,4 m schulterhohe Art der Unpaarhufer (Fam. Pferde) in N-Afrika; mit großem Kopf, langen Ohren, kurzer, aufrechtstehender Nackenmähne, „Kastanien" (↑ Hornwarzen) an den Vorderbeinen und langem Schwanz, der in eine Endquaste ausläuft; Grundfärbung hellgraubraun bis grau mit dunklem Aalstrich, Bauch weißlich. - Von den drei Unterarten sind der **Nordafrikan. Wildesel** (Equus asinus atlanticus) und der **Nubische Wildesel** (Equus asinus africanus) wahrscheinl. ausgerottet. Vom **Somali-Wildesel** (Equus asinus somalicus) leben noch einige hundert Tiere in Äthiopien und Somalia; auffallend ist die schwarze

Esel. Sogenannte Nubische Wildesel, die wahrscheinlich Nachfahren aus Kreuzungen der Urform der Nubischen Wildesel mit Hauseseln sind

Eselsdistel

Beinringelung. - Der **Nordafrikan. Wildesel** (v. a. die nub. Unterart) ist die Stammform des heute in vielen Rassen existierenden **Hausesels**. Dieser läßt sich mit dem Hauspferd kreuzen (Pferde-♂ x Esel-♀ = **Maulesel**; Esel-♂ x Pferde-♀ = **Maultier**), doch sind die Nachkommen fast stets unfruchtbar und müssen immer wieder neu gezüchtet werden. Die Domestikation des E. begann um 4000 v. Chr. im unteren Niltal. Der E. als Reittier ist in Ägypten seit 2500, in Syrien im 2. Jt. v. Chr. belegt. - Abb. S. 199.
◆ (Asiat. Wildesel) svw. ↑Halbesel.

Eselsdistel (Onopordum), Gatt. der Korbblütler mit etwa 40 Arten in Europa, N-Afrika und W-Asien; distelartige Pflanzen mit flachem, fleischigem Köpfchenboden, in den wabenförmige Gruben oder Felder eingesenkt sind; Blätter fiederspaltig oder buchtig gezähnt, mit randständigen Stacheln; Blüten purpurfarben, violett oder weiß.

Eselsfeige, svw. ↑Maulbeerfeigenbaum.

Eselsgurke, svw. ↑Spritzgurke.

Eselsohr (Otidea onotica), rötl.-ockergelber, rosa- oder orangefarbener, eßbarer Schlauchpilz; mit kurzgestieltem, unterseits bereiftem, bis 8 cm hohem Fruchtkörper, der einseitig ohrförmig ausgezogen ist.

Eskariol [italien.-frz.] ↑Endivie.

Eskimohund, svw. ↑Polarhund.

Esparsette [frz.] (Onobrychis), Gatt. der Schmetterlingsblütler mit etwa 170 Arten in Europa, Asien und N-Afrika. In M-Europa auf trockenen Kalkböden, häufig als Kulturpflanze oder verwildert die **Futteresparsette** (Ewiger Klee, Hahnenkopf, Onobrychis viciifolia), Stengel bis 1 m hoch, Blätter unpaarig gefiedert, Blüten rosarot, in Trauben; Futterpflanze und Bienenweide. - Abb. S. 198.

Espe (Aspe, Zitterpappel, Populus tremula), Pappelart in Europa und Asien; bis 25 m hoher Baum mit gelblichgrau berindetem Stamm; Blätter eiförmig bis kreisrund, gezähnt, mit langem, seitl. zusammengedrücktem Stiel; Blüten zweihäusig, in bis 11 cm langen dicken, hängenden, pelzig behaarten Kätzchen.

Essigälchen (Anguillula aceti), Fadenwurm, der v. a. von Bakterien in Essig lebt.

Essigbakterien ↑Essigsäurebakterien.

Essigbaum ↑Sumach.

Essigfliegen, svw. ↑Taufliegen.

Essigsäurebakterien (Essigbakterien), eine (ökolog.) Gruppe von Bakterien, die zu den Gatt. **Acetobacter** und **Acetomonas** gehören; gramnegative, bewegl. oder unbewegl. Stäbchen, die hauptsächl. in freigesetzten Pflanzensäften leben. Charakterist. ist ihre Fähigkeit zur unvollständigen Oxidationen. Techn. werden E. verwendet zur Erzeugung von Sorbose aus Sorbit (bei der Vitamin-C-Synthese), von Gluconsäure aus Glucose und von Essigsäure (bzw. Essig) aus alkoholhaltigen Flüssigkeiten (bzw. Maischen).

Eßkastanie ↑Edelkastanie.

Estragon [arab.-frz.] (Dragon, Dragun, Artemisia dracunculus), in Sibirien und N-Amerika heim. Beifußart; stark duftende, sehr vielseitig verwendete Gewürzpflanze.

Ethologie [griech.], svw. ↑Verhaltensforschung.

Etiolement [frz. etiolə'mã:], durch fehlende oder unzureichende Belichtung verursachte Vergeilung von Pflanzen mit typ. gelbl. langgestreckten Internodien und kleinen chlorophyllosen Blättchen.

Etioplasten, im Dunkeln gebildete thylakoidefreie, jedoch Protochlorophyll enthaltende ↑Plastiden; wandeln sich bei Belichtung in Chloroplasten um.

Eucalyptus ↑Eukalyptus.

Euchromatin, Bez. für diejenigen Chromosomenabschnitte, die sich (im Ggs. zum sog. *Heterochromatin*) im Interphasenkern nur sehr schwach, während der Zellteilung (Ruhekern) jedoch gut anfärben lassen.

Eugenik [griech.] (Erbhygiene, Erbgesundheitslehre), Teilgebiet der Humangenetik, dessen Ziel es ist, einerseits die Ausbreitung von Genen mit ungünstigen Wirkungen in menschl. Populationen möglichst einzuschränken (*negative E., präventive E.*), andererseits erwünschte Genkonstellationen zu erhalten oder sogar zu vermehren (*positive E., progressive E.*). Zur präventiven E. gehören z. B. allgemeine Mutationsprophylaxe, genet. Eheberatung, Eheverbot (z. B. in Schweden seit 1757 bei Epilepsie), freiwillige oder auch gesetzl. festgelegte Sterilisation (einige Staaten der USA). Maßnahmen der progressiven E. reichen von Einwanderungsquoten für bestimmte Rassen (z. B. in Australien, USA) über wirtsch. Förderung junger Ehepaare bis zur künstl. Befruchtung.

 📖 Fuhrmann, W./Vogel, F.: *Genet. Familienberatung.* Bln. u. a. ¹1982. - Smith, A.: *Das Abenteuer Mensch. Herausforderung der Genetik.* Dt. Übers. Ffm. 1978.

Euglena [griech.] (Schönauge), Gatt. mikroskopisch kleiner, freischwimmender, einzelliger Geißelalgen (↑Flagellaten) mit etwa 150 Arten, v. a. in nährstoffreichen Süßgewässern.

Eukalyptus [griech. „der Wohlverhüllte" (nach dem haubenartig geschlossenen Blütenkelch)], (Eucalyptus) Gatt. der Myrtengewächse mit etwa 600 Arten, v. a. in Australien und Tasmanien; bis 150 m hohe, immergrüne Bäume und Sträucher mit einfachen, ganzrandigen Blättern. Die vier Blumenkronblätter der achselständigen Blüten sind zu einer deckelartigen, zur Blütezeit abfallenden Mütze verwachsen. Die zahlr., langgestielten, weißgelben oder roten Staubblätter stehen am Rande des krugförmigen Blütenbodens. Die Frucht ist eine holzige Kapsel. Von manchen Arten werden die Rinde, das Harz und die Blätter wirtsch. genutzt.

Eukaryonten (Eukaryoten) [griech.], zusammenfassende Bez. für alle Organismen, deren Zellen durch einen Zellkern charakterisiert sind. - Ggs. ↑ Prokaryonten.
Eulen ↑ Eulenvögel.
◆ svw. ↑ Eulenfalter.
Eulenfalter (Eulen, Noctuidae), mit über 25 000 Arten umfangreichste, weltweit verbreitete Fam. 0,5–32 cm spannender Schmetterlinge; meist dicht behaart und unscheinbar dunkel gefärbt; Vorderflügel mit einem einheitl. Zeichnungsmuster („Eulenzeichnung") mit zwei Querbinden und drei hellen, ringförmigen Zeichnungen; Nachtfalter. - Zu den E. gehört der größte rezente Schmetterling (**Thysania agrippina**, im trop. S-Amerika; Flügelspannweite 32 cm). - Die meist nackten Raupen sind in Land- und Forstwirtschaft gefürchtete Schädlinge (z. B. die der Saateule, Kiefernsaateule, Gemüseeule, Weizeneule, Hausmutter, Gammaeule). - Die Gatt. **Ordensbänder** (Catocala) kommt mit sieben Arten in Deutschland vor; Vorderflügel rindenfarbig, bedecken in Ruhestellung (an Baumstämmen) die leuchtend roten, gelben, blauen oder weißen, schwarz gebänderten Hinterflügel; u. a. **Blaues Ordensband** (Catocala fraxini; Flügelspannweite etwa 9 cm); **Rotes Ordensband** (Bachweideneule, Catocala nupta; Flügelspannweite etwa 6 cm, mit roten, breit schwarz gesäumten Hinterflügeln mit schwarzer Mittelbinde); **Weidenkarmin** (Catocala electa; bis fast 7 cm spannend; Hinterflügel rosenrot, mit schwarzer, kurzer, gewinkelter Mittelbinde). - Alljährl. wandert über die Alpen nach M-Europa die **Ypsiloneule** (Agrotis ypsilon) ein; knapp 4 cm spannend, Vorderflügel braun, mit dunkler y-förmiger Zeichnung, Hinterflügel weißlich.
Eulenspinner (Cymatophoridae, Thyatiridae), Fam. der Nachtfalter mit über 100, hauptsächl. eurasiat. Arten; in Deutschland mit 9 Arten, darunter die **Roseneule** (Thyatira batis), etwa 3,5 cm spannend, Vorderflügel olivbraun, mit fünf großen, rosaroten bis weißl. Flecken, Hinterflügel braungrau.
Eulenvögel (Strigiformes), mit etwa 140 Arten weltweit verbreitete Ordnung 15–80 cm langer, meist in der Dämmerung oder nachts jagender Vögel; mit großem, oft um 180° drehbarem Kopf, nach vorn gerichteten, unbewegl. Augen und deutl. abgesetztem Gesichtsfeld; Augen von einem Federkranz umsäumt (Gesichtsschleier); Gefieder weich, Flug geräuschlos, sehr gutes Gehör; Hakenschnabel, Greiffüße. - Unverdaul. Beutereste werden als Gewölle ausgewürgt, das im Ggs. zu dem der Greifvögel auch Knöchelchen enthält. Man unterscheidet die beiden Fam. **Schleiereulen** (Tytonidae) und **Eulen** (Echte Eulen, Strigidae). Von den zehn Arten der Schleiereulen kommt in M-Europa nur die etwa 35 cm lange (bis knapp 1 m spannende) **Schleiereule** (Tyto alba) vor; oberseits bräunl., unterseits bräunlichgelb oder weiß. - Bei den etwa 130 Arten der Eulen sind beide Geschlechter gleich gefärbt. Die wichtigste einheim. Art der zehn Arten umfassenden Gatt. Bubo *(Uhus)* ist der **Eurasiat. Uhu** (Bubo bubo; etwa 70 cm lang, mit gelbbraunen, dunkelbraun ungsgeflecktem oder gestricheltem Gefieder, langen Ohrfedern und großen, orangeroten Augen. - In Wäldern Europas, NW-Afrikas sowie der gemäßigten Regionen Asiens und N-Amerikas kommt die etwa 35 cm lange **Waldohreule** (Asio otus) vor; mit langen, spitzen Ohrfedern, orangefarbenen Augen und weißl. bis rostfarbenem Schleier. Die etwa starengroße **Zwergohreule** (Otus scops) kommt im südl. M-Europa, S-Europa, Afrika und in den gemäßigten Regionen Asiens vor; mit dunklen Längsflecken auf der bräunlich-grauen Ober- und hellbräunl. Unterseite; Ohrfedern klein, nur bei bedrohten Tieren sichtbar. - V. a. an Sümpfen und Mooren der nördl. und gemäßigten Regionen Eurasiens, N- und S-Amerikas lebt die etwa 40 cm lange, ober- und unterseits dunkel längsgestrichelte bis gestreifte **Sumpfohreule** (Asio flammeus). Etwa uhugroß und überwiegend schneeweiß ist die **Schnee-Eule** (Nyctea scandiaca), die v. a. in den Tundren N-Eurasiens und der nördl. N-Amerika lebt; mit brauner Fleckenzeichnung auf der Oberseite und brauner Querbänderung an Brust und Bauch. - Keine Ohrfedern haben: **Sperlingskauz** (Glaucidium passerinum), etwa 16 cm lang, oberseits auf braunem Grund hell getupft, unterseits weißl., in N-, M- und S-Europa sowie der nördl. gemäßigten Regionen Asiens; **Habichtskauz** (Uralkauz, Strix uralensis), etwa 60 cm lang, Gefieder oberseits grau, unterseits weißl. mit dunklen Längsflecken, im gemäßigten N-Eurasien; **Rauhfußkauz** (Aegolius funereus), etwa 25 cm lang, unterscheidet sich vom Steinkauz durch großen, weißen Schleier und dicht weißbefiederte Beine, in den nördl. und gemäßigten Regionen Eurasiens und N-Amerikas; **Steinkauz** (Athene noctua), kaum amselgroß, in felsigen Gegenden N-Afrikas, Europas und der gemäßigten Regionen Asiens; **Waldkauz** (Strix aluco), etwa 40 cm lang, auf gelbbraunem bis grauem Grund dunkel längsgestreift oder gefleckt, Kopf auffallend groß und rund, in Europa, S-Asien und NW-Afrika. - Alle Eulen stehen unter Naturschutz.

Geschichte: In der ägypt. Bilderschrift wurde das Bild der Eule als Hieroglyphe für den Buchstaben m verwendet. Seit alters galt die Eule als Symbol der Wiss. und Weisheit (hl. Tier der Athena), doch werden Eulen und der Eulenruf auch in Zusammenhang mit Tod und Unglück gebracht. - Abb. S. 202.

Euler-Chelpin, Hans von ['kɛlpi:n], * Augsburg 15. Febr. 1873, † Stockholm 6. Nov. 1964, schwed. Chemiker dt. Herkunft. - Prof. in Stockholm; untersuchte v. a. Struktur

Eunuchismus

und Wirkungsweise der Enzyme, bes. der Koenzyme (u. a. 1935 Isolierung und Aufklärung der Struktur von NAD); erhielt 1929 mit A. Harden den Nobelpreis für Chemie.

E.-C., Ulf Svante von, * Stockholm 7. Febr. 1905, † ebd. 10. März 1983, schwed. Physiologe. - Sohn von Hans von E.-C.; Prof. in Stockholm, seit 1965 Vorsitzender der Nobelstiftung; entdeckte u. a. die Prostaglandine und deren Fettsäurecharakter, ferner die Funktion des Noradrenalins als Informationsübermittler im Nervensystem, wofür er 1970 (mit B. Katz und J. Axelrod) den Nobelpreis für Physiologie oder Medizin erhielt.

Eumycota, svw. Echte Pilze (↑ Pilze).

Eunuchismus [griech.] ↑ Kastration.

Euphorbia [griech.-lat.] ↑ Wolfsmilch.

Euphrasia [griech.], svw. ↑ Augentrost.

Eurasier, Mensch, dessen einer Elternteil Europäer, der andere Asiate ist.

Eurasier (Wolf-Chow), spitzartige Hunderasse mit kräftigem Körperbau, keilförmigem Wolfsschädel, kleinen Stehohren und buschiger Ringelrute; Schulterhöhe bis 56 cm; Fell lang, dicht, mit reichl. Unterwolle, rot, cremefarben, grau, schwarz (auch mit helleren Abzeichen).

Eurasischer Braunbär (Ursus arctos arctos), mit 1,7–2,2 m Körperlänge kleinste Unterart des Braunbärs in Eurasien.

Europäerreben, die aus europ. und vorderasiat. Wildrassen der Echten Weinrebe hervorgegangenen Kultursorten der Weinrebe; gegen Reblausbefall sehr anfällig. - ↑ auch Amerikanerreben.

Europäische Äsche ↑ Äschen.

Europäische Auster ↑ Austern.

Europäischer Aal, svw. Flußaal (↑ Aale).

Europäischer Bitterling ↑ Bitterling.

Europäischer Blattfingergecko ↑ Blattfingergeckos.

Europäischer Hummer ↑ Hummer.

Europäisches Alpenveilchen ↑ Alpenveilchen.

Europide [griech.] (europider Rassenkreis), Bez. für die sog. weiße Rasse als eine der drei menschl. Großrassen. Die E., deren Verbreitungsgebiet weit über den europ. Kontinent hinausreicht, lassen sich in vier Gruppen zu je zwei einander stammesgeschichtl. nahestehenden Rassen untergliedern: 1. ↑ Nordide und ↑ Fälide bzw. Dalonordide; 2. Alpide (↑ alpine Rasse) und ↑ Osteuropide; 3. Dinaride (↑ dinarische Rasse) und Anatolide (↑ vorderasiatische Rasse); 4. ↑ Mediterranide und ↑ Orientalide. - ↑ auch Menschenrassen.

euryhalin [griech.], unempfindlich gegen Schwankungen des Salzgehaltes im Boden oder in Gewässern, auf Organismen bezogen (z. B. Aale, Lachse).

euryök [griech.] (euryözisch, eurytop), anpassungsfähig; von Tier- und Pflanzenarten gesagt, die in sehr unterschiedl. Biotopen leben können (z. B. Aale, viele Gräser).

euryphag [griech.], nicht auf eine bestimmte Nahrung spezialisiert; auf Tiere bezogen.

euryphot [griech.], unempfindlich gegen Veränderlichkeit der Lichtintensität; von Tieren und Pflanzen gesagt.

eurytherm [griech.], unempfindlich gegenüber unterschiedl. bzw. schwankenden Temperaturen des umgebenden Mediums; auf Tiere und Pflanzen bezogen.

Eustachi, Bartolomeo [italien. eus'ta:ki] (Eustachio), * San Severino Marche im März 1520, † auf einer Reise nach Fossombrone im Aug. 1574, italien. Anatom. - Nach ihm benannt wurde die **Eustachi-Röhre** (Ohrtrompete, Tuba Eustachii, ↑ Gehörorgan) und die **Eustachi-Klappe,** die beim Embryo an der Einmündung der unteren Hohlvene in den

Eulenvögel. Schleiereule

Eulenvögel. Rauhfußkauz

Exkavation

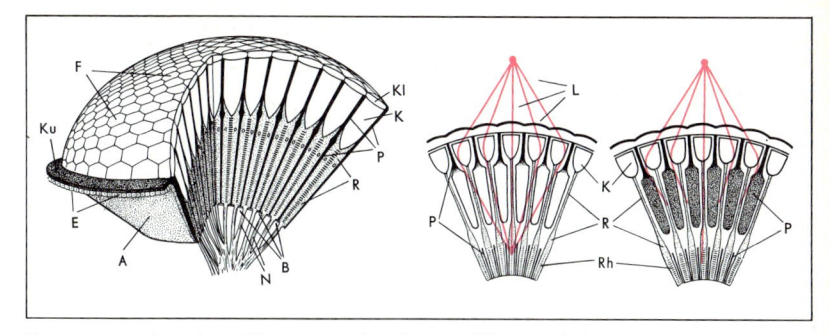

Facettenauge. Links: Appositionsauge; rechts: Superpositionsauge bei Dämmerung (links) und bei Helligkeit. A Augenkapsel, B Basalmembran, E Epidermis, F Facetten der Einzelaugen, K Kristallkegel, Kl Korneallinse des dioptrischen Apparats, Ku Kutikula der Kopfkapsel (mit Epithelschicht), L Lichtstrahlenverlauf, N Nervenfasern, P Pigment der Pigmentzellen, R Retinula (Sehzellen mit Rhabdom), Rh Rhabdom

rechten Vorhof des Herzens liegt, und das aus der Hohlvene kommende Blut über das noch offene Foramen ovale der linken Herzkammer zuführt.

Euter, Bez. für den in der Leistengegend gelegenen, in Stützgewebe eingebetteten und von einer bindegewebigen Kapsel umgebenen Milchdrüsenkomplex bei Unpaarhufern, Kamelen und Wiederkäuern; mit je zwei (bei Pferden, Kamelen, Ziegen, Schafen) bzw. vier (bei Rindern) unabhängig voneinander arbeitenden Drüsensystemen, deren milchausführende Gänge in Zisternen münden, an die die **Zitzen** (**Striche**) anschließen.

Eutonie [griech.], normaler Spannungszustand (Tonus) der Muskeln; Ggs.: Dystonie.

eutroph [griech.], nährstoffreich; auf Gewässer bezogen, die reich an Nährstoffen sind.

Eutrophierung [griech.], die unerwünschte Zunahme eines Gewässers an Nährstoffen (z. B. durch Einleitung ungeklärter Abwässer, Stickstoffauswaschungen aus dem Boden in landw. intensiv genutzten Gebieten) und das damit verbundene schädl. Wachstum von Pflanzen (v. a. Algen) und tier. Plankton (erhebl. Verminderung des Sauerstoffgehaltes des Wassers).

Evans [engl. 'ɛvənz], Herbert McLean, * Modeste (Calif.) 23. Sept. 1882, † Berkeley (Calif.) 6. März 1971, amerikan. Endokrinologe und Anatom. - Prof. in Baltimore und Berkeley; entdeckte 1922 das Vitamin E.

Evertebrata [lat.], wiss. Name der ↑ Wirbellosen.

evolut [lat.], aneinanderliegend gewunden; von Schneckengehäusen, deren Windungen eng ineinanderliegen (bei den meisten Schnecken), im Ggs. zu den **devoluten Gehäusen**, bei denen sich die Windungen nicht berühren, sondern eine lose Spirale bilden (z. B. bei Wurmschnecken).

Evolution [lat.], die stammesgeschichtl. Entwicklung (Phylogenie) der Lebewesen von einfachen, urtüml. Formen zu hochentwickelten (↑ Evolutionstheorie).

Evolutionismus [lat.], eine sich am Darwinismus orientierende Lehre von der Entwicklung nicht nur biolog., sondern u. a. auch psycholog., noolog., soziolog. und ethnolog. Verhältnisse aus einfachen Anfängen zu immer komplexeren Formen.

◆ in der *Religionswissenschaft* der heute als überwunden anzusehende Versuch, eine „Entwicklung" der Religion aus primitiven Vorstufen zu höheren Glaubensformen zu konstruieren. Dieser Versuch, der unter dem Einfluß des positivist. Religionskritik von A. Comte stand, fußte methodisch auf der unreflektierten Annahme, in der Religion neuzeitl. Primitivvölker könne die Urreligion der Menschheit erblickt werden.

Evolutionsrate, das Maß für die Geschwindigkeit, mit der sich die Evolution einer Art vollzieht. Einheit läßt sich für ein bestimmtes Merkmal mathemat. formulieren. So nahm z. B. die Höhe eines Höckers der Backenzähne bei fossilen Eohippusarten bis zu denen von Mesohippus, d. h. in einem Zeitraum von etwa 1 Mill. Jahren, um 3,5 % zu.

Evolutionstheorie, Theorie in der Biologie, die besagt, daß die heute existierenden Lebewesen einer Evolution unterworfen waren bzw. sich aus sich selbst heraus entwickelt haben (↑ Deszendenztheorie).

Exhalation [lat.], Abgabe von Wasserdampf, Kohlendioxid u. a. durch Lunge und Haut (↑ Ausdünstung).

Exkavation (Excavatio) [lat.], in der

203

Exklave

Anatomie svw. Aushöhlung, Ausbuchtung, Grube.

Exklave [Analogiebildung zu Enklave], in der *Ökologie* ein kleineres, vom Hauptverbreitungsgebiet isoliertes Areal einer Tier- oder Pflanzenart.

Exkrement [lat.], svw. ↑ Kot.

Exkrete [lat.], die über Exkretionsorgane ausgeschiedenen (↑ Exkretion) oder an bestimmten Stellen im Körper abgelagerten, für den pflanzl., tier. oder menschl. Organismus nicht weiter verwertbaren Stoffwechselendprodukte der Körperzellen, auch vom Körper aufgenommene, mehr oder weniger unverändert gebliebene Substanzen. E. der Pflanzen sind z. B. äther. Öle, Gerbstoffe, Harze, Wachse, Alkaloide, Kieselsäure- und Oxalsäurekristalle. E. der Tiere sind Harnstoff (auch beim Menschen), Harnsäure und Guanin, Wasser.

Exkretion [lat.] (Ausscheidung, Absonderung), die Ausscheidung wertloser oder schädl. Stoffe (↑ Exkrete) aus dem Organismus über ↑ Exkretionsorgane, auch die Ablagerung von Exkreten im Körper.

Exkretionsgewebe ↑ Absonderungsgewebe.

Exkretionsorgane (Ausscheidungsorgane), bei fast allen Tieren und beim Menschen ausgebildete, der Exkretion dienende Organe. Bei den wirbellosen Tieren sind dies die ↑ Nephridien, bei den Insekten die ↑ Malpighi-Gefäße, bei den Wirbeltieren und beim Menschen die ↑ Niere und Schweißdrüsen. Den E. der Mehrzeller entsprechen bei den Einzellern (als Exkretionsorganellen) die pulsierenden Vakuolen. Bei Pflanzen kommen neben bes. Exkretionsgeweben auch einzelne Exkretzellen vor (↑ Absonderungsgewebe).

Exobiologie (Ektobiologie), Wiss. vom Leben außerhalb unseres Planeten.

Exodermis [griech.], bei Pflanzenwurzeln das ein- oder mehrschichtige, lebende, sekundäre Abschlußgewebe, das sich nach Zugrundegehen der dünnen Epidermis (Rhizodermis) durch Verkorken der Zellwände vom Rindengewebe bildet.

exogen [griech.], außen entstehend (bes. von pflanzl. Organen wie Blattanlagen und Seitenknospen).

Exokarp [griech.] ↑ Fruchtwand.

exokrin [griech.], das Sekret nach außen bzw. in Körperhohlräume ausscheidend; **exokrine Drüsen** ↑ Drüsen.

Exon, der codierende Bereich eines Gens. - ↑ auch Intron.

Exoskelett, svw. ↑ Ektoskelett.

Exosporen (Ektosporen), Sporen, die im Ggs. zu den ↑ Endosporen nicht in bes. Sporenbehältern entstehen, sondern durch Abschnürung gebildet werden; z. B. die Basidiosporen vieler Pilze.

Exotoxine (Ektotoxine), von (meist grampositiven) Bakterien ausgeschiedene Gifte (im Ggs. zu den ↑ Endotoxinen).

Exozytose [griech.], die ↑ Sekretion auf zellulärer Basis; Ggs. Endozytose.

Explantation [zu lat. explantare „ein Gewächs ausreißen"] (Auspflanzung), Entnahme von Zellen, Geweben oder Organen aus dem lebenden bzw. lebendfrischen Organismus. E. werden entweder für Transplantationszwecke oder für Gewebezüchtungen durchgeführt.

Expressivität [lat.], Ausprägungsgrad eines Merkmals im Erscheinungsbild.

Exspiration [lat.], svw. Ausatmung (↑ Atmung).

Extensoren [lat.], svw. ↑ Streckmuskeln.

Exterorezeptoren (Exterozeptoren) [lat.], Sinnesorgane bzw. Sinneszellen, die von außerhalb des Organismus kommende Reize aufnehmen (z. B. Augen, Ohren). - Ggs. ↑ Propriorezeptoren.

Extraktivstoffe [lat./dt.], in Pflanzen oder Tieren vorkommende Stoffe, die durch Lösungsmittel extrahiert werden können und z. B. als Würz- oder Arzneimittel dienen.

extrapyramidales System (extrapyramidales Nervensystem), Teil des Zentralnervensystems (Zellansammlungen im Zwischen- und Mittelhirn), der für die unwillkürl. Bewegungen der Gliedmaßen, den Ruhetonus der Muskulatur und die unwillkürl. Körperhaltung verantwortl. ist.

Extremitäten [lat.], svw. ↑ Gliedmaßen.

F

f., Abk. für: Forma (↑ Form).

Facettenauge [fa'sɛtən] (Komplexauge, Netzauge, zusammengesetztes Auge), hochentwickeltes, paariges, mehr oder weniger kugeliges bis flachgewölbtes, von Epidermiszellen ableitbares Lichtsinnesorgan der Gliederfüßer (mit Ausnahme der Spinnentiere und der meisten Tausendfüßer). F. bestehen aus zahlr. einzelnen Richtungsaugen, den **Ommatidien,** von denen 700 (Laufkäfer) bis 10 000

Fadenwürmer

(Libellen) zu einem F. zusammengefaßt sind. Jedes Ommatidium besitzt außen eine Kornealinse, die von der Kutikula gebildet wird. Darunter liegt der *Kristallkegel*, der von vier Zellen abgeschieden wird. Sein Brechungsindex nimmt in Richtung der opt. Achse zu. Er wirkt dadurch lichtsammelnd. Unter der Linse befinden sich 8–9 langgestreckte Sehzellen. Sie sind strahlenförmig um die opt. Achse angeordnet. Ihre dieser Achse zugewandte Seite trägt einen feinen, lichtempfindl. Stäbchensaum. Die einzelnen Stäbchensäume bilden zusammen das **Rhabdomer**. Die Lichtstrahlen werden von Linse und Kegel auf das Rhabdomer gelenkt.

Beim **Appositionsauge** sind die einzelnen Ommatidien durch Pigmentzellen optisch voneinander getrennt. Ihre Sehfelder überdecken sich nur wenig. Die Einzelaugen rastern das Bild sehr stark. Je mehr ein F. davon besitzt, umso größer wird das Auflösungsvermögen. Appositionsaugen sind relativ lichtschwach. Im **Superpositionsauge** liegen die Sehzellen etwas tiefer und sind bei Dunkelanpassung nicht durch Pigmente vom nächsten Einzelauge getrennt. So können Lichtstrahlen, die von einem Punkt ausgehen, von mehreren Kristallkegeln auf einen Punkt gelenkt werden. Dadurch erhöht sich die Lichtempfindlichkeit sehr stark. Bei Hellanpassung wandert Pigment in die Ommatidiengrenzen. Dann wird das Superpositionsauge zum Appositionsauge.

Während der Mensch nur rd. 16 Lichtreize pro Sekunde auflösen kann, liegt diese Grenze bei schnell fliegenden Insekten bei 200–300 Reizen pro Sekunde. Das menschl. Auge kann zwei Punkte voneinander trennen, wenn sie mit dem Auge einen Winkel von 50″ einschließen, bei der Taufliege (Drosophila) mit 700 Ommatidien beträgt dieser Winkel 4,2°. - Abb. S. 203.

Fächel ↑ Blütenstand.

Fächerflügler (Kolbenflügler, Strepsiptera), Insektenordnung mit etwa 300, meist 1–5 mm großen Arten, v. a. in den gemäßigten und kalten Gebieten der Nordhalbkugel; schmarotzen zeitweilig oder dauernd in anderen Insekten; ♂♂ geflügelt und freilebend, ihre Vorderflügel sind zu Schwingkölbchen umgebildet, Hinterflügel fächerartig einfaltbar; ♀♀ flügellos, madenförmig, die meisten bleiben zeitlebens im Wirtskörper innerhalb ihrer Puppenhülle.

Fächerkäfer (Rhipiphoridae), Fam. meist unter 1 cm langer, häufig bunter Käfer mit über 400 Arten, v. a. in den Tropen und Subtropen (in M-Europa nur drei Arten); ♂ mit fächerartig gekämmten Fühlern; Larven parasitieren in anderen Insekten.

Fächerlungen, svw. ↑ Fächertracheen.

Fächertracheen (Fächerlungen, Tracheenlungen), v. a. bei Spinnentieren vorkommende Atmungsorgane; dünne, dicht aneinanderliegende Einfaltungen der Außenhaut, die paarig an den Hinterleibssegmenten angeordnet sind. Die Luft gelangt durch eine Atemöffnung in eine größere Einstülpung, von dieser in die Einfaltungen, wo der Gasaustausch über das Blut erfolgt. - Bei einigen auf dem Land lebenden Asseln und manchen Tausendfüßern sind ähnl. F. ausgebildet.

Fackellilie (Kniphofia), Gatt. der Liliengewächse in S-Afrika und auf Madagaskar mit über 70 Arten; Stauden mit langen, schmalen, grundständigen Blättern; Blüten in dichten Trauben oder Ähren am Ende eines bis 1,2 m langen, unverzweigten Stengels. Mehrere Arten und Sorten sind als Schnittblumen und Gartenpflanzen in Kultur. Die bekannteste Art ist **Kniphofia uvaria**, eine über 1 m hohe Pflanze mit anfangs korallenroten, später orangeroten (verblüht grünlichgelben) Blüten.

FAD, Abk. für: Flavinadenindinukleotid (↑ Flavoproteide).

Fadenfische, (Polynemidae) Fam. der Barschartigen mit etwa 85 Arten, v. a. in den Flußmündungen der trop. Meeresküsten; bis 40 cm lange, seitl. abgeflachte Fische mit auffallend großen Augen, vorderer und hinterer Rückenflosse und zweigeteilten Brustflossen, von denen der vordere Teil in 4–9 dünne Fäden ausgezogen ist, die der Wahrnehmung von Tast- und Geschmacksreizen dienen.
◆ (Guramis, Trichogasterinae) Unterfam. der Labyrinthfische mit etwa 20 Arten in den Süßgewässern S- und SO-Asiens; Fische 4–50 cm lang, Körper seitl. oft stark abgeflacht, häufig sehr bunt; Bauchflossen mit einem einzigen Strahl oder wenigen Strahlen, von denen einer stark fadenförmig verlängert ist und Sinneszellen trägt.

Fadenkiemen ↑ Kiemen.

Fadenkiemer (Filibranchia), Ordnung meist mit Fadenkiemen ausgestatteter Weichtiere mit den beiden Unterordnungen *Taxodonta* (*Reihenzähnige Muscheln;* etwa 400 Arten mit gleichen Schalenklappen, meist zahlr. Schloßzähnen und zwei Schließmuskeln) und *Leptodonta* (*Schwachzähnige Muscheln;* etwa 1 800 Arten).

Fadenkraut, svw. ↑ Filzkraut.

Fadenmolch (Triturus helveticus), bis etwa 9 cm langer Wassermolch, v. a. in W-Europa und großen Teilen der BR Deutschland; Oberseite olivbraun bis olivgrünlich, häufig mit dunklen Flecken, Unterseite gelblich.

Fadenschnecken (Aeolidoidei), artenreiche Unterordnung 5–40 mm langer, meerbewohnender Schnecken; Körper ohne Gehäuse, mit zahlr. finger- bis fadenförmigen Rückenanhängen.

Fadenwürmer (Nematoden, Nematodes), mit fast 15 000 Arten weltweit verbreitete Klasse etwa 0,1 mm–1 m langer Schlauchwürmer; Körper wurmförmig, fadenartig dünn, mit fester Kutikula (die im Laufe des Lebens viermal gehäutet wird) und einheitlich nur

205

Faeces

aus Längsmuskelzellen bestehendem Hautmuskelschlauch. Die F. sind fast stets getrenntgeschlechtig. F. kommen frei im Boden, im Süß- oder Meereswasser vor oder parasitieren in pflanzl. und tier. Organismen (einschließl. Mensch). Viele weit verbreitete und z. T. gefährl. Schmarotzer sind Älchen, Trichine, Spulwürmer, Madenwürmer und Hakenwürmer.

Faeces ['fɛːtsɛs; lat.] (Fäzes), svw. ↑ Kot.
Fagaceae [lat.], svw. ↑ Buchengewächse.
Fagopyrum [lat./griech.], svw. ↑ Buchweizen.
Fagus [lat.], svw. ↑ Buche.
Fahne, (Federfahne) ↑ Vogelfeder.
◆ (Vexillum) das größte Blütenblatt bei Schmetterlingsblüten.

Fahnenwuchs, einseitige Kronenentwicklung bei Bäumen, die unter dauerndem Windeinfluß stehen und sich deshalb nur nach der Leeseite verzweigen.

Fäkalien [zu lat. faex „Bodensatz", „Hefe"], die durch den Darm ausgeschiedenen tier. und menschl. Exkremente.

Faktorenaustausch (Genaustausch, Segmentaustausch, Crossing-over, Crossover), wechselseitiger, im Prophasestadium der ersten meiot. Teilung stattfindender Stückaustausch zw. homologen Chromatidenpartnern bei der Chromosomenpaarung; vor dem eigtl. Austausch treten Brüche in den Chromatiden auf, es kommt über eine Chiasmabildung (↑ Chiasma) zur Wiedervereinigung der Bruchenden in neuer Ordnung (↑ Rekombination).

Faktorenkopplung (Genkopplung), die Bindung von im gleichen Chromosom lokalisierten) Erbfaktoren bzw. Genen an ein und dasselbe Chromosom, wodurch sich diese bei der Meiose nicht unabhängig voneinander weitervererben, d. h. keine freie Rekombination zeigen.

Falbe, fahlgelbes bis graugelbes Pferd mit schwarzer Mähne, schwarzem Schweif und schwarzen Hufen und Aalstrich auf dem Rücken.

Falbkatze (Afrikan. Wildkatze), Sammelbez. für eine Gruppe etwa 45–70 cm körperlanger Unterarten der Wildkatze, v. a. in den Steppen und Savannen Afrikas und der Arab. Halbinsel; Körper schlank, gelblichgrau bis rötlichbraun mit meist dunkler Querstreifung oder Fleckung und 25–35 cm langem Schwanz; Ohren ziemlich groß. Zu den F. gehört die **Nub. Falbkatze** (Felis silvestris libyca), die als Stammform der Hauskatze gilt.

Falco [lat.], nahezu weltweit verbreitete Gatt. der Falken mit 35 Arten; in Europa 10 Arten, die meist unter Naturschutz stehen.

Fälide (fälische Rasse), Bez. für eine Unterform der Europiden; gekennzeichnet durch deutl. stammesgeschichtl. Züge des Cromagnontypus; Haar- und Augenfarben sind weitgehend aufgehellt. Die F. sind v. a. in Westfalen und Nordhessen verbreitet.

Falken (Falconidae), weltweit verbreitete, etwa 60 Arten umfassende (davon 10 in Europa) Fam. der Greifvögel mit schlankem, etwa 10–35 cm langem Körper (mit Schwanz 15–60 cm lang), schmalen, spitz zulaufenden Flügeln und langem Schwanz; Schnabel hakig gebogen, mit 1 Paar Hornzähnen am Oberschnabel (**Falkenzahn**); Zehen mit kräftigen Krallen. - F. töten ihre Beute durch Schnabelbiß in die Halswirbel. Die meisten Arten sind oberseits dunkel gefärbt, unterseits heller, häufig mit dunkler Fleckung oder Bänderung. Nach ihrer Jagdweise unterscheidet man: 1. *Flugjäger,* die sich im Sturzflug auf fliegende Vögel stürzen (Wanderfalke, Baumfalke). Die Flugjäger wurden früher wie die Jagdfalken zur Beizjagd verwendet. 2. *Rütteljäger,* die ihre Beute (v. a. Mäuse) im Rüttelflug (Standrütteln) am Boden erspähen (Turmfalke). - Zu den 4 Unterfam. der F. gehören u. a. die ↑ Geierfalken und ↑ Zwergfalken.

Falkenzahn ↑ Falken.
Falsche Akazie ↑ Robinie.
Falscher Hederich, svw. ↑ Ackersenf.
Falscher Jasmin ↑ Pfeifenstrauch.
Faltenlilie (Lloydia), Gatt. der Liliengewächse mit etwa 18 Arten in den höheren Gebirgen der nördl. Erdhalbkugel; in M-Europa nur die **Späte Faltenlilie** (Lloydia serotina) auf Felsen und Matten der Alpen; mit bis 1,5 cm breiten, innen meist rötl. gestreiften Blüten.

Faltenmücken (Ptychopteridae, Liriopeidae), Fam. etwa 8–10 mm langer nichtstechender Mücken mit etwa 40 Arten, v. a. in Gewässernähe Eurasiens und N-Amerikas; die Larven leben im Bodenschlamm.

Faltenwespen (Vespidae), mit über 300 Arten weltweit verbreitete Fam. 7–40 mm großer stechender Insekten, davon etwa 50 Arten in M-Europa; man unterscheidet 11 Unterfam., darunter die Echten Wespen (↑ Wespen).

Falter, svw. ↑ Schmetterlinge.

Familie (Familia) [lat.], systemat. Kategorie, in der näher miteinander verwandte Gatt. zusammengefaßt werden. F. haben bei der wiss. Benennung die Endung -aceae (in der Botanik) bzw. -idae (in der Zoologie).

Fangarme ↑ Tentakel.
Fangfäden ↑ Tentakel.
Fangheuschrecken (Fangschrecken, Gottesanbeterinnen, Mantodea), Insektenordnung mit etwa 2 000, hauptsächl. trop. und subtrop. 1–16 cm langen Arten; Vorderbeine zu Fangbeinen umgebildet; beide Flügelpaare in Ruhe flach auf dem Rücken zusammengelegt; Kopf mit langen Fühlern und weit voneinander getrennten Augen; lauern regungslos mit erhobenen, zusammengelegten Fangbeinen (daher „Gottesanbeterinnen") auf Insektenbeute. Die 4–6 cm (♂) bzw. 4–8 cm (♀) lange, grüne **Gottesanbeterin** (Mantis

Farbensehen

religiosa) kommt in der BR Deutschland nur noch am Kaiserstuhl (Baden) und Hammelsberg (Saarland) vor; Kopf dreieckig, mit breiter Stirn.

Fangzähne, die Eckzähne der Raubtiere.

Farbempfindung, die subjektive, von einem ↑Farbreiz ausgelöste und von physiolog. und psycholog. Faktoren beeinflußte Elementarempfindung des Gesichtssinns. - ↑auch Farbensehen.

Farbensehen, die bes. beim Menschen und bei Wirbeltieren, jedoch auch bei vielen Wirbellosen (v. a. Insekten) vorhandene Fähigkeit ihres Sehapparats, elektromagnet. Strahlung mit einer in den visuellen Bereich fallenden Wellenlänge λ unabhängig von der Intensität der Strahlung bzw. der Leuchtdichte des Lichtreizes selektiv nach der Energie der Photonen zu bewerten, d. h., Licht unterschiedl. Wellenlänge bzw. Frequenz als „verschiedenfarbig" bzw. zu unterschiedl. „Farben" gehörig zu unterscheiden. Träger dieser Funktion sind die für das Tagessehen bestimmten Zapfen in der Netzhaut des Auges, die den spektralen Hellempfindlichkeitsgrad besitzen (↑auch Auge).

Das **menschl. Auge** kann innerhalb eines bestimmten Frequenzbereiches ($8 \cdot 10^{14}$ Hz bis $4 \cdot 10^{14}$ Hz) bzw. Wellenlängenbereichs (400 nm bis 780 nm) der elektromagnet. Strahlung (sichtbarer Spektralbereich) etwa 160 reine Farbtöne und 600000 Farbnuancen unterscheiden. Eine Farbempfindung kommt nur zustande, wenn bestimmte Bedingungen erfüllt sind: 1. Der Reiz muß eine Mindestintensität besitzen. Unter dieser Schwelle gibt es nur farblose Helligkeitsempfindung, d. h., es können unterhalb einer bestimmten Lichtintensität nur die Stäbchen (↑Auge) gereizt werden (**Farbschwelle**). 2. Der zur Farbempfindung führende Lichtreiz muß eine Mindestzeit andauern (**Farbenzeitschwelle**). 3. Das auf die Netzhaut fallende Licht muß zur Reizauslösung eine bestimmte Netzhautfläche treffen (**Farbenfeldschwelle**). - Die *Farblehre* brachte bezügl. der additiven Farbenmischung folgende Ergebnisse: Die verschiedenen Farbempfindungen können durch Mischung der drei Grundfarben Rot, Grün und Blauviolett hervorgerufen werden. Wenn für alle drei Grundfarben ein bestimmtes Mischungsverhältnis gegeben ist, wird Weiß empfunden.

Über das Zustandekommen der *Farbempfindung* gibt es bis heute noch keine in allen Einzelheiten befriedigende Erklärung. T. Young stellte 1801 die Hypothese auf, daß das Auge drei verschiedene Typen von Rezeptoren besitze, von denen jeder auf eine der drei Grundfarben Blauviolett, Grün und Rot reagiere (**Trichromasie**), und daß die übrigen Farbqualitäten durch additive Mischung unterschiedl. Grundfarben erzeugt werde. Diese Hypothese wurde von H. von Helmholtz physiolog. untermauert und zur **Dreikomponententheorie** (**Dreifarbentheorie, Young-Helmholtz-Theorie**) ausgebaut. Helmholtz stellte die für jeden Zapfentyp charakterist. Spektralwertfunktionen auf, deren Maxima jeweils in einem bestimmten Spektralbereich liegen. E. F. MacNichol jr. wies durch Lichtabsorptionsmessungen an isolierten Zapfen die von der Young-Helmholtz-Theorie postulierten drei Rezeptorentypen nach. W. A. H. Rushton fand Zapfenpigmente, deren chem. Struktur mit der des ↑Rhodopsins verwandt ist. Somit ist für das Wirbeltierauge, das des Menschen eingeschlossen, die Existenz eines Dreikomponentenmechanismus gesichert. Von psycholog. Aspekten der Farbwahrnehmung ausgehend, v. a. von der Tatsache, daß Gelb, nach der Dreifarbentheorie eine Mischfarbe aus Grün und Rot, sich in vielen Experimenten (z. B. bei Farbzeitschwellenuntersuchungen) ebenfalls wie eine Primärfarbe (Urfarbe) verhält, stellte E. Hering eine **Vierfarbentheorie** (**Gegenfarbentheorie**) auf, derzufolge die anatom. gleichartigen Zapfen einheitl. nur Licht absorbieren sollten, das dann in den Sehsubstanzen stoffwechselartige Vorgänge aktiviert, die je nach dem Spektralbereich des absorbierten Lichts in assimilator. oder dissimilator. Richtung ablaufen und dadurch jeweils eine von miteinander gekoppelten Gegenfarben (Rot-Grün, Blau-Gelb, Weiß-Schwarz) als Farbreizempfindung dem Gehirn auf neurophysiolog. Wege übermitteln. Teilaspekte der Heringschen Theorie wurden vor einigen Jahren experimentell bestätigt, u. a. durch L. Hurvich, der die feste Zuordnung von Gegenfarben in umfangreichen psycholog. Untersuchungen erhärtete.

Für die Weiterverarbeitung der primären Erregung müssen Verschlüsselungen über einen Codiermechanismus (mit eigenem Neuronensystem für die Schwarz-Weiß-Information) angenommen werden, dessen Funktionsprinzip den Vorstellungen der Heringschen Gegenfarbentheorie nahekommt (**Stufentheorie** oder **Zonentheorie**, u. a. von J. von Kries). Die Verschlüsselungen sind entweder in den Zapfengruppierungen selbst oder in den ihnen nachgeschalteten bipolaren Nervenzellen zu lokalisieren.

Bei **tagaktiven Säugetieren** entspricht der mit dem Sehorgan wahrnehmbare Spektralbereich etwa dem des Menschen; bei manchen Vögeln ist er zu Rot hin verschoben, bei Fischen zu Blau und Ultraviolett. Die Augen von **Nachttieren** und **Dämmerungstieren** enthalten wenige oder gar keine Netzhautzapfen, so daß sie zum F. nicht befähigt sind. Auch zumindest für einige Insekten (z. B. Bienen) kann die Dreifarbentheorie als nachgewiesen gelten. Die insektenblütigen Pflanzen enthalten die roten Blütenfarben i. d. R. einen UV-Anteil, der dem Insektenauge ein Differenzierungsmuster bietet.

Färberfrösche

📖 *Marre, M./Marre, E.: Erworbene Störungen des Farbensehens. Diagnostik. Stg. 1986.*

Färberfrösche (Farbfrösche, Baumsteigerfrösche, Dendrobatinae), Unterfam. meist etwa 2 cm großer, schlanker, im allg. leuchtend bunt gezeichneter Frösche in den trop. Urwäldern M- und S-Amerikas. Von den 4 Gatt. sind am bekanntesten die **Baumsteigerfrösche** (Dendrobates) mit beliebten Terrarientieren: z. B. **Erdbeerfröschchen** (Dendrobates typographicus), leuchtend rot, und **Färberfrosch** (Dendrobates tinctorius) mit großen, metall. blauen Flecken auf glänzend schwarzem oder braunem Grund. Viele F. besitzen stark giftige Hautalkaloide.

Färberginster ↑Ginster.

Färberhülse (Baptisia), Gatt. der Schmetterlingsblütler im östl. und südl. N-Amerika mit über 30 Arten; Stauden mit dreizähligen Blättern und end- oder seitenständigen Blütentrauben.

Färberkamille ↑Hundskamille.

Färberröte ↑Röte.

Färberwaid ↑Waid.

Färberwau ↑Reseda.

Farbflechten, Bez. für einige Arten der Flechten, die Farbstoffe liefern; z. B. Rocella fucoides und Rocella tinctoria, aus denen die Farbstoffe Lackmus und Orseille (Orcein) gewonnen werden.

Farbfrösche, svw. ↑Färberfrösche.

Farbhölzer, Bez. für auffällig gefärbte Hölzer, deren meist in den Kernholzzellen eingelagerte Farbstoffe früher zum Färben verwendet wurden.

Farbkernhölzer, Bez. für Kernholzbäume, bei denen der innere, verkertete Holzteil durch Färbung (Farbkern) deutlich vom unverkernten Holzteil abgesetzt ist; z. B. bei der Eiche, Kiefer, Lärche und Rotbuche.

Farbreiz, eine durch elektromagnet. Strahlung des sichtbaren Wellenlängenbereichs bewirkte unmittelbare Reizung der funktionsfähigen Netzhaut, die eine primäre Farbempfindung hervorrufen kann.

Farbstoffträger, svw. ↑Chromatophoren.

Farbwechsel, Änderung der Körperfärbung bei Tieren. Man unterscheidet zwei Formen: 1. den langsam ablaufenden **morpholog. Farbwechsel,** bei dem es durch Veränderung der Chromatophorenzahl (bzw. Pigmentmenge) oder durch Einlagerung neuer, anderer Pigmente (wie bei der Mauser) zu einem relativ lange andauerndem Zustand kommt, und 2. den **physiolog. Farbwechsel,** der auf einer Wanderung schon vorhandener Pigmente in den Chromatophoren beruht. Dieser F. erfolgt relativ schnell und kann sich rasch wieder umkehren. Physiolog. F. zeigen viele wirbellose Tiere und einige kaltblütige Wirbeltiere. Beide Formen des F. dienen der Tarnung durch farbl. Anpassung an die wechselnde Umgebung.

Farne (Filicatae, Filicopsida), Klasse der Farnpflanzen mit rd. 10000 Arten; meist krautige Pflanzen mit rd. 10000 Arten; meist krautige Pflanzen mit meist gestielten und gefiederten Blättern (Farnwedel). Auf der Unterseite der (in der Jugend stark eingerollten) Blätter befinden sich in kleinen Häufchen (Sori) oder größeren Gruppen die Sporenbehälter (Sporangien). - Characterist. für die F. ist der Wechsel von 2 Generationen. Beide Generationen, *Gametophyt* und *Sporophyt* (die eigtl. Farnpflanze), leben selbständig. Aus einer Spore entwickelt sich ein Gametophyt (Prothallium); auf ihm bilden sich die männl. und weibl. Geschlechtsorgane. Die Befruchtung der Spermatozoid- und Eizellen ist nur in Wasser (feuchter Untergrund, Tautropfen) möglich. Aus der befruchteten Eizelle entsteht der ungeschlechtl. Sporophyt. Aus seinen Sporangien lösen sich die Sporen, die wieder zu Gametophyten auswachsen. Nach dem Bau der Sporangien unterscheidet man *Eusporangiate* F. mit mehrschichtigen Sporangienwänden (z. B. Natternzunge, Mondraute) und *Leptosporangiate* F. mit einschichtigen Sporangienwänden (z. B. Wurm-, Adler- und Tüpfelfarn, Wasserfarne).

Farnpflanzen (Pteridophyta), Abteilung der Pflanzen mit vier Klassen: ↑Urfarne, ↑Bärlappe, ↑Schachtelhalme, ↑Farne. Gemeinsames Merkmal der F. ist ein Generationswechsel zw. einem einfach gestalteten, haploiden Gametophyten und einem in einen echten Stamm mit Blättern und echten Wurzeln gegliederten, diploiden Sporophyten.

Färse [niederl.] (Sterke), Bez. für ein geschlechtsreifes weibl. Rind vor dem ersten Kalben bis zum Ende der nach dem ersten Kalben folgenden Laktationsperiode.

Fasanen (Phasianinae) [griech.-lat., eigtl. „am Phasis (einem Schwarzmeerzufluß, heute Rioni) lebende Vögel"], Unterfam. der Fasanenartigen mit etwa 30 in Asien beheimateten Arten; farbenprächtige Bodenvögel mit meist langem Schwanz, häufig unbefiederten, lebhaft gefärbten Stellen am Kopf und kräftigen Läufen, die im ♂ Geschlecht Sporen aufweisen. - Bekannte Arten oder Gruppen: **Edelfasan** (Jagdfasan, Phasianus colchicus), urspr. im mittleren Asien heim.; ♂ etwa 85 cm lang, Gefieder metall. schillernd; mit Schwellkörpern, die sich während der Balzzeit erheb. vergrößern; Hinterkopfseiten mit jederseits einem Büschel verlängerter, aufrichtbarer Ohrfedern; Schwanz lang, schmal, hinten stark zugespitzt; ♀ rebhuhnbraun. Zur Gatt. **Kragenfasanen** (Chrysolophus) gehören der in M-China vorkommende **Goldfasan** (Chrysolophus pictus) und der in SW-China und Birma vorkommende **Diamantfasan** (Amherstfasan, Chrysolophus amherstiae). Das Goldfasan-♂ ist bis 1 m lang, farbenprächtig, mit goldgelbem Federschopf und abspreizbarem, rotgelb und schwarz gebändertem Halskragen; ♀ etwa 70 cm lang, unauffällig braun gescheckt. Der Diamantfasan ist mit Schwanz bis 1,7 m lang; ♂ prächtig bunt gefärbt; ♀ unscheinbar braun gesprenkelt, wie das ♂ mit nacktem hellblauem Augenring. In Hinterindien und O-Asien lebt der bis 1 m lange **Silberfasan** (Gennaeus nycthemerus); ♂ oberseits weiß mit feiner, schwarzer Zeichnung; Schwanz lang und ebenso gefärbt; Unterseite und Schopf schwarz; Gesicht nackt und rot; ♀ unscheinbar braun. Der bis 85 cm lange **Kupferfasan** (Syrmaticus soemmeringii) kommt in Japan vor; ♂ hellbraun und kupferrot; mit roter Gesichtsmaske und langem, gebändertem Schwanz. In SO-China verbreitet ist der **Elliotfasan** (Syrmaticus elliotti); ♂ (mit Schwanz) etwa 80 cm lang. Die Gatt. **Ohrfasanen** (Crossoptilon) hat drei Arten in Z-Asien; mit weißen Ohrfedern u. nackten, roten Hautstellen um die Augen. Im Himalaja und angrenzenden Gebirgen kommen die drei Arten der Gatt. **Glanzfasanen** (Monals, Lophophorus) vor; etwa 70 cm lang, kurzschwänzig; ♂ oberseits rot, gold, grün und blau schillernd, unterseits samtschwarz; ♀ unscheinbar braun. Am bekanntesten ist der **Himalajaglanzfasan** (Lophophorus impejanus), dessen ♂ ähnl. wie der Pfau balzt und pfauenartige Kopfschmuckfedern hat. Die Gattungsgruppe **Hühnerfasanen** (Fasanenhühner) hat rd. 10 Arten in Z- und S-Asien; u. a. **Edwardsfasan** (Hierophasis edwardsi), etwa 65 cm lang, ♂ schwarz mit bläul. und grünl. Schimmer; ♀ ohne Schopf, rötlichbraun. Der **Rotrückenfasan** (Lophura ignata) lebt in SO-Asien; fast 70 cm lang; ♂ (mit Ausnahme des rotbraunen Hinterrükkens) dunkelblau gefärbt; ♀ rotbraun. Zu den F. gehören außerdem die ↑Kammhühner. - Abb. S. 210.

Fasanenartige (Phasianidae), mit über 200 Arten fast weltweit verbreitete Fam. 0,12–1,3 m langer Hühnervögel; ♂♂ häufig auffallend gefärbt, mit großen Schmuckfedern und bunten Schwellkörpern an Kopf und Hals. Zu den F. gehören: ↑Rauhfußhühner, ↑Feldhühner, ↑Truthühner, ↑Satyrhühner, ↑Fasanen, ↑Pfaufasanen, ↑Pfau, ↑Kongopfau, ↑Perlhühner.

Fasciola [lat.] (Distomum), weit verbreitete Gatt. der Saugwürmer mit einigen in Säugetieren parasitierenden Arten, z. B. Großer Leberegel (↑Leberegel).

Faserbanane ↑Bananenstaude.

Faserhanf (Kulturhanf, Cannabis sativa ssp. sativa), aus Asien stammende Kulturform des Hanfs, angebaut in Asien, Europa, N-Afrika, N-Amerika, Chile und Australien; wird bei weitem Pflanzabstand bis 3 m hoch und großfaserig (**Riesenhanf, Schließhanf, Seilerhanf**), bei dichter Aussaat niedrig und feinfaserig (**Spinnhanf**); Fasergewinnung ähnlich wie beim Gespinstlein. Die Fasern sind für Segeltuche, Netze und Seile geeignet. Die Samen liefern ein grünl. Öl und Vogelfutter.

Faserknorpel ↑Knorpel.

Fasern, mehr oder weniger langgestreckte Strukturen im pflanzl. und tier. Organismus, als einzelne Zellen, Zellstränge, Zellstrangbündel oder auch als Zellanteile (z. B. Nerven-F., Muskel-F.).

Fasernessel, Zuchtform der Großen Brennessel, die zur gewerbl. Gewinnung von Nesselfasern für Nesseltuch und Garne angebaut wird.

Faserpflanzen, Bez. für Pflanzen, die Rohstoffe für die Spinnerei und Seilerind. zur Herstellung von Polstern, Geflechten, Besen, Pinseln liefern. Größere wirtschaftl. Bedeutung haben nur Baumwolle, Faserhanf, Kapok, Sisal und Flachs.

Faßschnecke (Tonnenschnecke, Tonna galea), räuberisch lebende Meeresschnecke mit bis 25 cm langer, bräunl. Schale mit spiraligen Leisten und erweiterter Mündung. - Abb. S. 210.

Faszie (Fascia) [lat.], Bindegewebshülle um Muskeln oder Muskelgruppen; geht in eine Sehne über und grenzt die Muskeln verschiebbar vom umliegenden Gewebe ab.

Faulbaum, Bez. für zwei Arten der Kreuzdorngewächse; **Gemeiner Faulbaum** (Rhamnus frangula), bis 5 m hoher Strauch oder kleiner Baum in feuchten Wäldern Europas und NW-Asiens; Blätter bis 7 cm lang, breitelliptisch, ganzrandig; Blüten klein, grünlichweiß, sternförmig; Steinfrüchte erbsengroß, erst grün, dann rot, zuletzt schwarz, ungenießbar. Aus dem Holz wird heute Zeichenkohle hergestellt. **Amerikan. Faulbaum** (Rhamnus purshianus), im westl. N-Amerika, dem Gemeinen F. ähnlich, jedoch mit größeren Blättern; liefert Cascararinde (Laxans).

Faulbaumgewächse, svw. ↑Kreuzdorngewächse.

Fäulnis, die Zersetzung von stickstoffhaltigem pflanzl. oder tier. Material (bes. Eiweiße) durch Mikroorganismen (hauptsächl. Bakterien) bei Sauerstoffmangel, wobei ein unangenehmer Geruch auftritt. Dieser Geruch wird durch die entstehenden Abbauprodukte wie Ammoniak, Schwefelwasserstoff, Amine und organ. Säuren verursacht.

Faultiere (Bradypodidae), Fam. der Säugetiere mit fünf Arten in den Wäldern S- und M-Amerikas; Körperlänge etwa 50–65 cm, Schwanz bis wenig über 5 cm oder fehlend; Kopf rundlich, sehr weit drehbar, mit sehr kleinen, runden Ohren; Zehen mit stets 3, Finger mit 2 oder 3 langen, sichelförmigen, als Klammerhaken dienenden Krallen, Arme deutl. länger als Beine; Fell dicht, aus langen, harten Haaren bestehend, einheitlich blaß- bis dunkelbraun oder mit heller und dunkler Zeichnung, Haarstrich „verkehrt" von der Bauch- zur Rückenmitte verlaufend. Das Fell ist oft von Blaualgen besiedelt, die den Tieren eine hervorragende Tarnung bieten; die beiden Gatt. sind ↑Ai und ↑Unau.

Fauna

Fauna [nach der röm. Göttin Fauna, der Gemahlin des Faunus], die Tierwelt eines bestimmten, begrenzten Gebietes.
◆ systemat. Zusammenstellung der in einem bestimmten Gebiet vorkommenden Tierarten (in erster Linie zu deren Bestimmung).

Faunenreich ↑Tierreich.

Faunenregionen, svw. ↑tiergeographische Regionen.

Favosites [lat.], ausgestorbene Gatt. der Korallen; Leitfossil des oberen Silur; teils verzweigte Kolonien, teils massige Stöcke.

Fäzes [lat.], svw. ↑Kot.

Fazialis [lat.], svw. Gesichtsnerv (↑Gehirn).

Fechser [zu althochdt. fahs „Haar"], unterird. Abschnitte vorjähriger Triebe, aus deren Knospen sich im Frühjahr die neuen Laubsprosse bilden; werden zur vegetativen Vermehrung von Hopfen, Wein, Meerrettich u. a. verwendet.

Feder, svw. ↑Vogelfeder.

Federborstengras (Pennisetum), Gatt. der Süßgräser mit etwa 150 Arten, v. a. in Afrika; Ährchen am Grund von einem Kranz langer Borsten umgeben; Blütenstand eine oder mehrere walzenförmige Ähren oder Ährenrispen. Nutzpflanzen sind das bis 7 m hohe **Elefantengras** (Pennisetum purpureum) und die formenreiche Art **Negerhirse** (*Perl-*, *Pinsel-*, *Rohrkolbenhirse*, Pennisetum spicatum; zur Bereitung von Brei und Bier).

Federgras (Pfriemengras, Stipa), Gatt. der Süßgräser mit etwa 250 Arten in Steppen und Wüsten der ganzen Welt; meist hohe, rasenbildende Gräser mit schmalen Rispen und langen, pfriemförmigen oder federig behaarten Grannen. Die in M-Europa vorkommenden Arten, u. a. **Echtes Federgras** (Stipa pennata) mit bis über 30 cm langen, federigen Grannen und **Haarfedergras** (Stipa capillata) mit 10–25 cm langen, kahlen Grannen, sind geschützt.

Federgrassteppe, Form der Steppe, die sich an die Grassteppe anschließt und in die Wermutsteppe übergeht, gekennzeichnet durch zahlr. Federgrasarten.

Federkiel ↑Vogelfeder.

Federkiemenschnecken (Valvatidae), Fam. der Vorderkiemer mit zahlr. Arten, v. a. in den Süßgewässern der Nordhalbkugel; sehr kleine Schnecken mit etwa 7 mm hohem, kugeligem bis scheibenförmigem Gehäuse, aus dem (beim Umherkriechen) eine lange, zweiseitig gefiederte Kieme hervorragt.

Schale der Faßschnecke

Feldhühner. Steinhuhn

Goldfasan

Immergrünes Felsenblümchen

Federkleid, svw. ↑Gefieder.

Federlinge (Haarlinge, Läuslinge, Kieferläuse, Mallophaga), mit etwa 3 000 Arten weltweit verbreitete Ordnung flachgedrückter, 0,8–11 mm großer, flügelloser Insekten, die ektoparasitisch im Federkleid der Vögel und im Fell der Säugetiere leben; Beine mit 1 oder 2 Krallen; Mundwerkzeuge beißendkauend. Die F. fressen Keratin der Hautschuppen, Feder- und Haarteile.

Federmoos, (Ptilium crista-castrensis) hell- bis gelbgrünes, kalkmeidendes Laubmoos mit bis 20 cm langen Stengeln, die dicht zweizeilig (straußenfederartig) gefiedert sind; Blättchen spiralig angeordnet.

◆ (Amblystegium riparium) Art der Gatt. Stumpfdeckelmoos; hellgrünes, zierlich gefiedertes Moos, das in und an Gewässern zu finden ist; beliebte Aquarienpflanze.

Federmotten, (Federgeistchen, Pterophoridae) mit etwa 600 Arten weltweit verbreitete Fam. 1–2 cm spannender Kleinschmetterlinge, bei denen meist die Vorderflügel in zwei, die Hinterflügel in drei durch tiefe Einschnitte getrennte Zipfel mit Fransen („Federn") gespalten sind.

◆ (Geistchen, Orneodidae) mit etwa 100 Arten weltweit verbreitete Fam. 1–2 cm spannender Kleinschmetterlinge, bei denen Vorder- und Hinterflügel in je 6 Federn gespalten sind.

Federnelke ↑Nelke.
Federpapille ↑Vogelfeder.
Federschaft ↑Vogelfeder.
Federseele ↑Vogelfeder.
Federspule ↑Vogelfeder.

Federspulmilbe (Syringophilus bipectinatus), etwa 0,7–0,9 mm große, sehr langgestreckte Milbenart; lebt parasitisch in den Federspulen v. a. der Schwanz- und Schwungfedern bei Tauben, Enten, Haushühnern.

Federstrahlen ↑Vogelfeder.
Federwechsel, svw. ↑Mauser.
Feedback [engl. 'fi:d.bæk], svw. ↑Rückkopplung.

Feige [lat.], (Ficus) Gatt. der Maulbeerge-

Gemeine Felsenbirne. Früchte

Feigenbaum (a Seitenast mit jungen Fruchtständen, b Längsschnitt durch eine Feige)

wächse mit etwa 1 000, hauptsächl. trop. Arten; Holzpflanzen mit sommer- oder immergrünen Blättern und krug- bis hohlkugelförmigen Blütenständen, in deren Innerem die sehr kleinen, getrenntgeschlechtigen Blüten stehen. Bekannte Arten sind ↑Feigenbaum, ↑Gummibaum, ↑Maulbeerfeigenbaum.

◆ Frucht des ↑Feigenbaums.

Feigenbaum (Ficus carica), kultivierte Art der Gatt. Feige; wild wachsend vom Mittelmeergebiet bis NW-Indien, kultiviert und eingebürgert in vielen trop. und subtrop. Ländern; Milchsaft führende Sträucher oder kleine Bäume mit großen, derben, fingerförmig gelappten Blättern. - Der wildwachsende F. bildet 3 Feigengenerationen mit unterschiedl. Früchten pro Jahr, davon eßbare im Sept. (**Fichi**) und ungenießbare im April/Mai (**Mamme**) und Juli (**Profichi**). - Die aus dem wilden F. entwickelte Kulturform tritt in zwei Varietäten auf, wovon die **Bocksfeige** (Holzfeige, Capricus) nur männl. Blüten hat und keine eßbaren Früchte hervorbringt. Die **Kulturfeige** (Eßfeige) hat nur weibl. Blüten und bildet 3 Generationen (**Fiori di fico** [April bis Juni], **Pedagnuoli** [Juni bis Nov., Hauptente] und **Cimaruoli** [Sept. bis Jan.]). Die Früchte entstehen meist parthenogenet. oder es werden Zweige der Bocksfeige zur Befruchtung in die Kulturen gehängt. - Die **Feige** genannte Frucht des F. ist ein grüner oder violetter Steinfruchtstand. Eßbar (mit fleischigem, zuckerhaltigem Fruchtfleisch) sind nur Feigen, deren weibl. Blüten von der Feigenwespe bestäubt wurden. Feigen werden frisch oder getrocknet gegessen und zur Herstellung von Alkohol, Wein und Kaffee-Ersatz ver-

Feigenkaktus

wendet. **Geschichte:** Im 1. Jh. n. Chr. kultivierte man im westl. Mittelmeerraum 29 Feigensorten. Die Frucht wurde ein so wichtiges Nahrungsmittel, daß der F. in allen alten Mittelmeerkulturen als Symbol der Fruchtbarkeit und des Wohlbefindens galt. In Griechenland war der F. dem Dionysos heilig; vielfach in der Volksmedizin verwendet.

Feigenkaktus ↑ Opuntie.

Feigenwespen (Agaontidae), Fam. der Erzwespen mit etwa 500 Arten, v. a. in den Tropen und Subtropen; entwickeln sich in Feigenblüten, in denen sie Gallen erzeugen. Einzige europ. Art ist die **Gemeine Feigenwespe** (Blastophaga psenes), knapp 1 mm groß, ♂ hellgelb, flügellos; ♀ schwarz mit gelbbraunem Kopf, geflügelt.

Feilenfische (Monacanthidae), Fam. bis 1 m langer Knochenfische in allen trop. Meeren; Körper langgestreckt, mit meist feilenartig rauher Haut.

Feilenmuscheln (Limidae), Fam. meeresbewohnender Muscheln v. a. der wärmeren Regionen; Schalen häufig gerippt, Mantelrand in zahlr., meist leuchtendrote Tentakel ausgezogen.

Feinstrahl, svw. ↑ Berufkraut.

Fel [lat.], svw. ↑ Galle.

Felchen (Maränen, Renken, Coregonus), Gatt. bis 75 cm langer, meist heringsartig schlanker Lachsfische mit 7 Arten, v. a. in küstennahen Meeresteilen des N-Atlantiks und des nördl. Stillen Ozeans sowie in den Süß- und Brackgewässern N-Amerikas und der nördl. und gemäßigten Regionen Eurasiens; Körper häufig silberglänzend mit relativ kleinen Schuppen und Fettflosse; z. T. Wanderfische. Man unterscheidet die beiden Gruppen Boden- und Schwebrenken. Die **Bodenrenken** leben in Grund- und Ufernähe der Gewässer. Bekannt sind: **Kilch** (Kleine Bodenrenke, Coregonus acronius), 15–30 cm lang, schlank; Rücken bläulichgrün bis olivfarben, Körperseiten und Bauch silbrigweiß; im Bodensee, Ammersee, Chiemsee und Thuner See. **Sandfelchen** (Große Bodenrenke, Coregonus fera), bis 80 cm lang, mit Ausnahme der schwärzl. Brustflossen silbrig; v. a. in Seen des Alpen- und Voralpengebietes. Beide sind gute Speisefische. Die **Schwebrenken** leben vorwiegend in den oberen Wasserschichten. Sie unterteilen sich in zwei Formenkreise: 1. **Große Schwebrenken** (Große Maränen) mit den bekannten Arten ↑ Blaufelchen und **Schnäpel** (Strommaräne, Coregonus oxyrhynchus); bis 50 cm lang, in der sö. Nordsee (*Nordseeschnäpel*) und in der westl. Ostsee (*Ostseeschnäpel*); Rücken blaugrün bis blaugrau, Seiten und Bauch weiß; mit spitzer, nasenartig verlängerter Schnauze. 2. **Kleine Schwebrenken,** u. a. mit **Gangfisch** (Silber-F., Form des Schnäpels), bis etwa 30 cm lang, v. a. in den Uferzonen der Alpenseen und des Bodensees; **Kleine Maräne** (Coregonus albula), etwa 20 cm lang, v. a. in N- und O-Europa sowie in N-Amerika; Rücken dunkel blaugrün, Seiten und Bauch silberweiß; guter Speisefisch.

Feldahorn (Maßholder, Acer campestre), europ. Ahornart in Laubwäldern, Feldgehölzen und an Waldrändern; bis 20 m hoher Baum mit kurzem Stamm und unregelmäßiger Krone oder 1–3 m hoher Strauch; Blätter grob fünflappig, gegenständig, langgestielt, Blüten gelbgrün, zweihäusig, in aufrechten Doldenrispen; Früchte geflügelte Nüßchen.

Felderbse, svw. ↑ Ackererbse.

Feldgrille ↑ Grillen.

Feldhamster ↑ Hamster.

Feldhase ↑ Hasen.

Feldhausmaus ↑ Hausmaus.

Feldheuschrecken (Acridiidae), heute mit über 5000 Arten (davon etwa 40 in Deutschland) weltweit verbreitete Fam. 1–10 cm großer Insekten; mit kräftig entwickelten hinteren Sprungbeinen und (im Unterschied zu den ↑ Laubheuschrecken) kurzen, fadenförmigen Fühlern; ♂♂ zirpen, indem sie die Hinterschenkel mit gezähnter Leiste über vorspringende Adern der Flügeldecke streichen. Zu den F. gehören u. a. ↑ Wanderheuschrecken, ↑ Schnarrheuschrecke, ↑ Grashüpfer, ↑ Sumpfschrecke, ↑ Sandschrecke und ↑ Sandheuschrecken.

Feldhühner (Perdicinae), weltweit verbreitete Unterfam. der ↑ Hühnervögel mit etwa 130 Arten; Schnabel kurz, Schwanz meist kurz, Gefieder in der Regel tarnfarben; zu den F. gehören z. B.: **Steinhuhn** (Alectoris graeca), mit Schwanz über 30 cm lang, in felsigen Gebirgslandschaften der subtrop. Regionen Eurasiens; unterscheidet sich von dem sehr ähnl. Rothuhn durch ein (von der gelblichweißen Kehle) scharf abgesetztes, schwarzes Kehlband. Die bekannteste Unterart ist das **Alpensteinhuhn** (Alectoris graeca saxatilis) im Alpengebiet; **Rothuhn** (Alectoris rufa), mit Schwanz etwa 35 cm lang, oberseits graubraun, auf Feldern, Wiesen und Heiden NW- und SW-Europas; **Rebhuhn** (Perdix perdix), etwa 30 cm lang, v. a. auf Feldern und Wiesen großer Teile Europas; mit dunkelbrauner Oberseite, rotbraunem Schwanz, rostfarbenem Gesicht, grauem Hals, ebenso gefärbter Brust und großem, braunem, hufeisenförmigem Bauchfleck. Die Gatt. **Frankoline** (Francolinus) hat etwa 40 Arten in den Wäldern, Steppen und Savannen Afrikas sowie Vorder- und S-Asiens; bis 45 cm lang, rebhuhnartig, ♂ mit 1 oder 2 Sporen; ♂ und ♀ häufig gleich gefärbt. Vier altwelt. verbreitete Arten hat die Gatt. **Wachteln;** kleine bodenbewohnende Hühnervögel mit sehr kurzem, durch die Oberschwanzfedern verborgenem Schwanz. Die bekannteste, mit zahlr. Unterarten fast in der gesamten Alten Welt auf Gras- und Brachland vorkommende Art ist die bis 18 cm lange **Wachtel** (Coturnix cotur-

Fenchel

nix), mit braunem, oberseits gelbl. und schwarz gestreiftem Gefieder; Scheitel mit gelbl. Mittelstreif. Zu den F. gehört außerdem die Gattungsgruppe ↑Zahnwachteln. - Abb. S. 210.

Feldhummel ↑Hummeln.

Feldlerche ↑Lerchen.

Feldmaus (Microtus arvalis), bis 12 cm lange, überwiegend nachtaktive Wühlmaus in M- und O-Europa sowie in weiten Teilen des gemäßigten Asiens; Ohren klein, Fell kürz- und glatthaarig, oberseits gelblich- bis graubraun, Körperseiten und Bauch heller gefärbt; lebt gesellig in oft weit verzweigten unterird. Gangsystemen.

Feldrose ↑Rose.

Feldrüster, svw. Feldulme (↑Ulme).

Feldsalat (Ackersalat, Valerianella), Gatt. der Baldriangewächse mit etwa 60 Arten auf der Nordhalbkugel; einjährige Kräuter mit grundständiger Blattrosette und gabelig verzweigten Stengeln; Blüten klein, meist bläulich in kleinen, köpfchenartigen Trugdolden; Früchte einsamige Nüßchen. Die bekannteste Art ist der **Gemeine Feldsalat** (Rapunzel, Valerianella locusta), ein Unkraut auf Äckern und Wiesen, das in seiner Kulturform als Blattsalat gern gegessen wird.

Feldschwirl ↑Schwirle.

Feldsperling ↑Sperlinge.

Feldspitzmaus ↑Weißzahnspitzmäuse.

Feldtauben ↑Haustauben.

Feldthymian ↑Thymian.

Feldulme ↑Ulme.

Feldwaldmaus (Waldmaus, Apodemus sylvaticus), Art der Echtmäuse in Eurasien; Körperlänge etwa 8–11 cm, Schwanz meist ebenso lang; Oberseite grau- bis gelblichbraun, Bauchseite grauweiß, in der Brustregion meist ein gelber bis rötlich-gelber Längsfleck.

Feldwespen (Polistinae), mit etwa 100 Arten weltweit verbreitete Unterfam. sozial lebender, schlanker Insekten; Hinterleib spindelförmig, von der Wespentaille sich nur allmähl. nach hinten erweiternd; bauen Papiernester.

Felidae [lat.], svw. ↑Katzen.

Fell, Haarkleid der Säugetiere, auch die abgezogene behaarte Haut vor der Verarbeitung.

Felsenbein (Os petrosum), die das Innenohr (Labyrinth) der Säugetiere umgebende knöcherne Kapsel; verschmilzt häufig mit dem ↑Paukenbein zum ↑Schläfenbein.

Felsenbirne (Felsenmispel, Amelanchier), Gatt. der Rosengewächse mit etwa 25 Arten in N-Amerika, Eurasien und N-Afrika; Sträucher oder kleine Bäume mit ungeteilten Blättern und weißen Blüten in Trauben. In M-Europa heim. ist die **Gemeine Felsenbirne** (Amelanchier ovalis) mit weißen, an der Spitze oft rötl. Blüten und kugeligen, bläulichschwarzen Früchten. - Abb. S. 211.

Felsenblümchen (Draba), Gatt. der Kreuzblütler mit etwa 270 Arten, v. a. in Hochgebirgen und Polargebieten; meist kleine, Rasen oder Polster bildende, behaarte Kräuter oder Stauden mit grundständiger Blattrosette und kleinen, weißen oder gelben Blüten in Trauben. In Felsspalten und auf Gesteinsschutt wächst das 5–10 cm hohe **Immergrüne Felsenblümchen** (Draba aizoides). - Abb. S. 210.

Felsengarnele ↑Garnelen.

Felsenheide ↑Garigue.

Felsenkänguruhs, svw. ↑Felskänguruhs.

Felsenkirsche (Steinweichsel, Weichselkirsche, Prunus mahaleb), Art der Rosengewächse in Europa und W-Asien, in lichten Wäldern und Gebüschen; sperriger Strauch oder bis 6 m hoher Baum mit weißen Blüten in aufrechten Doldentrauben und kugeligen, schwarzen, bitteren Früchten; Pfropfunterlage für Sauerkirschen.

Felsennelke, svw. ↑Nelkenköpfchen.

Felsenpython ↑Pythonschlangen.

Felsenrebe (Vitis rupestris), amerikan. Art der Gatt. Weinrebe; Pfropfunterlage für europ. Rebsorten.

Felsenröschen, svw. ↑Alpenheide.

Felsenschwalbe ↑Schwalben.

Felsenspringer (Machilidae), Fam. der Urinsekten mit etwa 120, meist bräunl., z. T. metall. schillernden Arten in N-Amerika, Eurasien und Afrika; können bei Flucht bis zu 10 cm weit springen.

Felsentaube ↑Tauben.

Felskänguruhs (Felsenkänguruhs, Petrogale), Gatt. der Känguruhs mit acht Arten in felsigem Gelände Australiens und auf einigen vorgelagerten Inseln; Körperlänge etwa 50–80 cm mit rd. 40–70 cm langem Schwanz, der nicht als Sitzstütze dient; Färbung meist bräunl., oft mit dunkler und heller Zeichnung. Bekannte Arten sind **Pinselschwanzkänguruh** (Petrogale penicillata) mit fast körperlangem, schwach buschig behaartem Schwanz; Färbung meist rötlichbraun, Schwanz und Füße schwarz. **Gelbfußkänguruh** (Ringelschwanz-F., Petrogale xanthopus), etwa 65 cm lang, mit fast körperlangem, gelb und schwarzbraun geringeltem Schwanz; Fell oberseits meist rötlichbraun mit dunklerem Rückenstreif und weißer Querbinde an den Hinterschenkeln, Unterseite weiß, Fußwurzelregion gelb.

Femur [lat.], svw. Oberschenkelknochen (↑Bein).
◆ drittes Glied der Extremitäten von Spinnentieren und Insekten.

Fenchel [zu lat. feniculum (mit gleicher Bed.); von fenum "Heu" (wegen des Duftes)] (Foeniculum), Gatt. der Doldenblütler mit 3 Arten im Mittelmeergebiet und Orient; gelbblühende, würzig riechende, bis 1,5 m hohe Stauden mit mehrfach fein-fiederschnitti-

213

Fendant

gen Blättern. Bekannteste Art ist der **Gartenfenchel** (Foeniculum vulgare), eine seit dem Altertum v. a. in SO-Europa kultivierte Gewürzpflanze mit bis 8 mm langen, gefurchten Spaltfrüchten, die zum Würzen und zur Herstellung von F.öl und F.tee verwendet werden. Die Sorte *Foeniculum officinale var. azoricum* mit zwiebelförmig verdickten Blattscheiden wird als Gemüse angebaut.

Fendant [frz. fã'dã] ↑Gutedel.

Fenek, svw. Fennek (↑Füchse).

Fenestraria [lat.] (Oberlichtpflanze), Gatt. der Eiskrautgewächse in S-Afrika mit zwei Arten; Polsterpflanzen mit grundständigen, langen, zylindr. oder keulenförmigen, verdickten Blättern, von denen nur der blattgrünfreie, fensterartig lichtdurchlässige Spitzenteil aus dem Sandboden herausragt; Blüten groß, weiß oder orangefarben.

Fennek [arab.] ↑Füchse.

Fenster (Fenestra) [lat.], in der *Anatomie:* fensterartige Durchbrechung von Knochen; z. B. *ovales F.* (Vorhoffenster, Fenestra ovalis, Fenestra vestibuli), Öffnung in der knöchernen Trennwand zw. Innenohr und Paukenhöhle.

Fensterblatt (Monstera deliciosa), Art der Aronstabgewächse aus Mexiko; Kletterstrauch mit zahlr. Luftwurzeln, herzförmigen, ganzrandigen Jugendblättern und ovalen, fensterartig durchlöcherten oder fingerig gelappten, bis 100 cm langen und etwa 70 cm breiten Altersblättern; Blüten mit etwa 25 cm langem, cremeweißem Hüllblatt; Früchte violett, beerenartig, eßbar und wohlschmeckend; beliebte Zimmerpflanze.

Fensterfliegen (Omphralidae), mit etwa 50 Arten (vier Arten in M-Europa) fast weltweit verbreitete Fam. kleiner, bis 4 mm langer, meist schwarzer, metall. glänzender, häufig an Fenstern vorkommender Fliegen; Larven leben räuber. von anderen Insekten.

Ferkel, Bez. für das junge Schwein von der Geburt bis zum Alter von 14–16 Wochen.

Ferkelkraut (Hypochoeris), Gatt. der Korbblütler mit etwa 70 Arten in Eurasien, im Mittelmeergebiet und S-Amerika; Rosettenpflanzen mit gabelig verzweigten Stengeln, gelben Zungenblüten und langgestreckten Früchten mit federigem Haarkelch; in M-Europa vier Arten auf Wiesen, Äckern und in Wäldern.

Fermente [lat.], veraltete Bez. für ↑Enzyme.

Ferredoxine [Kw.], eisenhaltige Proteine; in Bodenbakterien und Pflanzen nachgewiesen; als Elektronenüberträger bei zahlreichen Stoffwechselreaktionen, z. B. bei der Photosynthese oder Luftstickstoffassimilation.

Ferse (Hacke, Calx), Bez. für die durch einen Fortsatz (Tuber calcanei) des Fersenbeins (↑Fuß) gebildete, nach hinten gerichtete Vorwölbung des Fußes der Sohlengänger unter den Säugetieren (einschließl. Mensch).

Fersenbein ↑Fuß.

Fertilität [lat.] (Fruchtbarkeit), die Fähigkeit von Organismen, Nachkommen hervorzubringen. - Ggs. ↑Sterilität.

Fessel, bei Huftieren der die beiden ersten Zehenglieder umfassende Teil des Fußes zw. ↑Fesselgelenk und Huf.

Feuerdorn. Pyracantha coccinea

Feuersalamander

Fettgewebe

Fichte.
Rottanne (oben); unten: Zweig mit männlichen Blüten

Fichtenkreuzschnabel

◆ beim Menschen der Übergang von der Wade zur Knöchelregion.

Fesselgelenk, in der Anatomie Bez. für das Scharniergelenk zw. dem distalen Ende der Mittelfußknochen und dem ersten (proximalen) Zehenglied (Fesselbein) bei Huftieren.

Festigungsgewebe (Stützgewebe), Dauergewebe der Sproßpflanzen aus Zellen mit verdickten Wänden zur Erhaltung der Form, Tragfähigkeit und Elastizität; in noch wachsenden Pflanzenteilen als lebendes ↑Kollenchym, in ausgewachsenen als totes ↑Sklerenchym ausgebildet.

fetal (fötal) [lat.], zum Fetus gehörend, den Fetus betreffend.

Fettdepot (Fettspeicher), Ort der Fettspeicherung im Körper; auf Grund des relativ hohen Brennwertes der ↑Depotfette stellen F. Energiespeicher z. B. für Notzeiten dar.

Fette, Sammelbez. für die Ester des dreiwertigen Alkohols ↑Glycerin mit meist verschiedenen Fettsäuren; Kettenlänge von 16 oder 18 C-Atomen. In den tier. F. überwiegen *Palmitin-, Stearin-* und *Ölsäure,* pflanzl. F. enthalten zudem noch mehrfach ungesättigte und damit leichter verdaul. Fettsäuren, die die tier. Zelle nicht zu synthetisieren vermag. Ein hoher Anteil an ungesättigten Fettsäuren erniedrigt den Schmelzpunkt; bei Zimmertemperatur flüssige F. bezeichnet man als *fette Öle.* Die verschiedenen F. haben eine Dichte zw. 0,90 und 0,97 g/cm³, lösen sich nicht in Wasser, aber gut in organ. Lösungsmitteln. Beim Kochen mit Lauge tritt Verseifung ein. Fette als kalorienreichste Grundnahrungsstoffe sind von großer Bed. für die menschl. Ernährung: 1 g entspricht 39 kJ (9,3 kcal). Sie sind in jeder Pflanzen- und Tierzelle als ideales Nähr- und Reservematerial vorhanden (z. B. in pflanzl. Samen wie Raps, Erdnuß, Walnuß, Rizinus, Kakao). Der Fettgehalt beträgt zw. 30 und 60 %. Im Tierkörper finden sich F. gehäuft im ↑Fettgewebe. F. haben auch als Träger der fettlösl. Vitamine große Bedeutung. Bei völlig fettfreier Ernährung kommt es zu Mangelerscheinungen. Der Minimalbedarf an F. ist äußerst gering und vom Gehalt an essentiellen, d. h. für den Organismus unentbehrl. Fettsäuren abhängig.

📖 *Baltes, J.: Gewinnung u. Verarbeitung v. Nahrungs-F.* Bln. 1975. - *Gulinsky, E.: Pflanzl. u. tier. F. u. Öle.* Hannover 1963.

Fettflosse (Adipose), zw. Rückenflosse und Schwanzflosse gelegene, fleischige Flosse, v. a. bei Lachsfischen, vielen Salmlern und Welsen.

Fettgewebe, lockeres, an verschiedenen Stellen des Wirbeltierkörpers auftretendes umgewandeltes Bindegewebe, dessen Zellen z. T. von großen Fettkugeln erfüllt sind. In der Unterhaut und an den Eingeweiden dient das F. v. a. der Bereitstellung energiereicher Reserven (↑Depotfett), um die Organe herum als lagestabilisierende Umhüllung (z. B. als Nierenfett), ferner als mechan. Schutz in Form

Fetthenne

eines druckelast. Posters (Fettpolster, Panniculus adiposus), bes. an Gelenken, Gesäß und Füßen.

Fetthenne (Sedum), Gatt. der Dickblattgewächse mit etwa 500 Arten auf der Nordhalbkugel, von diesen etwa 25 Arten in M-Europa; meist ausdauernde Stauden oder Halbsträucher mit fleischigen Blättern und gelben, weißen bis roten oder blauen Blüten, meist in Trugdolden. Bekannte einheim. Arten sind u. a. die bis 80 cm hohe, breitblättrige **Große Fetthenne** (Sedum maximum) mit gelblichgrünen Blüten; ferner die niedrigen, z. T. polsterwüchsigen Arten, wie z. B. **Weiße Fetthenne** (Sedum album) mit weißen Blüten, auf Felsen, Mauern und steinigen Böden, **Rosenwurz** (Sedum rosea) mit gelbl., rot überlaufenen Blüten, auf Wiesen und im Gebüsch und **Mauerpfeffer** (Scharfe F., Sedum acre) mit goldgelben Blüten, an trockenen, sonnigen Standorten.

Fettkraut (Pinguicula), Gatt. der Wasserschlauchgewächse mit etwa 35 Arten auf der nördl. Erdhalbkugel; insektenfressende Pflanzen auf moorigen Stellen. - In M-Europa 4 Arten, darunter das **Gemeine Fettkraut** (Pinguicula vulgaris) mit blauvioletten Blüten und das **Alpenfettkraut** (Pinguicula alpina) mit weißen, gelbgestreiften Blüten.

Fettmark, svw. gelbes Knochenmark († Knochenmark).

Fettpflanzen, svw. ↑Sukkulenten.

Fettsäuren, einbasische Carbonsäuren, die in der Natur hauptsächl. an Glycerin gebunden in Form tier. und pflanzl. Fette vorkommen. Einige höher ungesättigte Fettsäuren haben für den tier. Organismus bes. Bed., z. B. Linol-, Linolen- und Arachidonsäure (**essentielle**, d. h. für den Organismus unentbehrl. F.).

Fettschwalm ↑ Nachtschwalben.

Fettspalter, svw. ↑Lipasen.

Fettspaltung, die Aufspaltung (Verseifung) der Fette und fetten Öle in freie Fettsäuren und Glycerin, z. B. im menschl. und tier. Stoffwechsel (bewirkt durch Lipasen).

Fettspeicher, svw. ↑ Fettdepot.

Fettsteiß (Steatopygie), verstärkte Fettablagerung im Bereich des Steißbeins; bei den Hottentottenfrauen gilt der F. als Schönheitsmerkmal (**Hottentottensteiß**).

Fettstoffwechsel ↑ Stoffwechsel.

Fettzellen, der Speicherung von Fetttröpfchen dienende, runde, etwa 50–120 µm große umgewandelte Bindegewebszellen; bilden zus. das Fettdepot des Körpers.

Fetus (Fötus) [lat.], mit der Geburt abschließendes Entwicklungsstadium; beim Menschen etwa vom 5. Schwangerschaftsmonat an.

Fetzenfische (Phyllopteryx), Gatt. meeresbewohnender Seenadeln mit zwei Arten in Australien. Die Art **Großer Fetzenfisch** (Phyllopteryx eques) ist bis 22 cm lang, meist rotbraun, mit verzweigten, lappigen Anhängen.

Feuchtgebiete, unter Natur- bzw. Landschaftsschutz stehende Landschaftsteile, deren pflanzl. und tier. Lebensgemeinschaften an das Vorhandensein von Wasser gebunden sind; z. B. natürl. Gewässer, Moore, Feuchtwiesen, Küsten, Wattflächen. Großflächige F. in der BR Deutschland sind u. a. Dümmer, Steinhuder Meer, Ammersee, Donaumoos.

Feuchtsavanne, Vegetationstyp der Savannen in Gebieten mit nahezu einfacher Regenzeit. Der geschlossene Graswuchs erreicht 2–4 m Höhe, die Bäume werden bis 10 m hoch. V. a. in Afrika südl. und nördl. des trop. Regenwaldes anzutreffen.

Feuchtwald, Bez. für einen Wald, der eine Zwischenstellung zw. dem trop. Regenwald und dem Trockenwald einnimmt.

Feuerameisen, Bez. für zwei Arten 3–4 mm langer ↑Knotenameisen aus der Gatt. Solenopsis (Solenopsis geminata, Solenopsis saevissima), hauptsächl. in S-Amerika; Schädlinge an Zitrus- und Kaffeepflanzen; ihr Stich ist für den Menschen brennend und sehr schmerzhaft.

Feuerbohne (Türkenbohne, Prunkbohne, Phaseolus coccineus), wahrscheinl. aus M-Amerika stammende Bohnenart; mit windenden Sprossen, scharlachroten oder weißen Blüten in achselständigen Trauben und langen, rauhen Fruchthülsen.

Feuerdorn (Pyracantha), Gatt. der Rosengewächse mit etwa 8 Arten in Eurasien. Ein beliebtes Ziergehölz aus S-Europa ist die Art **Pyracantha coccinea**, ein 1 bis 2 m hoher Strauch, der im Herbst und Winter leuchtend hell- bis scharlachrote Früchte trägt. - Abb. S. 214.

Feuerfalter, Gattungsgruppe der ↑ Bläulinge mit 7 Arten, v. a. aus den Gatt. Heodes und Lycaena in Eurasien und N-Afrika (bis Äthiopien); z. B. in Eurasien der Dukatenfalter.

Feuerflunder, volkstüml. Bez. für den Gewöhnl. Stechrochen († Rochen).

Feuerfuchs, svw. Kamtschatkafuchs († Füchse).

Feuerkäfer (Pyrochroidae), etwa 150 Arten umfassende Fam. 1–2 cm großer, schwarzer Käfer mit meist blut- bis orangeroten Flügeldecken; in Deutschland 3 Arten, darunter am häufigsten der bis 15 mm lange **Scharlachrote Feuerkäfer** (Pyrochroa coccinea).

Feuerkraut (Chamaenerion), Gatt. der Nachtkerzengewächse mit 4 Arten, davon 3 auch in M-Europa; bekannteste Art ist das **Schmalblättrige Feuerkraut** (Chamaenerion angustifolium), eine bis über 1,2 m hohe Staude auf Kahlschlägen und Lichtungen in Wäldern, mit purpurfarbenen Blütentrauben.

Feuerlilie ↑ Lilie.

Feuermohn, svw. Klatschmohn († Mohn).

Feuersalamander (Salamandra salamandra), bis 20 cm lange, zieml. plumpe Salamanderart mit zahlr., in Färbung und Lebensweise z. T. stark voneinander abweichenden Unterarten, v. a. in feuchten Wäldern Europas (mit Ausnahme des N), des westl. N-Afrikas und des westl. Kleinasiens; Oberseite glänzend schwarz mit sehr variabler, zitronen- bis orangegelber, unregelmäßiger oder in Längsreihen angeordneter Fleckenzeichnung; steht in der BR Deutschland unter Naturschutz. - Abb. S. 214.

Feuerschwamm (Phellinus igniarius), zur Fam. der Porlinge gehörender Ständerpilz mit hartem, holzigem, huf- bis konsolenförmigem Fruchtkörper; Oberfläche schwarzbraun, rissig, konzentrisch gefurcht; gefährl. Parasit an Pappeln und Weiden, Erreger der ↑Weißfäule.

Feuerwalzen (Pyrosomatida), mit 10 Arten weltweit verbreitete Ordnung der ↑Salpen; die farblosen F. (in Kolonien) enthalten Leuchtbakterien, die ein intensives, meist gelbl. bis blaugrünes Leuchten („Meeresleuchten") erzeugen können.

Feuerwanzen (Pyrrhocoridae), etwa 400 Arten umfassende, weltweit verbreitete Fam. der ↑Wanzen; in Deutschland am häufigsten die schwarzrote, 9–11 mm große **Flügellose Feuerwanze** (Pyrrhocoris apterus).

F<u>eu</u>lgen, Robert, * Werden (= Essen) 2. Sept. 1884, † Gießen 24. Okt. 1955, dt. Chemiker und Physiologe. - Prof. für physiolog. Chemie in Gießen; arbeitete hauptsächl. über die Chemie und Physiologie der Zelle; entwickelte ein Verfahren zum Nachweis von Zellkernen in Gewebsschnitten *(Feulgen-Färbung)*.

Fibrille [lat.], feine, v. a. aus Eiweißen oder Polysacchariden bestehende, nur mikroskop. erkennbare, langgestreckte Struktur in pflanzl. und tier. Zellen; wesentl. Bestandteile der pflanzl. Zellwände, der Muskeln und der Grundsubstanz des Bindegewebes.

Fibrin [lat.] (Blutfaserstoff, Plasmafaserstoff), Eiweißkörper, der bei der ↑Blutgerinnung (durch die Einwirkung von Thrombin) aus ↑Fibrinogen entsteht.

Fibrinogen [lat./griech.], als Vorstufe des ↑Fibrins im Blutplasma vorkommendes Globulin, das (nach seiner Umwandlung durch Thrombin) an der Blutgerinnung beteiligt ist.

Fibrinolyse [lat./griech.] ↑Fibrinolysin.

Fibrinolysin [lat./griech.] (Plasmin), im Blut vorkommendes Enzym, das Fibrin, bei krankhaften Zuständen auch dessen Vorstufen, zu lösl. bzw. gerinnungsunwirksamen Bruchstücken abbaut **(Fibrinolyse)**. F. wird therapeut. zur Auflösung von frischen Blutgerinnseln angewandt.

Fibula [lat.], svw. Wadenbein (↑Bein).

Fichte (Picea), Gatt. der Kieferngewächse mit über 40 Arten auf der nördl. Erdhalbkugel; immergrüne Nadelbäume mit einzelstehenden, spiralig um den Zweig gestellten Nadeln und hängenden Zapfen. Die F. i. e. S. ist die **Rottanne** (Picea abies), der wichtigste Waldbaum N- und M-Europas; wird bis 60 m hoch und 1 000 Jahre alt; mit spitzer Krone und flacher, weitreichender Bewurzelung; Borke des bis 1,50 m starken Stammes rötl. bis graubraun, in runden Schuppen abblätternd; Nadeln vierkantig, glänzend grün, stachelspitzig; männl. Blüten in erdbeerförmigen, roten, später gelben Kätzchen, weibl. Blüten in purpurroten bis grünen, aufrechten Zapfen; reife Zapfen braun, hängend. Die F. nadeln liefern den Fichtennadelextrakt. Das aus natürl. oder künstl. Rindenwunden austretende Harz ist Rohmaterial für Terpentinöl und Kolophonium. Im nw. N-Amerika heim. ist die **Sitkafichte** (Picea sitchensis), ein raschwüchsiger, starkstämmiger anspruchsloser Baum mit 1–2 cm langen, etwa 1 mm breiten Nadeln mit bläulichweißen Längsstreifen auf der Oberseite; Zapfen 6–10 cm lang, matt- bis ockergelb. Die bis 40 m hohe, zypressenähnl. aussehende **Omorikafichte** (Picea omorika) wächst in Bosnien und Serbien; Nadeln flach, lang und breit mit einem weißen Streifen auf der Oberseite. Hellgraugrüne, v. a. auf der Oberseite der Zweige stehende Nadeln hat die bis 20 m hohe, im nördl. N-Amerika heim. **Weißfichte** (Picea glauca); Zapfen rötl. und zylindr. Außerdem bekannt ist die ↑Stechfichte. - Abb. S. 215.

Fichtenblattwespe (Pristiphora abietina), bis 6 mm große, schwarzbraune, hell gefleckte Blattwespenart, deren Larven durch Fraß an den Jungtrieben der Fichte schädl. werden.

Fichtengespinstblattwespe (Cephaleia abietis), 11–14 mm große Art der ↑Gespinstblattwespen; Kopf und Brust schwarz mit gelben Flecken; Hinterleib hauptsächl. rotgelb; die grünl. Larven fressen v. a. an älteren Nadeln.

Fichtenkreuzschnabel (Loxia curvirostra), etwa 15 cm großer Finkenvogel mit gekreuztem Schnabel in den gemäßigten und kalten Gebieten der Nordhalbkugel; ♀ olivfarben, Unterseite und Bürzel gelbl.; ♂ ziegelrot, Schwanz und Flügel dunkel; frißt Samen der Nadelbäume; lebt gesellig. - Abb. S. 215.

Fichtenmarder (Amerikan. Marder, Martes americana), Marderart im nördl. und westl. N-Amerika; Körperlänge ca. 35 (♀) bis 45 cm (♂), Schwanz etwa von halber Körperlänge; Fell sehr dicht und weich, gelbl. bis dunkelbraun, mit blaß ockergelbem Brustlatz; liefert geschätztes Pelzwerk **(amerikan. Zobel)**, daher durch übermäßige Bejagung gebietsweise selten geworden.

Fichtenspargel (Monotropa), Gatt. der Wintergrüngewächse mit vier Arten, davon zwei in M-Europa: der mehr oder weniger behaarte **Echte Fichtenspargel** (Monotropa hypopitys) in Nadelwäldern und der kahle **Buchenspargel** (Monotropa hypophegea) in Laubwäldern; bleiche, blattgrünlose, spargelähnl. Schmarotzerpflanzen mit eiförmigen Schuppenblättern und röhrenförmigen Blüten.

Fick, Adolf, * Kassel 3. Nov. 1829, † Blankenberge (Belgien) 21. Aug. 1901, dt. Physiologe. - Prof. in Zürich und Würzburg; schuf 1872 die als **Ficksches Prinzip** bezeichnete erste exakte Methode der Herzminutenvolumenbestimmung durch Messung des Sauerstoffverbrauchs des Organismus und der arteriovenösen Sauerstoffdifferenz.

Ficus [lat.], svw. ↑Feige.

Fieberklee (Menyanthes), Gatt. der **Fieberkleegewächse** (Menyanthaceae, 5 Gatt. und etwa 40 Arten) auf der nördl. Erdhalbkugel mit der einzigen Art Menyanthes trifoliata; auf Sumpfwiesen und an Ufersäumen wachsende, kriechende Staude mit dreizählig gefiederten Blättern und hellrosa bis weißen Blüten in aufrechten Trauben.

Fieberkraut, volkstüml. Bez. für verschiedene Heilpflanzen gegen Fieber.

Fiebermücken, svw. ↑Malariamücken.

Fieberrinde, svw. ↑Chinarinde.

Fieberrindenbaum, svw. ↑Chinarindenbaum.

Fiederblatt, Laubblatt, dessen Blattfläche aus mehreren voneinander getrennten Fiedern (Fiederblättchen) besteht.

Filament (Filamentum) [lat.], in der Botanik svw. Staubfaden (↑Staubblatt).

◆ morpholog. Bez. für dünne, fadenförmige Organteile oder Zellstrukturen, z. B. Muskelfilamente.

Filarien (Filariidae) [lat.], Fam. der Fadenwürmer, die v. a. im Bindegewebe und Lymphsystem von Säugetieren (einschließl. Mensch) schmarotzen, wo sie verschiedene Krankheiten hervorrufen können. Für den Menschen sind bes. gefährlich die Art **Wucheria bancrofti,** die die Elefantiasis hervorruft, und die 3–7 cm lange **Wanderfilarie** (Loa loa) in W-Afrika. Letztere wird durch Blindbremsen übertragen und lebt im Unterhautbindegewebe, wo sie gutartige Schwellungen **(Kalabarbeulen)** hervorruft.

Filderkraut, Weißkohlsorte mit spitz zulaufendem, längl. Kopf.

Filialgeneration [lat.] (Tochtergeneration), Abk. F (bzw. F_1, F_2, F_3 usw.), in der Genetik Bez. für die direkten Nachkommen (F_1) eines Elternpaars **(Elterngeneration)** und für die weiteren, auf diese folgenden Generationen (F_2 usw.). - ↑auch Mendel-Regeln.

Filicatae [lat.], svw. ↑Farne.

Filopodien [lat./griech.] ↑Scheinfüßchen.

Filum [lat.], in der Anatomie Bez. für fadenförmige Gebilde.

Filzkraut (Fadenkraut, Filago), Gatt. der Korbblütler mit etwa 20 Arten; kleine Kräuter mit filzig behaarten Stengeln und Blättern und sehr kleinen, wenigblütigen Köpfchen in Knäueln; in M-Europa 7 Arten, meist Ackerunkräuter, u. a. **Zwergfilzkraut** (Filago minima, gelbblühend, auf Sandböden) und **Französ. Filzkraut** (Filago gallica, gelbl. Blütenköpfchen, auf trockenen, warmen Brachfeldern, Heiden oder Grasplätzen).

Filzlaus (Schamlaus, Phthirius pubis), etwa 1–3 mm lange Art der Läuse, v. a. in der Schambehaarung des Menschen; wird bes. durch Geschlechtsverkehr übertragen.

Fimbrien [lat.], (Fimbriae) fransenförmige Bildungen des Gewebes; z. B. **Fimbriae ovariae,** die vom Ende des Eileiters zum Eierstock ziehenden Gewebsfransen.

◆ bei Bakterien svw. ↑Pili.

Finger (Digitus, Dactylus), der urspr. in Fünfzahl ausgebildete, häufig zahlenmäßig

Flaschenbaum (Brachychiton)

Gelber Fingerhut

reduzierte, bewegl., distale Teil der Vorderextremität bzw. der Hand v. a. bei Affen und Mensch; wird durch ein Skelett, die **Fingerknochen** (Phalangen), gestützt. Jeder F. besteht mit Ausnahme des Daumens urspr. aus drei F.gliedern. Beim Menschen sind die Gelenke zw. den einzelnen Fingerknochen Scharniergelenke, zw. den F.knochen und den Mittelhandknochen (mit Ausnahme des Daumens) Kugelgelenke. Das letzte F.glied trägt auf der Oberseite den F.nagel, auf der Unterseite die **Fingerbeere** (Fingerballen, Torulus tactilis), deren Hautleistennetz in Form von Schlaufen, Wellen und Wirbeln bei jedem Menschen charakterist. angeordnet ist und zahlr. Tastkörperchen enthält („Fingerspitzengefühl").

Fingerbeere ↑Finger.

Fingerhirse (Digitaria), Gatt. der Süßgräser mit etwa 90 Arten in den Tropen und Subtropen, davon zwei in M-Europa als Unkräuter eingebürgert: die weltweit verbreitete, oft blutrot gefärbte **Blutfingerhirse** (Bluthirse, Digitaria sanguinalis) und die **Fadenfingerhirse** (Digitaria ischaemum).

Fingerhut (Digitalis), Gatt. der Rachenblütler mit etwa 25 Arten in Eurasien und im Mittelmeergebiet; oft hohe Stauden mit zweilippigen, langröhrigen, meist nickenden, roten, weißen oder gelben Blüten in langen Trauben. In M-Europa kommen 3 Arten (alle giftig und geschützt) vor: **Großblütiger Fingerhut** (Digitalis grandiflora), bis 1 m hoch, in lichten Wäldern und auf Kahlschlägen der Gebirge, Blüten groß, gelb, innen netzförmig braun geadert, außen behaart; **Gelber Fingerhut** (Digitalis lutea), in Wäldern und auf steinigen Hängen, Blüten bis 2 cm groß, gelb, auf der Innenseite purpurfarben geadert; **Roter Fingerhut** (Digitalis purpurea), auf Kahlschlägen und an Hängen, filzig-behaarte Pflanze mit bis 6 cm langen, meist pupurroten, auf der Innenseite behaarten Blüten. Als Zierpflanze kultiviert wird die **Wollige Fingerhut** (Digitalis lanata), Stengel im oberen Teil filzig behaart, Blüten bräunl., innen braun oder violett geadert. Aus den beiden letzten Arten werden die Digitalisglykoside gewonnen.

Fingerkraut (Potentilla), Gatt. der Rosengewächse mit über 300 Arten, hauptsächl. auf der nördl. Erdhalbkugel; meist Kräuter mit fingerförmig gefiederten Blättern und gelben oder weißen Blüten; in M-Europa etwa 30 Arten, u. a.: ↑Blutwurz; **Kriechendes Fingerkraut** (Potentilla reptans), auf Schuttplätzen, an Wegrändern und auf feuchten Wiesen, mit bis zu 1 m langen Ausläufern und gelben, einzelnstehenden Blüten; **Goldfingerkraut** (Potentilla aurea), in Gebirgen, mit am Rand glänzend seidenhaarigen Blättern, Blüten goldgelb mit silbrig behaarten Kelchblättern; **Frühlingsfingerkraut** (Potentilla tabernaemontani), auf Wiesen und Böschungen, mit bis 1,5 cm breiten, gelben Blüten im Blütenstand; **Silberfingerkraut** (Potentilla argentea), auf trockenen, sandigen Böden, mit weißfilzigen Stengeln, unterseits weißfilzigen Blättern und gelben Blüten.

Fingernagel ↑Nagel.

Fingertang ↑Laminaria.

Fingertier (Aye-Aye, Daubentonia madagascariensis), etwa 45 cm körperlanger, schlanker Halbaffe in den Küstenwäldern O-Madagaskars; mit etwa 55 cm langem, stark buschigem Schwanz, dichtem, langhaarigem, überwiegend schwarzem, rötlich schimmerndem Fell, blaßgelbl. Gesicht und ebensolcher Brust; Kopf breit, mit stumpfer Schnauze, sehr großen, seitl. abstehenden Ohren und großen Augen; Finger und Zehen stark verlängert (bes. der extrem dünne Mittelfinger). Das F. ernährt sich von Bambusmark und von holzbohrenden Käferlarven.

Finken, svw. ↑Finkenvögel.

Finkensame (Neslia), Gatt. der Kreuzblütler mit 2 Arten in Europa und Kleinasien; Kräuter mit kugeligen, verholzten Schötchen; in M-Europa als Unkraut häufig der **Rispige Finkensame** (Neslia paniculata) mit kleinen, goldgelben Blüten.

Finkenvögel (Finken, Fringillidae), mit Ausnahme der austral. Region und Madagaskars weltweit verbreitete, etwa 440 Arten umfassende Fam. 9–23 cm langer Singvögel, davon etwa 30 Arten in M-Europa; vorwiegend Körnerfresser mit kurzem, kräftigem, kegelförmigem Schnabel und Kropf; ♂ und ♀ meist unterschiedlich befiedert. Zu den F. gehören u. a. Ammern, Buchfink, Bergfink, Grünfink, Stieglitz, Dompfaff, Zeisige, Girlitz, Hänfling, Kreuzschnäbel, Kirschkernbeißer, Darwin-Finken. F. sind z. T. beliebte Stubenvögel, v. a. der Kanarienvogel.

Finkenwerder Prinzenapfel ↑Apfelsorten (Übersicht S. 48).

Finne [zu mittelhochdt. vinne „fauler Geruch"], Bez. für meist mikroskopisch kleine, seltener kindskopfgroße, häufig kapsel- oder blasenförmige Larven von Bandwürmern; fast stets in Wirbeltieren. Häufig gelangt die F. durch Genuß rohen (oder nicht durchge-

Flaschenbofist

Finnenschweinswal

braten) Fleisches in einen Endwirt, bevor sie zum fertigen Bandwurm heranwächst.
◆ [niederdt.] (Rücken-F.) Bez. für die Rückenflossen der Haie und analoge Bildungen der Wale.

Finnenschweinswal ↑ Schweinswale.

Finnenspitz, kleiner (bis 48 cm Schulterhöhe), fuchsroter, dicht behaarter Spitz mit kleinen Stehohren und seitl. über den Rücken gerolltem Schwanz; anspruchsloser Jagd-, Haus- und Wachhund.

Finnwal ↑ Furchenwale.

Firbas, Franz, * Prag 4. Juni 1902, † Göttingen 19. Febr. 1964, dt. Botaniker. - Prof. in Göttingen; Arbeiten v. a. auf dem Gebiet der Vegetationsgeschichte, der Pollenanalyse und der Pflanzenökologie.

Firnisbaum (Melanorrhoea usitata), Anakardiengewächs in Hinterindien; Baum mit verkehrt eiförmigen Blättern und großen Blüten; aus dem Rindensaft wird Firnis gewonnen.

Fisch ↑ Fische.

Fischadler (Pandion haliaetus), fast weltweit verbreiteter, v. a. an Seen, Flüssen und Meeresküsten vorkommender, etwa bussardgroßer Greifvogel; Oberseite schwärzlich, Bauchseite schneeweiß mit dunklem Brustband; Kopf und Kehle weiß, brauner Streif vom Auge zur Schulter; Flügel (Spannweite etwa 1,10 m) lang, schmal, gewinkelt, mit schwarzem Handgelenkfleck. Ernährt sich hauptsächl. von Fischen.

Fischbandwurm (Breiter Bandwurm, Grubenkopf, Diphyllobothrium latum), mit 10–15 m Länge größte im Menschen (nach dem Genuß von rohem, finnigem Fisch) vorkommende Bandwurmart; hat bis über 4000 Glieder, die sich in Gruppen ablösen.

Fischbein, hornartige, sehr elast., leichte, widerstandsfähige Substanz aus den Barten der Bartenwale; früher zur Herstellung von Schirmgestellen, Korsettstäben verwendet.

Fischblase, Schwimmblase der Fische.

Fischchen (Lepismatidae), mit etwa 250 Arten fast weltweit verbreitete Fam. bis 2 cm langer Borstenschwänze mit flachem, meist blaß gefärbtem, von silbrigen Schuppen bedecktem Körper; in Häusern häufig **Silberfischchen** (Lepisma saccharina), etwa 1 cm lang und **Ofenfischchen** (Thermobia domestica), bis 12 mm lang, schwarz beschuppt.

Fische (Pisces), mit etwa 25 000 Arten in Süß- und Meeresgewässern weltweit verbreitete Überklasse 0,01 bis 15 m langer Wirbeltiere; wechselwarme, fast stets durch (innere) Kiemen atmende Tiere mit meist langgestrecktem Körper, dessen Oberfläche in allg. von Schuppen oder Knochenplatten bedeckt ist; [flossenförmige] Extremitäten sind die paarigen Flossen (Brustflossen, Bauchflossen), daneben kommen unpaarige Flossen ohne Extremitätennatur vor (Rückenflossen, Afterflosse, Fettflosse, Schwanzflosse); Körperfärbung bisweilen (bes. bei ♂♂) sehr bunt, Farbwechsel oft stark ausgeprägt; Silberglanz wird durch Reflexion des in den Schuppen abgelagerten ↑ Guanins hervorgerufen. Mit Ausnahme aller Knorpel- und Plattfische haben die meisten F. eine Schwimmblase, durch deren verschieden starke Gasfüllung das spezif. Gewicht verändert werden kann, wodurch ein Schweben in verschiedenen Wassertiefen ohne Energieaufwand ermöglicht wird. F. besitzen einen Strömungs- und Erschütterungssinn durch die Seitenlinie. - Die meisten F. sind eierlegend, selten lebendgebärend. Die Entwicklung der F. erfolgt meist direkt, manchmal über vom Erwachsenenstadium stark abweichende Larvenformen (z. B. Aale, Plattfische) mit anschließender Metamorphose. - Die F. gliedern sich in die beiden Klassen ↑ Knorpelfische und ↑ Knochenfische.

In vielen alten *Religionen* waren F. Symbole sowohl des Todes als auch der Fruchtbarkeit. Der semit. Gott Dagan ist bisweilen als Fisch dargestellt. Nach dem Wischnuglauben wurde Manu in verschiedenen F. vor der Sintflut gerettet. Als Glückszeichen sind F. in Indien schon im 5. Jh. v. Chr. nachweisbar. Auf Grund der Symbolik des Menschenfischens im N. T. (Matth. 4, 19) ist der Fisch ein altchristl. Symbol; außerdem ist er Symbol für Christus, dessen griech. Bez. mit Iēsoūs Christòs Theoū Hyiòs Sotḗr (Jesus Christus, Gottes Sohn, Erlöser) das aus den Anfangsbuchstaben gebildete Wort ICHTHYS (griech. „Fisch") ergibt.

⊡ Terofal, F.: F. Mchn. ³1984. - Wheeler, A.: Das große Buch der F. Dt. Übers. Stg. 1977.

Fischechsen (Fischsaurier, Ichthyosaurier, Ichthyosauria), weltweit verbreitete Ordnung ausgestorbener, fischförmiger, bis 15 m langer Kriechtiere in den Meeren der Trias und Kreidezeit.

Fischegel (Gemeiner F., Piscicola geometra), bis etwa 5 cm langer Blutegel v. a. in Süß-, aber auch in Brack- und Meeresgewässern Europas und N-Amerikas; schmarotzt an Fischen.

Fischer, Eugen, * Karlsruhe 5. Juni 1874, † Freiburg i. Br. 9. Juli 1967, dt. Anthropologe. - Prof. in Würzburg, Freiburg im Breisgau und Berlin; begr. mit H. Muckermann das Kaiser-Wilhelm-Institut für Anthropologie, menschl. Erblehre und Eugenik in Berlin; bestätigte die Gültigkeit der Mendelschen Vererbungsregeln für menschl. Rassenmerkmale.

Fischotter ↑ Otter.

Fischreiher ↑ Reiher.

Fischsaurier, svw. ↑ Fischechsen.

Fischwanderungen, meist in großen Schwärmen erfolgende, ausgedehnte Wanderungen von Fischen (z. B. Heringe, Sardinen, Thunfische) bes. zum Aufsuchen der Laichplätze *(Laichwanderungen),* vielfach auch als *Nahrungswanderungen.* Fische, die Laichwanderungen vom Meer ins Süßwasser unternehmen, nennt man **anadrome [Wander]fische** (Lachs, Stör); **katadrome [Wander]fische** sind Fische (z. B. Aale), deren Laichwanderungen vom Süßwasser ins Meer erfolgen.

Fisole [roman.], svw. ↑ Gartenbohne.

Fission [fɪ'sjon; lat.], die Zell- bzw. Kernteilung bei Einzellern.

Fitis ↑ Laubsänger.

Fitness [engl.], die Anpassungsfähigkeit an die Umwelt bei Organismen (bes. in der Haustierzucht) durch hohe Vermehrungsrate.

Flachkäfer (Jagdkäfer, Ostomidae), Fam. bis 3 cm langer, meist flach gebauter Käfer mit über 600 Arten, v. a. in den Tropen.

Flachs (Echter Lein, Linum usitatissimum), vorwiegend in der nördl. gemäßigten Zone verbreitete Leinart; einjähriges, 30–120 cm hohes Kraut mit lanzenförmigen Blättern und himmelblauen oder weißen, selten rosafarbenen Blüten in Wickeln; fünffächerige Kapselfrüchte mit 5–10 öl- und eiweißhaltigen Samen mit quellbarer, brauner Schale. Nach Wuchs und Verwendung unterscheidet man zw. **Gespinstlein** (Faserlein) und **Öllein**. Ersterer wird v. a. in O- und W-Europa angebaut; mit 60–120 cm langen, nicht oder kaum verzweigten Stengeln, die zur Gewinnung von F.fasern verwendet werden. Der Öllein wird 40–80 cm hoch, ist stark verzweigt und hat große Samen, aus denen Leinöl gewonnen wird.

Flachsblasenfuß (Flachsfliege, Thrips linarius), 1–2 mm langes, dunkel gefärbtes Insekt (Ordnung ↑ Blasenfüße), das an Blättern und Trieben von Flachs schmarotzt.

Flachsfliege, svw. ↑ Flachsblasenfuß.

Flachslilie (Phormium), Gatt. der Liliengewächse; ausdauernde Rosettenpflanzen mit langen, harten, schwertförmigen Blättern und großen, glockigen Blüten in einer Rispe; bekannteste Art **Neuseeländer Flachs** (Phormium tenax; mit roten bis gelben Blüten).

Flachsproß (Platykladium), Bez. für eine abgeflachte bis blattähnl. Sproßachse, z. B. beim Feigenkaktus und Mäusedornarten.

Flacourtie [fla'kʊrtsiə; nach dem frz. Kolonisator É. de Flacourt, * 1607, † 1660] (Flacourtia), Art der Fam. **Flacourtiengewächse** (Flacourtiaceae; 86 Gatt. mit über 1 300 Arten in den Tropen und Subtropen) mit etwa 20 Arten in den altweltl. Tropen; Sträucher oder Bäume mit kleinen Blüten und gelben bis purpurroten, kirschenartigen, eßbaren Steinfrüchten; mehrere Arten, darunter die der Gatt. **Madagaskarpflaume** (Flacourtia), werden kultiviert.

Flagellaten [lat.] (Geißelträger, Geißelinfusorien, Flagellata, Mastigophora), Klasse der ↑ Einzeller mit rund 10 Ordnungen, von denen die Hälfte auf Grund des Vorkommens von Plastiden und der dadurch bedingten Fähigkeit zur Assimilation als *pflanzl. F.* (Phytoflagellaten, Geißelalgen), die andere Hälfte wegen des Fehlens von Plastiden und der heterotrophen Ernährung als *tier. F.* (Zooflagellaten, Geißeltierchen) zusammengefaßt werden. Der Zellkörper der F. ist langgestreckt bis rundl., mit einer Geißel oder mehreren als Fortbewegungsorganelle. F. besiedeln Gewässer, feuchte Orte, auch Schnee. Einige befallen als Parasiten Mensch und Tier und rufen gefährl. Erkrankungen hervor, z. B. Schlafkrankheit und Surra.

Flagellum [lat.], svw. ↑ Geißel.

Flamingoblume (Anthurium), Gatt. der Aronstabgewächse mit über 500 Arten im trop. Amerika; mehrjährige, stammlose oder stammbildende Pflanzen mit kolbenförmigen, von einer offenen, oft lebhaft gefärbten Blütenhülle umhüllten Blütenständen und langgestielten, herzförmigen Blättern.

Flamingos [span.] (Phoenicopteridae), seit dem Oligozän bekannte, nur 5 Arten umfassende Fam. stelzbeiniger, bis 1,4 m hoher Wasservögel, v. a. an Salzseen und Brackgewässern S-Europas (Camargue, S-Spanien), S-Asiens, Afrikas sowie M- und S-Amerikas; grazile, gesellig lebende, im wesentl. (bei ♂ und ♀) weiß, rot oder rosafarben befiederte Vögel mit ungewöhnl. langen Beinen, sehr langem Hals und einem vorn abgebogenen Schnabel, mit dem sie Krebschen, Algen, Protozoen aus dem Wasser filtern.

Flammenblume, svw. ↑ Phlox.

Flammendes Herz ↑ Tränendes Herz.

Flanke [german.-frz.], Bez. für die seitl. Teile des Tierkörpers, bes. bei Säugetieren.

Flaschenbaum, Bez. für einen Baum mit flaschenförmigem, wasserspeicherndem Stamm; ist typ. für die Gatt. Flaschenbaum (Brachychiton) mit 11 Arten in Australien. - Abb. S. 218.

Flaschenbofist (Lycoperdon gemmatum), Art der Bauchpilze auf Wiesen, Weiden und in lichten Baumbeständen; Fruchtkörper etwa 6 cm hoch und 3–7 cm dick, in der Jugend weiß, im Alter gelbl. bis gelbbraun, dicht besetzt mit Stacheln und Warzen; Fruchtmasse anfangs weiß, bei Sporenreife gelb bis olivbraun; jung ein wertvoller Speisepilz. - Abb. S. 219.

Flaschenfrucht, Gatt. der Kürbisgewächse mit der einzigen Art Flaschenkürbis.

Flaschenkürbis (Kalebasse, Calabasse, Lagenaria vulgaris), Kürbisgewächs der Tropen Afrikas und Asiens; einjährige, krautige Windepflanze mit rundl. bis herzförmigen Blättern, zweispaltigen Ranken und weißen Blüten; Früchte bis kopfgroß und flaschenförmig, mit holziger Schale und schwammigem Fruchtfleisch. Die Früchte werden zur Anfertigung von Gefäßen (Kalebassen) verwendet.

Flatterbinse (Juncus effusus), in allen gemäßigten Zonen der Erde verbreitete 30–80 cm hohe Binsenart mit langen, grundständigen Rundblättern und kleinen, trockenhäutigen Blüten in einer Rispe.

Flattergras (Waldhirse, Milium effu-

Flattertiere

sum), in Laubwäldern verbreitetes, mit kurzen Ausläufern kriechendes, etwa 1 m hohes Süßgras; Ährchen 1 mm lang, grannenlos, meist hellgrün, in großen Rispen; zeigt guten Bodenzustand an.

Flattertiere (Fledertiere, Handflügler, Chiroptera), mit rd. 900 Arten weltweit (bes. in den Tropen und Subtropen) verbreitete Ordnung der Säugetiere; Körperlänge etwa 3–40 cm, Schwanz meist kurz, Flügelspannweite etwa 18–150 cm; Ober- und Unterarm sowie bes. Mittelhandknochen und Finger (mit Ausnahme des bekrallten Daumens) sehr stark verlängert. Eine dünne, wenig behaarte Flughaut (Patagium) spannt sich von den Halsseiten bis zur Spitze des zweiten Fingers, von dort über die Hinterextremität bis meist zur Schwanzspitze. Die F. werden in die beiden Unterordnungen ↑Flederhunde und ↑Fledermäuse unterteilt.

Flatterulme ↑Ulme.

Flaumfedern, svw. ↑Dunen.

Flavinadenindinukleotid [fla'vi:nade-'ni:ndi,nukleo'ti:d; lat./griech./lat.], Abk. FAD, ein Koenzym der ↑Flavoproteide.

Flavinmononukleotid (Riboflavinphosphorsäure), Abk. FMN, ein Koenzym der Flavoproteide (↑auch Atmungskette).

Flavone [zu lat. flavus „gelb"] (Flavonfarbstoffe), in höheren Pflanzen vorkommende farblose oder gelb gefärbte chem. Verbindungen; strukturell den ↑Anthozyanen verwandt.

Flavoproteide [lat./griech.] (Flavoproteine, Flavinenzyme, gelbe Fermente), Gruppe natürl., in den Zellen aller Organismen vorkommender Enzyme, die bei der biol. Oxidation als Wasserstoffüberträger wirksam werden; als erstes Flavoproteid wurde 1932 das gelbe Atmungsferment von E. Warburg aus Hefe isoliert. - ↑Atmungskette.

Flechsig, Paul, * Zwickau 29. Juni 1847, † Leipzig 22. Juli 1929, dt. Psychiater und Neurologe. - Prof. in Leipzig; arbeitete über Gehirn und Rückenmark, teilte die Gehirnoberfläche in Sinnes- und Assoziationsfelder ein und versuchte, geistige Vorgänge zu lokalisieren.

Flechten (Lichenes), Abteilung der Pflanzen mit über 20 000 Arten in etwa 400 Gattungen. Sie stellen einen aus Grün- oder Blaualgen und Schlauchpilzen bestehenden Verband (↑Symbiose) dar, der eine morpholog. und physiol. Einheit bildet. Die Alge versorgt den Pilz mit organ. Nährstoffen (Kohlenhydrate), während das Pilzgeflecht der Alge als Wasser- und Mineralstoffspeicher dient. - Die Vermehrung der F. erfolgt meist ungeschlechtl. durch abgeschnürte, Algen enthaltende Pilzhyphen (Soredien) oder durch stift- oder korallenförmige Auswüchse auf der Thallusoberfläche (Isidien), seltener geschlechtl. durch Ausbildung von Fruchtkörpern des Pilzes. - Nach der Gestalt unterscheidet man **Krustenflechten** (haften flach auf der Unterlage), **Laubflechten** (großflächige, blattartige Ausbildung) und **Strauchflechten** (ähneln den höheren Pflanzen). - Da fast alle F.arten zum Leben saubere Luft benötigen, werden sie auch als Indikatorpflanzen für die Beurteilung der Luftqualität in Ballungsräumen benutzt. Bekannte F. sind ↑Mannaflechte, ↑Rentierflechte und ↑Isländisch Moos.

Flechtenbären (Flechtenspinner, Lithosiinae), weltweit verbreitete Unterfam., etwa 2–4 cm spannender ↑Bärenspinner; Raupen fressen v. a. Flechten.

Flechtlinge, svw. ↑Rindenläuse.

Fleckenfalter, svw. ↑Edelfalter.

Fleckvieh ↑Höhenvieh.

Flederhunde (Großfledertiere, Großfledermäuse, Megachiroptera), Unterordnung der ↑Flattertiere mit etwa 150 Arten; Schwanz fast stets kurz oder rückgebildet; Kopfform häufig hundeähnl.; Augen groß, hoch lichtempfindl., ermöglichen die Orientierung bei Nacht; überwiegend Früchtefresser. Im Ggs. zu den Fledermäusen ist am 2. Finger eine kleine Kralle ausgebildet. - Die bekannteste Fam. sind die **Flughunde** (Pteropidae) mit etwa 130 Arten in den altweltl. Tropen und Subtropen; Flügelspannweite rd. 25–150 cm; Körperlänge 6–40 cm. In Afrika, S-Arabien und auf Madagaskar kommt der **Palmenflug-**

Fledermaus. Oben: Anatomie (a Oberarm, b Unterarm, c Daumen mit Kralle, d übrige Finger, e Flughaut, f Schwanzflughaut, g Schwanzwirbelsäule, h Fersensporn, i Ohrdeckel); unten: Spätfliegende Fledermaus

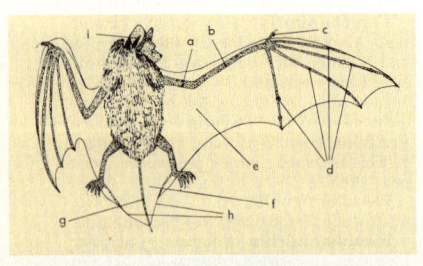

Fledertiere

hund (Eidolen helvum) vor; Körperlänge rd. 20 cm, Flügelspannweite bis 75 cm; Färbung gelblichbraun bis braun. Der graubraune **Hammerkopfflughund** (Hypsignathus monstrosus) ist rd. 20 cm lang und hat eine Spannweite von etwa 90 cm; Kopf durch mächtig aufgetriebene Schnauze hammerkopfartig, in W- und Z-Afrika. Die Gatt. **Flugfüchse** (Fliegende Hunde, Pteropus) hat rd. 50 Arten auf Madagaskar, in S- und SO-Asien und N- und O-Australien; Flügelspannweite etwa 60–150 cm; Kopf mit fuchsähnl. langgestreckter Schnauze; Färbung braun bis schwärzl., Schulterregion oft gelb bis graugelb; bekannte Arten: **Flugfuchs** (Pteropus giganteus), vom Himalaja über Indien bis Ceylon vorkommend; Flügelspannweite bis 1,2 m, Körperlänge etwa 30 cm, hell bis schwarzbraun; **Kalong** (Pteropus vampyrus), größtes (40 cm lang) Flattertier, auf den Philippinen, den Sundainseln und auf Malakka; Flügelspannweite bis 1,5 m; Fell schwarzbraun mit orangebraunen Schultern.

Fledermäuse [zu althochdt. fledarmus, eigtl. „Flattermaus"] (Kleinfledermäuse, Kleinfledertiere, Microchiroptera), weltweit verbreitete Unterordnung der ↑Flattertiere mit etwa 750 Arten; Körperlänge etwa 3–16 cm, Flügelspannweite rd. 18–70 cm; Kopf stark verkürzt bis extrem lang ausgezogen; Nase oft mit bizarr geformten, häutigen Aufsätzen (z. B. bei ↑Blattnasen); Ohren mittelgroß bis sehr groß, manchmal über dem Kopf verwachsen, häufig mit Ohrdeckel (Tragus); Augen klein; Orientierung erfolgt durch Ultraschallortung (Laute werden durch Nase oder Mund ausgestoßen). Die einheim. F. halten sich tagsüber und während des Winterschlafs u. a. in Baum- und Felshöhlen, Mauerspalten, Boden- und Kellerräumen und hinter Fensterläden auf. - Von den 50 Arten der Fam. **Hufeisennasen** (Rhinolophidae), deren Nasen von Hautfalten umgeben sind, die die Nasenlöcher hufeisenförmig umgreifen, kommen in M-Europa vor: **Großhufeisennase** (Rhinolophus ferrumequinum), bis 7 cm (mit Schwanz bis 11 cm) lang, oberseits fahlbraun, unterseits bräunlichweiß, Flügelspannweite bis über 35 cm; Flug schmetterlingsartig flatternd, mit wiederholten Gleitphasen; **Kleinhufeisennase** (Rhinolophus hipposideros), bis 4,5 cm (mit Schwanz bis 7 cm) lang, unterscheidet sich von der Großhufeisennase v. a. durch die dunklere Oberseite. Die Fam. **Glattnasen** (Vespertilionidae) hat rd. 300 Arten; Schwanz meist vollkommen von der Schwanzhaut umgeben, überwiegend Insektenfresser. In M-Europa kommen 19 Arten vor, u. a. ↑Abendsegler; **Spätfliegende Fledermaus** (Breitflügelfledermaus, Vespertilio serotinus), bis 8 cm (mit Schwanz 10–13 cm) lang, Oberseite dunkelbraun, Bauchseite gelblichbraun, Flügel breit, Spannweite bis knapp 40 cm; fliegt oft noch bei Helligkeit aus, sucht von allen europ.

Fliegenpilz

Arten am spätesten die Winterquartiere auf; **Mausohr** (Myotis myotis), 7–8 cm lang, Flügelspannweite rd. 35 cm, oberseits graubraun, unterseits heller, großohrig; *Langohrfledermaus:* **Braune Langohrfledermaus** (Plecotus auritus), 4–5 cm lang, Ohren bis 4 cm lang; **Graue Langohrfledermaus** (Plecotus austriacus), ähnl. der ersteren, erst 1960 entdeckt; **Mopsfledermaus** (Barbastella barbastellus), 4–6 cm lang, bis 27 cm spannend, Ohren breit, am Grunde verwachsen, Schnauze breit und kurz, Oberseite schwarzbraun, Unterseite etwas heller; **Nordfledermaus** (Eptesicus nilssoni), 5–7 cm lang, bis 25 cm spannend, mit schwarzbrauner Oberseite und gelbl. Unterseite; unternimmt ausgedehnte jahreszeitl. Wanderungen. - Zu den F. gehören auch die ↑Vampire.

📖 *Schober, W.:* Mit Echolot und Ultraschall. Die phantast. Welt der Fledertiere. Freib. 1983.

Fledertiere, svw. ↑Flattertiere.

Menschenfloh. a Larve, b Puppe, c Vollinsekt

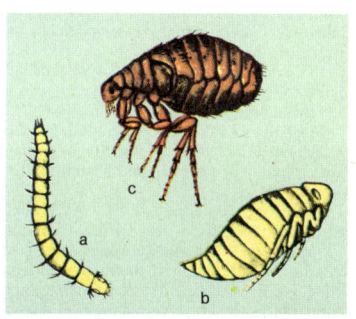

223

Fleisch, allg. Bez. für die Weichteile von Tieren (auch bei Pflanzen, z. B. Frucht-F.); insbes. die Teile warmblütiger Tiere, die zur menschl. Ernährung geeignet sind, näml. Muskelgewebe mit Fett- und Bindegewebe und Sehnen sowie innere Organe (Herz, Lunge, Milz, Leber, Niere, Gehirn u.a.). F. hat einen hohen Nährwert auf Grund seines Gehaltes an leicht verdaul. und biolog. hochwertigem Eiweiß. Es enthält neben Muskeleiweiß leimgebende Bindegewebssubstanzen (Kollagen), Fett, Mineralsalze, Extraktivstoffe, Enzyme, Vitamine (u. a. B_1, B_2, B_6, B_{12}, D, E) und wenig Kohlenhydrate. - Das Muskel-F. von Säugetieren ist je nach Myoglobingehalt dunkelrot bis weiß. (beim Wild-F. beruht die Rot-Braunfärbung auf dem Blutgehalt infolge geringer Ausblutung). Das F. von Geflügel, Fischen, Krebsen, Muscheln und Schnecken ist meist weiß (niedriger Myoglobingehalt). - Der süßl. Geschmack von Pferde-F. beruht auf dessen relativ hohem Glykogengehalt. Fisch-F. entspricht in seinem biolog. Wert dem Warmblüter-F.; da es jedoch schneller verdaut wird, ist sein Sättigungsgrad geringer. Der intensive Geruch von Seefisch-F. rührt v. a. von Trimethylamin her, das durch Abbau in der Muskulatur entsteht.

Fleischfäulnis, Zersetzung von Fleisch unter Geruchs- und Geschmacksänderung durch aerobe und anaerobe Bakterien. Angefaultes Fleisch braucht nicht ungenießbar zu sein (z. B. beruht der typ. Wildgeschmack [„Hautgout"] auf F.), doch können Fäulnisgifte auftreten. Die schnellere Zersetzung von Fischfleisch (**Fischfäulnis**) beruht v. a. auf dessen relativ hohem Wassergehalt und seiner lockeren Struktur.

Fleischfliegen (Sarcophagidae), etwa 600 Arten umfassende, weltweit verbreitete Fam. der Fliegen; die Larven entwickeln sich häufig in zerfallenden tier. Stoffen wie Fleisch, Aas und Exkrementen.

fleischfressende Pflanzen (tierfangende Pflanzen, Karnivoren), auf nährstoffarmen, v. a. stickstoffarmen Böden wachsende Pflanzen, die Vorrichtungen wie Tentakel (↑Sonnentau), Fallenblätter (↑Venusfliegenfalle) oder Fangblasen (↑Wasserschlauch) besitzen, mit deren Hilfe sie u. a. Insekten fangen, festhalten und verdauen, um sie als zusätzl. Stickstoffquelle auszunutzen.

Fleischfresser ↑Karnivoren.

Fleißiges Lieschen, volkstüml. Bez. für verschiedene Zierpflanzen, bes. für Impatiens walleriana (↑Springkraut) und bestimmte Begonien.

Fleming, Sir (seit 1944) Alexander, *Lochfield Darvel 6. Aug. 1881, †London 11. März 1955, brit. Bakteriologe. - Prof. in London; wurde berühmt durch die Entdeckung und Erforschung des Penicillins; erhielt dafür zus. mit H. W. Florey und E. B. Chain 1945 den Nobelpreis für Physiologie oder Medizin.

Flemming, Walther, *auf dem Sachsenberg bei Schwerin 21. April 1843, †Kiel 4. Aug. 1905, dt. Anatom und Zellforscher. - Prof. in Prag und Kiel; klärte die Vorgänge bei der Zellteilung; prägte die Begriffe Mitose und Chromatin und verbesserte die histolog. Färbe- und Konservierungstechnik.

Flexner, Simon [engl. ˈflɛksnə], *Louisville (Ky.) 25. März 1863, †New York 2. Mai 1946, amerikan. Pathologe und Bakteriologe. - Prof. in Baltimore und Philadelphia; der von ihm entdeckte Ruhrbazillus wird als **Flexner-Bakterium** bezeichnet.

Flexoren [lat.], svw. ↑Beugemuskeln.

Flexur (Flexura) [lat.], in der *Anatomie:* Biegung, Krümmung, gebogener Abschnitt (eines Organs); z. B. **Flexura coli,** Biegung des Dickdarms.

Flieder, (Syringa) Gatt. der Ölbaumgewächse mit etwa 30 Arten in SO-Europa und Asien; Sträucher oder kleine Bäume mit gegenständigen, meist ganzrandigen Blättern, vierzähligen, duftenden Röhrenblüten in Rispen und mit längl., ledrigen Kapselfrüchten. Die bekannteste Art ist der **Gemeine Flieder** (Syringa vulgaris) aus SO-Europa, der heute in mehr als 500 Sorten (weiß, lila, bläul. oder rot, auch mit gefüllten Blüten) kultiviert wird.
♦ (Deutscher F.) volkstüml. Bez. für Schwarzer Holunder (↑Holunder).

Fliegen, volkstüml. Bez. für ↑Zweiflügler.
♦ (Brachycera) weltweit verbreitete Unterordnung kleiner bis großer Zweiflügler mit über 50 000 bekannten, mehr oder weniger gedrungen gebauten Arten; Fühler kurz; Larven (Maden) ohne Beine, Kopfkapsel reduziert oder fehlend. - Die erwachsenen F. leben teils von pflanzl. (v. a. Pflanzensäfte), teils von tier. Nahrung (als Außen- oder Innenschmarotzer oder räuberisch). Nach der Ausbildung der Puppe unterscheidet man die Gruppen ↑Deckelschlüpfer und ↑Spaltschlüpfer.

Fliegenblume (Caralluma), Gatt. der Schwalbenwurzgewächse mit über 100 Arten im afroasiat. Raum sowie im sw. Mittelmeergebiet; stämmchenbildende, bisweilen kriechende Pflanzen mit fleischigen, kantigen, grünen bis graugrünen Sprossen; Blüten klein, meist mit aasartigem Geruch.

Fliegende Fische (Flugfische, Exocoetidae), Fam. heringsähnl., oberseits stahlblauer, unterseits silbriger Knochenfische mit rund 40, etwa 20–45 cm langen Arten, v. a. in trop. und subtrop. Meeren; Rückenflosse weit hinten ansetzend, Brustflossen stark bis extrem tragflächenartig vergrößert; Schwanzflosse deutl. asymmetrisch mit verlängerter unterer Hälfte. - Die F. F. schnellen nach sehr raschem Schwimmen oft mehrmals hintereinander aus dem Wasser, um bis 50 m weite Gleitflüge auszuführen. Die Brustflossen dienen dabei als Gleitfläche; Antriebsorgan ist bis

Flohkäfer

zum Verlassen des Wassers der untere, verlängerte Teil der Schwanzflosse.
Fliegende Hunde, svw. Flugfüchse († Flederhunde).
Fliegenpilz (Fliegentod, Narrenschwamm, Amanita muscaria), häufiger, giftiger Lamellenpilz; Hut etwa 6–20 cm breit, halbkugelig bis ausgebreitet, scharlachrot, orangerot oder feuerfarben (im Alter verblassend), mit weißen, losen Hautschuppen; Lamellen dicht gedrängt, weiß; Stiel weiß, bis 25 cm lang. Der F. enthält die Gifte Muskarin und Muskaridin (von manchen Völkern als Rauschgift verwendet). - Abb. S. 223.
Fliegenragwurz † Ragwurz.
Fliegenschimmel, Bez. für den niederen Pilz Empusa muscae, der eine epidem. Fliegenkrankheit hervorruft; der Pilz durchdringt mit seinem Myzel den Fliegenkörper; die nach außen wachsenden Konidienträger überziehen wie ein weißer, dichter Filz das Insekt.
Fliegenschnäpper (Schnäpper, Muscicapidae), mit über 300 Arten fast weltweit verbreitete Fam. 9–55 cm langer Singvögel, v. a. in Wäldern, Gärten und Parkanlagen; Schnabel meist flach, schwach gebogen, an der Basis stärker verbreitert und von Borstenfedern umgeben. - Die F. fangen fliegende Insekten mit hörbarem Schnappen. In M-Europa kommen vier Arten vor: **Trauerschnäpper** (Ficedula hypoleuca), etwa 13 cm groß, ♂ oberseits (mit Ausnahme eines weißen Stirnflecks und eines großen weißen Flügelflecks) tiefschwarz bis graubraun, ♀ oberseits olivbraun mit weißem Flügelfleck, unterseits rahmfarben; **Grauschnäpper** (Muscicapa striata), etwa 14 cm groß, Gefieder bräunlichgrau mit geflecktem Scheitel und weißl. Brust; **Halsbandschnäpper** (Ficedula albicollis), etwa 13 cm groß, Gefiederfärbung sehr ähnl. wie beim Trauerschnäpper, ♂ jedoch mit weißem Halsband und weißem Bürzel; **Zwergschnäpper** (Ficedula parva), etwa 12 cm groß, ♂ mit bräunlichgrauem Kopf, fahlbraunem Rücken und orangefarbener Kehle, Unterseite weißl., ♀ etwas unscheinbarer gefärbt.
Fließgleichgewicht, Bez. für das trotz dauernder Energiezufuhr und -abfuhr bestehende Gleichgewicht in offenen physikal. Systemen; von großer Bed. für die Erhaltung lebender Organismen.
Flimmerepithel † Epithel.
Flimmerfrequenz, jede Frequenz von period. aufeinanderfolgenden Lichtreizen, die unterhalb der **Flimmerverschmelzungsfrequenz** (etwa 48 Hz) liegt; über 48 Hz nimmt das menschl. Auge keine Schwankungen *(Flimmern)* mehr wahr.
Flimmern, svw. † Zilien.
Flockenblume (Centaurea), Gatt. der Korbblütler mit über 500 Arten, v. a. in den gemäßigten Zonen; meist flockig behaarte Kräuter mit in Köpfchen stehenden, großen Röhrenblüten; bekannte mitteleurop. Arten sind u. a. Alpenscharte, Bergflockenblume; **Kornblume** (Centaurea cyanus), bis 60 cm hoch, Stengel aufrecht, verzweigt, mit einzelnstehenden Blütenköpfchen; Randblüten leuchtend blau, Scheibenblüten purpurfarben, Blätter schmal, lanzettförmig; auf Getreideäckern, Schuttplätzen und an Feldrainen; **Wiesenflockenblume** (Gemeine F., Centaurea jacea), 10–80 cm hohe Staude mit rauhhaarigen, lanzettförmigen Blättern und rötl. Blütenköpfchen mit zerschlitzten Hüllblättern; auf Wiesen und Trockenrasen in Europa, NW-Afrika und W-Asien.
Flöhe (Suctoria, Aphaniptera), weltweit verbreitete Ordnung 1–7 mm großer, flügelloser Insekten, von den 1100 Arten etwa 80 in M-Europa; Körper seitl. stark zusammengedrückt, braun bis gelbl., mit breit am Brustabschnitt ansitzendem Kopf, kurzen Fühlern und reduzierten Augen; Mundteile zu Stechborsten ausgebildet; Hinterbeine lang, dienen als Sprungbeine. - F. leben als blutsaugende Parasiten auf Säugetieren (einschließl. Mensch) und Vögeln. Sie sind z. T. Überträger gefährl. Krankheiten wie Fleckfieber und Pest. Bekannte Arten sind: **Menschenfloh** (Pulex irritans), etwa 2 mm (♂) bis 4 mm (♀) groß, dunkelbraun glänzend; kann bis 40 cm weit und bis 20 cm hoch springen; blutsaugend an Menschen (auch an anderen Säugern); an der Saugstelle bildet sich ein juckender, dunkelroter Punkt mit hellrotem Hof. **Hundefloh** (Ctenocephalides canis), 1,5–3 mm lang, mit borstenartigen Zahnkämmen an Kopfseiten und Vorderrücken; saugt v. a. an Haushunden. **Katzenfloh** (Ctenocephalides felis), 1,5–3 mm lang, mit Stachelkamm an Kopf und Vorderbrust; saugt an Haus- und Wildkatzen. Alle drei Arten können Zwischenwirte für den Gurkenkernbandwurm sein. **Hühnerfloh** (Ceratophyllus gallinae), 1,2–3 mm lang, dunkelbraun bis schwarz; parasitiert auf Vögeln; geht gelegentl. auch auf den Menschen. **Sandfloh** (Jigger, Tunga penetrans), etwa 1 mm lang, hellgelb; urspr. in Z-Amerika, von dort ins trop. Afrika verschleppt; Weibchen bohrt sich in die Haut von Säugetieren und von Menschen (v. a. zw. Zehen und Fingern) ein. - Abb. S. 223.
Flohkäfer (Erdflöhe, Erdflohkäfer, Halticinae), über 5000 1–6 mm große Arten umfassende Unterfam. der † Blattkäfer mit stark verdickten Hinterschenkeln, die den Tieren das Springen ermöglichen; Färbung meist schwarz, blau oder braun, häufig mit metall. Schimmer oder hellen Längsstreifen. Viele Arten sind Schädlinge, v. a. an Gemüsepflanzen. In Deutschland kommen rd. 230 Arten vor, u. a. die Gatt. **Kohlerdflöhe** (Phyllotreta) mit rd. 30 etwa 2–3 mm großen Arten; Körper schwarz, erzgrün oder bläul., z. T. mit gelber Zeichnung; fressen v. a. an Kohlarten; 1,5–1,8 mm lang, schwarz mit zwei gelben Längsstrei-

Flohkraut

Flugbilder. 1 Weißer Storch, 2 Graugans, 3 Kornweihe, 4 Rauchschwalbe, 5 Stockente, 6 Roter Milan, 7 Wanderfalke, 8 Habicht, 9 Rabenkrähe, 10 Lachmöve, 11 Mäusebussard

fen auf den Flügeldecken ist der **Getreideerdfloh** (Phyllotreta vittula); frißt an Blättern von Getreide und Gräsern, Raupen fressen an den Wurzeln; etwa 4 mm lang, metall. blaugrün mit gelbrotem Vorderkopf ist der **Rapserdfloh** (Raps-F., Psylloides chrysocephala); v. a. die Larven werden schädl. durch Fraß an Raps.

Flohkraut (Pulicaria), Gatt. der Korbblütler mit etwa 45 Arten, v. a. im Mittelmeergebiet; behaarte Kräuter mit gelben Zungen- und Röhrenblüten. - In M-Europa an feuchten Stellen das **Große Flohkraut** (Ruhrwurz, Pulicaria dysenterica) mit zahlr. 15–30 mm breiten Blütenköpfchen und herzförmigen Blättern, ferner das **Kleine Flohkraut** (Pulicaria vulgaris) mit wenigen, etwa 10 mm breiten Köpfchen und längl. bis eiförmigen, unangenehm riechenden Blättern.

Flohkrebse (Amphipoda), Ordnung der höheren Krebse (Malacostraca) mit rund 2700 meist um 2 cm großen, fast stets seitl. zusammengedrückten Arten ohne Chitinpanzer; gekennzeichnet durch 6 Beinpaare am Hinterleib, von denen die 3 vorderen als Schwimmbeine, die 3 hinteren als Sprungbeine dienen; leben im Meer und in Süßwasser; stellen eine sehr wichtige Fischnahrung dar; bekannt sind ↑ Brunnenkrebse, ↑ Strandflöhe, ↑ Bachflohkrebs.

Flora [nach dem Namen der röm. Göttin],

Flußmuscheln. Malermuschel

die systemat. erfaßte Pflanzenwelt eines bestimmten Gebietes.
◆ Pflanzenbestimmungsbuch für ein bestimmtes Gebiet.
◆ Bakterienwelt eines Körperorgans (z. B. Darmflora).

Florenreich [lat./dt.], in der Geobotanik Bez. für die höchste Einheit einer räuml. Gliederung der Pflanzendecke der Erde auf der Grundlage botan.-systemat. Einheiten (u. a. Fam.). Diese werden zu Gruppen etwa gleicher geograph. Verbreitung zusammengefaßt. Das sich aus der ungleichen Verteilung der verschiedenen Florenelemente ergebende mosaikartige Bild der Vegetation der Erde ist die Folge verschiedener geolog.-tekton. Veränderungen und unterschiedl. Klimabedingungen in den einzelnen Erdräumen. Im allg. unterscheidet man ↑holarktisches Florenreich, ↑paläotropisches Florenreich, ↑neotropisches Florenreich, ↑australisches Florenreich, ↑kapländisches Florenreich und das artenarme, die Antarktis und die S-Spitze Amerikas umfassende **antarktische Florenreich**. Auf dem antarkt. Kontinent kommen außer drei Blütenpflanzenarten nur ↑Lagerpflanzen vor, während in S-Amerika z. T. immergrüne Wälder mit Scheinbuchenarten das Vegetationsbild bestimmen und auf den antarkt. Inseln noch Polsterpflanzen (z. B. ↑Azorella) wachsen.

Florfliegen (Goldaugen, Perlaugen, Chrysopidae), mit 800 Arten weltweit verbreitete Fam. 1–2 cm langer Netzflügler, davon 22 Arten in Deutschland; sehr zarte, meist grüne oder gelbe Insekten mit großen, durchsichtigen, dachförmig über dem Körper zusammengelegten Flügeln (Spannweite 0,8–7 cm), goldgrünen Augen und langen, dünnen Fühlern; Larven (**Blattlauslöwen**) und Imagines sehr nützlich, da sie sich vorwiegend von Blattläusen ernähren. In M-Europa am häufigsten das **Goldauge** (Gemeines Goldauge, Gemeine F., Chrysopa carnea), etwa 1,5 cm lang, durch weißlichgrüne Flügeladern gekennzeichnet.

Floribunda-Rosen [lat.] ↑Rose.

Florigen [lat./griech.] (Blühhormon), physiolog. nachgewiesener, chem. jedoch noch unbekannter Wirkstoff (oder Stoffgruppe), der in den Laubblättern gebildet und in die Sproßknospe transportiert wird, und der diese dann zur Blütenbildung anregt. F. ist nicht artspezifisch, es kann durch Pfropfung auf andere Pflanzen übertragen werden.

Flosse ↑Flossen.

Flössel, Bez. für hintereinandergereihte kleine Rückenflossen bei Fischen.

Flösselaale (Calamoichthys), Gatt. der Flösselhechte mit der einzigen, bis etwa 90 cm langen Art **Calamoichthys calabaricus** in schlammigen Süß- und Brackgewässern W-Afrikas; aalförmiger Raubfisch mit einer aus 7–13 Flösseln bestehenden Rückenflosse, Bauchflossen fehlen; Färbung oberseits graugrün bis gelblichbraun, unterseits gelblich.

Flösselhechte (Polypteriformes), primitive, seit der Kreidezeit bekannte Ordnung bis 1,2 m langer, hecht- bis aalförmiger Knochenfische mit 10 Arten in Süß- und Brackgewässern des westl. und mittleren Afrikas; Körper von harten, rhomb. Ganoidschuppen bedeckt, Rückenflosse in 5–18 Flössel aufgelöst, Skelett teils knorpelig, teils verknöchert. Raubfische, die zusätzl. atmosphär. Luft aufnehmen (ihre Schwimmblase fungiert als Lunge), auch können sie kurze Trockenperioden im Schlamm überdauern und kurze Strecken über Land kriechen; z. T. Warmwasseraquarienfische.

Flossen (Pinnae), der Fortbewegung dienende Organe oder Hautsäume im Wasser lebender Wirbeltiere und mancher Weichtiere. Als F. i. e. S. bezeichnet man die fast stets durch Flossenstrahlen gestützten Fortbewegungsorgane der Fische, bei denen paarige F. *(Brust-* und *Bauch-F.),* die Extremitäten darstellen, und unpaare F. *(Rücken-, Fett-, Schwanz-* und *After-F.),* die keine Extremitätennatur haben, unterschieden werden.

Flossenfüßer, svw. ↑Robben.

Flossenstrahlen (Radien), Stützelemente der Flossen der Fische, die von knorpeligen oder knöchernen durch Muskeln bewegl. Skelettstücken (**Flossenträger**) abgehen. Bei den Knorpelfischen treten **Hornstrahlen** auf, bei

Flußpferde. Nilpferd

Zwergflußpferd

Fluchtbewegung

den Knochenfischen **knöcherne Strahlen**. Die F. der Knochenfische können als **Weichstrahlen** (Gliederstrahlen) ausgebildet sein, die aus einzelnen Knorpel- oder Knochengliedern zusammengesetzt sind und verzweigt sein können, oder als **Hartstrahlen** (Stachelstrahlen), die immer ungegliedert und unverzweigt sind.

Fluchtbewegung, im Selbsterhaltungstrieb verankerte Reaktion eines Lebewesens zum Verlassen des Bereichs unangenehmer Reize.

Fluchtdistanz, der Abstand, von dem ab ein Tier keine weitere Annäherung eines mögl. Feindes mehr duldet, sondern die Flucht ergreift.

Flug ↑ Fortbewegung.

Flugbeutler, zusammenfassende Bez. für Beuteltiere (Fam. Kletterbeutler), die durch eine zw. Vorder- und Hinterbeinen ausspannbare Flughaut zum Gleitflug befähigt sind; z. B. Gleithörnchenbeutler, Riesenflugbeutler.

Flugbild, charakterist. Erscheinungsbild eines fliegenden Vogels. - Abb. S. 226.

Flugdrachen (Draco), Gatt. 20–27 cm langer Agamen mit etwa 15 Arten in den Regenwäldern SO-Asiens und des Malaiischen Archipels; an den Seiten des schlanken Rumpfes jederseits ein großer, flügelartiger Hautlappen, der mit Hilfe der stark verlängerten letzten 5–7 Rippen gespreizt werden kann, wodurch die F. zu (bis über 100 m weiten) Gleitflügen befähigt werden; F. sind Baumbewohner.

Flugechsen, svw. ↑ Flugsaurier.

Flügel, (Alae) in der *Zoologie* Bez. für flächige Organe bei Tieren, durch die sie zum Flug befähigt werden. F. sind Umbildungen der Vorderextremitäten (wie bei den Flugsauriern, Vögeln und Flattertieren) oder Ausstülpungen der Körperoberfläche (z. B. bei den Insekten).
◆ (Alae) in der *Botanik* Bez. für die beiden kleineren seitl. Blütenblätter bei Schmetterlingsblütlern.

Flügeladern, versteifte, röhrenförmige Längs- und Querfalten der Insektenflügel.

Flügeldecken, svw. ↑ Deckflügel.

Flügelfruchtgewächse (Dipterocarpaceae), Pflanzenfam. mit 22 Gatt. und rund 400 Arten in den Tropen Asiens und Afrikas; am bekanntesten ist die Gatt. ↑ Shorea.

Flügelginster ↑ Ginster.

Flügelkiemer (Pterobranchia), Klasse mariner, 0,2–15 mm langer Kragentiere mit etwa 20 festsitzenden, meist koloniebildenden Arten. Jedes Tier sitzt in einer selbstabgeschiedenen Röhre, sein Körper ist in drei Abschnitte (Kopfschild, Kragen und Rumpf) gegliedert. Der Aufbau der Kolonien erfolgt ungeschlechtl. durch Knospung am Stiel.

Flügelnuß, Bez. für eine Nußfrucht mit einem oder mehreren flügelartigen Auswüchsen oder Anhängseln, z. B. die der Esche.

Flügelschnecken (Stromboidea), Überfam. meerbewohnender Vorderkiemer mit bis 30 cm langem Gehäuse, dessen Mündungsrand bei erwachsenen Tieren oft flügelartig verbreitet ist; Schale schwer, außen meist weißl., innen porzellanartig glänzend, oft rosa- bis orangefarben. Bekannteste Arten sind: **Pelikanfuß** (Aporrhais pespelecani), bis 5 cm lang, auf Schlamm- und Sandböden der europ. Küsten; Schale außen gelbl. bis braun, mit drei bis sechs fingerförmigen Fortsätzen am verbreiterten Mündungsrand; Fortbewegung schrittweise, indem er zuerst die Schale anhebt und nach vorn stemmt, um dann unter ihr den Fuß nach vorn zu heben. **Fechterschnecke** (Riesen-F., Strombus gigas), etwa 20–30 cm groß, in der Karib. See; Gehäuse dickwandig, bräunl. gemustert, an der Mündung stark flügelartig erweitert, innen rosafarben, porzellanartig glänzend; kann sprungartige Bewegungen ausführen.

Flügelung ↑ Laubblatt.

Flugfrösche, svw. ↑ Ruderfrösche.

Flugfuchs ↑ Flederhunde.

flügge [niederdt.], flugfähig (von jungen Vögeln gesagt).

Flughaare, Haarbildungen an Früchten oder Samen, die eine Verbreitung durch den Wind begünstigen, z. B. bei Löwenzahnarten.

Flughähne (Dactylopteridae), artenarme Knochenfischfam. in trop. und subtrop. Meeren; in der Gestalt den Knurrhähnen ähnelnd, Körper längl. mit plumpem, gepanzertem Kopf; hinterer Abschnitt der Brustflossen extrem flügelartig vergrößert. F. können mit Hilfe der ausgebreiteten Brustflossen (nach schnellen Schlägen der Schwanzflosse) ohne weiteren Antrieb durch das Wasser gleiten. - Im Mittelmeer, trop. Atlantik und Roten Meer kommt der etwa 40–50 cm lange **Flughahn** (Dactylopterus volitans) mit hellbraunem Rücken mit dunkler Zeichnung, rötl. Seiten, rosenroter Unterseite und leuchtendblauen Tüpfeln am Rand der sehr großen Brustflossen vor.

Flughaut (Patagium), ausspannbare, durch das Extremitätenskelett oder bes. Skelettbildungen gestützte Hautfalte bei Wirbeltieren, die zum Gleitflug oder (bei den Flattertieren) zum aktiven Flug befähigt. Eine F. kann zw. einzelnen Fingern bzw. Zehen (z. B. bei den Flugfröschen), zw. Vorder- und Hinterextremitäten (bei den Flugbeutlern), zw. Hals, Extremitäten und Schwanz (bei Flughörnchen und Flattertieren), durch bes. Skelettelemente an den Rumpfseiten (z. B. beim Flugdrachen) oder bei Vögeln zw. Ober- und Unterarm und zw. Oberarm und Körper ausgespannt sein.

Flughörnchen (Gleithörnchen, Pteromyinae), Unterfam. 7–60 cm langer Hörnchen mit etwa 40 Arten in den Wäldern NO-Europas, Asiens und des Malaiischen Archipels, zwei Arten in N- und M-Amerika; Schwanz

Flußmuscheln

meist körperlang und buschig, dient als Steuerorgan; mit großer Flughaut (ermöglicht über 50 m weite Gleitflüge); Augen groß, vorstehend; Pflanzenfresser. - Bekannte Arten sind: **Ljutaga** (Eurasiat. F., Pteromys volans), etwa 15 cm (mit Schwanz bis 30 cm) lang, oberseits silbrig graubraun, unterseits weiß; **Nordamerikan. Flughörnchen** (Glaucomys volans), etwa 13–15 cm (mit Schwanz bis 25 cm) lang, oberseits grau, unterseits weißl. bis cremefarben; **Taguan** (Riesen-F., Petaurista petaurista), etwa 60 cm lang, Schwanz ebenso lang, kastanienbraun mit grauschwarzem Rücken, Unterseite grau, Flughautunterseite gelb.

Flughühner (Pteroclidiae), seit dem Oligozän bekannte Fam. amsel- bis krähengroßer Vögel mit 16 Arten, v. a. in den Steppen und wüstenartigen Trockenlandschaften der Alten Welt; meist sandfarben braune Bodenvögel mit kurzem Schnabel, kurzen Füßen, spitzen, langen Flügeln und spitzem Schwanz. In den Steppen zw. Kasp. Meer und Z-Asien kommt das vorwiegend sandfarbene, bis 40 cm lange **Steppenhuhn** (Syrrhaptes paradoxus) vor. Das über 30 cm lange, einem kleinen, hellen Rebhuhn ähnl. **Spießflughuhn** (Pterocles alchata) hat lange, nadelartig zugespitzte Mittelschwanzfedern, einen weißen Bauch und eine weiße Flügelbinde; verbreitet in S-Europa, Vorder- und M-Asien. Rd. 35 cm lang ist das v. a. in Steppen und wüstenartigen Landschaften S-Spaniens, N-Afrikas und SW-Asiens vorkommende **Sandflughuhn** (Pterocles orientalis): ♂ oberseits gelbl. und grau gesprenkelt, mit ockerfarbenen Armschwingen, Kehle schwärzl., mit schmaler, schwarzer Brustquerbinde und schwarzem Bauch; ♀ unscheinbarer gefärbt.

Flughunde ↑ Flederhunde.

Fluginsekten (Pterygota), mit etwa 750 000 Arten weltweit verbreitete Unterklasse der Insekten; mit urspr. je 1 Flügelpaar am mittleren und hinteren Brustsegment, sekundär mitunter flügellos (bes. bei extrem parasit. lebenden Arten, wie Federlingen, Läusen, Flöhen); zwei Flügelpaare haben z. B. Libellen, Schmetterlinge, Hautflügler, Käfer; nur noch ein Flügelpaar haben v. a. die Zweiflügler.

Flugsaurier (Flugechsen, Pterosauria), ausgestorbene, vom Lias bis zur Oberen Kreide weltweit verbreitete Kriechtierordnung (bis heute rd. 22 Gatt. bekannt); von etwa Sperlingsgröße bis 8 m Flügelspannweite, Körper entfernt fledermausähnl., mit sehr langem, dünnem oder stummelförmigem Schwanz, Rumpf dicht behaart; vierter Finger extrem verlängert, zw. diesem und den Hinterextremitäten je eine große, ausspannbare Flughaut, eine weitere schmalere zw. Schulter und Handwurzel; Skelettknochen lufthaltig, Schädel meist sehr stark schnabelartig verlängert.

Fluktuation [lat.], svw. ↑ Massenwechsel.
Flunder ↑ Schollen.
Flußaal ↑ Aale.
Flußbarbe, svw. ↑ Barbe.

Flußbarsch (Barsch, Kretzer, Schratzen, Perca fluviatilis), meist 15–30 cm lange Barschart in fließenden und stehenden Süßgewässern Eurasiens, mit Ausnahme des S und der nördlichsten Gebiete; Grundfärbung des relativ hohen Körpers oberseits meist dunkelgrau bis olivgrün, an den helleren Körperseiten 6–9 dunkle Querbinden oder gegabelte Streifen; am Hinterrand der vorderen Rückenflosse ein schwarzer Fleck, Bauchflossen und Afterflosse rot; Speisefisch.

Flußdelphine (Süßwasserdelphine, Platanistidae), Fam. 1,5–3 m langer Zahnwale mit vier Arten in den Süßgewässern Asiens und S-Amerikas; im Küstenbereich der Río de la Plata-Mündung kommt der bis 2 m lange, schmutzigweiße (mit schwarzem Mittelrückenband) **La-Plata-Delphin** (Stenodelphis blainvillei) vor. In kleinen Gruppen im Indus, Ganges und Brahmaputra lebt der etwa 2–3 m lange **Gangesdelphin** (Susu, Platanista gangetica); blei- bis schwarzgrau, mit kurzen, fächerartigen Brustflossen, Rückenfinne niedrig; Schnauze stark verlängert, schnabelartig, Augen ohne Linse. Im Stromgebiet des Amazonas und Orinoko lebt der bis über 2 m lange, oberseits graue, unterseits rosafarbene **Inia** (Amazonasdelphin, Inia geoffrensis).

Flußgründling ↑ Karpfen.

Flußjungfern (Gomphidae), mit etwa 350 Arten weltweit verbreitete Fam. der Großlibellen; v. a. an fließenden Gewässern und klaren Seen, darunter fünf Arten in Deutschland; Körper schlank, meist schwarz mit gelber bis grüner Zeichnung; Komplexaugen am Scheitel breit voneinander getrennt; Hinterleib meist 3–4 cm lang, ohne gekantete Seitenränder; Eiablage im Fluge.

Flußkrebse (Astacidae), Fam. bis 25 cm großer Zehnfußkrebse mit etwa 100 Arten, v. a. in Süßgewässern der Nordhalbkugel. In M-Europa kommen vor: ↑ Edelkrebs; **Dohlenkrebs** (Astacus pallipes), etwa 14 cm lang, oberseits braun bis olivgrün, unterseits blaßfarben; **Steinkrebs** (Astacus torrentium), rd. 8 cm lang, in klaren Gebirgsbächen; **Sumpfkrebs** (Stachelkrebs, Astacus leptodactylus), 11–14 cm lang, dunkeloliv- bis rotbraun, Kopfbruststück und Scheren schmaler als beim Edelkrebs, Panzer nur schwach verkalkt. Eine wichtige Art ist ferner der **Amerikan. Flußkrebs** (Oronectes limosus), bis 12 cm lang, meist hell- bis dunkelbraun, jedes Hinterleibssegment mit zwei bräunlichroten Flecken; er wurde als Ersatz für den in seinem Bestand bedrohten Edelkrebs eingebürgert.

Flußmuscheln (Unio), Gatt. überwiegend im fließenden Süßwasser lebender Muscheln (Ordnung ↑ Blattkiemer) mit eiförmi-

Flußnapfschnecke

gen bis langgestreckten, relativ dickwandigen, außen gelbl., grünl. oder dunkelbraunen bis schwärzl. Schalen. Von den drei einheim. Arten am bekanntesten ist die in Seen und ruhig strömendem Wasser lebende **Malermuschel** (Unio pictorum), etwa 7–10 cm lang und 3–4 cm hoch, mit zungenförmiger Schale. - Abb. S. 226.

Flußnapfschnecke ↑Ancylus.
Flußneunauge ↑Neunaugen.
Flußperlmuschel (Margaritana margaritifera), etwa 10–15 cm lange Muschel, v. a. in kühlen, schnellfließenden, kalkarmen Süßgewässern M- und N-Europas, Sibiriens und N-Amerikas; Schalen schwer, außen schwarz, nierenförmig, dickwandig. - Die 60–80 Jahre alt werdende F. erzeugt Perlen, die alle 5–7 Jahre geerntet werden können.

Flußpferde (Hippopotamidae), Fam. nicht wiederkäuender Paarhufer mit zwei Arten, v. a. in stehenden und langsam fließenden Gewässern Afrikas, südl. der Sahara; Körper plump, walzenförmig, etwa 1,5–4,5 m lang, bis über 3 t schwer; mit kurzen Beinen, deren vier Zehen durch kleine Schwimmhäute verbunden sind; Kopf sehr groß und breit, mit großem Maul; die kleinen Ohren ebenso wie die Augen und (die beim Tauchen verschließbaren) Nasenöffnungen weit oben liegend und beim fast untergetauchten Tier über die Wasseroberfläche ragend; Haut dick, schleimdrü-

Fontanellen

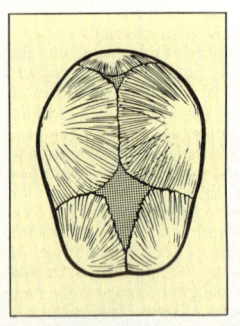

Regenbogenforelle

senreich, nahezu haarlos; Schneide- und Eckzähne wurzellos, dauernd nachwachsend; bes. die unteren Eckzähne stark verlängert; Pflanzenfresser. - In W-Afrika kommt das 1,5–1,7 m lange **Zwergflußpferd** (Choeropsis liberiensis) vor, überwiegend dunkelbraun, Bestand bedroht. In den an Gewässern großer Teile Afrikas (im Nil bereits zu Beginn des 19. Jh. ausgerottet) kommt das **Nilpferd** (Großflußpferd, Hippopotamus amphibius) vor, über 4 m lang, oberseits schwärzlichbraun, an den Seiten kupferfarben, unterseits heller. - Abb. S. 227.

Flußregenpfeifer ↑Regenpfeifer.
Flußschwein (Buschschwein, Potamochoerus porcus), etwa 1–1,5 m körperlanges, rund 60–90 cm schulterhohes Schwein, v. a. in Wäldern und buschigen Landschaften (bes. an Flußufern) Afrikas südl. der Sahara; Kopf groß, mit (bes. bei alten ♂♂) starken Auftreibungen am Nasenbein; Fell schwarz bis fuchsrot, mit weißer und dunkler Zeichnung; an einzelnen Körperpartien oft stark verlängerte Haare; Schwanz dünn, lang herabhängend, mit Endquaste.

Flußseeschwalbe ↑Seeschwalben.
Flußuferläufer ↑Uferläufer.
Flußzeder (Libocedrus), Gatt. der Zypressengewächse mit 9 Arten, hauptsächl. in Amerika; bis 50 m hohe, immergrüne Bäume mit schmalen, flachgedrückten Zweigen, schuppenförmigen Blättern und runden bis längl. Zapfen. Die winterharte Art **Kaliforn. Flußzeder** (Libocedrus decurrens), ein hoher, schlanker, pyramidenförmiger Baum mit stark abblätternder Rinde, wird in mehreren Formen als Zierbaum angepflanzt.

FMN, Abk. für ↑Flavinmononukleotid.
Fœrster ['fœrstər], Karl, * Berlin 9. März 1874, † Potsdam 27. Nov. 1970, dt. Gärtner. - Blumenzüchter, der sich durch zahlr. Neuzüchtungen verdient machte und populärwiss. Werke über Gartenbau und -gestaltung, bes. über Stauden und Steingärtnerei, schrieb.

Fohlen (Füllen), Bez. für ein junges Pferd von der Geburt bis zum Alter von 2,5–3 Jahren (bei Kaltblütern) bzw. 3,5–4 Jahren (bei Warmblütern).

Föhre, svw. Waldkiefer (↑Kiefer).
Folinsäure [lat./dt.] ↑Folsäure.
Follikel (Folliculus) [lat.], in der Anatomie Bez. für bläschen- oder balgförmige Gebilde, z. B. Haar-F.; i. e. S. Bez. für Eifollikel.
Follikelhormone, ältere Bez. für die u. a. in den Follikeln des Eierstocks gebildeten Östrogene.
Follikelreifungshormon ↑Geschlechtshormone.
Follikelsprung, svw. ↑Ovulation.
follikelstimulierendes Hormon ↑Geschlechtshormone.
follikulär (follikulär) [lat.], bläschenartig; von einem Follikel ausgehend.
Folsäure [lat./dt.] (Pteroylglutaminsäu-

Forellen

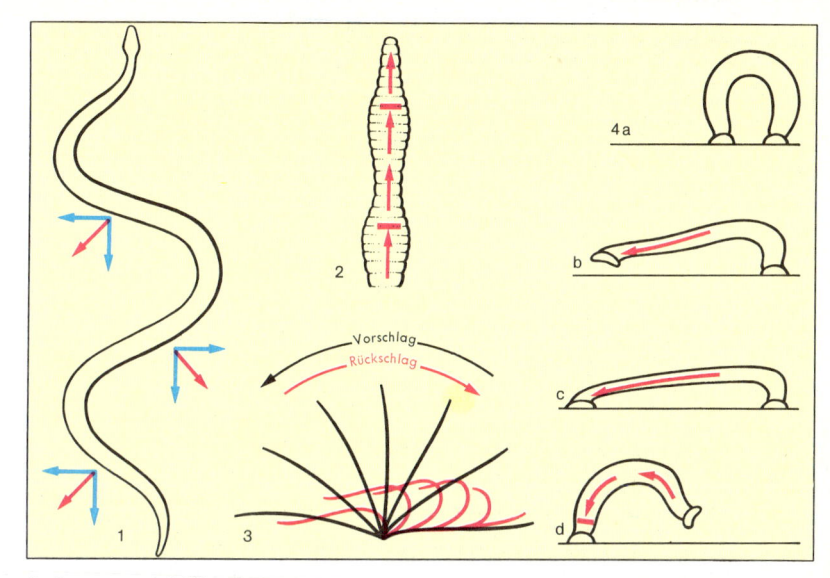

Fortbewegung. 1 Schlängelbewegung einer Schlange, 2 peristaltische Bewegung eines Regenwurms, 3 Ruderbewegung (Ruderschlag einer Wimper), 4 a–d Spannerbewegung eines Blutegels

re), wie ihr Derivat **Folinsäure** Substanz mit Vitamincharakter, von großer Bed. im Zellstoffwechsel, v. a. in Leber, Niere, Muskeln, in Hefe und Milch vorkommend; ihr Fehlen im Körper bewirkt Verzögerung der Zellteilung und v. a. eine Störung der Blutbildung.

Fomes [lat.], Pilzgatt. der Porlinge mit über 100 Arten in allen Teilen der Erde; konsolenförmige, leder- oder holzartige Fruchtkörper, meist an Baumstämmen; viele Arten holzzerstörend, z. B. der ↑Zunderschwamm.

Fontanelle [lat.-frz., eigtl. „kleine Quelle"], nur durch eine Membran verschlossene Lücke zw. den Knorpel- bzw. Knochenelementen des Schädeldachs neugeborener Wirbeltiere (einschließl. Mensch), die sich erst mit dem Wachstum der Schädelknorpel bzw. -knochen ganz oder teilweise schließt. Beim Menschen unterscheidet man eine **große Fontanelle** zw. den Stirnbeinhälften und den Scheitelbeinen (schließt sich zw. dem 9. und 16. Lebensmonat) und eine **kleine Fontanelle** zw. Scheitelbeinen und Hinterhauptsbein (schließt sich mit der 6. Lebenswoche).

Foramen [lat.], in der Anatomie Bez. für Loch bzw. Öffnung in einem Knochen, Knorpel oder Organ; z. B. *F. magnum*, svw. Hinterhauptsloch.

Foraminiferen [lat.] (Kammerlinge, Foraminifera), seit dem Kambrium bekannte Ordnung mariner Urtierchen mit etwa 20 µm bis über 10 cm großer, vielgestaltiger Schale aus organ. Grundsubstanz, der Kalk und Fremdkörper (v. a. Sandkörnchen) auf- oder eingelagert sein können; Schale einkammerig (bei den Monothalamia) oder vielkammerig (bei den Polythalamia), meist von Poren durchbrochen. Die meisten F. leben am Grund, einige leben schwebend in großer Tiefe der Meere. F. finden sich in rezenten marinen Ablagerungen oft in ungeheuerer Zahl (**Foraminiferensand**; bis zu 50 000 Gehäuse in 1 g Sand), daneben sind sie z. T. wichtige Leitfossilien (z. B. Globigerinen, Fusulinen, Nummuliten) und Gesteinsbildner, bes. im Karbon und in der Kreide (**Foraminiferenkalke**).

Forellen [zu althochdt. forhana, eigtl. „die Gesprenkelte"], zusammenfassende Bez. für 1. **Europ. Forelle** (Salmo trutta), bis 1 m langer Lachsfisch in den Süß- und Meeresgewässern Europas; unterscheidet sich vom Lachs v. a. durch den plumperen Körper, den weniger stark zugespitzten Kopf und weiter vorne liegende Augen; die bekanntesten Unterarten sind ↑Bachforelle, **Seeforelle** (Salmo trutta lacustris), meist 40–80 cm lang, in Seen N- und O-Europas sowie im Bodensee und in Alpenseen; Rücken dunkelgrau, Seiten heller, mit kleinen, schwarzen und rötl. Flecken; **Meerforelle** (Lachs-F., Salmo trutta trutta), bis 1 m lang, in küstennahen Meeres- und Süßgewässern N- und W-Europas; erwachsen meist mit dunklem Rücken und schwarzen Flecken an den silbrigen Seiten;

Forellenbarsch

2. Regenbogenforelle (Salmo gairdneri), 25–50 cm langer Lachsfisch in stehenden und fließenden Süßgewässern des westl. N-Amerika; seit 1880 in M-Europa eingeführt, hier v. a. in Zuchtanlagen; Rücken dunkelgrün bis braunoliv, Seiten heller, meist mit breitem, rosa schillerndem Längsband und zahlr. kleinen schwarzen Flecken. Sämtl. genannten F. sind geschätzte Speisefische.

Forellenbarsch, eine Art der Schwarzbarsche (↑ Sonnenbarsche).

Forellenregion, oberste Flußregion zw. Quelle und ↑ Äschenregion; gekennzeichnet durch starke Strömung, klares, sauerstoffreiches, konstant kaltes Wasser; Charakterfische sind v. a. Bachforelle, Groppe, Bachsaibling, Regenbogenforelle.

Form [lat.] (Forma, in fachsprachl. Fügungen: forma), Abk. f., in der *biolog. Systematik* Bez. für die niedere Einheit, die der Art untergeordnet ist.

Formation [lat.] (Pflanzenformation), höhere Einheit bei Pflanzengesellschaften; wird durch das Vorherrschen einer bestimmten Wuchs- oder Lebensform (z. B. immergrüne Hartlaubgehölze, trop. Regenwald, moosreiche Moore) gekennzeichnet und ist im Ggs. zur Assoziation von der Artenzusammensetzung unabhängig.

Formatio reticularis ↑ Gehirn.

Formenkreis (Rassenkreis, Collectio formarum), Abk. cf., in der biolog. Systematik erweiterter Artbegriff, der nahe miteinander verwandte Arten und Unterarten (geograph. Rassen) umfaßt.

Forstwissenschaft, Wiss. und Lehre von den biol. Gesetzmäßigkeiten im Wachstum von Bäumen und Wäldern, der planmäßigen und nachhaltigen Nutzung von Holzerträgen, der Anwendung von Technik und Mechanisierung in der Forstwirtschaft sowie von der Abgrenzung und Auslotung aller rechtl. und gesetzl. Probleme zw. Mensch und Wald. Die forstl. Fachwissenschaften gliedern sich in die Bereiche forstl. Betriebslehre, forstl. Produktionslehre und Forst- und Holzwirtschaftspolitik. Das Studium der F. schließt mit der Diplomprüfung ab (Diplomforstwirt).

Forsythie [...i-ε; nach dem brit. Botaniker W. Forsyth, * 1737, † 1804] (Goldflieder, Forsythia), Gatt. der Ölbaumgewächse mit nur wenigen Arten in O-Asien und einer Art in SO-Europa; frühblühende, sommergrüne Sträucher mit leuchtend gelben, vor den Blättern erscheinenden, achselständigen Blüten und lederigen bis harten, zweiklappigen, geschnäbelten Kapselfrüchten. Mehrere Arten werden in vielen Sorten und Hybriden als Ziergehölze und zum Treiben kultiviert.

Fortbewegung (Lokomotion), aktiver oder passiver Ortswechsel von Lebewesen. Fast alle nicht festsitzenden Tiere sind zu aktivem Ortswechsel fähig. Sie benutzen dazu meist Muskelkontraktionen, wobei chem. Energie in mechan. umgesetzt wird. Aktive F. kommt auch (jedoch selten) bei niederen Pflanzen sowie bei Keimzellen vor.

Fortbewegung ohne Gliedmaßen: Hierbei sind unterschiedl. mechan. Prinzipien wirksam. Weit verbreitet beim Schwimmen, vielfach aber auch an Land ist die **Schlängelbewegung** des Körpers (z. B. bei Aalen, Schwanzlurchen, Schlangen, Ottern, Robben, Delphinen). Wechselseitige Kontraktion von Längsmuskeln erzeugt eine Verbiegung des Körpers nach den Seiten oder nach oben und unten, die wellenförmig nach hinten läuft. Die Verbiegung erzeugt eine nach hinten gerichtete Kraft. Die nach den Seiten gerichteten Komponenten heben sich jeweils auf, die nach hinten gerichteten summieren sich. Häufig schlängelt nur ein Teil des Körpers, wie z. B. bei den Fischen, die sich nur durch Seitwärtsschlängeln des Schwanzes mit der breiten Schwanzflosse vorantreiben (die anderen Flossen dienen nur als Steuerorgane und Stabilisatoren). - Die nach hinten gerichteten Schleppgeißeln vieler Einzeller und der Spermien erzeugen nach demselben Prinzip einen Vortrieb. Andere Einzeller (z. B. das Pantoffeltierchen) führen mit ihren Wimpern oder Geißeln Ruderbewegungen aus. Bei der **peristalt. Bewegung** des Regenwurms läuft zunächst durch Zusammenziehen der Ringmuskulatur eine Verdünnungswelle nach rückwärts über den Körper, die die Segmente streckt. Ihr folgt eine Verdickungswelle durch Kontraktion der Längsmuskeln. Die Körperabschnitte können dabei nur in Kopfrichtung zusammengezogen werden, da nach hinten gerichtete Borsten an der Bauchseite ein Zurückgleiten verhindern. Ähnl. läuft die *Spannerbewegung* bei Spannerraupen und Blutegeln ab. - Das **Kriechen** der Landschnecken erfolgt durch querliegende, von vorn nach hinten verlaufende Kontraktionswellen über die Fußunterseite. Dabei gleitet die Sohle auf einem Schleimfilm, der aus einer Fußdrüse abgesondert wird. Bei Amöben fließt das Zellplasma in sog. Scheinfüßchen in die gewünschte Richtung.

Fortbewegung über Gliedmaßen: Diese Form der F. funktioniert nach dem Hebelprinzip. Die Gliedmaßen dienen zum Schwimmen, Gehen, Laufen, Springen, Klettern und Fliegen. - Das **Schwimmen** erfolgt nach dem Ruderprinzip, d. h., im Wasser schlagen die Gliedmaßen mit großer Kraft nach hinten, wodurch der Körper gegen den Wasserwiderstand nach vorn bewegt wird. Wichtig ist, daß das Ruder eine breite Fläche hat. Bei Gliedertieren werden die Beinabschnitte verbreitert oder mit Borstenbesätzen versehen. Auf dem bzw. im Wasser lebende Vögel und Säugetiere haben ähnl. wie die Frösche Schwimmhäute zw. den Zehen. Beim Vorziehen der Beine werden zur Verringerung des

232

Fossilien

Reibungswiderstandes die zuvor gespreizten Zehen geschlossen, d. h. die Schwimmhäute zusammengefaltet. Der Wasserfloh benutzt die Antennen zum Rudern. - Das **Gehen** und **Laufen** ist auf dem Land die am weitesten verbreitete F. Das primitivste Bewegungsmuster ist der *Diagonal*- oder *Kreuzgang*. Dabei werden die Beine in der Reihenfolge links vorn, rechts hinten, rechts vorn, links hinten bewegt. Bei *schnellem Lauf* fallen die Schritte von Vorder- und gegenüberliegendem Hinterbein zeitl. zusammen (z. B. *Trab* beim Pferd). Daneben gibt es noch den *Paßgang* (z. B. bei Kamelen), bei dem Vorder- und Hinterbein derselben Seite gleichzeitig eingesetzt werden, und den *Galopp*, der durch abwechselnden Einsatz beider Vorder- und Hinterbeine erfolgt. Die Bewegungskoordination wird bei Wirbeltieren hauptsächl. durch nervöse Zentren im Rückenmark gesteuert. - Bei Insekten, aber auch bei Spinnen und Krebsen alternieren die gegenüberliegenden Beine eines Körpersegments mit den Beinpaaren aufeinanderfolgender Segmente. - Eine Abart des Laufens ist das **Springen** mit den Hinterbeinen. Ebenfalls aus dem Laufen hat sich das **Klettern** entwickelt. Meist werden Krallen in Unebenheiten der Untergrunds verankert. Bei einigen Tieren sind Finger und Zehen zum Umgreifen geeignet.
Laufen beim Menschen: Durch Strecken im Fersengelenk und Vorneigen des Oberkörpers verlagert sich der Schwerpunkt nach vorn, und der Körper verharrt in dieser Stellung. Um den vermeintl. Fall aufzufangen, wird ein Bein vorgestellt. Beim Verlagern des Schwerpunktes werden die Arme im Rhythmus der Beinbewegungen mitgeschwungen. - ↑ auch Körperhaltung.
Sehr viele Tiere können fliegen. Beim **passiven Flug** wird aus dem Fallen ein Gleiten. Als Gleitflächen dienen Flughäute, Flossen und Flügel. Der **aktive Flug** verläuft nach denselben aerodynam. Prinzipien wie der Gleitflug. Die Flügel sind zugleich Tragflächen und Antriebsorgane. Am häufigsten ist der **Ruderflug** (Schlagflug). Dabei wird beim Abschlag der Armteil von vorn angeblasen, der Handteil von unten. Beim Übergang zum Aufschlag ändern sich die Anstellwinkel der Hand und des Arms; der der Hand wird annähernd null, der des Arms wird etwas stumpfer, so daß der Arm von unten angeströmt wird (starker Auftrieb, leichter Rücktrieb). Beim Abschlag ist somit nur der Handteil belastet, der allein den Vortrieb erzeugt. Beim **Rüttelflug** werden auch im Aufschlag durch Anströmung der Flügeloberseiten Vortriebskräfte erzeugt. - Beim **Insektenflug** entstehen die tragenden und vorwärtstreibenden Kräfte prinzipiell in gleicher Weise wie beim Vogelflug. Die Kleinheit der Insekten und ihrer Flügel erfordert eine wesentl. höhere Schlagfrequenz zur Erzeugung ausreichenden Vor- und Auftriebs

(z. B. Stechmücken 300 Schläge in der Sekunde). - Schließl. können sich einige Tiere durch **Rückstoß** fortbewegen. Tintenfische nehmen dabei Wasser in die Mantelhöhle auf, das sie dann stoßweise durch die Atemhöhle nach außen abgeben. - Abb. S. 231.
📖 *Meinecke, H.: Mathemat. Theorie der relativen Koordination u. der Gangarten v. Wirbeltieren. Bln. u. a. 1978. - Jacobs, W.: Fliegen, Schwimmen, Schweben. Bln. u. a. ²1954.*

Fortpflanzung (Reproduktion), die Erzeugung von Nachkommen durch Eltern bzw. durch eine Mutterpflanze. Durch F. wird i. d. R. die Zahl der Individuen erhöht (Vermehrung) und die Art erhalten. Man unterscheidet ungeschlechtl. und geschlechtl. F. Die **ungeschlechtl. Fortpflanzung** (asexuelle F., vegetative F., Monogonie) geht von Körperzellen des mütterl. Organismus (bei Einzellern von deren einziger Körperzelle) aus und vollzieht sich über mitot. Zellteilungen, wobei die Tochterzellen den gleichen Chromosomensatz und somit dasselbe Erbgut wie der elterl. Organismus bzw. die Mutterzelle haben. Bei der **geschlechtl. Fortpflanzung** entsteht aus zwei geschlechtl. unterschiedl. Keimzellen durch deren Verschmelzung (↑ Befruchtung) und anschließender mitot. Teilung ein neues Individuum. Die geschlechtl. F. bedingt eine Neukombination der Erbanlagen. - Eine sog. eingeschlechtige F. ist die **Jungfernzeugung** (Parthenogenese), bei welcher aus unbefruchteten Eizellen Nachkommen hervorgehen (z. B. bei Ameisen, Bienen, Wespen, Blattläusen, Stechapfel, Nachtkerze, Frauenmantel). - Zur Sicherung der F. zeigen Lebewesen häufig ein artspezif. F.verhalten (↑ Sexualverhalten).

Fortpflanzungsorgane, svw. ↑ Geschlechtsorgane.

Fortpflanzungszellen, svw. ↑ Geschlechtszellen.

fossil [lat.], aus der erdgeschichtl. Vergangenheit stammend.
◆ durch ↑ Fossilisation erhalten.

Fossilien [zu lat. *fossilis* „ausgegraben"], Überreste von Tieren oder Pflanzen, auch von deren Lebensspuren, durch ↑ Fossilisation erhalten. Neben Abdrücken und Steinkernen sind organ. Reste auch als Einschlüsse in Harz (Bernstein) und im Dauerfrostboden des arkt. Bereichs (Mammutleichen) erhalten. F. von geolog. kurzer Lebensdauer sind für die stratigraph. Bestimmung von Sedimentgesteinen von großer Bed. (**Leitfossilien**), gleichgültig, ob es sich um Makro- oder Mikro-F. handelt. V. a. in der Erdölind. spielt die Bestimmung von Mikro-F. wie Foraminiferen u. a. eine große Rolle. - Abb. S. 234.
Als **lebende Fossilien** werden oft (fälschl.) rezente Tiere und Pflanzen bezeichnet, die bekannten fossilen Formen aus weit zurückliegenden erdgeschichtl. Perioden weitgehend gleichen, z. B. Neopilina, Perlboot, Pfeil-

233

Fossilisation

Fossilien. Links: Seelilie aus dem oberen Muschelkalk bei Erkerode; Mitte: Schuppenbaumstück aus dem Oberkarbon bei Waldenburg; rechts oben: Wedelabschnitt eines Samenfarns aus dem Unterrotliegenden bei Lebach; rechts unten: Trilobiten aus dem Gotlandium bei Dudley

schwänze, Tuatera, Ginkgobaum, Araukarien, Mammutbäume.

Fossilisation [lat.], Vorgang der Bildung von Fossilien. Voraussetzung ist die schnelle Einbettung abgestorbener Pflanzen und Tiere in Schlamm, Sand u.a., so daß es zu keiner [völligen] Verwesung kommen kann. Erhalten bleiben v. a. Hartteile wie Zähne, Knochen und Schalen. Sie können bei der Diagenese eine Umkristallisation erfahren, d. h. die urspr. Kalksubstanz kann durch Kieselsäure, Schwefelkies u. a. ersetzt werden. Werden Hohlräume abgestorbener Lebewesen (z. B. von Muscheln) mit Sediment ausgefüllt, so entstehen **Steinkerne**, bei denen der innere Abdruck der Schale zu sehen ist. Reste von Pflanzen finden sich u. U. in Form feinster Kohlehäutchen. Kriech- und Laufspuren können als **Abdruck** im Sediment erhalten sein.

fötal ↑fetal.
Fötus ↑Fetus.
Foxhound [engl. 'fɔkshaʊnd] (Fuchshund), bis 58 cm schulterhoher engl. Jagdhund mit langgestrecktem Schädel, Hängeohren und abstehender Rute; Fell kurz, glatt und hart, in den Farben Schwarz, Hellbraun, Weiß oder mischfarbig; wird zur Fuchsverfolgung eingesetzt.
Foxterrier [engl.], kleiner, hochläufiger Haus- und Jagdhund mit keilförmigem, flachem Schädel, kleinen, nach vorn fallenden Hängeohren und hoch angesetzter, kupierter Rute; Behaarung beim *Kurzhaar-F.* dicht, glatt und flach anliegend, beim *Rauhhaar-F.* hart drahtig.

Fraenkel ['frɛŋkəl], Eugen, * Neustadt O. S. 28. Sept. 1853, † Hamburg 20. Dez. 1925, dt. Pathologe und Bakteriologe. Prof. in Hamburg; entdeckte den Gasbranderreger (F.-Bazillus). - ↑auch Clostridium.

Fraenkel-Conrat, Heinz [engl. 'fræŋkl'kɔnræt], * Breslau 29. Juli 1910, amerikan. Biochemiker dt. Herkunft. - Seit 1936 in den USA; Prof. in Berkeley (Calif.); entdeckte die Rolle der RNS für die Vererbung am Tabakmosaikvirus.

Fragaria [lat.] ↑Erdbeere.
Fransenfingereidechsen ↑Eidechsen.
Fransenflügler, svw. ↑Blasenfüße.
Franzosenkraut, svw. ↑Knopfkraut.
Fratzenorchis (Ohnsporn, Aceras), Gatt. der Orchideen mit der einzigen einheim. Art **Aceras anthropophorum;** Blüten ohne Sporn, klein, gelbl.-grün bis bräunl., in dichter Traube mit vierzipfeliger Unterlippe und rot überlaufener, helmförmiger Blütenhülle; selten auf sonnigen Kalkhügeln; geschützt.

Frau [zu althochdt. frouwe „Herrin, Dame"], erwachsener Mensch weibl. Geschlechts. Neben den Chromosomen, den inneren und äußeren Geschlechtsorganen und den Keimdrüsenhormonen beziehen sich die geschlechtsspezif. Besonderheiten der F. v. a. auf das äußere Erscheinungsbild. Im **Skelettsystem** bestehen im Mittel deutl. Unterschiede zu dem des Mannes. Das Becken der F. ist relativ breiter und niedriger, die vorderen Schambeinäste bilden einen stumpferen Winkel, die Beckenschaufeln werden durch ein breiteres, nach hinten stärker gewölbtes Kreuzbein verbunden, der Beckeneingang ist, funktionsabhängig, absolut größer. Die stärkere Wölbung des Kreuzbeins bedingt eine stärkere Biegung der Lendenwirbelsäule; mit der größeren Breite des Beckens hängt auch die mehr schräge Stellung der Oberschenkel-

Frau

knochen zus. Am **Schädel** sind die Überaugenwülste schwächer ausgebildet, die Stirn ist meist steiler und gleichmäßiger gewölbt, die Unterkieferwinkel sind weniger betont. Der Kehlkopf ist durchschnittl. räuml. um fast ein Drittel kleiner. Die **Muskulatur** ist im Mittel schwächer ausgebildet, das Unterhautfettgewebe dagegen stärker ausgeprägt. Letzteres wird bes. an den Oberschenkeln, der Hüfte und der Brust angelagert. Auch **Hautmerkmale** zeigen im Mittel Häufigkeitsunterschiede zw. den Geschlechtern. Frauen haben weniger Wirbel und häufiger Bogen- und Schleifenmuster im Hautleistensystem der Fingerbeeren; die Muster haben durchschnittl. auch weniger Leisten. Die sekundäre **Körperbehaarung** ist schwächer, die obere Begrenzung der Schamhaare verläuft meist gradlinig horizontal, das Kopfhaar erreicht bei ungehindertem Wachstum eine größere Länge; außerdem neigen Frauen weniger zur Glatzenbildung. Bei Frauen europ. Populationen zeigt sich auch eine stärkere Pigmentierung der Haare und der Regenbogenhaut der Augen. - Physiolog. **Merkmale** beziehen sich bes. auf die Hormone (↑ Geschlechtshormone) und das blutbildende System. Der Eisenspiegel ist (durch die Menstruation bedingt) prozentual geringer, die Blutkörperchensenkungsgeschwindigkeit im Mittel etwas schneller. Der Energiehaushalt ist insofern etwas rationeller, als der Grundumsatz im Mittel niedriger ist. In **psycholog.** Hinsicht sind Unterschiede zw. Mann und F. zurückhaltend zu interpretieren. Wechselbeziehungen zw. den psych. und den primären und sekundären weibl. Geschlechtsmerkmalen sind nach bisherigen Untersuchungen nur in geringem Maße vorhanden. Die F. scheint jedoch eher zu emotionalem Verhalten zu neigen und zeigt häufig mehr Personeninteresse. Für Begabungen scheinen gewisse Unterschiede zu bestehen, mit geringerer naturwiss. und größerer sprachl. Begabung im weibl. Geschlecht. Hinsichtl. der Intelligenz bestehen keine Geschlechtsunterschiede.
Soziologie: Der zahlenmäßige Anteil der F. an der Bev. variiert in den einzelnen Ländern. Im großen und ganzen kann, v. a. im europ. Bereich (einschließl. der USA), von einem F.-überschuß gesprochen werden, bedingt u. a. durch niedrigere Säuglingssterblichkeit bei Mädchen und durch die höhere Lebenserwartung der F. Die biolog. Merkmale der F. werden in verschiedenen Gesellschaften unterschiedl. sozial überformt. Nahezu alle zugeschriebenen psych. und sozialen Merkmale, die als weibl. bezeichnet werden, resultieren aus den in den verschiedenen Gesellschaftsformen vorherrschenden Rollen der F. Die Stellung der F. in der Gesellschaft hängt von den Formen und Funktionen der biolog. und der ökonom. Arbeitsteilung zw. den Geschlechtern ab. So ändert sich ihre Stellung in sozialer, polit., rechtl. und ökonom. Hinsicht weitgehend mit der wechselnden Bed., die ihrer Rolle im Zusammenhang mit dem Aufwachsen der Kinder beigemessen wird. Ebenfalls entscheidend ist die Verfügungsgewalt über Eigentum. Obwohl auch primitive Gesellschaften eine Vielfalt von Formen der Arbeitsteilung zw. F. und Mann aufweisen, ist mit wenigen Ausnahmen die Stellung der F. als unterprivilegiert zu bezeichnen; das Patriarchat dominiert. Eine grundlegende Änderung der Position der F. setzte seit Beginn der Industrialisierung ein. Mit der Verlagerung vieler Aufgabenbereiche aus dem Haushalt in das außerhäusl. Berufsleben und der zunehmenden Beteiligung der F. an diesen Arbeitsprozessen ging eine Neubewertung ihrer Position einher. Inzwischen ist in allen industrialisierten Ländern die Gleichheit von F. und Mann verfassungsmäßig verankert, was sich jedoch nicht notwendigerweise im familiären und berufl. Bereich widerspiegelt.
Kulturgeschichte: Über die Stellung der F. in frühgeschichtl. Zeit, über die Herrschaftsverhältnisse und Beziehung der Geschlechter zueinander gibt es keine gesicherten Aufschlüsse. Antike Mythologien und archäolog. Funde lassen die Vermutung zu, daß F. in den frühgeschichtl. Kulturen eine gesellschaftl. starke, wenn nicht beherrschende Stellung innehatten. Die durch die F.bewegung aktualisierte Matriarchatsdiskussion kennt 3 Ansätze. Die *Evolutionstheorie*, von Bachofen (1861) begonnen, von Morgan und Engels weiterentwickelt, geht von einer matriarchal. organisierten Urgesellschaft aus, in der weder Privateigentum, noch Unterdrückung des einen durch das andere Geschlecht gegeben habe. Die ökonom. Stellung der F. sei so stark wie die des Mannes gewesen, die Kinder allerdings immer ihrem Geschlechterverband zugeordnet worden. Mit zunehmender Verfeinerung der Produktionsmittel im Neolithikum (Ackerbau, Viehzucht) sei die Stellung des Mannes immer stärker, die der F. immer schwächer geworden. Die *Pendeltheorie* von M. Vaerting (1921) versucht anhand von histor. und anthropolog. Beispielen zu beweisen, daß die Geschlechter sich im Lauf der Geschichte in der Herrschaft abgewechselt haben. Das jeweils beherrschende Geschlecht habe typisch „männl." Funktionen, Verhaltensweisen und Körperbau gehabt, das jeweils beherrschte hingegen „weibl." Die *Matriarchatstheorie* geht von einer universalen frühgeschichtl. Vorherrschaft der F. aus, die sich v. a. auf ihre Reproduktionsfähigkeit gründet und bis ins geschichtliche Zeit fortgesetzt habe. Die Amazonensage sei demnach Beweis für den Kampf des Matriarchats gegen das aufkommende Patriarchat im griech. Kulturraum. Die patriarchal. Menschheitsperiode, aus der schriftl. Zeugnisse vorliegen, umspannt 4000 Jahre. Die Stellung der F. im

Frauenfarn

Alten Orient, bei den Griechen, Römern und Germanen war bis auf wenige Ausnahmen gekennzeichnet von rechtl. Unmündigkeit und Beschränkung auf den häusl. Bereich. Das Christentum trug wesentl. zur weiteren Unterdrückung und Verteufelung der F. bei (Eva als Sinnbild des Bösen). Die großen Hexenjagden in M-Europa im 16. und 17. Jh. kosteten vermutl. Mill. F. das Leben. Seit der Frz. Revolution und der wirtsch. Umwälzung durch die Industrialisierung im 19. Jh. drangen F., wenn auch unter großen Schwierigkeiten, in alle gesellschaftl. Bereiche vor, organisierten sich und kämpften z. T. mit erhebl. Militanz (Suffragetten) um ihre gesellschaftl. Rechte.

📖 *Beauvoir, S. de: Das andere Geschlecht. Dt. Übers. 189.–210. Tsd. Rbk. 1979.* - *Mead, M.: Mann u. Weib: Das Verhältnis der Geschlechter in einer sich wandelnden Welt. Dt. Übers. 91.–95. Tsd. Rbk. 1979.* - *Friedan, B.: Der Weiblichkeitswahn oder Die Selbstbefreiung der F. Dt. Übers. Neuausg. Rbk. 1978.* - *Moltmann-Wendel, E.: Freiheit - Gleichheit - Schwesterlichkeit. Zur Emanzipation der F. in Kirche u. Gesellschaft. Mchn. ²1978.* - *F. u. Gesellschaft. Zwischenbericht der Enquete-Kommission. Dt. Bundestag. In: Zur Sache. H. 1. Bonn 1977.* - *Bachofen, J. J.: Das Mutterrecht. Hg. v. H. J. Heinrichs. Ffm. 1975.* - *Millett, K.: Sexus u. Herrschaft. Mchn. 1973.* - *Bebel, A.: Die F. u. der Sozialismus. Neudr. der Jubiläumsausg. 1929. Bln. 1980.*

Frauenfarn (Athyrium), Gatt. der Tüpfelfarngewächse mit etwa 200 Arten in den gemäßigten Zonen (v. a. in O-Asien); in M-Europa in Wäldern und auf Bergweiden nur zwei Arten, davon am bekanntesten der **Waldfrauenfarn** (Athyrium filix-femina) mit feinzerteilten, bis 1 m langen, hellgrünen Wedeln. - Abb. S. 238.

Frauenflachs, svw. ↑Leinkraut.

Frauenhaar (Goldenes F., Gemeines Widertonmoos, Polytrichum commune), bis 40 cm hohe, lockere Polster bildendes Laubmoos auf sauren Wald- und Heideböden.

Frauenhaarfarn (Adiantum), Gatt. der Tüpfelfarngewächse mit über 200 Arten in allen wärmeren Gebieten der Erde; am bekanntesten ist der **Echte Frauenhaarfarn** (Adiantum capillus-veneris) mit vielen haarfein gestielten Fiederchen.

Frauenherz, svw. ↑Tränendes Herz.

Frauenmantel (Alchemilla), Gatt. der Rosengewächse mit über 20 Arten vorwiegend in gemäßigten und kühlen Gebieten und Hochgebirgen; meist Stauden mit kleinen, gelbl. oder grünen Blüten und rundl., häufig fingerförmig eingeschnittenen Blättern mit lockerer oder dicht seidiger Behaarung. - Bekannte Sammelarten sind: **Gemeiner Frauenmantel** (Marienmantel, Alchemilla vulgaris), auf feuchten Wiesen und in lichten Wäldern, Blätter mit 9–13 stark gesägten Lappen; **Alpenfrauenmantel** (Silbermantel, Alchemilla alpina) mit bis zum Grund geteilter Blattspreite; verbreitet auf Weiden, Felsen und Geröll der Alpen und der hohen Mittelgebirge. - Abb. S. 238.

Frauenmilch, svw. ↑Muttermilch.

Frauenschuh (Cypripedium), Gatt. der Orchideen mit etwa 50 Arten auf der nördl. Erdhalbkugel; Erdorchideen mit büschelartig verzweigtem Wurzelstock und ungegliederten, meist behaarten Blättern; Blüten einzeln oder in wenigblütigen Trauben mit großer, schuhförmiger Unterlippe; in Europa in lichten Wäldern auf Kalk nur der geschützte **Rotbraune Frauenschuh** (Cypripedium calceolus) mit bis 10 cm langen, rotbraunen Blütenhüllblättern und goldgelber Lippe.

Fraxinus [lat.], svw. ↑Esche.

Freesie (Freesia) [nach dem dt. Arzt F. H. T. Freese, † 1876], Gatt. der Schwertliliengewächse mit nur wenigen Arten in S-Afrika; Stauden mit schmalen, langen Blättern und großen, glockigen, weißen oder bunten, duftenden Blüten in nach einer Seite gerichteten Wickeln; beliebte, in vielen Sorten kultivierte Schnitt- und Gartenblume. - Abb. S. 239.

Fregattvögel (Fregatidae), Fam. weit fluggewandter, ausgezeichnet segelnder, von der Schnabelspitze bis zum Schwanzende etwa 0,8–1,1 m langer Vögel mit fünf Arten, v. a. an den Küsten und Inseln trop. und subtrop. Meere; Flügel sehr schmal und lang, Spannweite bis 2,3 m, Schwanz tief gegabelt; Gefieder einfarbig schwarz oder in weißen Zonen auf der Bauchseite; ♂ mit Kehlsack, den es während der Balz zu einem mächtigen, knallroten Ball aufbläst.

Fremdbefruchtung ↑Befruchtung.

◆ svw. ↑Fremdbestäubung.

Fremdbestäubung (Fremdbefruchtung, Allogamie), Übertragung des Blütenstaubs aus einer Blüte auf die Narbe einer anderen Blüte derselben Art.

Fremdverbreitung, svw. ↑Allochorie.

Frenulum [lat.], in der Anatomie Bez. für Bändchen, kleine Haut- oder Schleimhautfalte; z. B. *F. praeputii*, Vorhautbändchen zw. Eichelunterseite und Vorhaut des Penis.

Freßzellen (Phagozyten), Zellen in der Blutflüssigkeit oder in Geweben bei Tier und Mensch. Ihre Aufgabe ist v. a. die Aufnahme (Phagozytose) und Unschädlichmachung von abgestorbenen Gewebsteilen und Fremdkörpern (u. a. auch von Bakterien).

Frettchen [lat.-niederl.] (Mustela putorius furo), domestizierte Albinoform des Europ. Iltisses mit weißer bis blaßgelber Fellfärbung; wird v. a. in Europa zur Kaninchenjagd verwendet (**Frettieren**), daneben auch zur Bekämpfung von Ratten und Mäusen.

Frettkatze [lat.-niederl./dt.] (Fossa, Cryptoprocta), Gatt. schlanker, kurzbeiniger, etwa 90 cm körperlanger Schleichkatzen in den Wäldern Madagaskars mit **Cryptoprocta**

Frösche

ferox als einziger Art; mit kurzem, dichtem, einfarbig orangefarbenem Fell und körperlangem Schwanz.

Frieren, Reaktion des Warmblüterorganismus auf eine Erniedrigung der Umgebungstemperatur deutl. unter die sog. Behaglichkeitsgrenze. Bestimmte Nervenendigungen in der äußeren Haut (Kälterezeptoren) registrieren die Kälte und leiten entsprechende Erregungen zu höheren Zentren im Rückenmark und im Gehirn weiter. Als Abwehrmaßnahme wird nun eine erhöhte Wärmeproduktion in Gang gesetzt, die sich v. a. in vermehrter Muskeltätigkeit äußert (Muskelzittern, z. B. als Zähneklappern, oder als Gänsehaut). Ähnl. Aufheizungsreaktionen werden zu Beginn des Fiebers ausgelöst.

Frisch, Karl Ritter von, * Wien 20. Nov. 1886, † München 12. Juni 1982, östr. Zoologe. - Prof. in Rostock, Breslau, München, Graz und seit 1930 wieder in München; grundlegende Untersuchungen über die Sinnes- und Verhaltensphysiologie; berühmt sind

Karl Ritter von Frisch

seine Studien über das der gegenseitigen Verständigung dienende Tanzverhalten der Bienen („Aus dem Leben der Bienen", 1927; „Tanzsprache und Orientierung der Bienen", 1965); 1973 zus. mit K. Lorenz und N. Tinbergen Nobelpreis für Medizin oder Physiologie.

Fritfliege (Oscinella frit), 2–3 mm große, oberseits glänzend schwarze, unterseits braune, rotäugige Halmfliege.

Fritillaria [lat.], Gatt. der Liliengewächse mit etwa 100 Arten in der nördl. gemäßigten Zone; mehrere Arten als Zierpflanzen kultiviert, v. a. ↑ Kaisérkrone, ↑ Schachbrettblume.

Frons [lat.], svw. ↑ Stirn.

frontal [lat.], zur Stirn gehörig, stirnwärts.

Froschbiß, (Hydrocharis) Gatt. der Froschbißgewächse mit drei Arten in Europa und Australien; einzige einheim. Art ist **Hydrocharis morsus-ranae,** eine Schwimmpflanze stehender oder langsam fließender Gewässer mit langgestielten, rundl. herzförmigen, dicken Blättern und weißen Blüten.

♦ (Amerikan. F., Limnobium) Gatt. der Froschbißgewächse in Amerika mit vier Arten; kleine, Ausläufer bildende Schwimmpflanzen mit ellipt., unterseits oft verdickten Blättern; beliebte Aquarienpflanzen.

Froschbißgewächse (Hydrocharitaceae), Fam. der Einkeimblättrigen mit etwa 15 Gatt. und 100 Arten in den wärmeren und gemäßigten Zonen der Erde; meist ausdauernde, in Süß- und Salzgewässern untergetauchte oder schwimmende Kräuter; Blüten weiß, mit Blütenscheide, in Trugdolden; bekanntere Gatt. in M-Europa sind ↑ Froschbiß, ↑ Krebsschere, ↑ Wasserpest.

Frösche, allg. volkstüml. Bez. für die ↑ Froschlurche.

♦ (Echte F., Ranidae) sehr artenreiche, weltweit verbreitete Fam. der Froschlurche; Kopf nach vorn verschmälert, mit großem Trommelfell und (bei ♂♂) häufig ausstülpbaren Schallblasen; vorn am Mundboden ist eine meist zweilappige, hinten am Zunge angewachsen, die beim Beutefang (v. a. Insekten, Schnecken, Würmer) herausgeschnellt werden kann. - Die meisten Arten halten sich überwiegend im und am Wasser auf, andere suchen Gewässer nur zur Eiablage auf. - Auf feuchten Wiesen, in Wäldern und Gebirgen des gemäßigten und nördl. Eurasiens lebt der **Grasfrosch** (Rana temporaria); bis 10 cm lang, Oberseite meist gelb- bis dunkelbraun mit dunkler Fleckung (stets ein braunschwarzer Fleck in der Ohrgegend) und je einer Drüsenleiste an jeder Rückenseite, Unterseite weißl. gefleckt. Der **Moorfrosch** (Rana arvalis) kommt auf sumpfigen Wiesen und Mooren Eurasiens vor; etwa 6–7 cm lang, Oberseite braun, z. T. dunkel gefleckt, längs der Rückenmitte meist ein gelbl., dunkel gesäumter Streifen, Unterseite weiß; ♂♂ während der Paarungszeit oft himmelblau schimmernd. Im Unterwuchs von Buchen- und Mischwäldern M- und S-Europas lebt der 6–9 cm lange, spitzschnäuzige **Springfrosch** (Rana dalmatina); Oberseite meist hellbraun, mit großem, bräunlichschwarzem Fleck in der Schläfengegend, Bauchseite weiß; ♂ ohne Schallblase; kann mit seinen außergewöhnl. langen Hinterbeinen bis 2 m weit springen. Der 17 cm lange **Seefrosch** (Rana ridibunda) kommt an größeren Gewässern mit dichtem Unterwuchs M-Europas vor; mit dunkelbraunen Flecken und grünl. Längsstreifen über der Rückenmitte. Einheim. ist der bis 12 cm lange **Wasserfrosch** (Rana esculenta), heute als Bastard aus Seefrosch und dem kleineren **Teichfrosch** (Rana lessonae) aufgefaßt; v. a. in pflanzenreichen Teichen und Tümpeln; Färbung grasgrün bis bräunl. mit dunklen Flecken, Unterseite weißl.; ♂ mit großen Schallblasen hinter den Mundwinkeln. Der größte Frosch ist der bis 40 cm lange **Goliathfrosch** (Rana goliath) in W-Afrika; Färbung dunkel, Augen sehr groß.

237

Froschfische

An größeren Gewässern der USA lebt der 10–15 cm lange **Amerikan. Ochsenfrosch**, (Rana catesbeiana); oberseits grün oder graubraun, unterseits heller, oft grau gesprenkelt. - Zu den F. gehören auch die ↑Färberfrösche.

Froschfische (Batrachoididae), Fam. bis 40 cm langer, kaulquappenartiger Knochenfische mit etwa 30 Arten, v. a. in küstennahen Meeresgebieten bes. der trop. und gemäßigten Regionen; zwei Rückenflossen, erste mit wenigen Stachelstrahlen, die mit Giftdrüsen verbunden sein können; zu den F. gehören u. a. die in warmen Küstengewässern Amerikas lebenden **Krötenfische**; lassen grunzende bis quakende Töne hören.

Froschkraut (Froschzunge, Luronium), Gatt. der Froschlöffelgewächse mit der einzigen, in Europa verbreiteten Art **Flutendes Froschkraut** (Luronium natans); in stehenden oder langsam fließenden Gewässern; zierl., mehrjährige Wasserpflanze mit flutenden, untergetauchten lineal. und schwimmenden ellipt. Blättern; Blüten weiß.

Froschkröten (Alytes), Gatt. der Froschlurche mit nur zwei Arten, darunter die ↑Geburtshelferkröte.

Froschlaichalge (Batrachospermum), Gatt. der Rotalgen mit etwa 50, nur in Süßgewässern vorkommenden Arten, davon sechs in Deutschland; bis 10 cm lange, reichverzweigte Algen mit langgliedrigem Zentralfaden und locker gestellten, in Wirteln stehenden Kurztriebbüscheln.

Froschlöffel (Alisma), Gatt. der Froschlöffelgewächse mit mehreren Arten in allen gemäßigten und warmen Gebieten der Erde; ausdauernde Sumpf- und Wasserpflanzen mit grundständigen, eiförmigen oder lanzettförmigen, aufrechten oder flutenden Blättern und kleinen, weißl. bis rötl. Blüten in Rispen. Eine häufigere Art in Deutschland

Waldfrauenfarn

ist der **Gemeine Froschlöffel** (Alisma plantago-aquatica) in Sümpfen, an Teichen und Gräben (Blütezeit Juli–Sept.).

Froschlöffelgewächse (Alismataceae), Fam. einkeimblättriger, meist Milchsaft führender Wasser- und Sumpfpflanzen mit etwa 10 Gatt. und 70 Arten, hauptsächl. auf der Nordhalbkugel; in M-Europa kommen u. a. die Gatt. ↑Froschlöffel, ↑Pfeilkraut und ↑Froschkraut vor.

Froschlurche (Anura, Salientia), mit etwa 2 600 Arten weltweit verbreitete Ordnung der Lurche; Körper klein bis mittelgroß, gedrungen, schwanzlos (im erwachsenen Zustand), mit nackter, drüsenreicher Haut und zwei Gliedmaßenpaaren, von denen die hinte-

Alpenfrauenmantel

Gemeiner Froschlöffel

Fruchtbecher

ren (als Sprungbeine) meist sehr viel länger als die vorderen sind; an den Vorderextremitäten vier, an den Hinterextremitäten fünf Zehen, oft durch Schwimmhäute verbunden oder mit endständigen Haftballen (z. B. bei Laubfröschen, Blattsteigerfröschen); der nicht durch eine Halsregion vom Rumpf abgesetzte, meist breite und zieml. flache Kopf mit großem Maul und großen, oft stark hervortretenden Augen. Die Entwicklung der F. verläuft meist über eine Metamorphose. Die in den meisten Fällen ins Wasser als Laich abgelegten Eier werden dort befruchtet (äußere Befruchtung). Die aus ihnen schlüpfenden Larven (Kaulquappen) besitzen zuerst äußere, dann innere Kiemen und einen Hornkiefer zum Abraspeln der pflanzl. Nahrung. Die zunächst fehlenden Gliedmaßen entwickeln sich später. Bei der Metamorphose werden Schwanz und Kiemen rückgebildet, Lungen für das Landleben entwickelt. Zu den F. gehören u. a. Urfrösche, Zungenlose Frösche, Scheibenzüngler, Krötenfrösche, Echte Frösche, Blattsteigerfrösche, Ruderfrösche, Kröten, Laubfrösche, Pfeiffrösche.

Frostkeimer, Pflanzen, deren Samen ohne vorhergehende Frosteinwirkung nicht oder nur sehr schlecht keimen.

Frostspanner, Bez. für Schmetterlinge aus der Fam. Spanner, deren flugunfähige Weibchen von den von Okt.–Dez. fliegenden Männchen begattet werden. F. leben an Laubhölzern Eurasiens und N-Amerikas. Die im Frühjahr schlüpfenden Raupen werden an Obstbäumen schädl.; Bekämpfung erfolgt durch Spritzungen mit Kontaktgiften oder mit Leimringen. In M-Europa kommen drei Arten vor: **Kleiner Frostspanner** (Gemeiner F., Operophthera brumata), etwa 25 mm spannend, mit dunklen Querbinden auf den bräunl. Vorderflügeln; **Großer Frostspanner** (Erannis defoliaria), etwa 4 cm spannend, Vorderflügel des ♂ hellgelb mit zwei bräunl. Querbinden und (wie die Hinterflügel) mit je einem kleinen, schwarzen Mittelfleck, ♀ gelb mit schwarzer Zeichnung; **Buchen-**

Freesien

frostspanner (Wald-F., Operophthera fagata), ♂ etwa 25 mm spannend, Vorderflügel hell gelblichgrau mit mehreren dunkleren Querlinien, Hinterflügel weißl., ♀ mit weitgehend zurückgebildeten Flügeln.

Frucht [zu lat. fructus „Frucht"], (Fructus) aus der Blüte hervorgehendes pflanzl. Organ, das die Samen bis zur Reife birgt und meist auch der Samenverbreitung dient. Die F. wird von den Fruchtblättern bzw. dem Stempel, oft unter Beteiligung weiterer Teile der Blüte und des Blütenstandes, gebildet. - ↑ auch Fruchtformen.

◆ (Leibes-F.) in der *Medizin* svw. Embryo.

Fruchtbarkeit, svw. ↑Fertilität.

Fruchtbecher (Cupula), oft mit Schuppen oder Stacheln versehene, becherförmige (z. B. bei der Eiche) oder vierteilige (z. B. bei Rotbuche und Edelkastanie) Achsenwucherung, die die Früchte der Buchengewächse umgibt.

Grasfrosch

Goliathfrosch

Fruchtblase

Fruchtblase (Fruchtsack), Bez. für die das Fruchtwasser und den Embryo lebendgebärender Säugetiere (einschließl. Mensch) umschließende Hülle.

Fruchtblatt (Karpell), bes. ausgebildetes Blattorgan (Makrosporophyll) der Blüte, das die Samenanlagen trägt. Alle Fruchtblätter einer Blüte werden als ↑Gynözeum bezeichnet. Die Fruchtblätter können einzeln angeordnet oder zum ↑Fruchtknoten verwachsen sein.

Fruchtfliegen (Bohrfliegen, Trypetidae), weltweit verbreitete Fam. der Fliegen mit etwa 2 000 Arten, deren Larven in Pflanzen schmarotzen. Am bekanntesten sind: **Kirschfliege** (Rhagoletis cerasi), etwa 6 mm groß, glänzend schwarz, grünäugig, mit zwei bis vier dunklen Querbinden auf den glasklaren Flügeln, Larven schädl. an Süß- und Sauerkirschen; **Spargelfliege** (Platyparea poeciloptera), 7–8 mm lang, braunrot, mit feiner schwarzer Behaarung sowie schwarzer und weißer Streifenzeichnung, Larven schädl. in Spargelkulturen; **Mittelmeerfruchtfliege** (Ceratitis capitata), 4–5 mm lang, schwarz gelbgefleckt mit gelbroter Querbinde auf den braungefleckten Flügeln, Larven schädl. in Zitrusfrüchten.

Fruchtformen, Grundformen der Frucht der Samenpflanzen, die nach Ausbildung und Art der beteiligten Organe in drei Haupttypen untergliedert werden: 1. **Einzelfrüchte:** Aus einer Blüte geht nur eine einzige Frucht hervor, die sich bei der Reife ganz oder teilweise öffnet und den Samen freigibt (*Öffnungsfrüchte, Streufrüchte;* z. B. Balgfrucht, Hülse, Schote und Kapselfrucht) oder in geschlossenem Zustand von der Pflanze abfällt (*Schließfrüchte;* z. B. Nuß, Beere, Steinfrucht, Achäne, Karyopse, Spaltfrucht und Gliederfrucht). - 2. **Sammelfrüchte:** Aus jedem einzelnen Fruchtblatt entsteht eine Frucht für sich (*Früchtchen*), jedoch bilden alle Früchtchen dieser Blüte unter Mitwirkung anderer Blütenteile (z. B. der Blütenachse) bei der Reife einen einheitl. Verband (*Fruchtverband*), der eine Einzelfrucht vortäuscht (*Scheinfrucht*) und sich als Gesamtheit ablöst. Nach der Ausbildung der Früchtchen werden Sammelnußfrucht (z. B. Erdbeere), Sammelsteinfrucht (z. B. Himbeere) und Sammelbalgfrucht (z. B. Apfel) unterschieden. - 3. **Fruchtstände:** Ganze Blütenstände, die bei der Reife (unter Mitwirkung zusätzl. Organe, z. B. der Blütenhülle oder der Blütenstandsachse) das Aussehen einer Einzelfrucht annehmen und als Ganzes verbreitet werden (Scheinfrüchte). Fruchtstände können als *Nußfruchtstand* (z. B. Maulbeere), *Beerenfruchtstand* (z. B. Ananas) oder *Steinfruchtstand* (z. B. Feige) ausgebildet sein. - Abb. S. 242.

Fruchthüllen, svw. ↑Embryonalhüllen.

Fruchtknoten (Ovarium), der aus Fruchtblättern gebildete, geschlossene Hohlraum, in dem die Samenanlagen eingeschlossen sind.

Fruchtkörper (Karposoma), vielzelliges Geflecht aus verzweigten und miteinander verwachsenen Pilzhyphen bei Pilzen und Flechten. Der F. trägt in inneren Hohlräumen oder an der Oberfläche die Sporen.

Fruchtsack, svw. ↑Fruchtblase.

Fruchtschalenwickler (Apfelschalenwickler, Capua reticulana), etwa 2 cm spannender, ockerfarbener Kleinschmetterling (Fam. Wickler) mit dunkleren Querbinden auf den Vorderflügeln; Raupen bis 2 cm lang, gelbl. bis schmutziggrau, werden schädl. an Obstbäumen durch Fraß bes. an den Früchten (v. a. Äpfeln, Birnen).

Fruchtschuppe, svw. ↑Samenschuppe.

Fruchtstände ↑Fruchtformen.

Fruchtwand (Perikarp), der aus der Fruchtknotenwand hervorgehende Teil der Frucht der Samenpflanzen. Die F. kann trockenhäutig (z. B. bei der Erbsenhülse), fleischig (z. B. bei der Gurke), verholzt (z. B. bei der Haselnuß), oder in mehrere Schichten von außen nach innen *Exokarp, Mesokarp, Endokarp;* z. B. bei der Kirsche) unterteilt sein.

Fruchtwasser (Amnionwasser), vom ↑Amnion gebildete Flüssigkeit innerhalb der Amnionhöhle bzw. Fruchtblase. Im F. ist der Embryo frei bewegl. eingebettet und gegen Druck, Stoß und Erschütterungen geschützt.

Frųctus [lat.] ↑Frucht.

Frühlingsadonisröschen (Frühlingsteufelsauge, Adonis vernalis), größte, geschützte mitteleurop. Art der Gatt. Adonisröschen, verbreitet auf meist kalkreichen, warmen Trockenrasen, Heidewiesen und in Kiefernwäldern.

Frühlingsenzian ↑Enzian.

Frühlingsknotenblume ↑Knotenblume.

Frühlingskuhschelle ↑Kuhschelle.

Frühlingsmorchel, svw. ↑Frühlorchel.

Frühlingsschlüsselblume ↑Primel.

Frühlorchel (Frühlingslorchel, Frühjahrslorchel, Giftlorchel, Speiselorchel, Frühlingsmorchel, Helvella esculenta), Schlauchpilz mit weißl. bis blaßviolettem, gefurchtem, bis 7 cm hohem Stiel und hohlem, rundl., kaffee- bis schwarzbraunem Hut; von April bis Mai in trockenen Kiefernwäldern und auf Kahlschlägen; Giftpilz.

Frühmenschen (Archanthropinen, Archanthropinae), älteste Gruppe der fossilen Echtmenschen, zu der v. a. der Homo erectus (Pithecanthropus) und der Homo erectus pekinensis (Sinanthropus) gehören. - ↑auch Mensch (Abstammung des Menschen), ↑Altmenschen, ↑Jetztmenschen.

Frụtex [lat.], svw. ↑Strauch.

Fuchs, Leonhart, * Wemding 17. Jan. 1501, † Tübingen 10. Mai 1566, dt. Arzt und Botaniker. - Prof. in Ingolstadt und Tübingen; zählt zu den bedeutendsten humanist. Medizi-

Fuchsschwanzgewächse

nern des 16.Jh.; gab in „Historia stirpium" (1542; dt. 1543 u.d.T. „New Kreuterbuch") erstmals eine systemat. Darstellung und wiss. Benennung von Pflanzen.
Fuchs [zu althochdt. fuhs, eigtl. „der Geschwänzte"], Raubtier (↑ Füchse).
◆ Bez. für einige Tagfalter: 1. **Kleiner Fuchs** (Nesselfalter, Aglais urticae), 4–5 cm spannend, Flügeloberseite rotbraun, mit gelben und schwarzen Flecken auf den Vorderflügeln, Flügelrandbinden dunkel mit je einer Reihe kleiner, blauer Fleckchen; 2. **Großer Fuchs** (Nymphalis polychloros), zieml. selten, 5–6 cm spannend; Flügeloberseite gelbbraun mit schwarzen Flecken, Flügelrandbinden dunkel, die der Hinterflügel blaugefleckt; 3. **Bastardfuchs** (Nymphalis xanthomelas), dem Großen F. sehr ähnl. Art; Flügeloberseite lebhaft rotbraun, mit stärker gezackten Vorderflügeln und helleren Beinen. - Abb. S. 243.
◆ Pferd mit rötl. (fuchsfarbenem) Deckhaar und gleichgefärbtem oder hellerem Mähnen- und Schweifhaar.

Füchse, Bez. für etwa 20 miteinander eng verwandte Arten aus der Raubtierfam. Hundeartige; meist schlanke, nicht hochbeinige, weltweit verbreitete Tiere mit verlängerter, spitzer Schnauze, großen, zugespitzten Ohren und buschigem Schwanz. Hierher gehören u. a.: **Polarfuchs** (Eisfuchs, Alopex lagopus), am Nordpol bis zur Baumgrenze lebend, 45–70 cm lang, Schwanz 30–40 cm lang, kleine, abgerundete Ohren; je nach Fellfärbung im Winter unterscheidet man ↑Blaufuchs und **Weißfuchs** (rein weiß); Sommerfell bei beiden graubraun bis grau. **Korsak** (Steppenfuchs, Alopex corsac) in Z-Asien, etwas kleiner als der Rotfuchs, Fell im Sommer rötl. sandfarben, im Winter weißlichgrau. **Fennek** (Wüstenfuchs, Fennecus zerda) in N-Afrika und SW-Asien, 35–40 cm lang, Schwanz 20 cm lang, Ohren bis über 15 cm lang, Fell hell bis dunkel sandfarben, meist mit rostfarbener Tönung am Rücken, Bauchseite weiß, Schwanzspitze schwarzbraun. Die Gatt. **Graufüchse** (Urocyon) hat je eine Art auf dem südamerikan. Festland und auf einigen Inseln vor S-Kalifornien; 53–70 cm lang, Schwanz 28–40 cm lang, Oberseite und größter Teil der Flanken grau, Schwanz- und Körperunterseite sowie Beine rostbraun, Rückenstreif schwarz, Kehle weiß. Eine Unterart ist der ↑Azarafuchs. **Pampasfuchs** (Dusicyon gymnocercus), in S-Amerika, ca. 60 cm lang, Schwanz ca. 35 cm lang, Färbung braungrau mit schwarzer Sprenkelung, Beine gelblichrot. **Löffelfuchs** (Otocyon megalotis) in O- und S-Afrika, 50–60 cm lang, mit Schwanz fast 1 m messend, grau- bis gelbbraun, Beine, Schwanz sowie Teile des Gesichts und der sehr großen Ohren schwarzbraun. Außerdem zählen zu den F. die fast weltweit verbreiteten, überwiegend nachtaktiven **Echten Füchse** (Vulpes) mit neun Arten, darunter der in Eurasien, N-Afrika und N-Amerika vorkommende **Rotfuchs** (Vulpes vulpes), 60–90 cm lang, Schwanz etwa 35–40 cm lang, Beine kurz, Färbung rostrot mit grauer Bauchseite und schwarzen Füßen, Schwanzspitze meist weiß. Das Fell einiger Unterarten ist ein begehrtes Pelzwerk (z. B. **Kreuzfuchs**, mit dunkler, über Rücken und Schultern kreuzförmig verlaufender Zeichnung; **Kamtschatkafuchs** [Feuerfuchs], Fell leuchtend rot; **Silberfuchs**, glänzend schwarze Grundfarbe mit Silberung kleinerer oder größerer Rückenteile, in Pelztierfarmen gezüchtet). In Tibet und Nepal lebt der **Tibetfuchs** (Vulpes ferrilata), etwas kleiner als der Rotfuchs, Fell rotbraun mit silberschimmernden Flanken und weißl. Unterseite. **Kamafuchs** (Silberrückenfuchs, Vulpes chama) in S-Afrika, rd. 50 cm lang, bräunl., Rücken- und Schwanzoberseite silbergrau. **Blaßfuchs** (Vulpes pallida) in Afrika, bis 50 cm lang, Fell kurzhaarig, fahlgelb sandfarben, mit weißer Bauchseite, Schwanzspitze schwärzlich. - Abb. S. 243.

Fuchsflechte (Letharia vulpina), intensiv gelb gefärbte, bis 5 cm hohe Strauchflechte mit arkt.-alpiner Verbreitung; vorwiegend auf Nadelhölzern; einzige giftige Flechte Europas.

Fuchshai ↑Drescherhaie.

Fuchshund, svw. ↑Foxhound.

Fuchsie ['fʊksiə; nach L. Fuchs] (Fuchsia), Gatt. der Nachtkerzengewächse mit etwa 100 Arten in Amerika und Neuseeland; Halbsträucher, Sträucher oder kleine Bäumchen mit gezähnten Laubblättern; Blüten oft hängend und auffällig rot, rosa, weiß oder violett, meist mehrfarbig gefärbt. Viele Arten und Sorten sind Park-, Balkon- und Zimmerpflanzen.

Fuchskusu (Trichosurus vulpecula), v. a. in den Wäldern Australiens lebender Kletterbeutler von etwa 35–60 cm Körperlänge mit rd. 25–40 cm langem, buschig behaartem Schwanz, dessen unterseits nacktes Ende als Greiforgan fungiert; Fell sehr dicht und weich, Färbung grau, braun oder schwärzl. mit heller Zeichnung. - Sein Fell kommt u. a. unter den Bez. **Adelaide-Chinchilla** und **Austral. Biber** und **Austral. Opossum** in den Handel.

Fuchsmanguste (Cynictis penicillata), etwa 30–40 cm körperlange, schlanke, kurzbeinige Schleichkatze, v. a. in sandigen Gebieten S-Afrikas; Fell relativ langhaarig, orangebraun bis blaß gelbgrau, Bauchseite heller, Schwanzspitze weiß.

Fuchsschimmel ↑Schimmel.

Fuchsschwanz (Amarant, Amaranthus), Gatt. der Fuchsschwanzgewächse mit etwa 50 Arten, v. a. in subtrop. und angebäugten Gebieten; meist Kräuter mit unscheinbaren, kleinen Blüten in dichten Blütenständen.

Fuchsschwanzgewächse (Amarantgewächse, Amaranthaceae), weltweit verbreitete Pflanzenfam. mit etwa 900 Arten in über

Fuchsschwanzgras

60 Gatt.; hauptsächl. Kräuter mit kleinen Blüten, oft in knäueligen Teilblütenständen, die zus. Ähren, Trauben oder Köpfchen bilden; Blütenhülle einfach, meist trockenhäutig und oft lebhaft gefärbt.

Fuchsschwanzgras (Alopecurus), Gatt. der Süßgräser mit dichten, weichen Ährenrispen; etwa 40 Arten auf der Nordhalbkugel; in M-Europa sieben Arten auf Wiesen, Äckern und an feuchten Stellen, z. B. ↑Wiesenfuchsschwanzgras, ↑Ackerfuchsschwanzgras.

Fuchsschwanzziest ↑Betonie.

Fucus [lat.], Gatt. der Braunalgen mit etwa 30 Arten, verbreitet im Litoral der nördl. Meere; die häufigsten Arten in der Nordsee sind der ↑Blasentang und der ↑Sägetang.

Fühler, Bez. für die ↑Antennen (bei Gliedertieren, v. a. Krebstieren, Insekten) und ↑Tentakel (z. B. bei Schnecken, bestimmten Würmern) bei niederen Tieren.

Fühlerkäfer (Paussiden, Paussidae), mit den Laufkäfern eng verwandte, etwa 350 Arten umfassende Fam. bis 2 cm langer Käfer, v. a. in den Tropen und Subtropen (in S-Europa 10 Arten).

Fühlerlose (Scherenfüßer, Chelicerata), seit dem Kambrium bekannter, heute mit über 35 000 Arten weltweit verbreiteter Unterstamm 0,1–60 cm langer Gliederfüßer (fossile Arten bis 1,8 m lang); Antennen fehlen; erstes Gliedmaßenpaar (Chelizeren) meist scheren- oder klauenförmig, zweites Gliedma-

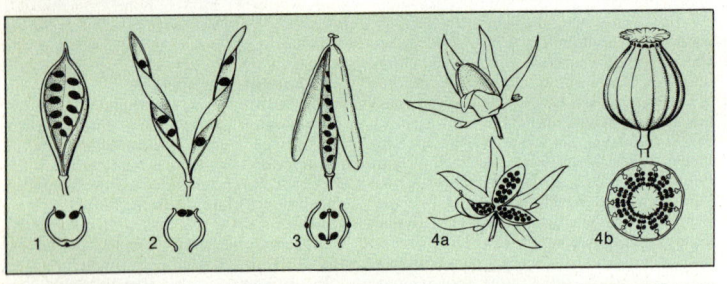

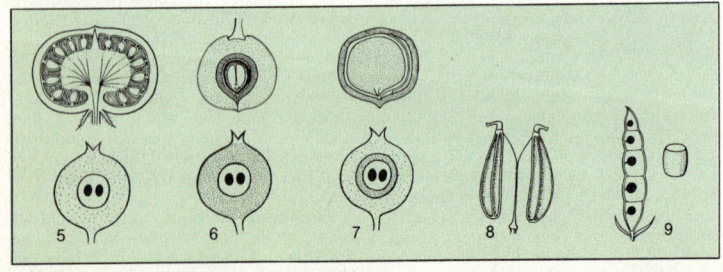

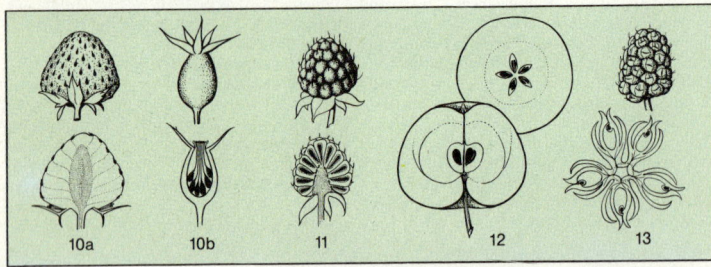

Fruchtformen. 1–4 Öffnungsfrüchte:
1 Balgfrucht, 2 Hülse, 3 Schale,
4a lokulizide Kapsel, 4b Porenkapsel.
5–9 Schließfrüchte: 5 Beere (Tomate),
6 Nuß (Haselnuß), 7 Steinfrucht (Kirsche), 8 Spaltfrucht (Kümmel),
9 Bruchfrucht (Hederich)
10–12 Sammelfrüchte:
10a Sammelnußfrucht
mit fleischiger Blütenachse (Erdbeere),
10b Sammelnußfrucht mit becherförmiger Blütenachse (Hagebutte),
11 Sammelsteinfrucht (Himbeere),
12 Sammelbalgfrucht (Apfel).
13 Nußfruchtstand (Maulbeere)

Funktionskreise

Kleiner Fuchs

ßenpaar (Pedipalpen) als Kiefertaster ausgebildet; Rumpf in Vorderkörper (Prosoma) und Hinterkörper (Opisthosoma) gegliedert, von letzterem kann noch ein stachel- oder fadenförmiger Fortsatz ausgehen; leben an Land, im Süßwasser und im Meer; drei rezente Klassen: ↑Pfeilschwanzkrebse, ↑Spinnentiere, ↑Asselspinnen.

Fühlhaare ↑Tastsinnesorgane.
Fühlorgane, svw. ↑Tastsinnesorgane.
Fuhlrott, Johann [Carl], * Leinenfelde (Landkr. Worbis) 31. Dez. 1803, † Elberfeld (= Wuppertal) 17. Okt. 1877, dt. Naturforscher. - Gymnasiallehrer in Elberfeld; erkannte die von ihm 1856 im Neandertal bei Düsseldorf gefundenen Knochen als Gebeine eines fossilen Menschen.
Fühlsinn, svw. ↑Tastsinn.
Füllen, svw. ↑Fohlen.
Fundus [lat.], in der *Anatomie:* Grund, Boden eines Organs.
Funiculus [lat. „dünnes Seil"], in der *Anatomie:* kleiner Gewebsstrang; z. B. *F. umbilicalis*, svw. Nabelschnur.
◆ (Nabelstrang) in der *botan. Morphologie:* von einem Gefäßbündel durchzogenes Stielchen, mit dem die Samenanlage der Samenpflanzen an der Plazenta befestigt ist.
Funk, Casimir, * Warschau 23. Febr. 1884, † Albany (N. Y.) 20. Nov. 1967, poln.-amerikan. Biochemiker. - Arbeitete in der Ind. und Forschung in Frankr., Deutschland, Großbrit. und in den USA; bei seiner Untersuchung der Beriberi (1912/13) prägte er die Bez. „Vitamin".
Funktion [lat.], in der *Physiologie:* Tätigkeit, Betätigungsweise eines Gewebes; Aufgabe eines Organs im Rahmen des Gesamtorganismus.
Funktionskreise, nach der Umweltlehre J. von Uexkülls Bez. für die Zuordnung bestimmter Organe und Verhaltensweisen eines Tiers zu bestimmten Teilen seiner Umgebung. Die evolutionist. angepaßte Beziehung jeder Tierart zu ihrer spezif. Umwelt besteht aus F. (z. B. Ernährung, Feindbeziehung oder

Füchse. Von oben: Rotfuchs; Fennek, Polarfuchs

Sexualität). Diese Umwelt bildet einen wahrnehmbaren, von den Rezeptoren herausgefilterten Ausschnitt der Umgebung, und in ihm liegen diejenigen Eigenschaften (Merkmale), die für eine Lebensbewältigung wesentl. sind; rückgekoppelt bestimmen sie als Wirkmale phylogenet. vorprogrammiertes Verhalten. Sobald ein Merkmal auftritt, wird es mit einer Wirkung beantwortet; dies führt zur Tilgung des Wirkmals, wodurch die Handlung beendet ist. - Die Lehre von den F. wurde mit Modifikationen von der vergleichenden Verhaltensforschung übernommen.

Furchenbienen

Furchenbienen (Schmalbienen, Halictidae), mit über 1 000 Arten weltweit verbreitete Fam. 3–20 mm großer Bienen (davon in M-Europa etwa 90 Arten); Körper schlank (bes. bei ♂♂), letztes Hinterleibssegment der ♀♀ oben mit kahler Längsfurche.

Furchenfüßer (Solenogastres), Klasse der ↑Stachelweichtiere mit über 120, etwa 3–300 mm langen, weltweit in den Meeren auf schlammigem Grund oder auf Nesseltierstökken vorkommenden, zwittrigen Arten. Ihr wurmförmiger Körper ist von einer Kutikula und von Kalkschuppen oder -nadeln bedeckt, die Gleitsohle ist zu einer Längsfurche mit Falten eingeengt.

Furchenwale (Balaenopteridae), mit sechs Arten in allen Meeren verbreitete Fam. etwa 4–33 m langer Bartenwale (Gewicht bis max. etwa 130 t); an Kehle und Brust etwa 15–100 Furchen, die eine starke Erweiterung des Rachens ermöglichen; Kopfoberseite deutl. abgeflacht; Barten etwa 0,2–1 m lang; wenig biegsam und daher wirtschaftl. weniger wertvoll als bei Glattwalen, Speckschicht weniger dick als bei diesen; Brustflossen zieml. lang und zugespitzt, Rückenfinne weit hinten ansetzend; Bestände z. T. stark bedroht. - Zu den F. gehören: ↑Blauwal; bis 24 m lang und bis 80 t schwer wird der häufig auch im Mittelmeer vorkommende **Finnwal** (Balaenoptera physalus); Oberseite grau, Unterseite weiß, rechter Unterkiefer weiß, linker grau gefärbt. Sehr feine Barten hat der **Seiwal** (Rudolphswal, Balaenoptera borealis); etwa 15–18 m lang, Oberseite dunkelgrau bis bläulichschwarz, Unterseite weiß. Der bis 9 m lange, blaugraue **Zwergwal** (Hechtwal, Balaenoptera acutorostrata) hat eine weißl. Unterseite und Brustflossen mit weißer Querbinde.

Furchenzähner, Sammelbez. für Giftschlangen, deren Giftzähne (im Unterschied zu denen der ↑Röhrenzähner) primär vorn oder seitl. eine Rinne (Glyphe) besitzen (Furchenzähne), an deren Basis der Ausführungsgang der Giftdrüsen mündet.

Furchungsteilung (Eifurchung, Furchung, Eiteilung, Blastogenese), gesetzmäßig aufeinanderfolgende mitot. Teilung des aktivierten Eies der Vielzeller, wobei durch Längs- und Querteilungen (stets kleiner werdende) Furchungszellen entstehen und sich eine ↑Morula ausbildet (bei totaler Furchung). Die F. ist der Beginn der Keimesentwicklung, entweder bereits mit deutl. Determination in bezug auf die einzelnen Blastomeren (bei ↑Mosaikeiern) oder noch ohne eine solche (bei ↑Regulationseiern). Einen entscheidenden Einfluß auf die F. hat u. a. auch die Dottermenge. Ist nur wenig Dotter vorhanden, so wird das ganze befruchtete Ei in Furchungszellen zerlegt (**totale Furchung**). Ist dagegen viel Dotter vorhanden, wird dieser nicht mit in den Teilungsvorgang einbezogen (**partielle Furchung**). - Bei der totalen F. (bei Säugern und beim Menschen) teilt sich die Eizelle in zwei gleich große Furchungszellen (**äquale Furchung**), oder bei dotterreichen Eiern, deren Dottermenge sich am vegetativen Pol ansammelt, in zwei ungleich große Furchungszellen (**inäquale Furchung**). Bei der partiellen F. sehr dotterreicher Eier schwimmt das Eiplasma entweder als Keimscheibe am animalen Pol auf dem Dotter und die F. zerlegt die Keimscheibe in eine ein- oder mehrschichtige Zellkappe (**diskoidale Furchung**; bei Vögeln, Fischen, Reptilien) oder es ordnet sich ringförmig um den zentral gelegenen Kern an. Durch Teilung des Kerns entstehen viele Kerne, die sich mit Plasma umgeben, nach außen wandern und dort dann nach Ausbildung von Zellwänden eine Zellschicht bilden (**superfizielle Furchung**; bei Insekten). - Abb. S. 246.

Fusarium [lat.], Gatt. der Deuteromyzeten; umfaßt konidienbildende Nebenfruchtformen einiger Schlauchpilze, z. B. der Gatt. Nectria; häufig Erreger verschiedener Pflanzenkrankheiten.

Fusion [zu lat. fusio „das Gießen, Schmelzen"], *Sinnesphysiologie:* die von der Hirnrinde geleistete Verschmelzung der Sinneseindrücke beider Ohren bzw. Augen zu einer Gehörsempfindung bzw. einem Bild. ◆ in der *Zytologie* und *Genetik:* 1. Zell-F., die Verschmelzung von Zellen miteinander; 2. **Kern-F.,** die Verschmelzung von Zellkernen unter Bildung von F.kernen; 3. das Verschmelzen von Chromosomenbruchstücken bei Chromosomenaberationen; 4. **Gen-F.,** die Verschmelzung von zwei Genen.

Fuß (Pes), unterster (distaler) Teil der Beine der Wirbeltiere; beim Menschen und bei den Affen speziell an den beiden hinteren Extremitäten. Der F. des Menschen ist durch das Sprunggelenk (Articulatio pedis) mit dem Unterschenkelknochen (Waden- und Schienbein) verbunden. Man· kann ein zw. den beiden Knöcheln gelegenes oberes Sprunggelenk (Knöchelgelenk, ein Scharniergelenk für das Heben und Senken des F.) und ein unteres Sprunggelenk (für drehende F.bewegungen) unterscheiden. - Der F. setzt sich zus. aus der Fußwurzel (Tarsus) mit den Fußwurzelknochen, dem Mittelfuß (Metatarsus) mit den (meist fünf) langgestreckten, durch Bänder miteinander verbundenen Mittelfußknochen (Metatarsalia) und den Zehen. Das Fußskelett besteht aus den Knochen der fünf Zehen, aus sieben Fußwurzelknochen (Fersenbein, Sprungbein, Kahnbein, Würfelbein, drei Keilbeinen) und fünf Mittelfußknochen. An der Unterseite ist ein Fußgewölbe ausgebildet, das durch drei nach Ballen gepolsterte und durch das Fersenbein und die Enden des inneren und äußeren Mittelfußknochens gebildete Punkte vom Boden abgestützt wird. - Abb. S. 246.

Fusulinen (Fusulinidae) [zu lat. fusus

„Spindel"], Fam. fossiler, etwa 0,5 mm–10 cm großer Foraminiferen mit spindelartigen, linsenförmigen oder kugeligen, stark gekammerten Kalkgehäusen; vom Oberen Karbon bis Perm in Europa, Asien und Amerika weit verbreitet; bed. Kalkbildner *(F.kalk);* bekannteste Gatt.: **Fusulina**, mit bis 10 cm langem, spindelförmigem Gehäuse, dessen Kammerscheidewände wellblechartig ineinander verfaltet sind.

Futteresparsette ↑ Esparsette.

Futterkugel (Pflanzenhaarstein), aus Pflanzenfasern bestehender Bezoarstein im Verdauungskanal von pflanzenfressenden Säugetieren (bes. Huftieren).

Futterrübe ↑ Runkelrübe.

G

GABA [Abk. für engl.: gamma amino butyric acid] (Gammaaminobuttersäure), inhibitor. wirkender Neurotransmitter im Zentralnervensystem; bei Krebstieren auch an den neuromuskulären Synapsen (↑ Endplatte); entsteht durch Decarboxylierung der Glutaminsäure.

Gabelantilope, svw. ↑ Gabelbock.

Gabelbock (Gabelantilope, Antilocapra americana), einzige rezente Art der ↑ Gabelhorntiere in der Prärie N-Amerikas; Körperlänge etwa 1–1,3 m, Schulterhöhe 0,9–1 m; Fell dicht, rotbraun, an Kopf und Hals weiße und schwarze Zeichnungen, Brust und Bauchseite weiß, am Hinterende großer, weißer „Spiegel"; ♂ mit gegabeltem, etwa 30 cm langem Gehörn, Gehörn des ♀ klein oder fehlend. - Abb. S. 247.

Gabelfarne, svw. ↑ Gleicheniengewächse.

Gabelhirsche, svw. ↑ Andenhirsche.

Gabelhorntiere (Antilocapridae), Fam. der Paarhufer mit mehreren fossilen Gatt.; z. T. großes, stark verzweigtes (hirschgeweihähnl.) Gehörn, dessen Knochenzapfen nicht abgeworfen wird; rezente Art ↑ Gabelbock.

Gabelschwänze, Bez. für zwei Gatt. der Zahnspinner (Cerura und Harpyia) mit mehreren Arten in den nördl. gemäßigten Regionen. Bei den meist grünl., bunt gezeichneten, v. a. an Laubbäumen fressenden Raupen ist das letzte Beinfußpaar in zwei lange, gabelähnl. Fortsätze umgewandelt. In M-Europa kommen fünf Arten vor, u. a. der bis 7 cm spannende **Große Gabelschwanz** (Cerura vinula) mit durchscheinenden, weißgrauen Vorderflügeln und etwas dunkleren Hinterflügeln. Die etwa 4 cm spannende gelblichgraue **Kleine Gabelschwanz** (Harpyia hermelina) hat eine breite schwärzl. Querbinde und dunkle Zickzacklinien auf den Vorderflügeln. Weiße Flügel und ebensolche Brustsegmente und einen oben schwarzen Hinterleib hat der bis 6 cm spannende **Hermelinspinner** (Weißer Gabelschwanz, Cerura erminea).

Gagelstrauch

Gabelschwanzseekühe (Dugongs, Dugongidae), Fam. bis 7,5 m langer Seekühe mit zwei Arten im Roten Meer, Ind. Ozean und Beringmeer; mit horizontalem, seitl. ausgezipfeltem Schwanzruder; Schneidezähne bei ♂♂ als kurze Stoßzähne entwickelt; einzige rezente Art ist der bis 3,2 m lange, maximal 200 kg schwere **Dugong** (Dugong dugong) im Roten Meer und Ind. Ozean. Die Art **Stellersche Seekuh** (Riesenseekuh, Phytina gigas) mit einem plumpen, bis etwa 8 m langen und rd. 20 t schweren Körper mit dicker borkiger Haut wurde um 1768 ausgerottet.

Gabeltang (Dictyota dichotoma), Braunalgenart im Sublitoral der Weltmeere der mittleren und südl. Breiten; Thallus handgroß, gabelig verzweigt; bildet oft ausgedehnte, bis 15 cm hohe Rasen am Meeresboden.

Gabelweihe, svw. Roter Milan (↑ Milane).

Gabelzahnmoos (Dicranum), Gatt. der Laubmoose mit etwa 50 Arten, meist in den kühlen und gemäßigten Zonen der Nordhalbkugel; kleine bis mittelgroße, rasenbildende Moose mit sichelförmigen, an der Spitze gezähnten Blättern. Die häufigste einheim. Art ist der **Besenförmige Gabelzahn** (Dicranum scoparium) auf Waldböden, an Felsen und Baumstämmen, mit spiralig gestellten Blättern und längl., brauner, glatter Sporenkapsel, deren Deckel geschnäbelt ist.

Gadidae [griech.], svw. ↑ Dorsche.

Gaffky, Georg Theodor August [ˈgafki], * Hannover 17. Febr. 1850, † ebd. 23. Sept. 1918, dt. Bakteriologe. - Schüler R. Kochs; Prof. für Hygiene in Gießen, später Nachfolger Kochs als Direktor des Instituts für Infektionskrankheiten in Berlin; 1884 züchtete er erstmals den Typhusbazillus in Reinkultur.

Gagelstrauch (Myrica), in den gemäßigten und subtrop. Gebieten (außer Australien) vorkommende Gatt. der zweikeimblättrigen Pflanzenfam. **Gagelstrauchgewächse** (Myricaceae). Von den etwa 50 Arten kommt in

245

Gähnen

norddt. Moor- und Heidegebieten der **Heidegagelstrauch** (Heidemyrte, Myrica gale) vor; sommergrüner, 1–1,5 m hoher Strauch mit ungeteilten, harzig-drüsigen, aromat. duftenden Blättern und kleinen, zweihäusigen, braunen (♂) bzw. grünen (♀) Blüten; Steinfrüchte.

Gähnen, unwillkürl., durch Sauerstoffmangel im Gehirn ausgelöstes tiefes Einatmen unter weiter Öffnung der Kiefer, wodurch eine stärkere Lungenbelüftung und Kreislaufanregung bewirkt wird.

Galagos [afrikan.] (Buschbabies, Ohrenmakis, Galagidae), Fam. dämmerungs- und nachtaktiver Halbaffen mit sechs Arten v. a. in den trop. Regen- und Galeriewäldern, Baumsavannen und Buschsteppen Afrikas (südl. der Sahara). Am bekanntesten sind der bis 20 cm lange **Senegalgalago** (Moholi, Galago senegalensis) mit einem dichten, graubraunen Fell, und der bis 35 cm lange **Riesengalago** (Komba, Galago crassicaudatus) mit braunem bis fast schwarzem Fell, sowie der bis 15 cm lange **Zwerggalago** (Galago demidovii) mit oberseits braunem bis grünl., unterseits gelbl. Fell.

Galanthus [griech.], svw. ↑Schneeglöckchen.

Galapagosechse, svw. ↑Meerechse.

Galapagosfinken, svw. ↑Darwin-Finken.

Galapagoskormoran (Stummelkormoran, Nannopterum harrisi), (mit Schwanz) 0,9–1 m langer, oberseits braungrauer, unterseits hellerer Kormoran auf einigen Galapagosinseln, der infolge Fehlens von Feinden völlig flugunfähig geworden ist; von der Ausrottung bedroht.

Galapagosriesenschildkröte ↑Riesenschildkröten.

Galgant [arab.-mittellat.] (Alpinia officinarum), etwa 1,5 m hohes Ingwergewächs aus S-China; der an äther. Öl reiche Wurzelstock wird für Magenmittel und als Gewürz verwendet.

Galium [griech.], svw. ↑Labkraut.

Galläpfel [lat./dt.] (Eichengallen, Eichäpfel, Gallae quercinae), kugelige oder birnenförmige, bis 2 cm große ↑Gallen an Blättern, Knospen oder jungen Trieben verschiedener Eichenarten, verursacht durch Gallwespen.

Furchungsteilung. 1a total-äquale Furchung bei einem dotterarmen Ei, 1b total-inäquale Furchung bei einem dotterreichen Ei, 2a diskoidale partielle Furchung, 2b superfizielle partielle Furchung

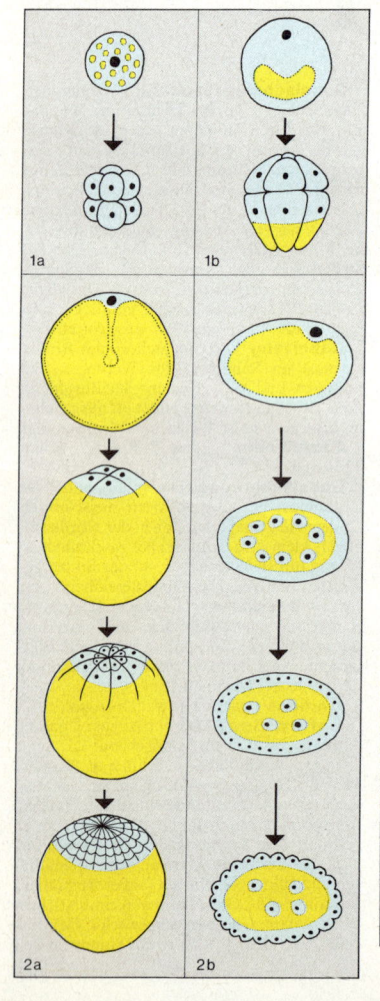

Fuß. Stammesgeschichtliche Umwandlung des Fußes beim 1 Sohlengänger (Affe), 2 Zehengänger (Hund), 3 Zehenspitzengänger (Pferd), 4 Vogel; rot: Zehen, blau: Mittelfußknochen, gelb: Fußwurzelknochen (beim Vogel in den Unterschenkel aufgenommen)

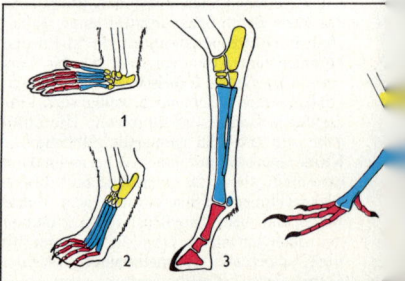

Gallenfarbstoffe

Galle, (Bilis, Fel) stark bitter schmeckendes Sekret und Exkret der Leber der Wirbeltiere (einschließl. Mensch), das entweder als dünne, hellgelbe Flüssigkeit direkt durch den Lebergallengang in den Dünndarm gelangt oder (meist) zunächst in der ↑Gallenblase gespeichert und eingedickt wird (die G. wird zähflüssig und bräunlichgelb), um später auf Grund chem.-reflektor. Reizung (bei fett- und eiweißreicher Nahrung) als grünl. Flüssigkeit entleert zu werden. Die G. enthält neben Cholesterin, Harnstoff, Schleim, Salzen u. a. Stoffen v. a. ↑Gallenfarbstoffe und die für die Verdauung wesentl. „gepaarten" ↑Gallensäuren. Die in der Leber des gesunden Menschen bei normaler Ernährung tägl. gebildete Menge beträgt etwa 800–1 000 cm^3.
◆ gemeinsprachl. svw. ↑Gallenblase.

Gallen [lat.] (Pflanzengallen, Zezidien), Gestaltsanomalien an pflanzl. Organen, hervorgerufen durch Wucherungen, die durch die Einwirkung pflanzl. oder (meist) tier. Parasiten (durch Einstich, Eiablage oder die sich entwickelnde Larve) ausgelöst werden. Gallenbildungen sind als Schutzmaßnahme der befallenen Pflanze aufzufassen, die damit die Parasiten gegen das übrige Gewebe abgrenzt.

Gallenblase (Vesica fellea), dünnwandiger, rundl. bis birnenförmiger, mit glatter Muskulatur versehener Schleimhautsack als Speicherorgan für die ↑Galle; steht durch den Gallenblasengang mit dem zum Darm führenden, durch einen Schließmuskel verschließbaren Lebergallengang und dem aus der Leber kommenden Lebergang in Verbindung. Die meisten Wirbeltiere besitzen eine G., bei manchen fehlt sie (z. B. bei Tauben, Ratten, Kamelen, Pferden, Hirschen). Beim Menschen ist die ungefähr birnenförmige, etwa 8–12 cm lange und 30–50 cm^3 Gallenflüssigkeit aufnehmende G. auf der Unterseite des rechten Leberlappens angewachsen.

Gallenfarbstoffe, Gruppe von Farbstoffen mit einer Tetrapyrrolstruktur, die beim Zerfall roter Blutkörperchen aus dem Blutfarbstoff Hämoglobin entstehen. Zunächst wird durch Aufbrechen des Porphinrings des Hämoglobins zw. zwei Pyrrolkernen das grüne *Choleglobin (Verdoglobin)* gebildet, das noch Eisen und den Eiweißkörper Globin enthält. Durch Abspaltung von Eisen und Globin entsteht der blaugrüne Pyrrolfarbstoff *Biliverdin*, der leicht zum orangeroten *Bilirubin* reduziert werden kann. Diese wasserunlösl., im Blut mit dem Plasmaalbumin transportierte Substanz wird in den Leberzellen an Glucuronsäure gekoppelt, wodurch ein wasserlösl. Glucuronid entsteht, das in die Gallenkapillaren abgeschieden werden kann. Dieses *Bilirubinglucuronid* ist der wichtigste Gallenfarbstoff. Es gelangt mit der Galle in den Darm, wo die Kopplung durch Darmbakterien gelöst wird. Der weitere Abbau liefert gelbes *Mesobilirubin* und dann farbloses *Mesobilirubinogen (Urobilinogen)* und *Sterkobilinogen*. Durch eine ebenfalls von der Darmflora bewirkte Oxidation entstehen zuletzt das orangefarbene *Urobilin* und das goldgelbe *Sterkobilin*, die zum größten Teil ausgeschieden werden und die normale Braunfärbung des Kots bedingen. Ein gerin-

Gabelbock

Senegalgalago

Gallenröhrling

Gallengänge

ger Teil der G. wird rückresorbiert und erneut der Leber zugeführt.

Gallengänge, zusammenfassende Bez. für alle gefäßähnl. Strukturen (ableitende Gallenwege), in denen die Galle in der Leber gesammelt und von dort zum Zwölffingerdarm geleitet wird.

Gallenröhrling (Bitterpilz, Tylopilus felleus), von Juni bis Okt. an feuchten Stellen in Nadelwäldern wachsender Ständerpilz aus der Fam. der Röhrlinge; mittelgroßer Pilz mit braunem Hut, bauchigem Stiel und weißen, später rosaroten Poren (dem Steinpilz sehr ähnl.); ungenießbar. - Abb. S. 247.

Gallensäuren, zu den ↑Steroiden gehörende Gruppe chem. Verbindungen, die in der Gallenflüssigkeit von Mensch und Wirbeltieren enthalten sind. Grundkörper der G. ist die (in der Natur nicht vorkommende) Cholansäure, von der sich die einzelnen G., u. a. *Cholsäure, Desoxycholsäure* (ihre stabilen Additionsverbindungen mit Monocarbonsäuren werden *Choleinsäuren* genannt), *Lithocholsäure* durch Einführung von α-ständigen Hydroxylgruppen ableiten. Die G. und ihre wasserlösl. Alkalisalze haben grenzflächenaktive Eigenschaften und sind für die Emulgierung der Fette und für die Resorption der Fettsäuren im Darm unentbehrl. In der Gallenflüssigkeit liegen die G. amidartig an bestimmte Aminosäuren (v. a. Glycin und Taurin) gebunden, d. h. als sog. gepaarte oder konjugierte G. vor (z. B. Glycochol- und Taurocholsäure). Chem. Strukturformel:

Cholansäure:	$R_1, R_2, R_3 = H$
Cholsäure:	$R_1, R_2, R_3 = OH$
Desoxycholsäure:	$R_1, R_2 = OH, R_3 = H$
Lithocholsäure:	$R_1 = OH, R_2, R_3 = H$

Gallertalge (Nostoc), Gatt. der Blaualgen mit etwa 50 v. a. im Süßwasser verbreiteten Arten; unverzweigte, aus einzelnen Zellen aufgebaute Fäden, die von einer weichen, schleimigen Gallertscheide umgeben sind; bilden oft große Gallertlager.

Gallertgewebe (gallertiges Bindegewebe), zellarmes, überwiegend aus gallertiger Interzellularsubstanz bestehendes, embryonales Bindegewebe (z. B. in der Nabelschnur; dort als *Wharton-Sulze* bezeichnet).

Gallertmark, weiches, sulziges Gewebe in den Röhrenknochen alter Menschen; umgewandeltes Fettmark (↑Knochenmark).

Gallertpilze (Zitterpilze, Tremellales), Ordnung der Ständerpilze; vorwiegend auf Holz wachsende Pilze mit wachsartigem, knorpeligem oder gallertartigem Fruchtkörper. Häufigere Arten sind der bes. auf Kalkböden wachsende orangerote, ohrförmige bis muschelartige, eßbare **Rotbraune Gallertpilz** (Guepinia helvelloides) und der **Gallertartige Zitterzahn** (Eispilz, Tremellodon gelatinosum) mit weißl. oder grau durchscheinendem Fruchtkörper.

Gallmilben (Tetrapodili), Unterordnung 0,08–0,27 mm langer Milben mit nur zwei Beinpaaren (drittes und viertes Beinpaar vollkommen rückgebildet); Pflanzenparasiten, die mit ihren stilettartigen Kieferfühlern Zellen des Wirtsgewebes aussaugen und durch Abgabe von Enzymen ↑Gallen (v. a. an Blättern) hervorrufen.

Gallmücken (Itonidiidae), mit etwa 4000 Arten weltweit verbreitete Fam. der Zweiflügler; meist 4–5 mm große, unscheinbare Mücken mit breiten, behaarten Flügeln, langen Fühlern und Beinen; Mundwerkzeuge reduziert (erwachsene Insekten sind relativ kurzlebig, nehmen kaum Nahrung auf), nicht stechend; Larven erzeugen oft ↑Gallen. Viele Arten sind Pflanzenschädlinge.

Gallwespen [lat./dt.] (Cynipoidea), mit etwa 1600 Arten v. a. auf der Nordhalbkugel verbreitete Überfam. der Hautflügler (Unterordnung Taillenwespen); 1–5 mm lange, häufig schwarz und/oder braun gefärbte Insekten mit seitl. zusammengedrücktem, kurz gestieltem Hinterleib und spärl. geäderten Flügeln. Die meisten Arten der G. parasitieren in Pflanzen. Ausscheidungen ihrer sich dort entwickelnden Larven führen zur Bildung artspezif. geformter, v. a. dem Schutz der Larven dienender ↑Gallen. Befallen von Eichengallwespen werden hauptsächl. Eichenblätter; am häufigsten sind die **Gemeine Eichengallwespe** (Diplolepis quercusfolii) und die rötlichgelbe **Eichenschwammgallwespe** (Biorrhiza pallida). An Rosen, bes. an der Hundsrose, schädl. wird die **Gemeine Rosengallwespe** (Diplolepis rosae). Die knapp 3 mm lange, schwarze, rotbeinige **Himbeergallwespe** (Brombeer-G., Diastrophus rubi) verursacht an Himbeer- und Brombeerruten Zweiganschwellungen.

Galmeipflanzen, Pflanzen, die auf stark zinkhaltigen, mit Galmei angereicherten Böden wachsen. Bekannt ist das gelb oder bunt blühende **Galmeistiefmütterchen** (**Galmeiveilchen,** Viola calaminaria). Die Asche der G. kann bis über 20% Zink enthalten.

Galopp [german.-frz.-italien.] ↑Fortbewegung.

Galton, Sir (seit 1909) Francis [engl. gɔ:ltn], * Birmingham 16. Febr. 1822, † London 17. Jan. 1911, brit. Naturforscher und Schriftsteller. - Arzt und Anthropologe in London. Durch sein Werk „Hereditary genius, its laws and consequences" (1869) gilt G. als Mitbegründer der ↑Eugenik (G. prägte diesen Begriff); außerdem beg. er die Zwillingsforschung und stellte eine Reihe von Erbgesetzen auf. Die **Galton-Regel** (G.sche Kurve) zeigt, daß bestimmte erbl. Eigenschaften stets um einen Mittelwert schwanken. Er erkannte die Individualität des Hautreliefs und regte den Gebrauch der Daktyloskopie im polizeil. Erkennungsdienst an.

Galvani, Luigi, *Bologna 9. Sept. 1737, †ebd. 4. Dez. 1798, italien. Arzt und Naturforscher. - Prof. für Anatomie und Gynäkologie in Bologna; entdeckte 1780 die Kontraktion präparierter Froschmuskeln beim Überschlag elektr. Funken. 1786 zeigte er, daß diese Reaktion auch dann eintritt, wenn der Muskel ledigl. mit zwei verschiedenen miteinander verbundenen Metallen in Kontakt gebracht wird *(Froschschenkelversuch)*. Diese Erscheinung, die früher als Galvanismus bezeichnet wurde, führte zur Entdeckung der elektrochemischen Elemente.

Gamander [griech.-mittellat.] (Teucrium), Gatt. der Lippenblütler mit mehr als 100 Arten in den gemäßigten und wärmeren Zonen; Kräuter, Halbsträucher oder Sträucher mit ährigen, traubigen oder kopfigen Blütenständen. Von den fünf einheim. Arten ist am bekanntesten der karminrot blühende **Echte Gamander** (Teucrium chamaedrys), ein ausläufertreibender Zwergstrauch mit kleinen, eiförmigen, weich behaarten Blättern; v. a. im südl. Deutschland.

Gamanderehrenpreis (Veronica chamaedrys), bis 25 cm hohe Ehrenpreisart; mehrjährige Kräuter mit deutl. in zwei Reihen behaartem Stiel und eiförmig spitzen, grobgekerbten Blättern; Blüten meist azurblau, seltener rot oder weiß, mit dunkleren Adern; Frucht eine herzförmige Kapsel.

Gambusen (Gambusia) [span.], Gatt. der Lebendgebärenden Zahnkarpfen mit 12 etwa 2,5–9 cm langen Arten im östl. N-Amerika, in M-Amerika und auf einigen Westind. Inseln; Körper meist unscheinbar gefärbt, ♂♂ wesentl. kleiner als ♀♀; z. T. Warmwasseraquarienfische.

Gameten [griech.], svw. ↑Geschlechtszellen.

Gametogamie [griech.] ↑Befruchtung.

Gametogenese [griech.], Prozeß der Geschlechtszellenbildung.

Gametophyt [griech.] (Gamont), die geschlechtl., haploide Generation im Fortpflanzungszyklus der Pflanzen (↑Generationswechsel). G. gehen aus Sporen der ungeschlechtl. Generation (des ↑Sporophyten) hervor und bilden ihrerseits geschlechtl. Fortpflanzungszellen. G. finden sich bei allen Pflanzengruppen (außer Bakterien und Blaualgen).

Gammaaminobuttersäure ↑GABA.

Gammaeule (Autographa gamma), bis 4 cm spannender Eulenfalter in Eurasien; mit je einem silberweißen Gammazeichen auf den bräunlichgrauen Vorderflügeln.

Gammaglobulin (γ-Globulin), zur Vorbeugung und Behandlung bei verschiedenen Krankheiten verwendeter Eiweißbestandteil des Blutplasmas mit Antikörpercharakter.

Gammarus [griech.-lat.], Gatt. bis etwa 2,5 cm langer, seitl. stark abgeflachter Flohkrebse; bekannteste Art ↑Bachflohkrebs.

Gamone [griech.] (Befruchtungsstoffe), von männl. und weibl. Geschlechtszellen gebildete Befruchtungshormone, die die Sexualreaktion zw. den ♀ und ♂ Gameten auslösen. Die von den weibl. Geschlechtszellen gebildeten werden als **Gynogamone**, die von den männl. Geschlechtszellen abgegebenen als **Androgamone** bezeichnet.

Gams, svw. ↑Gemse.

Gamsbart, Büschel von Rückenhaaren der Gemse, das als Schmuck an bestimmten Trachten- und Jägerhüten getragen wird.

Gamskraut (Gemskraut), volkstüml. Bez. für verschiedene Gebirgspflanzen, z. B. Arnika, Schwarze Schafgarbe und Stengelloses Leimkraut.

Gamskresse (Gemskresse), volkstüml. Bez. für verschiedene Alpenpflanzen mit kresseähnl. Blättern, z. B. für den Gletscherhahnenfuß und das Rundblättrige Hellerkraut.

Gamswurz, volkstüml. Bez. für verschiedene alpine Pflanzen wie Arnika, Gemswurzkreuzkraut, Goldpippau sowie die der Zwergschlüsselblume.
◆ svw. ↑Gemswurz.

Ganasche [griech.-italien.-frz.], Bez. für den Bereich der Kaumuskulatur bei Tieren; v. a. beim Pferd der hintere, obere Rand des Unterkiefers.

Gangfisch ↑Felchen.

Ganglienzelle [griech./dt.], svw. ↑Nervenzelle.

Ganglion [griech.], (Nervenknoten, G.knoten) Verdickung des Nervensystems, in der die Zellkörper der Nervenzellen (Ganglienzellen) konzentriert sind. Sehr regelmäßig in Form einer Ganglienkette (↑Strickleiternervensystem) sind die Ganglien im Bauchmark der Gliedertiere angeordnet.

Ganoblasten [griech.], svw. ↑Adamantoblasten.

Ganoidschuppe [griech./dt.] (Schmelzschuppe), bei primitiven Knochenfischen weit verbreiteter Schuppentyp, an dessen Oberfläche während des Wachstums zahlr. Schichten einer schmelzähnl., perlmutterartig glänzenden Substanz (**Ganoin**) abgelagert werden. Unter den rezenten Fischen treten die meist rautenförmigen G. bei Flösselhechten, Löffelstören und Knochenhechten auf.

Gänse (Anserinae), mit etwa 30 Arten weltweit verbreitete Unterfam. der 0,4–1,7 m langer Entenvögel, die in der freien Natur eng an Gewässer gebunden sind. Man unterscheidet drei Gruppen: die entengroßen ↑Pfeifgänse, die sehr großen, langhalsigen ↑Schwäne und die zw. diesen Gruppen stehenden **Echten Gänse** mit etwa 15 Arten, v. a.

Gänseblümchen

in den gemäßigten und kälteren Regionen Eurasiens und N-Amerikas; Hals länger als bei Enten, aber kürzer als bei Schwänen, Schnabel keilförmig, Oberschnabelspitze als kräftiger, nach unten gebogener Nagel gestaltet, der zum besseren Abrupfen und -zupfen von Gräsern, Blättern und Halmen dient. Die Echten G. sind meist gute Flieger, die im Flug den Hals nach vorn strecken. Sie sind Zugvögel, die häufig in Keilformation ziehen. ♂ und ♀ sind gleich gefärbt, Paare halten auf Lebenszeit zus. Die fast 90 cm lange, dunkelgraue **Saatgans** (Anser fabalis) kommt auf Grönland und in N-Eurasien vor; unterscheidet sich von der sehr ähnl. Graugans v. a. durch die etwas dunklere Gesamtfärbung, schwarze Abzeichen auf dem gelben Schnabel, schwärzlichgrauen Kopf und Hals sowie orangefarbene Füße. Eine aus der *Schwanengans* (Anser cygnoides) gezüchtete Hausgansrasse ist die **Höckergans**; hellbraun mit großem, orangegelbem und schwarzem Schnabelhöcker; wird in Deutschland als Ziervogel gehalten. Fast 70 cm lang ist die in Z-Asien lebende **Streifengans** (Anser indicus); bräunlichgrau mit Ausnahme des weißl. Kopfes und Oberhalses. Die **Kaisergans** (Anser canagicus) ist etwa so groß wie die Graugans und kommt in N-Alaska und O-Sibirien vor; schwärzlichgrau mit weißem Kopf, weißer Halsober- und schwarzer Halsunterseite. Bis 75 cm lang und weiß mit schwarzen Handschwingen ist die **Große Schneegans** (Anser caerulescens) in NO-Sibirien, im nördl. N-Amerika und auf Grönland. Die **Zwergschneegans** (Anser rossii) ist bis über 50 cm lang und wie die Große Schneegans gefärbt; Schnabelbasis der ♂♂ mit Warzen; kommt in N-Kanada vor. Die **Graugans** (Anser anser) ist 70 cm (♀) bis 85 cm (♂) groß und kommt in Eurasien vor; mit dunkelgrauer, meist weißl. quergebänderter Ober- und hellgrauer Unterseite und hellgrauem Kopf; Beine fleischfarben, Schnabel bei der westl. Rasse gelb, bei der östl. fleischfarben; Vorderflügelrand silbergrau; Stammform der ↑ Hausgans. Ihre Verhaltensweisen sind bes. von Konrad Lorenz erforscht worden. Ein Wintergast an der Nordseeküste ist die ↑ Bläßgans. Die Arten der Gatt. **Meergänse** (Branta) haben einen völlig schwarzen Schnabel. Bekannt sind u. a.: **Rothalsgans** (Branta ruficollis), bis 55 cm lang, in W-Sibirien; **Kanadagans** (Branta canadensis), bis 1 m lang, in N-Amerika und Europa; mit schwarzem Kopf und Hals, breitem, weißem Wangenfleck, dunkelgraubrauner Ober- und weißl. Unterseite; **Ringelgans** (Branta bernicla), etwa 60 cm lang, im arkt. Küstengebiet, mit schwarzem Kopf und Hals, schwärzl. Ober- und weißer oder dunkler Unterseite, Hals mit weißer Ringelzeichnung. - wurde die Graugans seit der Jungsteinzeit als Haustier gehalten. In Kleinasien und in Griechenland waren die Gänse der Aphrodite heilig. Gegen Ende des 15. Jh. wurden G. Attribut des hl. Martin, den man als Schutzpatron der G. anrief.

Gänseblümchen (Maßliebchen, Bellis), Gatt. der Korbblütler mit 10 Arten in Europa; bekannteste Art ist das 5–15 cm hohe, auf Weiden, Wiesen, Rainen und Grasplätzen wachsende **Gänseblümchen** i. e. S. (Bellis perennis); fast das ganze Jahr hindurch blühende, ausdauernde Pflanzen mit grundständiger Blattrosette; Blütenköpfchen auf unbeblättertem Stiel mit zungenförmigen, weißen bis rötl. Strahlenblüten und röhrigen, gelben Scheibenblüten. Verschiedene, v. a. gefüllte Zuchtformen des G. (z. B. *Tausendschön*) sind beliebte Gartenzierpflanzen.

Gänsedistel (Saudistel, Sonchus), Gatt. der Korbblütler mit über 60 Arten in Europa, Afrika und Asien; von den vier einheim. Arten, die als Unkräuter auf Äckern, an Wegrändern und auf Schuttplätzen zu finden sind, ist die bekannteste die **Ackergänsedistel** (Sonchus arvensis), eine bis 1,50 m hohe Staude mit glänzenden, kahlen, fiederspaltigen Blättern und goldgelben Blütenköpfchen.

Gänsefuß (Chenopodium), Gatt. der G.gewächse mit etwa 250 Arten in den gemäßigten Zonen. Am bekanntesten von den 15 einheim. Arten ist der **Gute Heinrich** (Chenopodium bonus-henricus), eine mehrjährige, bis 50 cm hohe, mehlig bestäubte Pflanze mit dickfleischigem Wurzelstock, breiten, dreieckigen oder spießförmigen, ganzrandigen Blättern und grünen Blüten. Kultiviert und als Blattgemüse gegessen werden zwei Arten mit fleischigen, rötl., an Erdbeeren erinnernden Fruchtständen: **Echter Erdbeerspinat** (Chenopodium foliosum) mit tief gezähnten Blättern und **Ähriger Erdbeerspinat** (Chenopodium capitatum) mit schwach gezähnten oder ganzrandigen Blättern.

Gänsefußgewächse (Chenopodiaceae), Fam. zweikeimblättriger Kräuter mit wechselständigen, einfachen Blättern und unscheinbaren, kleinen Blüten in knäueligen Blütenständen. Bekannte Gatt. sind Gänsefuß, Melde, Spinat. Wirtschaftl. Bed. hat die Gatt. Runkelrübe.

Gänsehaut (Cutis anserina), meist reflektor. durch Kältereiz oder durch psych. Faktoren bewirkte Hautveränderung. Das höckerige Aussehen der Haut wird durch Zusammenziehung der an den Haarbälgen ansetzenden glatten Muskeln verursacht, die die Haarbälge hervortreten lassen und die Haare aufrichten.

Gänsekresse (Arabis), Gatt. der Kreuzblütler mit etwa 100 Arten, v. a. in den Gebirgen Europas, Asiens, Afrikas und N-Amerikas; niedrige, rasen- oder polsterförmig wachsende Kräuter mit weißen, bläul., rötl. oder gelben Blüten in Trauben. Von den 10 einheim. Arten ist die häufigste die **Rauhe Gänsekresse** (Arabis hirsuta; Stengel und Blätter

Garigue

rauh behaart). Einige Arten, z. B. die ↑Alpengänsekresse, sind Steingartenpflanzen.

Gänserich, svw. ↑Ganter.

Gänsesäger ↑Säger.

Gänsevögel (Anseriformes, Anseres), seit dem Eozän bekannte, heute mit etwa 150 Arten weltweit verbreitete Ordnung 0,3–1,7 m langer Vögel. Man unterscheidet zwei Fam.: ↑Entenvögel, ↑Wehrvögel.

Ganter (Gänserich), die männl. Gans.

Gap-junction [engl. 'gæp,dʒʌŋkʃən] ↑Zellkontakte.

Garcinia [gar'si:nia; nach dem frz. Botaniker L. Garcin, *1683, †1751], Gatt. der Hartheugewächse mit 220 Arten in den Tropen Afrikas und Asiens. Wichtige Arten sind G. hanburyi (liefert Gummigutt) und der ↑Mangostanbaum.

Gardenie (Gardenia) [nach dem schott. Naturforscher A. Garden, *1730(?), †1791], Gatt. der Rötegewächse mit etwa 60 Arten in den Tropen und Subtropen Asiens und Afrikas; meist Sträucher mit lederartigen Blättern und großen, gelben oder weißen Blüten. Am bekanntesten sind die gefüllt blühenden Formen von **Gardenia jasminoides**, einem aus China stammenden Strauch mit glänzend grünen Blättern und duftenden, weißen Blüten. - Abb. S. 254.

Gariden [frz.] ↑Garigue.

Garigue (Garrigue) [frz. ga'rig; mittellat.-

Gänse. Oben: Saatgans (links) und Höckergans; Mitte: Große Schneegans (links) und Graugans; unten: Rothalsgans (links) und Kanadagans

Garnelen

provenzal.], offene mediterrane Gebüschformation, knie- bis 2 m hoch, gebildet u. a. aus der Kermeseiche, Hartlaubzwergsträuchern, Pistaksträuchern, Zistrosen, Rosmarin und Lavendel sowie Wolfsmilcharten. Ähnl. Erscheinungsformen mit örtl. abweichender florist. Zusammensetzung sind die **Tomillares** in Spanien, die **Phrygana** in Griechenland, die **Trachiotis** auf Zypern und die **Batha** in der Levante; alle diese Erscheinungsformen werden unter dem Namen **Gariden** (Felsenheide) zusammengefaßt.]

Garnelen [niederl.] (Natantia), Unterordnung überwiegend meerbewohnender Zehnfußkrebse mit etwa 2000 bis über 30 cm großen Arten; Körper schlank, fast stets seitl. zusammengedrückt, häufig glasartig durchsichtig, Hinterleib lang, mit endständigem Schwanzfächer und zu Schwimmbeinen entwickelten Extremitäten; vordere Extremitäten lange, dünne Schreitbeine, von denen die beiden vordersten Paare (zum Ergreifen und Zerkleinern größerer Beutetiere) meist kleine Scheren besitzen.

Die bekanntesten Arten sind: **Felsengarnele** (Krevette, Palaemon serratus), etwa 5–7 cm lang, an der europ. Atlantikküste und im Mittelmeer; Körper durchsichtig mit blauen und rotbraunen bis gelben Linien und Flecken. **Nordseegarnele** (Gemeine G., Granat, Crangon crangon), etwa 4,5 (♂) bis 7 (♀) cm lang, vorwiegend hell- bis dunkelgrau, in küstennahen Gewässern des N-Atlantiks und seiner Nebenmeere. **Ostseegarnele** (Palaemon squilla), etwa 6 cm lang, durchsichtig gelbl., rötl. gestreift, in der Nordsee und westl. Ostsee; werden zu Konserven (Krabben) verarbeitet. **Pistolenkrebs** (Knallkrebschen, Alpheus californiensis), bis etwa 5 cm lang, an der kalif. Küste N-Amerikas; können durch Zusammenschlagen der Scherenfinger unter lautem Knall einen starken, gerichteten Wasserstrahl erzeugen, der der Abwehr von Feinden und dem Betäuben von Beutetieren dient. **Steingarnele** (Palaemon elegans), etwa 3–6 cm lang, glasartig durchsichtig, in der Nordsee, an der europ. und afrikan. Atlantikküste sowie im Mittelmeer.

Garrigue [frz. ga'rig] ↑ Garigue.

Gartenampfer (Engl. Spinat, Rumex patientia), bis 2 m hohe Art der zu den Knöterichgewächsen gehörenden Gatt. Ampfer in S-Europa und Vorderasien; ausdauernde Pflanze mit fingerdickem, stark gefurchtem Stengel und meist roten, dünnen, am Rande gewellten Blättern. Die Blätter werden als Gemüse gegessen.

Gartenanemone (Anemone coronia), Anemonenart im Mittelmeergebiet und in Vorderasien; bis 40 cm hohe Stauden mit knolligem Wurzelstock und handförmig geteilten, gestielten Blättern; Blüten groß (4–6 cm), endständig, in leuchtenden Farben. - Abb. S. 254.

Gartenbänderschnecke ↑ Schnirkelschnecken.

Gartenbaumläufer (Certhia brachydactyla), etwa 12 cm lange Art oberseits graubrauner, hell längsgestreifter, unterseits weißl. Baumläufer, v. a. in Gärten, Parkanlagen, Au- und Laubwäldern Europas (mit Ausnahme von N- und großer Teile O-Europas), NW-Afrikas und Kleinasiens; im Unterschied zum sonst sehr ähnl. ↑ Waldbaumläufer mit bräunl. Flanken und etwas längerem, gebogenem Schnabel.

Gartenbohne (Fisole, Phaseolus vulgaris), in S-Amerika (Anden und argentin. Mittelgebirge) beheimatete, heute weltweit verbreitete Bohnenart; einjährige Pflanzen mit windendem oder aufrechtem Stengel, dreizählig gefiederten Blättern und weißen, gelbl., rosafarbenen oder violetten Blüten. Die G. wird in zwei Sorten (**Buschbohne** und **Stangenbohne**) kultiviert, deren unreife Hülsen und reife Samen als Gemüse gegessen werden.

Gartenchampignon ↑ Champignon.

Gartenerbse (Gemüseerbse, Pisum sativum), einjährige, mit Blattranken kletternde Erbsenart mit meist einzelstehenden weißen Blüten; Hülsen 6–10 cm lang, derbschalig; Samen (Erbsen) kugelig, glatt, grünlichgelb, dottergelb oder grün; in vielen Sorten als Gemüsepflanze kultiviert.

Gartenerdbeere ↑ Erdbeere.

Gartenfenchel ↑ Fenchel.

Gartenhaarmücke (Bibio hortulanus), bis 9 mm große Haarmücke; ♂♂ schwarz, ♀♀ gelbrot; Flügel bräunl.; die bis 15 mm langen Larven werden durch Wurzelfraß an Getreide, Rüben und Gartenpflanzen schädlich.

Gartenhummel ↑ Hummeln.

Gartenkresse ↑ Kresse.

Gartenlaubkäfer (Junikäfer, Kleiner Rosenkäfer, Phyllopertha horticola), häufiger, 9–12 mm großer Blatthornkäfer in M-, S- und N-Europa; mit grünem bis grünlichblauem Kopf und Halsschild, gelbbraunen Flügeldecken und metall. grün (auch blauschwarz) schillernder Unterseite. - Abb. S. 254.

Gartenlaufkäfer ↑ Laufkäfer.

Gartenmelisse, svw. Zitronenmelisse (↑ Melisse).

Gartennelke ↑ Nelke.

Gartenrettich ↑ Rettich.

Gartenrotschwanz ↑ Rotschwänze.

Gartensalat ↑ Lattich.

Gartensänger, svw. Gelbspötter (↑ Grasmücken).

Gartenschläfer (Eliomys quercinus), relativ kleine, schlanke Art der Bilche Europas (mit Ausnahme des Nordens) und NW-Afrikas; Körperlänge etwa 10–17 cm, Schwanz etwa 9–13 cm lang; Oberseite etwa zimtfarben, Bauch weiß, Stirn rotbraun, Gesicht unterhalb eines ausgeprägten schwarzen Augenstreifs weiß. Seinen Winterschlaf hält der G.

Gaumensegel

in Erd- oder Baumhöhlen, auch in Nistkästen.
Gartenschnecke, svw. Gartenbänderschnecke (↑ Schnirkelschnecken).
Gartenspötter, svw. Gelbspötter (↑ Grasmücken).
Gärung, Bez. für den anaeroben enzymat. Abbau von Kohlenhydraten durch Mikroorganismen. Im Ggs. zur ↑ Atmung erfolgt der Abbau nicht vollständig zu Kohlendioxid und Wasser, es werden relativ energiereiche Endprodukte gebildet; daher ist die Energieausbeute der G. wesentlich geringer. Nach den entstehenden Endprodukten unterscheidet man u.a. die alkohol. G., die Milchsäure-G. und die Propionsäure-G. Der aerobe enzymat. Abbau von Kohlenhydraten u.a. organ. Verbindungen wurde früher auch als G. bezeichnet, z. B. der Abbau von Äthanol zu Essigsäure (Essigsäure-G.). - ↑ auch Fäulnis, ↑ Verwesung.

Gasbrandbakterien, Clostridiumarten (↑ Clostridium), die beim Menschen Gasbrand hervorrufen können. Die G. bilden stark gewebsauflösende Enzyme, die meisten außerdem tödl. Exotoxine. Da die G. überall im Erdboden vorkommen, besteht bei jeder verschmutzten Wunde Infektionsgefahr.

Gasser, Herbert Spencer, * Platteville (Wis.) 5. Juli 1888, † New York 11. Mai 1963, amerikan. Physiologe. - Entdeckte zus. mit J. Erlanger differenzierte Funktionen einzelner Nervenfasern und erhielt 1944 zus. mit ihm den Nobelpreis für Physiologie oder Medizin.

Gaster [griech.], svw. ↑ Magen.
Gasträatheorie [griech.], von E. Haeckel begr. Hypothese, nach der alle mehrzelligen Tiere (Metazoen) auf eine gemeinsame, einer ↑ Gastrula ähnelnde Stammform (Gasträa) als Grundschema zurückzuführen sind.

Gastrin [griech.], ein aus 17 Aminosäuren bestehendes Peptid mit Hormonwirkung, das von den Schleimhautzellen im pylorusnahen Teil des Magens gebildet wird und die Magendrüsen zur Sekretion des Magensaftes anregt.

Gastromycetidae [griech.], svw. ↑ Bauchpilze.
Gastropoda [griech.], svw. ↑ Schnecken.
Gastrula [griech.] (Becherkeim), im Verlauf der Keimentwicklung durch ↑ Gastrulation aus der ↑ Blastula hervorgehendes, oft becherförmiges Entwicklungsstadium der Vielzellerkeims; im Ggs. zur vorangegangenen Blastula aus zwei Zellschichten bestehend, den inneren (Entoderm) und äußeren Keimblatt (Ektoderm).

Gastrulation [griech.], Bildung der ↑ Gastrula; Zeitabschnitt der Keimentwicklung, während dessen die beiden primären Keimblätter (Ektoderm und Entoderm) gebildet werden.

Gattung (Genus), eine systemat. Kategorie, in der verwandtschaftl. einander sehr nahe stehende ↑ Arten zusammengefaßt werden, die dann dieselbe Gattungsbez. tragen (z. B. bei Löwe und Leopard: Panthera). - ↑ auch Nomenklatur.

Gattungsbastard, aus einer Kreuzung hervorgegangenes Individuum, dessen Eltern verschiedenen Gatt. angehören (z. B. das Maultier aus Esel und Pferd).

Gauchheil (Anagallis), Gatt. der Primelgewächse mit etwa 40 über die ganze Erde verbreiteten Arten, davon drei in Deutschland; kriechende oder aufrechte, kleine, ein- bis mehrjährige Pflanzen mit gegen- oder wechselständigen Blättern, in deren Achseln rad- bis glockenförmige, gestielte Blüten stehen. Die häufigste einheim. Art ist der ↑ Acker-gauchheil.

Gaukler ↑ Schlangenadler.
Gauklerblume (Mimulus), Gatt. der Rachenblütler mit etwa 150 Arten in den außertrop. Gebieten, v. a. im westl. N-Amerika; meist niedrige Kräuter, mit ungeteilten, gegenständigen Blättern und großen, gelben bis braunen, zuweilen rötl. gefleckten Blüten. Mehrere krautige Arten werden kultiviert und sind z. T. verwildert und eingebürgert, z. B. die **Gelbe Gauklerblume** (Mimulus guttatus) mit gelben, rotgefleckten Blüten.

Gauklerfische (Schmetterlingsfische, Chaetodontinae), Unterfam. meist prächtig bunt gefärbter, etwa 10–20 cm langer Knochenfische (Fam. Borstenzähner) mit über 100 Arten in den trop. und subtrop. Meeren.

Gaultheria [nach dem kanad. Botaniker J.-F. Gaultier, * 1708, † 1756] (Scheinbeere), Gatt. der Heidekrautgewächse mit etwa 150 Arten in N- und S-Amerika, O- und S-Asien, Australien und Neuseeland; niedrige, immergrüne Sträucher mit wechselständigen, gesägten, eiförmigen Blättern; Blüten einzeln oder in Trauben; Frucht eine beerenähnl. Kapsel.

Gaumen (Munddach, Palatum), obere Begrenzung der Mundhöhle bei den Wirbeltieren, deren Epithel bei den Fischen und Amphibien durch Deckknochen an der Basis des Hirnschädels gestützt wird *(primärer G., primäres Munddach)*. Durch einwärts in die Mundhöhle wachsende Fortsätze des Zwischen- und Oberkiefers und des Gaumenbeins bildet sich bei den höheren (luftatmenden) Wirbeltieren ein *sekundärer G. (sekundäres Munddach)* aus, der nach oben eine Nasenhöhle abteilt (die jedoch über die ↑ Choanen mit der Mundhöhle bzw. dem Rachen in Verbindung bleibt). Bei den Säugetieren (einschließl. Mensch) gliedert sich der sekundäre G. in einen vorderen *harten G. (knöcherner G., Palatum durum)* und einen hinten anschließenden *weichen G. (Palatum molle;* ↑ Gaumensegel).

Gaumenmandel (Tonsilla palatina), jederseits zw. den Gaumenbögen des weichen Gaumens liegendes lymphat. Organ der Säugetiere; Abwehrorgan gegen Infektionskeime. - ↑ auch Rachenmandel, ↑ Zungenmandel.

Gaumensegel (weicher Gaumen, Velum

253

Gaumenzäpfchen

palatinum), über der Zungenbasis (im Anschluß an den harten Gaumen) ausgespannte Schleimhaut (mit Muskulatur und Bindegewebe) des sekundären Gaumens mit jederseits zwei bogenförmigen Falten hintereinander. Die Gaumenbögen laufen in der Mitte des Hinterrandes des G. im frei herabhängenden **Gaumenzäpfchen** (*Zäpfchen, Uvula, Uvula palatina*) zusammen. Zw. den Gaumenbögen liegt die ↑Gaumenmandel.

Gaumenzäpfchen ↑Gaumensegel.

Gaur [ˈgaʊər; Hindi] (Dschungelrind, Bos gaurus), sehr großes, kräftig gebautes Wildrind in Vorder- und Hinterindien; Körperlänge etwa 2,6 (♀) bis 3,3 m (♂), Schulterhöhe etwa 1,7–2,2 m, Gewicht bis etwa 1 t; Färbung in beiden Geschlechtern gleich: dunkelbraun bis schwarz, unterer Teil der Extremitäten weiß. Die halbzahme Haustierform des G. ist der **Gayal** (Stirnrind, Bos gaurus frontalis): deutl. kleiner und auch kurzbeiniger als der G., Körperlänge etwa 2,8 m, Schulterhöhe bis 1,6 m, ♀♀ kleiner.

Gaviale (Gavialidae) [Hindi], Fam. der Krokodile mit dem oberseits dunkelblaugrauen bis bleischwarzen, unterseits helleren **Gangesgavial** (Gavial, Gavialis gangeticus) als einziger rezenter Art in Vorder- und Hinterindien; bis fast 7 m langer, schlanker Körper, kräftiger Ruderschwanz, jedoch schwach entwickelte Beine; Schnauze schmal und lang, vom übrigen Schädel deutl. abgesetzt.

Gazellen (Gazella) [arab.-italien.], Gatt. 0,9–1,7 m langer (Körperhöhe 0,5–1,1 m) Paarhufer aus der Unterfam. *Gazellenartige* (Springantilopen, Antilopinae) mit etwa 12 Arten; meist leicht gebaut mit langen, schlanken Beinen, wodurch hohe Laufgeschwindigkeiten erreicht werden; Kopf ziml. klein, mit relativ großen Augen und (meist bei beiden Geschlechtern) quergeringelten Hörnern, die gerade oder gebogen sein können. – In den Wüstengebieten S-Marokkos und der Sahara lebt die **Damagazelle** (Gazella dama); Oberseite rotbraun, Unterseite, Gesicht, Brustlatz, Beine und hinteres Körperviertel weiß; Hörner bis 30 cm lang, schwarz und geringelt. Urspr. in ganz N-Afrika und im äußersten SW Asiens, heute in weiten Teilen ausgerottet, kommt die **Dorkasgazelle** (Gazella dorcas) vor; Körper hell sandfarben, von der weißen Bauchseite durch einen breiten, rötlichbraunen Flankenstreif abgesetzt und mit rostfarbener, brauner und weißer Gesichtszeichnung. Heute weitgehend ausgerottet ist die **Edmigazelle** (Gazella gazella); Körper dunkel sandfarben mit dunkelbrauner Zeichnung an Kopf und Flanken, Bauchseite weiß, Hörner beim ♂ bis 35 cm lang. In O-Afrika kommt die **Grantgazelle** (Gazella granti) vor; Körper rötlichbraun, Unterseite weiß, Hinterteil um den Schwanz herum weiß, an den Seiten braunschwarz eingefärbt; Gesicht mit kastanienfarbener und weißer Zeichnung.

Gartenanemone

Gardenie

Gartenlaubkäfer

Gebaren

Das ♂ der **Kropfgazelle** (Pers. G., Gazella subgutturosa) hat während der Brunst eine kropfartig angeschwollene Kehle und einen verdickten Nacken; lebt in den Halbwüsten und Wüsten SW- und Z-Asiens. In W-Afrika bis Äthiopien kommt die **Rotstirngazelle** (Gazella rufifrons) vor; rotbraun mit weißer Bauchseite, an den Flanken jederseits ein schmales, schwarzes Längsband. Die oberseits rötl.-sandfarbene, unterseits weiße **Sömmeringgazelle** (Gazella soemmeringi) lebt in NO-Afrika; Gesicht schwarz-weiß gezeichnet. In O-Afrika kommt die **Thomsongazelle** (Gazella thomson) vor; Fell rötl.- bis gelbbraun, von der weißen Bauchseite durch ein breites, schwarzes Flankenband abgesetzt; Schwanz schwarz; Gesicht braun mit schwarz-weißer Zeichnung.

Geastrum [griech.], svw. ↑ Erdstern.

Gebärde [zu althochdt. gibaran „sich verhalten"] (Gehabe[n]), Verhaltensausdruck einer bestimmten psych. Verfassung bei Tieren und Menschen. Charakterist. ist das Übermitteln einer Information. Entwicklungsgeschichtl. vorprogrammiert sind die Instinktgebärden, die der innerartl. Kommunikation dienen und instinktiv auch von den Artgenossen verstanden werden. Bekannte Beispiele dafür sind die Demutsgebärde, das Drohverhalten oder das Imponiergehabe. Menschl. G. sind vielfach noch entwicklungsgeschichtl. verwurzelt (sie finden sich folgl. z. T. auch bei Tieren, bes. bei Primaten), doch sind sie meistens überformt und schließl. durch Konventionen fixiert. Ein großer Teil der G. besteht darüber hinaus aus formalisierten und stilisierten Handlungen. Bei Naturvölkern sind die G. in der Regel Teil kult. Handlungen. Das ma. dt. *Recht*, das auf Anschaulichkeit bedacht war, schrieb für die meisten Handlungen außer der Worterklärung noch bestimmte G. vor. Vereinzelt sind solche Rechts-G. noch heute übl., z. B. wird der Eid stehend mit erhobener rechter Hand geleistet, der Kauf eines Stück Viehs mit Handschlag besiegelt.

Gebaren, gesamtpersönl. Ausdrucksgeschehen eines Menschen in Gebärden, Gesten und Mimik. Im übertragenen Sinn auch svw. auffälliges Verhalten.

Gazellen. Damagazelle (oben) und Grantgazelle

Geckos. Mauergecko (oben) und Nacktfingergecko

Gebärfische

Gebärfische (Aalmuttern, Zoarcidae), Fam. der Dorschfische mit etwa 60 Arten im N-Atlantik, N-Pazifik sowie in arkt. und antarkt. Gewässern; Körper walzenförmig, aalähnl. langgestreckt. Einige Arten sind lebendgebärend, z. B. die Art **Aalmutter** (Grünknochen, Zoarces viviparus) an den N-Küsten Europas vom Ärmelkanal bis zum Weißen Meer (auch in der Ostsee und in Flußmündungen), etwa 30–50 cm lang, von veränderl., dunkler Färbung.

Gebärmutter (Uterus), Teil der inneren weibl. Geschlechtsorgane, in den die Eileiter münden. Die G. dient der Aufbewahrung der sich im Mutterleib weiterentwickelnden Eier. Sie mündet in die Scheide. Bei den Wirbeltieren ist die G. (durch ihre Entstehung aus dem paarigen Müller-Gang) urspr. doppelt angelegt. Beim Menschen ist die sehr dehnbare, muskulöse G. 6–9 cm lang und birnenförmig. Sie ist verhältnismäßig gut bewegl. im kleinen Becken zw. Harnblase und Mastdarm befestigt. Die verschiedenen, relativ lockeren Mutterbänder halten die G. normalerweise in einer gewissen Vorwärtsneigung *(Anteversio)* und Vorwärtsknickung *(Anteflexio)* fest. Sie wird zusätzl. vom muskelstarken Beckenboden getragen. Der Hauptanteil der G., der G.körper verengt sich am *inneren Muttermund* und läuft in den G.hals aus. Dessen zapfenartig in die Scheide vorgestülpter Endteil ist die *Portio vaginalis*, deren schlitzförmige Mündung in die Scheide als *äußerer Muttermund* bezeichnet wird. Der vordere bzw. untere und hintere bzw. obere Anteil des äußeren Muttermundes sind die *Muttermundlippen*. Der G.körper ist bei Normallage gegen den G.hals nach vorn abgewinkelt. Die G.wand besteht aus dem innen liegenden *Endometrium* (G.schleimhaut, Uterusschleimhaut; in der Mitte zw. zwei Menstruationen 3–5 mm stark) und dem etwa 1 cm dick ausgebildeten *Myometrium* (Muskelschicht aus glatter Muskulatur und Bindegewebe). Als eine die G. umschließende Hülle bilden Serosaepithel und Bauchfell das *Perimetrium* (das jederseits von der G., zus. mit einem Halteband aus elast. Bindegewebe und glatter Muskulatur, das *breite Mutterband* bildet, das auch den Eileiter einbezieht.

Gebärmutterschleimhaut ↑ Gebärmutter.

Gebiß, die Gesamtheit der ↑ Zähne. - Das Gegeneinanderdrücken der Schneidezähne von Ober- und Unterkiefer bezeichnet man als **Biß.**

Geburt (Partus), Vorgang des Ausstoßens der Nachkommen aus dem mütterl. Körper bei lebendgebärenden (viviparen) Tieren und beim Menschen (bei letzterem auch als **Niederkunft** oder **Entbindung** bezeichnet). Säugetiere werden in noch embryonalem Zustand geboren (Beuteltiere) oder erst, nachdem sie sich so weit entwickelt haben, daß sie außerhalb des mütterl. Körpers lebensfähig sind (plazentale Säugetiere). Sie können dann noch hilflos sein (z. B. nackt und blind, wie bei Kaninchen, Mäusen, Raubtieren) oder bereits fortbewegungsfähig, behaart und sehend (z. B. Feldhase, Elefanten, Huftiere). *Unipare* Lebewesen gebären i. d. R. nur ein Junges (z. B. Pferd, Affen, Mensch), *multipare* Tiere bringen mehrere Junge in einem G.akt zur Welt (z. B. Nagetiere, Katzen, Hunde, Schweine). Die Kräfte, die zur Ausstoßung der Leibesfrucht führen, sind die **Wehen** (Labores). Es sind mehr oder weniger schmerzhafte rhythm. Kontraktionen der Gebärmutter vor bzw. während einer Geburt. Man unterscheidet: unregelmäßige *Vorwehen, Stellwehen* (fixieren den Kopf im kleinen Becken), *Eröffnungswehen, Austreibungs- oder Preßwehen* (werden von den Bauchdeckenmuskeln, der sog. Bauchpresse, unterstützt), *Nachgeburtswehen* (zur Lösung der Nachgeburt). Beim Menschen beträgt die Gesamtdauer einer G. bei Erstgebärenden 15–24 Stunden, bei weiteren Geburten ist sie kürzer (evtl. nur wenige Stunden). Selten kommt es zu einer plötzl., sehr schnell verlaufenden Sturzgeburt. Das Herannahen einer G. kündigt sich durch bestimmte **Anzeichen** an. So senkt sich die Gebärmutter mit der Frucht etwa 3–4 Wochen vor G.beginn nach unten ins Becken. In den letzten Tagen vor der G. treten Vorwehen auf. Es kommt zu einem Druck auf die Blase und blutiger Schleimabsonderung. Kurz vor Beginn der G. setzen Herzklopfen, Unruhe, Kreuz- und Nervenschmerzen ein. Der *Zeitpunkt des Eintretens der G.* ist durchschnittl. 280 Tage nach dem ersten Tag der letzten Menstruation erreicht (äußerste Grenzen: 236 und 334 Tage). Er zeigt sich mit dem Einsetzen der zunächst in größeren Abständen sich wiederholenden, dann im Abstand von etwa fünf Minuten erfolgenden Wehen an. Mit dem Blasensprung endet die Eröffnungsperiode, und es beginnt die Austreibungsperiode unter starker Dehnung des Geburtskanals einschließl. des Beckenbodens und Damms, wobei die Mutter mitpreßt. Bei normaler G. kommt zuerst der Kopf des Kindes (Hinterhaupt voran) zum Vorschein. Nach der G. des Kindes wird dieses abgenabelt. Die Abnabelung ist eine doppelte Unterbindung und Abtrennung der Nabelschnur, etwa eine Handbreite vom kindl. Nabel entfernt. Die nun beginnende Nachgeburtsperiode dauert etwa eine halbe Stunde bis zwei Stunden. Hierbei wird die Plazenta samt den Embryonalhüllen, dem Rest der Nabelschnur und der obersten Unterschleimhautschicht als **Nachgeburt** ausgestoßen.

Für erstgebärende Europäerinnen liegt das günstigste Lebensalter für den normalen Verlauf von Schwangerschaft und G. *(Gebäroptimum)* etwa zw. dem 18. und 28. Lebensjahr.
📖 *Kitzinger, S.: Natürl. G. Mchn.* ²1981. -

Naaktgeboren, C./Slijper, E. J.: *Biologie der G.* Hamb. 1970.

Geburtshelferkröte (Feßlerkröte, Glockenfrosch, Alytes obstetricans), etwa 3–5,5 cm großer Froschlurch (Fam. Scheibenzüngler). Die bei der Paarung vom ♀ abgegebenen, durch eine Gallertschnur zusammengehaltenen Eier werden vom ♂ besamt und anschließend um die Lenden oder Hinterbeine gewickelt. Das ♂ trägt die Laichschnüre etwa 3 Wochen mit sich und setzt die schlüpfreifen Larven dann im Wasser ab.

Geckos [malai.] (Haftzeher, Gekkonidae), Fam. überwiegend nachtaktiver Echsen mit rd. 670 Arten; Körpergestalt meist abgeflacht; mit großen Augen, deren Lider fast stets zu einer unbewegl., durchsichtigen Schuppe verwachsen sind; Pupillen meist senkrecht, schlitzförmig; Schwanz kann (wie bei den Eidechsen) bei Gefahr an vorgebildeten Bruchstellen abgeworfen werden; Finger und Zehen meist verbreitert, häufig mit Haftlamellen, die mikroskop. kleine Haken aufweisen, mit deren Hilfe sich die G. an feinsten Unebenheiten anheften können. Im Ggs. zu den übrigen Echsen geben G. oft zirpende oder quakende, z. T. sehr laute Töne von sich. Zu den G. gehören u. a. ↑ Blattfingergeckos, ↑ Blattschwanzgeckos. Bekannt ist außerdem die artenreiche Gatt. **Dickfingergeckos** (Pachydactylus), etwa 10–20 cm lang, leben in Wüsten, Halbwüsten und Savannen S-Afrikas; Zehen am Ende zu Haftscheiben verbreitert. Die etwa 10 cm langen Arten der Gatt. **Dünnfingergeckos** (Stenodactylus) kommen in N-Afrika und W-Asien vor; ohne bes. Hafteinrichtungen an den Zehen. Die Gatt. **Halbzeher** (Hemidactylus) hat über 40, 7–20 cm lange Arten, v. a. in den Tropen und Subtropen; die zur Körpermitte hin gelegene Hälfte der Zehen durch doppelreihig angeordnete Haftlamellen stark verbreitert, so daß die Zehen (von unten gesehen) längs halbiert erscheinen. Die bekannteste Art ist der bis 18 cm lange, nachts in Häuser eindringende und dort Insekten jagende **Afrikan. Hausgecko** (Hemidactylus mabouia). In den Mittelmeerländern kommt der 10–15 cm lange **Mauergecko** (Tarentola mauritanica) vor. Die rd. 80 Arten der Gatt. **Nacktfingergeckos** (Gymnodactylus) leben in allen warmen Gebieten; ohne Haftlamellen an den Zehen. Ausschließl. tagaktiv sind die bis 25 cm langen Arten der **Taggeckos** (Phelsuma); kommen auf Madagaskar, den Komoren, Andamanen und Seychellen vor; meist leuchtend grün, oft mit ziegelroten Flecken am Kopf und auf dem Rücken. Der knapp 15 cm lange **Wüstengecko** (Coleonyx variegatus) lebt in Wüstengebieten Kaliforniens; ohne Haftlamellen; mit breiten, dunklen Querbinden auf Rücken und Schwanz. – Abb. S. 255.

Gedächtnis, Fähigkeit, Informationen abrufbar zu speichern. Körperl. Grundlage für das G. ist bei Mensch und Tier die Gesamtheit der Nervenzellen. Wie diese die Informationen aufbewahren, d. h. durch welche Vorgänge Erregungen zurückbleiben bzw. Spuren (Engramme, Residuen) hinterlassen, ist noch weitgehend ungeklärt. – Das menschl. G. arbeitet in drei Stufen: Im **Ultrakurzzeitgedächtnis** werden für 6–10 Sekunden Eindrücke bewahrt. Das **Kurzzeitgedächtnis** hält Eindrücke für maximal ein bis zwei Stunden fest, im allg. jedoch nur für Sekunden bis Minuten, denn danach wird die Information entweder gelöscht oder vom Langzeit-G. übernommen. Für das Kurzzeit-G. sind wahrscheinl. elektr. Erregungskreise wirksam, in denen Informationsträger so lange kreisen, bis der Vorgang durch eine Hemmung unterbrochen wird, wodurch die Informationen gelöscht werden, oder die in der Zwischenzeit nicht durch chem. Speicherung vom Langzeit-G. übernommen worden. Im **Langzeitgedächtnis** werden Eindrücke dauerhaft gespeichert und manchmal lebenslang aufbewahrt. – Die meisten Informationen werden in dem am stärksten differenzierten Teil der Großhirnrinde, dem Neokortex, gespeichert. Die **Gedächtnisleistung** hängt von der Größe des Gehirns und von der Komplexheit des Nervensystems und z. T. auch von der Größe der Nervenzellen selbst ab. Die Hinterlassung von **Gedächtnisspuren** kann man sich als eine Art ↑ Bahnung vorstellen, wobei durch häufigen Gebrauch die Durchgängigkeit der Synapsen gesteigert wird. Darüber hinaus könnte der Vorgang bei genügender Wiederholung zu Dauerveränderungen führen. – Ungelöst ist das Problem des **Vergessens**. Dieser dem Behalten und Erinnern gegenläufige Vorgang bedingt, daß Wahrgenommenes bzw. Gelerntes nicht mehr oder nur unvollständig reproduziert werden kann. Im allg. gilt: 1. Es wird um so mehr vergessen, je größer der zeitl. Abstand zw. Einspeicherung und Erinnerung ist; 2. sinnarmes, unwichtiges und umfangreiches Material wird eher vergessen; 3. Art und Anzahl der auf einen Lernvorgang folgenden Eindrücke beeinflußen das Ausmaß des Vergessens.

Von den Tieren haben (mit Ausnahme der Mesozoen und Schwämme) alle vielzelligen Tiere ein Gedächtnis. Man kann ganz allg. deren Entwicklungshöhe danach beurteilen, wieviele Informationen sie sammeln können, d. h. wie groß ihre G.leistung ist. Diese weist zugleich eine hohe Korrelation mit der Anzahl der Nervenzellen, aus denen das Zentralnervensystem einschließl. des Gehirns besteht, auf.

Die **Gedächtnisforschung** ist ein Grenzgebiet von Biologie, Medizin, Psychologie, Kybernetik und anderen verwandten Disziplinen. Dementsprechend sind die Methoden sehr verschieden. So versuchen z. B. amerikan. Biochemiker, Gedächtnismoleküle samt den

Gefäßbündel

in ihnen gespeicherten Informationen von verschiedenen Tieren auf andere Tiere zu übertragen.

📖 *Jüttner, C.: G. Grundll. der psycholog. G.forschung. Basel 1979. – Flavell, J. H.: Kognitive Entwicklung. Dt. Übers. Stg. 1979. – Sinz, R.: Gehirn u. G. Stg. 1978.*

Gefäßbündel, svw. ↑Leitbündel.

Gefäße, röhrenartige Hohlorgane in Organismen zur Leitung von Flüssigkeiten. Bei Tier und Mensch unterscheidet man ↑Blutgefäße und ↑Lymphgefäße. Im pflanzl. Organismus werden die ↑Tracheen bzw. die ↑Tracheiden als G. bezeichnet.

Gefäßnerven, v. a. die Gefäßweite und damit die Blutverteilung steuernde vegetative Nerven.

Gefäßpflanzen, Sammelbez. für Pflanzen, die ein Leitgewebe aus Xylem und Phloem besitzen; die Bez. entspricht der Gruppe der ↑Kormophyten.

Gefäßsystem, Gesamtheit der ein Lebewesen, eine bestimmte Körperregion bzw. ein einzelnes Organ versorgenden ↑Blutgefäße, i. w. S. auch der ↑Lymphgefäße.

Gefäßteil ↑Leitbündel.

Gefieder (Federkleid), Bez. für die Gesamtheit aller Federn eines Vogels; dient vorwiegend als Wärmeschutz, der Fortbewegung (Flügel- und Schwanzfedern) und durch art- und geschlechtsspezif. Färbungsmuster der Art- und Geschlechtserkennung. Man unterscheidet zw. *Groß-G.* (= Schwungfedern des Flügels und Steuerfedern des Schwanzes) und *Klein-G.* (setzt sich aus ↑Deckfedern und ↑Dunen zus.), außerdem zw. Nestlingskleid (Dunenkleid), Jugendkleid, Brut- oder Prachtkleid (Hochzeitskleid) und Ruhekleid (Schlichtkleid). Der G.wechsel erfolgt durch ↑Mauser.

gefiederte Blätter, zusammengesetzte Blätter, deren Teilblättchen von einem Punkt am Ende des Blattstiels ausstrahlen, z. B. die dreizählig g. B. der Kleearten.

Geflecht (Plexus), netzartige Vereinigung bzw. Verzweigung von Gefäßen **(Ader-, Lymphgeflecht)** oder Nerven **(Nervengeflecht).**

Gefleckter Schierling ↑Schierling.

Geflügel (Federvieh), Sammelbez. für die Vogelarten, die als Nutz- und Haustiere gehalten werden; z. B. Hühner, Enten, Gänse, Truthühner.

Gefühl, körperl.-seel. Grundphänomen des individuellen oder subjektiven Erlebens einer Erregung (Spannung) oder Beruhigung (Entspannung), jeweils mehr oder minder deutl. von Lust oder Unlust begleitet. Das G. hängt eng mit der Tätigkeit des vegetativen Nervensystems zusammen; die physiolog. Begleiterscheinungen sind hierbei z. B. Änderungen der Puls- und Atemfrequenz oder des Volumens einzelner Organbereiche. Die Funktion der G. besteht v. a. in der Enthemmung bzw. Aktivierung eines Individuums.

Gegenbaur, Carl [..bauər], * Würzburg 21. Aug. 1826, † Heidelberg 14. Juni 1903, dt. Anatom und Zoologe. - Prof. in Jena und Heidelberg; bed. Arbeiten zur vergleichenden Anatomie der Wirbeltiere, die er als einer der ersten nach stammesgeschichtl. Überlegungen betrieb.

Gegenfüßlerzellen (Antipoden), Bez. für drei an einem Pol im Embryosack der pflanzl. Samenanlage zusammenliegende, kleinere Zellen, die aus den Teilungen des primären Embryosackkerns hervorgehen und dem Eiapparat gegenüberliegen.

gegenständig, auf der Gegenseite angeordnet; von Laubblättern gesagt, die sich an einem Knoten im Winkel von 180° gegenüberstehen.

Gegenstromprinzip, Bildung von Körperflüssigkeiten höherer Ionen- oder Molekül- bzw. Gaskonzentration bzw. auch höherer Temperatur dadurch, daß in den dicht nebeneinanderliegenden Körpergefäßen (z. B. Blutgefäße, Nierentubuli) die Strömungsrichtung der Flüssigkeiten entgegengesetzt ist und zwischen den Gefäßen ein Stoff- bzw. Wärmeaustausch nach dem G. stattfindet. Beispiele sind die Konzentrierung des Primärharns (und gleichzeitige Rückresorption des Wassers) in der Henle-Schleife der Niere der Wirbeltiere, die Gasabscheidung in der Gasdrüse der Schwimmblase, die Sauerstoffanreicherung in den Lamellengefäßen der Kiemen.

Geheck, wm. für: 1. Brut und Jungvögel des Wasserflugwildes; 2. den Wurf des Haarraubwildes, bes. von Fuchs und Wolf.

Gehen ↑Fortbewegung.

Gehirn (Hirn, Cerebrum, Encephalon), Abschnitt des Zentralnervensystems, der bei den meisten Tieren in der Kopfregion lokalisiert ist. Das G. nimmt hauptsächl. die Meldungen *(Afferenzen)* aus den Fernsinnesorganen (v. a. Gesichtssinn, Gehör, Geruch) auf, die meist ebenfalls in der Kopfregion konzentriert sind. Die Meldungen werden koordiniert und verrechnet und die (motor.) Antworten an die Muskulatur *(Efferenzen)* programmiert.

Je höher Tiere entwickelt sind, desto notwendiger wird es für sie, Meldungen der Sinnesorgane zentral auszuwerten und die Körpertätigkeiten zentral zu steuern. Dazu werden bei wirbellosen Tieren am Vorderende, wo die Sinnesorgane konzentriert sind, Nervenzellen angehäuft, welche diese Aufgabe übernehmen. Sie bilden bei einfachen Tieren Nervenknoten **(Ganglien),** bei höheren Tieren schließl. das G., das nicht allen wirbellosen Tiere besitzen. Es fehlt bei Einzellern und Hohltieren noch völlig. Strudelwürmer haben das primitivste G. Es wird als **Gehirnganglion** (Zerebralganglion) bezeichnet und ist eine Verdichtung von Nervenzellen. Weichtiere haben durch das Zusammenrücken von Nervenknotenpaaren bereits ein gut ausgebilde-

Gehirn

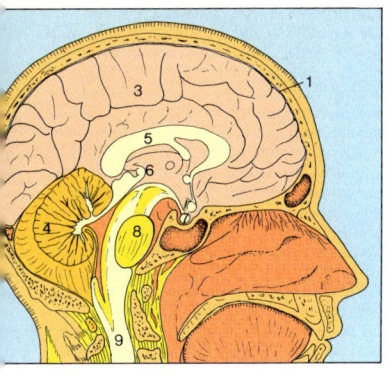

Gehirn des Menschen (Längsschnitt).
1 harte Gehirnhaut, die bei 2 eine
Falte (Gehirnzelt) bildet, 3 Großhirn,
4 Kleinhirn, 5 Balken, 6 Zirbeldrüse,
7 Hypophyse, 8 Brücke,
9 verlängertes Mark

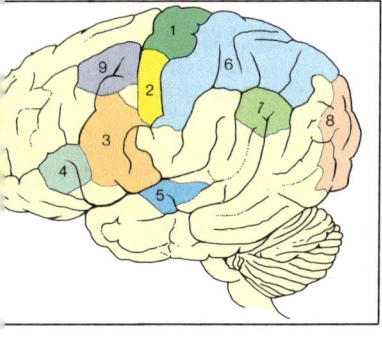

Gehirn. Funktionen der Rindenfelder der
linken Großhirnhälfte: 1 Bewegung des
Rumpfes und der Beine, 2 Bewegung der
Arme und der Hände, 3 Bewegung des
Kopfes, 4 Sprechen, 5 Hören,
6 Tasten, 7 Lesen, 8 Sehen, 9 Schreiben

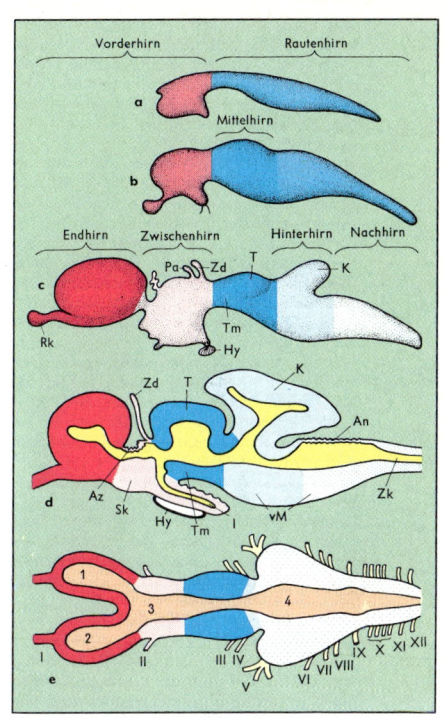

Gehirn. Schema der Entwicklung
der Gehirnabschnitte bei den
Wirbeltieren (**a, b, c** Zwei-,
Drei- und Fünfblasenstadium in
Seitenansicht, **d** Sagittalschnitt
durch ein späteres
Entwicklungsstadium mit stärker
entwickeltem Tectum und Kleinhirn,
e Horizontalschnitt mit den
Hirnhöhlen [Ventrikel 1–4] und
Hirnnerven I–XII). – An und Az
Adergeflecht (Plexus chorioidea) des
Nach- beziehungsweise Zwischenhirns,
Hy Hypophyse, I Infundibulum,
K Kleinhirn, Pa Parietalorgan,
Rk Riechkolben (Bulbus olfactorius),
Sk Sehnervenkreuzung (Chiasma
opticum), T Tectum, Tm Tegmentum,
vM verlängertes Mark, Zd Zirbeldrüse
(Epiphyse), Zk Zentralkanal

tes G. Bei Tintenfischen stellt das Zerebralganglion einen einheitl. Ganglienkomplex dar. Es steht über paarige Nervenstränge mit den Augen, dem Geruchssinn und dem stat. Sinn in Verbindung.

Das **Gehirn der Wirbeltiere** ist der von der Schädelkapsel umgebene Teil des Zentralnervensystems. Es ist außerdem von Bindegewebshüllen (Meningen) umgeben. Das G. wird v. a. aus zwei Zellsorten aufgebaut, den Gliazellen mit Stütz- und Ernährungsfunktion und den für die nervösen Prozesse im G. zuständigen Nervenzellen mit ihren Zellfortsätzen. - Mit der stammesgeschichtl. Höherentwicklung tritt jedoch die Tendenz zur Konzentration der Zellkörper der Neuronen in Form von Nervenkernen (Nuclei) an bestimmten Orten in den Vordergrund. Ihre Fortsätze (Nervenfasern), die gleiche Ausgangs- und Endpunkte aufweisen, sind häufig zu einem Faserbündel (Tractus) zusammenge-

Gehirn

faßt. Faserbündel, die die rechte mit der linken Hirnhälfte verbinden, werden *Kommisuren* genannt. - Zus. mit dem Rückenmark wird die G.anlage in der Embryonalentwicklung als Platte an der Oberfläche des Keims angelegt, die anschließend in die Tiefe sinkt und sich zum Rohr schließt. Im Innern dieses Neuralrohrs bleibt ein Hohlraum (Zentralkanal) übrig, der Gehirn-Rückenmarks-Flüssigkeit enthält und sich in manchen G.abschnitten zu Aussackungen *(Gehirnventrikel)* weitet. Im frühen Embryonalstadium lassen sich zunächst zwei G.abschnitte (G.blasen) unterscheiden: Rautenhirn und Vorderhirn. Der ventrale Teil des **Rautenhirns** ähnelt in seinem Aufbau dem Rückenmark. Hier entspringen alle Hirnnerven mit Ausnahme der Geruchs- und Sehnerven, die keine echten Hirnnerven sind, sondern Ausstülpungen des G. darstellen. Aus dem Rautenhirn gehen später *Nachhirn*, *Hinterhirn* und *Mittelhirn* hervor. Im dorsalen Teil des Hinterhirns ist das **Kleinhirn** (Cerebellum) ausgebildet, das als Hirnzentrum für die Erhaltung des Gleichgewichts und die Koordination von Bewegungen wichtig ist. In ihm treffen die Meldungen von Gleichgewichtsorgan und der Propriorezeptoren (die Auskunft über Stellung der Gelenke und Kontraktionszustand der Muskeln geben) zus. - Das **Vorderhirn** gliedert sich in *Zwischenhirn* und paariges *Endhirn*. Der Zwischenhirnanteil des Vorderhirns umschließt den dritten Ventrikel. An seinem Boden treten vorn die Sehnerven in die G. ein und bilden die Sehnervenkreuzung. Dahinter liegt die Hypophyse, die wichtigste Hormondrüse des Organismus. Die Wände des Zwischenhirns werden als Thalamus bezeichnet, der sich in Epithalamus, Thalamus i. e. S. und Hypothalamus gliedert. - Am bedeutsamsten in der Evolution ist die Entwicklung der Endhirnhemisphären, die bei den Vögeln und Säugetieren zum Großhirn werden.

Das **Gehirn des Menschen** hat ein mittleres Gewicht von 1 245 g (Frauen) bzw. 1 375 g (Männer). Der Intelligenzgrad steht in keinem Zusammenhang mit dem absoluten G.gewicht. Das **Großhirn**, Hauptanteil des Endhirns, besteht aus zwei stark gefurchten Halbkugeln (Hemisphären), die durch einen tiefen Einschnitt voneinander getrennt sind. Die Verbindung zw. den beiden Hemisphären wird durch einen dicken Nervenstrang, den sog. Balken, hergestellt. Der oberflächl. Teil des Großhirns ist die **Großhirnrinde** (Cortex cerebri, Pallium), die etwa 3 mm dick ist und rd. 14 Milliarden Zellkörper der Nervenzellen enthält. Sie weist in ihrem Feinbau sechs verschiedene Schichten auf, die sich durch die Form der in ihnen enthaltenen Nervenzellen unterscheiden. Als Ganzes bezeichnet man diese Schichten als **graue Substanz**. Nach innen schließt sich die Nervenfaserzone (**Großhirnmark**) als **weiße Substanz** an, die von den Fortsätzen der Nervenzellen gebildet wird. Die Oberfläche der Großhirnrinde ist stark gefaltet und in Windungen *(Gyri)* gelegt, die durch Furchen *(Sulci)* voneinander getrennt werden. Morpholog. lassen sich hier vier Gebiete unterscheiden: *Stirnlappen, Scheitellappen, Hinterhauptslappen* und die seitl. *Schläfenlappen*. Funktionell lassen sich in bestimmten Rindenfeldern bestimmte Leistungen lokalisieren. Der Stirnlappen steht in enger Beziehung zur Persönlichkeitsstruktur. Der Hinterhauptslappen enthält Sehzentren, der Schläfenlappen Hörzentren. An der Grenze zw. Stirn- und Scheitellappen liegen zwei Gebiete mit den motor. Zentren für die einzelnen Körperabschnitte und einem Zentrum für Sinneseindrücke aus der Körperfühlsphäre. Das Großhirn ist Sitz von Bewußtsein, Wille, Intelligenz, Gedächtnis und Lernfähigkeit. Zum Großhirn gehört auch das **limbische System**, das sich wie ein Saum um den Hirnstamm legt. Auf Vorgängen im limb. System, die die Verhaltensreaktionen beeinflussen oder bestimmen, beruhen „gefühlsmäßige" Reaktionen (z. B. das Sexualverhalten), als Antwort auf bestimmte Umweltsituationen. Das **Kleinhirn**, das wie das Großhirn aus zwei Hemisphären besteht, ist v. a. für den richtigen Ablauf der Körperbewegungen und die Orientierung im Raum verantwortlich.

Zum **Zwischenhirn** gehören der paarig angelegte Thalamus (Sehhügel) und der Hypothalamus. Der Thalamus ist z. T. einfach nervöse Schaltstellen zw. Peripherie und Großhirn, z. T. Bestandteil des extrapyramidal-motor. Systems. Im Hypothalamus befinden sich verschiedene übergeordnete Zentren des autonomen Nervensystems, von denen lebenswichtige vegetative Funktionen gesteuert werden, so z. B. der Wärme-, Wasser- und Energiehaushalt des Körpers, zudem ist er Bildungsort der Releaserfaktoren. - Den **Hirnstamm** (Stammhirn, Truncus cerebri) bilden die tieferen, stammesgeschichtl. ältesten Teile des G., er umfaßt Rauten-, Mittel- und Zwischenhirn sowie die Basalganglien des Endhirns. Im Hirnstamm liegen bes. wichtige Zell- und Fasersysteme als Steuerungszentren für Atmung und Blutkreislauf. - Als **Formatio reticularis** bezeichnet man ein dichtes Netzwerk von Schaltneuronen mit einigen Kerngebieten, die sich längs über den ganzen Hirnstamm erstrecken. Die Formatio reticularis steht direkt oder indirekt mit allen Teilen des Zentralnervensystems bzw. ihren aufwärts- oder abwärtsführenden Bahnen in Verbindung. Sie kann u. a. die Aufmerksamkeit ein- und ausschalten und den Schlaf-wach-Rhythmus steuern. Sie ist außerdem Teil des extrapyramidal-motor. Systems und somit für den Muskeltonus und die Reflexerregbarkeit mitverantwortl. - **Im verlängerten Mark** (**Medulla oblongata**; Ventralbereich von Hinter- und Nachhirn) kreuzen sich v. a. die Nervenbahnen des Pyramidenstrangs. In ihr liegen die Steuerungszentren für die automat. ablaufenden Vorgänge wie Herzschlag, Atmung, Stoffwechsel. Außerdem liegt hier das Reflexzentrum für Kauen, Speichelfluß, Schlucken sowie die Schutzreflexe Niesen, Husten, Lidschluß, Erbrechen. Das verlängerte Mark geht in das Rückenmark über.

Das G. wird von einem mit Gehirn-Rückenmarks-Flüssigkeit (Liquor) gefüllten Kanal durchzogen, der die Fortsetzung des Rückenmarkskanals darstellt und sich im Rauten-, Zwischen- und Endhirn zu den vier Hirnkammern *(Hirnventrikel)* ausweitet. - Das G. ist, wie das Rückenmark, von drei, durch flüssigkeitserfüllte Galträume voneinander getrennten ↑Gehirnhäuten umgeben.

Die direkt am G. (in ihrer Mrz. im Hirnstamm) entspringenden zwölf Hauptnervenpaare werden als **Hirnnerven** (Gehirnnerven) bezeichnet. Sie werden nach der Reihenfolge ihres Austritts von vorn nach hinten mit röm. Ziffern benannt:

I **Riechnerv** (Nervus olfactorius), geht von Riechepithel der Nasenschleimhaut aus und zieht von dort zum Riechlappen, der als Ausstülpung des Vorderhirns anzusehen ist.

II **Sehnerv** (Nervus opticus), vom Zwischenhirn bis zur Sehnervenkreuzung reichend; entwicklungsgeschichtl. der umgewandelte Stiel der die Netzhaut liefernden Augenblase; versorgt die Netzhaut des Auges.

III **Augenmuskelnerv** (Nervus oculomotorius), seine motor. Fasern versorgen die Mrz. der Augenmuskeln; seine parasympath. Fasern bewirken die Verengung der Pupille und die Kontraktion des Ziliarmuskels.

IV **Rollnerv** (Nervus trochlearis), motor. Nerv, der den äußeren Augennerv versorgt.

V **Drillingsnerv** (Trigeminus, Nervus trigeminus), der stärkste aller Hirnnerven, der motor. und sensible Fasern enthält und sich in drei Hauptäste teilt: den **Augennerv** (Nervus ophthalmicus), der die Stirn, Tränendrüse, Augenbindehaut, Augenwinkel, Siebbein und Teile der Nase sensibel versorgt; den **Oberkiefernerv** (Nervus maxillaris), der insbes. die Oberkieferregion, die Oberkieferzähne, den Gaumen und Teile der Gesichtshaut versorgt; den **Unterkiefernerv** (Nervus mandibularis), der, sensibel und motor., Kaumuskulatur, Zunge, den Mundboden sowie die Haut über dem Unterkiefer versorgt.

VI **seitl. Augenmuskelnerv** (Nervus abducens), motor. Nerv, der zum äußeren geraden Augenmuskel zieht.

VII **Gesichtsnerv** (Fazialis, Nervus facialis), der mit zahlr. Verästelungen der Gesichtsmuskeln, die Haut im Bereich der Ohrmuscheln und etl. Drüsen im Kopfbereich versorgt.

VIII **Hör- und Gleichgewichtsnerv** (Nervus statoacusticus), er übernimmt die Fortleitung der Gehörempfindung und vermittelt Signale aus dem Gleichgewichtsorgan.

IX **Zungen-Schlund-Nerv** (Nervus glossopharyngeus), die motor. Fasern versorgen die Schlundmuskulatur, die sensiblen Fasern die Schleimhaut der hinteren und seitl. Rachenwand, des hinteren Zungendrittels, der Paukenhöhle und Eustachi-Röhre. Die parasympath. Fasern versorgen die Ohrspeicheldrüse, die sensor. Geschmacksfasern das hintere Zungendrittel.

X **Eingeweidenerv** (Vagus, Nervus vagus), hat motor., sensible und parasympath. Fasern; versorgt außer den Brust- und Baucheingeweiden zahlr. Muskeln (in Rachen, Kehlkopf, Speiseröhre), Drüsen und Drüsenorgane und den Gehörgang.

XI **Beinerv** (Akzessorius, Nervus accessorius), motor. Nerv, der den Kopfwender des Halses und den Trapezmuskel des Schulterblattes versorgt.

XII **Zungenmuskelnerv** (Nervus hypoglossus), versorgt motor. die zungeneigene Muskulatur.

📖 *Eccles, J. C.: Das G. des Menschen.* Dt. Übers. Bln. ³1984. - *Vester, F.: Denken, Lernen, Vergessen.* Mchn. ²1978. - *Rohracher, H.: Die Arbeitsweise des G. u. die psych. Vorgänge.* Bln. u. a. ⁴1967.

Gehirnanhangsdrüse, svw. ↑Hypophyse.

Gehirndruck (Hirndruck), der im Schädelinnern herrschende hydrostat. Druck der Gehirn-Rückenmarks-Flüssigkeit; beträgt beim liegenden Menschen 4–7 mbar in den Gehirnkammern.

Gehirnhäute (Hirnhäute, Meningen; Einz. Meninx), Gehirn und Rückenmark umgebende, bindegewebige Schutzhüllen der Wirbeltiere. Die außenliegende **harte Gehirnhaut** (Dura mater) ist im Schädelbereich fest mit dem Knochen verwachsen. Ihr liegt die **Spinnwebhaut** (Arachnoidea) verschieden an. Gehirn und Rückenmark werden von der **weichen Gehirnhaut** (Pia mater) fest umschlossen. Beim Menschen sind die G. durch flüssigkeitserfüllte Galträume voneinander getrennt. Spinnwebhaut und weiche G. sind durch Bindegewebsstränge miteinander vernetzt. Dazw. bleiben zahlr. Gewebslücken frei, die mit ↑Gehirn-Rückenmarks-Flüssigkeit gefüllt sind.

Gehirnnerven, svw. Hirnnerven (↑Gehirn).

Gehirn-Rückenmarks-Flüssigkeit (Zerebrospinalflüssigkeit, Liquor cerebrospinalis), lymphähnl. Flüssigkeit, die die Gehirnkammern, den Rückenmarkskanal und die Räume zw. harter Gehirnhaut und Oberfläche von Gehirn und Rückenmark ausfüllt. Die Menge beträgt beim Menschen ca. 120 bis 200 cm³. Die G.-R.-F. ist normal klar und farblos; sie ist fast zellfrei, eiweißarm und enthält v. a. Chloride. Die Untersuchung von G.-R.-F. (nach Entnahme durch Subokzipital- oder Lumbalpunktion) ist v. a. zur Dia-

Gehirnstamm

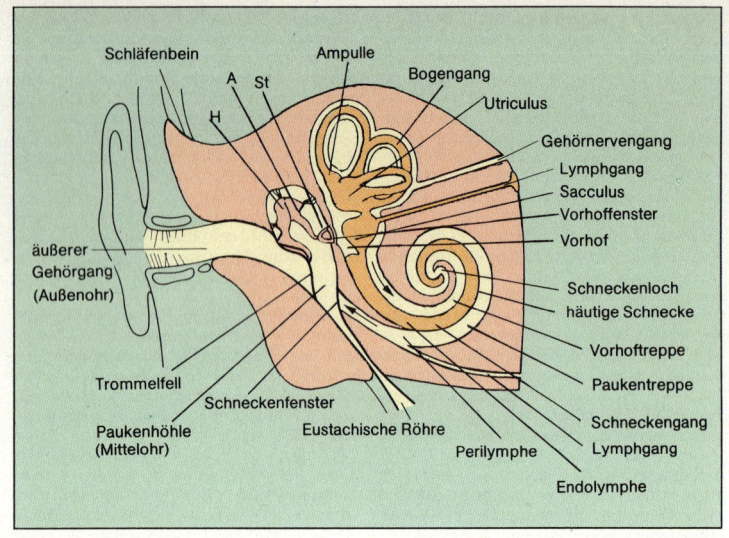

Gehörorgan des Menschen (H Hammer, A Amboß, St Steigbügel)

gnostik neurolog. Erkrankungen von Bedeutung.

Gehirnstamm, svw. Hirnstamm (↑ Gehirn).

Gehölze, svw. ↑ Holzgewächse.

Gehölzkunde, svw. ↑ Dendrologie.

Gehör (Gehörsinn, Hörsinn), die Fähigkeit, Schallwellen wahrzunehmen. Ein G. ist bislang nur für Wirbeltiere (einschließl. Mensch) und Gliederfüßer (v. a. Insekten) nachgewiesen; es setzt meist hochentwickelte mechanosensor. Organe (↑ Gehörorgan) voraus, in denen die Schallwellen rhythm. Berührungsreize hervorrufen, die dem Zentralnervensystem zugeleitet werden und eine „Schall"- oder „Hör"empfindung auslösen.

Gehörgang (äußerer G., Meatus acusticus externus), Verbindungsgang des äußeren Ohrs (↑ Gehörorgan) zw. Ohrmuschel und Trommelfell. Der G. ist beim Menschen im ersten Drittel knorpelig, etwa 2,5–3,5 cm lang, hat einen Durchmesser von 6 bis 8 mm, verläuft S-förmig und ist mit Haaren (zum Abfangen von Fremdkörpern), Talgdrüsen und Ohrschmalzdrüsen ausgestattet.

Gehörknöchelchen ↑ Gehörorgan.

Gehörn, svw. ↑ Hörner.

Gehörorgan (Hörorgan), dem Gehörsinn dienendes Organ. Bei den Wirbeltieren wird das paarig angelegte G. im allg. auch als **Ohr** (Auris) bezeichnet. Das höchstentwickelte G. haben die Säugetiere (einschließl. Mensch). - Man unterscheidet *Außenohr* (Ohrmuschel und Gehörgang), *Mittelohr* (Paukenhöhle mit Gehörknöchelchen) und *Innenohr* (Schnecke und Bogengänge des Gleichgewichtsorgans). Die **Ohrmuschel** besteht mit Ausnahme des Ohrläppchens aus Knorpel. Sie hat die Form eines flachen Trichters, der die auftreffenden Schallwellen sammelt und an den Gehörgang weitergibt. Am inneren Ende des **Gehörgangs** liegt das Trommelfell, das durch Ohrenschmalz geschmeidig gehalten wird. Das **Trommelfell** ist beim Menschen etwa 0,5 cm² groß und trichterförmig. Die Trommelfellmembran wird durch die ankommenden Schallwellen in Schwingungen versetzt und überträgt diese auf die drei **Gehörknöchelchen** (Hammer, Amboß, Steigbügel) im Mittelohr. Die gelenkig verbundenen Knöchelchen wirken dabei als Hebelsystem und verstärken die auftreffenden Schallwellen etwa um das 2–3fache. Der Steigbügel gibt über das ovale Fenster (Vorhoffenster) die Schallwellen an das Innenohr weiter. Das **ovale Fenster** hat etwa $1/20 - 1/30$ der Fläche des Trommelfells; dadurch wird eine Verstärkung des Schalldrucks auf das 20–25fache erreicht. Schließl. erreicht der Schalldruck vom Eindringen in den Gehörgang an mit rd. 180facher Verstärkung das Innenohr. Dieses ist durch die **Eustachi-Röhre** (Ohrtrompete, Tuba auditiva) mit der Rachenhöhle verbunden; sie dient dem Druckausgleich zw. Außenluft und Mittelohr. Jeder Druckunterschied erzeugt ein Druckgefühl im Ohr; Schlucken beseitigt es. Das **Innenohr** (Labyrinth) besteht aus dem eigentl. G., der Schnecke, und den Bogengängen. Letztere sind Gleichgewichtsorgane und haben keinen Einfluß auf den Hörvorgang. Die **Schnecke** (Cochlea) gliedert sich in zwei

Gehörorgan

Teile. Die knöcherne Schnecke besteht aus der Achse (Schneckenspindel) und einer Knochenleiste, die beide weitporig sind und die Fasern des Hörnervs enthalten. Der häutige Teil der Schnecke (*Schneckengang*, Ductus cochlearis) ist ein dreieckiger Bindegewebsschlauch, der mit Endolymphe angefüllt und mit seinem spitzen Ende an der Knochenleiste befestigt ist. Durch diese Anordnung wird der Innenraum der Schnecke in sog. Treppen aufgegliedert. Der obere Raum, die **Vorhoftreppe**, ist vom Vorhof aus zugängl. Der untere Raum, die **Paukentreppe**, endet am runden Fenster gegen die Paukenhöhle. Beide Räume stehen an der Spitze der Schnecke in Verbindung und sind mit *Perilymphe* gefüllt. Diese entspricht weitgehend der Gehirn-Rückenmarks-Flüssigkeit, mit der sie durch einen Gang verbunden ist. Die häutige Schnecke wird mit zwei Membranen gegen die Treppen abgegrenzt. Die Begrenzung gegen die Vorhoftreppe bildet die **Reissner-Membran**, eine zarte, gefäßlose Haut mit dünnen, elast. Fasern. Gegen die Paukentreppe wird die Begrenzung von der **Basilarmembran** gebildet. Auf dieser liegt das eigentl. schallaufnehmende Organ, das **Corti-Organ**. Die Sinneszellen (**Hörzellen**) des Corti-Organs (beim Menschen rd. 16 000–23 000) liegen zw. Stützzellen und tragen an ihrem oberen Ende feine Sinneshärchen. Unmittelbar über den Sinneszellen befindet sich die Deckmembran, die wahrscheinl. mit den Sinneshärchen verwachsen ist und dadurch die Sinneszellen durch Schwingungen reizen kann. - Bei den übrigen Wirbeltieren findet man ähnl. Verhältnisse. Niedere Wirbeltiere (z. B. Fische) haben nur ein inneres Ohr. Amphibien haben bereits ein Mittelohr.

Hören ist das Wahrnehmen von Schallwellen, wobei eine Umwandlung der Schallwellen in nervale Reize erfolgt, die zum Gehirn weitergeleitet und dort in einen Höreindruck umgewandelt werden. **Hörvorgang beim Menschen** (entspricht dem bei allen Säugetieren): In drei funktionellen Abschnitten des menschl. Gehirns erfolgt 1. der Transport des Höreizes, 2. die Reizverteilung (in der Schnecke) und 3. die Reiztransformation (im Corti-Organ). Der Reiztransport erfolgt zw. Gehörgang und Vorhoffenster. Die in jedem Augenblick auf das G. einwirkenden Schallwellen werden durch den äußeren Gehörgang zum Trommelfell geleitet. Trommelfell und Gehörknöchelchenkette stellen auf Grund ihrer Elastizität ein schwingungsfähiges Gebilde dar, dessen Eigenfrequenz zw. 100 und 1500 Hz liegt. Durch die auftreffenden Schallwellen, infolge Reflexions- und Resonanzerscheinungen an Kopf, Ohrmuschel und Gehörgang, ist der Schalldruck am Trommelfell größer als außerhalb des Ohres. Trommelfell und Gehörknöchelchen übertragen die Schallwellen. Durch die bis 2 000 Hz näherungsweise frequenzunabhängige, d. h. lineare Empfindlichkeit wird der Schallwellenwiderstand der Lymphflüssigkeit dem der Luft angepaßt. Die ordnungsgemäße Funktion von Trommelfell und Gehörknöchelchenkette ist dabei abhängig von einer ausreichenden Luftzufuhr über die Eustachi-Röhre in die Paukenhöhle (da ein Teil der darin befindl. Luft ständig von der Haut resorbiert wird), da sonst ein Unterdruck entsteht.

Bei großen Druckdifferenzen erfolgt der Ausgleich spontan (Knacken im Ohr z. B. bei raschem Höhenwechsel), kann aber auch durch Schluck- oder Gähnbewegungen bewußt gesteuert werden. Indem nun die Steigbügelfußplatte ihre Schwingungen über die Membran des Vorhoffensters auf die Lymphflüssigkeit im Vorhof und auf die Vorhoftreppe überträgt, werden darin Druck- und Dichteschwankungen kleiner Amplitude erzeugt; diese übertragen sich auf den schwingungsfähigen, mit Endolymphe gefüllten häutigen Schneckengang. Außerdem pflanzen sie sich durch das Schneckenloch (Helicotrema) an der Schneckenspitze in die Paukentreppe fort, wo über die Membran des runden Fensters ein Druckausgleich stattfindet. Längs des häutigen Schneckengangs findet nun die Reizverteilung statt. Die je nach Frequenz an un-

Geier. Von links: Königs-, Raben- und Mönchsgeier

Gehörsinn

terschiedl. Stellen des Corti-Organs erregten Nervenimpulse werden über den Hörnerv, über verschiedene Kerngebiete und Nervenbahnen im Gehirn zur akust. Region der Großhirnrinde geleitet, wo sie einen Höreindruck hervorrufen (Reiztransformation). Da das menschl. G. paarig (binaural) ausgebildet ist, hat es die Fähigkeit zum **Richtungshören.** Dafür wertet das Gehirn zwei Informationen aus: 1. den Zeitunterschied des Schalleinfalls auf die beiden Ohren, 2. den durch die Schallschattenwirkung des Kopfes hervorgerufenen Intensitätsunterschied an beiden Ohren. Da die Schattenwirkung des Kopfes erst bei höheren Frequenzen merkbar wird, spielt bei tiefen Frequenzen der Zeitunterschied die ausschlaggebende Rolle. Eine Zeitdifferenz von nur 0,03 ms ruft beim Menschen bereits einen Richtungseindruck hervor; bei einer Zeitdifferenz von 0,6 ms scheint der Schall von 90° seitl. zu kommen.

📖 *Plath, P.: Das Hörorgan u. seine Funktion.* Bln. ⁴1981. - *Clasen, B./Geršić, S.: Anatomie u. Physiologie der Sprech- u. Hörorgane.* Hamb. 1975.

Gehörsinn, svw. ↑Gehör.

Geier [zu althochdt. gīr, eigtl. „der Gierige"], Bez. für adlerartige, aasfressende Greifvögel aus zwei verschiedenen systemat. Gruppen mit 23 Arten, v. a. in den Tropen und Subtropen der Alten und Neuen Welt. Die Fam. **Neuweltgeier** (Cathartidae) hat sieben Arten. Als *Kondor* bez. werden: 1. der in den Anden S-Amerikas lebende **Andenkondor** (Vultur gryphus); er ist bis 1,3 m groß und hat eine Flügelspannweite von etwa 3 m; mit nacktem, dunkel fleischfarbenem Kopf und Hals, weißer Halskrause und silbergrauen Armschwingen; ♂ mit fleischigem Scheitelkamm. 2. Der **Kaliforn. Kondor** (Gymnogyps californianus) unterscheidet sich von ersterem durch gelblichroten Kopf und Hals, schwarze Halskrause und fehlende Flügelzeichnung. Der **Königsgeier** (Sarcorhamphus papa) ist fast 80 cm groß und kommt in S-Mexiko bis S-Brasilien vor; Gefieder gelblich und grauweiß mit schwarzen Flügeln und grauer Halskrause; Kopf und Hals nackt, leuchtend rot und gelb gefärbt. Vom südl. Kanada bis fast über ganz S-Amerika verbreitet ist der etwa 75 cm lange und fast 1,7 m spannende **Truthahngeier** (Cathartes aura); Körper schwarz mit Ausnahme des nackten, roten Kopfes. Etwa kolkrabengroß und schwarz ist der **Rabengeier** (Urubu, Coragyps atratus), der in den südl. USA sowie in M- und S-Amerika lebt. Die **Altweltgeier** (Aegypiinae) sind eine Unterfam. der Habichtartigen mit 16 Arten. Bekannt sind u. a.: ↑Bartgeier; **Gänsegeier** (Gyps fulvus), etwa 1 m groß, Flügelspannweite bis 2,4 m, sandfarben, v. a. in den Gebirgen und Hochsteppen NW-Afrikas und S-Europas; mit braunschwarzen Schwingen und Schwanzfedern, einem zieml. langen, gänseartigen, fast unbefiederten Hals und dichter, weißer Halskrause. In S-Afrika lebt der fahlgrau gefärbte **Fahlgeier** (Gyps coprotheres). Der **Schmutzgeier** (Neophron percnopterus) ist etwa 70 cm lang, vorwiegend weiß und kommt in Afrika, S-Europa und W-Asien bis Indien vor; mit nacktem gelbem Gesicht, Hinterkopfschopf und schwarzen Handschwingen. Über 1 m lang und dunkelbraun bis schwarz ist der in den Mittelmeerländern und in Asien bis zur Mongolei lebende **Mönchsgeier** (Kutten-G., Aegypius monachus); mit einem Halskragen aus schmalen, braunen Federn. In den Trockengebieten Afrikas kommt der etwa 1 m lange und bis 2,8 m spannende **Ohrengeier** (Torgos tracheliotus) vor; oberseits dunkelbraun, unterseits braun und weiß. Kein Aasfresser (deshalb sind Kopf und Hals befiedert) ist der bis 60 cm lange **Palmgeier** (Geierseeadler, Gypohierax angolensis) in den Regenwäldern W-, S- und O-Afrikas; Gefieder weiß, mit schwarzen Arm- und Handschwingen, weiße Endbinde am schwarzen Schwanz. - Abb. S. 263.

Geierfalken (Karakara, Polyborinae), Unterfam. der Falken mit etwa 10 Arten, v. a. in den Steppen und Hochgebirgen M- und S-Amerikas. Der etwa 45 cm große **Chimachima** (Gelbkopfchimachima, Milvago chimachima) hat dunkelbraune Flügel und einen dunkelbraunen Rücken, Unterseite und Kopf sind gelblichweiß, Augenstreif dunkelbraun, Schwanz weiß und schwarzbraun gebändert. Der **Chimango** (Milvago chimango) ist etwa 40 cm groß, oberseits braun, unterseits zimtbraun mit weißl. Bänderung und Fleckung, Schwanz weiß gewellt. Das Wappentier Mexikos ist der etwa 55 cm lange **Karancho** (Polyborus plancus); schwärzlichbraun mit gelbbräunl., dunkel quergebändertem Vorderkörper und Schwanz, weißl. Kopf, nacktem, rotem Schnabelgrund und haubenartig aufrichtbarer Kopfplatte.

Geierschildkröte, svw. ↑Alligatorschildkröte.

Geigenrochen (Rhinobatoidei), Unterordnung der Rochen mit etwa 45, meist 1–2 m langen Arten in den Küstengewässern trop. und subtrop. Meere; Vorderkörper abgeplattet, Hinterkörper langgestreckt walzenförmig (wie bei Haien). Die G. schwimmen durch wellenförmiges Schlagen der Brustflossen (wie andere Rochen), im freien Wasser auch zusätzl. durch Seitwärtsbewegungen des Schwanzes (wie Haie).

geil, üppig wuchernd (von Pflanzen).

Geißbart (Aruncus), Gatt. der Rosengewächse mit zwei Arten in der nördl. gemäßigten Zone; Stauden mit kleinen, weißen zweihäusigen Blüten in Ähren, die zus. eine große Rispe bilden; Blätter mehrfach fiederschnittig oder mehrfach dreizählig gefiedert mit gesägten Abschnitten. Die einzige Art in M-Europa ist der **Waldgeißbart** (Aruncus dioicus) in

Gelber Eisenhut

Wäldern und Gebüschen, eine bis 2 m hohe Staude mit Balgfrüchten.
Geißblatt (Heckenkirsche, Lonicera), Gatt. der G.gewächse mit etwa 180 Arten auf der Nordhalbkugel und in den Anden; Sträucher mit zweiseitig-symmetr. Blüten und Beerenfrüchten; in vielen Arten und Formen als Ziersträucher in Kultur, z. B. **Wohlriechendes Geißblatt** (Jelängerjelieber, Lonicera caprifolium), 1–2 m hoher windender Strauch aus S- und dem sö. M-Europa; Blüten dem obersten Blattpaar aufsitzend, gelblichweiß, mit außen oft rot überlaufender Röhre, duftend; Früchte korallenrot. **Schwarze Heckenkirsche** (Lonicera nigra) aus M-Europa; bis 1,5 m hoher, sommergrüner Strauch mit 4–6 cm langen, ellipt., oberseits grünen, unterseits bläul. Blättern und rötl. oder weißen Blüten; Früchte blauschwarz.
Geißblattgewächse (Caprifoliaceae), Fam. der zweikeimblättrigen Pflanzen mit etwa 400 Arten in 15 Gatt.; meist auf der Nordhalbkugel wachsende Bäume, Sträucher oder Stauden mit einfachen oder gefiederten, gegenständigen Blättern (manchmal einem Ziegenfuß ähnl.). Bekannte Gatt. sind ↑Abelie, ↑Geißblatt, ↑Holunder, ↑Schneeball und ↑Weigelie.
Geißbrasse (Geißbrassen), Bez. für zwei Arten der Meerbrassen, v. a. vor den Felsküsten des Mittelmeers sowie des trop. und subtrop. O-Atlantiks; Körper seitl. stark zusammengedrückt, von ovalem Umriß. Die **Große Geißbrasse** (Bindenbrasse, Sargus rondeletii) wird etwa 50 cm lang, hat einen braungelben, goldglänzenden Rücken und silbrigglänzende Seiten mit 7–8 braunschwarzen Querbinden. Die Art **Zweibindenbrasse** (Sargus vulgaris) wird bis etwa 40 cm lang und hat einen silbrigglänzenden Körper mit goldfarbenen Längsbinden und je einer schwarzen Querbinde im Nacken und auf der Schwanzwurzel; Speisefische.
Geißel [zu hochdt. geis(i)la, eigtl. „kleiner, spitzer Stab"] (Flagelle, Flagellum), fadenförmiges, bewegl. Organell zur Fortbewegung bei Einzellern bzw. zum Stofftransport bei bestimmten Zellen der Vielzeller. G. sind meist länger als die Zelle, an deren Vorderende sie in den meisten Fällen ansetzen. Sie entspringen am Basalkorn (dem Bildungszentrum der G.). Meist sind G. bei der Fortbewegung nach vorn gerichtet *(Zug-G.)*, seltener nach hinten *(Schlepp-G.)*. Bei der Verbindung einer Schlepp-G. mit dem Zellkörper durch eine Plasmalamelle entsteht eine undulierende Membran.
Geißelskorpione (Geißelschwänze, Uropygi), Unterordnung dämmerungs- und nachtaktiver, ungiftiger Skorpionsspinnen mit rd 130 trop. und subtrop. Arten von einer Körperlänge bis etwa 7,5 cm; Körper auffallend flachgedrückt, mit langem, gliedertem, sehr dünnem Schwanzfaden (Geißel).

Geißelspinnen (Amblypygi), Unterordnung der Skorpionsspinnen mit rd. 60, bis etwa 4,5 cm langen Arten in den Tropen und Subtropen; Körper abgeplattet, langgestreckt-oval; Laufbeine spinnenartig verlängert, erstes Laufbeinpaar sehr dünn, zu einem Tastorgan von mehrfacher Körperlänge entwickelt.
Geißeltierchen ↑Flagellaten.
Geißelträger, svw. ↑Flagellaten.
Geißfuß (Aegopodium), Gatt. der Doldengewächse mit zwei Arten in Europa und Sibirien; darunter der **Gewöhnliche Geißfuß** (Giersch, Aegopodium podagraria), eine Ausläufer bildende Staude mit doppelt dreizähligen, oft unvollständig geteilten (ziegenfußähnl.) Blättern, schmutzigweißen Blüten und kümmelähnl. Früchten; häufig an feuchten, buschigen Stellen.
Geißklee (Zytisus, Cytisus), Gatt. der Schmetterlingsblütler mit etwa 50 Arten in M-Europa und im Mittelmeergebiet; hauptsächl. Sträucher mit gelben, weißen oder roten Blüten in Trauben oder Köpfchen. Eine in trockenen Wäldern S-Deutschlands wachsende Art ist der **Schwarze Geißklee** (Cytisus nigricans), ein 0,2–0,3 m hoher Strauch mit gelben Blüten und rutenförmigen Ästen, die beim Trocknen schwarz werden.
Geißraute (Galega), Gatt. der Schmetterlingsblütler mit vier Arten in Europa und Vorderasien. Die einzige einheim. Art ist die **Echte Geißraute** (Galega officinalis), eine bis 1,5 m hohe Staude mit 1- bis 17zählig gefiederten Blättern und weißen bis bläul. Blüten in großen Trauben; wird v. a. in S-Europa als Futterpflanze kultiviert.
Geistchen ↑Federmotten.
Geiztriebe, in Blattachseln stehende Seitentriebe, die v. a. bei Weinreben, Tomaten- und Tabakpflanzen unerwünscht auftreten und deshalb zurückgeschnitten oder ganz entfernt werden *(Geizen)*.
gekreuzt-gegenständige Blattstellung, svw. ↑Dekussation.
Gekröse [eigtl. „Krauses"] ↑Bauchfell.
Gelbaal ↑Aale.
Gelbbauchunke (Bergunke, Bombina variegata), etwa 3,5 bis 5 cm großer Froschlurch in M-, W- und S-Europa (mit Ausnahme der Pyrenäenhalbinsel); Körper plump, abgeflacht, mit warziger Haut; Oberseite olivgrau bis graubraun, manchmal mit dunklerer Marmorierung, Unterseite blei- bis schwarzgrau mit leuchtend hell- bis orangegelber Fleckung.
Gelbbeeren, svw. Kreuzdornbeeren (↑Kreuzdorn).
Gelbe Lupine (Lupinus luteus) ↑Lupine.
gelbe Rasse ↑Mongolide.
Gelber Babuin ↑Babuine.
Gelber Bellefleur [bɛlˈfløːr; frz., eigtl. „schöne Blüte"] ↑Apfelsorten, S. 48.
Gelber Eisenhut (Wolfseisenhut, Aconi-

265

Gelber Enzian

Gelblinge. Postillion

Großer Gelbrandkäfer

tum vulparia), giftige Eisenhutart in feuchten Bergwäldern Europas und Asiens; mehrjährige, bis 1 m hohe Staude mit gelben Blüten; Blätter handförmig geteilt.

Gelber Enzian ↑Enzian.
Gelber Fingerhut ↑Fingerhut.
gelber Fleck ↑Auge.
Gelber Klee ↑Wundklee.
Gelbe Rübe, svw. ↑Karotte.
Gelbe Schwertlilie ↑Schwertlilie.
Gelbes Höhenvieh ↑Höhenvieh.
Gelbe Teichrose ↑Teichrose.
Gelbfiebermücke (Aedes aegypti), Stechmückenart (Gatt. ↑Aedesmücken), die sich von Afrika aus über die Tropen und Subtropen der Erde verbreitet hat; Brust oben mit weißer, leierartiger Zeichnung, Hinterleibssegmente mit weißen Binden und Flecken; können beim Blutsaugen Gelbfieber und Denguefieber übertragen; Larven entwickeln sich in Kleinstgewässern; Bekämpfung durch Insektizide und Beseitigung der Brutstätten.
Gelbfußkänguruh ↑Felskänguruhs.
Gelbgrüne Algen (Xanthophyceae, Heterokontae), Klasse der ↑Goldbraunen Algen mit einzelligen, koloniebildenden oder vielkernigen Arten, v.a. im Süßwasser; bewegl. Arten und Geschlechtszellen haben zwei ungleich lange Geißeln; Zellwand zweiteilig.
Gelbgrüne Zornnatter ↑Zornnattern.
Gelbhalsmaus (Große Waldmaus, Apodemus flavicollis), in Waldgebieten Eurasiens sehr weit verbreitete Art der Echtmäuse; Körperlänge 9–13 cm, Schwanz meist etwas über körperlang, Füße relativ lang, Ohren größer als bei der sehr ähnl. Feldwaldmaus; der weiße Bauch ist scharf von der gelbbraunen bis dunkelbraunen Oberseite abgegrenzt.
Gelbhaubenkakadu ↑Kakadus.

Gelbkörper (Corpus luteum), im Eierstock der Säugetiere (einschließl. Mensch) nach dem Ausstoßen des reifen Eies (Follikelsprung) aus den zurückbleibenden Follikelzellen entstehende endokrine Drüse, die unter dem Einfluß des Luteinisierungshormons (LH) des Hypophysenvorderlappens in den sog. Granulosaluteinzellen u. a. das G.hormon (↑Progesteron) erzeugt. Der G. durchläuft dabei verschiedene Entwicklungsstadien, deren letztes beim Menschen nach 3–4 Tagen erreicht ist und das etwa 12 Tage anhält, falls keine Einnistung des Eies in die Gebärmutterschleimhaut erfolgt. Nistet sich dagegen ein befruchtetes Ei ein, so dauert die G.hormonsekretion an und trägt zur Erhaltung der Schwangerschaft bei. Während des Menstruationszyklus bewirkt das G.hormon eine Gefäßerweiterung in der Gebärmutter und macht deren Schleimhaut aufnahmebereit für das befruchtete Ei. Wird das Ei nicht befruchtet, stellt der G. die Hormonsekretion ein; die Gebärmutterschleimhaut wird abgestoßen, es kommt zur ↑Menstruation.
Gelbling (Sibbaldia), Gatt. der Rosengewächse mit zwei Arten in Europa; die bekannteste ist der **Alpengelbling** (Sibbaldia procumbens) in den Alpen auf Geröll, in Bergwiesen oder Schneetälchen; kleine, mehrjährige, kriechende (dem Fingerkraut ähnl.) Pflanze mit dreizählig gefiederten, in einer Rosette stehenden Blättern und gelben Blüten.
Gelblinge (Kleefalter, Heufalter, Colias), Gatt. mittelgroßer Tagschmetterlinge (Fam. Weißlinge) mit etwa 60 Arten in Eurasien, Afrika, N- und S-Amerika, davon in M-Europa sechs Arten; Flügel gelb, orangefarben oder weiß, häufig mit schwärzl. Saum, schwarzem Mittelfleck auf den Vorderflügeln und farbigem Mittelfleck auf den Hinterflügeln. ♂ und ♀ oft verschieden gefärbt. In M-Europa gibt es u.a.: **Moorgelbling** (Hochmoorgelbling, Zitronengelber Heufalter, Colias palaeno), 5 cm spannend; **Postillion** (Wandergelbling, Posthörnchen, Orangeroter Kleefalter, Colias croceus), 5 cm spannend.

Gelenk

Gelbmantellori (Domicella garrula), etwa 30 cm langer Papagei (Unterfam. Loris), v. a. in den Urwäldern der nördl. Molukken; Gefieder prächtig rot (mit Ausnahme der grünen Flügel- und Schwanzfedern sowie einer leuchtend gelben Rückenzeichnung).

Gelbrandkäfer (Dytiscus), Gatt. 22–45 mm langer Schwimmkäfer mit rund 30 Arten in den Süßgewässern der Nordhalbkugel (in M-Europa sieben Arten); Oberseite schwarzbraun mit gelbem Seitenrand. In M-Europa kommt bes. der **Große Gelbrandkäfer** (Gelbrand, Dytiscus marginalis) vor: 3–4 cm lang, Larven bis 6 cm, wie Imago räuber. lebend.

Gelbrost (Streifenrost, Puccinia glumarum), v. a. auf Weizen, Gerste, Roggen, aber auch auf anderen Grasarten schmarotzender, sehr schädl. Rostpilz; tritt an Blattflächen und Ähren mit im Sommer streifenförmigen, leuchtend zitronengelben, im Winter strichförmigen, schwarzen Sporenlagern in Erscheinung.

Gelbrückenducker ↑ Ducker.

Gelbschnabelsturmtaucher ↑ Sturmtaucher.

Gelbschnäbliger Eistaucher ↑ Eistaucher.

Gelbschwämmchen, svw. ↑ Pfifferling.

Gelbspötter ↑ Grasmücken.

Gelbstirnige Dolchwespe ↑ Dolchwespen.

Gelbweiderich ↑ Gilbweiderich.

Gelbwurzel (Safranwurzel, Curcuma longa), aus S- und SO-Asien stammendes, in den Tropen vielfach kultiviertes Ingwergewächs; niedrige Stauden mit lanzenförmigen Blättern, und dichter, blaßgelber Blütenähre. Der knollige Wurzelstock und die fingerförmigen Nebenknollen kommen in gekochter und anschließend geschälter und getrockneter Form als Rhizoma Curcumae in den Handel. Sie enthalten u. a. äther. Öle, Stärke, Kurkumin und werden z. B. als Gewürz (**Kurkuma**, Hauptbestandteil des Currys) verwendet.

Gelée royale [frz. ʒəlerwa'jal „königl. Gelee"] (Brutmilch, Weiselfuttersaft, Königinnenstoff), Sekret der Futtersaftdrüsen der Honigbienenarbeiterinnen, mit dem diese die Königinnenlarven füttern; enthält u. a. viele Vitamine, Pantothensäure und Biotin. G. r. wird v. a. zur Herstellung von kosmet. und pharmazeut. Präparaten verwendet, deren Wirksamkeit jedoch umstritten ist.

Gelege, die Gesamtheit der von einem Tier an einer Stelle abgelegten Eier, bes. auf Reptilien und Vögel bezogen; die Gelegegröße kann zw. einem Ei (Pinguine, Alken) und rd. 100 Eiern (Meeresschildkröten) liegen.

Geleitzellen ↑ Leitbündel.

Gelenk [zu althochdt. (h)lanka „Hüfte, Lende, Weiche", eigtl. „biegsamer Teil"], Articulatio, Articulus, Diarthrose, Diarthrosis) *bei Tieren* und *beim Menschen* durch Muskeln bewegl. Verbindung zw. Körperteilen, die in sich mehr oder weniger starr sind; bei Wirbeltieren bes. zw. zwei aneinanderstoßenden, durch Muskeln, Sehnen, häufig auch durch Bänder gestützten Knochenenden. Das G. der Wirbeltiere (einschließl. Mensch) besteht aus zwei Teilen. Das vorgewölbte G.teil wird als **Gelenkkopf**, das ausgehöhlte als **Gelenkpfanne** bezeichnet. Beide Knochenenden sind von Knorpel überzogen und durch einen **Gelenkspalt** (Gelenkhöhle; kann durch Ausbildung einer ↑ Gelenkscheibe zweigeteilt sein) voneinander getrennt. Nur die Knochenhaut überzieht beide Knochen und bildet die **Gelenkkapsel**, die das G. nach außen abschließt. Die innere Auskleidung der G.kapsel sondert die **Gelenkschmiere** *(Synovia)* ab, die ein besseres Gleiten der beiden G.flächen gewährleistet. Je nach G.form und Freiheitsgraden der Bewegung unterscheidet man verschiedene G.typen: das **Kugelgelenk**, das freie Bewegung nach allen Richtungen ermöglicht (Schultergelenk); eine Sonderform des Kugel-G. mit etwas eingeschränkter Bewegungsfreiheit, jedoch bes. starkem Halt für den G.kopf, da dieser mehr als zur Hälfte von der G.pfanne umschlossen wird, ist das **Nußgelenk** (Hüftgelenk); das **Scharniergelenk**, das Bewegungen nur in einer Ebene gestattet, wobei ein walzenartiger G.kopf sich in einer rinnenförmigen G.pfanne dreht (Gelenke der Fingerglieder, Ellbogen- und Kniegelenk); das **Eigelenk** (Ellipsoid-G.), das Bewegungen in zwei Richtungen ermöglicht, eine Drehung jedoch ausschließt (Handwurzelknochen, G.e zw. Atlas und Hinterhauptsbein); das **Sattelgelenk** mit sattelförmig gekrümmten G.flächen, das Bewegungen in zwei Ebenen ermöglicht (z. B. Daumen-G.); das **Drehgelenk**, bei dem sich die Längsachsen des walzenförmigen G.kopfs und der entsprechend geformten G.pfanne bei der Drehung parallel zueinander bewegen (z. B. bei Elle und Speiche); das **Plangelenk**, ein G. mit ebenen G.flächen (z. B. zw. den Halswirbeln oder Teilen des Kehlkopfs), das ledigl. Gleitbewegungen durch Verschieben der G.flächen zuläßt. - Keine echten G. sind die sog. Füllgelenke (**Synarthrosen**), Knochen-Knochen-Verbindungen durch Knorpel oder Bindegewebe ohne G.spalt. - Außer den Wirbeltieren kommen G. v. a. auch bei Gliederfüßern vor, bei denen sie über eine membranartige Haut (**Gelenkhaut**) gegeneinander bewegl. Teile des Außenskeletts miteinander verbinden.

◆ bei *Pflanzen* Bez. für krümmungsfähige Gewebebezirke mit spezieller anatom. Struktur, an denen Bewegungen der angrenzenden Pflanzenteile mögl. sind. **Wachstumsgelenke** sind Zonen noch streckungsfähigen Gewebes inmitten ausdifferenzierten Zellmaterials (z. B. in den Stengelknoten [G.knoten] der Grashalme, in denen durch einseitiges Streckungswachstum die Stellung des folgenden Stengelabschnittes verändert werden kann

Gelenkblume

und so die Wiederaufrichtung zu Boden gedrückter Getreidehalme mögl. ist). **Gelenkpolster** *(Blattpolster)* sind Zonen mit stark entwickeltem peripheren Parenchymgewebe um zentral gelegene Leitbündel an der Basis von Blattstielen (Bohne, Mimose) bzw. Blattfiedern (Mimose). Auf bestimmte Reize ändert sich der ↑Turgor der G.parenchymzellen, wodurch Hebung oder Senkung der Blätter bzw. Blattfiedern erfolgt.

Gelenkblume (Drachenkopf, Physostegia), nach ihren seitwärts bewegl. Blüten benannte Gatt. der Lippenblütler mit fünf Arten in N-Amerika; hohe Kräuter mit meist gesägten, gegenständigen Blättern und fleischfarbenen, purpurfarbenen oder weißen Blüten in dichten Ähren. Die Art **Physostegia virginiana** wird in mehreren Kulturformen als Gartenblume kultiviert.

Gelenkflüssigkeit, svw. Gelenkschmiere (↑Gelenk).

Gelenkhöcker (Condylus, Kondylus), der bewegl. Verbindung mit einem anderen Skeletteil dienender, höckerartiger Fortsatz an Knochen; z. B. *Condylus occipitalis* (bildet am Hinterende des Schädels die gelenkige Verbindung mit dem ersten Wirbel, dem Atlas).

Gelenkhöhle, svw. Gelenkspalt (↑Gelenk).

Gelenkkapsel ↑Gelenk.
Gelenkkopf ↑Gelenk.
Gelenkpfanne ↑Gelenk.

Gelenkscheibe, als ganze (Diskus) oder unvollständige Scheibe (↑Meniskus) in manchen Gelenken zw. den Gelenkflächen vorkommende Gebilde aus Faserknorpel; teilt die Gelenkhöhle in Spalträume.

Gelenkschildkröten (Kinixys), Gatt. der Landschildkröten mit drei etwa 20–30 cm langen Arten in Afrika südl. der Sahara; eine knorpelige Naht vor dem hinteren Drittel des Rückenpanzers bildet ein Scharnier, wodurch dieser gegen den Bauchpanzer zugeklappt werden kann und so den Panzer hinten verschließt; Färbung überwiegend braun und grünlich.

Gelenkspalt, svw. Gelenkhöhle (↑Gelenk).

Gelidium [lat.], Gatt. der Rotalgen mit etwa 40, in allen Meeren verbreiteten Arten; meist fiederig verzweigte Algen mit stielrundem, knorpeligem Thallus; viele Arten werden zur Herstellung von Agar-Agar verwendet.

Gellerts Butterbirne ↑Birnensorten (Übersicht S. 106).

Gemeine Ackerschnecke ↑Ackerschnecken.
Gemeine Braunelle ↑Braunelle.
Gemeine Eibe ↑Eibe.
Gemeine Esche ↑Esche.
Gemeine Flockenblume, svw. Wiesenflockenblume (↑Flockenblume).

Gemeine Garnele ↑Garnelen.
Gemeine Kiefer, svw. Waldkiefer (↑Kiefer).
Gemeine Lärche, svw. Europäische Lärche (↑Lärche).
Gemeiner Alpenlattich ↑Alpenlattich.
Gemeiner Baldrian ↑Baldrian.
Gemeiner Beifuß (Pfefferkraut, Artemisia vulgaris), an Wegrändern und auf Schuttplätzen wachsende Beifußart, mehrjährige, bis 120 cm hohe, stark verzweigte Pflanze mit zweifach gefiederten, unterseits filzigen Blättern; Blütenköpfchen sehr klein, rötlichbraun, von filzigen Hüllblättern umgeben; als Gewürz für Braten und Geflügel verwendet.

Gemeiner Beinwell (Symphytum officinale), auf feuchten Wiesen, an Ufern und in Sümpfen wachsende Beinwellart; mehrjährige, bis 120 cm hohe, kräftige Pflanze mit bis 25 cm langen, lanzenförmigen Blättern; Blüten gelbl., hellrosafarben oder rot, in nach einer Seite gewendeten Blütenständen.

Gemeiner Birnbaum (Birnbaum, Pyrus domestica), Sammelart, die alle europ. Kultursorten des Birnbaums umfaßt, die vermutl. aus dem ↑Wilden Birnbaum durch Einkreuzen mehrerer Wildarten entstanden sind; bis 15 m hohe Bäume mit breit pyramidenförmiger Krone, dornenlosen Ästen, eiförmigen, spitzen, gekerbten oder ganzrandigen Blättern mit roten Staubbeuteln; Früchte: kurze bis längl., eiförmige Balgäpfel mit Steinzellen im Fruchtfleisch; Obstbaum nährstoffreicher Böden in warmen, geschützten Lagen; in Asien, Amerika und N-Afrika eingeführt. - ↑Birnensorten, S. 106.

Gemeiner Bocksdorn ↑Bocksdorn.
Gemeiner Dornhai ↑Dornhaie.
Gemeiner Hohlzahn (Ackerhohlzahn, Galeopsis tetrahit), einjährige, 20–100 cm hohe Hohlzahnart in Europa und Asien; verzweigte Pflanzen mit zugespitzt-eiförmigen Blättern, verdickten Stengelknoten und roten bis weißen Blüten in den Zweigenden gedrängt stehenden Scheinquirlen; Unkraut auf Äckern, Schutt und in Gebüschen.

Gemeiner Krake ↑Octopus.
Gemeiner Regenwurm ↑Regenwürmer.
Gemeiner Rosenkäfer ↑Rosenkäfer.
Gemeiner Spindelstrauch, svw. Pfaffenhütchen (↑Spindelstrauch).
Gemeiner Thymian ↑Thymian.
Gemeine Runkelrübe ↑Runkelrübe.
Gemeiner Wacholder ↑Wacholder.
Gemeiner Wasserfloh ↑Daphnia.
Gemeines Bartgras ↑Bartgras.
Gemeine Schafgarbe ↑Schafgarbe.
Gemelli [lat.], svw. ↑Zwillinge.
Gemini [lat.], svw. ↑Zwillinge.
Gemmatio [lat.], svw. ↑Knospung.
Gemmen [lat.], bei der ungeschlechtl. Fortpflanzung von Pilzen gebildete Dauerzellen am Ende einer Pilzhyphe.

Gemmula [lat.], kugelförmiges, meist etwa 0,5–1 mm großes Dauerstadium hauptsächl. bei Süßwasserschwämmen (auch bei einigen marinen Schwämmen). Sie kann mehr oder minder lange Trockenperioden, z. T. auch kürzere Frostperioden überdauern. Nach einer Ruhezeit schlüpfen junge Schwämme aus dem Porus der G.hülle aus. Trop. Süßwasserschwämme bilden eine G. v. a. zu Beginn der Trockenzeit, in den gemäßigten Zonen dagegen entstehen Gemmulae im Spätherbst als Überwinterungsstadien.

Gemsbock, wm. Bez. für die ♂ Gemse.

Gemsbüffel, svw. ↑ Anoa.

Gemse (Gams, Rupicapra rupicapra), etwa ziegengroße Art der Horntiere (Unterfam. Ziegenartige) in den Hochgebirgen Europas (mit Ausnahme des N) und SW-Asiens, eingebürgert auch in europ. Mittelgebirgen (z. B. im Schwarzwald und Erzgebirge) und in Neuseeland; Körperlänge etwa 1,1–1,3 m, Schulterhöhe etwa 70–85 cm, Gewicht bis 60 kg; Kopf auffallend kontrastreich gelblichweiß und schwarzbraun gezeichnet, übrige Färbung im Sommer rötlich- bis gelblichbraun mit schwärzl. Aalstrich, im Winter braunschwarz; die bes. verlängerten Haare auf Widerrist und Kruppe liefern den *Gamsbart;* ♂ und ♀ mit hakenartig nach hinten gekrümmtem Gehörn *(Krucken, Krickel, Krückel)*. Die in Rudeln lebende G. ist ein sehr flinker Kletterer; ihre spreizbaren, hart- und scharfrandigen Hufe mit einer elast. Sohlenfläche passen sich gut dem Gelände an. Die Brunstzeit der G. ist im Nov. und Dez.; nach einer Tragezeit von 6 bis 6,5 Monaten wird meist nur ein Kitz geboren, das sofort seiner Mutter folgen kann.

Gemskraut, svw. ↑ Gamskraut.

Gemskresse (Hutchinsia), Gatt. der Kreuzblütler mit drei Arten in den Hochgebirgen Europas; niedrige Polsterstauden mit fiederschnittigen Blättern und weißen Blüten in Doldentrauben. Eine häufiger vorkommende Art ist die **Alpengemskresse** (Hutchinsia alpina) mit 3 mm breiten Blütenblättern und gefiederten, in einer grundständigen Blattrosette stehenden Blättern.

Gemswurz (Gamswurz, Doronicum), Gatt. der Korbblütler mit etwa 35 Arten in Europa und Asien, v. a. in Mittel- und Hochgebirgen; Stauden mit wechselständigen, ungeteilten Blättern und einem oder wenigen großen, gelben Blütenköpfchen; viele Arten sind beliebte Zierpflanzen.

Gemüse [zu mittelhochdt. gemüese, urspr. „Brei (aus gekochten Nutzpflanzen)" (zu Mus)], pflanzl. Nahrungsmittel (mit Ausnahme des Obstes und der Grundnahrungsmittel Getreide und Kartoffel), die roh oder nach bes. Zubereitung der menschl. Ernährung dienen. Man unterscheidet: *Wurzel- und Knollen-G.* (Kohlrabi, Rettich, Radieschen, Rote Rübe), *Blatt- und Stiel-G.* (Spinat, Mangold, Rhabarber, Kopfsalat), *Frucht-G.* (Erbse, Tomate, Gurke), *Kohl-G.* (Weißkohl, Rosenkohl, Blumenkohl). G. wird feldmäßig angebaut (im Ggs. zum Wildgemüse) und spielt bei der Ernährung durch seinen hohen Gehalt an Vitaminen und Mineralstoffen eine große Rolle.

Geschichte: Im prähistor. M-Europa ist die Verwendung von Erbse, Linse und Pferdebohne nachweisbar. G.anbau kam durch Griechen und Römer nach M-Europa. In den Kloster- und Pfalzgärten des frühen MA wurden Kohlsorten, Möhren, Pferdebohnen, Kohlrabi, Zwiebeln, Knoblauch, Sellerie, Melde, Lattich (Salat), Endivien, Erbsen, Melonen, Gurken, Mangold und Portulak angebaut. Im 16. Jh. wurde der schon den Römern bekannte Spargel angebaut. Aus Amerika brachten die Spanier Tomaten sowie die Garten- und Feuerbohne nach Europa.

Gemüsekohl (Brassica oleracea), zweijähriger bis ausdauernder (als Kulturform auch einjähriger) Kreuzblütler; wild wachsend an Strandfelsen; bis 3 m hohe Pflanze (blühend) mit kräftigem, strunk- oder stammartigem Stiel und dicken, blaugrünen, leierförmig-fiederschnittigen Laubblättern; Blüten schwefelgelb (seltener weiß) in Blütenständen; Früchte linealförmig, bis 7 cm lang, mit kurzem „Schnabel". - Der G. ist eine alte (wahrscheinl. vom Wildkohl abstammende) Kulturpflanze mit zahlr. Kulturformen, die sich in folgende morpholog. Gruppen unterteilen lassen: **Stammkohl** mit bes. kräftig entwickelter Sproßachse, die genutzt wird (z. B. Markstammkohl, Kohlrabi); **Blätterkohl** (Blattkohl), dessen Blätter sich entfalten und dann genutzt werden (Grünkohl); **Kopfkohl,** bei dem die Blätter die Knospenlage beibehalten und sich zu einem Kopf zusammenschließen; **Infloreszenzkohl,** dessen fleischig verdickte Blütenstandsachsen gegessen werden (z. B. Blumenkohl, Spargelkohl).

Gen [griech.], urspr. die letzte, unteilbare, zur Selbstverdopplung befähigte Einheit der Erbinformation. Die Gesamtheit aller Gene eines Organismus wird als **Genom** bezeichnet. Ein G. bestimmt (zus. mit den Umwelteinflüssen) die Ausbildung eines bestimmten Merkmals und wird erkennbar durch das Vorkommen alternativer Formen (↑ Allele) für dieses Merkmal. Neue alternative (allele) G. treten sprunghaft und einzeln unter einer großen Zahl von Individuen mit sonst konstantem Merkmalsbild auf (↑ Mutation); sie entsprechen in ihrer unveränderten Vererbung und allen weiteren Erbeigenschaften den anderen allelen G. einschließl. der „normalen" (urspr.) Form (Wildtypform). Dementsprechend wurde das G. zugleich als letzte Einheit der Merkmalsausbildung (genet. Funktion), der erbkonstanten alternativen Veränderung (Mutation) und der freien Kombinierbarkeit mit anderen Erbein-

Genamplifikation

heiten (Rekombination) angesehen. - Die mit der steigenden Zahl von bekannten G. entdeckten Einschränkungen der freien Kombinierbarkeit untereinander (bei den sog. *gekoppelten G.*) führten zur Aufstellung von *Kopplungsgruppen* als G.zusammenschlüssen (G.kopplung). Bei der Aufspaltung der elterl. Erbanlage insgesamt werden nicht einzelne G., sondern solche Kopplungsgruppen verteilt und in der Zygote frei [re]kombiniert. Trotzdem kommt es aber auch, v. a. in der Meiose, zw. (homologen) Kopplungsgruppen zu einem gegenseitigen Austausch von G. (Cross-over). Aus den additiven Wahrscheinlichkeiten des Austausches für verschiedene G. aus gleichen Kopplungsgruppen ergibt sich das Bild einer linearen Anordnung aller G. einer solchen Gruppe mit festem, definiertem Platz in einem bestimmten Chromosom bzw. auf der Genkarte (**Genort**). Die auf diese Weise abstrakt gewonnenen Kopplungsgruppen wurden mit dem mikroskop. erkennbaren ↑ Chromosomen identifiziert, die G. selbst mit den ↑ Chromomeren gleichgesetzt. - Die heutige molekulare Genetik definiert das G. als einen einzelnen Abschnitt auf einem viele G. umfassenden Nukleinsäuremolekül und somit als das materielle Substrat eines ↑ Erbfaktors; es enthält die genet. Information für die Bildung eines einheitl., vollständigen Genproduktes (meist ein Protein bzw. eine Polypeptidkette). Damit ist (nach dem Muster der früheren Hypothese: ein G. = ein Enzym bzw. ein ↑ Cistron = ein Polypeptid) die Definition beibehalten worden, daß das G. die Einheit der genet. Funktion (Einheit der Merkmalausbildung) darstellt. Als Einheit der Mutation (↑ Muton) und der Rekombination (↑ Recon) wird heute das einzelne Nukleotidpaar der DNS angesehen.

Beim Menschen wird die Anzahl der G. in einem Zellkern auf rd. 50 000 geschätzt; davon sind z. Z. rd. 1 200 bekannt.

Genamplifikation, bes. Form der Genvervielfachung, das Entstehen außerchromosomaler Kopien (Replikation) eines Gens (bzw. einer Gengruppe) für eine regulative, zeitlich begrenzte Verstärkung der Aktivität dieses Gens. Die amplifizierten Gene gehen später wieder verloren.

Genaustausch, svw. ↑ Faktorenaustausch.

Genbank (Genbibliothek), Einrichtung zur Sammlung, Erhaltung und Nutzung des Genmaterials bestimmter Organismen in der Form von klonierten DNS-Fragmenten, insbes. von Pflanzenarten (v. a. der für die menschl. Ernährung und sonstige Nutzung wichtigen). In der BR Deutschland besteht eine G. für Getreide, Futterhülsenfrüchte, Grasarten und Kartoffeln in der Forschungsanstalt für Landw., Braunschweig-Völkenrode. Zw. regionalen G. (in Gebieten mit großer Formenmannigfaltigkeit bestimmter Arten), nat. G. (mit Sammlungen der für den betr. Staat wichtigsten Pflanzenarten) und internat. Pflanzenzuchtinstituten besteht eine eigenständige Zusammenarbeit unter der Leitung des International Board for Plant Genetic Resources, der wiederum dem Technical Advisory Committee (TAC) der UN verantwortl. ist. - 1986 wurde in den USA eine G. für menschl. Genmaterial eingerichtet.

Genchirurgie, svw. ↑ Genmanipulation.

Gendosis, vom Ploidiegrad abhängige Häufigkeit eines aktiven Gens in einem Genom: bei haploiden Organismen liegen z. B. sämtl. Gene (i. a.) einmal vor, bei diploiden zweimal usw.

Genera (Mrz. von Genus) [lat.] ↑ Gattung.

Generation [lat.], Gesamtheit aller annähernd gleichaltriger Individuen einer Art; bes. beim Menschen werden in der G.folge unterschieden: Großeltern, Eltern, Kinder, Enkel.

◆ in der *Ontogenie* in bezug auf den ↑ Generationswechsel jede der beiden Entwicklungs- oder Fortpflanzungsphasen (geschlechtl. G., ungeschlechtl. G.) eines Organismus.

Generationswechsel, Wechsel zw. geschlechtl. und ungeschlechtl. Fortpflanzungsweisen bei Pflanzen und Tieren im Verlauf von zwei oder mehreren Generationen, häufig mit Gestaltwechsel (Generationsdimorphismus) verbunden. Beim **primären Generationswechsel** wechselt eine Geschlechtsgeneration mit einer durch ungeschlechtl. Einzelzellen sich fortpflanzenden Generation ab. Beim **sekundären Generationswechsel** erfolgt der Wechsel zw. einer normalen Geschlechtsgeneration und einer sich sekundär ungeschlechtl. (vegetativ) oder eingeschlechtl. (parthenogenet.) fortpflanzenden Generation.

generativ [lat.], geschlechtlich, die geschlechtl. Fortpflanzung betreffend; erzeugend.

Genetik [zu griech. génesis „Entstehung"] (Vererbungslehre, Erbkunde, Erbbiologie, Erblehre), Teilgebiet der Biologie mit den Zweigen klass. oder allg. G., molekulare G. (Molekular-G.) und angewandte G. Die **klass. Genetik** befaßt sich vorwiegend mit den formalen Gesetzmäßigkeiten (z. B. nach den Mendel-Regeln) der Vererbungsgänge von Merkmalen v. a. bei den höheren Organismen. Die **Molekulargenetik** erforscht die grundlegenden Phänomene der Vererbung im Bereich der Moleküle (Nukleinsäuren), die die Träger der genetischen Information sind. Die **angewandte Genetik** beschäftigt sich u. a. mit der Züchtung bes. ertragreicher, wirtsch. vorteilhafter Pflanzen und Tiere (↑ auch Hybridzüchtung), mit erbbiolog. Untersuchungen, Abstammungsprüfungen und genet. Beratungen (↑ Eugenik).

📖 *Knodel, H./Kull, U.: G. u. Molekularbiologie. Stg.* ²1980. - *Bresch, C./Hausmann, R.: Klass. u. molekulare G. Bln. u. a.* ³1972.

Genmanipulation

genetisch, die Entstehung bzw. Entwicklung der Lebewesen (im Sinne der Genetik) betreffend; erbl. bedingt.

genetische Beratung, v. a. bei einer biolog. Eheberatung die Untersuchung und Berechnung der Wahrscheinlichkeit (in Form einer Erbdiagnose), daß Kinder mit genet. bedingten Anomalien (Erbkrankheiten) zur Welt kommen könnten. - ↑ auch Humangenetik.

genetische Information, Gesamtheit der Baupläne (bzw. Teile davon) für alle Moleküle, die in einer Zelle synthetisiert werden können. Alle Moleküle einer Zelle sind entweder direkt als primäre Genprodukte (RNS, Proteine) oder aber indirekt (alle anderen Moleküle einschließl. der einzelnen Aminosäuren und Nukleotide) über die strukturbedingte, spezif. Reaktionsfähigkeit der Enzyme in ihrem Aufbau der Steuerung durch die g. I. unterworfen. Materieller Träger der g. I. ist das Genom bzw. das genetische Material (in den meisten Fällen die doppelsträngige DNS). Jeder einzelne der beiden Stränge eines DNS-Moleküls enthält bereits die vollständige g. I. des Moleküls, der zweite Strang ist als sein komplementärer Gegenstrang (dem Verhältnis zw. Positiv und Negativ in der Photographie vergleichbar) bereits durch den ersten vollständig festgelegt. Die ident. Verdopplung der g. I., also die Konstanz des Informationsgehaltes der Gene, ist die Grundlage des Vererbungsvorgangs. Fehler in diesen Informationsübertragungsprozessen entstehen ungerichtet, zufällig (↑ Mutation). Die Abgabe von g. I. in einer Zelle erfolgt unter dem Einfluß der Umwelt, in der abschnittsweisen Synthese von Messenger-RNS-Molekülen, die ihrerseits als Matrize für die Proteinsynthese dienen.

genetischer Code [ˈkoːt] (genet. Alphabet), Schlüssel für die Übertragung ↑ genetischer Information von den Nukleinsäuren (DNS, RNS) auf die Proteine bei der Proteinsynthese (vergleichbar dem Übertragungsschlüssel zw. Morsezeichen und Buchstaben). Grundbedingung für den Aufbau des g. C. ist die Unmöglichkeit einer direkten spezif. Bindung zw. den einzelnen Aminosäuren des Proteins und den einzelnen Nukleotiden oder Nukleotidgruppen der Nukleinsäure. Die notwendige Bindung zw. der richtigen unter den 20 Aminosäuren und der richtigen unter den 20 Arten von Transfer-RNS wird von je einer unter 20 Arten von Enzymen vollzogen. Die eigentl. Erkennungsreaktion zw. der Aminosäure und der zugehörigen elementaren Einheit der Informationsübertragung auf der Nukleinsäure (↑ Codon) wird in dieser Reaktion von je einem dieser Enzyme geleistet. Bei der „Erkennung" durch das Enzym liegt die Dreiernukleotidsequenz nicht in ihrer normalen Form vor, sondern - mit gleichem genet. Informationsgehalt - in ihrer komplementären Form (als *Anticodon*). Die formale Beschreibung dieses Ablaufs kennzeichnet den g. C. als einen *Triplettcode*. Die drei für eine Aminosäure „codierenden" Nukleotide stehen in der Nukleinsäure unmittelbar benachbart. Bei insgesamt $4^3 = 64$ mögl. Tripletts und nur 20 korrespondierenden Aminosäuren entsprechen häufig mehrere (bis zu sechs) Tripletts einer einzelnen Aminosäure. Drei der 64 Tripletts entsprechen keiner der Aminosäuren, sondern steuern (als *Terminatorcodon*) den Abbruch der Proteinsynthese und das Freisetzen der fertigen Polypeptidkette vom Ribosom. Eines der Codons steuert zugleich mit der Aminosäure Methionin den Beginn der Proteinsynthese *(Initiatorcodon)*. Auf Grund der bisherigen Untersuchungen scheinen alle Organismen (einschließl. Viren) den gleichen Schlüssel für die Übertragung von genet. Information zu benutzen (universaler g. C.), ein Beweis für den Ursprung allen bestehenden Lebens aus einer gemeinsamen Wurzel.

Genetta [ʒe..., lat.-frz.] ↑ Ginsterkatzen.

Genick, von den beiden ersten Wirbeln (Atlas und Epistropheus) gebildetes Gelenk bei den Reptilien, Vögeln, Säugetieren (einschließl. Mensch); beim Menschen die meist ausgeprägte Beweglichkeit des Kopfes gegen den Rumpf ermöglicht; umgangssprachl. svw. Nacken.

Genitalien (Genitalorgane) [lat.], svw. ↑ Geschlechtsorgane.

Genklonierung [gr.], der Einbau von fremder DNS mit Hilfe von Restriktionsenzymen in ein Plasmid. Die fremde DNS wird dann in den sich teilenden Bakterienzellen repliziert.

Genkopplung, svw. ↑ Faktorenkopplung.

Genmanipulation (Genchirurgie), Neukombination von Genen durch direkten Eingriff in die Erbsubstanz (DNS) mit biochem. Verfahren **(Gentechnologie).** Erst seit Entdeckung der ↑ Restriktionsenzyme, die einzelne Gene aus einem DNS-Faden herausschneiden können, lassen sich solche Versuche mit Erfolg durchführen. In näherer Zukunft wird wahrscheinl. die Übertragung von Genen zw. verschiedenen Arten, bes. der Einbau in die ↑ Plasmide von Bakterien, die Massenproduktion von sonst nur sehr schwer zugängl. Genprodukten (Proteine, Hormone) ermöglichen. Auch denkt man daran, durch den Einbau neuer Gene in Pflanzenzellen die Pflanzen zur Stickstoffaufnahme aus der Luft zu befähigen, um die mineral. Stickstoffdüngung einschränken zu können und höhere Erträge zu erzielen. Ein weiteres Ziel wäre, Erbkrankheiten des Menschen durch Einbringen gesunder Gene in das Genom heilen zu können. - Die Diskussion über die Sicherheit und die Risiken dieser Forschung führte 1978 im Bundesministerium für Forschung und Technologie zur Bildung der „Zentralen Kommission für die biolog.

Genom

Sicherheit", die nach amerik. Vorbild Richtlinien dafür aufstellte.

Genom [griech.] ↑ Gen.

Genotyp [griech.] (Genotypus), die Summe der genet. Informationen eines Organismus. - ↑ auch Phänotyp.

Genpool, Summe aller unterschiedl. ↑ Allele innerhalb einer Population.

Genregulation, die Steuerung der ↑ genetischen Information eines Gens und damit der Synthese des zugehörigen Genprodukts (z. B. eines Enzyms). Die Aktivierung oder Inaktivierung eines Gens ist zeitlich variabel und in ökonom. Weise abhängig von der Protoplasmaumwelt. Häufig sind die Gene in einer sinnvollen, nebeneinander angeordneten Gruppe (Operon) einer gemeinsamen G. unterworfen. Dieses **Operon** als Einheit der G. ist in fast allen Fällen auch Einheit **(Skripton)** für die Synthese von (einsträngiger) RNS (Transkription). Beginnend von einem Ende her, wird die ganze Gruppe in ein einziges gemeinsames Messenger-RNS-Molekül übertragen, das dann in der ↑ Proteinbiosynthese (Translation) durch die Ribosomen mehrfach in der Reihe der Enzymmoleküle übersetzt wird. Neben den Genen, die den Bauplan für je eines der Enzyme tragen **(Strukturgene),** enthält ein Operon noch zusätzl. auf einer Seite eine Kontrollregion **(Kontrollgene)** für den Beginn der Transkription, auf der anderen Seite eine DNS-Sequenz für das Ende **(Termination)** dieses „Ablesevorgangs". Der DNS-Abschnitt für den Anfang der Transkription enthält die Bindungsstelle **(Promoter)** für ein RNS-Polymerasemolekül (Enzym für die Polymerisation von Ribonukleotiden zu RNS) sowie den (nicht notwendigerweise mit ihr ident.) Punkt (Start), an dem die Messenger-RNS-Synthese tatsächlich beginnt. Den Endpunkt **(Terminator)** der Transkription markiert ein DNS-Abschnitt am anderen Ende des Operons. Die RNS-Polymerase verläßt hier die DNS und setzt das fertige Messenger-RNS-Molekül frei. Der Start der Transkription wird verhindert durch Repressorproteine **(Repressor),** die von ebenfalls einer G. unterliegenden - **Regulatorgenen** transkribiert werden und sich so fest an einen Abschnitt **(Operator)** der Kontrollregion des Operons binden, daß sie von der RNS-Polymerase nicht verdrängt werden können. Der Start der Transkription kann auf der anderen Seite begünstigt werden durch aktivierende Proteine **(Aktivatorproteine),** die sich an einen anderen DNS-Abschnitt der Kontrollregion **(Initiator)** derart binden, daß sie die Aktivierungsenergie für die nachfolgende Bindung der RNS-Polymerase am Promoter erniedrigen und damit die Zahl der Transkriptionsvorgänge pro Zeiteinheit erhöhen. Das **Operonmodell (Jacob-Monod-Modell)** wurde 1961 von F. Jacob und J. Monod entwickelt.

Gentechnologie ↑ Genmanipulation.

Genus [lat.] (Mrz. Genera) ↑ Gattung.

Genzentrum (Allelzentrum), geograph. Gebiet, in dem bestimmte Kulturpflanzenarten in der größten Formenfülle vertreten sind und von denen sie vermutl. ihren Ursprung genommen haben; deckt sich im allg. mit einem eiszeitl. Refugialgebiet.

Geobotanik (Pflanzengeographie, Phytogeographie), Teilgebiet der Botanik, in dem die Verbreitung und Vergesellschaftung von Pflanzen nach der räuml. Ausbreitung der einzelnen Arten *(florist. G.),* ihrer Abhängigkeit von Umweltfaktoren *(ökolog. G.),* den histor. Bedingungen ihrer Verbreitung *(Vegetationsgeschichte)* sowie nach der Zusammensetzung und Entwicklung der Pflanzengesellschaften *(Pflanzensoziologie, Vegetationskunde)* untersucht wird.

Geokarpie [griech.], Ausbildung von Früchten in der Erde, nachdem sich die Fruchtknoten in die Erde eingebohrt haben (z. B. bei der Erdnuß).

Geophyten [griech.], mehrjährige krautige Pflanzen, die ungünstige Jahreszeiten (Winter, sommerl. Dürre) mit Hilfe unterird. Erneuerungsknospen überdauern.

Geotropismus ↑ Tropismus.

Gepäckträgerkrabbe (Ethusa mascarone), etwa 1,5 cm große, graubraune bis rötl. Krabbenart in den Küstenregionen des Mittelmeers; hält mit den hinteren Beinpaaren Muschelschalen über dem Rücken.

Gepard [frz., zu mittellat. gattus pardus „Pardelkatze"] (Jagdleopard, Acinonyx jubatus), schlanke, hochbeinige, kleinköpfige Katzenart, v. a. in den Steppen und Savannen Afrikas und einiger Gebiete Asiens; Körperlänge etwa 1,4–1,5 m, Schwanz 60–80 cm lang, Schulterhöhe etwa 75 cm; Kopf rundl., Ohren klein, Pfoten schmal, mit nicht zurückziehbaren Krallen; Fell relativ kurz und hart, rötl. bis ockergelb, mit relativ kleinen, dichtstehenden, schwarzen Flecken, die an der weißl. Unterseite weitgehend fehlen; vom vorderen Augenwinkel zum Mundwinkel ein kennzeichnender schwarzer Streif. Der G. erreicht über kurze Strecken eine Geschwindigkeit bis etwa 100 km pro Stunde. Zähmbar; früher zur Jagd abgerichtet (Jagdleopard).

Geradflügler (Orthopteroidea, Orthoptera), mit etwa 17 000 Arten weltweit verbreitete Überordnung kleiner bis großer Landinsekten; mit kauenden Mundwerkzeugen, vielgliedrigen Fühlern; Vorderflügel schmal, nicht faltbar, meist pigmentiert und als pergamentartige Deckflügel ausgebildet; Hinterflügel im allg. groß, häutig, glasklar, faltbar; Hinterbeine oft zu Sprungbeinen verlängert. Man unterscheidet die Ordnungen: ↑ Ohrwürmer, ↑ Heuschrecken, ↑ Gespenstschrecken.

Geradsalmler (Afrikasalmler, Citharinidae), Fam. der Knochenfische mit rd. 100 Arten in den Süßgewässern Afrikas; Körper etwa 3–85 cm lang, fast stets mit Kammschuppen und gerade verlaufender Seitenlinie; im

Geruchsorgane

trop. Afrika Speisefische; Warmwasseraquarienfische.

Geranie [griech.] ↑ Pelargonie.

Geranium [griech.], svw. ↑ Storchschnabel.

Gerbera [nach dem dt. Arzt T. Gerber, † 1743], Gatt. der Korbblütler mit etwa 45 Arten in Afrika und Asien; Stauden mit grundständigen Blättern und meist großen, leuchtend gefärbten Blütenköpfen mit 1–2 Reihen langer, zungenförmiger Strahlenblüten; beliebte Schnittblumen.

Gerberstrauch (Lederstrauch, Coriaria), einzige Gatt. der zweikeimblättrigen Pflanzenfam. **Gerberstrauchgewächse** (Coriariaceae) mit 10 Arten in den Tropen und Subtropen; meist Sträucher und Kräuter mit ledrigen Blättern und fünfzähligen, radiären Blüten; beerenartige, giftige Sammelfrüchte, gelb oder rot bis schwarz; bisweilen Zierpflanzen, wie z. B. der **Gerbersumach** (Coriaria myrtifolia) aus dem Mittelmeergebiet, dessen Blätter und Rinde zum Gerben verwendet werden.

Gerfalke (Falco rusticolus), dem Wanderfalken ähnl., aber bed. größerer, arkt. Falke (51–56 cm lang) ohne kontrastreiche Gesichtszeichnung. Die Island- und Grönlandrasse (**Grönlandfalke**, Falco rusticolus candicans) ist überwiegend weiß mit dunklen Flecken; beliebter Jagdfalke; Bestände bedroht.

Germer (Veratrum), Gatt. der Liliengewächse mit etwa 45 in Europa, N-Asien und N-Amerika verbreiteten Arten; Blätter breit, längsfaltig genervt, mit breiter Blattscheide an der Basis; Blüten in Blütenständen. In Europa zwei Arten: **Schwarzer Germer** (Veratrum nigrum), bis 1 m hohes, mehrjähriges Kraut mit schwarzpurpurfarbenen Blüten, und **Weißer Germer** (Veratrum album), 0,5–1,5 m hoch, Blüten gelblichweiß, Wurzelstock sehr giftig durch hohen Alkaloidgehalt.

germinal [lat.], den Keim betreffend.

germinativ [lat.], den Keim bzw. die Keimung betreffend.

Gerontologie [griech.], svw. ↑ Altersforschung.

Gerste (Hordeum), Gatt. der Süßgräser mit etwa 25 Arten auf der Nordhalbkugel und in S-Amerika; Blütenstand eine Ähre mit zwei Gruppen von je drei einblütigen, meist lang begrannten Ährchen an jedem Knoten. Die bekannteste Art ist die in vielen Varietäten und Sorten angebaute **Saatgerste** (Hordeum vulgare); einjähriges *(Sommergerste)* oder einjährig überwinterndes *(Wintergerste)*, 0,5–1,3 m hohes Getreide mit langen, sichelförmigen Öhrchen am Blattgrund; Ährchen einblütig, mit schmalen, in lange Grannen auslaufende Hüllspelzen. In klimat. extremen Gebieten wird die Saat-G. als Brotgetreide verarbeitet, sonst zur Herstellung von Graupen, Grütze u. Malzkaffee. In Europa und N-Amerika wird sie v. a. als Körnerfrucht bzw. Futtermehl verwendet.

Die Hauptanbaugebiete liegen zw. dem 55. und 65. nördl. Breitengrad (Gerstengürtel). - Als Unkraut bekannt ist die an Weg- und Straßenrändern in M- und S-Europa, N-Afrika, Vorderasien und Amerika wachsende, bis 40 cm hohe **Mäusegerste** (Hordeum murinum); Ähren 4–9 cm lang, mit bei der Reife zerbrechender Spindel. An den Küsten W-Europas, des Mittelmeers und Amerikas kommt die 10–40 cm hohe **Strandgerste** (Hordeum marinum) vor; mit aufsteigenden, bis zur Ähre beblätterten Halmen. - Schon um 4000 v. Chr. wurden in Ägypten und Mesopotamien viele wilde Formen angebaut. G. wurde zunächst geröstet und als Brei, bei den Pfahlbauern auch als fladenartiges Brot gegessen. Gerstenabkochung (Tisana) war seit Hippokrates als Kräftigungsmittel gebräuchlich.

Geruch, die charakterist. Art, in der ein Stoff durch den Geruchssinn wahrgenommen wird.

◆ svw. ↑ Geruchssinn.

Geruchsorgane (Riechorgane, olfaktor. Organe), der Wahrnehmung von Geruchsstoffen dienende chem. Sinnesorgane (↑ auch Geruchssinn) bei tier. Organismen und beim Menschen. Die Geruchssinneszellen (Osmorezeptoren) liegen bei Wirbellosen über den ganzen Körper verstreut oder treten gehäuft an bestimmten Stellen auf. Spinnen und Krebse tragen sie an den Extremitäten, Insekten vorwiegend an den Antennen. Bei den Wirbeltieren sind die Geruchssinneszellen stets in einem als Nase bezeichneten Organ vorn am Kopf vereinigt. Kriechtiere besitzen als bes. G. das ↑ Jacobson-Organ im Gaumendach, dem die Geruchsstoffe durch die Zungenspitze zugeführt werden (Züngeln). Bei den auf dem Land lebenden Wirbeltieren dient die durch die Nase aufgenommene Luft nicht nur der Atmung (Sauerstoffaufnahme), sondern zugleich zur Geruchswahrnehmung und -orientierung. Die Geruchssinneszellen sind im oberen Teil der Nasenhöhle konzentriert, dem der untere Teil als reiner Atmungsraum gegenübersteht. Das Riechepithel erfährt bei makrosmat. Säugetieren durch Faltenbildung (Nasenmuscheln) eine gewaltige Oberflächenvergrößerung.

Beim Menschen erstreckt sich die Riechschleimhaut *(Regio olfactoria)* nur über einen kleinen Teil (etwa 2,5 cm^2) der Nasenschleimhaut, d. h. nur über die obere Nasenmuschel und die benachbarten Teil der angrenzenden Nasenscheidewand beider Nasenhöhlen. Zw. gelbl. pigmentierten Stützzellen stehen, diese etwas überragend (als **Riechkegel**), die schlanken, am freien Ende mit 6–8 etwa 2 µm langen **Riechhärchen** besetzten Ausläufer (**Riechstäbchen**) der Geruchssinneszellen. Ihre Gesamtzahl wird auf 10–$20 \cdot 10^6$ geschätzt. Beim normalen Atmen kommt (außer beim „Schnüffeln") nur ein sehr geringer Teil der Luft ans Riechepithel.

Geruchssinn

Geruchssinn (Geruch, Riechsinn), durch niedrig liegende Reizschwellen ausgezeichneter, bei wirbeltieren und beim Menschen in Nasenorganen lokalisierter Fernsinn (im Ggs. zum ↑Geschmackssinn), der mit Hilfe bes. Geruchsorgane als chem. Wahrnehmung von Geruchsstoffen ermöglicht. Die Geruchsreize werden bei Wirbeltieren (einschließl. Mensch) über paarige Geruchsnerven dem Gehirn zugeleitet. Mit Hilfe des G. erkennen tier. Lebewesen Nahrung, Artgenossen und Feinde. Auch zur Orientierung und (z. B. beim Sozialverhalten staatenbildender Insekten) zur gegenseitigen Verständigung (z. B. Duftmarken, Duftstraßen) kann der G. von Bed. sein. Lebewesen mit relativ schwachem G. werden als **Mikrosmaten** (z. B. Mensch, Affen, Robben, Fledermäuse, Vögel, Reptilien, Lurche) von den **Makrosmaten** (mit bes. gutem G.) unterschieden. Ohne G. (**Anosmaten**) sind z. B. die Wale. Bes. hochentwickelt ist der G. i. d. R. bei Insekten und den meisten Säugetieren.
Die Riechzellen des (sonst mikrosmaten) Menschen können für manche Stoffe (z. B. Skatol, Moschus, Vanillin) ebenfalls sehr empfindl. sein. Bei Frauen ist die Riechschwelle kurz vor und während der Menstruation erniedrigt. - Zur Unterscheidung verschiedener Düfte sind mehrere Typen von Rezeptoren notwendig. Eine Vielfalt komplexer Duftqualitäten kann durch das Zusammenwirken nur weniger Rezeptortypen unterschieden werden. Der Mensch kann mehrere tausend Düfte unterscheiden. Der G. spielt bei ihm v. a. bei der Kontrolle von Speisen und Getränken eine Rolle, daneben auch im Geschlechtsleben; ferner ist er geeignet, schädigende Stoffe zu signalisieren. Viele Gerüche haben ausgesprochen angenehme, andere unangenehme Affektkomponenten, wodurch sie großen Einfluß auf das emotionale Verhalten ausüben können. Auch haben Düfte häufig einen hohen Gedächtniswert und können als Schlüsselreize wirken. Bei Dauerreizung durch einen bestimmten Geruchsstoff unterliegt der G. einer ausgeprägten Adaptation, d. h., die Geruchsempfindung erlischt (ohne jedoch die Empfindlichkeit für andere Stoffe zu beeinflussen). Bemerkenswert ist noch, daß derselbe Stoff je nach Konzentration ganz verschiedene Geruchsempfindungen hervorrufen kann (z. B. kann das bei höherer Konzentration übel riechende Skatol bei starker Verdünnung Jasminduft sehr ähnl. werden). Am bekanntesten sind die sechs Kategorien: würzig (z. B. Ingwer, Pfeffer), blumig (Jasmin), fruchtig (Fruchtäther, z. B. des Apfels), harzig (Räucherharz), faulig (Schwefelwasserstoff) und brenzlig (Teer).
📖 *Boeckh, J.: Nervensysteme u. Sinnesorgane der Tiere.* Freib. ⁴1980.

Gerüsteiweiße, unlösl. Proteine, die Organismen als Stütz- und Gerüstsubstanzen dienen. Zu den G. gehören u. a. das Kollagen und Elastin des Bindegewebes, das schwefelreiche Keratin der Haare, Federn, Hufe und Hörner.

Gesang, Bez. für mehr oder weniger wohlklingende oder rhythm. Lautäußerungen von Tieren, wie sie z. B. bei Grillen, Heuschrecken, Zikaden und v. a. bei Vögeln vorkommen. Der tier. G. steht meist in enger Beziehung zum Fortpflanzungsverhalten (z. B. der Frühlings-G. der Singvögel). Er dient der Anlockung von Sexualpartnern und meist gleichzeitig auch der Fernhaltung gleichgeschlechtl. Artgenossen (Rivalen) und damit auch der Revierabgrenzung und -behauptung.

Gesäß (Gesäßbacken, Sitzbacken, Nates, Clunes), auf Grund seines aufrechten Ganges beim Menschen bes. ausgebildetes, das Sitzen erleichterndes unteres Rumpfende, das sich durch die kräftigen Gesäßmuskeln und die dort (unterschiedl. stark) entwickelten Fettpolster vom Rücken absetzt und vorwölbt (**Gesäßrundung**). In der tiefen, senkrechten **Gesäßspalte** liegt der After. Eine quer verlaufende **Gesäßfurche** (**Gesäßfalte**) grenzt (v. a. beim stehenden Menschen) das G. von den Oberschenkeln ab.

Gesäßmuskeln (Musculi glutaei), von der Außenfläche der Darmbeinschaufel zum äußeren, oberen Ende des Oberschenkelknochens ziehende Muskeln, die den Körper beim Stehen und Gehen sichern.

Gesäßschwielen, unbehaarte, oft lebhaft gefärbte Hornhautstellen am Gesäß vieler Affenarten.

Gesäuge, die Gesamtheit der Zitzen eines Säugetiers.

Geschein, rispenförmiger Blütenstand der Weinrebe.

Geschlecht [zu althochdt. gislahti, eigtl. „was in dieselbe Richtung schlägt, (übereinstimmende) Art (zu schlagen)"], (Sexus) Bez. für die unterschiedl. genotyp. Potenz bzw. die entsprechende phänotyp. Ausprägung des Lebewesen im Hinblick auf ihre Aufgabe bei der Fortpflanzung. Sind Lebewesen angelegt, Spermien zu erzeugen, so spricht man vom *männl.* G. (biolog. Symbol: ♂ = Speer und Schild des Mars). Ist es ihre Aufgabe, Eizellen hervorzubringen, sind sie *weibl.* G. (Symbol: ♀ = Spiegel der Venus). Beim gleichzeitigen Vorhandensein beider Fähigkeiten spricht man vom *zwittrigen* G. (Symbol: ⚥ oder ☿). - Zum Menschen ↑Frau, ↑Mann.

Geschlechterverhältnis (Geschlechtsverhältnis, Geschlechtsrelation, Sexualproportion), Abk. GV., das zahlenmäßige Verhältnis der Geschlechter zueinander innerhalb einer bestimmten Art, Population, Individuengruppe oder unter den Nachkommen eines Elters, ausgedrückt im Prozentsatz der ♂♂ an der Gesamtzahl der Geburten oder im Prozentsatz der ♂♂ an der Gesamtpopulation oder bezogen auf die Zahl

geschlechtsgebundenes Merkmal

der ♂♂ pro 100 ♀♀ (**Sexualindex**). Letzterer ist für die Geburten beim Menschen 106 (in Krisenzeiten bis 108), beim Schlehenspinner etwa 800.

geschlechtliche Fortpflanzung ↑Fortpflanzung.

Geschlechtlichkeit, svw. ↑Sexualität.

Geschlechtsbestimmung, die Festlegung des jeweiligen Geschlechts eines Organismus (oder bestimmter Bezirke) durch Faktoren, die die urspr. allen Zellen zugrundeliegende bisexuelle Potenz in entsprechender Weise, d. h. zum ♂ oder ♀ hin, beeinflussen. Man unterscheidet zw. **phänotyp. Geschlechtsbestimmung (modifikator. Geschlechtsbestimmung**, bei der innere oder äußere Umweltfaktoren die Geschlechts bestimmen (z. B. ändert sich bei Napfschnecken das Geschlecht mit dem Alter, junge Tiere sind ♂, alte ♀) und **genotyp. Geschlechtsbestimmung,** bei der v. a. in den Geschlechtschromosomen liegende geschlechtsdeterminierende Gene das Geschlecht bestimmen.

◆ svw. ↑Geschlechtsdiagnose.

Geschlechtschromatin (Barr-Körper[chen], Sexchromatin, X-Chromatin), nahe der Kernmembran bei etwa 60–70 % der ♀ determinierten Körperzellen des Menschen (bei ♂ nur zu etwa 6 %) vorkommender, entsprechend anfärbbarer, etwa 0,8–1,1 µm großer Chromatinkörper, der vermutl. dem einen der beiden X-Chromosomen der ♀ Zelle entspricht, und zwar dem, das bereits in einer sehr frühen Phase der embryonalen Entwicklung inaktiv geworden ist. In pathol. Fällen mit zusätzl. X-Chromosomen findet man entsprechend mehr Geschlechtschromatin. **Drumstick** wird ein kleines tropfenförmiges, G. enthaltendes Anhängsel am Segmentkern mancher weißer Blutkörperchen genannt; es kommt bei rd. 3 % aller Granulozyten der Frau, dagegen nur äußerst selten beim Mann vor. Da vom äußeren Erscheinungsbild eines Menschen oft nicht ohne weiteres auf die genet. Geschlechtsanlage geschlossen werden kann (↑Intersexualität), ist häufig (z. B. bei klin. Fragestellungen, im Rahmen genet. Beratung oder bei der Kontrolle von Sportlern auf ihre Geschlechtszugehörigkeit) eine zytolog. Untersuchung im Hinblick auf das G. notwendig. G. läßt sich an Epithelzellen v. a. der Mund-, Nasen- und Vaginalschleimhaut und bes. an Haarwurzelzellen nachweisen.

Geschlechtschromosomen ↑Chromosomen.

Geschlechtsdiagnose (Geschlechtsbestimmung), Feststellung des Geschlechtes eines Individuums anhand der primären und sekundären Geschlechtsmerkmale oder (bei Embryos, Intersexen, an Geweben oder Leichenteilen) auf Grund der zellkernmorpholog. Geschlechtsunterschiede (z. B. weisen die Zellkerne weibl. Individuen ↑Geschlechtschromatin bzw. Drumsticks auf).

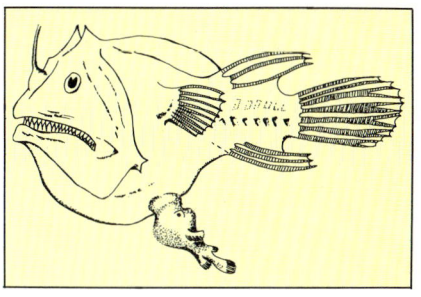

Geschlechtsdimorphismus. Oben: beim Herkuleskäfer. Links: Weibchen; rechts: Männchen mit stark ausgebildeten Hörnern; unten: bei einem Tiefseeanglerfisch. Das Zwergmännchen hat sich am Weibchen festgebissen, verwächst später mit ihm und wird von ihm ernährt

Geschlechtsdimorphismus (Sexualdimorphismus), äußerl. sichtbare Verschiedenheit der Geschlechter derselben Art (auf Grund sekundärer oder tertiärer Geschlechtsmerkmale). Einen extremen G. stellt das Auftreten von Zwerg-♂♂ dar, wie z. B. bei Igelwürmern der Gatt. Bonellia. Sehr stark geschlechtsdimorph sind auch die Pärchenegel und viele Insekten (z. B. Frostspanner), daneben sehr viele Vögel (auf Grund ihrer unterschiedl. Gefiederfärbung).

Geschlechtsdrüsen (Keimdrüsen, Gonaden), drüsenähnl. aufgebaute Organe bei den meisten mehrzelligen Tieren und beim Menschen, in denen sich die Keimzellen (Ei- oder Samenzellen) entwickeln. Die G. (beim ♂ ↑Hoden, beim ♀ ↑Eierstock) bilden einen Teil der inneren Geschlechtsorgane.

geschlechtsgebundenes Merkmal, Merkmal, dessen Erbsubstanz (Gen) in den Geschlechtschromosomen (X- und Y-Chromosom) lokalisiert ist und sich daher geschlechtsgebunden weitervererbt (**geschlechtsgebundene Vererbung**). So liegen z. B. die Gene, deren Allele die Farbenblindheit und Bluterkrankheit beim Menschen verursachen, im X-Chromosom.

275

Geschlechtshöcker

Geschlechtshöcker (Genitalhöcker), während der Embryonalentwicklung der Säugetiere (einschließl. Mensch) sich ausbildende, kegelförmig vorspringende Anlage für den Rutenschwellkörper des Penis bzw. den Kitzler (beim ♀).

Geschlechtshormone (Sexualhormone), i. w. S. alle Hormone, die die Entwicklung und Funktion der Geschlechtsdrüsen und Geschlechtsorgane bestimmen und steuern. Außerdem bestimmen sie die Ausbildung der männl. oder weibl. Geschlechtsmerkmale. Sie werden in den Hoden, den Eierstöcken und in der Nebennierenrinde, während der Schwangerschaft auch in der Plazenta gebildet. Ein durchgehender Ggs. zw. weibl. (Östrogenen und Gestagenen) auf der einen und männl. (Androgenen) auf der anderen Seite besteht nicht. Beide Geschlechter bilden, wenn auch in unterschiedl. Menge, sowohl männl. als auch weibl. G. - Die Sekretion der G. unterliegt dem übergeordneten Einfluß der Hypophyse. Deren Tätigkeit wird durch einen Teil des Zwischenhirns, den Hypothalamus, gesteuert, der Neurohormone produziert. Die Neurohormone wirken als Freisetzungsfaktoren (Releaserfaktoren) auf die Hypophyse, so daß diese die G. direkt ausschüttet oder über Vermittlung anderer Hormone die Sekretion der Nebennierenrindenhormone stimuliert. Der steuernde Einfluß der Hypophyse unterliegt aber wiederum der hemmenden Wirkung der durch sie angeregten Hormonproduktion (so wirken z. B. die Östrogene des Gelbkörpers zurück auf das Hypophysen-Hypothalamus-System und hemmen die Produktion von follikelstimulierendem Hormon). Nach ihrer Zugehörigkeit zu bestimmten chem. Grundverbindungen teilt man die G. in die beiden Gruppen der **Gonadotropine** (gonadotrope Hormone) und der **Steroidhormone** ein. Erstere werden im Hypophysenvorderlappen gebildet. Hierzu gehören: **follikelstimulierendes Hormon** (Abk.: FSH, Follikelreifungshormon), bewirkt bei der Frau die Reifung des Eierstockfollikels und steuert die Östrogenproduktion; beim Mann steuert es den Entwicklungs- und Reifungsprozeß der Samenzellen; **luteinisierendes Hormon** (Gelbkörperbildungshormon, Abk.: LH), löst bei der Frau den Eisprung aus und reguliert Funktion und Lebensdauer des Gelbkörpers; beim Mann steuert es die Produktion und Ausschüttung der Androgene; **luteotropes Hormon** (Prolaktin, Abk.: LTH), bewirkt eine Vermehrung des Brustdrüsengewebes, löst die Milchsekretion aus und bewirkt eine vermehrte Progesteronbildung des Gelbkörpers und damit erhaltend auf die Schwangerschaft. Das **Prolan** (Choriongonadotropin, Abk.: CG) wird während der Schwangerschaft in der Plazenta gebildet und fördert die Östrogen- und Progesteronproduktion und damit das Wachstum der Gebärmutter. - Zu den Steroidhormonen gehören ↑Androgene, ↑Östrogene und ↑Gestagene.

Geschlechtsmerkmale, unter dem Einfluß der für die ↑Geschlechtsbestimmung maßgebl. Faktoren entstehende, kennzeichnende Merkmale des ♂ bzw. ♀ Geschlechts, deren Bildung bereits während der Embryonalentwicklung beginnt. Man unterscheidet primäre, sekundäre und tertiäre Geschlechtsmerkmale. **Primäre Geschlechtsmerkmale** sind die ↑Geschlechtsorgane und deren Anhangsdrüsen. In bezug auf die **sekundären Geschlechtsmerkmale** unterscheiden sich ♂♂ und ♀♀ hinsichtl. Gestalt, Färbung und Verhalten äußerl. voneinander. Keine sekundären G. weisen daher zwittrige Organismen (viele Hohltiere, Plattwürmer, Ringelwürmer und Weichtiere) auf. Die sekundären G. werden - außer den Insekten - durch Hormone der Geschlechtsdrüsen ausgeprägt. Bes. charakterist. sekundäre G. sind Sonderbildungen zur Begattung und Brutpflege sowie akust., opt. und chem. Reize, die von einem Geschlechtspartner ausgehen. Als sekundäre G. sind bei ♂♂ häufig bes. Körperanhänge wie Hörner, Geweihe, verlängerte Zähne ausgebildet, die v. a. der Abwehr von Rivalen dienen oder die Aufmerksamkeit der ♀♀ auf das ♂ lenken sollen. Gleiche Bedeutung haben auch die Prachtkleider, Paarungsrufe und der Gesang bei Vögeln sowie die Produktion von Duftstoffen aus bes. Duftdrüsen bei verschiedenen Säugetieren während der Brunstzeit. Auffallende sekundäre G. sind außerdem die bunte Färbung des Hodensacks und der Analregion bei manchen Affen und der Mähnenbildung bei Löwen-♂♂ und den ♂♂ mancher Affenarten. Bei ♀♀ tritt die Ausbildung sekundärer G. in Form von bes. Organen zur Brutpflege (z. B. Beutel der Känguruhs, die Milchdrüsen) auf. Sind bestimmte, sonst den ♂♂ eigene Bildungen auch bei den ♀♀ entwickelt (z. B. ein Geweih wie beim Ren, Stoßzähne beim Afrikan. Elefanten), so verlieren diese Bildungen ihren Charakter als sekundäre G. und werden zu Artmerkmalen. - Beim Menschen vollzieht sich die endgültige Ausbildung der sekundären G. während der Pubertät unter dem Einfluß der Geschlechtsdrüsen und Hypophysenhormone. Sie betreffen bes. die Behaarung, Stimme und Ausbildung der Milchdrüsen. - Unterschiede in der Körpergröße, im Knochenbau, in der Herz- und Atemtätigkeit sowie in anderen physiolog., auch psych. Faktoren werden zuweilen als **tertiäre Geschlechtsmerkmale** bezeichnet. Gelegentl. kommen Übergänge zw. ♂ und ♀ G. vor, in extremer Ausprägung bei Hermaphroditen (↑Zwitter) bzw. ↑Intersexen.

Geschlechtsorgane (Fortpflanzungsorgane, Genitalorgane, Genitalien, Geschlechtsteile), die unmittelbar der geschlechtl. Fortpflanzung dienenden Organe

Geschlechtsverkehr

der Lebewesen. Bei den Tieren und beim Menschen stellen sie gleichzeitig die primären ↑Geschlechtsmerkmale dar.
Die G. der Tiere und des Menschen lassen sich in äußere und innere G. gliedern. Die äußeren G. des Mannes umfassen Penis und Hodensack (mit Hoden und Nebenhoden), die der Frau Schamspalte, Schamlippen und Kitzler. Zu den inneren G. gehört beim Mann der Samenleiter nebst Anhangsorganen wie Vorsteherdrüse, bei der Frau Eierstock, Eileiter, Gebärmutter und Scheide nebst Bartholin-Drüsen.
Die G. der Wirbellosen bestehen oft nur aus (meist paarig angelegten) Eierstöcken bzw. Hoden. Bei allen Wirbeltieren (Ausnahme Rundmäuler) besteht eine enge Verbindung zw. Geschlechts- und Exkretionsorganen, die daher als ↑Urogenitalsystem zusammengefaßt werden.
Bei den *Blütenpflanzen* sind die ♂ G. die ↑Staubblätter, deren Pollenkörner nach dem Auskeimen die ♂ Geschlechtszellen bilden. Die ♀ G. sind die ↑Fruchtblätter mit der ↑Samenanlage; die Eizelle entsteht dann im Embryosack. Die ♂ G. der Moose und Farne sind die Antheridien, in denen die bewegl. ♂ Geschlechtszellen gebildet werden. Die ♀ G. sind die Archegonien, in denen die meist unbewegl. Eizelle entsteht.

Geschlechtsreife, Lebensalter, in dem die Fortpflanzungsfähigkeit eines Lebewesens eintritt. Der Zeitpunkt ist von Art zu Art verschieden und hängt von klimat., physiolog. (z. B. Ernährung, Krankheiten), soziolog. und individuellen (z. B. Erbanlage) Bedingungen ab. Beim Menschen erfolgt die G. zu Ende der Pubertät, und zwar bei der Frau zw. dem 11. und 15., beim Mann zw. dem 13. und 16. Lebensjahr.

Geschlechtstiere, Bez. für Einzeltiere in Tierstöcken (z. B. in einem Polypenstock), die Fortpflanzungsfunktion haben.
◆ Bez. für die fortpflanzungsfähigen Individuen (♂♂ und ♀♀) bei sozialen Insekten (z. B. Hautflügler, Termiten), im Ggs. zu den geschlechtslosen Arbeitstieren.

Geschlechtstrieb ↑Sexualität.

Geschlechtsumwandlung, (Geschlechtsumkehr, Geschlechtsumstimmung) Umschlag der ursprüngl. genet. (chromosomal) bedingten Geschlechtsanlage während der vorgeburtl. Entwicklung durch Veränderungen im Geschlechtshormonhaushalt, wodurch es zur Ausbildung von Scheinzwittern bzw. Intersexen kommt.
◆ Änderung des Geschlechts im Verlauf der Individualentwicklung als natürl. Vorgang bei Organismen mit phänotyp. ↑Geschlechtsbestimmung.

Geschlechtsunterschiede, den charakterist. Unterschieden zw. Mann und Frau liegen sowohl biolog. bzw. genet. als auch psycholog. und soziolog. Faktoren zugrunde. Aus der bisexuellen Potenz des Keims beider Geschlechter resultiert ontogenet. jeweils ein Überwiegen des einen Geschlechtstyps durch Hemmung der Anlagen des Gegentyps. Mann und Frau sind eindeutiger durch die primären Geschlechtsorgane unterschieden als durch die sekundären Geschlechtsmerkmale, zu denen man auch das geschlechtscharakterist. Verhalten rechnet. Neben den unterschiedl. Fortpflanzungsaufgaben ist für die G. in erster Linie der frühere Wachstumsabschluß der Frau von Bedeutung, die dadurch körperl. auf einer kindnäheren Stufe stehenbleibt. Davon leiten sich die morpholog. Proportions- und Robustheitsunterschiede der Geschlechter ab: beim Mann u. a. größere Körperhöhe, stärkere Körperbehaarung, derbere Knochen, kräftigere Muskeln, längerer Kopf und höheres Gesicht. Ein für die Frau kindnahes weibl. Merkmal ist die viel ausgeprägtere Entwicklung des Unterhautfettgewebes, wodurch die runderen Formen der gesamten weibl. Körperoberfläche bedingt sind. Ein physiolog. Rest der potentiellen Bisexualität des Menschen ist die Tatsache, daß auch Erwachsene jeweils die Geschlechtshormone beider Typen produzieren, wenn auch die des Gegengeschlechtes in weitaus geringerer Menge. Bei den psych. G., deren Vorhandensein umstritten ist, kann es sich lediglich um ein Überwiegen von Fähigkeiten und Einstellungen beim jeweils einen oder anderen Geschlechtertyp handeln. - ↑Frau, ↑Mann.

Geschlechtsverkehr (Geschlechtsakt, Beischlaf, Coitus, Koitus), genitale Vereinigung, beim Menschen durch Einführung des ↑Penis in die ↑Vagina (entsprechend der ↑Kopulation bei Tieren) und rhythm. Hin- und Herbewegen des Penis und der Vagina. Beim ersten G. kommt es beim Mädchen bzw. bei der Frau gewöhnl. zur sog. Defloration. - Der G. erfüllt sowohl biolog. und psycholog. als auch soziolog. Funktionen. Die *biolog.* bzw. *Zeugungsfunktion* liegt in der Übertragung männl. Keimzellen in den weibl. Organismus über Begattungsorgane mit der in der Konzeptionszeit mögl. Folge einer Befruchtung und Schwangerschaft. Die *psycholog. Funktion* d. G. besteht v. a. in der Befriedigung des Geschlechtstriebs. Die damit zusammenhängende *soziolog. Funktion* betrifft die sexuelle Partnerbindung, die beim Menschen (im Ggs. zum Tier) an keine Brunstzyklen gebunden ist. Dadurch erreicht die sexuelle Partnerbindung eine soziale Bed., die weit über die Funktion der Fortpflanzung hinausgeht. Durch die Vervollkommnung der Mittel zur Empfängnisverhütung hat sich der G. v. a. in den Industriegesellschaften weitgehend von seiner biolog. Funktion gelöst.
Über die Normalität des G. gibt es keine verbindl. Richtlinien. Dies gilt sowohl für die Form, die vielfach durch zahlr. Koituspositionen und Sexualtechniken (wie Fellatio und

Geschlechtszellen

Kunnilingus) variiert wird, als auch für die Häufigkeit des Geschlechtsverkehrs.

Geschlechtszellen (Keimzellen, Fortpflanzungszellen, Gameten), die bei der Befruchtung miteinander verschmelzenden, als ♂ oder ♀ unterschiedenen, haploiden Zellen. Man unterscheidet: **Isogameten,** wenn die ♂ und ♀ G. morpholog. gleich sind und sich nur in ihrem Verhalten unterscheiden (z. B. bei Algen); **Anisogameten,** wenn sie morpholog. Unterschiede, hauptsächl. in der Größe, aufweisen: Die größeren ♀ G. heißen dann Makrogameten, die kleineren ♂ Mikrogameten (z. B. bei Pilzen, Sporentierchen); **Heterogameten,** wenn sie (als Anisogameten) als größere, im allg. unbewegl. Eizellen und kleinere, bewegl. Samenzellen ausgebildet sind.

geschlossener Blutkreislauf ↑Blutkreislauf.

Geschmack, die charakterist. Art, in der ein Stoff durch den ↑Geschmackssinn wahrgenommen wird.

◆ svw. ↑Geschmackssinn.

Geschmacksnerv, svw. Zungen-Schlund-Nerv (↑Gehirn).

Geschmackssinn (Geschmack, Schmecksinn), chemischer Sinn zur Wahrnehmung von Nahrungsstoffen und zum Abweisen ungenießbarer bzw. schädl. Substanzen beim Menschen und bei Tieren. Der G. ist ein Nahsinn mit relativ hohen Reizschwellen. Die **Geschmackssinneszellen** (**Geschmacksrezeptoren**) sprechen auf gelöste Substanzen (*Geschmacksstoffe*) an. Sie liegen beim Menschen und bei den Wirbeltieren fast ausschließl. im Bereich der Mundhöhle, ohne ein einheitl. Organ zu bilden. Bei Säugetieren und beim Menschen stehen die sekundären Geschmacksrezeptoren mit dazw. liegenden Stützzellen in sog. **Geschmacksknospen** zus. Diese sind v. a. in das Epithel der Seitenwände der meisten Zungenpapillen eingesenkt. Die spindelförmigen Sinneszellen stehen durch einen feinen Kanal mit der Mundhöhle in Verbindung. An ihrer Basis treten Nervenfasern aus, die „Geschmacksimpulse" zu den betreffenden Gehirnzentren weiterleiten. Jede Sinneszelle hat feine Fortsätze, die in eine kleine, nach der Mundhöhle sich öffnende Grube (*Geschmacksporus*) hineinragen. Dort kommen die Geschmacksstoffe mit ihnen in Berührung. Trotz gleichen Aufbaus unterscheiden sich die Geschmacksknospen verschiedener Zungenbezirke dadurch, daß sie auf unterschiedl. Reize (Geschmacksqualitäten) ansprechen. Der erwachsene Mensch hat rd. 2 000 Geschmacksknospen (ihre Zahl verringert sich mit zunehmendem Alter). Sie liegen hauptsächl. auf den vorderen und seitl. Zungenteilen und am Zungengrund. Die vielfältigen, oft fein nuancierten Sinnesempfindungen, die z. B. beim Abschmecken von Speisen und beim Kosten von Getränken auftreten, beruhen auf dem Zusammenwirken von Geschmacks- und von Geruchsempfindungen. Auch der Tastsinn von Lippen, Zunge und Gaumen sowie der Temperatursinn und der Schmerzsinn können eine Rolle spielen. Überlagert werden diese zusätzl. Empfindungen von den vier Grundqualitäten des eigentl. G.: süß, sauer, salzig und bitter. Sie entstehen beim Erwachsenen an verschiedenen Stellen der Zunge und des Zungengrundes. Süß schmeckt man mit der Zungenspitze, sauer an den Zungenrändern, salzig an Rändern und Spitze, bitter erst am Zungengrund. Beim Kind kann noch die ganze Zunge „schmecken", mit zunehmendem Alter geht die Fähigkeit der Geschmacksempfindung in der Mitte der Zunge verloren. Die Fähigkeit, eine Substanz zu schmecken, ist individuell verschieden.

Bei den meisten wirbellosen Tieren ist die Geschmacksempfindung nicht an die Mundregion gebunden und wird über primäre Sinneszellen wahrgenommen (wobei der G. häufig nicht vom Geruchssinn zu unterscheiden ist).

geschützte Pflanzen, wildwachsende Pflanzen, deren Beschädigung oder Entfernung vom Standort auf Grund ihrer Seltenheit verboten oder nur beschränkt zulässig ist. Zuwiderhandlungen gegen die bestehenden Regelungen (Naturschutz) werden zumeist strafrechtl. verfolgt. In der BR Deutschland ist der Schutz durch das „Gesetz über Naturschutz und Landschaftspflege" (Bundesnaturschutzgesetz) vom 20. Dez. 1976 geregelt. **Vollkommen geschützt** sind in Deutschland u. a.: Akelei (alle Arten), Alpenmannstreu, Alpenrose (alle Arten), Alpenveilchen, Aurikel, Diptam, Edelraute (alle Hochgebirgsarten), Edelweiß, Enzian (die Arten Brauner Enzian, Gefranster Enzian, Gelber Enzian, Lungenenzian, Punktierter Enzian, Purpurroter Enzian, Schlauchenzian, Stengelloser Enzian), Federgras, Gelber und Großblütiger Fingerhut, Frühlingsadonisröschen, Hirschzunge, Karlsszepter, Königsfarn, Küchenschelle (alle Arten), Lilie (alle Arten), Großes und Narzis-

Gespenstschrecken.
Wandelndes Blatt

senblütiges Windröschen, Orchideen (alle Arten), Pfingstnelke, Primel (alle rotblühenden Arten), Schachblume, Sibir. Schwertlilie, Seerose (alle Arten), Seidelbast (alle Arten), Siegwurz (alle Arten), Gelber Speik, Stranddistel, Straußfarn, Teichrose (alle Arten), Wintergrün (alle Arten) und Zwergalpenrose. Zu den **teilweise geschützten Arten** (geschützt sind die unterird. Teile [Wurzelstöcke und Zwiebeln] oder die Blattrosetten) gehören u. a.: Arnika, Blaustern (alle Arten), Christrose, Grüne Nieswurz, Eisenhut (alle Arten), Leberblümchen, Märzenbecher, Maiglöckchen, Narzisse (alle Arten), Schneeglöckchen, Schwertlilie (alle Arten), Silberdistel, Sonnentau (alle Arten), Tausendgüldenkraut (alle Arten), Traubenhyazinthe (alle Arten), Trollblume, Waldgeißbart, ferner alle rosetten- und polsterbildenden Arten der Gatt. Hauswurz, Leimkraut, Mannsschild, Schlüsselblume und Steinbrech.
📖 *Lense, F.: G. P. u. Tiere. Gütersloh 1986.*

geschützte Tiere, Tiere, deren mißbräuchl. Aneignung und Verwertung ständig oder zeitweise verboten ist. In der BR Deutschland sind durch die „Verordnung über bes. geschützte Arten wildlebender Tiere und wildwachsender Pflanzen" (BundesartenschutzVO) i. d. F. vom 25. 8. 1980 folgende Tiere **vollkommen geschützt:** von den *Säugetieren:* Biber, Igel, alle Spitzmäuse (mit Ausnahme der Wasserspitzmaus), alle Fledermäuse und alle Bilche (Sieben-, Garten- und Baumschläfer, Haselmaus) und Birkenmaus; von den *Vögeln* alle nicht jagdbaren Arten mit Ausnahme von Rabenkrähe, Star, Amsel, Haustaube (verwilderte Form), Elster, Eichelhäher und Haussperling; von den *Kriechtieren* v. a. Sumpfschildkröte, alle Eidechsen, Blindschleiche, alle nichtgiftigen Schlangen (Ringel-, Würfel-, Schling- und Äskulapnatter); von den *Lurchen* u. a. Feuer- und Alpensalamander, alle Kröten der Gattung Bufo, Geburtshelferkröte, Knoblauchkröte, Unken, Laubfrosch, alle Frösche der Gattung Rana (mit Ausnahme des Wasser- und Grasfrosches); von den *Insekten* v. a. Libellen, Fangschrecken, Bienen, Hummeln, Rote Waldameise, Pracht-, Großlauf-, Bock-, Blüten-, Gold-, Rosen-, Hirsch-, Ölkäfer, Puppenräuber, Singzikaden, Schmetterlingshafte, Bärenspinner, viele Spanner, Glucken (Ausnahme: Kiefernspinner), Eulenfalter, Ordensbänder, Zahnspinner, Schwärmer (Ausnahme: Kiefernschwärmer), Widderchen, fast alle Tagschmetterlinge; von *anderen Gliederfüßern:* Kreuzspinnen, Schneckenkanker sowie Stein- und Edelkrebs; von den *Weichtieren:* Weinbergschnecke, Teichmuschel, Flußperlmuschel.
Aus bes. Gründen, v. a. zu wissenschaftl. und unterrichtl. Zwecken und in' diesem Zusammenhang zur Haltung in Aquarien und Terrarien, kann die Naturschutzbehörde für bestimmte Personen auf begründeten Antrag hin Ausnahmen von den Schutzvorschriften zulassen.
📖 ↑ *geschützte Pflanzen.*

Gesicht [zu althochdt. gesiht „das Sehen, Anblicken"], (Facies) durch Ausbildung einer bes. G.muskulatur gekennzeichneter vorderer Teil des Kopfes der Säugetiere (v. a. des Menschen), die Stirn-, Augen-, Nasen- und Mundregion umfassend. Das *Knochengerüst* des G. wird im wesentl. vom Stirnbein, von den Schläfenbeinen und vom Gesichtsschädel gebildet. Von diesen Skeletteilen ist nur der Unterkiefer bewegl., die übrigen Knochen sind untereinander und mit dem Hirnschädel fest verbunden. Für die äußere Form des G. ist auch der Nasenknorpel von Bed. Wichtigstes *Sinnesorgan* des G. ist das paarige Auge als Lichtsinnesorgan. Die *G.muskeln* stehen durch Bildung von Falten und Grübchen als mim. Muskulatur im Dienst des *G.ausdrucks* und der unwillkürl. (hauptsächl.) und willkürl. Ausdrucksbewegungen (Mimik). - Die *G.haut* ist beim Menschen verhältnismäßig zart und gefäßreich. Im Bereich der Nasenflügel weist sie bes. viele Talgdrüsen auf. Die *G.farbe* hängt von der Durchsichtigkeit der G.haut, ihrer Eigenfarbe bzw. ihrem Pigmentgehalt und der Hautdurchblutung ab. Sensorisch wird das G. hauptsächl. vom Drillingsnerv versorgt. Die motor. Innervation der mim. Muskulatur erfolgt durch den Gesichtsnerv, die der tieferliegenden Muskeln (z. B. des Kiefers) durch den Drillingsnerv.
◆ svw. ↑ Gesichtssinn.

Gesichtsfeld, (Seh[ding]feld) der mit einem oder beiden Augen ohne Kopf- oder Augenbewegung übersehbare Teil des Raumes. Seine Größe und Grenze hängen von der Leuchtdichte der betrachteten Objekte,

Geweihfarn.
Elchfarn

von der Ermüdung des Auges u. a. ab. Die Bestimmung des G. erfolgt mit dem Perimeter.

Gesichtsnerv ↑Gehirn.

Gesichtssinn (Gesicht), die Fähigkeit von Organismen, sich mit Hilfe der im Gesicht lokalisierten Augen als Lichtsinnesorganen in der Umwelt zu orientieren.

Gesner, Conrad, latinisiert Gesnerus, * Zürich 26. März 1516, †ebd. 13. Dez. 1565, schweizer. Polyhistor, Natur- und Sprachforscher. - Prof. der griech. Sprache in Lausanne, danach Prof. für Naturkunde und praktizierender Arzt in Zürich. Der „Mithridates" (1555) ist ein erster Versuch sprachvergleichender Darstellung. Seine „Historia animalium" (5 Bde., 1551–87) behandelt das zoolog. Wissen von Antike und MA; das gleiche plante er mit den „Opera botanica" (2 Bde., hg. 1753–71). G. legte in Zürich eine bed. Naturaliensammlung an und gründete ebd. einen botan. Garten.

Gesneriengewächse (Gesneriaceae) [nach C. Gesner], in den Tropen und Subtropen verbreitete Fam. der Zweikeimblättrigen mit rd. 1 800 Arten in 140 Gatt.; Kräuter (z. T. Epiphyten), Sträucher oder kleine Bäume mit meist gegen- oder quirlständigen Blättern und fünfzähligen, radförmigen bis langröhrigen, leicht zweilippigen Blüten in leuchtenden Farben, u. a. Drehfrucht, Gloxinie, Usambaraveilchen.

Gespenstaffen, svw. ↑Koboldmakis.

Gespensterkrabben (Spinnenkrabben, Inachinae), Unterfam. 2–3 cm körperlanger Krabben, v. a. in den Strandzonen des nördl. Atlantiks, an der europ. Küste von der Nordsee bis zum Mittelmeer verbreitet.

Gespensterkrebse, svw. ↑Gespenstkrebschen.

Gespenstfrösche (Heleophryninae), Unterfam. der ↑Südfrösche mit fünf bis 6,5 cm langen Arten in S-Afrika.

Gespenstkrebschen (Gespensterkrebse, Caprella), Gatt. meerbewohnender, bis einige cm langer ↑Flohkrebse mit sehr schlankem, fast zylindr. Körper, bei dem der Hinterleib fast vollkommen rückgebildet ist.

Gespenstschrecken (Gespenstheuschrecken, Phasmida), Ordnung etwa 5–35 cm langer Insekten mit rd. 2 000 Arten, v. a. in den Tropen und Subtropen; mit schlankem, stengelartigem bis abgeflachtem, blattartigem, meist grün oder braun gefärbtem Körper mit relativ kleinem Kopf; häufig flügellos. Zu den G. gehören die Fam. **Stabschrecken** (Bacteriidae, Phasmida) mit zahlr., 5–35 cm langen Arten in Afrika, auf Madagaskar und im Mittelmeergebiet. In S-Frankr. kommt die bis 10 cm lange, grüne oder gelblichgraue **Mittelmeerstabschrecke** (Bacillus rossii) vor. Von S-Asien bis Neuguinea verbreitet sind die etwa 5–10 cm langen Arten der Fam. **Wandelnde Blätter** (Phylliidae); Körper, Flügel und Beine abgeflacht, mit gelappten Rändern. Die bekannteste Art ist das in SO-Asien vorkommende, bis 8 cm (♀) lange **Wandelnde Blatt** (Phyllium siccifolium). - Abb. S. 278.

Gespinst, aus einzelnen Fäden (Spinnfäden) bestehendes Gebilde, das manche Insekten und Spinnen aus dem erhärtenden Sekret von Spinndrüsen anfertigen.

Gespinstblattwespen (Pamphiliidae), Fam. der Pflanzenwespen mit etwa 160 Arten auf der Nordhalbkugel, davon rd. 50 Arten in M-Europa; mit breitem Kopf, langen, 14- bis 36gliedrigen Fühlern und abgeflachtem, seitl. scharfrandigem Hinterleib; Larven leben in Gespinsten an Laub- und Nadelbäumen.

Gespinstlein ↑Flachs.

Gespinstmotten (Yponomeutidae), in allen Erdteilen verbreitete Schmetterlingsfam. mit etwa 800 (in Deutschland 18) kleinen bis mittelgroßen Arten; Vorderflügel häufig grau oder weiß. mit schwarzen Punkten; Raupen leben in großen Gespinsten an Bäumen; bei Massenauftreten sehr schädl. in Forst- und Obstkulturen (z. B. ↑Apfelbaumgespinstmotte).

Gestagene [lat./griech.], aus Cholesterin hervorgehende Steroidhormone (hauptsächl. Progesteron), die hauptsächl. im Gelbkörper des Eierstocks (als *Eierstock-* bzw. *Gelbkörperhormone*) und im Mutterkuchen, in geringem Maße auch in der Nebennierenrinde gebildet werden und v. a. die Sekretionsphase der Uterusschleimhaut zur Vorbereitung der Schwangerschaft einleiten sowie für die Erhaltung der Schwangerschaft sorgen (als *Schwangerschaftshormone*). Künstl. oral verabreichte G. werden v. a. zur Empfängnisverhütung durch Ovulationshemmung angewendet.

gestromt, im Fell einzelne ineinanderlaufende Querstreifen aufweisend; von Hunden und Katzen gesagt.

geteiltes Blatt ↑Laubblatt.

Getreide [zu althochdt. gitregidi „das, was getragen wird"; „Ertrag, Besitz"], Sammelbez. für die aus verschiedenen Arten von Gräsern gezüchteten landw. Kulturpflanzen Roggen, Weizen, Gerste, Hafer, Reis, Mais und verschiedene Hirsen. Die G.körner werden als Nahrungsmittel, ferner zur Herstellung von Branntwein, Malz, Stärke und als Viehfutter verwendet. Die Halme dienen als Futter, Streu, Flecht- und Verpackungsmaterial sowie zur Zellulosegewinnung.

Getreidehähnchen, Bez. für zwei in großen Teilen Eurasiens verbreitete Blattkäferarten, deren Imagines und Larven durch Blattfraß an Getreide schädl. werden können: **Blaues Getreidehähnchen** (Lema lichenis), 3–4 mm groß, Körper blau oder blaugrün, mit schwarzen Fühlern und Füßen; **Rothalsiges Getreidehähnchen** (Lema melanopus), 4–5 mm lang, Körper blau oder grün, mit rotem

Geweih

Halsschild, schwarzem Kopf und schwarzen Füßen.

Getreidehalmwespe ↑ Halmwespen.

Getreidekäfer, (Mexikan. G., Paraxonatha kirschi) 4–5 mm großer, längl., rotbrauner Käfer (Fam. Schimmelkäfer), dessen Imagines und Larven durch Fraß an Getreidekörnern schädl. werden.
◆ svw. ↑ Getreidelaubkäfer.

Getreidelaubkäfer (Getreidekäfer, Anisoplia segetum), etwa 10 mm großer, erzgrüner Blatthornkäfer M-Europas; mit langer, gelber Behaarung und dunkelgelben Flügeldecken. Schädlinge bes. am Roggen.

Getreidemotte (Weißer Kornwurm, Sitotroga cerealella), weltweit verbreiteter, kaum 2 cm spannender Schmetterling (Fam. Tastermotten) mit ocker- bis lehmgelben Vorderflügeln und helleren Hinterflügeln. Raupen sind Vorratsschädlinge an Getreidekörnern und Bohnen.

Getreidenager (Schwarzer G., Brotkäfer, Tenebrioides mauretanicus), weltweit verbreiteter, 6–11 mm großer, schwarzbrauner Flachkäfer; Vorratsschädling, v. a. an Getreideprodukten.

Getreideplattkäfer (Oryzaephilus surinamensis), weltweit verbreiteter, bis 3 mm langer, schlanker, fein behaarter, brauner Plattkäfer mit drei Längsleisten auf dem (an den Seiten gezähnten) Halsschild; Vorratsschädling.

Getreidespitzwanze ↑ Rüsselwanzen.

Getrenntgeschlechtlichkeit, bei tier. Lebewesen als *Gonochorismus*, d. h. die ♂ und ♀ Geschlechtszellen werden in verschiedenen Individuen derselben Art gebildet; es treten daher ♂ und ♀ Tiere auf. Bei Pflanzen ↑ Diözie.

Gewächs, allg. svw. Pflanze.

Gewächshausspinne (Theridion tepidariorum), weltweit verbreitete, bis 8 mm große Kugelspinne, die häufig in Gewächshäusern, aber auch in Wohnungen und Kellerräumen vorkommt; Körper meist gelblichbraun mit schwärzl. Flecken oder Fleckenreihen (bes. am Hinterleib) und schwärzl. Ringeln an den dünnen, gelbl. Beinen.

Gewebe, Bcz. für Verbände aus miteinander in Zusammenhang stehenden Zellen annähernd gleicher Bauart und gleicher Funktion (**einfache Gewebe**) oder zusammengesetzt aus zwei oder mehr Zelltypen (**komplexe Gewebe**). Durch Zusammenschluß mehrerer G. können höhere Funktionseinheiten (Organe, Organsysteme) entstehen.
Pflanzl. Gewebe: Algen und Pilze haben im allg. *Schein-G*. (Plektenchyme; aus miteinander verflochtenen Zellfäden bestehende Zellverbände). Moose (auch hochdifferenzierte Algen) haben z. T., die Sproßpflanzen (Farne und Samenpflanzen) stets unterschiedl. differenzierte echte G. Ihr Entstehungsort ist das ↑ Meristem. Durch Zellteilung, Zellstreckung und Differenzierung zur endgültigen Form gehen aus den Meristemen ↑ Dauergewebe hervor. **Tier. Gewebe** treten bei den Eumetazoen (G.tiere) auf. Sie gehen aus den verschiedenen Keimblättern bzw. einem ↑ Blastem hervor. Nach Entwicklung, Bau und Leistung werden hauptsächl. unterschieden: Deck-G. (↑ Epithel), Stütz- und Füll-G. (↑ Bindegewebe), ↑ Muskelgewebe, ↑ Nervengewebe.

Gewebekultur (Gewebezüchtung), Kultivieren von Zellen pflanzl. oder tier. Organismen in bzw. auf Nährmedien; z. B. Hühnerembryo-, Tumorzellen; ↑ Meristemkultur.

Gewebshormone, in verschiedenen Geweben erzeugte hormonähnl. Stoffe, z. B. Gastrin, Sekretin, Angiotensin, Acetylcholin.

Gewebszerfall, svw. ↑ Histolyse.

Geweih [eigtl. „Geäst"], paarig ausgebildete Stirnwaffe der Hirsche für Brunst- und Abwehrkämpfe. In der Jägersprache wird das nicht ausladende G. des Rehbocks als **Gehörn** bezeichnet. Mit Ausnahme des Rens sind zur G.bildung nur die ♂♂ befähigt. Im Unterschied zum Gehörn (↑ Hörner) der Rinder ist das G. eine Hautknochenbildung, die während ihrer Entwicklung von einer plüschartig behaarten, blutgefäßreichen Haut (**Bast**) überzogen ist. Diese Haut wird allmähl. nach ihrem Absterben und Eintrocknen an Baumstämmen abgescheuert. Dabei wird der ursprüngl. weiße *G.knochen* durch Substanzen (v. a. Gerbstoffe) der Baumrinde je nach Holzart mehr (z. B. bei Eichen, Erlen) oder weniger dunkel (z. B. bei Birken, Buchen, Weiden) gefärbt. Die an der Oberfläche des blankgefegten G. erkennbaren Rillen rühren von Eindrücken der Blutgefäße des Bastes her. Jährl., beim Abklingen der Brunst, wird das G. durch Einwirkung der Geschlechtshormone abgeworfen. Die Neubildung erfolgt unter der Einwirkung der Schilddrüsenhormone. Das noch im Wachstum begriffene, bastüberzogene G. heißt **Kolbengeweih (Kolben)**. Zur Abwurfzeit der Stangen (beim Rothirsch etwa im Febr. und März, beim Rehbock Ende Okt. bis Dez., beim Elchhirsch Anfang Okt. bis Anfang Nov., beim Damhirsch April und Mai) erfolgt eine ringartige Auflösung des Knochens am **Knochenzapfen (Stirnzapfen, Rosenstock)** des Stirnbeins dicht unterhalb der **Rose**, einem Wulst mit perlartigen Verdickungen (Perlen bzw. Perlung). Das G. besteht aus den beiden *G.stangen* (**Stangen**) und deren Abzweigungen (**Enden** bzw. **Sprosse**). Bildet die Stangenspitze drei oder mehr Enden aus, so spricht man von einer **Krone**. Eine Abflachung und Verbreiterung der Stange heißt **Schaufel**. Die ersten noch unverzweigten G.stangen werden als **Spieße**, das jeweils darauf folgende, einmal verzweigte G. als **Gabelgeweih** bezeichnet.
Beim Rothirsch zeigen sich im zweiten Jahr rosenlose, 20–25 cm lange Spieße; im dritten Jahr weist das G. im allg. bereits sechs oder mehr Enden auf. - Beim Rehbock erscheinen

Geweihfarn

Weißhandgibbon mit Jungem

im ersten Herbst zuerst 1–2 cm lange, knopfartige Bildungen (Knopfspießchen; werden im Jan. und Febr. abgeworfen), im zweiten Jahr zeigt sich das für den „Spießbock" typ. „Spießergehörn".
Am G. des Rothirschs unterscheidet man von der Rose ab *Augsproß* (erster, nach vorn weisender Sproß), *Eissproß*, *Mittelsproß* und *Endsproß* mit Gabelenden. Die Endenzahl eines G. ist die verdoppelte Zahl der Enden der Einzelstange, die die meisten Enden trägt. Je nach Endenzahl und Gleich- oder Ungleichheit der Enden beider Stangen spricht man z. B. von geraden oder ungeraden Sechs-, Acht-, Zehn-, Zwölfendern usw. Beim Rehbock unterscheidet man am Gehörn im Anschluß an die Rose den nach vorn stehenden *Vordersproß*, den nach hinten weisenden *Hintersproß* und das *Stangenende (Obersproß)*. - „Korkenzieher-" und „Widdergehörne" entstehen durch Krankheiten, v. a. durch Kalkmangel oder Parasitenbefall. Eine Mißbildung, z. B. infolge einer Hodenverletzung, ist das **Perückengeweih**, das nur aus weichen, unförmig verdickten Wucherungen oder schwammig verdickten Stangen besteht.

Geweihfarn (Platycerium), Gatt. der Tüpfelfarngewächse mit 17 (epiphyt.) Arten in den trop. Regenwäldern; Rhizompflanzen mit aufrechten, ledrigen, gabelig verzweigten, geweihähnl. Blättern; als Zimmerpflanze der **Elchfarn** (Platycerium alcicorne). - Abb. S. 279.

Gewitterfliegen, Bez. für sehr kleine, zu den Blasenfüßen (v. a. der Getreideblasenfuß) gehörende Insekten, die v. a. im Spätsommer (bes. an schwülen Abenden) schwärmen.

Gewöhnung, in der *Physiologie:* Anpassung an Reize (z. B. Gerüche), bis diese kaum noch oder nicht mehr wahrgenommen werden. Oft ist damit eine Abnahme der Bereitschaft verbunden, mit bestimmten Verhaltensweisen auf bestimmte (auslösende) Reize zu reagieren.
◆ in der *Psychologie:* durch häufige Wiederholung psych. und phys. Abläufe geschaffene Bereitschaft zu routinemäßigem, automatisiert erscheinendem Verhalten. Eine verfestigte G. **(Gewohnheit)** kann zum (sekundären) Bedürfnis werden.

Gewölle [zu mittelhochdt. gewelle, von wellen „Ekel empfinden, erbrechen"], unverdaul., in Klumpen ausgewürgte Nahrungsreste (Haare, Federn, Chitin, Fischschuppen, auch Knochen), hauptsächl. der Eulen und Greifvögel. Da Greifvögel im Ggs. zu den Eulen Knochen ganz oder teilweise verdauen, enthalten ihre G. (auch **Speiballen** genannt) keine oder höchstens angedaute Knochenreste. G. würgen auch Krähen, Störche, Ziegenmelker, Möwen und Reiher hervor.

Gewürznelkenbaum (Syzygium aromaticum), urspr. auf den Molukken verbreitetes Myrtengewächs; bis 10 m hoher Baum mit längl.-eiförmigen Blättern und roten Blüten in Trugdolden; heute v. a. auf Sansibar und Madagaskar zur Gewinnung von Gewürznelken und von Öl aus den Blättern zur Vanillinherstellung kultiviert.

Gewürzpflanzen, Pflanzen, deren Wurzeln, Rinde, Sprosse, Blätter, Blüten, Früchte oder Samen sich wegen ihres aromat. oder scharfen Geschmacks und Geruchs als würzende Zugaben zur menschl. Nahrung eignen. Der Nährwert der G. ist gering, bedeutsam ist hingegen die appetitanregende und verdauungsfördernde Wirkung ihrer äther. Öle und ihrer Bitterstoffe.

Gewürzstrauch (Calycanthus), Gatt. der Gewürzstrauchgewächse mit fünf Arten in N-Amerika und Australien; Bäume oder Sträucher mit nach den Blättern erscheinenden, mittelgroßen Blüten, bei denen die zahlr. Blütenblätter schraubig angeordnet sind. Viele Arten sind beliebte Ziersträucher, z. B. der **Erdbeergewürzstrauch** (Calycanthus floridus) mit dunkelrotbraunen, stark nach Erdbeeren duftenden Blüten.

Gewürztraminer, Spielart der Rebsorte Traminer mit rosafarbenen, blaubereiften Trauben; ergibt würzige, säurearme, alkoholreiche Weine.

Gewürzvanille. ↑ Vanille.

gezähntes Blatt ↑ Laubblatt.

Gibberelline [lat., nach dem Pilz Gibberella fujikuroi], Gruppe von Abkömmlingen der Gibberellinsäure, die als Wuchsstoffe im gesamten Pflanzenreich weit verbreitet sind. G. entstehen bei höheren Pflanzen in der

Gifte

Streckungszone von Sproß und Wurzel und in jungen Blättern; sie sind in unreifen Samen angereichert. G. sind gemeinsam mit anderen Wuchs- und Hemmstoffen, in Abhängigkeit von den Außenbedingungen, an verschiedenen Entwicklungs- und Stoffwechselprozessen beteiligt. Wirtschaftl. Verwendung finden G. in der Mälzerei zur Förderung der Keimung von Braugerste sowie in der Blumengärtnerei zur Steigerung von Blüten-, Stiel- und Blütenblattgröße. - ↑auch Pflanzenhormone.

Gibberellinsäure (Gibberellin A_3), $C_{19}H_{22}O_6$, zu den Gibberellinen zählendes, als deren Grundkörper anzusehendes Pflanzenhormon; chem. ein Diterpen.

Gibbons [frz.] (Hylobatidae), zur Überfam. ↑Menschenartige zählende Affenfam. mit sieben Arten in den Urwäldern SO-Asiens; Körperlänge etwa 45–90 cm, Schwanz fehlt; Körper schlank, Brustkorb kurz und breit, Arme stark verlängert; Kopf klein und rundl., ohne vorspringende Schnauze; Fell dicht und weich, Färbung variabel. Man unterscheidet die Gatt. Siamangs (Symphalangus) und Hylobates. Erstere mit den Arten **Siamang** (Symphalangus syndactylus; in den Bergwäldern Sumatras, Malakkas und Thailands; Körperlänge etwa 90 cm, Fell lang, schwarz) und **Zwergsiamang** (Symphalangus klossi; auf den Mentawaiinseln; Körperlänge etwa 75 cm, sonst der vorherigen Art sehr ähnl.). ♂ und ♀ dieser Gatt. mit nacktem, aufblähbarem schallverstärkendem Kehlsack. Die zur Gatt. *Hylobates* (G. i. e. S.) gehörenden Tiere haben eine Körperlänge bis etwa 65 cm; schlankes Gesicht, das häufig von einem Haarkranz umsäumt ist; meist ohne Kehlsack; ♂ und ♀ sind oft recht unterschiedl. gefärbt. Diese Gatt. umfaßt fünf Arten: **Weißhandgibbon** (Lar, Hylobates lar), **Schopfgibbon** (Hylobates concolor; schwarz bis gelbbraun; bes bei ♂♂ ausgeprägter Haarschopf auf dem Scheitel), **Hulock** (Hylobates hoolock; mit weißer Stirnbinde), **Silbergibbon** (Hylobates moloch; Fell lang, dicht, silbergrau) und **Ungka** (Hylobates agilis).

Gibbula [lat.], Gatt. der Kreiselschnecken in den Küstenzonen gemäßigter und wärmerer Meere; Gehäuse rundl. kegelförmig, bis etwa 3 cm hoch, mit stark entwickelter Perlmuttschicht.

Gibraltaraffe ↑Magot.

Gießkannenmuscheln (Siebmuscheln, Brechites), Gatt. mariner Muscheln mit mehreren Arten im Roten Meer und Ind. Ozean; Schalenklappen weitgehend zurückgebildet und mit einer sekundär entstandenen, bis 16 cm langen, den Tierkörper völlig umhüllenden Kalkröhre verschmolzen. Die Tiere stecken mit dem brausenförmig gestalteten und siebartig durchlöcherten Röhrenvorderende tief im Schlamm und Sand.

Gießkannenschimmel (Kolbenschimmel, Aspergillus), Gatt. der Schlauchpilze mit etwa 60 Arten; bilden am Ende ihrer Hyphen radial ausstrahlende Konidienketten aus (Ähnlichkeit mit Brausestrahlen einer Gießkanne); häufig auf Lebensmitteln.

Gießkannenschwamm (Venuskörbchen, Venusblumenkorb, Euplectella aspergillum), meist etwa 30 cm hoher Kieselschwamm (Unterklasse Glasschwämme) im Pazif. Ozean (bes. bei den Philippinen und um Japan); Körper röhrenförmig, häufig leicht gebogen, Körperwände mit Innenskelett aus feinen, netzartig verflochtenen Kieselnadeln; Ausströmöffnung durch einen gitterartigen Deckel verschlossen. Der G. wird in O-Asien als Schmuckgegenstand verwendet.

Giftbeere (Nicandra), Gatt. der Nachtschattengewächse mit der einzigen Art **Blasengiftbeere** (Nicandra physaloides) in Peru; bis über 1 m hohes Kraut mit stark ästigem Stengel, grob buchtig gezähnten Blättern und großen blauen Blüten; Beerenfrucht vom grün und rot gezeichneten Kelch umschlossen; giftig.

Giftdrüsen ↑Gifttiere.

Gifte [zu althochdt. gift, eigtl. „das Geben, Übergabe; Gabe"], in der Natur vorkommende (v. a. ↑Alkaloide) oder künstl. hergestellte organ. und anorgan. Stoffe, die nach Eindringen in den menschl. oder tier. Organismus zu einer spezif. Erkrankung (**Vergiftung**) mit vorübergehender Funktionsstörung, bleibendem Gesundheitsschaden oder Todesfolge führen; auch für Pflanzen schädl. Stoffe (Herbizide) werden oft als G. bezeichnet. Nach dem hauptsächl. Angriffspunkt im Organismus unterscheidet man Atem-, Enzym-, Blut-, Kapillar-, Herz-, Muskel-, Leber- und Nerven-G., ferner die zu Gewebsveränderungen führenden Ätz-G. und krebserregende Gifte.

Giftreizker

Giftfische

Im allg. wirken tier. G. in geringerer Dosis als pflanzl. G., am wirksamsten sind die von Bakterien gebildeten G. (↑Toxine). Manche relativ harmlosen Stoffe werden erst innerhalb des menschl. Körpers zu G. umgewandelt (**Giftung**). - Die Wirkung aller G. ist abhängig von der verabreichten Menge (**Giftdosis**) bzw. der (u. U. kumulativ entstandenen) Konzentration im Organismus, vom Zustand und von der Empfindlichkeit des Organismus und vom Zufuhrweg.

Geschichte: Pflanzl. G. werden von primitiven Völkern als Pfeil-G. oder Zaubermittel verwendet. Die alten Griechen benutzten G. (z. B. Gefleckter Schierling) auch zur Hinrichtung. Ihnen war bewußt, daß die Grenze zw. Gift und Arzneimittel fließend ist (das griech. Wort „phármakon" bedeuet beides). Erst Paracelsus stellte fest, daß der Unterschied zw. beiden nur in der Dosis liegt. Die arzneil. Verwendung von G. war aber erst im 19. Jh. mögl., als die Erprobung an Tieren vervollkommnet worden war und man die Giftstoffe auch isolieren konnte.

Giftfische, Fische, die durch mit Giftdrüsen in Verbindung stehende Stacheln Gift auf Angreifer übertragen können. Als Giftstacheln können Flossenstacheln (z. B. bei Petermännchen, Drachenköpfen), Kiemendeckelstacheln (z. B. bei Antennenfischen) oder eigens entwickelte Giftstacheln (z. B. am Schwanz der Stechrochen) dienen. Die *Fischgifte* können beim Menschen bei Nichtbehandlung zum Tode führen. - Als G. können auch Fische mit giftigen Organen (z. B. Keimdrüsen, Gallenblase und Leber bei Kugelfischen) oder giftigem Blut (z. B. Aale) bezeichnet werden.

Gifthahnenfuß ↑Hahnenfuß.

Giftlorchel, svw. ↑Frühlorchel.

Giftnattern (Elapidae), mit rd. 180 Arten bes. in den Tropen und Subtropen verbreitete Fam. 0,3–5 m langer Giftschlangen (fehlen in Europa); Körper schlank, natterähnl., mit meist langem Schwanz; im Vorderteil des Oberkiefers mit Giftdrüsen in Verbindung stehende Furchenzähne; Giftwirkung beim Menschen meist sehr gefährl. (überwiegend Nervengifte), nicht selten mit tödl. Ausgang. Zu den G. gehören ↑Mambas, ↑Kobras, ↑Korallenschlangen, ↑Taipan, ↑Kraits und ↑Todesotter.

Giftpflanzen, Pflanzen, die Substanzen enthalten, die durch Berührung oder Aufnahme in den Körper beim Menschen und bei Tieren Vergiftungserscheinungen mit u. U. tödl. Ausgang hervorrufen. Der Giftgehalt der einzelnen Pflanzenteile ist unterschiedl. und abhängig von Klima, Standort, Jahreszeit und Alter. So sind z. B. grüne, am Licht gewachsene Kartoffelknollen stark solaninhaltig und somit giftig, die unter der Erde gewachsenen Knollen dagegen ungiftig. Manche Gifte werden durch Trocknen oder Kochen unwirksam, wie z. B. bei den Samen der Gartenbohne, die das Darmstörungen hervorrufende Phasin enthalten (das durch Kochen zerstört wird).

📖 *Altmann, H.: G., Gifttiere. Mchn. ²1981.*

Giftpilze, Fruchtkörper höherer Pilze, die bestimmte Substanzen als Stoffwechselbestandteile in so hohen Anteilen enthalten, daß nach ihrem Genuß bei Mensch und Tier Vergiftungserscheinungen hervorgerufen werden. Von den etwa 200 Giftpilzarten der nördl. gemäßigten Zone sind 40 gefährl. giftig, 10 tödl. giftig. Auch nach dem Verzehr zu alter, durch Frost, unsachgemäße Lagerung oder Zubereitung verdorbener Speisepilze können Vergiftungserscheinungen auftreten. Nach der Wirkung der Gifte auf den Organismus sind drei Gruppen der G. zu unterscheiden: 1. G. mit Protoplasmagiften, die schwere, lebensgefährl. Vergiftungen hervorrufen: Wirkung erst nach 6–48 Stunden; Tod durch Kollaps, Herzlähmung (z. B. Knollenblätterpilz) oder Leberversagen; 2. G. mit Nervengiften (Muskarin, Muskaridin), die schwere Vergiftungen, jedoch selten mit tödl. Ausgang, hervorrufen; Wirkung nach 15 bis 30 Minuten (z. B. Fliegenpilz, Ziegelroter Rißpilz); 3. G. mit lokal wirkenden Giften; bewirken weniger starke Vergiftungen (z. B. Giftreizker).

Giftreizker (Birkenreizker, Lactarius torminosus), bis 8 cm hoher, fleischfarbener Lamellenpilz in lichten Wäldern, oft unter Birken; Hut 5–15 cm breit; Lamellen blaßweiß bis orangegelb; Stiel hohl; roh giftig. - Abb. S. 283.

Giftschlangen, Schlangen, die ihre Beute durch Gift töten; das Gift wird durch Giftzähne injiziert. Der Biß vieler G. ist auch für den Menschen tödlich. Man unterscheidet die beiden großen Gruppen Röhrenzähner (mit Vipern und Grubenottern) und Furchenzähner (mit Giftnattern und Seeschlangen). Die einzigen in Deutschland vorkommenden G. sind ↑Kreuzotter und ↑Aspisviper.

Giftspinnen, Spinnen, die (bes. für den Menschen) giftige Spinnentiere. Hierzu gehören u. a. Malmignatte, Schwarzer Wolf, Schwarze Witwe, Tarantel und Skorpione. Unter den in M-Europa vorkommenden Spinnen sind Wasserspinne und Dornfinger am gefährlichsten, Kreuzspinnen dagegen werden dem Menschen kaum gefährlich.

Gifttiere, Bez. für Tiere, die zum Beutefang und/oder zur Verteidigung (meist in *Giftdrüsen* erzeugte) Giftstoffe abgeben, z. B. Giftfische, Giftschlangen, Giftspinnen, Stechimmen, Nesseltiere, Schnabeltier, Ameisenigel.

Giftweizen, rot angefärbte, mit Gift (Rodentizide) präparierte Weizenkörner, die zur Bekämpfung von Mäusen und Ratten ausgelegt werden.

Giftzähne, modifizierte Zähne für den Beutefang bei Giftschlangen (im Oberkiefer) und Krustenechsen (im Unterkiefer).

Giraffen

Giftzüngler (Giftschnecken, Conoidea), Überfam. meerbewohnender Schnecken, bei denen ein Teil der Radulazähne zu Stiletten umgewandelt ist, die mit Giftdrüsen in Verbindung stehen. Manche G. können auch für den Menschen gefährl. werden (z. B. bestimmte ↑ Kegelschnecken).

Gigantopithecus [griech.], Bez. für eine Gruppe ausgestorbener höherer Primaten, deren Gebiß größer war als das der rezenten Gorillas.

Gigartina [griech.], marine Gatt. der Rotalgen mit etwa 90 Arten; Thalli verschieden gestaltet, stets verzweigt. Die bekanntesten Arten sind *G. stellata* und *G. mamillosa*, aus denen das ↑ Irländische Moos hergestellt wird.

Gigasform [griech./lat.] (Gigaswuchs), genet. bedingter *Riesenwuchs* bei Pflanzen und Tieren.

Gila-Krustenechse [engl. 'hi:lə; nach dem Gila River] ↑ Krustenechsen.

Gilbert, Walter [engl. 'gɪlbət], * Boston 21. März 1932, amerikan. Molekularbiologe. - Prof. an der Harvard University in Boston; entwickelte eine neue chem. Methode zur Bestimmung der Reihenfolge der Nukleotide der DNS. Erhielt 1980 (zus. mit P. Berg und F. Sanger) den Nobelpreis für Chemie.

Gilbgras (Fingergras, Chloris), Gatt. der Süßgräser mit etwa 40 Arten in den Tropen und Subtropen. Die südafrikan. Art **Rhodesgras** (Chloris gayana) wird v. a. im trop. Amerika als Futtergras angebaut.

Gilbweiderich (Gelbweiderich, Felberich, Lysimachia), Gatt. der Primelgewächse mit etwa 150 Arten in gemäßigten Gebieten, v. a. in Europa und O-Asien; meist Kräuter und Stauden mit beblättertem Stengel. In M-Europa kommen fünf Arten vor, v. a. der **Gemeine Gilbweiderich** (Lysimachia vulgaris), eine bis über 1 m hohe Staude an feuchten Stellen, mit gelben Blüten in Rispen und quirlständigen Blättern, sowie der ähnl. **Punktierte Gilbweiderich** (Lysimachia punctata) mit am Rand gewimperter Blumenkrone, eine häufig verwildernde Zierpflanze aus SO-Europa.

Gimpel [zu mittelhochdt. gumpen „hüpfen, springen"] (Pyrrhula), Gatt. der Finkenvögel mit sechs Arten in Eurasien; mit kurzem, kräftigem Schnabel, schwarzen Flügeln und schwarzem Schwanz und (im ♂ Geschlecht) meist rötl. Brust; in M-Europa nur der ↑ Dompfaff.

Gingiva [lat.], svw. ↑ Zahnfleisch.

Ginkgo [jap.], bekannteste Gatt. der Ginkgogewächse mit vielen, v. a. vom Jura bis zum Tertiär verbreiteten Arten; auch in Europa bis zum Pliozän nachgewiesen; einzige rezente Art ist der **Ginkgobaum** (Fächerbaum, Ginkgo biloba), ein sommergrüner, bis 30 m hoher, zweihäusiger Baum; Blätter meist zweiteilig gelappt, fächerförmig verbreitert; Samen kirschenähnl. mit essbarer äußerer Samenschale; wird in Parks angepflanzt. - Abb. S. 286.

Ginseng [chin.], Bez. für zwei Araliengewächse, aus deren rübenförmigem Wurzelstock ein allg. anregendes Mittel gewonnen wird: **Panax ginseng,** eine bis 50 cm hohe Staude, verbreitet in der Mandschurei und in Korea (in Japan angebaut), mit gefingerten Blättern und grünlichweißen Blüten; **Amerikan. Ginseng** (Panax quinquefolius) aus dem östl. N-Amerika, eine bis 40 cm hohe Staude mit fünf- bis siebenzählig gefingerten Blättern. - Die echte G.wurzel der ersten Art ist seit etwa 2 000 Jahren in O-Asien ein geschätztes Allheilmittel.

Ginster (Genista) [lat.], Gatt. der Schmetterlingsblütler mit etwa 100 von Europa nach N-Afrika bis W-Asien verbreiteten Arten; gelbblühende, gelegentl. dornige Sträucher mit grünen, elast. Zweigen, kleinen, ein- bis dreifiedrigen (manchmal fehlenden) Blättern und Blütenständen; vorwiegend an warmen, trockenen Stellen. Einheim. Arten sind: **Färberginster** (Genista tinctoria), ein auf trockenen Wiesen und in lichten Wäldern wachsender Strauch mit aufrechten, rutenförmigen Stengeln und goldgelben Blüten in Trauben; **Flügelginster** (Genista sagittalis), ein bis 50 cm hoher Zwergstrauch mit breit geflügelten, aufrechten Zweigen.

Ginsterkatzen (Genetten, Genetta), Gatt. 45–60 cm körperlanger, nachtaktiver Schleichkatzen mit 9 Arten, v. a. in den Strauch- und Grassteppen Afrikas, S-Arabiens, Israels und SW-Europas; Körper schlank, sehr langgestreckt, kurzbeinig, mit kleinem Kopf, langgestreckter, zugespitzter Schnauze und knapp körperlangem Schwanz; Grundfärbung gelbl. bis gelbgrau mit dunkelbraunen bis schwärzl., meist in Reihen angeordneten Flecken, Schwanz dunkel geringelt. Die etwa 55 cm körperlange und bis 20 cm schulterhohe **Nordafrikan. Ginsterkatze** (Kleinfleckginsterkatze, Genetta genetta) kommt in Afrika, Israel und S-Arabien bis nach SW-Europa vor. Ihr Fell wird im Rauchwarenhandel als *Buschkatze* bezeichnet.

Gipskraut (Gypsophila), Gatt. der Nelkengewächse mit etwa 130 v. a. vom Mittelmeergebiet bis zum mittleren Asien verbreiteten Arten; niedrige Kräuter oder Stauden mit kleinen, weißen oder rosa Blüten in Blütenständen. In M-Europa kommt u. a. das dichte Rasen bildende **Kriechende Gipskraut** (Gypsophila repens) in trockenen Gebirgsregionen vor. Kultiviert wird das **Schleierkraut** (Rispiges G., Gypsophila paniculata), bis 1 m hoch, mit zahlr. kleinen, weißen oder rosafarbenen Blüten in einem Rispenbusch.

Giraffen [arab.-italien.] (Giraffidae), Fam. der Wiederkäuer (Ordnung Paarhufer) mit nur noch zwei rezenten Arten in Afrika südl. der Sahara: 1. **Giraffe** (Giraffa camelopardalis), in den Savannengebieten lebend,

Giraffengazelle

Körperlänge etwa 3–4 m, Schwanz 0,9–1,1 m lang, mit lang behaarter Endquaste; Schulterhöhe 2,7–3,3 m, Scheitelhöhe 4,5–6 m; Hals sehr lang (wie bei den meisten übrigen Säugetieren mit nur sieben Wirbeln), mit aufrecht stehender, bis zum Vorderrücken reichender Mähne; Rücken stark abschüssig; in beiden Geschlechtern 2–5, von Haut überzogene Knochenzapfen auf der Stirn. Die G. lebt von Blättern und Zweigen (bes. von Akazien), die sie mit der langen Zunge und der als Greiforgan dienenden Oberlippe erfaßt. - Entsprechend der sehr variablen braunen Zeichnung auf hellem Grund (teilweise auch nach der Ausbildung der Hörner) werden etwa acht Unterarten unterschieden: z. B. die **Netzgiraffe** (Giraffa camelopardalis reticulata) mit großen, kastanienbraunen, nur durch eine schmale, helle Netzzeichnung unterbrochenen Flecken (in Somalia und N-Kenia) und die **Sterngiraffe** (Massai-G., Giraffa camelopardalis tippelskirchi) mit unregelmäßig sternförmigen, weiter auseinander stehenden dunklen Flecken (in Kenia und Tansania). 2. **Okapi** (Okapia johnstoni), erst 1901 entdeckt, in den Regenwäldern von Z-Zaïre lebend; etwa 2,1 m körperlang, meist tief kastanien- bis schwarzbraun, an den Oberschenkeln zebraähnl. weiß quergestreift, mit mäßig verlängertem Hals, großen Ohren und (im ♂ Geschlecht) zwei Hörnern.

Giraffengazelle (Gerenuk, Litocranius walleri), ostafrikan. Art der Gazellenartigen mit langem Hals und ungewöhnl. dünnen, stelzenartigen Beinen; Körperlänge etwa 1,4–1,6 m, Schulterhöhe 0,9–1,0 m; Kopf klein, sehr schmal, Augen auffallend groß; ♂ mit geringelten, nach hinten, am Ende aufwärtsgeschwungenen Hörnern, ♀ ungehörnt; Färbung etwa zimtbraun, Rücken deutl. dunkler als die abgesetzt helleren Körperseiten, Bauch weiß; braucht kein Wasser zu trinken.

Girlitz (Serinus serinus), etwa 12 cm großer, gelbl., dunkel längsgestreifter Finkenvogel, in NW-Afrika, Kleinasien und Europa (mit Ausnahme von Großbrit., Skandinavien und Großteilen O-Europas); mit auffallend kurzem, kon. Schnabel, leuchtend gelbem Bürzel und (im ♂ Geschlecht) leuchtend gelber Stirn und Brust; ♀ stärker gestreift, mit mehr Grautönen. Teilzieher.

Gitterschwamm (Clathrus ruber), v.a. in S-Europa unter Laubbäumen vorkommende Bauchpilzart mit kugelförmigem, gitterartig ausgebildetem, bis 12 cm hohem, rotem Fruchtkörper, der sich aus einer becherförmigen Hülle erhebt; reif mit aasartigem Geruch.

Gitterwanzen (Netzwanzen, Tingidae), mit etwa 700 Arten weltweit verbreitete Fam. 2–5 mm großer Wanzen, davon etwa 60 Arten in Deutschland; Körper flach, mit oft blasig aufgetriebenem und (wie die Flügeldecken) netzartig strukturiertem Halsschild.

Glabella [lat. „die Glatte, Unbehaarte"] (Stirn-Nasen-Wulst), anthropolog. Meßpunkt am unteren Rand des Stirnbeins, der oberhalb der Nasenwurzel und zw. den oberen Augenhöhlenrändern liegt.

Gladiole [zu lat. gladiolus, eigtl. „kleines Schwert"], svw. ↑ Siegwurz.

◆ allg. Bez. für die aus verschiedenen, v.a. afrikan. Arten der Gatt. Siegwurz erzüchteten Gartenformen; mehrjährige, nicht winterharte, bis 1 m hohe Pflanzen mit stark abgeplatteten Knollen und breiten, schwertförmigen Blättern; Blüten trichterförmig, in vielen Farben, in einem Blütenstand.

Glandula [lat.], svw. Drüse.

Glans [lat.] ↑ Eichel.

Glanzenten (Cairinini), Gattungsgruppe der Enten mit 13 Arten, v.a. in den Tropen; Gefieder häufig metall. grün schillernd, Erpel z.T. recht bunt. Zu den G. gehören u.a. Brautente, Mandarinente, Moschusente.

Glanzfasanen ↑ Fasanen.

Glanzfisch ↑ Glanzfische.

Glanzfischartige (Lampridiformes), Ordnung mariner Knochenfische überwiegend in der Tiefsee; Körperform häufig sehr langgestreckt, seitl. abgeplattet, Rückenflosse stets stark verlängert, der vordere Teil häufig auffallend erhöht, Afterflosse ebenfalls lang; Kiefer sehr weit vorstreckbar. Zu den G. gehören die Fam. Glanzfische, Schopffische, Sensenfische und Bandfische.

Glanzfische (Lampridae), Fam. der Glanzfischartigen mit der einzigen Art **Glanzfisch** (Gotteslachs, Königsfisch, Sonnenfisch, Mondfisch, Lampris regius); bis etwa 2 m lang und über 100 kg schwer; seitl. stark abgeplattet, von ovalem Körperumriß; Rücken dunkel- bis violett- oder grünlichblau, über verschiedene Blaustufen in die rosarote Bauch-

Ginkgobaum. Blätter (im Herbst gelb gefärbt) und reife Früchte

Glasfrösche

färbung übergehend, am ganzen Körper metall. glänzende Flecken; Flossen leuchtend zinnoberrot, sichelförmig; Kiefer zahnlos.

Glanzfliege ↑ Schmeißfliegen.

Glanzgras (Phalaris), Gatt. der Süßgräser mit zehn v. a. im Mittelmeergebiet verbreiteten Arten; Blätter flach, schilfartig; Ährchen einblütig, in einer Rispe. Die einzige einheim. Art ist das einjährige **Kanariengras** (Kanar. G., Phalaris canariensis), 15–50 cm hoch, Hüllspelzen weiß, grün gestreift.

Glanzkäfer (Nitidulidae), mit fast 2 600 Arten weltweit verbreitete Fam. meist metall. glänzender, nur 2–3 mm großer Käfer, davon in Deutschland etwa 150 Arten; z. T. Schädlinge (z. B. Rapsglanzkäfer).

Glanzkopfmeise, svw. Sumpfmeise (↑ Meisen).

Glanzkraut (Glanzwurz, Liparis), Gatt. der Orchideen mit etwa 260 Arten in den gemäßigten Gebieten. Die einzige auf der Nordhalbkugel in Flachmooren und in Torfsümpfen verbreitete Art ist das **Sumpfglanzkraut** (Torf-G., Liparis loeselii), bis 15 cm hoch, mit zwei längl.-ellipt., stark fettig glänzenden Blättern und blaß grüngelben Blüten; in Deutschland sehr selten.

Glanzloris ↑ Loris.

Glanzmispel (Photinia), Gatt. der Rosengewächse mit etwa 40 Arten in S- und O-Asien; Sträucher oder Bäume mit wechselständigen, ledrigen, ganzrandigen oder gesägten Blättern; Blüten meist weiß, in Doldenrispen. Einige sommergrüne Arten werden als Zierpflanzen angepflanzt.

Glanzschnecken, Bez. für die Landlungenschneckengatt. Oxychilus und Retinella mit rd. 10 einheim. Arten, deren flaches, glänzendes Gehäuse meist hell bis bräunl. gefärbt ist und einen Durchmesser von 4 bis 15 mm hat.

Glanzstare, Gattungsgruppe 20–50 cm langer Stare mit rd. 45 Arten, v. a. in Steppen und Savannen Afrikas; Gefieder glänzend, häufig metall. grün, purpurn, violett oder blau schillernd, Regenbogenhaut der Augen bei vielen Arten auffallend gelb oder orange. Etwa 21 cm lang ist der in den Savannen und Steppen Afrikas lebende kurzschwänzige, oberseits metall. schwarz, blau und grün schillernde **Dreifarbenglanzstar** (Lamprospreo superbus). Ein oberseits v. a. grün und blau schimmerndes Gefieder hat der etwa 25 cm lange, in den Galeriewäldern des trop. Afrikas vorkommende **Prachtglanzstar** (Lamprotornis splendidus). In den Savannen O-Afrikas verbreitet ist der bis 35 cm lange **Königsglanzstar** (Cosmopsarus regius); oberseits metall. grün und blau schillernd, Brust violett, Bauch goldgelb.

Glanzvögel (Galbulidae), Fam. 13 bis 30 cm langer Spechtvögel mit etwa 15 Arten, v. a. in den Urwäldern M- und S-Amerikas; mit meist buntem, oberseits metall. grün oder

Girlitz

blau schillerndem Gefieder, langgestrecktem, leicht gekrümmtem Schnabel und kurzen Flügeln; Füße spechtartig.

Glanzwurz, svw. ↑ Glanzkraut.

Glasaale ↑ Aale.

Glasbarsche (Centropomidae), Fam. 3–180 cm langer Barschfische mit etwa 30 Arten in Meeres-, Brack- und Süßgewässern der trop. Küstenregionen. Die Arten der Gatt. Chanda sind glasartig durchscheinend. An den Küsten Amerikas kommen die 30–150 cm langen Arten der **Schaufelkopfbarsche** (Centropomus) vor; Kopf hechtartig vorgestreckt, Körper schlank. Bis 1,8 m lang wird der grünlichbraune **Nilbarsch** (Lates niloticus), der bes. im Nil, Niger und Senegal vorkommt. Diese und der ↑ Plakapong sind geschätzte Speisefische.

Glasflügler (Aegeriidae), mit etwa 800 Arten weltweit verbreitete Fam. kleiner bis mittelgroßer Schmetterlinge, davon in Deutschland etwa 20 Arten; Körper meist bienen- oder wespenähnl. gestaltet und gezeichnet; mit schmalen, überwiegend unbeschuppten und glasklaren Flügeln. Bis etwa 3,5 cm spannt der **Hornissenschwärmer** (Aegeria apiformis), mit hornissenartig gelb und schwarz geringeltem Hinterleib und glasklaren Flügeln. Einen blauschwarzen Hinterleib mit 3–4 gelben Ringen hat der etwa 2 cm spannende **Himbeerglasflügler** (Bembecia hylaeiformis); Vorderflügel braun, mit zwei glasklaren Stellen, Hinterflügel glasklar; Raupen schädl. an Himbeer- und Brombeerruten. Knapp 2 cm spannt der blauschwarze **Johannisbeerglasflügler** (Synanthedon tipuliformis); Raupen schädl. an Johannis- und Stachelbeerzweigen.

Glasfrösche (Centrolenidae), Fam. meist 1–3 cm langer, laubfroschähnl. Lurche, v. a.

287

Glaskörper

in gewässerreichen Gegenden M- und S-Amerikas; oberseits überwiegend grüne, unterseits glasartig durchscheinende Baumfrösche mit meist breitem Kopf, stumpfer Schnauze und zieml. kleinen, nach oben gerichteten Augen (Pupille waagrecht).

Glaskörper ↑Auge.

Glasschnecken (Vitrinidae), Fam. der Landlungenschnecken mit rd. 10 einheim. Arten, v. a. in feuchten, kühlen Gegenden; große Teile ihres Gehäuses werden vom Mantel überdeckt; Gehäuse flach kegelförmig bis ohrförmig, sehr dünn, glasartig durchscheinend, glänzend, grünl., bis etwa 7 mm hoch.

Glasschwämme (Hexactinellida), Unterklasse 0,1–1 m hoher, becher- oder trichterförmiger Kieselschwämme mit zahlr. Arten in großen Meerestiefen; mit filigranartigem Skelett, das aus dreiachsigen Kieselnadeln gebildet wird. Hierher gehören u. a. der ↑Gießkannenschwamm und der ↑Schopfschwamm.

Glaswelse (Schilbeidae), Fam. kleiner bis mittelgroßer Welse in den Süßgewässern S-Asiens und Afrikas; Körper mehr oder minder durchscheinend, meist seitl. zusammengedrückt, mit langer Afterflosse, gespreizter Schwanzflosse, kleiner Fettflosse und 2–4 Bartelpaaren; z. T. Warmwasseraquarienfische, z. B. der **Kongo-Glaswels** (Zwergglaswels, Bänderglaswels, Eutropiella debauwi; im Kongogebiet; bis etwa 8 cm lang, durchscheinend, mit silbrigem, irisierendem Schimmer und drei schwärzl. Längsbinden).

Glattbutt ↑Steinbutte.

Glattdelphine ↑Delphine.

Glatte Brillenschote ↑Brillenschote.

glatte Muskulatur (vegetative Muskulatur), die nicht dem Willen unterliegende Muskulatur (z. B. der Darmwand, der Gefäßwände).

Glatthaarpinscher (Edelpinscher), mittelgroße Hunderasse mit glatt anliegendem, glänzendem Haar; Ohren stehend, spitz kupiert; Schwanz kurz kupiert; Fellfarben schwarz mit rostroten bis gelben Abzeichen, dunkelbraun, gelb, Pfeffer-und-Salz-farben.

Glatthafer (Wiesenhafer, Französisches Raygras), Gatt. der Süßgräser mit etwa 50 Arten in Europa, Asien, trop. Gebirgen Afrikas, Südafrika und N-Amerika. Einzige einheim. Art ist der **Hohe Glatthafer** (Arrhenatherum elatius), ein 0,5–1,8 m hohes, in Horsten wachsendes, ausdauerndes Gras; Ährchen in Rispen; gutes Futtergras.

Glatthaie (Marderhaie, Triakidae), Fam. meist 1,5–2 m langer Haie mit etwa 30 Arten in den Meeren warmer und gemäßigter Regionen; Körper langgestreckt schlank, mit zwei Rückenflossen, zugespitzter Schnauze und kleinen, pflasterartigen oder mehrspitzigen Zähnen. In europ. Küstengewässern kommen zwei (für den Menschen ungefährl.) Arten vor: **Südl. Glatthai** (Hundshai, Mustelus mustelus; im Mittelmeer und O-Atlantik von Frankr. bis SW-Afrika; einheitl. grau mit aufgehellter Bauchseite); **Nördl. Glatthai** (Sternhai, Mustelus asferias; im Mittelmeer und O-Atlantik, von NW-Afrika bis zur Nordsee; Rücken und Körperseiten grau bis graubraun mit weißen Flecken).

Glattnasen ↑Fledermäuse.

Glattnatter ↑Schlingnattern.

Glattstirnkaimane [dt./indian.-span.] (Paleosuchus), Gatt. bis 1,5 m langer Krokodile (Gruppe Kaimane) mit zwei Arten, v. a. in schnellfließenden Gewässern des nördl. und mittleren S-Amerikas; mit meist schwärzl.-brauner Oberseite, hellerer, dunkelgefleckter Unterseite, sehr stark entwickelter Hauptpanzerung.

Glattwale (Balaenidae), Fam der Bartenwale mit 5 rd. 6–20 m langen Arten mit sehr großem, hochgewölbtem Kopf; Maulspalte sehr weit, Unterkiefer bogenförmig nach oben gekrümmt, Kehle glatt, ohne Furchen; bis über 700 sehr lange, biegsame Barten; mit Ausnahme des Zwergglattwals ohne Rückenfinne; Brustflossen relativ kurz. In arkt. Meeren kommt der etwa 15–18 m lange, schwarze **Grönlandwal** (Balaena mysticetus) vor; Schwanzflosse bis 8 m breit. Der bis 18 m lange, überwiegend schwarze **Nordkaper** (Biskayawal, Eubalaena glacialis) kommt im kalten und gemäßigten nördl. Atlantik vor. In den Meeren der südl. Halbkugel lebt der bis 15 m lange, meist völlig schwarze **Südkaper** (Eubalaena australis), ohne Rückenfinne. Bed. ist der bis 6 m lange **Zwergglattwal** (Neobalaena marginata), der in den Gewässern um Südafrika, S-Australien, Neuseeland und S-Amerika vorkommt. Nach nahezu vollständiger Ausrottung sind die ersten drei Arten durch das 1936 getroffene Internat. Walfangabkommen völlig geschützt.

Glattzähner (Aglypha), veraltete systemat. Bez. für Nattern, deren Zähne im Ggs. zu den ↑Furchenzähnern keine Furche oder Röhre zur Giftleitung haben. Zu den G. zählen u. a. die einheim. Natternarten.

Gleba [lat. „Erdscholle, Klümpchen"], Basidiosporen bildendes Hyphengeflecht im Inneren der Fruchtkörper der Bauchpilze.

Gleditsia [nach dem dt. Botaniker J. G. Gleditsch, *1714, †1786] (Dornkronenbaum, Gleditschia, Gleditschie), Gatt. der Caesalpiniengewächse mit rd. 15 Arten im gemäßigten Asien, in N-Amerika und im trop. Amerika. hohe Bäume mit gefiederten Blättern und kleinen, weißen oder grünl. Blüten in Trauben. Als Parkbaum wird die Art **Gleditsia triacanthos** mit 20–40 cm langen und 3–4 cm breiten, ledrigen, braunen, gedrehten Hülsenfrüchten angepflanzt.

Gleicheniengewächse (Gabelfarne, Gleicheniaceae), i. a. in den Tropen vorkommende Farnfam. mit vier Gatt.; die bekannteste ist die zehn Arten umfassende Gatt. **Glei-**

Gliedertiere

chenie; bodenbewohnende Farne mit doppelt gefiederten Blättern und bisweilen mehrfach gabelig geteilter Blattspindel.

gleicherbig, svw. ↑homozygot.

Gleichflügler (Pflanzensauger, Homoptera), mit rd. 30 000 Arten weltweit verbreitete Ordnung pflanzensaugender, wanzenartiger Landinsekten; Vorder- und Hinterflügel, wenn vorhanden, gleichartig häutig ausgebildet (im Ggs. zu den Wanzen) und in Ruhe dachförmig zusammengelegt; fünf Unterordnungen: ↑Blattläuse, ↑Blattflöhe, ↑Schildläuse, ↑Zikaden, ↑Mottenschildläuse.

Gleichgewichtsorgane (statische Organe), Organe des Gleichgewichtssinns bei vielen Tieren und beim Menschen; dienen der Wahrnehmung der Lage des Körpers im Raum und zwar meist mit Hilfe der Schwerkraftwirkung. Im allg. liegen ein einheitl., größerer Körper (**Statolith**) oder mehrere kleine Körnchen bei Normallage des Körpers der Lebewesen mehr oder weniger bewegl. einer bestimmten Gruppe von Sinneshärchen eines Sinnesepithels (**Schwererezeptoren, Gravirezeptoren**) auf, das meist in einer mehr oder weniger tiefen Grube oder in einer offenen oder geschlossenen, flüssigkeitserfüllten Blase (**Statozyste**) gelegen ist. Die Sinneshärchen werden durch den Statolithen bei einer Lageveränderung des Körpers in Richtung Schwerkraft verschoben, wodurch sich der Reiz auf die Sinneshärchen der betreffenden Seite verlagert. Diese einseitige Reizung löst reflektor. Kompensationsbewegungen aus, die den Körper wieder in die normale Gleichgewichtslage zurückzubringen versuchen. Bei den Wirbeltieren befindet sich das G. in Form des ↑Labyrinths im Innenohr.

Gleichgewichtssinn (statischer Sinn, Schwerkraftsinn, Schweresinn), mechan. Sinn zur Wahrnehmung der Lage des Körpers bzw. der einzelnen Körperteile im Raum unter zentralnervaler Verarbeitung der von der Schwerkraft ausgehenden Reizwirkung auf die ↑Gleichgewichtsorgane. Bei den Wirbeltieren ist der G. im Hinter- bzw. Kleinhirn lokalisiert.

Gleitaare (Elaninae), Unterfam. 18–60 cm langer Greifvögel (Fam. Habichtartige) mit acht Arten, v. a. in offenen Landschaften der Tropen und Subtropen; in M-Europa kommt (als seltener Irrgast) der **Schwarzflügelgleitaar** (Elanus caeruleus) vor; bis 35 cm lang, mit hellgrauer Oberseite, schwarzem Flügelbug, kurzem, weißem Schwanz und weißer Unterseite.

Gleitbilche (Flugbilche, Idiurus), Gatt. 7–10 cm langer Dornschwanzhörnchen mit drei Arten, v. a. in den Wäldern W- und Z-Afrikas; Schwanz über körperlang, mit Reihen verlängerter Haare; Färbung blaß- bis rötlichbraun, Oberseite mit dichtem, weichem Fell, Flughaut oberseits ebenfalls dicht, unterseits spärl. behaart.

Gletscherfalter (Oeneis glacialis), auf die Alpen beschränkter, graubrauner Augenfalter, mit 50–55 mm Flügelspannweite.

Gletscherfloh (Isotoma saltans), 1,5–2 mm langes, schwarzes Urinsekt (Unterklasse Springschwänze), das oft in Massen auf Schnee- und Eisflächen in den Alpen vorkommt.

Glia [griech. „Leim"] (Gliagewebe, Neuroglia), bindegewebsähnl., aus *G.zellen* (*Gliozyten*) bestehendes ektodermales Stützgewebe zw. den Nervenzellen und den Blutgefäßen des Zentralnervensystems, dort v. a. auch Stoffwechselaufgaben erfüllend.

Glied, Arm oder Bein im Ggs. zum Rumpf (↑Gliedmaßen); allg. Teil eines Ganzen.
♦ (männl. G.) svw. ↑Penis.

Gliederfrucht (Bruchfrucht), bei Hülsen und Schoten auftretende Fruchtform, bei der sich zw. den Samen Scheidewände bilden. Bei der Reife zerfällt die Hülse *(Gliederhülse)* oder Schote *(Gliederschote)* in die einzelnen Glieder, die dann als Schließfrüchte verbreitet werden. – ↑auch Fruchtformen.

Gliederfüßer (Arthropoden, Arthropoda), seit dem Kambrium bekannter Stamm der Gliedertiere, der mit über 850 000 Arten rd. $^3/_4$ aller Tierarten umfaßt; Körperlänge von unter 0,1 mm bis etwa 60 cm; mit Außenskelett aus Chitin. Da die Chitinkutikula nicht dehnbar ist, sind beim Wachstum der G. laufend Häutungen und Neubildungen der Kutikula erforderlich. – Die G. stammen von Ringelwürmern ab. Demnach ist auch ihr Körper segmentiert, wobei zwei oder mehrere Segmente zu größeren Körperabschnitten (Tagmata) miteinander verschmelzen können (z. B. Kopf, Thorax). Urspr. trägt jedes Segment ein Paar Gliedmaßen, die sehr unterschiedl. ausgebildet sein können (z. B. als Lauf-, Schwimm-, Sprungbeine, Flügel, Kiefer, Stechborsten, Saugrüssel, Fühler). Die Sinnesorgane (v. a. chem. und opt. Sinn) sind meist hoch entwickelt, ebenso das Zentralnervensystem mit (bes. bei sozialen Insekten) sehr hoch differenziertem Gehirn. Die Atmung erfolgt durch Kiemen (bei vielen wasserbewohnenden Arten oder Larven) oder durch Tracheen. Neben den ausgestorbenen Trilobiten zählen zu den G. als rezente Gruppen v. a. Pfeilschwanzkrebse, Spinnentiere, Asselspinnen, Krebstiere, Tausendfüßer, Hundertfüßer und Insekten.

Gliederkaktus, svw. ↑Weihnachtskaktus.

Gliedertiere (Artikulaten, Articulata), über $^3/_4$ der Tierarten umfassende Stammgruppe der ↑Protostomier; mit gegliedertem (segmentiertem) Körper und Strickleiternervensystem. Die Segmentierung ist entweder gleichartig (*homonom;* bei Ringelwürmern) oder ungleichartig (*heteronom*; z. B. bei Gliederfüßern). Als G. werden fünf Stämme zusammengefaßt: Ringelwürmer, Stummelfü-

Gliedkraut

ßer, Bärtierchen, Zungenwürmer und Gliederfüßer.

Gliedkraut (Sideritis), Gatt. der Lippenblütler mit etwa 60 Arten im Mittelmeergebiet bis Vorderasien. Einzige einheim. Art ist das gelegentl. an Schuttplätzen, Wegen und Dämmen wachsende **Berggliedkraut** (Sideritis montana), ein einjähriges, bis 30 cm hohes, wollig-zottig behaartes Kraut; Blätter lanzettförmig, an der Spitze gezähnt; Blüten klein, zitronengelb, rotbraun gesäumt, in Scheinquirlen.

Gliedmaßen (Extremitäten), v. a. der Fortbewegung (Bein, Flossen, Flügel), aber auch dem Nahrungserwerb (z. B. Mundgliedmaßen), der Fortpflanzung (z. B. Gonopoden), der Atmung (z. B. bei Kiemenfußkrebsen) oder als Tastorgane (die Antennen der Krebstiere und Insekten) dienende, in gelenkig miteinander verbundene Teile gegliederte, paarige Körperanhänge bei Gliederfüßern und Wirbeltieren (einschließl. Mensch). Bei den Wirbeltieren unterscheidet man *vordere G. (Vorderextremitäten;* ↑ auch Arm) und *hintere G. (Hinterextremitäten;* ↑ auch Fuß).

Globigerinen (Globigerina) [lat.], seit dem Jura bekannte Gatt. bis 2 mm großer Foraminiferen in allen Meeren (bes. der trop. und subtrop. Regionen); mit poröser, mehrkammeriger Kalkschale, bei der die einzelnen, blasig aufgetriebenen Kammern traubig angeordnet sind und oft lange Schwebestacheln aufweisen. Die G. schweben frei im Hochseeplankton. Viele Arten sind wichtige Leitfossilien. Abgestorbene G. bauen die als **Globigerinenschlamm** bekannten Ablagerungen auf, die etwa 35 % der Meeresböden bedecken.

Globuline [lat.], Proteine, die in Pflanzen als Reservestoffe, im tier. und menschl. Organismus (z. B. Aktin und Myosin im Muskel, Antikörper, Fibrinogen) als Träger wichtiger physiolog. Funktionen und als Energielieferant vorkommen. Außerdem treten sie als Bausteine von Enzymen, Genen, Viren auf.

Glockenapfel ↑ Apfelsorten, S. 48.

Glockenblume (Campanula), Gatt. der Glockenblumengewächse mit etwa 300 fast ausschließl. in den arkt., gemäßigten und subtrop. Gebieten der Nordhalbkugel verbreiteten Arten; meist Stauden mit glockigen, trichter- bis radförmigen Blüten in Trauben. In Deutschland kommen 18 Arten vor, darunter ↑ Ackerglockenblume, **Büschelglockenblume** (Knäuel-G., Campanula glomerata), dunkelblaue Blüten sitzen in einem knäueligen Köpfchen auf aufrechtem Stengel, untere Stengelblätter an Grund abgerundet oder herzförmig; **Kleine Glockenblume** (Campanula cochleariifolia), 15 cm hohe, rasenartig wachsende Staude, Blüten hellblau oder weiß, glockig in einer zwei- bis sechsblütigen Traube, Blätter eiförmig bis lanzettförmig; **Nesselblättrige Glockenblume** (Campanula trachelium), bis 1 m hoher, rauh behaarter, scharfkantiger Stengel, 3 bis 5 cm große, blauviolette oder hellblaue Blüten, untere Stengelblätter langgestielt, tief herzförmig; **Pfirsichblättrige Glockenblume** (Campanula persicifolia), 30–80 cm hohe, meist kahle Pflanze mit glänzenden lanzettförmigen Blättern und großen, weitglockigen himmelblauen Blüten; **Rundblättrige Glockenblume** (Campanula rotundifolia), 10–30 cm hoch, mit lineallanzettförmigen Stengelblättern und violettblauen Blüten; **Wiesenglockenblume** (Campanula patula), Stengelblätter länglich, blauviolette Blüten mit ausgebreiteten Zipfeln in armblütigen Rispen.

Glockenblumengewächse (Campanulaceae), Pflanzenfam. mit etwa 70 Gatt. und rd. 2 000 Arten, v. a. in den gemäßigten und subtrop. Gebieten; hauptsächl. Kräuter, Blüten meist fünfzählig, verwachsen-kronblättrig. Bekannte einheim. Gatt. sind u. a. ↑ Glockenblume, ↑ Sandglöckchen, ↑ Teufelskralle.

Glockenheide (Heide, Erika, Erica), Gatt. der Heidekrautgewächse mit etwa 500, v. a. in S-Afrika verbreiteten Arten; wenige Arten kommen im trop. Afrika, im Mittelmeerraum (↑ Baumheide) und vom Alpengebiet bis Großbritannien (Grauheide) vor; meist niedrige, dicht verzweigte, immergrüne Sträucher mit nadelförmigen Blättern; Blüten glocken-, krug-, röhren- oder tellerförmig, zu mehreren an den Enden der Äste und Ästchen. Einheim. Arten: **Grauheide** (Erica cinerea), 20–60 cm hoch, Zweige aufrecht, Blätter zu dreien wirtelig zusammenstehend, lineal. bis fadenförmig, stark eingerollt, Blüten in dichten, endständigen Trauben oder Dolden, violett- oder fleischrot; **Moorheide** (Erica tetralix), bis 40 cm hoch, mit weichhaarigen, grauen, am Rand drüsigen Blättern und rosafarbenen Blüten; **Schneeheide** (Erica carnea), 15–30 cm hoher Zwergstrauch, grüne nadelförmige Blätter in vierzähligen Scheinwirteln, Blüten rosafarben bis hell karminfarben.

Glockenrebe (Cobaea), Gatt. der Sperrkrautgewächse mit rd. 10 Arten im trop. Amerika; mit Blattranken bis 10 m hoch kletternde Sträucher; Blüten einzeln in den Blattachseln, langgestielt, groß, glockenförmig, nickend oder hängend, violett bis grün; nicht winterharte Zierpflanzen, von denen v. a. die Art **Cobaea scandens** mit gefiederten Blättern und bläul.-violetten oder weißen Blüten kultiviert wird.

Glockentierchen (Vorticellidae), Fam. der Wimpertierchen mit zahlr. Arten, v. a. im Süßwasser; Zellkörper von glockenförmiger Gestalt, mit langem, dünnem, kontraktilem Stiel; einzeln an der Unterlage festsitzend.

Glockenwinde (Codonopsis), Gatt. der Glockenblumengewächse mit 40–50 Arten in den Gebirgen O-Asiens; windende oder niederliegende Stauden mit meist einzelnen, großen, glocken- oder röhrenförmigen, grünl., blauen oder weißl. Blüten. Einige Arten werden als Zierpflanzen für Steingärten und Trockenmauern verwendet.

Glockenwindengewächse (Nolanaceae), zweikeimblättrige Pflanzenfam. mit zwei Gatt. und rd. 80 im westl. S-Amerika verbreiteten Arten; Kräuter oder kleine Sträucher mit meist fleischigen Blättern und glocken- bis trichterförmigen Blüten.

Gloger-Regel [nach dem dt. Zoologen C. W. L. Gloger, * 1803, † 1863], Klimaregel, nach der in feuchtwarmen Gebieten die Melaninbildung hauptsächl. bei Vögeln und Säugetieren stärker ausgeprägt ist als in kühltrockenen Regionen. In feuchtwarmen Gebieten überwiegen die rötlichbraunen Farbtöne, in kühlen Trockengebieten die grauen.

Glomerulus [lat.] ↑ Nieren.

Glomus [lat. „Kloß, Knäuel"], in der Anatomie Bez. für ein Gefäß- oder Nervenknäuel.

Glossa [griech.-lat.], svw. ↑ Zunge.

Glossina [griech.], svw. ↑ Tsetsefliegen.

Glottis [griech.] ↑ Kehlkopf.

Gloxinie [nach dem elsäss. Arzt B. P. Gloxin, † 1784], (Gloxinia) Gatt. der Gesneriengewächse mit sechs im trop. S-Amerika verbreiteten Arten; mit Wurzelstöcken wachsende Pflanzen mit glocken- bis röhrenförmigen Blüten. Bekannteste Art: **Gloxinia perennis,** bis 70 cm hoch, mit herzförmigen Blättern und purpurblauen, in langen Ähren stehenden, nach Pfefferminz duftenden Blüten.

◆ (Sinningia speciosa) Gesneriengewächs der Gatt. Sinningie aus S-Brasilien; bis 20 cm hohe Pflanze mit knolligem Wurzelstock; Blätter oval, weich behaart; Blüten groß, glockenförmig, violettblau; Ausgangsform für die in vielen Farben blühenden, als **Gartengloxinie** (Sinningia hybrida) bekannten Zuchtformen.

Glucagon [griech.], ein Peptidhormon der Bauchspeicheldrüse, das aus 29 Aminosäuren besteht. G. wird in den α-Zellen der Langerhans-Inseln produziert und bewirkt physiol. als Gegenspieler des Insulins indirekt einen Anstieg des Blutzuckerspiegels; wurde 1967 erstmals synthet. dargestellt.

Glucken (Wollraupenspinner, Lasiocampidae), mit über 1 000 Arten weltweit verbreitete Fam. bis 9 cm spannender Nachtfalter; Körper kräftig, plump, dicht behaart, mit breiten, nicht selten gezackten, meist braun, gelb oder grau gefärbten Flügeln, die in Ruhe steil dachförmig über den Körper gelegt werden; Raupen dicht pelzig behaart. In M-Europa kommen 20 Arten vor, darunter Kupferglucke, Grasglucke und Schädlinge wie Kiefernspinner, Ringelspinner und Eichenspinner.

Glückskäfer, volkstüml. f. Marienkäfer.

Glücksklee, volkstüml. Bez. für einheim. Kleearten, v. a. für den Wiesenklee, wenn er (in seltenen Fällen) vierzählige Blätter bildet.

◆ Bez. für zwei Arten der Gatt. Sauerklee (mit vierzählig gefingerten Blättern), die als Topfpflanzen kultiviert werden: **Oxalis deppei** aus Mexiko, bis 25 cm hoch, Blätter gestielt, Fiederchen oberseits mit purpurbrauner Binde; Blüten rosen- oder purpurrot, am Grunde gelb, in 5- bis 12blütiger Scheindolde; **Oxalis tetraphylla** aus Mexiko, bis 25 cm hoch, Fiederchen fast halbmondförmig ausgeschnitten; Blüten violettpurpurn.

Glucosamin [Kw.] (Aminoglucose, α-Aminohexose, Chitosamin, Mannosamin, 2-Amino-2-desoxyglucose, ein Aminozucker mit Glucosekonfiguration. G. kommt im Chitin und in der Hyaluronsäure, in Glykolipiden, Blutgruppensubstanzen, Mukopolysacchariden und Glykoproteinen vor.

Glucose [zu griech. glykýs „süß"] (D-Glucose, Traubenzucker, Dextrose, Glykose, Blutzucker), zu den Aldohexosen gehörender, biolog. bedeutsamster und in der Natur meistverbreitete wichtigster Zucker ($C_6H_{12}O_6$). Er kommt in vielen Pflanzensäften und Früchten sowie im Honig (neben Fructose) vor und ist am Aufbau vieler Di- und Polysaccharide (z. B. Rohrzucker, Milchzucker, Zellulose, Stärke, Glykogen) beteiligt. Im menschl. und tier. Organismus findet sich stets eine geringe Menge von G. im Blut gelöst, beim Menschen etwa 0,1 %. G. ist ein wichtiges Zwischenprodukt im Stoffwechsel der Kohlenhydrate; in den Pflanzen entsteht G. durch Photosynthese.

Glucoside [griech.], ↑ Glykoside, die Glucose als Kohlenhydratkomponente enthalten.

Glucuronsäure [griech./dt.], durch Oxidation der Glucose entstehende Uronsäure. Die G. kann mit Stoffwechselprodukten **Glucuronide** (Glykoside der G.) bilden, ein Vorgang, der u. a. für Entgiftungsreaktionen der Abbauprodukte von Arzneimitteln in Leber und Niere von Bedeutung ist und deren Ausscheidung durch die Niere beschleunigt.

Glühkohlenfisch (Glühkohlenkorallenfisch, Amphiprion ephippium; meist bis 8 cm lange Art der Clownfische, v. a. in den Korallenriffen um Madagaskar, Ceylon und im Bereich der Andamanen, Nikobaren und des Malaiischen Archipels; Körper glutrot mit weißer Kopfbinde, die mit der Geschlechtsreife verschwindet; dafür dann ein von der Rückenflossenbasis bis zur Afterflosse reichender kohlschwarzer Fleck; Seewasseraquarienfisch. - Abb. S. 292.

Glühwürmchen ↑ Leuchtkäfer.

Glukokortikoide, Gruppe von Steroidhormonen (↑ Nebennierenrindenhormone).

Glukoneogenese (Gluconeogenie), Neubildung von Glucose (bzw. Glykogen) aus Aminosäuren und Milchsäure bzw. Propionsäure; erfolgt v. a. in der Leber bei Erschöpfung der Kohlenhydratreserven; stellt bis auf drei Reaktionsschritte eine Umkehrung ↑ Glykolyse dar.

Glutaminsäure (2-Aminoglutarsäure),

Glühkohlenfisch

in der Natur weitverbreitete Aminosäure, kommt vor allem im Eiweiß des Quarks und der Getreidekörner (bis 45%) vor. G. spielt im Zellstoffwechsel eine überragende Rolle, da sie über den Zitronensäurezyklus in Verbindung zum Kohlenhydratstoffwechsel steht. Sie ist an der Bildung von Aminosäuren beteiligt und bindet das beim Proteinabbau freiwerdende giftige Ammoniak unter Bildung von Glutamin.

Glutathion [lat./griech.], γ-Glutamylcysteinylglycin; in fast allen lebenden Zellen vorkommendes Tripeptid, das im Stoffwechsel als Redoxsystem bei der Wasserstoffübertragung bed. ist; Synthese in der Leber.

Glycerin [griech.] (Glyzerin, Propantriol-(1, 2, 3)), einfachster dreiwertiger, gesättigter Alkohol; Bestandteil (als Glycerinfettsäureester) aller natürl. ↑Fette.

Glycin [griech.] (Glyzin, Glykokoll, Aminoessigsäure), einfachste Aminosäure.

Glykogen [griech.] (Leberstärke, tier. Stärke), ein aus α-D-Glucose in der Leber und im Muskel aufgebautes Polysaccharid, das als rasch mobilisierbares Reservekohlenhydrat im Stoffwechsel eine große Rolle spielt. G. hat eine verzweigte, amylopektinartige Struktur, seine Molekülmasse liegt zw. 1 Mill. (Muskel) und 100 Mill. (Leber). Der G.aufund -abbau wird durch Hormone gesteuert.

Glykogenie [griech.] (Glykogensynthese), Aufbau von Glykogen aus Glucoseeinheiten. Der Syntheseweg verläuft nicht als Umkehrung des Abbaus (Glykogenolyse), sondern über ein eigenes Enzymsystem, wodurch beide Wege getrennt reguliert werden können.

Glykogenolyse [griech.] (intrazellulärer Glykogenabbau), der innerhalb einer Zelle ablaufende enzymat. Abbau des Glykogens, der im Ggs. zum extrazellulären Abbau durch Amylase Glucosephosphat liefert. Die G. im Muskel ist stimulierbar durch das in Streß- oder Gefahrensituationen vom Nebennierenmark ausgeschüttete Hormon Adrenalin.

Glykokoll, svw. ↑Glycin.

Glykolyse [griech.], der in lebenden Organismen ablaufende enzymat., anaerobe (ohne Mitwirkung von Sauerstoff) Abbau von Glucose oder ihren Speicherformen (z. B. Glykogen). Dabei entstehen aus 1 Mol Glucose 2 Mol Brenztraubensäure, wobei etwa 60 kJ verwertbare Energie frei wird, gespeichert in 2 Mol ATP, und 1 Mol NAD · H_2 gebildet wird. Die entstehende Brenztraubensäure kann anaerob zu Milchsäure (z. B. im Muskel) oder in Hefen zu Alkohol abgebaut werden; ihr aerober Abbau mündet im ↑Zitronensäurezyklus. Die G. ist der wichtigste Abbauweg der Kohlenhydrate im Organismus, der häufig auch nach den bei der Aufklärung dieser Reaktionskette führenden Wissenschaftlern benannt wird. Neben dem Embden-Meyerhof-Parnas-Weg kann Glucose auch auf den Pentosephosphat-Weg (Warburg-Dikkens-Horecker-Weg) abgebaut werden.

Glykoproteide [griech.] (Glykoproteine, Eiweißzucker), zusammengesetzte Eiweißstoffe, die Kohlenhydratkomponenten tragen, die glykosidisch mit den Aminosäureresten verbunden sind. Zu den G. zählen viele Hormone, Proteine des Blutserums, die Blutgruppensubstanzen und Bestandteile von Körperschleimen.

Glykoside [griech.], große Gruppe von Naturstoffen und synthet. organ. Verbindungen, deren Kohlenhydratanteil durch glykosidische Bindung mit einem Nichtkohlenhydratbestandteil (**Aglykon,** Genin) verbunden ist. Das Kohlenhydrat kann über ein Sauerstoffatom (*O-Glykoside*) oder ein Stickstoffatom (*N-Glykoside*) an das Aglykon gebunden sein. Die meisten in der Natur vorkommenden G. sind O-Glykoside, die wichtigsten N-Glykoside sind die Nukleoside, die Bestandteil von Nukleinsäuren und Koenzymen sind. Die biolog. Bed. der pflanzl. G. (z. B. die Saponine) liegt darin, daß durch die Glykosidbindung das Aglykon wasserlösl. gemacht wird. Viele G. haben pharmakolog. Wirkung (z. B. Digitalisglykoside).

Glyoxylsäurezyklus (Glyoxalatzyklus, Krebs-Kornberg-Zyklus), Stoffwechselweg, der in Mikroorganismen und in Pflanzen eine Rolle spielt, bei höheren Tieren jedoch nicht vorkommt. Der G. ist eine Variante des ↑Zitronensäurezyklus, bei der aktivierte Essigsäure (Acetyl-CoA) nicht abgebaut, sondern zur Synthese von Dicarbonsäuren verwendet wird. Die biolog. Bed. des G. liegt in der Möglichkeit, aus Acetyl-CoA, das z. B. aus dem Fett[säure]abbau stammt, Kohlenhydrate (über die Bernsteinsäure) aufzubauen, ein Vorgang, der in Pflanzensämlingen große Bed. hat. Manchen Mikroorganismen ermöglicht der G., mit Fettsäuren als einziger Kohlenstoffquelle zu wachsen.

Glyptodonten [griech.], svw. ↑Riesengürteltiere.

Glyzin ↑Glycin.

Glyzine [zu griech. glykýs „süß"] (Blauregen, Glyzinie, Wisterie, Wisteria), Gatt. der Schmetterlingsblütler mit neun Arten in N-Amerika und O-Asien; sommergrüne, hochwindende Klettersträucher mit unpaarig gefiederten Blättern; Blüten groß, duftend, in langen, hängenden Trauben, blau oder weiß.

Gnadenkraut (Gratiola), Gatt. der Rachenblütler mit 20 Arten in den gemäßigten Zonen und trop. Gebirgen. Einzige einheim. Art ist das **Gottesgnadenkraut** (Gratiola officinalis): mehrjährige, bis 60 cm hohe Pflanze mit lanzettförmigen, scharf gesägten Blättern und einzeln stehenden, langgestielten, weißen, rötl. geäderten Blüten; auf nassen Wiesen, an Ufern und in Sümpfen.

Gnathostomata ↑ Kiefermäuler.

Gnathostomuliden (Gnathostomulida) [griech.], Tierstamm mit nur vier marinen Arten; 0,4–3,5 mm lange bewimperte Würmer; leben im Meeressand, von der Gezeitenzone bis in etwa 30 m Tiefe.

Gnetum [malai.-nlat.], einzige Gatt. der Nacktsamerfamilie **Gnetumgewächse** (Gnetaceae) mit etwa 30 Arten in Afrika, auf den Pazif. Inseln und im äquatorialen Amerika; meist Sträucher oder Lianen mit gegenständigen, netzadrigen Blättern und kleinen Blüten in ährenförmigen Blütenständen. Die Früchte einiger Arten sind eßbar.

Gnitzen [niederdt.] (Bartmücken, Ceratopogonidae), mit rd. 500 Arten weltweit verbreitete Fam., 0,3–3 mm langer Mücken; meist dunkel gefärbt mit gedrungenem Körper, 13- bis 15gliedrigen (im ♂ Geschlecht stark behaarten) Fühlern und meist breiten, oft behaarten und gefleckten Flügeln; Blutsauger an Insekten und Wirbeltieren (rufen beim Menschen starken Juckreiz und bis 2 cm große Quaddeln hervor).

Gnotobiologie [griech.], Forschungsrichtung der Biologie und Mikrobiologie, die sich mit **gnotobiotischen Tieren** (Gnotobionten; keimfrei zur Welt gebrachte und keimfrei aufgezogene Tiere) befaßt, um Aufschluß über den Aufbau und die Entwicklung ihres immunolog. Abwehrsystems und die Wechselbeziehungen zw. **Gnotophoren** (nur von bestimmten bekannten Keimen besiedeltes Tier) und bestimmten Mikroorganismen zu erhalten.

Gnus [afrikan.] (Connochaetes), Gatt. der Kuhantilopen in den Steppen O- und S-Afrikas; 1,7–2,4 m lang, Schulterhöhe 0,7–1,5 m; Fell sehr kurz und glatt; Mähne an Stirn, Nacken, Hals und Brust; Schwanz am Ende mit langer Haarquaste; Beine lang und schlank, Hals auffallend kurz; Kopf groß mit breiter Schnauze; beide Geschlechter mit hakig gebogenen Hörnern. Zwei Arten: **Streifengnu** (Schwarzschwanzgnu, Connochaetes taurinus) mit grauer bis graubrauner Färbung mit meist dunklen Querstreifen; Kehlbart weiß (*Weißbartgnu*; Connochaetes taurinus albojubatus) oder schwarz (*Blaues Gnu*; Connochaetes taurinus taurinus). **Weißschwanzgnu** (Connochaetes gnou) mit schwärzlichbrauner Färbung, schwarzer Brustmähne; Nasenrücken, Nacken und Schulter mit Stehmähne; Schwanz überwiegend weiß.

Goabohne (Psophocarpus tetragonolobus), Schmetterlingsblütler im trop. Asien; Windepflanze mit dreizählig gefiederten Blättern und violetten Blüten in Trauben; wird in den Tropen als Gemüsepflanze kultiviert; auch die gerösteten Samen sind eßbar.

Godetie [nach dem schweizer. Botaniker H. Godet, * 1797, † 1879] (Atlasblume, Godetia), Gatt. der Nachtkerzengewächse mit etwa

Goldregen. Aus dem Traubigen Goldregen und dem Alpengoldregen gezüchtete Gartenform

Goldröhrling

Goldalgen

20 Arten im westl. Amerika; etwa 40 cm hohe Kräuter mit bis zu 10 cm breiten, trichterförmigen, rosa, lila oder weißen Blüten in Blütenständen; v. a. die Art **Sommerazalee** (Godetia grandiflora) mit rosafarbenen bis roten Blüten ist eine beliebte Gartenblume.

Goldalgen (Chrysophyceae), Klasse der Goldbraunen Algen; einzellig oder Kolonien; im Süßwasser; gelb- bis braungrün.

Goldammer (Emberiza citrinella), etwa 17 cm großer Finkenvogel, v. a. in offenen Landschaften Europas (mit Ausnahme großer Teile S-Europas) und der gemäßigten Regionen Asiens (bis O-Sibirien); mit gelbem Kopf und gelber Unterseite, Seiten, Rücken und Schwanz braun gestreift; Teilzieher.

Goldbandsalmler (Creagrutus beni), etwa 8 cm langer Salmler im trop. Südamerika; Rücken hellbraun, Körperseiten blaß ockergelb mit breitem, rotgolden glänzendem Längsstreifen, der in der hinteren Körperhälfte durch eine dunkelbraune bis tiefschwarze Mittellinie gespalten wird; meist mit deutl. dunklem „Schulterfleck"; Flossen teilweise rot; ♀ intensiver gefärbt als ♂; Warmwasseraquarienfisch.

Goldbarsch ↑ Rotbarsch.

Goldblatt (Sternapfel, Chrysophyllum cainito), Art der Gatt. Chrysophyllum; immergrüner, bis 15 m hoher Baum mit unterseits seidigolden behaarten Blättern und wohlschmeckenden, apfelgroßen, violetten Früchten; Kulturpflanze der Tropen.

Goldbrasse (Dorade, Chrysophrys aurata), bis 60 cm lange Meerbrasse im Mittelmeer und Atlantik; hochrückig, seitl. abgeflacht, mit schlankem Schwanzstiel; Rücken hellgrau bis graugrün, Körperseiten silbrig mit zahlr. schmalen, goldgelben Längsstreifen mit dazwischenliegenden graubraunen Längslinien; am oberen Rand des Kiemendeckels ein etwas auf den Rumpf übergreifender, dunkelvioletter bis schwarzbrauner Fleck; auf der Stirn von Auge zu Auge eine gold- bis silberglänzende Querbinde; Speisefisch.

Goldbraune Algen (Chrysophyta, Heterokontophyta), Abteilung der Algen, einzellig bis thallös, gelb, gelbbraun bis braun durch Chlorophyll a und c, versch. Xanthophylle; heterokont begeißelt, d. h. mit langer Zug-, kürzerer Schleppgeißel bei den beweg. Formen. Enthält die Klassen Chloromonadophyceae (hellgrüne Süßwasserflagellaten), Xanthophyceae (↑ Gelbgrüne Algen), Chrysophyceae (↑ Goldalgen), ↑ Kieselalgen, ↑ Braunalgen.

Goldbrüstchen (Amandava subflava), 9–10 cm langer Prachtfink, v. a. auf Feldern und in Steppen Afrikas südl. der Sahara; ♂ mit bräunlichgrauer Oberseite, rotem Schnabel, rotem Augenstreif, gelber Kehle, orangefarbener Unterseite, schwarzem Schwanz und rotem Bürzel; ♀ in der Färbung matter, ohne roten Augenstreif; Stubenvogel.

Goldbutt ↑ Schollen.
Golddistel, svw. ↑ Goldwurzel.
Golden Delicious [engl. 'gouldən dɪ'lɪʃəs „der goldene Köstliche"] ↑ Apfelsorten (Übersicht S. 48).

Goldene Acht (Gemeiner Heufalter, Colias hyale), etwa 4–5 cm spannender Tagschmetterling (Gatt. Gelblinge) in W- und M-Europa sowie in der UdSSR bis zum Altai; Flügel gelb (♂) oder weiß. (♀) mit schwärzl. Saum auf der Oberseite; in der Mitte der Hinterflügel ein Augenfleck, meist in Form einer 8.

Goldfasan ↑ Fasanen.

Goldfisch (Carassius auratus auratus), als Jungfisch einfarbig graugrüne Zuchtform der Silberkarausche; ändert nach meist etwa 8–12 Monaten sein Farbkleid (rotgold bis golden, auch messingfarben bis blaßrosa, z. T. mit schwarzen Flecken); wird in Aquarien etwa 10–30 cm lang, in Teichen bis 60 cm; teilweise monströse Zuchtformen, z. B. Kometenschweif, Schleierschwanz, Teleskopfisch und Himmelsauge. Der G. wurde vermutl. seit dem 10. Jh. in China gezüchtet.

Goldfliegen ↑ Schmeißfliegen.

Goldhafer (Grannenhafer, Trisetum), Gatt. der Süßgräser mit rd. 70 Arten, v. a. in der nördl. gemäßigten Zone; Ährchen bei der Reife oft mit Gold- oder Silberschimmer; z. B. der 60–80 cm hohe **Wiesengoldhafer** (Trisetum flavescens) mit goldgelben Ährchen.

Goldhähnchen (Regulinae), Unterfam. 8–10 cm langer Singvögel (Fam. Grasmücken) mit sieben Arten in Eurasien, NW-Afrika und N-Amerika; Gefieder oberseits meist graugrünl., unterseits heller, mit leuchtend gelbem bis orangerotem, oft schwarz eingesäumtem Scheitel. In M-Europa kommen zwei Arten vor: **Wintergoldhähnchen** (Regulus regulus) und **Sommergoldhähnchen** (Regulus ignicapillus) mit weißem Überaugenstreif.

Goldhamster ↑ Hamster.

Goldkatzen (Profelis), Gatt. 0,5–1 m körperlanger, hochbeiniger Katzen mit 3 Arten in Afrika und S- und SO-Asien.

Goldköpfe (Bramidae), artenarme Fam. der Barschartigen in warmen und gemäßigten Meeren; Körper hochrückig mit steil gewölbter Stirn, silbrig bis goldglänzend; z. T. Speisefische.

Goldkugelkaktus ↑ Igelkaktus.

Goldlack (Lack, Cheiranthus), Gatt. der Kreuzblütler mit rd. 10 Arten auf der Nordhalbkugel; flaumig behaarte Kräuter oder Halbsträucher mit schmalen Blättern und gelben, braunen oder dunkelroten Blüten in Blütenständen. Bekannteste Art ist **Cheiranthus cheiri** (Gelbveigelein), ein bis 80 cm hoher Halbstrauch.

Goldlaufkäfer, svw. ↑ Goldschmied.

Goldmakrelen (Coryphaenidae), Fam. der Barschartigen mit vom Nacken bis zum Schwanzstiel reichender Rückenflosse und tief gegabelter Schwanzflosse am schlanken, prächtig metall. schillernden Körper. Man unterscheidet zwei Arten: **Große Goldmakrele** (*Dorade*, Coryphaena hippurus), etwa 1 m lang, Gewicht bis 30 kg; in trop. und gemäßigt warmen Meeren (auch im Mittelmeer); mit steil hochgewölbter Stirn, Rücken blaugrün, Körperseiten rötl. golden, ebenso die Flossen (mit Ausnahme der Rückenflosse), Bauch silbrigweiß; rascher Schwimmer (bis etwa 60 km/Std.). - **Kleine Goldmakrele** (Coryphaena equisetis), bis 75 cm lang, in wärmeren Meeren. Die G. sind Speisefische.

Goldmulle (Chrysochloridae), Fam. der Insektenfresser mit rd. 15 Arten in fünf Gatt. in S-Afrika; Körper walzenförmig, etwa 8 bis knapp 25 cm lang; Kopf keilförmig zugespitzt, Schnauzenspitze verhornt, Nasenlöcher durch Hautfalte geschützt; Augen verkümmert und von Haut überwachsen, Ohren sehr klein, im Fell verborgen; Fell sehr dicht und weich, braun bis dunkelgrau, metall. golden oder grünl. golden glänzend. Die bekannteste Art ist der **Kapgoldmull** (Chrysochloris asiatica), mit graubraunem, metall. grünl., golden schimmerndem Fell.

Goldnessel ↑ Taubnessel.
Goldorange ↑ Aukube.
Goldorfe, Farbvarietät des ↑ Aland, meist orangegelb, auch mit rotgoldenem Rücken.
Goldparmäne [dt./engl.] ↑ Apfelsorten (Übersicht S. 48).
Goldpflaume (Chrysobalanus), Gatt. der Goldpflaumengewächse mit fünf Arten in trop. und subtrop. Amerika und Afrika. Eine Nutzpflanze ist die Art **Ikakopflaume** (**Kakaopflaume,** Chrysobalanus icaco), ein immergrüner Strauch oder Baum mit rundl. Blättern, weißen Blüten und pflaumenähnl., gelben, roten, schwarzen, eßbaren Früchten.
Goldprimel (Douglasia), Gatt. der Primelgewächse mit sieben Arten in Europa und N-Amerika; niedrige, polsterbildende Stauden mit dichten Blattrosetten und primelähnl. Blüten in kurzgestielten, bis siebenblütigen Dolden. In den Alpen kommt die bis 5 cm hohe Art **Douglasia vitalina** vor, mit lineal. Blättchen und meist einzelnen, kurzgestielten, goldgelben Blüten.
Goldregen (Bohnenbaum, Laburnum), Gatt. der Schmetterlingsblütler mit drei Arten in S-Europa und W-Asien; Sträucher oder Bäume mit langgestielten, dreizähligen Blättern und langen, hängenden, gelben Blütentrauben; giftig. Als Ziersträucher angepflanzt werden **Traubiger Goldregen** (Laburnum anagyroides; mit unterseits seidig behaarten Blättern, 2 cm langen, goldgelben Blüten und behaarten Hülsen) und **Alpengoldregen** (Laburnum alpinum; mit am Rand gewimperten Blättchen, bis 1,5 cm langen, hellgelben Blüten und kahlen Hülsen. - Abb. S. 293.
Goldrenette ↑ Apfelsorten, S. 48.
Goldröhrling (Suillus grevillei), unter Lärchen wachsender, eßbarer Ständerpilz aus der Fam. der Röhrlinge; goldgelb, 5–12 cm breit, kuppelartig gewölbt, mit schwefelgelber Röhrenschicht; Stiel rötlichgelb, weiß beringt; Fleisch gelb. - Abb. S. 293.

Goldrute (Goldraute, Solidago), Gatt. der Korbblütler mit rd. 100, v. a. in N-Amerika verbreiteten Arten; Blütenköpfchen in schmalen Rispen, klein, goldgelb. Die häufigsten Arten sind: **Gemeine Goldrute** (Solidago virgaurea), eine bis 70 cm hohe Staude in trockenen Wäldern und Gebüschen; **Kanad. Goldrute** (Solidago canadensis) und **Riesengoldrute** (Solidago gigantea var. serotina), bis 2,5 m hohe Staude; Zierpflanze; oft verwildert.

Goldschmidt, Richard, * Frankfurt am Main 12. April 1878, † Berkeley (Calif.) 25. April 1958, amerikan. Zoologe dt. Herkunft. - Grundlegende Arbeiten zur Genphysiologie und über die genet.-entwicklungsphysiolog. Probleme der Evolution; entwickelte eine allg. Theorie der Geschlechtsbestimmung.

Goldschmied (Goldlaufkäfer, Carabus auratus), 20–27 mm langer, oberseits goldgrüner Laufkäfer in M-Europa; Flügeldecken mit je drei Längsrippen und goldrotem Seitenrand; nützl., frißt u. a. Insektenlarven.

Goldschwämmchen, svw. ↑ Pfifferling.

Goldstein, Joseph Leonard [engl. 'gouldstain], * Sumter (S. C.) 18. April 1940, amerikan. Mediziner und Molekulargenetiker. - Erhielt für die gemeinsamen Forschungen mit M. S. Brown über den Cholesterinstoffwechsel und den -rezeptor mit diesem den Nobelpreis für Physiologie oder Medizin 1985.

Goldstern (Gelbstern, Gagea), Gatt. der Liliengewächse mit rd. 90 Arten in Europa, Asien und N-Afrika; niedrige Zwiebelgewächse mit sternförmigen, schwefel- bis (v. a. außen) grünlichgelben Blüten.

Goldstirnblattvogel (Chloropsis aurifrons), etwa 20 cm großer Singvogel (Fam. Blattvögel) v. a. in den Wäldern des Himalajas, Vorder- und Hinterindiens und Sumatras; Ober- und Unterseite grün mit schwarzer Kehle und Vorderbrust, orangegelber Stirn.

Goldwespen (Chrysididae), mit fast 2 000 Arten (in Deutschland rd. 60) weltweit verbreitete Fam. 1,5–13 mm große Hautflügler; rot, rotgold, blau- oder grünglänzend.

Goldwurzel (Golddistel, Scolymus), Gatt. der Korbblütler mit drei Arten im Mittelmeergebiet, distelartige, Milchsaft führende Pflanzen mit großen Blütenköpfchen mit gelben Zungenblüten, dornigen Hüllblättern.

Golgi, Camillo [italien. 'gɔldʒi], * Corteno 7. Juli 1844, † Pavia 21. Jan. 1926, italien. Histologe. - Prof. in Siena und Pavia; entwickelte zahlr. neue histolog. Färbemethoden und gewann daraufhin wichtige Erkenntnisse über den Feinbau des Nervensystems, wofür er 1906 den Nobelpreis für Physiologie oder Medizin erhielt. G. beschrieb u. a. den nach ihm ben. **Golgi-Apparat,** ein submikroskop.

Goliathfrosch

Membransystem im Zellplasma, das v. a. den Sekretionsleistungen der Zelle dient.
Goliathfrosch ↑Frösche.
Gonaden [griech.], svw. ↑Geschlechtsdrüsen.
gonadotrope Hormone [griech.], svw. Gonadotropine (↑Geschlechtshormone).
Goniatiten [griech.], älteste, sehr primitive Ammoniten des Unterkarbons.
Goral [Sanskrit] ↑Waldziegenantilopen.
Gordon Setter [engl. 'gɔːdn] ↑Setter.
Gorilla [afrikan.-griech.-engl.] (Gorilla, gorilla), sehr kräftiger, muskulöser, in normaler Haltung aufrecht stehend etwa 1,25–1,75 m hoher Menschenaffe in den Wäldern Äquatorialafrikas; Fell dicht, braunschwarz bis schwarz oder grauschwarz, manchmal mit rotbrauner Kopfplatte, alte ♂♂ mit auffallend silbergrauer Rückenbehaarung *(Silberrückenmann)*. Der pflanzenfressende G. lebt in kleinen Gruppen. Etwa alle vier Jahre wird nach durchschnittl. neunmonatiger Tragezeit ein Junges zur Welt gebracht. G. erreichen ein Alter von etwa 30 Jahren. Man unterscheidet zwei Unterarten: **Flachlandgorilla** *(West-G., Küsten-G.)*, nur noch in Kamerun, Äquatorialguinea, Gabun, Kongo; mit kurzer Behaarung; **Berggorilla** *(Ost-G.)*, in Z-Afrika von O-Zaïre bis W-Uganda, v. a. im Gebirge; Fell sehr lang und dunkel.

Götterbaum (Ailanthus), Gatt. der Bittereschengewächse mit 10 Arten in Indien, O-Asien und Australien. Die bekannteste Art ist der **Chin. Götterbaum** (Ailanthus altissima), mit kräftigen Zweigen, großen, unpaarig gefiederten Blättern und grünl. Blüten.
Gottesanbeterin ↑Fangheuschrecken.
Goulds Amadine [engl. guːld; nach dem brit. Zoologen J. Gould, *1804, †1881] (Chloebia gouldiae), etwa 10 cm langer, sehr farbenprächtiger Prachtfink, v. a. in offenen, grasreichen Landschaften N-Australiens; Oberseite grasgrün, Brust und Bürzel blau, Bauch gelb; beliebter Stubenvogel.
Graaf, Reinier de [niederl. xraːf], *Schoonhoven 30. Juli 1641, †Delft 17. Aug. 1673, niederl. Anatom. - Arzt in Paris und Delft; beschäftigte sich mit der Anatomie und Physiologie der Genitalorgane des Menschen; erkannte die Funktion des Eierstocks und entdeckte die ↑Eifollikel (**Graaf-Follikel**).
Grabbienen (Erdbienen, Sandbienen, Andrenidae), weltweit verbreitete Fam. nicht staatenbildender Bienen mit über 1 000, 4–20 mm langen Arten, davon etwa 150 in M-Europa. G. graben ihre Nester meist in die Erde. Zur artenreichsten Gatt. gehören die ↑Sandbienen (i. e. S.), außerdem die ↑Trugbienen.
Grabfüßer, svw. ↑Kahnfüßer.
Grabheuschrecken, svw. ↑Grillen.
Grabwespen (Sandwespen, Mordwespen, Sphegidae), mit rd. 5 000 Arten weltweit verbreitete Fam. 2–50 mm großer, keine Staaten bildender Hautflügler; bes. zahlr. in den Tropen und Subtropen, in M-Europa rd. 150 Arten; mit meist schwarzgelb oder schwarzrotbraun gezeichnetem Körper, dessen Hinterleib am Brustabschnitt teils ungestielt, teils mit einem langen Stiel ansetzt und dessen Vorderfüße häufig durch starke Bedornung als Grabbeine fungieren. - Die meisten G. graben Erdröhren als Nester für die Brut. Zu den G. gehören u. a. Bienenwolf, Sandwespen, Kreiselwespen, Knotenwespen und Töpferwespen.

Gradation [zu lat. gradatio „Steigerung"], svw. ↑Massenvermehrung.
Gräfin von Paris ↑Birnensorten, S. 106.
Gram-Färbung [dän. gram'; nach dem dän. Bakteriologen H. C. Gram, *1853, †1938], wichtige Methode zur Charakterisierung von Bakterien. Der Bakterienausstrich wird mit einem bas. Farbstoff (z. B. Gentianaviolett, Kristallviolett oder Methylviolett) gefärbt und anschließend mit einer Jod-Jodkalium-Lösung gebeizt, wobei sich in der Zelle ein (blauer) Farblack bildet. Bei langsamem Entfärben des Präparates mit Alkohol oder Aceton entfärben sich die **gramnegativen** Bakterien rascher als die grampositiven. Durch abermalige Färbung (Gegenfärbung), z. B. mit (rotfärbendem) Fuchsin oder Safranin, können die im fertigen Präparat die gramnegativen (zuvor völlig entfärbten) Bakterien deutl. erkennbar gemacht werden (sie erscheinen dann rot), während die **grampositiven** Bakterien noch ihre urspr. (blaue) Färbung zeigen.
Gramineae [lat.], svw. Süßgräser (↑Gräser).
Grana [lat.] ↑Plastiden.
Granat [niederdt.], svw. Nordseegarnele (↑Garnelen).
Granatapfelbaum (Granatbaum, Punica), einzige Gatt. der **Granatapfelgewächse** (Punicaceae; aus der Ordnung der Myrtenartigen) mit zwei Arten, von denen der **Granatbaum** (G. im engeren Sinn, Punica granatum), urspr. verbreitet von SO-Europa bis zum Himalaja, heute in den Subtropen der ganzen Welt kultiviert wird; bis 1,5 m hoher Strauch oder bis 10 m hoher Baum mit korallenroten („granatroten") Blüten; Frucht (**Granatapfel,** Punischer Apfel) eine Scheinbeere, apfelähnl., 1,5 bis 12 cm breit; die Samen werden als Obst sowie zur Herstellung von Sirup (**Grenadine**) verwendet.
Gränke, svw. ↑Rosmarinheide.
Granne, steife Borste, die sich auf den Rücken oder an der Spitze der Deckspelzen von Gräsern befindet.
Grannendinkel ↑Dinkel.
Grannenhaare (Haupthaare, Stichelhaare, Konturhaare), zum Deckhaar zählende, über die Wollhaare hinausragende, steife, unterhalb ihrer Spitze verdickte Haare des Fells von Säugetieren.
Grannenhafer, (Ventenata dubia) Süßgräserart mit bis zu 20 cm langer, haferähnl.

Rispe; in Unkrautgesellschaften und in lichten Wäldern.
◆ svw. ↑Goldhafer.

Grannenkiefer ↑Kiefer.

Granny Smith [engl. 'grænɪ 'smɪθ] ↑Apfelsorten (Übersicht S. 48).

Grantgazelle [nach dem schott. Forschungsreisenden J. A. Grant, *1827, †1892] ↑Gazellen.

Granulozyten [lat./griech.], große Leukozyten (↑Blut), deren Verringerung im Blut zu Agranulozytose führt.

Granulum [lat. „Körnchen"] (Mrz. Granula), Bez. für körnchenartige Strukturen bzw. Einlagerungen im Zellplasma.

Grapefruitbaum [engl. 'greɪpfru:t; zu grape „Weintraube" und fruit „Frucht"] (Citrus paradisi), Art der Gatt. Citrus; hohe, kräftige Bäume; Blätter mit stark geflügelten Stielen; Blüten in Blütenständen. Die gelben, kugeligen Früchte **(Grapefruits)**, die das bittere Glykosid Naringin enthalten, werden als Obst und für Obstsäfte verwendet (reich an Vitamin C und B_1). Hauptanbaugebiete in Israel, USA, Spanien und Marokko.

Graptolithen (Graptolithina) [griech.], Klasse sehr kleiner, mariner, koloniebildender Kragentiere. Die Einzeltiere saßen in langen, röhren- bis schlüsselförmigen Kammern; wichtige Leitfossilien im Ordovizium bis ins Unterkarbon.

Gras [eigtl. „das Keimende, Hervorstechende"] ↑Gräser.

Grasaal ↑Aale.

Grasbaum (Xanthorrhoea), wichtigste Gatt. der einkeimblättrigen Pflanzenfam.

Grasbaumgewächse (Xanthorrhoeaceae) mit 12 Arten in Australien und Tasmanien; baumförmige Pflanzen mit z. T. über 4 m hohem Stamm; Blätter grasartig, am Ende der Zweige schopfartig angeordnet; Charakterpflanzen der australischen Trockenvegetation.

Gräser, (Süßgräser, Gramineen, Gramineae, Poaceae) weltweit verbreitete Fam. der Einkeimblättrigen mit rd. 8000 Arten (in Deutschland über 200 Arten) in rd. 700 Gatt.; windblütige, krautige, einjährige oder ausdauernde Pflanzen; Halme in Knoten und Internodien gegliedert; Blätter schmal, spitz, parallelnervig. Die einfachen Blüten stehen in Ähren und Ährchen; Frucht meist eine ↑Karyopse. - Die G. sind auf Savannen, Steppen, Wiesen, Dünen und anderen Formationen bestandbildend und als Nutzpflanzen für die Viehhaltung (Futter-G.) und als Getreide von größter Bedeutung. Bekannte einheim. G.gatt. sind Rispengras, Schwingel, Perlgras, Trespe und Straußgras.
◆ (Sauer-G.) svw. ↑Riedgräser.

Graseule, Bez. für Eulenfalter, deren Raupen an Gräsern fressen; in M-Europa sehr häufig die bis 35 mm spannende **Dreizackeule** (Cerapteryx graminis) mit dreizackiger, weißl. Zeichnung auf den olivgrauen bis rotbraunen Vorderflügeln.

Grasfrosch ↑Frösche.

Grashüpfer (Heuhüpfer, Sprengsel), volkstüml. Bez. für kleine Feldheuschrecken.

Graslilie, (Anthericum) Gatt. der Liliengewächse mit rd. 100 Arten in Europa, Afrika und Amerika; Stauden mit grasartigen Blättern; in Deutschland zwei Arten: **Ästige Graslilie** (Anthericum ramosum) mit weißen Blüten in einer verzweigten Traube; **Astlose Graslilie** (Anthericum liliago) mit weißen Blüten in unverzweigter Traube.
◆ svw. ↑Grünlilie.

Grasmücken (Sylviidae), weltweit verbreitete Singvogelfam. mit rd. 400 8–30 cm langen Arten; mit dünnem, spitzem Schnabel; häufig unauffällig gezeichnet, ♂ und ♀ gewöhnl. gleich gefärbt. Von den sechs Arten der Gatt. **Spötter** (Hippolais) kommen in M-Europa vor: der etwa 13 cm lange **Gelbspötter** (Gartensänger, Gartenspötter, Hippolais icterina); Oberseite olivfarben, Unterseite schwefelgelb, Beine blaugrau; in Olivenhainen und Eichenwäldern des sö. Mittelmeergebietes der etwa 15 cm lange **Olivenspötter** (Hippolais olivetorum); oberseits bräunlichgrau, unterseits weißl. In Europa (nicht im äußersten S und N) und W-Sibirien kommt die etwa 14 cm lange **Gartengrasmücke** (Sylvia borin) vor; oberseits graubraun, unterseits hellgeblichbraun; im NW Afrikas und Europas bis zum Ural die etwa 14 cm lange **Mönchsgrasmücke** (Sylvia atricapilla); ♂ oberseits graulichbraun, unterseits weißl.; mit schwarzer (♂) bzw. brauner (♀) Kopfplatte. Weitere bekannte Arten gehören zu den Gatt. Rohrsänger, Schwirle, Laubsänger und zur Unterfam. Goldhähnchen.

Grasnelke (Strandnelke, Armeria), Gatt. der Bleiwurzgewächse mit rd. 50 Arten auf der Nordhalbkugel (gemäßigte und arkt. Zone) und in den Anden; meist Stauden mit grundständigen, grasartigen Blättern und kopfigen Blütenständen mit weißen, rosaoder karminroten Blüten. In Deutschland kommen die einzige Art vor, darunter die **Gemeine Grasnelke** (Armeria maritima) mit blaßroten Blüten auf Salzwiesen der Küste, auf sandigen Böden des Binnenlandes.

Grasnelkengewächse, svw. ↑Bleiwurzgewächse.

Grassittiche (Neophema), Gatt. bis 22 cm langer meist grün, gelb und blau gefärbter Sittiche mit 7 Arten in Australien; der **Schmucksittich** (Neophema elegans) ist ein beliebter Stubenvogel.

Gräten, Bez. für fadenartige, oft gegabelte, knöcherne Strukturen im Muskelfleisch vieler Knochenfische.

Grauammer (Emberiza calandra), etwa 18 cm großer, oberseits sand- bis graubrauner, dunkel gestreifter, unterseits weißl.-braun gestreifter Finkenvogel (Unterfam. Ammern) in

Graubär

Europa, NW-Afrika und Vorderasien; Kulturfolger.
Graubär, svw. ↑Grizzlybär.
Graubarsch (Seekarpfen, Pagellus centrodontus), etwa 50 cm lange Art der Meerbrassen im Mittelmeer und O-Atlantik; blaßgrau mit Silberglanz, Rücken rötl., hinter der oberen Kiemendeckelkante ein schwarzer Fleck; Flossen rot; Speisefisch.
Graubraunes Höhenvieh ↑Höhenvieh.
Graubutt, svw. Flunder (↑Schollen).
Graue Krähe, svw. ↑Nebelkrähe.
Grauer Burgunder, svw. ↑Ruländer.
Grauer Kardinal ↑Graukardinäle.
Grauerle ↑Erle.
Grauer Wollaffe ↑Wollaffen.
graue Substanz ↑Gehirn.
Graufüchse ↑Füchse.
Graugans, Art der Echten ↑Gänse; bekannt durch die Verhaltensstudien von K. Lorenz zur Prägung von Verhaltensmustern.
Grauhaie, (Kammzähner, Hexanchidae) mit nur wenigen Arten in allen Meeren verbreitete Fam. bis etwa 5 m langer Haie; mit jederseits sechs oder sieben Kiemenspalten und nur einer, weit hinten ansetzender Rükkenflosse; Zähne des Unterkiefers mit sägeartiger Kante. Am bekanntesten ist der **Grauhai** (Hexanchus griseus), v. a. in trop. und subtrop. Meeren (auch im Mittelmeer), gelegentl. in der Nordsee; Körper bis 5 m lang, meist einheitl. braun, mit breitem, jederseits sechs Kiemenspalten aufweisendem Kopf und langem Schwanz.
◆ svw. ↑Menschenhaie.
Grauhörnchen (Sciurus carolinensis), oberseits meist bräunlichgraues, unterseits weißl. Baumhörnchen (Gatt. Eichhörnchen), v. a. in Eichen- und Nadelwäldern des östl. N-Amerikas; Körperlänge etwa 20–25 cm, mit etwa ebenso langem, sehr buschig behaartem Schwanz; Ohren stets ohne Haarpinsel.
Graukappe, svw. ↑Birkenröhrling.
Graukardinäle (Paroaria), Singvogelgatt. der Kardinäle mit fünf 16–19 cm großen Arten im trop. S-Amerika; Kopf (einschließl. Kehle) mit Haube rot, übriges Gefieder oben grau, unten weiß. Oft in Gefangenschaft gehalten wird der **Graue Kardinal** (Graukardinal, Paroaria coronata) mit grauen Oberflügeldecken.
Graukresse (Berteroa), Gatt. der Kreuzblütler mit sieben Arten in Europa und Z-Asien. In Deutschland kommt an warmen, trockenen, stickstoffreichen Standorten nur die **Echte Graukresse** (Berteroa incana) vor, eine bis 50 cm hohe, zweijährige Pflanze mit graufilzigen, lanzettförmigen Blättern und weißen, zweispaltigen Blütenblättern.
Graunerfling, svw. ↑Perlfisch.
Graupapagei ↑Papageien.
Graureiher, svw. Fischreiher (↑Reiher).
Grauspecht ↑Spechte.
Grauwal (Eschrichtius glaucus), etwa 10–15 m langer Bartenwal im nördl. Pazifik; mit zwei bis vier etwa 1,5 m langen Kehlfurchen; Rückenfinne fehlend; Färbung schiefergrau bis schwarz mit zahlr. weißl. Flecken.
Gravensteiner ['gra:vən...; nach dem Ort Gravenstein (dän. Gråsten) in Nordschleswig] ↑Apfelsorten (Übersicht S. 49).
Gravirezeptoren ↑Gleichgewichtsorgane.
Gregarinen (Gregarinida) [lat.], Ordnung langgestreckter, spindelförmiger, meist unter 0,5 mm langer Sporentierchen, die im Darm oder in der Leibeshöhle bes. von Gliederfüßern und Ringelwürmern parasitieren.
Greife, svw. ↑Greifvögel.
Greiffrösche, Bez. für die in M- und S-Amerika verbreiteten Laubfroschgatt. **Phyllomedusa** und **Agalychnis;** lebhaft bunt gefärbte Tiere mit meist leuchtend grüner Oberseite; Daumen kann den übrigen Fingern gegenübergestellt werden, wodurch eine typ. Greifhand entsteht.
Greiffuß, in der Zoologie Bez. für einen Fuß, bei dem die erste Zehe den übrigen Zehen gegenübergestellt (opponiert) werden kann und die Fuß so zum Greifen befähigt (z. B. bei Affen). Entsprechendes gilt für die **Greifhand** (z. B. bei den meisten Affen und beim Menschen), bei der der Daumen den übrigen Fingern opponierbar ist.
Greifschwanzaffen, svw. ↑Kapuzineraffenartige.
Greifvögel (Greife, Tagraubvögel, Falconiformes, Accipitres), mit rd. 290 Arten weltweit verbreitete Ordnung 14–140 cm langer, tagaktiver Vögel mit Spannweiten von 25 cm bis über 3 m; kräftige, gut fliegende, häufig ausgezeichnet segelnde Tiere, die sich vorwiegend tier. ernähren; mit kurzem, hakig gekrümmtem Oberschnabel und kräftigen Beinen, deren Zehen (mit Ausnahme der Aasfresser wie Geier) starke, gekrümmte, spitze, dem Ergreifen und häufig auch dem Töten von Beutetieren dienende Krallen besitzen; ♀♀ häufig größer als ♂♂. - Man unterscheidet vier Fam.: ↑Neuweltgeier, Sekretäre (bekannte Art ↑Sekretär), ↑Habichtartige und ↑Falken. Alle G. stehen in Europa (Ausnahme: Italien, Frankr.) unter Naturschutz.
📖 *Brown, L.: Die G. Ihre Biologie und Ökologie. Dt. Übers. Hamb. u. Bln. 1979.*
Greis [zu niederdt. grīs, eigtl. „grau"], Mann in hohem Lebensalter (ab etwa 75 Jahren).
Greisenbart ↑Tillandsie (eine Pflanze).
Greisenhaupt (Cephalocereus senilis), bis 15 m hohe, am Grund öfter verzweigte Art der Kakteen aus Mexiko; Stamm vielrippig, säulenförmig, mit bis 12 cm langen, lockigen, grauen bis weißen Borstenhaaren; Blüten bis 7,5 cm im Durchmesser, gelblichweiß; Früchte rot; beliebte Zimmerpflanze.
Greiskraut (Kreuzkraut, Senecio), Gatt. der Korbblütler mit über 1 500 weltweit ver-

breiteten Arten; Kräuter, Halbsträucher, Stamm- oder Blattsukkulenten mit einzelnen oder in Trauben stehenden Blütenköpfchen. Bekannte Arten: **Jakobsgreiskraut** (Senecio jacobaea), bis 1,5 m hoch, mit goldgelben Blütenköpfchen, auf Brachland und an Wegrändern. Als Gartenpflanze ↑Zinerarie.

Grenadierfische (Panzerratten, Rattenschwänze, Macrouroidei), mit rd. 170 Arten in allen Meeren verbreitete Fam. etwa 0,2–1 m langer, tiefseebewohnender ↑Dorschfische; Körper keulenförmig, mit großem Kopf, stark verjüngtem Hinterkörper, großen stacheligen Schuppen und zwei Rückenflossen.

Grenadillen [span.-frz., eigtl. „kleine Granatäpfel"], svw. ↑Passionsfrüchte.

Grenzmembran (Basalmembran), elektronenopt. nachweisbare Membran an der Basis tier. Zellen. Die G. grenzt die Gewebszellen gegen das umgebende Gewebe ab und reguliert den Stoffaustausch.

Grenzstrang (Truncus sympathicus), eine paarige Ganglienkette darstellender Nervenstrang des sympath. Nervensystems der Wirbeltiere (einschließl. Mensch), beiderseits der Wirbelsäule von der Schädelbasis bis zur Steißbeinspitze verlaufend; steht einerseits mit dem effektor. Teil des Rückenmarks in Verbindung, andererseits führen die Nerven zu den inneren Organen.

Gretel im Busch ↑Schwarzkümmel.

Grevillea [nach dem schott. Botaniker C. F. Greville, *1749, †1809], Gatt. der Proteusgewächse mit rd. 170 Arten in Australien, auf Neuguinea, den Molukken und auf Celebes; immergrüne Bäume und Sträucher mit vielfarbenen, paarweise stehenden Blüten in Trauben; Griffel meist aus der Blüte herausragend. Als Zimmer- oder Kübelpflanze kultiviert wird die **Austral. Silbereiche** (Grevillea robusta) mit gefiederten Blättern.

Grew, Nehemiah [engl. gruː], ≈ Mancetter (Warwickshire) 26. Sept. 1641, †London 25. März 1712, brit. Botaniker. - Untersuchte mit dem damals gerade erfundenen Mikroskop v. a. Pflanzen und wurde so zus. mit M. Malpighi zum Begründer der Pflanzenanatomie.

Greyhound [engl. ɡreɪhaʊnd] (Engl. Windhund), große Windhundrasse mit langem, schmalem Kopf, langem Hals und gefalteten, rückwärts anliegenden Ohren sowie langer, dünner, hakenförmig auslaufender Rute; Haar kurz, fein und glänzend, einfarbig und gestromt in allen Farben.

Griechische Landschildkröte (Testudo hermanni), in S-Europa (von O-Spanien bis Rumänien und S-Griechenland) weit verbreitete Landschildkröte, Panzer stark gewölbt, durchschnittl. 20 cm lang; Hornplatten des Rückenpanzers gelb bis braungelb mit schwarzem Zentrum und schwarzem Saum, Weichteile olivgelb; beliebtes Terrarientier.

Griffel (Stylus), stielartiger Abschnitt der Fruchtblätter zw. Fruchtknoten und Narbe im Stempel der Blüten vieler Bedecktsamer; bringt die Narbe in eine für die Bestäubung geeignete Stellung und leitet die Pollenschläuche der auf der Narbe nach der Bestäubung auskeimenden Pollenkörner zu den im Fruchtknoten eingeschlossenen Eizellen.

Griffelbeine, schmale Knochenstäbchen am Fuß- und Handskelett der rezenten Pferde; Mittelfuß- bzw. Mittelhandknochen als Reste der rückgebildeten zweiten und vierten Zehe.

Griffon [ɡrɪˈfɔː, frz. ɡriˈfɔ̃], rauh bis struppig behaarter Vorstehhund; Schulterhöhe etwa 55 cm; mit starkem Bart und mittelgroßen Hängeohren; Fell stahlgrau oder weiß mit braunen Platten oder braun.

Grillen [lat.] (Grabheuschrecken, Grylloidea), mit über 2000 Arten weltweit verbreitete Überfam. der Insekten (Ordnung Heuschrecken), davon in M-Europa acht 1,5–50 mm große Arten; Körper meist gedrungen, walzenförmig, schwärzl. bis lehmgelb gefärbt; Fühler oft lang und borstenförmig; die Flügeldecken werden in allg. von den etwas längeren Hinterflügeln überragt; ♂♂ mit Stridulationsapparat: Eine gezähnte Schrilleiste an der Unterseite des einen Flügels und eine glatte Schrillkante am Innenrand des anderen Flügels werden gegeneinander gerieben, wodurch zur Anlockung von ♀♀ Laute erzeugt werden *(Zirpen);* Gehörorgane mit Trommelfell an den Vorderschienen; Hinterbeine meist als Sprungbeine. Man unterscheidet sechs Fam., darunter als wichtigste die **Maulwurfsgrillen** (Gryllotalpidae) mit rd. 60 weltweit verbreiteten Arten; nicht springend, Vorderbeine zu Grabschaufeln umgewandelt. In M-Europa kommt nur die bis 5 cm lange, braune **Maulwurfsgrille** (Gryllotalpa gryllotalpa) vor. Die durch großen Kopf und breiten Halsschild gekennzeichneten **Gryllidae** (Grillen i.e.S.) haben rd. 1400 Arten. Bekannt sind: **Feldgrille** (Gryllus campestris), bis 26 mm lang und glänzendschwarz, Schenkel der Hinterbeine unten blutrot; lebt v. a. auf Feldern und trockenen Wiesen M- und S-Europas, N-Afrikas und W-Asiens; ↑Heimchen. **Waldgrille** (Nemobius sylvestris), etwa 1 cm lang, dunkelbraun, mit verkürzten Vorderflügeln, Hinterflügel fehlen; in Laubwäldern Europas und N-Afrikas.

Grillenschaben (Grylloblattaria), Ordnung bis 3 cm langer, flügelloser Insekten mit sechs Arten, v. a. in den alpinen Regionen N-Amerikas und O-Asiens; nachtaktive Tiere, deren Körper urinsekten- und grillenartige Merkmale aufweisen.

Grimmdarm ↑Darm.

Grindwale ↑Delphine.

Grislybär [...li] ↑Grizzlybär.

Grivet [frz. ɡriˈvɛ], svw. Grüne Meerkatze (↑Meerkatzen).

Grizzlybär

Grizzlybär [engl. 'grızlı „grau"] (Grizzly, Grislybär, Graubär, Ursus arctos horribilis), große, nordamerikan. Unterart des Braunbären; urspr. im ganzen westl. N-Amerika (südl. bis Kalifornien) verbreitet, heute nur noch an einigen Stellen der nördl. USA, in Kanada und Alaska vorkommend; Körperlänge bis 2,3 m, Schulterhöhe etwa 0,9–1 m, Gewicht bis über 350 kg; Färbung blaß braungelb bis dunkelbraun, auch fast schwarz; Haarspitzen (bes. am Rücken) meist weißl.; Krallen der Vorderfüße bis 10 cm lang; Allesfresser.

Grizzlybär

Grönlandfalke ↑Gerfalke.
Grönlandhai ↑Dornhaie.
Grönlandhund, svw. ↑Polarhund.
Grönlandwal ↑Glattwale.
Groppen (Cottidae), Fam. bis 60 cm langer Knochenfische (Ordnung Panzerwangen) mit rd. 300 Arten auf der N-Halbkugel; überwiegend Meeresbewohner, einige Arten auch im Süßwasser (z. B. Groppe, Buntflossenkoppe); Körper schuppenlos, z. T. mit (manchmal bestachelten) Knochenplatten; Kopf groß, leicht abgeflacht, mit großem Maul, weit oben liegenden Augen und bestachelten Kiemendeckeln; Brustflossen fächerartig vergrößert; Schwimmblase fehlend. - Bekannte Arten sind: **Groppe** (Koppe, Dolm, Cottus gobio), bis etwa 15 cm lang, oberseits grau bis bräunl. mit dunklerer Marmorierung, Bauch weißl.; in der Ostsee sowie in Brack- und Süßgewässern Europas. **Seebull** (Cottus bubalis), 10–20 cm lang, braun mit schwarzer Fleckung, Bauch gelbl.; an den Küsten W- und N-Europas. **Seeskorpion** (Seeteufel, Myxocephalus scorpius), bis 35 cm lang, dunkelbraun mit hellerer Fleckung, Kopf stark bestachelt; an den Küsten des N-Atlantiks. **Seerabe** (Hemitripterus americanus), bis über 60 cm lang, kann sich, aus dem Wasser genommen, ballonartig aufpumpen; an der amerikan. Atlantikküste.

Großblütige Braunelle ↑Braunelle.
Großblütiger Fingerhut ↑Fingerhut.
Große Bibernelle ↑Bibernelle.
Große Egelschnecke ↑Egelschnecken.
Großer Ampfer, svw. ↑Sauerampfer.
Großer Beutelmull ↑Beutelmulle.
Großer Brachvogel (Numenius arquata), mit fast 60 cm Körperlänge größter europ. Schnepfenvogel (Gatt. Brachvögel) in den gemäßigten, z. T. auch nördl. Regionen Eurasiens; Schnabel etwa 12 cm lang, abwärts gebogen, Gefieder gelblichbraun, dicht gestreift.
Großer Buntspecht ↑Buntspecht.
Großer Eisvogel ↑Eisvögel.
Großer Elchhund ↑Elchhund.
Großer Frostspanner ↑Frostspanner.
Großer Gabelschwanz, Art der ↑Gabelschwänze.
Großer Kudu ↑Drehhornantilopen.
Großer Schwertwal ↑Delphine.
Großer Tanrek (Großer Tenrek, Tenrec ecaudatus), größte Art der Borstenigel auf Madagaskar; Körperlänge bis etwa 40 cm, Schwanz äußerl. nicht sichtbar (etwa 1 cm lang); das wenig dichte Haarkleid von z. T. langen Stacheln durchsetzt; am Kopf und am Rücken sehr lange, feine Tasthaare; Grundfärbung meist grau- bis rötlichbraun; dämmerungs- und nachtaktiv.
Großer Tümmler ↑Delphine.
Großer Wasserfloh ↑Daphnia.
Große Schwebrenken ↑Felchen.
Großes Wiesel, svw. Hermelin (↑Wiesel).
Großfußhühner (Megapodidae), 12 Arten umfassende Fam. dunkel gefärbter, haushuhn- bis fast truthahngroßer Hühnervögel v. a. in Australien, auf den Sundainseln, den Philippinen und Polynesien; Bodenvögel mit großen, kräftigen Scharrfüßen, teilweise oder ganz unbefiedertem, häufig leuchtend gefärbtem Kopf, kurzen, breiten Flügeln und langem Schwanz. Einige Arten nutzen zum Ausbrüten der Eier die Gärungswärme von (durch die ♂♂ aufgeschichteten, manchmal bis 5 m hohen) Laub-Erd-Haufen aus.
Großhirn ↑Gehirn.
Großhirnrinde ↑Gehirn.
Großhufeisennase ↑Fledermäuse.
Großkatzen (Pantherini), Gattungsgruppe großer Katzen in Asien, Afrika und Amerika; Körperlänge knapp 1 bis 2,8 m. Im Ggs. zu den Kleinkatzen können die G. brüllen, da ihr Zungenbein nur unvollständig verknöchert ist und dessen Zwischenast als elast. Band ausgebildet ist. Fünf Arten: Schneeleopard, Leopard, Jaguar, Tiger und Löwe.
Großkopfschildkröten (Platysternidae), Schildkrötenfam. mit der einzigen Art *Platysternon megacephalum* in SO-Asien;

Grundgewebe

Panzer bis etwa 20 cm lang, braun, auffallend abgeflacht, Schwanz nahezu ebenso lang; Kopf ungewöhnl. groß, mit großen Hornschildern bedeckt, nicht in den Panzer zurückziehbar, Oberkiefer mit scharfem Hakenschnabel.

Großlibellen (Ungleichflügler, Anisoptera), weltweit verbreitete Unterordnung mittelgroßer bis großer Libellen mit rd. 1 400 Arten, davon etwa 50 einheim.; Körper kräftig, Vorder- und Hinterflügel unterschiedl. geformt, die hinteren an der Basis hinten ausgebuchtet; Flügel in Ruhe stets waagerecht ausgebreitet; Augen groß; bekannte Fam. sind ↑Flußjungfern, ↑Teufelsnadeln.

Großmäuler (Großmünder, Maulstachler, Stomiatoidea), Unterordnung meist nicht über 30 cm langer Lachsfische mit etwa 200 Arten in allen Meeren; Tiefseefische mit sehr großem, oft stark bezahntem Maul, häufig Leuchtorganen; ♂♂ wesentl. kleiner als ♀♀. Hierher gehören z. B. die Drachenfische.

Großspitze, zusammenfassende Bez. für die größeren dt. Spitze; Schulterhöhe etwa 40 cm. Sie werden v. a. als **Schwarzer Spitz** (tief- bis blauschwarz), **Weißer Spitz** (rein weiß) und ↑Wolfsspitz gezüchtet.

Großtrappe ↑Trappen.
Grottenolm ↑Olme.
Grubenauge ↑Auge.

Grubenottern (Lochotter, Crotalidae), Fam. sehr giftiger, 0,4–3,75 m langer Schlangen mit rd. 130 Arten, v. a. in Amerika und Asien (eine in der äußersten SO-Europa); Körper relativ plump mit kurzem Schwanz und deutl. abgesetztem, breitem Kopf. Giftzähne lang, Augen mit senkrechter Pupille, etwa in der Mitte zw. diesen und den Nasenlöchern jederseits ein als **Grubenorgan** bezeichnetes Sinnesorgan, mit dem Temperaturdifferenzen von nur 0,003 °C wahrgenommen werden können. Dient zum Aufsuchen warmblütiger Beutetiere, deren sehr geringe Körperabstrahlung festgestellt werden kann. – Zu den G. zählen u. a. Buschmeister, Klapperschlangen, Mokassinschlangen, Lanzenottern.

Grubenwurm (Hakenwurm, Ancylostoma duodenale), etwa 8 (♂)–20 (♀) mm langer, meist gelbl. Fadenwurm (Fam. Hakenwürmer); Dünndarmparasit des Menschen in S-Europa, N-Afrika, Kleinasien und Asien; in kühleren Klimagebieten (wegen des hohen Wärmebedarfs der im Wasser oder in feuchter Erde sich entwickelten Larven) nur in tiefen Bergwerken und Höhlen. Der G. ist der Erreger der Hakenwurmkrankheit.

Grünaal ↑Aale.
Grünalgen (Chlorophyta), Abteilung der Algen mit rd. 7 000 v, a. im Benthos oder Plankton des Süßwassers vorkommenden Arten. Die Grünfärbung wird durch Chlorophyll a und b in den Chloroplasten bewirkt. Assimilations- und Reservestoffe sind Stärke und Fett. Die einfachsten Formen sind mikroskop. klein und einzellig; können sich mit gleichlangen Geißeln fortbewegen.

Grundelartige (Gobioidei), Unterordnung der Barschartigen mit rd. 1 000 meist kleinen, schlanken Arten, überwiegend in küstennahen Meeresgebieten, auch in Süßwasser; mit zwei Rückenflossen; Bauchflossen weit nach vorn verschoben, unter den Brustflossen liegend, nicht selten verwachsen und ein Saugorgan bildend; Bodenfische; bekannteste Fam. Meergrundeln (↑Grundeln).

Grundeln, (Meer-G., Gobiidae) in allen Meeren, z. T. auch in Brack- und Süßgewässern vorkommende Fam. der Knochenfische mit rd. 600, meist nur wenige cm langen Arten. Man unterscheidet die Unterfam. **Schläfergrundeln** (Eleotrinae; 2,5–60 cm lang, v. a. in trop. Meeren) und **Echte Grundeln** (Gobiinae). Bekannt ist der **Sandkühling** (Sandgrundel, Pomatoschistus minutus), bis 10 cm lang, auf hellbraunem Grund schwärzl. gezeichnet, auf Sandböden der Nord- und Ostsee, des Atlantiks vor der frz. Küste und des Mittelmeeres. ◆ Bez. für verschiedene am Gewässergrund lebende kleine Fische.

Gründeln, Bez. für das Nahrungssuchen am Grund von flachen Gewässern bei verschiedenen Wasservögeln (z. B. Schwimmenten, Schwäne), wobei nur Kopf und Vorderkörper ins Wasser tauchen.

Gründelwale (Monodontidae), Fam. bis etwa 6 m langer Zahnwale in nördl. (v. a. arkt.) Meeren; Körper stumpf gerundet mit aufgewölbter Stirn; Brustflossen relativ klein und gerundet. Rückenfinne fehlend. Die G. fressen überwiegend am Grund. Im Atlantik, bes. im Nordpolarmeer kommt der bis 5 m lange **Narwal** (Einhornwal, Monodon monoceros) vor; grau- bis gelblichweiß, dunkelbraun gefleckt, ♂ mit 1–3 m langem, schraubig gedrehtem oberen Schneidezahn. Der etwa 3,7–4,3 m lange **Weißwal** (Delphinapterus leucas) kommt in arkt. und subarkt. Meeren vor; erwachsen weiß, Jungtiere dunkelgrau. Er steigt gelegentl. in Flüße auf (im Rhein zuletzt 1966).

Grundgewebe, (Parenchym) bei *Pflan-*

Grüner Knollenblätterpilz

Gründlinge

zen: häufigste Form des ↑Dauergewebes, gebildet in den krautigen Teilen, aber auch im Holzkörper der höheren Pflanzen. Das G. besteht aus lebenden, wenig differenzierten Zellen. Zw. den Zellen befinden sich häufig ausgedehnte Interzellularräume. Im G. laufen die wichtigsten Stoffwechselprozesse der Pflanze ab, außerdem gewährleistet es bei ausreichender Wasserversorgung durch seinen ↑Turgor die Festigkeit der krautigen Pflanzenteile.
◆ bei *Tieren* und beim *Menschen* svw. ↑Stroma.

Gründlinge (Gobioninae), Unterfam. kleiner bis mittelgroßer, bodenbewohnender Karpfenfische mit über 70 Arten in den Süßgewässern Eurasiens; Körper meist schlank, mit mehreren dunklen Flecken und einem Paar relativ langer Oberlippenbarteln. In M-Europa kommt der **Gewöhnliche Gründling** (Gründel, Grimpe, Greßling, Gresse, Gobio gobio) vor, ein bis 15 cm langer Fisch mit graugrünem Rücken, je einer Reihe dunkler Flecken an den helleren Körperseiten und rötl.-silbriger Unterseite; Flossen gelbl., mit dunklen Fleckenreihen auf Rücken-, Schwanz-, z. T. auch Brustflossen; in schnellfließenden Gewässern.

Grundnessel (Wasserquirl, Hydrilla lithuanica), Froschbißgewächs auf dem Grund stehender, nährstoffreicher Gewässer in M-Europa, im Nilgebiet, in S- und O-Asien und in Australien; 0,15–3 m lange Pflanze mit fein stachelspitzig gezähnten, lineal.-lanzettl., in zwei- bis achtzähligen Quirlen stehenden Blättern; Aquarienpflanze.

Grundumsatz (Basalumsatz, Ruheumsatz), Abk. GU, diejenige Energiemenge, die ein lebender Organismus bei völliger geistiger und körperl. Entspannung in nüchternem Zustand zur Aufrechterhaltung seiner Lebensvorgänge benötigt. Die Höhe des G. hängt beim Gesunden von Körpergröße und Körpergewicht, vom Alter und vom Geschlecht ab. Während der Kindheit und Pubertät ist der G. bedeutend höher als im Erwachsenenalter. Vom 20. Lebensjahr ab fällt der Umsatz dann bis zum 50. bis 60. Lebensjahr stetig um insgesamt rd. 10 % ab. Er ist bei Frauen (bei gleicher Körperoberfläche) um etwa 10 % geringer als bei Männern. Als Faustregel gilt, daß der G. beim Erwachsenen annähernd 1 kcal (4,2 kJ) je Stunde und kg Körpergewicht beträgt.

Grüne Apfelwanze ↑Apfelwanze.
Grüne Jagdbirne ↑Birnensorten, S. 106.
Grüne Mamba ↑Mambas.
Grüne Mandel ↑Pistazie.
Grüne Meerkatze ↑Meerkatzen.
Grüne Minze ↑Minze.
Grüne Nieswurz ↑Nieswurz.
Grüner Diskus ↑Diskusfische.
Grüner Knollenblätterpilz (Grüner Giftwulstling, Grüner Wulstling, Amanita phalloides), Ständerpilz aus der Fam. der Wulstlinge, verbreitet in mitteleurop. Laub- und Nadelwäldern; Hut 5–15 cm im Durchmesser, jung eiförmig, später gewölbt, zuletzt flach; Oberseite oliv- bis gelbgrün, Lamellen weiß bis schwach grünlich, Stiel 5–12 cm lang, 1–2 cm dick, zylinderförmig, weiß bis schwach grünl. mit weißer Manschette. Der häufig mit dem Champignon verwechselte Pilz ist einer der giftigsten einheim. Pilze. - Abb. S. 301.

Grünerle ↑Erle.

Grünfink (Grünling, Carduelis chloris), etwa 15 cm großer Finkenvogel in Europa, NW-Afrika und Vorderasien; Gefieder des ♂ olivgrün mit gelbgrünem Bürzel und leuchtendem Gelb an Flügeln und Schwanzkanten; ♀ weniger lebhaft gefärbt.

Grunion [span.] (Amerikan. Ährenfisch, Leuresthes tenuis), etwa 15 cm langer, silbrig glänzender Ährenfisch im Küstenbereich flacher Sandstrände Kaliforniens. Das Laichen des G. erfolgt in Abhängigkeit von den Mondphasen.

Grünkern, unreif geerntetes, gedörrtes und geschältes Korn des Dinkels; Suppeneinlage.

Grünkohl (Braunkohl, Winterkohl, Krauskohl, Brassica oleracea var. acephala), Form des Federkohls mit krausen Blättern; anspruchslose, winterharte, in mehreren Sorten angebaute Gemüsepflanze.

Grünlilie (Graslilie, Chlorophytum), Gatt. der Liliengewächse mit über 100 Arten in den Tropen der Alten und Neuen Welt. Die bekannteste Art ist **Chlorophytum comosum** aus S-Afrika, eine Rosettenpflanze mit 20–40 cm langen, lineal.-lanzettl., zugespitzten Blättern; Blütenschaft bis 1 m lang, mit kleinen, weißen Blüten und zahlr. Wurzeln bildenden Jungpflanzen. Die bei uns meist in der Kulturform **Variegatum** (mit weißgestreiften oder weißgerandeten Blättern) kultivierte G. ist eine beliebte Zimmerpflanze.

Grünling, (Grünreizker, Gelbreizker, Echter Ritterling, Tricholoma flavovirens) in sandigen Kiefernwäldern und auf Heiden häufig vorkommender Ständerpilz; Hut 4–8 cm breit, olivgelb bis olivgrün, mit fuchsbrauner, schuppiger Mitte; Lamellen schwefelgelb, dicht stehend; Fleisch fest, weiß, nach außen zu gelbl.; Speisepilz.
◆ svw. ↑Grünfink.

Grünspecht (Picus viridis), 32 cm langer Specht in Europa und Vorderasien; mit graubis dunkelgrüner Oberseite, hellgrauer Unterseite, gelbl. Bürzel und roter Kopfplatte, die bis zum Nacken reicht; Kopfseiten weißlichgrau mit schwarzer Gesichtsmaske und schwarzem (beim ♂ rot gefülltem) Bartstreif.

Gryphaea [...'fe:a; zu griech. grypós „gekrümmt"], Gatt. ostreider fossiler Austern; im Lias Leitfossilien (**Gryphitenkalk**); linke Schale hoch gewölbt, mehr oder minder stark einwärts gekrümmt, rechte Schale deckelartig flach.

Grzimek, Bernhard ['gʒɪmɛk], * Neisse 24. April 1909, † Frankfurt am Main 13. März 1987, dt. Zoologe. - Urspr. Tierarzt; leitete 1945–74 den Zoolog. Garten in Frankfurt am Main. 1969–73 war er Naturschutzbeauftragter der dt. Bundesregierung. G. setzt sich für den Naturschutz und die Erhaltung freilebender Tiere ein. Verfaßte u. a. „Kein Platz für wilde Tiere" (1954), „Serengeti darf nicht sterben" (1959).

Guajakbaum [indian.-span./dt.] (Guajacum), Gatt. der Jochblattgewächse mit sechs Arten in M-Amerika; Bäume oder Sträucher mit gegenständigen, unpaarig gefiederten Blättern und radiären, blauen oder purpurroten Blüten. Die Arten **Guajacum officinale** und **Guajacum sanctum** liefern das olivbraune bis schwarzgrüne, stark harzhaltige **Guajakholz,** aus dem **Guajakharz** gewonnen wird, das zur Herstellung des dickflüssigen bis festen, wohlriechenden äther. **Guajakholzöls** (in der Parfümerie als Fixator verwendet) dient.

Guajavabaum [indian.-span./dt.] (Psidium guayava), in den Tropen und Subtropen oft als Obstbaum in vielen Sorten angepflanztes Myrtengewächs aus dem trop. Amerika; Strauch oder bis 10 m hoher Baum mit grünlichbrauner, schuppiger Rinde; Blätter bis 15 cm lang, unterseits flaumig behaart; Blüten weiß, etwa 2,5 cm breit; Früchte (**Guajaven, Guayaven, Guaven**) birnen- bis apfelförmig, rot oder gelb mit rosafarbenem, weißem oder gelbem Fruchtfleisch, reich an Vitamin C; für Marmelade, Gelee und Saft verwendet.

Guanako [indian.-span.] (Huanako, Lama guanicoe), wildlebende Kamelart, v. a. im westl. und südl. S-Amerika; Schulterhöhe etwa 90–110 cm, Fell lang und dicht, fahl rotbraun, Unterseite weißl., Gesicht schwärzlich.

Guanin [indian.] (Iminoxanthin), Purinbase (2-Amino-6-hydroxypurin), eine der vier am Aufbau der Nukleinsäuren beteiligten Hauptbasen. Ablagerungen von G. in Haut und Schuppen bei Fischen führen zu einem charakterist. metall. Glanz (bedingt durch den hohen Brechungsindex vor kristallinem G.); bei Dämmerungstieren führt eine G.schicht hinter der Retina des Auges zur Reflexion einfallender Lichtstrahlen („Leuchten" der Augen).

Guanosin [Kw.] (Guaninriboid), Nukleosid aus Guanin und D-Ribose; als Nukleotid **G.monophosphat (Guanylsäure)** Baustein der Ribonukleinsäuren. Im Zellstoffwechsel ist v. a. **G.triphosphat** (GTP) von Bed., das im Zitronensäurezyklus entsteht und bei der Proteinbiosynthese an den Ribosomen sowie der Glukoneogenese Energiedonator ist.

Guaven [indian.-span.] ↑ Guajavabaum.

Guillemin, Roger [Charles Louis] [frz. gij'mɛ̃], * Dijon 11. Jan. 1924, amerikan. Biochemiker frz. Herkunft. - Prof. am Salk Institute in San Diego (Calif.), extrahierte aus dem Hypothalamus von Schafen bestimmte Substanzen, die die Hypophyse zur Produktion und Abgabe bestimmter Hormone veranlassen († Releaserfaktoren). 1969 konnte er den Releaserfaktor TSH-RF des schilddrüsenstimulierenden (thyreotropen) Hormons, TSH, isolieren, dessen chem. Struktur (aus drei Aminosäuren bestehendes Peptid) aufklären und es auch synthetisieren. Später gelang ihm die Isolierung weiterer Peptide aus dem Hypothalamus, u. a. 1973 das ↑ Somatostatin. Er erhielt für diese Forschungsarbeiten (zus. mit A. Schally und R. S. Yalow) 1977 den Nobelpreis für Physiologie oder Medizin.

Guineapfeffer [gi...] (Mohrenpfeffer, Xylopia aethiopica), baumartiges Annonengewächs der Regenwälder und Buschsteppen W-Afrikas und des Kongos mit gelben Blüten und längl., pfefferartig schmeckenden Früchten.

Gummibaum, (Ficus elastica) Feigenart in O-Indien und im Malaiischen Archipel; bis 25 m hoher Baum mit lederartigen, auf der Oberseite glänzend dunkelgrünen, bis 30 cm langen und bis 18 cm breiten Blättern, die jung eingerollt und von einem roten Nebenblatt umhüllt sind; liefert Kautschuk; beliebte Zimmerpflanze.
♦ svw. ↑ Kautschukbaum.

Gundermann (Glechoma), Gatt. der Lippenblütler mit fünf Arten im gemäßigten Eurasien. Einzige einheim. Art ist die **Gundelrebe** (G. im engeren Sinne, Efeu-G., Glechoma hederacea): krautige, mehrjährige Pflanze mit kriechenden, an den unteren Knoten bewurzelten Stengeln; Blätter rundl. bis nierenförmig; Blüten violett oder blau, bisweilen rosa oder weiß, zu wenigen in Blütenständen; an Weg- und Waldrändern.

Gunnera [nach dem norweg. Botaniker J. E. Gunnerus, * 1718, † 1773], Gatt. der Meerbeerengewächse mit rd. 30 Arten auf der südl. Halbkugel; als riesige, rhabarberähnl. Blattzierpflanzen für Gärten und Parks wird u. a. **Gunnera chilensis** aus Chile, Ecuador und Kolumbien kultiviert; Blätter 1–2 m breit, rundl.-herzförmig, handförmig gelappt und eingeschnitten, stark runzelig, mit Stacheln auf Rippen und Blattstiel; Blütenstand bis 50 cm hoch, kolbenartig.

Günsel [zu dem lat. Pflanzennamen consolida (von consolidare „festmachen"; wohl wegen der Wunden schließenden Wirkung).] (Ajuga), Gatt. der Lippenblütler mit rd. 50 Arten in Eurasien, Afrika und Australien; niedrige Kräuter oder Stauden mit rötl., blauen oder gelben Blüten in dichten Wirteln in den oberen Blattachseln; bekannte, in M-Europa vorkommende Arten sind u. a. **Kriechender Günsel** (Ajuga reptans) mit blauen oder rötl. Blüten, auf Wiesen und in Laubwäldern und **Pyramidengünsel** (Berg-G., Ajuga pyra-

Guppy

midalis) mit violetten oder hellblauen Blüten, die von weinroten Deckblättern verdeckt werden, auf kalkarmen Böden.

Guppy ['gʊpi, engl. 'gʌpɪ; nach R. J. L. Guppy (19. Jh.), der von Trinidad aus ein Exemplar an das Brit. Museum sandte] (Millionenfisch, Poecilia reticulata), im nö. S-Amerika, auf Trinidad, Barbados und einigen anderen Inseln heim. Art der Lebendgebärenden Zahnkarpfen; ♂ bis 3 cm lang, zierl., schlank, mit äußerst variabler bunter Zeichnung; ♀ bis 6 cm lang, gedrungener, sehr viel unscheinbarer gefärbt; beliebter, anspruchsloser Warmwasseraquarienfisch.

Guramis [malai.] ↑ Fadenfische.

◆ Bez. für verschiedene Fischarten, z. T. Warmwasseraquarienfische; u. a. **Küssender Gurami** (Helostoma temmincki), südl. Hinterindien, Große Sundainseln, bis 30 cm lang, gelblichgrün, dunkel längsgestreift.

Gurgel [zu lat. gurgulio „Luftröhre"], andere Bez. für ↑ Kehle.

Gurke [mittelgriech.-westslaw.] (Garten-G., Cucumis sativus), Kürbisgewächs aus dem nördl. Vorderindien; einjährige, kriechende Pflanze mit großen, herzförmigen, 3- bis 5lappigen, rauhhaarigen Blättern, unverzweigten Blattranken, goldgelben, glockigen Blüten und fleischigen, längl. Beerenfrüchten mit platten, eiförmigen Samen (G.kerne); häufig in Treibhäusern gezogen. Man unterscheidet 1. nach der Anbauweise: Freiland-G., Gewächshaus-G. und Kasten-G., 2. nach der Verwendung: Salat-, Einlege-, Schäl- (Senf-) und Essig-G.; 3. nach der Form der Früchte: Schlangen-, Walzen- und Traubengurken.

Gurkenbaum (Baumstachelbeere, Averrhoa), Gatt. der Sauerkleegewächse mit zwei Arten: **Echter Gurkenbaum** (Blimbing, Averrhoa bilimbi) und **Karambole** (Averrhoa carambola) im malaiischen Gebiet; 10–12 m hohe Bäume mit säuerl., gurkenartigen, eßbaren Beerenfrüchten; als Obstbäume in den Tropen kultiviert.

Gurkenkraut, svw. ↑ Borretsch.

Gürtelechsen (Gürtelschwänze, Wirtelschweife, Cordylidae), Fam. der Echsen in Afrika; starke Hautverknöcherungen bes. an Kopf und Schwanz; Schuppen in längs- und gürtelartigen Querreihen. Die Gatt. **Gürtelschweife** (Cordylus) hat 17 etwa 18–40 cm lange Arten, die am Nacken und v. a. am Schwanz stark bedornt sind; Färbung meist braun bis rotbraun. Bekannt sind das **Riesengürtelteiler** (Cordylus giganteus), bis 40 cm lang, mit großen, gebogenen Dornen bes. an Hinterkopf, Halsseiten und Schwanz und das **Panzergürtelteir** (Cordylus cataphractus), bis 20 cm lang, mit kräftigen Stacheln an Hinterkopf, Rumpf, Seiten und Schwanz. Einen extrem langgestreckten und schlanken Körper haben die 40–65 cm langen Arten der **Schlangengürtelechsen** (Chamaesaura); Schwanz von etwa dreifacher Körperlänge, kann abgeworfen werden; Gliedmaßen weitgehend rückgebildet. Die Arten der Unterfam. **Schildechsen** (Gerrhosaurinae) sind etwa 15–70 cm lang; Schuppen panzerartig; mit dehnbarer Hautfalte längs der Körperseiten. Der lange Schwanz kann bei einigen Arten abgeworfen werden.

Gürtelgrasfink (Poephila cincta), etwa 11 cm langer Prachtfink in den Grassteppen NO-Australiens; Oberseite hellbraun, Unterseite heller mit breitem, schwarzem Querstreifen (Gürtel) in der Flanken- und Bauchregion.

Gürtelmäuse, svw. Gürtelmulle (↑ Gürteltiere).

Gürtelmulle ↑ Gürteltiere.

Gürtelrose (Ringelseerose, Actinia cari), etwa 4–8 cm große, olivgrüne bis braune Seerose mit konzentr., schwarzbrauner Ringelung am Rumpf; in der Gezeitenzone v. a. des Mittelmeers unter Steinen; flacht sich bei Kontraktion auffallend ab.

Gürtelschweife ↑ Gürtelechsen.

Gürtelskolopender ↑ Skolopender.

Gürteltiere (Dasypodidae), Fam. der Säugetiere (Unterordnung Nebengelenker) mit rd. 20 Arten in S- und N-Amerika; Körperoberseite von lederartigen oder verknöcherten, mit Hornplatten versehenem Panzer bedeckt, der sich am Rumpf aus gürtelartigen Ringen zusammensetzt, die durch eine verschied. Anzahl von Hautfalten gegeneinander bewegl. sind; ungeschützte Unterseite behaart; Kopf zugespitzt, mit stark verknöchertem Schild auf der Oberseite und vielen (bis 90) gleichgebauten Zähnen; Gliedmaßen relativ kurz, vordere sehr kräftig entwickelt, mit starken Grabkrallen. Das größte G. ist das etwa 1 m lange, sandfarbene bis schwarzbraune **Riesengürteltier** (Priodontes giganteus), Schwanz 50 cm lang. Die Gattungsuntergruppe **Gürtelmulle** (Gürtelmäuse, Chlamyphorina) hat zwei 12–18 cm lange Arten; Körper maulwurfähnl., am Hinterende abgestutzt, vom verknöcherten Beckenschild bedeckt, übriger Knochenpanzer reduziert; Schwanz sehr kurz. Die Gatt. **Weichgürteltiere** (Dasypus) hat vier dunkel- bis gelblichbraune, 35–55 cm lange Arten in S- und im südl. N-Amerika; Schwanz etwa 25–45 cm lang, mit Knochenringen bedeckt; Hautknochenpanzer dünn und weich; 6–11 Knochenringe in der Körpermitte ermöglichen ein Einrollen; Kopf schmal, mit röhrenförmiger Schnauze und großen, tütenförmigen Ohren.

Gürtelwürmer (Clitellula), weltweit verbreitete Klasse etwa 0,1 cm–3 m langer Ringelwürmer, v. a, im Süßwasser und an Land; zwittrige Tiere mit einem (zumindest zur Fortpflanzungszeit) gürtelartigen Wulst (**Clitellum**), der Schleim zur Bildung des Eikokons ausscheidet. Man unterscheidet die beiden Ordnungen Wenigborster und Blutegel.

Güster, svw. ↑ Blicke (Karpfenfisch).

Gutedel (Chasselas, Fendant), Rebsorte;

Trauben groß, mit runden, hell- bis gelbgrünen *(Weißer G.)* oder zartbraunen *(Roter G.)* Beeren; liefert leichte, säurearme Weine (v. a. Markgräfler Land, Elsaß, Westschweiz und Südfrankreich).

Gute Luise ↑Birnensorten, S. 106.

Guti-[indian.] (Goldaguti, Goldhase, Dasyprocta aguti), im nördl. S-Amerika weit verbreitete, bis 40 cm körperlange Agutiart mit äußerl. kaum erkennbarem Schwanzstummel und hohen, sehr dünnen Beinen; Haare dicht und glänzend, überwiegend graubraun.

Guttaperchabaum (Palaquium), Gatt. der Seifenbaumgewächse mit rd. 115 Arten im indomalai. Gebiet; bis 25 m hohe, immergrüne Bäume mit bis 2 m dicken Stämmen; einige Arten liefern ↑Guttapercha.

Guttation [zu lat. gutta „Tropfen"], aktive, tropfenförmige Wasserausscheidung durch zu Wasserspalten (Hydathoden) umgewandelte Spaltöffnungen oder Drüsen an Blatträndern und -spitzen verschiedener Pflanzen (z. B. Kapuzinerkresse, Frauenmantel, Gräser). Die G. dient wahrscheinl. der Aufrechterhaltung des Wasser- und Nährsalztransportes in der Pflanze bei behinderter ↑Transpiration, bes. nach feuchtwarmen Nächten.

Guttibaumgewächse (Guttiferae, Clusiaceae), Pflanzenfam. der Zweikeimblättrigen mit 49 Gatt. und rd. 900 Arten, v. a. in den Tropen und Subtropen; häufig immergrüne Bäume oder Sträucher mit Öldrüsen und Harzgängen; bekannteste Art ist der ↑Butterbaum.

Gymnospermae [griech.], svw. ↑Nacktsamer.

Gynander [griech.] (Mosaikzwitter), Bez. für Individuen, die mosaikartig aus Bezirken mit ♂ und ♀ Geschlechtsmerkmalen bestehen. Im Extremfall sind die Unterschiede auf die beiden Körperhälften verteilt *(Halbseiten-G.)*. G. kommen v. a. bei Insekten vor. Bei hormoneller Geschlechtsbestimmung (wie beim Menschen) bleiben Geschlechtschromosomenmosaike unerkannt.

Gynandrie [griech.], im Ggs. zur ↑Androgynie eine Scheinzwittrigkeit beim genotyp. ♀, bei dem typ. ♂ Geschlechtsmerkmale auftreten.

◆ svw. ↑Gynandromorphismus.

Gynandromorphismus [griech.] (Gynandrie, Mosaikzwittertum), Geschlechtsabnormität bei ↑Gynandern; beruht auf dem Vorkommen unterschiedl. Geschlechtschromosomenkombinationen in den Körperzellen desselben Individuums, die die Ausprägung der entsprechenden Geschlechtsmerkmale bewirken. Echter G. tritt nur bei Organismen auf, deren Geschlecht nicht durch Hormone festgelegt wird. Bei hormoneller Geschlechtsbestimmung kommt es bei G. durch gleichzeitig vorliegende konträre Hormone zur Ausbildung von ↑Intersexen.

Gynogamone ↑Gamone.

Gynomonözie [griech.], in der Botanik das gleichzeitige Vorkommen von weibl. Blüten und Zwitterblüten auf derselben Pflanze, z. B. beim Glaskraut. - ↑auch Andromonözie.

Gynözeum (Gynoeceum, Gynaeceum, Gynäzeum) [griech.], Gesamtheit der ♀ Organe der Blüte der bedecktsamigen Pflanzen, bestehend aus den Fruchtblättern und den auf ihnen gebildeten Samenanlagen.

H

Haare (Pili, Ez.: Pilus), ein- oder mehrzellige, meist fadenförmige Bildungen der Epidermis mancher *Tiere* und des *Menschen*. Unter den Wirbeltieren haben nur die Säuger H.; bei ihnen dienen diese Hornfadengebilde v. a. der Temperaturregulation und dem Strahlenschutz, haben aber auch Tastsinnesfunktion und stellen einen Schmuckwert oder Tarnschutz dar. Die Verteilung der H. über die Körperoberfläche (**Behaarung**) kann sehr unterschiedl. sein: Die meisten Säugetiere haben ein den ganzen Körper bedeckendes Haarkleid; beim Menschen treten H. nur an bestimmten Körperstellen auf; bei einigen anderen Tieren (Seekühe, Wale) fehlen die H. weitgehend. In diesen Fällen ging die Behaarung sekundär teilweise oder ganz verloren.

Aufbau: Man unterscheidet den über die Epidermis herausragenden **Haarschaft** und die in einer grubenförmigen Einsenkung steckende **Haarwurzel**, die an ihrem Ende zur **Haarzwiebel** verdickt ist. In diese ragt von unten her eine zapfenförmige, bindegewebige Lederhautpapille (**Haarpapille**) hinein. Sie enthält ein Blutgefäßnetz sowie Pigmentzellen und versorgt die teilungsfähigen Zellen der Haarzwiebel. Von dieser H. matrix aus wächst und regeneriert sich das H. (bei Zerstörung der Matrix oder der Papille ist keine H.bildung mehr mögl.). Nach oben zu sterben die

Haarfedergras

H.zellen ab und verhornen. Aus unvollständig verhornten und eingetrockneten Zellen bildet sich das **Haarmark**. Um das Mark herum liegt die **Haarrinde**, in deren Zellen Farbstoffe abgelagert sind, die die H.farbe bedingen. Außen umgeben verhornte Zellen eines einfachen Plattenepithels das H. dachziegelartig. Wie das H. außen, besitzt der H.follikel innen eine Abschlußschicht aus bes. kleinen, flachen Zellen, die *H.scheidenkutikula*. Sie gehört zur inneren Wurzelscheide. Darauf folgt die äußere Wurzelscheide, die nach dem H.bulbus zu schmäler wird und nach außen eine stark verdickte, kutikuläre Basalmembran *(innere Glashaut)* ausscheidet. Die H.wurzel ist außen vom **Haarbalg**, einer bindegewebigen Schicht aus verdickten Zellen der Lederhaut umgeben. Ihre Basalmembran liegt der inneren Glashaut als *äußere Glashaut* auf. - Die H. sitzen meist schräg in der Haut. Sie können durch einen kleinen glatten Muskel (**Haarbalgmuskel**) aufgerichtet werden. Zw. Muskel und H. liegen ein bis zwei Talgdrüsen (**Haarbalgdrüsen**), die in den H.balg münden. Ihr öliges Sekret hält das H. geschmeidig. H.querschnitt und Dicke der Rinde bestimmen die Eigenschaften des H.; dicke Rinde: steifes H.; stark ovaler Querschnitt: gekräuseltes Haar. Nach der Form der einzelnen H. unterscheidet man beim Menschen v. a.: glattes H. (lissotrich; schlicht- oder straffhaarig; bes. bei Mongoliden), welliges und lockiges H. (kymatotrich; bes. bei Europiden) und krauses H. (ulotrich; bei Negriden).

Die Gesamtzahl der H. des Menschen beträgt etwa 300 000–500 000. Davon entfallen rd. 25 % auf die Kopfbehaarung. Ein menschl. H. ist etwa 40–100 μm dick. Es wächst tägl. (mit Ausnahme der Augenbrauen, die nur etwa halb so schnell wachsen) zw. 0,25 und 0,40 mm. Dickere H. wachsen im allg. schneller als dünnere. Ist das Wachstum beendet, löst sich das H. unter Verdickung seines untersten Endes von der Papille ab. Nach einer Ruhezeit bildet diese ein neues H., das im gleichen Kanal wächst, das alte H. mitschiebt, bis dieses ausfällt. Wenn die Pigmentzellen keinen Farbstoff mehr haben, wird das neue H. grau. Treten zw. den verhornten Zellen feine Luftbläschen auf, werden die H. weiß. Die Haardichte im Haarkleid von Säugetieren der gemäßigten Breiten liegt zw. 200 (im Sommer) und 900 (im Winter) pro cm^2. Auf größeren Haut- bzw. Fellbezirken liegen die H. im allg. in bestimmten Richtungen (**Haarstrich**). Der Haarstrich ist häufig der Hauptfortbewegungsrichtung angepaßt (verläuft also von vorn nach hinten) oder entspricht der Schutzfunktion des Haarkleides (v. a. gegen Regen; daher meist vom Rücken zum Bauch verlaufend). Bei Faultieren, die eine hängende Lebensweise haben, verläuft der Haarstrich vom Bauch zum Rücken (mit einem Scheitel am Bauch). Beim Orang-Utan sind die H. des Ober- und Unterarms jeweils auf den Ellbogen ausgerichtet. Beim Maulwurf, der in seinen Erdgängen vor- und rückwärts gleitet, stehen die H. richtungslos. - Die H. der Insekten sind entweder unechte H., d. h. sie sind Fortsätze der äußeren Hautschicht oder echte H. und gehen damit auf bes. H.bildungszellen zurück.

📖 *Grenzebach, M. A.: Die H. Spiegel der Gesundheit. Mchn. 1986.*

◆ (Trichome) bei *Pflanzen* meist aus Einzelzellen der Epidermis hervorgehende Anhangsgebilde. Man unterscheidet **einzellige Haare** (Papillen, Borsten-H., Brenn-H.) und aus unverzweigten Zellreihen bestehende **mehrzellige Haare** (Drüsen-H.). Durch dichte Verzweigung entstehen *Etagen-H.* oder mehrzellige *Stern-H. Funktion:* Lebende H. fördern die Transpiration durch Oberflächenvergrößerung. Dichte, filzige Überzüge aus toten H. dagegen verringern diese durch Schaffung windstiller Räume (in denen sich Wasserdampf sammelt) und schützen gegen direkte Sonnenbestrahlung.

Haarfedergras ↑ Federgras.

Haargerste (Elymus), Gatt. der Süßgräser mit rd. 45 Arten in den gemäßigten Zonen der Erde; Hüllspelzen kurz begrannt, schmal-linealisch. In Deutschland kommen vor: **Waldhaargerste** (Elymus europaeus) mit rauh behaarten Blättern, Hüll- und Deckspelzen begrannt; **Strandroggen** (Elymus arenarius), dessen Blätter sich bei trockenem Wetter zusammenrollen, Ährchen unbegrannt.

Haarlinge ↑ Federlinge.

Haarmoose (Polytrichaceae), Fam. der Laubmoose mit 15 Gatt. und rd. 350 in den gemäßigten Zonen und in trop. Gebirgen verbreiteten Arten; bekannteste Art ist das ↑ Frauenhaar.

Haarmücken (Bibionidae), mit rd. 400 Arten weltweit verbreitete Fam. 3–13 mm langer Mücken; fliegenartig aussehende Insekten mit stark behaartem, meist schwarzem Körper (Hinterleib der ♀♀ häufig gelb, braun, rot), abstehenden Flügeln und kurzen Fühlern; Blütenbesucher. - ↑ Gartenhaarmücke.

Haarnixe (Fischgras, Cabomba), Gatt. der Seerosengewächse mit sechs Arten im trop. und subtrop. Amerika; Wasserpflanzen mit fein zerteilten Unterwasserblättern und schildförmigen Schwimmblättern; Blüten klein, weiß bis gelb; Früchte lederartig; Aquarienpflanzen.

Haarsterne (Federsterne, Crinoidea), Klasse meerbewohnender Stachelhäuter mit rd. 620 Arten; oft bunt gefärbte Tiere, die entweder nur im Jugendstadium (**Eigentl. Haarsterne**; Flachwasserbewohner, 10–35 cm lang) oder zeitlebens (**Seelilien**; in Tiefen unter 1 000 m, wo sie regelrechte Wiesen bilden können) mit Stiel am Untergrund festsitzen.

Haarstrang (Peucedanum), Gatt. der Doldengewächse mit rd. 120 Arten in Eurasien u. S-Afrika; bis 2 m hohe Pflanzen mit fiederteiligen Blättern und kleinen, weißen, gelbl. oder rötl. Blüten. In Deutschland kommen sieben Arten vor: ↑Meisterwurz, **Sumpfhaarstrang** (Peucedanum palustre) auf sauren, nassen Böden und der **Echte Haarstrang** (Peucedanum officinale) mit fein lineal. zerteilten Blättern auf Halbtrockenrasen.

Haarwechsel, bei Säugetieren (einschließl. Mensch) kontinuierl. oder period. Ausfall von Haaren, die durch gleich- oder andersartige, verschiedentl. auch anders gefärbte Haare ersetzt werden. - ↑auch Mauser.

Haarwürmer (Trichuridae), Fam. kleiner, schlanker Fadenwürmer mit sehr dünnem, haarartig ausgezogenem Vorderende; leben endoparasit. in Vögeln und Säugetieren (einschließl. Mensch), wo sie **Haarwurmkrankheiten** (v. a. im Bereich des Darms, der Leber, der Nieren und der Lunge) verursachen.

Haberlandt, Gottlieb, * Wieselburg-Ungarisch-Altenburg (ungar. Mosonmagyaróvár) 28. Nov. 1854, † Berlin 30. Jan. 1945, östr. Botaniker. - Prof. in Graz und Berlin; erforschte v. a. die Zusammenhänge zw. Bau und Funktion der Pflanzen und wies pflanzl. Hormone nach und erkannte deren Bed. für die Zellteilung und -differenzierung bzw. Embryonalentwicklung.

Habichtartige (Accipitridae), mit rd. 200 Arten weltweit verbreitete Fam. 0,2–1,2 m körperlanger Greifvögel. Unterfam. sind ↑Gleitaare, ↑Milane, ↑Weihen, ↑Bussarde, ↑Wespenbussarde, ↑Habichte, ↑Adler und Altweltgeier (↑Geier).

Habichte [zu althochdt. habuch, eigtl. „Fänger, Räuber"] (Accipitrinae), mit über 50 Arten weltweit verbreitete Unterfam. etwa 25–60 cm körperlanger Greifvögel; mit meist kurzen, runden Flügeln, relativ langem Schwanz und langen, spitzen Krallen. H. schlagen ihre Beute des. Vögel) im Überraschungsflug. Die umfangreichste Gatt. ist *Accipiter* mit 45 Arten; in M-Europa kommen **Hühnerhabicht** (Accipiter gentilis) und **Sperber** (Accipiter nisus) vor. Bei ersteren sind ♂ (bis 50 cm) und ♀ (bis 60 cm) oberseits dunkel aschbraun mit weißem Überaugenstreif, unterseits gesperbert. Beim Sperber sind die ♂ (bis 25 cm) oberseits schiefergrau, unterseits rostbraun quergebändert; die ♀ (bis 38 cm) haben einen weißl. Überaugenstreif und eine grau gebänderte Unterseite; Schwanz bei beiden lang und grau gefärbt.

Habichtsadler (Hieraaetus fasciatus), etwa 70 cm großer Adler in S-Eurasien und Großteilen Afrikas; Gefieder oberseits dunkelbraun, unterseits weiß mit braunen Längsflecken, Schwanz mit schwarzer Endbinde; horstet an steilen Felsen.

Habichtskauz ↑Eulenvögel.

Habichtskraut (Hieracium), Gatt. der Korbblütler mit rd. 800 Sammelarten auf der Nordhalbkugel und in den Anden; Kräuter mit meist gelben, orangefarbenen oder roten, ausschließl. Zungenblüten enthaltenden Blütenkörbchen. In Deutschland kommen etwa 15 formenreiche Sammelarten vor, darunter das häufige **Waldhabichtskraut** (Hieracium silvaticum), das gleichfalls häufige **Gemeine Habichtskraut** (Hieracium lachenalii) mit Körbchen in verzweigten Ständen sowie das **Kleine Habichtskraut** (Dukatenröschen, Mausohr, Hieracium pilosella) mit meist einköpfigem Stengel und langen Ausläufern.

Habitat [zu lat. habitare „wohnen"], in der *Biologie* der Standort einer bestimmten Tier- oder Pflanzenart.
◆ in der *Anthropologie* Bez. für den Wohnplatz von Ur- und Frühmenschen.

Habitus [lat.], Gesamterscheinungsbild (Aussehen und Verhalten) von Lebewesen.

Hackney [engl. 'hæknɪ; wohl nach dem Londoner Stadtbezirk Hackney], engl. Pferderasse; Widerristhöhe 152–160 cm; leichte, elegante Pferde für Turniere; meist Füchse oder Rappen mit extrem hoher Trabaktion.

Hackordnung, Form der ↑Rangordnung in Tiergesellschaften, v. a. bei Vögeln. Bei Haushühnern zeigt sich die festgelegte Rangordnung im Weghacken des Rangniederen durch den Ranghöheren vom Futterplatz.

Haeckel, Ernst ['hɛkəl], * Potsdam 16. Febr. 1834, † Jena 9. Aug. 1919, dt. Zoologe und Philosoph. - Prof. der Zoologie in Jena. Führender Vertreter der Deszendenztheorie bzw. Evolutionstheorie; H., der morpholog., systemat. und entwicklungsgeschichtl. wichtige Arbeiten über Medusen, Radiolarien und Kalkschwämme verfaßte, benutzte die Theorie Darwins zum Aufbau seiner generellen Morphologie als eines „natürl. Systems" unter konsequenter Einbeziehung des Menschen. Auf der Basis der Ergebnisse vergleichender anatom. und embryolog. Untersuchungen formulierte H. das ↑biogenetische Grundsetz. Über Darwin hinausgehend, fordert H. die Anwendung der Evolutionstheorie sowohl auf die anorgan. Natur als auch die Entstehung der Organismen (Hypothese der Entstehung sog. Moneren, kernloser Einzeller, aus anorgan. Materie) und glaubte somit eine Synthese von kausal-mechan. Materialismus und berechtigten Anliegen der Religion herbeigeführt zu haben („Der Monismus als Band zw. Religion und Wissenschaft", 1892). *Weitere Werke:* Generelle Morphologie der Organismen (2 Bde., 1866), Natürl. Schöpfungsgeschichte (1868), Anthropogenie, Entwicklungsgeschichte des Menschen (1874), Systemat. Phylogenie. Entwurf eines natürl. Systems der Organismen auf Grund ihrer Stammesgeschichte (3 Bde., 1894–96).

Haemosporidia [hɛ...; griech.] (Hämosporidien), Ordnung der ↑Sporentierchen; viele H. sind gefährl. Blutparasiten beim Menschen, u. a. als Erreger der Malaria.

Hafer (Avena), Gatt. der Süßgräser mit

Haferpflaume

rd. 35 Arten vom Mittelmeergebiet bis Z-Asien und N-Afrika; einjährige Pflanzen mit zwei- bis mehrblütigen Ährchen in Rispen; Deckspelzen zugespitzt mit Granne, die bei Kulturformen auch fehlen kann. Die bekannteste Art ist der in zahlr. Sorten, v. a. in feuchten und kühlen Gebieten Europas, W-Asiens und N-Amerikas angebaute **Saathafer** (Avena sativa). Deckspelzen begrannt; Körner (auch reif) von weißen, gelben, braunen oder schwarzen Hüllspelzen umgeben. Der Saathafer wird v. a. als Körnerfutter für Pferde sowie als Futterstroh verwendet. Aus den entspelzten und gequetschten Körnern werden u. a. Haferflocken, Hafergrieß und Hafermehl hergestellt. Die Weltproduktion an Kulturhafer betrug 1985 49,6 Mill. t, davon entfielen auf: Europa 35,8 Mill. t, Amerika 11,4 Mill. t, Asien 0,7 Mill. t, UdSSR 20,5 Mill. t, Afrika 0,20 Mill. t, Australien 1,3 Mill. t - In Deutschland wild vorkommende Arten sind u. a. **Windhafer** (Avena fatua) mit dreiblütigen Ährchen und **Sandhafer** (Avena strigosa) mit zweiblütigen Ährchen; Deckspelze läuft in zwei grannenartige Spitzen aus. - *Geschichte:* Im Mittelmeerraum ist seit der Antike nur die Art Avena byzantina (als Unkraut, Futtergetreide und Arzneimittel) bekannt. Der Saat-H. entstand zur Germanenzeit aus dem Wind-H., der aus Asien stammt. Die Germanen bauten den H. an, der eines ihrer wichtigsten Nahrungsmittel war.

Haferpflaume ↑Pflaumenbaum.

Haflinger [nach dem Dorf Hafling (italien. Avelengo) bei Meran], kleine, gedrungene, muskulöse (Stockmaß 142 cm) Pferderasse mit edlem Kopf, sehnigen Beinen und harten Hufen; meist dunkle Füchse mit heller Mähne und hellem Schweif; genügsame, trittsichere Gebirgspferde; auch als Reitpferd beliebt.

Haftdolde (Caucalis), Gatt. der Doldengewächse mit fünf Arten in M-Europa und im Mittelmeergebiet und einer Art im westl. N-Amerika: Kräuter mit weißen oder rötl. Blüten, die Früchte mit hakigen Stacheln. Auf kalkhaltigen Böden kommt die weißblühende **Klettenhaftdolde** (Caucalis lappula) vor.

Hafte (Planipennia), mit über 7 000 Arten

Hahnenkamm (Ständerpilz)

weltweit verbreitete Unterordnung 0,2 bis 8 cm langer, meist zarter Insekten (Ordnung ↑Netzflügler), davon rd. 60 Arten in M-Europa; gewöhnl. unscheinbar gefärbt, mit vier großen, glasartig durchsichtigen bis weißl., netzförmig geäderten Flügeln, z. B. Florfliegen.

Haftkiefer (Tetraodontiformes), fast rein marine Ordnung der Knochenfische, überwiegend in trop. Meeren; Haut von kleinen Schuppen oder Knochenplatten bedeckt, die im letzteren Fall zu einem starren, harten Panzer verschmelzen und auch starke Dornen ausbilden können; Kopf groß mit kleinem Maul und kleinen Kiemenspalten. Bekannte Fam. sind: ↑Drückerfische, ↑Feilenfische, ↑Kofferfische, ↑Kugelfische, ↑Igelfische und ↑Mondfische.

Haftorgane, morpholog. Bildungen, mit deren Hilfe manche Pflanzen und Tiere an [glatten] Flächen Halt finden können. Dies geschieht durch Reibung, Adhäsion und/oder Saugkraft.

Bei *Pflanzen* unterscheidet man: **Hapteren**, wurzelähnl. Ausstülpungen an der Basis des Vegetationskörpers bei verschiedenen Algen, Flechten und Moosen; **Haftscheiben**, scheibenförmige H. an der Basis bes. größerer mariner Braun- und Rotalgen; **Haftwurzeln**, umgebildete, auf Berührungsreize ansprechende, negativ phototrope sproßbürtige Wurzeln mancher Kletterpflanzen (z. B. Efeu). Zu den pflanzl. H. zählen ferner Haar- und Borstenbildungen an den Früchten von Korbblütlern (z. B. Kletten) und Doldenblütlern, die der Festheftung an Tieren (und damit der Artverbreitung) dienen.

Bei *Tieren* kommen ebenfalls unterschiedl. Formen von H. vor. Nesseltiere besitzen die als **Glutinanten** bezeichneten Nesselkapseln, die über Klebfäden wirken. Die **Arolien** der Insekten sind häutige, unpaare Bildungen zw. den Krallen des Fußes, die bei der Ordnung Blasenfüße einziehbare Haftblasen darstellen. - **Haftlappen** an der Basis der Krallen kommen v. a. bei Fliegen und Hautflüglern vor. Heuschrecken haben verbreiterte Sohlenflächen an den Fußgliedern, viele Käfer eine Sohlenbürste aus feinen Härchen. Bekannte H. sind auch die Saugnäpfe oder -gruben der Saug- und Bandwürmer, der Egel und verschiedener Kopffüßer. - Die Stachelhäuter besitzen **Saugfüßchen**, einige Fische (v. a. Saugschmerlen, Schiffshalter, bes. **Saugscheiben**, Neunaugen ein **Saugmaul**. - Bei manchen Wirbeltieren sind die Sohlenballen auf Grund ihrer Adhäsionseigenschaft (meist in Verbindung mit dem Sekret von Ballendrüsen) als H. anzusehen, z. B. bei Laubfröschen.

Haftwurzeln ↑Haftorgane.

Haftzeher, svw. ↑Geckos.

Hagebutte [zu mittelhochdt. hagen „Dornbusch" und butte „Frucht der Heckenrose"], Bez. für die rote Sammelnußfrucht der verschiedenen Rosenarten, v. a. der Hek-

kenrose. Die Fruchtschalen und Samen enthalten Kohlenhydrate, Gerbstoffe, Fruchtsäuren, Pektine und v. a. viel Vitamin C.
◆ volkstüml. Bez. für die Heckenrose.

Hagelschnur (Chalaza), paarig angelegter Eiweißstrang im Eiklar von Vogeleiern; wird im Eileiter gebildet und durch die Drehung des Eies bei der Passage durch den Eileiter schraubig gewunden.

Häher, allgemeine Bez. für Rabenvögel, die andere Tiere durch kreischende Rufe vor näherkommenden Feinden warnen. In Eurasien kommen u. a. Eichelhäher, Tannenhäher und Unglückshäher vor.

Häherkuckucke (Clamator), Gatt. der Kuckucke mit vier 30–45 cm großen Arten in S-Eurasien und Afrika; mit Federhaube und (im Unterschied zu anderen Kuckucken) nur 13 Halswirbeln; Brutschmarotzer. In SW- und SO-Europa kommt der in Afrika lebende, oberseits graubraune, weiß gefleckte, unterseits rahmfarbene langschwänzige **Häherkuckuck** (Clamator glandarius) vor.

Hahn [zu althochdt. hano, eigtl. „Sänger"], Bez. für ♂ Hühnervögel. - Durch seine Wachsamkeit Gefahren gegenüber und als Künder des neuen Tages wurde der H. zur Wächter- und Zeitfigur in der Symbolik.

Hahnenfuß (Ranunculus), Gatt. der Hahnenfußgewächse mit über 400 weltweit verbreiteten Arten; meist ausdauernde Kräuter mit gelben oder weißen Blüten und hahnenfußartig geteilten Blättern. In M-Europa kommen rd. 40 Arten vor, u. a. **Scharfer Hahnenfuß** (Ranunculus acris), häufig auf Wiesen und Weiden, mit goldgelben Blüten; **Kriechender Hahnenfuß** (Ranunculus repens), auf feuchten Böden, mit dottergelben, bis 3 cm großen Blüten. Beide Arten sowie der **Gifthahnenfuß** (Ranunculus sceleratus) mit kleinen blaßgelben Blüten sind giftig. In den Alpen bis in 4 000 m Höhe wächst der **Gletscherhahnenfuß** (Ranunculus glacialis) mit großen, innen weißen, außen meist rosaroten oder tiefroten Blüten. Als Zierpflanzen und Schnittblumen beliebt ist v. a. die **Ranunkel** (Asiat. H., Ranunculus asiaticus), mit verschiedenfarbigen, einzelnen, gefüllten Blüten.

Halbesel. Kiang

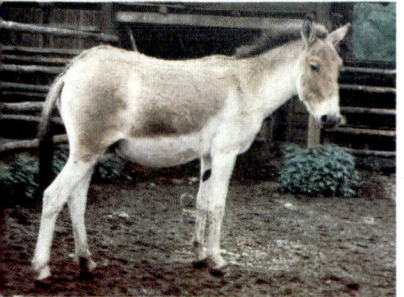

Hahnenfußgewächse (Ranunculaceae), Pflanzenfam. mit etwa 60 Gatt. und rd. 2 000 Arten von weltweiter Verbreitung (bes. auf der Nordhalbkugel); meist Kräuter, seltener Halbsträucher oder Lianen (z. B. Waldrebe); Blätter meist hahnenfußartig zerteilt; Blütenhülle meist fünfteilig, lebhaft gefärbt. Die H. enthalten häufig Alkaloide.

Hahnenkamm, (Brandschopf, Celosia argentea f. cristata) bis 60 cm hohes, einjähriges Fuchsschwanzgewächs mit lineal- bis lanzettförmigen Blättern und im oberen Teil hahnenkammartig verflachtem (verbändertem) Blütenstand (normale Blüten finden sich nur im unteren Teil des Schopfes).
◆ (Italien. H., Span. Esparsette, Hedysarum coronarium) bis über 1 m hohe Süßkleeart in S-Spanien, M- und S-Italien; Blätter gefiedert; Blütenähren mit großen, leuchtend purpurroten Blüten; als Zierpflanze kultiviert.
◆ (Traubenziegenbart, Rötl. Koralle, Clavaria botrytis) Ständerpilz in Buchenwäldern; Fruchtkörper bis 10 cm hoch, blaßweiß, mit verzweigten Ästen und krausen Endästen, die in der Jugend fleischrot und im Alter ockergelb gefärbt sind; Fleisch weiß bis gelbl., mild im Geschmack, jung eßbar, im Alter bitter.

Hahnentritt (Cicatricula), Bez. für die kleine, weißl. Keimscheibe auf dem Dotter von Vogeleiern.

Haifische (Haie, Selachii), Ordnung bis 15 m langer Knorpelfische mit rd. 250 fast ausschließl. marinen Arten; Körper meist torpedoförmig schlank, mit Plakoidschuppen, daher von sehr rauher Oberfläche; Maul unterständig; Zähne meist sehr spitz und scharf, in mehreren Reihen hintereinander stehend; Geruchssin sehr gut entwickelt; seitl. am Kopf jederseits 5–7 Kiemenspalten; Schwanzflosse heterozerk; Schwimmblase fehlt; durch Umwandlung von Teilen der Bauchflossen ♂♂ mit Begattungsorgan, innere Befruchtung, viele Arten lebendgebärend, die übrigen legen mit Hornkapseln überzogene Eier. Nur wenige Arten werden dem Menschen gefährl. (z. B. Blauhai, Weißhai). Einige H. (wie ↑Dornhaie, ↑Katzenhaie, Heringshai, ↑Hammerhaie) haben als Speisefische Bed., wobei die Produkte meist unter bes. Handelsbezeichnungen (Seeaal bzw. Schillerlocken, Seestör, Kalbfisch, Karbonadenfisch) auf den Markt kommen. Die Leber vieler Arten liefert hochwertigen Lebertran, die Haut mancher Arten wird zu Leder (Galuchat) verarbeitet. - Weiterhin gehören zu den H. ↑Grauhaie, ↑Stierkopfhaie, ↑Menschenhaie, ↑Makrelenhaie, ↑Glatthaie, ↑Engelhaie, ↑Sägehaie, ↑Sandhaie und ↑Nasenhaie.
📖 Cousteau, J. Y./Cousteau, Ph.: Haie. Mchn. 1978.

Hainblume (Nemophila), Gatt. der Wasserblattgewächse mit 11 Arten in N-Amerika; einjährige Kräuter mit fiederartig gelappten oder geschlitzten Blättern; Blüten einzeln

Hainbuche

oder zu wenigen, breitglockig, blau, weiß oder gefleckt.

Hainbuche (Weißbuche, Carpinus betulus), bis 25 m hoch und bis 150 Jahre alt werdendes Haselnußgewächs im gemäßigten Europa bis Vorderasien; Stamm glatt, grau, seilartig gedreht, oft durch Stockausschläge mehrstämmig und strauchartig; Blätter zweizeilig gestellt, ellipt., scharf doppelt gesägt, längs der Seitennerven gefaltet; Blüten in hängenden, nach ♂ und ♀ getrennten Kätzchen; Früchte büschelig hängende, dreilappig geflügelte Nüßchen.

Hainfarn (Alsophila), Gatt. der Cyatheagewächse mit rd. 300 Arten in den Bergwäldern der alt- und neuweltl. Tropen und Subtropen. Die in Australien vorkommende, bis 20 m hohe Art *Alsophila australis* wird häufig in Gewächshäusern kultiviert.

Hainschnecken, svw. ↑Schnirkelschnecken.

Hainschnirkelschnecke ↑Schnirkelschnecken.

Hainsimse (Marbel, Luzula), Gatt. der Binsengewächse mit rd. 80 Arten in der nördl. gemäßigten Zone; Stauden mit grasähnl., am Rande bewimperten Blättern und bräunl. bis gelbl. oder weißen, sechszähligen Blüten. In Deutschland kommen 12 Arten vor, darunter häufig die **Behaarte Hainsimse** (Luzula pilosa) mit weiß bewimperten Grundblättern und die **Waldhainsimse** (Luzula silvatica) mit locker gestellten Blüten sowie die **Feldhainsimse** (Luzula campestris) mit dichtgestellten Blüten.

Hakenkäfer (Klauenkäfer, Dryopidae), weltweit verbreitete Fam. meist nur 3–5 mm langer Käfer an und in Gewässern mit fast 1 000 Arten, davon in M-Europa 36 Arten; meist olivgrüne bis braune Wasserkäfer, die im Wasser an Wasserpflanzen, Steinen umherlaufen. Zum Anheften dienen große, spitze Klauen, zur Atmung unter Wasser ein dichtes, wasserabweisendes Haarkleid, mit dem atmosphär. Luft mitgenommen wird; Imagines und Larven sind pflanzenfressend.

Hakenlilie (Crinum), Gatt. der Amaryllisgewächse mit über 100 Arten, v.a. in den Küstenländern der Tropen und Subtropen; stattl. Zwiebelpflanzen mit langen, meist schmalen Blättern; Blüten sind in mehrblütiger Dolde, groß. Mehrere Arten sind Zierpflanzen.

Hakenwurm, svw. ↑Grubenwurm.

Hakenwürmer (Ankylostomen, Ancylostomatidae), Fam. bis etwa 3 cm langer, parasit. Fadenwürmer; hauptsächl. im Dünndarm von Säugetieren (einschließl. Mensch); beißen sich in der Darmwand fest und saugen Blut; verursacht die Hakenwurmkrankheit. Beim Menschen kommen v.a. ↑Grubenwurm und ↑Todeswurm vor.

Halbaffen (Prosimiae), Unterordnung 13–90 cm körperlanger Herrentiere mit rd. 35 Arten, v.a. auf Madagaskar, in Afrika und S-Asien; Schwanz sehr lang bis stummelförmig, Kopf mit mehr oder minder langer, spitzer, hundeähnl. Schnauze und unbehaartem, feuchtem Nasenspiegel; Augen sehr groß; Geruchssinn besser entwickelt als bei den Affen. Zu den H. gehören die Loris, Koboldmakis, Galagos, Lemuren, Indris und das Fingertier.

Halbblut, in der *Pferdezucht* Sammelbez. für die unterschiedl. Pferderassen und -schläge, die nicht eindeutig einer der großen Gruppen Ponys, Kaltblut und Vollblut zugeordnet werden können. In Deutschland werden als H. v. a. Pferde bezeichnet, deren einer Elter zu 100 % Vollblut ist.

Halbesel (Asiat. Wildesel, Pferdeesel, Equus hemionus), knapp 1–1,5 m schulterhohe Art der Unpaarhufer (Fam. Pferde) in den Steppen und Wüsten Asiens; mit esel- und pferdeartigen Merkmalen; Fell oberseits fahlgelb bis rotbraun, mit Aalstrich ohne „Schulterkreuz", Bauch weiß; Ohren relativ lang, Kopf jedoch schlanker. Man unterscheidet mehrere Unterarten, u. a. Mongol. H. (**Kulan,** Equus hemionus kulan), fahlbraun mit schwärzl., weiß abgesetztem Aalstrich; Pers. H. (**Onager,** Equus hemionus onager), fahl gelbbraun, mit schwärzl. gesäumten Hufen und bis zum Schwanzende reichendem Aalstrich; Tibetan. H. (**Kiang,** Equus hemionus kiang), mit rotbrauner Oberseite. H. lassen sich nicht abrichten. - Abb. S. 309.

Halbgänse (Tadornini), mit Ausnahme von N-Amerika weltweit verbreitete Gattungsgruppe der Enten; gänseähnl. Merkmale sind die Gleichfärbung der Geschlechter und das Abweiden von Gras. Die bekanntesten der rd. 20 Arten sind: ↑Brandente; **Rostgans** (Rote Kasarka, Tadorna ferruginea), etwa 65 cm lang, vorwiegend rostrot, v. a. an flachen Süßwasserseen S-Spaniens, NW-Afrikas und der südl. gemäßigten Regionen Eurasiens; Irrgast in M-Europa; **Nilgans** (Alopochen aegyptiacus), etwa 70 cm lang, vorwiegend gelblich-braun, an Gewässern Afrikas; mit dunkelbraunem Augen- und Brustfleck, rötl. Schnabel und rötl. Füßen; **Hühnergans** (Cereopsis novae-hollandiae), rd. 70 cm groß, auf den Inseln vor der W- und S-Küste Australiens; Gefieder aschgrau, Schnabel sehr kurz, gelbgrün, Beine rosarot. Die Gatt. **Spiegelgänse** (Chloephaga) hat mehrere Arten in S-Amerika. Die bekannteste ist die **Magellangans** (Chloephaga picta), etwa 65 cm groß, schwarzschnäbelig, in den Grassteppen S-Argentiniens und S-Chiles; ♂ vorwiegend weiß, mit schwarzen Füßen, ♀ vorwiegend braun, mit gelben Füßen.

Halbmakis ↑Lemuren.

Halbschmarotzer, svw. Halbparasiten (↑Parasiten).

Halbschnabelhechte (Halbschnäbler, Hemirhamphidae), Fam. bis 45 cm langer hechtartig schlanker Knochenfische mit rd. 70 Arten in trop. und subtrop. Meeren und Brackgewässern (einige Arten auch im Süßwasser); Oberkiefer beweglich; Unterkiefer schnabelartig verlängert, unbeweglich; z. T. Warmwasseraquarienfische.

Halbstrauch (Hemiphanerophyt), Bez. für Pflanzen, deren untere Sproßteile verholzen und ausdauern, während die oberen, krautigen Sproßteile absterben. Die neuen Triebe werden aus Knospen der verholzten Sprosse gebildet.

Halbzeher ↑ Geckos.

Haldane [engl. 'hɔːldɛɪn], John Scott, * Edinburgh 2. Mai 1860, † Oxford 14. März 1936, brit. Physiologe und philosoph. Schriftsteller. - Prof. in Birmingham; als Physiologe bed. durch grundlegende Arbeiten zur menschl. Atmung sowie Beiträge zur Prophylaxe von Berufskrankheiten (Bergbau) und zur Arbeitshygiene. Mit dem Werk „Die Philosophie eines Biologen" (1935) propagierte er den Holismus.

Halesia [nach dem brit. Physiologen G. Hales, * 1677, † 1761], svw. ↑ Schneeglöckchenbaum.

Halfterfische ↑ Doktorfische.

Halitherium [griech.], Gatt. ausgestorbener Seekühe aus dem europ. Oligozän.

Hallimasch (Armillariella mellea), eßbarer Lamellenpilz; Hut 3–13 cm breit, gelb bis bräunl., mit dunklen, abwischbaren Schüppchen und gerieftem Rand; Lamellen blaßweiß; Stiel 5–12 cm hoch, mit häutigflockigem Ring; Fleisch weiß bis blaßbräunl.; im Spätherbst an Baumstümpfen; auch Forstschädling.

Halm (Culmus), hohler, deutl. durch Knoten gegliederter Stengel der Gräser.

Halmfliegen (Chloropidae), mit rd. 1 200 Arten weltweit verbreitete Fam. etwa 2 mm großer, meist schwarz und gelb gezeichneter Fliegen. Die Larven minieren meist in Stengeln von Gräsern; z. T. Getreideschädlinge (z. B. Fritfliege).

Halmwespen (Cephidae), fast weltweit verbreitete Fam. der Pflanzenwespen mit rd. 100 (in Deutschland 13) schlanken, bis 18 mm großen, dunklen Arten. Vorderbrust auffallend lang, Hinterleib meist seitl. zusammengedrückt. Die gelbl. Larven minieren in Getreidehalmen. Bekannt ist die 6–10 mm große, glänzend schwarze **Getreidehalmwespe** (Cephus pygmaeus), mit gelben Flecken auf der Brust und gelben Ringen am Hinterleib.

Halophyten [griech.], svw. ↑ Salzpflanzen.

Hals [zu althochdt. hals, eigtl. „Dreher" (des Kopfes)] (Cervix, Collum), Körperteil zw. Kopf und Rumpf, der Bewegungen des Kopfes gegenüber dem Rumpf ermöglicht. Beim Menschen besteht der Halswirbelsäule aus sieben **Halswirbeln**, von denen die beiden oberen (Atlas und Epistropheus) zu einem speziellen Kopfdrehgelenk (**Halsgelenk, Nackengelenk**) umgebildet sind. Mit dem Schädel ist die H.wirbelsäule bzw. der Atlas über den paarigen Hinterhauptshöcker ebenfalls gelenkig verbunden. In der H.wirbelsäule verläuft das Halsmark mit 8 H.nervenpaaren. Dorsal von der Wirbelsäule liegt die Nackenregion, ventral Schlund und Speiseröhre, davor die Luftröhre, der Kehlkopf und das Zungenbein Der Luft- und Speiseröhre und dem Kehlkopf liegen die Schilddrüse und die Nebenschilddrüse an. Zu beiden Seiten des Eingeweidestrangs verlaufen H.schlagader (Karotis) und obere Hohlvene, dicht dabei als Nervenstränge die Vagus und Sympathikus. - Die **Halsmuskulatur** bildet einen Mantel um den Eingeweidestrang und erlaubt Kopfbewegungen nach allen Richtungen.

Halsbandeidechsen ↑ Eidechsen.

Halsbandschnäpper ↑ Fliegenschnäpper.

Halsberger (Halsbergerschildkröten, Cryptodira), Unterordnung der Schildkröten, die den Kopf (im Unterschied zu den ↑ Halswendern) durch S-förmige Biegung der Halswirbelsäule in senkrechter Ebene geradlinig in den Panzer zurückziehen. Man unterscheidet 10 Fam., darunter Sumpf-, Land-, Weich-, Meeres-, Alligator-, Leder-, Tabasco- und Großkopfschildkröten.

Halsschild, der bei manchen Insekten (z. B. Käfern, Wanzen) durch Vergrößerung bes. in Erscheinung tretende Rückenteil des ersten Brustsegments.

Halsschlagader (Halsarterie, Karotis, Carotis, Arteria carotis communis), paarige Arterie des Halses der Wirbeltiere, die Kopf und Gehirn mit Blut versorgt. Die H. verläuft beim Menschen beiderseits der Luftröhre und des Kehlkopfes. Beide H. verzweigen sich in Höhe des Schildknorpels des Kehlkopfes in zwei gleich starke Äste: die tieferliegende *Arteria carotis interna* (liefert die Mrz. der Gehirnarterien und versorgt das Auge und innere Ohr) und die oberflächlicher verlaufende, am Vorderrand des Kopfwendermuskels als Puls fühlbare *Arteria carotis externa* (versorgt die übrigen Kopforgane sowie Teile der Halsmuskulatur und -eingeweide).

Halswender (H.schildkröten, Pleurodira), Unterordnung der Schildkröten mit rd. 40 Arten in den Süßgewässern der Südhalbkugel. Der Hals kann durch waagerechte Krümmung seitl. unter den Panzer gelegt werden Zwei Fam.: Pelomedusaschildkröten und Schlangenhalsschildkröten.

Halteren [griech.-lat.] (Schwingkölbchen), mit Körperflüssigkeit erfülltes, paariges Hohlorgan bei den ♂♂ der Fächerflügler und bei den Zweiflüglern. Die H. sind umgebildete Vorder- (bei den Fächerflüglern) oder Hinterflügel, die mittels eigener Muskeln während des Fluges im Gleichtakt mit den anderen Flügeln, jedoch diesen entgegengesetzt schwingen, wobei sie als Gleichgewichts- bzw. als Stimulationsorgane sowie als Kreiselstabilisatoren wirken.

Haltung

Haltung ↑ Körperhaltung.
Halysschlange ↑ Mokassinschlangen.
Häm [zu griech. haīma „Blut"], Eisenporphyrinverbindung, die als reduzierte Farbstoffkomponente des Blutfarbstoffes Hämoglobin, des Muskelfarbstoffes Myoglobin und als prosthet. Gruppe einiger Enzyme auftritt.
Hamamelis [griech.], svw. ↑ Zaubernuß.
Hämatin [griech.], eisenhaltiger Bestandteil des roten Blutfarbstoffs.
Hämatoblasten (Hämoblasten) [griech.], undifferenzierte blutbildende Zellen, v. a. im roten Knochenmark.
Hämotokritwert [griech./dt.] (Hämokonzentration), prozentualer Volumenanteil der Blutzellen an der Gesamtblutmenge; Normalwert bei Männern um 45 %, bei Frauen um 40 %.
Hämerythrin, braunroter, eisenhaltiger Blutfarbstoff bei niederen Tieren; besteht nur aus Aminosäuren, das Eisen ist direkt an Proteine gebunden.
Hammel [zu althochdt. hamal „verstümmelt"] (Schöps), im Alter von 2–6 Wochen kastriertes ♂ Schaf, das zur Mast oder Wollerzeugung gehalten wird.
Hammer (Malleus), Gehörknöchelchen, das beim Menschen hammerförmig ausgebildet ist.
Hammerhaie (Sphyrnidae), Fam. bis etwa 5,5 m langer Haifische mit 12 Arten in trop. und subtrop. Meeren; Kopfende mit T-förmiger (hammerartiger) Verbreiterung. Am bekanntesten der bis 4 m lange **Glatte Hammerhai** (Sphyrna zygaena).
Hämoblasten, svw. Hämatoblasten.
Hämoglobine (rote Blutfarbstoffe), umfangreiche Gruppe von Chromoproteiden, die im Tierreich die verbreitetsten Atmungspigmente sind und im allg. aus mehreren miteinander verknüpften Hämen als Farbstoffkomponente und einem artspezif. Globin als Proteinanteil bestehen. I. e. S. versteht man unter **Hämoglobin** (Abk. Hb) das als färbender Bestandteil in den roten Blutkörperchen des menschl. Bluts enthaltene Chromoproteid dieser Art. Die Funktion der H. besteht sowohl darin, in den Atmungsorganen Sauerstoff aufzunehmen und an die Orte des Verbrauchs im Körpergewebe zu transportieren und dort abzugeben, als auch das dort gebildete Kohlendioxid aufzunehmen und dieses den Atmungsorganen zuzuführen, wo es nach außen freigesetzt wird. Bei vielen Wirbellosen tritt das Hämoglobin frei im Blutplasma auf. Bei den Wirbeltieren sind die H. ausschließl. an die roten Blutkörperchen gebunden; sie bestehen hier aus 4 Untereinheiten, die jeweils aus einer Hämgruppe und einer Polypeptidkette aufgebaut sind und von denen je zwei gleich sind. Das menschl. Hämoglobin hat ein Molekulargewicht von etwa 68 000, seine beiden α-Ketten enthalten je 141, seine beiden β-Ketten 146 Aminosäuren bekannter Sequenz. Bei der Sauerstoffaufnahme gehen die H. in **Oxyhämoglobine** über. Oxygenierte H. zeigen eine stärkere Acidität als O_2-freie Hämoglobine. Daher nimmt die Sauerstoffabgabe des Oxyhämoglobins bei erhöhtem O_2-Gehalt des Blutes zu (↑ Bohr-Effekt), wodurch der Gasaustausch in der Lunge und in den Körpergeweben erleichtert ist. - Kohlenmonoxid wird von den H. wesentl. fester gebunden als Sauerstoff und verdrängt diesen, worauf die hohe Giftigkeit schon geringer CO-Mengen beruht.
Bei den meisten Säugetieren unterscheidet sich das fetale vom mütterl. Hämoglobin durch eine höhere Bindungsfähigkeit für Sauerstoff, wodurch die O_2-Versorgung des Fetus sichergestellt wird. - 5,5 l menschl. Blutes enthalten etwa 745 (bei der Frau) bis 820 g (beim Mann) H. Ein zu niedriger H.gehalt führt zur ↑ Anämie.
📖 Schwerd, W.: *Der rote Blutfarbstoff u. seine wichtigsten Derivate.* Lübeck 1962.
Hämolymphe, Körperflüssigkeit wirbelloser Tiere ohne geschlossenen Blutkreislauf (z. B. Weichtiere, Gliederfüßer). In ihrer Funktion entspricht die H. dem Blut der Wirbeltiere.
Hämophagen [griech.], von Blut lebende Tiere, z. B. Blutsauger.
Hämosiderin [griech.], eisenhaltiger Proteinkomplex von gelbbrauner Farbe; entsteht im Organismus durch Zerfall des Blutfarbstoffes, z. B. in Blutergüssen. H. findet sich in vielen Organen, v. a. in Leber und Milz, und dient als Eisenspeicher.
Hämozyanine (Hämocyanine) [griech.], kupferhaltige, farblose (in sauerstoffhaltigem Zustand bläul.) Chromoproteide, die bei wirbellosen Tieren (z. B. Tintenfischen, Schnekken, Krebsen, Spinnentieren) als Blutfarbstoff fungieren. H. sind frei im Blut gelöst.
Hämozyten [griech.], svw. Blutkörperchen (↑ Blut).
Hamster [slaw.] (Cricetini), Gattungsgruppe 5–35 cm körperlanger Nagetiere (Fam. Wühler) mit 16 Arten in Eurasien; Körper gedrungen mit mäßig langem bis stummelartigem Schwanz und meist großen Bak-

Feldhamster

kentaschen, in denen die Tiere Nahrungsvorräte (v. a. Getreidekörner) für den Winterschlaf in ihre unterird. Wohnbauten eintragen. - In M-Europa kommt nur die Gatt. Cricetus mit dem **Feldhamster** (Schwarzbauch-H., H. im engeren Sinne, Cricetus cricetus) als einziger Art vor; Körper bis über 30 cm lang, Rücken und Körperseiten bräunl., Kopf rötlichgelb, mit großen weißl. Flecken an Maul, Wangen und vorderen Körperseiten, Unterseite schwarz, Füße weiß. Der Feld-H. unterbricht seinen Winterschlaf etwa alle 5 Tage, um zu fressen. Zu den H. gehört auch der **Goldhamster** (Mesocricetus auratus), etwa 18 cm lang, Schwanz rd. 1,5 cm lang; Fell oberseits grau bis goldbraun, Bauchseite weißl., an Kehle und Halsseiten helle Zeichnung. Alle heute gehaltenen Gold-H. stammen von der 1930 bei Aleppo (Syrien) gefangenen Unterart Syr. Gold-H. ab. Der Gold-H. wird im Alter von 8-10 Wochen geschlechtsreif, hat bis 7 oder 8 Würfe mit durchschnittl. 6-12 Jungen im Jahr (Tragezeit 16-19 Tage) und wird etwa zwei bis vier Jahre alt. Als **Zwerghamster** werden einige Gatt. bes. kleiner H. in Asien und SO-Europa bezeichnet; werden z. T. als Labortiere gezüchtet.

⎯ *Leicht, W. H.: Ethologie einheim. Säugetiere. Hdbg. 1979.*

Hand [zu althochdt. hant, eigtl. „die Greiferin"] (Manus), Bez. für den unteren (distalen) Abschnitt des Arms beim Menschen und bei Menschenaffen. Die H. ist über das **Handgelenk** (ein Kugelgelenk mit zahlr. Nebengelenken durch die Verschieblichkeit der H.wurzelknochen) mit Speiche und Elle verbunden. Das H.skelett hat insgesamt 27 Knochen mit 36 gelenkigen Verbindungen. Man unterscheidet an der H. die ↑ Handwurzel, die Mittel-H. und die ↑ Finger.

Im *Rechtsleben* des MA, dessen Schriftwesen noch unterentwickelt war, kam der H. in Rechtsbrauchtum und Symbolik als Zeichen der bestimmenden Gewalt bes. Bed. zu; in diesem Zusammenhang stehen z. B. Handfeste, -geld, -gemal, -lehen, -schlag, -schuh; ärgere␣H., linke␣H., Schwur-H., tote Hand.

Händelwurz (Gymnadenia), Gatt. der Orchideen mit elf Arten in Europa und im gemäßigten Asien; Blüten im Blütenstand, Lippe gespornt. In Deutschland wächst **Mükkenhändelwurz** (*Große H.*, Gymnadenia conopea) mit lanzenförmigen Blättern und rosa bis purpurlila gefärbten Blüten mit dreilappiger Lippe.

Handgelenk ↑ Hand.

Handlinien (Handfurchen), Beugefurchen in der Haut der Handinnenfläche. Neben kleineren Furchen unterscheidet man bei menschl. H. v. a. **Daumenfurche, Fünffingerfurche** und **Dreifingerfurche.** Ein Kombinationstyp dieser H. ist die sog. Vierfinger- oder ↑ Affenfurche.

Handtier (Chirotherium), Bez. für nur durch handförmige Abdrücke aus dem Karbon bis zur Trias v. a. M- und S-Deutschlands bekannte vierfüßige Tiere mit fünfzehigen Extremitäten (Abdrücke der Vorderfüße sehr viel kleiner als die der Hinterfüße). Wahrscheinl. überwiegend auf den Hinterbeinen laufende, dinosaurierähnl. Reptilien.

Handwühlen (Bipedinae), Unterfam. rd. 20 cm langer Doppelschleichen mit drei Arten in Mexiko; Bodenbewohner mit wohlentwickelten Vorderbeinen, Hinterbeine fehlen.

Handwurzel (Carpus), aus 8 H.knochen (Erbsenbein, Dreiecksbein, Mondbein, Kahnbein, Hakenbein, Kopfbein, kleines und großes Vieleckbein) bestehender, zum Körper hin gelegener Teil der Hand.

Hanf (Cannabis), Gatt. der Hanfgewächse mit der einzigen Art **Gewöhnl. Hanf** (Cannabis sativa) und der Unterart **Indischer Hanf** (Cannabis sativa var. indica) in Indien, im Iran und O-Afghanistan; angebaut v. a. in Indien, Vorderasien und im trop. Afrika; bis 4 m hohe, einjährige, getrenntgeschlechtige Pflanzen mit fingerförmig gefiederten Blättern. Die Drüsen der Blätter und Zweigspitzen liefern Harz, das als Haschisch bzw. Marihuana geraucht wird. Eine Kulturform des Gewöhnl. H. ist der ↑ Faserhanf.

Älteste Angaben über den Anbau von H. im frühen 3. Jt. v. Chr. stammen aus China. In Indien wird H.anbau im 9. Jh. v. Chr. erwähnt. In Europa ist H. seit dem 1. Jt. v. Chr. bezeugt.

Hänflinge. Birkenzeisig

Bluthänfling

Hanfgewächse

Hanfgewächse (Cannabaceae), Fam. der Zweikeimblättrigen mit den beiden Gatt. ↑Hanf und ↑Hopfen.

Hänflinge (Acanthis), Gatt. meist kleiner, bräunl. bis grauer Finkenvögel mit sechs Arten auf der Nordhalbkugel; ♂ bes. zur Brutzeit) mit roten Gefiederpartien. Zu den H. gehören u. a. ↑Berghänfling und der bis 13 cm lange, in Europa, Kleinasien und NW-Afrika vorkommende **Bluthänfling** (Acanthis cannabina); oberseits braun mit grauem Kopf, unterseits gelblichbraun mit rötl. Brust (zur Brutzeit Brust und Stirn blaurot); ♀ unscheinbar, unterseits dunkel längsgestreift. In M- und N-Europa, im nördl. Asien und im nördl. N-Amerika kommt der ebenso große **Birkenzeisig** (Acanthis flammea) vor; hell- und dunkelbräunl. gestreift, mit leuchtend roter Stirn und schwarzem Kehlfleck, ♂ mit rötl. Brust und ebensolchem Bürzel. Von ihm unterscheidet sich der etwa 15 cm lange **Polarbirkenzeisig** (Acanthis hornemanni) durch eine hellere Zeichnung, weißl. Bauch und weißen Bürzel; kommt in Tundren Eurasiens und des nördl. N-Amerikas vor. - Abb. S. 313.

Hängebauchschwein, in Vietnam gezüchtete Rasse kleiner, meist schwarzer Hausschweine; mit stark durchgebogenem Rücken, Stehohren und sehr faltigem Gesicht.

Hängebirke (Warzenbirke, Betula pendula), in Europa und Asien verbreitete Birkenart; bis 60 m hoch und bis 120 Jahre alt werdender Baum mit weißer, quer abblätternder Rinde; Blätter dreieckig, grob doppelt gesägt, mit lang ausgezogener Spitze; junge Zweige dicht mit warzigen Drüsen besetzt; Blüten meist einhäusig, ♂ Blüten in schon im Herbst erscheinenden Kätzchen, ♀ in grünen, im Frühjahr erscheinenden Kätzchen; Frucht: geflügeltes Nüßchen.

Hängebuche (Trauerbuche, Fagus sylvatica cv. pendula), Kulturform der Rotbuche mit waagrechten oder bogig nach oben weisenden Hauptästen und meist senkrecht nach unten hängenden Seitenästen.

Hannoveraner [...vɐr...], früher Bez. für Dt. Reitpferde aus dem Zuchtgebiet Hannover; meist Füchse oder Braune (Schulterhöhe 165–175 cm) mit gutem Galoppier- u. Springvermögen; vielseitige Reit- u. Zugpferde.

hapaxanthe Pflanzen [griech./dt.], Bez. für Pflanzen, die nach einmaliger Blüte und Fruchtreife absterben (alle ein- und zweijährigen Pflanzen); Ggs. ↑pollakanthe Pflanzen.

Haplobionten [griech.], svw. ↑Haplonten.

haplodonte Zähne [griech./dt.], einfach gebaute, kegelförmige Zähne, die den Kieferknochen der niederen Wirbeltiere (bes. Reptilien) wurzellos aufsitzen.

haploid [griech.], einen meist durch Reduktionsteilung auf die halbe Chromosomenzahl reduzierten Chromosomenbestand aufweisend; von Zellen (v. a. den Keimzellen) und Lebewesen gesagt, die nicht direkt aus der Vereinigung zweier [Keim]zellen hervorgegangen sind (z. B. bei Jungfernzeugung).

Haplonten (Haplobionten) [griech.], Organismen, deren Zellen stets einen einfachen (haploiden) Chromosomensatz enthalten. Nur die befruchtete Eizelle (Zygote) hat einen doppelten Chromosomensatz, ist also diploid. Aus ihr entstehen durch Meiose wieder haploide Nachkommen. H. sind z. B. Sporentierchen, niedere Algen, einige Hefepilze.

Haptene [zu griech. háptein „anfassen"], Halbantigene oder unvollständige Antigene; sie gehen zwar mit dem spezif. Antikörper eine Bindung ein, können aber die Bildung dieser Antikörper nicht hervorrufen; an Eiweiß gekoppelt werden H. zu Vollantigenen.

Hapteren [zu griech. háptein „anfassen"] ↑Haftorgane.

◆ bandartige Anhängsel der Sporen von Schachtelhalmen; dienen der Artausbreitung.

Haptonastie [griech.] ↑Nastie.

Haptotropismus [griech.] ↑Tropismus.

Hardun [arab.] (Schleuderschwanz, Agama stellio), bis 14 cm körperlange Agamenart in N-Ägypten, Arabien, der Türkei, N-Griechenland und zahlr. Inseln des Ägäischen Meeres; Schwanz über körperlang, mit kräftigen Stachelschuppen, ähnl. Schuppen auch am Rücken und an den Beinen; oberseits meist gelblich- bis schwärzlichbraun mit hellgelber Fleckung, Unterseite überwiegend gelblich.

Harn [zu althochdt. har(a)n, eigtl. „das Ausgeschiedene"] (Urin), flüssiges, v. a. ↑Harnstoff enthaltendes Exkretionsprodukt der Nieren der Säugetiere und Menschen. Durch den H. werden v. a. die stickstoffhaltigen Endprodukte aus dem Eiweiß- und Nukleinsäurestoffwechsel, aber auch nicht verwertbare, u. a. giftige oder im Überschuß zugeführte Nahrungsbestandteile sowie Blut- und Gewebesubstanzen als Schlacken- und Schadstoffe aus dem Körper ausgeschieden. Die **Harnbildung** (Uropoese) erfolgt in den Nieren, wobei aus dem Blut der stark wäßrige, ionen- und glucosehaltige *Primärharn* ausgepreßt wird. Der größte Teil davon (beim Menschen etwa 99 %; v. a. Wasser, Glucose, Aminosäuren, Na-, K- und Cl-Ionen) wird in das Blut rückresorbiert, so daß die Schlackenstoffe im *Sekundär-* oder *Endharn* (beim Menschen tägl. 1–2 l) stark angereichert sind. Über die beiden Harnleiter wird der H. dann von den Nieren in die Harnblase weitergeleitet oder (bei den Haifischen) sofort ausgeschieden. Die **Harnentleerung** (Harnlassen, Urese, Miktion) wird von einem Rückenmarkszentrum über parasympath. Fasern geregelt. Die Meldung an das Zentrum vom Füllungszustand der H.blase geht von Dehnungsrezeptoren in der Blasenwand aus. Ein Teil dieser Impulse wird aber auch an übergeordnete

Hirnstrukturen weitergeleitet, die die Empfindung des „Harndrangs" vermitteln und das Rückenmarkszentrum im Sinne einer willkürl. gesteuerten Bahnung bzw. Hemmung des urspr. Entleerungsreflexes beeinflussen (wird im Kleinkindalter erlernt). Der menschl. H. ist je nach Inhaltsstoffen hellgelb bis dunkelrot; normale Farbe ist bernsteingelb.

Harnblase (Vesica urinaria), stark dehnbares Hohlorgan bei vielen Wirbeltieren und beim Menschen, das den Harn speichert. Die Wand der H. ist bei Säugetieren (einschließl. Mensch) von dicken, ring- und längsförmig verlaufenden, glatten Muskelzügen durchsetzt und innen mit einer Schleimhaut ausgekleidet. Die ↑ Harnleiter ziehen von hinten (dorsal) durch die H.wand, wodurch bei starker Blasenfüllung ein Rückfluß von Harn durch Zusammenpressen der Harnleitermündungen verhindert wird. Am unteren Abschnitt, wo die ↑ Harnröhre entspringt, wird die H. von einem glatten, vegetativ innervierten Schließmuskel verschlossen, der sich erst öffnet, wenn der hemmende Einfluß des Großhirns durch Schaltungen des unteren Rückenmarks unterbrochen wird. - Das Fassungsvermögen der H. beträgt beim Menschen 0,5–1 l.

Harnleiter (Ureter), bei Wirbeltieren (einschließl. Mensch) paarig ausgebildeter, häutig-muskulöser, harnableitender Verbindungsgang zw. Niere und Harnblase. Die fast 30 cm langen H. ziehen beim Menschen aus dem Nierenbecken abwärts in das kleine Bekken und münden von hinten (dorsal) in die Harnblase ein. Sie sind innen mit einer Schleimhaut ausgekleidet und befördern durch peristalt. Kontraktionswellen Harn tropfenweise (pro Minute etwa 3–8 Tropfen) in die Harnblase.

Harnröhre (Urethra), Ausführungsgang der Harnblase bei vielen Wirbeltieren (einschließl. Mensch). Die H. der Frau ist 3–4 cm lang und mündet im oberen Teil (zw. Klitoris und Vagina) des Scheidenvorhofs. Beim Mann beträgt die Länge der H. 18–20 cm; sie endet am vorderen Ende des männl. Gliedes und dient (wie bei fast allen Säugetieren) vor der Einmündung der Samenbläschen an auch zur Ableitung des Samens (**Harn-Samen-Röhre, Harn-Samen-Leiter**). Sie wird von einem Schwellkörper umgeben.

Harnsäure (2,6,8-Trihydroxypurin), weiße, geruchlose Kristalle bildende chem. Verbindung von geringer Wasserlöslichkeit. Bei landlebenden Schnecken, Insekten, Schlangen, Eidechsen und Vögeln (die auch als urikotel. Tiere bezeichnet werden) ist H. das Hauptausscheidungsprodukt des Eiweißstoffwechsels und wird als weiße, breiartige Suspension ausgeschieden. H. entsteht bei allen Tieren und beim Menschen in fast jeder Zelle (endogene H.) beim Nukleinsäurestoffwechsel. Der Mensch scheidet pro Tag durchschnittl. 1 g H. aus, bei Ausscheidungsstörungen kann die Substanz in den Geweben abgelagert werden (Gicht).

Harnstoff (Carbamid, Kohlensäurediamid, Urea), farb- und geruchlose chem. Verbindung mit schwach bas. Eigenschaften; wichtigstes Endprodukt des Eiweißstoffwechsels bei Säugetieren, das im ↑ Harnstoffzyklus gebildet und dann im Harn ausgeschieden wird. Zu den H. ausscheidenden (ureotel.) Tieren gehören Haie und Rochen, die landlebenden Amphibien, einige Schildkröten und alle Säugetiere (↑ dagegen Harnsäure). Der Mensch scheidet bei normaler Ernährung etwa 30 g H. pro Tag aus.

Harnstoffzyklus (Ornithinzyklus), ein in den Mitochondrien der Leber von Säugetieren ablaufender, an den Eiweißstoffwechsel anschließender biochem. Reaktionszyklus, bei dem in mehreren Schritten unter erhebl. Energieaufwand im Zellstoffwechsel anfallende, schädl. Ammoniak in die ungiftige Form des Harnstoffs übergeführt wird.

Harpyie [har'py:jə; griech., nach den Harpyien] (Harpia harpyia), bis 1 m langer, adlerartiger Greifvogel, v. a. in M- und S-Amerika; Gefieder oberseits schieferschwarz, unterseits weiß, Kopf (mit aufrichtbarer, dunkler Haube) und Hals grau.

Hartebeests [Afrikaans] ↑ Kuhantilopen.

Hartheu, svw. ↑ Johanniskraut.

Hartlaubgehölze, svw. ↑ Durilignosa.

Hartlaubgewächse, an trockene, heiße Sommer angepaßte Pflanzen; besitzen meist kleine, immergrüne, saftarme Blätter, die mit Wachs überzogen oder behaart sind; z. B. Zistrosen, Lorbeer, Myrte.

Hartlaubwald, immergrüner, lederblättriger Laubwald der Winterregengebiete mit 15–20 m hoher Kronenschicht und dichtem Unterwuchs.

Hartline, Haldan Keffer ['hɑːtlɛɪn], * Bloomsburg (Pa.) 22. Dez. 1903, † Fallston (Md.) 17. März 1983, amerikan. Physiologe. - Prof. am Rockefeller Institut in New York; grundlegende mikroelektr. Untersuchungen an den Lichtrezeptoren des Auges; Nobelpreis für Physiologie oder Medizin 1967 zus. mit R. A. Granit und G. Wald.

Hartmais ↑ Mais.

Hartmann, Max[imilian], * Lauterecken 7. Juli 1876, † Hofgut Buchenbühl (Gemeinde Weiler, Landkr. Günzburg) 11. Okt. 1962, dt. Zoologe und Naturphilosoph. Prof. am Kaiser-Wilhelm-Institut für Biologie in Berlin, Hechingen und Tübingen; entwickelte 1909 das Gesetz der Relativität der geschlechtl. Differenzierung, das er 1925 experimentell bewies. H. befaßte sich auch mit philosoph.-methodolog. und erkenntnistheoret. Problemen der Naturwissenschaften.

Hartriegel (Hornstrauch, Cornus), Gatt. der Fam. **Hartriegelgewächse** (Kornelkirschengewächse, Cornaceae; zwölf Gatt. mit rd. 100 Arten in trop. und gemäßigten Zonen;

Bäume oder Sträucher; bekannt auch die Gatt. ↑ Aukube) mit rd. 45 Arten in der gemäßigten Zone der Nordhalbkugel; meist Sträucher mit ganzrandigen, meist gegenständigen Blättern, kleinen Blüten in Trugdolden und weißen, blauen oder schwarzen Steinfrüchten. In M-Europa kommen vor: ↑ Roter Hartriegel und **Kornelkirsche** (Herlitze, Gelber H., Cornus mas), frühblühend mit gelben Blüten und leicht säuerl., eßbaren roten Früchten.

Harvey [engl. 'hɑːvɪ], William, * Folkestone (Kent) 1. April 1578, † Hampstead (= Camden) 3. Juni 1657, engl. Arzt, Anatom und Physiologe. - Arzt in London; 1618-47 königl. Leibarzt. H. entdeckte den großen Blutkreislauf. In seinem Werk „Exercitationes de generatione animalium" (1651) vertrat er die These, daß sich alle tier. Lebewesen aus Eiern entwickeln.

Harzer Roller ↑ Kanarienvogel.
Hase ↑ Hasen.

Hasel (Corylus), Gatt. der Fam. **Haselnußgewächse** (Corylaceae; vier Gatt. mit rd. 50 Arten auf der Nordhalbkugel; weitere bekannte Gatt. ↑ Hainbuche, ↑ Hopfenbuche) mit 15 Arten in Eurasien und N-Amerika; Sträucher und kleine Bäume mit vor den Blättern erscheinenden Blüten und Nußfrüchten. Bekannte Arten sind: **Haselnußstrauch** (Gewöhnl. H., Wald-H., H.strauch, Corylus avellana), ein wärmeliebender, bis 5 m hoher Strauch mit rundl., zugespitzten, grob doppelt gesägten Blättern; ♀ Blüten in knospenartigem Blütenstand, ♂ Blüten in hängenden, im Vorjahr gebildeten Kätzchen. Die öl- und eiweißreichen, einsamigen Früchte (**Haselnüsse**) werden v. a. als Backzutaten verwendet. **Lambertsnuß** (Lamberts-H., Corylus maxima), bis 5 m hoher Strauch mit wohlschmeckenden Nüssen, dem H.nußstrauch ähnlich.

Haselhuhn ↑ Rauhfußhühner.

Haselmaus (Haselschläfer, Muscardinus avellanarius), mit 6-9 cm Körperlänge kleinste Art der Bilche, v. a. in Europa; Körper gedrungen, Oberseite bräunlich- bis rötlichgelb, Unterseite heller mit knapp körperlangem, schwach buschigem Schwanz; ernährt sich u. a. von Haselnüssen, Knospen und Beeren und baut kugelförmige, geschlossene Nester.

Haselwurz (Brechwurz, Asarum europaeum), bis 10 cm hohes Osterluzeigewächs; in Europa und Asien; kriechende Pflanze mit nierenförmigen, dunkelgrünen Blättern und nickender, glockenförmiger, außen bräunl., innen dunkelroter Blüte.

Hasen [zu althochdt. haso, eigtl. „der Graue"] (Leporidae), mit rd. 45 Arten fast weltweit verbreitete Fam. der Hasenartigen; Körper 25-70 cm lang; Fell meist dicht und weich; Hinterbeine verlängert; Schwanz klein bis sehr lang; v. a. Gehör und Geruchssinn hoch entwickelt. Zu den H. zählen u. a. die Gatt. *Echte Hasen* (Lepus) mit **Feldhase** (Europ. Feld-H., Lepus europaeus), lebt in offenem Gelände in Europa, SW-Asien und im westl. N-Afrika; etwa 40-70 cm lang, Schwanz bis 10 cm lang; Fell graugelb bis braun mit schwärzl. Melierung, Bauch weißl., Schwanzoberseite und Ohrspitzen schwarz. **Schneehase** (Lepus timidus), kommt in lichten Wäldern und offenen Landschaften der arkt. und gemäßigten Regionen Eurasiens und N-Amerikas (einschließl. Grönlands) vor; etwa 45-70 cm lang, Schwanz 4-8 cm lang; Ohren relativ kurz, Fell im Sommer meist rotbraun bis braungrau, im Winter bis auf die stets schwarzen Ohrspitzen weiß. **Kaphase** (Wüsten-H., Lepus capensis), heim. in steppen- und wüstenartigen Landschaften Afrikas, Vorderasiens und Asiens; 40-50 cm lang, ähnl. dem

Hasen. Feldhase (oben) und Europäisches Wildkaninchen

Feld-H. Die einzige Art der Gatt. **Wildkaninchen** (Oryctolagus) ist das in SW-Europa heim., heute über weite Teile Europas verbreitete **Europ. Wildkaninchen** (Oryctolagus cuniculus); etwa 35-45 cm lang, Ohren kurz; oberseits graubraun, unterseits weiß; lebt gesellig in Erdröhrensystemen; Stammform der Hauskaninchenrassen; ist nicht mit dem Feld-H. kreuzbar.

Geschichte: Im alten Griechenland waren H. der Jagdgöttin Artemis heilig und wurden der Göttin Aphrodite als Fruchtbarkeitsopfer dargebracht. Das MA deutete den H. u. a. als Sinnbild der Auferstehung Christi. Als österl. Eierbringer *(Osterhase)* ist er erstmals im 17. Jh. an Rhein, Neckar und Saar belegt. Da H. und Eier Osterzins und Osterspeise waren, dürfte die Verbindung beider vom gleichen Zinstermin her zu erklären sein.

Hasenartige (Hasentiere, Lagomorpha), mit rd. 60 Arten nahezu weltweit verbreitete Ordnung 12–70 cm körperlanger Säugetiere; Körper mit kurzem bis sehr kurzem Schwanz; Gebiß nagetierähnl., jedoch hinter den oberen Schneidezähnen ein kennzeichnendes weiteres Paar kleiner, stiftartiger Zähne. Zu den H. gehören die beiden Fam. ↑ Hasen und ↑ Pfeifhasen.

Hasenbofist (Hasenstäubling, Lycoperdon caelatum), bis 15 cm hohe Stäublingsart mit weißem, birnenförmigem, grob gefeldertem Fruchtkörper; v. a. auf Bergweiden, im Sommer und Herbst; jung eßbar.

Hasenklee (Ackerklee, Mäuseklee, Trifolium arvense), bis 40 cm hohe Kleeart auf Sandfeldern und Dünen in Europa; weichhaarige, ein- bis zweijährige Pflanze mit sehr kleinen, rosafarbenen oder weißen Blüten in Blütenköpfen.

Hasenmäuse (Bergviscachas, Lagidium), Gatt. rd. 30–40 cm körperlanger Nagetiere (Fam. Chinchillas) mit drei Arten in den Anden von Peru bis S-Chile (bis 5 000 m Höhe); Schwanz 20–30 cm lang, buschig; Körper oberseits gelbbraun bis dunkelgrau, unterseits weißl. bis grau; Ohren auffallend groß, Schnurrhaare sehr lang. Sie werden wegen ihres Fells stark verfolgt.

Hasenohr, (Bupleurum) Gatt. der Doldengewächse mit rd. 150 Arten, v. a. in Eurasien und Afrika; meist Stauden oder einjährige Kräuter mit kleinen, gelben Blüten in Döldchen. In Deutschland kommen sechs Arten vor, darunter das **Durchwachsene Hasenohr** (*Acker-H.*, Bupleurum rotundifolium), eine blaugrüne, einjährige Pflanze mit ungeteilten Blättern; auf Äckern und an Wegrändern.
♦ (Otidea leporina) kleiner, ohrförmiger Schlauchpilz in Nadel- und Laubwäldern; Fruchtkörper dünnfleischig, ockergelb bis lederbraun; Speisepilz.

Hass, Hans, * Wien 23. Jan. 1919, östr. Zoologe. - Unternahm ab 1937 zahlr. Unterwasserexpeditionen im Karib. und Roten Meer, nach Australien und zu den Galápagosinseln. Seit 1965 widmet er sich (v. a. in Zusammenarbeit mit I. Eibl-Eibesfeldt) auch der Erforschung des menschl. Verhaltens. Schrieb u. a. „Die Welt unter Wasser" (1973); bekannt auch sein Film „Menschen unter Haien" (1942).

Haube, verlängerte, aufrichtbare Kopffedern bei Vögeln (z. B. Haubenlerche).
♦ svw. Netzmagen (↑ Pansen).

Haubenadler (Spizaetus), Gatt. bis 80 cm großer, adlerartiger Greifvögel mit rd. 10 Arten in S-Amerika, S- und O-Asien, den Sundainseln und im Malaiischen Archipel; Kopffedern lang, zur Haube aufrichtbar.

Haubenlerche ↑ Lerchen.
Haubenmeise ↑ Meisen.
Haubentaucher ↑ Lappentaucher.

Hauhechel (Hechelkraut, Ononis), Gatt. der Schmetterlingsblütler mit rd. 75 Arten in Eurasien; meist Kräuter oder Halbsträucher mit drüsig behaarten Blättern und rosaroten, gelben oder weißl. Blüten. In M-Europa kommen u. a. die Arten **Gelbe Hauhechel** (Ononis natrix; gelbe, rot gestreifte Blüten) und **Dornige Hauhechel** (Harnkraut, Ononis spinosa; rosafarbene Blüten) vor.

Hauptfruchtformen ↑ Nebenfruchtformen.

Hauptschlagader, svw. ↑ Aorta.

Hausbock (Hylotrupes bajulus), 7–25 mm langer, schwarzer, weißl. behaarter Bockkäfer mit zwei weißl. Flügeldeckenquerbinden, in Europa; Schädling in verarbeitetem Nadelholz.

Hausen (Huso), Gatt. großer Störe mit zwei Arten; große, gedrungene Fische mit kurzer Schnauze, sehr weiter, halbmondförmiger Mundöffnung und abgeplatteten Barteln. Der **Europ. Hausen** (*Beluga*, Huso huso; Oberseite aschgrau, Bauchseite weißl.) ist im Schwarzen, Asowschen und Kasp. Meer sowie in der Adria verbreitet; kann fast 9 m lang und bis 1,5 t schwer werden; liefert hochwertigen Kaviar (Beluga). - Der **Sibir. Hausen** (*Kaluga*, Huso dauricus) ist im Amurbereich und in den vorgelagerten Meeren verbreitet; seit 1958 geschützt.

Hausente, Sammelbez. für die von der Stockente (↑ Enten) abstammenden Zuchtrassen, die nach Leistung in Lege- und Fleischenten eingeteilt werden.

Hausgans, Sammelbez. für die aus der Graugans (↑ Gänse) hervorgegangenen Zuchtformen, die in Brut- und Legegänse eingeteilt werden.

Haushausmaus ↑ Hausmaus.
Haushuhn, Sammelbez. für die aus dem

Häutung. Leopardnatter (Elaphe situla) beim Abstreifen des sogenannten Natternhemdes

Haushund

Bankivahuhn († Kammhühner) gezüchteten Hühnerrassen. Die rd. 150 Hühnerrassen lassen sich in fünf große Rassengruppen zusammenfassen: *Legerassen* mit einer Legeleistung von nahezu 300 über 60 g schweren Eiern pro Huhn im Jahr (z. B. Rebhuhnfarbige Italiener, Weißes Leghorn); *Zwierassen*, die zur Eier- und Fleischnutzung gezüchtet werden (z. B. Dt. Sperber, Andalusier); *Fleischrassen*, die hautsächl. zur Fleischgewinnung dienen; sie sind bis 6 kg schwer (z. B. Brahma, Dt. Langschan). *Zierhühner* werden nur zu Liebhaberzwecken gehalten (z. B. Zwerghühner, japan. Hauben-, Bart-, Nackthalshühner sowie die langschwänzigen Phönixhühner und Jokohamahühner in O-Asien). *Kampfhühner* (für Hahnenkämpfe) bilden die wohl älteste H.rasse. - **Geschichte:** Haushühner gab es wahrscheinl. schon im 3. Jt. v. Chr. in Vorderindien. In M-Europa ist das H. seit der späten Hallstatt- und frühen La-Tène-Zeit bekannt.

Haushund (Canis familiaris), vom Wolf abstammendes Haustier. Als Ur-H.rassen werden u. a. angesehen: Torfhund, Aschenhund, Lagerhund und Langkopfhund. Verwilderte Formen des H. sind der † Dingo und die † Pariahunde. - **Geschichte:** Die Domestikation begann vermutl. in der mittleren Steinzeit (vor rund 15 000 Jahren) im sw. bis südl. Asien. Die ältesten mitteleurop. Hofhunde stammen etwa aus dem 8. Jt. v. Chr. Die frühesten sicher datierbaren Reste domestizierter Hunde stammen von mittelsteinzeitl. Fundplätzen in Palästina und N-Europa.

Hauskaninchen (Stallhase), Bez. für die seit den frühen MA aus den Wildkaninchen (zunächst v. a. in frz. Klöstern) gezüchteten Kaninchenrassen, die für die Fleisch-, Pelz-, Filz- und Wollgewinnung (bes. Angorawolle) sowie als Versuchstiere in der medizin. und biolog. Forschung von Bed. sind. Das H. wird in zahlr. Rassen gezüchtet: u. a. Belg. Riesen, Dt. Widder, Großchinchilla, Großsilber und Kleinsilber, Blaue und Weiße Wiener, Rexkaninchen, Angorakaninchen.

Hauskatze, Zuchtform der Nub. † Falbkatze. Heute werden zahlr. Rassen gezüchtet, z. B. Perserkatze, Birmakatze, Siamkatze, Kartäuserkatze, Mankatze. - **Geschichte:** Katzen wurden bereits ca. 7 000 v. Chr. im Vorderen Orient (Jericho) gehalten, jedoch wahrscheinl. nur als gezähmte Wildfänge. Die eigentl. Domestikation der H. setzte im 2. Jt. v. Chr. in Ägypten ein. Etwa im 8. Jh. n. Chr. kam sie nach M-Europa, wo sie sich mit der einheim. Wildkatze kreuzte.

Hausmaus (Mus musculus), weltweit verbreitete Art der Echtmäuse; Körper 7–12 cm lang, schlank; Schnauze zieml. spitz, an der Innenseite der oberen Schneidezähne ein scharfkantiger Absatz; Schwanz etwa körperlang, fast nackt; Färbung oberseits braungrau bis bleigrau oder gelbgrau, Unterseite wenig heller bis fast weiß. - Urspr. freilebend, hat sich die nachtaktive, gut springende und schwimmende H. auch in menschl. Behausungen angesiedelt. In Europa kommen bes. die folgenden Unterarten vor: **Westl. Hausmaus** (Haushausmaus, Mus musculus domesticus; westl. der Elbe in NW- und W-Europa; bleigrau bis bräunlichgrau; sehr eng an menschl. Ansiedlungen gebunden); **Nördl. Hausmaus** (Feldhausmaus, Mus musculus musculus; östl. der Elbe in O-, SO- und N-Europa; graubraun bis graugelb, mit weißl. Unterseite); **Ährenmaus** (Mus musculus spicilegus; im sö. Europa; gelbgrau mit weißer Unterseite; frei lebend; legt in ihren unterird Bauten Nahrungsvorräte für den Winter an). - Die H. ist Stammform der rotäugigen, albinot. **Weißen Maus**, die ein wichtiges Versuchstier in der medizin. und biolog. Forschung ist **(Labormaus).**

Hausmeerschweinchen † Meerschweinchen.

Hausmutter (Agrotis pronuba), bis 3 cm langer Eulenfalter in Europa, W-Asien und N-Afrika; Vorderflügel braun, Hinterflügel gelb, schwarz gerandet.

Hauspferd (Equus caballus), in seinen verschiedenen Rassen vermutl. von den drei aus geschichtl. Zeit bekannten Unterarten des Prschewalskipferdes abstammendes Haustier. Das H. ist v. a. als Reit- und Zugtier von großer militär. (im wesentl. historisch) und wirtschaftl. Bed.; heute wird es vielfach als Sportpferd gehalten. - Die Brunst (*Rosse, Rossigkeit*) der Stute tritt durchschnittl. alle 3–4 Wochen für etwa 5–9 Tage ein; die Tragzeit beträgt etwa 336 Tage.

Hausratte † Ratten.

Hausrind, Bez. für vom Auerochsen abstammende, vom Menschen domestizierte Rinderrassen. Die H. werden häufig in Niederungs- und Höhenviehrassen untergliedert. Das H. ist als Arbeitstier sowie zur Fleisch-, Milch- und Ledergewinnung von größter wirtschaftl. Bed. - Das ♀ H. wird etwa alle 3–4 Wochen brünstig *(Rindern)* und wirft nach rd. 240 bis 320 Tagen meist 1 Kalb.

Hausrotschwanz † Rotschwänze.

Hausschabe (Dt. Schabe, Blattella germanica), bis 15 mm große, weltweit verbreitete, hellbraune Schabe mit zwei dunklen Längsstreifen auf dem Halsschild; kommt in M-Europa nur in Gebäuden vor (Backstuben, Großküchen, Lagerräume).

Hausschaf (Ovis aries), von vermutl. verschiedenen Unterarten des Wildschafs abstammendes, seit dem 9. Jt. v. Chr. domestiziertes Haustier. Die ältesten europ. H.rassen waren Torfschaf und Kupferschaf. Heute werden zahlr. sehr unterschiedl. Rassen zur Fleisch-, Milch-, Woll-, Pelz- und Fettgewinnung gezüchtet. Die Schurzeit liegt bei der *Vollschur* (Jahresschur) im April und Mai, bei der *Halbschur* zusätzl. im Herbst; bei Jungtieren (erste Schur nach 5–6 Monaten) wird oft eine *Dreiviertelschur* (dreimal in zwei Jahren) durchgeführt. - Das H. wird etwa alle 2–3 Wochen für etwa 24–36 Stunden brünstig; die Tragzeit beträgt durchschnittl. 150 Tage, nach denen 1–3 Lämmer geworfen werden. Das Lebensalter beträgt etwa 8–10 Jahre. Das H. ist genügsam und läßt sich in Steppen- und Buschgebieten, v. a. auch auf Hochflächen gut weiden. Die größten H.bestände finden sich in Australien (rd. 150 Mill.) und in der Sowjetunion (120 Mill.). - In Deutschland werden v. a. Fleischschafrassen und die Rassengruppen ↑ Merinoschafe und ↑ Landschafe gezüchtet.

Hausschwalbe, svw. Mehlschwalbe (↑ Schwalben).

Hausschwamm (Echter H., Tränender H., Serpula lacrymans), Ständerpilz, der durch enzymat. Holzabbau verbautes Holz zerstört. An der Oberfläche des befallenen Holzes bilden sich flache, bräunl. Fruchtkörperkuchen mit netzartig verbundenen Wülsten. - Vorbeugung durch Holzschutz.

Hausschwein (Sus scrofa domesticus), seit Mitte des 6. Jt. v. Chr. domestiziertes Haustier, das hauptsächl. vom Europ. Wildschwein (europ. H.rassen) und vom Bindenschwein (asiat. H.rassen) abstammt. Das H. ist als Fleisch-, Fett-, Leder- und Borstenlieferant von größter wirtsch. Bed., daneben wird es neuerdings (wegen seiner starken physiol. Ähnlichkeit mit dem Menschen) in wachsendem Maße als Versuchstier in der medizin. und biolog. Forschung verwendet. - Die Brunst *(Rausche)* tritt beim H. alle drei Wochen für etwa 1–3 Tage auf. Die Tragzeit dauert durchschnittl. 115 Tage, nach der durchschnittl. 10 Junge (Ferkel) geworfen werden. - Bekannte Rassen sind: Dt. Sattelschwein, Dt. Landrasse, Dt. Weideschwein, Dt. Weißes Edelschwein, Berkshireschwein, Cornwallschwein, Rotbuntes Schwein, Yorkshireschwein.

Haussperling ↑ Sperlinge.

Hausspinnen (Winkelspinnen, Tegenaria), Gatt. der Trichterspinnen mit acht einheim., meist in Gebäuden lebenden Arten; 5–20 mm groß, überwiegend dunkel gefärbt.

Hausspitzmaus ↑ Spitzmäuse.

Haustaube (Columba livia domestica), Sammelbez. für die seit dem 4. Jt. im Orient, seit der Mitte des 1. Jt. in Europa aus der Felsentaube gezüchteten Taubenrassen (z. Z. weit mehr als 100). H. werden aus Liebhaberei, zur Fleischgewinnung oder als Brieftauben gehalten. Eine Rassengruppe der H. sind die **Feldtauben,** die sich ihre Nahrung auf Feldern suchen. Sie wurden in großer Zahl im Altertum in SW-Europa in sog. Taubentürmen gehalten.

Haustiere, Bez. für die vom Menschen zu seinem Nutzen gezüchteten Tiere. Zu den ältesten „klass." H. zählen Hausschaf, Hausziege, Haushund, Hausschwein und Hausrind, möglicherweise auch die Hauskatze. Hauspferd, Hausesel sowie Kamel, Lama, Rentier, Hausgans und Hausente wurden erst relativ spät domestiziert. - ↑ auch Domestikation.

Haustorien [lat.], svw. ↑ Saugorgane.

Hauswanzen, svw. ↑ Plattwanzen.

Hauswurz (Dachwurz, Donnerwurz, Sempervivum), Gatt. der Dickblattgewächse mit rd. 30 Arten, v. a. in den Gebirgen des Mittelmeergebietes und Vorderasiens; meist dichte Polster bildende Rosettenpflanzen mit fleischigen Blättern; Blüten rot, gelb, seltener weiß, in Blütenständen. Viele Arten, v. a. die **Echte Hauswurz** (Sempervivum tectorum) werden in vielen Zuchtformen angepflanzt.

Hausziege (Capra hircus), vermutl. bereits im 7. Jt. v. Chr. in SO-Europa und Vorderasien domestiziertes Haustier; Abstammung umstritten. - Die H. liefert Milch, Fleisch, Wolle und feines Leder (Chevreau, Glacéleder, Nappa, Saffian, Velour). Die Brunst *(Bocken)* tritt alle 17–21 Tage für 1–3 Tage auf. Nach rd. 150 Tagen Tragzeit werden 1–3 Zickel geworfen. - Bekannte Rassen sind: Dt. Bunte Edelziege, Weiße Dt. Edelziege, Sattelziege, Saanenziege.

Haut (Kutis, Cutis, Derma), den Körper bei Wirbeltieren und beim Menschen umgebendes Organsystem; setzt sich zus. aus der oberflächl. Ober-H. und der tieferliegenden Leder-H., auf die ohne scharfe Abgrenzung in die Tiefe die Unter-H. folgt. Die vom äußeren Keimblatt gebildete **Oberhaut** (Epidermis) des Menschen ist mehrschichtig: Die in der *Basalschicht* (Stratum basale) der Keimschicht (Stratum germinativum) gebildeten und zur H.oberfläche hin abgeschobenen, rundl., durch zahlr. kleine Fortsätze miteinander verbundenen Zellen (daher wie bestachelt erscheinenden) Zellen bilden die *Stachelzellschicht* (Stratum spinosum). Darauf folgt die *Körnerschicht* (Stratum granulosum), die durch Zusammenrücken und Abplatten der Zellen der Stachelzellschicht, durch das Auflösen ihrer Kerne und durch Einlagern von Verhornungssubstanz entsteht. An dicken H.stellen geht sie durch Zusammenfließen der hyalinen Keratinkörperchen zu einer stark lichtbrechenden Masse in die *Glanzschicht* (Stratum lucidum) über, aus der zuletzt die **Hornhaut** hervorgeht. Diese ist 10–20 Zellschichten (etwa 0,015 mm) dick. Ihre toten und verhornten Zellen werden ständig nach außen abgeschilfert und müssen deshalb von der Keimschicht ersetzt werden. Die **Lederhaut** (Corium) wird vom mittleren Keimblatt gebildet. Sie besteht aus Bindegewebe, enthält Gefäße und Nerven sowie an vielen Stellen auch glatte Muskulatur. Sie trägt gegen die Ober-H. zu Vorwölbungen (Papillen), die Kapillarschlingen haben, wodurch die Ernährung der Ober-H. erleichtert wird. Diese *Pa-*

pillarschicht (Stratum papillare) bestimmt die Oberflächenform der Leder-H. und teilweise auch die der Ober-H. Die Papillen sind auch die Grundlage der Hautleisten. Die Füllung der Kapillargefäße bedingt die Farbtönung der Haut. In der unter der Leder-H. liegenden *Netzschicht* (Stratum reticulare) der Leder-H. liegen die Schweißdrüsen sowie die größeren Gefäße und Nerven. Unter der Leder-H. liegt die **Unterhaut** (Subcutis). Das in sie eingebettete Unterhautfettgewebe dient in erster Linie der Wärmeisolation des Körpers, daneben auch als Druckpolster und zur Speicherung von Reservestoffen.

Die H. schützt gegen eine Reihe von Umweltfaktoren. Durch ihre Reißfestigkeit und Dehnbarkeit wehrt sie mechan. Einwirkungen (Druck, Stoß) ab. Der Säureschutzmantel wehrt Bakterien ab. Die Pigmente der Keimschicht (↑ auch Hautfarbe), die auch in den verhornten Zellen verbleiben, absorbieren Licht und UV-Strahlung. Durch die Absonderung von Schweiß ist die H. an der Regulation des Wasserhaltes und v. a. an der Temperaturregulation beteiligt. Bei der Wärmeabgabe spielt außerdem ihr weitverzweigtes Kapillarnetz eine wichtige Rolle. Schließl. ist die reichlich mit Sinnesrezeptoren ausgestattete H. ein Sinnesorgan, das dem Zentralnervensystem eine Vielfalt von Wahrnehmungen vermittelt.

Bei wirbellosen Tieren ist die H. eine einschichtige Epidermis. Nach außen scheidet sie meist eine ↑ Kutikula ab. Bei den Weichtieren wird Kalk in Form einer Schale ausgeschieden.

Hautatmung (Perspiration), Austausch von Sauerstoff und Kohlendioxid durch die Haut; ausschließl. Atmungsform bei niederen Tieren (Schwämme, Nesseltiere, Würmer), für höhere Lebewesen mit Kiemen oder Lungen ledigl. Zusatzatmung. Die H. beträgt bei Menschen nur rd. 1% des Gasaustausches.

Hautdasseln (Hautdasselfliegen, Hautbremsen, Hypodermatinae), Unterfam. parasit. lebender, bis 15 mm großer Fliegen mit rd. 30 Arten (davon in M-Europa 6 Arten), die z. T. schädl. sind (Dasselbeulen).

Hautdrüsen (Dermaldrüsen), ein- oder mehrzellige, an der Hautoberfläche mündende, epidermale Drüsen, z. B. Schweiß-, Talg- und Tränendrüsen.

Hautfarbe, Farbton der menschl. Haut, der im wesentl. von der Menge der in die Haut eingelagerten Farbstoffkörner, aber auch von der Dicke, vom Fettgehalt und von der Durchblutung der Haut sowie von der Einlagerung von Karotin abhängt. Die Fähigkeit zur Pigmentbildung ist erbl. fixiert.

Hautflügler (Hymenopteren, Hymenoptera), weltweit verbreitete Insektenordnung mit weit über 100 000 Arten; 0,1 bis 60 mm große Tiere mit zwei durchsichtig-häutigen, aderarmen Flügelpaaren und beißenden oder leckend-saugenden Mundwerkzeugen; ♀♀ mit Legestachel. Das erste Hinterleibssegment ist mit dem dritten Brustsegment fest verschmolzen. Die haploiden ♂♂ entwickeln sich aus unbefruchteten Eiern. - Die Lebensweise der einzelnen Arten ist sehr unterschiedl. Die Larven verpuppen sich gewöhnl. in einem selbstgesponnenen Kokon (vollkommene Metamorphose). - Die H. untergliedern sich in die beiden Unterordnungen ↑ Pflanzenwespen und ↑ Taillenwespen.

Hautleisten (Papillarleisten, Tastleisten, Cristae cutis), an der Oberfläche der Haut, bes. deutl. an den Händen bzw. Fingern und den Füßen bzw. Zehen ausgebildete Erhebungen, die auf der Verzahnung der Lederhaut mit der Epidermis über die Coriumleisten bzw. -papillen der Papillarschicht beruhen. In den H. ist (über die eingelagerten Tastkörperchen) der Tastsinn lokalisiert.

Hautmuskelschlauch, bei Platt- und Ringelwürmern unter der Haut liegende Ring- und Längsmuskelschichten; abwechselnde Kontraktionen bewirken die ↑ Fortbewegung.

Hautpilze, zusammenfassende Bez. für alle niederen Pilze, die in der Haut und ihren Anhangsgebilden (Haare, Nägel) wachsen und dadurch zu Hautpilzerkrankungen führen können. Zu den H. gehören u. a. die Deuteromyzetengatt. *Trichophyton, Epidermophyton* und *Microsporum,* ferner hefeartig wachsende Arten der Gatt. Candida und einzelne Schimmelpilze.

Hautsinne, Bez. für das Sinnessystem, das über die Hautsinnesorgane (Rezeptoren für Druck-, Berührungs-, Schmerz- und Temperaturreize) die Empfindung bestimmter Reize ermöglicht.

Häutung (Ekdysis), period. Abstoßung und Erneuerung der äußeren Schichten der Körperdecke. Krebse, Insekten, Spinnen, die einen starren Hautpanzer haben, können ohne H. nicht wachsen. Die H. wird hormonell gesteuert. Der H.vorgang beginnt mit der Abscheidung von H.sekret, das die Chitinschicht von der Epidermis löst. Schlangen streifen als sog. *Natternhemd* ihre alte, verhornte Haut als Ganzes ab; bei den Wirbeltieren mit verhornter Epidermis (einschließl. Mensch) löst sich die abgestorbene oberste Schicht in kleinen Hautschüppchen. - Abb. S. 317.

Havaneser [frz., nach Havanna], Zuchtform des ↑ Bichons; Zwerghund mit weißem, beigem oder kastanienbraunem seidig gewelltem Fell mit großen Locken.

Haworthie (Haworthia) [...tsi-ə; nach dem brit. Botaniker A. Haworth, *1767, †1833], Gatt. der Liliengewächse mit rd. 80 Arten in S-Afrika; z. T. halbstrauchige, sukkulente Pflanzen mit kurzem Stamm, dichten Blattrosetten, grünlich-weißem oder blaß rosafarbenen, zylindr. Blüten in einer Traube.

Hb, Abk. für: Hämoglobin (↑ Hämoglobine).